Verband bayrischer Landwirtschaftslehrer

Lehrbuch für den naturwissenschaftlichen und landwirtschaftlichen Unterricht

Verband bayrischer Landwirtschaftslehrer

Lehrbuch für den naturwissenschaftlichen und landwirtschaftlichen Unterricht

Inktank publishing, 2018

www.inktank-publishing.com

ISBN/EAN: 9783747761366

Lehrbuch

für den naturwissenschaftlichen und landwirtschaftlichen Unterricht

an den

bayerischen landwirtschaftlichen Winterschulen und ähnlichen Anstalten

sowie zum Selbstunterricht.

Herausgegeben vom

Verband bayerischer Landwirtschaftslehrer.

Ministeriell genehmigt und empfohlen.

3. Auflage.

Mit 269 Abbildungen.

Stuttgart 1907.

Verlagsbuchhandlung Eugen Ulmer.

Verlag für Landwirtschaft, Obst- und Gartenbau.

Sr. Exzellenz dem Königl. Staatsminister

Herrn Dr. Ritter von Landmann

dem hochverdienten Gönner und Förderer des bayerischen

landwirtschaftlichen Unterrichtswesens

in tiefster Ehrfurcht und Dankbarkeit

gewidmet

vom

Verband bayerischer Landwirtschaftslehrer.

Vorwort zur ersten Auflage.

Seit dem Jahre 1897 wurde in Bayern auf Anregung und mit namhafter Unterstützung der Kgl. Staatsregierung eine erhebliche Zahl von zweikursigen landwirtschaftlichen Winterschulen ins Leben gerufen und dieser Schulgattung allseitig ein erhöhtes Augenmerk zugewendet. Bei dem Bestreben, durch diese Anstalten für die Landwirtschaft möglichst Tüchtiges zu leisten, trat alsbald der Mangel eines geeigneten naturwissenschaftlich-landwirtschaftlichen Lehrbuchs für dieselben hervor und wiederholt war in Versammlungen des Verbandes bayerischer Landwirtschaftslehrer dieser Sachverhalt Gegenstand der Erörterungen, bis in der Generalversammlung vom 12. April 1899 einstimmig beschlossen wurde, es sei speziell für die bayerischen landwirtschaftlichen Winterschulen mit zwei Kursen ein Lehrbuch genannter Art seitens des Verbandes herauszugeben. In demselben sollten die eigenartigen Bedürfnisse der Schulen und des Landes Berücksichtigung finden und hierdurch die bisher benützten, mehrfach für die besonderen Zwecke weniger geeigneten und wegen der unvermeidlichen größeren Zahl noch dazu verhältnismäßig kostspieligen Lehrbücher naturwissenschaftlich-landwirtschaftlichen Inhalts in Wegfall kommen. Es erklärten sich nun verschiedene Verbandsmitglieder auf der Generalversammlung sofort bereit, die Bearbeitung einzelner Abschnitte des Buches zu übernehmen und andere, dem landwirtschaftlichen Unterrichtswesen nahestehende Herren wurden im weiteren Verfolg des Planes für die übrigen Abschnitte gewonnen.

Bei obigem Beschluß verhehlte man sich auf Grund der anderwärts erfolglos gebliebenen diesbezüglichen Versuche keineswegs die Schwierigkeiten, die der Abfassung eines derartigen Lehrbuchs entgegenstehen.

Vor allen Dingen leidet bei einer größeren Zahl von Mitarbeitern sehr leicht die Einheitlichkeit der Anlage und Bearbeitung des Lehrbuchs. Dieser Gefahr suchte man durch Aufstellung eines Redakteurs und durch wiederholte Abhaltung von Konferenzen zu begegnen, in welchen alle bei Herstellung des Werkes maßgebenden Grundsätze festgelegt wurden. Auch darf nicht übersehen werden, daß bei dem verschiedenen Alter und Fassungsvermögen der Schüler, bei der ungleichen Vorbildung und dem ungleichen Eifer derselben sowie bei der öfters nahezu ganz fehlenden Möglichkeit, das in der Schule Durchgenommene durch entsprechende Übung außerhalb der Schulzeit dem Geiste einzuprägen, schon unter sonst gleichen Umständen abweichende Ansprüche an das Lehrbuch entstehen. Dieser Mißstand verschärft sich aber noch durch die in Bayern obwaltende Verschiedenartigkeit der landwirtschaftlichen Betriebe, welche auf die sehr wechselnden klimatischen, Boden-, Absatz-, Arbeiter-Verhältnisse u. s. w. zurückzuführen sind. Es wäre ohne Zweifel das Beste, wenn für jede Schule in Rücksicht auf diese Umstände ein den speziellen lokalen Verhältnissen streng angepaßter naturwissenschaftlich-landwirtschaftlicher Leitfaden vorliegen würde, was aber schon von vornherein ausgeschlossen ist, so daß immer wieder auf den ursprünglichen Plan, für sämtliche bayerische landwirtschaftliche Winterschulen ein Lehrbuch abzufassen, zurückgegriffen werden muß. Dies führt jedoch bei näherer Überlegung der Sache dazu, bei der Ausarbeitung der landwirtschaftlichen Abschnitte nach verschiedenen Richtungen hin weiter zu gehen und sich eingehender zu verbreiten, als wenn nur auf eine eng begrenzte Gegend Rücksicht zu nehmen wäre.

Der Inhalt des Lehrbuchs entspricht genau dem vom Kgl. Bayerischen Staatsministerium des Innern für Kirchen- und Schulangelegenheiten für die zweikursigen landwirtschaftlichen Winterschulen aufgestellten Lehrplan und ist, dem modernen Standpunkt entsprechend, auf naturwissenschaftlicher Grundlage aufgebaut.

Tierkunde ist zwar in den ministeriellen Lehrplan nicht aufgenommen, wurde aber trotzdem als eigener Abschnitt dem Lehrbuch eingefügt, um das Studium der schädlichen und nützlichen Tiere beim speziellen Pflanzenbau zu erleichtern und einen Überblick über die wichtigsten Schädlinge und Nützlinge in der Landwirtschaft sowie im Obst- und Gartenbau zu bieten.

Spezielle Pflanzenkunde (Botanik) wurde ganz weggelassen und nur das Allernotwendigste von derselben im besonderen (speziellen) Pflanzenbau bei den einzelnen Kulturgewächsen vorgebracht.

In der Düngerlehre ist bei der Aufführung und Besprechung der einzelnen Düngemittel jeweils der Gehalt derselben an Pflanzen-Nährstoffen angegeben und es ist deshalb keine eigene diesbezügliche Tabelle wie sonst häufig in landwirtschaftlichen Lehrbüchern eingefügt worden.

Obstbau konnte im vorliegenden Lehrbuch nicht berücksichtigt werden, wird aber in einer Neuauflage Platz finden. Für den an einzelnen Winterschulen zu erteilenden Unterricht im Hopfenbau soll eine eigene kleine Schrift herausgegeben werden.

Die Buchführung schließt sich an die von F. Dürig und F. Maier-Bode herausgegebene und vom K. B. Ministerium des Innern empfohlene Buchführung für b. Landwirte an und entspricht somit einfachen Bedürfnissen einer Buchführung für kleinere Landwirte.

In der angefügten landwirtschaftl. Gesetzeskunde sind bei den Abteilungen IV—XXII in Fußnoten kurz die einschlägigen Gesetze mit Bezeichnung der amtlichen Blätter angegeben, um späterhin das Nachschlagen der betreffenden Stellen zu erleichtern.

Soweit als möglich wurde auf den Zusammenhang der einzelnen Abschnitte nach Form und Inhalt Bedacht genommen; es kommen deshalb nicht selten derartige Hinweise im Texte vor. Kürzere Wiederholungen waren hin und wieder unvermeidlich, um einerseits den Zusammenhang in der stofflichen Darstellung aufrecht zu erhalten und andererseits die einzelnen Abschnitte als selbständig erscheinen zu lassen. Derartige Wiederholungen sind jedoch keineswegs weitgehender Art.

Bei dem verhältnismäßig großen Umfang des Lehrbuchs könnte die Ansicht nahe liegen, es sei unmöglich, den Unterrichtsstoff in zwei Winterhalbjahren zu bewältigen. Nun ist aber die Benutzung des Buchs nicht etwa in der Weise gedacht, daß die Schüler den ganzen Stoff in sich aufzunehmen hätten. Vielmehr ist beim Gebrauch desselben von den Ausführungen zum genannten ministeriellen Lehrplan auszugehen. Es ist in demselben darauf hingewiesen, daß beim Unterrichte den besonderen Anforderungen des Frequenzbezirkes einer Schule Rechnung zu tragen sei; für eine Gegend Belangloses könne auch ganz aus dem Lehrplan weggelassen werden und beim Unterricht dürfe keinenfalls weitergegangen werden, als mit der gründlichen Erfassung des Lehrstoffs durch die Schüler und mit dem Zwecke der landwirtschaftlichen Winterschulen vereinbar ist.

Bei dem naturwissenschaftlichen Unterricht kann wohl unter günstigsten Umständen der größte Teil des niedergelegten Pensums bewältigt werden, so daß das Material die Maximalanforderungen darstellt. Was dagegen die landwirtschaftlichen Fächer betrifft, so ergibt sich die Ausdehnung des Stoffs und die Leistung der einzelnen Schule aus den örtlichen Anforderungen. Wenn z. B. in der einen Gegend das Meliorationswesen, die Graswirtschaft, die Egartenwirtschaft, die Milchviehhaltung eine sehr bedeutsame Rolle spielt und deshalb im Unterricht unter anderem Gegenstand der Behandlung sein muß, haben wir es in anderen Gegenden hinwiederum mit anderen in den Vordergrund tretenden Sparten der Landwirtschaft zu tun, die unter Zurücksetzung oder gänzlicher Außerachtlassung der vorgenannten Zweige Gegenstand der Unterweisung sind.

Das vorliegende Lehrbuch soll des weiteren dem Schüler nicht bloß als Leitfaden während seiner zweijährigen Schulzeit dienen, sondern es soll ihm auch ein wertvolles Nachschlagebuch sein, in welchem er sich bei Ausübung seines landwirtschaftlichen Berufs auch späterhin noch wertvolle Aufschlüsse verschaffen kann. Aber auch dem in der Praxis stehenden Landwirt will das Buch Rat und Belehrung gewähren und durch seine systematische Anlage und sein ausführliches Sachregister zum erfolgreichen Selbststudium dienen.

Es wird sich erst beim Gebrauch des Buchs im Unterricht mit der Zeit herausstellen, welche Abteilungen desselben etwa kürzer und welche allenfalls länger gefaßt werden sollen.

Daß man jemals allen Ansprüchen gerecht werden könnte, ist schon von vornherein ausgeschlossen, da, abgesehen von den verschiedenartigen Bedürfnissen der Schulen, auch die Lehrenden in ihrer subjektiven Auffassung bei Auswahl und Behandlung des Stoffs erfahrungsgemäß von einander abweichen und da gerade beim landwirtschaftlichen Fachunterricht am allerwenigsten eine Schablonisierung angezeigt erscheint. Einen richtigen und vorteilhaften Gebrauch von dem Lehrbuche zu machen, ist somit eine hauptsächliche, jedoch nicht immer ganz leichte Aufgabe des Lehrers.

Soweit der in Aussicht genommene Umfang des Lehrbuchs es zuließ, wurden Abbildungen eingefügt.

Weihenstephan, im September 1901.

Dr. Wagner.

Vorwort zur dritten Auflage.

Auch die zweite Auflage des Lehrbuchs erfreute sich wieder an bayerischen wie an auswärtigen landwirtschaftlichen Lehranstalten sowie bei sonstigen Interessenten freundlicher Aufnahme und günstiger Beurteilung, so daß nach Umfluß von drei Jahren eine dritte notwendig wurde. In diese wurde auf vielseitigen Wunsch ein kurzer Abriß über Fischzucht eingefügt; in der vierten Auflage soll auch noch die Geflügelzucht Platz finden. Die Fütterungslehre der landwirtschaftlichen Haustiere wurde im Sinne der Kellnerschen Forschungen und Versuchsergebnisse umgearbeitet. Im übrigen blieb sich der Stoff, abgesehen von verschiedenen unwesentlichen Abänderungen, vollkommen gleich.

An der Ausarbeitung der 3. Auflage beteiligten sich folgende Herren: J. Ahr, Rektor der K. Landwirtschaftsschule in Pfarrkirchen; J. Albert, K. Landwirtschaftslehrer in Würzburg; Landwirtschaftslehrer H. Albrecht, Vorstand der K. L. Kreis-Winterschule in Traunstein; Landwirtschaftslehrer K. Diehl, Vorstand der K. L. Winterschule in Kirchheimbolanden; R. Hendschel, Regierungsassessor im K. Staatsministerium des Innern für Kirchen- und Schulangelegenheiten; Dr. Th. Henkel, Professor an der K. Akademie Weihenstephan; Landwirtschaftslehrer K. Hensler, Vorstand der K. L. Winterschule in Landau (Pfalz); Landwirtschaftslehrer F. Maier-Bode, Vorstand der K. L. Winterschule in Augsburg; W. Maier, I. Kreiswanderlehrer in Rosenheim; Landwirtschaftslehrer J. Osterspey, Vorstand der K. L. Winterschule in Frankenthal; Landwirtschaftslehrer V. Renner in Frankenthal; Professor Dr. J. Spöttle, Landeskultur-Ingenieur im K. Staatsministerium des Innern; Dr. L. Steuert, Professor an der K. Akademie Weihenstephan; Landwirtschaftslehrer Dr. R. Ulrich, Vorstand der K. L. Kreis-Winterschule in Erding und Dr. H. Zirngiebl, Reallehrer an der K. Realschule in Neu-Ulm.

Für außerbayerische Schulen wurde auf Anregung der Verlagsbuchhandlung, wie bei der 2. Auflage, eine allgemeine Ausgabe unter Ausschaltung der Gesetzeskunde und entsprechender geringfügiger Abänderung der Betriebslehre hergestellt.

Sachgemäße Verbesserungsvorschläge werden dankbarst angenommen und bei der nächsten Auflage tunlichste Berücksichtigung erfahren.

Weihenstephan, im Oktober 1906.

Dr. Wagner.

Inhalts-Verzeichnis.

Naturwissenschaftlicher Teil.

Erster Abschnitt. Physik mit Witterungskunde.

Zweiter Abschnitt. Chemie.

Dritter Abschnitt. Gesteinskunde.

Vierter Abschnitt. Nützliche und schädliche Tiere.

Fünfter Abschnitt. Pflanzenkunde.

Landwirtschaftlicher Teil.

Sechster Abschnitt. Allgemeiner Pflanzenbau.

Siebenter Abschnitt. Spezieller Pflanzenbau.

Achter Abschnitt. Tierproduktion mit Milchwirtschaft.

Neunter Abschnitt. **Landwirtschaftliche Betriebslehre.**

Zehnter Abschnitt. Einfache landwirtschaftliche Buchführung.

Elfter Abschnitt. Landwirtschaftliche Gesetzeskunde.

Naturwissenschaftlicher Teil.

Erster Abschnitt.

Physik mit Witterungskunde.

Einleitung.

Die **Naturwissenschaft** oder Naturkunde gibt uns über alle Gegenstände und Vorgänge in der Natur Aufschluß; sie zerfällt in Naturgeschichte und Naturlehre.

Durch die **Naturgeschichte** lernen wir die Tiere, Pflanzen und Mineralien kennen. Man unterscheidet **Tierkunde** (Zoologie), **Pflanzenkunde** (Botanik) und **Gesteinskunde** (Mineralogie).

Die **Naturlehre** erklärt uns die Naturerscheinungen. Sie wird in Physik und Chemie eingeteilt, und zwar handelt die **Physik** von solchen Naturerscheinungen, bei welchen die Naturkörper keine stoffliche Veränderung erleiden, die **Chemie** dagegen von denjenigen Naturerscheinungen, bei welchen eine stoffliche Veränderung der Körper eintritt.

Das Gefrieren und die Dampfbildung des Wassers, die Ausdehnung des Quecksilbers im Thermometer gehören z. B. zur Physik; das Kalklöschen, das Rosten des Eisens, das Verbrennen von Holz, Kohle, Schwefel und Phosphor dagegen zur Chemie.

I. Von den Körpern und Kräften im allgemeinen.

1. **Ausdehnung.** Jeder Körper nimmt einen nach Länge, Breite und Höhe begrenzten Raum ein. Die Größe des Raumes gibt der **Rauminhalt** oder das **Volumen** des Körpers an; durch die Art der Begrenzung erhält der Körper seine **Gestalt**.

Die **Einheit des Längenmaßes** ist das **Meter**.

1 Meter (m) = 10 Dezimeter (dm) = 100 Zentimeter (cm) = 1000 Millimeter (mm). 1000 m werden 1 Kilometer (km) genannt. Eine deutsche Meile = 7,5 km.

Die **Einheit für das Flächenmaß** ist das **Quadratmeter** (qm).

100 qm = 1 Ar (a); 100 a = 1 Hektar (ha).

1 ha = 2,935 bayerische Tagwerk = 3,92 preußische Morgen.

1 bayerisches Tagwerk = 34,073 a; 1 preußischer Morgen = 25,532 a.

Einheit des Körpermaßes ist das **Kubikmeter** (cbm).

1 cbm = 1000 Kubikdezimeter (cdm). 1 cdm nennt man auch 1 Liter (l).

100 l = 1 Hektoliter (hl). 1 cdm = 1000 Kubikzentimeter (ccm).

2. **Undurchdringlichkeit.** Es ist unmöglich, daß ein Körper gleichzeitig den Raum eines andern Körpers einnimmt.

Z. B.: Ein bis an den Rand mit Wasser gefülltes Glas läuft über, wenn ein Stein in das Wasser gelegt oder wenn durch eine Röhre Luft in dasselbe geblasen wird.

3. **Porosität.** Jeder Körper hat Zwischenräume oder Poren, die nicht mit dem ihm eigentümlichen Stoff (Materie) ausgefüllt sind. Sehr porös sind z. B. Schwamm, Brot, Haut, weniger porös dagegen viele Steine, Metalle, Glas.

4. Durch die **Ausdehnbarkeit** und **Zusammendrückbarkeit** eines Körpers ist es möglich, dessen Rauminhalt zu vergrößern bezw. zu verkleinern. Die Ausdehnung wird durch Zug oder Erwärmung, das Zusammendrücken durch Druck oder Abkühlung der Körper hervorgerufen.

Beispiele: Die Veränderung des Quecksilbers im Thermometer oder das Aufpassen eines Radreifens in der Schmiede.

5. **Teilbarkeit.** Durch Zerschlagen oder Zerschneiden lassen sich alle Körper in kleine und kleinste Teilchen zerlegen, wobei die kleinsten Teilchen noch Wesen und Eigenschaften des ursprünglichen Körpers besitzen. Die Zerkleinerung von Holz, Steinen, Eisen und dergl. erfordert mitunter großen Kraftaufwand, weil die kleinsten Teilchen dieser Körper durch eine anziehende Kraft, die Zusammenhangskraft oder Kohäsion, zusammengehalten werden. Nach der Größe dieser Zusammenhangskraft teilt man alle Körper in feste, flüssige und luftförmige ein und spricht von drei Aggregatzuständen der Körper. Bei verschiedenen Körpern sind alle drei Aggregatzustände bekannt, z. B. beim Wasser. Die festen Körper haben meistens eine bedeutende Zusammenhangskraft, bei den Flüssigkeiten ist dieselbe gering und bei den luftförmigen Körpern fehlt sie; ja es tritt sogar an Stelle der Zusammenhangskraft eine Kraft, welche die kleinsten Teilchen auseinander treibt.

6. **Beharrungsvermögen oder Trägheit.** Jeder Körper ist bestrebt, so lange in dem gleichen Zustand der Ruhe oder der Bewegung zu bleiben, bis durch eine äußere Kraft dieser Zustand geändert wird. In einem in Bewegung befindlichen Körper ist eine Kraft aufgespeichert, welche Wucht oder lebendige Kraft genannt wird. (Die lebendige Kraft des Schwungrades, der Dreschtrommel, des Eisenbahnwagens.)

7. **Anziehungskraft der Erde** (Schwere). Alle Körper sind schwer, d. h. sie haben das Bestreben, sich in gerader Richtung dem Mittelpunkt der Erde zu nähern. Es ist dies eine Wirkung der Anziehungskraft der Erde, man nennt diese Kraft auch Schwerkraft. Infolge der Schwerkraft fallen alle nicht unterstützten Körper, während die unterstützten einen Druck auf ihre Unterlage oder einen Zug ausüben, wenn sie hängen. Die Richtung dieses Druckes oder Zuges, welche sich mit der Fallrichtung deckt, heißt lotrecht. Die Größe dieses Druckes oder Zuges nennt man das Gewicht des Körpers. Die Einheit des Gewichts ist das Gramm (g), d. h. der Druck, den 1 ccm Wasser von größter Dichte auf seine Unterlage ausübt.

1000 g = 1 Kilogramm (kg); 50 kg = 1 Zentner (Ztr.);

100 kg = 1 Meterzentner = 1 Doppelzentner (dz); 1000 kg = 1 Tonne (t).

Unsere Geldstücke als Gewichte: Ein Pfennigstück = 2 g, 1 Zehnpfennigstück oder 1 Zehnmarkstück = 4 g, 2 Fünfpfennigstücke = 5 g, 1 Zwanzigmarkstück = 8 g, 3 Zweipfennigstücke = 10 g, 9 Fünfzigpfennigstücke = 25 g, 9 Markstücke = 50 g, 9 Zweimarkstücke = 100 g, 9 Fünfmarkstücke (Silber) = 250 g.

Eine praktische Anwendung der Schwerkraftwirkung auf aufgehängte Körper sehen wir im Lot. Es dient zur Bestimmung der lotrechten Richtung (Fallrichtung der Körper). Das Lot besteht aus einem Faden, an dessen Ende ein schwerer Körper (Stein, Eisen, Bleikugel) befestigt ist. Vielfache Verwendung findet das Lot beim Hausbau, beim Messen der Tiefe von Meeren, Brunnen u. s. w.

Die Setzwage (Fig. 1) dient zur Bestimmung der wagerechten oder horizontalen Richtung. Die Setzwage bildet ein gleichschenkliges Dreieck; ein in dessen Spitze aufgehängtes Lot trifft genau die Mitte der Grundlinie. Die wagerechte oder horizontale Richtung wird auch wasserrecht genannt, weil die Oberflächen kleiner, stillstehender Gewässer wagerecht sind. Die lotrechte und wagerechte Richtung bilden miteinander einen rechten Winkel, d. h. sie stehen senkrecht aufeinander.

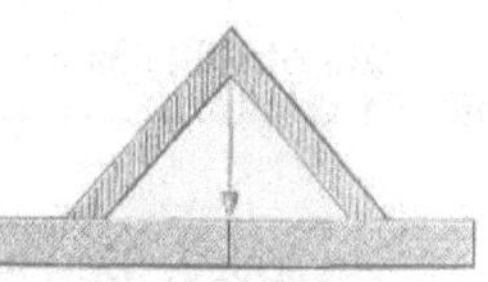

Fig. 1. Setzwage.

8. **Schwerpunkt, Gleichgewicht, Standfestigkeit.** In jedem festen Körper gibt es einen Punkt, bei dessen Unterstützung der Körper ruht. Dieser Punkt heißt Schwerpunkt. Durch Ausprobieren kann der Schwerpunkt eines jeden Körpers festgestellt werden. Ist der Schwerpunkt eines Körpers unterstützt, so befindet sich der Körper im Gleichgewicht. Beim sicheren (stabilen) Gleichgewicht liegt der Schwerpunkt lotrecht unter, beim unsicheren (labilen) Gleichgewicht lotrecht über dem Unterstützungspunkt. Beim gleichgiltigen (indifferenten) Gleichgewicht liegt der Unterstützungspunkt im Schwerpunkt.

Die Standfestigkeit eines Körpers richtet sich nach der Art seiner Unterstützung durch einen Punkt, eine Linie oder eine Fläche. Am sichersten steht der durch eine Fläche unterstützte Körper; seine Standfestigkeit ist um so größer, je größer seine Unterstützungsfläche, je größer sein Gewicht ist und je tiefer sein Schwerpunkt liegt. Beispiel: die Standfestigkeit eines hochbeladenen Heuwagens und eines Steinfuhrwerks bei gleichem Gewicht.

9. **Die Flieh- oder Zentrifugalkraft.** Die Fliehkraft tritt auf, wenn Körper um einen Mittelpunkt (Zentrum), also kreisförmig bewegt werden. Schwingt man z. B. einen an einem Faden befestigten Stein schnell im Kreis herum, so empfindet man die Fliehkraft als kräftigen Zug des stark gespannten Fadens, d. h. der Stein hat das Bestreben, sich vom Mittelpunkt (der Hand) zu entfernen. Die Fliehkraft nimmt an Stärke zu, je größer das Gewicht des Körpers und je größer die Umdrehungszahl ist. Vielfache praktische Anwendung findet die Fliehkraft in der Landwirtschaft, z. B. bei der Milchzentrifuge, Getreidezentrifugalmaschine und Honigschleuder. Das Reinigen des Getreides durch Werfen mit der Schaufel.

II. Ruhe und Bewegung der Körper.

1. Ruhe und Bewegung fester Körper.

a) Arbeit.

Arbeit wird geleistet, wenn eine Kraft einen Weg zurücklegt, also ein Widerstand überwunden wird. Die Einheit der Arbeit ist das Kilogrammmeter (kgm). Das Kilogrammmeter ist jene Arbeit, welche nötig ist, um 1 Kilogramm 1 m hoch zu heben.

Werden 75 Kilogrammmeter Arbeit in 1 Sekunde geleistet, so nennt man diese Arbeit 1 Pferdestärke (PS), fälschlich auch Pferdekraft.

Zur Überwindung von Widerständen, z. B. der Schwere, und zur Erzeugung von Bewegung benützt man **Maschinen**. Diese sind Werkzeuge und Hilfsmittel, welche geeignet sind, die Ausführung von Arbeit in vorteilhafter Weise zu erleichtern.

b) Einfache Maschinen.

Einfache Maschinen sind: **Hebel, Rolle, Rad an der Welle, schiefe Ebene, Keil und Schraube.**

Der Hebel.

Der **Hebel** (Fig. 2) ist eine unbiegsame beliebig geformte Stange, welche sich um einen Punkt drehen läßt. Dieser Punkt ist der **Dreh- oder Unterstützungspunkt** (U). Am Hebel wirken zwei Kräfte, die Kraft (k)

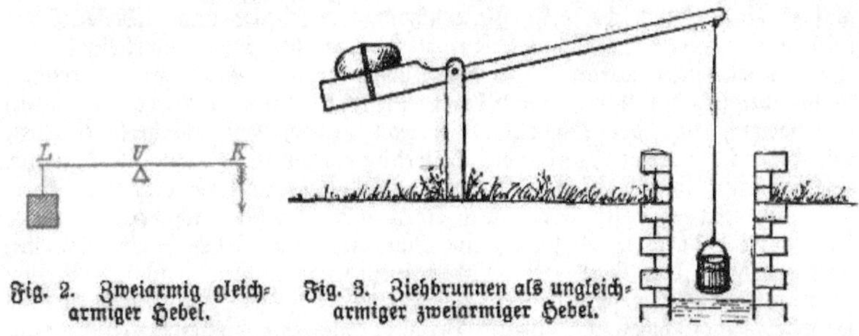

Fig. 2. Zweiarmig gleicharmiger Hebel.

Fig. 3. Ziehbrunnen als ungleicharmiger zweiarmiger Hebel.

und die Last (l). Angriffspunkt der Kraft und Angriffspunkt der Last sind die Punkte, in welchen Kraft und Last angreifen (in K und L). Kraftarm (UK) und Lastarm (UL) sind beim geraden Hebel die beiden **Hebelarme**, welche zwischen Unterstützungspunkt und den beiden Angriffspunkten liegen.

Liegt der Unterstützungspunkt U zwischen den Angriffspunkten K und L, so hat man einen **zweiarmigen Hebel**. Dieser ist **gleicharmig**, wenn der Unterstützungspunkt genau in der Mitte liegt (Fig. 2), d. h. wenn der Kraftarm so lang ist wie der Lastarm (Krämerwage), aber **ungleicharmig**, wenn die beiden Hebelarme nicht gleich lang sind. (Ziehbrunnen. Fig. 3.)

Der gleicharmige Hebel ist im Gleichgewicht, wenn die Kraft gleich der Last ist.

Der ungleicharmige Hebel ist im Gleichgewicht, wenn sich die Kraft zur Last verhält wie der Lastarm zum Kraftarm. Ist z. B. beim Ziehbrunnen (Fig. 3) der Kraftarm = 50 cm, der Lastarm = 5 cm, so wird eine Kraft von 10 kg einer Last von 100 kg das Gleichgewicht halten. Die Anwendung des ungleicharmigen Hebels gewährt **Kraftersparnis**; diese ist um so größer, je mehr der Kraftarm den Lastarm an Länge übertrifft.

Im Gegensatz zum zweiarmigen Hebel liegen beim **einarmigen Hebel** beide Hebelarme (UL und UK) auf derselben Seite vom Unterstützungspunkt (U) (Fig. 4). Auch der einarmige Hebel ist im Gleichgewicht, wenn die Kraft der sovielte Teil von der Last ist wie der Lastarm vom Kraftarm. Beispiel: LU = 2 cm, KU = 5 cm, l = 50 g, k = 20 g. Es herrscht Gleichgewicht, weil l sich zu k verhält, wie KU zu LU, d. h. wie 5 : 2.

Fig. 4. Einarmiger Hebel.

Einarmige Hebel sind z. B. Schiebkarren, Schlüssel, Ruder, Nußknacker. Auch mit dem einarmigen Hebel können schwere Lasten mit geringer Kraft gehoben werden, wenn der Kraftarm länger ist als der Lastarm. Sind die Hebelarme des ein- oder zweiarmigen Hebels ungleich lang, so spricht man auch von Druck- und Wurfhebeln. Beim Druckhebel ist der Kraftarm länger als der Lastarm; es wird an Kraft gespart, was die Verwendung der Beißzange, der Ziehbäume am Göpel, des Brecheisens und Hebebaums zeigt. Beim Wurfhebel ist der Kraftarm kürzer als der Lastarm; die Kraft ist größer als die Last, es wird aber an Weg gespart, weshalb er häufig zur schnellen Bewegung eines Körpers verwendet wird. Beispiele dieser Art sind: der Dreschflegel, die Sense, das Trittbrett am Spinnrad und Schleifstein, die Getreidewurfschaufel.

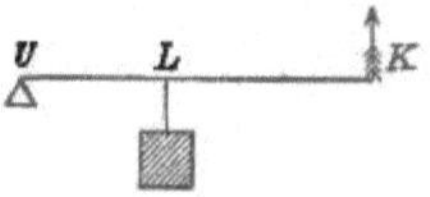

Bei allen Hebeln nennt man das Produkt von Kraft und Kraftarm das Drehungsmoment oder Moment der Kraft und das Produkt von Last und Lastarm das Moment der Last. Unter Anwendung dieser Ausdrücke gilt für alle Hebel das Gesetz:

Ein Hebel ist im Gleichgewicht, wenn das Moment der Kraft gleich ist dem Moment der Last.

Z. B. soll sein der Kraftarm KU = 60 cm, die Kraft k = 2 kg, der Lastarm LU = 3 cm, die Last l = 40 kg, dann ist dieser Hebel im Gleichgewicht, weil:

$$\underbrace{KU \times k}_{\text{Moment der Kraft}} = \underbrace{LU \times l}_{\text{Moment der Last}}$$

$$60 \times 2 = 120 \qquad 40 \times 3 = 120$$

Bei den Wagen, welche zur Bestimmung des Gewichts von Körpern dienen, finden die Hebel vielfache Anwendung.

Die Krämerwage hat einen aus Holz oder Metall gefertigten Wagebalken, an dessen Enden je eine Wagschale angehängt ist. In der Mitte des in einer Schere angebrachten Wagebalkens befindet sich die Zunge. Die Spitze der Zunge zeigt genau in die Mitte der Schere, wenn die zu wägende Ware und die Gewichtsstücke gleich schwer sind.

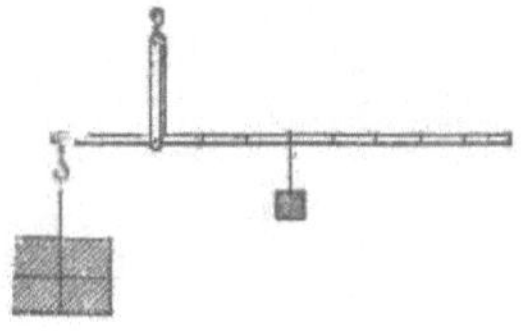

Fig. 5. Schnellwage.

Die Schnellwage (Fig. 5), auch Stangenwage oder römische Wage genannt, ist gewöhnlich aus Eisen gearbeitet. Der Wagebalken ist ein ungleicharmiger Hebel, welcher in einer Schere aufgehängt und mit einer Zunge versehen ist. Der Kraftarm ist mit Teilstrichen und Zahlen versehen und zur Aufnahme eines Laufgewichts eingerichtet.

Die Brückenwage (Fig. 6) ist wegen ihrer bequemen Handhabung sehr häufig im Gebrauch. Der in B drehbare Wagebalken stellt einen zweiarmigen ungleicharmigen Hebel dar. Bei A ist die Schale zur Aufnahme der Gewichte aufgehängt, bei C und D sind Zugstangen angebracht, welche mit

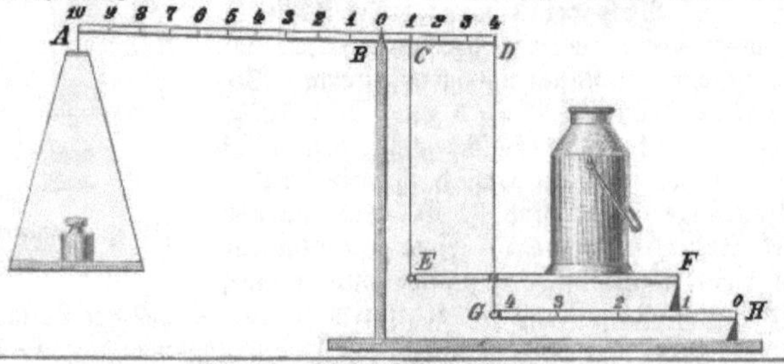

Fig. 6. Dezimal-Brückenwage.

den einarmigen Hebeln EF und GH in Verbindung stehen. Der Hebel EF dreht sich in F, der Hebel GH in H. Zur Aufnahme der Last dient die Brücke EF. Wenn die Brückenwage so gearbeitet ist, daß am Wagebalken AD der Hebelarm BC = 1/10 BA ist, so ist auf der Schale der 10. Teil der Last nötig, um Gleichgewicht zu erhalten. In diesem Fall nennt man dann die Brückenwage Dezimalwage (decem = 10).

Zum Wägen von Vieh oder beladenen Wagen benützt man die Zentesimalwage (centum = 100), bei welcher auf der Wagschale der 100. Teil der Last zur Herstellung des Gleichgewichts genügt.

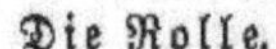

Die Rolle.

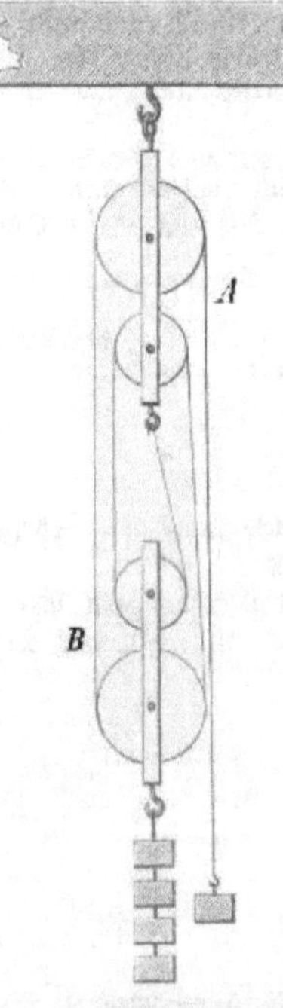

Fig. 7.
Flaschenzug mit 4 Rollen.
A die Flasche der festen, B die Flasche der losen Rollen.

Die Rolle ist eine aus Holz oder Metall gefertigte Scheibe, deren Rand mit einer Rinne zur Aufnahme eines Seiles oder einer Kette versehen ist. Zum Drehen der Rolle ist in der Mitte ein Stift, die Achse angebracht. Die Achse wird von einer Schere gehalten. Es gibt feste und lose Rollen. Die feste Rolle wird mit der Schere an Balken u. s. w. befestigt, wobei die Last am Seile hängt; die lose Rolle bewegt sich dagegen an einem Seile oder einer Kette auf- und abwärts, wobei die Last an der Schere aufgehängt wird. Die Rollen wirken als Hebel und zwar die feste Rolle als zweiarmiger, gleicharmiger Hebel, bei welchem Kraft gleich Last sein muß, um Gleichgewicht herzustellen. Die lose Rolle wirkt als einarmiger Hebel, dessen Lastarm gleich der Hälfte des Kraftarmes ist, wobei also beim Gebrauche eine Kraftersparnis eintritt. Kraft = 1/2 Last. Die Rolle wird häufig dazu benützt, Heu, Getreidesäcke, Steine und dergl. an Scheunen, Häusern und Baugerüsten emporzuziehen.

Der Flaschenzug ist eine Verbindung mehrerer fester und loser Rollen. 2 oder 3 Rollen sind in einer gemeinsamen Schere oder Flasche angebracht.

Der Flaschenzug besteht aus einer festen und einer losen, beweglichen Flasche. Mit einem Flaschenzug, welcher aus 4, 6 oder mehr Rollen besteht, können sehr große Lasten mit geringer Kraft gehoben werden. Der hierbei notwendige Kraftaufwand wird gefunden, wenn man mit der Anzahl der Rollen in die Last teilt. Beträgt die Last des Flaschenzuges (Fig. 7) z. B. 80 kg, so genügt eine Kraft von 20 kg, um den Flaschenzug im Gleichgewicht zu halten.

Das Rad an der Welle (Fig. 8) wird auch Wellrad genannt. Auf einem Gestell ruht eine wagerecht liegende Walze W, die Welle, auf ihrer Achse. Auf der Welle ist eine Scheibe R, das Rad, aufgesetzt, an welchem ein Seil oder nur Handgriffe zur Aufnahme der Kraft angebracht sind. Die Last hängt an einem um die Welle gewundenen Seil.

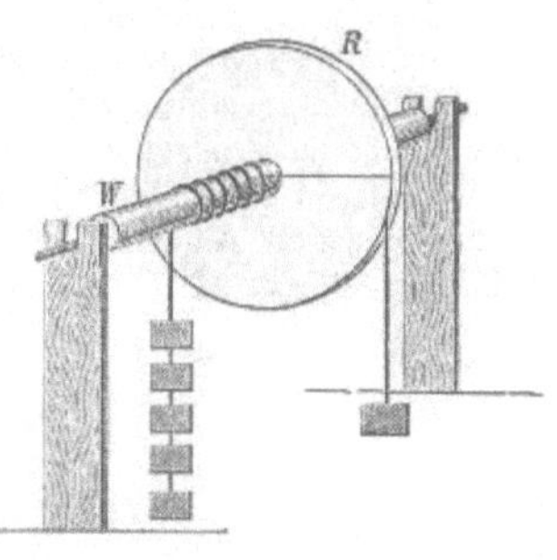

Fig. 8. Wellrad.

Das Wellrad wirkt wie ein ungleicharmiger Hebel. Die Achse bildet dabei den Drehpunkt, der Halbmesser der Welle ist der Lastarm und der Halbmesser des Rades ist der Kraftarm. Die Kraft verhält sich demnach zur Last wie der Halbmesser der Welle zum Halbmesser des Rades. Soll z. B. an dem Wellrad (Fig. 8) eine Last von 50 kg im Gleichgewicht gehalten werden, so ist bei einem Halbmesser des Rades von 25 cm und bei einem Halbmesser der Welle von 5 cm eine Kraft von nur 10 kg nötig. An Stelle des Rades oder der Scheibe sind häufig nur einige Speichen an der Welle eingefügt, z. B. am Göpel, Windmühlenflügel.

Kurbel nennt man eine mit einem Handgriff versehene Radspeiche, z. B. an der Kaffeemühle, Kartoffelquetsche, Handzentrifuge.

Das Rad an der Welle findet außerdem Anwendung bei der Seilwinde, den verschiedenen Wasserrädern, bei den Radgetrieben vieler landwirtschaftlicher Maschinen.

Die schiefe Ebene.

An Stelle der Rolle kann auch die schiefe Ebene zur Aufwärtsbeförderung von Lasten vorteilhafte Verwendung finden. Die bekannteste schiefe Ebene ist die Schrotleiter, welche ein bequemes Auf- und Abladen von Fässern, Steinblöcken u. s. w. ermöglicht. Schiefe Ebenen sind aber auch alle Zufahrten, welche bei tiefliegenden Düngerstätten oder bei Hochtennen angelegt sind.

Jede Ebene, welche von der wagerechten Ebene abweicht, ist eine schiefe Ebene. Sie ist um so steiler, je größer der Winkel ist, den sie mit der wagerechten Ebene bildet.

An der schiefen Ebene (Fig. 9) unterscheidet man die Länge AB und die Höhe AC. Das Verhältnis von Länge zur Höhe nennt man Steigung. Bei Fortbewegung einer Last auf einer schiefen Ebene ist die aufzuwendende Kraft mit der Last im Gleichgewicht, wenn die Kraft der sovielte Teil der

Last ist wie die Höhe der schiefen Ebene von der Länge derselben. Der Kraftaufwand ist also um so größer, je steiler die schiefe Ebene (AE), und um so geringer, je flacher sie ist (AD). Beispiel: Länge AB = 100 m,

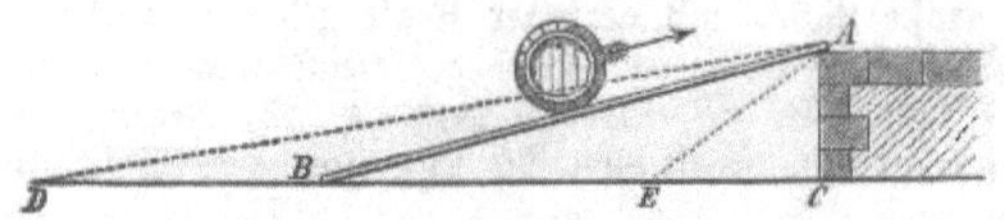

Fig. 9. Schiefe Ebene.

Höhe AC = 2 m, Last 1000 kg. Kraftaufwand für das Gleichgewicht 20 kg. Die Steigung beträgt $^2/_{100} = 2^0/_0$.

Schiefe Ebenen sind beim Eisenbahn- und Straßenbau in der mannigfachsten Weise zu beobachten.

Der Keil (Fig. 10) ist eine bewegliche, doppelte schiefe Ebene. Er hat einen Rücken ACED, die Schneide BF und die Seiten ABFD und CBFE. Der Keil wird als Trennungsmittel und Verbindungsmittel, zum Heben von Lasten, zum Pressen u. dgl. verwendet. Messer, Pflugschare, Meißel, Drahtstifte, Beile, Spaten, Gabeln zeigen die Verwendung des Keils. Auf Grund des Gesetzes von der schiefen Ebene ist der Kraftaufwand beim Keile um so geringer, je schmäler sein Rücken und je länger die Seiten desselben sind.

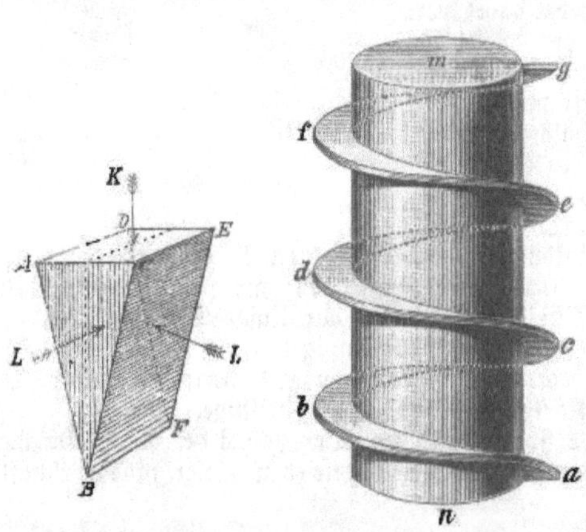

Fig. 10. Keil. Fig. 11. Schraube.

Die Schraube (Fig. 11). Die Schraube ist eine schiefe Ebene, welche um einen Zylinder gewunden ist. Die Windungen der Schrauben haben überall gleichen Abstand. Dieser Abstand, in der Richtung des Zylinders m n gemessen, heißt Ganghöhe. Man unterscheidet bei der Schraube die Schraubenspindel und die Schraubenmutter. Die Schraubenspindel ist ein massiver Zylinder, um welchen ein gleichmäßig erhabenes Gewinde läuft, die Schraubenmutter dagegen ist ein hohler Zylinder, in welchen ein gleichmäßig vertieftes Gewinde eingeschnitten ist. Je nach der Form des Gewindes unterscheidet man scharfes, flaches oder rundes Gewinde.

Wird eine Schraubenspindel in eine Schraubenmutter gedreht, so wird das erhöhte Schraubengewinde in den Vertiefungen der Schraubenmutter weitergeführt. Je größer die Ganghöhe ist, um so größer ist die Bewegung der Schraubenmutter bei der Umdrehung (Bremsvorrichtung an Kutschwagen); bei geringer Ganghöhe aber wird die Schraube durch Anwendung einer geringen

Kraft zur Ausübung eines sehr großen Druckes verwendet (Bremsvorrichtung an Lastwagen). Die Schraube dient nicht nur zur Befestigung von Maschinenteilen, zum Pressen als Kopier-, Käse-, Obst-, Fruchtpresse, sondern auch als Bohrer, Korkzieher, Schiffsschraube.

Greift eine Schraubenspindel mit einigen Windungen zwischen die Zähne eines Zahnrades, so erhält man eine Schraube ohne Ende. In diesem Falle wird bei jeder Umdrehung der Schraube das Rad um einen Zahn fortbewegt. In ähnlicher Weise kann durch eine Schraube mit breiten Gewinden (Schnecke) Wasser und Getreide in einer Förderrinne fortgeschoben werden.

c) Zusammengesetzte Maschinen.

Zusammengesetzte Maschinen erhält man durch Verbindung von einfachen Maschinen. Man unterscheidet:

1. Kraftmaschinen oder Motoren. Sie werden eingeteilt in:
   a) belebte Motoren (der Mensch und die Tiere),
   b) Motoren, welche die Naturkräfte ausnützen (Windräder; Wassermotoren, wie Wasserräder und Turbinen; Dampfmaschinen; Explosionsmotoren, wie Gas-, Petroleum-, Spiritus- und Benzinmotoren; Elektromotoren).
2. Arbeitsmaschinen, welche den Ort und Zustand von Körpern verändern, z. B. Aufzüge, Pumpen, Sägegatter, Mahlgänge, landwirtschaftliche Maschinen.
3. Zwischenmaschinen oder Transmissionen, welche die Bewegung von den Kraftmaschinen auf die Arbeitsmaschinen übertragen, z. B. Gestänge, Ketten, Seile, Riemen, Wellen.

d) Reibung.

Die Gesetze über die Maschinen treffen scheinbar nicht vollkommen zu, weil sich jeder Bewegung Hindernisse entgegenstellen. Das wichtigste Hindernis ist die Reibung. Sie entsteht, wenn zwei Körper aneinander gedrückt und gegen einander bewegt werden. Je rauher ihre Oberfläche und je stärker der Druck ist, desto größer ist die Reibung und infolgedessen der Kraftaufwand zur Erhaltung der Bewegung. Man unterscheidet gleitende und rollende Reibung. Unter gleichen Umständen ist die rollende Reibung kleiner als die gleitende (Hemmschuh beim Bergabwärtsfahren). Die rollende Reibung wird um so kleiner, je größer der Halbmesser des Rades ist. Die gleitende Reibung wird durch Schmiermittel, wie Öle, Fette, vermindert und dadurch auch eine rasche Abnützung der sich reibenden Teile verhütet. Durch das Streuen von Sand oder Asche auf Wegen bei Glatteis wird die Reibung künstlich vermehrt.

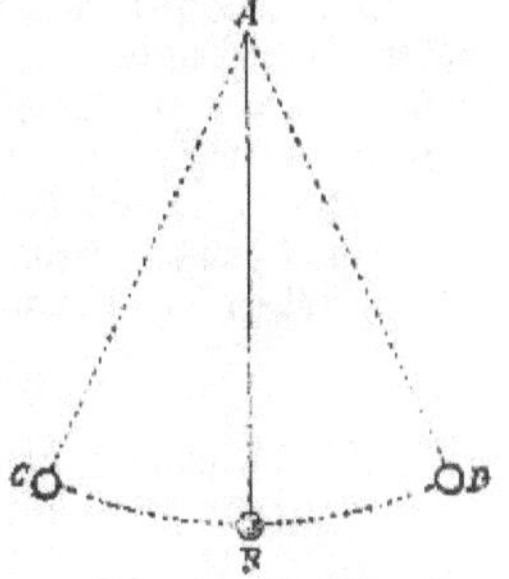

Fig. 12. Pendel.

e) Das Pendel.

Ein Pendel ist ein Lot, das um einen festen Punkt (A) schwingen kann, Fig. 12 (Fadenpendel). Wird der Faden durch eine Stange ersetzt, so erhält man ein Stangenpendel (Pendeluhr). Ein in Bewegung befindliches Pendel macht Schwingungen und sucht in seine Gleichgewichtslage zurückzukehren. Der Bogen CD stellt eine Schwingung dar. Ein Sekundenpendel kann man sich herstellen, wenn ein Fadenpendel von fast 1 m (genau 944 mm) Länge in Schwingung versetzt wird. In 1 Minute schwingt es 60 mal. Kurze Pendel schwingen in gleicher Zeit schneller wie lange Pendel (Regulierung des Ganges einer Uhr durch Veränderung der Pendellänge).

2. Ruhe und Bewegung flüssiger Körper.

a) Bewegung der Flüssigkeiten.

Zum Betriebe von landwirtschaftlichen Maschinen, Sägewerken und Mahlgängen kann die Kraft des fließenden Wassers vorteilhaft durch Wasserräder oder Turbinen ausgenützt werden. Die Wasserkraft ist um so stärker,

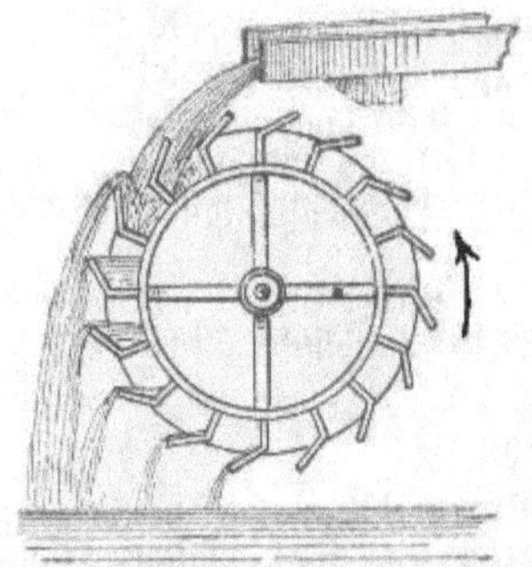

Fig. 13. Oberschlächtiges Wasserrad.

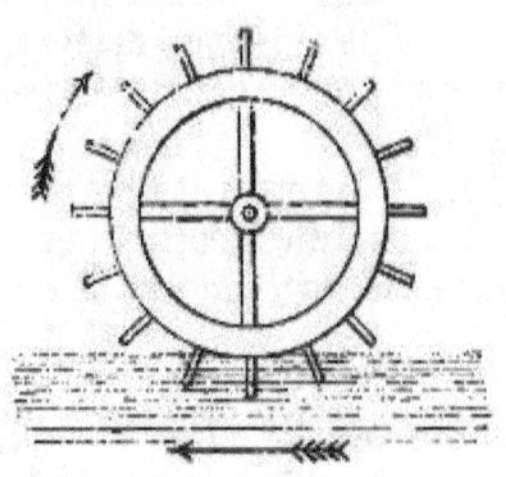

Fig. 14. Unterschlächtiges Wasserrad.

je größer das Gefälle und je größer die zum Wasserrad fließende Wassermenge ist. Man unterscheidet, je nachdem das Wasser oben oder unten das Rad trifft, ober- und unterschlächtige Wasserräder (Fig. 13 und 14).

Die unterschlächtigen Wasserräder werden bei geringem Gefälle und großen Wassermengen angewendet. Stehen aber geringe Wassermengen bei großem Gefälle zur Verfügung, so benützt man oberschlächtige Wasserräder, z. B. in Gebirgsgegenden.

Noch besser als durch Wasserräder wird eine Wasserkraft durch Turbinen ausgenützt, welche meistens aus zwei übereinander liegenden wagerechten Rädern (Leit- und Laufrad) bestehen.

b) Kommunizierende Röhren.

Wenn genügend weite Röhren oder Gefäße miteinander in Verbindung stehen, so liegen die Flüssigkeitsoberflächen in einer wagerechten Ebene, einerlei, welche Form und Lage die Röhren oder Gefäße besitzen. Die kommunizierenden Röhren finden vielfache Anwendung bei Wasserleitungen, Wasserstandsgläsern an Dampfkesseln und Gasometern, Springbrunnenanlagen u. s. w. In der Nähe von Bächen und Flüssen steigt und fällt häufig das Grundwasser der Felder und Wiesen mit dem Wasserstand des Baches oder Flusses.

Die **Kanalwage** (Fig. 15). Die Kanalwage dient bei Höhenmessungen zur Bestimmung von wagerechten Linien (Nivellierung). Die Kanalwage ist eine etwa 1 m lange Blechröhre, an deren Enden je ein kurzer Glaszylinder rechtwinklig angebracht ist. Sie ruht auf einem Gestelle und wird beim Gebrauche mit gefärbtem Wasser gefüllt.

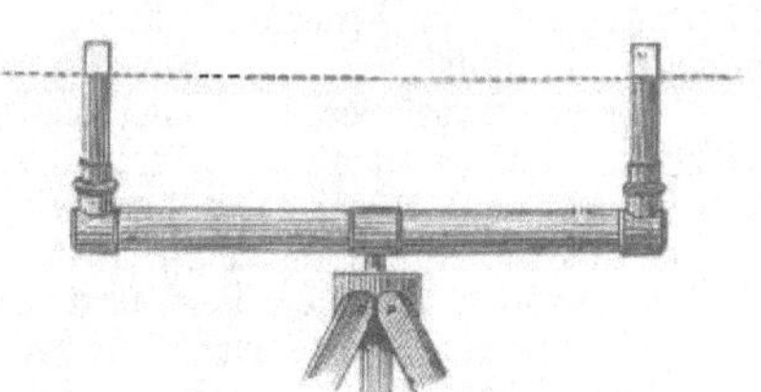

Fig. 15. Kanalwage.

c) Haarröhrchenanziehung.

Flüssigkeiten steigen in Steinen, ferner im Erdboden, Schwamme, Löschpapier, Zucker u. dgl. von unten nach oben. Diese Erscheinung nennt man **Haarröhrchenanziehung** oder Kapillarität. Sie kommt bei allen porösen Körpern zur Geltung. Das Wasser steigt in denselben um so höher, je enger die Hohlräume sind. In der Landwirtschaft hat die Haarröhrchenanziehung eine besondere Bedeutung, weil das während des Winters im Boden angesammelte Wasser, die sogenannte **Winterfeuchtigkeit**, durch die Haarröhrchenanziehung nach oben steigt und den Pflanzen während des Sommers zugute kommt. Durch unzweckmäßige Bodenbearbeitung wird die wertvolle Winterfeuchtigkeit zuweilen nicht ausgenützt. Das Walzen der verschiedenen Bodenarten befördert die Haarröhrchenanziehung, durch Eggen und Hacken wird sie an der Ackeroberfläche vermindert oder ganz aufgehoben. Bei Neubauten sollten in die Grundmauern Isolierschichten (Asphaltplatten) eingelegt werden, um das Aufsteigen der Bodenfeuchtigkeit zu verhüten. Die Haarröhrchenanziehung ist die Folge der **Anhangskraft** (Adhäsion). Diese Kraft ist bei allen Körpern, welche sich berühren, vorhanden. Man beobachtet sie zwischen zwei festen Körpern; so bleibt Kreide an der Tafel hängen, der Erdboden an Pflugscharen; ferner ist sie auch vorhanden zwischen flüssigen und festen Körpern, z. B. haften Tautropfen an Gräsern, Regentropfen an Fensterscheiben, Wasser an Glasstäben. Die Anhangskraft, auch Flächenanziehung genannt, wirkt um so stärker, je mehr Berührungspunkte vorhanden, d. h. je glatter die aufeinander liegenden Flächen sind. Auch durch Druck wird diese Kraft erhöht.

Wenn Gase in poröse feste oder flüssige Körper eindringen und von ihnen infolge der Anhangskraft festgehalten werden, so nennt man diesen Vorgang **Absorption** (Aufsaugung). Fische könnten ohne die vom Wasser absorbierte Luft nicht leben. In der Landwirtschaft spricht man auch von der Absorption fester und flüssiger Stoffe im Boden. Sehr wichtig ist die Kenntnis der Absorption von Pflanzennährstoffen in den Ackerböden, besonders in den tonhaltigen, bei der Düngung der Felder. Gepulverte Kohle, Knochenkohle, Sand werden zum Reinigen von Wasser, Branntwein u. s. w. benützt. Holz, Ackererde, Salze absorbieren Wasserdämpfe aus der Luft und werden dadurch feucht.

d) Schwimmen, Dichte und spezifisches Gewicht.

Wird ein Körper in eine Flüssigkeit getaucht, so **verliert er soviel an Gewicht, als die von ihm verdrängte Flüssigkeit wiegt** (Archimedisches Prinzip). — Bringen wir einen festen Körper in eine Flüssigkeit, in welcher derselbe unlöslich ist, so können drei Fälle eintreten. Der Körper schwebt oder er sinkt unter oder er schwimmt, je nachdem das Gewicht des Körpers gleich, größer oder kleiner ist als das Gewicht der von ihm verdrängten Flüssigkeit.

In der Regel vergleicht man das Gewicht eines Körpers mit dem Gewicht von Wasser bei gleichem Rauminhalt. Dies geschieht, indem zunächst das Gewicht des Körpers in der Luft bestimmt wird (absolutes Gewicht), hierauf wird der Körper im Wasser (von 4° C) eingetaucht gewogen. Wird das Gewicht des Körpers in der Luft durch den Gewichtsverlust im Wasser geteilt, so erhält man eine Zahl, welche kleiner oder größer ist als 1, je nachdem der Körper leichter oder schwerer ist als das Wasser. Man nennt diese Zahl seine Dichte oder sein spezifisches Gewicht.

Das spezifische Gewicht gibt also an, wievielmal schwerer ein Körper ist, als die gleiche Raummenge Wasser. Wiegt z. B. ein Stück Eisen in der Luft 150 g und verliert es im Wasser bei + 4° C 20 g, so beträgt das spezifische Gewicht $^{150}/_{20} = 7{,}5$, d. h. 1 cdm Eisen wiegt 7,5 kg.

Spezifische Gewichte von festen Körpern:

Gold . . .	19,3	Gips, krist.	2,31
Blei . . .	11,4	Eichenholz .	1,17
Silber . .	10,5	Eis . . .	0,91
Kupfer . .	8,88	Tannenholz	0,45
Marmor .	2,83	Kork . .	0,24.

Der Stärkegehalt der Kartoffeln kann durch die Bestimmung des spezifischen Gewichts derselben gefunden werden. Hierzu benützt man besondere Kartoffelwagen. Die Verschiedenheit des spezifischen Gewichtes von Flüssigkeiten kann man beobachten, wenn Öl vorsichtig in Wasser gegossen wird; es bleibt dann das spezifisch leichtere Öl an der Oberfläche des Wassers.

Je geringer das spezifische Gewicht einer Flüssigkeit ist, um so tiefer sinkt ein eingetauchter Körper ein. Darauf gründet sich die Anwendung von Senkwagen (Aräometer) zur Bestimmung des spezifischen Gewichtes von Flüssigkeiten.

Das Aräometer ist eine mit einer Skala versehene Spindel, an welcher sich das spezifische Gewicht ablesen läßt. Die Milch wird mit dem Laktodensimeter (Milchdichtemesser), alkoholische Flüssigkeiten werden mit dem Alkoholometer, zuckerhaltige Flüssigkeiten mit dem Saccharometer (Zuckergehaltsmesser), salzhaltige Flüssigkeiten mit der Solwage oder Salzspindel, Most und Wein mit der Most- und Weinwage gemessen.

Spezifische Gewichte von Flüssigkeiten:

Wasser	1
Alkohol	0,79
Leinöl	0,95
Meerwasser	1,03
Milch	1,03
Schwefelsäure, englische	1,85.

e) Diffusion und Osmose.

Diffusion nennt man die Eigenschaft zweier Flüssigkeiten oder zweier Gase, sich bei ihrer Berührung zu mischen. — Sind beide Flüssigkeiten oder

Gase durch eine poröse Wand (Blase, Zellhaut, poröser Ton) voneinander getrennt, so findet trotzdem eine Mischung derselben statt. Diese Eigenschaft heißt **Osmose**.

Gewinnung des Zuckersaftes aus Zuckerrüben durch Osmose.

3. Ruhe und Bewegung luftförmiger Körper.

a) Luft und Luftbewegung.

Die ganze Erde ist von einer Lufthülle, der **Atmosphäre**, umgeben, deren Höhe auf etwa 10 geographische Meilen (etwa 74 km) berechnet wird. Die Arbeitskraft bewegter Luft oder des Windes wird durch **Windräder** ausgenützt. Wo regelmäßige Luftströmungen vorhanden sind, ist die Anlage eines Windmotors zum Betriebe von Pumpen und landwirtschaftlichen Maschinen vorteilhaft. Die Stärke der Arbeitskraft der Luft richtet sich nach der Geschwindigkeit des Windes.

b) Der Luftdruck und seine Anwendung.

Da die Luft ein Gewicht hat — 1 Liter Luft wiegt am Meeresspiegel (bei 0°) 1,3 g —, so übt die Atmosphäre auf alle Körper einen erheblichen Druck aus. Ein einfacher Versuch zeigt den Luftdruck: Wird ein bis an den Rand mit Wasser gefülltes Glas mit einem Papier zugedeckt und vorsichtig umgedreht, so fließt das Wasser nicht aus.

Die **Größe** des Luftdruckes wird durch den von Torricelli im Jahre 1643 angegebenen Versuch festgestellt:

Man nimmt eine ungefähr 85 cm lange, am oberen Ende zugeschmolzene Glasröhre, füllt dieselbe vollständig mit Quecksilber und taucht sie in ein mit Quecksilber gefülltes Gefäß. Hierauf sinkt das Quecksilber in der Röhre und bleibt bei einer gewissen Höhe in derselben stehen. Dies ist deswegen der Fall, weil der Luftdruck das Gewicht dieser Quecksilbersäule im Gleichgewicht hält. Über dem Quecksilber entsteht ein **luftleerer Raum** (Vakuum). Die Höhe der Quecksilbersäule gibt die Größe des Luftdruckes an. Am Meeresspiegel beträgt die Höhe der Quecksilbersäule im Mittel 760 mm. (Normaler Luftdruck.) In diesem Falle ist der Druck der Luft auf 1 qcm ungefähr 1 kg und wird 1 **Atmosphärendruck** genannt. (Fig. 16.)

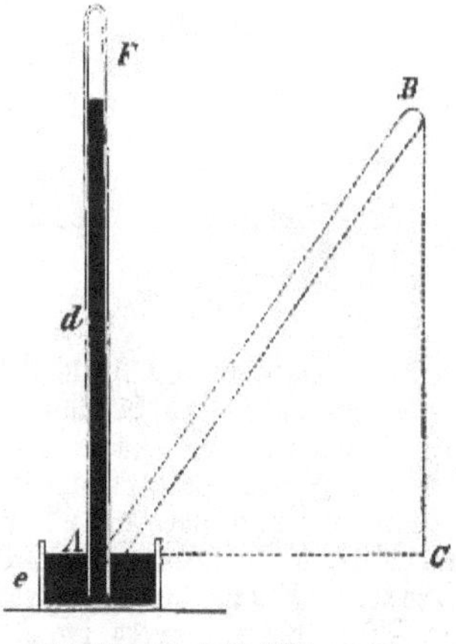

F
B
d
A
C
e

Fig. 16. Das Gefäßbarometer.

Den Luftdruck bestimmt man durch das **Barometer**.

Man unterscheidet Quecksilber- und Metallbarometer.

Die verbreitetste Form des Quecksilberbarometers ist das **Gefäßbarometer** (Phiolenbarometer). Es besteht aus einer ungefähr 85 cm langen, etwa 1 cm weiten, an einem Ende zugeschmolzenen, am andern dagegen kugelig erweiterten Glasröhre. Diese ist an einem aufhängbaren Brettchen, an welchem auch eine Gradeinteilung (Skala) mit Zahlen angebracht ist, befestigt.

Die Metall- oder Aneroïdbarometer bestehen aus einer möglichst luftleeren Metallkapsel, welche bei wechselndem Luftdruck verschieden stark zusammengedrückt wird. Die dadurch hervorgerufene Bewegung wird auf einen Zeiger übertragen. Dieser gibt auf einem Zifferblatte den Barometerstand an.

Der Luftdruck ist um so geringer, je weiter man sich über die Meeresoberfläche erhebt, weshalb das Barometer auch zur Höhenmessung benützt werden kann. Bei 10,5 m Steigung fällt das Quecksilber im Barometer um 1 mm.

Der Saugheber (Fig. 17) ist eine gebogene, an beiden Enden offene, nicht zu weite Röhre, durch welche Flüssigkeiten von selbst ablaufen. Dies ist der Fall, wenn aus dem einen Schenkel AC, dessen Öffnung C tiefer liegt als der Spiegel der Flüssigkeit, die Luft ausgesaugt wurde. (Abfüllen von Flüssigkeiten.)

Der Stechheber (Pipette) wird zur Probenahme von Flüssigkeiten aus Fässern u. dgl. benützt. Der Stechheber ist ein aus Glas oder Metall hergestelltes offenes

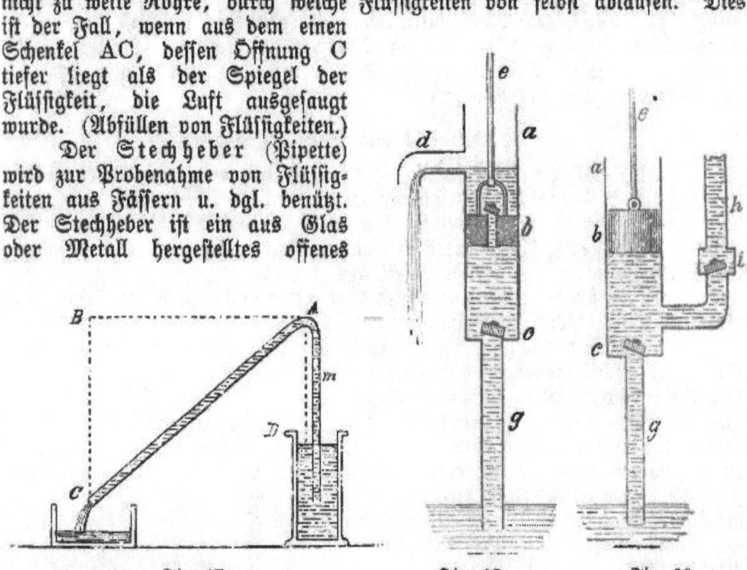

Fig. 17. Saugheber. Fig. 18. Saug- u. Hubpumpe. Fig. 19. Saug- u. Druckpumpe.

Gefäß, welches in der Mitte flaschenförmig erweitert und unten zugespitzt ist. Beim Eintauchen des Stechhebers dringt die Flüssigkeit unten ein und verdrängt teilweise die Luft. Wird vor dem Herausziehen die obere Öffnung mit dem Finger geschlossen, so läuft ein kleiner Teil der Flüssigkeit aus, wodurch die Luft über der Flüssigkeit verdünnt wird und der äußere Luftdruck zur Wirkung kommen kann. Der Stechheber kann auch in der Art benützt werden, daß man die Luft des eingetauchten Stechhebers aussaugt, wodurch die Flüssigkeit von unten im Stechheber aufsteigt.

Die Saug- und Hubpumpe (Fig. 18) besteht aus einer weiten Röhre, dem Stiefel a, in welchem sich der Kolben b mit der Kolbenstange e auf und nieder bewegt. Der Kolben ist durchbrochen und mit dem Druck- oder Kolbenventil versehen. An den Stiefel schließt sich nach unten das

Saugrohr g an, an dessen oberem Ende sich das Saugventil c befindet. Wird der Kolben im Stiefel emporgezogen, so entsteht über dem Saugventil ein luftverdünnter Raum. Derselbe wird sofort durch das im Saugrohr infolge des atmosphärischen Luftdruckes aufsteigende Wasser ausgefüllt. Bei der Abwärtsbewegung des Kolbens schließt sich das Saugventil c und das Wasser tritt durch das Druckventil über den Kolben. Beim nächsten Hub wird das über dem Kolben befindliche Wasser bis zur Ausflußröhre d gehoben.

Die Saug- und Druckpumpe (Fig. 19) unterscheidet sich von der Hubpumpe dadurch, daß ihr Kolben b nicht durchbrochen ist. Statt der über dem Kolben befindlichen Ausflußröhre d ist unter diesem nahe beim Saugventil c ein Steigrohr h angebracht, in welchem sich das Druckventil i befindet. Das Ansaugen von Wasser erfolgt in gleicher Weise beim Aufwärtsgehen des Kolbens wie bei der Hubpumpe. Beim Abwärtsdrücken des Kolbens b schließt sich das Saugventil c und das Wasser wird unter Öffnung des Druckventils i in das Steigrohr h gepreßt.

Die Feuerspritze besteht aus zwei Druckpumpen und einem Windkessel. Durch die Tätigkeit der Pumpen tritt das Wasser in den Windkessel und preßt die Luft desselben zusammen. Die zusammengepreßte Luft übt nun im Windkessel auf die Wasseroberfläche einen sehr starken Druck aus, wodurch das Wasser mit großer Gewalt in den Spritzenschlauch getrieben wird.

In gebirgigen Gegenden wird das Wasser vielfach durch den hydraulischen Widder oder Stoßheber (Fig. 20) auf bedeutende Höhen gefördert. Das Wasser einer Quelle oder eines Baches B wird durch eine Röhre R zu einem tiefer liegenden offenen Ventil W geleitet, aus welchem es ausspritzt. Sobald die Geschwindigkeit des ausfließenden Wassers eine gewisse Größe erreicht hat, wird dieses Ventil vom Wasserstrom mitgenommen und geschlossen, wodurch die im Rohr zufließende Wassermasse plötzlich gestaut wird. Bei dieser Stauung wird das Wasser unter großem Druck durch das Ventil V in den Windkessel A gepreßt und von hier aus durch das Steigrohr S auf eine dem Druck entsprechende Höhe getrieben. Sobald die durch die Stauung des Wassers hervorgerufene Wucht (lebendige Kraft) aufhört, öffnet sich das Ventil W wieder, wodurch sich der Vorgang selbsttätig wiederholt. Je höher das Wasser gehoben werden muß, desto mehr Wasser spritzt beim Ventil W aus und geht verloren.

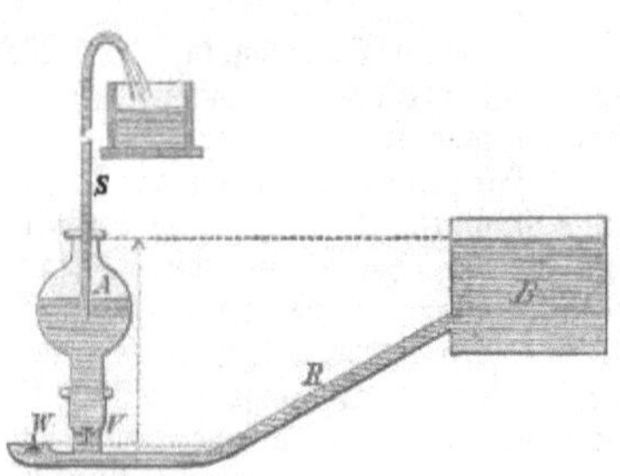

Fig. 20. Hydraulischer Widder.

III. Die Lehre von der Wärme.

1. Die Quellen der Wärme.

Die Wärme erweckt im menschlichen Körper Empfindungen, welche je nach dem Wärmezustand oder der Temperatur der auf ihn einwirkenden Körper mit den Ausdrücken: heiß, warm, kühl, kalt bezeichnet werden.

Die hauptsächlichste Wärmequelle ist die Sonne. Diese spendet allen Lebewesen die zu ihrer Existenz nötige Wärme. Die Wirkung der Sonnenwärme hängt von dem Winkel ab, unter welchem die Sonnenstrahlen die Oberfläche des Körpers treffen. Fallen die Sonnenstrahlen senkrecht auf, so ist die Sonnenwärme am wirksamsten. Am deutlichsten tritt dies hervor beim Stand der Sonne zur Erde im Winter und Sommer, ferner am Morgen, Mittag und Abend. Außerdem besitzt die Erde noch eine Eigenwärme. Diese Wärme nimmt von 30 m zu 30 m je um 1 ° C zu. Z. B. sehr hohe Temperatur bei Tunnelbauten, in Bergwerken.

Wärme wird ferner hervorgebracht durch Reibung, Stoß, Schlag und Druck. Darauf beruht das Entzünden der Streichhölzer an der Reibfläche, das Erwärmen aller Werkzeuge bei Bearbeitung von Bausteinen und Holz.

Wärme entsteht schließlich noch bei chemischen Vorgängen und durch Elektrizität.

Die Wärmebildung beim Verbrennen von Holz, Torf und Spiritus, beim Kalklöschen und bei der Zersetzung des Stallmistes, die gewöhnliche Körperwärme und die vermehrte Wärme während der Arbeit sind auf chemische Vorgänge zurückzuführen. Elektrische Vorgänge, z. B. Blitzschlag, elektrische Ströme, erzeugen ebenfalls Wärme. So wird ein dünner Kupferdraht, durch welchen ein starker elektrischer Strom geht, glühend.

2. Die Wirkungen der Wärme und die Wärmemessung.

a) Eine Hauptwirkung der Wärme besteht darin, daß feste, flüssige und luftförmige Körper bei zunehmender Temperatur sich ausdehnen, bei abnehmender dagegen sich zusammenziehen.

Eine Kugel, welche im kalten Zustande durch einen Metallring gerade noch hindurchgeht, bleibt im erhitzten Zustande auf demselben liegen. Wird ein bis an den Rand mit Wasser gefüllter Topf erwärmt, so läuft das Wasser über. Eine mit Luft gefüllte Schweinsblase dehnt sich aus, wenn sie auf den warmen Ofen gelegt wird. — Kochherdplatten, eiserne Ringe über der Feuerung des Kochherdes und Eisenbahnschienen dürfen deshalb in kaltem Zustand nicht dicht aneinanderstoßen.

Eine bekannte Anwendung dieser Wärmewirkung ist das Thermometer (Temperaturmesser). Gewöhnlich besteht dieses aus einer dünnen, zugeschmolzenen und luftleeren Glasröhre, welche eine mit Quecksilber oder Weingeist gefüllte, häufig kugelige Erweiterung besitzt.

Auf der Glasröhre oder an einem Brettchen ist eine Gradeinteilung oder Skala angebracht, welche in der Weise hergestellt wird, daß man zunächst den Nullpunkt (0) durch Eintauchen der Glasröhre in schmelzendes Eis bestimmt und den Stand der Flüssigkeit markiert. Den Nullpunkt nennt man auch Eis- oder Gefrierpunkt (EP). Bringt man die Glasröhre darauf in Dämpfe von siedendem Wasser bei 760 mm Barometerstand, so zeigt das Ende der Quecksilbersäule den zu markierenden Siedepunkt (SP) an. Wird nun der Abstand zwischen Nullpunkt und Siedepunkt in 100 gleiche Teile oder Grade (Abkürzung °) eingeteilt, so erhält man das Thermometer nach Celsius. Führt man die Einteilung in 80 Graden aus, so bekommt man das Thermometer nach Réaumur (sprich Reomür).

Das 80teilige Thermometer von Réaumur (R) ist noch sehr verbreitet, doch wird jetzt allgemein das 100teilige Thermometer nach Celsius (C) eingeführt.

$1^{\circ} C = \frac{4}{5}^{\circ} R = 0{,}8^{\circ} R. \quad 1^{\circ} R = \frac{5}{4}^{\circ} C = 1{,}25^{\circ} C.$

Die Fortsetzung der Gradeinteilung nach unten gibt die Kältegrade oder Grade unter Null im Gegensatz zu den Wärmegraden oder Graden über Null an. Die Grade über Null schreibt man mit vorgesetztem + (plus), die Grade unter Null mit — (minus). Z. B. das Zimmer hat eine Temperatur von + 15° C oder — 7° C.

Das Thermometer findet vielfache Anwendung in der Landwirtschaft. Unentbehrlich ist es in der Branntweinbrennerei, in der Brauerei, in der Molkerei, in Viehställen, bei der Tierheilkunde und in Gewächshäusern. Zum Messen der Wärme im Boden, in Süßpreßfutterhaufen, in Kartoffel- und Rübenmieten benützt man das etwa 1 m lange Bodenthermometer, welches in einer mit durchlöcherter Spitze versehenen Metallhülse steckt.

Bei Wasser macht die Wirkung der Wärme eine Ausnahme. Wasser zieht sich nämlich bei abnehmender Temperatur nur bis + 4° C zusammen, unter dieser Temperatur dehnt es sich bis zur Eisbildung (bei 0°) aus. Wasser von 0° C zieht sich deshalb bei zunehmender Wärme zunächst bis zu + 4° C zusammen und dehnt sich dann erst aus. Das Wasser hat demnach bei + 4° C seine größte Dichtigkeit, also auch sein größtes Gewicht. (1 ccm Wasser wiegt bei + 4° C 1 Gramm.) Dies ist von großer Bedeutung für alle im Wasser lebenden Tiere und Pflanzen, da die Eisbildung an der Oberfläche erfolgt. Darauf beruht auch das Schwimmen des Eises als des spezifisch leichteren Körpers auf dem Wasser.

Grundeis entsteht in Flüssen und Bächen, wenn durch die Strömung kältere Wasserschichten als von + 4° C auf den Grund gelangen und dort gefrieren, indem die Strömung am Grunde geringer ist und sich auch feste Punkte für den Ansatz von Eisnadeln vorfinden. Das Grundeis wird durch sein geringeres spezifisches Gewicht meist bald gehoben und trägt dann zur Bildung der Eisdecke bei.

Durch die Ausdehnung des Wassers beim Gefrieren kann dem Landwirt großer Nutzen, aber auch Schaden entstehen. Der größte Nutzen besteht darin, daß schwere Ackerböden im Laufe des Winters durch die gefrierenden Wasserteilchen locker gemacht werden. — Der Frost ist der beste Ackersmann. — Durch diese natürliche Zertrümmerung von Boden- und Steinteilchen werden größere Mengen sonst unlöslicher oder schwerlöslicher Pflanzennährstoffe aufgeschlossen und den Wurzeln der Pflanzen zugänglich gemacht. Darauf beruhen zum Teil auch die Vorteile des Pflügens vor Winter und des Liegenlassens gepflügter Felder in rauher Furche über Winter. Sehr nachteilig wirkt die Eisbildung bei flachliegenden Drainagen durch Zersprengen der Drainröhren. Ebenso können auch Wasserleitungen und Mauern zerrissen werden. Wintergetreide wird in nassen Feldern durch Frost gehoben und die Wurzeln werden teilweise zerrissen. (Aufziehen oder Auswintern der Saaten.)

b. Die zweite Hauptwirkung der Wärme besteht darin, daß der Zusammenhangsgrad oder der Aggregatzustand der Körper verändert wird. Durch Einwirkung von Wärme können feste Körper in flüssige und flüssige in luftförmige umgewandelt werden. Ebenso lassen sich durch Wärmeentziehung (Abkühlung) luftförmige Körper in den flüssigen und flüssige in den festen Zustand versetzen.

Zur Umwandlung ist Wärme nötig. ↑

luftförmiger Zustand

flüssiger Zustand

fester Zustand

Zur Umwandlung ist Wärmeentziehung (Abkühlung) nötig, wobei Wärme vom Körper abgegeben wird. ↓

Das Schmelzen. Die Überführung eines festen Körpers in den flüssigen Zustand nennt man das Schmelzen. Jeder Körper hat einen Schmelzpunkt, d. h. er schmilzt bei einer ganz bestimmten Temperatur. Quecksilber bei — 39° C; Eis bei 0° C; Butter je nach Beschaffenheit bei + 29 bis 41° C; Blei bei + 333° C; Gußeisen bei 1050 bis 1200° C. Metallmischungen schmelzen leichter als die einzelnen Metalle. (Schnellot der Klempner.) Zum Schmelzen ist Wärme nötig. Durch den großen Wärmeverbrauch beim Schmelzen von Schnee und Eis wird im Frühjahr gewöhnlich verhütet, daß die Schnee- und Eismassen plötzlich auftauen und Überschwemmungen hervorrufen.

Die Überführung eines flüssigen Körpers in den festen Zustand wird Festwerden, Erstarren oder Gefrieren genannt. Erstarrungs- oder Gefrierpunkt ist diejenige Temperatur, bei welcher das Erstarren gewöhnlich eintritt. Der Erstarrungspunkt eines Körpers ist auch sein Schmelzpunkt. Beim Wasser ist er 0° C. Das Festwerden flüssiger Körper wird durch Wärmeentziehung verursacht. Wärme wird dabei frei. Das Aufstellen eines Wasserbehälters im Keller verhindert bisweilen das Gefrieren der Kartoffeln, indem das gefrierende Wasser Wärme an den Keller abgibt.

Wenn Flüssigkeiten ohne jede Erschütterung stark abgekühlt werden, so kann die Temperatur derselben weit unter den Erstarrungspunkt gehen, ohne daß sie gefrieren. Die Flüssigkeit ist dann im unterkühlten Zustand. Durch Stoß und Schlag tritt die Erstarrung oft plötzlich ein. Das Butterfett in der Milch befindet sich z. B. im unterkühlten Zustand und wird durch Stoßen oder Schlagen im Butterfaß in den festen Zustand übergeführt.

Das Sieden. Die Verwandlung flüssiger Körper in den luftförmigen Zustand, in Dampf, bei Wärmezufuhr heißt Sieden. Die Temperatur, bei welcher eine Flüssigkeit bei einem Barometerstand von 760 mm siedet, bezeichnet man als ihren Siedepunkt. Der Siedepunkt von Wasser ist 100° C, von Alkohol 78° C, von Quecksilber 360° C. Mit der Zu- oder Abnahme des Luftdruckes liegt der Siedepunkt auch höher oder niederer. Wasser siedet in einem Dampfkessel bei 2 Atmosphären Dampfdruck erst bei 121° C, dagegen auf dem St. Bernhard bei 2500 m Höhe schon bei 92° C. Wird Wasser in einem Gefäß andauernd erwärmt, so steigen zunächst kleine Luftbläschen, dann vom Grunde aus größere, in der Nähe der Wasseroberfläche verschwindende Dampfbläschen auf, wonach das Wasser ein eigentümliches Geräusch, das Singen, hören läßt. Bald darauf kommt die Flüssigkeit in wallende Bewegung, sie siedet oder kocht, wobei der Dampf in die Luft steigt.

Da sich Flüssigkeiten auch bei jeder Temperatur unter dem Siedepunkt an ihrer Oberfläche verflüchtigen, so spricht man in diesem Falle von Verdunstung. Im Gegensatz zum Sieden steigen hierbei keine Dampfblasen im Innern der Flüssigkeiten auf. Durch Luftzug, vermehrte Wärme und Vergrößerung der verdunstenden Oberfläche wird die Verdunstung beschleunigt. Äther und Spiritus verdunsten rascher wie Wasser. Schnell verdunstende Flüssigkeiten nennt man flüchtig, z. B. Benzin, Äther und viele wohlriechende Öle. Zum Verdunsten von Flüssigkeiten ist Wärme nötig (Verdunstungswärme). Diese Wärme wird der Flüssigkeit und der Umgebung entzogen, wodurch dann auch Kälte empfunden wird (Verdunstungskälte), wie dies beim Aufgießen von Äther oder Benzin auf die Hand bekannt ist. (Wirkung nasser Kleidungsstücke auf den Körper.) Die Verdunstung des Wassers ist sehr häufig zu beobachten; nasse Straßen und nasse Felder trocknen bei Wind oder durch Einwirkung der Sonnenwärme sehr schnell ab; ausgebreitetes Gras trocknet schneller als in Schwaden liegendes. Böden, welche mit Stallmist oder mit leblosen Pflanzen bedeckt sind, bleiben feucht, da Luft und Wärme vom Boden abgehalten werden; naßgewordene Pferde erkälten sich, wenn sie nicht trocken gerieben werden u. dgl.

Dampfförmige Körper werden durch genügende Abkühlung flüssig. Man spricht in diesem Falle von Verdichtung der Dämpfe oder Kondensation. Wird der Wasserdampf durch kalte Luft abgekühlt, so entstehen äußerst kleine Dunstbläschen, Nebel (z. B. Nebelbildung durch ausströmenden Dampf einer Lokomotive).

Unter Destillation versteht man die Überführung eines flüssigen Körpers in Dampf und die darauffolgende Abkühlung des Dampfes zu einer Flüssigkeit. Durch die Destillation ist es möglich, beigemengte und aufgelöste Stoffe von Flüssigkeiten zu trennen, z. B. Schlempe von Spiritus in der Branntweinbrennerei; Kalk, Gips, Salze vom Wasser (Kesselsteinbildung). Destilliertes Wasser ist chemisch reines Wasser.

Der Wasserdampf wird in der verschiedensten Weise verwendet, zum Dämpfen von Speisen und Kartoffeln, zur Erwärmung von Gebäuden, Eisenbahnwagen (Dampfheizung) und zum Treiben von Maschinen, da der im Kessel eingeschlossene Wasserdampf große Spannkraft besitzt.

Die Dampfmaschine.

Zur Dampfmaschine gehört der Dampfkessel, bei welchem durch Verbrennen von Holz, Torf, Kohle u. s. f. auf dem Roste Wärme erzeugt wird, welche das Wasser in dem Kessel in gespannten Dampf verwandelt. Damit der Dampfdruck, welcher in Atmosphären durch das Manometer gemessen, nicht zu groß wird, ist ein Sicherheitsventil angebracht. Es muß stets genug Wasser im Kessel sein; den Wasserstand erkennt man an dem Wasserstandsglas. Um den Zutritt der Luft zum Feuer zu verstärken, leitet man die Rauchgase in einen Schornstein. Je höher derselbe ist, desto besser ist der Zug der Dampfkesselfeuerung.

Bei der Lokomobile und Lokomotive sind Maschine und Kessel fest miteinander verbunden und fahrbar. Bei der Lokomotive bringt die Maschine die Vorwärtsbewegung selbst hervor.

Der Dampfzylinder (Fig. 23). Der vom Dampfkessel kommende gespannte Dampf tritt durch das Dampfrohr 1 in den Schieberkasten 2 ein. Durch Hin- und Herbewegen des Muschelschiebers 3 vermittelst der Schieberstange 4 wird der Dampf durch die Dampfkanäle 5 und 6 abwechselnd auf beide Seiten des Dampfzylinders 8 geleitet. In der gezeichneten Lage des Muschelschiebers tritt der Dampf durch den Kanal 5 in die Zylinderseite

Fig. 21. Lokomobile (Längsschnitt).

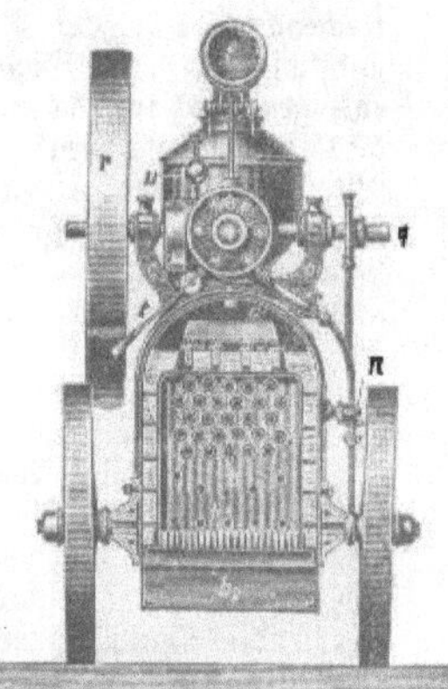

Fig. 22. Lokomobile (Querschnitt).

a. Äußerer Kessel mit Holz- und Blechverkleidung.
b. Feuerbüchse mit Heiztüre, Rost b¹, Aschenkasten b².
c. Sieberöhren oder Züge.
d. Wasserstandsglas.
e. Rauchkammer mit Funkenfänger e¹.
f. Schornstein.
g. Das Mannloch.
h. Sicherheitsventil.
i. Manometer.
k. Signalpfeife.
l. Anfachhahnen mit Rohr.
m. Kesselablaßhahnen.
n. Speisepumpe, (Fig. 22).
o. Maschinenhauptgestell.
p. Pleuelstange mit Kreuzkopf p¹.
q. Exzenter mit Kurbelwelle.
r. Schwungrad.
s. Dampfzylinder mit Kolben und Kolbenstange.
t. Dampfeinlaßschieber.
u. Regulator.

rechts ein, wodurch der Kolben 9 durch den Dampfdruck von rechts nach links bewegt wird. Der in der linken Zylinderseite vorhandene Dampf wird bei dieser Kolbenbewegung durch den Dampfkanal 6 und durch die Höhlung des Muschelschiebers 3 in das Abdampfrohr 7 geleitet, durch welches er entweicht, um unter Umständen noch zum Vorwärmen von Wasser benützt zu werden. Die Bewegung des Kolbens wird mit Hilfe der Kolbenstange 10 nach außen und durch den Kurbelmechanismus auf die Kurbelwelle übertragen. Auf der Kurbelwelle ist das Schwungrad befestigt, welches einen gleichmäßigen Gang der Maschine hervorbringt. Durch die Stopfbüchse 13

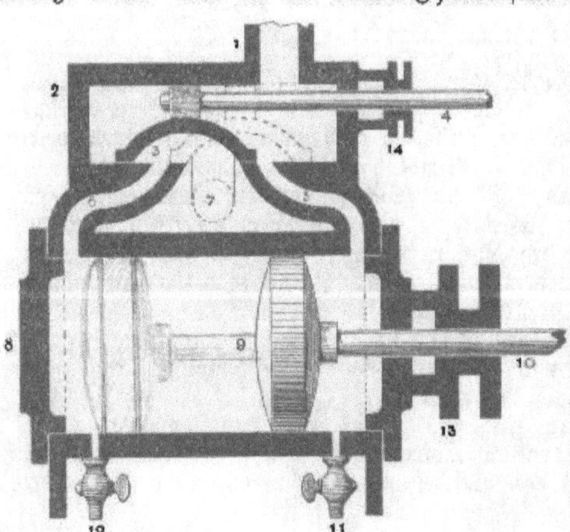

Fig. 23. Dampfzylinder mit Muschelschiebersteuerung.

wird die Kolbenstange und durch Stopfbüchse 14 die Schieberstange abgedichtet. Die Hähne 11 und 12 dienen zum Ablassen des Wassers, welches sich im Zylinder niederschlägt und abgeführt werden muß.

Die Explosionskraftmaschinen.

Die Wirkungsweise derselben beruht darauf, daß ein Gemisch von Luft mit Leuchtgas oder mit Erdöl- oder Benzin- oder Spiritusdämpfen explodiert, sobald es entzündet wird; der bei der Explosion entstehende Gasdruck setzt den Kolben der Maschine in Bewegung. Bei den Explosionsmaschinen ist die Anfuhr von Wasser und Brennmaterial sehr vermindert, es besteht keine Feuersgefahr durch Funkensprühen und die Bedienung ist sehr vereinfacht. Außer verhältnismäßig geringen Betriebskosten haben diese Maschinen noch den Vorzug, daß sie jederzeit rasch in Betrieb gesetzt werden können.

3. Die Verbreitung der Wärme.

Wärme kann durch Leitung und Strahlung verbreitet werden.

a) Die Verbreitung der Wärme durch Leitung ist je nach der Art des Stoffes sehr verschieden. Dies ist z. B. bei eisernen Öfen und bei Kachelöfen zu beobachten. Eiserne Öfen werden sehr schnell auch in denjenigen Teilen warm, welche nicht direkt mit der Feuerung in Berührung kommen, Kachelöfen dagegen erwärmen sich ganz allmählich. Im ersten Falle wird die Wärme im Eisen gut fortgeleitet, d. h. Eisen nimmt die Wärme leicht auf und leitet sie rasch weiter; im letzten Falle wird die Wärme in gebranntem Ton langsam fortgeleitet, d. h. Ton nimmt die Wärme langsam auf und leitet sie nur allmählich weiter. Je nachdem Körper die Wärme schnell oder langsam aufnehmen und ebenso weiterleiten, unterscheidet man gute und schlechte Wärmeleiter.

Gute Wärmeleiter sind alle Metalle. Anwendung metallener Gefäße und Röhren beim Kochen, bei der Dampfheizung und bei Kühlvorrichtungen, z. B. Milchkühler, Kühlschlangen bei der Destillation. Wasser gefriert in eisernen Röhren rasch.

Schlechte Wärmeleiter sind Holz, Wasser, Schnee, Wolle, Pelz, Seide, Leinwand, Stroh, Federn, Papier, Asche, Steine, Erde, Luft. Sie finden Anwendung, um Körper gegen Wärmeaufnahme, aber auch gegen Wärmeabgabe zu schützen, z. B. Stroh beim Aufbewahren von Rüben und Kartoffeln in Mieten, ferner zum Einbinden von Wasserleitungen und Brunnen. Aufbewahrung von Eis durch Bedecken mit Stroh, Laub, Sägemehl, wollenen Tüchern. Stroh, Federn, Haare, Schnee, Asche leiten die Wärme um so schlechter, je lockerer sie sind. (Eingeschlossene Luft.) Holzschuhe, Korksohlen, Strohsohlen in Schuhen halten die Füße warm. Eine Schneedecke ist der wirksamste Schutz der Wintersaaten gegen Fröste. Eiserne Kochgeschirre, desgleichen Werkzeuge, landwirtschaftliche Maschinen und Geräte, Hähne an Dampfkesseln werden mit Holzgriffen versehen, um sich vor den nachteiligen Wirkungen der Wärme oder Kälte zu schützen. Wirkung der Doppelfenster durch eingeschlossene Luft u. dgl.

b) Bei der Verbreitung der Wärme durch Strahlung geht die Wärme von der Wärmequelle auf nahe oder entfernt liegende Körper unmittelbar über. Heiße Körper senden nach allen Seiten hin Wärmestrahlen aus, welche durch die Luft oder andere Körper, z. B. Glas, hindurchgehen können, ohne sie stark zu erwärmen. Ein Körper wird durch Wärmestrahlen nur dann erwärmt, wenn letztere teilweise oder ganz vom Körper aufgesaugt, d. h. in ihn aufgenommen werden. Gehen die Wärmestrahlen durch einen Körper hindurch, so kann er nicht erwärmt werden. Nähert man sich z. B. einem heißen Ofen, so empfindet man die Wärme desselben, ohne daß die Luft in gleichem Maße erwärmt wird wie der menschliche Körper. Die Wärmestrahlen werden in diesem Falle vom eigenen Körper aufgenommen, von der Luft dagegen viel weniger. Ein zwischen Ofen und Körper aufgestellter Ofenschirm hält sofort alle Wärmestrahlen vom Körper ab, indem er sie selbst in sich aufnimmt oder zurückstrahlt. Dunkle und rauhe Körper nehmen die Wärmestrahlen besser auf als helle und glatte Körper. Wird die Wärme von einem Körper schnell aufgenommen, so wird sie auch rasch wieder von ihm abgegeben. Solche Körper sind gute Wärmestrahler. Schlechte Wärmestrahler nehmen die Wärmestrahlen langsam auf, geben sie aber auch langsam wieder ab. Schwarze und rauhe Öfen von Eisen strahlen die Wärme z. B. schneller aus als helle und glasierte Öfen. Dunkle Kleidungen sind bei einwirkenden Sonnenstrahlen wärmer als helle, weshalb man im Sommer mit Vorliebe helle Kleiderstoffe zu Anzügen verwendet. (Aufschütten von Ruß, Asche, Thomasmehl auf Schnee und Eis.) Dunkle Dächer verlieren schneller ihre Schneedecke als helle. An dunklen Mauern wird Obst frühzeitiger reif als an hellen. Das Anstreichen der Obstbäume im Herbst mit Kalkmilch verhütet das zu rasche Auftauen der gefrorenen Baumrinde.

IV. Magnetismus und Elektrizität.

1. Magnetismus.

Magnete sind Körper, welche weiches Eisen, Stahl oder reines Nickel anziehen und festhalten. Die Ursache dieser Erscheinung bezeichnet man als magnetische Kraft oder Magnetismus. Es gibt Körper, welche von Natur aus magnetisch sind, z. B. das Magneteisen. Dieses Eisenerz soll schon lange Zeit vor uns von Griechen und Römern in der Nähe der Stadt Magnesia in Kleinasien gefunden und darnach Magnetstein oder Magnet genannt worden sein. Die magnetische Kraft kann durch Bestreichen auf Eisen und Stahl übertragen werden; man erhält dadurch künstliche Magnete, denen man Stab- oder Hufeisenform gibt. Die Erfahrung lehrt auch, daß Werkzeuge aus Stahl durch Hämmern, Bohren u. dgl. von selbst magnetisch werden. Durch Glühen eines Magnets geht seine magnetische Kraft verloren. Bestreut man einen Magneten mit Eisenfeilspänen, so werden diese an den Enden am stärksten und in der Mitte gar nicht angezogen. Die Enden eines Magnetes nennt man Pole. Wird ein Stabmagnet so aufgehängt oder auf eine feine Spitze gelegt, so daß er sich wagerecht frei bewegen kann, so nimmt er stets eine bestimmte Richtung und zwar nahezu von Norden nach Süden ein. Diese Vorrichtung nennt man Magnetnadel. Der nach Norden zeigende Pol ist der Nordpol, der nach Süden zeigende der Südpol. Die schon angedeutete Abweichung des magnetischen Nordpols vom geographischen nennt man magnetische Deklination. Sie beträgt gegenwärtig für das mittlere Deutschland 12° nach Westen. Man muß diese Deklination berücksichtigen, wenn z. B. die wahre Mittagslinie mit einem Kompaß bestimmt werden soll. Werden die Pole zweier Magneten einander genähert, so zeigt sich, daß gleichnamige Pole, z. B. Nordpol und Nordpol, einander abstoßen, ungleichnamige Pole, z. B. Nordpol und Südpol, einander anziehen. Anwendung findet die Magnetnadel beim *Kompaß*, welcher zur Bestimmung der Himmelsrichtungen dient. Beim Kompaß ist die Magnetnadel auf einer Spitze frei beweglich in einem Gehäuse eingeschlossen. In letzterem befindet sich auch ein Blatt mit Angabe aller Himmelsrichtungen (Windrose). Beim Gebrauche wird die Windrose so gedreht, daß der Nordpol der Magnetnadel auf die mit Norden (N) bezeichnete Stelle hinweist. Die Magnetnadel ruht bei uns stets in der Nord-Südrichtung, weil die Erde selbst als Magnet wirkt (Erdmagnetismus). Auf der Nordhälfte der Erde ist Südmagnetismus, auf der Südhälfte Nordmagnetismus. Zur Kraftleistung benützt man Hufeisenmagnete, vor deren Polen ein Stück weiches Eisen, der *Anker*, hängt. Hufeisenmagnete können bedeutend schwerere Lasten tragen als die beiden Pole gleich großer Stabmagnete. Beseitigung von Eisenteilen (Nägel) aus dem Getreide vor dem Verschroten beziehungsweise Vermahlen durch den Magnet.

2. Elektrizität.

a) Reibungselektrizität.

Reibt man Bernstein, Glas oder Siegellack mit einem wollenen Lappen, so werden diese Körper *elektrisch*, d. h. sie ziehen leichte Körper, wie Papierschnitzel, Holundermarkkügelchen, an und stoßen sie nach der Berührung wieder ab. Elektrische Körper lassen bei Berührung mit dem Finger unter Funkenbildung ein Knistern vernehmen. Die Ursache dieser Erscheinung ist die elektrische Kraft oder *Elektrizität* (von Elektron = Bernstein). Alle Körper werden durch Reiben elektrisch. Die dabei entstehende Elektrizität kann durch andere Körper fortgeleitet werden. *Gute Leiter* führen die Elektrizität schnell fort, z. B. Metalle, namentlich Silber und Kupfer, dann Kohle, Leinen, Baumwolle, Wasser, saftige Pflanzen, menschliche und tierische Körper, überhaupt feuchte Körper. Die *Nichtleiter* oder schlechten Elektrizitätsleiter bleiben elektrisch: Bernstein, Glas, Papier, Gummi, Schwefel, Porzellan, Seide, Haare, Wolle, Federn, Luft, Horn. Die durch Reibung dieser Körper hervorgerufene Elektrizität heißt *Reibungselektrizität*. Gute Leiter können auch mit Elektrizität geladen werden und bleiben elektrisch, wenn man sie mit Nichtleitern umgibt. So werden z. B. die Telegraphendrähte durch Porzellanköpfe an den Stangen befestigt und auf diese Weise *isoliert*. Mit Rücksicht auf ihr verschiedenes Verhalten unterscheidet man zweierlei Elektrizitäten. *Positive Elektrizität* oder Glaselektrizität (+ E), z. B. durch Reiben eines Glasstabes mit Seide entstanden, und *negative Elektrizität* oder Harzelektrizität (— E), z. B. durch Reiben einer Harzstange mit Seide entstanden. Nähert man zwei mit verschiedenen Elektrizitäten geladene Körper einander, so stellt sich heraus, daß ungleichnamige Elektrizitäten einander anziehen und gleichnamige Elektrizitäten einander abstoßen. In dieser Beziehung gilt also dieselbe Regel wie beim Magneten. Bei Annäherung genügend starker ungleichnamiger Elektrizitäten entstehen **elektrische Funken.**

Größere Mengen von Reibungselektrizität können mit der Elektrisiermaschine gewonnen werden. Die hiebei entstehenden elektrischen Funken zeigen unter Knallentwicklung die zickzackartige Bewegung des Blitzes.

Gewitter und Blitzableiter.

An schwülen Sommertagen wird das Herannahen eines Gewitters durch dunkle, grauschwarze, mitunter sehr schnell aufziehende Wolken angekündigt. Vor Ausbruch desselben entstehen gewöhnlich heftige Winde, welchen dann Blitze, Donner, Regengüsse und bisweilen auch Hagel folgen. Die **Blitze**

Fig. 24. Gewitterwolke und Blitzableiter.

a die mit positiver Elektrizität geladene Wolke, b und c Wolken, die durch Verteilung elektrisch sind, c negative Elektrizität an der Erdoberfläche, erregt durch die Gewitterwolke a. — d positive Elektrizität, erregt durch die Wolke c. — o, o', o'' Auffangestangen, m Ableitungsscheibe des Blitzableiters.

sind starke elektrische Funken, welche von Wolke zu Wolke oder von Wolke zu hohen Gegenständen, z. B. Häusern, Bäumen, Türmen oder zur Erde und in Gewässer überspringen. Der Form nach unterscheidet man Zickzack-, Flächen- und Kugelblitze. Die Kraft des Blitzes ist sehr groß. Menschen und Tiere werden durch Blitz häufig getötet, Bäume werden gespalten, Mauern zerrissen. Kalte Schläge sind Blitze, welche keine Entzündung hervorrufen. Der französische Physiker Pellat hat durch Versuche nachgewiesen, daß der Luft durch die ununterbrochene Verdunstung des Wassers auf der Erdoberfläche fortwährend auch Elektrizität zugeführt wird. Nähert sich nun eine mit Elektrizität geladene Gewitterwolke einer ungeladenen Wolke, so tritt in dieser eine elektrische Verteilung ein. Die ungleichnamigen Elektrizitäten ziehen sich an und gleichen sich bei genügender Spannung unter Blitzerscheinung aus. Durch die hierbei eintretende Lufterschütterung entsteht gleichzeitig der Donner. + + - -

Erhöhte Gegenstände der Erde werden nicht nur deshalb vom Blitze häufiger getroffen, weil sie den Wolken näher sind, sondern auch deswegen, weil die Elektrizität das Bestreben hat, besonders aus Spitzen und Kanten in die Atmosphäre auszuströmen. (Elektrische Spitzenwirkung, St. Elmsfeuer.) Nähert sich also eine mit Elektrizität geladene Gewitterwolke der Erde, so erfolgt die Ausgleichung mit der von dieser Wolke angezogenen Erdelektrizität zuerst an den in der Nähe vorhandenen Spitzen. Hierauf beruht die Verwendung des Blitzableiters.

Der Blitzableiter ist eine auf Häusern und dgl. lotrecht angebrachte spitzige Eisenstange, welche durch einen Eisen- oder Kupferdraht mit dem Grundwasser des Erdbodens oder mit Wasser- und Gasleitungen in Verbindung steht. Bei einer gut wirkenden Blitzableiteranlage müssen nicht bloß alle Teile derselben gut leitend miteinander verbunden sein, sondern es sollen auch alle sonstigen Gegenstände aus Metall, wie Dachrinnen, Blechdächer, Glocken u. dgl. an die Leitung angeschlossen werden.

Die Spitze der Eisenstange besteht aus Silber oder Platin oder sie ist vergoldet. Am Ende des Ableitungsdrahtes ist eine größere Metallplatte angebracht, welche sich am besten im Grundwasser befindet. Die schützende Wirkung der Eisenstange (Auffangstange) erstreckt sich ungefähr auf einen Umkreis, dessen Halbmesser der doppelten Stangenhöhe gleich ist.

Verhalten bei einem Gewitter. Bei jedem Gewitter mit starken Blitzen meide man zunächst alle Gegenstände, welche gute Leiter sind, einerlei ob dieselben im Freien oder in Gebäuden, Zimmern und Kellern stehen. Ebenso vermeide man die Nähe von hohen Gebäuden, Türmen, Bäumen und Gewässern. Befindet man sich gerade im Walde, so beachte man das Sprichwort: „Vor Eichen sollst du weichen, vor Fichten flüchten, die Buchen aber suchen." Hält man sich im Zimmer auf, dann ist es gut, wenn man ein Fenster öffnet, dabei aber die Entstehung von Zugluft verhindert.

Das Wetterleuchten ist ein Aufleuchten am Himmel ohne Donner. Es ist auf entfernte Gewitter, welche sich unter dem Horizont entladen, zurückzuführen.

b) Berührungselektrizität oder Galvanismus.

Die Entdeckung dieser Elektrizitätsquelle gründet sich auf eine Beobachtung, welche der italienische Arzt Galvani im Jahre 1786 machte. Er hängte verschiedene mit Kupferdrähten zusammengefügte Froschschenkel an einem eisernen Gitter auf und sah, daß die Froschschenkel in Zuckungen gerieten, so oft sie mit dem Eisen in Berührung kamen. Der italienische Physiker Volta entdeckte später, daß bei Berührung zweier Metalle Elektrizität (Berührungselektrizität) entsteht, womit er auch die Ursache der Galvani'schen Beobachtung erklärte. (Volta'sche Säule.)

Berührungselektrizität wird erzeugt, wenn z. B. in ein Gefäß (Fig. 25) mit verdünnter Schwefelsäure eine Kupfer- und eine Zinkplatte eingetaucht werden. An der Kupferplatte b sammelt sich positive Elektrizität

(+ E), an der Zinkplatte a negative Elektrizität (— E). Der herausragende Teil der Kupferplatte wird positiver Pol, derjenige der Zinkplatte negativer Pol genannt. Die ganze Vorrichtung ist ein galvanisches Element.

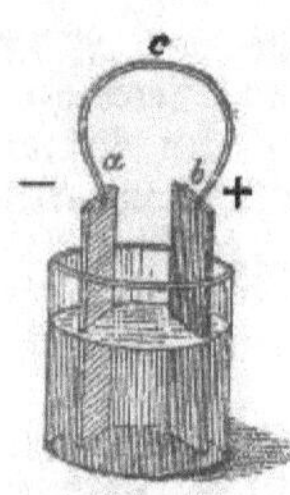

Fig. 25. Galvanisches Element.

Verbindet man beide Pole durch einen Schließungs- oder Leitungsdraht (umsponnener Kupferdraht) mit einander, so entstehen ununterbrochene elektrische oder galvanische Ströme. Die positive Elektrizität strömt im Schließungsdraht fortwährend von b (Kupfer) nach a (Zink) und im Gefäß von a (Zink) nach b (Kupfer), während die negative Elektrizität im Schließungsbogen und im Gefäß in umgekehrter Richtung strömt. Da beide Elektrizitäten gleich stark sind, so findet bei ihrer gegenseitigen Bewegung eine fortwährende Ausgleichung statt. Zur Erzeugung starker Ströme dient die galvanische oder elektrische Batterie, eine Verbindung mehrerer galvanischer Elemente untereinander. Der elektrische oder galvanische Strom hat folgende Wirkungen:

Bei Berührung mit der angefeuchteten Hand ruft der elektrische Strom Zuckungen hervor. Beim Schließen und Öffnen des Stromes springen elektrische Funken über. — Wasser wird in seine Bestandteile Wasserstoff und Sauerstoff zerlegt. — Die Salze der Metalle werden in der Art zerlegt, daß an dem negativen Pole das Metall ausgeschieden wird (Galvanoplastik). — Dünne Drähte werden durch starke Ströme bis zur hellen Glut erhitzt. Beim elektrischen Glühlicht wird ein Kohlen- oder Metallfaden in einer luftleeren Birne (Glasgefäß) zum Glühen gebracht. Beim elektrischen Bogenlicht springt der elektrische Strom von einer Kohlenspitze auf eine zweite stark genäherte Kohlenspitze über, wobei die Kohlenspitzen glühend und glühende Kohlenteilchen mitgerissen werden.

c) Elektromagnetismus.

Wird um ein Stück weiches Eisen, das häufig die Form eines Hufeisens besitzt, umsponnener Kupferdraht gewunden und leitet man in diesen einen elektrischen Strom, so wird das Eisen magnetisch und es bleibt so lange magnetisch, als der Strom geschlossen ist. Der Elektromagnet ist ein durch elektrischen Strom magnetisch gemachtes Eisen. Stahl bleibt durch den elektrischen Strom dauernd magnetisch, während Schmiedeeisen bei Unterbrechung des Stromes den größten Teil des Magnetismus verliert. Elektromagnetismus ist durch Elektrizität hervorgerufener Magnetismus.

Der Elektromagnet findet z. B. Anwendung als Zeichenbringer beim Telegraphen und beim elektrischen Läutewerk.

Der elektrische Telegraph, von Morse 1837 in Nordamerika erfunden, ist am meisten in Gebrauch. Es gehört dazu:

a) Die elektrische Batterie EE^1 als elektrischer Stromerzeuger,

b) die Leitung L, über dem Boden hergestellt durch Kupfer- oder verzinkte Eisendrähte, die durch Porzellanglocken auf hölzernen Stangen (Telegraphenstangen) isoliert sind und die Aufgabestationen mit den Empfangsstationen beim Telegraphieren so verbinden, daß der elektrische Strom beliebig geschlossen und unterbrochen werden kann. Durch die Ableitungsplatten SS^1 wird der elektrische Strom in feuchtes Erdreich abgeleitet.

Zur Drahtleitung im Wasser oder im Erdboden werden Kabel angefertigt, indem eine Anzahl mit Guttapercha, Gummi oder Papier überzogene

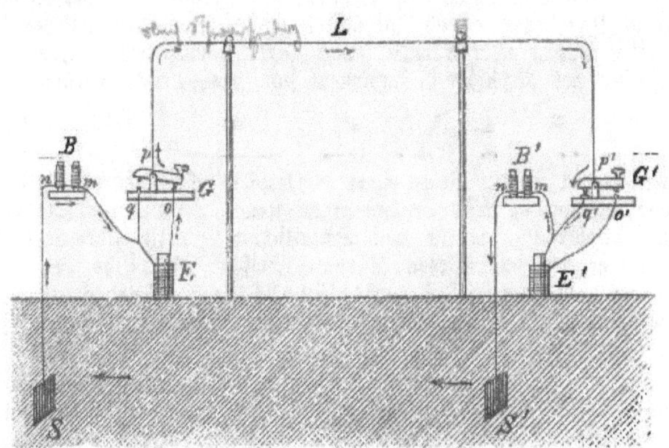

Fig. 26. Die Einrichtung des elektrischen Telegraphen.
G und G' die Zeichengeber, B und B' die Zeichenbringer, E und E' die elektrische Batterie, S und S' die Ableitungsplatten, L die Leitung.

Kupferdrähte mit geteertem Hanf und einem gegen äußere Einflüsse schützenden Drahtgeflecht umgeben werden.

c) Der Zeichengeber GG^1, Fig. 27, auch Schlüssel genannt, ist ein Stromunterbrecher und dient zur Absendung der Depeschen. Der Metallhebel h wird durch die Feder f gehalten und beim Niederdrücken mit dem Fortsatz i in Verbindung gebracht, wodurch der Strom geschlossen wird

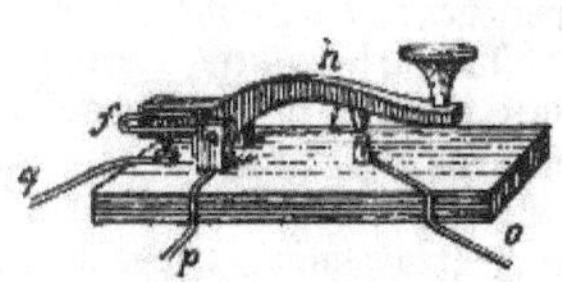

Fig. 27.
Der Zeichengeber oder Schlüssel.
h der Hebel, i sein Fortsatz, f die Feder, o und p Leitungsdraht.

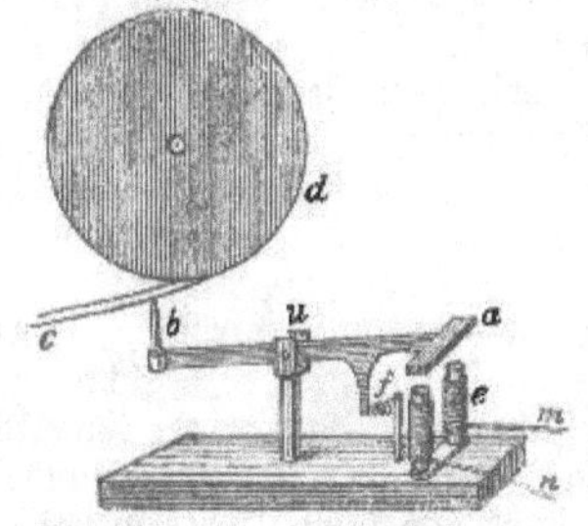

Fig. 28. Der Zeichenbringer.
e der Elektromagnet, a der Anker, a b der Hebel, b der Schreibstift, c Papierstreifen, d Rolle mit dem Papierstreifen, f eine Feder, um den Anker in der richtigen Lage zu halten, m und n der Leitungsdraht.

und von dem Leitungsdraht o durch den Hebel zum Leitungsdraht p der Telegraphenleitung L geht.

d) Der Zeichenbringer oder Zeichenempfänger BB^1, Fig. 28. Ein zweiarmiger Metallhebel trägt bei b einen Schreibstift und bei a einen über einem Elektromagnet angebrachten Eisenanker. Über dem Schreibstift b befindet sich zur Aufnahme von Papierstreifen die Walze d, welche durch ein Uhrwerk getrieben wird. Beim Schließen des Stromes durch Druck auf den Zeichengeber wird der Anker vom Elektromagnet angezogen und der Schreibstift an den Papierstreifen angedrückt. Je nachdem der Strom durch verschiedenartigen Druck ganz kurz oder etwas länger eingeschaltet wird, entstehen auf dem Papierstreifen Punkte oder Striche, durch deren verschiedene Zusammenstellung die Buchstaben des Alphabets, Zahlen u. dgl. ausgedrückt werden, z. B.

L u i t p o l d

.—.. ..— .. — .——. ——— .—.. —..

Befindet sich in der Nähe eines elektrischen Stromes (Hauptstrom) eine geschlossene Leitung, so wird in der geschlossenen Leitung ein Strom (Nebenstrom) hervorgebracht, sobald der Hauptstrom entsteht oder aufhört. Die hierbei entstehenden elektrischen Ströme heißen elektrische Induktionsströme, der Vorgang selbst heißt Induktion. Anwendung findet die Induktion beim Telephon oder Fernsprecher Das Telephon oder der

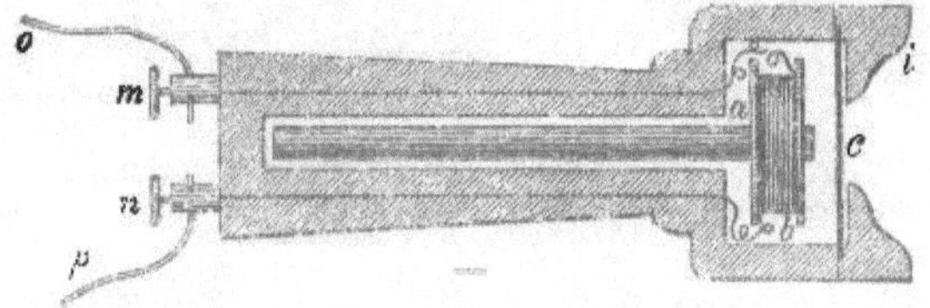

Fig. 29. Der Fernsprecher.

Fernsprecher, Fig. 29, wurde von Professor Bell in Boston im Jahre 1875 erfunden und dient dazu, Gespräche auf große Entfernungen hörbar zu übertragen. Das Telephon besteht aus 2 gleichen Apparaten, dem Zeichengeber und dem Zeichenempfänger, welche durch Leitungsdrähte miteinander in Verbindung stehen. Beim Telephon ist ein Stahlmagnet a in eine mit Schallöffnung versehene Holz- oder Hartgummihülse so gesteckt, daß an seinem vorderen Ende eine mit Leitungsdrähten versehene Induktionsrolle aufsitzt. An der Schallöffnung befindet sich eine sehr dünne Eisenplatte, welche den Stahlmagnet beinahe berührt. Durch das Hineinsprechen in die Schallöffnung gerät diese Eisenplatte in Schwingungen, wodurch der Stahlmagnet derart beeinflußt wird, daß in der Induktionsrolle elektrische Induktionsströme entstehen. Diese werden vom Leitungsdraht dem Zeichenempfänger zugeführt und verursachen dort umgekehrt dieselbe Wirkung, wie im Zeichengeber, was zur Folge hat, daß die gesprochenen Worte und Töne in nur etwas abgeschwächter Form hörbar werden. Starke Induktionsströme werden in neuerer Zeit in dynamoelektrischen Maschinen zu Beleuchtungszwecken, zum Treiben von Arbeitsmaschinen und zur Fortbewegung von Wagen auf Gleisen (elektrische Bahn) erzeugt. Zum Treiben der Dynamomaschine dient sowohl Dampf- als auch Wasserkraft. In der Landwirtschaft findet die Elektrizität zum Betrieb von Pumpwerken, Futterschneidmaschinen, zum Pflügen u. s. w., sowie zur Beleuchtung von Wohnräumen, Viehställen und Scheunen Anwendung.

V. Witterungskunde.

Die Lehre von den Witterungsvorgängen ist für den Landwirt von besonderer Bedeutung. Die Ausführung landwirtschaftlicher Arbeiten hängt vom täglichen Wetter ab, die Ernteerträge der Felder und Wiesen sind durch die Witterung eines Jahres bedingt. Bei der ganzen Wirtschaftseinrichtung, z. B. bei Beschaffung menschlicher und tierischer Arbeitskräfte, von Maschinen und Geräten, ferner bei Aufstellung der Fruchtfolge ist auf das in der betreffenden Gegend herrschende Klima Rücksicht zu nehmen. Wetter, Witterung und Klima sind Ausdrücke, welche sich auf tägliche, jährliche und langjährige Witterungsvorgänge beziehen. Hierbei kommen insbesondere Temperatur und Feuchtigkeit der Luft, Häufigkeit und Menge des Niederschlags, Richtung und Stärke des Windes in Betracht.

1. Die Feuchtigkeit der Luft.

Bei der Verdunstung von Wasser aus dem Boden, den Pflanzen, Bächen, Flüssen, Seen und Meeren steigen fortwährend große Mengen Wasserdampf in die Atmosphäre. Dieser Wasserdampf ist entweder unsichtbar oder in Form von Wolken und Nebel sichtbar. Der unsichtbare Wasserdampf beschlägt zum Beispiel eine aus dem kalten Keller in die warme Stube gestellte Flasche und überzieht sie mit kleinen Wassertröpfchen. Enthält die Luft soviel Wasserdampf, als sie überhaupt aufnehmen kann, so sagt man, sie ist gesättigt. Trockene Luft enthält wenig, feuchte Luft viel Wasserdampf. 1 Kubikmeter gesättigter Raum enthält bei -5° C 4 g, bei $+5^{\circ}$ C 7,3 g, bei $+10^{\circ}$ C 9,7 g, bei $+20^{\circ}$ C 17,1 g Wasserdampf, woraus hervorgeht, daß der Wasserdampfgehalt der Luft um so geringer wird, je mehr die Temperatur derselben sinkt. Zur genauen Bestimmung des Wasserdampfgehaltes der Luft dienen verschiedenartige Instrumente, sogenannte Feuchtigkeitsmesser. Sehr gebräuchlich ist derjenige von August, Fig. 30. Er besteht aus 2 Quecksilberthermometern, von denen das eine die Lufttemperatur angibt; das andere ist an seiner Kugel in ein Musselinläppchen eingehüllt, das aus einem Wasserbehälter durch einen Docht stets feucht erhalten wird. Dieses Thermometer hat gewöhnlich einen tieferen Stand als das trockene, weil das von der Stoffhülle verdunstende Wasser Wärme braucht, welche es dem Thermometer entzieht. Je größer die Trockenheit der Luft ist, um so mehr Wasser verdunstet von der Stoffhülle und um so tiefer steht das feuchte Thermometer unter dem trockenen. Durch diesen Temperaturunterschied wird mit Hilfe besonderer Tabellen der Feuchtigkeitsgehalt und der Taupunkt der Luft ermittelt. Der Taupunkt ist diejenige Temperatur der Luft, bei welcher

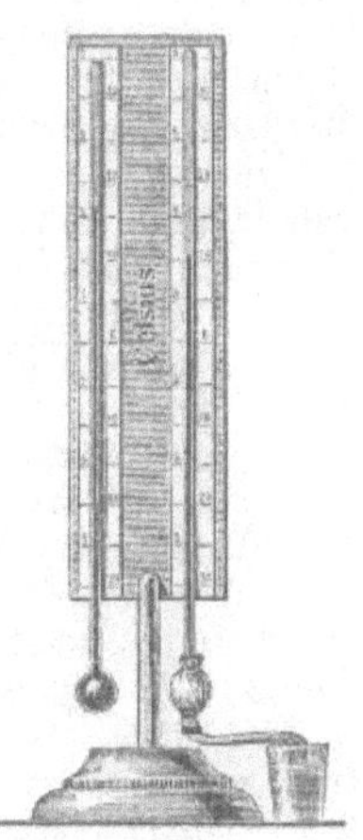

Fig. 30. Feuchtigkeitsmesser nach August.

sie mit dem zur Zeit vorhandenen Wasserdampf gesättigt ist. — Eine alte Erfahrung lehrt nun, daß die Abkühlung der Temperatur während der Nacht nicht viel unter den am Abend festgestellten Taupunkt sinkt. Ein anderes Verfahren zur Bestimmung des Taupunktes beruht darauf, daß nachmittags 2 Uhr ein an der Quecksilberkugel mit einem feuchten Leinenläppchen versehenes Thermometer abgelesen wird. Zieht man von dieser Zahl $4\frac{1}{2}$° Celsius ab, so erhält man den Taupunkt. Hat das feuchte Thermometer z. B. + 4° C, so wird in der Nacht eine Temperatur von — ½° C, also Frost, zu erwarten sein. Die Bestimmung des Taupunktes hat demnach für die Vorherbestimmung von Nachtfrösten große praktische Bedeutung.

Die in der Atmosphäre entstehenden **Niederschläge** sind entweder flüssig oder fest. Alle Niederschläge entstehen durch Abkühlung von Wasserdämpfen.

Der Tau entsteht dadurch, daß sich im Sommer bei heiterem Himmel und bei ruhiger Luft der Boden durch Wärmeausstrahlung abkühlt, wodurch sich der Wasserdampf über demselben verdichtet und in Tropfenform an Pflanzen, Steinen u. dgl. anhängt. Sinkt dabei die Temperatur unter 0° C, wie dies im Frühjahr und Herbst häufig vorkommt, so gefriert der Tau und es entsteht der Reif.

Nebel ist Wasserdampf, welcher durch kältere Luftschichten zu Wassertröpfchen abgekühlt wurde. Die Nebelbildung ist häufig im Herbst über Bächen, Flüssen und Seen zu beobachten.

Wolken sind Wasserdämpfe, welche erst in höheren Luftschichten zu Wassertröpfchen oder Eisnadeln abgekühlt wurden. Alle Wolken sind einer fortwährenden Umwandlung ausgesetzt, indem sie unten Wasserdampf als Dunst aufnehmen und an ihrer Oberfläche Wasser verdunsten. Übersteigt die Zufuhr von Wasserdampf die Verdunstung, so vergrößert sich die Wolke, übersteigt aber die Verdunstung die Zufuhr, so wird die Wolke kleiner oder sie löst sich ganz auf und verschwindet. Nach dem Aussehen der Wolken unterscheidet man Feder-, Haufen- und Schichtwolken. Federwolken (Schäfchen) sind sehr zarte, streifige oder federförmige Gebilde in einer Höhe von 7--10000 m. Haufenwolken sind glänzende, ballige Wolkenmassen in 1—2000 m Höhe. Sie steigen an warmen Tagen am Horizont auf und dehnen sich kugelförmig aus. Je nach Beleuchtung sind sie schneeweiß bis dunkelgrau. Schichtwolken, in einer Höhe von 500—800 m, sind dunkelgrau oder schwarz gefärbte, nach Sonnenuntergang streifenweise erscheinende Massen (Regenwolken).

Der Regen entsteht dadurch, daß sich die Wassertröpfchen der Wolken zu größeren Tropfen verdichten und infolge ihrer Schwere zur Erde fallen. Fallen diese Tropfen durch gesättigte Luftschichten, so nehmen sie an Größe zu. Je nach der Ausdehnung und Art der Entstehung des Regens spricht man von Land- und Strich-, beziehungsweise Staub- und Platzregen, sowie von Wolkenbrüchen.

Zum Messen der Regenmenge benützt man den Regenmesser. Der jährliche Niederschlag beträgt in Deutschland im Mittel 600 mm. Regensburg hat eine Durchschnittsregenmenge von 600 mm, Nürnberg von 625 mm, München von 810 mm, Tegernsee von 1190 mm, Eisenstein 1240 mm, Bad Kreuth über 2000 mm pro Jahr. Erfahrungsgemäß sind größere Wälder und bewaldete Gebirge von bedeutendem Einfluß auf die Feuchtigkeitsverhältnisse einer Gegend.

Für größere Gebiete kann man die Niederschlagsverhältnisse übersichtlich darstellen, wenn man die Orte mit gleichen mittleren Niederschlagsmengen durch Linien mit einander verbindet (Fig. 31).

Der *Schnee* besteht aus schönen Kristallen, welche sich durch Abkühlung von Wasserdampf unter 0 ° C gebildet haben. Schneeflocken sind Vereinigungen mehrerer oder vieler Eiskristalle.

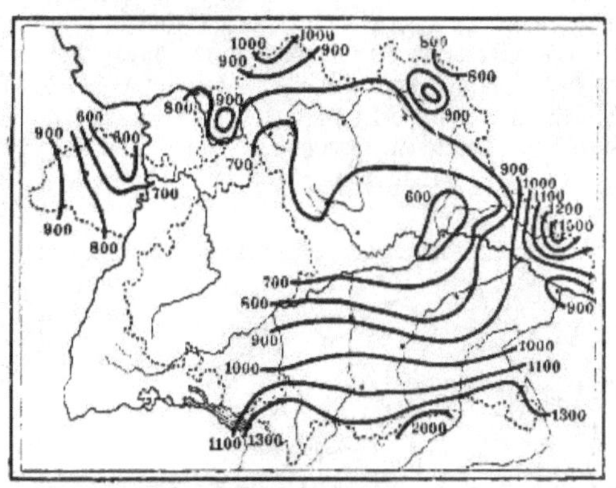

Fig. 31. Niederschlagskarte von Bayern.

Graupeln fallen meist nur im Winter oder im Frühjahr. Es sind Regentropfen, welche durch kältere Luftschichten fallen und dabei fest werden.

Hagel stürzt im Sommer gewöhnlich bei heftigen Gewittern nieder. Die einzelnen Hagelkörner erreichen oft ganz bedeutende Größe und Schwere. Es sind feste Eisstücke, welche durch plötzliche Abkühlung von Regentropfen entstehen und beim Durchfallen unterkühlter Wolkenschichten an Größe zunehmen. Hagelwetter ziehen gewöhnlich an schwülen Nachmittagen schnell auf und sind von kurzer Dauer; Hagelwolken haben fahlgelbe Farbe und zerrissene Ränder.

2. Die Tages- und Jahrestemperatur der Luft.

Die Luft wird durch Ausstrahlung der Bodenwärme allmählich von unten nach oben erwärmt. In großen Höhen herrscht bedeutende Kälte. Die Grenze des ewigen Schnees ist in den Alpen bei ungefähr 2750 m Höhe. Im Laufe eines Tages hat die Luft verschiedene Temperatur. Die höchste Tagestemperatur oder das *Maximum* tritt gewöhnlich einige Stunden nach Mittag, die niedrigste Tagestemperatur oder das *Minimum* kurze Zeit vor Sonnenaufgang ein. Zur Messung der höchsten und niedrigsten Tagestemperatur wird das *Maximum-* und *Minimumthermometer* verwendet.

Die *mittlere Tagestemperatur* eines Ortes kann bestimmt werden, wenn man die Temperaturgrade der Luft stündlich am Thermometer abliest, diese Zahlen addiert und durch die Zahl der Ablesungen teilt. In ähnlicher Weise können auch die mittleren Monats- und mittleren Jahrestemperaturen eines Orts festgestellt werden. Bei uns sind gewöhnlich der Juli und August die wärmsten, der Januar und Februar die kältesten Monate. Die durchschnittliche Jahrestemperatur einer Gegend ist für den Anbau der Kulturpflanzen maßgebend. Man unterscheidet: Klima der Südfrüchte, Weinklima, Wintergetreideklima, Sommergetreideklima, Grasklima, Schneeregion. Die Verschiedenheit des See- und Landklimas wird durch die verschiedene Wärmeausstrahlung des Wassers und Erdbodens bedingt. In der Nähe der Meere oder auf Inseln herrscht Seeklima mit kühlen Sommern und milden Wintern. Im Landklima herrschen gewöhnlich heiße Sommer und strenge Winter. Um die Temperaturverhältnisse großer Ländergebiete zu übersehen,

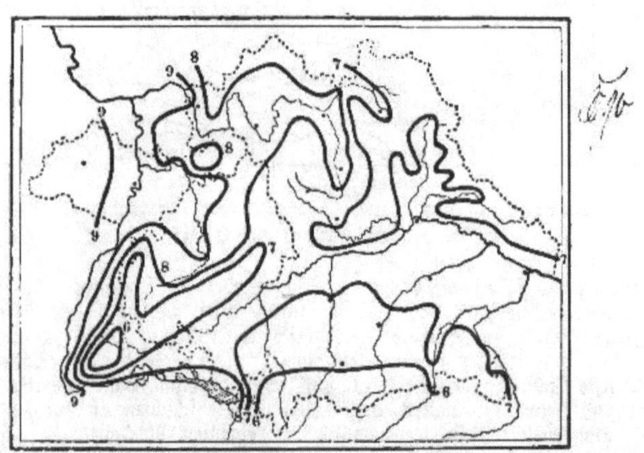

Fig. 32. Isothermenkarte von Süddeutschland. (Mittlere Jahrestemperatur.)

fertigt man Isothermen an (Fig. 32). Dies sind Kurven (krumme Linien), welche auf einer Karte Orte mit gleichen Temperaturverhältnissen verbinden. (Tages-, Monats-, Jahresisothermen.)

	Höhe über dem Meeresspiegel	Mittlere Jahrestemperatur
Speyer . . .	105 m	9,8° C
Aschaffenburg .	136 „	9,2° „
Passau . . .	309 „	8,6° „
Regensburg . .	320 „	8,4° „
München . .	529 „	6,9° „
Wendelstein . .	1730 „	1,9° „

3. Der Luftdruck und die Winde.

Es ist schon auf Seite 14 darauf hingewiesen worden, daß der Luftdruck mit Zunahme der Höhe über dem Meeresspiegel abnimmt. Am Meeresspiegel beträgt der Barometerstand 760 mm, während in einer Höhe von

11 300 m bei einer Ballonfahrt nur 178 mm Barometerstand nachgewiesen wurden. Das Barometer kann als Wetteranzeiger benützt werden, weil der Luftdruck durch die verschiedene Erwärmung der Luft ständig beeinflußt wird. Kalte Luft, welche verhältnismäßig wenig Feuchtigkeit enthält, ist schwer und bringt hohen Barometerstand, d. h. schönes Wetter. Warme Luft dagegen, welche gewöhnlich viel Feuchtigkeit enthält, ist leichter, bringt niederen Barometerstand und damit veränderliches oder schlechtes Wetter.

Verbindet man auf einer Landkarte alle Orte, welche zu bestimmter Zeit einen auf 0 °C und auf Meereshöhe zurückgeführten gleichen Barometerstand haben, so entstehen die Linien gleichen Barometerstandes, die sogenannten Isobaren (Isobarenkarte, Fig. 33). Aus der Zahl und aus dem Verlaufe der Isobaren auf der Wetterkarte können Schlüsse auf das voraussichtlich ein-

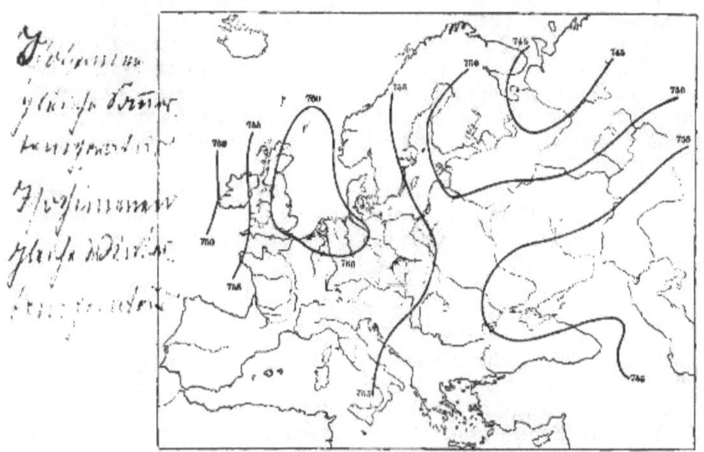

Fig. 33. Isobarenkarte.

tretende Wetter gezogen werden. Erscheinen z. B. die Isobaren auf der Karte in größerer Zahl und nahe aneinander gerückt, so ist damit angedeutet, daß die Luftdruckverhältnisse schon auf relativ kleine Entfernungen verschieden sind, was Luftströmungen, unruhiges Wetter und meist Trübung und Niederschläge zur Folge hat. Auf der Isobarenkarte sind auch diejenigen Gegenden zu erkennen, welche den tiefsten Barometerstand, das barometrische Minimum (tief), auch Depression genannt, besitzen, ebenso die Gegenden, welche den höchsten Barometerstand, das barometrische Maximum (hoch) aufweisen. Das barometrische Minimum bildet sich vorwiegend in einer stärker erwärmten Gegend. Es ist gewöhnlich Ursache schlechter Witterung, verschwindet aber sehr bald nach Nordosten oder Osten. Ein Maximum bildet sich in weniger erwärmter Gegend, die trockene Luft sinkt hierbei langsam herab. Die Maxima bleiben längere Zeit an einem Ort, beständiges, ruhiges Wetter mit sich bringend.

Die Winde sind Luftströmungen, welche durch die ungleiche Erwärmung der Luft über der Erdoberfläche entstehen. Bei gleichmäßiger Erwärmung aller Luftschichten herrscht Windstille. Steigt aber erwärmte Luft an irgend einem Orte als leichtere Luft in die Höhe, so entsteht eine Luftströmung oder ein Wind, indem an diesem Orte von allen Seiten kalte und schwere Luft nachzuströmen sucht. Je nach der Windstärke, d. h. der Geschwindigkeit der Luftströmung spricht man von schwachem, mäßigem, frischem und starkem Wind, von Sturm und Orkan. Mäßiger Wind hat eine Geschwindigkeit von 2 m, starker Wind von 10 m, Sturm von 24 m und Orkan von 38 m in 1 Sekunde. Der Wind wird nach der Himmelsrichtung, aus welcher er weht, bezeichnet, z. B. NO = Nordostwind.

Die Windrichtung erkennt man an den Bewegungen der Wetterfahne, an der Art, wie der Rauch aus Schornsteinen wegzieht oder an der Wolkenbewegung. Beständige Winde wehen nahe am Äquator, an welchem eine gleichmäßige Erwärmung des Erdbodens und der Luft stattfindet. Die dort entstehenden Passatwinde halten beständig ihre Richtung ein. Veränderliche Winde wehen in unseren Gegenden, in denen die einzelnen Orte verschieden stark erwärmt werden. Periodische Winde wehen an den Meeresküsten und auf Inseln als See- und Landwinde. Der erfrischende Seewind strömt am Tage als kalte Luft dem Lande zu. Landwind strömt am Abend und bei Nacht als warme Luft aufs Meer hinaus. Ähnlich ist der Berg- und Talwind.

Der Föhn ist ein vom Mittelmeer kommender Wind, der beim Übersteigen der Alpen sich abkühlt und seine Feuchtigkeit verliert (Schneestürme). Beim Herabfallen verdichtet und erwärmt sich die Luft stark und wird dadurch noch mehr trocken (Fallwind).

4. Wetterbeobachtung.

Zur systematischen Beobachtung der Witterungserscheinungen sind an vielen Orten Europas Wetterwarten, sogenannte meteorologische Stationen, eingerichtet. Die Seewarte in Hamburg ist eine Hauptbeobachtungsstelle für Deutschland. Für Bayern besteht die K. Meteorologische Zentralstation in München. Diese leitet den meteorologischen Dienst in Bayern, welcher von 31 „Normalstationen" und ungefähr 250 „Ergänzungs- und Regenstationen" ausgeübt wird. An den meteorologischen Zentralstationen werden auf Grund der täglichen telegraphischen Berichte Übersichten über die gesamte Wetterlage in Form von Wetterkarten hergestellt. Ein sachverständiges Studium der aufeinanderfolgenden Wetterkarten ermöglicht die Aufstellung von Wetterprophezeihungen (Wetterprognosen). Wenn dieselben, für große Landesstrecken aufgestellt, auch nicht regelmäßig für alle Orte des Gebiets zutreffen, so ist es bei Kenntnis der Wetterkarte doch möglich, für kleinere Gebiete das wahrscheinlich eintretende Wetter mit größerer Zuverlässigkeit vorauszusagen, umsomehr, wenn auch die nachstehenden Wetterregeln an dem Beobachtungsort Berücksichtigung finden.

5. Einige Wetterregeln.

1. Starkes anhaltendes Fallen des Barometers deutet auf Regen; gleichmäßiges, langsames Steigen läßt schönes Wetter erwarten. Rasches Sinken zeigt Stürme an. Federwolken bei steigendem Barometer und Nord- oder

Nordostwind zeigen schönes, trockenes Wetter an, dagegen West- und Südwestwinde bei fallendem Barometer unsicheres, trübes Wetter und Regen.

2. Klarer Südwesthimmel bei Sonnenuntergang deutet schönes Wetter an; ist der Osthimmel bei Sonnenaufgang stark gerötet, so ist Regen, Wind und Gewitter zu erwarten, namentlich bei tiefem Barometerstande.

3. Nach starkem Taufall während der Nacht folgt ein schöner Tag; fällt in einer windstillen Nacht kein Tau, so ist Regen in Aussicht.

4. Wenn ferne Gegenstände (Berge, Bäume) scharf sichtbar werden, so steht Regen bevor, weil die vor Eintritt eines Regens sehr häufig wehenden, staubfreien Föhn- und Seewinde eine größere Durchsichtigkeit der Luft in der betreffenden Gegend verursachen.

5. Wenn an heißen Sommertagen morgens Haufenwolken aufziehen und das Barometer fällt, so kann man auf Gewitter nachmittags rechnen.

6. Das Feuchtwerden des Salzes im Salzfaß und der mit Mauersalpeter durchsetzten Abtritt- und Stallwände hat seinen Grund in dem größer gewordenen Wassergehalt der Luft und läßt daher auf Regenwetter schließen.

7. Der zunehmende Feuchtigkeitsgehalt der Luft bleibt auch nicht ohne Einfluß auf die Pflanzen- und Tierwelt. Bei bevorstehendem Regen fliegen die Vögel tiefer, Fliegen und Mücken stechen heftiger und flüchten in die Wohnungen und Stallungen; die Spinnen verkriechen sich, manche Pflanzen schließen ihre Blätter (Glockenblume, Ackerwinde).

8. Das Wasserziehen der Sonne, das Niedergehen des Rauches läßt auf Regenwetter schließen.

Zweiter Abschnitt.

Chemie.

I. Einleitung.

Die Chemie beschäftigt sich mit den Erscheinungen oder Vorgängen, bei denen eine stoffliche Veränderung der Körper stattfindet.

Solche Veränderungen können z. B. beobachtet werden:

1. beim Verbrennen von Kohle, Holz, Spiritus, Petroleum, Schwefel, Phosphor und Magnesium;
2. beim Rosten des Eisens und beim Anlaufen des Kupfers;
3. beim Übergießen von Kreide, Marmor und Kalksteinen mit Säuren, z. B. Essig;
4. beim Brennen des Kalkes;
5. bei der Zersetzung des Düngers;
6. beim Gären von Most oder Bierwürze.

Wenn dagegen flüssiges Wasser in Eis oder Dampf verwandelt wird, so ist dies nur eine Zustandsänderung. Eis und Wasserdampf bestehen aus demselben Stoff wie flüssiges Wasser.

Chemisch einfache und chemisch zusammengesetzte Stoffe.

Stoffe, wie das Eisen, das Blei, der Schwefel, der Phosphor und der Sauerstoff der Luft, welche durch chemische Hilfsmittel nicht weiter zerlegt werden können, heißen einfache Stoffe, Grundstoffe oder Elemente.

Körper, welche chemisch in zwei oder mehrere einfache ungleichartige Stoffe (Elemente) zerlegt werden können, heißen zusammengesetzte Stoffe oder chemische Verbindungen. So ist Wasser eine chemische Verbindung, die sich in Wasserstoff und Sauerstoff zerlegen läßt.

Entstehung und Zerlegung von Verbindungen.

Mischt man 4 Teile Schwefel mit 7 Teilen Eisen, so ändern sich die Eigenschaften beider Körper bei gewöhnlicher Temperatur nicht. Durch Abschlämmen mit Wasser kann man aus diesem Gemisch den Schwefel und durch Anwendung des Magneten das Eisen wieder für sich erhalten. Beide Elemente zeigen nach der Trennung ihre ursprünglichen Eigenschaften. Erhitzt man aber das Gemenge von Schwefel und Eisen, so beobachtet man, daß sich unter Aufglühen ein neuer Körper mit neuen Eigenschaften bildet. Die urspünglichen Eigenschaften von Schwefel und Eisen sind verschwunden, die beiden Elemente lassen sich nicht mehr auf mechanischem Wege trennen, es ist ein einheitlicher Körper entstanden: die beiden Grundstoffe haben sich miteinander zu Schwefeleisen verbunden.

Eine derartige Vereinigung zweier oder mehrerer Elemente bezeichnet man als chemische Verbindung.

Wird umgekehrt eine chemische Verbindung wieder zerlegt, so daß z. B. aus dem Schwefeleisen wieder die beiden Grundstoffe Schwefel und Eisen für sich erhalten werden, so nennt man diesen Vorgang eine chemische Zerlegung (Analyse).

Die Entstehung oder Zerlegung einer chemischen Verbindung bezeichnet man als chemischen Vorgang oder chemischen Prozeß.

Atom und Molekül.

Die Grundstoffe denkt man sich aus kleinsten, nicht weiter zerlegbaren Teilchen, Atomen, bestehend. Ein Atom ist also die geringste Menge eines Elements, die in eine Verbindung eintreten kann.

Ein Molekül ist die kleinste Menge eines Körpers (Element oder Verbindung), welche frei existieren kann.

Die geringste Menge Wasser, die wir uns denken können, ist ein Molekül. Dieses Molekül besteht aus 2 Atomen Wasserstoff und 1 Atom Sauerstoff.

Atomgewichte.

Die Atome der verschiedenen Elemente besitzen ein verschiedenes Gewicht. Am kleinsten ist das Gewicht eines Atoms Wasserstoff. Mit dem Gewicht eines Atoms Wasserstoff werden die Gewichte der Atome (die Atomgewichte) aller anderen Elemente in Vergleich gestellt.

Z. B. ist das Gewicht eines Atoms Sauerstoff sechzehnmal so groß wie das Gewicht eines Atoms Wasserstoff, man sagt also, das Atomgewicht des Sauerstoffs sei 16.

Chemische Zeichen.

Zur kurzen Bezeichnung eines Elementes dient in der Regel der erste Buchstabe seines wissenschaftlichen Namens.

So bedeutet:

H = Hydrogenium = Wasserstoff,
O = Oxygenium = Sauerstoff,
S = Sulfur = Schwefel,
N = Nitrogenium = Stickstoff,
C = Carboneum = Kohlenstoff,
Fe = Ferrum = Eisen.

Das chemische Zeichen eines Elements bedeutet gleichzeitig ein Atom desselben. Der Buchstabe O bedeutet also ein Atom Sauerstoff oder 16 Gewichtsteile Sauerstoff. O_2 bedeutet zwei Atome oder 32 Gewichtsteile Sauerstoff.

Chemische Formeln und chemische Gleichungen.

Die chemischen Zeichen werden zur Veranschaulichung chemischer Vorgänge und zur Bezeichnung chemischer Verbindungen benützt. Bei der Vereinigung von Schwefel mit Eisen entsteht ein neuer Körper: Schwefeleisen, von welchem jedes Molekül aus einem Atom Schwefel und einem Atom Eisen besteht; man bezeichnet das Schwefeleisen mit der Formel Fe S. Jedes Molekül Wasser besteht aus zwei Atomen Wasserstoff und einem Atom Sauerstoff, man schreibt deshalb Wasser mit der chemischen Formel H_2O. Eine solche Vereinigung von Atomzeichen nennt man eine chemische Formel.

Chemische Vorgänge (chemische Prozesse) werden durch Gleichungen veranschaulicht. Die Vereinigung von Eisen mit Schwefel zu Schwefeleisen wird geschrieben wie folgt:

$$Fe + S = FeS$$
Eisen + Schwefel = Schwefeleisen.

Die Zerlegung des Wassers in Wasserstoff und Sauerstoff veranschaulicht die Gleichung:

$$H_2O = H_2 + O$$
Wasser = Wasserstoff + Sauerstoff.

Zahl und Einteilung der Elemente.

Man kennt zur Zeit etwa 80 Grundstoffe oder Elemente, welche in zwei Hauptgruppen, nämlich in Metalle und in Nichtmetalle eingeteilt werden. Von den 80 Elementen beteiligen sich an dem Aufbau des Pflanzen- und Tierkörpers nur 14. Die für die Landwirtschaft wichtigsten Grundstoffe sind:

A. Nichtmetalle.	Chemisches Zeichen	B. Metalle.	Chemisches Zeichen
1. Sauerstoff	O	1. Kalium	K
2. Wasserstoff	H	2. Natrium	Na
3. Chlor	Cl	3. Calcium	Ca
4. Stickstoff	N	4. Magnesium	Mg
5. Schwefel	S	5. Aluminium	Al
6. Phosphor	P	6. Eisen	Fe
7. Kohlenstoff	C	7. Kupfer	Cu
8. Silicium	Si		

Einteilung der Chemie.

Man teilt die Chemie in unorganische und organische Chemie ein.

Die organische Chemie beschäftigt sich mit den Verbindungen des Kohlenstoffs, die unorganische mit denen der übrigen Elemente.

II. Unorganische Chemie.

Man teilt die Elemente ein in: Metalle und Nichtmetalle.

Erstere sind gekennzeichnet durch das metallische Aussehen und durch die Leitung von Wärme und Elektrizität. Die Nichtmetalle zeigen diese Eigenschaften wenig oder gar nicht.

Ein wichtiges chemisches Unterscheidungsmerkmal ist folgendes:

Die Metalle vermögen Oxyde zu bilden, die sich mit Wasser zu Basen vereinigen; die Nichtmetalle bilden solche Oxyde nicht.

A. Nichtmetalle.

1. Sauerstoff. O.

Der Sauerstoff ist ein farbloses und geruchloses Gas, welches in freiem Zustand einen wesentlichen Bestandteil der atmosphärischen Luft bildet. Der Sauerstoff ist für das Leben der Menschen, Tiere und Pflanzen unentbehrlich und zwar zur Unterhaltung der Atmung; bei diesem Vorgang findet eine Oxydation statt. Auch die Pflanzen brauchen Sauerstoff für wichtige Lebensvorgänge. Die allmähliche Verwesung pflanzlicher und tierischer Reste im Boden erfordert den Zutritt von Sauerstoff.

Viele Körper, z. B. Kohlenstoff, Schwefel, Eisen verbinden sich mit Sauerstoff. Den Vorgang, bei dem sich ein Körper mit Sauerstoff vereinigt, nennt man Oxydation. Erfolgt eine solche Oxydation unter Licht- und Wärmeentwicklung, so bezeichnet man sie als Verbrennung. Oxyde sind Verbindungen mit Sauerstoff. Bei der Reduktion nimmt man sauerstoffhaltigen Körpern Sauerstoff.

Da sich Sauerstoffgas etwas in Wasser löst, ist es gewissen Tieren, z. B. Fischen und Krebsen, ermöglicht, im Wasser zu leben. Sie können vermittelst der Kiemen den Sauerstoff aufnehmen und dadurch den Atmungsprozeß unterhalten.

Darstellung:

1. Durch elektrische Zersetzung des Wassers.
2. Durch Erhitzen von Quecksilberoxyd. Das Quecksilberoxyd, ein rotes Pulver, zerfällt beim Erhitzen in metallisches Quecksilber und gasförmigen Sauerstoff.

$$HgO = Hg + O$$

Quecksilberoxyd = Quecksilber + Sauerstoff.

Das Molekül gewöhnlichen Sauerstoffs besteht aus 2 Atomen, also O_2. Unter gewissen Umständen tritt eine Zustandsänderung des gewöhnlichen Sauerstoffs ein; er wird zum aktiven Sauerstoff oder Ozon. Das Molekül Ozon besteht aus 3 Atomen, also O_3. Dieser Fall tritt ein bei Sauerstoffgas, welches mit feuchtem Phosphor in Berührung kommt und bei Sauerstoffgas, durch welches man vermittelst einer kräftigen Elektrisiermaschine zahlreiche Funken schlagen läßt. Durch elektrische Entladungen bei Gewittern entstehen auch geringe Mengen von Ozon in der Luft, was sich durch einen eigentümlichen Geruch nach Phosphor kundgibt. Das Ozon wirkt stärker oxydierend als gewöhnlicher Sauerstoff.

2. Wasserstoff. H.

Der Wasserstoff ist ein farbloses und geruchloses Gas, welches in der Natur selten im freien Zustand, sondern fast immer nur in Verbindung mit anderen Elementen vorkommt. So ist das Wasser eine chemische Verbindung des Wasserstoffs mit Sauerstoff. Wasserstoff kann aus dem Wasser als freies Wasserstoffgas erhalten werden, wenn man einen elektrischen Strom durch Wasser leitet. Bei diesem Vorgang wird das Wasser in seine beiden Bestandteile, Wasserstoff und Sauerstoff, zerlegt (siehe Sauerstoffdarstellung); man erhält dabei dem Raume nach stets doppelt soviel Wasserstoff als Sauerstoff.

$$H_2O = H_2 + O$$

Wasser = Wasserstoffgas + Sauerstoffgas.

Wasserstoff kann man ferner dadurch gewinnen, daß man:

1. dem Wasser den Sauerstoff durch Metalle entzieht, oder
2. Säuren durch Metalle zerlegt, wobei das Metall an die Stelle des Wasserstoffs tritt und Wasserstoff frei wird, z. B.

$$SO_4H_2 + Zn = ZnSO_4 + H_2.$$

Wasserstoff ist der leichteste aller bekannten Körper. Er findet deshalb häufig bei der Füllung von Luftballons Verwendung.

An der Luft verbrennt der Wasserstoff mit schwach leuchtender, aber sehr heißer Flamme zu Wasser, indem er sich mit dem Sauerstoff verbindet. Der hierbei gebildete Wasserdampf verdichtet sich beim Abkühlen, z. B. an einer über die Flamme gehaltenen kalten Glasglocke zu sichtbaren Wassertropfen.

Mit Sauerstoff gemengt bildet der Wasserstoff das Knallgas, welches bei der Berührung mit einer Flamme sehr heftig explodiert.

Wasser. H_2O.

Das Wasser kommt in flüssiger, fester und gasförmiger Form vor. Bei niedriger Temperatur (0° C) erstarrt das flüssige und luftförmige Wasser zu Eis (Schnee, Hagel). Wasser wird schon bei gewöhnlicher Temperatur luftförmig (Verdunstung).

Beim Erhitzen findet die Überführung des Wassers in den dampfförmigen (luftförmigen) Zustand unter den Erscheinungen des Siedens statt. Die Temperatur, bei welcher diese lebhafte Verdampfung vor sich geht, bezeichnet man als Siedepunkt. Das Thermometer nach Celsius zeigt dabei unter normalem Luftdruck 100°.

Dampfförmiges Wasser findet sich in der Luft in wechselnden Mengen vor. Beim Abkühlen wird dieses Wasser zu Nebel, Regen oder Schnee verdichtet.

Das Wasser ist das verbreitetste Lösungsmittel in der Natur. Die verschiedenen Stoffe (Zucker, Salpeter, Kochsalz, Gips) lösen sich in sehr verschiedenen Mengen darin auf. So löst sich z. B. Kochsalz leicht, Gips dagegen wenig im Wasser auf. Man nennt eine Flüssigkeit gesättigt, wenn sie nichts mehr von dem betreffenden Körper aufzulösen vermag. Beim Verdunsten einer Lösung scheiden sich die im Wasser gelösten Stoffe wieder aus. Die meisten festen Körper nehmen dabei eine bestimmte Form an, sie kristallisieren.

Das Wasser bringt auch verschiedenartige Stoffe im Boden zur Auflösung. Natürliches Wasser ist nämlich nie chemisch rein, sondern enthält stets wechselnde Mengen von gelösten Stoffen. Am reinsten ist Regen- oder Schneewasser, welches als weich bezeichnet wird. Ist ein Wasser reich an kohlensaurem Kalk und Gips, so nennt man es hart. Hartes Wasser ist zum Waschen und Kochen weniger geeignet als weiches. Im **Meerwasser** ist besonders Kochsalz gelöst; andere Wasser führen heilkräftige Mineralstoffe, weshalb sie als **Mineralwässer** bezeichnet werden (Bitter-, Schwefel-, Eisenwässer, Säuerlinge).

Wird Wasser zum Sieden erhitzt und der gebildete Wasserdampf abgekühlt, so erhält man wieder tropfbar flüssiges Wasser. Diesen Vorgang bezeichnet man als **Destillation**. Man benützt die Destillation, um reines Wasser zu gewinnen, da die im Wasser gelösten festen Stoffe hierbei zurückbleiben.

Um Wasser von nicht gelösten, sondern darin schwebenden (suspendierten) Bestandteilen zu befreien, läßt man es durch Filtrierpapier oder ein sehr feinmaschiges Gewebe laufen. Im großen verwendet man zu einer derartigen Reinigung Sand und Kies. Diesen Vorgang bezeichnet man als **Filtration**.

Reines Wasser gefriert bei 0° C; sind im Wasser aber Stoffe gelöst, so gefriert es erst bei tieferer Temperatur (Meerwasser). Das entstehende Eis nimmt jedoch die gelösten Stoffe nicht in sich auf, so daß also Meereis frei von Kochsalz ist.

Da die tierischen Organismen 50—60% und frische saftige Pflanzen 75—90% Wasser enthalten, so spielt dasselbe in der belebten Natur eine hervorragende Rolle.

Aber auch die meisten chemischen Vorgänge in der unbelebten Natur vollziehen sich nur bei Vorhandensein von Wasser. Durch seine mechanische und lösende Einwirkung zersetzt das Wasser die Gesteine und führt den Pflanzen nährende Mineralstoffe zu. Im Boden sickert das Wasser nach und nach in die Tiefe, bis es auf eine undurchlässige Schicht gelangt. Hier sammelt es sich entweder als **Grundwasser** an oder es tritt als **Quelle** zutage.

Manche Körper nehmen aus der Luft Wasser auf und verändern hiebei ihre Form (Haare, Federn). Ebenso werden gewisse Salze feucht oder zerfließen durch Aufnahme von Wasserdampf, z. B. Salpeter, Kochsalz und gewisse Kalirohsalze. Solche Körper heißen **hygroskopisch**.

Gutes Brunnenwasser soll klar, geruch- und farblos, sowie reich an Kohlensäure sein und darf nicht zu viel Mineralsalze enthalten. Faulende Stoffe, die von Düngerhaufen und Abortgruben in das Wasser gelangen, sind gesundheitsschädlich und müssen von Brunnen ferngehalten werden.

Dagegen ist trübes Wasser zum Bewässern der Wiesen wegen seines reicheren Gehaltes an Nährstoffen besonders geeignet.

Aus der chemischen Zusammensetzung des Wassers ergibt sich, daß ein Atom Sauerstoff zwei Wasserstoffatome zu binden vermag. Man bezeichnet daher den Sauerstoff als ein zweiwertiges Element. Unter dieser Voraussetzung erscheint der Wasserstoff als einwertig und man bezeichnet in gleichem Sinne als einwertig jedes Element, welches mit Wasserstoff gleichwertig ist, wie z. B. das Chlor in der Verbindung Cl_2O.

Drei- und mehrwertige Elemente vermögen drei und mehr Atome eines einwertigen Elementes zu binden.

3. Chlor. Cl.

Das Chlor ist ein stechend riechendes, gelbgrünes, giftiges Gas. In der Natur kommt es nicht in freiem Zustand, sondern nur in Verbindung mit anderen Elementen vor. Es wirkt stark bleichend und tötet niedere Pilze, weshalb es zur Vernichtung derselben, **Desinfektion**, benützt wird.

Am einfachsten stellt man Chlor durch Übergießen von Chlorkalk mit Salzsäure dar.

Mit Wasserstoff verbindet sich das einwertige Chlor zu einer Säure, Chlorwasserstoffsäure.

$$Cl + H = ClH$$

Chlor + Wasserstoff = Chlorwasserstoffsäure.

Chlorwasserstoffsäure oder Salzsäure. ClH.

Die Chlorwasserstoffsäure ist ein stechend riechendes Gas, welches sich in Wasser sehr leicht auflöst. Diese Lösung wird gewöhnlich als Salzsäure bezeichnet. Sie ist eine sehr starke Säure, die technisch vielfach verwendet wird.

Allgemein versteht man unter Säuren wasserhaltige Verbindungen, die mehr oder weniger stark sauer schmecken und den blauen Lackmusfarbstoff (Lackmuspapier) rot färben. Das wesentlichste Kennzeichen der Säuren ist ihre Fähigkeit, Salze zu bilden. Die Salzbildung findet dadurch statt, daß der Wasserstoff der Säure durch ein Metall ersetzt wird, z. B.:

HCl — Chlorwasserstoffsäure; $NaCl$ — Kochsalz.

Eine dem Chlor im chemischen Verhalten ähnliches Element ist das Jod; seine Auflösung gibt mit Stärkemehl oder Stärkekleister eine dunkelblaue Färbung durch Bildung von Jodstärke.

4. Schwefel. S.

Der Schwefel ist ein fester, hellgelber, geschmack- und geruchloser Körper. Er kommt in freiem Zustand in größeren Mengen in Sizilien vor. In Verbindung mit anderen Elementen findet er sich in vielen Mineralien, z. B. im Gips und ist ein regelmäßiger Bestandteil des tierischen und pflanzlichen Eiweißes.

Sehr fein verteilten Schwefel (Schwefelblumen, erhalten durch rasches Abkühlen von Schwefeldampf) verwendet man zur Bestäubung von Weinreben, welche von dem Traubenpilz (Oidium Tuckeri) befallen sind, oder von anderen durch Mehltaupilze gefährdeten Pflanzen, z. B. Rosen.

Schwefelwasserstoff. SH_2.

Der zweiwertige Schwefel verbindet sich mit zwei Atomen Wasserstoff zu Schwefelwasserstoff.

$$S + 2H = SH_2$$

Schwefel + 2 Wasserstoff = Schwefelwasserstoff.

Schwefelwasserstoff ist ein farbloses, giftiges Gas, das übel riecht und überall entsteht, wo schwefelhaltige organische Substanzen, z. B. Eiweißkörper (Eier, Fleisch, Blut u. s. w.) faulen. Der den faulen Eiern eigentümliche Geruch wird durch die Bildung von Schwefelwasserstoff bedingt. In Abort- und Düngergruben können sich bei der Fäulnis des Grubeninhalts erhebliche Mengen dieses Gases ansammeln. Bei der Entleerung von Latrinengruben sind infolge des ungenügenden Luftwechsels durch die nicht entfernten Gase (Schwefelwasserstoff, Kohlensäure, Ammoniak, Stickstoff) schon oft Unglücksfälle vorgekommen.

In Wasser gelöst kommt der Schwefelwasserstoff in Schwefelquellen vor, welche Heilzwecken dienen, z. B. in Abbach und Aachen.

Mit Metallen verbindet sich der Schwefelwasserstoff zu Schwefelmetallen. Silber wird daher von Schwefelwasserstoff unter Entstehung von Schwefelsilber gebräunt. (Anlaufen der Metalle.)

Das Vorkommen einer Verbindung von Schwefel und Eisen (FeS_2) in Braunkohlen- und Torflagern, sowie in Sümpfen ist darauf zurückzuführen, daß der bei der Fäulnis entstandene Schwefelwasserstoff sich mit Eisen zu Schwefeleisen vereinigt.

Schwefeldioxyd. SO_2.

Das Schwefeldioxyd ist ein stechend riechendes, zum Husten reizendes Gas, welches beim Verbrennen von Schwefel an der Luft entsteht:

$$S + 2\,O = SO_2$$

Schwefel + Sauerstoff = Schwefeldioxyd.

Das Gas löst sich sehr leicht in Wasser; die wässerige Lösung desselben, die schweflige Säure, wirkt stark bleichend auf Stroh, Wolle, Papier 2c.

Das Gas, gewöhnlich schweflige Säure genannt, tötet viele niedere Pilze (Schimmelpilze, Bakterien) und ist daher ein Mittel zur Vernichtung derselben. Ferner benützt man schweflige Säure zum Ausschwefeln von Gärbottichen, Weinfässern, Kellern und anderen Räumlichkeiten, sowie zum Schwefeln des Hopfens.

Die schweflige Säure bildet mit Basen, z. B. Kalk, im Wasser lösliche Salze, z. B. doppeltschwefligsauren Kalk, welcher zu den gleichen Zwecken wie die freie schweflige Säure benützt wird.

Beim Verbrennen von schwefelhaltigen Stein- und Braunkohlen entweicht schweflige Säure in die Luft. Dieses Gas ist für die Blätter der Pflanzen sehr nachteilig, besonders für Nadelhölzer. In der Nähe großer Fabriken werden daher die Pflanzen gewöhnlich stark durch Rauch geschädigt.

Durch Aufnahme von Sauerstoff verwandelt sich die schweflige Säure in Schwefelsäureanhydrid (Schwefelsäure ohne Wasser = SO_3), das durch Wasseraufnahme in Schwefelsäure übergeht. $SO_2 + O + H_2O = SO_4H_2$.

Schwefelsäure. SO_4H_2.

Die Schwefelsäure ist eine ölartige, schwere, farblose Flüssigkeit, welche stark saure Eigenschaften besitzt. Sie führt auch den Namen Vitriolöl. Die Schwefelsäure verkohlt organische Substanzen, indem sie ihnen die Bestandteile des Wassers unter Ausscheidung von Kohle entzieht. Sie greift die Haut an und wirkt, innerlich genommen, tötlich. Wasser wird von ihr begierig angezogen. Bei der Verdünnung dieser Säure mit Wasser tritt infolge chemischer Bindung desselben eine starke Erwärmung ein; es muß daher die Säure in dünnem Strahl in das Wasser gegossen werden, weil bei umgekehrtem Verfahren eine so starke Erhitzung eintreten kann, daß die Säure aus dem Gefäß geschleudert wird.

Man benützt die Schwefelsäure bei der Herstellung der Superphosphate und zur Bindung des Ammoniaks in der Jauche.

Schwefelsaure Salze sind zum Gedeihen der Pflanzen unbedingt notwendig. Da sie sich im Boden meistens in ausreichender Menge vorfinden, so kommen sie bei der Düngung in der Regel nicht in Betracht.

5. Stickstoff. N.

Der Stickstoff ist ein farbloses und geruchloses Gas, welches neben Sauerstoff in der atmosphärischen Luft enthalten ist. Im wesentlichen besteht die Luft aus zwei Gasen, aus Sauerstoff und Stickstoff. Durch den Stickstoff der Luft ist der vorhandene Sauerstoff verdünnt, so daß alle Oxydationen (Verbrennungen) in der Luft weniger lebhaft als in reinem Sauerstoffgase vor sich gehen. Der Stickstoff geht beim Atmen nicht wie der Sauerstoff in das Blut über, sondern wird aus der Lunge unverändert wieder ausgeatmet. Stickstoff zeigt sehr wenig Neigung, mit anderen Elementen sich zu verbinden, doch sind manche seiner Verbindungen für die Pflanzen und Tiere von größter Bedeutung.

Reinen Stickstoff kann man dadurch erhalten, daß man der von Wasserdampf und Kohlensäure befreiten Luft den Sauerstoff entzieht. Man verbrennt zu diesem Zwecke in einer durch Wasser abgesperrten, lufthaltenden Glasglocke Phosphor, welcher sich mit dem Sauerstoff der Luft zunächst zu Phosphorsäure-Anhydrid verbindet, während der Stickston zurückbleibt. Das Phosphorsäure-Anhydrid vereinigt sich mit Wasser zu Phosphorsäure.

Verbindungen des Stickstoffs.

a) Ammoniak. NH_3.

Der dreiwertige Stickstoff verbindet sich mit 3 Atomen Wasserstoff zu Ammoniak.

Das Ammoniak ist ein farbloses, stechend riechendes Gas. Es entsteht bei der Zersetzung stickstoffhaltiger Stoffe, wie Haare, Hornsubstanz, Knochenleim, Fleisch, Blut, Harn, Kot. Dasselbe findet sich daher in der Stallluft, dem Stallmist, der Jauche, dem Inhalt von Latrinengruben und im Ackerboden.

Ammoniak löst sich sehr begierig im Wasser. Die Lösung, welche wie das freie Ammoniak stechend riecht, wird Salmiakgeist genannt. (Nicht zu verwechseln mit Salmiak.) Die Flüssigkeit schmeckt laugig, färbt rotes Lackmuspapier blau und gelbes Kurkumapapier braun. Körper, denen diese Eigenschaften zukommen, bezeichnet man als Basen. Basische Eigenschaften besitzen hauptsächlich die Verbindungen von Metallen mit Sauerstoff (Metalloxyde).

Verbinden sich Basen mit Säuren, so entstehen Salze.

$$NaOH + HCl = NaCl + H_2O$$

Natriumbase + Salzsäure = Kochsalz (Chlornatrium) + Wasser.

Da das bei der Zersetzung stickstoffhaltiger, verbrennlicher (organischer) Substanzen entstehende gasförmige Ammoniak leicht in die Luft entweicht und dadurch eine für die Düngung sehr wertvolle Stickstoffverbindung verloren geht, so sucht man das flüchtige Ammoniak durch eine Säure in ein nicht flüchtiges Salz überzuführen, d. h. zu binden. Man verwendet hierzu zweckmäßig Schwefelsäure, welche sich mit dem Ammoniak zu nicht flüchtigem schwefelsauren Ammoniak vereinigt. Ferner benützt man zur Bindung des Ammoniaks auch Gips, d. i. schwefelsauren Kalk, welcher ebenfalls schwefelsaures Ammoniak durch Umsetzung liefert. Außerdem eignen sich zur Bindung des

Ammoniaks noch Torf, Moorerde und humusreiche Ackererde. Auch Superphosphat und Superphosphatgips sind zu diesem Zwecke geeignet.

Ammoniak wird bei der trockenen Destillation der Steinkohlen (Koks- und Leuchtgasfabrikation) gewonnen und in Form von schwefelsaurem Ammoniak als wertvolles Düngemittel verwendet.

b) Salpetersäure. NO_3H.

Die wichtigste Verbindung des Stickstoffs mit Sauerstoff und Wasserstoff ist die Salpetersäure (Scheidewasser), welche sich in der Natur in Form von Salzen vorfindet, z. B. als salpetersaures Natrium im Chilisalpeter, als salpetersaurer Kalk im Mauersalpeter. Die salpetersauren Salze werden Nitrate genannt.

Die Salpetersäure ist eine farblose, stark saure Flüssigkeit, welche organische Verbindungen, z. B. die Haut, unter Gelbfärbung zerstört.

Für die Landwirtschaft sind Salze der Salpetersäure, z. B. salpetersaures Kalium, salpetersaures Natrium (Chilisalpeter), salpetersaures Ammoniak und salpetersaurer Kalk im Stalldünger und im Erdboden von größter Wichtigkeit, da die Pflanzen den für die Ernährung nötigen Stickstoff vorwiegend in Form von salpetersauren Salzen aus dem Boden aufnehmen.

Eine Ausnahme machen die schmetterlingsblütigen Pflanzen (Kleearten, Erbsen, Wicken, Bohnen rc.), welche auch den freien Stickstoff der Luft verwerten können, indem Bakterien, die sich in den Wurzelknöllchen befinden, die Bindung desselben vermitteln.

Organischer Stickstoff und Ammoniak-Stickstoff muß vor der Aufnahme durch die Pflanzen gewöhnlich in Salpetersäurestickstoff umgewandelt werden. Diese Umwandlung vollzieht sich unter Mitwirkung der salpeterbildenden Bakterien. Infolgedessen wirken die Ammoniaksalze langsamer als die salpetersauren Salze, die organischen Stickstoffdünger noch langsamer.

Die atmosphärische Luft.

Die Luft enthält als Hauptbestandteile auf ungefähr 4 Raumteile Stickstoff 1 Raumteil Sauerstoff. Dieses Verhältnis bleibt auf der ganzen Erdoberfläche stets dasselbe; denn der Verbrauch an Sauerstoff ist im Verhältnis zu der großen Menge der atmosphärischen Luft ein sehr geringer; zudem wird der verbrauchte Sauerstoff immer wieder durch die Lebenstätigkeit der Pflanzen ersetzt. Außer Stickstoff und Sauerstoff finden sich in der Luft als regelmäßige Nebenbestandteile Wasserdampf und Kohlensäure. Ferner sind der Luft noch Staub, Pilzkeime und zuweilen auch schädliche Gase beigemengt.

Die Luft kann durch großen Druck und starke Temperaturerniedrigung, ebenso wie ihre Hauptbestandteile selbst, zu einer Flüssigkeit verdichtet werden.

Im Boden muß Luft enthalten sein, um den Wurzeln der Pflanzen den nötigen Sauerstoff zu liefern, sowie die Verwesung der Humussubstanzen, die Überführung des Ammoniaks in Salpetersäure und die Verwitterung der Mineralien zu ermöglichen. Ein dicht gelagerter, nasser Boden ist der Luft wenig zugänglich. Dadurch werden die Pflanzen in ihrem Wachstum beeinträchtigt.

6. Phosphor. P.

Der Phosphor ist ein gelblichweißer, wachsähnlicher Körper, der in freiem Zustand in der Natur nicht vorkommt. Er zeigt große Neigung, sich mit Sauerstoff zu verbinden. Diese Vereinigung erfolgt schon bei gewöhnlicher Temperatur unter Lichterscheinung ohne merkliche Erwärmung. Er leuchtet daher im Dunkeln (Phosphoreszieren) und muß zur Abhaltung des Sauerstoffs unter Wasser aufbewahrt werden. An der Luft erhitzt, verbrennt er unter starker Licht- und Wärmeentwicklung und Bildung eines weißen Rauches zu Phosphorsäure-Anhydrid, P_2O_5. Auch beim Reiben entzündet er sich, weshalb er bei der Herstellung der gewöhnlichen Phosphor-Zündhölzchen Verwendung fand. Phosphor ist sehr giftig und dient in den Phosphorpillen zur Vertilgung von Mäusen und Ratten. Durch Erhitzen des gelben Phosphors auf 300° bei Luftabschluß entsteht roter Phosphor, der im Dunkeln nicht leuchtet, sich an der Luft nicht verändert und nicht giftig ist. Die Reibfläche der schwedischen Zündhölzer enthält roten Phosphor. Der Phosphor findet sich im Mineralreich nur in Form von phosphorsauren Salzen und bildet als phosphorsaurer Kalk einen wesentlichen Bestandteil der Knochen und daher auch der Knochenasche. Im Tier- und Pflanzenreich ist er außerdem noch im Eiweiß, im Blut und in der Nervensubstanz enthalten. Reich an phosphorsauren Salzen ist die Asche der Samen von Getreide und Hülsenfrüchten.

Phosphorsäure. PO_4H_3.

Der bei der Verbrennung von Phosphor entstehende weiße Körper, P_2O_5, nimmt Wasser sehr begierig auf. Es entsteht Phosphorsäure, eine starke, nicht flüchtige Säure. Für die Landwirtschaft sind die phosphorsauren Salze (Phosphate) von größter Bedeutung, weil die Pflanzen ohne diese nicht gedeihen können. Da im Boden meistens sehr geringe Mengen von phosphorsauren Salzen enthalten sind, so finden phosphorsaure Salze (besonders Kalksalze) als Düngemittel sehr umfassende Anwendung.

Phosphorsaurer Kalk ist der hauptsächlichste Bestandteil des Apatits und Phosphorits. Phosphorit findet sich in bedeutenden Lagern bei Amberg, an der Lahn, in Belgien, Algier und in Florida (Nordamerika).

Der Harn der Fleischfresser ist reich an Phosphorsäure, arm dagegen ist derjenige von Pflanzenfressern (Rind, Schaf, Pferd). Deshalb enthält die Jauche, welche von Rindvieh- und Pferdestallungen stammt, nur sehr geringe Mengen Phosphorsäure.

Ein mit dem Phosphor nahe verwandtes Element ist das Arsen. Eine Sauerstoffverbindung des Arsens ist das Arsenik, ein furchtbares Gift. Geringe Mengen werden bisweilen an Pferde verabreicht, um diesen ein üppiges, glänzendes Aussehen zu verleihen. Mit Arsenik vergifteter Weizen dient zur Vertilgung der Feldmäuse.

7. Kohlenstoff. C.

Der Kohlenstoff ist in der Natur sehr verbreitet. In freiem Zustand findet er sich als Diamant und Graphit. Gebunden bildet er den wesentlichsten Bestandteil aller dem Pflanzen- und Tierreich entstammenden verbrennlichen (organischen) Substanzen und bildet die Hauptmasse der durch langsame Verwesung von Pflanzenstoffen entstandenen Produkte, wie Humus, Torf, Braunkohle, Steinkohle und Anthracit.

Mit Sauerstoff verbunden findet er sich in der Luft als Kohlensäure und ist außerdem als Bestandteil der kohlensauren Salze (Kalkstein, Kreide, Dolomit) sehr verbreitet. Mit Wasserstoff bildet er die sogenannten Kohlenwasserstoffe; das Erdöl (Petroleum) und das Erdpech (Asphalt) sind Gemenge von solchen.

Der Kohlenstoff kommt in 3 Formen vor: 1. als reiner kristallisierter Kohlenstoff, Diamant genannt, welcher der härteste aller Körper und der wertvollste Edelstein ist. Seine Abfälle dienen zum Glasschneiden und zum Schleifen der Diamanten; 2. als Graphit; derselbe ist durch Beimengungen verunreinigt, schwarz, metallglänzend und ziemlich weich. Er dient zur Herstellung der Bleistifte, der Schmelztiegel und zum Schwärzen der Öfen; 3. als amorpher Kohlenstoff, hergestellt durch Erhitzen organischer Stoffe unter Luftabschluß. Fossile (vorweltliche) Kohlen sind solche, die durch Verwesung von Pflanzenresten entstanden sind. Torf, Braun-, Steinkohle und Anthracit sind solche fossile Kohlen. Je größer deren Alter, desto reicher sind sie an Kohlenstoff. Anthracit besteht fast ganz aus Kohlenstoff, verbrennt schwieriger als Steinkohle, hat aber einen höheren Heizwert als diese. Braunkohle ist weniger kohlenstoffreich wie Steinkohle; beide sind häufig durch Schwefelverbindungen verunreinigt.

Der Ruß ist feinverteilter Kohlenstoff; er leitet die Wärme sehr schlecht. Stark verrußte Öfen und Ofenrohre geben deshalb weniger Wärme ab als gut gereinigte.

Organische Substanzen, z. B. Holz, sind Verbindungen des Kohlenstoffs vorwiegend mit Wasserstoff und Sauerstoff. Werden dieselben unter beschränktem Luftzutritt erhitzt, so verbrennt der Wasserstoff zu Wasser und der größte Teil des Kohlenstoffs bleibt als schwarze Masse zurück. Auf diesem Wege wird in den Meilern die Holzkohle gewonnen. In ähnlicher Weise stellt man aus Knochen die Knochenkohle oder Tierkohle her. Beide Arten von Kohlen sind sehr porös. Die Knochenkohle besitzt die Fähigkeit, Farbstoffe und die Holzkohle, Riechstoffe in sich aufzunehmen und festzuhalten, weshalb dieselben zur Entfuselung des Branntweins und Entfärbung des Zuckersaftes verwendet werden.

Zur Verbrennung der Heizmaterialien, sowie gewisser Beleuchtungsstoffe, z. B. Petroleum, Öl, Spiritus, Leuchtgas, ist der Zutritt von Luft erforderlich. Es ist daher Sorge zu tragen, daß der Heizrost durch regelmäßiges Reinigen von Schlacke und Asche für den Zutritt der Luft freigehalten wird. Ferner ist es nachteilig, zu viele Kohlen auf einmal auf den Rost zu bringen, da hierdurch eine starke Abkühlung des Feuers mit Rußentwicklung hervorgerufen wird.

Bei zu geringem Luftzutritt verbrennt der Kohlenstoff nicht zu Kohlensäure, sondern nur zu Kohlenoxyd (CO). Das Kohlenoxyd ist ein sehr giftiges Gas und führt, in größeren Mengen eingeatmet, den Tod herbei. Geschlossene Ofenklappen, zu enger oder fehlender Rost, Kamine, in welche zu viele Feuerungen münden, vermindern den Zug und können zur Bildung von Kohlendunst Anlaß geben, dessen giftiger Bestandteil das Kohlenoxyd ist.

Führt man zu viel Luft in die Feuerung, so wird durch die kalte, überflüssige Luft die Temperatur des Feuers stark erniedrigt. Bei Bedienung von größeren Feuerungsanlagen (Dampfkesseln) sollen also die Heiztüren nicht länger als unbedingt nötig offen bleiben.

Verbindungen des Kohlenstoffs mit Wasserstoff sind: a) das Sumpfgas oder Grubengas (CH_4). Es entsteht bei der Fäulnis organischer Stoffe und findet sich daher in Sümpfen, Abortgruben, Kanälen und Kohlenbergwerken. Es bildet sich auch durch Bakterientätigkeit im Verdauungskanal aus stickstoffreien Stoffen und ist ein Bestandteil der Darmgase. b) Das Acetylengas (C_2H_2). Dasselbe entsteht bei der Einwirkung von Wasser auf Calciumkohlenstoff (Calciumcarbid) und verbrennt an der Luft mit sehr helleuchtender Flamme (Acetylengasbeleuchtung). Beide Gase bilden, mit Luft gemengt, bei der Entzündung sehr heftig explodierende Gasgemische. (Schlagende Wetter in den Kohlengruben. Acetylen-Explosionen.)

Kohlendioxyd. (CO_2). Kohlensäure.

Die Kohlensäure (eigentlich Kohlensäure-Anhydrid) ist ein farbloses Gas von säuerlich stechendem Geruch und Geschmack, welches sich bei der vollständigen Verbrennung von Kohle oder kohlenstoffhaltigen Substanzen bildet. In reichlicher Menge entsteht Kohlensäure bei der Gärung von Most, Branntweinmaische und Bierwürze. Kohlensäure ist schwerer als Luft und sammelt sich daher bei unbewegter Luft am Boden von Gärkellern, sowie in tiefen Brunnen und Schächten an.

Wie bei der Verbrennung und Gärung, so wird auch bei der Atmung der Menschen und Tiere Kohlensäure erzeugt. Kohlensäure ist ein regelmäßiger Bestandteil der Luft. In etwas größerer Menge findet sie sich in der Luft des Bodens, weil sie dort bei der Verwesung der Humussubstanzen entsteht. Da sich die Kohlensäure ziemlich leicht im Wasser löst, so ist sie im Brunnenwasser und reichlicher in den als Säuerlinge bezeichneten Mineralwässern enthalten.

Die Kohlensäure ist, in größeren Mengen eingeatmet, schädlich. Dicht mit Menschen oder Tieren besetzte Räume bedürfen daher einer steten Lufterneuerung durch eine geeignete Ventilation. In kohlensäurehaltigen Getränken, wie Bier, Sodawasser und Schaumwein wirkt die darin enthaltene Kohlensäure erfrischend.

Die Kohlensäure bildet mit Basen Salze, welche als Karbonate bezeichnet werden.

Kohlensaure Salze, z. B. kohlensaurer Kalk, sind in der Natur sehr verbreitet und bilden den Hauptbestandteil vieler Gebirgszüge (Kalkalpen, Muschelkalk, Jura). Mit Säuren (Salzsäure, Essigsäure) befeuchtet, brausen die kohlensauren Salze unter Entwicklung von Kohlensäure lebhaft auf, weil die schwächere Kohlensäure durch stärkere Säuren ausgetrieben wird. Dieses Verfahren benützt man zum Nachweise von kohlensaurem Kalk im Boden.

Schwefelkohlenstoff. CS_2.

Schwefelkohlenstoff ist eine farblose, stark lichtbrechende Flüssigkeit, welche einen sehr unangenehmen Geruch besitzt. Da der Schwefelkohlenstoff leicht verdunstet und sich schon an glimmenden Gegenständen (Zigarre, Pfeife) entzündet, so ist die größte Vorsicht bei seiner Benützung zu beobachten. Man verwendet ihn zum Entfetten von Wolle und ölhaltigen Samen, zur Vertilgung von Mäusen und Insekten, sowie zur Desinfektion des Bodens beim Vorkommen von Rebläusen.

8. Silicium. Si.

Silicium oder Kiesel ist in der Natur nur als Kieselsäure (Siliciumdioxyd) oder in Form von kieselsauren Salzen vorhanden. Es ist eines der verbreitetsten Elemente.

Siliciumdioxyd. (SiO_2). Kieselsäure.

Die Kieselsäure (eigentlich Kieselsäure-Anhydrid), auch Kieselerde genannt, ist ein fester, weißer Körper. Sie findet sich kristallisiert als Quarz und ist dann durchsichtig, farblos oder rosa, blau oder grau gefärbt. Die Kieselsäure ist in Wasser unlöslich, sehr hart und schmilzt sehr schwer. SiO_2 tritt mit Wasser zu Kieselsäuren zusammen, die sehr verschieden zusammengesetzt sind.

Die Salze der Kieselsäure werden als Silikate bezeichnet. $^4/_5$ von der gesamten Menge der Gesteine, welche unsere Erdrinde zusammensetzen, bestehen aus Silikaten.

Die kieselsauren Salze werden durch Verwitterungsvorgänge mehr oder weniger leicht zersetzt und liefern dann für die Pflanzen wichtige Nährstoffe, wie Kalium-, Calcium- und Magnesiumverbindungen.

Auch die Kieselerde wird von den Pflanzen aufgenommen und in Stengeln und anderen Teilen abgelagert. Besonders ist dies bei den Halmen des Getreides, der Sauergräser und Schachtelhalme (Zinnkraut) der Fall. Gewisse Algen (Diatomeen) hinterlassen nach dem Absterben und Verwesen ein feines Pulver von Kieselerde (Kieselgur oder Infusorienerde).

B. Metalle.

Alle Metalle, mit Ausnahme des Quecksilbers, sind bei gewöhnlicher Temperatur fest und wenig flüchtig. Alle Metalle sind schmelzbar, einige allerdings nur bei der hohen Temperatur des Knallgasgebläses (Platin bei 1775°).

Leicht schmelzbare Metalle lassen sich auch leicht in Dampf verwandeln, z. B. Zink bei 950°.

Im elektrischen Ofen lassen sich auch schwer schmelzbare Metalle verflüchtigen.

Die meisten Sauerstoffverbindungen der Metalle (Metalloxyde) treten mit Wasser zu Basen zusammen, deren Lösungen (Laugen) sich daran erkennen lassen, daß sie roten Lackmusfarbstoff bläuen und gelben Kurkumafarbstoff bräunen.

Metalle mit einem spezifischen Gewichte unter 5 heißen Leichtmetalle, über 5 Schwermetalle.

Erstere oxydieren sich leichter und ihre Oxyde bilden mit Wasser meist starke, ätzende Basen. Z. B.:

$K_2O + H_2O = 2\,KOH$ Ätzkali.
$CaO + H_2O = Ca(OH)_2$ gelöschter Kalk.

Die Sauerstoffverbindungen der Schwermetalle geben schwache Basen. (Höhere Sauerstoffverbindungen der Schwermetalle geben sogar mit Wasser Säuren.)

Die Basen treten mit Säuren zu Salzen zusammen; dabei entsteht nebenbei immer Wasser. Z. B.:

$$NaOH + HCl = NaCl + H_2O$$

(Natronlauge) (und) (Salzsäure) (geben) (Kochsalz) (und) (Wasser).

$$Ca(OH)_2 + SO_4H_2 = CaSO_4 + 2\,H_2O.$$

Die Salze sind auch aufzufassen als Säuren, in denen der Wasserstoff durch Metall ersetzt ist. Wird der Wasserstoff nur zum Teil durch Metall ersetzt, so bleiben auch die sauren Eigenschaften zum Teil erhalten; es bildet sich ein saures Salz. Wird aller H ersetzt, so entsteht ein neutrales Salz.

$HHCO_3$	$HNaCO_3$	Na_2CO_3
Kohlensäure	saures kohlensaures Natrium (doppelt kohlensaures Natrium)	kohlensaures Natrium (Soda)

Wird der H durch verschiedene Metalle ersetzt, so entsteht ein Doppelsalz.

$HHSO_4$	$KNaSO_4$
Schwefelsäure	Schwefelsaures Kalium-Natrium.

Wenn eine starke Säure und eine starke Base in genau berechneten Mengen ein Salz bilden, so werden sie beide neutralisiert, d. h. die Salzlösung verändert weder blauen noch roten Lackmusfarbstoff.

Z. B. die starke Salzsäure und die starke Natronlauge vereinigen sich zum neutralen Kochsalz (Chlornatrium). Dadurch wird die saure und basische Eigenschaft aufgehoben. Blaues und rotes Lackmuspapier bleiben beim Eintauchen in die Salzlösung unverändert.

Anders ist es, wenn die Säure schwächer oder stärker als die Base ist.

Die schwache Kohlensäure vereinigt sich mit der starken Natronlauge zu kohlensaurem Natrium. Die schwache Säure reicht nicht aus zur Aufhebung der basischen Eigenschaften. Die Salzlösung behält laugenhaften Charakter: rotes Lackmuspapier wird gebläut.

Die schwache Base Kupferoxydhydrat und die starke Schwefelsäure vereinigen sich zu schwefelsaurem Kupfer oder Kupfervitriol.

Die schwache Base kann die stark sauren Eigenschaften der Schwefelsäure nicht aufheben, die Kupfervitriollösung ist deshalb sauer und rötet blaues Lackmuspapier.

Wenn Metall in einer Säure gelöst wird, so ist das keine einfache Lösung, wie z. B. von Zucker in Wasser. Es tritt ein chemischer Vorgang ein, das Metall setzt sich an die Stelle von H, es entsteht ein Salz.

$$SO_4\mathbf{H_2} + Zn = SO_4\mathbf{Zn} + H_2O.$$

1. Kalium. K.

Das Kalium ist ein sehr leichtes, weiches Metall, welches nur in Form von Salzen in der Natur vorkommt. Außerordentlich verbreitet ist es im Kalifeldspat, welcher einen Bestandteil vieler Silikatgesteine bildet. Bei der Verwitterung derselben geht das Kalium in lösliche Verbindungen über, welche von den Pflanzenwurzeln aufgenommen werden können.

Große Mengen von Kalisalzen finden sich in den Steinsalzlagern der norddeutschen Tiefebene bei Staßfurt, Leopoldshall, Aschersleben ꝛc. Die Kalisalze werden in der Landwirtschaft in ausgedehntem Maße als Düngemittel verwendet. Die an den erwähnten Orten gewonnenen rohen Kalisalze führen die Bezeichnung Abraumsalze, da sie erst abgeräumt werden müssen, bevor man auf die Schicht des älteren Steinsalzes gelangt.

Das Kalium ist zur Entwicklung der Pflanzen und Tiere unentbehrlich, für letztere aber, in größeren Mengen gereicht, giftig. Die Wiesengräser, Mais, Kartoffeln, Rüben, Kraut, Hopfen, Tabak, die Obstbäume und die Weinstöcke bedürfen zu ihrem Wachstum großer Mengen von Kaliumverbindungen (Kalipflanzen). In allen denjenigen Pflanzen, welche viel Stärkemehl oder Zucker produzieren, finden sich auch größere Quantitäten von Kali.

Die Kalisalze sind in Wasser löslich, das Kali wird aber vom Boden festgehalten (absorbiert). Man streut sie womöglich schon im Herbst oder Winter aus, um eine baldige Lösung derselben zu ermöglichen und die unter Umständen nachteiligen Nebensalze in den Untergrund abzuführen.

Mit Sauerstoff vereinigt sich das Kalium zu Kaliumoxyd oder Kali (K_2O), welches mit Wasser das Ätzkali KOH bildet, dessen Lösung Kalilauge genannt wird.

Abraumsalze.

Unter Abraumsalzen versteht man kalihaltige Salze, welche in der Gegend von Staßfurt bei Magdeburg als Abraum aus den über dem älteren Steinsalz befindlichen Schichten gewonnen werden.

Die landwirtschaftlich wichtigsten Abraumsalze sind folgende:

Carnallit besteht aus Chlorkalium und Chlormagnesium. Er kommt als Düngemittel in den Handel, dient aber vornehmlich zur Darstellung reiner Kalisalze. Er enthält im Mittel nur 9% Kali und wird nicht weit verfrachtet.

Sylvin KCl. Sylvin kommt in den Steinsalzlagern von Staßfurt in sehr geringen Mengen vor. Es ist Carnallit, aus dem $MgCl_2$ ausgelaugt ist.

Sylvinit wird das häufiger vorkommende Gemenge von Sylvin mit Steinsalz genannt und bisweilen als Düngemittel verwendet.

Schwefelsaures Kalium findet sich in vielen Abraumsalzen.

Kainit enthält schwefelsaures Kaltum (ca. 21,3%), schwefelsaures Magnesium (ca. 14,5%), Chlormagnesium (ca. 12,4%), Steinsalz (ca. 34,6%) und Gips und ist weiß, rötlich oder gelblich gefärbt. In gemahlenem Zustand stellt er gewöhnlich ein weißgraues Salz dar mit vielen kleinen gelblichen und rötlichen Stückchen.

Durchschnittlich enthält der Kainit 13% Kali (K_2O). Der Kainit muß trocken aufbewahrt oder mit Torfmulle gemischt werden, damit sein Erhärten möglichst verhütet wird.

Aus Staßfurter Rohsalzen werden die gereinigten (konzentrierten) Kalidünger hergestellt, indem die Nebenbestandteile mehr oder weniger entfernt werden.

Die wichtigsten konzentrierten Kalisalze sind: 1. das 40prozentige Kalisalz mit 40% Kali; 2. das Chlorkalium mit 50,5—56,9% Kali und 3. das schwefelsaure Kali mit 48,6—51,9% Kali im Mittel.

Der Gehalt der Kalidünger an Kalium wird stets auf Kaliumoxyd (K_2O) berechnet angegeben.

Die Abraumsalze und die daraus hergestellten gereinigten Kalisalze sind alle leicht in Wasser löslich.

Salpetersaures Kalium. NO_3K.

Das salpetersaure Kalium, Kalisalpeter, bildet sich, wenn stickstoffhaltige organische Substanzen bei Vorhandensein von Kaliumverbindungen verwesen.

Kalisalpeter dient zum Einpökeln von Fleisch, zur Herstellung des Schießpulvers und als Düngemittel im Gartenbau. Seltener ist seine Verwendung beim Obst-, Wein- und Hopfenbau.

Kohlensaures Kalium. CO_3K_2.

Das kohlensaure Kalium ist der Hauptbestandteil der Pottasche, der Asche der Pflanzen. Die Holzasche ist daher als Düngemittel geeignet und zum Zweck ihrer Verwertung zu sammeln. Kohlensaures Kalium dient außerdem noch zur Seifen- und Glasbereitung.

2. Natrium. Na.

Natrium findet sich in der Natur ebenso wie Kalium nur in Verbindung mit anderen Elementen und ist noch verbreiteter als letzteres. Als Chlornatrium bildet es die als Steinsalzlager bezeichneten Ablagerungen und den Hauptanteil der im Meerwasser gelösten Salze.

Das metallische Natrium gleicht dem Kalium und entzieht wie dieses dem Wasser seinen Sauerstoff unter Entwicklung von Wasserstoff. Es entsteht dabei Ätznatron. Das Ätznatron besitzt gleiche Eigenschaften wie das Ätzkali; seine Auflösung in Wasser nennt man Natronlauge.

Chlornatrium. ClNa.

Das Chlornatrium, Kochsalz, Steinsalz, wird entweder bergmännisch oder durch Verdunsten des Wassers aus Salzsole oder Meerwasser gewonnen. Der Kochsalzgehalt des Meerwassers beträgt ca. 3%. Große Steinsalzlager finden sich bei Berchtesgaden, im Salzkammergut, bei Heilbronn a. N., Staßfurt, Erfurt und an anderen Orten.

Das rohe, meist grau oder rötlich gefärbte Steinsalz wird gemahlen als Viehsalz verwendet. Das Chlornatrium dient nicht nur dazu, das Futter schmackhafter zu machen, sondern auch das aus dem Körper des Tieres durch den Harn ausgeschiedene Salz wieder zu ersetzen. Viehsalz verwendet man auch zum Einsalzen schlecht eingebrachten Heues. Steinsalz, welches von Verunreinigungen und Nebenbestandteilen möglichst befreit oder aus ganz reinen Salzsteinen gewonnen wurde, sowie das Meersalz dienen zum Würzen der Speisen (Speise- oder Kochsalz), zum Einpökeln von Fleisch, sowie zum Einmachen des Sauerkrautes.

Speisesalz unterliegt einer Steuer, während Viehsalz davon befreit ist. Um eine mißbräuchliche Benützung unbesteuerten Salzes zu verhindern, wird dasselbe mit Wermut, Eisenoxyd, Glaubersalz oder Holzkohle versetzt und so für den menschlichen Genuß unbrauchbar gemacht (Denaturieren des Salzes).

Schwefelsaures Natrium. SO_4Na_2.

Das schwefelsaure Natrium oder Glaubersalz findet sich in geringer Menge im Meerwasser, in Solquellen und Steinsalzlagern. Glaubersalz wirkt, innerlich genommen, abführend.

Salpetersaures Natrium. NO_3Na.

Das salpetersaure Natrium bildet in Chile und Bolivia (Südamerika) große Lager und wird als Chilisalpeter bezeichnet. Das dort abgebaute rohe Salz wird gereinigt und ist ein **sehr wichtiges stickstoffhaltiges Düngemittel.** Durchschnittlich enthält der Chilisalpeter $15\frac{1}{2}\%$ Stickstoff. Er ist in Wasser sehr leicht löslich und zieht aus der Luft unter Erhärten Feuchtigkeit an. Der Chilisalpeter muß deshalb an einem trockenen Orte aufbewahrt werden. Vor dem Ausstreuen ist er zu zerstoßen oder zu mahlen, damit er gleichmäßig auf den Feldern ausgestreut werden kann.

Der Chilisalpeter wird von den Pflanzenwurzeln leicht und schnell aufgenommen. Seine Wirkung ist daher eine sehr rasche. Da er aber vom Boden nicht festgehalten wird, so darf er, um Verluste durch Versickern in den Untergrund zu vermeiden, im allgemeinen nur kurz vor Beginn oder bei Beginn der Entwicklung der Pflanzen gegeben werden. Vielfach findet Chilisalpeter zur Düngung von Pflanzen, insbesondere zur Kräftigung von schwachen Saaten, Anwendung.

Der Chilisalpeter kann giftig auf die Pflanzen wirken, wenn er Perchlorat (ClO_4Na) in größeren Mengen (mehr als $0{,}2\%$) enthält. Bei einem Gehalt von 1% und darüber kann die ganze Vegetation vernichtet werden.

Kohlensaures Natrium. CO_3Na_2.

Das kohlensaure Natrium oder die **Soda** löst sich leicht in Wasser und findet wegen seiner laugigen Eigenschaften beim Waschen und bei der Seifenfabrikation Verwendung. Soda ist ferner ein Bestandteil der **Kupfersodabrühe**, mit welcher von Pflanzenkrankheiten, wie falscher Mehltau, Rußtau, Gitter- und Fleckenrost befallene Gewächse bespritzt werden.

Doppeltkohlensaures Natrium, CO_3HNa

ist ein Bestandteil des Brausepulvers; es ist zum innerlichen Gebrauch der ätzenden Soda vorzuziehen.

Kieselsaures Natrium.

Die wässerige Lösung des kieselsauren Natriums heißt **Wasserglas**. Leicht entzündliche Gegenstände werden damit getränkt (imprägniert) und so schwer verbrennlich oder unverbrennlich gemacht. Eier legt man zuweilen in Wasserglaslösung, um sie bei längerer Aufbewahrung gegen Verderbnis zu schützen.

Kieselsaures Kalium (Martellin) kommt seit neuerer Zeit als Kalidünger für Tabak und Hopfen in den Handel.

3. Calcium. Ca.

Das Calcium findet sich in der Natur größtenteils in Form von Salzen der Kohlensäure, Schwefelsäure, Phosphorsäure und Kieselsäure.

Calciumoxyd. CaO.

Das Calciumoxyd, **Ätzkalk** oder **gebrannter Kalk**, wird durch Brennen (Erhitzen) von kohlensaurem Kalk (Kalkstein) in den sog. **Kalköfen** erhalten; hierbei entweicht Kohlensäure.

$$CaCO_3 = CaO + CO_2$$

Kohlensaurer Kalk = Ätzkalk + Kohlensäure.

Reiner Kalkstein verliert beim Brennen 44% seines Gewichts an Kohlensäure; 100 kg kohlensaurer Kalk liefern daher 56 kg gebrannten Kalk.

Gebrannter Kalk verbindet sich mit Wasser unter starkem Erwärmen zu **gelöschtem Kalk**, der Base des Calciums.

$$CaO + H_2O = Ca(OH)_2$$

Gebrannter Kalk + Wasser = gelöschter Kalk.

100 kg Ätzkalk brauchen zum Löschen 32 kg (Liter) Wasser.

Der gebrannte Kalk bildet eine grauweiße Masse, die früher als unschmelzbar gegolten hat. Er wird im elektrischen Ofen bei Temperaturen gegen 3000° flüssig wie Wasser und verdampft bei höheren Temperaturen.

Ist der Kalkstein stark mit Ton, kohlensaurem Magnesium, Sand &c. vermengt, so löscht sich der daraus gebrannte Kalk nur schwierig und heißt magerer Kalk. Guter gebrannter Kalk — fetter Kalk — zerfällt beim Besprengen mit Wasser leicht zu Pulver.

Der gelöschte Kalk gibt mit Wasser einen dicken Brei, die **Kalkmilch**. In Wasser löst er sich schwer auf, 1 Teil in 760 Teilen Wasser. Die Lösung heißt Kalkwasser; letzteres trübt sich an der Luft durch Bildung von kohlensaurem Kalk. Der gelöschte Kalk dient zur Herstellung des gewöhnlichen Mörtels, eines Gemenges von $Ca(OH)_2$, H_2O und Quarzsand. Sein Erhärten an der Luft beruht auf zwei chemischen Vorgängen. Der Kalk zieht die Kohlensäure der Luft an und bildet kohlensauren Kalk, wobei Wasser entwickelt wird.

$$Ca(OH)_2 + CO_2 = CaCO_3 + H_2O.$$

Anderseits bildet sich mit der SiO_2 des Sandes Calciumsilikat, wodurch die Festigkeit des Mörtels mit der Zeit zunimmt.

Der **Zement** oder hydraulische Mörtel wird hergestellt durch gelindes Brennen eines Gemenges von Kalkstein, Ton und feinem Quarzsand. (Portland-Zement.) Ton- und sandhaltige Kalksteine können direkt zu Zement (Roman-Zement) gebrannt werden. Es gibt Steine, die ein so günstiges Mischungsverhältnis aufweisen und deren Bestandteile ein so feines kristallinisches Gefüge zeigen, daß sie auch ohne Zusatz zu Portland-Zement gebrannt werden. Portland-Zement beansprucht höhere Temperaturen und längere Erhitzungsdauer als Roman-Zement. Letzterer erhärtet unter Wasser rascher als der Portland-Zement. Die Festigkeit des erhärteten Portland-Zementes ist dagegen eine viel größere. Letzterer ist grünlich-grau, der Roman-Zement gelb bis rötlich-gelb. Die Erhärtung beruht auf der Bildung von Doppel-Silikaten des Calciums und Aluminiums.

Das Wohnen in nicht ausgetrockneten Neubauten ist gesundheitsschädlich. Man beschleunigt das Austrocknen und Erhärten des Mörtels in solchen Räumen durch Aufstellen von eisernen, mit glühendem Coks gefüllten (Kohlensäure liefernden) Körben.

Außer zur Mörtelbereitung benützt man gebrannten Kalk zur **Düngung** kalkarmer, sowie zur **Lockerung** sehr bündiger Böden. Auch auf sauren Wiesen wirkt der Kalk günstig durch Neutralisation der Humussäure.

Alle Pflanzen bedürfen des Kalkes als **Nährstoff**; besonders die Kleearten, Erbsen, Wicken und Bohnen nehmen bei ihrem Wachstum größere Kalkmengen auf.

Wegen seiner ätzenden Wirkung findet der gelöschte Kalk auch Verwendung bei der Vertilgung von **Schnecken**, zur Beseitigung der Knotensucht der Kohlgewächse und zur Herstellung der **Kupferkalkbrühe**, welche zur Bekämpfung der Blattfallkrankheit bei Weinstöcken, des Schorfes bei Obstbäumen

u. s. w. benützt wird. Mit Wasser sehr verdünnter gelöschter Kalk wird zum Tünchen, sowie zum Bestreichen der Stämme und Äste von Bäumen verwendet.

Kohlensaurer Kalk. CO_3Ca.

Der kohlensaure Kalk (kohlensaures Calcium) findet sich kristallisiert als Kalkspat (Calcit), kristallinisch als Marmor und dicht als Kalkstein und Kreide. Ein sehr inniges Gemenge von kohlensaurem Kalk und Ton ist der Mergel. Die Schale der Vogeleier, sowie diejenige der Muscheln und Schnecken besteht aus kohlensaurem Kalk.

Kalkgesteine finden sich in verschiedenen Schichten der Erde sehr verbreitet, z. B. in den bayerischen Alpen, im Jura und Muschelkalk.

In kohlensäurehaltigem Wasser ist der kohlensaure Kalk in nicht unbeträchtlicher Menge löslich und findet sich daher in jedem Quell- und Brunnenwasser.

Beim Kochen von kalkhaltigem (hartem) Wasser entweicht die Kohlensäure und der gelöste kohlensaure Kalk scheidet sich als Kesselstein ab. Beim, Verdunsten kalkhaltigen Wassers an der Luft entsteht unter Abgabe von Kohlensäure Kalktuff und Tropfstein. $CaH_2(CO_3)_2 = CaCO_3 + CO_2 + H_2O$.

Unter Torflagern, z. B. im Erdinger Moor, ist zuweilen eine Schicht sandigen Kalkes anzutreffen, welcher als Moorkalk oder Alm bezeichnet wird.

Kohlensaurer Kalk findet in gemahlenem Zustand als Düngemittel zu gleichen Zwecken Anwendung wie gebrannter und gelöschter Kalk. Er wirkt jedoch langsamer, dafür aber nachhaltiger als der Ätzkalk. Auch die günstige Wirkung des Mergels beruht zum Teil auf dessen Gehalt an kohlensaurem Kalk.

In Salzsäure ist der kohlensaure Kalk unter Aufbrausen leicht löslich. Viele Böden sind sehr arm an kohlensaurem Kalk.

Schwefelsaurer Kalk. SO_4Ca.

Gips ist wasserhaltiger, schwefelsaurer Kalk. Derselbe verliert beim Erhitzen den größten Teil seines Wassers und heißt dann gebrannter Gips. Wird dieser mit Wasser angerührt, so nimmt er dasselbe wieder auf und erhärtet. Man benützt diese Eigenschaft zur Herstellung von Gipsabgüssen und zum Eingipsen von Eisen- und Holzteilen. Zu stark (über 160 °C) erhitzter Gips nimmt Wasser nicht mehr auf und heißt totgebrannt.

Fein gemahlener, ungebrannter Gips dient in den Stallungen und auf den Düngerhaufen zur Bindung des Ammoniaks. Er setzt sich mit dem vorhandenen kohlensauren Ammoniak zu kohlensaurem Kalk und schwefelsaurem Ammoniak um. Ferner findet er auch zuweilen Verwendung als indirektes, aufschließendes Düngemittel, weil er bei seiner Verbreitung im Boden Nährstoffe löslich macht. Besonders häufig wird er zum Gipsen von Kleefeldern benützt.

Gips ist zwar schwer löslich in Wasser, findet sich aber infolge seiner Verbreitung in den oberen Erdschichten in fast jedem Brunnen- und Quellwasser vor.

Salpetersaurer Kalk. $(NO_3)_2Ca$.

Salpetersaurer Kalk, salpetersaures Calcium, Kalksalpeter bildet sich bei der Zersetzung stickstoffhaltiger, organischer Körper unter Vorhandensein von Kalk. Kalksalpeter findet sich daher in Komposthaufen, welchen Straßenstaub, Bauschutt, Dungkalk, Mergel zc. beigemengt wurde. An Mauern, welche von Jauche durchfeuchtet sind, bildet sich ebenfalls ein weißer Anflug von salpetersaurem Kalk (Mauersalpeter). Die abfallenden, mit Kalksalpeter durchsetzten Mauerteile sind wegen ihres Stickstoffgehaltes ein gutes Düngemittel. Zuweilen wird aus Mauern auswitternder Gips fälschlich als Mauersalpeter bezeichnet.

Phosphorsaurer Kalk. $(PO_4)_2Ca_3$.

Die Verbindungen des Calciums mit der Phosphorsäure sind für die Ernährung der Pflanzen von größter Bedeutung.

Die Phosphorsäure bildet mit dem Calcium drei verschiedene Salze, welche als dreibasisch, zweibasisch und einbasisch phosphorsaurer Kalk bezeichnet werden. Sie unterscheiden sich durch ihre verschiedene Löslichkeit im Wasser.

1. **Der dreibasisch phosphorsaure Kalk** ist in allen als „Rohphosphate" bezeichneten Düngemitteln enthalten. Er ist in reinem Wasser unlöslich, in kohlensäurehaltigem Wasser dagegen etwas löslich, findet sich in der Natur als Apatit und Phosphorit, ist in den meisten Ackerböden in sehr geringer Menge enthalten und bildet ferner einen Bestandteil der tierischen Knochen.

2. **Der zweibasisch phosphorsaure Kalk** entsteht aus dem dreibasisch phosphorsauren Kalk durch Einwirkung einer solchen Menge von Schwefelsäure, daß demselben nur ein Atom Calcium entzogen wird. Mit diesem Atom Calcium bildet die Schwefelsäure Gips:

$$Ca_3(PO_4)_2 + SO_4H_2 = 2\,CaH(PO_4) + SO_4Ca$$

Dreibas. phosphors. Kalk + Schwefelsäure = 2 zweibas. phosphors. Kalk + Gips.

Zweibasisch phosphorsaurer Kalk wird bei der Leimfabrikation gewonnen und kommt unter dem Namen „präcipitierter phosphorsaurer Kalk" oder „Biphosphat" in den Handel. Das Futterknochenmehl ist zweibasisch phosphorsaurer Kalk.

Der zweibasisch phosphorsaure Kalk ist zwar in reinem Wasser schwer, hingegen in kohlensäurehaltigem Wasser ziemlich leicht löslich. Er wird daher von den Pflanzen leichter als der dreibasisch phosphorsaure Kalk aufgenommen.

3. **Der einbasisch phosphorsaure Kalk** wird durch Einwirkung von so viel Schwefelsäure auf den dreibasisch phosphorsauren Kalk gewonnen, daß letzterem zwei Atome Calcium entzogen werden; hierbei entstehen zwei Moleküle Gips:

$$Ca_3(PO_4)_2 + 2\,SO_4H_2 = CaH_4(PO_4)_2 + 2\,SO_4Ca$$

Dreibas. phosphors. Kalk + 2 Schwefelsäure = einbas. phosphors. Kalk + 2 Gips.

Der einbasisch phosphorsaure Kalk ist in Wasser leicht löslich. Er ist in den Superphosphaten enthalten; der Wert der Superphosphate wird nach ihrem Gehalt an „wasserlöslicher Phosphorsäure" bestimmt. Die rasche Wirksamkeit der Superphosphate beruht auf der leichten Löslichkeit des einbasisch phosphorsauren Kalkes in Wasser und der dadurch bewirkten schnellen Verbreitung der Phosphorsäure im Boden.

Die Phosphorsäure bildet mit Eisen und Tonerde in Wasser unlösliche Salze.

Superphosphate, welche aus eisen- oder tonerdereichen Rohphosphaten hergestellt sind, nehmen allmählich in dem Gehalt an wasserlöslicher Phosphorsäure ab; denn es bilden sich unlösliche Salze des Eisens oder der Tonerde mit der ursprünglich löslichen Phosphorsäure. Durch diesen Vorgang verlieren die betreffenden Superphosphate mehr oder weniger an Wert. Man bezeichnet diese Erscheinung als Zurückgehen der Phosphorsäure.

Ein Zurückgehen der Phosphorsäure findet ebenfalls statt, wenn den Superphosphaten Ätzkalk, Bauschutt, Mergel, Holzasche oder sehr kalkreiche Erde beigemischt wird. In diesem Falle entsteht wieder unlöslicher dreibasisch phosphorsaurer Kalk.

Thomasschlacke. Bei der Verarbeitung phosphorhaltiger Eisenerze wird eine Schlacke erhalten, welche u. a. phosphorsauren Kalk und Ätzkalk enthält. Die gemahlene Thomasschlacke wird unter dem Namen Thomasphosphatmehl oder Thomasmehl in ausgedehntem Maße als Düngemittel verwendet.

Der größte Teil der darin enthaltenen Phosphorsäure löst sich in 2prozentiger Citronensäurelösung auf („citronensäurelösliche Phosphorsäure"). Das Thomasmehl ist um so wertvoller, je mehr es citronensäurelösliche Phosphorsäure enthält.

Kieselsaures Calcium ist ein Bestandteil vieler Mineralien, wie z. B. von Augit und Hornblende.

Chlorkalk, unterchlorigsaurer Kalk (nicht zu verwechseln mit Chlorcalcium) wird zum Desinfizieren von Stallungen, Wohnungen 2c., sowie zum Bleichen von Leinwand und Papier verwendet.

4. Magnesium. Mg.

Das Magnesium ist nicht so verbreitet wie das Calcium. Es findet sich hauptsächlich in Verbindung mit Kieselsäure in Silikaten. Als kohlensaures Magnesium bildet es einen Bestandteil des Dolomits; im Meerwasser und in Steinsalzlagern findet es sich als Chlormagnesium und schwefelsaures Magnesium. Das Magnesium ist auch in der Asche der Pflanzen enthalten und zur Ernährung derselben unentbehrlich.

Chlormagnesium. Cl_2Mg.

Chlormagnesium ist ein Bestandteil des Carnallits und Kainits. Es zieht aus der Luft Wasser an (ist hygroskopisch) und bringt die genannten Düngesalze zum Erhärten und in sehr feuchter Luft zum Zerfließen.

Schwefelsaures Magnesium. SO_4Mg.

Das schwefelsaure Magnesium ist ein Bestandteil des Kainits und Kieserits. Es findet sich in den Bitterwässern gelöst und wirkt abführend. Bittersalz ist wasserhaltiges schwefelsaures Magnesium.

Kohlensaures Magnesium. CO_3Mg.

Das kohlensaure Magnesium kommt in der Natur als Magnesit und zusammen mit kohlensaurem Calcium kristallisiert als Dolomit vor. Der Dolomit, welcher in Franken und in den Alpen Gebirge bildet, braust, mit Salzsäure befeuchtet, nicht so stark auf wie kohlensaurer Kalk.

5. Aluminium. Al.

Aluminium findet sich in der Natur nur in Verbindungen. An Kieselsäure gebunden ist es sehr verbreitet in zahlreichen Mineralien, wie im Feldspat, Glimmer, in den Zeolithen, im Ton und im Kaolin.

Aluminium ist ein zinnweißes, sehr leichtes Metall, das sich an der Luft nicht verändert. Seine Herstellung beruht darauf, daß die Tonerde, in geschmolzenem Kryolith und Flußspat gelöst, durch den elektrischen Strom in Aluminium und Sauerstoff zerfällt.

Aluminiumoxyd, Tonerde. Al_2O_3.

Aluminiumoxyd oder Tonerde kommt in der Natur als Saphir, Rubin und Korund kristallisiert, weniger rein als Schmirgel vor, welcher wegen seiner großen Härte zum Schleifen und Polieren Anwendung findet.

Schwefelsaures Aluminium. $(SO_4)_3Al_2$.

Das schwefelsaure Aluminium oder die schwefelsaure Tonerde ist ein Bestandteil der Alaune. Die Alaune sind wasserhaltige Verbindungen von schwefelsaurer Tonerde mit schwefelsaurem Kalium, Natrium oder Ammoniak. Sie besitzen fäulniswidrige Eigenschaften. Die Alaune finden Verwendung bei der Weißgerberei, zur Herstellung von Tinte, bei der Färberei als Beize und zur Fabrikation von Lacken.

Kieselsaures Aluminium.

Kieselsaures Aluminium oder kieselsaure Tonerde ist ein Bestandteil der meisten Silikate. Die Feldspatarten sind Verbindungen dieses Salzes mit kieselsaurem Kalium, Natrium oder Calcium. Durch Zersetzung dieser Feldspate entsteht Ton. Ein sehr reines kieselsaures Aluminium ist der Kaolin oder die Porzellanerde. Unrein kommt dasselbe als Töpferton vor. In feuchtem Zustande bildet der Ton eine formbare, bildsame Masse, welche beim Brennen erhärtet. Man benützt den Ton zur Herstellung von Geschirren. Ton und Sand, in gewissen Mengenverhältnissen gemischt und durch Eisenverbindungen gefärbt, nennt man Lehm. Derselbe dient zur Herstellung von Ziegelsteinen und Dachplatten.

Ton ist ein wesentlicher Bestandteil vieler Bodenarten; er saugt viel Wasser auf und hat die Fähigkeit, gelöste Pflanzennährstoffe im Boden festzuhalten, wodurch er dessen Fruchtbarkeit erhält.

6. Eisen. Fe.

Das Eisen kommt in gediegenem (freiem) Zustand nur als Meteoreisen vor. Die wichtigsten Eisenerze sind das Rot- und Brauneisenerz, der Magneteisenstein und Spateisenstein.

Aus denselben wird das Roheisen in Hochöfen gewonnen, in welche die Erze abwechselnd mit Brennmaterial eingetragen werden. Das bei der Verbrennung im Hochofen sich bildende Kohlenoxyd entzieht dem Erz den Sauerstoff; es entsteht metallisches Eisen, das sich im unteren Teile des Ofens ansammelt, wo es durch die gebildete Schlacke vor dem Verbrennen geschützt wird.

Das technische Eisen enthält stets Kohlenstoff.

Man unterscheidet:

I. Roheisen mit 2,3—5% Kohlenstoff; es ist spröde und läßt sich weder schmieden noch schweißen. Es gibt:

a) Weißes Roheisen oder Spiegeleisen; in diesem ist sämtlicher Kohlenstoff mit dem Eisen wie in einer Legierung verbunden.

b) Graues Roheisen oder Gußeisen; diesem ist der Kohlenstoff zum Teil als Graphit eingelagert und nur zum Teil als Legierung verbunden. Es dient zur Erzeugung von Gußwaren.

Um das Roheisen in Stahl oder Schmiedeeisen umzuwandeln, muß man ihm Kohlenstoff entziehen.

II. Schmiedbares Eisen mit 0,1—1,6% Kohlenstoff. Hier unterscheidet man:

a) Stahl, der härtbar ist und bei 1400—1600° schmilzt.

b) Schmiedeeisen, das nicht merklich härtbar ist und bei 1600° und darüber schmilzt.

Das Eisen wird durch einen Mangangehalt dichter und fester. In Berührung mit einem Magneten wird es selbst zum Magneten; aber nur der Stahl behält den Magnetismus bei.

Das Eisen rostet an feuchter Luft schnell und überzieht sich mit einer Schicht seiner Base ($Fe_2(OH)_6$). An trockener Luft verändert es sich nicht. Schutz vor dem Verrosten bietet ein Überzug mit Ölfarbe, Teer oder säurefreiem Fett, ferner das Verzinken, Verzinnen und Vernickeln.

Eisenoxyd. Fe_2O_3.

Das Eisenoxyd ist rot gefärbt und kommt als Roteisenerz in der Natur vor. Die rote Farbe der gebrannten Ziegelsteine rührt von dem entstandenen Eisenoxyd her.

Eisenoxyd ist auch im Boden enthalten und bedingt die rotbraune Färbung vieler Bodenarten. Als Mineral kommt es in der Natur unter dem Namen Roteisenerz vor.

Eisenverbindungen sind zur Bildung sowohl des grünen Farbstoffs in den Blättern der Pflanzen, als auch der roten Blutkörperchen im Blute der Tiere notwendig.

Eisenoxydul. FeO.

Eisenoxydulverbindungen wirken pflanzenschädlich, sind also Pflanzengifte.

Kohlensaures Eisenoxydul. CO_3Fe.

Das kohlensaure Eisenoxydul findet sich als Spateisenstein in der Natur und ist ein geschätztes Eisenerz. Es löst sich in kohlensäurehaltigem Wasser zu doppeltkohlensaurem Eisen und findet sich so in den Stahlwässern, z. B. von Steben, Bocklet und Kohlgrub.

Wasser, welches kohlensaures Eisenoxydul gelöst enthält, scheidet an der Luft einen rostfarbigen Schlamm ab, der aus $Fe_2(OH)_6$ besteht. Derartige Abscheidungen findet man nicht selten in Gräben, welche in schlecht durchlüfteten und moorigen Böden angelegt sind.

Schwefelsaures Eisenoxydul. SO_4Fe.

Schwefelsaures Eisenoxydul, Eisenvitriol oder grüner Vitriol ist ein hellgrünes, in Wasser leicht lösliches Salz. Eine 15—20%ige Eisenvitriollösung wird benützt, um Sommergetreide, welches durch Hederich und Ackersenf verunkrautet ist, zu bespritzen, wobei das Unkraut getötet wird. Auch das Moos auf Wiesen wird durch Bespritzen damit vernichtet.

Schwefeleisen. FeS.

Schwefelverbindungen des Eisens bilden sich in schlecht durchlüfteten, humusreichen Böden. Schlamm aus Teichen und Sümpfen, welcher Schwefeleisen enthält, ist den Pflanzen schädlich und soll deshalb vor der Verwendung zur Zersetzung des Schwefeleisens mit Kalk gemengt und öfters umgearbeitet werden.

7. Kupfer. Cu.

Kupfer ist ein Metall von roter Farbe, das sich an feuchter Luft mit einer grünen Schicht von kohlensaurem Kupfer überzieht. An der Luft erhitzt überzieht es sich mit einer Schicht von schwarzem Kupferoxyd. Säuren greifen das metallische Kupfer unter Bildung giftiger Kupfersalze leicht an. Es ist daher gefährlich, essighaltige Speisen in kupfernen Gefäßen zu bereiten oder aufzubewahren.

Kupfer eignet sich sehr gut zur Herstellung von Kesseln, Pfannen und Röhren. Eine Legierung von 7 Teilen Kupfer und 3 Teilen Zink ist bekannt als Messing.

Schwefelsaures Kupfer. SO_4Cu.

Schwefelsaures Kupfer, Kupfervitriol oder blauer Vitriol, ist ein blaues, in Wasser leicht lösliches Salz. Kupfervitriol ist giftig und tötet die niederen Pilze schon in großen Verdünnungen. Eine ½prozentige wässrige Lösung wird zum Beizen brandigen Saatgetreides, besonders des Weizens, verwendet.

Eine durch Mischung einer Kupfervitriollösung mit Kalkmilch hergestellte Brühe bezeichnet man als Kupferkalkbrühe oder Bordelaiser Brühe. Dieselbe dient zur Bekämpfung der Blattfallkrankheit des Weinstockes, der Kartoffelkrautfäule und vieler anderer Pflanzenkrankheiten. Statt Kupferkalkbrühe wird auch Kupfersodabrühe angewendet.

Die Kupferkalkbrühe wird hergestellt, indem man etwa 2–3 **kg** Kupfervitriol in 100 l Wasser löst und mit Kalkmilch versetzt, bis Kurkumapapier schwach braun gefärbt wird.

Die Kupfersodabrühe wird aus Kupfervitriol- und Sodalösung bereitet. Man kann jedoch auch käufliche „Kupfersoda" direkt in Wasser auflösen.

Von sonstigen Metallen sind noch kurz zu erwähnen:

Das Zink, Zn, ein bläulichweißes Metall, das wegen seiner geringen Veränderlichkeit an der Luft zu Zinkblech verarbeitet und zum Verzinken des Eisens (galvanisiertes Eisen) verwendet wird. Das Zinkchlorid, $ZnCl_2$, dient zum Tränken (Imprägnieren) von Holz, z. B. Eisenbahnschwellen, um sie gegen Fäulnis widerstandsfähiger zu machen.

Das Zinn, Sn, ist ein fast silberweißes Metall, das ziemlich weich und dehnbar ist und sich in dünne Blätter — Zinnfolie, Stanniol — auswalzen läßt. Es verändert sich an der Luft nicht und ist gegen Flüssigkeiten sehr widerstandsfähig. Es wird deshalb zu Geschirren verwendet, ebenso zum Überziehen (Verzinnen) eiserner und kupferner Kochgeschirre.

Das Blei, Pb, blaugrau gefärbt, glänzend, weich, überzieht sich an feuchter Luft mit einer Schicht von kohlensaurem Blei. Bleiröhren dürfen nur dann zu Wasserleitungen verwendet werden, wenn das Wasser hart ist. Es überzieht sich dann die Innenseite der Röhren mit einer unlöslichen Schichte. Weiche Wässer lösen Blei auf und werden gesundheitsschädlich.

Nickel, Ni, ein silberweißes, glänzendes, zähes Metall, verändert sich an der Luft gar nicht. Metallgegenstände werden deshalb vernickelt. Es ist auch sehr widerstandsfähig und deshalb zu Kochgeschirren hervorragend geeignet. Unsere Nickelmünzen bestehen aus 75 % Kupfer und 25 % Nickel.

Quecksilber, Hg, das erst bei — 39° fest wird, dient zum Herstellen von Thermometern und Barometern. Die Dämpfe des Quecksilbers sind giftig; die Chlorverbindung $HgCl_2$, Sublimat, ist das wirksamste Desinfektionsmittel, aber ein sehr starkes Gift. Sublimatlösung wird auch zur Konservierung von Holz verwendet (Kyanisieren).

Silber, Ag, kommt gediegen, d. h. als Metall und als Erz vor. Es ist weiß, stark glänzend und sehr dehnbar. In gewöhnlicher Luft verändert es sich nicht; in schwefelwasserstoffhaltiger Luft läuft es schwarz an. Alle Silberverbindungen werden durch das Licht verändert. Das salpetersaure Silber oder der Höllenstein dient zum Ätzen von Wunden.

Das Silber wird vor seiner Verwendung durch Legieren mit Kupfer härter gemacht. Der Feingehalt an Silber und Gold wird in Tausendsteln angegeben. Der Feingehalt unserer Silbermünzen ist $^{900}/_{1000}$, d. h. in 1000 Teilen sind 900 Teile Silber.

Das Gold, Au, kommt fast immer gediegen vor. Es ist äußerst dehnbar, sehr weich und an der Luft ganz unveränderlich. Zur Verarbeitung wird es mit Kupfer, seltener mit Silber zusammengeschmolzen. Unsere Goldmünzen haben einen Feingehalt von $^{900}/_{1000}$, d. h. sie enthalten 900 Teile Gold und 100 Teile Kupfer. Aus 2 Pfd. Feingold werden 279 Zehnmarkstücke gefertigt. Gute Goldwaren enthalten ca. 58 % Gold.

III. Organische Chemie.

Die organische Chemie ist die Chemie der Kohlenstoffverbindungen. Alle organischen Stoffe enthalten Kohlenstoff und sind verbrennlich. Viele von ihnen sind Bestandteile der Tiere und Pflanzen. In den organischen Verbindungen bilden die Kohlenstoffatome gewissermaßen das Gerüst für die Anlagerung der übrigen Elementarbestandteile.

Die organischen Verbindungen bestehen aus:

1. Kohlenstoff und Wasserstoff: die Kohlenwasserstoffe.
2. Kohlenstoff, Wasserstoff und Sauerstoff: Alkohole, Säuren, Äther, Zucker.
3. Kohlenstoff, Wasserstoff und Stickstoff: Alkaloide.
4. Kohlenstoff, Wasserstoff, Stickstoff und Sauerstoff: Amide, Alkaloide.
5. Kohlenstoff, Wasserstoff, Sauerstoff, Stickstoff und Schwefel: Eiweißkörper.

A. Stickstofffreie organische Körper.

1. Kohlenwasserstoffe.

Das Leuchtgas ist ein Gemisch von gasförmigen Kohlenwasserstoffen mit Kohlenoxyd und Wasserstoff. Die Leuchtkraft ist hauptsächlich abhängig vom Gehalt an Ätylen (C_2H_4) und Acetylen (C_2H_2). Diese und andere Kohlenwasserstoffe verleihen auch dem Gas seinen eigentümlichen Geruch.

Das Petroleum ist ein Gemenge von flüssigen Kohlenwasserstoffen. Um dem rohen Petroleum seine Feuergefährlichkeit zu nehmen, werden die leichten Kohlenwasserstoffe durch Destillation beseitigt; sie ergeben das Petroleumbenzin. Der halbflüssige Rückstand von der Reinigung des Petroleums ist das Vaselin, das kein Fett, aber einem solchen ähnlich ist. Es wird zu Salben und Schmiermitteln verwendet.

Das Paraffin ist ein Gemenge von festen Kohlenwasserstoffen, wachsähnlich, brennbar und dient zur Kerzenfabrikation. Gärbotliche und Bierfässer werden bisweilen innen mit einer Paraffinschicht überzogen.

2. Alkohole.

Zu den Alkoholen rechnet man den gewöhnlichen Alkohol, sowie den Amylalkohol und das Glycerin.

Gewöhnlicher Alkohol. $C_2H_5(OH)$.

Der gewöhnliche Alkohol, Äthylalkohol, Weingeist oder Spiritus, entsteht bei der Gärung von zuckerhaltigen Flüssigkeiten, z. B. von Branntweinmaische, Bierwürze, Trauben- und Obstmost durch die Lebenstätigkeit von Hefepilzen. Der Zucker (Traubenzucker, Malzzucker) wird bei der Gärung in Alkohol und Kohlensäure zerlegt. Letztere entweicht größtenteils gasförmig, während der Alkohol in der vergorenen Flüssigkeit gelöst zurückbleibt. Auf diese Weise werden alkoholische Getränke, wie Wein, Bier und Branntwein (Spirituosen) hergestellt.

Bei der Gewinnung des Trauben-, Obst- und Beerenweines entsteht der Alkohol hauptsächlich aus dem Traubenzucker, welcher in dem Trauben-, Obst- und Beerenmost enthalten ist und durch die an den Früchten haftenden Hefepilze vergoren wird.

Bei der Erzeugung von Bier wird das im Getreide (Gerste bezw. Weizen) enthaltene Stärkemehl durch die Malzbereitung und den Maischprozeß in Malzzucker und Dextrin umgewandelt. Die beim Maischprozeß gebildete Auflösung von Malzzucker und anderen Stoffen trennt man durch das Abläutern von den festen Rückständen (Trebern) und erhält so die Bierwürze. Letztere wird mit Hopfen versetzt, längere Zeit gekocht und dann vom Hopfen getrennt. In der gehopften Würze wird nach Zusatz der Bierhefe die Gärung eingeleitet. Dieselbe zerfällt in eine Haupt- und in eine Nachgärung. Bei der Hauptgärung wird der größte Teil des Malzzuckers in Alkohol und Kohlensäure verwandelt. Nach der Hauptgärung lagert das Bier in den Lagerfässern bei niedriger Temperatur längere Zeit, um die Nachgärung durchzumachen, bis es klar geworden und zum Verbrauch geeignet ist.

Das Bier enthält außer Alkohol und Kohlensäure noch etwas unvergorenen Malzzucker neben sonstigen beim Maischprozeß gebildeten und in Lösung gegangenen Bestandteilen.

Die bei der Brauerei abfallenden Malzkeime und Treber sind wertvolle Futtermittel.

Bei der Branntweinbrennerei wird der Alkohol ebenfalls meistens aus stärkemehlhaltigen Stoffen erhalten. Hierbei kommen vorwiegend Kartoffeln in Betracht, außerdem aber auch noch Mais und Roggen. In diesen Rohmaterialien wird durch Dämpfen in besonderen Apparaten das Stärkemehl zunächst verkleistert und zum Teil gelöst. Hierauf wird durch den Maischprozeß mittels Grünmalz (gekeimter Gerste) das Stärkemehl in Malzzucker und Dextrin umgewandelt. Die so erhaltene Branntweinmaische vergärt durch Zusatz von Hefe. Der Alkohol wird aus der vergorenen alkoholhaltigen Maische durch Destillation als Rohspiritus erhalten. Als Rückstand bleibt die Schlempe, welche als Viehfutter Verwendung findet. Aus dem Rohspiritus wird durch nochmalige Destillation (Rektifikation) und durch Behandlung mit Holzkohle reiner Alkohol hergestellt.

Der reine, wasserfreie (absolute) Alkohol ist eine farblose, angenehm riechende Flüssigkeit, welche bei 78° C siedet und erst bei — 130° C fest wird. Alkohol findet daher bei der Herstellung von Thermometern, welche sehr niedrige Temperaturen anzeigen sollen, Verwendung. Sein spezifisches Gewicht ist bei 15° C 0,79.

Der Alkohol im Bier und Wein wird durch den Sauerstoff der Luft leicht zu Essigsäure oxydiert, weshalb diese Getränke bei längerem Stehen an der Luft sauer werden.

Alkohol nimmt begierig Wasser auf, ist hygroskopisch und mischt sich leicht in allen Verhältnissen mit Wasser, wobei das Volumen verringert wird. Wegen seiner fäulniswidrigen Eigenschaften wird er zur Aufbewahrung von leicht in Zersetzung übergehenden Stoffen (Tier- und Pflanzenpräparaten) benützt. Der Alkohol dient weiter zur Herstellung von Firnissen.

Absoluter Alkohol ist direkt giftig.

Der Gehalt geistiger Getränke an Alkohol ist sehr verschieden. Je reicher sie an demselben sind, um so stärker, berauschender und schädlicher ist ihre Wirkung.

Getränke:	Gehalt an Alkohol:
Lagerbier	3— 4%
Gewöhnlicher Wein . .	8 –12%
Branntwein	30—40%

Amylalkohol (Fuselöl).

Amylalkohol, Fuselöl, entsteht bei der Gärung der Kartoffelmaische neben dem gewöhnlichen Alkohol. Er ist eine farblose Flüssigkeit, welche zu Husten reizt, widrig riecht und giftig ist. Durch Holzkohle und nochmalige Destillation läßt sich der Fuselgeruch und das Fuselöl aus dem Rohspiritus entfernen.

Amylalkohol findet bei der Bestimmung des Fettgehaltes der Milch nach der Methode von Gerber Anwendung.

Glycerin.

Das Glycerin ist eine farblose, dicke Flüssigkeit, die sich mit Wasser mischen läßt. Glycerin ist in geringen Mengen ein regelmäßiger Bestandteil geistiger Getränke (Bier, Wein), weil es bei der alkoholischen Gärung stets als Nebenprodukt auftritt.

Durch Einwirkung von Salpetersäure auf Glycerin entsteht das Nitroglycerin oder Sprengöl. Dynamit ist eine Mischung von Nitroglycerin mit Kieselgur.

3. Organische Säuren.

Bleiben Bier und Wein bei warmer Temperatur an der Luft stehen, so werden sie sauer; es findet eine Oxydation des Alkohols statt, wodurch eine organische Säure, Essigsäure entsteht. Die Übertragung des Luftsauerstoffs wird besorgt durch Gärungserreger, Bakterien (saure Gärung):

$$C_2H_5 . OH + O_2 = C_2H_3O . OH + H_2O.$$

Gewöhnlicher Alkohol Essigsäure.

Den organischen Säuren kommen im allgemeinen die gleichen Eigenschaften zu, wie den unorganischen. Sie schmecken sauer, färben Lackmuspapier rot und bilden mit Basen Salze.

Ameisensäure.

Ameisensäure ist eine farblose, stechend riechende, stark ätzende Flüssigkeit. Sie findet sich in den Ameisen, Bienen (Bienenhonig), in manchen Raupen, in den Haaren der Brennessel und den Nadeln der Fichte.

Essigsäure.

Die Essigsäure ist eine stark saure, durchdringend riechende, ätzende Flüssigkeit. Sie wird in verdünntem Zustande durch Oxydation von Alkohol bei der Essigfabrikation gewonnen. Hierbei überträgt ein Pilz, welcher in der sog. Essigmutter enthalten ist, den Sauerstoff der Luft auf den verdünnten Alkohol.

Speiseessig (Weinessig) enthält gewöhnlich 4—5% Essigsäure. Essigessenz ist konzentriertere Essigsäure und wegen der ätzenden Eigenschaften sehr vorsichtig zu behandeln.

Buttersäure.

Die Buttersäure ist eine den Geruch ranziger Butter besitzende Flüssigkeit; dieselbe entsteht z. B. beim Ranzigwerden der Butter. Buttersäure bildet sich in erheblicher Menge, wenn wasserreiche Futtermittel (Biertreber, Rübenblätter, Rübenschnitzel, Grünmais, Klee und Gras) nicht sorgfältig genug eingesäuert werden.

Milchsäure.

Milchsäure ist in reinem Zustand eine sirupartige, geruchlose Flüssigkeit, welche aus dem Milchzucker beim Sauerwerden der Milch, ferner beim Einmachen von Sauerkraut und sauren Gurken entsteht. Auch bei der Bereitung von Sauerfutter entsteht Milchsäure.

Das Sauerwerden der Milch läßt sich durch starkes Abkühlen derselben oder durch Erhitzen auf höhere Temperaturen verhindern. (Pasteurisieren und Sterilisieren der Milch.)

Oxalsäure.

Die Oxalsäure, auch Kleesäure genannt, findet sich als Kaliumsalz im Sauerklee, Sauerampfer und in den Runkelrübenblättern, als Calciumsalz in sehr vielen Pflanzenzellen. Sie ist fest, im Wasser löslich und giftig.

Äpfelsäure.

Die Äpfelsäure ist fest und in Wasser leicht löslich. Sie findet sich frei oder in Form von Salzen im Safte unreifer Äpfel, Johannis-, Stachel- und Vogelbeeren.

Weinsäure.

Die Weinsäure ist als Kaliumsalz in den Trauben enthalten. Dieses weinsaure Kalium setzt sich als sog. Weinstein beim Lagern der Weine in den Fässern krustenartig ab.

Zitronensäure.

Die Zitronensäure findet sich in den Zitronen, Johannis-, Stachel- und Preiselbeeren, sowie in der Kuhmilch. Eine zweiprozentige Zitronensäurelösung wird als Lösungsmittel für die in dem Thomasphosphatmehl enthaltene leichter lösliche Phosphorsäure benützt. Die Zitronensäure wird deshalb als Lösungsmittel gewählt, weil auch die Pflanzenwurzeln einen sauren Saft absondern, der lösend auf die Phosphate des Bodens einwirkt.

Gerbsäuren (Gerbstoffe).

Die Gerbstoffe sind im Pflanzenreich sehr verbreitet, in Wasser löslich und bei der Lederfabrikation von Bedeutung, da sie mit tierischen Häuten unlösliche Verbindungen bilden.

Mit Eisensalzen gehen die Gerbstoffe schwarze oder grüne Verbindungen ein; sie finden daher bei der Tintenfabrikation Verwendung.

Humussäuren.

Bei der Zersetzung des Stalldüngers und anderer organischer Substanzen im Boden bilden sich neben anderen Humusstoffen organische Säuren, die mit dem gemeinsamen Namen „Humussäuren" bezeichnet werden. Hochmoore enthalten bis zu 7% freie Humussäure. In Niederungsmooren ist sie meistens durch Kalk neutralisiert.

Die freie Humussäure wirkt auf Rohphosphate lösend ein, weshalb solche, z. B. die belgischen Kreidephosphate, auf Hochmoorböden vorzüglich wirken und das Thomasmehl übertreffen. (In Niederungsmooren und auf Mineralböden wirken diese Rohphosphate fast gar nicht.)

Auf Hochmoorböden wirken die Thomasmehle bisweilen schädlich, weil infolge der Einwirkung der freien Humussäure Eisenoxydulverbindungen und freier Schwefelwasserstoff entstehen, die Pflanzengifte sind.

Die Anschauung, daß in Moorwässern Fische wegen des Gehaltes an Humussäure nicht leben können, ist falsch. Die Humussäure schadet nach Steuert den Fischen nicht. Wenn die Fische in Moorwässern nicht leben können, so ist die Ursache der Mangel an Sauerstoff, den die Oxydulverbindungen wegnehmen oder freier Schwefelwasserstoff, der durch Einwirkung von Humussäure auf Schwefelcalcium, das in vielen Mooren enthalten ist, entwickelt wird.

4. Fette.

Die Fette und Öle bestehen aus den Elementen Kohlenstoff, Wasserstoff und Sauerstoff und sind Verbindungen von Fettsäuren mit Glycerin.

Die hauptsächlichsten Fettsäuren sind die Palmitin-, Stearin- und Oleïnsäure. Ihre Verbindungen mit Glycerin bezeichnet man dementsprechend mit Palmitin, Stearin und Oleïn. Palmitin und Stearin sind fest, Oleïn dagegen ist flüssig.

Die in der Natur vorkommenden Fette sind Mischungen von Palmitin, Stearin und Oleïn. Man unterscheidet:

a) feste Fette, Butter- und Talgarten,

b) flüssige Fette oder Öle.

Wiegen Palmitin und Stearin in den Fetten vor, so sind dieselben bei gewöhnlicher Temperatur mehr oder weniger fest (Kokosnußfett, Rindertalg, Hammeltalg, Schweinefett, Butter).

Bei höherem Gehalt an Oleïn sind die Fette flüssig und werden als Öle bezeichnet (Leinöl, Olivenöl, Mohnöl, Rüböl, Sesamöl, Klauenfett, Tran).

Hinsichtlich ihres Verhaltens an der Luft unterscheidet man trocknende Öle (Firnisöle) und nicht trocknende Öle (Schmieröle).

Fette und Öle sind im Tier- und Pflanzenreich sehr verbreitet. Bei den Tieren findet sich das Fett hauptsächlich unter der Haut und an den Eingeweiden (Unschlitt) abgelagert. Im Pflanzenreich enthalten besonders die Samen der Ölfrüchte viel Fett oder Öl; so enthält Leinsamen im Mittel 37%, Mohnsamen 41% Öl.

Die Fette sind als Nährstoff sehr wichtig und dienen außerdem zur Herstellung von Seifen, Salben, zum Schmieren, zur Beleuchtung u. s. f.

Margarine (Kunstbutter) wird hauptsächlich aus Rindertalg in folgender Weise hergestellt. Ausgeschmolzener Rindertalg wird, nachdem derselbe teilweise wieder erstarrt ist, abgepreßt, um den größten Teil des festen Stearins zu entfernen. Das abgepreßte, vorwiegend aus Oleïn und Palmitin bestehende Gemenge erstarrt bei gewöhnlicher Temperatur zu einem streichbaren Fett, welches als Margarin das Rohmaterial zur Herstellung der Kunstbutter liefert. Dieses Magarin wird mit Milch oder Rahm zu einem der Naturbutter ähnlichen Produkt, der sog. Margarine, verarbeitet. Zur Unterscheidung von der Naturbutter müssen auf Grund der gesetzlichen Vorschriften der Margarine 10% Sesamöl beigemengt werden.

Seifen.

Aus den Fetten und Ölen lassen sich die Fettsäuren durch den sog. Verseifungsprozeß, d. h. durch Anwendung von Natron- oder Kalilauge abscheiden, wobei Glycerin und fettsaures Natrium oder Kalium (Seife) entsteht. Wie also Kochsalz, Chlornatrium, ein Salz der Salzsäure ist, so sind Seifen Salze der Fettsäuren. Kaliseifen sind Schmierseifen, Natronseifen sind Kernseifen.

Pflaster ist das Bleisalz der Ölsäure.

5. Kohlehydrate.

Sie sind Verbindungen von Kohlenstoff mit Wasserstoff und Sauerstoff, und zwar sind diese beiden Elemente in demselben Mengenverhältnis vorhanden wie im Wasser.

Sie bilden sich in der Pflanze aus CO_2 und H_2O und sind der Hauptmenge nach deren stickstoffreie organische Stoffe. Im tierischen Körper finden sie sich in geringeren Mengen. Sie sind sehr wichtige Nahrungsmittel für

Menschen und Tiere. Sie liefern das Hauptmaterial für die Fettbildung im Tierkörper und für die Unterhaltung des Atmungsprozesses. Starke Arbeit leistende Tiere sollen Kohlehydrat-, insbesondere Zuckerzulagen bekommen. Wir teilen die Kohlehydrate in 3 Gruppen:

1. $C_6H_{12}O_6$, Traubenzucker und Fruchtzucker. Beide Zucker enthalten gleiche Mengen C, O und H; diese sind aber verschieden aneinander gelagert. Sie sind weniger süß als Rohrzucker und finden sich im Saft süßer Früchte und im Honig. Sie sind direkt gärungsfähig, d. h. sie zerfallen bei der Einwirkung der Hefe in Alkohol und Kohlensäure.

2. $C_{12}H_{22}O_{11}$, Rohrzucker, Milchzucker, Malzzucker.

Diese Zuckerarten sind nicht direkt gärungsfähig; sie müssen nämlich zuerst Wasser aufnehmen und in Zuckerarten von der Zusammensetzung $C_6H_{12}O_6$ übergehen. Die Hefe selbst bewirkt diese Umwandlung.

Rohrzucker findet sich im Saft des Zuckerrohrs, in den Zucker- und Futterrüben, im Grünmais 2c.; er ist der süßeste Zucker. Er wird gewonnen durch Auslaugen der zerkleinerten Rüben (Schnitzel) mit Wasser, Klären des Saftes mit Kalkmilch und darauffolgendes rasches Eindampfen bis zur Kristallisation des Rohrzuckers. Melasse enthält noch 50% Rohrzucker.

Milchzucker ist das der Milch eigentümliche Kohlehydrat. Er wird durch Säureerreger in Milchsäure gespalten. Entsteht Milchsäure in der Milch, so tritt nach einiger Zeit freiwilliges Gerinnen ein.

Malzzucker, Maltose, wird im keimenden Getreide aus dem Stärkemehl durch die Einwirkung des Diastasefermentes gebildet, findet sich deshalb im Grün- und Darrmalz, in der Branntweinmaische, in der Würze und im Bier.

3. $C_6H_{10}O_5$, Stärke, Dextrin, Zellulose.

Stärkemehl.

Das Stärkemehl kommt in Form von Körnern in den Pflanzenzellen vor. Es bildet sich hier unter der Mitwirkung der Chlorophyllkörner (Blattgrün) und unter dem Einfluß des Lichtes aus Kohlensäure und Wasser.

$$6\,CO_2 + 5\,H_2O = C_6H_{10}O_5 + O_{12}.$$

Die Stärke ist im Wasser unlöslich, quillt in demselben bei 70—80° auf und bildet Kleister. Mit Wasser einige Zeit unter Druck erhitzt, geht sie in lösliche Stärke über, ebenso bei längerem Stehen mit verdünnter Schwefelsäure.

Jodlösung färbt die Stärke tiefblau. Mund- und Bauchspeichel verwandeln das Stärkemehl in Zucker.

Die in den grünen Blättern gebildete Stärke wird in Zucker verwandelt, um in dieser löslichen Form an die Stellen ihres Verbrauches oder ihrer Aufspeicherung geführt zu werden. Dort wird sie entweder als Zucker abgelagert (Zuckerrüben, Zwetschen, Kirschen) oder wieder in Stärke zurückgebildet (Kartoffeln, Getreidesamen). Bei der Keimung der Samen und Kartoffelknollen wird die Stärke in Zucker verwandelt, um in die junge Pflanze zu wandern und zum Aufbau derselben benützt zu werden.

Inulin ist wie die Stärke zusammengesetzt, ist aber in Wasser löslich. Es findet sich in den Knollen von Topinambur, Georginen und anderer Korbblütler.

Dextrin.

Das Dextrin oder Stärkegummi entsteht durch Einwirkung von Diastase oder von verdünnten Säuren auf Stärkemehl oder durch Erhitzen der Stärke auf 200° C. Dextrin ist im Bier und in der Rinde des Brotes. Es ist in Wasser löslich, gummiartig, und wird deshalb als Klebemittel verwendet.

Zellulose.

Die Zellulose, Pflanzenfaser oder der Zellstoff, bildet im wesentlichen die Wandungen der jüngeren Pflanzenzellen. In älteren Zellwandungen werden außerdem noch organische Stoffe (die inkrustierenden Substanzen) eingelagert. Diesen Vorgang der Einlagerung bezeichnet man als Verholzung. Rohfaser ist die unreine Zellulose, die bei der chemischen Analyse erhalten wird.

Baumwolle, Leinwand und Papier sind fast reine Zellulose. Die Zellulose ist in Wasser nicht löslich. Taucht man ungeleimtes Papier in etwas verdünnte Schwefelsäure und wäscht es dann gut mit Wasser aus, so entsteht das als Packmaterial vielfach verwendete Pergamentpapier.

Behandelt man Baumwolle einige Zeit mit einem Gemisch von 1 Teil Salpetersäure und 3 Teilen Schwefelsäure, so entsteht die sehr explosive Schießbaumwolle.

Aus der Schießbaumwolle wird das rauchschwache Pulver dadurch hergestellt, daß sie gemahlen, getrocknet und mit Essigäther behandelt wird, bis ein Teig entsteht. Der Teig wird zu Platten gewalzt und die getrockneten Platten werden zu Pulverblättchen zerschnitten.

Pentosen, Pentosane.

Was man früher als Pflanzenschleim (im Leinsamen, in Quitten, Zwiebeln u. s. f.), Gummiarten (arabisches Gummi und Kirschgummi), Pektinstoffe (in unreifen Früchten und in Rüben) bezeichnet hat, gehört hieher. Es sind Kohlehydrate mit 5 Kohlenstoffatomen. Die Pentosane gehen durch Einwirkung von Säuren und bei der Verdauung in gewisse Zuckerarten, Pentosen, über. Die Pektinstoffe lösen sich beim Kochen und erstarren beim Abkühlen zu einer Gelatine (Fruchtgelee).

B. Stickstoffhaltige organische Stoffe.

1. Eiweißkörper.

Die Eiweißkörper oder Proteïnstoffe sind als Bestandteile des Tier- und Pflanzenkörpers von größter Bedeutung. Sie enthalten Kohlenstoff, Wasserstoff, Sauerstoff, Stickstoff und Schwefel.

Nur die Pflanzen vermögen aus unorganischen stickstoffhaltigen Verbindungen Eiweißkörper aufzubauen; die Tiere besitzen diese Fähigkeit nicht. Letztere sind infolgedessen bei der Bildung der dem Tierkörper eigentümlichen Eiweißkörper auf schon fertig gebildetes Eiweiß in der Nahrung angewiesen. In der Trockensubstanz der Pflanzen treten im allgemeinen die Eiweißkörper ihrer Menge nach gegenüber den Kohlehydraten zurück, während im Tierkörper umgekehrt die Eiweißkörper vorherrschen. In den Samen der Hülsenfrüchte und der Getreidearten sind größere Mengen von Eiweiß abgelagert.

Im Durchschnitt beträgt der Stickstoffgehalt der Eiweißkörper 16%.

In den Pflanzen kommen die Eiweißkörper entweder gelöst oder in fester Form vor. Im Tierkörper finden sich dieselben ebenfalls gelöst, vorwiegend aber fest und in organisierter Form, wie z. B. in den Muskeln.

Die gelösten Eiweißkörper werden durch Erhitzen zum Gerinnen gebracht (Hartsieden der Eier, geronnenes Eiweiß in der Fleischbrühe, Flockenbildung beim Erhitzen von Kartoffel- und Rübensaft).

Durch die Fermente des sauren Magensaftes und durch den Bauchspeichel werden die Eiweißkörper zum großen Teil verdaut, d. i. in Albumosen und Peptone umgewandelt.

Die Eiweißkörper zersetzen sich in der Wärme und in feuchtem Zustand sehr leicht. Hierbei bildet sich neben anderen Zersetzungsprodukten Ammoniak, Schwefelwasserstoff und Kohlensäure.

Man unterscheidet:

Albumin.

Das Albumin findet sich im Zellsaft der Pflanzen (Pflanzenalbumin), sowie im Fleischsaft ꝛc. der Tiere (Tieralbumin) gelöst. Ferner ist es im Eiweiß des Eies (Eieralbumin) enthalten. Durch Erhitzen auf 60—70° C gerinnt das Albumin.

Fibrin.

Das Fibrin oder der Faserstoff bildet in organisierter Form den Hauptbestandteil der Muskeln (Muskelfibrin).

Das Blutfibrin bildet sich erst, wenn das Blut den Organismus verlassen hat, wobei Gerinnen eintritt.

Was als Pflanzenfibrin oder Kleber bezeichnet wird, ist ein Gemenge verschiedener Reserve-Eiweißstoffe im Endosperm des Samens.

Der Kleber bildet mit Wasser eine elastisch-zähe Masse und verleiht dem Mehl die Eigenschaft, mit Wasser angerührt einen zähen Teig zu bilden. Bei der Fabrikation der Weizenstärke wird Kleber als Nebenprodukt gewonnen. Dieses ist in unverdorbenem Zustand ein vorzügliches Futtermittel.

Kaseïn.

Das Kaseïn (Käsestoff) kommt im Tier- und Pflanzenreich vor.

Das tierische Kaseïn ist in der Milch der Säugetiere enthalten. In der Kuhmilch finden sich durchschnittlich 3,5% Käsestoff in stark aufgequollenem Zustand. Beim Kochen gerinnt der Käsestoff nicht, dagegen wird er durch Säuren (Milchsäure, Essigsäure), sowie durch das im Kälbermagen enthaltene Lab zum Gerinnen gebracht.

Das Pflanzenkaseïn zeigt ähnliche Eigenschaften wie das Kaseïn der Milch und findet sich hauptsächlich in den Samen der Hülsenfrüchte (Leguminosen): Erbsen, Bohnen, Wicken und Lupinen, weshalb es auch als Legumin bezeichnet wird.

Fast dieselbe Zusammensetzung wie die Eiweißkörper haben die aus Eiweiß entstandenen Oberhautgebilde, wie Haare, Wolle, Borsten, Hörner, Hufe, Klauen, dann Sehnen und Bänder, sowie das leimgebende Gewebe der Knochen und die Knorpelsubstanz, welch' letztere beim Kochen mit Wasser Leim liefern.

Enzyme, ungeformte Fermente.

Die Enzyme sind Abkömmlinge der Eiweißstoffe, die nur während des Lebensvorganges entstehen. Es fällt ihnen die Aufgabe zu, unlösliche Körper löslich zu machen oder zu zerlegen. So spaltet z. B. Diastase das Stärkemehl, Pepsin die unlöslichen Eiweißstoffe unter Bildung der löslichen Peptone, Lipase die Fette.

2. Amide.

Unter Amiden versteht man organische, Stickstoff enthaltende Verbindungen, welche beim Keimen der Samen aus den Eiweißkörpern entstehen, aber auch in wachsenden, grünen Pflanzen vorkommen. Auch in Knollen- und Wurzelgewächsen sind reichliche Mengen dieser Verbindungen vorhanden.

3. Alkaloïde.

Die Alkaloïde sind basische Verbindungen und meistens starke Gifte, zum Teil aber auch wertvolle Arzneimittel.

Bekanntere Alkaloïde sind:

Nikotin, im Tabak.

Morphin, im Opium (Mohnsaft), ein schlafbringendes und schmerzstillendes Medikament.

Chinin, in der Chinarinde, ein bewährtes Fiebermittel.

Githagin, in den Samen der Kornrade.

Atropin, in der Tollkirsche.

Kolchicin, in der Herbstzeitlose.

Koniin, im Schierling.

Strychnin, in der Brechnuß (Krähenaugen).

Solanin, in den Kartoffelkeimen und in unreifen Kartoffelknollen.

Lupinenalkaloïde, in den grünen Lupinenpflanzen und in den Samen derselben.

Verwesung und Fäulnis.

1. Die Verwesung.

Unterliegen organische Stoffe bei Luftzutritt, entsprechender Temperatur und mäßiger Feuchtigkeit unter Mitwirkung von niederen Pilzen (Bakterien) der Zersetzung, so entstehen braun bis schwarz gefärbte, kohlenstoffreiche Körper, welche als Humus bezeichnet werden. Diesen Zersetzungsvorgang bezeichnet man als Verwesung. Bei weiter fortschreitender Verwesung entstehen als Endprodukte dieses Oxydationsvorganges Kohlensäure, Wasser und Ammoniak. Bei der Verwesung verschwindet die organische Substanz vollständig und es werden dabei die in den organischen Stoffen vorhandenen mineralischen Stoffe allmählich frei und für die Pflanzen aufnehmbar.

Das bei der Verwesung stickstoffhaltiger, organischer Körper (Eiweiß, Amide, Harn, Horn, Huf, Haare, Mist u. s. w.) entstehende Ammoniak geht im Boden durch Aufnahme von Sauerstoff nach und nach in Salpetersäure über (Nitrifikation).

2. Die Fäulnis.

Hat bei der Zersetzung der organischen Substanzen infolge eines Übermaßes von Wasser die Luft nur beschränkten Zutritt oder ist sie vollständig abgeschlossen, so treten andere Zersetzungsvorgänge auf als bei der Verwesung, die sich durch unangenehme Gerüche bemerkbar machen. Dieselben werden dann als Fäulnisvorgänge bezeichnet.

Da in diesem Falle der Sauerstoff zur vollständigen Oxydation der organischen Körper nicht ausreicht, so geht die Zersetzung nur sehr langsam vor sich und es bildet sich nur sehr wenig Kohlensäure, dagegen entstehen größere Mengen von Sumpfgas, Schwefelwasserstoff, Ammoniak und freiem Stickstoff neben anderen, teilweise sehr unangenehm riechenden Gasen.

Die bei der Fäulnis zurückbleibende organische Masse widersteht der weiteren Zersetzung in hohem Grade. Die in der organischen Substanz enthaltenen mineralischen Stoffe werden hierbei zum größten Teil in nicht aufnehmbarer Form von der zurückbleibenden, verbrennlichen Masse eingeschlossen und sind daher den Pflanzen wenig zugänglich (Torf- und Moorbildung). Bei der Fäulnis kann aus bereits gebildeter Salpetersäure Ammoniak und sogar freier Stickstoff entstehen (Denitrifikation).

Dritter Abschnitt.

Gesteinskunde.

Die feste Masse der Erde besteht aus Mineralien und Gesteinen oder Felsarten.

Ein **Mineral** ist ein in allen seinen Teilen chemisch und physikalisch gleichartiger unorganischer Naturkörper. Treten die Mineralien für sich allein oder im Gemenge mit anderen Mineralien in größeren Massen auf, so werden sie als **Gesteine** oder **Felsarten** bezeichnet (einfache und gemengte Gesteine). Die Gesteine nehmen hervorragenden Anteil an der Zusammensetzung der Erdrinde. Von den zahlreichen Mineralien beteiligen sich nur wenige an der Bildung der Gesteine. Man bezeichnet dieselben dann als **gesteinsbildende** Mineralien.

Der phosphorsaure Kalk kommt in Form von Apatit häufig vor, jedoch allermeistens in sehr geringer Menge; an dem Aufbau der Erde nimmt er keinen wesentlichen Anteil. Er ist daher trotz seiner Verbreitung nicht als gesteinsbildendes Mineral anzusehen. Dagegen kommt der kohlensaure Kalk als Mineral (Kalkspat) und als Felsart (Kalkstein, Marmor, Kreide) vor.

Die Mineralien sind entweder **kristallisiert**, d. h. sie besitzen eine bestimmte, von ebenen Flächen begrenzte Gestalt oder sie sind ohne bestimmte Gestalt, d. h. **amorph**.

A. Mineralien.

Die für die Landwirtschaft wichtigsten Mineralien sind:

1. Steinsalz.
2. Apatit.
3. Eisenerze.
4. Kalkspat.
5. Gips.
6. Quarz.
7. Feldspat.
8. Glimmer.
9. Hornblende und Augit.

Die unter 4—9 aufgeführten Mineralien treten auch **gesteinsbildend** auf.

1. Steinsalz (Chlornatrium). Siehe Seite 52.

Das Steinsalz kristallisiert in Würfeln. In reinem Zustand ist es farblos, oft aber durch Beimengungen grau, rot oder blau gefärbt. Es ist durchsichtig oder wenigstens durchscheinend und schmeckt salzig. Im Wasser löst es sich leicht auf.

2. Apatit (Phosphorsaurer Kalk). Siehe Seite 46.

Reiner phosphorsaurer Kalk findet sich kristallisiert als Apatit und in mit Eisenoxyd und Ton verunreinigten Massen als Phosphorit vor. Erdiger, von Knochenresten stammender phosphorsaurer Kalk heißt **Osteolith**.

Die Farbe des Apatits ist sehr verschieden. Es gibt wasserklare, blaue und grüne Apatite. Die Farbe der Osteolithe ist meist weiß, grau oder gelblich.

3. Eisenerze. Siehe Seite 58 u. 59.

4. Kalkspat (Kohlensaurer Kalk). Siehe Seite 55.

5. Gips (Schwefelsaurer Kalk). Siehe Seite 55.

Der in dichten oder feinkörnigen, oft grau gefärbten Massen vorkommende wasserhaltige schwefelsaure Kalk heißt Gips ($SO_4Ca + 2H_2O$). Er ist nicht so hart wie der Kalkspat, schwerlöslich im Wasser und braust mit Salzsäure befeuchtet nicht auf.

Gips findet sich z. B. in Mittelfranken bei Windsheim, in Württemberg bei Crailsheim, in den oberbayerischen Alpen am Kochelsee und bei Hohenschwangau.

6. Quarz (Kieseldioxyd, Kieselsäure). Siehe Seite 49.

Quarz kommt sehr häufig in schönen Kristallen (Bergkristall) vor. Ferner findet er sich grobkristallinisch und dicht als Quarzfels, abgeschliffen und gerundet als Kieselstein. Er ist im Wasser fast vollkommen unlöslich. Der Feuerstein ist eine dichte Art des Quarzes. Quarz bildet einen Gemengteil vieler Gesteinsarten, so z. B. im Gemenge mit Feldspat und Glimmer den Granit und Gneis. Sandsteine sind durch Ton, Quarz u. s. w. verkitteter Sand.

7. Die Feldspatarten. Siehe Seite 58.

(Kieselsaures Aluminium mit kieselsaurem Kalium, Natrium oder Calcium).

Die Feldspatarten sind von verschiedener Farbe (weiß, rötlich, grau) und für die Landwirtschaft sehr wichtige Mineralien. Durch ihre Verwitterung liefern sie Ton und Lehm, ferner wichtige Pflanzennährstoffe (Kali und Kalk).

Man unterscheidet:

a) Kalifeldspat oder Orthoklas.

b) Kalknatriumfeldspat oder Oligoklas.

Der Orthoklas ist ein wesentlicher Bestandteil der Urgesteine Granit und Gneis.

Der Oligoklas ist ebenfalls ein häufiger Gesteinsgemengteil und findet sich besonders im bayerischen Wald.

Zeolithe.

Die Zeolithe sind wasserhaltige kieselsaure Verbindungen, welche leicht zersetzbar und wegen des Festhaltens (Absorption) von Pflanzennährstoffen im Boden von Bedeutung sind.

8. Glimmer.

Die Glimmerarten enthalten neben kieselsaurem Aluminium stets noch größere oder geringere Mengen von kieselsaurem Kalium, Natrium, Magnesium und Eisen, sind also ähnlich wie die Feldspate zusammengesetzt.

Bei der Zersetzung, welche schwieriger erfolgt als bei den Feldspatarten, liefern sie einen eisenhaltigen Ton.

Die Glimmer kommen in elastischen Schuppen oder Blättern mit meist bräunlicher, grauer oder grüner Farbe vor; sie sind in Wasser unlöslich und feuerbeständig. Die Glimmer sind neben Feldspat und Quarz Bestandteile vieler Urgesteine.

9. Hornblende und Augit.

(Kieselsaures Magnesium und kieselsaures Calcium.)

Die beiden Mineralien haben bezüglich ihrer Zusammensetzung große Ähnlichkeit nnd verwittern leicht. Da sie viel Eisen enthalten, so liefern sie bei der Zersetzung einen stark eisenhaltigen, kalk- und magnesiareichen, fruchtbaren Lehm. Sie sind meist schwarz, grün oder grau.

B. Gesteine.

Man unterscheidet drei Arten von Gesteinen.

1. Urgesteine.
2. Jüngere vulkanische oder Eruptivgesteine.
3. Absatz- oder Sedimentgesteine.

Die Urgesteine sind die ältesten Gesteine der Erdrinde.

Durch Risse und Sprünge drangen bei der Abkühlung der ersten Erdrinde und in späteren Zeiten flüssige Urgesteinsmassen aus dem Innern der Erde empor, welche beim Abkühlen zu festem Gestein erstarrten. Diese entstandenen Gesteine nennt man vulkanische oder eruptive Gesteine.

Durch Zersetzung und Auflösung dieser älteren Gesteine und Wiederausscheidung der hierbei entstandenen Zersetzungsprodukte aus Wasser sind die Absatz- oder Sedimentgesteine entstanden. Unter diesen jüngeren Gesteinen finden sich auch viele lockere oder weiche Ablagerungen (Sand, Lehm 2c.) und einige, welche ihre Entstehung Pflanzen oder Tieren verdanken (Steinkohle, Kreide).

1. Urgesteine.

a) Granit.

Der Granit ist ein Gemenge von Feldspat, Quarz und Glimmer. Der Feldspat gibt dem Granit die Farbe. Glimmer ist entweder heller oder dunkler. Grobe Granite verwittern leichter als feinkörnige.

Der aus der Verwitterung des Granits hervorgegangene lehmige Sand- und sandige Lehmboden ist zwar öfters kalireich, aber in der Regel arm an Phosphorsäure und Kalk.

Granit bildet den Hauptstock der Zentralalpen, des Fichtelgebirgs, sowie des bayerischen und Böhmerwaldes.

b) Syenit.

Der Syenit ist ein Gemenge von weißem oder rötlichem Feldspat mit grüner bis schwarzer Hornblende. Er verwittert leichter als Granit und bildet einen guten Lehmboden.

Syenit findet sich im bayerischen Wald bei Passau und am unteren Regen, im Fichtelgebirge, Spessart und in den Alpen, ist aber seltener als Granit.

c) Porphyr.

Unter Porphyren versteht man Gesteine, welche aus einer feinkörnigen oder dichten Grundmasse mit ausgeschiedenen größeren Kristallen (Quarz, Feldspat) bestehen.

Porphyre finden sich in beschränktem Maße bei Weiden und Erbendorf, im Fichtelgebirge, im Vorspessart und in der Pfalz nördlich von Edenkoben, ferner im Odenwald und bei Bozen in Südtirol.

d) Grünsteine.

Die Gesteine der Grünsteingruppe bestehen hauptsächlich aus Feldspat, Hornblende und Augit und besitzen eine dunkelgrüne Farbe. Grünsteine finden sich in Bayern im Fichtelgebirge und in der Rheinpfalz.

e) Melaphyr.

Melaphyr besteht aus Feldspat und Augit; er sieht den Porphyren ähnlich, hat aber eine dunkle Farbe. Melaphyr kommt in der Rheinpfalz vor.

f) Kristallinische Schiefergesteine.

Die kristallinischen Schiefergesteine zeigen eine schiefrige Ausbildung. Hieher gehören:

Gneis, welcher dieselbe Zusammensetzung wie der Granit, aber eine eigentümliche Schichtung der Bestandteile (Schieferung) besitzt. Gneis kommt in denselben Gegenden vor wie der Granit.

Glimmerschiefer besteht aus Quarz und Glimmer. Er verwittert sehr schwer und liefert einen sandigen, mageren Boden.

Glimmerschiefer ist ein Hauptbestandteil der Urgebirge.

Urtonschiefer ist ein meist grau gefärbtes, tonartiges, aus sehr feinem Quarz, Feldspat und Glimmer bestehendes Gestein mit seideähnlichem Glanz. Er findet sich im Fichtelgebirge, im Frankenwald und in den Zentralalpen.

Porphyr und Melaphyr, sowie häufig auch Granit sind Eruptivgesteine ältesten Ursprungs, weshalb sie zu den Urgesteinen gerechnet werden.

2. Jüngere vulkanische Gesteine.

a) Basalt.

Der Basalt ist ein meist schwarz gefärbtes Gestein und besteht aus Feldspat und Augit. Er enthält bedeutende Eisenmengen und zeigt sich oft säulenförmig abgesondert. Der Basalt findet sich in der Oberpfalz, Rhön 2c. und liefert bei der Verwitterung ertragreiche Böden.

b) Trachyt.

Der Trachyt ist ein weißgraues, dichtes oder poröses Gestein, aus dem sich oft Kristalle ausgeschieden haben. Trachyt bildet bei der Verwitterung einen fruchtbaren Boden.

Er findet sich in der Rhön und bildet die Hauptmasse vieler vulkanischer Berge.

c) Lava.

Lava ist die jüngste vulkanische Bildung von gleicher Zusammensetzung wie Trachyt und Basalt.

3. Absatz- oder Sedimentgesteine.

Man teilt die Absatzgesteine ein:

1. in einfache Absatzgesteine und
2. in Trümmergesteine.

Die einfachen Absatzgesteine bestehen nur aus einem Mineral, die Trümmergesteine dagegen aus losen oder durch verschiedene Bindemittel verkitteten Gesteinstrümmern.

1. Einfache Absatzgesteine.

a) Quarzfels. Siehe Seite 49 u. 73.

Der Quarzfels besteht aus Quarz, ist häufig goldführend und findet sich besonders im bayerischen Wald.

b) Marmor und körniger Kalk. Siehe Seite 55.

c) Dolomit. Siehe Seite 57.

Der Dolomit besteht aus kohlensaurem Calcium und kohlensaurem Magnesium. Er findet sich in Bayern besonders in der fränkischen Schweiz, im Altmühltal und in der südlichen Oberpfalz. In Salzsäure löst er sich erst beim Erwärmen auf.

2. Trümmergesteine.

a) Sandsteine.

Die Sandsteine bestehen aus scharfkantigen oder abgerundeten Quarzkörnern, welche durch ein toniges, kalkiges oder kieseliges Bindemittel verkittet sind. Sie zerfallen bisweilen leicht und geben gewöhnlich geringwertige, nährstoffarme Böden.

b) Lose Trümmergesteine.

Gebirgsschutt ist abgewittertes Gestein; Geröll sind größere, im Wasser gerundete, Geschiebe dagegen abgeflachte Gesteinsstücke. Grus besteht aus eckigen, noch erkennbaren Gesteinen, Kies aus kleineren Rollstücken und Sand aus kleineren, mehr oder weniger gerundeten Körnern, welche meistens aus Quarz gebildet sind.

c) Tonige Gesteine.

Diese Bildungen sind durch die Zersetzung des in den Gesteinen befindlichen Feldspates entstanden. In reinem Zustand ist das Zersetzungsprodukt weiß und heißt Porzellanerde. Je nach der Verunreinigung oder Vermengung mit Quarz- und Glimmerresten werden verschiedene tonige Gesteine unterschieden.

Ton ist, mit feinem Quarz und Glimmer sowie mit Eisenverbindungen verunreinigt, von gelblicher oder grauer Farbe und läßt sich leicht zerreiben. Er findet sich fast überall im Boden und ist für die Eigenschaften der Ackererde von großer Bedeutung.

Lehm ist ein mit feinem oder gröberem Sand vermischter eisenhaltiger Ton, welcher sich rauh und mager anfühlt und weniger bildsam ist als Ton.

Löß ist mit sehr feinem Sand vermischter kalkhaltiger Ton, welcher dem eigentlichen Ton ähnlich sieht, in den Eigenschaften dem Lehm aber sehr nahe steht. Er kommt in Niederbayern, im Maintal, in der Vorderpfalz, sowie an anderen Orten vor.

Mergel ist ein sehr inniges Gemenge von kohlensaurem Kalk mit Ton, dem gewöhnlich Lehm, Sand in wechselnden Mengen beigemischt sind. Er ist ein sehr wichtiges Bodenverbesserungsmaterial.

C. Gesteinslagerung.

Die feste Erdrinde besteht aus einer Reihe von Gesteinsschichten verschiedener Beschaffenheit. Sehr häufig schließen diese versteinerte tierische und pflanzliche Reste ein, welche man Versteinerungen nennt.

Die Gesteinsschichten sind nicht nur horizontal gelagert, sondern infolge der Abkühlung der Erde und vulkanischer Vorgänge sehr oft schief aufgerichtet, zusammengepreßt oder sogar umgekehrt.

Die ältesten Erdschichten bestehen aus Urgebirgsgesteinen, unter welchen Gneis Glimmerschiefer, Urtonschiefer, Granit und Syenit vorwiegen. In Bayern kommen solche Gesteine im Fichtelgebirge, bayerischen Wald, in der Oberpfalz und Rheinpfalz vor.

In dem nördlichen Teil von Oberfranken tritt eine mächtige Entwicklung von Schieferablagerungen auf, welche stellenweise sich so dünn spalten lassen, daß sie zu Schiefertafeln, Dachplatten und Schreibgriffeln Verwendung finden. In den an die Schieferformation sich anschließenden jüngeren Schichten findet sich neben Kalk- und Sandsteinen auch Steinkohle abgelagert, wie z. B. in Oberfranken bei Stockheim und in der Rheinpfalz bei St. Ingbert.

Auf diese Steinkohle führenden Schichten folgen meist horizontal gelagerte, aus Kalk- und Sandsteinen und Ton bestehende Gesteinsschichten (Trias), bei welchen man Buntsandstein, Muschelkalk und Keuper unterscheidet.

Der Buntsandstein enthält hauptsächlich verschieden gefärbte, bunte Sandsteine, welche bei der Verwitterung gewöhnlich einen guten Waldboden liefern. In Bayern findet sich Buntsandstein in Unterfranken (z. B. im Spessart, in der Rhön) und in der Rheinpfalz (Hardtgebirge).

Der Muschelkalk ist durch das Vorkommen von Kalksteinen, zwischen welchen Gips- und Steinsalzlager eingeschlossen sind, charakterisiert. Er ist in der Gegend von Rothenburg o. T., Uffenheim, Würzburg und Zweibrücken vertreten.

Der Keuper besteht aus wechselnden Lagen rot oder blau gefärbter Tone (Keuperletten) und meistens leicht verwitternden Sandsteinen. Er findet sich bei Windsheim, Ansbach, Roth a. S., Nürnberg, Bamberg und Haßfurt.

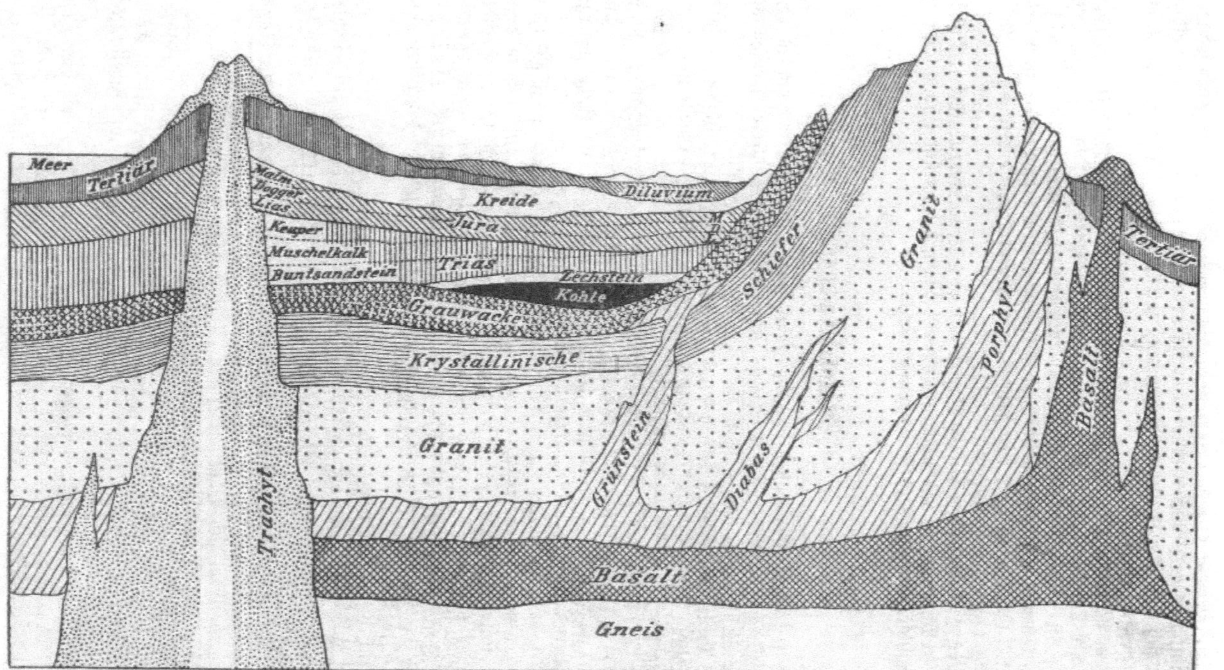

Fig. 34. Idealer Durchschnitt durch die Erdrinde.

Die auf dem Keuper liegende Juraformation zerfällt in den schwarzen Jura (Lias), braunen Jura (Dogger) und weißen Jura (Malm). In der Juraformation sind neben Ton, Mergel, Sandsteinen insbesondere Kalk und Dolomit zu finden. Der Jura zieht sich durch Bayern von Ulm bis Regensburg und von da nordwärts bis Kulmbach.

Jünger als die Juraformation sind die in Bayern wenig verbreiteten Kreidebildungen (Kreideformation), die bei Regensburg, Ortenburg, Schwandorf und Pegnitz vorkommen und aus Sandsteinen, Mergeln, sowie kalkigen und kieseligen Lagen bestehen. Nach der Kreidezeit bildeten sich die sogenannten Tertiärschichten aus, welche in Bayern zwischen Alpen und Donau, Inn mit Salzach und Iller sehr große Flächen einnehmen. Diese Ablagerungen bilden im wesentlichen die schwäbisch-bayerische Hochebene und setzen sich vorwiegend aus Lehm-, Sand-, Kies- und Mergelablagerungen zusammen. Auch in der Vorderpfalz sind die Tertiärschichten vertreten.

Eine der neuesten Ablagerungen bildet das Diluvium. Dasselbe zeichnet sich insbesondere durch die am Alpensaume vorkommenden Ablagerungen von Gletscherschutt und Gerölle, sowie durch den vielenorts auftretenden Löß aus. Das Alluvium schließlich gehört der Jetztzeit an. Man versteht darunter alle Ablagerungen, welche auf die Bildung von Anschwemmungen, Kalktuff, Torf und Vegetationserde zurückzuführen sind und sich noch andauernd unter unseren Augen vollziehen.

Vierter Abschnitt.

Nützliche und schädliche Tiere.

Folgende Tierstämme kommen in Betracht: I. Wirbeltiere, II. Gliedertiere, III. Würmer und IV. Weichtiere.

I. Wirbeltiere.

Die Wirbeltiere besitzen ein im Innern des Körpers befindliches Knochengerüst, das Skelett, und rotes Blut.

Sie werden eingeteilt in fünf Klassen: A. Säugetiere, B. Vögel, C. Kriechtiere oder Reptilien, D. Lurche oder Amphibien und E. Fische.

A. Säugetiere.

Die Säugetiere besitzen rotes, warmes Blut, atmen durch Lungen, gebären lebendige Junge, welche sie säugen, und sind in der Regel mit Haaren bedeckt.

Die wichtigsten Ordnungen der Säugetiere sind:

1. Huftiere mit Hufen und häufig mit Hörnern oder mit Geweihen.
2. Raubtiere, kräftige, bewegliche Tiere mit ausgezeichnetem Geruchs- und Gesichtssinn und mit scharfen, starken Eckzähnen.
3. Insektenfresser, raubtierartige, kleine Tiere mit rüsselartiger Nase; sie nähren sich hauptsächlich von Insekten, Würmern und Schnecken. Sie sind im allgemeinen nützlich.
4. Fledermäuse, insektenfressende Tiere mit häutigen Flügeln.
5. Nagetiere, mit meißelartigen Schneidezähnen, welche sich beim Gebrauch an der Innenseite abnützen und so selbst schärfen. Die Hinterfüße einiger dieser Tiere sind verlängert, wodurch ihr Gang hüpfend wird. Sie sind landwirtschaftlich schädliche Tiere.

1. Huftiere.

In diese Ordnung gehören die seit langer Zeit vom Menschen gezüchteten Wiederkäuer: Rind, Schaf und Ziege und die Nicht-Wiederkäuer: Schwein, Pferd und Esel.

Dem Feldbau können der Hirsch und das Reh schädlich werden, indem sie auf die Felder kommen, um junges Getreide u. s. w. abzufressen. Auch richten sie durch Zertreten der Früchte und Entrinden junger Bäume Schaden an.

Soweit nicht Einzäunungen hergestellt werden können, schützt man jüngere Obstbäume gegen „Verbiß" durch Umbinden mit Dornreisig oder Drahtgitter oder durch Anstreichen mit entsäuertem Teer, Kalkmilch und dergleichen.

2. Raubtiere.

Zu Haustieren sind geworden: Hund und Katze. In Feld und Garten umherstreifende Katzen schaden sehr durch Vogelfang. Der Fuchs ist ein eifriger Mäusejäger und dadurch landwirtschaftlich nützlich. Das Wiesel, mit sehr schlankem Leib, ist in der Mäusevertilgung noch eifriger als der Fuchs, schädigt aber die Vogelbrut und sucht Hühner- und Taubenställe heim.

Der Iltis und die Marderarten stellen Vögeln und deren Eiern eifriger nach als den Mäusen.

3. Insektenfresser.

Die Spitzmäuse leben teils auf dem Lande, teils im Wasser und unterscheiden sich von den Mäusen durch ihre spitze Schnauze und durch ihr Gebiß, welches ähnlich dem der Raubtiere ist. Die Landspitzmäuse vertilgen eine ungeheure Menge von Ungeziefer im Boden, wie Engerlinge, Erdraupen, Drahtwürmer, Schnecken, Werren. Die Wasserspitzmaus ist der Fischerei nachteilig. Der Maulwurf ist ebenfalls ein eifriger Verfolger des Ungeziefers im Boden. Niemals zernagt er Pflanzenteile, wird aber manchmal durch die von ihm aufgeworfenen Haufen lästig. Der Igel vertilgt Feldmäuse, Kreuzottern, Käfer und Insektenlarven, Schnecken u. a., frißt aber auch Eidechsen, Ringelnattern, kleine Vögel und bisweilen Eier, Früchte und saftige Wurzeln.

4. Fledermäuse.

Die Fledermäuse, von denen in unserem Lande verschiedene Arten vorkommen, sind nächtliche Tiere, welche tagsüber an dunkeln, geschützten Orten schlafen. Sobald aber die Dämmerung beginnt, fliegen sie pfeilschnell durch die Luft, um eine Unzahl von Insekten, welche erst abends erscheinen, wegzufangen. Sie sind dadurch von außerordentlichem Nutzen. Die abergläubischen Erzählungen über diese Tiere beruhen auf Erfindung.

5. Nagetiere.

Der Hase frißt Pflanzen und im Winter bei Nahrungsmangel die Rinde junger Bäume. Man schützt letztere gegen „Hasenfraß" wie gegen „Rehverbiß".

Der Hamster besitzt Backentaschen. Er hat die Größe einer Ratte, ist oben gelbbraun und unten schwarz und trägt einen kurzen Schwanz. Er speichert in seinem Bau Wintervorrat auf, besonders Weizen, Bohnen, Erbsen, auch Hafer, Rüben, Wurzeln 2c. Den Eingang in seinen Bau bezeichnet ein kleines Erdhäufchen. Man gräbt ihn namentlich im Herbst und im Frühjahr aus oder fängt ihn in Fallen, räuchert ihn aus oder tötet ihn im Bau durch Schwefelkohlenstoff.

Die Wander- und die Hausratte schaden durch das Verzehren und Benagen der verschiedenartigsten Stoffe; auch der Geflügelzucht können sie nachteilig werden.

Die **Hausmaus** ist klein, hat langen Schwanz und kurze Ohren.

Die **Waldmaus** ist größer, hat langen Schwanz und lange Ohren. Sie springt sehr gut (Springmaus).

Die **Brandmaus** ist auf dem Rücken braun und schwarz gestreift.

Diese drei Mäusearten fressen das in den Speichern liegende Getreide und in den Wohnräumen die Speisevorräte, die Hausmäuse das ganze Jahr hindurch, die beiden letzteren Arten nur im Winter. Auf den Feldern sind die Wald- und Brandmaus im Sommer nur wenig schädlich.

Die **Wühlratte** oder **Wühlmaus** gräbt vielverzweigte Gänge und frißt besonders gerne Rüben, Möhren, Kartoffeln und Getreide; sie bringt auch Bäume durch Abnagen der Wurzeln zum Absterben.

Die **Feldmaus** gleicht im allgemeinen der Hausmaus, ist aber plumper und besitzt einen kurzen Schwanz. Die Feldmäuse, welche sich in warmen und trockenen Jahrgängen sehr stark vermehren, treten von Zeit zu Zeit als eine furchtbare Landplage auf. Sie vernichten nicht nur die jungen Saaten, sondern auch Rüben-, Kartoffel- und Kleefelder und fressen in der Not alles Genießbare.

Die Feldmaus besitzt eine Reihe von tierischen Feinden (Fuchs, Wiesel, Spitzmaus, Igel, Eule, Bussard, Ringelnatter), welche neben plötzlich auftretenden ansteckenden Krankheiten, strenger Kälte, Nässe oder Überschwemmungen die Mäuseplage eindämmen.

Bekämpfung der Mäuse: Man schütze ihre natürlichen Feinde. Bei nicht zu starkem Auftreten kann man die Mäuse in Fallen und Töpfen fangen. Zur Vergiftung eignet sich baryumkarbonathaltiges Brot; auch Brotstückchen, welche mit Mäusetyphusbazillen versetzt sind, haben sich erfolgreich erwiesen. Gründlich werden sie vertrieben, wenn man die Grundstücke unter Wasser setzt. Diese Maßnahmen müssen insbesondere auch im Frühjahr ausgeführt werden, da um diese Zeit die Mäuse noch nicht so zahlreich sind und sich meistens in den Kleefeldern und Wiesen eingenistet haben.

B. Vögel.

Die Vögel sind warmblütige Wirbeltiere, welche mit Federn bedeckt sind.

Die landwirtschaftlich wichtigen Ordnungen sind:

1. **Singvögel**, 2. **Raubvögel**, 3. **Taubenvögel**, 4. **Hühnervögel**, 5. **Klettervögel**, 6. **Schwimmvögel**.

1. Singvögel.

Von den Singvögeln sind landwirtschaftlich nützlich: die **Meisen**, **Rotschwänzchen**, **Rotkehlchen**, **Braunellen**, der **Zaunkönig**, der **Mönch**, der **Buchfink**, die **Grasmücken**, die **Schwalben**, die **Bachstelzen**, die **Drosseln**, die **Stare**, welch' letztere aber auch gerne das reife Obst, besonders Kirschen und Weinbeeren anfressen, sowie die **Krähen**, die jedoch auch Eier, junge Vögel, Wicken, Erbsen und Maissaaten nicht verschmähen, u. a.

Schädlich sind: der **Sperling**, die **Ammer**, der **große Würger**, die **Elster**, der **Häher** u. a.

2. Raubvögel.

Man teilt die Raubvögel in **Tag-** und **Nachtraubvögel** ein.

Durch Vertilgung von Mäusen sind unter den Tagraubvögeln nützlich: der Mäusebussard und der Turmfalke, unter den Nachtraubvögeln: die Eulen und Käuze.

3. Taubenvögel.

Die Tauben können zur Zeit der Getreidesaat und -Ernte großen Schaden anrichten. Ihr Ausfliegen ist daher um diese Zeit zu verhindern.

4. Hühnervögel.

Zu den Hühnervögeln gehören nicht bloß die Haushühner, sondern auch die auf Repsfeldern schädlichen Wachteln und Rebhühner.

5. Klettervögel.

Der Kuckuck ist für die Obstbaumzucht, sowie für die Forstwirtschaft dadurch von größter Bedeutung, daß er eine Unzahl behaarter Raupen frißt, welche andere Vögel verschmähen.

Die Spechte schaden den Bäumen durch das Anschlagen derselben mit dem meißelartigen Schnabel und durch Aushöhlen von Bäumen zur Herstellung ihrer Nistplätze. Der Nutzen, den sie durch das Aufsuchen von Rindeninsekten stiften, ist im allgemeinen geringer als der durch sie veranlaßte Schaden.

6. Schwimmvögel.

Enten und Gänse können in Brutteichen der Fischerei sehr viel Schaden zufügen.

C. Kriechtiere oder Reptilien.

Die Reptilien besitzen kaltes, rotes Blut. Ihr Körper ist mit Hornschuppen und Schildern bedeckt.

Bei uns kommen vor:

1. Schlangen und 2. Eidechsen.

1. Schlangen.

Die Kreuzotter kann durch ihren giftigen Biß Menschen und Tiere töten. Gewöhnlich ist sie an der über den Rücken zickzackförmig verlaufenden dunklen Linie leicht erkennbar. Sie hält sich vorzüglich an warmen, waldigen Hängen auf und nährt sich von Mäusen, Fröschen, Eidechsen 2c.

Die Ringelnatter ist an den gelben oder weißen, nierenförmigen Flecken hinter dem Kopfe leicht kenntlich. Sie frißt Frösche, Mäuse und Insekten, aber auch Fische. Sie ist nicht nur vollkommen ungefährlich, sondern im allgemeinen sogar nützlich.

2. Eidechsen.

Die Eidechsenarten, zu denen auch die Blindschleiche gehört, nützen durch Vertilgung vieler Insekten.

D. Lurche oder Amphibien.

Die Amphibien haben kaltes, rotes Blut und eine nackte Haut. Ihre Larven leben im Wasser und atmen durch Kiemen, während die erwachsenen Tiere durch Lungen atmen.

Hierher gehören die Frösche (Laubfrosch, Wasserfrosch und Grasfrosch), die Kröten, die Unken, die Salamander und die Molche. Alle diese Lurche vertilgen Insekten und Insektenlarven, die Kröten besonders Schnecken.

E. Fische.

Die Fische haben kaltes, rotes Blut, sind fast ausnahmslos beschuppt und atmen durch Kiemen.

In vielen Fällen kann der Landwirt vorhandene Quellen, Bäche, Weiher u. s. w. mit gutem Erfolg zur Fischzucht benützen.

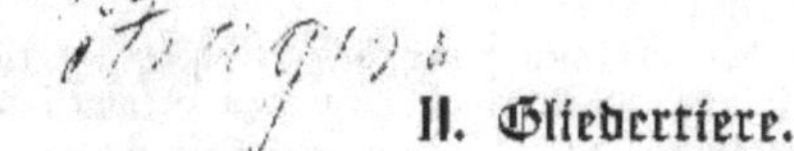

II. Gliedertiere.

Die Gliedertiere besitzen in ausgebildetem Zustand Beine, welche aus mehreren Gliedern zusammengesetzt sind. Die Glieder sind durch Gelenke verbunden. Auch der Körper besteht gewöhnlich aus vielen Abschnitten (Ringen), die aber häufig mehr oder weniger miteinander verwachsen sind. Ein Skelett fehlt, aber die Haut ist vielfach durch eine hornartige Substanz (Chitin) erhärtet.

Folgende Klassen sind zu berücksichtigen:

A. Insekten oder Kerfe, B. Spinnentiere und C. Tausendfüßer.

A. Insekten oder Kerfe.

Das ausgewachsene Insekt besitzt einen dreiteiligen Körper mit drei Paar Füßen. Der Körper besteht:

1. aus dem **Kopf**, welcher die Augen, die Fühler und die Mundwerkzeuge trägt;

2. aus dem **Bruststück**, welches wiederum dreiteilig ist. Jeder Brustring trägt je ein Paar Füße an der Unterseite; die beiden hinteren Brustringe tragen gewöhnlich je ein Paar Flügel an der Oberseite;

3. aus dem **Hinterleibe**, welcher aus einer größeren oder geringeren Anzahl von Ringen zusammengesetzt und oft von den Flügeln bedeckt ist.

Bei allen Insekten ist die Haut durch Einlagerung von hornartiger Substanz (Chitin) mehr oder weniger widerstandsfähig gemacht, um dem Körper Festigkeit und Schutz zu verleihen.

Die Beine der Insekten, welche ebenfalls hornartig sind, bestehen hauptsächlich aus drei Teilen:

1. dem **Schenkel**, welcher öfters am hintersten Beinpaar verdickt ist und dann zum Springen dient;

2. der **Schiene**, welche fast stets an der Spitze mit Dornen versehen ist und

3. den **Füßen**, welche aus mehreren Gliedern bestehen und am Ende Klauen tragen.

Die Flügel fehlen manchmal ganz oder teilweise oder sie sind stark verkümmert. Die Vorderflügel sind häufig horn- oder pergamentartig oder halbhart.

Die Entwicklung der Insekten ist mit einer Verwandlung oder Metamorphose verbunden. Bei der vollkommenen Verwandlung geht die Entwicklung in der Weise vor sich, daß aus dem Ei sich die Larve bildet, welche unter steter Nahrungsaufnahme und mehrmaliger Häutung heranwächst. Hat sie ihre bestimmte Größe erreicht, so verwandelt sie sich in eine Puppe, welche einige Zeit im Ruhezustand verharrt. Aus der Puppe kommt dann das fertige Insekt, welches nicht mehr wächst, sondern geschlechtsreif ist und meistens nur kurze Zeit lebt.

Die Larven können eine große Zahl von Füßen besitzen oder fußlos sein (Maden). Haben sie 10—16 Füße, so nennt man sie Raupen, welche zu Schmetterlingen werden; haben sie 18—22 Füße, so heißen sie Afterraupen, aus denen sich Blattwespen entwickeln.

Die Puppen sind entweder länglich-eiförmig (Tönnchenpuppen) oder sie lassen die Formen des zukünftigen fertigen Tieres mehr oder weniger deutlich erkennen.

Bei der unvollkommenen Verwandlung schlüpft aus dem Ei eine dem fertigen Insekt bereits ähnliche Larve.

Wir teilen die Insekten ein in:

1. **Käfer.** Die Vorderflügel sind hornartig, nur die Hinterflügel (welche aber bisweilen fehlen) sind zum Fliegen tauglich. Die Verwandlung ist vollkommen, die Larven sind entweder fußlos oder sie besitzen sechs Füße an der Brust.

2. **Geradflügler.** Die Vorderflügel sind pergamentartig, die Hinterflügel können fächerartig gefaltet werden. Die Verwandlung ist unvollkommen.

3. **Netzflügler.** Alle vier Flügel sind häutig, fein netzaderig, gleich lang. Verwandlung vollkommen.

4. **Hautflügler.** Die vier Flügel sind häutig, aber die Hinterflügel kleiner als die Vorderflügel. Verwandlung vollkommen. Das Weibchen besitzt am Hinterleibsende eine Legeröhre oder einen Stachel.

5. **Schmetterlinge.** Die Flügel sind fast stets mit Schuppen bedeckt. Sie besitzen einen einrollbaren Saugrüssel. Die Verwandlung ist vollkommen (Raupen).

6. **Schnabelkerfe.** Die Flügel sind häutig oder die Vorderflügel sind halb häutig und halb hornig oder es fehlen die Flügel ganz. Die Schnabelkerfe besitzen einen zum Saugen eingerichteten, stechenden Schnabel, oft von bedeutender Länge. Die Verwandlung ist unvollkommen.

7. **Zweiflügler.** Die Hinterflügel fehlen. Vorderflügel häutig. Die Verwandlung ist vollkommen (Maden).

1. Käfer.

a) Der Getreidelaufkäfer besitzt lange, schlanke Beine, fadenförmige Fühler und starke Kiefer. Er ist gedrungen gebaut und auf der Oberseite glänzend schwarz, auf der Unterseite schwarzbraun. Seine Larve ist braun, mit schwarzem Kopf, gelblichem Bauch und sechs Brustfüßen. Käfer und Larve schaden dem Getreide durch das Ausfressen der grünen Körner.

Gegenmittel: Fruchtwechsel und Sammeln der Tiere von den Ähren am Abend.

b) Der schwarze Aaskäfer. Der glänzend schwarze Käfer ist länglich schildförmig und flach. Die Fühler sind gegen das Ende zu verdickt. Er sowohl, wie seine asselartigen Larven beschädigen oft die Rübenblätter.

Bekämpfung: Aufstellen von Fangschüsseln mit Fleischabfällen.

c) Der Rapsglanzkäfer ist ein 3 mm langes, grün oder blau glänzendes Käferchen, welches an allen Kreuzblütlern, bes. am Raps und Rübsen die Blüten ausfrißt.

Bekämpfung: Ausrotten des Hederichs. Nasses und windiges Wetter zur Zeit der Repsblüte ist der Entwicklung der Tiere nachteilig.

d) Das Zuckerrübenkäferchen ist ein etwas über ein Millimeter großes, braunschwarzes Tierchen, welches sich im Boden von den eben keimenden Rübenpflanzen ernährt und dadurch sehr schädlich ist.

Bekämpfung: Fruchtwechsel, dichte Saat oder Pflanzen der Futterrüben statt Säen.

e) Der Maikäfer. (Fig. 35.) Dieser allgemein bekannte Käfer frißt im Mai die Blätter von vielen Laubbäumen und die frischen Nadeln der Lärche und Fichte. Als Larve (Engerling) nährt er sich von Pflanzenwurzeln.

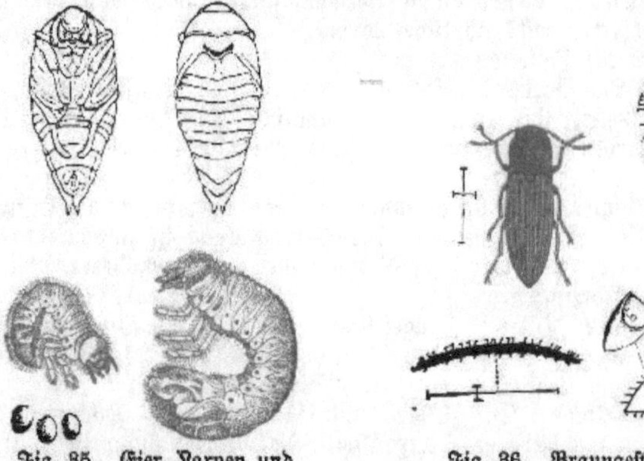

Fig. 35. Eier, Larven und Puppen des Maikäfers.

Fig. 36. Braungestreifter Saatschnellkäfer.

Zu seiner Entwicklung bedarf der Maikäfer 3—4 Jahre, wodurch sich erklärt, daß alle 3—4 Jahre ein „Käferjahr" eintritt. Seine natürlichen Feinde sind die Maulwürfe, Spitzmäuse, Füchse, Krähen, Stare und andere Vögel.

Bekämpfung: Abschütteln der Käfer von den Bäumen in den frühen Morgenstunden. Auflesen der Engerlinge hinter dem Pflug und Schutz der natürlichen Feinde. Die Käfer können als Dünger, Schweine- oder Geflügelfutter verwendet werden.

Mit dem Maikäfer nahe verwandt ist der Gartenlaubkäfer, welcher nur $1/3$ so groß ist als der Maikäfer, dunkelgrünes Halsschild und braune Flügeldecken besitzt und im Juni in ähnlicher Weise wie jener schadet. Da er oft in großer Menge auftritt, muß er durch Einsammeln bekämpft werden.

f) Der braungestreifte **Saatschnellkäfer** (Fig. 36). Die Schnellkäfer sind leicht daran kenntlich, daß sie, auf den Rücken gelegt, sich in die Höhe schnellen. Ihre Larven, welche den Mehlwürmern gleichen, aber mager sind (**Drahtwürmer**), schaden häufig den jungen Getreidepflanzen, Rüben, Hopfenfechsern 2c., indem sie die unterirdischen Stengelteile abfressen. Neben anderen ist der braungestreifte Saatschnellkäfer besonders schädlich.

Bekämpfung: Öfteres Umpflügen und Walzen der Felder, Anbau von Flachs oder Gewächsen, welche früh geerntet werden können, worauf man tief pflügt; kräftige Salpeterdüngung und Ködern mit Kartoffelstücken.

g) Der **Erbsenkäfer**. Er ist ein 3 mm langer Käfer, dessen Weibchen die jungen Hülsen der Erbsen anbohrt und je ein Ei hineinlegt. Die Larve frißt in der Erbse und verpuppt sich darin. Befallene Erbsen sind daran leicht zu erkennen, daß sie eine runde, blaugrau durchscheinende Stelle aufweisen.

Bekämpfung: Damit der Käfer nicht mit den befallenen Erbsen wieder auf das Feld kommt, erhitzt man das Saatgut auf 50° C im Backofen einige Stunden lang oder tötet ihn durch Schwefelkohlenstoff.

Der **Bohnenkäfer** lebt in den Bohnen, der **Linsenkäfer** in den Linsen.

h) Der **Apfelblütenstecher** oder **Brenner** (Fig. 37) besitzt eine hell- oder dunkelbraune Farbe mit einer V förmigen, weißen Zeichnung auf den Flügeln. Der Kopf ist rüsselförmig verlängert. Das Weibchen sticht im April oder Mai die Apfelblütenknospen an und legt je ein Ei hinein.

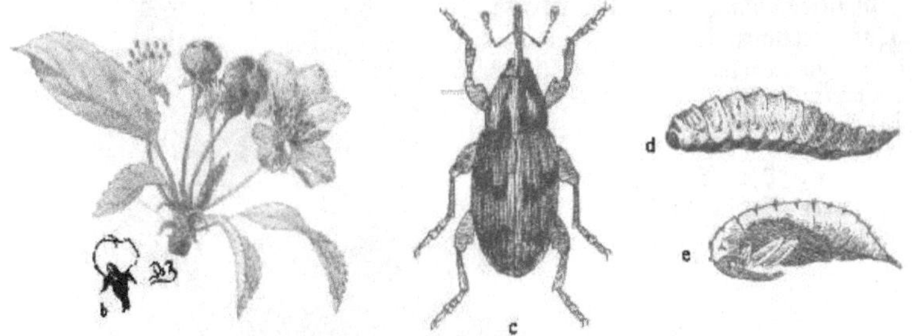

Fig. 37. Apfelblütenstecher.
a. Befallene Apfelblüten. b. Durchschnitt. c. Käfer (5 mm lang). d. Larve (Kaiwurm, 5 mm lang). e. Puppe (4 mm).

Die Larve frißt die inneren Teile der Knospe aus. Die Blumenblätter verdorren und bilden, da die Knospe geschlossen bleibt, eine schützende Hülle um Larve und Puppe. Man nennt die Larve auch „**Kaiwurm**". Anfangs Juni erscheint der fertige Käfer.

Bekämpfung: Man verbrenne die braunen Blütenknospen, wähle Apfelsorten, welche spät und rasch blühen, grabe die Baumscheiben im Spätherbst tief um; reinige im Winter die Stämme von Moos und Rindenschuppen, unter welche sich der Käfer verkriecht und bringe Fanggürtel (Fig. 54) an. Abklopfen der Käfer und verdorrten Knospen auf untergebreitete Tücher im Frühjahr.

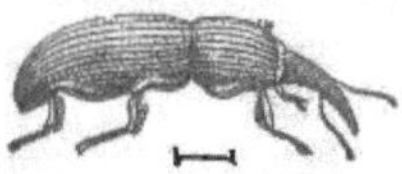

Fig. 38. Schwarzer Kornwurm.

i) Der **Kornkäfer, schwarzer Kornwurm** (Fig. 38), ist 4 mm lang und dunkelbraun bis schwarz gefärbt. Das Weibchen legt seine Eier im Frühjahr in die Getreidekörner auf Speichern. Die Larve frißt die

Körner aus und verpuppt sich darin. Nach 6 Wochen schlüpft der Käfer aus, welcher nochmals Eier legt und so bis zum nächsten Frühjahr eine zweite Generation bildet.

Bekämpfung: Fleißiges Umschaufeln und Lüften des Getreides in den Speichern, trockene, luftige Lage des Kornbodens, Reinlichkeit. Man sorge dafür, daß alles alte befallene Getreide aus dem Speicher entfernt wird, bevor neues eingelagert wird.

k) Der Rebenstecher (Fig. 39) ist grün mit goldenem oder bläulichem Schimmer. Das Weibchen wickelt die Blätter des Weinstockes, der Obst- und anderer Laubbäume zu Röhren zusammen, in die es seine Eier legt. Die Käfer selbst schaden stark durch Abstechen und Benagen der jungen Triebe.

Dem Rebenstecher ähnlich ist der halb so große blaugrüne Zweigabstecher, welcher im Frühjahr die jungen Triebe der Obstbäume abknickt.

l) Der Kohlgallenrüßler ist ein 3 mm langes, schwarzes Rüsselkäferchen, dessen Larve in der Wurzel von Kohlarten lebt. (Fig. 40.) Das unterste Stengelstück einer befallenen Kohlpflanze bekommt kropfartige Anschwellungen, welche sich von dem Kropf, einer Pilzerkrankung, dadurch unterscheiden, daß sie, aufgeschnitten, im Innern die Larvengänge erkennen lassen.

Zur Bekämpfung verbrennt man die verkrüppelten Pflanzen und läßt die Kohlstrünke nicht überwintern, sondern sammelt und vernichtet sie.

m) Der Schmalbauch hat schwarzen Kopf und Halsschild und braune Flügeldecken und Beine. Er

Fig. 39. Stahlblauer Rebenstecher. (In natürl. Größe und vergrößert.)

Fig. 40. Kohlgalle der zweiten Generation des Kohlgallenrüßlers. Daneben Larve in nat. Größe und vergrößert. (Nach Schillings.)

ist 5—6 mm lang. Besonders schädlich tritt er in Baumschulen auf, wo er Knospen, Pfropfreiser, zarte Blätter und Blüten befrißt.

Neben dem Schmalbauch schaden in ähnlicher Weise einige ebenso große Grünrüßler.

Man klopft die Käfer frühmorgens ab und bestreicht die Augen der Pfropfreiser mit weichem Baumwachs.

n) Die Borkenkäfer (Fig. 41) sind kleine, braune bis schwarze, walzenförmige Käferchen, welche als Larven im Bast der Bäume (manchmal auch in das Holz eindringend) verschiedenartig angelegte Gänge bohren. Sie treten an Laub- und Nadelholzbäumen auf. Die stärker befallenen Bäume beginnen zu kränkeln und sterben ab.

Bekämpfung: Man entferne aus dem Wald im Winter alles berindete Holz (geschlagene oder vom Wind gebrochene Bäume, sowie Äste) und lege Fangbäume aus, welche man rechtzeitig entrindet; die Rinde ist zu verbrennen.

o) Die Spargelkäfer schaden den Spargelpflanzen sehr stark, sowohl als Larven wie als Käfer, indem sie Rinde, Triebe und Früchte benagen. Das Spargelhähnchen hat rotes Halsschild und stahlblau und gelb gezeichnete Flügeldecken; der zwölfpunktierte Spargelkäfer ist rotgelb gefärbt und besitzt auf den Flügeldecken zwölf schwarze Punkte.

Man klopft die Käfer, besonders morgens, ab und zerdrückt die Larven vorsichtig mit der Hand

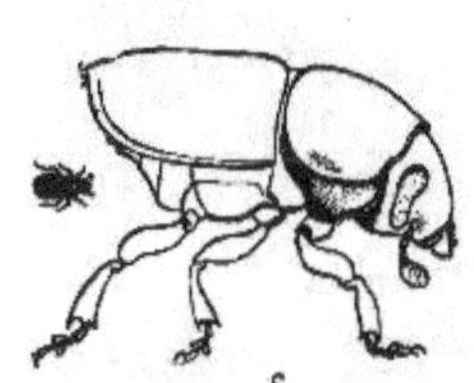

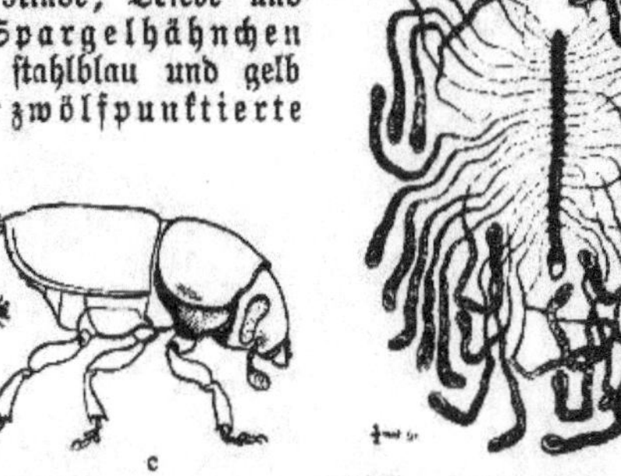

Fig. 41. Der große Obstbaumsplintkäfer.
a) Muttergang. b) Puppenwiegen. c) Käfer.

p) Erdflöhe. Es sind kleine, meist metallisch glänzende Käferchen, deren hinteres Beinpaar durch Verdickung der Schenkel zum Springen eingerichtet ist. Besonders schädlich ist der Kohlerdfloh, 4,5 mm lang, dunkelgrün, metallisch glänzend. Er sowohl wie seine Larven skelettieren die Blätter der Kohlarten. Kleinere Arten schädigen Raps, Rüben, Schmetterlingsblütler, Hopfen &c.

Bekämpfung: Fruchtwechsel, Vernichtung der Unkräuter, gute Düngung und Drillkultur. Man streue nach Regen oder Tau feinen Sand, Tabakstaub, Holzasche, Kalkpulver, Straßenstaub oder Schwefelpulver. Allenfalls spritzt man mit Kalkmilch oder bewegt mit Teer bestrichene Bretter bei Sonnenschein über die Beete, so daß die aufspringenden Käferchen am Teer hängen bleiben.

q) Das Marienkäferchen (Fig. 42). Dieses allgemein bekannte Käferchen, welches rote Flügeldecken mit 7 Punkten besitzt, stellt nebst seiner schwarzen, rauhhaarigen, sechsfüßigen Larve eifrig den Blattläusen nach und verdient daher unsern besonderen Schutz. Ebenso nützen das kleinere zweipunktige Marienkäferchen und die meisten Käferchen dieser Art.

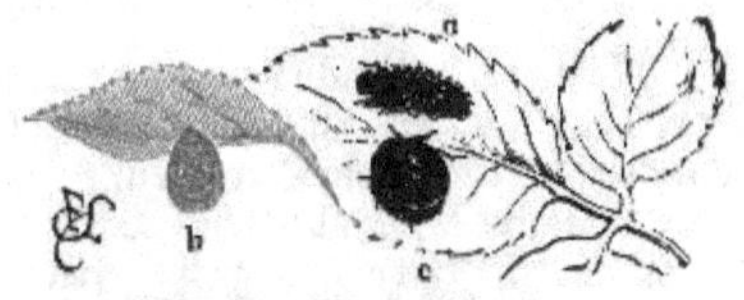

Fig. 42. Marienkäferchen.
a) Larve. b) Puppe. c) Käfer.

2. Geradflügler.

a) Der Ohrwurm frißt hauptsächlich an süßen Früchten, aber auch an Blumen u. a. Er nützt manchmal durch Vertilgung von Blattläusen und Larven. Um ihn zu fangen, bietet man ihm Verstecke, wie hohle Stengel, Röhren, Weidenkörbe, die Moos enthalten, ꝛc. Dort sammeln sich die lichtscheuen Tiere und können vernichtet werden.

b) Die Schaben, auch Schwaben und Russen genannt, halten sich an warmen Orten auf und fressen an Vorräten. Man vertilgt sie in Fallen, mit Schweinfurter Grün, Insektenpulver und Borax.

c) Die Heuschrecken richten, mit Ausnahme der bei uns seltenen Wanderheuschrecke, keinen beträchtlichen Schaden an. Hierher gehören auch die Grillen.

d) Die Maulwurfsgrille oder Werre, welche sich durch zu Grabbeinen entwickelte Vorderfüße auszeichnet, lebt hauptsächlich in humusreichem bündigen Boden. Sie gräbt ihre Gänge in der Nähe der Bodenoberfläche und verfertigt Ende Juni ein eigroßes, kugeliges Nest im Boden, in welches

Fig. 43. Maulwurfsgrille.

sie über 200 Eier legt. Die Werre schadet nicht nur durch das Abfressen der Wurzeln, sondern auch durch das Graben der Gänge, wobei sie ebenfalls die Wurzeln vernichtet. (Fig. 43.)

Bekämpfung: Man hebt im Juli das Nest aus, dessen Lage durch die abgestorbenen Pflanzen erkennbar ist, versenkt Töpfe in die Erde, damit die Werren beim Graben hineinfallen oder zieht im Herbste kleine Gräben, die man mit Pferdedünger füllt. In diesen warmen Orten überwintert die Werre mit Vorliebe und kann im Winter ausgehoben werden.

3. Netzflügler.

Von den Netzflüglern, zu denen auch die Wasserjungfern oder Libellen gehören, sind die Florfliegen als nützlich zu erwähnen. Die schmetterlingsähnlichen Tiere besitzen glasartige, netzadrige, zartgrüne Flügel. Ihre beweglichen, räuberischen Larven zeichnen sich dadurch aus, daß sie am Kopfe unverhältnismäßig große Zangen besitzen, mit welchen sie Blattläuse und Insektenlarven aussaugen.

4. Hautflügler.

a) Bienen. Die meisten Arten von Bienen sind staatenbildende Insekten, d. h. sie leben in größeren Verbänden zusammen, um für die junge

Brut Sorge zu tragen. Ein Insektenstaat besteht aus mehreren Gruppen von Individuen, nämlich aus Ständen. Außer Männchen und Weibchen (Königinnen), von welch' letzteren meistens nur eines im Staate vorhanden ist, gibt es noch verkümmerte Weibchen, welche Arbeiterinnen genannt werden. Während die Königin den Nachwuchs liefert, sorgen die Arbeiterinnen für die junge Brut. Sie bauen die Wohnungen, tragen die Nahrung herbei und übernehmen die Verteidigung.

Bei der Honigbiene verläßt die Königin nur einmal den Stock zum Zweck der Befruchtung. Die zahlreichen Männchen (Drohnen) werden im Herbste von den Arbeitsbienen getötet. Aus den Eiern, welche die Königin legt, entwickeln sich in vollkommener Verwandlung meistens Arbeiterinnen. Nur wenige, welche in größeren Zellen (Weiselzellen) mit reichlicherer Nahrung erzogen werden, liefern junge Königinnen. Sobald eine der jungen Königinnen im Begriffe ist, auszuschlüpfen, verläßt die ältere mit einem Teile des Volkes als sog. Schwarm den Stock, um einen neuen Staat zu gründen.

Die Bedeutung der Bienen für den Haushalt der Natur liegt nicht nur darin, daß sie Honig und Wachs liefern, sondern auch in der Übertragung des Blütenstaubes von einer Pflanze zur andern, wodurch eine sichere Befruchtung vieler Pflanzen, besonders der Obstbäume, erzielt wird.

Als Feinde der Bienen sind außer verschiedenen Vögeln (Bienenfresser, Storch, Schwalbe) zwei Käfer: der Bienenwolf und der Ölkäfer, ferner die Bienenlaus, die Wachsmotte, die Ameisen und Wespen zu nennen.

b) Wespen. Sie unterscheiden sich von den Bienen besonders dadurch, daß ihr Hinterleib durch einen dünnen Stiel mit der Brust verbunden ist. Die gemeine Wespe ist schwarz. Kopf und Brust sind gelb gefleckt und der Hinterleib ist gelb geringelt. Die Nester, welche in Erd- oder Baumhöhlen oder frei an Balken 2c. errichtet werden, bestehen aus einer grauen, papierähnlichen Masse, welche aus zerkauten Holzteilen zusammengeknetet wird. Die Arbeitswespen gehen bei Beginn des Winters zu Grunde und die überwinterte Königin beginnt im Frühjahr mit dem Bau eines neuen Nestes.

Der Schaden, den die Wespen durch Benagen von süßen Früchten in den Obstgärten anrichten, ist manchmal sehr beträchtlich. Auch ist ihr Stich für Menschen und Tiere sehr schmerzlich. Manche Arten sind Bienenräuber.

Die Hornisse ist die größte Wespenart.

c) Die Schlupfwespen (Fig. 44), welche keinen Giftstachel, sondern eine Legröhre besitzen, sind außerordentlich nützlich. Sie legen ihre Eier in Raupen und andere Larven, in Puppen und Blattläuse. Ihre Maden fressen den Wirt aus und führen dadurch seinen Tod herbei.

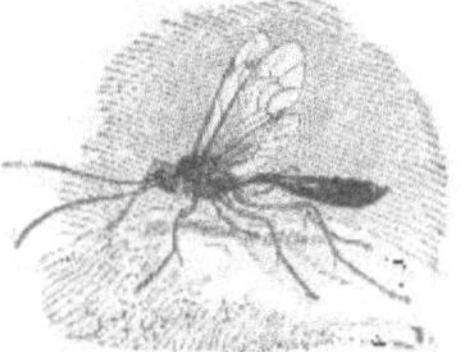

Fig. 44. Schlupfwespe.

d) Die Blattwespen, deren Hinterleib breit an der Brust angesetzt ist, besitzen raupenähnliche Larven mit 18—22 Füßen (Afterraupen). Sie gehören zu den schädlichsten Insekten.

Auf Birnbäumen leben die rötlichgelben Afterraupen der Birngespinstblattwespe in größeren Gespinsten beisammen. Sie fressen die Bäume kahl.

Man schneide die Gespinste ab, aber mit Vorsicht, da sich die Larven bei Erschütterungen sofort an einem Faden zu Boden lassen, oder man verbrenne sie mit der Raupenfackel.

Die **Pflaumensägewespe** lebt als Larve in den jungen Pflaumen, wodurch diese vorzeitig abfallen. Man verfüttert diese Pflaumen an Schweine.

Die **schwarze Kirschblattwespe** besitzt eine Larve, welche von einer schwarzen, schmierigen Masse umgeben ist, wodurch sie einer Nacktschnecke ähnelt. Die frißt die Weichteile der Kirschblätter, Birnblätter u. a. aus. (Fig. 45.)

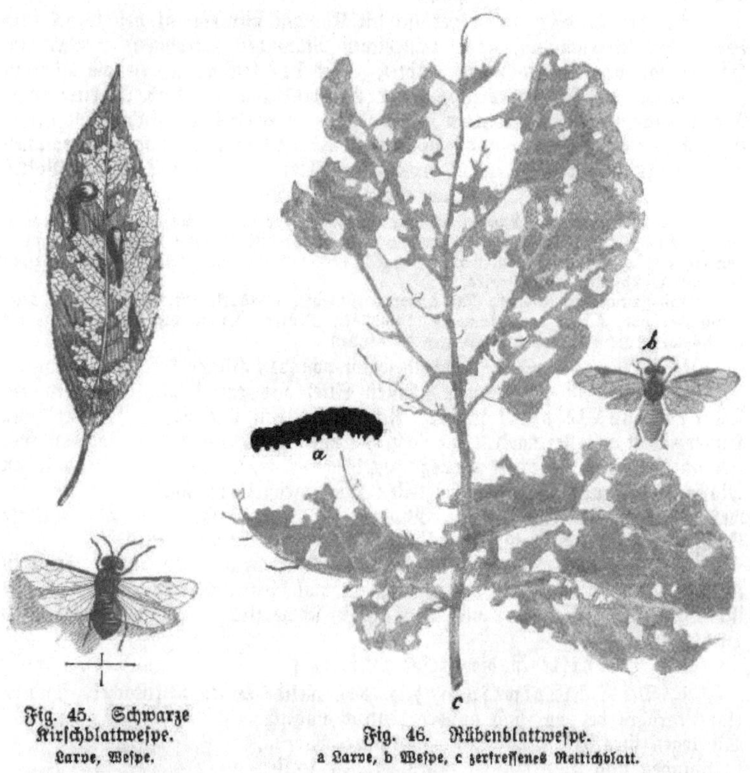

Fig. 45. Schwarze Kirschblattwespe. Larve, Wespe.

Fig. 46. Rübenblattwespe. a Larve, b Wespe, c zerfressenes Rettichblatt.

Die graugrünen Afterraupen der **Stachelbeerblattwespe** verzehren die Blätter der Johannis- und Stachelbeersträucher.

Man gräbt im Spätherbst die Erde um Kirschbäume und Beerensträucher tief um, damit die im Boden liegenden Larven zu Grunde gehen.

Die grau- bis schwarzgrünen Afterraupen der **Rübenblattwespe** (Fig. 46) vernichten die Blätter der Rüben, Kohlarten, Rettiche 2c. Man sucht sie ab oder läßt Hühner in den Garten.

e) Die **Ameisen** sind in Gärten und Obstbaumschulen nachteilig, indem sie Knospen und reife Früchte anfressen. Werden in diesem Falle größere Schädigungen bemerkt, so kann man in die Haufen Karbolsäure eingießen.

Doch ist zu beachten, daß die Ameisen auf Feldern und in Wäldern viele Insekten vertilgen.

5. Schmetterlinge.

a) Der Kohlweißling. Er ist weiß; die Vorderflügel haben schwarze Ecken. Die Raupe ist wenig behaart, grüngelb mit schwarzen Punkten und gelblicher Längslinie. Die Puppe ist gelbgrün mit schwarzen Flecken und überwintert an Mauern, Zäunen 2c. Im Spätsommer legen die Schmetterlinge ihre gelben Eier an Kohlarten, welche von den ausschlüpfenden gefräßigen Raupen stark beschädigt werden.

Bekämpfung: Absuchen der Eier und Raupen am Kohl und Zerdrücken derselben.

Der Baumweißling ist etwas kleiner und ganz milchweiß. Seine grauen Raupen fressen auf Obstbäumen und überwintern in einem dicht versponnenen Blatte, den kleinen Raupennestern. Man vernichtet die Nester am besten im Winter, da sie zu dieser Zeit an den kahlen Bäumen leicht zu sehen sind.

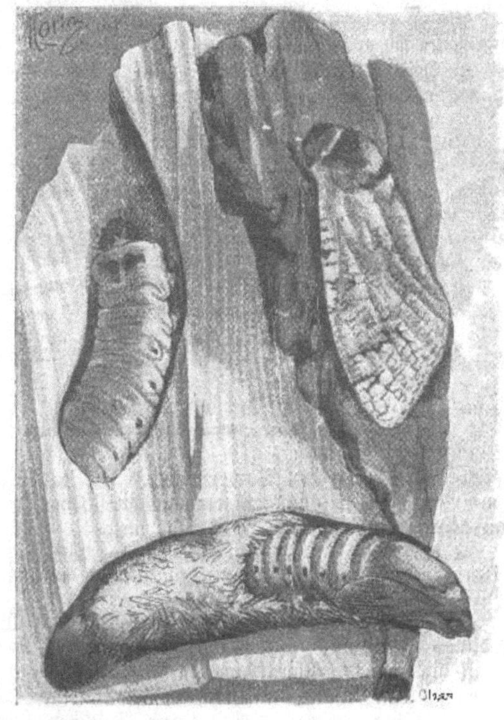

Fig. 47. Weidenbohrer nebst Raupe und Puppe.

b) Die Glasflügler sind leicht an ihren glasartigen, nichtbeschuppten Flügeln zu erkennen. Die Raupen leben im Holz von Obstbäumen und Beerensträuchern und schädigen diese stark.

Bekämpfung: Man bestreiche den Baum mit Lehm.

c) Der Weidenbohrer (Fig. 47) ist ein großer (6—7 cm Flügelspannung), dickleibiger Schmetterling von graubrauner Farbe mit schwarzer, gegitterter Zeichnung auf den Vorderflügeln, mit helleren Hinterflügeln und weißgeringeltem Hinterleib. Seine Raupe wird 9 cm lang und ist auf dem Rücken rotbraun bis braunschwarz, auf dem Bauch fleischfarbig. Die plattgedrückte Raupe bohrt große Gänge im Holz der verschiedensten Laubbäume (Obstbäume), wodurch starker Schaden angerichtet wird.

Bekämpfung: Anstrich der Bäume mit Lehm und Sammeln der an den Stämmen sitzenden Schmetterlinge im Juni und Juli morgens oder abends.

In ähnlicher Weise bohrt die Raupe des Blausiebs, welche auch „gelber Holzwurm" genannt wird, besonders in jüngeren Apfelbäumchen. Die Bekämpfung ist dieselbe wie diejenige des Weidenbohrers.

d) Der Hopfenspinner. Die Raupe lebt in den Hopfenwurzeln, welche von ihr ausgehöhlt werden. Sie ist gelblich mit braunem Kopf und Nackenschild. Der weiße (männliche) oder graugelbe (weibliche) Schmetterling besitzt schmale Flügel und sehr kurze Fühler. Er fliegt in der Dämmerung.

Bekämpfung: Man vernichtet gelegentlich des Hopfenschnittes alle in den Wurzelstöcken sich vorfindenden Raupen.

e) Der Ringelspinner (Fig. 48). Der im Juni fliegende Schmetterling hat fast 4 cm Flügelweite, einen dicken Leib, gelbe Grundfarbe und zwei

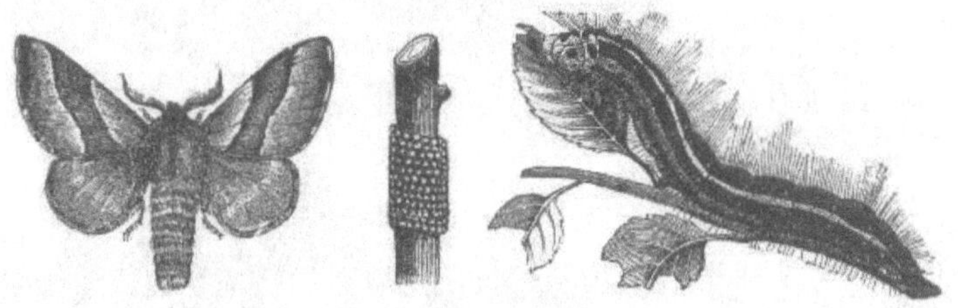

Fig. 48. Ringelspinner.
a Eier, b Raupe, c weiblicher Schmetterling.

dunklere Binden auf den Vorderflügeln. Er legt seine Eier ringförmig um dünne Äste. Die Eier überwintern und die schöngefärbte, rotbraun und blaugrau gestreifte Raupe lebt auf Obstbäumen.

Bekämpfung: Im Winter sind an den kahlen Bäumen die Eiringe zu beseitigen und im Frühjahr die Raupengesellschaften in den Astgabeln mit der Raupenfackel zu verbrennen.

f) Der Schwammspinner. (Fig. 49.) Das Weibchen dieses Obstbaumschädlings ist graugelb mit welliger Zeichnung der Vorderflügel. Der Hinterleib ist dick und die Flügelspannung 8 cm. Es legt seine Eier im August an Stämme, Mauern rc. und bedeckt sie mit seiner braunen Hinterleibswolle. Die Eihäufchen gleichen daher einem Stückchen Zündschwamm. Sie überwintern und die Raupen verbreiten sich im Mai über die Bäume. Die großen, starkbehaarten Raupen sind grau und schwarz gesprenkelt mit großen, blauen Warzen auf den vorderen und braunroten auf den hinteren Ringen.

Bekämpfung: Aufsuchen der Eierschwämme im Winter und vorsichtiges Verbrennen, da sie in größerer Menge im Feuer heftig explodieren.

g) Die Nonne. Die weißen Flügel des Schmetterlings sind mit schwarzen Zickzackstreifen bedeckt, der Hinterleib des Weibchens ist rosa. Die graugelben mit spärlichen Haaren besetzten Raupen überwintern und verwüsten besonders Fichtenwälder, befallen aber auch Laubbäume. Sie pflegen in „Spiegeln" beisammen zu sitzen.

Bekämpfung: Man hält die Raupen durch Leimringe am Aufbäumen ab.

h) Der Goldafter. (Fig. 50.) Der schneeweiße Schmetterling von $3^1/_2$ cm Flügelspannung trägt am Hinterleib eine goldbraune Wolle. Er legt seine Eier auf die Unterseite, besonders der Obstbaum- und Weißdornblätter,

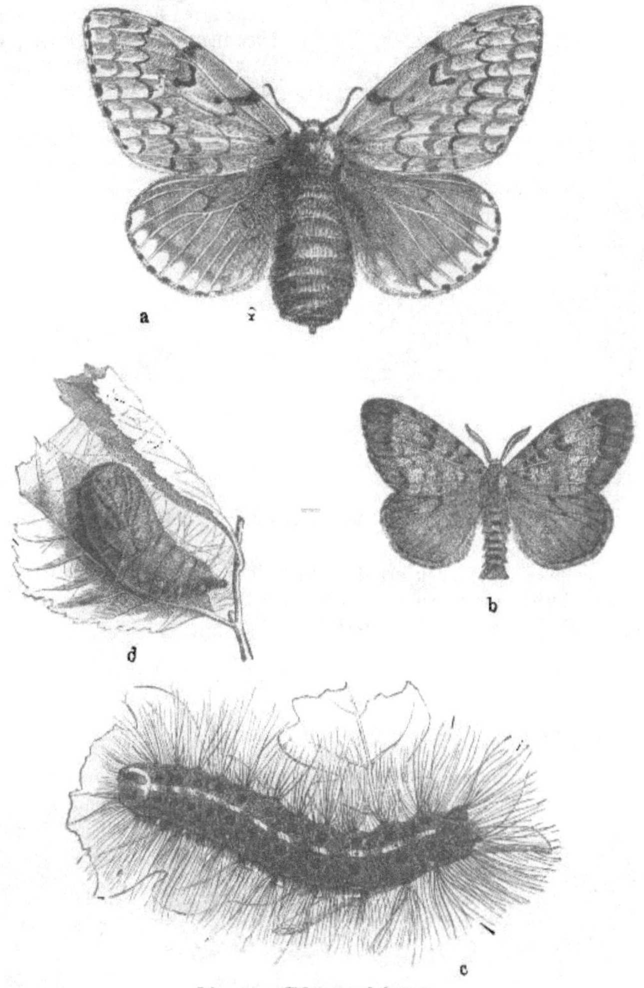

Fig. 49. Schwammspinner.
a Männchen, b Weibchen, c Raupe, d Puppe.

wo die Raupen ihre Nahrung suchen. Letztere überwintern in ei- bis faustgroßen, dichten Gespinsten. Die Raupen sind behaart, schwärzlich, mit roten Mittel- und weißen Seitenstreifen.

Bekämpfung: Vernichten der Nester im Winter an den kahlen Zweigen durch Abschneiden und Verbrennen. Die Raupenfackel wirkt unzureichend

i) **Die Eulen.** Die Schmetterlinge der vielen Eulenarten besitzen graue, marmorierte Oberflügel und hellgraue oder gelbe Unterflügel. In der Ruhe legen sie die Flügel dachförmig übereinander. Der Kopf trägt borstenförmige Fühler. Die Eulenraupen schädigen Wintersaaten, Gemüse, Kohl 2c.

Die nackten, schmutzigbraungrünen Raupen der **Wintersaateule** fressen nachts an Weizen, Roggen, Raps, Rüben 2c. und liegen tagsüber zusammengerollt unter Erdschollen 2c. (**Erdraupen**).

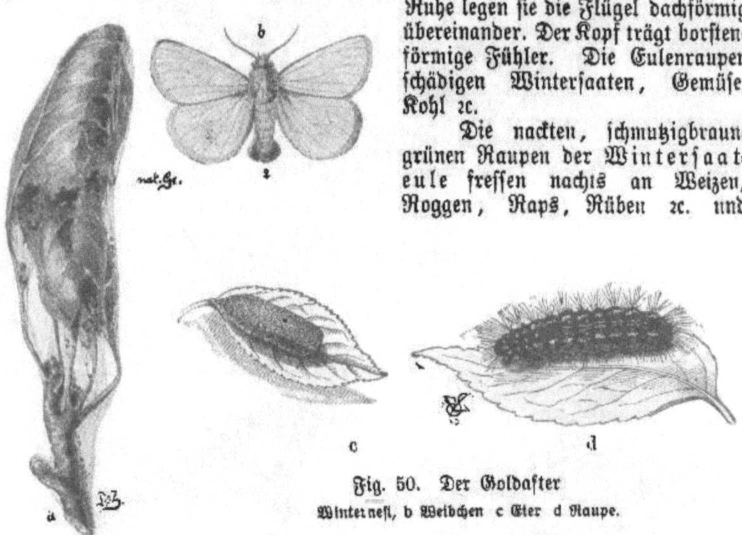

Fig. 50. Der Goldafter
Winternest, b Weibchen c Eier d Raupe.

Die **Kohleulenraupe** frißt sich ins Herz der Krautköpfe, des Blumenkohls, der Rüben 2c. ein (Herzwurm).

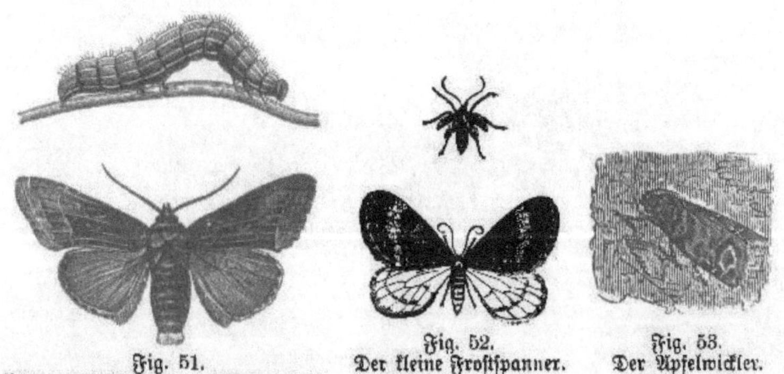
Fig. 51.
Raupe und Falter der Gammaeule.

Fig. 52.
Der kleine Frostspanner.
a Männchen, b Weibchen.

Fig. 53.
Der Apfelwickler.
(Vergrößert.)

Die grünen, weißgestreiften Raupen der **Gammaeule** (Fig. 51), deren Vorderflügel eine γ-ähnliche Zeichnung tragen, fressen am Getreide, Klee, Lein und anderen Kulturgewächsen.

Bekämpfung: Man sammelt die Raupen beim Pflügen ꝛc., treibt Hühner und Gänse auf die Felder oder fängt die Schmetterlinge mittels Fanglaternen bei Nacht. Schutz der Vögel und Fledermäuse.

k) Der **kleine Frostspanner** (Fig. 52). Der Schmetterling ist einem kleinen Tagfalter ähnlich, hat aber fadenförmige Fühler und breitet die Flügel in der Ruhe aus. Er hat 3 cm Flügelspannung. Seine Farbe ist weißgelb oder hellgrau mit braunen Zeichnungen. Das Weibchen hat nur ganz verkümmerte, zum Fliegen untaugliche Flügel. Im Anfang des Winters steigt das Weibchen an den Stämmen der Obstbäume empor, um die Eier abzulegen. Die Raupen sind grün mit weißen Längsstreifen und bewegen sich wegen des Vorhandenseins von nur zwei Paar Bauchfüßen in eigentümlicher Weise (spannende Bewegung). Sie schaden durch ihren Fraß außerordentlich.

Bekämpfung: Man bestreiche die Fanggürtel (Fig. 54) mit Raupenleim, damit das Weibchen vom Aufsteigen abgehalten wird, und grabe im Herbst die Erde am Fuße der Bäume um, damit die Puppen vertilgt werden.

l) Der **Apfelwickler** (Fig. 53) ist ein ziemlich kleiner Schmetterling mit 2 cm Flügelspannung. Die Raupe lebt im Innern der Äpfel und Birnen (Obstmade) und frißt das Kernhaus aus. Die Früchte fallen unreif ab und zeigen eine meist schwarz gesäumte Öffnung (wurmstichiges Obst).

Bekämpfung: Man sammelt das Fallobst und verfüttert es an Schweine. Kalken der Stämme im Winter und Anbringen von Fanggürteln (Fig. 54) oder Heuseilen, sowie von Leimringen, damit die Raupen des Fallobstes nicht wieder auf den Baum gelangen. Man bewahre nur gesundes Obst auf und verwerte wurmstichiges sofort.

Fig. 54. Insektengürtel „Einfach“.

Ähnlich wie der Apfelwickler verhält sich der **Pflaumenwickler**, dessen Raupe in Zwetschgen und Pflaumen lebt.

m) Der **Traubenwickler** (Fig. 55). Zweimal im Jahre werden seine Raupen den Weinreben sehr schädlich. Die erste Raupengeneration zerstört im Frühjahr die Blüten (**Heuwurm**); die zweite Raupengeneration frißt sich im Sommer in die Beeren ein, wodurch die Beeren sauer und faul werden (**Sauerwurm**).

Bekämpfung: Den **Heuwurm** vertilgt man durch Zerdrücken oder Bespritzen mit Petroleum-Emulsion (s. S. 100) oder durch Abfangen mit Klebfächern in der 2. Maihälfte. Der **Sauerwurm** läßt sich nur durch Einsammeln vernichten. Alte Rebstöcke, Schnittholz, rissige Pfähle sind zu entfernen und möglichst alle Verstecke für die Puppen (Astlöcher, aufgerissene Stellen) mit Lehm zu verstreichen. Schutz der Meisen.

n) Die schmutziggrünen Raupen des Springwurmwicklers fressen im Frühling die Knospen der Weinrebe und spinnen die Blätter zusammen. Sie verpuppen sich in einem zusammengerollten Blatt.

o) Die Apfelgespinstmotte (Fig. 56). Sie besitzt weiße Flügel mit schwarzen Punkten. Ihre gelblichen, schwarzpunktierten Raupen spinnen im Frühjahr die Apfelblätter zusammen und verzehren sie innerhalb des Nestes.

Bekämpfung: Abschneiden und Abbrennen der Gespinste im Frühjahr. Man spritze im Frühjahr mit Petroleumemulsion.

Fig. 55. Sauerwurm in natürlicher Größe, nebst teilweise beschädigter Traube.

Fig. 56. Apfelgespinstmotte.
a Gespinst, R Raupe, P Puppe und M Schmetterling.

Ähnlich der Apfelgespinstmotte ist die veränderliche Gespinstmotte, deren Raupen besonders an Pflaumenbäumen vorkommen.

p) Die Obstfutteralmotte. Die Raupen dieser kleinen Motten stecken in pistolenförmigen, haferkorngroßen Futteralen. Sie treten im Frühling an den Obstbäumen häufig schädlich auf, indem sie die Knospen benagen und rundliche Löcher in die Blätter fressen. Man muß sie absuchen. Schutz der Meisen.

q) Die Obstblattminiermotte. Ihre grünen Raupen fressen im Blatt geschlängelte Gänge aus, wodurch die Blätter stark geschädigt werden (Fig. 57).

Bekämpfung: Reinhalten und Kalken der Rinde, Verbrennen des Rindenabfalles und Bespritzen der Blätter mit Petroleumemulsion im Frühjahr.

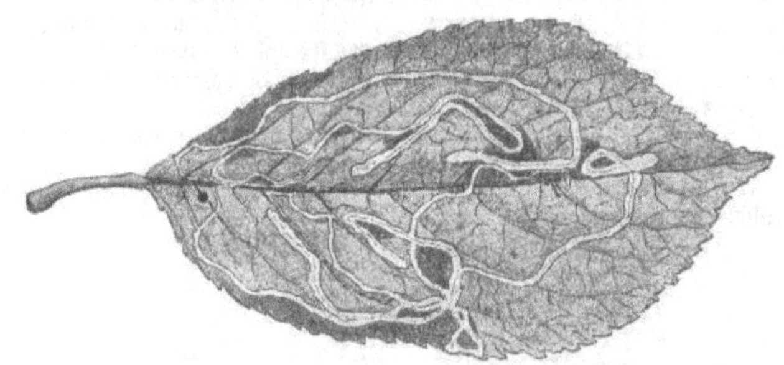

Fig. 57. Blatt des Kirschbaumes mit den Minengängen.

r) Die Kornmotte (Fig. 58) legt ihre Eier an die Getreidekörner in Speichern. Die Raupe spinnt die Körner zusammen und frißt sie aus (weißer Kornwurm).

Bekämpfung: Man schaufelt das Getreide fleißig um, halte auf große Reinlichkeit, verstreiche alle Ritzen und Fugen mit Zement, fange und töte die von Mai bis Juli am Gebälk sitzenden Motten.

Fig. 58. Weißer Kornwurm.

6. Schnabelkerfe.

a) Blattläuse. (Fig. 59.) Die Blattläuse sind meistens sehr kleine Tiere mit dünnen, langen Beinen und zwei Röhrchen am Hinterleib. Sie geben einen süßlichen Saft ab, welcher von den Ameisen gerne geleckt wird. Auf den Blättern erscheint der ausgespritzte Saft als klebriger Überzug (Honigtau), worauf sich der Rußtaupilz anzusiedeln pflegt. Die gewöhnlich grünen oder schwarzen, seltener rötlichen oder gelblichen Arten können geflügelt (Männchen und Weibchen) oder ungeflügelt (Ammen) sein. Auch sind häufig die ungeflügelten Tiere grün, während die geflügelten derselben Art anders gefärbt sein können. Die Flügel sind lang, sehr zart und werden in der Ruhe dachartig gestellt.

Durch starkes Auftreten und durch ihr Saugen an zarten Teilen der Pflanzen schädigen die Blattläuse viele Gewächse. Sehr oft zeigen sich die befallenen Blätter eingerollt, gekräuselt. Nach und nach verkümmern Blätter und junge Triebe vollständig.

Die Fortpflanzung der Blattläuse bei günstiger feuchtwarmer Witterung ist eine unglaublich schnelle, wodurch sich das plötzliche massenhafte Auftreten von Läusen erklärt.

Zur Bekämpfung benützt man folgende Lösungen, in welche man die befallenen Pflanzen taucht oder mit welchen man sie bespritzt:

Seifenwasser (ca. 1—2 kg grüne Seife und 100 l Wasser), im Notfall kann man auch die beim Waschen benützte Seifenbrühe verwenden.

Neßler'sche Flüssigkeit (40 g grüne Seife, 60 g Tabakabsud, 50 g Fuselöl, $^1/_8$ l gew. Alkohol werden mit Regenwasser auf 2 l verdünnt).

Petroleummischung ($^1/_2$ l Petroleum, $1^1/_2$ kg Schmierseife und 100 l Wasser werden gut verquirlt oder geschüttelt).

Dufour'sche Lösung ($1^1/_2$ kg Schmierseife in 10 l warmen Wassers werden mit $^1/_2$ kg Insektenpulver verrührt und auf 100 l verdünnt).

Mischungen von Petroleumemulsion mit Tabakstaub oder von Quassiatinktur mit Walfischseife.

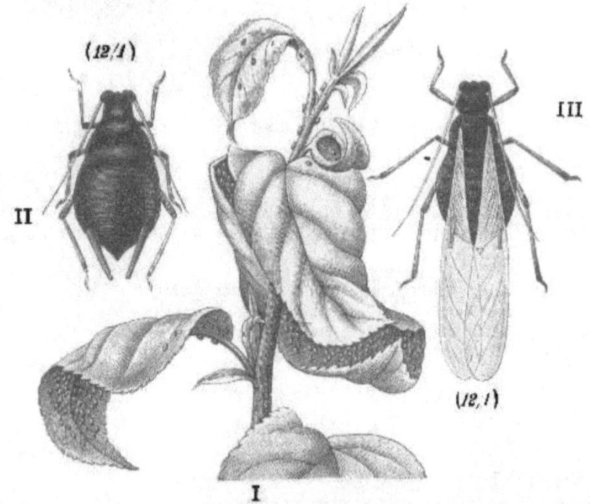

Fig. 59. Blattlaus.

I. Apfelzweig mit Blattläusen besetzt, welche durch ihr Saugen eine Verkrümmung der jungen Blätter bewirkt haben. (Nat. Größe.) II u. III Ungeflügeltes und geflügeltes Individuum. (12fach vergrößert.)

b) Die Reblaus. (Fig. 60.) Das ungeflügelte Insekt, welches eine Blattlaus sehr ähnlich sieht, aber keine Honigröhren besitzt, saugt an den feinen Wurzeln des Weinstocks, wodurch dieser eingeht. Im Sommer erscheinen geflügelte Tiere, welche eine weitere Verbreitung herbeiführen.

Bekämpfung: Vernichtung aller angegriffenen Stamm- und Wurzelteile durch Feuer unter Anwendung von Petroleum. Sodann wird Schwefelkohlenstoff in Löcher im Boden geschüttet, wodurch die Schädlinge zu Grunde gehen. Aussetzen mit dem Rebbau und Neupflanzung widerstandsfähiger (amerikanischer) Reben. Nach den gesetzlichen Bestimmungen muß schon bei einem Verdacht des Befalles Anzeige an die Verwaltungsbehörde erstattet werden.

c) Die Blutlaus. (Fig. 61.) Die rötlichbraunen Läuse sind mit einer weißen Wolle bedeckt und geben beim Zerdrücken einen roten Saft von sich. Sie sitzen an der Rinde der Obstbäume und stechen mit dem Rüssel sehr tief ein, so daß eine beulenartige Anschwellung der befallenen Stelle entsteht. Es bilden sich krebsartige Wucherungen, in denen die weißen, flockigen Massen der Blutlaus sitzen. Stark befallene Bäume sind meist verloren, zum mindesten aber stark geschädigt.

Bekämpfung: Diese ist schwer durchzuführen, da die Blutlaus in den Sprüngen und Ritzen sehr geschützt sitzt. Eine starke Bürste, welche in eines der Blattlausgegenmittel oder in Kalkmilch getaucht wird, tut gute Dienste; doch ist stetes Nachsehen nötig. Stark befallene ältere Bäume sollen unbedingt sofort gefällt und verbrannt werden.

d) Läuse, welche mit einer weißen oder grauen Wolle bedeckt sind (sog. Wolläuse), finden sich an vielen Holzgewächsen, wie an Fichten, Lärchen, Kiefern, Ulmen, Eschen, Buchen. Sie sind wie die Blattläuse zu bekämpfen.

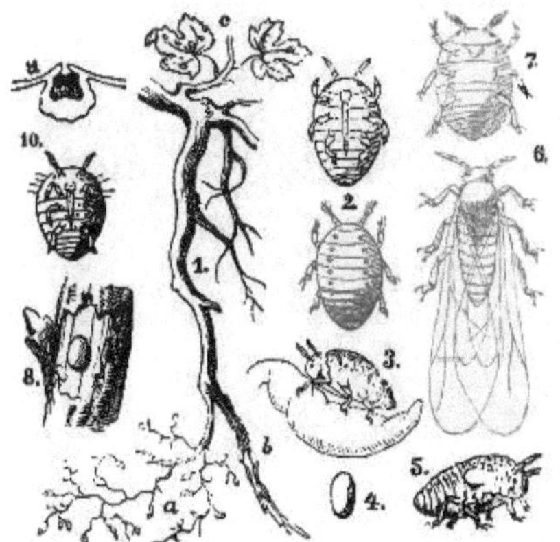

Fig. 60. Reblaus.

1. Rebenstück a Anschwellungen, b Winterlager von Rebläusen, c Blattgallen. 2. Wurzellaus von der Bauch- und Rückseite. 3. Dieselbe an einer Anschwellung saugend. 4. Ei einer Wurzelbewohnerin. 5. Larve der geflügelten Form. 6. Diese selbst. 7. Weibchen von der Bauchseite. 8. Winterei desselben. 9. Gallenlängsschnitt. 10. Gallenbewohnende Mutterlaus. (Bis auf 1 alle Figuren stark vergrößert, 1 dagegen verkleinert.)

Fig. 61. Blutlaus.

a Ungeflügeltes, b geflügeltes Tier, c durch das Saugen gebildete krebsartige Knoten.

e) Läuse mit Springfüßen sind die Blattflöhe, zu denen der Birnsauger gehört. Dieser schädigt die jungen Triebe des Birnbaums und wird wie die Blattläuse bekämpft.

f) Die Schildläuse (Fig. 62) zeichnen sich dadurch aus, daß das Weibchen, welches sich festgesaugt hat, über seinem Rücken einen harten Schild ausscheidet, der nach dem Tode des Tieres den jungen Nachkommen noch Schutz gewährt.

Bekämpfung: Man bürstet die befallenen Stellen kräftig mit Kalkmilch ab, zerdrückt die Tiere und die unter dem Schild befindlichen Eier und schneidet stark befallene Zweige ab, um sie zu verbrennen.

g) Die **Zikaden** besitzen einen dicken Kopf, Sprungbeine und in ausgewachsenem Zustande Flügel. Sie schädigen viele Pflanzen durch ihr Saugen, so Hopfen, Getreide, Rosen. Man bekämpft sie durch Streuen von frischem Kalkstaub.

h) Die **Wanzen** sind flache Tiere mit vier Flügeln, von denen das vordere Paar zur Hälfte hornig und an der Spitze häutig ist. Sie schaden vielen Pflanzen sehr stark. Besonders leidet der Hopfen unter einer größeren Zahl von Wanzenarten. (Blindwerden des Hopfens.) Zu ihrer Bekämpfung „brennt" man die Hopfenstangen oder errichtet statt der Stangen Drahtanlagen.

Fig. 62. Kommaschildlaus am Apfelbaum. (Nat. Größe.)

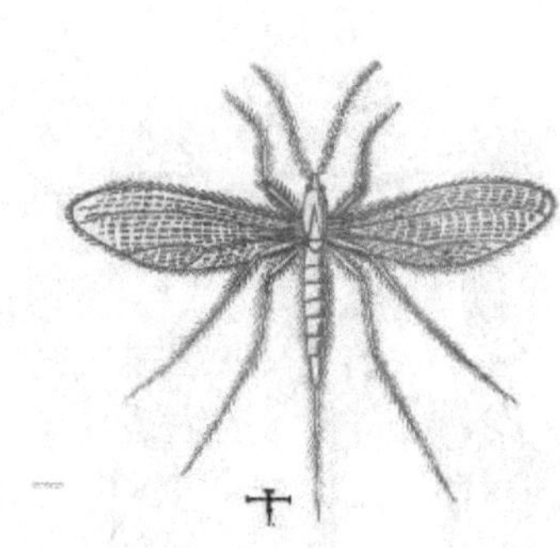

Fig. 63. Hessenfliege.

7. Zweiflügler.

a) Die **Hessenfliege** (Fig. 63) tritt zweimal im Jahr auf. Ihre Maden fressen in den Getreidehalmen, welche infolgedessen umknicken.

b) Die **Halmfliege**. (Fig. 64.) Ihre Made bewirkt, daß die Ähre des Weizens und der Gerste nicht aus der Blattscheide hervorwächst.

c) Die **Fritfliege**. (Fig. 65.) Ihre Made zerstört das Innere von Hafer- und Gerstenkörnern.

Bekämpfung dieser Getreidefliegen: Man bestellt, wenn tunlich, die Wintersaat möglichst spät und die Sommerfrucht möglichst früh. Stark befallene Saaten müssen untergepflügt werden.

d) Die **Kirschfliege**. Ihre Maden leben in den reifen Kirschen. Man bekämpft sie durch Abpflücken der Kirschen und tiefes Umgraben des Bodens um die Kirschbäume im Herbst.

e) Maden, die sich in unreifen abgefallenen und verschrumpften Birnen vorfinden, gehören der **Birntrauermücke** und der **Birngallmücke** an. Man sammelt und verfüttert die Früchte.

f) Die Kohlfliege (Fig. 66) lebt als Made in den Strünken und Wurzeln der Kohlarten, welche im Wachstum zurückbleiben. Man verbrennt die kranken Pflanzen und wechselt mit der Bebauung des Feldes.

g) Die Runkelfliege. Ihre Maden fressen im Innern der Rüben-

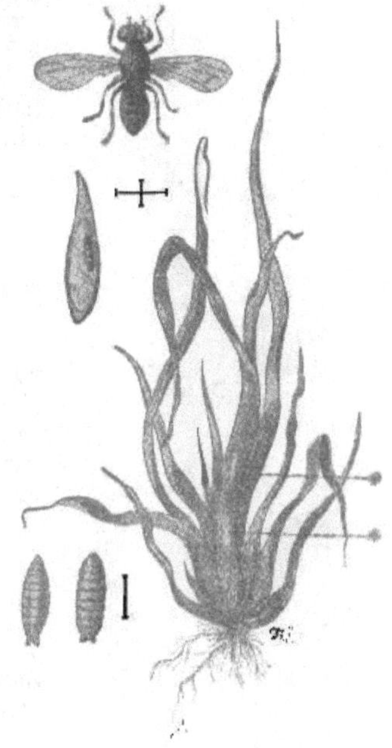

Fig. 65. Fritfliege.

Fig. 64. Getreidehalmfliege.

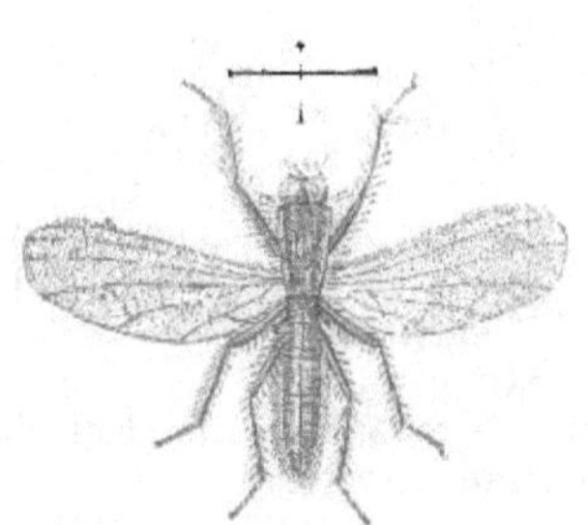

Fig. 66. Kohlfliege.

blätter Gänge aus. Man verbrennt oder verfüttert die Blätter sofort beim ersten Auftreten.

h) Die Spargelfliege (Fig. 67). Ihre Maden leben im Spargel, welcher sich verkrümmt und stark zurückbleibt.

Man sucht die Fliegen, welche braungefleckte Flügel besitzen, in der Frühe und bei trübem Wetter von den Spargelpflanzen ab, an deren unterem Teil sie sitzen, steckt daumendicke, mit Raupenleim bestrichene Pflöcke in die Erde, damit die Fliegen daran kleben bleiben und nimmt die befallenen Pflanzen frühzeitig im Herbst aus der Erde.

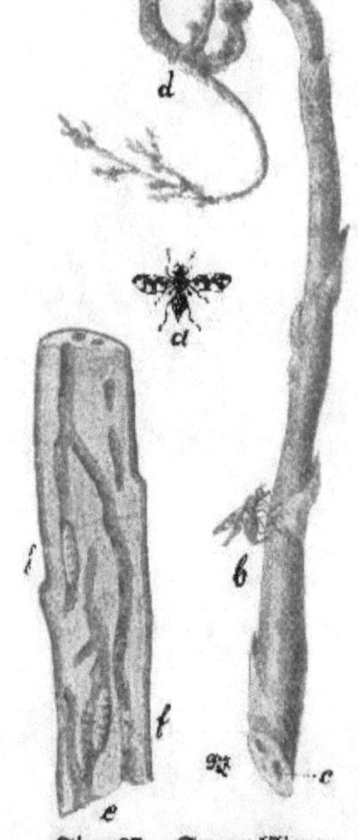

Fig. 67. Spargelfliege. a Fliege, b Eier legende Fliege, c Madengänge, d Verkrümmung der Stengel, e f Puppen.

i) Die Bremsfliegen leben als Maden im Tierkörper. Beim Fliegen summen sie stark. (Siehe Achter Abschnitt. VII. D.)

Die Maden der Rinderbiesfliege erzeugen die „Dasselbeulen" der Rinder.

Die Maden der Nasenbiesfliege leben im Innern der Nasenhöhle bei Schafen und erzeugen die „Schleuderkrankheit", die manchmal den Tod der Tiere hervorruft.

Die Maden der Pferdebremse bohren sich in die Schleimhaut des Darmes oder des Magens von Pferden ein und verursachen Verdauungsstörungen, Kolik und in seltenen Fällen selbst den Tod. Man halte die Pferde rein durch Putzen und Kämmen.

B. Spinnentiere.

Der Körper der Spinnentiere ist höchstens zweiteilig. Kopf und Brust sind mit einander verwachsen. Sie besitzen vier Paar Füße.

Anzuführen sind folgende Ordnungen:

1. Spinnen, mit zweiteiligem Körper,
2. Milben, welche keine Einteilung des Körpers erkennen lassen.

1. Spinnen.

Die Spinnen (Kreuzspinne, Hausspinne, Weberknecht rc.) sind im allgemeinen nützliche Tiere, da sie Insekten fangen und verzehren. Der Fang der Insekten geschieht entweder dadurch, daß die Spinnen Netze anfertigen oder ihre Beute im Sprung ergreifen.

2. Milben.

a) Die rote Spinnmilbe ist eine 1/2 mm große, rötliche oder gelbliche Milbe, welche an Obstbäumen und anderen Laubbäumen, an Hopfen, Gurken, Bohnen, Rüben rc. an der Blattunterseite ein feines Gespinst errichtet, unter dem sie saugt. Die Blätter verdorren. Sie vermehrt sich bei trockener Witterung schnell und kann sehr bedeutenden Schaden anrichten (Kupferbrand des Hopfens).

Bekämpfung: In Hopfenanlagen verwendet man Drahtgerüste oder entrindete Hopfenstangen. Nach der Ernte verbrennt man die Hopfenreben und Blätter. Auswahl von Böden mit hinreichendem Wassergehalt und guter Kultur. Man bespritze die Pflanzen öfters reichlich mit Wasser.

b) Die Weinmilbe erzeugt an der Unterseite der Weinblätter einen weißlichen Filz, während an der Oberseite der Blätter sich Beulen bilden.

Fig. 68. Birnbaumblatt von der Pockenkrankheit befallen.

c) Die Birnmilbe (Fig. 68) erzeugt an den Birnblättern rote, später dunkler werdende, etwas erhöhte Flecken, wodurch die Blätter absterben.

d) Die Apfelmilbe lebt in den Apfelblättern, welche sich an der Unterseite mit einem bräunlichen Filz bedecken.

Diese sehr schädlichen Pflanzenmilben bekämpft man durch Bespritzen mit Petroleumseifenemulsion und durch Zurückschneiden und Verbrennen der befallenen Triebe.

e) Die Krätzmilben leben als Schmarotzer an oder in der Haut der Tiere und verursachen die Räude oder Krätze an den verschiedensten Haustieren (Rind, Pferd, Schaf, Schwein, Hund, Katze, Huhn) und an Menschen. (Siehe Achter Abschn. VII. C.)

C. Tausendfüßer.

Die Tausendfüßer sind wurmartige, gegliederte Tiere. Jeder der vielen Leibesringe trägt an der Unterseite 1—2 Paar Beine.

Der einzige landwirtschaftlich bedeutende Vertreter dieser Klasse ist der getupfte Tausendfuß, welcher nicht nur abgefallenes Obst und Gartenerdbeeren benagt, sondern auch an fleischigen Wurzeln und keimenden Samen Schaden anrichtet. Wenn die Tausendfüße häufiger auftreten, lockt man sie durch Auslegen von zerschnittenen Kartoffeln, Rüben, Fallobst und dgl. an und sucht die Köderstücke fleißig ab oder streut Ricinusmehl.

III. Würmer.

Die Würmer besitzen eine muskulöse Haut und eine walzenförmige oder platte Gestalt. Sie bewegen sich, indem sie den Körper eigentümlich winden. Viele Würmer besitzen Borsten oder Saugnäpfe, welche die Bewegung unterstützen.

Wichtige Klassen sind:

1. Gliederwürmer, welche eine walzenförmige Gestalt und einen geringelten (gegliederten), d. h. in Abschnitte geteilten Körper besitzen.

2. Rundwürmer, welche ebenfalls walzig sind, aber keine Gliederung aufweisen, und

3. Plattwürmer, welche einen platten, zusammengedrückten Körper haben.

1. Gliederwürmer.

Der Regenwurm. Die Regenwürmer ernähren sich von in Zersetzung begriffenen Pflanzenstoffen, wodurch sie die Humusbildung beschleunigen. Ferner wird der Boden durch ihr Wühlen gelüftet und in vorteilhafter Weise bearbeitet, da sie die Erde, welche durch ihren Darm gegangen ist, nach oben schaffen. Für den Haushalt der Natur sind sie daher von Bedeutung. Anderseits können sie auch sehr unangenehm, ja sogar schädlich werden. Sie ziehen nämlich junge Pflanzen (Zuckerrüben, Kohl, Zwiebeln) in ihre Gänge, damit die zarten Pflanzenteile verwesen und ihnen so als Nahrung dienen können. In letzterem Falle kann man sie nachts oder tagsüber nach warmem Regen sammeln, oder man streut Papierschnitzel und kurzgeschnittenes Stroh aus, damit statt der jungen Pflanzen diese Stückchen in die Löcher gezogen werden.

2. Rundwürmer.

a) Die Spulwürmer finden sich häufig im Darme von Kindern und jungen Tieren, bei denen sie Verstopfung und heftiges Jucken verursachen. (Siehe Achter Abschn. VII D.)

b) Die Trichine findet sich im Muskelfleisch des Schweines. (Siehe Achter Abschn. VII. D.)

c) Die Palisadenwürmer gelangen meistens durch das Trinkwasser in den Magen oder Darm der Tiere (Pferd, Schaf) und dringen von hier aus in verschiedene Teile des Tierkörpers. Beim Pferd verstopfen sie die Bauchschlagader und Gekrösarterien und rufen Kolik hervor, bei Schafen, insbesondere Lämmern, dringen sie in die Luftröhre ein und verursachen tötliche Entzündungen.

d) Das Rübenälchen (Rüben-Nematode) ist die Ursache der „Rübenmüdigkeit." Die Rübenblätter werden gelb und fleckig; die Rübe bleibt klein, während sie bei starkem Befall schwarz wird und fault. Die Nebenwurzeln zeigen kleine Anschwellungen, in denen die Würmchen leben.

Bekämpfung: Man baut Fangpflanzen (Sommerrübsen), welche mit den eingewanderten Tieren vernichtet werden, oder fördert das Pflanzenwachstum durch Mineraldüngung und unter Umständen durch Kalkung. Der zu häufig wiederholte Rübenbau begünstigt das starke Auftreten der Rübenälchen.

Fig. 69. Das Weizenälchen.

e) Das Weizenälchen (Fig. 69) ist die Ursache der „Gicht- oder Radekrankheit" des Weizens. Die Tiere leben in den radenkornähnlichen, schwarzbraunen Körnern des Weizens in großer Menge. Durch Beizen mit Kupfervitriol werden sie getötet. Man reinige das Saatgut von den radekranken Körnern. Unterlassung der Weizenkultur auf eine Reihe von Jahren auf dem verseuchten Felde ist sehr zu empfehlen.

f) Das Stockälchen, Roggenälchen (Fig. 70), lebt in den Stengeln von Roggen, Hafer, Klee, Zwiebelgewächsen und in Kartoffeln 2c. und verursacht die sog. Stockkrankheit des Getreides, die Krüppelkrankheit der Zwiebel und die Kartoffelfäule.

Bekämpfung: Man baut auf den befallenen Grundstücken allenfalls Lupinen oder Rüben und wechselt rationell mit der Frucht. Man düngt gut, bearbeitet den Boden möglichst tief und bringt keinen Stallmist auf die Felder.

3. Plattwürmer.

a) Die Bandwürmer besitzen einen stecknadelkopfgroßen sog. Kopf mit Saugnäpfen, an den sich eine mehr oder weniger große Zahl von band- oder nudelförmigen Gliedern ansetzt. Jedes dieser Glieder enthält eine ungeheure Anzahl von Eiern. Die Glieder lösen sich einzeln oder gruppenweise ab und gelangen durch den Kot auf Misthaufen, Felder 2c. Werden diese nudelartigen Glieder von bestimmten Tieren (Schwein, Rind, Hecht) gefressen, so entwickeln sich in diesen Tieren die Eier zu Larven (Finnen). Durch den Genuß von finnigem Fleisch (Schwein, Rind, Fische) gelangen die Larven in den Körper des Menschen, wo sie im Darm zu mehreren (bis 12) Meter langen Würmern auswachsen. (Siehe Achter Abschnitt. VII. D.)

b) Der Leberegel ist die Ursache der Leberfäule bei Schafen und der Leberkrankheit bei Rindern. (Siehe Achter Abschnitt. VII. D.)

Fig. 70. Stockälchen.

IV. Weichtiere.

Von den Weichtieren haben nur die Schnecken eine landwirtschaftliche Bedeutung.

Der Körper der Schnecken ist weich und sondert reichlichen Schleim ab. Am Kopfe tragen sie ungegliederte Fühler, an deren Spitze die meistens sehr dürftig entwickelten Augen sitzen. Die Schnecken scheiden entweder ein aus kohlensaurem Kalk bestehendes Gehäuse aus (Gehäuseschnecken) oder sie besitzen kein solches (Nacktschnecken).

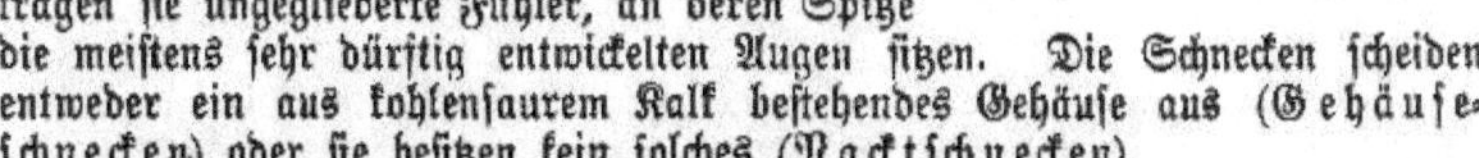

Die eßbare große, hellgraue Weinbergschnecke, mit hellbraunem Gehäuse, wird öfters dem Wein- und Obstbau schädlich. Ebenso sind einige andere, kleinere Gehäuseschnecken nachteilig.

In Gärten und Feldern verursachen die Nacktschnecken (z. B. die Ackerschnecke) oft größeren Schaden durch ihr Fressen an zarten und saftigen Blättern und Stengeln (junges Getreide und Klee, Rüben, Kohl, Salat, Raps, Erdbeeren, Gurken 2c.). Sie lieben Feuchtigkeit.

Bekämpfung: Man streut frischgelöschten Kalk in der Frühe oder spät abends zweimal hintereinander in einer Viertelstunde (9—11 hl auf 1 ha). Walzen der Felder oder Eintreiben von Geflügel in die Gärten.

Fünfter Abschnitt.

Pflanzenkunde (Botanik).

Die Pflanzenkunde belehrt uns über den äußeren und inneren Bau, sowie über die Lebensverrichtungen der Pflanze.

I. Äußerer Bau der Pflanze (Pflanzenorgane).

An der Pflanze unterscheidet man folgende Organe: die **Wurzel**, den **Stengel** und die **Blätter**.

A. Die Wurzel.

Fig. 71. Vergrößerte Wurzelspitze der Quecke. Bp Bildungspunkt, Wh Wurzelhaube, H Wurzelhaare.

Die **Wurzel** hat die **Aufgabe, die Pflanze im Boden zu befestigen und aus dem Boden Wasser und die im Wasser gelösten Stoffe aufzunehmen.** An der Spitze der Wurzel befindet sich zu deren Schutz die **Wurzelhaube**; unmittelbar hinter derselben stehen die zahlreichen **Wurzelhaare** (Fig. 71). Durch die Wurzelhaare erfolgt die Aufnahme des Wassers. Bei alten Wurzelteilen, an welchen die Wurzelhaare verloren gehen, ist eine Wasseraufnahme nicht mehr möglich.

Die Wurzel kann verschiedenartig gebildet sein, z. B. **einfach** (Lein) oder **ästig** (Klee), **fleischig** (Rettich) oder **holzig** (Holzpflanzen), **fadenförmig** (Gräser), **walzenförmig** (Zwiebelwurzeln), **spindelförmig** (Möhre) oder **knollig** (Dahlie, Knabenkraut).

1. Hauptwurzel.

Schon im Samen ist ein Würzelchen vorhanden, welches sich beim Keimen zur **Haupt- oder Pfahlwurzel entwickelt.** Letztere wächst **senkrecht** in den Boden hinein und wird oft sehr lang, z. B. beim Rotklee bis 1,5 m, bei der Luzerne und Esparsette bis 3 m und darüber. Bei vielen Pflanzen bleibt die Hauptwurzel für die ganze Lebenszeit am stärksten (Bäume, Schmetterlingsblütler); bei anderen wird sie von den Neben- und Seitenwurzeln im Wachstum eingeholt oder sie stirbt ganz ab (Getreidepflanzen).

2. Seitenwurzeln.

An den Seiten der Wurzeln entstehen Wurzeläste, welche sich wiederholt verzweigen können. Man nennt diese Wurzeläste „Seitenwurzeln". Dieselben wachsen im Boden wagerecht oder schief abwärts. Durch die wiederholten Verzweigungen auch der Seitenwurzeln entsteht ein ausgebreitetes Wurzelsystem, das in weitem Umkreise den Boden durchzieht, z. B. bei den Bäumen, und die Befestigung der Pflanzen im Boden sowie die Aufnahme des Wassers und der darin gelösten Bodensalze besorgt.

3. Nebenwurzeln.

Alle an den Seiten des Stengels entstehenden Wurzeln nennt man Nebenwurzeln. Sie kommen bei sehr vielen Pflanzen vor, wie an den Zwiebeln und den unteren Teilen der Halme der Getreidepflanzen. Die Nebenwurzeln verzweigen sich jedoch nicht stark und gehen auch nicht tief; meist bilden sich sehr viele solche Wurzeln. Nebenwurzeln entstehen auch, wenn Stengelteile mit Erde bedeckt werden, sowie bei den Stecklingen, z. B. bei den Weidenstecklingen.

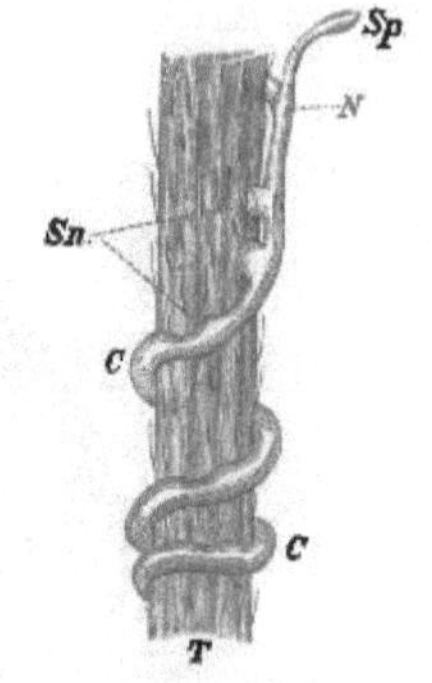

Fig. 72.
Stengelglied vom Rotklee, von der Seide umschlungen.
T Stengelstück des Rotklees,
C Stengelstück der Kleeseide,
Sn Saugwurzeln,
N ein schuppenförmiges Blatt,
Sp ein aus dessen Achsel kommender Seitensproß.

Besondere Wurzelformen. Hierher gehören Wurzeln, welche, abgesehen von der Befestigung der Pflanze im Boden und der Wasseraufnahme, noch andere Aufgaben zu erfüllen haben. Es können Haupt-, Seiten- oder Nebenwurzeln sein. Die Kletterwurzeln müssen den kletternden Stengel an einer Stütze festhalten (Efeu). Die Wurzelknollen dienen zur Aufspeicherung von Pflanzennahrung (Knabenkraut, Dahlie). Die Saugwurzeln (Fig. 72) der Schmarotzerpflanzen beziehen die Nahrung nicht aus dem Boden, sondern aus anderen Pflanzen (Kleeseide, Hanfwürger).

B. Der Stengel (Stamm, Sproß).

Der Stengel trägt Blätter als seitliche Organe. Jenes Stengelstück, an welchem ein Blatt oder mehrere Blätter befestigt sind, heißt Knoten. Zwischen je zwei aufeinanderfolgenden Knoten befindet sich das Stengelglied, auch Zwischenknotenstück genannt (Fig. 73). Der Knoten ist oft verdickt (Getreidehalm); er zeigt nach dem Abfallen des Blattes eine Narbe (Roßkastanie). Sind die Stengelglieder sehr kurz, so stehen die Blätter dicht gedrängt, z. B. beim Kohl und Salat.

An dem Gipfel und an den Seiten des Stengels stehen Knospen. Man bezeichnet sie als Gipfel- bezw. Seitenknospen. Letztere entstehen in den Blattachseln und heißen deshalb auch Achselknospen. Aus den Achsel- oder Seitenknospen bilden sich die Seitensprosse, d. h. die Äste und Zweige.

Gewöhnlich gelangen nur jene Seitenknospen zur Entwicklung, welche sich nahe der Gipfelknospe befinden, während die weiter nach rückwärts stehenden vorerst nicht austreiben. Man nennt letztere dann schlafende Augen. Diese können sich jedoch später noch entfalten, besonders wenn das vordere Sproßende zu Grunde geht, bezw. beseitigt wird, z. B. beim Zurückschneiden der Bäume und Sträucher.

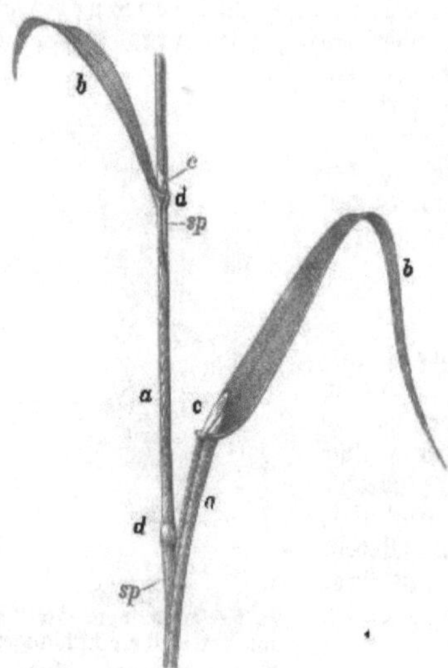

Fig. 73. Halmglied des weißen Straußgrases mit 2 Blättern.
sp die Sproßachse, a Blattscheiden, b Blattflächen, c Blatthäutchen, d Halmknoten.

Stehen die Pflanzen dicht, so entwickeln sich die Seitensprosse mangelhaft, was beim Flachs und Hanf erwünscht, bei den Obstbäumen unerwünscht ist. Die Stockausschläge und Wassertriebe an den Laubbäumen des Waldes, an Pappeln, ferner an Kirschen, Zwetschen und anderen Obstbäumen entstehen meist auch aus Achselknospen. Diese Bildungen können aber auch aus Knospen hervorgehen, welche an beliebigen Stellen des Stammes und der Wurzel entstehen und dann den Namen Nebenknospen führen.

Der Stengel ist entweder oberirdisch, wenn er sich samt seinen Verzweigungen über der Erdoberfläche befindet oder unterirdisch, wenn er ganz oder teilweise unter der Erdoberfläche bleibt.

1. Oberirdische Stengelformen.

Die wichtigsten oberirdischen Stengelformen sind:

a) der Krautstengel, der nicht verholzte grüne Stengel der 1- und 2jährigen Pflanzen und Stauden;

b) der Halm, der hohle, knotige Stengel der Gräser;

c) der Stamm, der verholzte und vielfach verästelte Stengel unserer Bäume.

Nach der Richtung des Wachstums bezeichnet man den Stengel als:

a) aufrecht, wenn er senkrecht in die Höhe wächst (Bäume, Ackerbohne, Lein);

b) kriechend, wenn er am Boden liegt und an den Knoten durch Nebenwurzeln befestigt wird (Erdbeere);

c) kletternd, wenn er sich mittels Kletterwurzeln, Ranken oder Stacheln an Gegenständen festhält (Efeu, Wein, Brombeere);

d) windend, wenn er sich in einer Schraubenlinie um eine Stütze herumwindet (Kleeseide, Hopfen, Bohnen).

2. Unterirdische Stengelformen.

Bei allen mehrjährigen Gewächsen, bei welchen die oberirdischen Stengel im Herbste absterben, finden sich meist überwinternde (ausdauernde) unterirdische Stengelformen. Es gibt:

a) Die Zwiebel.

Bei der Zwiebel ist der unterirdische Stengel sehr verkürzt und flach und heißt Zwiebelscheibe. Am Rande derselben bilden sich zahlreiche fadenförmige Nebenwurzeln. Auf der Oberseite stehen viele Blätter, Zwiebelschuppen genannt, z. B. bei der Speisezwiebel. Die inneren Blätter der Zwiebel sind fleischig und dick (Reservestoffbehälter), die äußeren aber oft trocken und häutig. Die Endknospe entwickelt sich zu dem oberirdischen, blätter- und blütentragenden Schaft. In den Achseln der Zwiebelschuppen entstehen Seitenknospen, die meist zu Brutzwiebeln heranwachsen. (Fig. 74.)

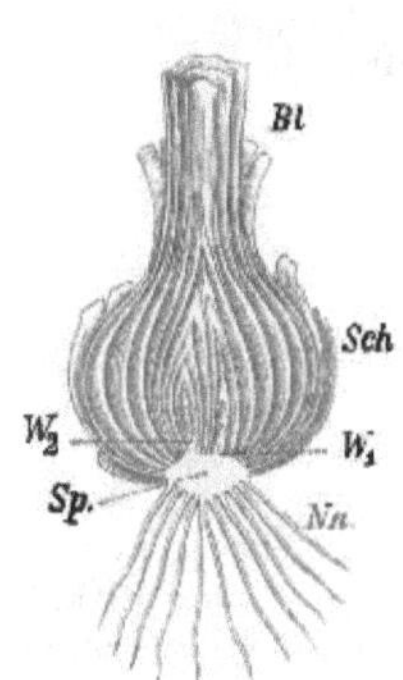

Fig. 74.
Ausgewachsene Küchenzwiebel, der Länge nach durchschnitten.

Sp der unterirdische Sproß (Zwiebelscheibe), W_2 die Endknospe, W_1 eine Seitenknospe, Sch die Zwiebelschuppen, Bl die unteren Teile der abgeschnittenen, letztjährigen Laubblätter, Nn die Wurzeln (Nebenwurzeln).

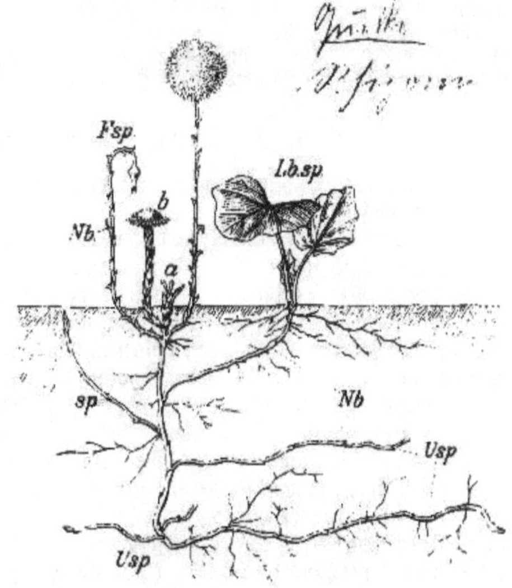

Fig. 75. Huflattichpflanze.

Usp unterirdisch kriechende Sprosse; sp ein Seitensproß, im Begriff, sich über der Erdoberfläche zu einem Laubsprosse zu entwickeln; Lb.sp Laubsproß, a der vorjährige Laubsproß, b Blütensproß; Fsp. Fruchtsproß, Nb Niederblätter.

b) Die Knolle.

Die Knolle ist ein stark verdickter, kurzer, unterirdischer Stengel, welcher häufig nur im Jugendzustand kleine Blattschuppen trägt (Kartoffel, Herbstzeitlose). Die Kartoffelknolle ist also weder eine Wurzel noch eine Frucht, sondern ein unterirdischer Stengel. Die seitlichen Vertiefungen an den Knollen, welche Augen genannt werden, sind Blattachseln, in denen sich Knospen bilden.

c) Der Wurzelstock (das Rhizom).

Der Wurzelstock ist ein meist langer, im Boden wagrecht fortlaufender Stengel mit blassen oder bräunlichen, schuppenförmigen Blättern. Er sieht einer Wurzel ähnlich, unterscheidet sich aber leicht von dieser durch das Vorhandensein von Blattschuppen oder deren Narben. An den

Knoten der Wurzelstöcke befinden sich oft zahlreiche Nebenwurzeln. Die Wurzelstöcke verlängern sich jedes Jahr an der Spitze, sterben aber an den älteren Teilen ab. Auf diese Weise wandern sie im Boden weiter. Wurzelstöcke besitzen z. B. die Quecke, die Ackerwinde, die Ackerdistel, der Huflattich (Fig. 75), der Ackerschachtelhalm und das Schilf. Die Wurzelstöcke dieser Unkräuter verzweigen sich sehr stark und durchwuchern innerhalb weniger Jahre nicht selten große Flächen. Sie stecken meist tief im Boden, weshalb sie nur schwer daraus entfernt werden können.

Die Felder werden von derartigen Unkräutern am besten durch beständiges Abschneiden der jungen oberirdischen Triebe gesäubert, weil dadurch die unterirdischen Stengel geschwächt werden und schließlich zu Grunde gehen. Durch flaches Pflügen werden die Wurzelstöcke nur entzweigeschnitten, worauf sie dann erst recht wuchern; nur durch tiefes Pflügen werden sie herausgehoben und sie können dann durch nachfolgendes scharfes Eggen und durch Absammeln beseitigt werden.

3. Umgebildete Sprosse.

Die Stengel können zu besonderen Zwecken eigenartige Umgestaltungen folgender Art erfahren:

a) Die Reservestoffbehälter sind verdickte Stengelstücke, in welchen die Pflanze Nährstoffe für die folgende Zeit des Wachstums aufspeichert, z. B. der knollig verdickte Stengelteil des Kohlrabi, die Kartoffelknolle.

b) Die Ausläufer sind meist fadenförmige, längere oder kürzere Seitenäste, welche in den Blattachseln entstehen. Sie verlaufen ober- oder unterirdisch. An ihren Knoten entstehen Nebenwurzeln und an ihrer Spitze bildet sich ein beblätterter Sproß; Erdbeere, Weißklee (Vermehrung).

c) Bei manchen Gewächsen bilden sich Sprosse (Haupttriebe oder Seitenäste) in Ranken um, womit sich die Pflanzen an anderen Gegenständen aufrecht halten können, so beim Weinstock und Kürbis (Stützen).

d) Die Dornen sind oft umgebildete Zweige, deren Endknospen das Wachstum einstellten und sich in eine stechende Spitze verwandelten. Wilde Obstbäume, Weißdorn, Schlehe (Schutzorgane).

4. Lebensdauer der Pflanze.

Pflanzen, welche während einer Vegetationszeit keimen, blühen, Früchte tragen und dann absterben, nennt man einjährige Pflanzen, ☉, z. B. Sommergetreide, Mohn, Ackersenf, Erbsen, Sonnenblume. Fällt die Entwicklung der Pflanzen von der Keimung an bis zur Fruchtreife in 2 Jahre, so bezeichnet man die Pflanzen als zweijährig, ⚇, (Wintergetreide, Reps, Kraut). Ein- und zweijährige Pflanzen bringen nur einmal Früchte. Die ausdauernden (perennierenden) Pflanzen, ♃, tragen während ihres Lebens meist öfter Blüten und Früchte.

Die ausdauernden Pflanzen heißen:

a) Stauden, wenn die oberirdischen Teile im Herbst absterben und nur die unterirdischen Stengel (Zwiebel, Knollen oder Wurzelstöcke) überwintern, wie bei Kartoffel, Ackerdistel, Rotklee, Luzerne.

b) Sträucher, wenn dieselben vom Grund an verzweigt, sowie verholzt, jedoch ohne deutlichen Hauptstamm sind (Johannisbeer-, Himbeer-, Haselnußstrauch).

c) Bäume, wenn dieselben einen deutlichen Hauptstamm besitzen.

Man unterscheidet laubabwerfende und immergrüne Holzpflanzen. Doch fallen bei letzteren die älteren Blätter nach einigen Jahren ebenfalls ab.

C. Das Blatt.

Die Blätter sind seitliche Organe des Stengels und an demselben gesetzmäßig angeordnet. An einem Knoten stehen: entweder 1 Blatt (Apfelbaum, Fichte, Gräser) oder zwei Blätter (Hopfen, Hanf, Taubnessel) oder drei und noch mehr (Einbeere). Durch diese gesetzmäßige Anordnung der Blätter wird der Stengel gleichmäßig belastet und es kann das Licht auf alle Blätter gleichmäßig einwirken.

Das oberste Blatt eines Stengels ist stets das jüngste, das unterste Blatt das älteste.

1. Teile des Blattes.

An den Blättern lassen sich meistens drei Teile unterscheiden: die Blattfläche, der Blattstiel und die Blattscheide.

a) Die Blattfläche.

Die Blattfläche ist der ausgebreitete Teil des Blattes; sie hat bei den verschiedenen Pflanzen eine sehr verschiedene Gestalt; sogar bei ein und derselben Pflanze können sich verschiedenartig gestaltete Blätter vorfinden. Die Blattfläche ist rund (Zitterpappel) oder eiförmig (Apfelbaum, Tabak), lanzettlich (Schwarzwurzel), lineal (Gräser), nierenförmig (Dotterblume), spießförmig (Sauerampfer), pfeilförmig (Ackerwinde).

Man unterscheidet einfache und zusammengesetzte Blätter. Die einfachen Blätter sind entweder ungeteilt oder geteilt; ungeteilt heißen sie, wenn der Rand derselben gar keine (Runkelrübe, Tollkirsche) oder nur ganz seichte Einschnitte zeigt (Dotterblume, Apfelbaum). Beim geteilten Blatt reichen die Einschnitte mehr oder weniger tief in die Blattfläche (Ahorn, Hahnenfuß).

Bei den zusammengesetzten Blättern sind die einzelnen gestielten oder sitzenden Teilblättchen durch ein Gelenk mit dem Blattstiel oder der Spindel verbunden. Die Teilblättchen können einzeln abfallen (Roßkastanie, Klee, Erbse, Esche).

Durch die Blattfläche gehen meist leicht erkenntliche Rippen, die Blattnerven. In diesen werden Wasser und Nährstoffe vom Stengel in das Blatt geleitet; ferner müssen sie auch die Blattfläche ausgespreizt halten und vor dem Zerreißen schützen.

Die Nadelhölzer besitzen Blätter mit sehr verschmälerten Blattflächen, welche Nadeln genannt werden.

b) Der Blattstiel.

Der Blattstiel hat die Aufgabe, die Blattfläche zu tragen und dem Lichte entgegenzustrecken. In seinem Innern ist er von Nerven durchzogen. Der Blattstiel kann lang oder kurz sein, wonach man langgestielte und kurzgestielte Blätter unterscheidet. Fehlt der Blattstiel, so heißt das Blatt ungestielt (Gräser).

c) Die Blattscheide.

Die Blattscheide ist mit ihrem unteren Teil am Stengel befestigt und trägt an ihrer Spitze den Blattstiel oder, beim Fehlen desselben, die Blattfläche. Bei manchen Pflanzen fehlt die Blattscheide, bei anderen dagegen ist sie sehr stark ausgebildet (Gräser, Doldenpflanzen). Bei den Gräsern umschließt sie, vom Knoten ausgehend, den Halm ziemlich weit nach oben und schützt auf diese Weise den weichen unteren Teil des Stengelgliedes vor dem Knicken. Fehlen Blattscheide und Blattstiel, so heißt das Blatt sitzend.

d) Die Nebenblätter.

Beim Hopfen, bei den Erbsen und vielen anderen Pflanzen findet sich zu beiden Seiten des Blattstieles oder der Blattscheide je ein größeres oder kleineres, oft nur borstenförmiges Blatt, welches als Nebenblatt bezeichnet wird. Bei den Gräsern stellt das zarte Häutchen an der Spitze der Blattscheide die Nebenblätter dar.

2. Beschaffenheit des Blattes.

Das Blatt ist:

a) krautig, wenn es zart und weich ist (Runkelrübe, Klee);
b) lederig, wenn es derb ist (Eiche, Buche, Buchs);
c) fleischig, wenn es dick und saftig ist (Hauswurz).

Pflanzen mit fleischigen Blättern können große Trockenheit ertragen und kommen meist in regenarmen Gegenden vor (Hauswurz, Mauerpfeffer).

3. Einteilung der Blätter.

Während der Entwicklung einer Pflanze lassen sich meist acht verschiedene Blattformen an derselben unterscheiden: Keimblätter, Niederblätter, Laubblätter, Hochblätter, Kelchblätter, Blumenblätter, Staubblätter oder Staubgefäße und Fruchtblätter; letztere bilden den Stempel.

a) Die Keimblätter.

Die Keimblätter sind bereits im Samen vorhanden und bilden vielfach für den jungen Sproß eine schützende Hülle. Viele Keimblätter, wie z. B. diejenigen der Erbsen und Bohnen, enthalten reichliche Nährstoffe zur Ernährung des jungen Pflänzchens. Die Keimblätter bleiben entweder unter der Erde und vertrocknen, sobald die Reservestoffe aufgezehrt sind, oder sie erheben sich über die Erdoberfläche und werden grün.

Nach dem Vorhandensein oder Fehlen der Keimblätter werden die Gewächse in folgende große Klassen eingeteilt:

1. Pflanzen ohne Keimblätter, wohin die Pilze, Moose und Farne gehören.

2. Pflanzen mit 1 Keimblatt, so alle Gräser, die Zwiebelgewächse, Palmen, Binsen.

3. Pflanzen mit 2 Keimblättern. Diese Klasse umfaßt die größte Zahl der Blütenpflanzen, z. B. Schmetterlingsblütler, Kreuzblütler, Obstbäume, Becherfrüchtler.

4. **Pflanzen mit 3 und mehr Keimblättern** (Tanne, Fichte, Lärche, Kiefer).

b) Die Niederblätter.

Niederblätter sind: 1. die blaß- oder braungefärbten, meist schuppenartigen oder auch fleischigen Blätter an den unterirdischen Stengeln (z. B. Zwiebeln), 2. die braunen, derben Schuppen an den Knospen unserer Holzpflanzen im Winter (Schutzorgane).

c) Die Laubblätter.

Den Laubblättern, welche gewöhnlich nur schlechtweg Blätter genannt werden, fällt die Aufgabe zu, unter **Einwirkung des Lichtes und des grünen Farbstoffs** die unorganische **Nahrung der Pflanze** (Kohlensäure und Wasser) in solche Stoffe **umzubilden**, welche zum Aufbau der Pflanze notwendig sind. Außerdem vollzieht sich in ihnen die außerordentlich wichtige **Verdunstung des Wassers** und die **Atmung**.

Werden die grünen Blätter durch Pilze oder Tierfraß geschädigt oder gänzlich entfernt, so erleiden die Pflanzen oft großen Schaden oder sterben ganz ab.

d) Die Hochblätter.

Die Hochblätter stehen **über den Laubblättern**; sie schützen die **in ihren Achseln sich entwickelnden Blütenknospen**. Größe und Farbe der Hochblätter sind verschieden. Die Spelzen bei den Getreideähren sind Hochblätter.

Bei manchen Pflanzen bilden sich Blätter oder Triebe in **Blattranken** um, durch welche sich die Pflanze an anderen Gegenständen festzuhalten vermag, wie z. B. bei der Erbse, Wicke.

Die **Blattdornen** sind verholzte und mit einer stechenden Spitze versehene umgewandelte Blätter (Berberitze, Akazie).

D. Die Blüte.

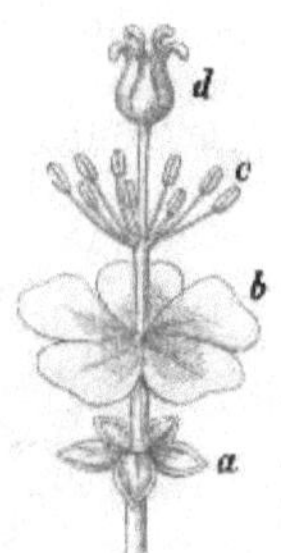

Fig. 76. Schematische Darstellung einer vollständigen Blüte.

a Kelch, b Blumenkrone, c Staubgefäße, d Stempel.

Eine vollständige Blüte besteht aus dem **Kelch**, der **Blumenkrone**, den **Staubgefäßen** und dem **Stempel** (Fig. 76). Staubgefäße und Stempel bilden die **wesentlichen** Teile der Blüte, während Kelch und Blumenkrone die **unwesentlichen** Teile darstellen. Fehlt einer Blüte eine der genannten Blattformen, so heißt sie **unvollständig**.

Eine Blüte ist **zweigeschlechtig** oder **zwitterig**, wenn sie Staubgefäße **und** Stempel besitzt (Obstbäume, Erbsen). Enthält eine Blüte **nur Staubgefäße** und keine Stempel, so heißt sie **männlich** oder **Staubgefäßblüte**; fehlen aber die Staubgefäße und sind **nur Stempel** vorhanden, so nennt man die Blüte **weiblich** oder **Stempelblüte**. Trägt eine Pflanze Staubgefäß- und Stempelblüten zugleich, so heißt man sie **einhäusig** (Mais, Gurke, Haselnuß). Kommen aber auf der einen Pflanze nur männliche Blüten und auf einer andern Pflanze derselben Art nur weibliche Blüten vor, so heißt die Pflanze **zweihäusig** (Hopfen, Hanf, Weide).

In den Hopfenanlagen sind etwa vorhandene männliche Stöcke zu entfernen und nur weibliche zu ziehen, um die hier nachteilige Fruchtbildung zu verhindern. Aus gleichem Grunde sind die männlichen Hopfenpflanzen in den Hecken ꝛc. zu beseitigen.

1. Bestandteile der Blüte.

a) Der Kelch.

Sind bei einer Blüte alle Bestandteile vorhanden, so bildet der äußerste Kreis von Blütenblättern den Kelch. Die einzelnen Kelchblätter sind meist grün gefärbt, derb, entweder frei oder nach oben mehr oder weniger miteinander verwachsen.

b) Die Blumenkrone.

Auf den Kelch folgt bei der vollständigen Blüte die Blumenkrone. Sie ist wie der Kelch regelmäßig oder unregelmäßig. Die Blätter derselben sind meistens zart, oft lebhaft gefärbt und wie die Kelchblätter entweder frei oder mehr oder weniger miteinander verwachsen.

Bei der landwirtschaftlich wichtigen Familie der Schmetterlingsblütler ist die Form der Blüte einem sitzenden Schmetterling ähnlich. Die Blüte wird von 5 Blumenblättern gebildet, wovon die 2 untersten und kleinsten oft verwachsen sind und das Schiffchen oder den Kiel darstellen; die zwei seitlichen bilden die Flügel; das oberste heißt Fahne oder Segel. Hierher gehören: Erbse, Wicke, Bohne, Lupine, Luzerne, Esparsette, Serradella, Rotklee, Weißklee, Bastardklee u. a.

c) Die Staubgefäße.

Die Staubgefäße gehören zu den wesentlichen Bestandteilen der Blüte. Ihre Zahl ist bei den einzelnen Gewächsen verschieden, jedoch bei der gleichen Pflanzenart fast immer dieselbe, so z. B. beim Getreide 3, bei den Kartoffeln 5. Der Staubfaden ist der untere fadenförmige Teil und entspricht dem Blattstiel; er kann auch fehlen. Der Staubbeutel

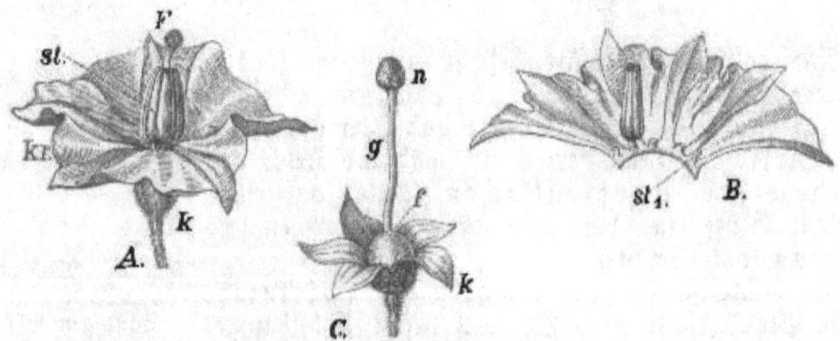

Fig. 77. Die Blüte der Kartoffel.
A die ganze Blüte, k Kelch, kr die verwachsenen Blumenblätter, st die Staubgefäße, F Fruchtblatt (Stempel). B die aufgeschlitzte und ausgebreitete Blumenkrone, st1 die nach dem Abschneiden der Staubgefäße stehengebliebenen Stümpfe derselben. C Kelch und Stempel nach Wegnahme der Blumenkrone, k Kelchblätter, f Fruchtknoten, g Griffel, n Narbe.

ist ein säckchenartiges Gebilde, welches dem Staubfaden meist aufsitzt. In den Staubbeuteln wird der Blütenstaub (Pollen) erzeugt, welcher durch Öffnen der Staubbeutel während der Blütezeit ausfällt.

d) Der Stempel.

Der Stempel bildet den innersten oder obersten Teil der Blüte. Er besteht aus drei Teilen: Narbe, Griffel und Fruchtknoten. (Fig. 77.) Die Narbe, deren Gestalt verschieden ist, sitzt auf der Spitze des Griffels und hat die Aufgabe, den Pollen aufzufangen und zum Auskeimen anzuregen. Der Griffel kann auch fehlen; in diesem Falle sitzt die Narbe auf dem Fruchtknoten. Im Innern des Fruchtknotens werden die Samen gebildet.

Manche Pflanzen haben am Blütenboden polsterförmige Erhöhungen oder Grübchen (Honigbehälter), in welchen während der Blütezeit Honig abgesondert wird. Dieser Honig wird von Bienen, Schmetterlingen und anderen Insekten aufgesaugt. Honigbehälter haben die Insektenblütler.

2. Die Bestäubung.

Der Blütenstaub dient zur Befruchtung der Pflanze. Zu diesem Zweck muß er auf die Narbe gelangen. Man nennt diesen Vorgang Bestäubung. Dieselbe geht auf verschiedene Weise vor sich.

a) Die reifen Staubbeutel brechen auf und lassen den Blütenstaub, welcher aus winzig kleinen Körnchen besteht, ausfallen, sodaß diese auf die Narbe der gleichen Blüte gelangen können. Diese Selbstbestäubung ist jedoch selten.

b) Meist erfolgt eine Fremdbestäubung. Dieselbe ist unbedingt erforderlich bei Pflanzen mit eingeschlechtigen Blüten, tritt aber auch sehr häufig bei den zweigeschlechtigen Pflanzen auf.

Die Übertragung des Blütenstaubs erfolgt:

1. durch Insekten und zwar dadurch, daß dieselben Honig oder Blütenstaub aus den Blüten holen und dabei mit den Staubgefäßen in Berührung kommen. Von dem klebrigen Pollen bleibt ein Teil an ihrem Körper hängen. Wenn nun diese Insekten auf eine andere Blüte der gleichen Art kommen, streifen sie auch die Narbe. Dabei gelangt von dem an ihrem Körper haftenden Pollen ein Teil auf die Narbe. Angelockt werden die Insekten durch den Honig, durch die schön gefärbten Blüten und durch den Geruch derselben. Pflanzen mit dieser Bestäubungsart heißen Insektenblütler. Hierher gehören alle Pflanzen mit schön gefärbten, stark duftenden oder honigabsondernden Blüten;

2. durch den Wind. Da hierbei viele Pollenkörnchen zu Boden fallen, ist die Einrichtung getroffen, daß in den Blüten sehr viele Staubgefäße vorhanden sind oder daß in den einzelnen Staubbeuteln sehr viel Blütenstaub erzeugt wird. Dieser ist nicht klebrig, sondern trocken und leicht. Pflanzen, bei welchen die Bestäubung durch den Wind erfolgt, heißen Windblütler. Hierher gehören die Gräser, die Nadelhölzer und viele Laubhölzer.

3. Die Blütenstände.

Die Blüten einer Pflanze stehen entweder einzeln oder bilden Blütenstände.

Einzelblüte heißt diejenige Blüte, welche einzeln auf einem Blütenschafte sitzt (Tulpe, Ackerehrenpreis).

Beim Blütenstand trägt der Blütenschaft mehrere in den Achseln von Hochblättern stehende Blüten.

Blühen die untersten bezw. die äußersten Blüten eines Blütenstandes zuerst auf, die obersten bezw. die innersten dagegen zuletzt, so nennt man den Blütenstand traubig.

Hauptsächlichste Formen des traubigen Blütenstandes:

1. **Die Traube.** Die Blüten, welche seitlich an der langen Blütenspindel stehen, sind gestielt (Hederich, Bohne, Johannisbeere). (Fig. 78 a.)

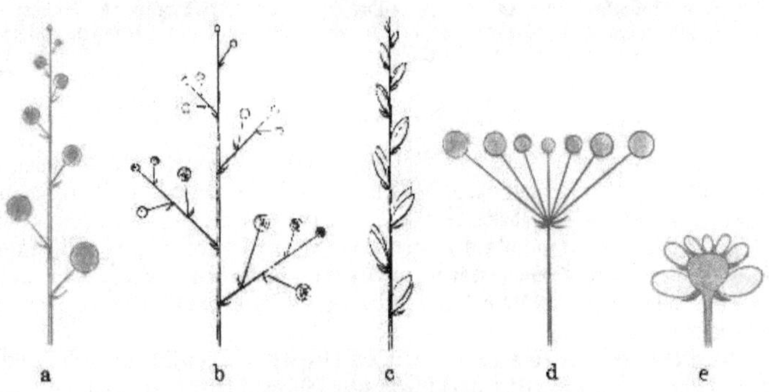

Fig. 78. Traubige Blütenstände.

Hierher gehört auch die Rispe, bei welcher jedoch die wieder verzweigten Seitenäste verschieden lang sind (Hafer, Hirse). (Fig. 78 b.)

2. **Die Ähre.** An der langen Hauptspindel befinden sich sitzende Blüten. Es gibt einfache Ähren (Wegerich) und zusammengesetzte. Roggen, Weizen,

Fig. 79. Zweiblütiges Ährchen.
a Hüllspelzen, b Blütenspelzen.

Fig. 80. Eine einzelne Blüte mit geöffneten Spelzen.
i Vorspelze, a Deckspelze mit 1 Granne.

Gerste und viele andere Gräser besitzen eine zusammengesetzte Ähre. Bei derselben stehen an der Hauptspindel Ährchen statt einzelner Blüten. (Fig. 78 c.)

Jedes Ährchen besitzt 2 Hüllspelzen. Diese umschließen 1 Blüte (Gerste), 2 (Roggen) oder mehr Blüten (Weizen). Eine Blüte besteht aus 3 Staubgefäßen und 1 Stempel und wird von zwei weitern Spelzen (1 Deck- und 1 Vorspelze) umhüllt, von welchen die äußere (die Deckspelze) begrannt oder unbegrannt sein kann. (Fig. 79 und 80.)

Besondere Formen der Ähre sind:

a) das Kätzchen mit einer sehr dünnen, biegsamen, krautigen Spindel. Beispiele: die männlichen Blütenstände der Haselnuß, Walnuß, Eiche und die männlichen und weiblichen Blütenstände der Birke und der Espe;

b) der Kolben. Beim Kolben ist die Spindel dick und fleischig (weibliche Blüte des Mais, der Rohrkolben);

c) der Zapfen. Beim Zapfen verholzt die Spindel samt den Deckschuppen (Nadelhölzer).

3. **Die Dolde.** Bei der Dolde ist die Hauptspindel verkürzt und auf derselben stehen die gestielten Blüten (Schlüsselblume). (Fig. 78d.)

Stehen an Stelle der einzelnen Blüten wieder Dolden, so bezeichnet man diesen Blütenstand als zusammengesetzte Dolde (Kümmel, Fenchel, Möhre).

4. **Das Köpfchen.** Auf der verkürzten, oben etwas verbreiterten Hauptspindel sitzen meist zahlreiche Blüten (bei vielen Klee- und Laucharten). (Fig. 78e.)

Außer den traubigen Blütenständen gibt es auch noch trugdoldige, bei welchen die obersten bezw. innersten Blüten zuerst, die untersten bezw. äußersten Blüten zuletzt aufblühen, z. B. Kartoffel, Nelke, Vergißmeinnicht.

E. Frucht und Same.

Nach der Befruchtung fallen Staubgefäße und Blumenkrone, bei vielen Pflanzen auch der Kelch ab. Die Narbe und der Griffel vertrocknen, sodaß nur mehr der Fruchtknoten übrig bleibt. Dieser vergrößert sich und wird allmählich zur Frucht. Die in den Fruchtknoten befindlichen Samenknospen bilden sich zu Samen aus, welche je einen Keimling enthalten. Die Frucht besteht aus Fruchthülle und Samen. Ist die Frucht aus dem Fruchtknoten allein entstanden, so bezeichnet man sie als echte Frucht (Erbsenhülse, Leinkapsel, Johannisbeere). Sind an ihrer Bildung aber noch andere Blütenteile beteiligt, wie der Kelch oder der Blütenboden, so entsteht die Scheinfrucht (Apfel, Himbeere).

A. Echte Früchte.

Die Frucht entwickelt sich aus dem Fruchtknoten allein.
Die echten Früchte sind entweder trocken oder saftig.

1. Trockenfrüchte.

a) **Springfrucht**, wenn die Trockenfrucht bei der Reife von selbst aufspringt. Als Springfrüchte sind nachstehende zu verzeichnen:

1. **Hülse.** Sie ist einfächerig und springt bei der Reife an beiden Seiten auf (viele Schmetterlingsblütler).

2. **Schote und Schötchen.** Dieselben sehen der Hülse ähnlich, enthalten aber eine Scheidewand, wodurch 2 Fächer gebildet werden. Die Samen sind an der Scheidewand befestigt. Bei der Reife bleibt diese stehen und nur die 2 äußeren Deckel springen ab. Die Schote ist lang, das Schötchen kurz (Kohl, Rübe, Senf, Gartenkresse, Leindotter).

3. **Kapsel.** Die Kapsel ist ein- oder mehrfächerig (Mohn, Kornrade, Herbstzeitlose, Lein, Tabak).

b) **Teilfrucht**, wenn die reife Trockenfrucht in mehrere gleichartige Teile zerfällt.

Bei der Möhre, beim Fenchel, Kümmel, Ahorn zerfällt die Frucht in 2 Teile, beim Salbei in 4, bei der Stockrose, beim Eibisch in mehrere Früchtchen.

Garten- und Ackerrettich besitzen Schoten, welche der Quere nach in Glieder zerfallen. Die Serradella hat eine Gliederhülse.

c) **Schließfrucht**, bei welcher die Samen auch nach der Fruchtreife noch von der Fruchtschale umschlossen bleiben. Schließfrüchte sind:
die Nuß (Haselnuß, Eichel, Buchecker),
die Flügelfrucht der Esche und Ulme,
die Schalfrucht (Grasfrucht) der Getreidearten und der anderen Gräser sowie der Körbchenblütler. Die Weizen- und Roggenkörner sind also nicht Samen sondern Früchte.

2. Saftige Früchte.

Bei ihnen ist die Fruchtschale dick und saftig. Hierher gehören die Beere und die Steinfrucht.

Beeren sind die Früchte der Johannis-, Stachel-, Heidel-, Preiselbeere, der Tollkirsche und der Kartoffel.

Zu den Steinfrüchten gehören Pfirsich, Pflaume, Aprikose, Walnuß.

B. Scheinfrüchte.

An der Bildung der Scheinfrüchte sind außer dem Fruchtknoten auch noch andere Blütenteile, wie z. B. Kelch, Blütenboden und Blütenstiel beteiligt.

Bei der Erdbeere ist der Blütenboden fleischig geworden; auf ihm stehen die zahlreichen Nüßchen. An der Bildung des Apfels und der Birne ist neben dem Blütenboden und dem Kelch auch noch der Blütenstiel beteiligt.

Die Zapfen der Nadelhölzer werden von den holzigen Schuppen und der Spindel gebildet.

C. Der Same.

Der Same entsteht aus der Samenknospe und wird meist von einer Fruchthülle umschlossen. Man unterscheidet an ihm 3 Teile: a) die Samenschale, b) den Keimling, c) das Sameneiweiß.

a) Die meist kahle, selten mit Haaren versehene Samenschale bildet die Hülle des Keimlings, z. B. bei der Erbse, Bohne und Wicke sowie beim Obstkern. Bei den Schalfrüchten (Grasfrüchten) ist sie mit der Fruchtwand verwachsen. Die Schale, welche bei den Getreidearten den Mehlkörper umgibt, ist also Fruchtwand und Samenschale.

b) Am Keimling lassen sich folgende Teile unterscheiden:

1. die Keimblätter, deren Zahl sich nach der Pflanzenklasse richtet;
2. das Würzelchen, welches zur Pfahlwurzel heranwächst;
3. das Knöspchen, das die erste Anlage des Stengels darstellt.

c) Das Sameneiweiß dient dem Keimling bei seiner Entfaltung zur Ernährung, gleichwie das Eiweiß im Hühnerei dem jungen Hühnchen die erste Nahrung gewährt. Sehr reich an Sameneiweiß sind die Getreidekörner. Bei verschiedenen Pflanzen (Erbse, Bohne, Wicke) umschließt die Samenschale nur den Keimling. Bei ihnen sind an Stelle des Sameneiweißes sehr große, dicke Keimblätter vorhanden, welche die Nahrung für den Keimling enthalten.

F. Die Haargebilde.

Alle Teile der Pflanzen können mit Haaren bedeckt sein. Die Haare haben verschiedenen Zwecken zu dienen; deshalb ist auch ihr Bau ein verschiedener. Die Wurzelhaare dienen zur Wasseraufnahme. Ein dichter Haarüberzug schützt die Pflanze vorzugsweise gegen zu schnelle Wasserverdunstung. Die Drüsenhaare sollen lästige Tiere fern halten; einem ähnlichen Zwecke dienen die Brennhaare, z. B. der Nesseln. Kurzborstige nach rückwärts gerichtete Haare dienen als Kletterorgane, wie die Klimmhaare des Hopfens. Die Haare an Früchten und Samen dienen diesen als Flugvorrichtung zur weiteren Verbreitung. Die Stacheln schützen die Pflanzen gegen die Angriffe der Tiere.

II. Innerer Bau der Pflanze.

Die Pflanze besteht nicht aus einer gleichmäßigen Masse, sondern aus zahllosen, winzig kleinen Kammern oder Bläschen, welche Zellen genannt werden.

A. Die Zelle.

Die Zelle wird von einer Haut, der Zellhaut oder Zellwand umschlossen und enthält im Innern verschiedene Körper, welche den Zellinhalt bilden. Die Zelle besteht somit aus Zellwand und Zellinhalt. (Fig. 81.)

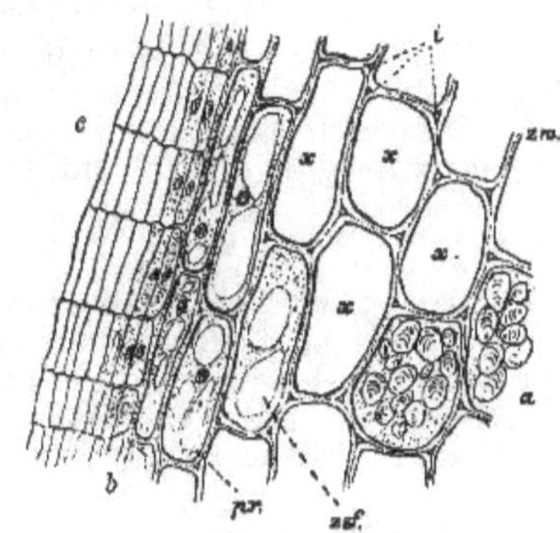

Fig. 81. Querschnitt durch die Rinde einer jungen Kartoffelknolle.

zw Zellwand, zsf Zellsaft, pr Protoplasma, i Zwischenzellräume, a Stärkekörner, b Korkbildungsgewebe, c Kork. Bei x ist der Zellinhalt beim Zubereiten des Schnittes (aus den Zellen) herausgefallen.

1. Die Zellwand.

Die Zellwand ist bei jungen Zellen ein zartes Häutchen. Sie ist für Wasser und darin gelöste Stoffe, nicht aber für feste

Körper durchlässig. An der Zellwand können nach außen oder innen leisten- oder gitterartig vorstehende *Verdickungen* auftreten. Lagert sich in die verdickte Zellwand *Holzstoff* ein, so nennt man die Zellwand *verholzt*. Zellen mit verholzten Wandungen sind besonders fest und widerstandsfähig. Lagert sich in die Zellwandungen *Korkstoff* ein, so heißen sie *verkorkt*; verkorkte Zellwandungen lassen Wasser *nicht mehr durchdringen*. Korkzellen treten in der Rinde der Bäume in großer Zahl schichtenweise auf, besonders zahlreich bei der Korkeiche und Korkulme.

2. Der Zellinhalt.

Der Zellinhalt besteht hauptsächlich aus *Plasma*, *Zellsaft*, *Farbstoffkörnern* und *Stärkekörnern*.

a) Das *Plasma* (Protoplasma, Bildestoff) welches eine zähflüssige, eiweißartige *Masse* ist, macht den *wichtigsten Bestandteil* der Zelle aus, da sich in demselben die Lebensvorgänge der Pflanze abspielen. Im Plasma eingebettet finden sich meist ein bis wenige *Zellkerne*.

b) In ausgewachsenen Zellen füllt das Plasma nicht mehr den ganzen Innenraum der Zelle aus. Es sind dann Hohlräume vorhanden, welche mit dem *Zellsaft* erfüllt sind. Der Zellsaft besteht der Hauptsache nach aus Wasser, in welchem sich verschiedene Stoffe gelöst vorfinden.

c) Die *Blattgrünkörner* (Chlorophyllkörner) verursachen die grüne Färbung der Pflanzen; sie sind für das Leben der Pflanzen sehr wichtig. Die grüne Farbe, Blattgrün oder Chlorophyll genannt, entwickelt sich nur bei Einwirkung des Lichtes.

d) In vielen Zellen finden sich noch *Stärkekörner*, so besonders zahlreich in den Kartoffelknollen, in den Wurzeln, im Splint und Mark der Bäume und in den Getreidekörnern. Sie werden in Blattgrünkörnern oder diesen ähnlichen Plasmakörnern gebildet.

3. Die Größe und Form der Zellen.

Die *Größe* der Zellen ist sehr verschieden, in der Regel aber so gering, daß sie nur mit dem Mikroskop gesehen werden können.

Die Gestalt der Zellen ist außerordentlich mannigfach. Sie ist z. B. kugelig, eiförmig, tafelförmig, vielseitig.

4. Die Entstehung neuer Zellen.

Neue Zellen entstehen auf verschiedene Weise, z. B. *durch Teilung* (beim Längen- und Dickenwachstum der Pflanzen und bei der Vermehrung der Spaltpilze), *durch Sprossung* (Hefezellen), durch *Verschmelzung* des Inhaltes zweier Zellen *zu einer* Zelle oder durch *Sonderung* des Inhaltes *einer* Zelle in *wenige* bis *sehr viele* Zellen.

B. Die Gewebe.

Die durch Teilung entstandenen Zellen trennen sich entweder voneinander (*einzellige Pflanzen*) oder bleiben miteinander verbunden (*mehrzellige Gewächse*).

Gruppen von gleichartigen Zellen nennt man *Gewebe*. Das *Würfelgewebe* besteht aus würfelförmigen oder auf dem Querschnitt rechteckigen oder kugeligen Zellen; dasselbe ist in jeder Pflanze sehr verbreitet, vorwiegend in den weicheren Teilen derselben. Die Zellen des *Fasergewebes* sind langgestreckt, schmal und mit ihren Enden zwischeneinander geschoben. Das Fasergewebe verleiht der Pflanze Festigkeit und findet sich namentlich in den festeren, holzigen Organen. Können sich die Zellen noch teilen, so haben wir ein *Teilungsgewebe*; können sich die Zellen nicht teilen, so haben wir ein *Dauergewebe*. Die Teilungsgewebe bestehen zumeist aus Würfelzellen und *finden sich nur* an denjenigen Stellen in der Pflanze, wo *Wachstum stattfindet*, also an der Wurzelspitze unmittelbar hinter der Wurzelhaube, an der Spitze des Stengels und bei vielen Pflanzen im Stamm zwischen Holz und Bast. Das *zwischen Holz* und *Bast* befindliche Teilungsgewebe heißt *Kambium*.

Bezüglich der Anordnung der Gewebe unterscheiden wir: *Hautgewebe*, *Grundgewebe* und *Gefäßbündel*.

1. Das Hautgewebe.

Das Hautgewebe oder die Oberhaut *überzieht alle Organe* der Pflanze und schützt insbesondere gegen Vertrocknung und gegen das Eindringen von Wasser, Pilzen und schädlichen Stoffen. Die *äußere* Wand der Oberhautzellen ist meist *etwas verdickt* und in ihrer äußersten Schichte *verkorkt*. Die Zellen des Hautgewebes schließen sich so dicht aneinander, daß keine Zwischenräume stehen bleiben; nur an einigen Stellen hat das Hautgewebe Öffnungen, welche in das Innere führen. Diese Öffnungen werden *Spaltöffnungen* genannt (Fig. 82). Durch dieselben können Wasserdampf und Luft ein- und austreten. Spaltöffnungen finden sich an *allen grünen* Pflanzenteilen, besonders an den *Blättern* und hauptsächlich wieder auf jener Seite, welche von der Sonne nicht beschienen wird, also vorzugsweise auf der *Blattunterseite*. Ihre Zahl ist an *krautigen* Blättern sehr groß, an *derben* jedoch nicht so beträchtlich.

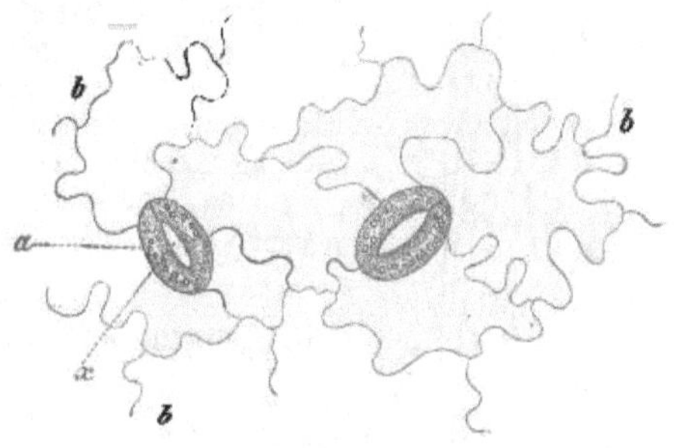

Fig. 82.
Ein Stück abgezogener Oberhaut von der Unterseite eines Kartoffelblattes, mit zwei Spaltöffnungen.
a Schließzelle, x Spalte, b die zur Oberfläche des Blattes senkrecht gestellten Scheidewände der Oberhautzellen.

Die *Haare* entstehen aus *einer* Oberhautzelle, die *Stacheln* (Rose) und Warzen (Gurke) aus *mehreren* Oberhautzellen sowie aus Gruppen von darunter liegenden Rindenzellen.

2. Das Grundgewebe.

Das Grundgewebe füllt den ganzen Raum *innerhalb der Oberhaut* der Pflanzenteile aus und wird von den Gefäßbündeln durchzogen. Das Grundgewebe hat eine mehrfache Aufgabe:

a) *die Pflanzennahrung wird in demselben umgebildet.* Besonders die nahe an der Oberhaut befindlichen und dem Licht gut ausgesetzten Zellen dienen diesem Zweck. Sie sind dann sehr reich an Blattgrünkörnern;

b) *es dient zur Aufbewahrung von Reservestoffen.* Diese Aufspeicherung findet im Grundgewebe aller Pflanzenteile statt, besonders stark aber in den eigentlichen Reservestoffbehältern (s. Seite 112).

Bei gewissen Pflanzenklassen ist das Grundgewebe der Stengel in *Rinde* und *Mark* geschieden. Das letztere befindet sich in der Mitte des Stengels. Sehr deutlich ist es im Holunderstamm und im Stengel der Sonnenblume zu sehen. Es besteht aus ziemlich großen vielseitigen oder kugeligen Zellen. Oft zerreißt das Markgewebe in der Mitte, wodurch die *Markhöhlungen* entstehen, so in den Stengeln vieler Doldengewächse (Bärenklau). Die Wurzel besitzt *nie* Mark.

3. Die Gefäßbündel.

Im Grundgewebe sind *Faserstränge* eingebettet, welche man Gefäßbündel nennt. An jedem Gefäßbündel unterscheidet man zwei verschiedene

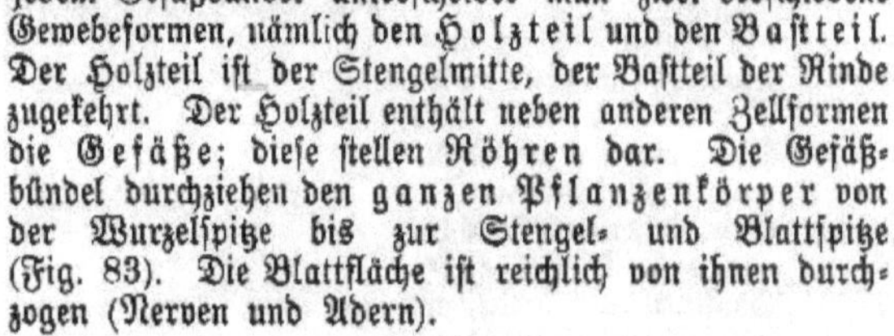
Gewebeformen, nämlich den *Holzteil* und den *Bastteil.* Der Holzteil ist der Stengelmitte, der Bastteil der Rinde zugekehrt. Der Holzteil enthält neben anderen Zellformen die *Gefäße*; diese stellen *Röhren* dar. Die Gefäßbündel durchziehen den *ganzen Pflanzenkörper* von der Wurzelspitze bis zur Stengel- und Blattspitze (Fig. 83). Die Blattfläche ist reichlich von ihnen durchzogen (Nerven und Adern).

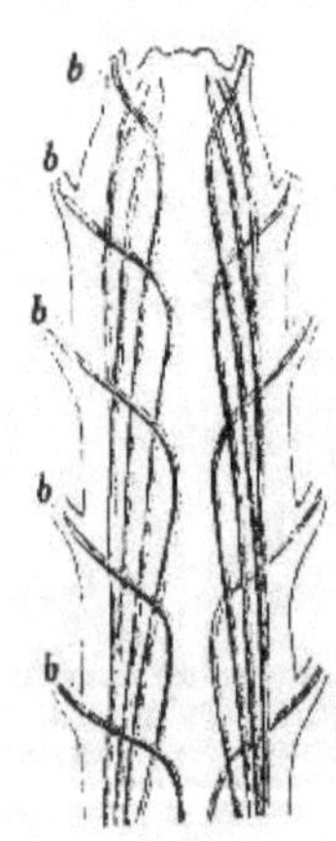

Fig. 83. Schema des Gefäßbündelverlaufes bei einer Pflanze mit *einem* Keimblatt; in jedes Blatt geht ein Gefäßbündel (b) ab.

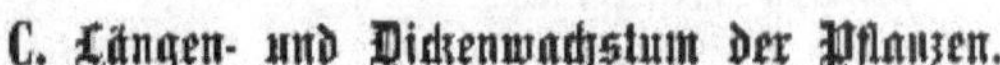
C. Längen- und Dickenwachstum der Pflanzen.

1. Längenwachstum.

Stengel und Wurzeln wachsen nur an ihren *Spitzen in die Länge.* Diese Vegetationsspitzen bestehen aus einem Teilungsgewebe, dessen Zellen sich nach allen Richtungen des Raumes teilen. Dadurch, daß hiebei die Zellen in der Richtung der Längsachse *vermehrt* werden und jede einzelne Zelle sich zugleich *auch noch* in der Richtung der Längsachse *streckt*, kommt das Längenwachstum zustande.

2. Dickenwachstum.

Neben dem Längenwachstum findet an der Spitze des Stengels und der Wurzel auch ein *Dickenwachstum* statt. Dieses kommt dadurch zustande, daß die Zellen des Teilungsgewebes durch Längswände sich teilen, wodurch die Zahl der Zellen auf dem Querschnitt vermehrt wird. Dieses Dickenwachstum an den Vegetationsspitzen bezeichnet man als ursprüngliches Dickenwachstum. Dasselbe findet sich bei allen Pflanzen. Die Pflanzen mit 1 Keimblatt (Getreide und Gräser) besitzen nur dieses ursprüngliche Dickenwachstum.

Die Pflanzen mit 2 Keimblättern (Laubbäume), sowie die nacktsamigen Gewächse (Nadelhölzer) dagegen wachsen auch später noch in die Dicke. Dieses nachträgliche Dickenwachstum geht von dem Kambium aus. Von diesem werden während der ganzen Vegetationszeit nach innen Holzzellen, nach außen Bastzellen gebildet. Das im Laufe einer Vegetationsperiode gebildete Holz nennt man Jahresring. Die äußersten (jüngsten) Jahresringe stellen das junge Holz (Splint), die inneren (älteren) Jahresringe das alte Holz (Kernholz) dar. Oft läßt sich das Kernholz schon an der eigenartigen Färbung erkennen, z. B. bei dem Birnbaum, Walnußbaum, bei der Eiche. Die Dicke der einzelnen Jahresringe hängt von der Witterung, von den verfügbaren Nährstoffen und von der Gesundheit der Pflanze ab.

Auf dem Querschnitt eines Holzstammes folgen von außen nach innen: 1. Rinde, 2. Bast, 3. Holz, 4. Mark; auf dem Querschnitt der Wurzel einer Holzpflanze folgen: 1. Rinde, 2. Bast, 3. Holz.

3. Bast und Rinde.

Der Bast ist ein Bestandteil des Gefäßbündels. Er wird bei Pflanzen mit nachträglichem Dickenwachstum alljährlich und zwar vom Kambium des Gefäßbündels aus vermehrt; doch lassen sich hier die Jahresringe nicht erkennen. Die in ihren Wandungen verdickten und verholzten, langgestreckten Zellen des Bastes nennt man Bastfasern; sie zeichnen sich im allgemeinen durch Biegsamkeit und Festigkeit aus. Der Lindenbast wird zum Binden benützt, die Bastfaserbündel vom Flachs und Hanf und von der Nessel dienen zur Herstellung von Gespinsten. Bei der Gewinnung dieser Gespinstfasern werden sämtliche andere Gewebe entfernt.

Durch das fortwährende Einschieben von Jahresringen zwischen Holz und Bast werden die Zellen der Oberhaut und der Rinde stark in der Richtung des Stengelumfanges gestreckt, bis endlich Längsrisse entstehen. Schon vor Eintritt dieser Risse bildet sich Kork, damit nicht Wasser, schädliche Stoffe und Pilze eindringen können. Durch die später wiederholt entstehenden Jahresringe wird auch die erste Korkschicht sehr stark gedehnt und schließlich gesprengt. Es bildet sich aber schon vorher tiefer in der Rinde eine neue Korkschicht. Dieser Vorgang vollzieht sich während der ganzen Lebensdauer der Pflanze. Die zerrissenen und gesprengten Rindenpartien vertrocknen und sterben ab. Die abgestorbene Rinde mit dem schichtenweise eingelagerten Kork stellt die Borke dar. An Kiefern (Föhren), alten Eichen 2c. ist die Borkebildung oft sehr mächtig. Die ältesten und äußersten Teile der Borke lösen sich allmählich von selbst ab.

Werden Äste dicht am Hauptstamm eines Baumes abgeschnitten, so sieht man an der Schnittfläche bald eine wallartige Wucherung entstehen, welche nach einigen Jahren die ganze Wunde überdeckt. Diesen Vorgang nennt man Überwallung. Bleibt dagegen beim Abschneiden des Astes ein längerer Stumpf stehen, so vertrocknet derselbe und es tritt keine Überwallung ein. Eine Art Überwallung tritt auch an den Schnittwunden der Weidenstecklinge, der Kartoffelknollen u. s. w. auf.

III. Lebensvorgänge der Pflanze.

Die Pflanze äußert ihre Lebenstätigkeit in folgenden Erscheinungen:

A. Die Ernährung.

1. Die Lebensbedingungen.

Das Leben der Pflanze ist von gewissen äußeren Verhältnissen abhängig, nämlich von Wärme, Licht, Wasser und Nährstoffen.

a) Die Wärme.

Die Wärme des Pflanzenkörpers entspricht annähernd der Temperatur seiner Umgebung. Alle Lebensvorgänge im Pflanzenkörper können sich nur bei Einwirkung einer gewissen Wärme vollziehen. Die günstigste Wärme für die Entwicklung der Gewächse liegt im allgemeinen zwischen 20—35° C. Je tiefer die Temperatur sinkt, desto weniger kräftig vollziehen sich die Lebensvorgänge, bis dieselben schließlich bei annähernd 0° still stehen. Viele Pflanzen können ziemlich niedrige Temperaturen vertragen, während dagegen andere durch dieselben Schaden leiden. Zu hohe Temperaturen wirken ebenso schädlich wie zu tiefe. So sind 45 bis 50° C für die meisten Pflanzen die höchst zulässigen Wärmegrade; darüber hinausgehende Temperaturen haben ein Absterben der Pflanze zur Folge.

Beim Gefrieren von Pflanzen tritt das Wasser aus den Zellen in die Zellenzwischenräume und erstarrt zu Eis. Dies führt jedoch nur dann zum Absterben der Pflanzen, wenn das Auftauen derselben zu rasch erfolgt.

Ein Verdorren der Pflanzen tritt ein, wenn dieselben aus dem Boden nicht mehr soviel Wasser sich verschaffen können, als durch die Blätter verdunstet wird.

Wenn im Frühling und Herbst der Boden stark abgekühlt, die Temperatur der Luft aber schnell gestiegen ist, so welken die Pflanzen, weil die Blätter derselben Wasser verdunsten, die Wurzeln aber wegen zu geringer Wärme noch nicht in Tätigkeit getreten sind.

Alle Pflanzen haben bis zu ihrer vollkommenen Ausbildung (Samenreife) eine bestimmte Menge Wärme nötig. Deshalb können viele Pflanzen wohl in mildem, nicht aber in rauhem Klima kultiviert werden.

Der sehr wärmebedürftige virginische Pferdezahnmais gelangt wegen seiner hohen Wärmeansprüche bei uns überhaupt nicht zur völligen Reife und kann deshalb nur als Grünfutterpflanze gebaut werden.

b) Das Licht.

Licht ist für alle Pflanzen mit Blattgrün unbedingt notwendig. Ohne Licht kann sich die grüne Farbe nicht bilden, auch findet ohne Licht keine Umbildung der aufgenommenen Nährstoffe statt.

Wegen Lichtmangels bleiben die Triebe der Kartoffelknollen und Zwiebeln, welche sich im dunklen Keller gebildet haben, und die Keimpflänzchen in der Erde blaß. Zwar können grüne Pflanzen bei zeitweisem Ausschluß des Lichtes leben, jedoch führt ein dauerndes Verbleiben im dunklen Raum den Tod derselben herbei.

Für eine gedeihliche Entwicklung der Pflanze ist eine bestimmte Lichtmenge erforderlich; diese ist für die verschiedenen Gewächse verschieden.

Moose, Farne, Immergrün gedeihen sogar im Halbdunkel der Wälder noch gut, während andere Pflanzen sehr lichtbedürftig sind. Bei sehr dichtstehendem Getreide bezw. bei Lagerfrucht leidet öfters die Untersaat (Klee) wegen Lichtmangels sehr erheblich oder geht sogar daran zu Grunde; erst nach Beseitigung der Überfrucht tritt gewöhnlich ein ausgiebigeres Wachstum der Unterfrucht ein, da dann das Licht ungehindert zutreten kann. Ebenso können die niederen Unkräuter bei Lichtmangel auf die Dauer nicht gedeihen, weshalb auf gute und schnelle Entwicklung und möglichst geschlossenen Stand der angebauten Gewächse gesehen werden soll.

Für die Pflanzen ist es auch nicht gleichgültig, ob das Licht von allen Seiten oder nur von einer Seite her einwirkt. Im letzteren Fall wenden sich die lichtbedürftigen (grünen) Pflanzenteile dem Lichte zu; dies kann z. B. bei Zimmerpflanzen sehr gut beobachtet werden. Bei den Bäumen entwickeln sich nach der Lichtseite hin die Äste sehr stark und gehen nicht leicht zu Grunde, während sie nach der Schattenseite hin schwach bleiben und frühzeitig absterben; diese Erscheinung ist an Waldrändern sehr deutlich wahrzunehmen.

c) Das Wasser.

Das Wasser ist für die Pflanze von größter Wichtigkeit; ohne Wasser kann keine Pflanze leben. Die Ernährungsvorgänge spielen sich nur bei Vorhandensein und unter Mitwirkung des Wassers ab. Das Wasser macht einen großen Teil des Gewichtes der frischen Pflanze aus. Das Wasserbedürfnis ist bei den verschiedenen Pflanzen ein sehr verschiedenes. Manche Pflanzen sind mit Vorrichtungen versehen Wasser in größerer Menge in ihrem Innern aufzuspeichern (Kaktus). Pflanzen mit tiefgehenden Wurzeln (Luzerne, Esparsette, Lupine) können längere Trockenperioden überdauern, da sie aus den tieferen Bodenschichten das nötige Wasser zu holen vermögen. Ein längeres Austrocknen vertragen die Pflanzen mit Ausnahme der Flechten und Moose nicht.

d) Die Nährstoffe.

Wenn frische Pflanzen längere Zeit einer Temperatur von 100° C ausgesetzt werden, so verflüchtigt sich das Wasser vollständig und es bleibt eine wasserfreie Masse, die Trockensubstanz, zurück. Bei weiterer Steigerung der Temperatur verbrennt der größte Teil der Trockensubstanz (verbrennliche Substanz), während ein kleiner Rest als unverbrennlich (Asche) zurückbleibt. Die Pflanzen bestehen sonach aus Wasser und Trockensubstanz; letztere läßt sich wieder in einen verbrennlichen und unverbrennlichen Anteil zerlegen.

Der Wassergehalt frischer Pflanzen ist gewöhnlich sehr beträchtlich; er steigt bis zu 75% ihres Gewichts und darüber. Auch die Teile ein und derselben Pflanze können hinsichtlich ihres Wassergehaltes sehr wechseln. So sind die Blätter gewöhnlich wasserreicher als der Stengel und die Wurzeln.

Der verbrennliche Anteil der Pflanze enthält die Elemente: Kohlenstoff, Wasserstoff, Sauerstoff und Stickstoff. Diese Elemente sind alle oder teilweise Bestandteile der Eiweißstoffe, der Fette, des Stärkemehls, der Zuckerarten, des Zellstoffs u. s. w.

Die Asche enthält stets: Kalium, Calcium, Magnesium, Eisen, Schwefel und Phosphor, bei manchen Pflanzen auch in größerer Menge Kieselsäure (Gräser und Schachtelhalme) und Natrium. Diese Elemente sind in der Asche durchweg in Form von Salzen vorhanden.

Alle genannten Grundstoffe sind für die Entwicklung der Pflanze unbedingt notwendig; man bezeichnet sie als Nährstoffe. Fehlt es an einem dieser Stoffe, so kann sich die Pflanze, selbst wenn sie nur sehr wenig davon nötig hat, nicht entwickeln. So braucht die Pflanze sehr wenig Eisen; mangelt es aber, so kann sie kein Chlorophyll bilden und die Pflanze wird bleichsüchtig. Jede Pflanze entnimmt dem Boden zu ihrer Entwicklung nur bestimmte Mengen von Nährstoffen.

2. Der Ernährungsvorgang.

a) Form der Nährstoffe.

Die Pflanze kann nur luftförmige und flüssige Nahrung aufnehmen; feste Bodenbestandteile sind, soweit sie nicht gelöst werden können, für die Ernährung der Pflanze ohne Nutzen.

Luftförmig sind von den Pflanzennährstoffen nur der Sauerstoff und die Kohlensäure. Obwohl die Luft zu ⁴/₅ aus Stickstoff besteht, so ist dieser zur Ernährung der Pflanze doch nicht direkt geeignet; er muß zumeist in Form von salpetersauren Salzen von der Pflanze aufgenommen werden. Hiervon abweichend können die Schmetterlingsblütler mit Hilfe der in den knolligen Anschwellungen der Wurzeln (den Wurzelknöllchen) angesiedelten Spaltpilze den elementaren Stickstoff der Luft verarbeiten und in eine solche Form überführen, daß er von den Gewächsen verbraucht werden kann. Derartige Pflanzen können den Kulturboden an Stickstoff bereichern; man nennt sie daher auch Stickstoffsammler.

b) Art der Nahrungsaufnahme.

Bei allen Kulturpflanzen gelangen die gasförmigen Nährstoffe durch die Spaltöffnungen in das Innere der Pflanzen.

Wasser und die im Wasser gelösten Stoffe können aber bei allen Landpflanzen nur durch die Wurzelhaare, welche sich dicht hinter der Wurzelhaube befinden, aufgenommen werden. Daher ist ein Begießen und Düngen derselben nur von Wirkung, wenn die Stoffe an jenen Stellen verabreicht werden, wo die größte Menge der aufnahmefähigen Wurzelfasern sich vorfindet; bei den baumartigen Pflanzen also nicht am Stamm, sondern in einiger Entfernung von demselben, unter der Traufe und darüber hinaus.

c) Vorgang bei der Wasseraufnahme.

Die Zellen der Wurzelhaare enthalten im Innern den mit gelösten Stoffen reichlich versehenen Zellsaft. Das Wasser, welches die Wurzelhaare umgibt, enthält ebenfalls gelöste Stoffe (Bodensalze), jedoch nur in ganz geringer Menge. Die beiden Flüssigkeiten sind also mit verschiedenen Mengen von Stoffen versehen.

Wenn zwei Flüssigkeiten von verschiedener Konzentration durch eine für Flüssigkeiten durchlässige Haut getrennt sind, so findet ein Austausch derselben statt. Von der verdünnten Lösung tritt aber viel mehr in die konzentrierte Lösung über als umgekehrt.

Daher tritt bei der Wasseraufnahme durch die Wurzelhaare viel mehr Wasser von außen in die Zellen, als Zellsaft aus den Wurzelhaaren in den Boden gelangt. Der austretende Zellsaft ist sauer und kann unlösliche Nährstoffe in Lösung überführen und hierdurch aufnahmefähig machen.

Daß aus den Wurzelhaaren wirklich saurer Saft austritt, kann dadurch nachgewiesen werden, daß man eine Pflanze auf eine glattpolierte Marmorplatte setzt; auf dieser ätzen die Wurzeln durch den austretenden Zellsaft nach einiger Zeit Rinnen ein.

Von der ersten Zelle gelangt das Wasser in gleicher Weise in die zweite Zelle u. s. f., bis es zu den Gefäßbündeln kommt. In den Gefäßbündeln, und zwar im Holzteil derselben, wird es dann bei verholzten Pflanzen in die Blätter geleitet. Diese Wanderung geht ziemlich rasch vor sich; so erscheinen sehr welke Zimmerpflanzen kurze Zeit nach dem Begießen wieder frisch.

d) Umbildung der Stoffe (Assimilation).

Die wichtigste Arbeit für die Pflanze ist die Ueberführung der aufgenommenen anorganischen Nährstoffe in solche Stoffe, welche zum Aufbau der Pflanzenorgane dienen und organische Stoffe genannt werden.

Zuerst wird Kohlensäure und Wasser mit Hilfe des Lichtes in den Blattgrünkörnern zu Zucker und daraus zu Stärke verarbeitet; dabei wird Sauerstoff abgeschieden. Diesen Vorgang heißt man Assimilation oder Stofferzeugung. Im Dunkeln findet keine Assimilation statt.

Ein Teil der gebildeten Stärke wandert in Form von Zucker zu den Verbrauchsorten, nämlich in die Wurzel- und Stengelspitze, sowie in das Kambium. Der andere Teil der Stärke gelangt in die Reservestoffbehälter (Samen, Knollen, Zwiebeln, Wurzelstöcke, Stengel der Holzpflanzen).

Aus der Stärke und den übrigen aufgenommenen Stoffen bildet die Pflanze solche Verbindungen, aus denen ihre Zellen zusammengesetzt sind; es entstehen hierbei die insbesondere aus Zellulose bestehenden Zellwandungen, das Plasma, die Farbstoffkörner, Zuckerarten, Holzstoff, Kork, Milchsaft, Harz u. dgl.

Bei den laubabwerfenden Pflanzen sammeln sich im Herbst die Stoffe in den überwinternden Stämmen, Ästen und Wurzeln.

e) Wasserverdunstung.

Das Wasser führt den Zellen Nährstoffe zur Verarbeitung zu. Vom Wasser selbst wird nur ein geringer Teil zum Aufbau des Pflanzenkörpers verwendet. Damit immer wieder neue Nährstoffe zugeführt werden können, muß der größte Teil des aufgenommenen Wassers entfernt werden; dies geschieht durch Verdunstung (Transpiration). Es wird hierbei das überflüssige Wasser hauptsächlich durch die Spaltöffnungen in Form von Wasserdampf an die Luft abgegeben. Die Wasserverdunstung ist von verschiedenen Umständen abhängig, insbesondere von dem Wassergehalt und der Temperatur der Luft sowie von der Größe der Blätter und der

Zahl der vorhandenen Spaltöffnungen. Selbst wenn den Pflanzen nur wenig Wasser zur Verfügung steht, findet dennoch Verdunstung statt. Kann die Pflanze die Menge des verdunsteten Wassers nicht mehr ersetzen, so welkt sie, unter Umständen tritt sogar der Tod ein. Bei der Verdunstung tritt nur Wasserdampf in die Luft über, während alle im Wasser gelösten Stoffe in der Pflanze zurückbleiben.

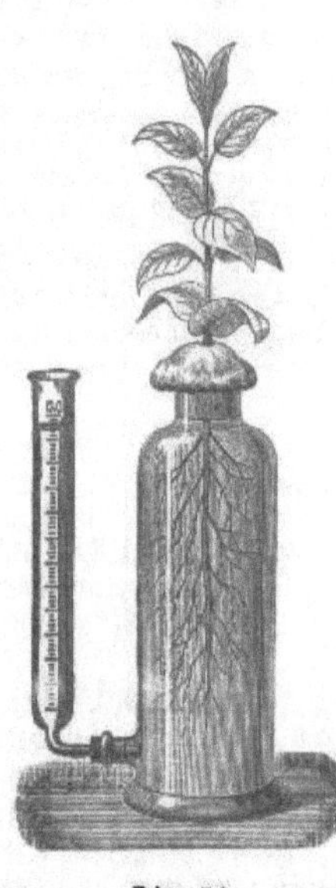

Fig. 84.

In ein mit Wasser ganz gefülltes Gefäß wird eine Pflanze mit unverletztem Wurzelsystem luftdicht gesteckt. In dem nebenbei angebrachten Meßzylinder wird die Wassersäule in dem Maße sinken, als Wasser durch die Blätter verdunstet.

Die Menge des in einer gewissen Zeit verdunsteten Wassers kann gemessen werden (Fig. 84).

Viele Pflanzen besitzen eigenartige Einrichtungen, um die Verdunstung zu verringern und dadurch ein Austrocknen zu verhindern. Zu diesen Einrichtungen sind zu rechnen:

1. die starke Verdickung der Wandungen der Oberhautzellen;
2. der dicke Haarfilz der Blätter, besonders auf der Blattunterseite;
3. die geringe Zahl der Spaltöffnungen bei manchen Pflanzen;
4. die Verkleinerung der Blattfläche und die Umgestaltung in nadel- und schuppenförmige Blätter oder das gänzliche Fehlen der Blätter (Kakteen).

3. Die Atmung.

Die Pflanzen müssen gleich den Menschen und Tieren atmen. Atmung findet fortwährend, also bei Tag und bei Nacht, statt. Die Pflanzen nehmen bei der Atmung den in der Luft enthaltenen Sauerstoff auf und scheiden Kohlensäure aus. Die Atmung findet an allen der Luft zugänglichen Stellen statt. Da auch die Wurzel atmet, soll der Boden immer genügend gelockert sein, damit die Luft zutreten kann. Selbst die Pflanzenteile, welche sich in Ruhe befinden, atmen, so die Kartoffelknollen in den Kellern und Mieten, das Getreide auf dem Speicher.

Bei der Assimilation wird Sauerstoff abgegeben, bei der Atmung wird Sauerstoff aufgenommen. Die Assimilation findet nur am Tage statt, die Atmung jedoch während der Nacht ebenso wie am Tage.

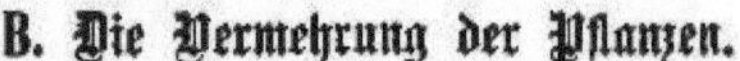

B. Die Vermehrung der Pflanzen.

Da alle Gewächse nach einer kürzeren oder längeren Lebenszeit absterben, so muß für einen entsprechenden Nachwuchs gesorgt sein, wenn die einzelnen Pflanzenarten nicht vollständig aussterben sollen. Die verschiedenen Einrichtungen zur Vermehrung der Pflanzen lassen sich in zwei Gruppen teilen, nämlich 1. in die ungeschlechtliche (vegetative) Vermehrung, 2. in die geschlechtliche Vermehrung, auch Fruchtbildung genannt.

1. Die ungeschlechtliche (vegetative) Vermehrung.

Bei der ungeschlechtlichen Vermehrung unterscheidet man eine natürliche und eine künstliche Vermehrung. Die natürliche ungeschlechtliche

Vermehrung erfolgt durch Knollen (Kartoffel), Zwiebel (Knoblauch), Ausläufer (Erdbeere) und Wurzelstöcke (Quecke).

Bei der künstlichen Vermehrung unterscheidet man:

a) die Vermehrung durch Absenker (Stachelbeere, Rose);

b) die Vermehrung durch Stecklinge (Weiden, Wein, Hopfen);

c) die Vermehrung durch Veredeln.

Beim Veredeln werden gewöhnlich von einer Pflanze Zweige (Edelreiser) oder Knospen losgetrennt und einer anderen Pflanze, welche Wildling oder Unterlage genannt wird, zwischen Holz und Bast aufgesetzt bezw. eingefügt, worauf eine Verwachsung der zusammengefügten Teile stattfindet.

2. Die geschlechtliche Vermehrung oder Fortpflanzung.

Die geschlechtliche Vermehrung ist bei allen Blütenpflanzen und bei vielen blütenlosen Pflanzen (Farne, Moose) möglich. Sie besteht bei den Blütenpflanzen darin, daß ein Teil des Inhalts des Pollenkorns mit der Eizelle im Fruchtknoten sich vereinigt. Dieser Vorgang heißt Befruchtung.

Die befruchtete Eizelle entwickelt sich bis zur Fruchtreife zum Keimling, welcher nach dem Keimen der Samen zur Pflanze heranwächst.

3. Die Verbreitung der Früchte und Samen.

Um die Verbreitung der Früchte und Samen zu ermöglichen, sind mannigfache Einrichtungen getroffen. Die Verbreitung wird vorzugsweise vermittelt:

a) durch das Wasser von Bächen und Flüssen;

b) durch den Wind. Durch denselben werden solche Früchte und Samen verbreitet, welche sehr leicht sind oder Flugvorrichtungen haben. Solche Flugvorrichtungen sind die Haare an den Samen der Weide, der Federkelch an den Früchten des Löwenzahns, der Disteln und anderer Körbchenblütler, die häutigen Flügel an den Samen der Fichte und Kiefer, an den Früchten des Ahorns und der Esche;

c) durch Tiere. Manche Tiere verzehren Früchte, deren Samen nicht verdaut werden, z. B. von der Mistel, dem Klappertopf, oder es hängen sich Früchte und Samen mit widerhakigen Haaren an den Haaren der Tiere an;

d) durch den Menschen. Der Mensch führt Samen von fremdländischen Kulturpflanzen und nebenbei auch Samen von Unkräutern ein.

4. Die Keimung und Keimfähigkeit des Samens.

Bei der Entwicklung des Keimlings zum Pflänzchen (Keimung) sind bestimmte Bedingungen erforderlich. Bei der Keimung bricht das Würzelchen hervor, es entfalten sich die Keimblätter und das Knöspchen bildet sich zum Stengel aus. Die gesprengte Samenschale bedeckt zuerst noch die Spitze der Keimblätter (Erbsen, Lupinen, Reps) und fällt später ganz ab. Die Keimblätter und das Sameneiweiß ernähren den Keimling solange, bis die ersten Blätter imstande sind, zu assimilieren (Fig. 85).

Die Bedingungen zur Keimung sind: Wasser, Wärme und Sauerstoff.

Ohne Wasser ist die Keimung nicht möglich. Durch Aufnahme von Wasser quillt der Same auf und der Keimling kann schließlich die Samenschale sprengen. Samen, welche rasch keimen sollen oder eine harte Samenschale besitzen, werden zur Beschleunigung des Auskeimens vielfach in Wasser eingeweicht (Tabak, Mais, Runkelrübe, Sellerie) oder bisweilen auch geritzt.

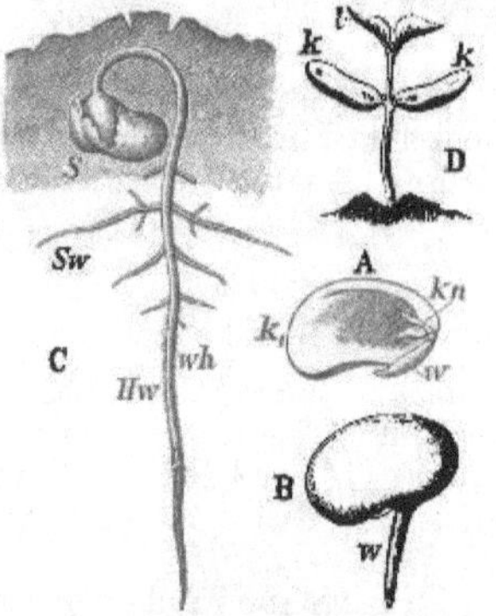

An die Wärme stellen die verschiedenen Pflanzen bei der Keimung verschieden hohe Ansprüche; so keimt Weizen schon bei 5° C, Mais aber erst bei 13° C.

Fig. 85. Keimung der Bohne.
A Same, halbiert; k rechtes Keimblatt, kn Knöspchen, w Würzelchen. B Same im Anfang der Keimung; w Würzelchen. C Keimpflanze, im Begriff, die Erde zu durchbrechen; die sich ablösende Samenschale, Hw Hauptwurzel, Sw Seitenwurzel, wh Wurzelhaare. D Keimpflanze nach dem Durchbrechen der Erde; k Keimblätter, l Laubblätter.

Da bei der Keimung eine lebhafte Atmung stattfindet, so ist eine genügende Luftzufuhr zur Deckung des Sauerstoffbedarfs erforderlich. Fehlt der Sauerstoff, so stirbt der in der Entwicklung begriffene Keimling sehr bald ab. Man darf deshalb den Samen nicht zu tief in den Boden bringen. Die Erdbedeckung muß um so schwächer sein, je kleiner der Same ist. Lupinensamen sind flach unterzubringen.

Die Geschwindigkeit, mit welcher die Keimung erfolgt, richtet sich nach der Pflanzenart. So keimen die Samen der Getreidearten innerhalb 2—8 Tagen, die der Kiefer innerhalb 3 Wochen, die Samen anderer Pflanzen dagegen wieder sehr langsam, z. B. die von Eschen und Hainbuchen erst im zweiten Frühjahr nach der Aussaat.

Die Dauer der Keimfähigkeit ist für die verschiedenen Pflanzen verschieden; sie kann durch ungünstige äußere Einflüsse vorzeitig gestört werden und beträgt z. B. bei der Weißtanne nur wenig über ½ Jahr; bei manchen Pflanzen ist sie sehr groß, besonders bei solchen mit harten Samenschalen (manche Unkräuter); doch keimen die Samen im ersten Jahr im allgemeinen am sichersten, während sich in den nächstfolgenden Jahren die Keimkraft mehr und mehr vermindert.

IV. Die landwirtschaftlich wichtigsten Pflanzenfamilien.

A. Blütenpflanzen.

I. Bedecktsamige Pflanzen (Samen von einer Fruchtschale umschlossen).

1. Pflanzen mit 2 Keimblättern.

1. Mohngewächse (Mohn).
2. Kreuzblütler (s. speziellen Pflanzenbau).

3. Nelkengewächse (Spörgel, Kornrade).
4. Flachsgewächse (Lein).
5. Schmetterlingsblütler (Wicken, Bohnen, Erbsen, Kleearten ɾc.).
6. Steinfrüchtler oder Pflaumengewächse (Kirsche, Weichsel, Zwetsche, Pflaume, Aprikose, Pfirsich, Schlehe).
7. Äpfel oder Kernfrüchtler (Äpfel, Birnen, Quitten, Mispeln, Vogelbeeren).
8. Johannisbeergewächse (Johannisbeere, Stachelbeere).
9. Kürbisgewächse (Kürbis, Gurke, Melone).
10. Doldenblütler (Sellerie, gelbe Rübe, Petersilie, Kümmel, Fenchel, Anis, Kerbel- und Schierlingarten).
11. Körbchenblütler (Zichorie, Topinambur, Schwarzwurzel, Löwenzahn, Kornblume, Distelarten).
12. Nachtschattengewächse (Kartoffel, Tabak, Tollkirsche).
13. Gänsefußgewächse (Zuckerrübe, Futterrunkel, Spinat).
14. Knöterichgewächse (Buchweizen, Sauerampfer).
15. Hanfgewächse (Hanf, Hopfen).

2. Pflanzen mit 1 Keimblatt.

1. Liliengewächse (Zwiebel, Lauch, Spargel).
2. Riedgräser (saure Gräser).
3. Gräser (Getreidepflanzen, Futtergräser; s. speziellen Pflanzenbau).

II. Nacktsamige Pflanzen (Samen von keiner Fruchtschale umschlossen).

Nadelhölzer (Fichte, Kiefer, Tanne, Lärche, Wacholder).

B. Blütenlose Pflanzen.

Farnkräuter, Schachtelhalme, Moose, Flechten, Algen, Pilze.

V. Pflanzenzüchtung.

Die Betrachtung der Pflanzen der gleichen Sorte lehrt, daß dieselben bei ganz gleichen Wachstumsverhältnissen in ihren Eigenschaften mehr oder weniger von einander abweichen.

Diese Erscheinung verdient bei den Kulturgewächsen die größte Beachtung, weil mit Hilfe dieser Abweichungen Sorten erzielt werden können, welche eine erhöhte Nutzbarkeit und Ertragssicherheit besitzen. Es ist nur notwendig, daß diejenigen einzelnen Pflanzen, welche sich von den übrigen durch bessere Kultureigenschaften, z. B. größere Produktion von Korn und Stroh, geringere Neigung zur Lagerung, größere Widerstandsfähigkeit gegen ungünstige Witterungseinflüsse oder gegen Krankheiten auszeichnen, von den übrigen getrennt forterhalten und vermehrt werden. Diese besseren Eigenschaften vererben sich mehr oder weniger zuverlässig auf die Nachkommenschaft. Wird bei der letzteren die gleiche Auslese in einer genügenden Anzahl von aufeinanderfolgenden Geschlechtern fortgesetzt, so nimmt die Vererbbarkeit der Eigenschaften zu.

Die Züchtung bezweckt entweder eine Verbesserung (Veredlung) bereits vorhandener Sorten (Veredlungszucht) oder die Gewinnung neuer Sorten (Sortenneuzucht).

Bei der **Veredlungszucht** unterwirft man geeignete gute Sorten der Auslese, wobei man darüber im klaren sein muß, in welchen Eigenschaften dieselben verbessert werden sollen. Je nach der Gattung der Kulturpflanzen kommen verschiedene Eigenschaften in Betracht, z. B. bei Getreide das Körnererzeugungsvermögen und die Kornqualität, die Halmfestigkeit u. s. w., bei Zuckerrüben der Zuckergehalt.

Durch Veredlung sind aus sog. Landrassen, zu denen beispielsweise der niederbayerische Weizen, die niederbayerische und fränkische Gerste, der Fichtelgebirgs- und Sechsämterhafer gehören, Züchtungs- oder Edelrassen entstanden, z. B. der Anderbecker und Leutewitzer Hafer, sowie der Petkuser Roggen.

Die hochgezüchteten Sorten stellen im Vergleich zu den Landrassen im allgemeinen höhere Anforderungen an die Kultur und besonders an die Düngung.

Bei der **Sortenneuzucht** geht man a) von solchen Pflanzen aus, welche sich von den übrigen Pflanzen der nämlichen Sorte durch eine oder mehrere neue unvermittelt auftretende Eigenschaften unterscheiden (**spontane Variation**). Das Auftreten solcher Pflanzen ist im allgemeinen nicht häufig. Einen praktischen Wert haben dieselben nur unter der Voraussetzung, daß ihre Eigenschaften eine erhöhte Nutzbarkeit gegenüber vorhandenen Sorten mit sich bringen. Durch strenge Auswahl unter der Nachkommenschaft entstehen mit der Zeit neue Sorten.

b) Neue Sorten können auch durch **Kreuzung** erzielt werden. Bei derselben wird durch künstliche Übertragung des Blütenstaubes der einen Sorte auf die Narbe einer anderen eine Mischung geeigneter Sorten hervorgerufen. Die Kreuzungszucht ist nicht leicht durchzuführen; besonders häufig wird sie bei der Kartoffelzüchtung angewendet.

VI. Die Schmarotzerpflanzen.

Die echten Schmarotzerpflanzen leben auf oder in Pflanzen oder in Tieren und ziehen aus diesen ihre Nahrung. Die von den Schmarotzerpflanzen befallenen Pflanzen oder Tiere nennt man die Wirte. Einige Schmarotzerpflanzen gehören der Klasse der Blütenpflanzen an, die meisten aber der Klasse der Pilze.

A. Schmarotzende Blütenpflanzen.

Die Schmarotzer dieser Gruppe entwickeln Blüten und Samen und pflanzen sich durch letztere fort. Die keimenden Samen bilden Saugwurzeln, mittels deren sie die Nahrung anderen Pflanzen entnehmen. Diese Schmarotzerpflanzen sind entweder blattgrünhaltig oder blattgrünlos.

1. Blattgrünhaltige Schmarotzer.

Die blattgrünhaltigen Schmarotzer entnehmen der Wirtspflanze vorzugsweise Wasser und die darin gelösten Nährsalze und assimilieren sie. Hierher gehört die Mistel (Fig. 86).

Die Mistel ist ein immergrüner Strauch, welcher auf den Ästen verschiedener Bäume wächst und besonders an Obstbäumen durch massenhaftes Auftreten schädlich wird. Ihre Wurzeln verlaufen unter der Rinde der Wirtspflanze und entsenden in das Innere der Äste die Saugwurzeln. Die Frucht ist eine weiße Beere. Die Verbreitung erfolgt hauptsächlich durch die

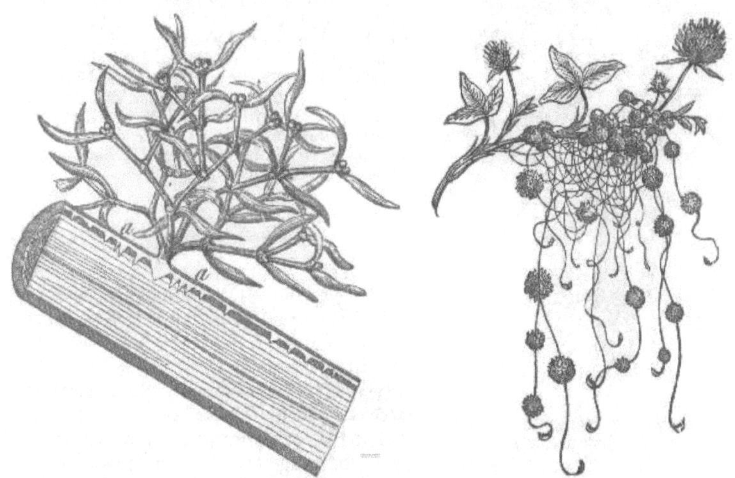

Fig. 86. Baumstück mit Mistel. Fig. 87. Seide auf Klee.

Misteldrossel, welche sich von den Beeren nährt und mit ihren Auswürfen die unverdauten Samen an den Ästen ablagert, wo sie dann keimen. Die Mistel wird durch Abschneiden der befallenen Äste hinter der Mistelpflanze beseitigt.

2. Blattgrünlose Schmarotzer.

Da die blattgrünlosen Schmarotzer keine Blattgrünkörner besitzen, so können sie auch nicht assimilieren. Sie entnehmen deshalb durch ihre Saugwurzeln der Wirtspflanze bereits assimilierte Stoffe. Hierher gehören:

a) die Seidenpflanzen mit windendem Stengel. Die Samen keimen auf dem Boden; die Stengel schlingen sich bald um die in der Nähe wachsenden Pflanzen, in welche die Saugwurzeln eindringen. Im Boden dagegen findet keine weitere Wurzelbildung statt. Sehr schädlich sind die Flachs- und die Kleeseide (Fig. 87); sie verzweigen sich außerordentlich reich. Die befallenen Kulturpflanzen sterben ganz ab (Klee) oder werden doch sehr geschwächt (Flachs). Man vertilgt beide Arten durch Umgraben der befallenen Stellen oder Verbrennen der Pflanzen vor der Samenreife oder durch Bespritzen mit 15—20%iger Eisenvitriollösung, am besten ist die Verwendung seidefreien Saatgutes;

b) die Würgerarten mit schuppenförmigen Blättern und zwar der Hanfwürger (Fig. 88) auf den Wurzeln des Hanfes, Tabaks und des Meerrettichs und der Kleewürger oder Kleeteufel auf den Wurzeln der Kleearten. Sie werden bisweilen durch Vernichtung des ganzen Pflanzenbestandes sehr schädlich. Man bekämpft sie am wirksamsten durch Vernichtung vor der Samenreife.

Zu den Halbschmarotzern rechnet man den auf Wiesen vorkommenden Augentrost sowie den Wachtel- oder Kuhweizen und die Klappertopfarten. Die Halbschmarotzer sind blattgrünhaltig und können sich deshalb auch selbständig ernähren. Ihre Wurzeln stehen aber mit denjenigen anderer Pflanzen an verschiedenen Stellen in Verbindung, sodaß sie denselben Nährstoffe zu entnehmen vermögen. Als Unkräuter richten sie bisweilen nicht unerheblichen Schaden an.

Fig. 88. Hanfpflanze (B) mit Hanfwürger (A).

B. Die Pilze.

Alle Pilze sind Schmarotzer. Sie tragen keine Blüten und können deshalb auch keine Samen erzeugen. Die Pilze pflanzen sich durch Sporen fort. Sporen sind Fortpflanzungszellen, welche von den Pilzen oft in ungeheurer Zahl gebildet werden. Diese Sporen keimen und entwickeln sich zu Pflanzen; letztere entziehen ihre Nahrung den Wirtspflanzen durch Saugfäden. Die Pilze in oder auf lebenden Organismen (Tier- oder Pflanzenkörper) heißen Parasiten im Gegensatz zu jenen Pilzen, welche sich von den Überresten bereits abgestorbener Organismen nähren und als Fäulnisbewohner oder Fäulniserreger bezeichnet werden. Letztere Pilze spielen eine wichtige Rolle im Haushalte der Natur, sie befördern den Kreislauf der Stoffe und wirken vielfach sehr nützlich, indem sie die Tier- und Pflanzenreste durch die Prozesse der Fäulnis, Verwesung und Vermoderung zersetzen und hierbei in letzter Linie wieder jene chemischen Verbindungen liefern, welche den Pflanzen zur Nahrung dienen.

Von den Parasiten und Fäulnisbewohnern sind die Epiphyten strenge zu unterscheiden; sie siedeln sich auf der Außenseite von anderen Pflanzen an, ohne diesen Nährstoffe zu entziehen, so Moose, Flechten, Algen, Rußtaupilze; sie schaden teilweise dadurch, daß sie schädlichen Insekten während des Winters Unterschlupf gewähren.

1. Die im Innern von Menschen und Tieren vorkommenden Pilze.

Im Innern lebender Menschen und Tiere finden sich öfters außerordentlich kleine, einzellige Pilze, welche sich durch Spaltung (Zweiteilung) vermehren. Die Pilze, Spaltpilze genannt, können verschiedene ansteckende Krankheiten (Infektionskrankheiten) verursachen, wie Scharlach, Masern, Diphtherie, Lungenschwindsucht, Cholera bei Menschen, Milzbrand, Rotz, Rotlauf bei Tieren. Die Übertragung der die Krankheit hervorrufenden Pilze geschieht auf verschiedene Weise und wird durch mannigfache Gegenmittel zu verhindern gesucht.

2. Die in und auf Pflanzen vorkommenden Pilze.

Die Pflanzen werden oft nicht unerheblich in ihrem Wachstum durch Pilze beeinträchtigt oder sogar zum Absterben gebracht. Die Pilze leben teils auf der Oberhaut der Pflanzen, wie die echten Mehltauarten, teils im Innern derselben, wie z. B. die Brand- und Rostpilze. Das Eindringen von Pilzen in das Innere der Pflanzen ist möglich:

a) durch Wunden und Verletzungsstellen;

b) durch die Spaltöffnungen;

c) durch direktes Einbohren durch die Oberhaut.

Aus diesem Grunde sind Verletzungen an den Gewächsen möglichst zu vermeiden. Müssen aber z. B. durch Abschneiden von Ästen Wunden gemacht werden, so sind dieselben zugleich durch Überstreichen mit Baumwachs, Ölfarbe oder mit Lehmbrei (nicht mit Teer) zu verschließen.

Die auf die Blätter oder grünen Steugelteile gelangenden Sporen keimen aus, indem sie Keimschläuche treiben. Diese dringen entweder durch die Spaltöffnungen der Oberhaut oder direkt durch letztere in das Innere der Pflanzen ein und entnehmen den Zellen die für sie nötige Nahrung und zwar bisweilen in solcher Menge, daß die befallenen Pflanzenteile früher oder später absterben.

Die Sporen können nur bei gewissen Wärmegraden und bei Vorhandensein von Wasser keimen. Mangelt dieses, wie in trockenen Jahrgängen, so unterbleibt das Auskeimen oder die Keimschläuche gehen wenigstens nach sehr kurzer Zeit wieder zu Grunde. Hieraus erklärt sich die geringe Schädlichkeit der meisten Pilze in regenarmen Sommern.

Die Mittel zur Verhütung der Pflanzenkrankheiten, welche durch Pilze bewirkt werden, haben den Zweck, die Sporen oder deren Keimschläuche vor dem Eindringen in die Pflanzen zu töten; sie sind also vorbeugend. Nur bei den auf der Oberhaut der Pflanzen wachsenden **echten Mehltauarten** ist eine Bekämpfung nach dem Auftreten der Krankheit noch möglich.

Zu den Vorbeugungsmitteln gehören:

1) die Auswahl von solchen Pflanzensorten, welche sich gegen Krankheiten möglichst widerstandsfähig erwiesen haben;

2) die Verwendung von pilzfrei gemachten Samen und Pflanzen;

3) der Pflanzenwechsel; häufig befinden sich die irgend eine Krankheit an einer bestimmten Kulturpflanze verursachenden Pilzsporen im Boden, z. B. die Sporen des Kropfes vom Kohl; man darf daher diese Kulturpflanzen auf dem angesteckten (infizierten) Boden während einiger Jahre nicht mehr bauen;

4) das Bespritzen oder Beizen der Pflanzen mit pilztötenden Mitteln.

Während die meisten Pilze zu ihrer vollen Entwicklung nur eine Pflanze brauchen, bedürfen manche Rostpilze zu ihrer vollkommenen Entwicklung verschiedener Wirtspflanzen; so z. B. wuchert der Getreidehalmrost auf dem Getreide und dem Berberitzenstrauch, der Gitterrost des Birnbaums auf dem Birnbaum und Sevenbaum. Solche Rostpilze kann man dadurch bekämpfen, daß die für die Landwirtschaft unwichtigen Zwischenpflanzen (Berberitze und Sevenbaum) in der Nähe der Kulturpflanzen ausgerottet werden.

Die auf der Oberhaut der Pflanzen wachsenden Schmarotzergewächse, wozu die echten Mehltaupilze gehören, bekämpft man durch rechtzeitiges Bestäuben mit feingepulvertem Schwefel. Dagegen können die Kulturpflanzen vor den in ihrem Innern wuchernden Schmarotzerpilzen durch Bespritzen mit Kupferkalk- oder Kupfersodabrühe vorbeugend geschützt werden, wenn die Bespritzung vor oder während des Auskeimens der Sporen vorgenommen wird.

Wichtigere schädliche Pilzfamilien.

Von den zahlreichen Pilzen sind unseren Kulturpflanzen besonders folgende Gruppen schädlich:

1. **Die falschen Mehltaupilze.** Ihre Sporenlager bilden auf der Blattunterseite oder an grünen Stengeln graue oder weißliche, flockige Überzüge, unter gleichzeitiger Verfärbung der befallenen Blätter auf der Oberseite. Hieher gehören die Kartoffelkrankheit oder Krautfäule, der falsche Mehltau des Weinstocks und viele andere Pflanzenkrankheiten.

Die Kartoffelkrankheit. Der Pilz befällt sowohl das Kraut als auch die Knollen. An den einzelnen Blättern des Kartoffelkrautes und oft auch an den Stengeln entstehen Ende Juli, meist aber im August bräunliche bis schwärzliche Flecken, die bei trockenem Wetter vertrocknen, bei nassem verfaulen. Auf der Blattunterseite bemerkt man am Rande der kranken Stellen einen grauweißen Schimmel, aus den sporenbildenden Pilzfäden bestehend. In nassen Jahren verbreitet sich diese Krankheit rasch und sehr stark; in wenigen Tagen können ganze Felder befallen sein.

Gleichzeitig tritt sehr oft auch die Knollenfäule ein, wobei die Kartoffeln dunkle, meist eingefallene Flecken auf der Schale aufweisen. Beim Durchschneiden erscheint das Fleisch an den eingesunkenen Stellen braun gefärbt. Die Ansteckung der Knollen in der Erde erfolgt dadurch, daß die auf den Boden fallenden Sporen durch das Regenwasser zu den Knollen geführt werden. Solche Knollen können noch lange fest bleiben und sind für Brennereizwecke noch verwendbar, oft faulen sie aber schon in der Erde. In den Aufbewahrungsräumen greift diese Krankheit rasch um sich.

Der falsche Mehltau oder die Blattfallkrankheit der Rebe ist in nassen Jahren sehr gefürchtet und kann sämtliche oberirdische Pflanzenteile des Weinstocks befallen, am meisten jedoch die Blätter. Diese zeigen auf ihrer Oberseite gelbliche bis bräunliche, nach und nach vertrocknende Flecken, auf der Blattunterseite aber bildet sich fast immer ein weißlicher, schimmelartiger Überzug, aus den Sporen und ihren Trägern bestehend. Dieselben fallen leicht ab und werden dann durch den Wind schnell weiter verbreitet. Der Schaden kann dadurch außerordentlich groß werden, da die befallenen Blätter ihre Tätigkeit nicht mehr ausüben können. Die jungen befallenen Beeren vertrocknen, die älteren verfaulen.

Bekämpfung: a) Kartoffelkrankheit. Rechtzeitiges Bespritzen des Kartoffelkrautes, wenn infolge nasser Witterung das Auftreten der Krautfäule befürchtet werden muß, mit 1—2%iger Kupferkalk- oder Kupfersodabrühe. b) Der falsche Mehltau der Rebe. Sammeln und Verbrennen der kranken abgefallenen Blätter. Bespritzen mit einer 1—2%igen Kupfersoda- oder

Kupferkalkbrühe nach dem Schnitt, mit einer halb so starken Brühe nach der Blüte; das Bespritzen wird bis August je nach Bedarf mehrmals wiederholt.

2. Die Brandpilze. Sie wuchern im Innern der Pflanzen; bestimmte Teile der befallenen Pflanzen enthalten zuletzt eine schwärzliche, brandig aussehende Staub-(Sporen-)Masse. Die Brandpilze kommen auf unseren Getreidearten und zwar meist in den Ähren, ferner auf Mais und Hirse vor.

Der Steinbrand, den Weizen und Spelz befallend, ist erst erkenntlich, wenn der Weizen der Reife nahe ist. Die erkrankten Halme bleiben grünlich und oft auch kürzer. Die befallenen Körner färben sich braun, bleiben aber geschlossen. Beim Zerdrücken derselben fällt das dunkle, faulig riechende Sporenpulver heraus. Die Ansteckung der gesunden Körner erfolgt besonders beim Dreschen, weil dabei die kranken Körner, welche auch eine dünne Schale besitzen, zerschlagen werden, die unzähligen Brandsporen staubförmig herumfliegen und sich an die gesunden Körner haften, wodurch diese dann auch angesteckt werden.

Beim Flug- oder Staubbrand, welcher Weizen, Gerste und Hafer (nicht Roggen) befallen kann, springen die brandigen Körner und Spelzen bei der Reife der Pilzsporen schon auf dem Feld auf und das schwärzliche Sporenpulver fliegt aus. Gewöhnlich sind sämtliche Körner einer Ähre brandig. Oft gehen die Ährchen ganz zu Grunde und die Ährenspindel bleibt allein übrig und sieht dann wie verkohlt aus.

Bekämpfung: Die Brandpilze bekämpft man am besten durch Beizen des Saatgutes. Dieses wird zuerst in reinem Wasser etwa 5 Minuten in einem Bottich gewaschen, wodurch die oben schwimmenden brandigen Körner abgeschöpft werden können und auch viele Brandsporen beseitigt werden. Hierauf kommt das Getreide in eine ½ %ige Kupfervitriollösung (½ kg Kupfervitriol in 100 l Wasser gelöst); in derselben bleibt es 5—6 Stunden und wird während dieser Zeit mehrmals umgerührt. Dann wird die Brühe abgelassen (dieselbe ist mehrmals verwendbar). Hierauf wird das gebeizte Getreide mit reinem Wasser rasch abgespült und dann mit Kalkmilch (5 kg frisch gebrannter Ätzkalk in 100 l Wasser aufgelöst) überschüttet und 5 Minuten lang kräftig umgerührt. Darnach breitet man das Saatgut auf einer reinen Tenne aus, läßt es unter fleißigem Umwenden trocknen und sät es dann sofort aus; es muß aber in Säcke gefüllt werden, welche neu oder frisch gewaschen und ebenso gebeizt sind wie das Saatgut.

Ein neueres Verfahren ist die Formalinbeize in 0,1 %iger Lösung, die hergestellt wird, indem 250 ccm des käuflichen (40 %igen) Formalins zu 100 l Wasser zugesetzt werden. In dieser Flüssigkeit bleibt das Saatgut, welches auch vorher gewaschen wird, ¼ Stunde. Hierauf wird das Saatgut getrocknet. Das behandelte Getreide kann nach nochmaligem Abspülen mit reinem Wasser zu jedem andern Zweck wieder verwendet werden.

3. Die Rostpilze. Dieselben verderben die Blätter und die Halme zahlreicher Gräser, aber auch anderer Pflanzen. Sie sind erkenntlich durch das Vorkommen von gelblichen oder rostbraunen bis schwarzen Streifen oder Häufchen an den verschiedenen Pflanzen. Manche davon haben zwei Wirtspflanzen zu ihrer vollkommenen Entwickelung nötig, so z. B. die meisten Getreiderostarten, der Erbsenrost, der Gitterrost des Birnbaums.

Der Schwarzrost kann auf allen Getreidearten und auf vielen wilden Gräsern auftreten und befällt, mit Ausnahme der Wurzel sämtliche Pflanzenteile, zeigt sich aber meist auf den Blattflächen in Form von langen schmalen, strichförmigen, rostbraunen Pusteln und später auch auf den Blattscheiden, welche dann oft lange schwarze Streifen und bei sehr starkem Befall ganze geschwärzte Strecken aufweisen.

Die zweite Wirtspflanze ist der Sauerdorn oder die Berberitze. Auf den Blättern derselben erscheinen Ende Mai gelbe Flecken, die auf der Unterseite schüsselförmige Behälter besitzen. In denselben sind die Sporen, welche vom Wind weiter verbreitet werden und so auch auf die Getreidepflanzen gelangen.

Der Gelbrost, am häufigsten auf Weizen, tritt vorwiegend auf den Blattspreiten auf und erscheint hier in langen gelbgefärbten Streifen. Die vergilbenden Blattscheiden und Halme zeigen feine bleigraue bis schwarze Striche. Die Zwischenpflanze ist noch unbekannt.

Der Braunrost. Die Sporenhäufchen sind braun und ordnungslos über die Blattfläche zerstreut. Die Wintersporen bilden meistens auf der Blattunterseite zerstreute schwarze Punkte, Flecken oder Striche. Der Braunrost des Roggens hat als zweite Wirtspflanze die Ochsenzunge, beim Braunrost des Weizens ist die Zwischenpflanze noch unbekannt.

Der Zwergrost der Gerste zeigt sich in sehr kleinen ordnungslos auf der Blattoberseite zerstreut liegenden gelbbraunen Sporenhäufchen; später bilden sich auf der Blattunterseite und am Halm sehr kleine schwarze Flecken.

Der Kronenrost des Hafers benötigt als zweite Wirtspflanze Kreuzdornarten. Auf den Blättern der letzteren bilden sich rundliche rostfarbene Flecken. Von hier werden die Sporen auch vom Winde auf die Haferpflanzen übertragen. Auf den Blättern derselben bilden sich meist rundliche, anfangs gelbliche, dann grau werdende Flecken.

Der Gitterrost des Birnbaums braucht zu seiner Entwicklung als zweite Wirtspflanze den Sevenbaum. An den Zweigen desselben zeigen sich gelblichrote blasige Ausbauchungen, welche bei der Reife aufbrechen und das Sporenpulver ausstreuen. Wenn dieses vom Wind auf die Birnbäume getragen wird, fängt es dort an zu keimen. Auf der Oberseite der Blätter des Birnbaums bemerkt man rötlichgelbe Flecken; auf der Unterseite bilden sich zuletzt sackartige Pusteln, welche bei der Reife aufbrechen und die Sporen entlassen. Auch an den Früchten bilden sich rotgelbe Höcker.

Bekämpfung: Die Rostpilze können nur dadurch bekämpft werden, daß man die sog. Zwischenwirtspflanzen ausrottet, also Sauerdorn und Kreuzdorn in der Umgebung der Getreidefelder, den Sevenbaum in der Nähe der Obstgärten; durch Beseitigung der vielen Feldraine in manchen Gegenden werden auch die Herde vieler Pflanzenkrankheiten beseitigt.

4. **Die Hutpilze.** Zu den Hutpilzen gehören alle Pilze, welche gewöhnlich Schwämme genannt werden; letztere sind jedoch nur die Fruchtkörper dieser Pilze. Sie leben nur von Holzpflanzen. In die noch lebenden Bäume und Sträucher finden sie durch die Wundstellen Eingang. Am schädlichsten ist die Rot- und Weißfäule der Nadelhölzer.

Ein großer Teil dieser Pilze nährt sich von faulenden Überresten der Holzpflanzen, z. B. der Halimasch, der Hausschwamm.

Bekämpfung: Möglichste Verhütung von Verletzungen der Bäume. Größere Wunden soll man mit Baumwachs oder Ölfarbe verstreichen.

5. **Die echten Mehltaupilze.** Dieselben leben äußerlich auf der Oberhaut der Blätter und der anderen grünen Pflanzenteile. Die

befallenen Pflanzenteile sehen wie mit Mehl bestäubt aus. Der echte Mehltau befällt besonders den Weizen, den Weinstock, ferner den Hopfen, viele Schmetterlingsblütler, die Rosen u. s. w.

Der echte Mehltau des Weizens stellt sich besonders in windgeschützten feuchtwarmen Orten ein. Alle grünen Pflanzen erscheinen anfangs weiß wie mit Mehl bestreut; später bilden sich darauf die sehr kleinen, schwärzlichen, kugeligen Fruchtkörper. Er befällt alle Getreidearten, besonders Weizen und Dinkel, tritt aber nur selten in größerem Umfange auf.

Beim echten Mehltau des Weinstocks werden alle grünen Pflanzenteile der Rebe, auch die Beeren, mit einem weißlich-grauen Schimmel überzogen. Die erkrankten Blätter bleiben kleiner, krausen sich etwas und sterben zuletzt ab. Die Beeren bleiben hart und grün und springen später auf.

Der Rußtau oder der schwarze Brand des Hopfens ist ein Epiphyt und befällt hauptsächlich die Blätter, indem er dieselben krustenförmig mit einem leicht abhebbaren Ruß bedeckt. Er bildet sich nur da, wo Honig, z. B. von Blattläusen, abgeschieden wurde und schadet nur durch Abhaltung des Lichtes von den betreffenden Pflanzenteilen. Eine Entziehung der Nährstoffe, wie durch die übrigen Pilze, findet nicht statt. Bespritzen der Hopfenpflanzen mit 1—1 $^1/_2$%iger Schmierseifenlösung.

Der Rußtau befällt auch Obstbäume, Eichen, Weiden, Pappeln.

Bekämpfung: Der echte Mehltau des Weinstocks und der Obstbäume wird bekämpft durch Aufstreuen von Schwefelpulver vor, während und nach der Blüte auf die befallenen Pflanzen bei trockenem Wetter.

C. **Die Kernpilze.** Von denselben werden zartere Pflanzenteile, besonders Blätter und grüne Stengel befallen, auf welchen sie verfärbte, später meistens vertrocknende Flecken bilden. Hieher gehört der Schorf des Apfelbaumes und des Birnbaumes, der Fruchtschimmel auf dem Obst, das Mutterkorn, die Fleckenkrankheit der Runkelrübe und der Bohne.

Der Schorf des Apfel- und des Birnbaums kommt auf Blättern, grünen Zweigen und auf den Früchten vor. Zuerst erscheinen schwärzlichgrüne Flecken, welche später grau werden. Auf den Blättern sind die Flecken an beiden Seiten sichtbar. Die befallenen Früchte bleiben in der Entwicklung zurück. Das Fruchtfleisch in der Umgebung der grauen, bei Birnen rissig werdenden Flecken verhärtet sich und die Früchte verlieren sehr an Wert; Birnen können bei starkem Befall ganz unbrauchbar werden.

Der Fruchtschimmel befällt die meisten Obstarten. Die befallenen Teile von Äpfeln und Birnen werden zuerst braun, später dunkel. Die Ansteckung erfolgt meist durch Wunden; die befallenen Früchte zeigen an den erkrankten Stellen zahlreiche hellgraue Pusteln, welche die Pilzsporen enthalten. Diese Früchte bleiben meist am Baume hängen und vertrocknen. Von hier aus gelangen dann die Sporen im nächsten Jahr wieder auf Blüten und Früchte.

Das Mutterkorn kommt meist auf Roggen vor, seltener auf Weizen oder Gerste. Es werden nur einzelne Körner einer Ähre befallen. Diese Körner werden sehr groß, hornartig und sind von schwärzlich violetter Farbe; innen bleiben die kranken, sehr giftigen Körner weißlich.

Bekämpfung: Gegen Schorf werden die Obstbäume mit $^1/_2$%iger Kupfersoda- oder auch mit Kupferkalkbrühe gespritzt und zwar das erstemal vor der Blüte und dann ein oder zweimal nach der Blüte. Das Spritzen muß bei trockenem Wetter, aber nicht zur heißen Mittagszeit vorgenommen werden.

Den Fruchtschimmel bekämpft man durch Sammeln und Verbrennen der kranken Früchte.

7. **Die Schleimpilze.** Sie bilden keine Zellen oder Gewebe, sondern bestehen aus einer schleimigen Masse. Von größerer Wichtigkeit ist hier die Kropfkrankheit oder Hernie der Kohlarten. Es werden ausschließlich die Wurzeln befallen und zwar von allen Kohlarten und auch von verschiedenen sonstigen Kreuzblütlern. Die erkrankten Wurzeln zeigen erbsen- bis wallnuß-, ja oft faustgroße knollige Anschwellungen und Verdickungen, kropfartige Bildungen von weicher, nicht holziger Beschaffenheit. Diese Knoten und Knollen sind im Innern nicht hohl, wie bei der sog. Kohlkrankheit, welche von der Larve des Kohlgallenrüßlers herrührt.

Bekämpfung: Die Wurzeln der an Kropfkrankheit erkrankten Kohlpflanzen werden am besten sorgfältig gesammelt und verbrannt; dann ist das Feld zu kalken und 3—4 Jahre nur mit Pflanzen zu bebauen, welche nicht zu den Kreuzblütlern gehören.

Zur Bekämpfung der Pflanzenkrankheiten und zur Förderung des Pflanzenschutzes sind, im ganzen Land verteilt, verschiedene Pflanzenschutzstationen errichtet; die Organisation und die Oberleitung derselben obliegt der Kgl. Agrikulturbotanischen Anstalt in München. Bei irgend welchen auftretenden Schädigungen der Kulturpflanzen wende man sich an diese Anstalt oder an die nächstgelegene Auskunftsstelle für Pflanzenschutz.

Landwirtschaftlicher Teil.

Sechster Abschnitt.

Allgemeiner Pflanzenbau.

I. Bodenkunde.

A. Allgemeines.

Unter Boden versteht man die zu lockerer Erde zerfallene oberste Schicht der Erdrinde, welche durch Verwitterung des Gesteins und durch Verwesung meist pflanzlicher Reste entstanden ist. Nach unten zu wird der Boden in größerer oder geringerer Tiefe von Gestein begrenzt.

Lagert der Boden auf demjenigen Gestein, aus welchem er entstanden ist, so nennt man ihn Urboden oder Verwitterungsboden. Wurden hingegen die Bodenteile von der Stätte ihrer Entstehung durch Wasser weggeführt und an einem anderen Orte abgelagert, so heißt der Boden Schwemmlandsboden.

Der Urboden ist daran kenntlich, daß sich in ihm scharfkantige Trümmer des Gesteins, auf welchem er lagert, vorfinden. Er ist gleichmäßig, reicht nicht in größere Tiefe und ist daher nicht selten flachgründig.

Der Schwemmlandsboden dagegen enthält abgeschliffenes Geröll, Ton, Quarzsand und sonstiges Gesteinsmaterial, welches beim Transport im Wasser durch die rollende Bewegung mehr oder weniger abgerundet wurde. Solche Bodenarten sind meistens tiefgründig.

Der Boden besteht:

1. aus der mineralischen Grundlage,
2. aus organischer oder Humusmasse.

Die mineralische Grundlage des Bodens ist durch Verwitterung von Gesteinen entstanden, die Humussubstanz durch Verwesung pflanzlicher und tierischer Stoffe (Mist, Wurzeln, Stoppeln, Stroh, Unkräuter).

Die Verwitterung ist teils auf physikalische, teils auf chemische Vorgänge zurückzuführen.

Physikalisch wirkt die Wärme; durch diese werden die Gesteine sowie die einzelnen Mineralien eines Gesteins verschiedenartig ausgedehnt. Durch abwechselnde Erwärmung und Abkühlung des Gesteins im Sommer und Winter, bei Tag und zur Nachtzeit entstehen in dem Gestein kleine Risse und

Sprünge, in welche Wasser einzudringen vermag. Durch die Ausdehnung, welche beim Gefrieren des eingedrungenen Wassers erfolgt, findet dann eine Lockerung und Zersprengung der Gesteine statt. Es entstehen auf diese Weise zunächst größere Gesteinstrümmer, welche zu immer kleineren Stücken weiter verwittern, sodaß Schutt, Grus und schließlich Sand hervorgehen. Ferner wirkt die Kraft des fließenden Wassers und die Schwerkraft der Regentropfen zerkleinernd auf die Gesteinsmasse.

Chemisch wirkt der Sauerstoff, das Wasser und die Kohlensäure. Durch den Sauerstoff werden eisenoxydulhaltige Mineralien oxydiert und zersetzt, das Wasser und die darin gelöste Kohlensäure wirken lösend auf die meisten Mineralien.

Auf dem so entstandenen rohen Verwitterungsboden können zunächst niedere Pflanzen, wie Algen, Flechten und Moose sich ansiedeln. Durch ihre Ausscheidungen wirken diese Gewächse ebenfalls zersetzend auf das darunter liegende Gestein, sie lassen bei ihrem Absterben Reste organischer Substanz zurück. Durch die Verwesung dieser organischen Stoffe werden die in denselben enthaltenen unorganischen Nährstoffe wieder frei, sodaß allmählich auch höhere, größeren Nährstoffvorrat beanspruchende Pflanzen gedeihen können. Diese drängen sich mit ihren Wurzeln in die Risse und sprengen durch ihr Dickenwachstum die Gesteine. Beim Absterben dieser Pflanzen bleiben mit den Wurzeln und oberirdischen Teilen größere Mengen organischer Stoffe in dem Boden zurück, welche bei ihrer Verwesung die als Humus bezeichnete organische Grundlage des Bodens liefern.

B. Mechanische Zusammensetzung des Bodens und Bodenuntersuchung.

Die Ackerkrume besteht aus Skelett und Feinerde. Als Skelett bezeichnet man die groben Bestandteile (Steine, große organische Stoffe), als Feinerde die feineren (feiner Kies, Sand, abschlämmbare, vornehmlich aus Ton bestehende Teile). Um den Gehalt des Bodens an Skelett und Feinerde zu bestimmen, wendet man die mechanische Bodenuntersuchung an.

Fruchtbare Böden enthalten in der Regel bestimmte Mengen von Feinerde und Skelett. Bestehen die Böden hauptsächlich aus sehr feinen Teilen oder aus Skelett, so sind sie in der Regel infolge ungünstiger Eigenschaften von geringer Ertragsfähigkeit.

Die Bodenuntersuchung zerfällt in eine mechanische und in eine chemische.

Mechanische Bodenuntersuchung.

Die Menge der den Boden zusammensetzenden gröberen und feineren Bestandteile wird mit Hilfe der mechanischen Bodenuntersuchung festgestellt. Bei dieser bedient man sich zur Trennung der gröberen Bestandteile verschiedener Siebe von bestimmter Maschenweite, während die feineren Bodenbestandteile durch Abschlämmen mit Wasser getrennt werden. Alle diejenigen Teile des Bodens, welche nicht durch ein engmaschiges Sieb von 2 mm Maschenweite gehen, bezeichnet man als Skelett, während die übrigen abgesiebten Teile den Namen Feinerde führen. Der Gehalt des Bodens an Feinerde ist für die Beurteilung seiner Güte von großer Wichtigkeit.

Die Trennung der Feinerde in weitere Bestandteile wird mit Hilfe von Schlämmapparaten und Sieben von engerer Maschenweite vorgenommen. Zunächst werden durch einen Schlämmprozeß die feinsten Teilchen der Feinerde entfernt. Hiezu kann man den Kühn'schen Schlämmzylinder oder die Schlämmflasche von Benningsen benützen. Das aus der Feinerde Abschlämmbare wird als Ton bezeichnet. Der Rückstand läßt sich mit Hilfe von verschieden feinen Sieben weiter in Grobkies, Feinkies, Grobsand und Feinsand zerlegen.

Über chemische Bodenuntersuchung siehe Düngerlehre.

C. Die Eigenschaften der Böden im allgemeinen.

Für den Kulturwert der Böden kommen folgende Eigenschaften derselben in Betracht:

a) Das Verhalten des Bodens bei der Bearbeitung.
b) " " " " zum Wasser.
c) " " " " zur Wärme.
d) " " " " zur Luft.
e) " " " " zu den Nährstoffen.

a) Das Verhalten des Bodens bei der Bearbeitung hängt von dem Gehalte an abschlämmbaren Teilen ab. Böden, reich an Ton, sind bündig oder schwer, im Gegensatz zu den losen oder leichten Böden. Solche Böden haften sehr stark an den Werkzeugen und erschweren die Bearbeitung.

b) Das Wasser wird von den Böden in verschiedenem Maße festgehalten (Wasserfassungsvermögen). Ein Teil desselben geht mehr oder weniger schnell durch Verdunstung verloren (Austrocknung).

Je nachdem ein Boden das Wasser mehr oder weniger schnell nach unten versickern läßt, spricht man von der größeren oder geringeren Durchlässigkeit der Böden. Sie ist um so größer, je mehr Skelett vorhanden ist.

Endlich steigt in den feinen Hohlräumen das Wasser im Boden nach aufwärts (Kapillarität) und zwar um so höher, je größer der Gehalt an Feinerde ist.

c) Verhalten des Bodens zur Wärme. Die hauptsächlichste Wärmequelle ist die Sonne. Ein Boden erwärmt sich um so schneller, je dunkler seine Farbe und je niedriger sein Wassergehalt ist. Auch die Lage des Bodens nach den verschiedenen Himmelsrichtungen ist für die Erwärmung von Bedeutung; am schnellsten und stärksten werden die nach Süden, am schwächsten die nach Norden liegenden Bodenflächen erwärmt. Das Wasser hat eine etwa fünfmal so hohe spezifische Wärme (Wärmekapazität) wie die Mineralien, d. h. es ist zur Erwärmung gleicher Mengen Wasser und Mineralien auf gleich hohe Temperatur für das erstere ungefähr fünfmal soviel Wärme notwendig als für die letzteren. Aus diesem Grunde erwärmt sich ein nasser Boden langsamer als ein trockener.

In die tieferen Bodenschichten gelangt die Wärme durch Leitung; je besser diese ist, um so schneller werden die unteren Schichten erwärmt. Ein guter Wärmeleiter ist Quarz, schlechte Wärmeleiter sind die humosen Stoffe, das Wasser und die Luft. Die Abkühlung der Böden erfolgt durch Ausstrahlung der Wärme. Bei unbewölktem Himmel vollzieht sich dieselbe schneller als bei bewölktem.

Ist der Boden mit Stroh, Stalldünger, Reisig oder Schnee bedeckt, so wird die Ausstrahlung der Wärme vermindert.

d) Verhalten des Bodens zur Luft. Böden, welche der Luft großen Zutritt gewähren, heißen tätige Böden, weil in ihnen der Mist rasch verwest. (Gegensatz sind träge Böden.)

e) Das Verhalten des Bodens zu den Nährstoffen ist bedingt durch die Eigenschaft des Bodens aus Lösungen bestimmte Stoffe aufzunehmen und festzuhalten.

Man bezeichnet diese wichtige Eigenschaft als Absorptionsvermögen. Der Absorption unterliegen Kali, Phosphorsäure und Ammoniak. Fruchtbare Böden haben ein großes Absorptionsvermögen.

D. Die Bodenbestandteile.

Die Hauptbodenbestandteile sind:

1. Sand (Quarz),
2. Ton,
3. Kalk,
4. Humus.

Von den Eigenschaften dieser vier Hauptbestandteile und von der Art ihrer Mischung ist der Wert und die Brauchbarkeit des Bodens als Kulturboden vorzugsweise abhängig.

1. Der Sand.

Der Sand besteht vorwiegend aus Quarztrümmern, denen andere Gesteins- oder Mineraltrümmer beigemengt sein können. Die einzelnen Sandkörner sind verschieden groß und liegen lose nebeneinander. Die wichtigste Eigenschaft des Sandes ist seine große Durchlässigkeit für Wasser, da dasselbe von den Sandkörnern nur sehr wenig festgehalten wird und in den durch lose Aneinanderlagerung der groben Sandkörner gebildeten Hohlräumen leicht nach abwärts sickert. Jedoch ist sehr feiner Sand für Wasser sehr wenig durchlässig.

Der Quarzsand verwittert nicht und liefert für die Pflanzen keine Nährstoffe. Der Sand erwärmt sich leicht, gibt aber die Wärme auch leicht wieder ab.

2. Der Ton.

Der Ton besteht aus äußerst fein verteilter kieselsaurer Tonerde und fühlt sich beim Reiben zwischen den Fingern mild an. Er zeigt die entgegengesetzten Eigenschaften des Sandes. Das Wasser wird nämlich vom Ton in reichen Mengen aufgesogen und so festgehalten, daß derselbe für Wasser fast undurchlässig ist. Ton trocknet schwer aus und bildet dabei Risse und Sprünge. Feuchter Ton erwärmt sich infolge seines hohen Wassergehaltes langsam, ist zäh, schmierig und haftet an den Ackerwerkzeugen fest.

Seine Durchlüftung ist meistens gering und die Zersetzung der organischen Substanzen vollzieht sich infolgedessen in ihm nur langsam.

Mit Ätzkalk oder kohlensaurem Kalk gemischt wird der Ton lockerer und zerfällt leichter. Er enthält in der Regel ziemlich große Mengen von Kaliverbindungen. Pflanzennährstoffe werden vom Ton sehr gut festgehalten.

3. Der Kalk.

Der Kalk (kohlensaures Calcium) kommt im Boden entweder sehr fein verteilt oder in Form von kleinen Körnchen oder größeren Stücken vor. Im feinverteilten Zustand zeigt er ähnliche physikalische Eigenschaften wie der Ton. Kalk erwärmt sich, wenn nicht fein verteilt, leicht und begünstigt die Zersetzung der organischen Stoffe.

4. Der Humus.

Der Humus entsteht bei der Zersetzung von Pflanzen- und Tierresten unter Einwirkung von Wärme, Luft und Wasser und mit Hilfe niederer Pilze. Bei genügendem Luftzutritt bildet sich milder, an aufnehmbaren Pflanzennährstoffen reicher Humus (Humus der Gartenerde), bei ungenügendem Luftzutritt hingegen schwer zersetzbarer saurer Humus (Torf-, Moorhumus). Der Heidehumus geht bei vorhandener geringer Feuchtigkeit aus der Verwesung von Heidekraut, Heidelbeer- und Preiselbeerkraut hervor und ist reich an Gerbstoff.

Der Humus vermag sehr große Mengen von Wasser aufzunehmen. In mäßig feuchtem Zustand erwärmt er sich wegen seiner dunklen Farbe leicht, kühlt sich aber auch rasch wieder ab. Die Pflanzennährstoffe hält er sehr gut fest. Bei seiner Zersetzung im Boden liefert er erhebliche Kohlensäuremengen.

Der Humusgehalt der Böden ist sehr wechselnd. Man bezeichnet einen Boden als

humusarm	bei	0—2 %	Humusgehalt,
„ haltig	„	2—5 „	„ ,
humos	„	5—10 „	„ ,
humusreich	„	10—15 „	„ .

Der Humus ist ein sehr wichtiger Bodenbestandteil, der von großem Einfluß auf die Fruchtbarkeit der Böden ist. Bei seiner Zersetzung werden Pflanzennährstoffe verfügbar, auch entwickelt sich Kohlensäure, welche lösend auf die Gesteinsteilchen des Bodens wirkt und Nährstoffe löslich macht. Der Humus erhöht das Absorptionsvermögen, macht bündige Böden lockerer und erhöht das Wasserfassungsvermögen loser Böden. Die Erwärmungsfähigkeit wird durch den Humus gesteigert.

Wenn dagegen die Böden übermäßig Humus enthalten, wie die Moorböden, so verschlechtern sich die Bodeneigenschaften. Das Wasserfassungsvermögen wird dann zu groß, die Durchlüftung schlecht, die Böden unterliegen großen Schwankungen hinsichtlich der Wärme und Feuchtigkeit und die Pflanzen sind der Gefahr des Erfrierens und Auswinterns sehr ausgesetzt.

E. Die wichtigsten Bodenarten.

Je nach dem Anteil, welchen die Hauptbodenbestandteile, Sand, Ton, Kalk und Humus, an der Bildung des Kulturbodens nehmen, unterscheidet man folgende Hauptbodenarten:

1. Sandboden,
2. Tonboden,
3. Lehmboden,
4. Mergelboden,
5. Kalkboden,
6. Humusboden,
7. Steinboden.

1. Der Sandboden.

Gewöhnlich versteht man unter Sandboden den hauptsächlich aus Quarzkörnern bestehenden Boden. Derselbe enthält mindestens 80 % Sand und nur wenig abschlämmbare Bestandteile.

Die wichtigsten Arten des Sandbodens sind:

a) Gemeiner Sandboden, welcher bis gegen 10 % tonige Teile enthält.

b) Lehmiger Sandboden, in welchem 10—20 % tonige Teile enthalten sind.

c) Humoser Sandboden, der etwa 2—4 % Humusbestandteile enthält, wodurch seine Farbe und seine Fruchtbarkeit günstig beeinflußt wird.

Die wasserfassende Kraft ist bei Sandböden gering, die Durchlässigkeit sehr groß. In trockenem Klima und niederschlagsarmen Jahren leidet der Sandboden leicht Mangel an Wasser.

Die Zusammenhangskraft und Anhangskraft des Sandbodens ist sehr gering; der Sandboden ist leicht zu bearbeiten. Wegen der großen Lockerheit ist häufiges Pflügen zu vermeiden.

Die Sandböden sind dem Zutritte der atmosphärischen Luft sehr zugänglich, die Verwesung organischer Stoffe verläuft deshalb in denselben sehr rasch. Wegen dieser Eigenschaft werden die Sandböden als tätige Böden bezeichnet.

Die Erwärmungsfähigkeit ist bei Sandböden größer als bei anderen Bodenarten; sie sind deshalb warme Böden, auf welchen die Pflanzen zeitig im Frühjahr ihr Wachstum beginnen, weshalb Sandböden mit guter Dungkraft sehr geeignet für Gemüse- und Tabakkultur sind.

Ihr Gehalt an Pflanzennährstoffen ist im allgemeinen gering.

Das Absorptionsvermögen der Sandböden ist gleichfalls meistens gering, infolgedessen können die löslichen Pflanzennährstoffe leicht durch Auslaugung mit den Sickerwässern verloren gehen.

Die Sandböden werden, abgesehen vom Stallmist und Gründünger, durch Zufuhr von Mergel, Lehm und Moorerde verbessert.

Auf Sandböden baut man vorzugsweise Roggen, Kartoffeln, Lupinen, Serradella, Weißklee, Hopfenklee, zottige Wicke, Buchweizen und Spörgel an.

2. Der Tonboden.

Der Tonboden enthält mindestens 50 % Ton. Man unterscheidet:

a) Strengen Tonboden mit 75—90 % Ton. Derselbe ist sehr wenig kulturfähig.

Letten ist ein sehr inniges Gemenge von Ton mit sehr feinverteiltem Sand.

b) Gewöhnlichen Tonboden mit 50—70 % Ton. Enthält derselbe 3—5 % Kalk und eine größere Menge von Sand mit gröberem Korn, so wird er milder Tonboden genannt.

c) Mergeligen Tonboden mit 4—8 % Kalk in sehr feinverteiltem Zustand.

d) Humosen Tonboden mit mindestens 4 % Humus. Der Ton wird durch die humosen Bestandteile mehr oder weniger stark dunkel gefärbt.

Die wasserfassende Kraft des Tonbodens ist sehr groß; die aufgenommene Feuchtigkeit hält er lange zurück, seine Durchlässigkeit ist sehr gering. Beim

Trocknen wird der Tonboden hart und verringert seinen Rauminhalt, wodurch die Bildung von Rissen und Spalten verursacht wird. Der Tonboden ist bündig und schwer zu bearbeiten. Die Erwärmungsfähigkeit ist geringer als die des Sandbodens. Wasserreiche Tonböden sind kalte Böden.

Infolge der großen wasserfassenden Kraft, des mangelhaften Eindringens der atmosphärischen Luft und wegen der geringen Erwärmungsfähigkeit gehen alle Verwitterungs- und Verwesungsprozesse im Tonboden langsam vor sich. Derselbe wird als ein träger, untätiger Boden bezeichnet.

Der Gehalt an Nährstoffen, wie auch das Absorptionsvermögen sind im allgemeinen bei Tonböden bedeutender als bei Sandböden. Die Bearbeitung des Tonbodens erfordert besonders viel Aufmerksamkeit, um seine ungünstigen Eigenschaften zu verbessern. Bei der Bearbeitung muß der günstigste Feuchtigkeitszustand genau wahrgenommen werden, um eine gute Lockerung zu erzielen. Hiedurch werden die nachteiligen Eigenschaften der Tonböden wesentlich abgeschwächt.

Die Hauptbearbeitung hat im Herbste zu erfolgen. Der Tonboden soll über Winter zur Beförderung der Lockerung durch den Frost in rauher Furche liegen bleiben.

Die Unterbringung des Düngers und des Saatgutes darf nicht zu tief erfolgen, weil die zur Verwesung und Keimung notwendige Luft (Sauerstoff) in geringem Grade eindringen kann.

Nasse Tonböden sind vor allem zu entwässern. Zur Verbesserung der Eigenschaften derselben ist die Zufuhr von Kalk, Mergel und Sand sehr wichtig, ferner die Anreicherung mit Humus (Stalldünger, besonders strohiger; Gründünger).

Auf Tonböden gedeihen besonders Weizen, Hafer, Pferdebohnen, Reps, Rotklee und Runkelrüben.

3. Der Lehmboden.

Der Tongehalt des Lehmbodens beträgt höchstens 40 %, der Sandgehalt hingegen mindestens 60 %. Im Lehmboden befindet sich der Sand in Form von kleineren oder größeren Quarzkörnern, die beim Reiben des Bodens zwischen den Fingern noch fühlbar sind. Durch Eisenoxyd ist er meistens gelb oder braun gefärbt.

Man unterscheidet:

a) Strengen Lehmboden mit annähernd gleichen Teilen Ton und Sand.

b) Milden oder gewöhnlichen Lehmboden mit 30—40 % Ton; er ist ein sehr guter Kulturboden.

c) Sandigen Lehmboden mit 20—30 % Ton.

d) Humosen Lehmboden mit etwa 4—8 % Humus.

Der Lößboden besteht aus einem Gemische von feinem Sand mit Ton. Derselbe ist bisweilen reich an kohlensaurem Kalk und enthält oft kleine Schneckengehäuse.

In der Bündigkeit, Durchlüftung, Erwärmungsfähigkeit sowie in der wasserfassenden Kraft, in der Durchlässigkeit und im Absorptionsvermögen stehen die Lehmböden zwischen den Ton- und Sandböden.

Der Lehmboden nimmt das Regenwasser rascher auf als der Tonboden. Deshalb kommen ihm im Gegensatze zum Tonboden, welcher im ausgetrockneten

Zustand das Wasser nur langsam aufnimmt, schon geringere Regenmengen zugute. Die humosen, kalkhaltigen, tiefgründigen Lehmböden sind sehr fruchtbar; auf denselben gedeihen die meisten Kulturgewächse sehr gut.

4. Der Mergelboden.

Der Mergelboden ist ein Gemenge von mindestens 15 % kohlensaurem Kalk und höchstens 75 % Ton, welche beide so innig mit einander gemischt sind, daß sie durch Schlämmen nicht von einander getrennt werden können. Außerdem enthält er noch Sand.

Man unterscheidet: sandigen, gemeinen, lehmigen, tonigen und humosen Mergelboden.

Durch den äußerst fein beigemischten kohlensauren Kalk wird der Mergelboden tätig, selbst dann, wenn der Gehalt an Ton demjenigen im Tonboden gleich ist. Mergelböden halten die Feuchtigkeit gut an und sind milde, warme, fruchtbare Böden, auf denen anspruchsvolle Kulturpflanzen gebaut werden können und auf welchen wegen des Kalkgehaltes auch die schmetterlingsblütigen Pflanzen sehr gut fortkommen.

5. Der Kalkboden.

Der Kalkboden enthält als wesentlichen Bestandteil kohlensauren Kalk. Der Gehalt an diesem kann bis 75 % und darüber steigen. Erscheint der Kalk in Form verschieden großer Gesteinsstückchen, so heißt er steiniger Kalkboden.

Die Kalkböden enthalten mehr als 50 % kohlensauren Kalk. Sie besitzen eine graue bis weißgraue Farbe. Ihre Bündigkeit ist gering. Wenn der Gehalt an Feinerde gering, an gröberen Skeletteilen (Kalkstücken) groß ist, so ist das Wasserhaltungsvermögen gering, die Erwärmungsfähigkeit und Durchlässigkeit groß. Solche Kalkböden sind tätige Böden; Stallmist und Humus zersetzen sich in ihnen sehr rasch, weshalb sie selten reich an Humus sind. Der Kalkgehalt befördert, wie bei den Mergelböden, das Gedeihen der Schmetterlingsblütler.

6. Der Humusboden.

Der Humusboden enthält dem Gewichte nach mehr als 20 % Humus. Seine Farbe ist braun bis schwarz.

Man unterscheidet Grünlandsmoorböden (Donaumoos, Erdinger-, Dachauer-, Aubinger-Moos) und Hochmoorböden (Filze in niederschlagsreichen Gegenden, wie am Saume des bayerischen Vorgebirgs, in der Rhön und im Fichtelgebirge). Erstere sind mehr zersetzt als die letzteren, reicher an aufnehmbaren Stickstoffverbindungen und an Kalk. Dagegen sind beide arm an Phosphorsäure und Kali.

7. Der Steinboden.

Bei diesem Boden überwiegt das Bodenskelett beträchtlich, während der Gehalt an Feinerde gering ist. Ist der Feinerdegehalt größer und der Boden reich an Steinen, so heißt ein solcher Boden steinig.

Bei eckiger Beschaffenheit des Gesteinsmaterials spricht man von Grand- und Grusboden, bei abgerundeter, von Geröll- und Kiesboden.

Die Fruchtbarkeit der Steinböden ist sehr gering; sie dienen vorwiegend als Weide- oder Waldland.

F. Krume und Untergrund.

Unter Boden im landwirtschaftlichen Sinne versteht man die oberste Lage der Erdoberfläche, in welcher sich die Wurzeln der Pflanzen verbreiten. Man kann zwei übereinander liegende Schichten unterscheiden, die Ackerkrume (Krume) und den Untergrund. Die Ackerkrume ist diejenige Schicht, welche einer regelmäßigen Bearbeitung und Düngung unterliegt und deshalb von lockerer Beschaffenheit ist. Unter der Krume liegt der Untergrund, welcher sich gewöhnlich durch hellere Farbe und größere Dichtigkeit gegenüber dem dunkler gefärbten Obergrund kennzeichnet.

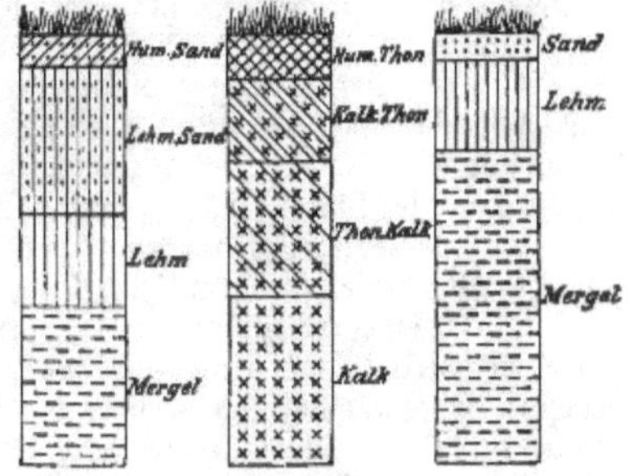

Fig. 89. Bodenprofile.

Die dunklere Farbe der Ackerkrume ist auf den höheren Humusgehalt zurückzuführen, welcher von der Einverleibung organischer Stoffe (Stoppeln, Wurzeln, Stallmist u. s. w.) herrührt.

Von großer Bedeutung für die Fruchtbarkeit eines Bodens ist die Tiefe der Ackerkrume.

Man bezeichnet die Ackerkrume als seicht bis zu 15 cm Tiefe, mitteltief bei 16—20 cm Tiefe, tief bei 21—30 cm Tiefe und darüber.

Von Einfluß auf die Fruchtbarkeit ist ferner die Beschaffenheit des Untergrundes. Der Untergrund kann gleichartig oder ungleichartig sein, je nachdem seine mineralische Beschaffenheit mit jener der Krume übereinstimmt oder nicht. Öfters besteht er aus verschiedenartigen Schichten (Fig. 89); der Untergrund kann durchlässig (Sand, Kies), undurchlässig (Ton, Letten), auch steinig, artbar oder nicht artbar sein.

II. Die Bodenbearbeitung.

Die Bearbeitung des Bodens hat verschiedene Aufgaben zu erfüllen; insbesondere soll durch dieselbe der Boden gelockert, gewendet und gemischt, gegebenen Falls dichter gelagert werden, ferner sollen Dünger, Stoppeln, Saatgut untergebracht und Unkraut zerstört werden.

Die richtige Bearbeitung des Bodens ist von größter Bedeutung für das Gedeihen der Pflanzen und für die Höhe der Erträge. Von der Art der Lagerung der Bodenteilchen (Struktur, Gefüge) hängt das Verhalten des Bodens zu Wasser, Luft und Wärme ab. Ein Boden, der noch nie bearbeitet wurde oder lange Zeit sich selbst überlassen blieb, befindet sich in seinem natürlichen Gefüge. In diesem Zustande sind die einzelnen Bodenteilchen so innig aneinander gelagert, daß sie sich weder durch Regen, noch durch ihr eigenes Gewicht näher aneinander legen können. Man nennt diese Form des Bodengefüges Einzelkornstruktur. Die Lagerung der Teilchen mancher Böden läßt sich durch die Bearbeitung in der Weise abändern, daß sich die Teilchen mit Hilfe verschiedener Stoffe (Wasser, Ton, Humussäuren) zu größeren oder kleineren Stückchen, Bröckchen oder Krümeln vereinigen. Diese Art der Lagerung der Bodenteilchen bezeichnet man als Krümelstruktur. Sie unterscheidet sich von der Einzelkornstruktur durch das Auftreten einer beträchtlichen Zahl von größeren Hohlräumen. Durch die Herstellung der Krümelstruktur wird die Durchlässigkeit des Bodens für Wasser und Luft sowie die Erwärmung desselben gefördert, das Wasserfassungsvermögen und die Verdunstung dagegen herabgedrückt. Das Eindringen der Wurzeln wird erleichtert und der Widerstand, welchen die Ackerwerkzeuge erfahren, wird vermindert.

Bei der Bearbeitung grobkörniger, sandiger Böden, welche eine geringe wasserfassende Kraft und große Durchlässigkeit haben, müssen die Maßnahmen darauf gerichtet sein, dem Ackerlande die Bodenfeuchtigkeit möglichst zu erhalten und die Versorgung der Pflanzen mit Wasser zu erleichtern.

Auf bündigen, tonreichen Bodenarten dagegen sollen die ungünstigen Eigenschaften derselben durch Krümelung des Erdreichs tunlichst beseitigt werden.

Ein besonderer Zustand des Bodens ist die Ackergare. Dieselbe wird unter Mitwirkung von entsprechender Feuchtigkeit und Wärme, durch Bodenbearbeitung, Düngung und verschiedene Vorgänge chemischer und physikalischer Natur im Boden hervorgerufen und ist für das Gedeihen der Pflanzen außerordentlich wertvoll. Ein in der Gare befindlicher Boden ist krümelig und mürbe sowie reich an leicht aufnehmbaren Nährstoffen.

Die Hauptarten der Bodenbearbeitung sind das Pflügen (Schälen), Eggen und Walzen.

Durch das Pflügen soll der Boden gelockert und gemischt, Dünger sowie Saatgut untergebracht und das Unkraut zerstört werden. Durch das Schälen wird die Wasserverdunstung aus der Ackerkrume herabgedrückt und infolgedessen deren Wassergehalt erhalten, weil durch das Lockern der Bodenteilchen viele kapillare Hohlräume zerstört werden.

Durch das Eggen des Ackerlandes wird die Abtrocknung der obersten Schicht beschleunigt, indem durch die Lockerung die verdunstende Oberfläche vergrößert wird und in der zutage liegenden Bodenschicht eine Menge nichtkapillarer Hohlräume (Krümeln) entsteht, durch welche die kapillare Leitung des Wassers an der Oberfläche vermindert wird. Ein derartig beschaffener Boden kann daher den an der Oberfläche erlittenen Wasserverlust nicht in dem Grade aus den tieferen Schichten ersetzen als der unveränderte Boden, der das Wasser ungehindert bis an die Oberfläche leiten kann. Es leistet also das Eggen in solchen Fällen treffliche Dienste, wo es sich um die Erhaltung des Wasservorrats im Boden handelt.

Durch das Walzen wird die Verdunstung aus dem Boden gefördert, weil die Aufwärtsbewegung des Wassers infolge Vernichtung eines großen Teiles der nichtkapillaren Hohlräume, welche die Hebung des Wassers von unten nach oben hemmen, beschleunigt wird. Das Walzen wird vorteilhaft angewendet, wenn Sämereien, z. B. Grassamen, welche nur flach untergebracht werden dürfen und dadurch leicht in eine trockene Schicht geraten, die zum Keimen notwendige Feuchtigkeit zuzuführen ist.

Herrscht nach dem Walzen längere Zeit trockene Witterung, so verdunstet der gewalzte Boden mehr Feuchtigkeit und trocknet daher mehr aus als der nicht gewalzte, lockere Boden; treten nach dem Walzen ergiebige Niederschläge ein, so ist der gewalzte Boden nässer als der lockere Boden. In den gelockerten Boden dringt das Regenwasser nicht nur leicht ein, sondern es wird auch in den nichtkapillaren Hohlräumen schnell in die Tiefe abgeführt. In dem gewalzten Lande sinkt es nur langsam nach abwärts und hält sich längere Zeit in der Ackerkrume. Demnach wird durch das Walzen die Wasserkapazität der Ackerkrume erhöht und die Durchlässigkeit für Wasser vermindert.

Ob nun die Walze oder die Egge in Anwendung zu bringen ist, entscheidet das Verhalten der Ackerkrume dem Wasser gegenüber. Es wird nämlich durch das Walzen der Feuchtigkeitsgehalt auf allen leichten, lockeren Bodenarten von geringer Wasserkapazität und großer Durchlässigkeit günstig beeinflußt, dagegen wird auf allen bündigen Böden von hoher Wasserkapazität und geringer Durchlässigkeit die Ansammlung übermäßiger, der Vegetation schädlicher Wassermengen herbeigeführt, in welchem Falle das Eggen rätlicher erscheint.

Klima, Witterung und Bodenbeschaffenheit entscheiden demnach die jeweilige Verwendung beider Bodenbearbeitungsgeräte.

Bemerkung. Weitere Wirkungen des Eggens und Walzens sind unter B und D angegeben.

A. Das Pflügen.

Der Pflug.

Der Pflug besteht aus der Zugvorrichtung und dem Pflugkörper. An letzterem sind die Sterzen angebracht, welche zur Führung des Pflugs dienen. Sie sind entweder aus Holz oder aus Eisen und mit hölzernen Griffen versehen. Zugvorrichtung und Pflugkörper werden durch den Pflugbaum oder Grindel verbunden, an dem alle Teile des Pflugs befestigt sind. Der Pflugkörper verrichtet die eigentliche Pflugarbeit.

Fig. 90. Universal-Pflug von Rud. Sack in Leipzig-Plagwitz.

Am Pflugkörper unterscheiden wir Schar, Streichbrett, auch Rüster genannt, Griessäule und Pflugsohle (Fig. 90). An älteren Pflügen findet sich auch ein sog. Molterbrett.

Die Schar schneidet den Erdbalken horizontal ab und hebt ihn etwas. Zu diesem Zwecke ist dieselbe vorne spitz und an der vorderen Kante scharf. Die Schar stellt neben der Sohle den am meisten der Abnützung unterliegenden Teil des Pfluges dar.

Zweckmäßig wird die Schar aus Stahl oder gestähltem Eisen hergestellt.

Die weitere Hebung des von der Schar abgeschnittenen Erdbalkens übernimmt dann das Streichbrett, das den Erdbalken schließlich umwendet. Dabei soll eine gute Krümelung und Mischung der Erdteilchen stattfinden. Die Pflugschar muß mit der Pflugsohle eine Gerade bilden. Ist die Scharspitze nach abwärts gerichtet, so geht der hintere Teil des Pflugkörpers nicht auf dem Boden; der Pflug macht infolgedessen keine schöne Arbeit und verlangt verhältnismäßig mehr Zugkraft. Ist die Scharspitze nach aufwärts gerichtet, so hat der Pflug das Bestreben aus dem Boden zu gehen. Die Befestigung der Schar mit dem Streichbrett geschieht vermittelst zweier versenkter Schrauben, deren Köpfe nicht über die Schar hervorstehen dürfen, damit das Fortbewegen des Erdstreifens nicht gehemmt wird. Ferner müssen Schar und Streichbrett ohne Absatz und Vertiefung oder Erhebung ineinander übergehen, weil sich sonst Erde festsetzen würde, was den Gang des Pflugs erschwert.

Das Streichbrett hat die Bestimmung den vom Sech und Schar senkrecht und wagrecht abgeschnittenen Erdstreifen aufzunehmen und so zu drehen, daß ein möglichst großer Teil des Erdbalkens der Luft ausgesetzt wird. Das Streichbrett wird entweder aus Panzerstahl oder gestähltem Schmiedeeisen hergestellt. Es soll so geformt sein, daß es sich beim Pflügen an allen Stellen gleichmäßig blank reibt. Dadurch wird an Zugkraft gespart und bessere Arbeit verrichtet. Stellung und Form des Streichbretts ist je nach der Beschaffenheit des zu bearbeitenden Bodens und der verlangten Arbeit verschieden. Bezüglich der Form unterscheidet man Zylinderstreichbrett (Steilwender) und Schraubenstreichbrett (Flachwender), je nachdem die Streichbrettfläche zylinderförmig oder schraubenförmig gebogen ist. Sie kann auch vorne eine zylinderförmige Wölbung haben und nach hinten in die Schraubenform übergehen.

Beim zylinderförmig gebogenen Streichbrett legt sich der Erdbalken nicht glatt um, sondern der Boden wird durcheinander geworfen und gemischt. Es eignet sich diese Form des Streichbretts hauptsächlich für leichte Bodenarten. Das gewundene Streichbrett legt den Erdbalken glatt um, mischt und krümelt den Boden aber nur wenig. Es leistet auf den sehr schweren, zähen Böden die beste Arbeit; aber auch zum Umbrechen von Grasnarben, Stürzen von Kleestoppeln eignet es sich ganz besonders.

Das vorne in Zylinderwölbung und nach hinten in Schraubenform ausgestaltete Streichbrett, also eine Zwischenform der beiden obengenannten, eignet sich am besten für mittlere und für solche schwere Böden, welche wegen ihres Humusgehaltes und ihres besseren Kulturzustandes beim Pflügen zerfallen und krümeln.

Die Griessäule dient zur Verbindung der einzelnen Teile des Pflugkörpers untereinander und mit dem Grindel. Die Pflugsohle ist der unterste Teil des Pflugkörpers und ist als Trägerin des ganzen Pfluges am stärksten der Reibung ausgesetzt. Dieselbe wird aus diesem Grunde aus bestem Stahl gefertigt.

Das Molterbrett soll verhindern, daß hinter dem Pfluge zuviel Erde in die Furche fällt.

Das Sech oder der Kolter, auch Pflugmesser genannt, hat die Aufgabe den Erdstreifen senkrecht abzuschneiden. Es hat gewöhnlich die Form eines

Messers, wird aber auch scheibenförmig hergestellt, insbesondere zum Unterpflügen von Gründüngungspflanzen. Es wird am Grindel vor dem Pflugkörper befestigt. Bei losem Boden ist das Sech überflüssig, auf bündigem oder mit einer Pflanzennarbe versehenem Boden aber erleichtert und verbessert es die Arbeit. Von der Seite gesehen darf das Pflugmesser nur wenig über die Landseite des Pflugkörpers hervorstehen und muß scharf gehalten werden. Das Sech ist am Pflugbaum vor der Schar derart zu befestigen, daß es leicht in die entsprechende Lage unverrückbar gebracht und zum Schärfen weggenommen werden kann. Während früher ein Festkeilen des kantigen oder runden Messerstiels in einem Loche des Grindels stattfand, hat man jetzt eiserne Laufbüchsen mit Stellschrauben oder verschraubtem Bügel.

Der Vorschäler oder die Schälschar hat die Form eines Pflugkörpers und wird, wie das Sech, am Grindel befestigt. Der Vorschäler hat die Aufgabe die obere Bodenschicht abzuschälen und in die Furche zu stürzen. Dies ist besonders von Wert bei der Unterbringung von Dünger, Grasnarben, Kleestoppeln, Unkraut und dergleichen, da diese Stoffe von dem nachfolgenden Hauptkörper besser mit Erde überschüttet und so von der Egge später nicht so leicht wieder herausgezogen werden können.

Die Zug- und Stellvorrichtung dient zum Angreifen der Spannkräfte sowie zum Einstellen der Tiefe und Breite der Pflugfurche. Sie ist verschieden, je nachdem der Grindel vorn durch ein zweirädriges Vordergestell (Vorderkarre) oder durch ein Stelzrad oder einen Stelzfuß oder gar nicht, wie bei den Schwingpflügen, unterstützt ist.

Am „Pfluge der Jetztzeit", wie z. B. am Sack'schen Universalpflug, unterscheidet man Vordergestell und Grindel, die beide aus Stahl gefertigt sind.

Das Vordergestell besteht aus einer kurzen und einer langen Achse. Die Verbindung beider wird durch einen Stellbügel mit Stellschraube hergestellt.

Am Vordergestelle befinden sich Zugstange, Zugbügel, Zughaken, ferner der Sattel mit Achsband, der Regulierbogen mit Stecker, Sattel mit Steg (Brücke), die Aufhängekette, die Zugketten mit Spannschrauben, die Radbüchse, Röhrenkapsel mit Stecker oder Splint.

Beim Grindel unterscheidet man einfache und Doppelgrindel.

Hier befinden sich der Querzug mit Band, die Ausfurchhaken, die Deckplatten mit den Deckplattschrauben, der Streichbügel, die Sterzen mit dem Sterzensteg, die Schlüsselniete, Furchenklammer, der Pflugkörper mit der Brust, das Sech mit dem Sechband, die Sohle, die Schar und der Rüster mit den Rüsterstützen, die Streichschiene und die Grindelschrauben.

Beim Karrenpflug muß die Achse des Vordergestells beim Pflügen möglichst wagerecht liegen. Zu dem Zwecke hat das in der Furche gehende Rad in der Regel einen um die Furchentiefe größeren Halbmesser als das andere. Um zu vermeiden, daß die Achse schräg zu liegen kommt, ist bei den neueren Pflügen das eine Rad senkrecht verschiebbar.

Die Tiefe der Furche läßt sich dadurch regeln, daß man die Brücke, die von einem auf der Achse senkrecht befestigten Bügel getragen wird und auf welcher der Grindel ruht, entweder nach oben oder nach unten verschiebt und befestigt.

Ferner kann man den Tiefgang dadurch regeln, daß man die Kette, welche in der Nähe des Pflugkörpers am Grindel befestigt ist und diesen mit der Achse und weiterhin mit dem Zughaken verbindet, entweder verkürzt oder verlängert.

Die Furchenbreite läßt sich durch seitliche Verschiebung des Bügels und des Zughakens regulieren. Der Zughaken muß von einer am Ende des Pflugbaumes befestigten Kette getragen werden, damit die Karre nicht vorn überkippen kann.

Diese Haltekette darf beim Pflügen nicht straff gespannt sein.

Die Naben an den beiden Rädern müssen gegen das Eindringen von Staub und Erde möglichst geschützt werden, damit sich die Schmiere längere Zeit hindurch hält und die Achsenlager vor zu starker Abnutzung bewahrt werden.

Die Universalkarrenpflüge (siehe Abbildung Seite 153) werden mit und ohne Selbstführung hergestellt.

Durch diese Selbstführung wird der Pflug selbsttätig in senkrechter Lage gehalten, sodaß er beim Pflügen nicht geführt zu werden braucht. In die eine der beiden Ketten der Selbstführung muß aber eine Doppelschraubenmutter eingeschaltet sein, damit durch Verkürzen oder Verlängern der Kette der Pflug auch auf abhängigem Lande senkrecht laufend eingestellt werden kann.

Zum Transportieren des einscharigen Karrenpflugs auf Wegen ist die Transportkarre sehr geeignet. — Außer den Karrenpflügen gibt es auch Schwingpflüge und Stelzpflüge.

Pflüge zu besonderen Zwecken.

Mehrscharpflüge. Die Mehrscharer haben keinen Grindel, sondern einen Rahmen von Eisen, an welchem 2, 3 und 4 Pflugkörper angebracht sind. Diese haben mit Ausnahme des zunächst am Lande befindlichen keine Sohle. Die Einstellung auf bestimmte Furchentiefe erfolgt sehr genau durch ein Hebelwerk. Die mehrscharigen Pflüge kann man auch mit einem oder mehreren Grubberfüßen ausstatten. Sie dienen in der Regel zur seichten Ackerkultur, zum Schälen und Flachpflügen und finden hierbei ausgedehnteste Anwendung. Auch finden sie Anwendung zum Ziehen der Kartoffelfurchen.

Es gibt auch Zweischarer, die mit einer kleinen Vorrichtung zum Säen von Bohnen und Mais in die zweite Furche versehen sind.

Da die gewöhnlichen Pflüge nur nach einer Seite wenden, so muß durch dieselben das Land entweder in Beete gepflügt werden (Beetpflügen) oder man beginnt am Rande und pflügt solange ringsherum, bis man zur Mitte gelangt (Rundpflügen) oder man fängt in der Mitte des Grundstückes an und pflügt solange herum, bis man am äußersten Rande angekommen ist (Figuren- oder Carrépflügen).

Kehrpflüge.

Die Kehr- oder Wechselpflüge haben die Einrichtung, die Erde immer nach einer Richtung zu wenden (d. h. bald links, bald rechts vom Grindel). Dies geschieht entweder durch verstellbare Streichbretter oder es sind zwei um eine Achse drehbare Pflugkörper vorhanden, von denen immer nur der eine arbeitet. Sie finden namentlich bei steilen Abhängen Verwendung. (Fig. 91.)

Häufelpflüge.

Der Häufelpflug unterscheidet sich von dem Beetpflug durch eine dreieckige doppelschneidige Schar, an welche sich zwei Streichbretter anschließen.

Markeure sind mehrfache Häufelpflüge an gemeinschaftlichem Gestell zum Furchenziehen für das Legen der Kartoffeln. Vielfach lassen sich die

Fig. 91. Kehrpflug von J. G. Dobler in Landsberg am Lech.

Gestelle der Drillmaschinen als Furchenzieher benutzen, wenn man an diese ein Markierrad mit Gestell, Hebel, Anhäufler und Zustreicher anbringt.

Untergrundpflüge (Wühlpflüge) haben kein Streichbrett, sondern nur ein doppelschneidiges Schar und dienen zur Lockerung und Vertiefung des Bodens unmittelbar hinter dem gewöhnlichen Pfluge; sie empfehlen sich

Fig. 92. Tiefkultur-Stahlpflug R 18 mit Doppelgrindel und Selbstführung von Rud. Sack in Leipzig-Plagwitz.

namentlich für den Fall, daß ein Heraufbringen der tieferen Bodenschichten an die Oberfläche nicht angezeigt ist.

Rajolpflüge (Rigolpflüge) sind besonders stark gebaute Beetpflüge, die so tief gestellt werden können, daß eine größere Schicht des Untergrunds mit der Ackerkrume gemischt wird. (Fig. 92.)

Ausführung der Pflugarbeit.

Das Pflügen ist derartig einzurichten, daß der Zweck desselben mit dem geringsten Aufwand an Kraft und Zeit erreicht wird.

Beim Pflügen ist zu beachten:

1. Wann ist zu pflügen?
2. Wie oft ist zu pflügen?
3. Wie breit sollen die Pflugfurchen genommen werden?
4. Wie tief ist zu pflügen?
5. Wie ist die Oberfläche des Bodens zu gestalten?

1. Wann ist zu pflügen?

Der richtige Zeitpunkt des Pflügens hängt von dem Feuchtigkeitszustande des Bodens ab. Der Boden darf weder zu trocken noch zu naß sein; besonders bei schweren Böden muß nasses Pflügen vermieden werden, weil sich die Furchenstreifen, ohne gekrümelt zu werden, umlegen und nachher zu harten Schollen austrocknen, welche nur schwer wieder zerkleinert werden können. Auch das Unkraut kann auf zu feuchten Böden nicht beseitigt werden. Wird ein bündiger Boden in trockenem Zustande gepflügt, so wird er in großen, harten Schollen aufgebrochen. Die notwendig werdende Zerkleinerung derselben beansprucht viele Arbeit und versetzt den Boden trotzdem nicht in den nämlichen guten Lockerheitszustand, der durch das Pflügen bei mittlerem Feuchtigkeitsgehalt erzielt worden wäre. Trockene, sandige Böden werden durch unzeitgemäßes Pflügen noch mehr austrocknen. Das Stürzen von Stoppeln und vernarbtem Grasland wird leichter ausgeführt werden können, wenn vorher ein Regen die oberste, verhärtete Bodenschicht durchfeuchtet hat. Ebenso sind schollige Felder nach Regen leichter zu bearbeiten, weil die Schollen durch den Regen aufgeweicht und zerbröckelt werden. Ist die Witterung zum Kleestürzen sehr trocken, so empfiehlt es sich, den Boden erst ganz flach aufzureißen und nach einiger Zeit, wenn die abgeschnittenen Wurzeln zu trocknen beginnen, tief zu pflügen.

2. Wie oft ist zu pflügen?

Die Zahl der Pflugfurchen (Fahrten) wird durch die Beschaffenheit des Bodens, die Vorfrucht, die Art der Pflanze, welche angebaut werden soll, und durch das Klima bestimmt. In manchen Fällen reicht eine Pflugfahrt aus um den Boden in den richtigen physikalischen Zustand zu versetzen; in anderen Fällen muß mehrmals gepflügt werden.

Eine besonders sorgfältige Bodenbearbeitung beanspruchen z. B. Gerste, Lein, Reps, Hackfrüchte; weniger anspruchsvoll sind z. B. Hafer und Weizen. Bei der Drillkultur ist der Boden besonders gut vorzubereiten.

Wichtig für die Zahl der Pflugfahrten ist auch die Vorfrucht. War diese z. B. eine Hackfrucht, dann wird der Boden mit einer Pflugfahrt und einem Eggenstrich hinreichend bearbeitet sein, was nach Getreide, welches den Boden geschlossen zurückläßt, nicht der Fall ist.

Ferner ist von Einfluß die Bodenbeschaffenheit. Sandboden gelangt schon mit einer Ackerung in den erforderlichen lockeren Zustand, während Ton- oder Lehmböden erst nach mehrmaligem, verschieden tiefem Pflügen in den gewünschten mürben Zustand versetzt werden. Dies ist ganz besonders der Fall, wenn der richtige Zeitpunkt zum Pflügen übersehen wurde. Je besser der Kulturzustand eines Feldes ist, um so leichter ist dieses durch die Bearbeitung in den richtigen Zustand zu bringen.

Auch das Klima hut insofern Einfluß auf die Zahl der Pflugfahrten, als in trockenen Gegenden längere Zwischenräume zwischen den einzelnen Pflugfahrten erforderlich werden, weil die Schollen langsamer zerfallen und sich das Verwesen der Rückstände, Stoppeln und dergleichen sowie des Düngers erheblich verzögert.

Ausgiebige Regengüsse verschlämmen und verkrusten den Boden derart, daß eine öftere Bearbeitung angezeigt ist.

Zur Vervollständigung der Krümelung des Bodens ist zwischen zwei Pflugfahrten (wenn „zweifährig" gearbeitet wird) zu eggen um zu verhindern, daß die Schollen unzerbrochen in den Boden gelangen, ferner um das Unkraut zu vertilgen und das nachfolgende zweite Pflügen zu erleichtern. Soll der Boden, um die Verwitterung zu befördern, der Einwirkung der Atmosphärilien (Frost rc.) möglichst ausgesetzt werden, so läßt man ihn in rauher Furche liegen; das Eggen wird dann erst kurz vor der zweiten Ackerung vorgenommen.

3. Wie breit sollen die Pflugfurchen genommen werden?

Die Breite der Furchen steht mit der Tiefe derselben im Zusammenhang. Soll eine möglichst große Oberfläche des umgewendeten Erdstreifens der Einwirkung der Atmosphäre ausgesetzt werden, so muß die Tiefe zur Breite im Verhältnis 1 : 1,414 stehen; es sind also z. B. beim Pflügen auf 18 cm Tiefe 25,5 cm Breite zu nehmen. Ist zäher, bündiger Boden kräftig zu lockern, so nimmt man trotz des größeren Zeitbedarfs schmälere Furchen. Bei sehr flacher Ackerung werden der Zeitersparnis wegen breite Furchen gezogen.

4. Wie tief ist zu pflügen?

Das Pflügen kann verschieden tief ausgeführt werden.

Je nach der Tiefe unterscheidet man:

ein flaches oder seichtes Pflügen bei 10—15 cm Tiefe,
„ Pflügen zur gewöhnlichen Tiefe „ 16—20 „ „ ,
„ tiefes Pflügen . . . . . . „ 21—25 „ „ ,
„ sehr tiefes Pflügen . . . „ 25 cm und darüber.

Tiefe Ackerung steigert in hohem Maße die Erträge der Pflanzen; denn bei tiefgehender Lockerung des Bodens wird den Pflanzenwurzeln die Verbreitung in die Tiefe erleichtert, es werden ihnen mehr Pflanzennährstoffe zugänglich und die Versorgung der Pflanzen mit Wasser wird verbessert. Jedoch werden nicht alle Furchen gleich tief und zur vollen Tiefe der Krume gegeben. Besonders tief pflügt man in der Regel zu Hackfrüchten.

Sollen Stoppeln, Wurzelrückstände oder Stalldünger in den Boden gebracht werden, so wird, um eine möglichst große Düngerwirkung zu erzielen, flach gepflügt. Ist der Dünger strohig, sind die Stoppeln lang, soll eine Lockerung des bündigen Bodens erzielt werden, so ist gewöhnliches bis tiefes Pflügen angezeigt. Werden Samen untergepflügt, so darf die Unterbringung nicht tiefer geschehen, als das sichere Keimen und Auflaufen der Saat zuläßt. Bei zu großer Tiefe kann die Luft nicht genügend eindringen um das Keimen zu ermöglichen.

Tiefkultur.

Die Tiefkultur besteht in der Vertiefung der Ackerkrume über das gewöhnliche Maß hinaus.

Zur Tiefkultur verwendet man die **Rigol-** und **Untergrundspflüge** (s. S. 157) oder es wird **doppelt gepflügt**, indem zwei Pflüge in derselben Furche hintereinander geführt werden.

Durch diese Tiefkultur werden in gesteigertem Maße ähnliche Vorteile erreicht wie durch die tiefe Ackerung überhaupt. Sehr auffallend macht sich die tiefe Kultur in sehr trockenen und sehr nassen Zeiten bemerkbar. In trockenen Zeiten bewahrt der tief gelockerte Boden seine Wasservorräte besser und die Pflanzen können durch die tiefgehenden Wurzeln aus den unteren Schichten des Bodens sich noch genügend Feuchtigkeit verschaffen. Nasse Zeiten schaden weniger, weil eine übermäßige Ansammlung von Wasser in der Krume nicht so leicht eintreten kann. Beide Umstände erhöhen die Sicherheit der Ernten.

Im Frühjahr trocknen tiefgepflügte Felder schneller ab als seicht geackerte und können deshalb eher bestellt werden.

Die Tiefkultur muß mit **Vorsicht** und **Überlegung** zur Ausführung gebracht werden. Genaue Kenntnis des Untergrundes ist um so notwendiger, als durch unvorsichtige Tiefkultur eine Bodenverschlechterung eintreten kann, z. B. wenn sich im Untergrund Schotter, Kies, Letten rc. vorfindet.

Da der Untergrund eine andere Beschaffenheit als die Krume besitzt, in der Regel ärmer an Humus und an leicht aufnehmbaren Pflanzennährstoffen ist, bisweilen auch schädliche Stoffe enthält, so kann durch Aufbringen zu großer Mengen rohen Bodens die Krume verschlechtert und dadurch die Fruchtbarkeit des Kulturlandes herabgedrückt werden.

Die Vertiefung der Krume ist gewöhnlich mit einer kräftigen Stallmistgabe oder Gründüngung zu verbinden; hierbei darf man aber den Dünger nicht zu tief unterbringen, damit derselbe sich entsprechend zersetzen kann. Ferner nimmt man die sehr tiefe Bearbeitung am zweckmäßigsten im Herbste vor, um den in rauher Furche liegenden Boden dem Froste auszusetzen. Am wenigsten empfindlich gegen das Aufbringen rohen Bodens sind die Hackfrüchte und Reps, die gleichzeitig mit Stallmist gedüngt werden.

Läßt der Boden eine Vermischung der oberen Schichten mit den unteren nicht zu, so begnügt man sich mit der **Lockerung der tieferen Bodenschichten** ohne diese heraufzubringen. Dies wird durch den **Untergrundspflug** (Wühler) bewirkt. Auch wird dieses Verfahren gerne als Einleitung zur späteren Heraufbringung unterer Bodenschichten benutzt, namentlich zu Klee und Luzerne.

5. Wie ist die Oberfläche des Bodens zu gestalten?

Man unterscheidet bezüglich der Gestaltung der Ackeroberfläche: **Ebenpflügen**, **Beetpflügen** und **Kammpflügen**.

a) **Eine ebene Ackerfläche** läßt sich am leichtesten mit dem Wechselpfluge herstellen. Mit dem Beetpfluge kann eine ebene Fläche des Ackers erreicht werden, wenn man Beete mit flachen Zwischenfurchen pflügt und zuletzt mit Pflug und Egge möglichst einebnet oder wenn man das Figuren- und Rundpflügen anwendet.

b) Durch das **Beetpflügen** wird der Boden in **breite** oder **schmale**, **flache** oder **gewölbte** Gewende oder Beete gebracht. Beim Beetpflügen wird eine bestimmte, gleiche Zahl von Furchen zu Beeten zusammengelegt.

Hierbei ist das Zusammenpflügen und Auseinanderpflügen zu unterscheiden. An beiden Enden des Feldes müssen anfänglich Streifen ungepflügt bleiben, die zum Umkehren dienen und zuletzt als besondere Beete, als Vorgewende oder Anwand gepflügt werden. Wegen des Zeitverlustes beim Einwenden macht man die Beete gewöhnlich nicht über 10—12 m breit.

Eine besondere Methode des Pflügens ist das Ritzen, Bälken oder Halbpflügen. Hierbei bleibt immer abwechselnd ein Erdstreifen ungepflügt, der zweite aber wird gepflügt und auf den nicht bearbeiteten gelegt.

Vierfurchige, gewölbte Beete heißen Bifänge.

Beete mit über 20 Furchen lassen sich nur schwer gleichmäßig wölben. Um dies zu erreichen, nimmt man diejenigen Furchenstreifen tiefer, welche den Beetrücken bilden und pflügt nun in dem Maße, in welchem man sich der Beetfurche nähert, immer seichter.

Die zweckmäßigste Form der Ackeroberfläche ist die ebene, weil die Bedingungen für das Gedeihen der Pflanzen auf der ganzen Fläche am gleichmäßigsten sind und auch die Verwendung aller Geräte und Maschinen sehr erleichtert ist. Ist das Feld in breite Beete gepflügt ohne daß die Furchen tunlichst zugezogen wurden, so ist die Verwendung verschiedener Maschinen, besonders der Mähemaschinen, erschwert, auch geht die Furchenfläche für den Anbau verloren. Bei schmalen Beeten treten wegen der großen Zahl der Furchen diese Übelstände noch viel empfindlicher hervor. Sind noch dazu die Beete stark gewölbt, wie z. B. meistens die Bifänge, so kommt zum Verlust an Ertrag der Fläche noch der ungleiche Stand der Pflanzen hinzu. Auch sind bei Bifängen die Saaten im Winter häufig auf dem Beetrücken ohne Schneedecke, da der Schnee in die Furchen geweht wird. Bei schmalen Beeten ist es schwierig Dünger und Samen gleichmäßig unterzubringen. Allerdings ist die Arbeitszeit beim Bifangbau eine kürzere als beim Breitbeetpflügen.

Schmale Beete und Bifänge sind besonders in der Absicht in Verwendung eine raschere Ableitung des Regenwassers zu erzielen, namentlich bei undurchlässigem Untergrunde und stark bündigen Böden. Ferner legt man Bifänge auch bei sehr flachgründigen Böden an.

Wegen der Nachteile der schmalen Beete und Bifänge sollen dieselben nur ausnahmsweise da beibehalten werden, wo die Flachgründigkeit des Bodens oder die Nässe desselben auf andere Weise nicht genügend beseitigt werden kann.

c) Bisweilen werden zweifurchige Beete gepflügt, welche man Kämme oder Dämme heißt. Dieselben dienen besonders zum Anbau von Kartoffeln und Rüben.

Die gewölbten Beete legt man, wenn tunlich, wegen gleichmäßiger Erwärmung durch die Sonne in die Nord-Südrichtung. Bei geneigter Ackerfläche werden die Furchen so geführt, daß das Wasser zwar gut abziehen kann, jedoch nicht durch zu rasches Ablaufen Schaden verursacht. Sie werden nach den Grundsätzen gezogen, welche bei der Anlage offener Entwässerungsgräben gelten.

In der Regel ackert man jedesmal in der nämlichen Richtung des Feldes. Hie und da aber ist das Querpflügen in Anwendung, welches den Vorteil der besseren Bodenmischung und Lockerung im Gefolge hat.

Bei sehr steilen Hängen wird abteilungsweise der Länge und der Quere nach schachbrettartig) geackert um ein Abschwemmen zu verhüten.

Brache.

Bleibt ein Feld während einer ganzen Vegetationsperiode unbebaut um dasselbe wiederholt gründlich zu bearbeiten, so spricht man von voller, reiner oder schwarzer Brache. Wird dagegen nur ein kleiner Teil des Jahres, von Juni oder Juli an, der Brachbearbeitung gewidmet, während das Feld vorher als Weide oder Grünfutterland in Benützung war, so bezeichnet man dies als Johannis- oder Sommerbrache. Tritt an Stelle der Bearbeitung Weide, so nennt man dies grüne Brache.

In der vollen Brache wird meistens viermal gepflügt, wozu die erforderlichen Zwischenarbeiten kommen. Bei der Sommerbrache schließt sich an den Stoppelsturz gewöhnlich ein zweimaliges Pflügen.

Die Brachhaltung wirkt zwar günstig auf die physikalischen und chemischen Eigenschaften des Bodens ein und erhöht den Ertrag der nachgebauten Frucht, jedoch ist sie bei intensiver Kultur wenig in Anwendung, weil die Ernte eines Jahres verloren geht und durch sonstige sorgfältige Bodenbearbeitnng und Düngung, Hackfruchtbau 2c. ähnliche Vorteile wie durch reine Brache erzielt werden können.

Brachhaltung kann bei sehr bündigem Boden, in sehr rauhem Klima oder bei starker Verunkrautung notwendig werden; öfters wird auch wegen Düngermangels oder aus wirtschaftlichen Gründen gebracht.

Auf leichten Sandböden kann die reine Brache schädlich wirken. An ihre Stelle hat die Gründüngung zu treten.

B. Das Eggen.

Das Eggen dient zur Zerkleinerung der Schollen und zur Lockerung des Bodens sowie zum Ebnen der Erdoberfläche des gepflügten Landes, zur Zerstörung flach wurzelnder Unkräuter, zur Unterbringung der Saat, zur Beseitigung der Krustenbildungen und zur Verdünnung zu dicht stehender Saaten.

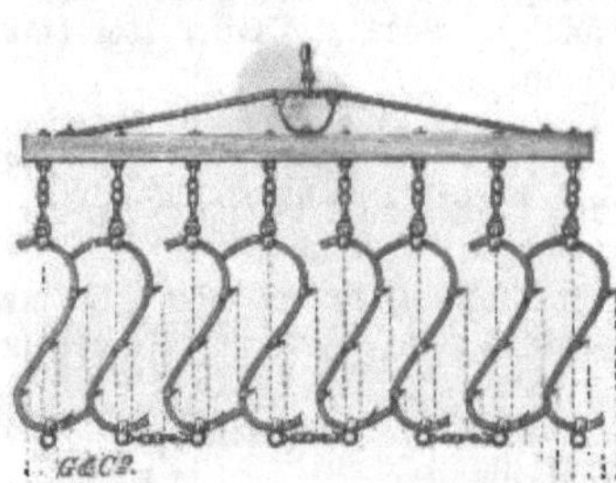

Fig. 93. Laackes Ackeregge von Groß & Co. in Leipzig-Eutritzsch.

Die Egge wird durch ihr eigenes Gewicht in den Boden gedrückt und wirkt vornehmlich durch den Stoß, weniger durch die schneidende Wirkung der Eggenzähne.

Bei Benutzung der Eggen zur Zertrümmerung harter Schollen arbeitet man zweckmäßig in beschleunigter Gangart um möglichst wirksame Stöße auszuüben. Aus diesem Grunde bespannt man die Egge vornehmlich mit Pferden, die zuweilen auch im Trabe gehen.

Die Hauptteile der Egge sind die Zugvorrichtung, der Eggenrahmen und die Eggenzähne. (Fig. 93.)

Eine gute Egge muß derartig konstruiert und eingestellt sein, daß jeder Zahn derselben eine Reihe zieht, welche von den beiden nebenstehenden Reihen gleich weit entfernt ist. Die Zähne müssen gleich stark und gleich lang sein; sie werden am vorteilhaftesten aus Schmiedeeisen oder Stahl gefertigt und mit dem Rahmen der Egge verschraubt.

Hölzerne Zähne eignen sich nur für leichte Arbeit, gußeiserne sind wegen ihrer Zerbrechlichkeit unzweckmäßig. Die Zahl der Eggenzähne soll 42 nicht überschreiten, die geringste ist 12. Zumeist sind in einen festen Rahmen 20 bis 24 Zähne eingeschaltet.

Wenn der Rahmen zu groß ist, passen sich die Zähne nicht mehr den Unebenheiten des Bodens an; daher werden mehrere kleinere Rahmen durch Gelenke oder kurze Ketten verkuppelt, wobei jeder Satz oder Rahmen seine volle Beweglichkeit behält.

Die Zähne werden in der Regel nicht vertikal, sondern in einer Neigung von 60—80° nach vorn gestellt („Scharfeggen"). Beim „Stumpfeggen" stehen die Zähne nach rückwärts.

Die Länge der Zähne beträgt bei den verschiedenen Eggen in der Regel 15—25 cm. Die Spitzen dürfen nicht zu scharf sein, weil sonst die Egge zu tief in den Boden versinken würde. Der Querschnitt der Zähne ist entweder rund, rechteckig oder quadratisch.

Der Tiefgang der Egge hängt von ihrem Gewicht, der Form der Zähne und dem Widerstande ab, welchen der Boden dem Eindringen der Eggenzähne entgegensetzt. Von Wichtigkeit ist, daß die Eggenzähne überall gleich tief in den Boden eindringen. — Abgebrochene Eggenzähne müssen sofort erneuert werden, da sonst ein Streifen Erde unbearbeitet liegen bleibt. Die Befestigung der Zähne geschieht am zweckmäßigsten durch Einschrauben derselben und Sicherung der Muttern gegen Verlieren. Man unterscheidet nach dem Gewichte: leichte Eggen, 15—25 kg schwer; sie dienen zum Ebnen leichten Bodens und zum flachen Unterbringen der Saat; mittelschwere Eggen, im Gewicht von 25—50 kg, zur tieferen Lockerung bei leichtem Boden, zu den gewöhnlichen Arbeiten im mittleren Boden und zum Zerstören des Unkrauts; schwere Eggen, im Gewicht von 150 kg, für schwerste Tonböden, auch bis 200 kg zum Zerkleinern harter Schollen auf schwerem Boden.

Nach der Bauart unterscheidet man Eggen mit festem und solche mit beweglichem Rahmen (Gliedereggen).

Bei den ersteren findet man Rahmen in Rechtecksform, rhomboidaler, dreieckiger und sog. Zickzackform.

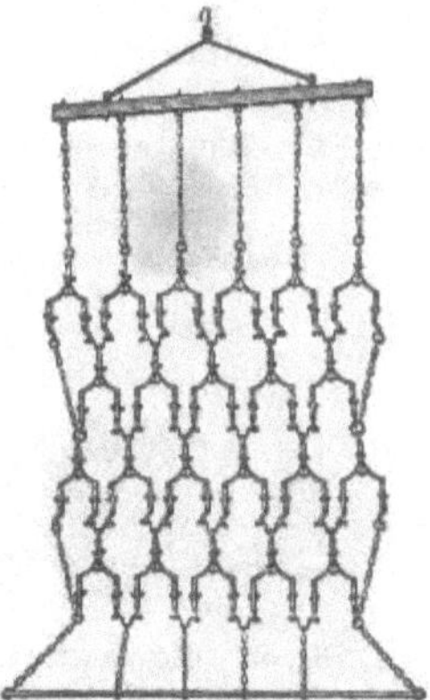

Fig. 94. Wiesenegge.

Die Gliedereggen (Wieseneggen).

Die Gliedereggen bestehen aus vielen kleinen, meist dreieckigen Gliedern, welche durch Gelenke oder Ketten miteinander verbunden sind (Fig. 93).

Jedes Glied hat drei Zinken, die auch nach oben überragen, sodaß die Egge auf beiden Seiten benutzt werden kann. Das obere Ende der Zinken pflegt zumeist kurz und stumpf zu sein, das untere dagegen etwas länger und mehr messerförmig. Die kurzen und stumpfen Zinken eignen sich mehr zum Ebnen und Schleifen, z. B. der Maulwurfshaufen, die messerförmigen mehr zum Aufreißen des Wiesenrasens und zum Losreißen des Mooses.

Eine sehr brauchbare Wiesenegge ist die Laacke'sche Egge sowie die verstellbare Wiesenegge von Schedl in Neuburg an der Donau.

Die Wieseneggen dienen 1. zur Lüftung des Bodens, indem sie den Wiesenrasen aufreißen, 2. zur Entfernung des Mooses und 3. zur Beseitigung der Maulwurfshaufen und sonstiger Unebenheiten.

Die Wiesenegge läßt sich außer auf Wiesen auch noch zu vielen anderen Arbeiten mit Vorteil benutzen, so z. B. zur flachen Krümelung der in rauher Furche liegenden Felder im Frühjahr. Dies befördert das Auflaufen der Unkräuter und erhält dem Boden die Feuchtigkeit, sodaß derselbe späterhin leichter bearbeitet werden kann. Ferner dienen die Wieseneggen auch noch zum Aufeggen von Saaten und dergleichen.

C. Die Kultivatoren.

(Grubber, Exstirpatoren, Skarifikatoren.)

Diese Geräte sind in der Regel mehrscharige Bodenbearbeitungsinstrumente, welche den Boden kräftiger und tiefer als die Egge lockern, weshalb nicht selten durch ihre Anwendung eine Pflugfurche erspart werden kann.

Fig. 95. Universalpflug mit Doppelgrindel und Selbstführung als Exstirpator von Rud. Sack in Leipzig-Plagwitz.
Arbeitsbreite 1,40 m. Gewicht ca. 107 kg.

Sehr wertvoll sind die Exstirpatoren besonders im Frühling zur Vorbereitung des vor Winter gepflügten Feldes zur Saat.

Außer zur Lockerung des Bodens dienen die Kultivatoren zur Zerstörung von Unkräutern, zur Unterbringung von Kalk, Mergel, Kunstdünger und bisweilen auch von Saatgut. (Fig. 95 und 96.)

Fig. 96. Krümmer der Aktiengesellschaft H. F. Eckert in Friedrichsberg bei Berlin.

In neuerer Zeit finden die Wiesenkultivatoren von Wasensteiner in Hohenwiesen bei Lenggries, ferner die Auraser Wiesenegge sowie der Pündter'sche Wiesenkultivator (Fabrikant: W. Eulenberg in Halle a. S.) erhöhte Aufmerksamkeit. Auch der Rasenschälimpfer wie der Federzinkenkultivator werden zur Bearbeitung von Wiesen wie auch auf Feldern zweckmäßig angewendet. Die Federzinkenkultivatoren haben zur Bearbeitung des Bodens halbkreisförmig gebogene, federnde Stahlzinken, die an einem Wagengestell mit Deichsel angebracht sind und mittels eines Hebels gehoben und niedergelassen werden können.

D. Das Walzen.

Das Walzen dient zum Zermalmen der Schollen, zum Ebnen des Ackers, zum Zusammenpressen zu lockeren Bodens, besonders bei der Saat, zum Andrücken und zur Bedeckung der vom Winterfrost aufgezogenen Saaten, zum Zerdrücken der Bodenkruste.

Das Verdichten des durch den Pflug gelockerten Bodens beseitigt die größeren Hohlräume in demselben und vermehrt die Kapillarkraft, sodaß die Bodenfeuchtigkeit besser nach oben zu steigen vermag. Dies ist besonders wichtig für das Keimen der Saat in trockenen Zeiten.

Die Walze besteht aus dem Walzenkörper, dem Rahmen und der Zugvorrichtung.

Der Walzenkörper kann aus Holz, Eisen oder Stein hergestellt sein. Eiserne Walzenkörper sind haltbarer wie hölzerne und billiger wie steinerne. Auch kann man ihnen leichter die gewünschte Oberfläche geben.

Die Walze erfordert um so weniger Zugkraft, je größer der Durchmesser des Walzenkörpers ist.

Der Rahmen der Walze kann aus Holz oder Eisen hergestellt sein. Hölzerne Rahmen müssen eiserne Lager haben, welche stets gut zu schmieren sind.

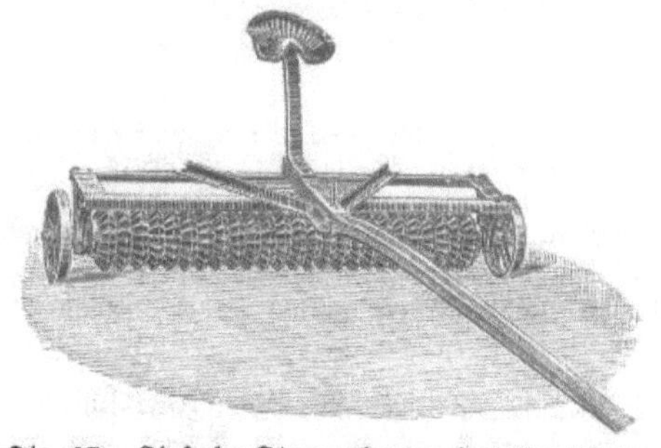

Fig. 97. Einfache Sternwalze von den Vereinigten Fabriken landw. Maschinen in Augsburg.

Der Rahmen schließt entweder einen oder zwei Walzenkörper ein. Darnach unterscheidet man einfache und doppelte Walzen.

Ferner unterscheidet man dem Baue nach noch einteilige und dreiteilige Walzen, je nach der Zahl der Rahmen. Die dreiteiligen Walzen schmiegen sich den Unebenheiten des Bodens besser an als die einteiligen, auch schiebt sich beim Umwenden die Erde nicht so leicht zusammen wie bei der einteiligen Walze. Zur Schonung der Straßen und Walzenkörper werden die Walzen auch mit Rädern versehen. Bei schmalen Wegen empfiehlt sich statt der Breit- eine Längsfahrvorrichtung.

Die Zugvorrichtung besteht aus dem Zughaken, der mit dem vorderen Balken des Rahmens meistens durch zwei Ketten oder dünne Eisenstangen verbunden ist.

Die Anbringung einer Deichsel ist vorteilhaft, weil die Walze dann nicht schlängeln und den Zugtieren beim Bergabwärtsfahren nicht auf die Füße rollen kann. Auch ist das Wenden und der Transport der Walze erleichtert.

Die Walzenkörper sind entweder glatt oder sie besitzen Stacheln, Spitzen oder sonstige Fortsätze; weiter besteht der Walzenkörper entweder aus einem

Stück oder aus einer größeren Zahl von einzelnen beweglichen Ringen (Fig. 97 und 98).

Zur Zerkleinerung von Schollen sind am vorteilhaftesten die Cambridge-, Ringel- und Sternwalzen. Die glatte Walze drückt die Erdstücke wohl in den Boden, zerkleinert sie jedoch nicht oder nur unvollkommen. Ferner haben die glatten Walzen noch den Nachteil, daß das durch sie geglättete Feld leichter verkrustet, während die anderen Konstruktionen die Fläche rauh hinterlassen, was die Verschlämmung des Bodens vermindert; auch finden die Pflänzchen bei rauhem Boden mehr Schutz.

Fig. 98. Dreiteilige Ringelwalze von den Vereinigten Fabriken landw. Maschinen in Augsburg.

Walzen mit beweglichen Ringen reinigen sich von der eingedrungenen Erde von selbst mehr oder weniger gut. Die Sternwalze verstopft sich eher als die Cambridgewalze, welche abwechselnd glatte und gezähnte Ringe besitzt. Doppelte Ringelwalzen reinigen sich dadurch, daß die Kanten des einen Walzenkörpers in die Fugen des anderen hineinragen.

E. Die Ackerschleifen.

Die Ackerschleifen dienen zum Zerkleinern einer Kruste, zur Herstellung einer feinen und glatten Krume behufs Einbettung kleiner Sämereien, wie Mohn, Lein und Grassamen sowie zum Zerpulvern und Einreiben des Kompostes und Düngers auf Wiesen. Die Ackerschleifen bestehen aus kantigen Balken, welche durch Ketten verbunden sind und schräg über die gepflügten Furchen gezogen werden.

Das Muldbrett.

Das Muldbrett ist eine von Zugtieren gezogene große Schaufel, durch welche die Oberfläche des Bodens auf Wiesen und Feldern abgehoben und die aufgenommene Erde auf kürzere Entfernungen geschleift wird. Es gibt Muldbretter mit selbsttätiger Kippvorrichtung.

Der Wiesenhobel.

Der Wiesenhobel besteht aus einem hölzernen Rahmen mit drei Querbalken. Er besitzt am vorderen Balken ein aus Eisen bestehendes Messer, welches zum Wegschneiden der Maulwurfs- und Ameisenhaufen auf Wiesen und Kleefeldern dient. Der mittlere Balken ist mit Zähnen versehen und zwischen diesem und dem hinteren Balken ist Reisig zur Verteilung der abgeschnittenen Erde eingeflochten.

Handgeräte zur Bodenbearbeitung.

Als Handgeräte kommen in Betracht der Spaten und der Rechen. Der Spaten ersetzt den Pflug, der Rechen die Egge. Außer Spaten und Rechen werden noch benützt die Schaufel, die Grabgabel und die Hacke. Hierher gehören auch die neuerdings sehr in Anwendung kommenden Handkultivatoren mit auswechselbaren Arbeitskörpern für verschiedene Zwecke, z. B. Planet jr. Sie liefern bei richtiger Verwendung eine gute und billige Arbeit.

IV. Urbarmachung und Entwässerung.

A. Urbarmachung.

Unter Urbarmachung eines Bodens versteht man die Überführung einer bisher landwirtschaftlich nicht benutzten Fläche in Kulturland.

Hierbei handelt es sich hauptsächlich:

1. um die Rodung von Waldungen,
2. „ „ Kultur von Ödungen,
3. „ „ Nutzbarmachung von Teich- und Seegründen und
4. „ „ Kultur von Moorflächen.

1. Die Urbarmachung der Waldungen beginnt mit der Entfernung des Holzes. Gesträuch und Niederholz werden abgehauen und dann die Wurzelstöcke ausgegraben. Bei Hochholz empfiehlt sich das Ausgraben und Umlegen mit dem Stock, wobei der ganze Stamm als Hebelkraft wirkt und das Ausstocken bedeutend erleichtert wird (Rodemaschinen).

Darauf folgt das Einebnen des Bodens unter Anwendung der gewöhnlichen Handwerkszeuge oder von Pflug, Egge und Muldbrett. Des weiteren ist dafür zu sorgen, daß die im Boden verbleibenden pflanzlichen Substanzen (Wurzeln, Holzabfälle, Laub, Gras) möglichst rasch in Verwesung übergehen und auch der Boden selbst sich zersetze. Dies wird erreicht durch öfteres Bearbeiten mit Hacke oder Pflug und durch Düngen mit Stallmist oder Pferch.

Manche Pflanzen verlangen noch eine tiefere Bearbeitung (Rajolen). Auch eine Beigabe entsprechender Mengen von Phosphorsäure- und Kalidüngern, vielleicht auch von Kalk wird sich lohnen. Jedenfalls ist sehr davor zu warnen einen Neubruch blos als Ausbeutungsobjekt zu betrachten und auf demselben in den ersten Jahren völligen Raubbau zu treiben. Bei stark saurem Humus empfiehlt es sich sogar, im ersten Jahre reine Brache zu halten unter Zufuhr von Kalk, Mergel und Asche, um die Zersetzung zu beschleunigen und die Säuren abzustumpfen.

Die Bodenbearbeitung wird am besten im Herbst vorgenommen. Auf gewöhnlichem humosen Waldboden baut man dann im ersten Jahre vorzugsweise Hafer, auf ärmerem Boden Kartoffeln. Erst später darf der Anbau anspruchsvoller Gewächse gewagt werden.

Zur Wiese eignet sich ein Neubruch erst nach mehreren Jahren, wenn der Boden sich gleichmäßig gesetzt und zersetzt hat.

Vor Inangriffnahme einer Waldrodung ist sorgfältig abzuwägen, ob die abzuholzende Fläche nach Lage und Bodenbeschaffenheit für Acker- oder Wiesland sich auch eigne und weiter, ob die Beseitigung des Waldlandes im Hinblick auf seine Eigenschaft als Klimaregulator und Schutzwald überhaupt rätlich und erlaubt sei.

2. Bei der Inangriffnahme der Kultur von Ödungen handelt es sich in den meisten Fällen zuerst um die Entfernung der auf und in der Kulturschicht befindlichen Steine. Manchmal sind auch Kies- oder Steinbuckel zu beseitigen und die dadurch gewonnenen Flächen mit fruchtbarer Erde zu bedecken. Allzu große und deshalb zu schwer zu entfernende Steine werden am besten vergraben, wenn es sich nicht lohnt, sie für künftigen, technischen Bedarf herauszuschaffen und aufzubewahren.

Darauf folgt die Zerstörung der Pflanzendecke. Besteht diese blos aus einer zähen Grasnakbe, so wird sie am besten mit dem Pfluge möglichst flach geschält und dann geeggt. Das Eggen ist bei trockener Witterung so oft zu wiederholen, bis die Grasnarbe abgedorrt ist. Dann wird sie untergepflügt und das Feld weiter bestellt.

Bei einem rauhen, kalten, mit Wurzelwerk sehr durchsetzten Boden führt dieses einfache Verfahren nicht zum Ziele. In diesem Falle muß die Brachbearbeitung längere Zeit fortgesetzt werden. Ein allzu früher Anbau würde große Enttäuschung bringen.

Eine stark verfilzte Grasnarbe wird am besten ganz abgeschält, gebrannt oder kompostiert. Hoch gewachsene Pflanzen, wie Heidekraut, Ginster, Hauhechel u. s. w., sind durch Abmähen oder Abbrennen vorher zu entfernen. Darauf wird die Fläche mit der Asche oder mit dem Kompost überstreut, gepflügt und weiter angebaut.

Dieses Verfahren ist das gründlichste und stellt die höchsten Erträge in Aussicht, verursacht aber auch einen höheren Geld- und Arbeitsaufwand, weshalb es in der Regel nur auf kleineren Flächen Anwendung findet.

Ist die zu kultivierende Ödung so uneben, daß die künftige Feldbestellung darunter leiden würde, so muß die Fläche vor dem Anbau auch noch etwas geebnet werden, wobei darauf zu achten ist, daß die nährstoffreichere Krume nicht vergraben werde (Muldbrett). In manchen Fällen ist es jedoch nicht zu vermeiden, daß abgetragene Stellen keine Decken mit besserem Boden mehr erhalten können. Dieser Mangel ist dann durch ein tieferes und öfteres Bearbeiten und durch eine möglichst gute Düngung tunlichst auszugleichen.

Reine Kiesböden können nur durch Aufbringen einer je nach dem Kulturzweck verschieden mächtigen Kulturbodendecke anbaufähig gemacht werden.

Wo zeitweise schlammreiches Wasser in der Nähe zur Verfügung steht (Schluchtgräben, Wildbäche, Feldgräben), kann dieses Aufschlämmen auf sehr einfache und billige Weise durch bloßes Aufleiten derartigen Wassers geschehen.

Öde Sandländereien wären am einfachsten durch Düngung, Ansaat und Einrichtung zur Bewässerung in Wiesen zu verwandeln. Ist dies nicht möglich, so kann bei kleineren Flächen mittels Bodenmischung versucht werden die kulturwidrigen Eigenschaften des Sandbodens etwas zu verbessern. Große Flächen können nur durch eine entsprechende Düngung und Fruchtfolge (Gründüngungspflanzen) zum Ackerbau tauglich gemacht werden.

Ähnlich ist beim schweren Tonboden zu verfahren. Eine Mischung mit Mergel und Sand in Verbindung mit richtiger Bestellung, Düngung und

Fruchtfolge mildert die schlimmen Eigenschaften dieses Bodens einigermaßen und auf einige Zeit. Wiesen- und Weidenutzung dürften sich in vielen Fällen für derartigen schweren Boden am besten eignen.

Wo die Verhältnisse die Urbarmachung solcher Böden nicht unbedingt erfordern, mögen sie lieber zu Wald niedergelegt werden (Aufforstungs-Prämien).

3. In einzelnen Fällen mag es notwendig werden oder sich empfehlen, die Gründe abgelassener Teiche und Weiher in Kultur zu nehmen. Hier ist vor allem für eine gründliche Entwässerung durch offene Gräben oder Drainage Sorge zu tragen. Darauf folgt im Herbst eine tiefe Beackerung und ein Liegenlassen über Winter in rauher Furche. Im darauffolgenden Sommer sollte zwecks Reinigung des Bodens von Unkräutern ꝛc. Brache gehalten werden, bei welcher Gelegenheit auch die etwa vorhandenen Unebenheiten des Teich- oder Weiherbodens durch Querpflügen und andere Maßnahmen ausgeglichen werden können. Die starken Rohr- und Schilfwurzeln sind zu sammeln, wenn nötig, tief auszuhauen und zu beseitigen.

Da derartige Böden meist sehr nährstoffreich sind, ist in den ersten Jahren oft nur eine Düngung mit Kalk angezeigt, um die vorhandenen Säuren zu binden und die Zersetzung zu beschleunigen.

Je nach den Eigenschaften des Teichgrundes sind die anzubauenden Früchte verschieden zu wählen. Fast immer sind zuerst Sommerfrüchte: Hafer, Bohnen, Rüben, Hanf anzubauen. Futterpflanzen zur Grünfuttergewinnung dürfen erst nach einigen Jahren angesät werden, da die alten Teichböden oft zahlreiche Unkräuter giftiger Natur beherbergen, die erst im Laufe der Jahre durch die Kultur zum Verschwinden gebracht werden.

Angesichts der lohnenden Fischpreise und des günstigen Einflusses, den Teiche und Weiher auf die Wasserführung der kleineren Wasserläufe ausüben, sollten dieselben nur in dringenden Fällen abgelassen werden. Im Gegenteil kann dem Landwirt nur empfohlen werden, noch mehr geeignete Stellen für Teichanlagen auf seinem Besitze ausfindig zu machen, da diese ihm bei wenig Arbeit und Barausgaben einen hübschen Reinertrag in Aussicht stellen.

4. Die Kultur der Moore. Unter einem Moor oder Moos versteht man jenen Boden, der neben reichlichem Wasser größtenteils aus abgestorbenen, mehr oder weniger zersetzten Pflanzenresten besteht.

Moore konnten überall dort entstehen, wo auf der Bodenoberfläche infolge der örtlichen Undurchlässigkeit oder wegen seitlichen Zuflusses durch wasserdurchlassende Schichten dauernde Wasseransammlungen entstanden (Moorbildungen in flachen, undurchlässigen Mulden und in der Nähe von Flüssen und Seen).

Mit der Beseitigung des Wasserüberflusses hört die Moorbildung auf.

Je nach der Beschaffenheit des die Moorbildung veranlassenden Wassers sind auch die Pflanzen sehr verschieden, aus denen die Moore entstehen.

In mineralarmem, namentlich kalkarmem Wasser entwickeln sich mehr die Torfmoose, deren Aufsaugungsvermögen das Wasser bis über den Wasserspiegel hebt, sodaß das Moor über diesen hinauswächst und in der Mitte oft mehrere Meter höher wird als am Rande. Später stellen sich noch Wollgras und Heidekraut ein.

Diese Moore nennt man Hochmoore.

Ist das Wasser mineralreicher und namentlich kalkreicher, so entwickeln sich Moore in der Hauptsache aus Schilf, Binsen, Riedgräsern und verschiedenen Moosen, aber nicht aus Torfmoosen.

Die Oberfläche dieser Moore bleibt eben und zeigt einen wiesenartigen Charakter, weshalb sie Flach- oder Wiesenmoore genannt werden.

In Süddeutschland trifft man diese Moorart vorwiegend in den Flußniederungen (Niederungsmoore), während die Hochmoore mehr den gebirgigen Gegenden eigen sind (Übergangsmoore).

Nährstoffgehalt und Zersetzungsgrad der einzelnen Moore sind sehr verschieden. Im allgemeinen darf man aber die Hochmoore als kalkarm und wenig zersetzt, die Wiesenmoore dagegen als kalkreicher und besser zersetzt bezeichnen.

Unkultivierte Moore liefern höchstens etwas schlechtes Heu, eine geringe Weide, Streu und Brenntorf. Zum Anbau landwirtschaftlicher Nutzpflanzen eignen sich die Moorböden im unveränderten Zustande nicht. Der hohe Grundwasserstand hindert den notwendigen Zutritt der Luft, hält den Boden kühl, verhindert die rechtzeitige Bestellung und setzt die Kulturpflanzen der Gefahr des Auswinterns und den Nachteilen der Spätfröste in hohem Maße aus.

Nicht viel besser steht es mit dem Nährstoffgehalt der unkultivierten Moorböden. Wenn sie auch ihrer Entstehung nach oft nicht unbedeutende Mengen von Pflanzennährstoffen enthalten, so sind diese je nach dem Zersetzungsgrade des Moores den Kulturpflanzen doch nur mehr oder weniger spärlich zugänglich.

Die Hochmoore enthalten von den wichtigsten Pflanzennährstoffen (Stickstoff, Phosphorsäure, Kali und Kalk) ohnedies verhältnismäßig geringe Mengen und diese noch dazu in schwer zersetzbarer Form.

Die Wiesenmoore sind in dieser Beziehung günstiger beschaffen, auch sind sie vielfach besser zersetzt und enthalten wenigstens soviel Stickstoff in aufnehmbarer Form, daß keine oder nur eine sehr mäßige Stickstoffdüngung sich als notwendig erweist.

Dagegen müssen auch den Wiesenmooren Kali- und Phosphorsäuredünger in ziemlich bedeutenden Mengen regelmäßig gegeben werden, um sichere und volle Ernten zu erzielen. Seltener ist auch eine Kalkdüngung angezeigt.

Um demnach Moorländereien für den Ackerbau tauglich zu machen, sind ihre physikalischen und chemischen Eigenschaften gründlich zu verbessern.

Die Verbesserung der physikalischen Eigenschaften hat mit einer verständigen Entwässerung des Moores zu beginnen, um die stauende Nässe mit all' ihren üblen Folgen zu beseitigen, wobei es sich empfiehlt Vorkehrungen zu treffen, um bei lang anhaltender Trockenheit den Wasserabzug hemmen und den Grundwasserstand künstlich heben zu können (Stauschützen zur Einstaubewässerung).

Die weiteren Kulturmaßnahmen haben sich nach dem Kulturzweck zu richten.

Am einfachsten und daher am billigsten gestaltet sich die Anlage von Moorwiesen, namentlich auf den Flachmooren.

Erscheint die natürliche Pflanzendecke einigermaßen verbesserungsfähig, so genügt oft schon eine starke Düngung mit Kainit und Thomasmehl, um die Futtererträge nach Menge und Güte bedeutend zu steigern.

Besteht dagegen die natürliche Grasnarbe aus allzuviel schlechten Pflanzen, so ist die entwässerte Fläche scharf abzueggen, womöglich etwas zu übererden, um ein günstiges Keimbett zu schaffen und dann bei entsprechender Düngung mit passenden Gras- und Kleesämereien zu besäen (Samenmischung für Moorböden, siehe speziellen Pflanzenbau).

Auf Hochmooren eine Wiese anzulegen, ist schon schwieriger und kostspieliger. Die Pflanzendecke ist wegen ihrer völligen Unbrauchbarkeit ganz zu beseitigen. Dann muß der Boden mit der Reuthaue gründlich bearbeitet, mit großen Mengen Kalk durchsetzt und dann noch mit den übrigen drei Hauptpflanzennährstoffen (Stickstoff, Kali, Phosphorsäure) reichlich versehen werden, worauf die Ansaat mit passenden Sämereien erfolgen kann.

Besser ist es aber, vorher noch etliche Jahre Kartoffeln anzubauen, um durch die dadurch bedingte öftere Bearbeitung des Bodens dessen Zersetzung zu beschleunigen. Wesentlich gefördert wird diese auch durch eine starke Stallmistdüngung beim Beginn der Kultur.

Können dem Moorboden auch noch mineralische Stoffe: Straßenabraum, Bauschutt u. s. w. beigemengt werden, so ist der Kulturerfolg um so sicherer.

Bei der Anlage von Ackerland auf Moorboden ist je nach den Eigenschaften des Moores (Wiesen- oder Hochmoor) und der zu kultivierenden Pflanzen verschieden zu verfahren.

Sollen bloß Sommerfrüchte angebaut werden, so genügt eine gründliche Entwässerung mit darauffolgender rationeller Bodenbearbeitung und Düngung. Aber auch auf dem entwässerten Moorboden sind die Pflanzen noch der gefährlichen Einwirkung der Früh- und Spätfröste, wenn auch nicht mehr in so hohem Grade wie vorher, ausgesetzt.

Soll auch diese Gefahr gänzlich beseitigt und damit der Anbau von Winterfrüchten ermöglicht werden, so ist das Deckverfahren anzuwenden.

Hierbei wird die ganze Moooberfläche mit einer 10—12 cm dicken Mineralbodenschicht überdeckt, aber nicht gemischt. Der Mineralboden wird je nach den örtlichen Verhältnissen aus dem Untergrunde oder aus der Umgebung des Moores genommen.

Diese Decke beseitigt die ungünstigen physikalischen Eigenschaften des Moorbodens vollständig. Sie hemmt auch die zu starke Verdunstung des Wassers, sodaß ein so überdeckter Boden in trockenen Sommern nicht so weit austrocknen kann wie ein unbedeckter.

Das Deckverfahren kann nur bei den leichter zersetzbaren Flach- oder Wiesenmooren Anwendung finden, nie aber auf Hochmooren und auch auf den Wiesenmooren darf die Überdeckung nicht zu früh vorgenommen werden.

Der physikalischen Verbesserung der Moorböden muß die chemische durch rationelle und reichliche Düngung auf dem Fuße folgen.

Da Urbarmachungen selten ohne Aufwendung größerer Barmittel durchzuführen sind, so ist vor derartigen Maßnahmen die Rentabilität der in Aussicht genommenen Kulturarbeiten wohl zu prüfen. Man muß über die Art der Beschaffung des nötigen Kapitals (Landeskultur-Rentenanstalt) und der Arbeitskräfte und über die Ausführungszeit im klaren sein und namentlich auch die nötigen organischen und mineralischen Düngermengen bereit halten.

Ausgedehntere Urbarmachungen, namentlich genossenschaftlicher Art, sollten nicht ohne den Rat eines erfahrenen Kulturingenieurs oder Moorkulturtechnikers und nicht ohne Zugrundelegung eines vollständigen Projekts mit Kostenanschlag und Rentabilitätsberechnung in Angriff genommen werden. (Kulturtechnische Bureaux bei den Kreisregierungen; Kgl. Moorkulturanstalt in München mit ihren Kulturstationen.)

B. Wasserwirtschaft.

Die geregelte Wasserwirtschaft des praktischen Landwirts umfaßt alle jene Arbeiten und Vorkehrungen, die eine Regulierung der Verdunstung, der Versickerung und des oberirdischen Abflusses des Wassers auf seinen Grundstücken behufs deren Ertragssteigerung, zum Schutze gegen Wasserschäden und zur Ausnützung der treibenden Kraft des Wassers zum Zwecke haben.

Die rechtzeitige und richtige Durchführung dieser grundlegenden wasserwirtschaftlichen Arbeiten ist sehr wichtig, weil

1. die höchstmöglichen Erträge auf den kultivierten Grundstücken von einem ganz bestimmten Wasservorrate bedingt sind, wobei der unzeitige Wasserüberfluß ebenso schädlich wirkt wie der Wassermangel;

2. weil die Natur das Wasser nur in sehr unregelmäßigen, dem landwirtschaftlichen Pflanzenbau selten gerade zusagenden Mengen liefert und

3. weil das Wasser zu den unentbehrlichen Pflanzennährstoffen gehört und gleichzeitig das unersetzbare Lösungsmittel für die übrigen Nährstoffe bildet.

Der Landwirt muß daher in erster Linie bestrebt sein, die aus der Atmosphäre niedergehenden Wassermengen in der Weise nutzbar zu machen, daß er den nachteiligen Überfluß unschädlich abzuführen, die fehlende Feuchtigkeit dagegen rechtzeitig zuzuführen und, wo immer angezeigt, auch die treibende Kraft des Wassers auszunützen sucht.

Kreislauf des Wassers und die Mittel zu dessen Beeinflussung.

Von den atmosphärischen Niederschlägen verdunstet ein Teil, ein Teil versickert in tiefere Bodenschichten und der Rest fließt, den tiefsten Stellen der Erdoberfläche folgend, oberirdisch ab.

Wenn nun der Landwirt auch nicht imstande ist, die Zeit, Dauer und Stärke der Niederschläge zu beeinflussen, so vermag er doch zur Förderung seiner Interessen dem einmal zur Erde gefallenen Wasser bis zu einem gewissen Grade bestimmte Wege anzuweisen.

Die Verdunstung und Versickerung vermag er zu beeinflussen

1. durch die Zeit, Art und Tiefe der Bodenbearbeitung und durch Bodenmischungen (organische Stoffe, Ton, Sand, Kalk, Mergel u. s. w.);

2. durch die Form, welche er seinen Ackerbeeten gibt (schmal, breit, eben, gewölbt, dachförmig);

3. durch die Bedeckung des Bodens mit leblosen Gegenständen (Dünger, Stroh, Sand; Deckverfahren bei der Moorkultur) und endlich

4. durch die Entwässerung und Bewässerung.

Desgleichen vermag der Landwirt auch den Lauf des oberirdisch abfließenden Wassers, namentlich in der Nähe der Wasserscheiden, ganz wesentlich zu beeinflussen

a) durch eine rationelle Abgrenzung der landwirtschaftlichen Kulturen (Schutzwaldungen, Weide an stark geneigten Hängen, Wiesenstreifen zwischen den Äckern, horizontale Beetfurchen);

b) durch Herstellung horizontaler Fang- und Sickergräben an steilen Hängen (Wasserfurchen sollen in eine Grube münden);

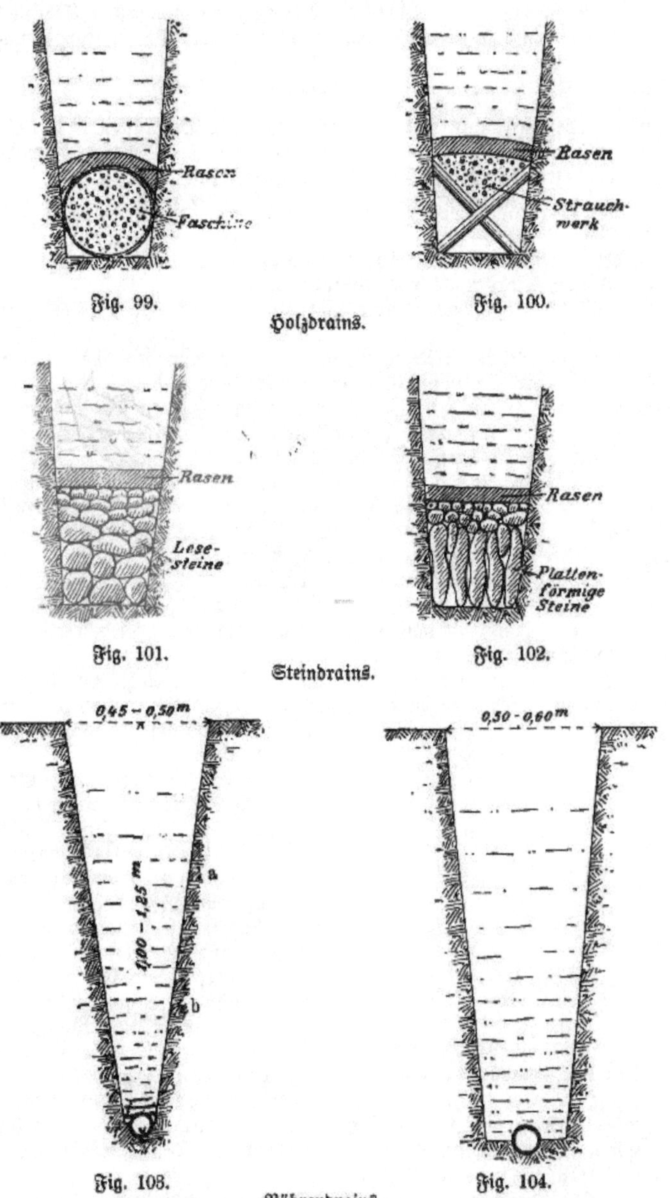

Fig. 99. Fig. 100.

Holzdrains.

Fig. 101. Fig. 102.

Steindrains.

Fig. 103. Fig. 104.

Röhrendrains.

c) durch Teich- und Weiheranlagen an geeigneten Stellen und
d) durch richtig ausgeführte Entwässerungs- und Bewässerungsanlagen.

Entwässerung.

Ein Boden leidet an Nässe, wenn alle seine Hohlräume in den oberen Schichten während des größten Teils der Vegetationszeit oder doch während der Bestellungszeit regelmäßig mit Wasser gefüllt sind.

Dieser dauernde Wasserüberfluß ist für den Kulturboden von großem Nachteil, weil jener

1. den Luftzutritt zum Boden hindert (mangelhafte Zersetzung der Pflanzennahrung, Entstehung von Pflanzengiften);
2. weil er den Boden ständig kühl erhält (Verdunstungskälte, geringe Wärmeleitung);
3. weil an Nässe leidende Böden im Frühjahr erst spät und dann schwierig und daher nur mangelhaft zu bestellen sind und
4. weil die auf solchen Böden angebauten Pflanzen sich langsam entwickeln, leicht auswintern, unter Spätfrösten leiden, für Krankheiten empfänglicher sind und vom Unkraut mehr belästigt werden.

Nasse Wiesen ergrünen im Frühjahr viel später als normal feuchte und sterben im Herbst auch früher ab (gelbbraune Färbung). Der Pflanzenbestand ist auf nassen Wiesen ein ganz anderer als auf trockenen. (Süße Gräser, Kleearten auf diesen; saure Gräser, Moos, Binsen 2c. auf jenen.)

Eine gründliche Entwässerung kann oft schon durch die Vornahme gründlicher Bach- und Flußräumungen erzielt werden. Ist deren Wirkung noch nicht weitreichend genug, so muß durch Anlage offener Gräben oder durch Drainagen nachgeholfen werden.

Offene Gräben werden gewöhnlich nur dort angelegt, wo es sich um die Ableitung größerer Mengen Tagwasser handelt oder wo wegen zu geringen Gefälls Drainstränge nicht eingelegt werden können.

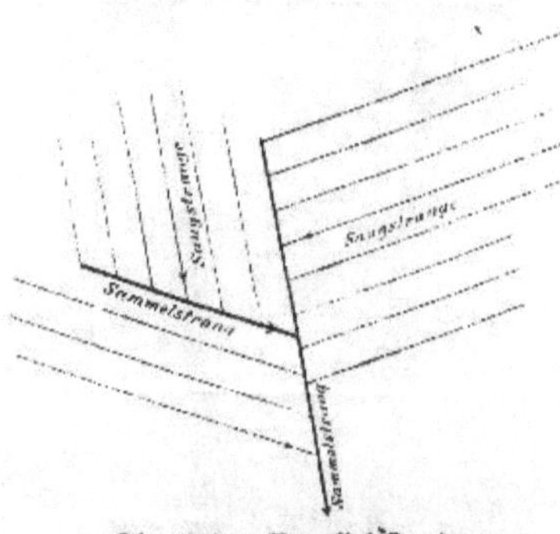

Fig. 105. Parallel-Drainage.

Zur Senkung des Grundwasserstandes kommt bei genügendem Gefälle die unterirdische Abfuhr mittelst Drainage in Anwendung.

Deren Vorteile gegenüber den offenen Gräben sind folgende: kein Landverlust, keine erschwerte Bestellung und Aberntung, keine hohen Herstellungs- und Unterhaltungskosten, weniger Abflußhindernisse.

Die verdeckten Wasserabzüge können aus Holz, Steinen und gebrannten Tonröhren hergestellt werden (Fig. 99—104).

Holz- und Steindrains (Fig. 99 u. 100, 101 u. 102) sind weniger leistungsfähig und empfehlen sich im allgemeinen nur für kleine Anlagen, bei größerem Gefälle und wenig Wasser.

Am besten bewährten sich die aus gebrannten, unglasierten Tonröhren hergestellten Drainageanlagen (Fig. 103 u. 104), wo der Eintritt des Wassers nur durch die Stoßfugen der Röhrenstücke erfolgt.

Jedes Drainagesystem besteht aus einer größeren Anzahl von Saugsträngen und einem oder mehreren Sammelsträngen (Fig. 105). (Paralleldrainage, Kopfdrainage, Quellendrainage.)

Die Tiefe der Draingräben soll auf Ackerland mindestens 1,25 m, auf Wiesland 1 m betragen. In keinem Falle aber darf sie wegen der Gefahr des Einwachsens der Pflanzenwurzeln, des Einfrierens u. s. w. unter 0,9 m betragen. Größere Drainagetiefen — bis zu 2 m — sind in Wein-, Hopfen- und Obstgärten angezeigt.

Die Entfernung der Drainstränge voneinander ist in erster Linie abhängig von deren Tieflage und von dem Tongehalt des zu entwässernden Bodens, dann aber auch vom Klima und der Benützungsweise des Bodens (z. B. Drainagen auf Alpweiden und im Flachland).

Je größer die Tiefe ist, um so weiter kann die Entfernung bemessen werden und umgekehrt. Je größer der Tongehalt, um so enger die Drainlage und umgekehrt.

Bei der üblichen und praktisch bewährten Tieflage von 1,25 m beträgt die Entfernung der Saugstränge:

auf schwerem Tonboden . ca. 10—12 m,
„ bündigem Lehmboden „ 12—16 „,
„ sandigem „ „ 16—20 „.

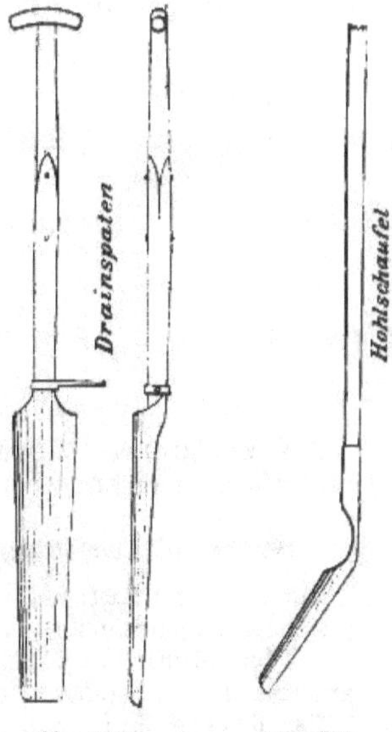

Die Röhrenweite soll wegen der Verstopfungsgefahr nie unter 4 cm betragen. Für kleine Anlagen genügen in der Regel die Rohrweiten 4, 5 und 6 cm. Für größere Anlagen sind sie vom Kulturingenieur rechnerisch zu bestimmen.

Zu den Röhren darf nur gut verarbeiteter, möglichst kalkfreier Ton verwendet werden. Die einzelnen Röhren sollen gerade, kreisrund, innen glatt, an den Enden senkrecht abgeschnitten und scharf gebrannt sein.

Drainspaten

Hohlschaufel

Fig. 106. Fig. 107.

Projektierung und Ausführung der Drainagen.

Da drainagebedürftige Ländereien gewöhnlich kein übermäßig großes Gefälle besitzen, so ist an der Regel festzuhalten, die Saugstränge in das größte Gefälle zu legen (Längsdrainage). Je mehr die Neigung des Geländes zunimmt, um so mehr sind die Drainstränge quer zur Richtung des Hauptgefälles zu legen (Querdrainage).

Mit den Grabenarbeiten wird in der Regel am Drainage-Auslauf begonnen, wobei die Draingräben möglichst eng herzustellen sind (Fig. 103; Drainspaten, Fig. 106; Hohlschaufel, Fig. 107).

Mit dem **Rohrlegen** wird am oberen Ende des Grabensystems begonnen (Leghaken Fig. 108). Es ist streng darauf zu achten, daß die Stoßfugen gut aufeinander passen. Der Anfang eines Saugstranges ist mit einem Stein zu verschließen (Fig. 109).

Die **Einmündung der Saugstränge** in den Sammelstrang wird dadurch bewerkstelligt, daß man diesen um den Röhrendurchmesser tiefer legt und die Saugstränge von oben einmünden läßt (Fig. 109). Zu diesem Zwecke werden in die aufeinander treffenden Röhren mit einem Spitzhammer genau aufeinander passende Löcher gehauen und die übereinander gefügten Röhren gut mit Ton verstrichen (Mündungs-Formstücke.)

Das **Zuwerfen** der Gräben hat sorgsam zu geschehen.

Die **Ausmündungen** der Sammelstränge sind so anzuordnen, daß keine Tiere einkriechen und sonst keine Verstopfungen vorkommen können.

Ursachen der Verstopfungen können werden: zu geringes Gefälle der Stränge, mangelhafte Ausgleichung der Sohle, unfleißiges Legen der Röhren, unachtsames Zuwerfen der Gräben, Senken einzelner Röhren, zu seichte Lage der Stränge, Einwachsen von Baum-, Gesträuch- und anderen Pflanzenwurzeln.

Gegenmittel: richtige Projektierung und sorgfältige Ausführung.

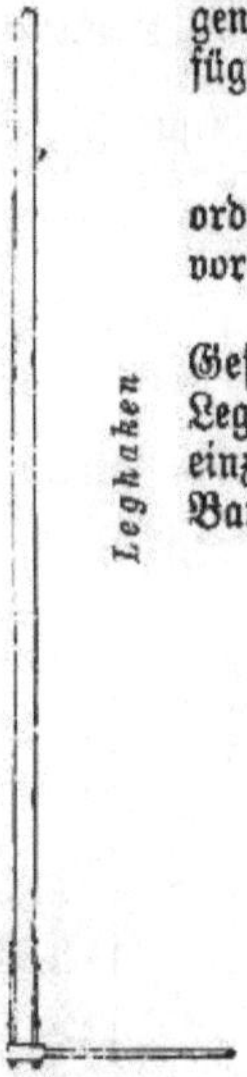

Leghaken

Fig. 108.

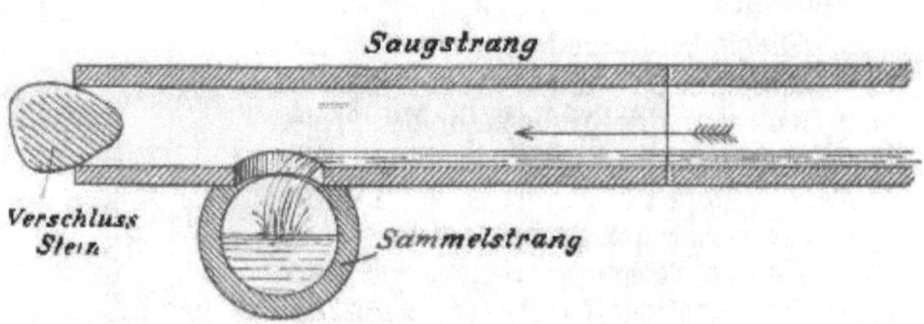

Fig. 109.

Das Wachsen von Drainagezöpfen und die Bildung von Kalk- und Ockerniederschlägen in den Rohrsträngen sind nicht immer zu verhindern.

Kosten, Wirkungsdauer und Erfolg einer Drainageanlage.

Die **Kosten** stellen sich sehr verschieden, je nach den Bodenverhältnissen, Arbeitslöhnen rc. durchschnittlich auf 200—400 ℳ pro Hektar.

Bei sorgfältiger Ausführung und guter Unterhaltung ist die **Wirkungsdauer** einer Drainageanlage eigentlich unbegrenzt.

Den **vollen Erfolg** von einer derartigen Entwässerungsanlage erntet der Landwirt aber nur dann, wenn er den drainierten Grundstücken eine sorgfältige Bearbeitung, Pflege und Düngung angedeihen läßt.

Bewässerung.

In wärmeren Gegenden werden Wies- und Ackerland künstlich befeuchtet. In unserem gemäßigten Klima ist die Bewässerung in der Regel nur auf Wiesen angezeigt.

Je nach dem Klima und den Bodenverhältnissen, der Beschaffenheit des zur Verfügung stehenden Wassers und der Bewässerungszeit können mit einer Bewässerung verschiedene Zwecke erreicht werden:

1. eine Anfeuchtung des Bodens,
2. „ Düngung „ „ und
3. „ Erhöhung der Bodentemperatur.

Günstige Nebenwirkungen einer Bewässerung können sein: Auswaschen pflanzenschädlicher Stoffe aus dem Boden und Vertreiben schädlicher Tiere und Pflanzen.

Die anfeuchtende Bewässerung kommt nur während der Vegetationszeit und bei klarem Wasser zur Anwendung.

Die düngende Bewässerung kann nur zu einer Zeit ausgeübt werden, in welcher den Pflanzen nicht geschadet wird, da sie größere Wassermengen und eine längere Dauer verlangt, als den wachsenden Pflanzen zuträglich ist (Spätherbst, Spätwinter).

Zur Erhöhung der Bodentemperatur und damit zur Erzeugung frühen Grünfutters wird im Frühjahr die Bewässerung mit Quellwasser oft erfolgreich in Anwendung gebracht, so lange das Wasser wärmer ist als die Luft. Auch die schädliche Wirkung der Spätfröste auf die Wiesenpflanzen kann durch eine reichliche Überrieselung abgeschwächt werden.

In wärmeren und niederschlagsärmeren Gegenden wird mehr die anfeuchtende, in kühleren und regenreicheren dagegen mehr die düngende Wirkung des Wassers in Anspruch genommen.

Leichte, durchlässige Böden eignen sich am besten zur Bewässerung. Schwerer Tonboden ist von der Bewässerung auszuschließen.

Brauchbarkeit des Wassers zu Bewässerungszwecken.

Das zur Bewässerung zu benützende Wasser darf

1. keine pflanzenschädlichen Stoffe enthalten (Moorwasser, übermäßiger Kalk- oder Gipsgehalt, große Mengen gelöster Eisenverbindungen);
2. soll es auch düngend wirken, welche Eigenschaft vom Boden abhängt, dem es entsprungen ist, vom Kultur- und Düngungszustand des Regengebietes und von dessen Oberflächengestalt. Aus den im Wasser und an den Ufern wachsenden Pflanzen können Schlüsse auf den Dungwert des Wassers gezogen werden;
3. darf die Temperatur des zur Anfeuchtung benützten Wassers nicht zu niedrig sein.

Wasserbedarf und Wasserbeschaffung.

Der Wasserbedarf ist sehr verschieden und hängt ab:

1. vom Bewässerungszweck;
2. von der Durchlässigkeit des Bodens und dem Gefälle der zu bewässernden Fläche und
3. von der Bewässerungseinrichtung.

Zur bloßen Anfeuchtung genügt weniger Wasser, als zur Düngung und Regulierung der Bodentemperatur notwendig ist. Desgleichen steigt der Wasserbedarf mit der Durchlässigkeit des Bodens und mit der Abnahme des Flächengefälles.

Gut eingerichtete und sorgfältig bediente Bewässerungsanlagen benötigen weniger Wasser als mangelhaft hergestellte und schlecht unterhaltene.

Die nötige Wassermenge kann in den meisten Fällen einem fließenden Gewässer entnommen werden (Stauwehre, Schöpfräder).

Auch Quellen und Drainagen liefern vielfach das zur Bewässerung kleiner Grundstücke nötige Wasser. (Ansammlung in Teichen.)

Die verschiedenen Bewässerungsanlagen lassen sich in zwei Hauptsysteme scheiden:

A. in den natürlichen Bau und
B. in den Kunstwiesenbau.

A. Natürlicher Bau.

Beim natürlichen Bau wird an der von der Natur gegebenen Oberflächengestalt der Wiese möglichst wenig geändert und derselben das einfache Grabensystem so gut als möglich angepaßt.

B. Kunstwiesenbau.

Beim Kunstwiesenbau dagegen wird die Wiesenoberfläche ganz oder größtenteils umgearbeitet und in ebene, möglichst geradlinig begrenzte Rieselflächen mit zahlreichen Zu- und Ableitungsgräben umgebaut.

Der Kunstwiesenbau ist nur unter ganz günstigen, selten anzutreffenden Umständen empfehlenswert; in den meisten Fällen ist der natürliche Bau vorzuziehen.

Nach der Art der Aufleitung des Wassers auf die Wiesen und dessen Verteilung und Ableitung unterscheidet man die nachbenannten vier Bewässerungsmethoden:

1. die Einstauung,
2. die Überstauung (Staubewässerung),
3. die Überrieselung und
4. die Drainbewässerung (Petersen'sche Bewässerung).

1. Einstauung.

Unter Einstauung versteht man das zeitweise künstliche Zurückhalten des Wassers in Entwässerungsgräben mit geringem Gefälle durch eingebaute Stauvorrichtungen.

2. Überstauung.

Bei der Überstauung wird die zu bewässernde Fläche zeitweise künstlich ganz unter Wasser gesetzt, zu welchem Zwecke das wenig geneigte Areal mit niederen Dämmen umgeben wird (Haltungen). Sie kommt da mit Vorteil zur Anwendung, wo es zur regelrechten Rieselung an der nötigen Wassermenge fehlt, dagegen große, düngerreiche Wassermassen zeitweise zur Verfügung stehen. Die Staubewässerung erfordert geringe Anlage- und Unterhaltungskosten, wenig Gräben, daher ist der Weidegang zulässig; sie ist nur anwendbar bei sehr kleinem Gefälle und bei ruhender Vegetation.

Von einer Stauberieselung spricht man dann, wenn das Wasser die Haltungen in schwacher Strömung durchzieht.

3. Überrieselung.

Die vollkommenere Bewässerungsart ist die Überrieselung, weil die Wasserverteilung eine gleichmäßigere ist und der Boden samt Pflanzendecke auch während der Bewässerung mit der Luft in Berührung bleibt. Sie setzt jedoch je nach dem Bewässerungszweck, der Durchlässigkeit des Bodens und der mehr oder minder sorgfältig durchgeführten Planierung der Wiesenoberfläche ein verschieden großes Gefälle voraus.

Bei der Rieselung können zweierlei Bausysteme in Anwendung kommen:

a) der Hangbau und
b) der Rückenbau.

a) Hangbau.

Beim Hangbau ist die zu bewässernde Fläche nur nach einer Seite geneigt; das Gefälle soll mindestens 2 % betragen.

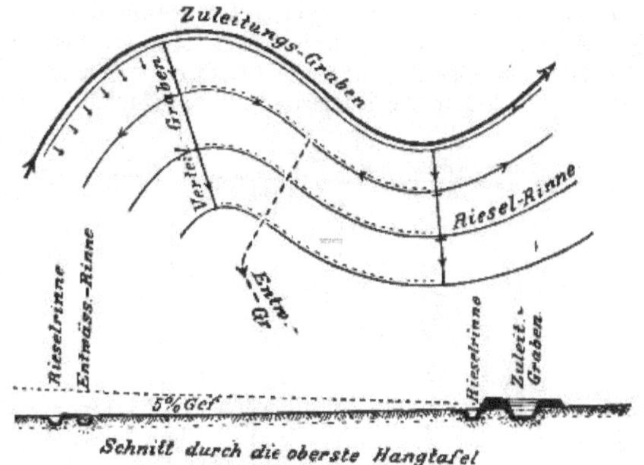

Fig. 110. Hangbau.

Je nach der mehr oder minder sorgfältigen Wasserverteilung auf dem Hange unterscheidet man

aa) die sog. wilde Rieselung und
bb) den rationellen Hangbau.

Bei der wilden Rieselung wird das Wasser nur auf die höchsten Punkte der Wiesenoberfläche geleitet und dann sich selbst überlassen, während der rationelle Hangbau ein viel grabenreicheres, der Oberflächengestalt tunlichst angepaßtes Wasserleitungssystem aufweist. (Fig. 110.)

Von den auf den höchsten Stellen sich hinziehenden und die zu bewässernde Fläche in einzelne Quartiere zerlegenden Zuleitungsgräben zweigen die meist im Hauptgefälle der Wiese liegenden Verteilgräben ab. Von diesen aus werden die nahezu horizontal verlaufenden Rieselrinnen gespeist, über deren untere Kante das Wasser auf die Wiese tritt.

Entwässerungsgräben werden gewöhnlich nur in den deutlich erkennbaren Gelände-Mulden angelegt, wo sich das überflüssige Wasser von selbst sammeln muß.

b) Rückenbau.

Der **Rückenbau** entsteht durch Aneinanderreihung satteldachartiger Beete, auf deren nahezu horizontalem First das Wasser in Rieselrinnen zugeleitet wird. (Fig. 111 und 112.)

Fig. 111. Querschnitt durch einen Rückenbau.

Wo die Dachflächen zweier benachbarter Beete zusammenstoßen, werden die Entwässerungsrinnen eingeschnitten.

Der Rückenbau findet dort **Anwendung**, wo mit vorzüglichem Rieselwasser eine **düngende** Bewässerung eingerichtet werden soll, wo aber das natürliche Flächengefälle sehr gering ist und der Boden zur Versumpfung neigt.

Die **dachartige** Oberflächengestalt der Beete wird zum Zwecke der Gefällsvermehrung künstlich durch Ausgraben in der Nähe der Entwässerungs-

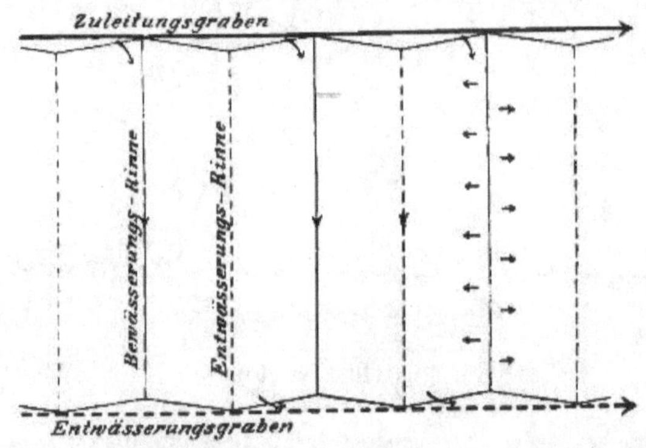

Fig. 112. Grundriß einer Rückenanlage.

rinnen und durch Anfüllen gegen die Beetmitte zu hergestellt. Der Rückenbau ist demnach ein Kunstbau.

4. Drainbewässerung.

Die **Drainbewässerung** ist eine Verbindung der Hangbewässerung mit der Röhrendrainage und ist nur dort am Platze, wo vor Einrichtung der Bewässerung schon eine **Entwässerung** mittelst Drainage angezeigt gewesen ist.

Die **Drainbewässerung** verursacht große Anlagekosten, verlangt eine sorgfältige Unterhaltung und eine verständnisvolle Bedienung um nachhaltig hohe Erträge zu liefern.

Wenn diese Anforderungen nicht im vollsten Maße erfüllt werden können, so sieht man von der Anlage einer Drainbewässerung am besten ab, auch wenn die örtlichen Verhältnisse noch so günstig sein sollten.

Ausübung der Bewässerung: siehe Wiesenbau unter „Wiesenpflege".

Ausführung der Kulturarbeiten.

Um dem Landwirt die Möglichkeit zu bieten die Kosten kleiner Erdarbeiten selbst veranschlagen zu können, seien nachstehende durchschnittliche Einheitspreise angeführt:

1 qm Rasen zu schälen, seitlich abzulagern und wieder aufzulegen erfordert 0,03 Tagschichten.*)

Das Lösen und Laden oder Auswerfen eines cbm Erdreichs aus einer Tiefe von 1,5—2 m verlangt:

bei ganz schwerem Tonboden . .	0,33	Tagschichten,
bei gewöhnlichem Lehmboden, der noch mit der Haue zu lösen ist . . .	0,24	„ ,
bei leichterem Boden	0,18	„ .

Für das Zufüllen der Draingräben sind pro Kubikmeter 0,05 Tagschichten in Ansatz zu bringen, wobei aber zu beachten ist, daß 1 cbm gewachsener Boden im gelockerten Zustande mindestens $^1/_5$ an Rauminhalt zunimmt.

Für das Röhrenlegen und stellenweise Ausgleichen der Sohle rechnet man pro laufenden Meter 1 ℌ.

1 cbm gelockertes Material auf die Schaufel zu nehmen und 3—4 m weit zu werfen, erfordert 0,11 Tagschichten.

Das Werfen mit der Schaufel ist nur beim Graben selbst oder höchstens bei einmaliger Wiederholung rentabel. Für weitere Transporte bis zu 90 m wird mit Vorteil der Schubkarren verwendet; bei noch größeren Entfernungen ist das Pferdefuhrwerk billiger (Rollbahnen).

Von den bei der Ausführung von Kulturarbeiten benötigten besonderen Werkzeugen seien erwähnt

die Rasenschäl-Werkzeuge,

Rasenmesser, Rasenschälschaufel und Wiesenbeil, deren Form aus Figur 113 ersichtlich ist.

Rasenmesser und Schälschaufel werden mittels eines am unteren Ende des Stiels befestigten Strickes von 1—2 Arbeitern gezogen und ein Dritter dirigiert das Werkzeug an seinem Stiele. Mit dem Rasenmesser wird der Rasen in Quadrate von etwa 3 dm Seitenlänge geschnitten, die dann je nach dem Verwendungszwecke mit der Schälschaufel in einer Dicke von 3 bis 6 cm abgeschält und seitlich aufgeschichtet werden.

Diese Methode des Rasenschälens kommt da zur Anwendung, wo man möglichst regelmäßige Rasenstücke braucht, z. B. zum Belegen von Grabenböschungen, zum Einfassen der Grabenränder bei der Herstellung von Bewässerungsgräben. Beim natürlichen Wiesenbau genügt es vielfach, den Rasen mit einer geeigneten Haue in unregelmäßigen Stücken von 3—5 cm Dicke abzuhauen, die Planierungsarbeiten vorzunehmen und die Rasenstücke wieder

*) Eine Tagschichte zu 10 Arbeitsstunden gerechnet.

aufzulegen, wobei die unvermeidlichen Unebenheiten der neuen Rasendecke mit klarer Erde nachplaniert werden müssen.

Bei sehr unregelmäßiger und verfilzter natürlicher Rasendecke muß immer das Abhauen in Anwendung gebracht werden (Rasenschälpflug für größere Flächen).

Das Wiesenbeil (Fig. 113) kommt hauptsächlich bei der Ausführung von Bewässerungsanlagen in Anwendung und muß bei richtiger Ausführung als ein sehr zweckmäßiges Werkzeug zum Rasenhauen nach der Schnur, zur

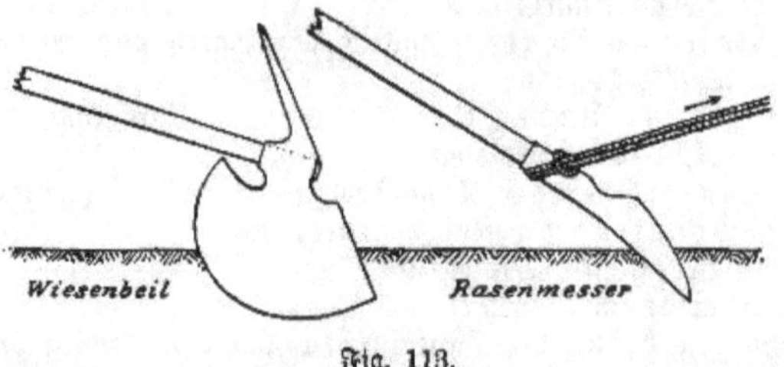

Fig. 113.

Herstellung der horizontalen Rieselrinnen, zum Schärfen der Grabenkanten beim Reinigen u. s. w. bezeichnet werden.

Herstellung der Gräben.

Man unterscheidet eingeschnittene und aufgedämmte Gräben. Entwässerungsgräben müssen immer eingeschnitten werden, während Bewässerungsgräben teils eingeschnitten, teils aufgedämmt sein können.

Seichte Gräben bis zu ca. $^1/_4$ m Tiefe werden noch mit senkrechten Wänden hergestellt, während tiefere je nach dem Bodenmaterial, in das sie eingeschnitten werden, mehr oder weniger stark abgeböscht werden müssen

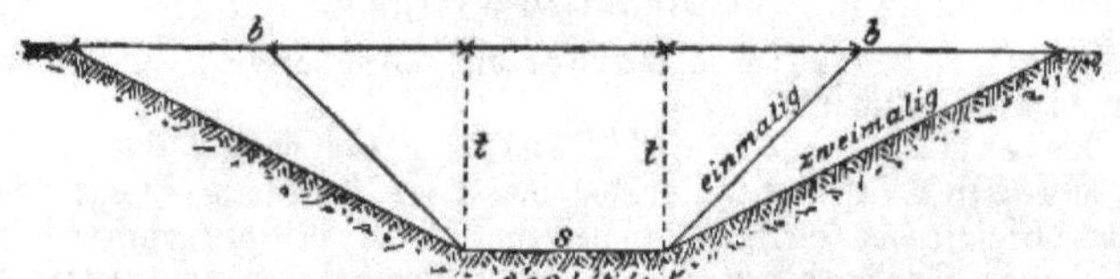

Fig. 114. Graben mit einmaliger und zweimaliger Böschung.

um das Einstürzen der Ufer zu verhüten. (Einmalige Böschungen bei Tonböden bis zu dreimaligen bei sehr beweglichem Sandboden.) Einmalig, zweimalig u. s. w. nennt man eine Böschung, wenn deren horizontal gemessene Breite gleich der einfachen, zweifachen u. s. w. Grabentiefe ist (Fig. 114).

Die Böschungen der tieferen Entwässerungsgräben sollen womöglich gleich nach ihrer Herstellung mit Rasen belegt werden, der mit Holznägeln zu befestigen ist, wenn vor dem Anwachsen ein Abschwemmen zu befürchten ist (Sohlenbefestigungen bei großem Gefälle).

Teich- und Weiherdämme sind sehr sorgfältig herzustellen. Vor deren Aufschüttung ist der Rasen und die oberste, humose Bodenschichte zu entfernen. Die nächste Schicht ist dann zu spaten oder zu pflügen, um eine recht innige Verbindung zwischen dieser und dem Dammaterial zu erzielen. Dieses besteht am besten aus sandigem oder kiesigem Lehm und wird schichtenweise aufgebracht und festgestampft, bei trockener Witterung unter zeitweiser Besprengung mit Wasser. (Lettenkern bei durchlässigem Material.)

Die Planierungsarbeiten werden nach einnivellierten Pfählen unter Anwendung einer gespannten Schnur und der sog. Visierkreuze ausgeführt.

Die Form der Visierkreuze geht aus nachstehender Abbildung (Fig. 115) hervor. Je nach dem Zwecke 1—2 m hoch, auf der einen Seite weiß, auf der anderen schwarz oder rot angestrichen, dienen sie dazu, zwischen

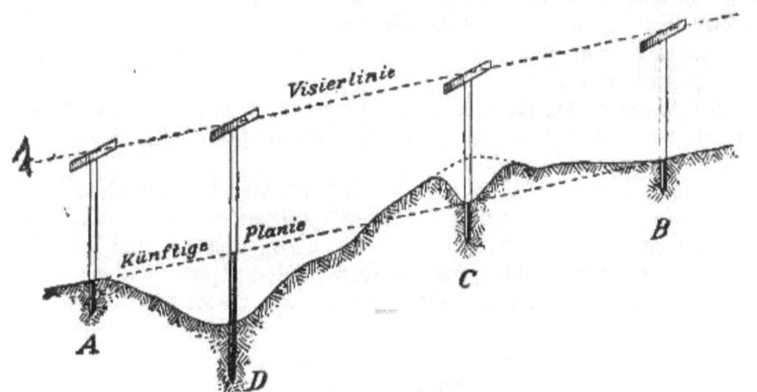

Fig. 115. Visierkreuze.

zwei gegebenen, nicht allzuweit entfernten, durch Grundpfähle markierten Punkten A und B beliebig viele in deren Verbindungslinie liegende Zwischenpunkte C, D u. s. w. einzuschalten.

Von den drei genau gleich hohen Kreuzen wird je eines auf einem der gegebenen Punkte A und B aufgestellt; wo ein Punkt eingeschaltet werden soll, z. B. in C oder D, wird das dritte Kreuz so in die Verbindungslinie hineingehalten, daß beim Hinwegvisieren über die Querstücke die drei Oberkanten in einer Linie liegen (Fig. 115).

Beim Auffüllen darf niemals gute Erde oder Rasen vergraben werden.

Die Abtragstellen sind vor der Wiederauflage des Rasens wenigstens einen Spatenstich tief zu lockern und, wenn der Untergrund gar zu roh und nährstoffarm ist, auch mit guter Erde zu überdecken. Die Außerachtlassung dieser Vorschrift rächt sich Jahre lang durch mangelhafte Erträge.

Um das Anwurzeln der Rasen zu beschleunigen und deren Austrocknung zu verhüten, müssen sie sofort nach dem Legen durch Klatschen in innige Verbindung mit dem gewachsenen Boden gebracht werden.

Auch leichtes Übererden ist sehr zweckmäßig.

Ansaat der Wiesenfläche: siehe Wiesenbau (Neuanlage von Wiesen).

Unterhaltung der Kulturanlagen.

Die kleineren und größeren unvermeidlichen Schäden an einer Kulturanlage sind sofort auszubessern.

Zunächst ist den als Vorflut dienenden Bächen und Flüssen und den Hauptentwässerungsgräben die nötige Aufmerksamkeit zu widmen und deren Räumung rechtzeitig zu veranlassen.

Etwa vorhandene Drainageausmündungen sind besonders sorgfältig zu überwachen.

Die gleiche Sorgfalt ist sämtlichen Gräben, Rinnen und Stauvorrichtungen einer Bewässerungsanlage zuzuwenden.

Die Überschlagskanten der Rieselrinnen sind nach dem Wasserstande zu regulieren und auf den Hangtafeln selbst sind kleinere Planierungen vorzunehmen, Geleisespuren und Tiertritte auszufüllen u. s. w.

Der Grabenaushub darf aber nicht an den Grabenrändern liegen bleiben, sondern muß, soweit er nicht zu Planierungen nötig ist, abgefahren oder kompostiert werden.

Das Beweiden rationell angelegter Wässerwiesen hat unter allen Umständen zu unterbleiben, da das ganze Grabensystem darunter derart leidet, daß es nicht mehr ausgebessert werden kann.

Endlich müssen auf kultivierten Grundstücken die allgemein gültigen Regeln und Grundsätze eines rationellen Acker- und Wiesenbaus sorgsamste Beachtung finden; namentlich ist der richtigen Düngung und Pflege der Acker- und Wiesenpflanzen die größte Aufmerksamkeit zuzuwenden, da nur dann von einer Kulturanlage der größtmögliche Nutzen erwartet werden darf.

V. Die Düngung.

A. Die Pflanzennährstoffe.

Die Pflanze läßt sich in Wasser und Trockensubstanz zerlegen. Letztere zerfällt wieder in verbrennliche und unverbrennliche Substanz (Asche); s. S. 127. In dem verbrennlichen Anteil kommen die Elemente Kohlenstoff, Wasserstoff, Sauerstoff und Stickstoff vor, welche im gasförmigen Zustand bei der Verbrennung der Pflanzen als Kohlensäure, Wasserdampf und Ammoniak (Stickstoff) entweichen. Die Asche enthält stets:

Kalium,	Schwefel,
Natrium,	Phosphor,
Calcium,	Chlor,
Magnesium,	Silicium.
Eisen,	

Diese Elemente sind in der Asche jedoch nicht in freiem Zustand enthalten sondern fast durchweg in Form von Salzen.

Der Bedarf der Pflanzen an Kohlenstoff, Wasserstoff und Sauerstoff wird durch die Kohlensäure und den Sauerstoff der Luft sowie durch das im Boden befindliche Wasser gedeckt. Dagegen sind die Pflanzen, mit Ausnahme der schmetterlingsblütigen Gewächse (s. S. 45 u. 128), ausschließlich auf die im

Boden enthaltenen aufnehmbaren, stickstoffhaltigen Verbindungen (salpetersaure Salze) bei ihrem Wachstum angewiesen. Das gleiche ist der Fall hinsichtlich der in der Asche vorkommenden Elemente.

Für die Entwicklung der Pflanzen sind folgende Grundstoffe (Nährstoffe) unbedingt notwendig: Kohlenstoff, Wasserstoff, Sauerstoff, Stickstoff, Schwefel, Phosphor, Kalium, Calcium, Magnesium und Eisen.

Natrium, Chlor und Silicium sind zwar für den Aufbau der Pflanze im allgemeinen nicht erforderlich, sie können jedoch dabei eine nützliche Rolle spielen.

Durch fortgesetztes Anbauen und Aberuten der verschiedenen Kulturpflanzen werden dem Boden Aschenbestandteile nebst Stickstoffverbindungen in größerem oder geringerem Umfang entzogen. Soll nicht mit der Zeit ein Rückgang in der Fruchtbarkeit des Bodens eintreten, so müssen diesem die entzogenen Nährstoffe wieder ersetzt werden. Dieser Ersatz der Nährstoffe erfolgt durch die Düngung. Die hiezu verwendeten Stoffe bezeichnet man als Düngemittel oder Dungstoffe.

Bei dem Ersatz der Nährstoffe kommen vornehmlich Stickstoff, Phosphorsäure, Kali und Kalk in Betracht. Stickstoff, Phosphorsäure und Kali finden sich im Boden meistens nur in sehr geringer Menge vor, öfters ist dies auch beim Kalk der Fall.

Mangelt irgend einer der unentbehrlichen Nährstoffe oder ist einer derselben in ungeeigneter Form oder in zu geringer Menge im Boden vorhanden, so kann sich die Pflanze nicht normal entwickeln. Es ist demnach die Höhe der Ernte, abgesehen von sonstigen Umständen, von dem jeweils im Boden in geringster Menge enthaltenen Nährstoffe abhängig (Gesetz des Minimums).

Von den Pflanzennährstoffen werden vom Boden festgehalten (absorbiert): Phosphorsäure, Kali und Ammoniak; dagegen werden die salpetersauren Salze (z. B. Chilisalpeter) nicht absorbiert, sondern können bei reichlichen Niederschlägen rasch in den Untergrund abgeführt werden.

Kohlensaurer Kalk löst sich allmählich in dem kohlensäurehaltigen Wasser des Bodens auf und wird als doppeltkohlensaurer Kalk in die tieferen Schichten desselben geführt, weshalb sehr häufig ursprünglich kalkreiche Bodenarten mit der Zeit außerordentlich arm an Kalk werden.

B. Die Düngemittel und die Düngung.

Die Düngemittel werden eingeteilt in:

1. natürliche Düngemittel,
2. künstliche Düngemittel,
3. aufschließend wirkende Düngemittel.

Die natürlichen Düngemittel enthalten sämtliche für die Pflanzenernährung unentbehrlichen Nährstoffe und wirken außerdem noch durch ihren Gehalt an verbrennlicher Substanz günstig auf die Humusbildung und die physikalischen Eigenschaften des Bodens (Lockerung, Wasserregulierung, Erwärmung). Auch wird dem Boden durch diese Düngemittel eine große Menge von niederen Pilzen einverleibt, welche die Zersetzung der verbrennlichen Substanzen vermitteln.

Die künstlichen Düngemittel bereichern den Boden nicht an Humus, sondern führen demselben nur bestimmte Nährstoffe zu.

Die aufschließend wirkenden Düngemittel machen im Boden vorhandene, nicht oder schwer aufnehmbare Nährstoffe löslich und wirken zum Teil zugleich als Nährstoffquellen.

1. Natürliche Düngemittel.

a) Stallmist.
b) Jauche.
c) Latrinendünger (Fäkalien).
d) Kompost.
e) Geflügeldünger.
f) Gründünger.

a) Stallmist.

Der Stallmist besteht aus den festen und flüssigen Ausscheidungen der Tiere (Harn und Kot) und der Einstreu. Der Wert des Stalldüngers hängt hauptsächlich ab von der Tiergattung, Ernährung und Nutzrichtung der Tiere, der Einstreu, von der Behandlung im Stalle, auf der Dungstätte und auf dem Felde sowie von dem Alter.

In 1000 kg, d. h. in einer Fuhre Dünger von 20 Ztr., sind nach A. Stutzer durchschnittlich enthalten:

Art des Düngers	Trockensubstanz kg	Stickstoff kg	Phosphorsäure kg	Kali kg
Pferdemist, frisch . . .	287	5,8	2,8	5,3
Rindviehmist, frisch . .	225	4,2	2,5	5,0
„ , verrottet .	230	5,4	3,5	6,5
Schafmist	354	8,3	2,3	6,7
Schweinemist	276	4,5	1,9	6,0

Wie aus dieser Zusammenstellung hervorgeht, ist der Dünger der verschiedenen Tiergattungen in seiner Zusammensetzung ungleichartig. Schaf- und Pferdedünger sind reicher an Trockensubstanz als wie Rindvieh- und Schweinedünger; beide sind auch reich an schnell wirksamen Stickstoffverbindungen, sie wirken daher treibend auf die Pflanzen und werden deshalb auch als „hitzige" Dünger bezeichnet. Rindvieh- und Schweinedünger sind weniger stickstoffreich, zersetzen sich langsamer und gelten als „kalte" Dünger.

Die im Futter enthaltenen Mineralstoffe und stickstoffhaltigen Substanzen (Eiweißkörper) bleiben nur zum geringsten Teil im Körper der Tiere zurück und werden deshalb zum größten Teil wieder mit dem Harn und Kot ausgeschieden. Je reicher demnach die Nahrung der Tiere an Stickstoff, Phosphorsäure, Kali und Kalk ist, desto mehr gehen von diesen Stoffen in den Dünger über. Als wertvollster Dünger gilt allgemein derjenige von Masttieren, während der von wachsenden Tieren und Milchvieh gewonnene Mist um diejenigen Nährstoffe ärmer ist, welche zum Wachstum der Tiere und zur Milchproduktion notwendig sind.

Die als Einstreu verwendeten Materialien sind um so wertvoller, je mehr sie Jauche aufzusaugen und Humus zu bilden vermögen und je geeigneter sie sind den Tieren ein weiches und warmes Lager zu bieten. Außerdem kommt auch noch die Menge der in denselben enthaltenen Nährstoffe und ihre Zersetzungsfähigkeit in Betracht. Die wichtigsten Einstreumittel sind die Stroharten und die Torfstreu, weil sie ein großes Aufsaugungsvermögen für Harn besitzen. Neben diesen finden noch Waldstreu, Sägmehl, Laub, Schilf, im Notfall Erde u. a. Anwendung.

An Einstreu rechnet man pro Tag durchschnittlich:

für 1 Rind von 500 kg Lebendgewicht	2,5—5	kg Stroh,
„ 1 Pferd	2—3	„ „ ,
„ 1 Schwein	1—2	„ „ ,
„ 1 Schaf	0,25—0,30	„ „ .

An Torfstreu braucht man pro Tag und Stück beim Pferd $1^1/_2$—2 kg und beim Rind 3—$3^1/_2$ kg und darüber.

Der Wert des Stallmistes hängt ferner noch von der Behandlung desselben im Stall, auf der Dungstätte und auf dem Felde ab.

Bei sehr reichlicher Einstreu werden die festen und flüssigen Auswurfstoffe im Stalle vollkommen miteinander vereinigt. Ist dieselbe jedoch unzureichend, so fließt in vielen Fällen ein Teil der Jauche ab, welche erhebliche Mengen von sehr leicht zersetzbaren stickstoffhaltigen Verbindungen (Harnstoff) enthält. Der Harnstoff geht bei seiner Zersetzung rasch in flüchtiges kohlensaures Ammoniak über, welches durch Entweichen in die Luft erhebliche Verluste des Düngers an rasch wirksamen Stickstoffverbindungen verursacht. Zur Bindung des kohlensauren Ammoniaks verwendet man Gips (per Stück Großvieh 1—$1^1/_2$ kg), Superphosphatgips ($^3/_4$—1 kg), Superphosphat mit 18% wasserlöslicher Phosphorsäure ($^1/_4$—$^1/_2$ kg), Torf und humose Erde.

Zur Verhinderung des Versickerns von flüssigen Stoffen ist die Sohle des Stalles aus wasserdichtem Material (Beton, Pflaster- oder Klinkersteine, die in Zement gelegt sind 2c.) herzustellen. Außerdem ist dafür Sorge zu tragen, daß die von der Streu nicht aufgesaugte Jauche in einer dichten, offenen Jauchenrinne rasch und ohne Verlust in die außerhalb des Stalles gelegene Jauchengrube abgeführt werde.

aa) Veränderungen des Mistes während der Aufbewahrung.

In der Regel wird der Mist auf eine besondere Düngerstätte gebracht und dort aufbewahrt.

Die Düngerstätte und Jauchegrube sollen aus dichtem, undurchlässigem Material hergestellt sein, um das Versickern flüssiger Stoffe zu verhindern. Zur Abhaltung des Hof-, Dach- und ablaufenden Brunnenwassers wird die Düngerstätte von einem kleinen Erdwall, einer niederen Mauer oder gepflasterten Rinne umgeben. Die Sohle der Dungstätte hat ein schwaches Gefälle zu erhalten, damit die vom Dünger nicht aufgenommene Jauche abziehen und in die anstoßende Jauchegrube abfließen kann. Man legt zur Abhaltung der Sonnenstrahlen die Düngerstätte womöglich an der Nordseite des Stalles an und bepflanzt den Rand derselben mit Bäumen, z. B. Kastanien und Linden, oder versieht die Düngerstätte mit einem Dache.

Auf der Düngerstätte erleidet der Mist beim Lagern durch die fortschreitende Zersetzung der organischen Substanz eine Verminderung in seiner Menge und geht allmählich in eine gleichmäßige, braune, kohlenstoffreichere Masse über, wobei die in der organischen Materie eingeschlossenen Mineralstoffe nach und nach frei und leicht aufnehmbar werden.

Bei dieser Veränderung, welche man als „Verrotten" des Düngers bezeichnet und bei der in 2—3 Monaten ca. 15—20% vom Gewicht und Volumen des frischen Mistes verloren gehen, bilden sich aus der organischen Substanz Kohlensäure, Wasser und Ammoniak. Genannte Zersetzung wird durch niedere Pilze (Bakterien) verursacht, welche auch etwas Ammoniak in Salpetersäure überführen. In dem Stallmist finden sich aber auch Bakterien, welche die vorhandene Salpetersäure so weit zu zersetzen vermögen, daß freier Stickstoff in die Luft entweicht. Die durch Verflüchtung von Ammoniak und durch Freiwerden von gebundenem Stickstoff auf der Düngerstätte eintretenden Verluste an Stickstoff betragen bei ungeeigneter Behandlung des Mistes bisweilen 25—30% und darüber. Findet außerdem noch ein Ablaufen und Versickern von Jauche statt, so können sich die Verluste an Stickstoff, abgesehen von dem gleichzeitigen Verlust an Kalisalzen, noch beträchtlich erhöhen.

bb) Behandlung des Düngers auf der Düngerstätte und auf dem Felde.

Der anfallende Mist soll auf der Düngerstätte täglich gleichmäßig ausgebreitet werden; hierbei sind die verschiedenen Düngerarten (Pferde-, Rindvieh- und Schweinedünger) sorgfältig zu mischen. Außerdem ist der Dünger möglichst gut festzutreten um die Luft abzuhalten. Zu diesem Zwecke kann man Tiere etliche Stunden auf der eingefriedigten Düngerstätte herumtreiben. Auch ist es zweckmäßig über den Dünger schichtenweise humose Erde, Mergel oder Torf zu streuen, um die Stickstoffverluste zu vermindern. Der Mist ist feucht zu halten und deshalb mit Jauche zu übergießen.

Der auf das Feld gefahrene Dünger soll möglichst gleichmäßig ausgebreitet und, wenn tunlich, baldigst untergepflügt werden. Bleibt der Mist in kleineren Haufen längere Zeit liegen, so treten durch Verflüchtigung und Auswaschen wertvoller Nährstoffe große Verluste ein und es entstehen an den Stellen, wo solche Düngerhäufchen gelegen waren, sogenannte Geilstellen.

Ist man genötigt, Dünger zu einer Zeit auf das Feld zu bringen, da man ihn nicht sofort ausbreiten und unterbringen kann, so fährt man ihn in große Haufen zusammen, welche mit Erde zu durchschichten und zu bedecken und allenfalls mit Jauche anzufeuchten sind.

In manchen Fällen wird der Dünger längere Zeit im Stalle unter den Tieren (Schaf, Rind) aufbewahrt. (Tiefstalldünger.) Bei dieser Art der Gewinnung des Mistes sind die Verluste an organischer Substanz und Stickstoff wesentlich geringer als beim Aufbewahren desselben auf der Düngerstätte. Es sind hierbei für Rindviehstallungen wesentlich größere Mengen an Streumaterial erforderlich als bei der gewöhnlichen Methode der Aufbewahrung, da sämtlicher Urin aufgesaugt werden muß. — Die Stickstoffverluste im Mist wären dann am geringsten, wenn der Urin der Tiere getrennt aufgefangen und für sich auf das Feld gebracht würde.

Die an frischem Dünger anfallende Menge kann man annähernd in der Art berechnen, daß man zur Trockensubstanz des Streumaterials die Hälfte der Futtertrockensubstanz addiert und die erhaltene Summe beim Rind mit 5, Schwein 4,6, Schaf 3,8 und Pferd 3,7 multipliziert. Zur Feststellung der Quantität des mäßig verrotteten Düngers wird dagegen beim Rind nur mit 4, Schwein 3,7, Schaf und Pferd mit 3 multipliziert.

Pro Jahr fällt an mäßig verrottetem Dünger ungefähr an:

beim Rind (500 kg schwer)	230 Ztr.	(115 dz),
„ Schwein (150 kg) .	42 „	(21 „),
„ Schaf (45 kg) . . .	14 „	(7 „),
„ Pferd (500 kg) . .	160 „	(80 „).

Bei Spanntieren geht ca. $^1/_3$ des Düngers und noch mehr während der Arbeit verloren und ist sonach in Abzug zu bringen.

Die Stärke der Düngung ist je nach Boden und klimatischen Verhältnissen und je nach Art der Feldfrüchte verschieden hoch zu bemessen. Leichte Böden werden öfters und stets mit geringeren Düngermengen versehen, schwere dagegen düngt man seltener, dafür aber stärker.

Als schwache Düngung gelten	300 Ztr.	(150 dz)	pro ha,
„ mittlere „ „	600 „	(300 „)	„ „,
„ starke „ „	900 „	(450 „)	„ „.

Pferdedung wirkt kräftiger und rascher, aber weniger anhaltend als Schafmist.

b) Jauche.

Jauche (Odel, Gülle) ist die aus Stall und Düngerstätte ablaufende Flüssigkeit. Sie besteht im wesentlichen aus dem Harn der Tiere, außerdem noch aus Stoffen, welche aus dem Kot und den Streumaterialien aufgelöst worden sind. Da die Phosphorsäure bei den Pflanzenfressern hauptsächlich mit den festen Auswurfstoffen zur Ausscheidung gelangt, so enthält die Jauche als hauptsächlichste Nährstoffe nur Stickstoff und Kali in allerdings leicht löslichen und rasch wirksamen Verbindungen. Zur Bindung des Ammoniaks wird bisweilen der Jauche verdünnte Schwefelsäure zugesetzt. Der Düngerwert der Jauche ist je nach dem Wassergehalt derselben und der Ernährung der Tiere sehr verschieden. Gute Jauche enthält in 100 Litern (100 kg) etwa 98,2 kg Wasser, 0,25 kg Stickstoff, 0,55 kg Kali und 0,01 kg Phosphorsäure.

Die Jauche ist in einer wasserdichten, gut gedeckten Grube aufzubewahren. Für je 10 Stück Großvieh rechnet man 6 Kubikmeter Rauminhalt für die Jauchengrube. Zur Entleerung der letzteren ist eine gut wirkende Jauchenpumpe und ein Odelfaß mit Jaucheverteiler notwendig. Zweckmäßige Jaucheverteiler liefern das Eisenhüttenwerk Tangerhütte, Schmiedmeister Reinert in Weidenbach (Mittelfranken) und Franz Eisele in Laiz-Sigmaringen (Hohenzollern).

Die Jauche findet zur Düngung von schwachen Wintersaaten, Hafer, Rüben, Kraut, Mais, Hopfen sowie von Wiesen Anwendung. Bei Wiesen und Hopfen ist die Jauche mit besonderer Vorsicht zu benützen. Auch dient dieselbe zur Bereitung des Kompostes.

c) Latrinendünger.

Der Latrinendünger (Abortdünger, Fäkalien) ist ein wertvolles Dungmaterial, das sorgfältig gesammelt und aufbewahrt werden sollte. Er besteht aus den flüssigen und festen Auswurfstoffen der Menschen und ist je nach der Ernährung derselben, dem Wassergehalt und der Art der Aufbewahrung verschieden zusammengesetzt. Der Urin besitzt durchweg einen erheblich höheren

Düngerwert als der Kot. Durchschnittlich werden von einer erwachsenen Person 486 kg feste und flüssige Auswurfstoffe ausgeschieden. In dieser Menge sind etwa 31 kg feste Bestandteile mit 4,1 kg Stickstoff, 1,3 kg Phosphorsäure und 1 kg Kali enthalten. 100 kg Latrinendünger aus Gruben enthalten ungefähr 96,3 kg Wasser, 0,36 kg Stickstoff, 0,16 kg Phosphorsäure und 0,15 kg Kali. Genannter Dünger wirkt somit hauptsächlich durch seinen Stickstoffgehalt.

Die Fäkalien werden am besten mit Torfmulle konserviert; man rechnet pro Tag und Kopf bei einer gemischten Bevölkerung ca. 200 g. Wegen des höheren Kochsalzgehaltes sind die Fäkalien zur Düngung von Kartoffeln und Tabak ungeeignet, dagegen passen dieselben für Futterrüben, Mais, Mengfutter und Getreide; bei der Düngung von Hopfen und Wiesen sind nur mäßige Mengen aufzubringen. Häufig benützt man den Latrinendünger zur Kompostbereitung oder zum Übergießen des Stalldüngers.

Die bei der Abfuhr aus großen Städten gewonnenen Fäkalien werden bisweilen unter Zusatz von Schwefelsäure durch Eindampfen zu einem streubaren Pulver verarbeitet, welches unter der Bezeichnung Fäkalextrakt in den Handel kommt. Durch Beimischung von Superphosphat wird der Fäkalguano erhalten.

Fäkalextrakt enthält im Mittel etwa 7% Stickstoff, 3% gesamte Phosphorsäure, 2% Kali und der Fäkalguano: 5% Stickstoff, 8% gesamte Phosphorsäure (dabei 6% wasserlöslich) und 2% Kali.

d) Kompost.

Unter Kompost (Mengedünger) versteht man den aus den verschiedenartigsten Wirtschaftsabfällen, pflanzlichen, tierischen und mineralischen Ursprungs bereiteten Dünger. Zur Kompostbereitung finden Verwendung: Kehricht vom Hof und aus Scheunen, Rückstände aus Mieten und Kellern, verdorbene Futtermittel, Sägspäne, ferner Blut, Eingeweide, Haare, Federn, Hornspäne sowie Straßenabraum, Teichschlamm, humose Erde, Grabenaushub, Bauschutt, Dungkalk, Holzasche, Ruß, Torferde, Fäkalien, Stalldünger, Jauche u. dergl.

Alle diese Stoffe sollen sich während der Lagerung zersetzen, damit die darin enthaltenen Pflanzennährstoffe in eine rascher wirkende Form übergeführt werden. Die Zersetzung der Substanzen wird vornehmlich durch den Zusatz von Stalldünger, Jauche, Latrinendünger und von kalkhaltigen Stoffen gefördert, während die vorhandenen mineralischen und humosen Bestandteile die gelösten Nährstoffe aufsaugen und festhalten.

Die verschiedenartigen Abfälle werden schichtenweise ca. 1 m hoch übereinander gelagert, öfters mit Jauche und allenfalls Latrine übergossen und behufs gleichmäßiger Mischung und Durchlüftung wiederholt umgestochen. Der Kompost ist als gar zu erachten, wenn die einzelnen Stoffe zerfallen sind und eine gleichartige mürbe Masse bilden.

Kompost findet hauptsächlich bei der Düngung der Wiesen Verwendung.

e) Geflügeldünger.

Der Geflügeldünger ist je nach Gattung und Fütterung der Tiere verschieden zusammengesetzt. Am besten ist der Taubendünger, welcher infolge der Körnernahrung reich an Stickstoff und Phosphorsäure, dagegen ärmer an Kali ist. Am wenigsten Wasser besitzt der frische Dünger von Tauben (52 %), am meisten derjenige von Gänsen (77 %), in der Mitte steht der Hühnerdünger (56 %). In der Gärtnerei findet der Geflügeldünger häufig Anwendung. 1000 kg frischer Taubendünger enthalten ungefähr 17,6 kg Stickstoff, 17,8 kg Phosphorsäure und 10 kg Kali.

f) Gründünger.

Zum Ersatz des Stalldüngers kann man Pflanzen anbauen, welche grün untergepflügt werden. Der Gründünger wirkt in gleicher Weise wie der Stallmist; er verbessert den Boden in physikalischer und chemischer Hinsicht. Die in tieferen Bodenschichten befindlichen aufnehmbaren Pflanzennährstoffe werden durch den Anbau tief wurzelnder Gründüngungspflanzen in die Krume gebracht.

Als Gründüngungspflanzen kommen vorwiegend *stickstoffsammelnde Gewächse* (Leguminosen) in Betracht, da durch diese neben großen Humusmengen erhebliche Quantitäten an Luftstickstoff in gebundener Form dem Boden zugeführt werden. Letzteren Vorteil gewähren diejenigen Pflanzen nicht, welche den elementaren Stickstoff der Luft nicht verarbeiten können (*Stickstoffzehrer*). Zur üppigen Entwicklung der stickstoffsammelnden Gründüngungspflanzen müssen reichliche Mengen an Phosphorsäure, Kali und Kalk im Boden vorhanden sein, weshalb gegebenenfalls (besonders bei leichten Bodenarten) diese Stoffe z. B. in Form von Thomasmehl, Kainit, 40 prozentigem Kalisalz und Dungkalk oder Mergel zu geben sind.

Bei Gründüngungspflanzen ist ein rasches Wachstum und eine gute Bodenbeschattung sehr erwünscht.

Für *leichtere* Bodenarten eignen sich als Gründüngungspflanzen die Stickstoffsammler: gelbe, blaue und weiße Lupine, Serradella, Weißklee, Hopfenklee, Wundklee, Bastardklee, zottige Wicke und die Stickstoffzehrer: Buchweizen, Spergel. Für *bündigere* Bodenarten kommen in Betracht die Stickstoffsammler: Ackerbohnen, Erbsen, Saatwicken, Rotklee, Bastardklee sowie die Stickstoffzehrer: Senf, Reps und Weißrüben.

Bei der Ausführung der Gründüngung unterscheidet man den *Brachbau*, *Stoppelbau* und die *Untersaat*.

Bei dem *Brachbau* werden die Pflanzen in das Brachfeld eingebaut, auf dem sie während einer ganzen Vegetationsperiode bis zur beginnenden Blüte oder Fruchtreife stehen bleiben. Zum Brachbau eignen sich vornehmlich Lupinen, Serradella, Ackerbohnen, Erbsen, Saatwicken und zottige Wicken.

Der *Stoppelbau* kommt nur dann in Anwendung, wenn die vorausgehenden Früchte (Getreide, Winterreps, Futterroggen) zeitig, also etwa Mitte Juli bis spätestens anfangs August, das Feld räumen und wenn *genügend Feuchtigkeit* zum Auflaufen der Saat vorhanden ist. In Betracht kommen hier Lupinen, Ackerbohnen, Erbsen, Saatwicken und Senf.

Bei der *Untersaat* werden die Samen der Gründüngungspflanzen in das stehende Getreide eingesät. Hierbei stehen hauptsächlich zur Auswahl: Serradella, zottige Wicke, Rotklee, Weißklee, Bastardklee und Hopfenklee. Die angegebenen Pflanzen wachsen bei günstigem Wetter nach Aberntung des Getreides heran und werden gewöhnlich im Spätherbst, unter Umständen sogar erst im darauffolgenden Frühling untergepflügt.

Am besten wird der Gründünger durch Hackfrüchte, etwas weniger gut durch Getreide (besonders durch Hafer) ausgenützt.

Pro Hektar rechnet man für Gründüngungszwecke ungefähr an Saatgut:

Lupine, gelbe und blaue, Ackerbohne	230	kg,
Erbse	220	„ ,
Saatwicke und zottige Wicke . . .	200	„ ,
Serradella	25	„ .

2. Künstliche Düngemittel.

Die künstlichen Düngemittel werden nach der Art der in ihnen enthaltenen Nährstoffe unterschieden.

a) Stickstoffhaltige Düngemittel.
b) Phosphorsäurehaltige Düngemittel.
c) Stickstoff- und phosphorsäurehaltige Düngemittel.
d) Kalihaltige Düngemittel.
e) Stickstoff-, phosphorsäure- und kalihaltige Düngemittel (Mischdünger).

a) Stickstoffhaltige Düngemittel.

Hierher gehören:

aa) der Chilisalpeter,
bb) das schwefelsaure Ammoniak,
cc) die organischen stickstoffhaltigen Düngemittel.

aa) Der Chilisalpeter. (Siehe S. 45 u. 52.)

Der Chilisalpeter (salpetersaures Natrium) ist ein gelbweißes, in Wasser lösliches Salz mit durchschnittlich 15½ % Stickstoff. Er enthält den Stickstoff in Form von Salpetersäure und ist deshalb ein von den Pflanzen leicht aufnehmbares und sofort verwendbares Nahrungsmittel. Hierauf beruht seine rasche Wirksamkeit. Der Chilisalpeter ist ein einseitig wirkendes Düngemittel, weil derselbe den Pflanzen nur Stickstoff zuführt. Um eine volle Wirksamkeit desselben zu erzielen, ist daher Voraussetzung, daß der Boden genügend Phosphorsäure, Kali und Kalk besitzt. Ist dies nicht der Fall, so tritt durch wiederholte Anwendung des Chilisalpeters eine Erschöpfung an den häufig ohnehin in sehr geringen Mengen im Boden vorhandenen Pflanzennährstoffen ein und der Ernteertrag geht mit der Zeit trotz der Salpeterdüngung mehr und mehr zurück.

Da Chilisalpeter vom Boden nicht festgehalten wird, so ist er erst kurz vor Beginn des Wachstums der Pflanzen oder während desselben anzuwenden, da er sonst leicht in tiefere, den Pflanzenwurzeln nicht mehr zugängliche Schichten abgeführt wird. In erster Linie wird der Salpeter bei der Kopfdüngung von Getreide benützt und zwar fast ausschließlich im Frühling zur Düngung von schwachen Wintersaaten und von Sommergetreide. Am dankbarsten erweisen sich für eine Salpeterdüngung Weizen und Hafer; bei Gerste hat man zur Vermeidung allzu hohen Eiweißgehaltes der Körner hinsichtlich Bemessung der Düngergabe Vorsicht walten zu lassen. Zu große Salpetermengen veranlassen bei Getreide gerne Lagerfrucht. Außer Getreide kommen für die Salpeterdüngung noch die Hackfrüchte, Mais, Hopfen, Tabak, Wein und andere stickstoffzehrende Pflanzen in Betracht, während die kleeartigen

Pflanzen und sonstigen Hülsenfrüchte (Stickstoffsammler) im allgemeinen einer Düngung mit Salpeter nicht bedürfen. Höchstens gibt man verschiedenen von ihnen (Erbsen, Ackerbohnen) im Anfang ihrer Entwicklung geringe Mengen Salpeter. Bei Getreide werden in 1—3 Portionen je nach den Verhältnissen 75—200 kg und darüber an Chilisalpeter angewendet. Futterrüben und Zuckerrüben vertragen größere Quantitäten Chilisalpeter als das Getreide.

Zu vermeiden ist ein Ausstreuen des Chilisalpeters auf stark betaute Saaten, da durch dessen ätzende Wirkung die zarten Pflanzenteile Schaden leiden können.

Vor dem Ausstreuen soll der Salpeter gut zerkleinert werden; am vorteilhaftesten kauft man ihn fein pulverisiert und in je 1 Zentner haltende Säcke verpackt.

bb) **Das schwefelsaure Ammoniak.** (Siehe S. 44 u. 45.)

Das schwefelsaure Ammoniak ist ein weißgraues, mitunter bläulichgrünes, feinkörniges Salz, welches bei der Leuchtgas- und Koksfabrikation als Nebenprodukt gewonnen wird. Es enthält durchschnittlich 20 % Stickstoff und wirkt weniger rasch als der Chilisalpeter, da das Ammoniak erst nach und nach im Boden in Salpetersäure übergeht. Das schwefelsaure Ammoniak löst sich leicht im Wasser und wird vom Boden festgehalten; wegen seiner langsameren Wirkung kann man dasselbe, ohne wesentlichen Verlust befürchten zu müssen, schon zeitig im Frühjahr vor der Saat oder auch im Herbst zur Saat ausstreuen und flach unterbringen. Auch als Kopfdünger wird seit neuerer Zeit das schwefelsaure Ammoniak an Stelle des Chilisalpeters mehrfach angewendet; zur Sicherung der Wirkung ist ein *zeitiges* Ausstreuen im Frühjahr und ein genügender Kalkvorrat im Boden erforderlich. Das schwefelsaure Ammoniak findet als Düngemittel bei den gleichen Feldfrüchten Anwendung wie der Chilisalpeter. Schwefelsaures Ammoniak darf mit ätzkalkhaltigen Düngemitteln (Thomasphosphatmehl, Dungkalk) nicht gemischt werden, da der Ätzkalk das Ammoniak aus dem schwefelsauren Ammoniak austreibt.

cc) **Die organischen stickstoffhaltigen Düngemittel.**

Hierher gehören: Blutmehl, Hornmehl, Hornspäne, Klauenmehl, Wollstaub, Haare, Borsten, Ledermehl und Fleischmehl. Der Gehalt an wichtigen Pflanzennährstoffen ist durchschnittlich folgender:

	Stickstoff	Phosphorsäure	Kali
Blutmehl	11,8 %	1,2 %	0,7 %
Hornmehl und Hornspäne	10,2 „	5,5 „	—
Wollstaub	5,2 „	1,3 „	0,3 „

In diesen Düngemitteln ist der Stickstoff in organischer Form vorhanden; derselbe muß im Boden zunächst in Ammoniak und weiterhin in Salpetersäure übergehen, damit er von den Pflanzen aufgenommen werden kann. Blutmehl und Fleischmehl zersetzen sich verhältnismäßig rasch, besonders in einem warmen, lockeren, mäßig feuchten und kalkreichen Boden, während die übrigen oben genannten Düngemittel längere Zeit zu ihrer Zersetzung beanspruchen.

Da der Stickstoff nur nach und nach in Salpetersäure übergeführt wird, so werden Pflanzen mit langer Vegetationsdauer (Kartoffeln, Hopfen, Wein, Obstbäume) diese organischen stickstoffhaltigen Düngemittel besser ausnützen als Pflanzen, die nur kurze Zeit das Feld bedecken.

b) Phosphorsäurehaltige Düngemittel.

Hierher gehören:

aa) das Superphosphat,
bb) das Thomasphosphatmehl.

aa) Das Superphosphat.

Die in der Natur vorkommenden Rohphosphate (Phosphorite, Koprolithe, Knochenasche, Knochenkohle, stickstoffreie Guanosorten) eignen sich zur Düngung auch in feingemahlenem Zustand im allgemeinen sehr wenig, da die Phosphorsäure in denselben so schwer löslich ist, daß sie von den Pflanzen nur in sehr geringen Mengen aufgenommen werden kann. Sie werden deshalb meistens mit Schwefelsäure aufgeschlossen, um die Phosphorsäure in eine in Wasser leicht lösliche Verbindung überzuführen. Die auf diese Weise hergestellten Produkte bezeichnet man als Superphosphate. (Siehe Seite 46 und 56.) Ihr Gehalt an wasserlöslicher Phosphorsäure schwankt gewöhnlich zwischen 10—18% und darnach bemißt sich ihr Handelswert. Superphosphate, welche aus eisen- und tonerdereichen Phosphoriten hergestellt wurden, gehen allmählich in ihrem Gehalt an wasserlöslicher Phosphorsäure zurück und werden hierdurch weniger rasch wirksam (Zurückgehen der Phosphorsäure).

Die Superphosphate enthalten infolge ihrer Darstellung auch wechselnde Mengen von Gips. Die Superphosphate stellen meistens eine hell- bis dunkelgrau gefärbte, krümelige Masse dar, die möglichst trocken und fein sein soll um ein gleichmäßiges Ausstreuen zu ermöglichen.

Die Superphosphate wirken sehr rasch, da sich die wasserlösliche Phosphorsäure derselben schnell im Boden verbreitet und infolge ihrer gleichmäßigen Verteilung den Pflanzen sehr leicht zugänglich ist. Man verwendet daher genannte Düngemittel für alle diejenigen Pflanzen, bei welchen eine rasche Wirkung der Phosphorsäure erzielt werden soll. Die Superphosphate kommen bei allen Gewächsen, vornehmlich bei Getreide nnd Zuckerrüben zur Anwendung und eignen sich insbesondere zur Düngung der im Frühjahr angebauten Feldfrüchte. Per Hektar gibt man häufig 48 kg wasserlösliche Phosphorsäure; dies entspricht 300 kg 16prozentigen Superphosphats.

Die Superphosphate werden unmittelbar vor der Saat ausgestreut und flach untergebracht; besonders eignen sie sich für bündigere Bodenarten, während Sand- und Moorböden gewöhnlich mit Thomasphosphatmehl gedüngt werden.

Schließt man die Rohphosphate nicht mit Schwefelsäure, sondern mit Phosphorsäure auf, so entstehen Doppelsuperphosphate, welche einen hohen Gehalt an wasserlöslicher Phosphorsäure (38—44%) besitzen. Bei der Gewinnung der zum Aufschließen der Rohphosphate dienenden Phosphorsäure bleibt phosphorsäurehaltiger Gips (Superphosphatgips) zurück, der bei der Düngerkonservierung zweckmäßige Verwendung findet.

bb) Das Thomasphosphatmehl. (Siehe S. 57.)

Das Thomasphosphatmehl wird aus der Thomasschlacke, welche als Nebenprodukt bei der Verarbeitung phosphorhaltigen Roheisens gewonnen wird, hergestellt. Durch Mahlen der Thomasschlacke erhält man ein hell- bis dunkelgrau gefärbtes Pulver, welches als Thomasphosphatmehl oder Thomasmehl ein wertvolles phosphorsäurehaltiges Düngemittel darstellt. Das Thomasmehl soll einen hohen Gehalt an Feinmehl besitzen. Die Phosphorsäure im Thomasmehl ist zwar in reinem Wasser unlöslich, trotzdem vermögen die Wurzeln der Kulturpflanzen sich einen großen Teil derselben anzueignen. Dieser Teil entspricht ungefähr demjenigen, welcher durch eine 2prozentige Zitronensäurelösung aufgelöst wird. Man bewertet daher das Thomasmehl nach dem Gehalt an zitronensäurelöslicher Phosphorsäure.

Gutes Thomasmehl enthält ungefähr 14—18% zitronensäurelösliche Phosphorsäure; der Gesamtgehalt an Phosphorsäure schwankt etwa zwischen 11 und 23%. Neben der Phosphorsäure kommt im Thomasmehl auch noch eine größere Menge von Ätzkalk vor.

Die Phosphorsäure des Thomasmehls wirkt im allgemeinen etwas langsamer, dafür aber nachhaltiger als diejenige des Superphosphats. Man streut daher das Thomasmehl schon zeitig vor der Saat aus und gibt durch Anwendung größerer Mengen als bei Superphosphat zur Bereicherung des Bodens gerne eine Vorratsdüngung. Das Thomasmehl hat sich besonders bei der Düngung der Wiesen, Sand- und Moorböden bewährt; es wird aber auch sehr häufig auf phosphorsäurebedürftigen Lehm- und Tonböden mit Erfolg verwendet.

Das Thomasmehl wird bei den nämlichen Pflanzen wie das Superphosphat angewendet und kann zu jeder Jahreszeit ausgestreut werden, ohne daß man einen Verlust an Phosphorsäure befürchten müßte.

Per Hektar streut man häufig 450 kg Thomasmehl mit 16% zitronensäurelöslicher Phosphorsäure aus; bei Vorratsdüngungen wird die Menge auf 800 kg und darüber erhöht.

Das Thomasmehl wird von den Fabriken in Säcken mit 100 kg Inhalt geliefert.

c) Stickstoff- und phosphorsäurehaltige Düngemittel.

Die Dünger dieser Gruppe enthalten Stickstoff und Phosphorsäure in wechselnden Mengen. Hinsichtlich des Wertes und der Wirkung des in ihnen enthaltenen Stickstoffs stehen sie im allgemeinen mit den organischen Stickstoffdüngern, wie Blut, auf einer Stufe. Die innige Mischung stickstoffhaltiger organischer Substanz mit phosphorsaurem Kalk bedingt bei der Fäulnis der organischen Materie auch eine bessere Aufschließung der Phosphate.

Hierher sind zu rechnen:

aa) der Peruguano,
bb) das Knochenmehl.

aa) Der Peruguano.

Der Peruguano ist hauptsächlich aus den ausgetrockneten Exkrementen und Leichen von Seevögeln entstanden. Der Stickstoff findet sich im Peruguano in verschiedener Form und ist in seiner Wirkung derjenigen des Ammoniaks gleichzustellen. Die vorhandene Phosphorsäure ist schwer löslich; deshalb wird aus dem rohen Peruguano durch Aufschließen mit Schwefelsäure das Guanosuperphosphat hergestellt, welches wegen seines verhältnismäßig hohen Preises nur zu besonderen Kulturen Anwendung findet.

Aus Fischabfällen wird durch Trocknen der Fischguano gewonnen, der eine ähnliche Zusammensetzung wie der Peruguano besitzt, aber wegen seines Fettgehaltes langsamer als dieser wirkt.

bb) Das Knochenmehl.

Die Knochen bestehen hauptsächlich aus dreibasisch phosphorsaurem Kalk, stickstoffhaltigem, leimgebendem Gewebe, Wasser und Fett. Zerkleinerte rohe Knochen eignen sich nicht als Düngemittel, weil das Fett die Benetzung mit Wasser verhindert und hierdurch die Zersetzung verlangsamt. Es werden daher zur Entfernung des Fettes die Knochen mit Benzin behandelt Durch darauffolgendes kurze Zeit währendes Dämpfen werden die entfetteten Knochen mürbe gemacht, sodaß sie sich nach dem Darren zu einem staubfeinen Mehl verarbeiten lassen. Hierdurch erhält man das **gedämpfte Knochenmehl** mit etwa $3\frac{1}{2}$—4% Stickstoff und 21% Phosphorsäure.

Behandelt man das entfettete Knochenmehl längere Zeit mit gespannten Wasserdämpfen, so löst sich der größte Teil des leimgebenden Gewebes auf und man erhält als Rückstand das entleimte Knochenmehl mit 1—$1\frac{1}{2}$% Stickstoff und 27—30% Phosphorsäure. Dieses entleimte Knochenmehl dient zur Darstellung der **Knochenmehlsuperphosphate**. Diese sind bezüglich ihrer Wirksamkeit den aus Phosphoriten hergestellten Superphosphaten gleichzustellen, enthalten jedoch noch ungefähr 1% Stickstoff.

Das gedämpfte und das entleimte Knochenmehl wirken nur langsam und finden deshalb nur beschränkte Anwendung. Am ehesten ist ihre Wirkung noch auf Sandboden belangreich.

d) Kalihaltige Düngemittel.

Während man früher ausschließlich auf die Holzasche als kalihaltiges Düngemittel angewiesen war, stehen jetzt dem Landwirt in den Kalisalzen, welche in der Gegend von Staßfurt bergmännisch gewonnen werden, unerschöpfliche Vorräte an den für die Landwirtschaft wichtigen Kalidüngemitteln zur Verfügung.

Trotz des leichten und billigen Bezugs der Kalisalze sollte die Holzasche fleißig gesammelt und auf Wiesen, Kleefeldern, in Hopfengärten, Obstbaumanlagen ꝛc. sachgemäß angewendet werden. Laubholzasche enthält im Mittel 3,5% Phosphorsäure und 10% Kali; Nadelholzasche 2,5% Phosphorsäure und 6% Kali.

Steinkohlenasche und Braunkohlenasche sind als Düngemittel sehr wenig wert; etwas besser ist die Torfasche.

Die wichtigsten Kalisalze sind (s. Seite 51):

aa) Kainit,
bb) Karnallit,
cc) 40prozentiges Kalidüngesalz.

aa) Kainit.

Der Kainit ist das in größtem Umfang verwendete Kalisalz. Er enthält schwefelsaures Kalium, schwefelsaures Magnesium und Chlormagnesium neben beträchtlichen Mengen von Kochsalz. Der Gehalt an Kali beträgt durchschnittlich 12,8%, garantiert werden 12,4%. Gemahlen stellt der Kainit ein weißgrau bis rötlich gefärbtes Salz dar, welches beim Lagern nach längerer Zeit steinhart wird. Zur Verhinderung des Erhärtens werden dem Kainit öfters 2½ % Torfmulle beigemischt. Das Einlagern des Kainits in ganz trockenen Räumen lose hoch aufgeschüttet verzögert das Erhärten.

bb) Karnallit.

Der Karnallit besteht aus **Chlorkalium**, Chlormagnesium und Wasser und ist durch Kochsalz und andere Salze mehr oder weniger verunreinigt. Der Gehalt an Kali beträgt 9,8 %, jedoch werden nur 9 % Kali garantiert. Da der Karnallit an der Luft Wasser anzieht und dann zerfließt, darf er nicht längere Zeit gelagert werden, sondern ist baldigst auszustreuen. Wegen seines geringeren Kaligehaltes sind die Kosten für einen weiten Transport unverhältnismäßig hoch, sodaß er nur in der Nähe der Gewinnungsorte mit Vorteil verwendet werden kann.

Kainit und Karnallit gehören zu den sog. Kalirohsalzen. Infolge der in größerer Menge vorhandenen **Nebensalze** (Kochsalz, Chlormagnesium, schwefelsaures Magnesium) verkrusten sie den schweren Boden und erhöhen unter Umständen zu sehr die im Boden enthaltene Bodenlösung, sodaß die Keimung und das Wachstum der Pflanzen beeinträchtigt wird, auch verringern sie den Stärkegehalt bei Kartoffeln. Bei Tabak leidet durch sie die Verbrennlichkeit. Aus diesen Gründen sind die Kalirohsalze möglichst lange vor Beginn der Vegetation auszustreuen oder, wie bei den Kartoffeln, zur Vorfrucht zu geben und bei Tabak gar nicht anzuwenden.

Die Kalirohsalze bewirken eine erhebliche Kalkabfuhr in den Untergrund; es ist deshalb bei fortgesetzten Kalidüngungen unter Umständen rechtzeitig zu kalken. Im übrigen wirkt der Kalk auch der Verkrustung des Bodens entgegen.

Im allgemeinen sind alle Pflanzen für eine Kalidüngung auf kaliarmen Böden (in erster Linie Sand- und Moorböden) sehr dankbar. Insbesondere wird sich die Kalizufuhr da lohnen, wo sehr kalibedürftige Pflanzen (Wiesengräser, Luzerne, Rotklee, Mais, Rüben, Kartoffeln, Hopfen) angebaut werden. Auch die Getreidearten, besonders Roggen und Gerste, brauchen bisweilen eine Kalidüngung.

1 kg Kali (K_2O) kostet im Kainit zur Zeit ab Staßfurt ohne Fracht und Sack 11,49 Pfennige und im Karnallit 9,50 Pfennige.

Aus dem Karnallit werden verschiedene höherprozentige Kalidünger hergestellt, von welchen der wichtigste das 40prozentige Kalidüngesalz ist.

cc) 40prozentiges Kalidüngesalz.

Dieses Salz hat im Gegensatz zu den Kalirohsalzen (Kainit und Karnallit) weniger Nebenbestandteile. Der garantierte Kaligehalt beträgt 40%, er ist also dreimal so hoch als derjenige des Kainits. Im genannten Düngesalz ist das Kalium als Chlorkalium vorhanden.

Seit neuester Zeit hat das 40 prozentige Kalidüngesalz besondere Beachtung gefunden, weil der Preis pro Kilo Kali unter Berechnung der Sack- und Verfrachtungskosten bei weiter Entfernung vom Bezugsort kaum höher zu stehen kommt als wie im Kainit und weil die nachteiligen Eigenschaften der Kalirohsalze hier merklich weniger zum Ausdruck kommen. 100 kg 40prozentiges Kalidüngesalz kosten ab Staßfurt ohne Sack und Fracht 6,40 Mk., somit kommt 1 kg Kali auf 16 Pfennige zu stehen.

Außer dem 40prozentigen Kalidüngesalz kommen u. a. noch die konzentrierten Kalidünger: Chlorkalium mit 50—57 % Kali und schwefelsaures Kalium mit 49—52 % Kali zur Düngung von solchen Pflanzen in Anwendung, welche gegen die Düngung von Kalirohsalzen empfindlich sind. In den konzentrierten Kalisalzen kostet das Kilogramm Kali 29 bis 34 Pfennige ab Staßfurt.

Eine mittlere Erntemenge an Wiesenheu und Grummet von 6000 kg per ha entzieht dem Boden jährlich ungefähr 96 kg Kali und 25,8 kg Phosphorsäure; bei vollständigem Ersatz dieser Nährstoffe wären also Jahr für Jahr 750 kg Kainit und 160—250 kg Thomasmehl auszustreuen.

e) Mischdünger.

Zur Erleichterung der gleichzeitigen Anwendung verschiedener Kunstdüngemittel werden Mischdünger hergestellt, welche sehr verschiedenartig zusammengesetzt sind und entweder zwei oder drei Pflanzennährstoffe (Stickstoff, Phosphorsäure und Kali) enthalten.

Der wichtigste Mischdünger ist das Ammoniak-Superphosphat, das bei der Düngung von Winter- und Sommergetreide und Kartoffeln häufig Verwendung findet. Andere Mischdünger sind das Kali-Superphosphat, Kali-Ammoniak-Superphosphat u. a. Zu den Mischdüngern gehören auch die Spezialdünger für den Wein-, Hopfen-, Tabak-, Gemüse- und Wiesenbau. Genannte Dünger soll man, ebenso wie alle übrigen Kunstdünger, unter Gehaltsgarantie kaufen, da nicht selten Mindergehalte an Nährstoffen gefunden werden. In vielen Fällen kann man sich die Mischdünger billiger, als diese von den Fabriken geliefert werden, selbst herstellen. Superphosphate dürfen jedoch nicht mit kalkhaltigen Materialien (Bauschutt, Dungkalk, Holzasche, Torfasche) und Chilisalpeter vermengt werden, schwefelsaures Ammoniak, Fäkalextrakt, Guano nicht mit Thomasmehl und Ätzkalk.

3. Aufschließend wirkende Düngemittel.

Zu den aufschließend wirkenden Düngemitteln rechnet man:

a) Ätzkalk.
b) Kohlensauren Kalk und Mergel.
c) Gips.

Genannte Düngemittel werden zur Erzielung einer genügenden Wirkung in größeren Mengen als die künstlichen Dünger angewendet. Die aufschließend wirkenden Düngemittel vermögen Mineralbestandteile zu zersetzen und dadurch Pflanzennährstoffe löslich zu machen. Außerdem befördern sie auch die raschere Zersetzung des Humus, sodaß die in demselben eingeschlossenen, teilweise schwer zugänglichen Nährstoffe aufnehmbar werden. Auch führen sie den Pflanzen direkt Nährstoffe, wie Kalk und Schwefelsäure, zu.

a) Ätzkalk.

Der Ätzkalk (gebrannter Kalk, Stückkalk) wird als solcher in pulverisierter Form oder als gelöschter Kalk angewendet. Auch in ganz frischem Kalkstaub (Abfallkalk, Dungkalk) ist vorwiegend Ätzkalk und gelöschter Kalk neben geringen Mengen von kohlensaurem Kalk vorhanden. Der Stückkalk wird auf dem Felde in der Art gelöscht, daß man ihn in kleine Haufen bringt und mit Erde überdeckt. Nach einiger Zeit ist der Ätzkalk durch Aufnahme von Feuchtigkeit zu einem Pulver zerfallen und dann streubar. Kalk kann auch dadurch gelöscht werden, daß man ihn in Weidenkörben so lange ins Wasser taucht, bis keine Luftblasen mehr aufsteigen. Nach dem Eintauchen zerfallen die Kalkstücke rasch in ein gleichmäßiges trockenes Pulver, das bei ruhigem und trockenem Wetter mit der Hand, Schaufel oder Düngerstreumaschine ausgestreut wird. Der Kalk soll baldigst bei guter Witterung unberegnet untergebracht werden. Das Kalken der Felder kann zu jeder Jahreszeit bei frostfreier Witterung erfolgen; kurz vor der Saat kann dasselbe aber bei trockener Witterung und trockenem Boden nachteilig wirken.

Für eine Kalkdüngung sind häufig die Wiesen, ferner die Kleearten, Hülsenfrüchte, Reps, Rübsen, Rüben, Kartoffeln sehr dankbar. Letztere werden jedoch nicht selten durch das Kalken schorfig (krätzig).

Der Düngekalk wirkt in kalkarmen Böden zunächst als Pflanzennährstoff, ferner zersetzend auf die verschiedenen Mineralbestandteile und den Humus. Saurer Humus wird durch denselben entsäuert und hierdurch leichter zersetzbar; die Eisenoxydulverbindungen werden leichter oxydiert. Die Umbildung des Ammoniaks zu Salpetersäure (Nitrifikation) erfährt durch den Kalk eine Beschleunigung. Dieser verbessert auch die physikalischen Eigenschaften schwerer Böden, indem diese mürber und leichter bearbeitbar werden.

Für Sandböden gibt man im Mittel per Hektar etwa 1000—1200 kg, für Mittelböden 2000—3000 kg und für schwere Lehm- und Tonböden 4000—6000 kg Ätzkalk. Von Kalkstaub ist wegen des geringeren Gehalts an Ätzkalk $^1/_4$—$^1/_2$ mehr zu geben.

Da die Wirkung des Kalkens nur etwa 6—8 Jahre anhält, so ist nach Umfluß dieser Zeit neuerdings Kalk aufzubringen. Im allgemeinen empfiehlt sich eine häufigere, jedoch schwache Kalkgabe an Stelle einer starken, aber selten ausgeführten Düngung.

b) Kohlensaurer Kalk und Mergel.

Der fein gemahlene kohlensaure Kalk wirkt in gleicher Weise wie der Ätzkalk, jedoch nicht so rasch und energisch, weil demselben die ätzenden Eigenschaften fehlen. Für leichtere, trockene Böden eignet sich der kohlensaure Kalk besser als der Ätzkalk.

Ähnlich der Wirkung des kohlensauren Kalks ist diejenige des Mergels. Dessen Gehalt an kohlensaurem Kalk ist sehr wechselnd und demgemäß ist auch seine Wirkung, soweit sie auf den Kalk zurückzuführen ist, eine verschiedene.

Man unterscheidet Kalk-, Sand- und Tonmergel. Den Kalk- und Sandmergel bringt man mit Vorteil auf schwere Böden, dagegen den Tonmergel auf Sandböden; hierdurch tritt neben den sonstigen günstigen Einflüssen eine wesentliche Verbesserung der physikalischen Eigenschaften des Bodens ein.

Vor der Unterbringung muß der Mergel so lange der Witterung ausgesetzt bleiben, bis derselbe zu einer krümeligen, streubaren Masse zerfallen ist. Das Unterpflügen darf nur in trockenem Zustand bei regenfreier Witterung erfolgen. Durch die Mergeldüngung werden dem Feld in manchen Fällen beachtenswerte Mengen an Kali und Phosphorsäure zugeführt.

Werden Kleefelder und Wiesen mit Mergel gedüngt, so ist das zerfallene Material gut zu vereggen.

Die Menge des aufzuführenden Mergels richtet sich nach den Zwecken, welche man durch die Düngung verfolgt. Es kann sich entweder hauptsächlich um die Zufuhr von Kalk als Pflanzennährstoff oder um die Verbesserung der physikalischen und sonstigen Eigenschaften des Bodens handeln. Wie viele Kubikmeter Mergel pro Hektar aufzubringen sind, ist durch einen Düngungsversuch festzustellen; bisweilen wirken schon 20 cbm per Hektar sehr günstig, öfters aber ist ein erhebliches Vielfache der angegebenen Menge anzuwenden. Das Mergeln ist von Zeit zu Zeit, etwa alle 7—10 Jahre und darüber, zu wiederholen.

Da der Mergel die Nährstoffe im Boden rasch umsetzt, so muß rechtzeitig für eine entsprechende Zufuhr von natürlichen und künstlichen Düngemitteln gesorgt werden, um einem Aussaugen des Feldes vorzubeugen.

Als kalkhaltige Düngemittel wären hier noch zu erwähnen: der Seifensiederkalk, der Gerbereiabfallkalk, der Scheideschlamm der Rübenzuckerfabriken und der Gaskalk. Letzterer ist ebenso wie der bei der Acetylengasbereitung anfallende Kalk zunächst zu kompostieren, um die darin vorkommenden schädlichen Bestandteile zu beseitigen. Der Alm (Moorkalk) enthält bisweilen schädliche Stoffe und ist deshalb mit Vorsicht zu benützen.

c) Gips.

Der Gips wirkt durch seinen Gehalt an Kalk und Schwefelsäure ernährend. Auch macht er im Boden Kaliverbindungen und phosphorsaure Salze löslich. Fast ausschließlich wird der Gips als Kopfdünger bei Klee und zwar meistens im Frühjahr angewendet. Man rechnet pro Hektar 3—6 dz.

4. Ankauf und Probeentnahme der Kunstdünger.

Da häufig Kunstdünger mit zu niedrigem Gehalt geliefert werden, so kaufe man dieselben nur gegen Garantie eines bestimmten Gehalts an Nährstoffen und lasse sie an einer landwirtschaftlichen Versuchsstation auf den garantierten Gehalt untersuchen. Die zur Untersuchung einzusendenden Düngerproben sind sofort nach Empfang vorschriftsmäßig von zwei Zeugen zu entnehmen und unter Ausfertigung eines von diesen zu unterzeichnenden Probeentnahme-Attestes an die Untersuchungsstation zu senden. Die Proben werden am besten mit Hilfe eines Probestechers jedem zehnten Sack entnommen, dann sorgfältig gemischt, in drei trockene Glasflaschen gefüllt und versiegelt. Eine Flasche ist an die Untersuchungsstation zu schicken, die beiden übrigen Flaschen werden für eine etwaige Nachuntersuchung zurückbehalten. — Bei Superphosphaten kaufe man nur nach dem Gehalt an wasserlöslicher Phosphorsäure.

5. Wertberechnung der Düngemittel.

Der Geldwert der Kunstdünger ist von dem Gehalt derselben an wirksamen Bestandteilen und von der Form abhängig, in welcher der betreffende Bestandteil im Düngemittel enthalten ist.

Womit sollen die Weinberge gedüngt werden?

A. **Mit Stallmist.** — Jeder Weinbauer kennt die günstige Wirkung des Stalldüngers in seinen Weingärten; jeder Weinbauer aber weiß aus Erfahrung, daß zu einer alljährlichen Wiederholung der Düngung seine Stallmistvorräte nicht ausreichen.

B. **Durch Gründüngung.** Aus demselben Grunde empfiehlt sich auch für die Weinberge die Anwendung der Gründüngung. A l l e r d i n g s e r f o r d e r t d i e G r ü n d ü n g u n g w i e d i e S t a l l m i s t d ü n g u n g d i e Z u h i l f e n a h m e p a s s e n d e r k ü n s t l i c h e r D ü n g e m i t t e l.

C. **Mit Kunstdünger.** Zahlreiche und sorgfältige Düngungsversuche haben ergeben:

Bei einer alleinigen Stallmist- oder Gründüngung in einem mehrjährigen Turnus, abgesehen davon, daß dieselbe schon der Menge nach nicht ausreichend zu beschaffen ist, bleibt der Holztrieb weit hinter den mit Kunstdünger gedüngten Stöcken zurück. Die Blätter bleiben verhältnismäßig klein und sterben zeitig ab, weil die Pflanze aus den unteren Blättern die Nährstoffe zum Aufbau der jüngeren Triebe braucht, um auf diese Weise neue Blätter zur Lebenserhaltung zu bilden. Bei einem so kümmerlich gefristeten Leben kann von einer Ausbildung der wenigen Trauben keine Rede sein.

D a s e i n z i g r i c h t i g e i s t:

Man dünge die Reben zugleich mit Stickstoff, Phosphorsäure und Kali; eine solche volle Düngung ist allein imstande, die Rebe mit allen Pflanzennährstoffen zu versehen, durch deren Hilfe sie bei sonst sorgsamer Pflege und günstiger Witterung die lohnendsten Erträge bringt.

Bei der Wertberechnung kommen Stickstoff, Phosphorsäure und Kali in Betracht. Die Preise derselben unterliegen bisweilen nicht unerheblichen Schwankungen; im nachstehenden sind sie ab Lieferungsort angegeben.

1 kg Stickstoff (N) kostet etwa im Durchschnitt:

a) in Form von Ammoniak	1,05—1,20 Mk.
b) in Form von Salpeter	0,95—1,10 „
c) in Form von leicht zersetzbaren organischen Verbindungen, wie Blutmehl, Fleischmehl, Harn .	1,00—1,20 „
d) in staubfeinem, gedämpftem Knochenmehl, im Hornmehl und Fischguano	1,00—1,20 „

1 kg Phosphorsäure (P_2O_5) kostet im Mittel etwa:

a) in Wasser löslich (in Superphosphaten mit etwa 15—20 %)[1]	0,33—0,38 „
b) durch Zitronensäure löslich, im Thomasmehl[2]) .	0,23—0,25 „

1 kg Kali (K_2O) kostet ab Staßfurt	im Karnallit . . .	9,50 Pfennige.
„ „	im Kainit	11,49 „
„ „	im 40 %igen Kalidüngesalz	16,00 „
„ „	im Chlorkalium (50,5 % Kali)	29,03 „
„ „	im schwefelsauren Kali (48,6 % Kali) . . .	33,85 „

Beispiel.

Ein Kali-Ammoniak-Superphosphat enthalte 5 % Stickstoff, 8 % wasserlösliche Phosphorsäure und 10 % Kali. Es würden nach obigen Preissätzen 100 kg genannten Düngers etwa wert sein:

5 kg Stickstoff	à 120 Pfge.	= 6 Mk.	— Pfge.
8 „ wasserlösliche Phosphorsäure	à 40 „	= 3 „	20 „
10 „ Kali	à 20 „	= 2 „	— „
	Summa	11 Mk.	20 Pfge.

Zu diesem Preis sind noch die Auslagen für Fracht und Säcke sowie die Mischungskosten zu rechnen. Auch werden in Mischdüngern die einzelnen Nährstoffe gewöhnlich teurer als in den Einzeldüngern berechnet.

6. Ausstreuen und Unterbringen von Kunstdünger.

Die Wirkung der Handelsdünger hängt u. a. wesentlich von der gleichmäßigen Verteilung auf dem Felde und der richtigen Zeit des Ausstreuens ab.

Das Ausstreuen der Kunstdünger kann mit der Hand oder mit der Maschine geschehen. Beim Streuen mit der Hand ist zur Vermeidung von Entzündungen darauf zu achten, daß man keine Wunden an derselben hat. Auch soll dafür Sorge getragen werden, daß Kunstdünger Tieren nicht zugänglich sind, da dieselben bei Aufnahme von solchen erkranken und sogar verenden können.

Unter den Kunstdüngerstreumaschinen haben sich u. a. diejenigen von Schlör sowie die Westfalia gut bewährt.

[1]) In niedrigprozentigen Superphosphaten ist die wasserlösliche Phosphorsäure teurer und auch die Fracht kommt per kg w. Ph. höher zu stehen.

[2]) Gesamte Phosphorsäure im Thomasmehl 20,75—21,25 per kg.

Die Unterbringung der Kunstdünger hat in der Weise zu erfolgen, daß eine innige Mischung derselben mit der Ackerkrume zustande kommt. Zu diesem Zwecke dient die Egge, der Krümmer, der Beet- und Schälpflug und der Federzinkenkultivator.

7. Der Felddüngungsversuch.

Um sich über die Düngebedürftigkeit eines Grundstücks Aufschluß zu verschaffen, führt man zweckmäßigerweise Düngungsversuche aus, da die chemische Untersuchung des Bodens häufig keinen genügenden Aufschluß über die Notwendigkeit der Zufuhr eines bestimmten Nährstoffs gibt. Zu solchen Versuchen wählt man ein in jeder Hinsicht möglichst gleichmäßiges Stück Feld und teilt dasselbe in gleiche, wenigstens 1 Ar große Parzellen ein. Die Versuche können z. B. in folgender Weise angestellt werden:

Parzelle:

1	2	3	4	5
Ungedüngt	Kali, Phosphorsäure, Stickstoff (Volldüngung)	Kali und Phosphorsäure (Volldüngung ohne Stickstoff)	Kali und Stickstoff (Volldüngung ohne Phosphorsäure)	Phosphorsäure und Stickstoff (Volldüngung ohne Kali)

Die Ernteresultate der Parzellen 3, 4 und 5 werden mit denjenigen der Parzelle 1 und 2 verglichen. Hierbei wird aus dem Ergebnis bei Parzelle 3 hervorgehen, ob dem Boden Stickstoff fehlt, bei Parzelle 4, ob Phosphorsäure, und bei Parzelle 5, ob Kali mangelt.

8. Chemische Bodenuntersuchung.

Die chemische Bodenuntersuchung erstreckt sich, soweit dieselbe vom Landwirt selbst vorgenommen werden kann, auf eine Prüfung des Bodens hinsichtlich seines ungefähren Gehaltes an kohlensaurem Kalk durch Übergießen mit verdünnter Salzsäure.

Erfolgt kein Aufbrausen, so ist nur sehr wenig kohlensaurer Kalk im Boden enthalten. Bei schwachem Aufbrausen kann man den Gehalt an Kalk auf $\frac{1}{2}$—1% schätzen. Bei deutlichem, länger anhaltendem Aufbrausen ist die Kalkmenge im Boden als reichlich zu erachten. Findet ein gleichmäßiges Aufbrausen durch die ganze Bodenmasse statt, so ist der Kalk gleichmäßig fein verteilt, bemerkt man aber, daß das Brausen nur an einzelnen Punkten geschieht, so ist der Kalk zerstreut in einzelnen Körnchen oder Steinchen vorhanden.

Zur genauen Feststellung des Kalkgehaltes im Boden ist eine chemische Untersuchung notwendig. Dieselbe ist auch erforderlich um den Gehalt des Bodens an Stickstoff (N), Kali (K_2O) und Phosphorsäure (P_2O_5) sowie an Humus zu ermitteln. Die chemische Untersuchung des Bodens nehmen auf Verlangen die landwirtschaftlichen Versuchsstationen und andere wissenschaftliche Institute vor.

VI. Saat, Pflege der Saat, Ernte und Aufbewahrung.

A. Saat.

1. Beschaffenheit des Saatgutes.

Die sorgfältige Auswahl des Saatgutes und die Art der Ausführung der Saat beeinflussen die Entwicklung der Pflanzen und den Ertrag der Ernte in hohem Maße.

Zur Vermehrung der Kulturpflanzen werden je nach der Art derselben entweder Samen verwendet oder Früchte, Knollen, Zwiebeln, Stecklinge u. s. w. (Siehe S. 131.)

Das Saatgut soll 1. echt, 2. rein, 3. keimfähig sein, 4. aus vollkommen ausgebildeten, großen und schweren Körnern bestehen und 5. unverletzt sein.

Echt ist der Same, wenn derselbe der Art oder Sorte angehört, welche ausgesät werden soll. Die Auswahl der richtigen, für Boden und Klima passenden Sorte ist äußerst wichtig, weil dadurch die Höhe der Erträge namhaft beeinflußt wird. Ob eine Sorte für die Verhältnisse paßt, muß durch Anbauversuche festgestellt werden.

Das Saatgut soll rein, d. h. möglichst frei von Unkraut und sonstigen fremden Bestandteilen sein. Manche Verunreinigungen sind besonders schädlich, z. B. Kleeseide im Kleesamen, Flachsseide im Leinsamen, Mutterkorn und Brandpilze im Getreide.

Die Keimfähigkeit wird durch die Ermittlung der Zahl der Körner bestimmt, welche innerhalb einer gewissen Zeit zur Keimung gelangen. Gut keimende Samen sollen auch rasch keimen (Keimungsenergie). Zur Keimprüfung werden wenigstens 100 Körner auf ein angefeuchtetes Fließpapier oder auf feuchten Sand oder in besondere Apparate (Keimapparate) gebracht.

Vollkommenes Saatgut mit großen, schweren Körnern gibt kräftige, ertragreiche Pflanzen.

Durch Verletzungen leidet die Keimfähigkeit; auch werden die Samen durch den Verlust an Reservestoffen geschwächt.

Zur Ermittlung des Wertes eines Saatgutes sind Untersuchungen erforderlich, die sich auf die Echtheit, Reinheit, Keimfähigkeit und Gesundheit sowie auf den Ursprung erstrecken; auch die Bestimmung des absoluten Gewichts und des Hektolitergewichts sowie des Spelzengehaltes gibt Anhaltspunkte für die Beurteilung einer Saat.

Die betreffenden Untersuchungen werden in Bayern u. a. an der K. Bayerischen Agrikulturbotanischen Anstalt in München ausgeführt. Den Wert eines Saatgutes nur nach dem äußeren Ansehen der Körner, namentlich nach deren Farbe, Glanz und Geruch zu beurteilen, erscheint nur ratsam, wenn es sich um selbstgeerntetes Produkt handelt.

2. Gewinnung des Saatgutes.

Zur Aussaat verwendet man meistens selbsterzeugtes Saatgut, welches von den besten Feldbeständen genommen und entsprechend gereinigt und sortiert wird. Die Sortierung erfolgt nach Größe, Form und Gewicht der Körner.

Bei der Reinigung des Saatgutes kommen in Betracht: die Putzmühle (Getreidereinigungsmaschine), der Trieur (Fig. 116), die Sortiermaschinen, die Windfegen und Getreidezentrifugen.

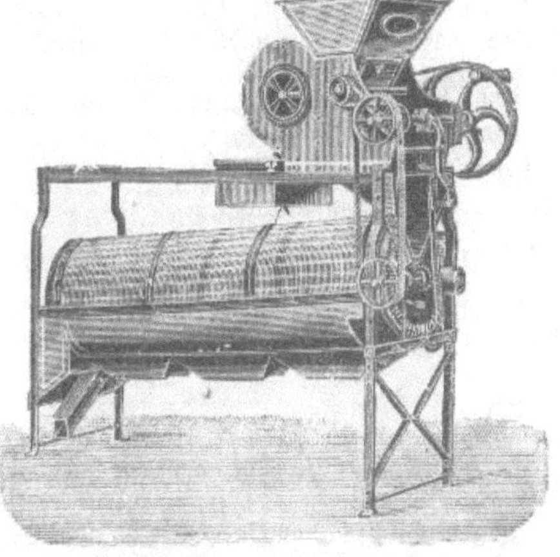

Fig. 116. Trieur von den Vereinigten Fabriken landw. Maschinen in Augsburg.

Nicht selten wird Saatgut von außen zugekauft. Dies ist notwendig bei Pflanzen, von welchen kein Saatgut gebaut wird oder gewonnen werden kann (z. B. bei Pferdezahnmais).

Saatwechsel erscheint angezeigt:

1. wenn Samen von anderen als den seither gebauten Sorten beschafft werden sollen;
2. wenn infolge schlechten Erntewetters, Verhagelung, Krankheiten u. s. w. keine gute Frucht erzeugt wurde;
3. wenn das eigene Saatgut mit unausrottbaren Unkrautsämereien und Schmarotzern durchsetzt ist;
4. wenn die angebauten Sorten in ihrer Leistungsfähigkeit trotz entsprechender Kultur zurückgehen.

Von besonderem Wert ist ein Saatgut, welches von Pflanzen stammt, die durch Veredelung und Züchtung verbessert worden sind (s. S. 133).

3. Ausführung der Saat.

Bei der Ausführung der Saat sind zu unterscheiden: Saatzeit, Saattiefe, Saatmethode und Saatmenge.

a) Saatzeit.

Auf die Entwicklung der Pflanzen hat die Saatzeit einen großen Einfluß. Dieselbe ist je nach der Pflanzenart und den örtlichen Verhältnissen verschieden. Im allgemeinen gilt die Regel, daß innerhalb einer gewissen Grenze tunlichst frühzeitig gesät werden soll. Dabei ist auf Pflanzenart, Klima sowie auf Bündigkeit, Zustand und Lage des Bodens Rücksicht zu nehmen.

Von den Winterfrüchten sind zuerst Johannisroggen und Reps, dann Wintergerste, Roggen, Weizen und Spelz zu säen. Beim Anbau der Sommerfrüchte kommen zuerst Ackerbohnen, Erbsen, Wicken, Sommergetreide; wärmebedürftiger sind Kartoffeln, Buchweizen, Hirse, Mais, Gartenbohnen, Gurken u. s. w.

b) Saattiefe.

Die Saattiefe bemißt sich vorwiegend nach der Größe des Saatgutes und nach der Beschaffenheit des Bodens. Kleinkörniges Saatgut (z. B. Gras-, Klee-, Mohnsamen) ist flach unterzubringen, da dieses bei größerer Tieflage nicht auflaufen würde. Größere Samen werden, abgesehen von einzelnen Ausnahmen (Lupinen), mehr mit Erde bedeckt. Auf bündigeren und feuchten Böden ist die Saattiefe geringer zu bemessen als auf leichteren, trockenen Böden.

Weiter sollen die Samen gleichmäßig tief untergebracht werden, weil nur dann ein gleichmäßiges Aufgehen erwartet werden kann.

Saattiefe bei verschiedenen Gewächsen:

Getreide	2,5—5 cm	Wicke und Lupine .	3—6 cm
Mais, mittelkörnig .	3—7 „	Winterreps . . .	1—3 „
Erbse, große . . .	3—8 „	Rotklee, Bastardklee, Weißklee. . . .	0,5—2 „
Pferdebohne, großkörnige	4—10 „	Wiesengräser . . .	0,2—1,3 „

c) Saatmethode.

Das Saatgut wird entweder breitwürfig oder in Reihen ausgestreut oder gedibbelt. Die Dibbelsaat (Stufensaat) unterscheidet sich von der Drillsaat dadurch, daß die Samen nicht in ununterbrochenen Reihen, sondern in regelmäßigen Abständen in den Reihen zu liegen kommen. (Dreiecks- und Vierecksverband.) Dibbelsaat kommt hauptsächlich bei solchen Pflanzen in Anwendung, welche in größeren Abständen angebaut werden (Rüben, Kartoffeln).

Man bedient sich beim Säen entweder der Hand (Handsaat) oder einer Maschine (Maschinensaat). Die Maschinensaat erfolgt mit der Breitsäemaschine, Drill- oder Dibbelsäemaschine.

Die Vorteile der Reihensaat gegenüber der Breitsaat bestehen in erster Linie in der gleichmäßigen Verteilung der Samen im Boden und der damit verbundenen gleichmäßigeren Entwicklung der Pflanzen. Auch wird bei der Drillsaat an Saatgut gespart (bis etwa 25%), wodurch die Kosten für die Beschaffung einer Drillmaschine sich in kurzer Zeit bezahlt machen. Die Belichtung der Reihen ist bei der Drillsaat günstiger, auch wird durch gleichmäßig tiefe Unterbringung des Saatgutes ein gleichmäßiges Keimen und Aufgehen desselben bewirkt.

In der Regel fällt die Ernte nach Menge und Güte bei der Reihensaat besser aus als bei der Breitsaat.

Bau der Säemaschinen (Fig. 117).

Alle Säemaschinen haben einen Saatkasten mit einer Säevorrichtung.

Zur Aufnahme der Samen dient der Saatkasten; in demselben befindet sich ein Rührwerk zum gleichmäßigen Abfließen des Saatgutes.

Der Säevorrichtung kommt die Aufgabe zu, den vom Saatkasten zufließenden Samen gleichmäßig in der beabsichtigten Stärke auszustreuen. Die Vorrichtungen hiezu bestehen in Bürstenrädern, Schöpfrädern, Zellen- und Löffelschöpfrädern oder Schubrädern. Letztere verdienen den Vorzug, da die Gleichmäßigkeit der Aussaat unabhängig von der Saatkastenstellung ist; dies ist besonders für hügeliges Land wichtig.

An den Drillmaschinen findet man meist Schöpf- und Schubräder.

Die Saatleitungsröhren bringen den Samen in die von Scharen gezogenen Rillen; erstere sind meistens beweglich aus ineinander verschiebbaren Röhren hergestellt. Die Schare bestehen aus Hartguß und sind auswechselbar.

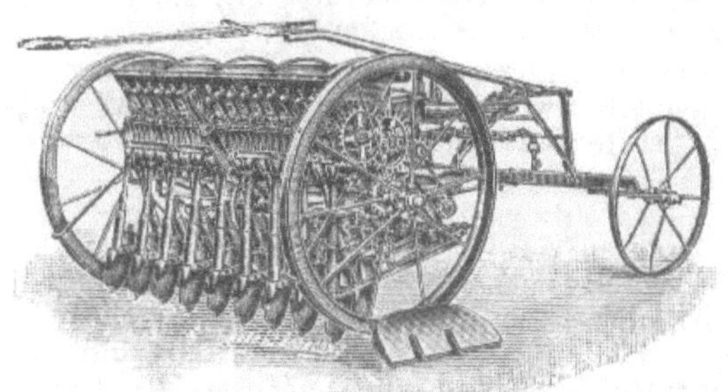

Fig. 117. Säemaschine mit Hintersteuerung von den Vereinigten Fabriken landw. Maschinen in Augsburg.

Ihr Tiefgang wird durch Gewichte reguliert. Mittels eines Hebels werden die Schare ausgehoben oder zur Arbeit eingerückt.

Die Steuerung befindet sich an den beiden vorderen Rädern der Maschine. Man unterscheidet Vorder- und Hintersteuerung. Letztere ist häufiger anzutreffen, weil sie verschiedene Vorzüge besitzt.

Zur Vermeidung eines unregelmäßigen Ganges der Säemaschine ist bei der Anspannvorrichtung ein Stoßfänger eingeschaltet.

Jeder Maschine wird seitens des Fabrikanten beim Ankauf eine Gebrauchsanweisung mitgegeben, die genau zu beachten ist.

d) Saatmenge.

Die Saatmenge ist je nach Art und Sorte der Pflanzen, Saatmethode, Kulturzweck, Beschaffenheit des Saatgutes, Saatzeit, Beschaffenheit und Zustand des Bodens verschieden. So sind stärker sich bestockende Getreide dünner zu säen als schwach sich bestockende. Die Dibbelsaat erfordert das geringste Saatquantum, ein größeres die Drillsaat und das größte die Breitsaat. Für Futterzwecke gebaute Pflanzen werden dichter gesät als die zur Körnerproduktion bestimmten. Saatgut mit geringerer Keimfähigkeit ist stärker zu säen als sehr gut keimendes. Zeitige Saat bei gutem Kulturzustand des Bodens und guter Bodenvorbereitung bedingt geringere Saatstärke u. s. w.

Das Verpflanzen.

Zarte Gewächse, z. B. Tabak, Kohlarten, die eine lange Wachstumsdauer besitzen, aber empfindlich gegen Frühjahrsfröste sind und in ihren ersten Entwicklungsstadien leicht tierischen und pflanzlichen Schädigungen unterliegen, kann man nicht gleich auf das für sie bestimmte Feld bringen, sondern man muß den Samen zunächst in Beete säen, die eine geschützte Lage sowie gut zubereiteten und gedüngten Boden haben um Setzpflanzen zu gewinnen. Auch

Runkelrübenpflanzen werden häufig zunächst auf Saatbeeten herangezogen und später verpflanzt. Zweckmäßig ist es auf Saatbeeten Reihenkultur anzuwenden, weil hierdurch ein Behacken und Jäten möglich ist.

Setzpflanzen sollen die Dicke eines Federkiels haben. Bei trockenem Wetter ist das Beet am Abend vor dem Pflanzen zu gießen, damit beim Herausziehen keine Wurzelverletzung stattfindet.

Das Verpflanzen geschieht am besten bei regnerischer Witterung meist mit einem Pflanzholz unmittelbar nach dem Pflügen in die frische Furche oder auf Kämme. Bei trockenem Wetter sind die Pflanzen einzugießen.

B. Pflege der Kulturpflanzen.

Bei der Pflege von Getreide kommen in Betracht: die Ableitung des überschüssigen Wassers durch Offenhaltung der Wasserfurchen, das Anwalzen oder Eggen der Saaten, das Überdüngen schwacher Saaten mit rasch wirksamen Düngemitteln (z. B. Chilisalpeter, Jauche), die Vertilgung der Unkräuter, das Schröpfen oder Walzen bei zu üppigem Wachstum.

Reihensaaten können bei genügender Reihenweite behackt werden und zwar mit der Handhacke oder durch Hackmaschinen.

Kartoffeln, Rüben, Mais, Tabak u. s. w. werden behackt, auch, abgesehen von Runkel- und Weißrüben, behäufelt, um das Unkraut zu vertilgen und den Boden locker und offen zu halten, was der Entwicklung der Pflanzen in hohem Maße förderlich ist.

Gegen das Ausfrieren der Pflanzen können vorbeugende und direkte Schutzmittel in Anwendung gebracht werden. Es kommen in Betracht: gründliche Entwässerung der an stauender Nässe leidenden Felder, Herstellung von Wasserfurchen an den Stellen, von welchen das überschüssige Tagwasser abgeführt werden soll, frühzeitiger Anbau im Herbste und flaches Unterbringen des Samens, rechtzeitiges Unterbringen des Stallmistes und des Gründüngers sowie starkes Walzen.

Bei zu lockerer Beschaffenheit des Bodens sind aufgezogene Saaten im Frühjahr zu walzen, um die bloßgelegten Teile der Pflanzen mit dem Erdreiche wieder in Berührung zu bringen und die Möglichkeit zur Bildung neuer Wurzeln zu gewähren.

Im Winter etwa auftretende Eiskrusten müssen zerstört werden, da sonst die darunter befindlichen Pflanzen verfaulen.

Die Kruste von dicht geschlämmten, verhärteten Böden ist durch Eggen, Hacken und Walzen zu zerstören. Wird zur rechten Zeit und in richtiger Weise der Boden geeggt und gehackt, so gewährt dies für denselben einen erheblichen Schutz gegen zu starke Austrocknung, also Schutz vor größerem Wasserverlust während der Entwicklung der Pflanzen.

Das Lagern der Pflanzen sucht man dadurch zu verhüten, daß man, soweit tunlich, dünn sät, weit drillt, starke Stickstoffdüngungen vermeidet, die Ackerkrume zu vertiefen sucht und steifhalmige Sorten zum Anbau bringt. Bei sehr üppigem Wintergetreide wird durch vorsichtiges Abweiden desselben (bei festem Boden) durch Schafe, auch durch Schröpfen oder scharfes Durcheggen oder Niederwalzen der Lagerung entgegengewirkt.

Vertilgung des Unkrauts.

Die Unkräuter (Wurzel- und Samenunkräuter) wirken aus folgenden Gründen schädlich auf die Entwicklung der Kulturpflanzen: sie nehmen den Pflanzen den Platz weg, beanspruchen einen Teil der Nährstoffe des Bodens, vermindern den Wasservorrat, beschränken die Einwirkung des Sonnenlichts, erschweren ferner die Bodenbearbeitung, Saat und Pflege sowie die Erntearbeiten und beeinflussen hierdurch die Menge und Güte des Ertrags nachteilig. Manche Unkräuter sind schädlich durch Übertragen von Pilzen und tierischen Schädlingen, andere schmarotzen auf den Kulturpflanzen.

Die Maßregeln zur Bekämpfung des Unkrauts sind entweder vorbeugende oder sie bestehen in einer direkten Vernichtung der betreffenden Pflanzen.

Zu den wichtigsten Vorbeugungsmaßregeln ist die Benutzung eines vollkommen reinen Saatgutes zu rechnen; ferner soll nur möglichst unkrautfreier Kompost und Dünger verwendet werden, insbesondere sollen von den Rainen, Wege- und Grabenrändern und allen sonstigen nicht angebauten Flächen die Unkrautpflanzen beseitigt werden. Auch eine richtige Fruchtfolge sowie Entwässerung zu feuchter Ländereien kommen hierbei in Betracht.

Die Maßnahmen zur direkten Vertilgung der Unkräuter sind verschiedener Art, je nach der Beschaffenheit der Unkräuter, des Ackerlandes und der betreffenden geschädigten Kulturpflanzen. Durch wiederholtes Abmähen des Unkrautes, durch Pflügen (Schälen), Eggen, Krümmern, Exstirpieren, durch Hacken und Behäufeln der Kulturpflanzen, durch Jäten, Ausraufen, Köpfen, eventuell Sammeln des Unkrautes wird dieses vertilgt. Unter Umständen muß bei tiefwurzelnden Unkräutern das Ausstechen oder Ausgraben derselben vorgenommen werden. Die Beförderung des Auflaufens der in der Ackerkrume liegenden Unkrautsämereien durch zeitigen Stoppelsturz im Herbst sowie durch Bearbeitung des Feldes im Frühjahr mit Egge und Ackerschlichte ist von großer Wichtigkeit. Durch dichten Stand der Kulturpflanzen (Erbsen, Wicken, Lupinen, Serradella, Senf, Buchweizen) werden die Unkrautpflanzen (z. B. Quecken) erstickt. Rechtzeitige Bestellung, Nachhilfe mit rasch treibenden Düngemitteln fördert die Entwicklung der Kulturpflanzen und drängt das Unkraut zurück.

Hederich und Ackersenf können auch durch Bespritzen mit 15—20%iger Eisenvitriollösung vertilgt werden. Kleeseide wird am besten abgemäht und verbrannt.

C. Ernte und Aufbewahrung.

1. Ernte des Getreides.

Die Getreidearten sind im Zustande der Gelbreife zu mähen, weil da die Entwicklung der Körner im wesentlichen abgeschlossen ist, das Stroh noch einen höheren Futterwert besitzt, die Körner bei der Ernte nicht so leicht ausfallen und die Ährenspindeln ebenfalls weniger leicht abbrechen (Gerste und Dinkel).

Das Abschneiden des Getreides wird mit der Sichel, Sense oder mit der Mähemaschine vorgenommen (Fig. 118).

An der Getreidemähemaschine unterscheidet man das Fahrgestell, die Schneide-, Aufnahme- und Ablegevorrichtung. Die Schneidevorrichtung besteht aus dreieckigen, zweischneidigen, aus Stahl gefertigten Messerklingen, welche an einer gemeinsamen Messerstange befestigt sind und mit dieser hin- und hergeschoben werden. Die Messerstange ruht in der Nut des Fingerbalkens. Messer und Finger besorgen das Abschneiden der Halme. Zum Niederhalten der Messerstange und zur Erzielung eines dichten Vorbeiführens der Messer und Finger aneinander dienen eigene Führungsstücke. Beim Transport auf den Straßen wird die Plattform (Aufnahmevorrichtung für das geschnittene Getreide) aufgekippt.

Fig. 118. Getreidemähemaschine mit Selbstablage von den Vereinigten Fabriken landw. Maschinen in Augsburg.

Es gibt Getreidemähemaschinen mit Handablage und mit Selbstablage. Die letzteren Maschinen legen das Getreide selbsttätig ab, während dies bei den Maschinen mit Handablage von einem Arbeiter geschehen muß, der auf einem zweiten Sitz sich befindet. Die Getreidemähemaschinen m. Handablage können auch zum Grasmähen benützt werden.

Die Getreidemähemaschinen mit Garbenbindeapparaten (Selbstbinder) binden das abgeschnittene Getreide in kleine Garben und legen diese seitlich ab.

Mit der Sichel wird zwar schöne, aber teure Arbeit geleistet. Einen Hektar leisten in einem Tag mit der Sichel ca. 12 Arbeiter, mit der Sense 2—3 Arbeiter; Mähemaschinen bewältigen in einem Tag drei und mehr Hektar nicht gelagertes Getreide.

Sommergetreide läßt man häufig zum Nachreifen und Trocknen ausgebreitet (auf dem Schwad) liegen, Wintergetreide wird häufig aufgestellt. Bei letzterem Verfahren trocknet zwar das Getreide langsamer aus, jedoch ist es vor den nachteiligen Einwirkungen ungünstiger Witterung viel mehr geschützt, weshalb, wenn irgend tunlich, von diesem Ernteverfahren ausgiebig Gebrauch gemacht werden sollte.

Das Aufstellen kann nach verschiedenen Methoden geschehen; so ist zum Beispiel das Aufmandeln (Puppen) sehr beliebt und einfach. Hierbei werden meistens acht Garben um eine in der Mitte stehende Garbe gelehnt. Öfters erhalten die Mandeln als Hut noch eine Sturzgarbe. Ist bei länger andauerndem Regen Feuchtigkeit in eine Hutmandel eingedrungen, so muß der Hut zum Nachtrocknen der Mandel abgenommen werden. Eine gute Methode ist auch das Stellen der Garben in Stiegen oder Zeilen.

Das Einfahren des Getreides erfolgt, sobald alle Körner in allen Ähren hart geworden sind. Ist das Getreide beim Einfahren noch feucht, so erhitzt es sich sehr stark, wodurch Keimfähigkeit und Farbe der Körner leiden.

Wird auf dem Felde das Getreide in Schwaden getrocknet, so wird es in der Regel vor dem Einfahren in Garben gebunden.

Die Aufbewahrung des Getreides erfolgt in geschlossenen Scheunen oder in Schuppen und in Feimen.

Reps, Rübsen und Leindotter werden vor der vollständigen Samenreife geerntet, weil die Gefahr des Ausfallens der Samen bei vollständiger Ausreifung sehr groß ist. Sie werden in mit Tüchern belegten Wagen eingebracht, ein Verfahren, das sich auch für Getreide empfiehlt.

Das Dreschen geschieht mit dem Flegel, der Göpeldreschmaschine oder der Dampfdreschmaschine. Mit dem Flegel wird gedroschen, wenn schönes Langstroh gewonnen werden soll; ferner hat Flegeldrusch bei Saatgetreidegewinnung den Vorteil, daß die Körner weniger leicht verletzt werden.

Durch die Dampfdreschmaschine findet neben dem Dreschen gleichzeitig eine Reinigung und Sortierung der Körner statt.

Das bei Flegel- und Göpeldrusch gewonnene Getreide muß zunächst durch Putzmühlen gereinigt werden. Weiterhin ist dasselbe zur vollkommenen Reinigung, besonders bei Gewinnung von Saatgut, mit Sortiermaschinen, Trieurs und Windfegen (s. S. 204) zu behandeln.

Die Aufbewahrung der Körner erfolgt auf Schüttböden. Das Getreide darf zunächst nur flach aufgeschüttet und muß behufs Austrocknung öfters umgeschaufelt werden. Geschieht dies nicht oder wird das Getreide vorzeitig gesackt, so verdirbt es. Bei feuchter Witterung ist das Umschaufeln des Getreides zu unterlassen.

Die Speicher oder Schüttböden müssen trocken und luftig sein. Um entsprechend lüften zu können, bringt man die Fenster nur 15—20 cm über dem Boden, genau einander gegenüberstehend, an. Zur Abhaltung von Vögeln werden Drahtgitter eingesetzt.

Ölsamen dürfen anfänglich nur 3—5 cm hoch aufgeschüttet werden und sind täglich zweimal zu wenden. Bisweilen werden sie längere Zeit mit der Spreu aufbewahrt.

2. Ernte der Futterpflanzen.

Vor allem ist bei den Futterpflanzen der richtige Zeitpunkt des Schnitts ins Auge zu fassen, weil der Nährwert derselben wesentlich dadurch bedingt ist. Jüngere Futterpflanzen sind nährstoffreich und leicht verdaulich; mit steigendem Alter nimmt zwar die Masse zu, dagegen der Nährstoffgehalt und die Verdaulichkeit im Verhältnis ab. Man darf deshalb nicht erst dann ernten, wenn das größte Erntegewicht, sondern wenn die größte Menge verdaulicher Nährstoffe erzielt ist. Der richtige Zeitpunkt für die Ernte der Pflanze ist bei Beginn der Blüte gegeben.

Zum Mähen der Futterpflanzen bedient man sich der Sense oder der Mähemaschine. Eine Mähemaschine kann 10—12 Arbeiter ersetzen.

Die Mähemaschinen für Futter (Fig. 119) sind im allgemeinen ähnlich gebaut wie die Getreidemähemaschinen, jedoch fehlt die Aufnahme- und Ablegevorrichtung. Die sogenannten kombinierbaren Mähemaschinen werden sowohl zum Futter- wie zum Getreidemähen verwendet.

Weitere Geräte zur Heubereitung sind die Handrechen, die Heugabeln und die Heuwender. Letztere werden zum Streuen und Wenden des Grases benützt.

Es gibt Trommel- und Gabelheuwender (Fig. 120).

Fig. 119. Zweipferdige Grasmähemaschine von den Vereinigten Fabriken landw. Maschinen in Augsburg.

Am Trommelheuwender unterscheidet man das Fahrgestell mit gekröpfter Achse und die Gabeldeichsel, ferner zwei auf besonderer Welle sitzende Räder, an deren Kränzen umlegbare Rechen angebracht sind, und schließlich eine Triebvorrichtung. Durch eine Stellvorrichtung können die Rechenräder höher oder tiefer gestellt werden. Die Zahnradübertragung erlaubt bei guten

Fig. 120. Verbesserter Gabelheuwender von den Vereinigten Fabriken landw. Maschinen in Augsburg.

Maschinen eine Drehung der Rechenräder sowohl nach vorwärts wie rückwärts. Hierbei ist aber die Arbeit verschieden. Beim Vorwärtsdrehen heben die Rechenräder das Heu nur wenig und wenden es um; bei Rückwärtsdrehen heben sie es vorne hoch auf und streuen es nach hinten abwerfend.

Statt Handrechen werden auch Pferderechen benutzt.

Ein Pferderechen (Fig. 121) besteht aus dem zweiräderigen Fahrgestell, der Gabeldeichsel, dem Führersitz und aus den Zinken. Diese letzteren sind mit ihren oberen Enden an einer quer über der Fahrachse liegenden Stange lose befestigt, sodaß sie durch ihr Gewicht an den Boden gedrückt werden. Die Entleerung des Pferderechens wird dadurch bewirkt, daß durch

Fig. 121. Pferderechen, System „Tiger", von den Vereinigten Fabriken landw. Maschinen in Augsburg.

einen Hebel die oberen Enden der Zinken niedergedrückt werden, wobei die unteren Enden sich steil aufrichten und das zusammengeraffte Heu fallen lassen.

Das Gras wird zum Trocknen entweder auf der Wiese ausgebreitet oder auf Gerüste (Heinzen) gehängt (Fig. 122). Letztere empfehlen sich besonders für regenreiche Gegenden und bei unsicherer Erntewitterung. Für

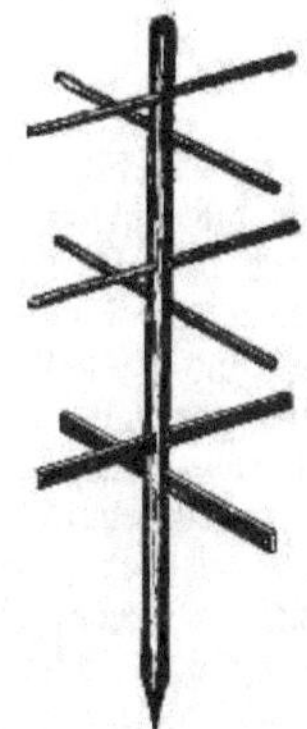

Fig. 122. Heinze.

Fig. 123. Pyramide.

Klee ist im allgemeinen das Trocknen auf Heinzen oder Pyramiden (Fig. 123) oder Kleeharfen vorzuziehen. Bisweilen wird der Klee auch aufgepuppt.

Um Heu mit weniger Frachtkosten auf der Eisenbahn transportieren zu können, bedient man sich der Heupressen, welche das sperrige Heu auf einen geringen Raum zusammenpressen.

Das Trockenfutter wird entweder in Heustädeln, Scheunen oder in Feimen mit beweglichem Dach aufbewahrt. Futtermittel, welche sich nicht wohl trocknen lassen oder welche wegen vorgerückter Jahreszeit oder ungünstiger Witterung nicht mehr getrocknet werden können, werden zweckmäßig in Süßpreßfutter verwandelt.

Bereitung von Süßpreßfutter.

Die Bereitung von Preßfutter verdient überall dort, wo die Heubereitung den zufälligen Witterungseinflüssen preisgegeben ist, erhöhte Bedeutung, weil man sich hierdurch nicht nur von den Unbilden der Witterung unabhängig macht, sondern auch ein Futter gewinnt, welches in seinem Nährwert dem Grünfutter nur wenig nachsteht. Für die praktische Ausführung müssen folgende Punkte berücksichtigt werden: 1. der Feuchtigkeitsgehalt der verwendeten Grünfutterpflanzen darf nicht zu hoch sein, die Pflanzen sollen etwas abgewelkt sein; 2. muß der Zutritt der Luft in das Innere des Futterhaufens durch Pressung geregelt werden können. In neuerer Zeit gibt es die Presse von R. Dolberg in Rostock, die Lindenhöfer'sche, Johnsohn'sche und Blunt'sche Presse.

Beim Einmachen in Gruben entsteht sog. Sauerfutter. Dasselbe ist meist ca. 70 cm hoch mit Erde bedeckt und muß von der Luft abgeschlossen sein.

3. Ernte und Aufbewahrung der Hackfrüchte.

In kleinen Betrieben werden die Kartoffeln gewöhnlich mit der Haue oder der Grabgabel geerntet. Bei größerem Kartoffelbau kommen Spanngeräte und Maschinen in Anwendung.

Auf nicht zu schwerem Boden benutzt man einen Kartoffelerntepflug, dessen Schar die Erde mit den Kartoffeln hebt, wobei die Zinken, welche an der Schar befestigt sind, die Knollen beiseite legen.

Die Kartoffelerntemaschinen besitzen ein rotierendes Schleuderrad, welches die Knollen beiseite wirft.

Die Aufbewahrung der gehörig abgetrockneten und abgekühlten Knollen erfolgt in Kellern oder Mieten. Im Keller sollen die Kartoffeln, wenn möglich, nicht höher als 1 m angehäuft werden. Vor dem Einkellern sind die kranken Knollen auszusuchen und zu beseitigen. In warmen und feuchten Kellern halten sich die Kartoffeln schlecht; die Keller sind deshalb bei entsprechender Witterung fleißig zu lüften und die Knollen allenfalls zu wenden und auszulesen. Ebenso ist bei Einlagerung in Mieten dafür zu sorgen, daß die Kartoffeln zwar nicht erfrieren, aber möglichst kühl und trocken gehalten werden.

Rüben und Möhren werden von der Hand, mit der Karsthaue oder Grabgabel geerntet. Bei Zuckerrüben benützt man entweder eine zweizinkige Rübengabel oder einen Untergrundspflug mit einseitiger Schar, welche die Wurzel unterfängt, oder auch einen Rübenheber.

Die Futterrüben halten sich in ca. 45 cm tiefen Mieten ganz gut, sind aber, wie die Kartoffeln, kühl und trocken zu halten. Dunstschlöte aus Stroh oder Holz in den Kartoffel- und Rübenmieten anzubringen, ist unzweckmäßig. Zur Abhaltung des Wassers ist um jede Miete ein Graben zu ziehen.

Möhren werden mit Sand oder Erde gemengt aufgeschichtet und behufs Überwinterung ca. 15 cm hoch mit Erde bedeckt. Sie verlangen einen eher kühlen Aufbewahrungsort, auch muß zu ihnen Luft durch Kanäle gut zutreten können.

Siebenter Abschnitt.

Spezieller Pflanzenbau.

Unsere landwirtschaftlichen Kulturgewächse lassen sich in folgende sieben Gruppen ordnen:

1. Halmfrüchte,
2. Hülsenfrüchte,
3. Futterpflanzen,
4. Knollen- und Wurzelgewächse (Hackfrüchte),
5. Ölfrüchte,
6. Gespinstpflanzen,
7. Fabrikpflanzen.

I. Halmfrüchte.

Die Halmfrüchte (Getreidearten, Mehlfrüchte, Cerealien) gehören sämtlich zur Familie der Gräser. Ihre Faserwurzeln verbreiten sich hauptsächlich in den oberen Bodenschichten. Der hohle, knotige Halm trägt eine Ähre oder Rispe mit ein- oder zweiblütigen Ährchen. In diesen bilden sich nackte (Roggen, Weizen) oder bespelzte Früchte (Gerste, Hafer).

Die Entwicklungsstufen des Getreides sind Keimung, Bestockung, Schossen, Reife. Da durch Lagerung der Halmfrüchte empfindlicher Schaden entsteht („Lagerfrucht ist auch eine Mißernte"), so sucht man das Lagern zu verhüten durch Verringerung der Saatmenge, durch Vermeidung zu stickstoffreicher Düngung, auch durch Auswahl lagerfester Sorten. Ferner beugt man dem Lagern vor durch vorsichtiges Beweiden mit Schafen, durch scharfes Eggen, Schröpfen (Serben) und Niederwalzen.

Bei der Reife sind vier Zustände zu unterscheiden: die Milch- oder Grünreife, die Gelb-, die Voll- und die Totreife. Gewöhnlich erntet man das Getreide in der Gelbreife. In diesem Reifestadium sind die Körner vollkommen ausgebildet, aber noch weich, sodaß sie über dem Fingernagel leicht brechen.

Wirtschaftliche Bedeutung des Getreidebaues. Im deutschen Reich sind rund 14 Millionen ha oder 55 % der Ackerfläche mit Halmfrüchten bebaut. Ihre Kultur ist einfach; sie eignen sich für fast alle Bodenarten und die verschiedensten klimatischen Verhältnisse; sie liefern eine begehrte Handelsware, die sich leicht aufbewahren und versenden läßt. — Der deutsche Landwirt muß bestrebt sein, durch beste Kultur und durch Auswahl ertragreichster

Sorten die Erträge des Getreides zu steigern, die Produktionskosten zu mindern und den Reinertrag zu erhöhen, damit er dem billiger erzeugenden Auslande gegenüber konkurrenzfähig bleibt. (Getreidezoll!).

Zu den Getreidearten gehören: Weizen, Roggen, Gerste, Hafer, Mais, Hirse; ihnen sei Buchweizen angereiht.

1. Der Weizen.

Der Weizen besitzt eine Ähre mit mehrblütigen Ährchen, in denen sich je 2—3 Körner ausbilden.

Man unterscheidet zwei Hauptformen: A. den eigentlichen Weizen und B. den Spelzweizen.

A. Der eigentliche Weizen hat eine zähe Ährenspindel; die nackten Körner fallen beim Dreschen leicht aus den Ährchen. — Hierher gehören:

a) Der gemeine Weizen (Triticum vulgare).

Von demselben gibt es zahlreiche Sorten.

I. Kolbenweizen:

1. Rimpaus früher Bastardweizen: für Mittelböden, sehr ertragreich, nicht vollständig winterfest, lagert, von guter Kornqualität.
2. Squarehead: aus England stammend, von deutschen Züchtern veredelt; z. B. Beseler (Squarehead Nr. 8), Strube; verlangt beste Böden; lagersicher, aber nicht genügend winterfest; von höchster Ertragsfähigkeit; Kornqualität geringer.
3. Landweizen, z. B. Pfälzer, altbayerischer, fränkischer, für leichtere Böden; nicht lagerfest; weniger ertragreich; Kornqualität gut.
4. Bestehorns Dividendenweizen: verlangt guten Weizenboden; mit langen Ähren; winterfest; ziemlich ertragreich und fast lagersicher.
5. Schlanstedter Sommerkolbenweizen: anspruchslos, verträgt Trockenheit; dem Pilzbefall wenig unterworfen; gute Kornqualität.

Andere Sorten: Epps-Winterweizen, Noes-Sommerweizen, Svalöfs Perl-Sommerweizen; Urtobaweizen, S.

II. Grannenweizen:

6. Strubes Grannenweizen, ein Sommerweizen, in Schlesien gezüchtet, verlangt starke Düngung; lagerfest und rostfrei; hohe Ertragsfähigkeit bei sehr guter Kornqualität.

Andere Sorten: Fuchs- und Sandweizen.

b) Der englische Weizen (Triticum turgidum).

Hoher Körner- und Strohertrag, mehlige und grobschalige Körner, welche bei Müllern und Bäckern wenig beliebt sind.

Öfters angebaut: Rivetts Bart- oder Grannenweizen oder englischer Rauhweizen. Mit dem englischen Weizen sind die aus England stammenden ertragreichen Sorten des gemeinen Weizens nicht zu verwechseln. Diese haben ebenso wie der Rauhweizen kleberarme, mehlige, im Handel wenig beliebte Körner.

B. Der Spelzweizen oder Spelz, auch Dinkel oder Vesen genannt (Triticum Spelta), besitzt eine lockere Ähre mit spröder Spindel, die in der Reife leicht zerbricht; beim Dreschen erhält man die einzelnen Ährchen. Auf einem besonderen Mahlgange (Gerbgang) werden die Körner von den Spelzen befreit.

Der weiß- und rotährige Spelz wird in Süddeutschland vorwiegend als Wintergetreide angebaut, liefert aber durchschnittlich niedrigere Erträge als der Weizen.

Etwa 14 Tage vor der Reife geschnittener Spelz wird künstlich getrocknet und zu Grünkern verarbeitet.

Anbau des Weizens.

Am besten gedeiht der Weizen in nicht zu rauhem Klima auf tiefgründigen, frischen, humosen Ton-, Lehm- und Mergelböden („Weizenböden"). — Geringere Ansprüche an Boden und Klima stellt der Spelz.

Vorzüglich gedeiht der Weizen nach reiner Brache. Man räumt ihm zweckmäßig den besten Platz in der Fruchtfolge auf gut bearbeiteten, unkrautfreien Feldern ein.

Geeignete Vorfrüchte sind: Klee, Mengfutter, Reps, Pferdebohnen, Grünmais; weniger gute: Lein, Samenwicke und Erbse, auch Hackfrüchte, da letztere das Feld zu spät räumen; eine schlechte Vorfrucht ist Weizen oder eine andere Getreideart. — Spelz verlangt die gleichen Vorfrüchte, ist jedoch auch in dieser Beziehung genügsamer.

Der Weizen stellt hohe Ansprüche an den Düngungszustand des Bodens. Soweit der Kräftezustand des Bodens nicht entspricht, ist zu Weizen eigens mit Stallmist zu düngen. Man rechnet als Beidünger zum Stallmist pro Hektar ca. 50 kg Phosphorsäure (z. B. 3 dz Superphosphat mit 16 % wasserlöslicher Phosphorsäure, also 1 dz 16 %iges Superphosphat pro bayer. Tagwerk). Wo es notwendig ist, die Entwicklung zurückgebliebener Pflanzen im Frühjahr zu kräftigen, verwende man pro Hektar etwa 1—1,5 dz Chilisalpeter. Zur Frühjahrs- bezw. Winterdüngung eignet sich auch Jauche. Zu stickstoffreiche Düngungen sind zu vermeiden, um die Gefahr des Lagerns sowie des Brand- und Rostbefalls zu verringern.

Die Vorbereitung des Bodens richtet sich nach der Vorfrucht und dem Zustand des Feldes. Vor allem muß der Acker von Unkraut gründlich gereinigt werden; er darf jedoch nie zu fein gekrümelt oder gar gepulvert sein. Die Saatfurche gebe man womöglich etliche Wochen vor der Saat, damit sich der Boden genügend setzen kann. — Nach der Repsernte wird die Stoppel flach gestürzt; später pflügt man tiefer um. Die Bestellung nach Klee erfordert 1—2 Furchen; oft ist halbe Brache angezeigt. Nach Hackfrucht genügt in der Regel einmalige flache Ackerung.

Zur Saat wähle man die schwersten Körner mit einem Hektolitergewicht von mindestens 75 kg. Empfehlenswert ist die Gewinnung des Saatguts durch Flegeldrusch, besonders wenn dasselbe gebeizt werden soll. Von Unkrautsamen ist das Saatgut sorgfältigst zu reinigen. Der im Stocke nachgegorene Weizen besitzt größere Keimkraft und läuft gleichmäßiger auf als der unmittelbar nach der Ernte ausgedroschene Weizen.

Von rechtzeitiger Aussaat hängt die normale Entwicklung der Pflanzen ab. Im allgemeinen sät man in Süddeutschland den Sommerweizen im März und April, den Winterweizen und Spelz von Mitte September bis Mitte Oktober, in wärmeren Gegenden noch in den ersten Tagen des November.

Die Saatmenge richtet sich nach Saatmethode, Saatzeit, Körnerqualität und Bodenbeschaffenheit. Je frühzeitiger die Saat, je besser das Feld und je sorgfältiger dessen Vorbereitung, um so weniger Saatgut ist im allgemeinen erforderlich. Man rechnet pro Hektar an Winterweizen 140 bis 250 kg bei Breitsaat, 100—200 kg bei Drillsaat; an Sommerweizen 150 bis 230 kg bei Breitsaat und 120—180 kg bei Drillsaat, für bayerische Verhältnisse durchschnittlich etwa 1 Ztr. pro bayer. Tagwerk.

Gewöhnlich drillt man auf 12—16 cm Reihenweite; wenn aber gehackt werden soll, auf 16—20 cm Entfernung. Breitwürfige Saat ist auf frischem Boden mit leichten, auf trockenem Boden dagegen mit schweren Eggen oder dem Saatpfluge unterzubringen. Rauhe Oberfläche des Feldes schützt den Weizen gegen die nachteiligen Wirkungen des Frostes.

Die Pflege der Saat besteht in verschiedenen Maßnahmen. Durch Auswintern geschädigte Saaten überfahre man zur Förderung des Anwurzelns bei abgetrocknetem Boden mit der Walze. Auf verkrusteten sowie unkrautreichen Feldern und bei dünn stehenden Saaten wird das Wachstum durch leichtes Übereggen gekräftigt. Behacken entsprechend weit gedrillten Weizens steigert den Ertrag. Schwachen Saaten hilft man durch Kopfdüngung (Chilisalpeter, schwefelsaures Ammoniak, Jauche) auf. Unkrautpflanzen werden durch Jäten oder Behacken entfernt.

Von lästigen Unkräutern der Weizenfelder seien genannt: Ackerdistel, Ackersenf und Ackerrettich (Hederich), Klatschmohn, Windhalm, Kornrade, Kornblume, Wucherblume und Wachtelweizen.

Der Weizen wird auch von Schmarotzerpilzen befallen: 1. Stein- oder Stinkbrand, 2. Flug- oder Staubbrand, 3. Schwarzrost, 4. Gelb- und 5. Braunrost.

Gegenmittel gegen Brand: siehe S. 139.

Rostkrankheit wird beschränkt durch Ausrottung solcher Pflanzen, auf denen die betreffenden Rostpilze zeitweise wuchern (Sauerdorn, Kreuzdorn und Boretschgewächse), durch Anbau widerstandsfähiger Sorten, Vermeidung zu stickstoffreicher Düngung, insbesondere zu später Chilisalpetergabe, Auswahl frei liegender Grundstücke.

Tierische Weizenschädlinge sind: Feldmaus, Schermaus, Hamster, Sperling, Drahtwürmer, Engerlinge, Wintersaateule, Hessenfliege, Weizengallmücke, Weizenhalmfliege, Ackerschnecke, Weizenälchen, schwarzer Kornwurm, Kornmotte.

Winterweizen	liefert	15—30—42 dz Körner	und	32 - 60—80 dz Stroh,	
Sommerweizen	„	10—20—30 „ „	„	20—40—56 „ „	
Spelz	„	16—42—48 „ Vesen	„	24—42—64 „ „	

pro Hektar. Vesen liefert beim Gerben 61—71 % Kernen.

2. Der Roggen (Secale cereale).

Die Ährchen des Roggens sind zweiblütig und bilden in der Regel zwei Körner aus, schließen aber noch ein drittes, verkümmertes Blütchen ein.

Empfehlenswerte Roggensorten:

1. Petkuser (Züchter: v. Lochow): winterfest; mittellanges, kräftiges Stroh; gut besetzte Ähre; ausgeglichen; hohe Erträge; für leichte und mittlere Böden, deren Feuchtigkeit nicht unter ein bestimmtes Maß herabgeht; erfordert nach etwa 4 Jahren Saatwechsel (Originalsaat).
2. Heines verbesserter Zeeländer (sog. Klosterroggen): für reiche und genügend feuchte Böden; winter- und lagerfest; sehr ertragreich; artet bald aus.
3. Französischer Champagner: für leichte, sehr trockene Lagen und Böden; sehr frühreif; strohwüchsig; nicht ausartend. — Aus demselben gezüchtet: Norddeutscher Champagner-Roggen.
4. Hanna (Züchter: Proskowetz in Kwassitz): sehr frühreif; ausgeglichen, besonders für trockene Böden und Lagen.
5. Schlanstedter (Züchter: Rimpau): für sehr üppige, feuchte Böden; spätreif und strohwüchsig.

6. Johannisroggen: sehr anspruchslos; von hoher Bestockungsfähigkeit; mittlere Erträge; kleine Körner; um Johanni gesät, gibt er im Herbste einen Grünfutterschnitt und darnach Wintergetreide.
7. Sechsämter Sommerroggen: für rauhe Gegenden und schwerere Böden; befriedigende Erträge.

Anbau des Roggens.

Der Roggen wird vorwiegend als Winterfrucht angebaut und ist die Hauptbrotfrucht Deutschlands, wird daher oft schlechtweg „Korn" genannt.

Roggen gedeiht auf weniger fruchtbaren, leichteren Böden besser als Weizen. Höchste Erträge wirft er auf sandigen Lehm- und lehmigen Sandböden ab. Für eigentliche Sand- (sog. „Roggenböden") und genügend entwässerte Moorböden ist er die einzige lohnende Winterfrucht. Selbst in rauhen Lagen kommt er noch fort, wintert aber auf nassem Boden leichter als der Weizen aus; unter lange geschlossener Schneedecke erstickt und fault er.

Am besten gedeiht der Roggen nach Brache und Klee; doch kann er auch nach Getreide und sogar nach sich selbst folgen. Auf bündigen Böden liebt er als Vorfrüchte Öl- und Hülsenfrüchte, auf Sandböden Lupinen, Serradella und Buchweizen. Nach Kartoffeln sollte man in Gegenden mit weniger günstigem Klima dem Sommerroggen den Vorzug vor Winterroggen geben. Bezüglich der Vorfrucht unterscheidet man also: Brach- oder Baukorn, Klee-, Stoppel- und Kartoffelkorn.

Roggen liebt alte Bodenkraft und wird oft in zweite oder selbst in dritte Tracht gestellt. Soll mit Stallmist gedüngt werden, so verwende man nur gut verrotteten Dünger. Von gutem Erfolg ist auch die auf leichten Böden bewährte Gründüngung. Dem großen Kalibedürfnis des Roggens entsprechend, gibt man auf Sand- und Moorböden 4—6 dz Kainit pro Hektar, außerdem 3—4 dz Thomasmehl; der Kainit ist nicht bei der Saat, sondern möglichst früh vor derselben bei der Bodenvorbereitung einzubringen. Auf kalireichen Ton- und Lehmböden ist die Kalidüngung fast wirkungslos.

Allgemein gültige Vorschriften für die Vorbereitung des Feldes lassen sich nicht geben, weil diese nach den Vorfrüchten, nach klimatischen und Bodenverhältnissen überaus abweicht. Leichte Böden bearbeite man nicht so oft als bündige. Die letzte Furche ist 8—14 Tage vor der Bestellung zu geben.

Das Saatgut nehme man von einem gut und gleichmäßig bestandenen, unkrautfreien Acker und verwende zur Saat die schwersten, feinschaligen Körner, die man am besten durch leichtes Abdreschen der Garben und durch Sortieren gewinnt. Roggen verliert bald seine Keimkraft, weshalb man fast stets Saatgut der letzten Ernte benützt.

Frühzeitige Saat sichert gute Ernten; denn der Roggen schoßt im Frühjahre bald und muß sich deshalb im Herbste noch bestocken. Mitte September bis Anfang Oktober ist in Süddeutschland allgemein die Zeit der Roggensaat; in rauhen Gegenden aber beginnt sie schon Ende August; sie kann sich in milden Gegenden ausnahmsweise bis Ende Oktober und darüber hinaus erstrecken. Roggen darf nur auf gut gekrümeltem Felde und zwar nicht zu tief untergebracht werden. Er verträgt Einsaat in trockenen Boden, was bei Weizen nicht der Fall ist.

An Saatgut braucht man pro ha gewöhnlich bei Breitsaat 150 kg, bei Drillsaat 120 kg Winterroggen, dagegen 180 bezw. 150 kg Sommerroggen.

Ist das Roggenfeld von Unkraut gründlich gereinigt, so beschränkt sich die **Pflege** gewöhnlich auf das Anwalzen der allenfalls durch Frost in die Höhe gezogenen Saat und auf die Bekämpfung der gerne im Herbst erscheinenden und überaus schädlichen Ackerschnecke. Zu üppige Saaten läßt man wohl auch durch Schafe abweiden.

In manchen Jahren erleidet der Körnerertrag durch das **Mutterkorn** starke Einbuße. Vorbeugende Maßnahmen: Abmähen der an Rainen und Gräben wildwachsenden Gräser vor dem Blühen derselben, Anwendung der Drillsaat, weil die Pflanzen gleichmäßiger abblühen.

Im Roggenfelde häufig auftretende **Unkräuter** sind: Roggentrespe, Kornblume, Kornrade, rauhhaarige Wicke, Ackerwinde, Wucherblume, kletterndes Labkraut, Hundskamille, Ackersteinsame und Klatschmohn.

Krankheiten des Roggens, durch Pilze hervorgerufen, sind:

1. Mutterkorn: Absonderung desselben durch Sieb oder Trieur; im Mehl und in der zur Fütterung bestimmten Hinterfrucht sehr schädlich, bewirkt die Kriebelkrankheit des Menschen und das Verwerfen trächtiger Tiere (Fig. 124);
2. Schwarzrost (Getreidehalmrost), Puccinia graminis; Zwischenwirt: Berberitze;
3. Braunrost des Roggens (Getreideblattrost), Puccinia dispersa; Zwischenwirt: Ochsenzunge (Anchusa);
4. Gelbrost (Streifenrost), Puccinia glumarum; Zwischenpflanze unbekannt.

Von den **tierischen Schädlingen** seien hervorgehoben: Ackerschnecke, Feldmaus, Hamster, Aaskäfer, Getreidelaufkäfer, Queckeneule, Roggenälchen.

Fig. 124. Mutterkorn auf Roggen.

Wie die Saat, so fällt auch die **Ernte** des Roggens vor diejenige des Weizens, meistens in die zweite Hälfte des Juli. Nach dem Schnitte wird Roggen mit Hilfe des eigenen Strohs zweckmäßig sogleich in kleine Garben gebunden und in Mandeln, Puppen oder Stiegen zusammengestellt. Die Erträge und das Körnergewicht schwanken je nach Boden, Lage und Jahreswitterung und betragen bei Winterroggen 10—20—32 dz Körner und 32—72—96 dz Stroh, bei Sommerroggen 7—14—22 dz Körner und 14—32—50 dz Stroh.

3. Die Gerste.

An der Gerstenähre sitzen beiderseits reihenweise je drei einblütige Ährchen in verschiedener Anordnung. Die Körner sind meistens beschalt und begrannt. Es gibt u. a.:

a) Die große oder zweizeilige Gerste (Hordeum distichum).

Nur die Mittelährchen entwickeln Körner, die also in zwei Zeilen sitzen. Die zweizeilige Gerste gibt die schwersten und vollkommensten Körner und eignet sich deshalb besonders als Braugerste. Sie ist eine Sommerfrucht mit 100—130 Tagen Wachstumszeit.

Man unterscheidet 3 Formen oder Typen der zweizeiligen Gerste:

1. **Landgersten**: reife Ähre nickend, Korn am Grunde abgeflacht, Basalborste lang behaart; anspruchslos, gegen Trockenheit weniger empfindlich, nicht strohwüchsig, lagern leicht, Ertrag befriedigend, recht gute Braugersten. — **Fränkische, Pfälzer, niederbayerische, böhmische, Probsteier, Hannagerste.** Letztere aus Mähren stammend, von Proskowetz als Kwassitzer Hanna und durch Professor Remy veredelt. Hanna- und Pfälzer-Gerste sind frühreif und

brauchen wenig Wasser, sind also für trockene Böden und niederschlagsarme Gegenden geeignet.

2. Chevaliergersten: reife Ähre nickend, Korn am Grunde der Rückenseite ~~abgeschrägt, ohne deutliche Querfur~~che, die lange Basalborste sehr kurz behaart; beanspruchen milde, mittlere Böden in bester Kultur und brauchen ziemlich viel Feuchtigkeit; strohreich, aber nicht lagerfest; große Erträge, sehr gute Braugersten. – Chevaliergerste, von dem Engländer Chevalier aus einem Korn gezogen, in Deutschland sehr verbreitet; besondere Zuchten: Heines verbesserte; v. Trothas; Goldmelone, schottische Perl-, Goldfoilgerste; Challenge; Svalöfs Prinzeßgerste.

3. Imperialgersten: die gedrungene Ähre meist aufrecht stehend, das kurze Korn hat eine deutliche Querfurche oder einen Wulst; Basalborste meist lang behaart, wechselt jedoch sehr in Form und Behaarung; steifhalmig und sehr lagerfest; sind auf fruchtbaren, stickstoffreichen Talfeldern und in feuchten Lagen am Platze, wo andere Sorten lagern; gegen Trockenheit sehr empfindlich; bisweilen dickschalig. — Goldthorpe, Webbs bartlose (grannenabwerfende), Bestehorns Kaisergerste, Frederiksons Imperialgerste.

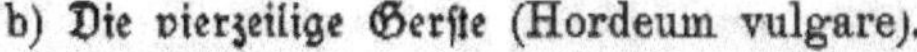

b) Die vierzeilige Gerste (Hordeum vulgare).

Alle Ährchen der vierzeiligen Gerste (Fig. 125) sind fruchtbar, aber die Körner sind seitwärts etwas verschoben, sodaß sie scheinbar in vier Zeilen sitzen. Sie wird als Winter- und Sommerfrucht gebaut. Zu Brauzwecken ist sie weniger geeignet; sie findet Verwendung zur Fütterung sowie zur Herstellung von Graupen, Gries und Rollgerste.

Sorten: kleine, vierzeilige oder Sandgerste, als Sommerfrucht gebaut; Mammutgerste, W. F.

Als Wintergerste wird sie nur vereinzelt angebaut. Die Saat dieser muß Ende August oder anfangs September erfolgen. Stalldünger kann mit der Saatfurche un[illegible]gebracht werden. Dem Vogelfraße ist sie stark ausgesetzt. Weil sie früh das Feld räumt, ermöglicht sie die Kultur von Stoppelfrüchten und Gründüngungspflanzen.

Fig. 125.
Vierzeilige Gerste.

Anbau der zweizeiligen Gerste.

Gute Braugerste stellt hohe Ansprüche an den Boden. Warmer, tätiger, humushaltiger, milder Lehmboden, der tiefgründig und kalkhaltig ist, auch noch guter lehmiger Sandboden sind als „Gerstenböden“ zu bezeichnen. Auf sehr bündigem Boden leidet die Gerste durch Nässe, während sie auf geringen Sand- und Kiesböden oft nur notreif und damit zur Malzbereitung unbrauchbar wird.

Gerste liebt ein unkrautfreies, gut gelockertes, kräftiges Feld. Die besten Vorfrüchte sind gedüngte Hackfrüchte (Zucker- und Runkelrüben, Kartoffeln, Mais). Auf hochkultiviertem Boden gedeiht sie nach Wintergetreide ganz gut. Obwohl die

Gerste mit sich selbst nicht verträglich ist, baut man sie doch auf „Gerstenböden" zwei-, mitunter sogar dreimal nach einander an und erzielt bei guter Düngung ganz befriedigende Erträge.

Infolge ihrer kurzen Vegetationsdauer müssen der Gerste leichtlösliche Nährstoffe in reichlichem Maße zur Verfügung stehen. Frische Stallmistdüngung oder Pferch sind für Gerste nicht ratsam; sie steht deshalb besser in zweiter oder dritter Tracht. Als Düngung empfiehlt sich Superphosphat (2,5—3,5 dz pro Hektar), das im Frühjahre tief eingeeggt, eingegrubbert oder flach eingepflügt wird, oder Thomasmehl. Auf weniger kalireichen Böden lohnt Gerste auch eine kräftige Düngung mit Kainit oder mit 40prozentigem Kalisalz.

In bezug auf Stickstoffdüngung ist größte Vorsicht geboten. Chilisalpeter fördert die Bestockung. Bei großer Salpetergabe neigt aber die Gerste zum Lagern, wird für Rost und Brand sehr empfänglich und bildet dann gerne grobschalige, glasige Körner mit hohem Eiweißgehalt. Die Nachteile ausgiebiger Kopfdüngung treten weniger hervor, wenn die eine Hälfte des Chilisalpeters bald nach dem Auflaufen, die andere Hälfte 3—4 Wochen später gestreut wird und wenn auch mit Superphosphat oder Thomasmehl gedüngt wurde. Stickstoff in Form von schwefelsaurem Ammoniak, vor der Saat eingebracht oder sehr zeitig als Kopfdünger gegeben, bewirkt oft die gleiche Ertragssteigerung wie Salpeter, wobei die Qualität der Gerste nicht so leicht beeinträchtigt wird. Zur Gerstendüngung eignet sich auch Peruguano und Ammoniaksuperphosphat; doch darf die Kaligabe nicht fehlen.

Die Gerste besitzt ein feines, zartes Wurzelsystem und verlangt deshalb einen gut bearbeiteten Boden. Schon im Herbste gebe man die nötigen Pflugfurchen und lasse über Winter das Feld in rauher Furche liegen. Im Frühling bearbeite man dieselbe mit Egge, Federzahnkultivator und Exstirpator, pflüge aber, wenn nicht unbedingt notwendig, nicht mehr, um die Winterfeuchtigkeit und die durch den Frost bewirkte Bodenlockerung zu schonen. Durch den Anbau auf Bifängen erhalten die Pflanzen ungleiche Wachstumsbedingungen, bei Breitsaat kommen die Samen in verschiedene Tiefe und laufen ungleich auf. Bei besserer Kultur wird die Gerste auf ebenem Felde als Drillsaat angebaut.

Zur Saat ist nur beste Qualität solcher Sorten zu verwenden, die sich in der betreffenden Gegend bewähren. Um den Absatz des Ernteprodukts zu erleichtern und den guten Ruf desselben zu erhöhen, ist es für Gegenden mit ausgedehntem Gerstenbau geboten, im Sortenbau möglichst einheitlich zu verfahren und die Gerste durch gewissenhafte Auswahl des Saatgutes und vorzügliche Kulturmaßregeln zu verbessern.

Die Saatmenge muß den Verhältnissen angepaßt sein und darf nicht zu knapp bemessen werden, damit sich die Gerste nicht zu stark bestocke und so zweizeilige Frucht liefere.

Das Saatquantum schwankt bei Sommergerste bei Breitsaat zwischen 150—200 kg, bei Drillsaat zwischen 100—170 kg, bei Wintergerste zwischen 130—180 bezw. 110—150 kg pro Hektar; also braucht man etwa 0,8 bis 1,0 Ztr. pro bayer. Tagwerk.

Zu dicht stehende Gerste lagert bei zu großer Feuchtigkeit und leidet anderseits durch Dürre; dünner Bestand läßt Unkraut aufkommen. Im allgemeinen ist von Klee-Einsaat abzusehen, weil bei ungünstiger Erntewitterung die Güte der Gerste Schaden leidet.

Die **Pflege** der Gerste erstreckt sich auf die Zerstörung von Bodenkrusten durch Eggen und passende Walzen, auf Kräftigung schwachen Pflanzenbestandes durch Kopfdüngung mit Chilisalpeter oder schwefelsaurem Ammoniak und auf Entfernung des Unkrauts.

Sehr lästige **Unkräuter** in der Gerste sind: Ackerdistel, Flughafer, Ackerrettich (Hederich) und Ackersenf (Dill). Besonders die zwei letzteren sind energisch zu bekämpfen und zwar entweder durch Handjäter, Jätemaschinen, Abmähen der Blütenstände mit der Sense oder durch Bespritzen mit 15—20prozentiger Eisenvitriollösung (Hand- und fahrbare Spritze); auch überfahren mit feinen, enggestellten Eggen hat sich recht wirksam erwiesen, wenn die Hederichpflänzchen erst die zwei Keimblätter zeigen, der Boden mild ist und einige trockene Tage nachfolgen.

Flughafer kann nur durch Jäten mit der Hand entfernt werden. Auch durch geeignete Fruchtfolge, besonders durch Hackfrucht- und Luzernebau sowie öfteren Anbau von Wintergetreide gelingt die Ausrottung.

Von den **Pilzen** richtet der Flugbrand Schaden an. (Gegenmittel s. S. 139.)

Tierische Schädlinge: Sperling, Engerling, Drahtwurm, Aaskäfer, nebeliger Schildkäfer, Getreidemotte ꝛc.

Bei der **Ernte** muß die Gerste gut ausgereift sein; am besten erntet man sie in der Vollreife. Gute Erntewitterung hat auf die Güte und den Wert der Gerste großen Einfluß; Regen und Tau verändern die Farbe des Korns; bei anhaltend schlechter Witterung kann die Gerste schließlich für Brauzwecke gänzlich unbrauchbar werden. Deshalb ist sorgfältige Behandlung bei der Ernte durch zeitiges Aufbinden und Aufstellen von großer Wichtigkeit. Ferner geht viele Gerste dadurch zu Grunde, daß sie noch nicht genügend ausgetrocknet in die Scheune gebracht wird; sie erhitzt sich alsdann und wird rot-, braun- oder schwarzspitzig.

Beim Maschinendrusch von Gerste zu Brauzwecken ist vorsichtig zu verfahren, weil die Körner im Dreschzylinder oder Entgranner leicht beschädigt und durch stärkere Verletzungen zur Mälzerei unbrauchbar gemacht werden. Nach dem Dreschen darf die Gerste nicht in Säcken stehen bleiben, sondern ist alsbald auf gut gesäubertem Speicher 30—50 cm hoch aufzuschütten und anfangs täglich, später wöchentlich einmal bis zur völligen Trocknung zu wenden. Vor dem Verkaufe muß sie gut geputzt werden. Hinterfrucht dient zur Fütterung.

Als **Ertrag** von einem Hektar rechnet man bei Sommergerste 15—30 bis 40 dz Körner und 18—40—60 dz Stroh; bei Wintergerste 20—35 dz Körner und 25—30 dz Stroh.

4. Der Hafer.

Der Hafer zählt zu den Rispengräsern. Seine dreiblütigen Ährchen bilden meist zwei beschalte Körner aus. Es gibt begrannte und unbegrannte Hafersorten. Der Hafer ist ein vorzügliches Kraftfutter für Pferde und Jungvieh, liefert aber auch ein wertvolles Futterstroh und zur menschlichen Ernährung Grütze und Mehl.

Zwei Hauptarten sind zu unterscheiden:

a) **Der gemeine Rispen- oder der Saathafer** (Avena sativa) mit einer nach allen Seiten gleichmäßig ausgebreiteten Rispe.

Ertragreiche Sorten:

1. **Strubes Schlanstedter:** für bessere, gut kultivierte Böden, steifhalmig, sehr ertragreich, weißkörnig; Spelzenanteil ca. 26 %.

2. Beseler Nr. II: für tiefgründige, schwere, feuchte Böden, recht ertragreich, starkes, rohrartiges Stroh, weißkörnig, Spelzengewicht ca. 27 %.
3. Svalöfs Ligowo II: auch für leichte Sandböden, verträgt Trockenheit, frühreifend, kräftig in Stroh, hohes Hektolitergewicht.
4. Leutewitzer Gelbhafer: für schwere und Mittelböden in mildem Klima, ertragreich, ziemlich lagerfest, goldgelb im Korn, feinspelzig, bei starkem Wind leicht ausfallend.
5. Fichtelgebirgs- oder Sechsämter-Hafer: für Gebirgsgegenden, anspruchslos; großes Bestockungsvermögen; mittlere, aber sichere Erträge; nicht strohwüchsig; frühreifend.
6. Landhafer: verschieden nach Farbe und Ertrag, für geringere Böden noch geeignet, bedarf einer besseren Vorbereitung des Saatgutes.
Andere beachtenswerte Sorten: Kirsches Ertragreichster, Heines Ertragreichster, Heines Trauben-, Bestehorns Überfluß-, Hvitlingshafer (Weißlinghafer).

b) Der Fahnenhafer (Avena orientalis) mit einseitswendiger Rispe.

Sorten: 1. Selchower Fahnenhafer: für leichtere Böden und bessere Sandböden.
2. Weißer ungarischer Fahnenhafer: für reiche humose Böden.

Anbau des Hafers.

Der Hafer ist genügsamer als jede andere Halmfrucht. Dieser Umstand hat dazu geführt ihn beim Anbau mangelhaft zu behandeln, indem man ihn als abtragende Frucht ohne entsprechende Düngung und Sorgfalt in der Kultur überhaupt anbaut. Er gibt allerdings auf geringen, armen Böden, auch frischen Sand- und Moorböden noch annehmbare Ernten, wenn anderes Getreide versagen würde; ferner verträgt er rohen Boden. Auf Neurissen ist er die geeignetste Getreidefrucht. Reiche Erträge an Körnern und Stroh liefert er aber nur, wenn er auf einem fruchtbaren Boden in guter Dungkraft angebaut wird. Die besten Vorfrüchte für Hafer sind Hackfrüchte, Klee, Kleegras und Weide; auch nach Wintergetreide, Gerste und nach sich selbst gerät er noch gut.

Von allen Getreidearten besitzt der Hafer das größte Stickstoffbedürfnis und verwertet daher Gaben bis zu 3 dz Chilisalpeter pro Hektar vorzüglich, insbesondere dann, wenn der Boden reich an Phosphorsäure und Kali ist.

Sorgfältig bearbeitetes, reines Feld verlangt auch der Hafer. Bei der Vorbereitung des Bodens verfahre man ähnlich wie bei der Gerste.

Das Saatgut muß gründlich gereinigt sein und soll ein hohes Hektolitergewicht (wenigstens ca. 50 kg) haben. Je trockener der Boden ist, desto früher und dichter säe man. Man rechnet bei Breitsaat pro Hektar 130—200 kg und bei Drillsaat 70—135 kg Saatgut, demnach durchschnittlich etwa 38—60 kg pro Tagwerk. Für Breitsaat auf leichtem Boden ist Anwalzen ratsam, dem aber ein leichter Strich mit der Egge oder Ackerschleife folgen soll, um die Wasserverdunstung an der Bodenoberfläche zu verringern.

Verkrustete und verunkrautete Felder sind mit leichten Eggen zu bearbeiten. Hafer wird sehr häufig von Disteln, Ackersenf, Ackerrettich und Flughafer verunkrautet.

Die genannten Unkräuter können hauptsächlich durch fleißige Bearbeitung des Bodens und geeignete Fruchtfolge bekämpft werden; wo sie in der Hafersaat auftreten, muß man sie zu vernichten suchen und zwar Disteln und Flughafer durch Jäten, Dill und Hederich durch Eggen und Bespritzen mit 15—20 %iger Eisenvitriollösung.

Hafer wird auch von Flugbrand heimgesucht; als Gegenmittel empfiehlt sich die Verwendung brandfreien Saatgutes sowie Anwendung der Formalinbeize oder der Kühn'schen Beize. Siehe S. 139.

Tierische Feinde: Drahtwurm, Frit- und Haferfliege, Rübennematode, Roggenälchen (Stockkrankheit). In Südbayern sind stellenweise die Älchen in den Haferfeldern ziemlich verbreitet.

Die Hafereernte fällt meistens in die Monate August und September. Überreife des Hafers bedingt starken Körnerausfall, namentlich bei stürmischem Wetter. Unter ungünstiger Erntewitterung leidet der Hafer weniger als die übrigen Getreidearten. Schwaches Beregnen schädigt die Farbe desselben nur wenig; trotzdem achte man auch beim Hafer auf möglichst gute Einbringung desselben, weshalb auch bei ihm baldiges Aufbinden und Aufstellen angezeigt ist. Der völlig trockene Hafer wird in luftigen Räumen eingescheuert, nach dem Drusche gut sortiert und von etwa noch vorhandenem Unkraut gereinigt. Eine auf solche Weise hergestellte Marktware von glänzendem Aussehen, heller Farbe und normalem Geruche wird jederzeit gut bezahlt. Die Proviantämter sind sichere Käufer für vorzüglichen Hafer. Daher widme man dem Haferanbau mehr Aufmerksamkeit, suche Qualität und Quantität durch Auswahl bester Sorten, durch gute Feldbearbeitung, Düngung, Pflege und Reinigung sowie Züchtung zu heben und unserem einheimischen Produkt den deutschen Markt zu sichern.

Ertrag pro Hektar 16—30—40 dz Körner und 24—50—70 dz Stroh.

Fig. 126. Mais.

5. Der Mais (Zea Mays). ⊙.

Der Mais, Welschkorn, auch türkischer Weizen genannt (Fig. 126), stammt aus Amerika. Er hat einen dicken, vielknotigen, nicht hohlen Halm und einhäusige Blüten. Die Staubgefäßblüten stehen zu einer Rispe vereinigt am Ende des Halms; die Stempelblüten sitzen um eine fleischige Spindel und bilden nach der Befruchtung Kolben in den Blattwinkeln.

In Bayern wird der Mais gewöhnlich zur Gewinnung von Grünfutter angepflanzt, zur Körnergewinnung nur in wärmeren Lagen. Die Körner dienen zur Fütterung und Spiritusfabrikation.

Angebaute Sorten: 1. Der Pferdezahnmais (virginischer Mais): die Körner haben Eindrücke, welche den Kunden der Pferdezähne gleichen; er reift bei uns nicht.

2. Der großkörnige (badische, ungarische) Mais; 4—5 Monate Vegetationsdauer. Die Körner der meisten Sorten sind gelb.

3. Der kleinkörnige (Hühner-, Zwerg-, Perl-) Mais mit 4monatlicher Wachstumszeit; nur ca. 1 m hoch.

Der Mais gedeiht am besten im Weinbauklima und ist gegen Frost sehr empfindlich. Die Aussaat erfolgt im Mai, für Futtermais oft erst im Juni. Er verträgt sehr starke Düngungen mit Stallmist, Fäkalien und Jauche. Thomasphosphatmehl, Superphosphat, Chilisalpeter, Kainit und andere künstliche Düngemittel werden mit Erfolg verwendet. Der Mais kommt auf jedem gut gedüngten Boden fort, bevorzugt aber besonders nährstoffreichen, kalkhaltigen Lehmboden. In der Fruchtfolge nimmt er die Stelle einer Hackfrucht ein und beansprucht dementsprechend eine tiefe Lockerung und feine Krümelung des Feldes.

Die Saat wird je nach dem Zwecke in verschiedener Weise vorgenommen: auf ebenem Lande, in die Pflugfurche, auf Kämme; als Stufen- oder Dibbelsaat; mit der Hand oder Maschine. Man braucht nur 70—80 kg Körner bei 40—60 cm Reihenabstand. Saattiefe 3—4—7 cm.

In manchen Bezirken ist die Maissaat durch Krähen und Dohlen, welche die jungen Pflanzen aushacken, überaus gefährdet, weshalb die auflaufende Saat fleißig überwacht werden muß. Im ganzen ist der Mais wie eine Hackfrucht zu behandeln. Vor dem Auflaufen wird die Saat häufig abgeeggt. Körnermais ist zweimal zu behacken. Auch sind die Seitentriebe zu entfernen.

Die reifen Kolben des Körnermaises werden ausgebrochen, zum Trocknen aufgehängt oder in Trockenhäuser gebracht und später mit der Hand oder auf Maisreblern entkörnt. Körnerertrag pro Hektar: 16—45 dz.

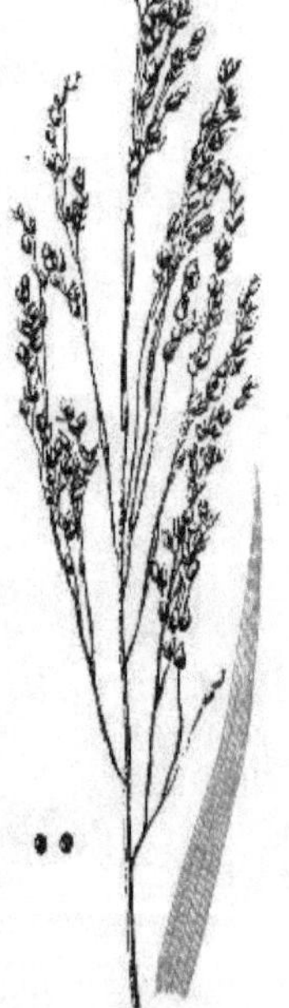

Fig. 127. Rispenhirse. (Verkleinert.)

6. Die Rispenhirse, ⨀, (Panicum miliaceum. Fig. 127).

Dieses aus Ostindien stammende Rispengras wird in Bayern nur in geringem Umfange, meist zur Körner-, zuweilen auch zur Grünfuttergewinnung angebaut; in Niederbayern ist es unter dem Namen „Brein" bekannt. Die entschalten Körner dienen als menschliche Nahrung, zur Hühnermast und als Vogelfutter; das Stroh ist bestem Sommerhalmstroh gleichwertig.

Die Rispenhirse beansprucht warmes Klima, humosen, sandigen Boden und gute Dungkraft. Für trocken gelegte Teiche und für Neubrüche ist ihr

Anbau beachtenswert. Auf sorgfältig zubereiteten, reinen Hackfrucht- und Kleefeldern gedeiht sie am besten.

Wegen der Frostempfindlichkeit ist die Hirse erst im Mai oder als Ersatzfrucht noch im Juni zu säen. Drillsaat (30—40 kg per ha) auf 20—35 cm Reihenweite mit späterem Behacken ist vorteilhaft. Da Hirse anfangs sehr langsam wächst und deshalb der Verunkrautung stark ausgesetzt ist, muß das Feld vor dem Aufgehen der Saat tüchtig geeggt werden.

Die Hirse reift sehr ungleich. Man schneidet die Rispen allein, sobald etwa die Hälfte der Körner reif ist, vorsichtig ab, heimst sie sofort ein und drischt sie aus. Das Stroh wird nachträglich geerntet. Körnerertrag 10 bis 18 Ztr. per ha.

Anhang: Der Buchweizen. ⊙.

Für Sand- und Moorgegenden ist der Buchweizen oder das Heidekorn (Fig. 128) eine beachtenswerte Mehlfrucht; die Körner dienen auch als Mastfutter für Hühner; das Stroh wird zur Streu, die junge Pflanze als Grünfutter benutzt.

Fig. 128. Buchweizen.

Da der Buchweizen sehr anspruchslos ist und eine kurze Wachstumsdauer hat, eignet er sich zum Anbau besonders für Niederungen und Gebirgsgegenden mit hoher Niederschlagsmenge. Er kann nach jeder andern Kulturpflanze stehen, soll keine frische Stallmistdüngung erhalten, lohnt aber eine Gabe von künstlichen Düngemitteln. Wegen seiner Frostempfindlichkeit soll er erst Ende Mai oder anfangs Juni gesät werden; seine Bestellung als Stoppelfrucht sollte noch im Juli erfolgen.

Als unsichere Frucht, die durch ungünstige Witterung zur Blüte- und Erntezeit sehr gefährdet ist, liefert der Buchweizen im Durchschnitt 10 bis 12,5 dz Körner und 16—20 dz Stroh.

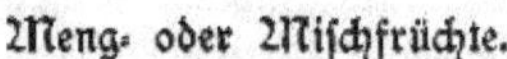

Meng- oder Mischfrüchte.

In manchen Gegenden werden verschiedene Getreidearten im Gemenge ausgesät. Der Ertrag solcher Mengsaaten ist durchweg sicherer; deshalb sind diese namentlich für ungünstige Klima- und Bodenverhältnisse zu empfehlen. Natürlich ist darauf zu sehen, daß solche Arten gemischt werden, bei welchen die Reife annähernd gleichzeitig eintritt und das Ernteprodukt auch gut zu verwerten ist. Bekannte Mischungen sind: Weizen und Roggen, Spelz und Roggen, Gerste und Hafer, Sommerroggen und Gerste. — Bisweilen baut man auch verschiedene Sorten derselben Art im Gemenge an.

II. Hülsenfrüchte.

Die Hülsenfrüchte gehören zu den Schmetterlingsblütlern. Man baut sie zur Körner- und Futtergewinnung an; demgemäß unterscheidet man die Hülsenfrüchte im engern Sinne von denjenigen, welche den Futterpflanzen einzureihen sind. Die Hülsenfrüchte führen auch den Namen Leguminosen. Ihre Körner bilden wegen des hohen Eiweißgehaltes ein geschätztes Nahrungsmittel für Menschen und Tiere.

In der Fruchtwechselwirtschaft sind die Hülsenfrüchte von hohem Werte. Sie besitzen im Gegensatze zu den Getreidearten eine Pfahlwurzel, welche bei den meisten Leguminosen tief in den Boden dringt. Wegen der Fähigkeit den freien Stickstoff in die gebundene Form überzuführen, werden die Hülsenfrüchte als Stickstoffmehrer oder Stickstoffsammler bezeichnet gegenüber den Stickstoffzehrern, den Getreidearten 2c. Die Leguminosen hinterlassen den Boden in einem physikalisch und chemisch sehr guten Zustande, sind deshalb sehr gute Vorfrüchte für Getreide und stehen gewöhnlich zwischen zwei Halmfrüchten. In Bezug auf die Düngung zeigen die Hülsenfrüchte in der Regel kein besonderes Bedürfnis für gebundenen Stickstoff, dagegen ein größeres Verlangen nach Phosphorsäure und Kali. Für Kalkung und Mergelung sind die Hülsenfrüchte, ausgenommen Lupinen und Serradella, sehr dankbar.

Die Hülsenfrüchte sind für die Fruchtfolge wertvoll; sie liefern ferner in den Körnern sowie in den grünen und trockenen Pflanzenteilen geschätzte Futtermittel, verlangen keine kostspielige Düngung und können sogar selbst zur Düngung dienen. Dennoch ist ihre Anbaufläche im Verhältnis zu derjenigen der Getreidearten keine bedeutende. Dies ist darauf zurückzuführen, daß die Hülsenfrüchte nicht zu den sicheren Früchten zählen, da ungünstige Witterung wie auch pflanzliche und tierische Feinde den Ertrag in manchen Jahren sehr wesentlich beeinträchtigen.

Die wichtigsten Hülsenfrüchte sind: 1. Erbse, 2. Linse, 3. Saatwicke, 4. Zottelwicke, 5. Pferdebohne, 6. Lupine.

1. Die Erbse.

Die paarig gefiederten Blätter der Erbse haben große Nebenblätter und endigen in Wickelranken. Die Blüten stehen einzeln oder zu zweien in den Blattachseln. Als menschliches Nahrungsmittel ist die Erbse sehr wertvoll. Das Erbsenstroh eignet sich am besten zur Fütterung von Schafen.

Zum Anbau gelangen zwei Hauptarten (Saaterbse und Ackererbse) mit vielen Sorten, die aber im allgemeinen wenig beständig sind.

a) Die Saaterbse (Pisum sativum), ☉,

mit weißer Blüte und kugeligen Früchten.

Empfehlenswerte Sorten:

1. Viktoria-Erbse: gelblichweiße, auch grüne Körner, sehr ergiebig, anspruchsvoll. Beselers und Strubes Viktoriaerbse, letztere früher reifend.
2. Grünbleibende Folger-Erbse: auch für leichtere Böden brauchbar, frühreifend.

b) Die Ackererbse (Pisum arvense), ☉ u. ⚇,

mit rötlichvioletten Blüten, violettem Fleck in dem Blattwinkel und graugrünen oder rötlichen, kantigen Samen, welche bei längerer Aufbewahrung nachdunkeln. — Eine Sorte der Ackererbse ist die Sanderbse oder Peluschke, die oft im Gemenge mit Wicken, Hafer oder Sommerroggen zur Grünfuttergewinnung oder rein zur Körnererzeugung angebaut wird.

Anbau der Erbse.

In Gegenden mit **mäßigen Niederschlagsmengen** gedeiht die Erbse am besten. Große Feuchtigkeit veranlaßt starke Stengel- und Blattentwicklung und fortgesetztes Blühen.

Am geeignetsten zum Erbsenbau sind milde **Lehmböden** mit mäßigem Kalkgehalt und durchlassende **Lehmmergelböden**. Loser Sand-, Moor-, strenger Lehm- und Tonboden sind von der Erbsenkultur auszuschließen.

In Bezug auf die **Vorfrüchte** ist die Erbse nicht wählerisch. Zweckmäßig steht sie zwischen zwei Halmfrüchten in zweiter oder dritter Tracht nach starker Stallmistdüngung. Mit sich selbst ist die Erbse unverträglich und kann erst nach 6—9 Jahren auf dem gleichen Felde wiederkehren (Erbsenmüdigkeit).

Auf Äckern mit guter Bodenkraft bedarf die Erbse nach gedüngtem Getreide keiner neuen **Düngung**. Frische Stallmistdüngung ist häufig wegen der Gefahr des frühzeitigen Lagerns und des lange Zeit andauernden Nachblühens bei feuchtem Wetter nicht zweckmäßig. Dagegen haben sich Handelsdünger bewährt: für schwere Böden 1,5—2,0 dz 40prozentiges Kalisalz, für leichte Böden 5—7 dz Kainit neben 3—4 dz Thomasphosphatmehl. Versuche haben auch ergeben, daß durch schwache Chilisalpeterdüngung von 30 bis 50 kg pro Hektar das Wachstum der jungen Pflanze zu der Zeit, da sie noch auf den Stickstoffbezug aus dem Boden angewiesen ist, sehr gefördert werden kann.

Zur **Vorbereitung** des Feldes ist die Stoppel der vorausgehenden Halmfrucht bald zu stürzen. Vor Winter ist zur vollen Tiefe zu pflügen und das Feld im Frühjahre nach dem Abtrocknen mit Egge und Exstirpator zu bearbeiten.

Die Erbsen **sät** man gewöhnlich möglichst früh, schon in den letzten Tagen des März und anfangs April. Frühreifende Sorten können noch im Mai bestellt werden. **Wintererbsen** werden nur in nicht zu rauhen Lagen im Gemenge mit Winterroggen angebaut und Ende August oder anfangs bis Mitte September gesät. Die breitwürfig gesäten Erbsen werden eingepflügt oder mit Egge und Exstirpator oder Krümmer untergebracht. Drillsaat auf 25—35 cm Entfernung ermöglicht das sehr empfehlenswerte und lohnende Behacken. Auf leichtem Boden wird nach der Saat gewalzt. Die Saattiefe schwankt zwischen 3—8 cm. Man verwendet bei Breitsaat 160—210 kg, bei Drillsaat 140—190 kg pro Hektar, also etwa 1,0—1,4 Ztr. pro bayerisches Tagwerk.

Um das **Lagern** zu verhüten, steckt man beim Anbau auf kleinen Flächen Reisig oder Stäbe ein, an denen die Erbsen sich emporranken können. Bisweilen wird 1/6 Pferdebohnen unter die Erbsen gesät um diese beim Emporranken zu stützen. Für die **Entfernung des Unkrauts** ist ernstlich Sorge zu tragen. Zu diesem Zwecke überfährt man untergepflügte Saaten mit leichten Eggen, wenn die Pflanzen 4—6 Blätter haben; Drillsaaten können mehrmals behackt werden.

Die Erbse ist durch eine sehr große Zahl **pflanzlicher und tierischer Feinde** stark gefährdet und gehört deswegen zu den **unsicheren Kulturgewächsen**. Ist sie beim Aufgehen den Krähen und Tauben entgangen, dann muß sie den Kampf mit Hederich, Ackersenf, Disteln und dergl. aufnehmen. Sind diese glücklich überwuchert, so drohen echter und falscher Mehltau und Erbsenrost (Erysiphe, Oidium, Peronospora und Uromyces). In trockenen Jahren drohen die Erdflöhe die jungen

Keimpflänzchen völlig zu vernichten; nur rechtzeitiger Regen vermag Abhilfe zu bringen, da Bespritzen mit Wasser, Bestreuen mit Asche u. s. w., auch Auslegen von Teerbrettern sich auf Äckern nicht leicht ausführen läßt. Drahtwürmer, Engerlinge, Erdraupen, Maulwurfsgrillen greifen die Wurzeln an, Blattrandkäfer, Raupen verschiedener Eulen (Erbsen-, Gemüse- und Ypsiloneule) und Blattläuse die Blätter. Schließlich legen Wickler und die Erbsenkäfer — die schlimmsten unter allen Erbsenschädlingen — ihre Eier in die Blüten ab, während ihre Larven die Körner ausfressen und sie wertlos machen.

Zur Bekämpfung der Erbsenkäfer sind folgende Maßnahmen zu ergreifen:

1. eventuell späte Aussaat (die Käfer kriechen im April aus den Samen);
2. Auslese des Saatguts (lange Winterabende!);
3. mehrstündiges Dörren der Samen bei steigender Temperatur bis zu 50° C; dieser Wärmegrad darf nur 2 Minuten lang einwirken;
4. Besprengen von je 1000 Gewichtsteilen Samen mit einem Gewichtsteil Schwefelkohlenstoff und mehrstündiges Stehenlassen in einem gut verschlossenen Fasse.

Die Erbsenernte findet im August und September statt, wenn der größere Teil der Hülsen reif ist. Der übrige Teil reift während des Trocknens auf dem Boden oder auf Kleepyramiden teilweise nach. Diese stellt man auf schmale Streifen zusammen, damit die Erbsenstoppel möglichst bald gestürzt werden kann, eine sehr wichtige Maßregel zur Bekämpfung der Schädlinge. Die Erbsen werden mit Hilfe der Sichel gerauft oder bisweilen mit der Sense morgens bei Tau gemäht.

Der Ausdrusch erfolgt am besten mit dem Flegel.

Als mittleren Ertrag bezeichnet man 15—20 dz Erbsen und 30—40 dz Stroh; Maximalerträge stellen sich bis zur Hälfte höher.

Die Sanderbse oder Peluschke.

Die Sanderbse ist eine genügsame Pflanze. Auf leichtem, armem Sandboden und in ausgesogenen Feldern gibt sie nach einer Herbstdüngung mit 5 dz Thomasmehl und 6 dz Kainit pro Hektar noch 12—16 dz Körner und 20—40 dz Stroh. Die Körner können an jede Tiergattung verfüttert werden. Zudem eignet sich die Sanderbse zur Gründüngung. Sie gedeiht nach jeder Vorfrucht; nach ihr folgt vorteilhaft Roggen.

Die Peluschke ist frühzeitig zu säen; durch leichten Frost leidet sie keinen Schaden. Der Same, 2 dz pro Hektar, wird eingeeggt oder gedrillt. Wenn die Pflanzen 4—5 cm lang sind, ist das Feld abzueggen. Bisweilen werden zur Förderung des Wachstums der Peluschke pro Hektar 45 kg Chilisalpeter gegeben um ihre erste Entwicklung zu beschleunigen.

2. Die Linse (Lens esculenta). ⊙.

Diese kleine Pflanze, mit unscheinbaren Blüten und zweisamigen Hülsen, besitzt eine geringe Ertragsfähigkeit, liefert aber ein vorzügliches Nahrungsmittel für Menschen und wertvolles Stroh. Als Sommer- wie als Winterlinse wird sie nur von kleinen Landwirten auf kleinen Flächen angebaut.

Sommerlinsen: kleine graue Feldlinse; große graugelbe Hellerlinse; rote französische oder Provencer Linse.

Mit schwachem Wurzelsystem ausgestattet verlangt die Linse einen reinen, gut gelockerten Boden mit alter Kraft. Höchste Erträge werden auf tätigen, kalkhaltigen, sandigen oder lehmigen Böden erzielt, doch nimmt die Pflanze auch mit trockenen, steinigen Bodenarten vorlieb. Sie verträgt Trockenheit und ist empfindlich gegen Frost. Darum wird sie erst nach der Erbse gesät und 2,5—4 cm tief eingeeggt oder auf 20—30 cm Entfernung gedrillt. Samenbedarf 120—150 bezw. 53—130 kg. Wegen der Unsicherheit ihres Gedeihens wird die Linse auch mit Gerste im Verhältnis 1 : 3 angebaut. Dieses Gemenge reift ziemlich gleichmäßig und läßt sich durch Sieb oder Trieur leicht trennen.

Die Linsen sind unbedingt zu jäten; denn sie bleiben niedrig und werden darum von Unkraut leicht überwuchert.

Feinde der Linse: Linsenkäfer, Erbsenwickler; Rost und Mehltau.

Sobald die unteren Hülsen sich bräunen, werden die Linsen mit der Sichel geschnitten, selten gemäht, in Puppen oder auf Pyramiden getrocknet und nach dem Einfahren sogleich gedroschen. Der Ertrag schwankt sehr: per Hektar 9—17 dz Körner und 8—16 dz Stroh, welches gutem Wiesenheu an Nährwert gleichsteht.

Zur Ausnützung kleiner Flächen, wie Anwand, Feldteile, auf denen Wintergetreide ausgefroren ist, u. s. w., können Linsen mit Vorteil gebaut werden.

3. Die Saatwicke (Vicia sativa). ⊙ u. ⊙.

Die Blätter mit zahlreichen (5—7) Fiederpaaren und kleinen Nebenblättern endigen in Wickelranken, die Blüten sind rotbraun, die Körner rundlich und etwas zusammengedrückt. Die Wicken werden sowohl zur Körner- und Grünfuttergewinnung, als auch zur Gründüngung angebaut. Die Körner dienen zur Fütterung. Ein günstiger Kalkgehalt und eine gewisse Bündigkeit des Bodens fördern das Gedeihen der Saatwicke, die deshalb milde Lehm- oder Tonmergelböden liebt. Sie verträgt rauhe, feuchte Lage und Kälte besser als Trockenheit und große Hitze.

Wie die Erbse, so folgt auch die Wicke nach einer Halmfrucht und bevorzugt alte Bodenkraft. Wicken zur Körnergewinnung und Gründüngung gibt man gewöhnlich keine frische Mistdüngung; dagegen ist eine solche für Wicken zur Grünfütterung häufig üblich. Auf Tonboden ist eine Gabe von Kalk oder Gips öfters lohnend.

Die Bodenbearbeitung gestaltet sich nach der Vorfrucht und dem Anbauzwecke sehr verschieden, sei aber stets sorgfältig.

Körnerwicken werden zweckmäßig im zeitigen Frühjahr (März und April) gesät, breitwürfig oder gedrillt. Futterwicken sät man im Gemenge mit Hafer oder mit Hafer und Erbsen (Peluschken) von Ende März bis Ende Mai oder anfangs Juni, vorteilhaft in geeigneten Zwischenräumen von etlichen Wochen. Man braucht für Körnerwicken pro Hektar 120—180 kg (Breitsaat), bezw. 90—135 kg (Drillsaat).

Wenn sich nach dem Auflaufen der Saat Unkraut zeigt, ist dieselbe abzueggen. Bodenkrusten sind mit der Stern- oder Ringelwalze zu brechen.

Die Feinde der Erbse sind auch die Schädlinge der Wicke; doch leidet diese noch mehr unter dem Erdflohfraße, während sie durch den Erbsenkäfer weniger bedroht ist. Daher kann in jenen Gegenden, in denen die Erbsenkultur infolge Überhandnahme des Samenkäfers unmöglich wird, die weniger gefährdete Wicke Ersatz bieten.

Die Ernte der Körnerwicken ist zeitig vorzunehmen; denn durch Aufspringen der Hülsen, besonders beim Trocknen nach Regengüssen, entsteht großer Körnerverlust. Ertrag 15—21—32 dz Körner und 20—32—44 dz

Stroh. Die Körner müssen luftig gelagert und oft umgeschaufelt werden, damit sie nicht schimmeln und die Keimfähigkeit nicht verlieren.

4. Die Zottel- oder Sandwicke (Vicia villosa). ⊙ u. ⊙.

Die Sandwicke wächst auf Sandböden wild und wird zuweilen unter dem Roggen als Unkraut recht lästig. Sie gibt, mit Winterroggen gesät, im nächsten Frühjahr einen zeitigen Grünfutterschnitt und wird auch zur Gründüngung empfohlen. Die Körner können an alle Tiergattungen verfüttert werden; Stroh und Spreu eignen sich am besten für Schafe. Körnerertrag per Hektar 7—13 dz.

5. Die Pferdebohne (Vicia Faba). ⊙.

Die Pferdebohne gehört zu den Wickenarten; sie unterscheidet sich von den übrigen Wickenarten durch den steifen, aufrecht stehenden Stengel, die sitzenden Hülsen und die weiche Spitze des Blattstiels an Stelle der Wickelranken. Die Samen sind ein geschätztes Viehfutter.

Von der Pferdebohne unterscheidet man nach Größe und Farbe der Samen:

a) Die kleine gewöhnliche Pferde- oder Ackerbohne mit walzigrunden, oft etwas kantigen Samen; dieselbe hat weniger pflanzliche und tierische Feinde und gibt höhere Erträge als die Puffbohne. Besonders empfehlenswert wegen ihrer kürzeren Vegetationszeit ist die frühe Halberstädter Ackerbohne.

b) Die große Sau- oder Puffbohne, mit kürzerem, dickerem Stengel, längeren Hülsen, längeren und plattgedrückten Samen, wird von Blattläusen stärker befallen.

Die Pferdebohne hat eine Wachstumszeit von $5^1/_2$—$6^1/_2$ Monaten und liebt frischen, fruchtbaren Boden und feuchtwarmes Klima. Unter den Hülsenfrüchten ist sie die anspruchsvollste Pflanze. Sie gedeiht besonders gut auf humusreichen, tiefgründigen, kalkhaltigen Lehm- und Tonböden. Trocken gelegte Teiche und feuchte Neubrüche können ihr mit Vorteil zugewiesen werden.

Als stickstoffsammelnde und bodenaufschließende Pflanze steht die Ackerbohne zwischen zwei Halmfrüchten, sie kann aber auch die Stelle der Brache vertreten. Mit ihren Wurzeln dringt sie sehr tief in den Boden ein und ist eine ausgezeichnete Vorfrucht für Getreide, besonders auch für Hackfrüchte.

Im Gegensatze zu den übrigen Hülsenfrüchten kann die Ackerbohne selbst auf gutem Boden nicht leicht überdüngt werden; sie lagert nämlich nicht. Der Stallmist ist jedoch am besten im Herbste unterzubringen. Für Kali-, Phosphorsäure- und Kalkdüngung ist die Bohne bisweilen sehr dankbar.

Wird die Pferdebohne nach Getreide gebaut, so besteht die Vorbereitung des Feldes in Stoppelsturz und tiefer Pflugfurche vor Winter. Je sorgfältiger die Bestellung ist, desto mehr wird die Verbreitung des reichlich entwickelten Wurzelsystems gefördert und die Ernte gesichert.

Möglichst frühe, wenn durchführbar schon zu Anfang April, sät man die Ackerbohnen, da sie langsam wachsen und auch leichte Frühjahrsfröste vertragen. Die breitwürfig gesäten Körner sind ziemlich tief (4—9 cm) einzupflügen. Zuweilen werden die Samen mit der Hand oder einem Säetrichter in die zweite Furche eingestreut. Auch Drillsaat findet Anwendung, und zwar für Ackerbohnen mit 30—40 cm, für Puffbohnen mit 35—50 cm

Reihenweite. Der Samenbedarf stellt sich für Breitsaat auf 225—275 kg, für Drillsaat auf 170—225 kg pro Hektar, also auf etwa 1,2—1,8 Ztr. pro b. Tagwerk. — Zur Ertragssteigerung werden unter Ackerbohnen bisweilen Sanderbsen oder Wicken eingesät.

Die Pferdebohne wird bald nach dem Aufgehen übereggt, ferner häufig behackt und noch vor der Blüte angehäufelt, Breitsaat wird dabei nach Bedarf verdünnt.

Pferdebohnen leiden gerne, besonders in tieferen Lagen, durch unzählige schwarze Blattläuse. Weitere Schädlinge sind: Bohnen- und gemeiner Samenkäfer. Gegenmittel wie bei den Erbsen.

Sobald die unteren Hülsen schwarz geworden sind, beginnt man mit der Ernte. Die Samen reifen sehr gut nach. Nach dem Absicheln oder Abmähen stellt man die Bohnen in Kapellen oder Puppen zum Trocknen auf. Der Drusch erfolgt am besten mit dem Flegel. Der Ertrag schwankt im allgemeinen zwischen 13—28 dz Körner und 24—48 dz Stroh; dieses eignet sich zur Streu, kann aber auch den Schafen zum Abfressen der Blätter vorgelegt werden; die Hülsen sind ein nahrhaftes Futter.

6. Die Lupine. ⊙.

Die Lupine oder Wolfsbohne hat aufrechte Stengel mit gefingerten Blättern. Die Blüten stehen in Trauben. Alle Pflanzenteile enthalten einen Giftstoff; daher erfordert die Verfütterung der Lupine große Vorsicht bezw. geeignete Behandlung der Körner. Die tiefgehende Pfahlwurzel und deren Seitenwurzeln sind mit großen Knöllchen versehen und bereichern den Boden mit einer beträchtlichen Menge an Stickstoff und organischer Substanz. Daher hat die Lupine vorzugsweise als Gründüngungspflanze auf tiefgründigen, sandigen Böden Eingang gefunden.

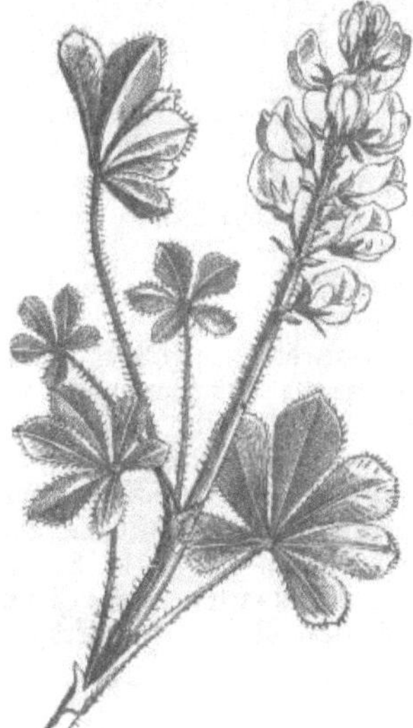

Fig. 129. Gelbe Lupine.

Angebaut werden:

a) Die gelbe Lupine (Lupinus luteus; Fig. 129) mit behaartem, bis 1 m hohem Stengel und 6—9 Fingerblättchen, erzeugt große Blattmasse, eignet sich daher zur Gründüngung und als Futterpflanze; sie wächst in der Jugend langsamer als die blaue Lupine.

b) Die blaue oder schmalblätterige Lupine (Lupinus angustifolius) mit schmalen Blättchen und bis 1,10 m hohem Stengel, wird hauptsächlich zur Körnergewinnung, aber auch zur Gründüngung angebaut.

c) Die weiße Lupine (Lupinus albus).

Die Lupine hat eine Wachstumsdauer von 5—6 Monaten und verträgt eher Wärme und Trockenheit als Nässe und rauhes Klima. Vermöge der Eigenschaften ihres Wurzelsystems und ihrer Fähigkeit, den elementaren atmosphärischen Stickstoff in die gebundene Form überzuführen, gedeiht die Lupine noch auf magerem, aber tiefgründigem Sande gut. Auf lehmigem Sand-

und sandigem Lehmboden erzeugt sie die größte Erntemenge, verschmäht dagegen die moorigen, bündigen und mergeligen Bodenarten. Stauende Nässe und hoher Kalkgehalt schließen ihren Anbau aus.

Aus diesen Wachstumsbedingungen, ferner aus der nachteiligen Wirkung des Lupinenfutters einerseits und dem günstigen Einflusse der Lupine auf den Boden anderseits ergibt sich, daß ihr Anbau in Bayern ein beschränkter ist, aber mehr Beachtung verdiente, besonders in den Keupersand- und Buntsandsteingebieten Frankens und der Pfalz.

Die Lupine kann nach jeder Frucht gebaut werden. Sie hinterläßt das Feld in einem für Getreide sehr günstigen Zustande; denn sie ist ein Stickstoffsammler ersten Ranges. Dabei hat sie ein geringeres Phosphorsäure-, aber ein größeres Kalidüngebedürfnis. Darum düngt man zu Lupinen häufig im Herbste mit 4—5 dz Kainit pro Hektar und etwas geringeren Mengen Thomasmehl. Durch eine Gabe von Kainit kann sogar der nachteilige Einfluß eines höheren Kalkgehaltes abgeschwächt werden.

Die Lupine will einen unkraut-, vor allem queckenreinen Acker, der über Winter in rauher Furche gelegen ist. Im Frühjahre wird abgeeggt bezw. noch eine flache Furche gegeben und darauf der Same mit Exstirpator oder Säemaschine nur 3—5 cm tief untergebracht. Vor und nach dem Auflaufen der Saat ist zu eggen um die Keimung zu fördern und das Unkraut zu vertilgen.

Samengewinnung ist bloß in trockener, warmer Lage möglich. Körnerlupinen sät man Ende März bis Mitte April. Samenbedarf pro Hektar: gelbe und blaue Lupinen bei Breitsaat 125—180 kg, bei Drillsaat auf 30—37 cm 95—140 kg; weiße Lupine 180—260 bezw. 140—190 kg. Um den Körnerverlust bei der Ernte möglichst zu beschränken, mäht man die Lupinen ab, wenn die unteren Hülsen reif sind. Darauf setzt man sie zunächst in kleinere, später in größere Haufen zusammen und drischt erst bei Frostwetter aus. Die gewonnenen Körner dürfen nur sehr dünn aufgeschichtet und müssen eifrig umgeschaufelt werden, damit sie nicht schimmeln. Ertrag:

gelbe Lupine 7,5—21 dz Körner, 16—20 dz Stroh,
blaue „ 10—19 „ „ , 20—30 „ „ ,
weiße „ 13—18 „ „ , 24—32 „ „ .

Lupinen zur Gründüngung sät man entweder im Frühjahre und Vorsommer oder nach dem Stoppelsturze. Die erzeugte Grünmasse (200 bis 550 dz mit 0,5 % Stickstoff) pflügt man zur Roggensaat im August oder September, zu Sommergetreide erst im Oktober oder November, bisweilen auch erst im Frühling ein. Als Düngelupine verwendet man vorwiegend die gelbe Lupine und bedarf davon per Hektar bei Breit- oder Drillsaat auf 20—26 cm Reihenweite 200—260 kg Körner zur Saat. Sehr beliebt ist seit neuerer Zeit die Mischung der verschiedenen Lupinenarten, eventuell im Gemenge mit anderen stickstoffsammelnden Pflanzen (Serradella, Erbsen, Peluschken, Wicken).

III. Futterpflanzen.

Die Pflanzen, welche lediglich dazu angebaut werden um grün oder dürr als Futter Verwendung zu finden, gehören meist zur Familie der Schmetterlingsblütler; Angehörige anderer Familien dienen in geringerer Anzahl demselben Zwecke.

Die Vorteile des Anbaus von Futterpflanzen bestehen im wesentlichen darin, daß dieselben unter geeigneten Verhältnissen den Landwirt von den Wiesen unabhängig machen können, einen hohen Ertrag liefern und den Boden in einem guten Zustand hinterlassen, also eine passende Vorfrucht für jede nachfolgende Pflanze bilden. Das letztere gilt namentlich von den Kleearten, welche am meisten in Betracht kommen. Diese haben noch den Vorzug, daß sie bisweilen weniger aussaugend auf die Krume wirken als andere Kulturpflanzen. Wenn möglich, gehen sie nämlich mit ihren Wurzeln tief in den Boden, schließen hier vorhandene, auch durch die auslaugende Tätigkeit des Wassers abgeführte Nährstoffe auf und machen sie nutzbar. Sie sind Stickstoffmehrer und verlangen daher unter normalen Verhältnissen keine Düngung mit den teuren Stickstoffverbindungen. Ferner hinterlassen sie sehr große Quantitäten an Ernterückständen, welche durch ihre Zersetzung bodenbereichernd und lockernd wirken. Erst mit der Einführung dieser vorzüglichen Futtermittel war es dem Landwirte möglich seinen Viehbestand zu vermehren und zu verbessern. Die Sommerstallfütterung konnte ausgiebiger zur Anwendung kommen, wogegen die Weide mehr und mehr zurücktreten mußte. Auf diese Weise blieb eine Menge guten Düngers, welche beim Weidegang zu Verlust gekommen war, dem Landmanne erhalten: es konnten die Felder besser gedüngt werden, höhere Ernten wurden erzielt und damit wieder mehr Einstreumaterialien gewonnen.

Die Futterpflanzen kommen grün oder dürr zur Verfütterung. Zu Grünfutter schneidet man so zeitig, als es mit Rücksicht auf die Menge möglich ist; hierbei erzielt man auch einen raschen Nachwuchs. Man nimmt nie mehr, als in einem, höchstens in zwei Tagen verfüttert werden kann. Für die Heuwerbung ist die Zeit kurz vor oder bei Eintritt der Blüte am geeignetsten.

I. Futterpflanzen aus der Familie der Schmetterlingsblütler.

1. Die Kopfkleearten.

Von den mannigfachen Arten des Kopfklees sind für uns die wichtigsten der rote, der Bastard-, der Inkarnat- und der weiße Klee. Die Blätter sind dreizählig. Die Blüten stehen in Köpfchen; nur der Inkarnatklee hat einen ährenförmigen Blütenstand.

a) Der gemeine Kopf- oder Rotklee (Trifolium pratense). ⊙ u. ♃.

Der Rotklee ist unsere wichtigste Futterpflanze und wird seit der zweiten Hälfte des 18. Jahrhunderts in Deutschland und Österreich-Ungarn angebaut.

Sein Stengel ist aufrecht; der Same ist klein, gelbgrün und violett gefärbt.

Die deutschen Rotkleesaaten sind die ertragreichsten, dann folgen mit geringen gegenseitigen Unterschieden die russischen und österreichischen Saaten, während die französischen und ganz besonders die italienischen als ungeeignet gelten müssen. Die amerikanischen Saaten gehören zum Teil zu den mittelguten, zum Teil aber zu den ungeeigneten Herkünften.

Der steirische Klee besitzt hohe Stengel und hat eine etwas spätere Entwicklung.

Die Verfälschung von Rotkleesamen durch absichtliche Zusätze von gefärbten Steinchen dürfte, wenigstens für Deutschland, nunmehr der Geschichte angehören; bei der ausgedehnten Kontrolle wird es wohl kaum noch jemand wagen, einen derartigen offenkundigen Betrug zu begehen. Auch nur gelegentlich kommt heutzutage noch das Verschneiden der Rotkleesamen mit den erheblich billigeren Gelbkleesamen vor. Dagegen besitzt eine wirklich praktische Bedeutung die Verfälschung der Rotkleesamen durch Rotklee minderer Qualität, namentlich durch den billigeren, aber für unsere Verhältnisse wenig oder gar nicht passenden amerikanischen und vor allem südeuropäischen Kleesamen. Die Samen werden unter falscher Flagge verkauft, z. B. als steirischer Rotklee angekündigt, in Wirklichkeit aber werden südfranzösischer, italienischer und amerikanischer und dgl. oder Mischungen von solchen Herkünften abgegeben. Hingewiesen sei auch darauf, daß der Hamburger Großhandel vielen Auspuß aus deutschem Rotklee kaufen und damit fremde Rotkleesaaten versetzen soll, um den Samenkontrolleur zu täuschen, der nach der Art der Unkrautsamen die Herkunft bestimmt.

Der Rotklee verlangt einen tiefgründigen, reinen, kräftigen, frischen Boden. Am besten sagt ihm kalkhaltiger, milder Lehm- und Tonboden zu; er gedeiht aber auch auf besseren, nicht zu trockenen Sandböden, die gut und tief bearbeitet sind.

Der Rotklee wird gewöhnlich unter eine Überfrucht (Sommer- und Wintergetreide) gesät, am besten unter eine solche, welche das Feld früh verläßt und nicht zu dicht steht. Man kann nach Rotklee die meisten Kulturpflanzen gut anbauen. Nur mit sich selbst ist er sehr unverträglich, woraus folgt, daß er meistens erst nach 5—6 Jahren auf demselben Grundstücke wiederkehren darf.

Die wichtigste Vorbedingung für das Gedeihen des Rotklees ist eine sorgfältige Bodenbearbeitung. Ist er an der richtigen Stelle in der Fruchtfolge, z. B. nach gedüngter Hackfrucht, eingereiht, so bedarf er keiner besonderen Düngung. Wenn aber, wie bei der Dreifelderwirtschaft, eine Kleeeinsaat in Sommergetreide, also in die zweite Halmfrucht, erfolgt, dann ist häufig eine Düngung nötig. Durch eine Ernte von 50 dz Kleeheu per ha werden dem Boden etwa 30 kg Phosphorsäure (P_2O_5) und 100 kg Kali (K_2O) entzogen, zu deren Ersatz 2 dz Thomasmehl und 8 dz Kainit nötig wären. Zweckmäßig gibt man aber pro Hektar 4—6 dz Thomasmehl, um den Boden möglichst mit Phosphorsäure anzureichern, und nur 5—6 dz Kainit, weil die kleefähigen Böden häufig schon größere Kalimengen enthalten. Kalkarmen Böden führt man noch 10—20 dz Kalk pro Hektar zu; die Kalkung oder auch Mergelung führt man am besten vor Bestellung der Vorfrucht aus.

Die Aussaat des Rotklees erfolgt in der Regel im Frühjahr in stehendes Winter- oder in eben ausgesätes Sommergetreide. Eine tiefe Unterbringung verträgt der Rotklee nicht (höchstens 1,6—2,0 cm); darum unterläßt man sie ganz bei Einsaat in Wintergetreide und wendet im übrigen leichten Eggenstrich, Dornschleifen oder Walzen an. Die Saatmenge beträgt 16 bis 24 kg pro Hektar. Man verwende nur ein gut keimfähiges, reines und seidefreies Saatgut. Bei mangelhaftem Auflaufen der Kleesaat ist zeitige Nachsaat erforderlich.

Die Kleeseide (s. S. 135) ist dem Rotklee schädlich. Sie zieht aus dessen Stengeln ihre Nahrung und führt unaufhaltsam zur Vernichtung des Kleefeldes, wenn nicht rechtzeitig eingeschritten wird. An den Wurzeln des Klees schmarotzt öfters der Kleeteufel. Infolge der Einwirkung von Pilzen kommt es zu verschiedenen Krankheiten: so entsteht die „Kleefäule". Von tierischen Schädlingen sind zu nennen: die Ackerschnecke, der linierte Graurüßler, das Rotkleespitzmäuschen, das als Käfer schadet.

Einem kräftigen Stoppelklee schadet ein mäßiges Beweiden durch Rindvieh im Herbste nicht; Schafe sollen aber nicht auf denselben getrieben werden.

Sehr zu empfehlen ist das Anwalzen des Rotklees auf lockeren und das Übereggen auf bündigen Böden im Frühjahr. Das früher häufig angewendete Gipsen von Rotkleefeldern (3—6 dz Gips pro Hektar) kommt seit neuerer Zeit mehr in Abnahme, da man jetzt den Boden zweckentsprechender mit Thomasmehl (Superphosphat) und Kainit oder statt des letzteren mit 40prozentigem Kalisalz düngt. Auch die Anwendung von Holzasche und Kompost ist gebräuchlich. Hingegen ist bei dem fehlenden Stickstoffdünger-Bedürfnis vor dem Überfahren mit Jauche zu warnen, weil es die Entwicklung minderwertigen Grases befördert.

Der Ertrag des Rotklees ist nach Klima, Boden und Jahrgang sehr verschieden. In milden, nicht zu trockenen Lagen gibt er schon als Stoppelklee einen kräftigen Schnitt. Seine Hauptnutzung liefert er aber erst im zweiten Jahre.

Wenn das Klima trocken und rauh ist, fällt oft schon der zweite Schnitt schlecht aus. Den dritten pflügt man als Gründünger öfters unter.

Durchschnittlich kann man pro Hektar und Jahr 50 dz Heu rechnen.

Zu Samen läßt man in der Regel den zweiten Schnitt stehen, nachdem man den ersten etwas früher genommen hat. Man zieht zur Samengewinnung nicht zu üppigen Boden vor. Der Samenklee wird mit der Sichel oder Sense geschnitten und sorgfältig getrocknet.

Beim Einfahren des Samenklees wird der Wagen mit Tüchern bedeckt. In kleinen Betrieben drischt man sofort die Köpfe vom Stroh ab und wartet mit dem Ausdreschen des Samens trockene Kälte ab (Klee-Enthülsungsmaschinen, Kleereibezylinder in Dampfdreschmaschinen).

Als mittleren Ertrag nimmt man 3—6 dz Kleesamen und 15—20 dz Stroh pro Hektar an.

b) Der Bastardklee (Trifolium hybridum). ♃.

Der Bastard- oder schwedische Klee (Fig. 130), hat weiße, später rötliche Köpfchen. Seine Pfahlwurzel verläuft flach; sie treibt viele hohle, mehrfach verzweigte Stengel. Die Samen sind in Form und Größe denen des Rotklees ähnlich, aber buntgelb, braun oder violett gefärbt.

Der Bastardklee hat zwar nicht die große Bedeutung wie der Rotklee und ist dem Vieh wegen seines bittern Geschmacks auch nicht so angenehm, allein infolge seiner Widerstandsfähigkeit gegen rauhes Klima und seiner Unempfindlichkeit gegen Frost ist er für gewisse Verhältnisse eine immerhin recht wertvolle Futterpflanze. Er verlangt einen feuchten Standort und gedeiht gut auf feuchtem Lehmboden, ist auch noch zufrieden mit nassem Ton- und Moorboden, versagt aber auf durchlässigem Sandboden. Ein mergeliger Untergrund ist ihm sehr förderlich. Er kann nach 3 bis 4 Jahren schon auf demselben Grundstücke wieder angebaut werden, ist also verträglicher mit sich als der Rotklee.

Zur Saat bedarf man verhältnismäßig wenig Samen, ungefähr 10 bis 16 kg pro Hektar; dennoch gibt er wegen seiner starken Bestockung einen dichten Stand, sodaß er nicht leicht vom Unkraut unterdrückt werden kann.

Der Bastardklee lagert gerne; um diesem Übelstande vorzubeugen, sät man ihn in Mischung mit Gräsern. Er gedeiht auch ohne Überfrucht; gewöhnlich aber sät man ihn im Frühjahr unter Sommergetreide und eggt die Saat nur flach unter.

Die Blüte erfolgt später als bei Rotklee, die Schnittreife tritt zwischen dem ersten und zweiten Schnitt des Rotklees ein. Er liefert jährlich nur einen, aber starken Schnitt; mittlerer Ertrag pro Hektar 40 dz Heu. Der Bastardklee dauert auf dem Ackerland 4—6 Jahre aus.

Die Samengewinnung hat unter großen Verlusten zu leiden, da der Same leicht ausfällt; man erzielt daher nur 2—2,6 dz Samen, dazu 15—16 dz Stroh pro Hektar.

c) Der Inkarnatklee (Trifolium incarnatum). ⊙ u. ⊙.

Der Inkarnatklee, Blutklee, rosenrote Klee (Fig. 131), hat wie der Bastardklee eine flachgehende Pfahlwurzel, aber der Stengel ist aufrecht (bis 80 cm hoch). Oben trägt er einen hochroten, ährenförmigen Blütenkopf.

Fig. 130. Bastardklee. Fig. 131. Inkarnatklee.

Der Same ist in der Form dem des Rotklees ähnlich, aber größer und rötlich-gelblich gefärbt. Stengel, Blätter und die Außenseite des Kelches sind zottig behaart.

Auch der Inkarnatklee ist nicht von der Bedeutung wie der Rotklee; denn er gibt nur einen Schnitt, der ca. ²/₃ eines Rotkleeschnitts beträgt, auch frißt ihn das Vieh in grünem Zustande nicht gern. Allerdings ist das Heu gleichwertig mit dem Rotkleeheu; aber die Werbung muß rechtzeitig vorgenommen werden, da er in der Blüte rasch verholzt und viel von seinem Nährwert einbüßt.

Aus dem Süden stammend (in Italien und Südfrankreich wächst er wild) ist er wählerisch im Klima; die Rheinebene sagt ihm besonders zu.

Er verlangt einen nicht zu feuchten, aber sonst fruchtbaren Boden; sandiger Lehm und lehmiger Sand mit etwas Kalkgehalt sind ihm am zuträglichsten. Nasse, ferner zu trockene, bündige Böden liebt er nicht. Nach sich selber und nach Rotklee kann er recht bald folgen.

Dem Inkarnatklee gibt man keine Überfrucht, da er früher als diese reift. Man sät ihn rein, gewöhnlich in ein Stoppelfeld, das man umgepflügt, geeggt und nach Bedürfnis gewalzt hat; die Aussaat erfolgt in diesem Falle im Herbst (August, anfangs September). Die Blüte tritt im Mai ein. Man kann ihn auch im Frühjahr (März, April) aussäen, wobei er im Juli zur Blüte und im September zur Reife kommt. Bei Stoppelsaat gibt man ihm oft noch eine Beimischung von Johannisroggen und erzielt so in mildem Klima im Herbst schon eine gute Weide und im Frühjahr einen kräftigen Schnitt. Seines raschen Wachstums wegen ist er eine Aushilfspflanze bei Hagelschlag. Auch für Rotklee muß er eintreten, wenn dieser ausgeblieben oder durch Mäusefraß vernichtet ist; das Feld wird nur umgebrochen, übereggt und eingesät. Man kann enthülste und unenthülste Samen verwenden und bedarf von ersteren 14—19 kg, von letzteren 25—35 kg pro Hektar. Der Same muß frisch sein, wenn er keimkräftig sein soll.

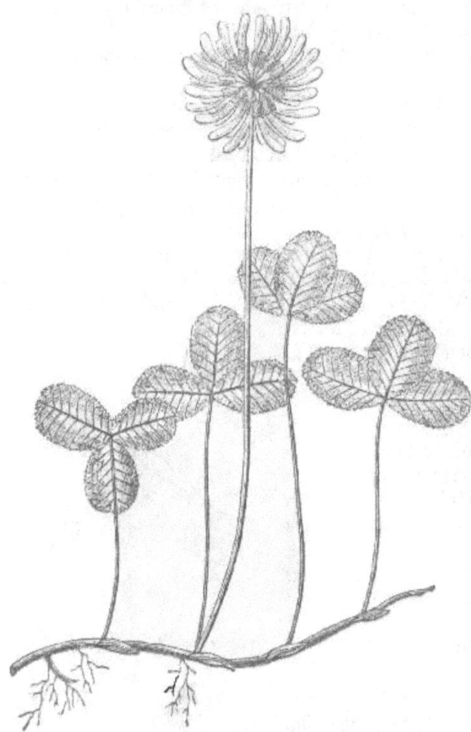

Fig. 132. Weißer oder kriechender Klee.

Die jungen Pflanzen sind für eine Gabe Gips dankbar. Oft haben sie schwer unter dem Mehltau zu leiden; die befallenen Stellen müssen bald abgemäht und verfüttert werden.

Man erntet pro Hektar 20—30—45 dz Heu und 110—140 dz Grünfutter; an Samen werden 4,4—6,6 dz und an Stroh 20—25 dz gewonnen.

d) Der Weißklee (Trifolium repens). ♃.

Der Weißklee, kriechende Klee (Fig. 132), unterscheidet sich von den vorgenannten Kopfkleearten durch seinen kriechenden Stengel, seinen kleinen

Samen, seine lange Ausdauer und Verträglichkeit mit sich selbst. Er ist dadurch sehr geeignet zu einer Weidepflanze.

Allein zum Abmähen angesät, gibt er einen geringen Schnitt, da der Stengel nicht ganz von der Sense erfaßt wird. Deshalb verwendet man ihn zweckmäßiger bei der Anlage von Wiesen und Weiden in Mischung mit anderen geeigneten Pflanzen. Er ist sehr genügsam und gedeiht noch dort, wo wegen schlechten Bodens, Trockenheit und rauhen Klimas der Rotklee nicht mehr fortkommt; für solche Verhältnisse ist er der geeignete Ersatz für Rotklee. — Der Lodiklee von Italien ist ertragreicher als der deutsche.

Die Aussaat erfolgt in trockenen Gegenden im Herbst unter Wintergetreide; in feuchtem Klima sät man ihn im Frühjahr in Sommergetreide. Er verträgt auch Buchweizen und Spergel als Überfrucht.

Man bedarf zu Reinsaaten 10—15 kg pro Hektar, im Gemenge bis 3 kg, selten mehr.

Düngung mit Thomasmehl und Kainit oder Holzasche sind der jungen Saat sehr zuträglich. Auf Wiesen, die gut gedüngt werden, stellt Weißklee sich bald von selbst ein und verdrängt sogar gute Gräser.

Wenn auch sein Heu geschätzt ist, so läßt man ihn auf Wiesen doch nicht überhand nehmen, da er, in zu großer Menge verfüttert, leicht Dick- und Vollblütigkeit bei Tieren verursacht.

Als Unkräuter treten unter ihm Windhalm und Vogelknöterich auf.

Zur Heugewinnung erntet man ihn später als den Rotklee und zwar mitten in der Blüte; als Weide ist er schon zeitig im Frühling benutzbar. Man rechnet pro Hektar 19—30 dz Heu (Weideheu) oder 2,3—5,3 dz Samen und 10—14 dz Stroh.

2. Die Luzerne.

Von Bedeutung sind die gemeine, die Sand- und die Hopfenluzerne. Die Blätter sind ebenfalls dreizählig, aber an der Spitze ausgerandet und fein gezähnt. Die Hülsen sind schneckenförmig gewunden. Der Same ist ähnlich dem des Rotklees, aber etwas größer und gelb oder rötlich gefärbt.

a) Die gemeine Luzerne (Medicago sativa). ♃.

Die gemeine oder blaue Luzerne ewiger Klee, Monatsklee (Fig. 133), hat als Blütenstand eine blaue Traube. Die Pfahlwurzel geht oft sehr tief; sie ist kräftig und verzweigt. Infolgedessen kann die Luzerne eher als der Rotklee trockene Jahrgänge überstehen und darauf ist es auch zurückzuführen, daß sie in warmen, trockenen Gegenden eine größere Verbreitung als dieser findet. Hie und da bildet sie Ersatz für Rotklee, dem sie auch in der Ausdauer und im Ertrag überlegen ist. Sie ist also eine höchst wichtige Futterpflanze.

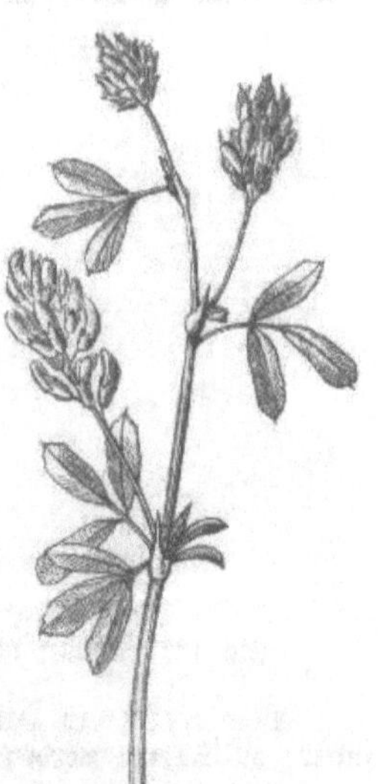
Fig. 133. Saatluzerne.

An Boden und Klima stellt sie aber auch hohe Ansprüche. Sie verlangt einen tiefgründigen, nährstoffreichen Boden mit mittlerem Ton- und Feuchtigkeitsgehalt. Undurchlässige Schichten von strengem Ton und von Felsen, ferner Kies, sowie stauende Nässe verträgt sie nicht. Seit neuerer Zeit werden auch bestkultivierte tiefgründige Sandböden mit Erfolg zum Luzerneanbau verwendet. Da die Luzerne im ersten Jahre sehr schwach ist, wird sie leicht von Unkräutern unterdrückt, weshalb nur ganz unkrautreine Äcker mit ihr zu bestellen sind. Wo der Boden ihren Ansprüchen genügt, liefert sie im allgemeinen um so höheren Ertrag und dauert um so länger aus, je milder das Klima ist. Unter günstigen Verhältnissen vermag sie 16 bis 20 Jahre auszuhalten.

Die besten Vorfrüchte sind Hackfrüchte, da diese bei guter Kultur das Unkraut ausrotten; außerdem folgt die Luzerne auch nach Brache.

Ein guter Düngungszustand ist ein Haupterfordernis; denn der Boden soll auf viele Jahre hinaus Nährkraft besitzen.

Nimmt man eine durchschnittliche Ernte von 100 dz Heu per Hektar an, so berechnet sich der Nährstoffentzug auf ca. 53 kg Phosphorsäure und 146 kg Kali. Zu deren Ersatz wären 4 dz Thomasmehl und 12 dz Kainit nötig. Angestellte Versuche haben als zweckmäßige Vorratsdüngung ergeben per Hektar: 6—9 dz Thomasmehl und 6—9 dz Kainit; als Nachdüngung 3 dz Thomasmehl und 4—6 dz Kainit.

Kalkarme Böden versieht man noch reichlich mit Ätzkalk oder Mergel. Eine Überfrucht ist nicht absolut nötig; jedenfalls darf sie nicht dicht stehen oder gar lagern, da die Luzerne darunter ersticken würde. Tritt Lagerung der Überfrucht ein, so muß dieselbe alsbald gemäht werden. Gewöhnlich sät man die Luzerne unter Hafer oder Gerste, in manchen Gegenden auch unter Grünfutter, das man zeitig mäht.

Das Saatgut muß vor der Ausbringung unbedingt auf Keimfähigkeit und Reinheit geprüft werden.

Schönen Luzernesamen produziert Südfrankreich; derselbe ist voll im Korn, gleichmäßig in Größe und Farbe. Besonders die Provencer Saat zeichnet sich durch schöne hellgelbe Farbe aus. -- Amerikanische Luzerne (Alfalfa) liefert geringere Erträge und ist weniger ausdauernd. — Häufig ist das käufliche Saatgut mit den ähnlichen Samen der Hopfenluzerne verfälscht. Für rauhere Lagen verwendet man einheimisches Saatgut.

Die Kleeseide ist auch für die Luzerne ein gefürchteter Feind. (Siehe Seite 135 u. 235.)

Die Aussaat erfolgt im April oder Mai; nur in Gegenden mit sehr trockener Frühjahrswitterung sät man zeitig im Herbste. Man braucht pro Hektar 20—30 kg Samen und zwar um so mehr, je trockener der Boden und je geringer die Keimfähigkeit desselben ist. Der Same wird nur leicht untergeeggt (0,5—2 cm tief). Reihenweite bei Drillsaat 15—25 cm.

Die weiteren Maßregeln zur Pflege der Saat bestehen im scharfen, aber vorsichtigen Aufeggen des Bodens bezw. im Hacken, um der Luft Zutritt zu verschaffen und das Unkraut zu unterdrücken, in der Beseitigung der Seide, in der Überdüngung mit stark verdünnter Jauche, Asche, Thomasmehl, Kainit, unkrautfreiem Kompost, Gips, ferner in der Schonung in den ersten Jahren, indem man keine Schafe auftreibt und den letzten Schnitt im Herbst nicht zu spät nimmt.

In manchen Gegenden ist es üblich, die junge Luzernesaat durch Bedecken mit langem, strohigem Miste gegen den schädlichen Einfluß des Frostes zu schützen. Diese Maßregel ist nur dann angebracht, wenn nicht starkes Auftreten von Feldmäusen zu befürchten ist.

Das Aufeggen erfolgt vom dritten Jahre ab im Frühjahr und dient namentlich zur Bekämpfung der Unkräuter. Von solchen stellen sich auf Luzernefeldern ein: Quecke, Trespenarten, Ackerfuchsschwanz, Löwenzahn 2c.

Außer der Kleeseide schmarotzt auch hier der Kleewürger, der an den Kleewurzeln als eine blaßgelbe Pflanze mit unverzweigtem Stengel und hellvioletten Blüten auftritt (s. S. 136); Ausstechen der befallenen Pflanzen mit den Wurzeln kann anfangs noch helfen. Von Pilzkrankheiten treten auf: der Wurzeltöter (Leptosphaeria circinnans) bei Mkt. Bibart, Kitzingen, in der Pfalz bei Landau, Alsenz 2c., der Mehltau (staubiger, abwischbarer Überzug auf der Blattoberseite), der Klappenschorf (kleine bräunliche Flecken mit Pusteln in der Mitte). Bei deren Auftreten ist rasche Verfütterung anzuraten.

Tierische Schädlinge sind: Mäuse, Engerlinge, Blattkäfer, Blattläuse, Alchen.

Die Luzerne findet als Grünfutter und Heu Verwendung. Es empfiehlt sich möglichst frühes Schneiden, da gerne Verholzung eintritt. Man kann bei 3—4 Schnitten auf 50—100 dz Heu pro Hektar rechnen. Die Ernte ist im zweiten und dritten Jahr am größten. Beim Trocknen ist häufiges Wenden ebenso schädlich wie bei Rotklee, da mit dem Blattabfall ein großer Nährstoffverlust eintritt.

Zur Samengewinnung verwendet man meist ältere Luzernefelder weil junge Bestände zu sehr angegriffen werden. Natürlich ist die Ausbeute auch dementsprechend geringer; während man von einem alten Luzernefeld pro Hektar 3,9—4,5 dz erntet, kann man von einem jungen bis 8 dz erzielen. Das Ausdreschen des Samens geht leichter als bei Rotklee. Der Strohertrag beläuft sich auf 20—30 dz.

Der Umbruch eines Luzernefeldes muß erfolgen, wenn sich viele Fehlstellen zeigen. Am besten geschieht er im Spätherbst, worauf man im Frühjahr Hafer, Weizen oder Hackfrüchte anbauen kann; auch bildet die Luzerne eine vortreffliche Vorfrucht für Weinreben und Hopfen.

b) Die Sandluzerne (Medicago media), ♃,

gedeiht noch unter Verhältnissen, die der gemeinen Luzerne und dem Rotklee nicht mehr genügen. Armer Boden und rauhe Gegenden entsprechen noch ihren Anforderungen; allerdings liefert sie nur zwei Schnitte und dauert im besten Falle 3—4 Jahre aus. An Saatgut braucht man pro Hektar 30 bis 40 kg; die Saat darf nicht dicht stehen. Man erntet pro Hektar 40 bis 55 dz Heu und 2,4—3,6 dz Samen.

c) Der Hopfenklee (Medicago lupulina), ⊙, ⚇ u. ♃.

Der Hopfenklee, Hopfenluzerne, Gelbklee (Fig. 134), ist eine auf Wiesen und Weiden beliebte Pflanze und erneuert sich hier gerne durch Samenausfall. Der Hopfenklee gedeiht auf jedem Boden. Reinsaaten empfehlen sich nicht, da der Stengel sich sehr leicht lagert und der Hopfenklee überhaupt geneigt ist sich dünn zu stellen; zweckmäßiger verwendet man Kleegrasmischungen.

Man sät 20—30 kg enthülsten oder 40—60 kg unenthülsten Samen und erntet 80—120 dz Grünfutter oder 20—30 dz Heu pro Hektar. An Samen (ohne Hülsen) gewinnt man 4,6—8,2 dz.

Das aus ihm gewonnene Futter ist vorzüglich.

3. Die Esparsette (Onobrychis sativa). ♃.

Die Esparsette, Esper, türkischer Klee (Fig. 135), hat wie die Luzerne eine bis 4 m tief gehende Pfahlwurzel, von der seitlich viele Äste mit dichten Wurzelbüscheln ausgehen; sie vermag deshalb den Untergrund

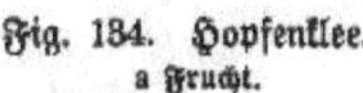

Fig. 134. Hopfenklee.
a Frucht.

Fig. 135. Esparsette.

stark aufzuschließen. In manchen Gegenden wird sie gerade wegen dieser Fähigkeit zur Urbarmachung von Kalkfelsboden verwendet (Steinbrecher). Der Stengel ist aufrecht, das Blatt unpaarig gefiedert; die einzelnen Blättchen sind lanzettlich und vorn fein gezähnt. Die Blüten stehen in Trauben. Die Hülsen sind schief-eiförmig mit erhabenen, oft stacheligen Adern an der Oberfläche. Die bohnenförmigen Samen sind etwas größer als die des Rotklees und graubraun. Rechtzeitig, d. h. bei Beginn der Blüte geschnitten, ist die Esparsette ein vorzügliches Futter für Jungvieh und Milchkühe; sie veranlaßt niemals Blähungen und wirkt auf die Güte der Milch günstig ein. Sie ist auch für Schafe und Pferde geeignet und gibt einen bis zwei Schnitte.

Ihre Ansprüche an den Boden sind nicht bedeutend; sie verlangt nur genügenden Kalkgehalt. Ohne reichen Kalkvorrat geht sie im zweiten Jahre wieder ein, weshalb eine Mergelung oder Kalkung auf kalkärmeren Böden vorausgehen sollte. Zur Erzielung hohen Ertrags gibt man gerne kali- und phosphorsäurehaltige Düngemittel. Eine Ernte von 40 dz Heu pro Hektar angenommen ergibt einen Nährstoffentzug von 52 kg Kali und 18,5 kg Phosphorsäure, zu deren Ersatz 4 dz Kainit und 1,5 dz Thomasmehl zugeführt werden müßten. In der Praxis gibt man aber als Anfangsdüngung 4—6 dz Kainit und 6—8 dz Thomasmehl, als Nachdüngung 5 dz Kainit und 3 dz Thomasmehl pro Hektar. Der Untergrund muß frei von stagnierender Nässe sein; moorige und nasse Böden sagen ihr deshalb nicht zu. Das Klima darf kühler sein als für die Luzerne; nur baut man sie dann zweckmäßig in sonnigen Lagen an, wo sie auch gegen rauhe Winde geschützt ist.

Bezüglich Bodenbearbeitung und Fruchtfolge gelten dieselben Regeln wie bei der Luzerne. Auch die Esparsette verlangt und lohnt gute Düngung und tiefe Bearbeitung. Doch kommt sie auch noch auf flachgründigen Böden fort, wenn nur reichlich Kalk vorhanden ist. Unkraut kann ihr auch gefährlich werden, weshalb Hackfrüchte, die das Feld möglichst unkrautrein hinterlassen, die besten Vorfrüchte sind. Nach ihr können Wintergetreide, Reps, Mais, Kartoffeln ꝛc. mit Erfolg angebaut werden.

Man sät die Esparsette ohne oder mit einer Schutzfrucht. Jedoch wird sie im allgemeinen im Frühjahr, bisweilen auch im Herbste unter eine geeignete Überfrucht, die nicht dicht stehen soll, gesät. Da sich die Hülsen nur schwer von den Samen trennen lassen, benutzt man unenthülstes Saatgut und bedarf davon 170—240 kg (bei Drillsaat 100—200 kg) pro Hektar; mit der Egge bringt man die Saat flach (2—3 cm) unter.

Im ersten Jahre soll man ein Abweiden unterlassen, da die junge Esparsette gegen den Schaftritt empfindlich ist; auch in den folgenden Jahren ist es besser, von einem Beweiden abzusehen.

Über Winter kann man schwach bestandene Flächen mit unkrautreinem Kompost oder Stallmist überdüngen; auch Kopfdüngung mit Gips, Jauche, Asche, Kainit, Thomasmehl lohnt sich. Im Frühjahr muß der Boden scharf geeggt werden, einerseits zur Durchlüftung des Bodens und allenfallsigen Nachsaat, anderseits zur Vertilgung der Trespe, welche namentlich der Esparsette gefährlich ist. Auch ist das Auftreten von Krankheiten zu beachten (Mehltau, Rost) und gegebenenfalls sofortiges Abmähen vorzunehmen. Von tierischen Schädlingen werden Erbsenblattlaus und Esparsettegallmücke besonders schädlich.

Der Ertrag ist sehr schwankend; man rechnet bei einem Schnitt pro Hektar und Jahr 25—45 dz Heu. Das Mähen geschieht in der Regel in voller Blüte.

Zur Samengewinnung benutzt man unkrautreine Felder; man kann im Freien das Abdreschen vornehmen und erzielt pro Hektar 6—10,5 dz unenthülsten Samen und 10—20 dz Stroh.

4. Der Wundklee (Anthyllis vulneraria). ♃.

Der Wund- oder Tannenklee hat einen aufsteigenden Stengel. Die Blätter sind unpaarig gefiedert; das Endblatt ist größer als die Seitenblättchen. Die Blütenköpfe haben eine goldgelbe Farbe. Der Same ist hinsichtlich der Form dem des Rotklees ähnlich, aber größer gelb und an einem Ende violett gefärbt.

Im grünen Zustande enthält der Wundklee einen Bitterstoff, weshalb ihn das Vieh nicht gern frißt; durch die Trocknung verliert er diese Eigenschaft. Als Mäheklee geht er nach einem Jahre ein; länger, nämlich 3—4 Jahre, hält er als Weidepflanze aus.

Seine Anforderungen an Klima und Boden sind gering; er kann große Winterkälte und anhaltende Dürre ertragen. Wenn der Boden dungkräftig und nicht verunkrautet ist, gedeiht Wundklee noch auf trockenem Sand. Auf trockenem Kalkboden wächst er wild.

Man sät ihn im Herbste unter Wintergetreide oder im Frühjahr unter Sommerung; pro Hektar hat man 12—24 kg Samen nötig. Im Gemische mit Gräsern dient der Wundklee nicht selten zur Heugewinnung. Meist erhält man nur einen guten Schnitt, unter günstigen Verhältnissen einen vollen ersten und einen schwachen zweiten Schnitt. Der Ertrag schwankt zwischen 20 und 50 dz per Hektar.

Die Samengewinnung wird dadurch erschwert, daß sich die Hülsen schwer von den Samen loslösen lassen. Per Hektar erntet man 4—8 dz Körner und 24—36 dz Stroh.

5. Der weiße Steinklee oder Bokharaklee (Melilotus albus). ☉.

Der weiße Steinklee (Fig. 136) ist weißblühend. Er enthält den Riechstoff Cumarin, der auch im Ruchgras und Waldmeister enthalten ist, und außerdem verschiedene Bitterstoffe; vom Vieh wird er deshalb nicht gern gefressen. Der Stengel wird bis 2 m hoch, wächst rasch nach und verholzt bald.

Die Pflanze liefert viel Masse, ist aber nur für sandige, magere Böden oder Steinböden zur Gründüngung zu empfehlen. Dabei ist jedoch zu berücksichtigen, daß die Wurzeln sehr leicht wieder ausschlagen und das Feld verunkrauten.

6. Die Serradella (Ornithopus sativus). ☉.

Die Serradella, großer Krallenklee, Vogelkralle (Fig. 137), stammt aus Portugal und wird seit ca. 50 Jahren bei uns angebaut. Sie ist eine vorzügliche Gründüngungspflanze und ein gutes Futtermittel.

Die Pfahlwurzel ist tiefgehend und verzweigt, der Stengel aufsteigend und meist nur 20—50 cm hoch. Die unpaarig gefiederten Blätter sind wie die Stengel fein behaart. Die Blüten stehen in Dolden und sind rosarot gefärbt. Die Hülsen sind den Krallen eines Vogels ähnlich, die Samen sind nierenförmig, rotbraun oder gelb.

Die Serradella liebt ein feuchtes, warmes Klima; sie gedeiht auf tiefgründigem, nährstoffreichem Sandboden ausgezeichnet, geht hingegen auf ganz armem, trockenem Sande aus. Durchaus abgeneigt ist sie gegen Kalk, sauren Humus und stauende Nässe.

Als Reinsaat bringt man sie nach gedüngten Hackfrüchten. Meist baut man sie unter grün abzumähendes Wickengemenge oder unter Winterroggen, ausnahmsweise auch unter Sommergetreide. Zur Heugewinnung und Gründüngung sät man sie auch oft im Gemenge mit Lupinen.

Das Gedeihen der Serradellensaat hängt wesentlich von dem Boden und dem Saatgut ab. Wird die Pflanze zum ersten Male angebaut, so ist es öfters nötig den Boden für sie geeignet zu machen, indem man ihn mit Serradellenerde impft; auch direkte Samenimpfung bewährt sich in diesem Falle sehr gut. Das Saatgut ist nur in frischem Zustande keimfähig; alter Same, der öfters in den Handel kommt, geht nicht auf. Man kann sich von der Verwendbarkeit des Samens überzeugen, indem man die Hülsen aufschneidet; bei dottergelber Farbe ist er frisch, während eine braune bis schwärzliche Färbung zu hohes Alter verrät.

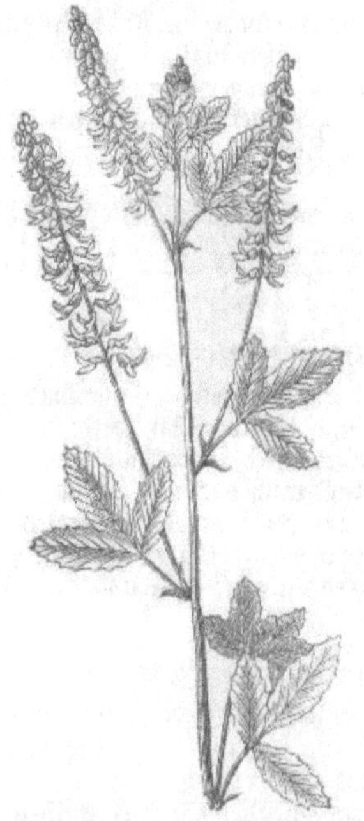

Fig. 136. Weißer Steinklee.

Fig. 137. Serradella.

Zur Aussaat braucht man pro Hektar 30—40 kg bei Reinsaat, 40—55 kg bei Saat mit Überfrucht.

Die junge Saat ist durch Unkräuter gefährdet.

Die Serradella wird zweckmäßig erst gegen Ende der Blüte gemäht. Sie liefert entweder einen starken späten Schnitt oder einen frühen Schnitt und darauf eine Weide. Die Heubereitung muß mit Vorsicht geschehen, da die zarten und besten Teile leicht abfallen; Trocknen auf Kleepyramiden ist vorzuziehen. Ertrag pro Hektar 23—34 dz Heu oder 100—150 dz Grünfutter.

Die Samengewinnung ist namentlich deswegen erschwert, weil die Pflanze zu lange blüht. An Samen erntet man pro Hektar 4—8 dz, dazu kommen an Stroh und Hülsen 22—40 dz.

Die Serradella ist namentlich als Gründüngungspflanze wichtig; sie führt bei einigermaßen gutem Gedeihen dem Boden pro Hektar rund 37 kg Stickstoff zu. 1 kg desselben kommt häufig auf nur 8,5 ₰ zu stehen, während 1 kg käuflichen Stickstoffs (im Chilisalpeter) ca. 1,20 ℳ kostet.

7. Die Wicke. S. Seite 230.

a) Die Wicke, Futter-, Saat- oder Feldwicke (Vicia sativa, ⊙ u. ⊙), war schon bei den Römern als Gründüngungspflanze geschätzt. Heute dient sie ebenfalls noch diesem Zwecke, doch wird sie vornehmlich als Futtergewächs angebaut. Dazu wendet man aber selten Reinsaat an; viel häufiger sät man ein Gemenge, z. B. von drei Teilen Wicken, zwei Teilen Hafer und einem Teil Erbsen (oder statt eines Teiles Erbsen = ½ Erbsen und ½ Ackerbohnen). Dieses Mengfutter liefert ohne Rücksicht auf die Vorfrucht auf jedem kleefähigen Boden einen guten Ertrag. Da der Wert des Futters abnimmt, wenn die Wicken Hülsen ansetzen, so empfiehlt sich zum Zweck einer rationellen Nutzung eine Ansaat der Mischung in Unterbrechungen von ungefähr 14 Tagen. Man beginnt Mitte März und endigt etwa Ende Juni. Zur Gewinnung von Herbstfutter wendet man Stoppelsaaten an. Eine gute Mischung ist u. a.: auf 1 Hektar 100 kg Wicken, 60 kg Hafer, 32 kg Erbsen. Bei Stoppelsaaten bleibt der Hafer gewöhnlich weg.

Man erntet 100—200 dz Grünfutter = 22,5—47,5 dz Heu. Das Trocknen geschieht häufig auf Pyramiden.

b) Die Sand- oder Zottelwicke (Vicia villosa, ⊙ u. ⊙) ist eine anspruchslose, schätzbare Futterpflanze. Sie gibt hohe Erträge, erfriert nie und liefert ein frühzeitiges Grünfutter, wenn sie im Herbst ausgesät wurde. An die starke Behaarung der Blätter gewöhnen sich die Tiere bald.

Die Zottelwicke gedeiht auf magerem Sandboden mit wenig Kalkgehalt vorzüglich; doch kommt sie auch auf bündigen Böden fort.

Man sät sie im Herbst (Ende August, anfangs September) unter Winterroggen oder schon im Juni unter Johannisroggen; Frühjahrssaat unter Sommergetreide kommt nur selten vor. Als Saatgut verwendet man pro Hektar etwa 70—80 kg Wicken und 50—80 kg Roggen und erntet 40 bis 70 dz Heu und darüber.

Zu beachten ist nur, daß die Pflanze leicht das Feld verunkrautet. Es empfiehlt sich darum der Nachbau von Hackfrüchten und Mengfutter.

Als Gründüngungspflanze ist sie auch vorzüglich. Man sät im Mai unter Weizen oder in die Stoppel 80—100 kg Wicken und darüber.

8. Die Lupine. S. Seite 232. ⊙.

Die Lupine, Wolfsbohne, dient vorzüglich zur Gründüngung, jedoch auch zur Körnergewinnung und Grünfütterung. Zu letzterem Zwecke wird vorwiegend die gelbe Lupine (Lupinus luteus) angebaut. Infolge ihrer üppigen Stengel- und Blattbildung liefert sie eine große Futtermasse; allein ein Bitter- und Giftstoff, den sie enthält, gebietet Vorsicht bei Verfütterung an die Tiere.

Die Lupine gelangt im Frühjahr zur Aussaat, nachdem im Herbst tief gepflügt worden ist. Man benötigt zu Drillsaat bei 20—30 cm Reihenentfernung 200—230 kg, zu Breitsaat 230—260 kg Saatgut pro Hektar. Vor und nach dem Auflaufen der Saat wird das Feld abgeeggt. Geschnitten wird die Lupine erst, wenn sich schon Hülsen angesetzt haben, also im Juli und August; Heuertrag ca. 24—60 dz pro Hektar.

Bei ungünstiger Witterung empfiehlt sich, da das Trocknen sehr schwierig ist, das Aufhängen auf Pyramiden sowie das Einsäuern.

B. Futterpflanzen aus anderen Familien.

Die Futterpflanzen aus der Familie der Schmetterlingsblütler, die Leguminosen, verursachen dem Landwirt die wenigsten Auslagen bei der Düngung, da sie den atmosphärischen freien Stickstoff zu verwerten vermögen; sie sind die Hauptfutterlieferanten. Oft ist aber der Landwirt gezwungen, zu den kostspieligeren Nichtleguminosen seine Zuflucht zu nehmen, wenn nämlich infolge schlechter Witterung, Mäuse- und Insektenfraß, Krankheiten ꝛc. die Leguminosen mißraten. Aber auch ohne diese zwingenden Ursachen ist der Anbau von anderen Futterpflanzen zu empfehlen und zwar deswegen, um die Fütterung abwechselnder gestalten zu können.

Zu den guten Nichtleguminosen gehören:

1. Der Futterroggen. S. Seite 217—219. ⊙.

Dieser ist insofern wichtig, als er zu einer Zeit zu ernten ist, in der es häufig an Futter mangelt, nämlich am Schluß der Winterfütterung und vor Beginn der Kleeschnitte. Er kommt also früh vom Felde und gestattet nach der Aberntung recht gut den Anbau von Hackfrucht. Auch auf schwerem Boden läßt er sich noch anbauen, ohne Rücksicht auf die Vorfrucht; die Düngung gibt man entweder ihm oder der Vorfrucht.

Die Aussaat erfolgt bei Anwendung von Johannisroggen von Ende Juni bis anfangs August, sonst Ende August bis anfangs September. Johannisroggen liefert im Herbst schon einen Schnitt, der besonders ausgiebig ist, wenn man unter den Roggen etwas Saatwicken sät. Man braucht bei Breitsaat 180—240 kg pro Hektar und erntet 120—150 dz Grünfutter.

2. Der Grünmais. S. Seite 224—225. ⊙.

Zur Futtergewinnung benützt man meistens den Pferdezahnmais, der die höchsten Erträge liefert. Er ist ein schätzbares, die Milchabsonderung förderndes Futtermittel. Am besten gedeiht er in warmem Klima auf kräftigem Boden; er beansprucht eine sehr starke Düngung, besonders mit Stallmist, Jauche und Latrine; auch Nachdüngung mit Jauche Ende Juli ist sehr vorteilhaft. Fröste verträgt der Mais nicht. Im milderen Klima kann man ihn noch nach Grünroggen, Inkarnatklee und Zottelwicke anbauen. Man sät ihn in der Zeit von Mitte Mai bis Mitte Juni in Zwischenräumen von 8—10 Tagen, sodaß man im Herbst stets ein frisches Grünfutter hat.

Im kleinen sät man ihn breitwürfig oder bringt ihn in die dritte Furche; im großen drillt man ihn auf 30—45 cm Reihenentfernung und bedarf hierzu 140—170 kg pro Hektar. In größeren Abständen gesät, verholzen die Pflanzen stark. Zur Unterdrückung des Unkrauts und auch zur Durchlüftung des Bodens nimmt man ein Behacken vor, wenn die Pflänzchen 10 cm hoch sind; später ist eventuell ein nochmaliges Behacken und Behäufeln angezeigt. — Durchschnittlicher Ertrag: 600 dz Grünmais pro Hektar.

Der Mais leidet schon bei den ersten Frühfrösten. Alle noch stehenden Pflanzen werden alsdann sofort geschnitten, in Pyramiden zum Trocknen aufgestellt und vom Feld weg verfüttert oder in Sauerfutter bezw. Süßpreßfutter verwandelt.

3. Der Spergel (Spergula arvensis). ⊙.

Der Spergel hat einen aufrechten, behaarten Stengel, schmale Blätter und als Blütenstand eine Trugdolde. Er ist ein gutes Futter für Kühe, Schafe und Schweine, aber nicht für Pferde. Der Spergel ist eine ausgesprochene Sandbodenpflanze, stellt aber hinsichtlich der Düngung große Anforderungen. Er liebt ein feuchtes Klima und folgt nach allen Gewächsen, auch als Stoppelfrucht nach Getreide. Seine Vegetationszeit beträgt acht Wochen; daher kann er auf ein und demselben Grundstücke in einem Jahr mehrmals angebaut werden. Als Saatgut braucht man 20—24 kg pro Hektar. Zur Verfütterung kommt er grün und getrocknet. Man erntet pro Hektar 12—25 dz Heu oder 60—120 dz Grünfutter. An Samen erzielt man 4—7 dz, wozu noch 12—15 dz Stroh kommen.

4. Der Buchweizen (Polygonum fagopyrum). S. Seite 226. ⊙.

Der Buchweizen nimmt mit zunehmender Entwicklung Eigenschaften an, die ihn zum Verfüttern an Kühe nicht empfehlen; die Milch wird dünn und nimmt auch an Menge ab, nicht selten stellt sich Durchfall ein. Diese Nachteile werden gemildert oder verschwinden ganz, wenn man ihn im Gemenge mit Rauhfutter gibt. Zweckmäßig sind daher auch Gemengsaaten mit Spergel oder weißem Senf. Gute Mischungen sind:

pro Hektar: 12,5 kg weißer Senf, 75 kg Buchweizen oder
" " : 15,0 " Spergel, 75 " " .

Der Buchweizen wird meistens auf Sand- und gebranntem Moorboden angebaut; das Feld muß gut durchgearbeitet und unkrautfrei sein. Kali- und Phosphorsäuredüngung sind ihm sehr zuträglich; Stickstoff wende man vorsichtig an, da gerne Lagerung eintritt. — Man sät breitwürfig 100—140 kg pro Hektar und erntet 150—200 dz Grünfutter.

5. Der weiße Senf (Sinapis alba). ⊙.

Der weiße Senf, zur Familie der Kreuzblütler gehörig, sollte als Futterpflanze mehr beachtet werden. Er gedeiht noch auf leichtem Boden und liefert bei guter Düngung, namentlich bei genügender Stickstoffzufuhr, hohe Erträge; auf ganz mageren Böden sind ihm aber Leguminosen vorzuziehen. Er hat eine kurze Vegetationszeit, kann darum auf demselben Grundstücke in einem Sommer zweimal angebaut werden. Zur Verfütterung an Milchkühe muß er vor der Blüte geschnitten werden; er regt die Milchabsonderung an und wirkt auch günstig auf Farbe und Güte der Butter ein. Wird er erst während oder nach der Schotenbildung geerntet, so gibt er der Butter einen unangenehmen Beigeschmack. Er folgt nach allen Früchten, verlangt aber eine gründliche Zubereitung des Bodens. Pro Hektar braucht man 15—24 kg Samen. Der auflaufenden Saat werden Bodenkrusten sowie Erdflöhe besonders gefährlich. Als Ertrag rechnet man 150 bis 230 dz Grünfutter.

Anhang: I. Kleegrasgemenge.

Wo das Gedeihen der Kleereinsaaten infolge ungünstiger Beschaffenheit des Bodens und Klimas gefährdet ist, da wendet man zweckmäßig Gemengsaaten von Klee mit einer oder mehreren Grasarten an. Die besten Vorfrüchte für Kleegras sind gut gedüngte Hackfrüchte, da es sehr darauf ankommt, daß der Same in einen möglichst lockern, an leicht aufnehmbaren Nährstoffen reichen Boden gelangt; Kleegras nach Getreide zu bringen, ist gänzlich verfehlt.

In der Regel gibt man dem Saatgemenge eine Überfrucht, wozu Sommerung (Hafer, Gerste, Sommerroggen, sehr dünn gesäte Grünwicken) besser geeignet ist als Winterung. Im letzteren Falle können die Samen häufig nicht genügend und gleichmäßig mit Erde bedeckt werden; die Winterung muß man zunächst gründlich durcheggen und hierauf das Saatgemenge mittelst einer Wiesen- oder Dornegge einschleifen; auf möglichst zeitige Aussaat muß man bedacht sein. Erfolgt der Anbau unter Sommerung, so wird zuerst das Getreide (halbe Saatmenge) gesät und leicht eingeeggt; alsdann sät man die Kleesamen und bringt sie mit einem leichten Eggenstrich unter, worauf erst das Ausstreuen der Grassämereien erfolgt, welche durch Überwalzen oder leichtes Eggen mit einer Dornegge schwach mit Erde bedeckt werden.

Das Kleegras entwickelt sich meistens schon im ersten Jahre nach Aberntung der Deckfrucht recht üppig und liefert im Spätsommer eine Weide für Rindvieh; jedoch darf das Beweiden nicht bis in den Herbst hinein ausgedehnt werden. Die Hauptnutzung beginnt erst im zweiten Jahre. Zur Heubereitung mäht man bei Eintritt der Kleeblüte; Kleegras trocknet leichter als reiner Klee.

Kleegrasschläge mit schwerem, bündigem Boden sind unbedingt von Zeit zu Zeit gründlich zu durcheggen; losgerissene Pflanzen drückt man durch nachfolgendes Walzen wieder an. Auf leichteren oder humosen Böden ist im Frühjahr rechtzeitig zu walzen. Eine jährlich zu wiederholende Düngung mit 2—3 dz Thomasmehl und 3 dz Kainit pro ha erhält den Futterschlag in befriedigendem Stande.

Eine für alle Verhältnisse passende Kleegrasmischung gibt es nicht; insbesondere sind hier Klima und Boden ausschlaggebend. Von Kleearten kommen zunächst Rot- und Bastardklee in Frage, ferner Hopfen- und Weißklee; von den Obergräsern italienisches Raigras, Wiesenschwingel, Wiesenfuchsschwanz, Timotheegras, Knaulgras, französisches Raigras; von den Untergräsern englisches Raigras, Wiesenrispengras, Kammgras, gemeines Rispengras. Auf nassen Böden tritt Bastardklee, auf trockenen Weißklee an Stelle des Rotklees. Für ausdauerndes Gemenge zu Weide nimmt man ca. 20% Klee (Weiß- und Bastardklee, Luzerne, Esparsette) und ca. 80% Gräser (engl. und franz. Raigras, Timothee-, Knaulgras, Wiesenschwingel-, Fuchsschwanz-, Rispengras); bei kurzer Dauer Rotklee und ital. Raigras. Für Mähefutter läßt man, je besser der Boden, um so mehr die Kleearten vorwiegen (80% Klee, 20% Gräser). Für 2—3jähriges Kleegras wählt man zu Rotklee Timothee-, engl. und ital. Raigras, für 4—6jähriges zu Luzerne Knaulgras und zu Esparsette französisches Raigras. Als Muster sei folgendes Gemenge angegeben: Rotklee 7,5 kg, Bastardklee 5,0 kg, Timotheegras 5,0 kg, Knaulgras 7,5 kg, franz. Raigras 7,5 kg, Honiggras 7,5 kg, Wiesen- und Schafschwingel je 3 kg, insgesamt 92 kg pro ha.

Die Kosten für Aussaat des Kleegrasgemenges sind höher als die der Reinsaat, da man dichter säen muß. Den höheren Kosten stehen aber so mannigfache Vorteile, wie längere Nutzungsdauer, höhere Ertragssicherheit, Verhütung des Aufblähens der Rinder, gegenüber, daß man zu Gemengsaaten nur raten kann.

II. Maßnahmen zur Steuerung drohender Futternot.

Nicht selten wird die Viehhaltung dadurch gefährdet, daß Mäusefraß, trockene Witterung das Gedeihen der Futterpflanzen in Frage stellen. Bei der Bedeutung, die heutzutage der Viehhaltung hinsichtlich der Fleischversorgung unserer Nation zukommt, und bei dem Aufschwung, den gerade die Viehproduktion in den letzten Jahren genommen hat, ist drohende Futternot mehr als je als ein Unglück, dem der Landwirt mit allen Kräften zu begegnen suchen muß, zu fürchten. Es wird sich in allererster Linie darum handeln, rechtzeitig, d. h. wenn sich die ersten Anzeichen einer Mißernte zeigen, auf den Anbau von Ersatzfutterpflanzen Bedacht zu nehmen; weiterhin ist bei Knappheit des selbst erzeugten Futters dessen rationelle Ausnützung durch zweckmäßige Zubereitung, Schneiden, Zerkleinern, durch sparsame Verabreichung event. unter Zuhilfenahme des sonst zur Einstreu verwendeten Stroh's, insbesondere aber durch gesteigerten Zukauf von Kraftfuttermitteln anzustreben. Die Aufstellung eines Futteretats und genaue Verwiegung von Rationen ist unbedingtes Erfordernis.

Bei der Auswahl der anzubauenden Ersatzfutterpflanzen ist zunächst zu berücksichtigen, in welcher Zeit das Futter zur Verfügung stehen soll, ob gegen Ende oder zu Anfang der Wachstumsperiode; ferner ist die Beschaffenheit der Böden von großer Bedeutung. Mischungen verschiedener Futtersämereien sind ihrer größeren Sicherheit wegen im allgemeinen vorzuziehen.

Zur Frühjahrsnutzung empfehlen sich folgende Gemenge pro ha:

a) für bessere Böden:

1. 15 kg Inkarnatklee, 10 kg Hopfenluzerne, 20 kg ital. Raigras;
2. 15 kg Inkarnatklee, 20 kg ital. Raigras, 75 kg Johannisroggen;
3. 75 kg Johannisroggen, 60 kg Winterwicken, 45 kg Wintererbsen;
4. 150 kg Winterroggen, 10 kg Raps.

b) für leichtere Böden:

1. 90 kg Johannisroggen, 60 kg Sandwicken;
2. 90 kg Winterroggen, 75 kg Winterwicken;
3. 60 kg Winterroggen, 12 kg Wund- und 15 kg Inkarnatklee;
4. 25 kg Wundklee, 15 kg weißer Senf;
5. 195 kg Winterroggen, 15 kg Raps.

Die Einsaat erfolgt in Stoppelfelder, die tunlichst alsbald gestürzt wurden; bei zeitiger Aussaat — im Juli bis anfangs August — kann man noch im Herbst auf einen Schnitt hoffen, besonders wenn man mit der Saat noch ca. 1 dz 40%iges Kalisalz und 2 dz Superphosphat, eventuell auch 0,75 dz Chilisalpeter pro ha mit untergebracht hat. Letzteren kann man auch im Frühjahr als Kopfdünger anwenden.

Zur Herbstnutzung allein sind folgende Gemengsaaten pro ha zu empfehlen:

a) für bessere Böden:

1. 60 kg Wicken, 60 kg Erbsen, 90 kg Peluschken und 30 kg Mais;
2. 120 kg Wicken, 90 kg Bohnen und 45 kg Hafer;
3. 15 kg weißer Senf und 12 kg Ölrettich;
4. 30 kg Senf;
5. 3 kg Stoppelrüben.

b) für leichte Böden:

1. 60 kg Buchweizen, 60 kg Wicken und 90 kg Hafer;
2. 45 kg Buchweizen, 12 kg weißer Senf und 10 kg Ackerspörgel;
3. 75 kg Buchweizen, 15 kg weißer Senf;
4. 60 kg weißer Senf.

Je mehr Feuchtigkeit der Boden besitzt, desto sicherer ist der Ertrag; darum gilt es, die Grundstücke nicht austrocknen und erhärten zu lassen.

IV. Knollen- und Wurzelgewächse.

Die hierher gehörigen Pflanzen beanspruchen alle einen großen Standraum. Infolgedessen ist der Boden sehr zur Verkrustung und Verunkrautung geneigt und muß, um rein und offen erhalten zu werden, während der Vegetationszeit eine häufige Bearbeitung durch Übereggen, Behacken und Behäufeln erfahren. Wegen dieser unbedingt nötigen Kulturarbeiten bezeichnet man die Knollen- und Wurzelgewächse auch mit dem Namen „Hackfrüchte“. Sie werden teils wegen unterirdischer Stengelteile (Knollen), teils wegen der fleischig verdickten Wurzel angebaut und gewähren dem Landwirt folgende Vorteile:

1. sie liefern große Mengen an Nahrung für Menschen und Tiere, teilweise auch vorzügliche Rohprodukte für technische Gewerbe;
2. sie lassen sich mehr als alle andern Kulturpflanzen durch künstliche Züchtung bedeutend in Ertrag und Qualität steigern und liefern meistens eine höhere Roheinnahme als das Getreide;
3. sie machen die Brache entbehrlich und sind deshalb ein wichtiger Faktor in jedem intensiven Betrieb;
4. sie hinterlassen bei guter Kultur den Boden in unkrautfreiem Zustande und sind vorzügliche Vorfrüchte für alle Pflanzen, die an die Bodenreinheit große Anforderungen stellen (Getreide, Klee).

Allerdings sind sie in Bezug auf Dungkraft und Pflege sehr anspruchsvoll und verlangen einen großen Kapital- und Arbeitsaufwand; doch können die Arbeiten zum großen Teile mit Gespannen bewältigt werden, wodurch sich die Kulturkosten entsprechend verringern. Wegen ihres hohen Wassergehalts sind sie wenig transportfähig. Aus demselben Grunde ist auch ihre Aufbewahrung schwierig, da sie leicht in Fäulnis übergehen. Was nicht direkt vom Felde weg verarbeitet werden kann, muß in luftigen Kellern oder gut angelegten Mieten aufbewahrt werden.

Von den Hackfrüchten kommen für unsere Verhältnisse in Betracht:

A. Knollengewächse: 1. Kartoffel,
2. Topinambur.

B. Wurzelgewächse: 1. Runkelrübe,
a) Futterrunkel,
b) Zuckerrübe,
2. Kohlrübe,
3. Wasserrübe,
4. Möhre.

C. Anhang: Kopfkohl.

A. Knollengewächse.

Die Wurzeln der Knollengewächse sind von beträchtlicher Länge; sie gehen aber in der Regel nicht unter die Ackerkrume, dringen jedoch nach Anbau tiefwurzelnder Pflanzen in deren Wurzelkanälen metertief in die Erde. Der Stengel treibt im Boden Ausläufer (Stolonen), die sich am Ende zu „Knollen" verdicken. Zu einem hohen Ertrag ist eine lockere Ackerkrume mit vielen leichtlöslichen Nährstoffen nötig.

1. Die Kartoffel (Solanum tuberosum).

Die Kartoffel, auch Erdbirne, Grundbirne genannt, stammt aus Amerika, wo sie in Peru und Chile wild wächst. Zwischen den Jahren 1560 und 1570 wurde sie von Spaniern und Engländern nach Europa gebracht. Als Feldfrucht kam sie in Deutschland vom Jahr 1770 ab zum Anbau. Das Auftreten der Kartoffelkrankheit (um 1840) war von nachteiligem Einflusse auf die Kartoffelkultur. Diese erfuhr erst mit der Einführung neuer Sorten und der Veredlung einen kräftigen Aufschwung. Seitdem sind zahlreiche wertvolle Sorten für die verschiedensten Bodenarten von Paulsen, Cimbal, Richter 2c. gezüchtet worden.

Die Kartoffel gehört zu den Nachtschattengewächsen; sie enthält in ihren Keimen das Gift Solanin. Der Stengel ist aufrecht, kantig und wird 0,3—1 m hoch. Die Blätter sind gefiedert, die Blüten bilden eine Trugdolde; die Frucht ist eine Beere. Die Vermehrung der Kartoffel geschieht allgemein nicht durch Samen, sondern durch Knollen.

Von der Kartoffel kennt man bis jetzt schon weit über 1000 Sorten, die sich nach Größe, Gestalt, Augenform, Schale, Farbe, Wachstumszeit, Haltbarkeit, Zusammensetzung und Ernteertrag unterscheiden. Nach der Vegetationszeit lassen sie sich in frühe, mittelfrühe und späte, nach der Verwendung in Speise-, Brennerei- und Futterkartoffeln einteilen. Jede Sorte liefert nur unter den ihr gerade zusagenden Verhältnissen den höchsten Ertrag; im andern Falle artet sie aus. Welche Sorten für bestimmte Verhältnisse besonders zu empfehlen seien, ist durch vergleichende Anbauversuche festzustellen.

Zu den beliebtesten Sorten gehören:

a) Sehr frühe Speisekartoffeln: 1. Kaiserkrone; 2. Juli (für feuchte Lagen und üppige Böden); 3. Frühe Zwickauer; 4. Allerfrüheste blaßrote Delikatesse.

b) Mittelfrühe Speisekartoffeln: 1. Richters Edelstein; 2. Gelbe Rose; 3. Württemberger Gelbe.

c) Späte Speisekartoffeln: 1) Cimbals Gelbfleischige (verträgt recht trocken); 2. Up to date (Massenkartoffel, verträgt trocken und feucht); 3. Topor (für sehr feuchte, üppige Böden); 4. Ella (verträgt sehr trocken).

d) Brennerei- und Futterkartoffeln: 1. Professor Wohltmann; 2. Ella; 3. Weiße Königin (sehr ertragreich, verträgt auch trocken); 4. Up to date; 5. Werner; 6. Königin Carola; 7. Märker; 8. Präsident Krüger (Massenkartoffel für trockene und feuchte Böden); 9. Industrie (ebenso gut im Ertrag); 10. Gastold (verlangt feuchte Böden).

Die Kartoffel gedeiht am besten in einem milden, mäßig feuchten Klima, weniger gut in einem kalten, nassen; sie verträgt sogar vorübergehend große Trockenheit. Von Bodenarten sagen ihr die kalkhaltigen, lehmigen Sand- und sandigen Lehmböden am meisten zu; auf nicht zu armem Sande kommt sie noch fort, wie es auch Sorten gibt, z. B. Aspasia und Wohltmann, welche auf schweren Böden gut gedeihen. Einzelne neuere Sorten vertragen auch starke Düngung und liefern Massenerträge.

Hinsichtlich der Fruchtfolge ist sie nicht anspruchsvoll; gewöhnlich folgt sie nach Getreide. Nach ihr wird in der Regel Sommergetreide, nach frühen Sorten auch Wintergetreide angebaut. Wegen ihrer Verträglichkeit mit sich selbst kann sie bei sonst entsprechenden Verhältnissen auf demselben Grundstücke bald wiederkehren.

Alte Bodenkraft sagt ihr besser zu als frische Düngung. In erster Tracht gebaut, wird sie bei zu starker Düngung gern zu arm an Stärkemehl. Speise- und Brennereikartoffeln baut man daher öfters in zweiter Tracht. In den meisten Fällen aber gibt man den Kartoffeln Stallmist (am besten im Herbst) oder auch Gründünger; nur wenn der Boden sehr nährstoffreich ist, sieht man davon ab. Bei direkter größerer Kainitzufuhr zu Kartoffeln wird der Stärkegehalt wesentlich herabgedrückt; es muß deshalb der Kainit zur Vorfrucht gegeben werden oder man verwendet statt seiner 40%iges Kalisalz.

Phosphorsäure kann die nachteiligen Wirkungen des Stickstoffs (im Stallmist ꝛc.) teilweise abschwächen. — Durch eine mittlere Ernte von 150 dz Knollen pro Hektar werden dem Boden ca. 87 kg Kali, 24 kg Phosphorsäure und 51 kg Stickstoff entzogen. Zu deren Ersatz müßten 7 dz Kainit, 1,6 dz Thomasmehl und 3,3 dz Chilisalpeter gegeben werden. Am besten gibt man die betreffenden Düngemittel, abgesehen vom Chilisalpeter, zur Vorfrucht. Die Anwendung von schwefelsaurem Ammoniak anstatt Chilisalpeter erfreut sich in neuerer Zeit zunehmender Beliebtheit. — Kalkung und Mergelung verursachen bei Kartoffeln häufig die Schorfkrankheit.

Die Bearbeitung des Bodens vor Winter muß möglichst tief geschehen. War Getreide die Vorfrucht, so wird zunächst die Stoppel seicht gestürzt und vor Winter tief (bis 25 cm) gepflügt; im Frühjahr folgen noch 1—2 Furchen. Das Aufpflügen von etwas rauhem Boden vor Winter behufs Vertiefung der Krume ist den Kartoffeln nicht nachteilig.

Das Saatgut muß sorgfältig ausgewählt werden. Zu Speisekartoffeln verwendet man feinschalige, schmackhafte, meistens mehlige Sorten; die Augen müssen flach liegen, die Knollen mittelgroß bis groß sein. Zu Brennereikartoffeln nimmt man größere, stärkemehlreiche Sorten, die auch tiefliegende Augen und dickere Schalen haben dürfen; zu Futterzwecken wählt man möglichst große, reichtragende Sorten aus. Große Knollen geben gewöhnlich höheren Ertrag als kleine, da sie der jungen Pflanze in der ersten Zeit ihrer Entwicklung mehr Nährstoffe zu liefern vermögen.

In der Regel legt man ganze, mittelgroße Knollen von 50—80 g Gewicht. Zerschnittene Knollen zu legen, empfiehlt sich im allgemeinen nicht, da diese in nassem Boden leicht faulen und in sehr trockenem nicht aufgehen. Die Schnittfläche soll vor dem Legen abgetrocknet sein und sich mit einer Korkschichte überzogen haben, da in das zerrissene, unvernarbte Gewebe leicht Pilze einwandern und Fäulnis verursachen. Ist der Boden nicht zu trocken, so ist das Anwelken der Saatknollen behufs Ertragssteigerung von Vorteil. Dieses besteht darin, daß man die Kartoffeln einige Wochen vor dem Legen in einem trockenen und frostfreien Raume ausbreitet.

Die Kartoffel ist empfindlich gegen Frost; sie darf deshalb nicht zu früh gelegt werden. Frühkartoffeln, die schon sehr zeitig aufgehen, werden zur Vermeidung des Erfrierens mit Erde bedeckt. Die Reihenentfernung beträgt im allgemeinen bis zu 70 cm, der Abstand der einzelnen Pflanzen in den Reihen 40—45 cm. Bisweilen legt man die Kartoffeln auch im Quadratverband aus. Der Standraum kann um so geringer bemessen werden, je reicher der Boden an Nährstoffen ist.

Die Art des Legens ist verschieden; als Geräte und Maschinen kommen beim Legen Spaten, Hacke, Beetpflug, Häufelpflug, Reihenzieher und Pflanzlochmaschine zur Anwendung.

Die Knollen werden im allgemeinen flach ausgelegt, wodurch man ein frühzeitiges Aufgehen erzielt. In mittleren Böden kann man bis 10 cm, in ganz lockerem Sande bis 15 cm tief gehen. Je tiefer die Kartoffeln zu liegen kommen, desto geringer wird der Ertrag, desto weniger ist aber auch das Behäufeln nötig. Das Saatquantum hängt von der Größe der Knollen und von der Reihenentfernung ab; durchschnittlich rechnet man pro Hektar 15—20 dz Saatgut.

Bei Trockenheit empfiehlt sich das Walzen des bestellten Feldes. Bis zum vollständigen Auflaufen der Kartoffel wird 1—2mal geeggt und späterhin mit der Hand- oder Pferdehacke bezw. dem Furchenigel der Boden zwischen den Reihen gelockert. Zum Schlusse erfolgt das Häufeln, das 1—2mal vorgenommen wird. Bis zum Beginn der Blüte müssen sämtliche Pflegearbeiten beendet sein. Das zu späte Anhäufeln der Kartoffeln ist nachteilig wegen Beschädigung der im Ansatz begriffenen Knollen, sowie der Wurzeln. Das Abschneiden des grünen Kartoffelkrauts ist für die Knollenausbildung von großem Nachteil.

Als Schädlinge treten auf:

a) Pilze.

1. Krautfäulepilz (Phytophthora oder Peronospora infestans), welcher die „Kartoffelkrankheit", Kartoffelfäule verursacht. Siehe Seite 138.

2. Die Kräuselkrankheit ruft vielleicht ein Pilz hervor; man erkennt dieselbe an den kurzen, bleichen Trieben der Pflanzen, den eingerollten Blattstielen, wellig verbogenen Blättern und an den kleinen oder überhaupt fehlenden Knollen.

3. Bei der Naßfäule nehmen die Knollen eine weiche Beschaffenheit und eine weiße bis gelbliche Farbe an; später bilden sie eine breiartige, übelriechende Masse und verwandeln sich zuletzt in eine pulvrige Substanz.

4. Schorfkrankheit oder Krätze (gerne auf gemergelten oder gekalkten Böden).

Als vorbeugende Mittel gegen diese schädlichen Pilze empfehlen sich folgende:

a) Aussetzen nur gesunder Knollen und Auswahl widerstandsfähiger, rauhschaliger Sorten;

b) Beizen des Saatguts, ehe es austreibt, also 6—8 Wochen vor der Aussaat, 24 Stunden hindurch in einer 2prozentigen Kupferkalkbrühe oder 1prozentigen Kupfersodalösung und nachheriges Abwaschen des anhängenden Kupfersalzes; Aufbewahrung des gebeizten Saatguts getrennt von den übrigen Kartoffeln;

c) Bespritzen des Krautes sofort beim Auftreten der Krankheiten mit Kupferpräparaten;

d) Entfernen aller kranken Kartoffeln bei der Ernte;

e) Auswahl passender Böden und rationelle Düngung.

b) Tiere.

Schädlich werden namentlich: Engerlinge, Wintersaateule, Drahtwürmer (Larven des Saatschnellkäfers), Ackerschnecke.

Die Ernte erfolgt, wenn die Blätter gelb werden. Das Ausnehmen der Kartoffeln soll bei trockenem Wetter vorgenommen werden, da die Knollen alsdann länger haltbar sind. In Anwendung kommen bei der Ernte die Handhacke, die Grabgabel, der Beet-, Häufel- und Kartoffelrodepflug und die Kartoffelerntemaschine. Das Auslesen wird mit der Hand besorgt. Zum Schlusse folgt ein Durcheggen und Pflügen des Feldes, um die zurückgebliebenen Knollen zu sammeln. Der Ertrag schwankt im allgemeinen zwischen 100 bis 200 dz pro Hektar.

Es ist nicht zweckmäßig, das gesunde Kraut auf dem Felde zu verbrennen, sondern man soll es zum Decken von Kartoffel- oder Rübenmieten, als Streumaterial oder Düngemittel benützen.

2. Die Topinambur (Helianthus tuberosus),

knollige Sonnenblume (Fig. 138), stammt wie die Kartoffel aus Amerika und kam im 17. Jahrhundert über England nach Deutschland. Sie gehört zu den Korbblütlern. Ihre unterirdischen Ausläufer sind am Ende auch zu Knollen verdickt, welche wie bei der Kartoffel zur Vermehrung benützt werden. Es gibt weiße, gelbe und rote Knollen. Sie sind winterhart und selbst der stärkste Frost schadet ihnen nicht, wenn sie nur im Boden wieder auftauen. Der Stengel wird 2—3 m hoch, ist dick und bildet sehr selten im Herbst gelbe Blüten. Die Pflanze gedeiht in allen Klimaten, auch in rauhen Gebirgslagen. Zu bedauern ist nur, daß sie bisher zu wenig beachtet wurde; sie kommt fast nur in den Rheinlanden (Pfalz, Baden, Elsaß) zum Anbau. Auf allen Bodenarten, ausgenommen ganz armer Sand und Felder mit stagnierender Nässe, liefert sie hohe Erträge. Frischer Boden ist ihrem Gedeihen förderlich, deshalb gelangt sie in Gegenden mit trockenem Klima zweckmäßig schon im Herbst zur Aussaat.

Fig. 138. Topinambur.

Die Kultur und Düngung ist dieselbe wie bei der Kartoffel. Das Legen geschieht mit der Hand hinter dem Pflug oder Reihenzieher. Bezüglich des Saatguts gilt das bei der Kartoffel Erwähnte; man braucht 9—12—16 dz pro Hektar. Bei Verkrustung oder Verunkrautung ist auch hier ein Übereggen der Saat angezeigt. Behacken und Behäufeln sind auch nötig und von demselben Wert wie bei der Kartoffel.

Die Knollen wachsen bis zum Herbst fort. Mit der Aufbewahrung hat man keine Schwierigkeiten, da die Knollen über Winter im Boden bleiben und erst im Frühjahr geerntet werden. Pro Hektar gewinnt man 80 bis 200 dz Knollen. Es ist unmöglich, alle Knollen aus dem Boden zu bringen. Da die zurückgebliebenen Knollen neue Pflanzen bilden, so ist bei mehrjährigem Anbau von Topinambur nur ein Nachlegen der Leerstellen mit schönen Knollen nötig. In der Fruchtfolge empfiehlt sich als Nachfrucht ein Grünfutter, das abgeschnitten wird und die verunkrautende Pflanze unterdrückt (Klee, Wicken, Buchweizen). — Die Blätter und oberen, weicheren Stengelteile kann man gegen den Herbst hin abnehmen und verfüttern; Kühe sind erst allmählig daran zu gewöhnen.

Die Topinambur ist eine viel sicherere Pflanze als die Kartoffel, da sie von Pilzkrankheiten nicht zu leiden hat. Bisweilen dient sie zur Anlage von Wildremisen. Man kann die Knollen auch alle Jahre frisch auslegen.

B. Wurzelgewächse.

Die Wurzelgewächse haben eine Pfahlwurzel, die sich später fleischig verdickt und zahlreiche kleine Seitenwurzeln treibt; letztere treten namentlich im Bereiche der Ackerkrume auf, welche bei lockerer Beschaffenheit viele leichtlösliche Nährstoffe enthalten muß.

Fig. 139. Eckendorfer Runkel, gezüchtet von Graf Borries-Eckendorf in Westfalen.

1. Die Runkelrübe (Beta vulgaris).

Die Runkelrübe gehört zu den Gänsefußgewächsen und besitzt eine stark verdickte fleischige Wurzel. Von den zahlreichen Varietäten der Runkelrübe sind die wichtigsten die Futterrunkel und die Zuckerrübe.

a) Die Futterrunkel.

Die Futterrunkel dient als Viehfutter und ist um so nahrhafter, je mehr Zucker und Eiweißstoffe sie enthält. Ihre Kultur bezweckt, möglichst viele Nahrungsstoffe zu erzeugen. Zu dem Zwecke düngt man sehr kräftig.

Es gibt viele Sorten der Futterrunkel, von denen besonders zu erwähnen sind:

1) Eckendorfer, Original von Borries-Eckendorf, Nachzucht von Arnim-Criewen; rote, gelbe und weiße Walzen; mäßiger Blattwuchs.

2) Tannenkrüger, rot und gelb, in halber Höhe etwas eingeschnürte Walzen, geringer Krautwuchs, sehr bequem einzuernten.

3) Oberndorfer, kugelförmig, gelb, nur wenig in die Erde einwachsend, starkwüchsiges Kraut.

4) Gelbe Walzen; starker Blattwuchs, tiefer in den Boden gehend.
5) Kuhrübe, Kreuzung zwischen Futter- und Zuckerrübe.
6) Leutewitzer Runkel.

Die Runkeln gehören zu den wichtigsten Futtermitteln für die Winterfütterung und sind besonders von großem diätetischen Wert. Bei der Verfütterung ist aber zu bedenken, daß sie verhältnismäßig wenig Eiweißkörper und viel Wasser enthalten; ein bedeutender Teil der stickstoffhaltigen Substanz besteht überdies aus Amiden und salpetersauren Salzen. Es muß deshalb zum Ausgleich immer eine genügende Menge eiweißreicher Futtermittel neben Rauhfutter verabreicht werden.

Für die Futterrunkel muß der Boden tiefgründig sein und zwar um so mehr, je trockener er ist. Humoser Lehm- und Mergelboden sagen ihr am meisten zu.

In der Fruchtfolge steht sie gewöhnlich nach Getreide. Als Nachfrüchte folgen in der Regel Gerste, Hafer oder Hülsenfrüchte. Immer ist für das Gedeihen der Runkelrübe ein ausgezeichneter Düngungszustand Voraussetzung. Eine zu starke Düngung ist darum kaum möglich; große Mengen Stallmist, auch Latrine, Jauche und Kompost werden gut verwertet. Die Futterrübe baut man also in erster Tracht. Wo die Zufuhr tierischen Düngers nicht ausreichend ist, hilft man mit künstlichen Düngemitteln nach. Phosphorsäure gibt man in Form von Thomasmehl oder Superphosphat bei der Aussaat oder beim Setzen. Stickstoff (Chilisalpeter) verabreicht man entweder gleichzeitig mit der Phosphorsäure oder später als Kopfdünger. (Die verkrustende Wirkung des Salpeters kann man im voraus durch Kalken, Mergeln oder Überfahren mit Scheideschlamm aufheben.) Kali wird in Form von Kainit zur Vorfrucht gegeben oder spätestens im Herbst allenfalls gleichzeitig mit Thomasmehl untergepflügt. Eine mäßige Ernte von 300 dz Runkeln pro Hektar entnimmt dem Boden 135 kg Kali, 30 kg Phosphorsäure und 90 kg Stickstoff, zu deren Ersatz 10,5 dz Kainit, 2 dz Thomasmehl oder Superphosphat (SP_{18}) und 6 dz Chilisalpeter erforderlich wären. Neben Stallmist- und Jauchedüngung ist bisweilen der Gebrauch von Hilfsdüngemitteln in folgenden Mengen angezeigt: 6—8 dz Kainit, 3—4 dz Superphosphat und 2,5—5 dz Chilisalpeter.

Die Vorbereitung des Bodens muß sorgfältig geschehen. Die Stoppel wird seicht gestürzt und im Spätherbste wird zur vollen Tiefe gepflügt; hierbei kann man etwas rohen Boden obenauf bringen. Den Stalldünger pflügt man im Herbst, meistens aber im Frühling unter. Die Frühjahrsbearbeitung richtet sich nach der Art der Anpflanzung. Wird der Same gedrillt, so genügt ein vorausgehendes Exstirpieren, Eggen und Walzen des in guter Kultur befindlichen Saatfeldes. Nach dem Drillen wird gewalzt. Beim Pflanzen der Rüben muß in der Regel zweimal gepflügt werden.

Die Runkeln werden zeitig ausgesät (März bis April, bei durchschnittlich 10 ° C Bodenwärme), da sie zur vollen Entwicklung einer Zeit von 20—30 Wochen bedürfen. Gewöhnlich erfolgt die Saat in ebenes Land; in feuchten Lagen wendet man den Kammbau an. Bei zu rauhem Klima und bei ungünstiger Beschaffenheit des zu bestellenden Feldes zieht man die jungen Pflänzchen zunächst auf Saatbeeten heran und pflanzt sie dann erst aus.

Die Pflanzen beanspruchen um so weniger Standraum, je reicher der Boden ist. Eine zu enge Pflanzung ist aber für die Futterrunkeln nicht zu empfehlen, da sie sich dann nicht genügend entwickeln können. Zweckmäßig stehen die Runkeln auf 50 cm im Quadrat.

Bei der Saat auf dem Feld legt man immer 4—5 Knäuel zusammen und braucht pro Hektar bei Dibbelsaat 9—15 kg, bei Drillsaat 20—30 kg Samen. Beim Setzen der Rüben soll nur kräftiges Material verwendet und mit Sorgfalt verfahren werden. Für 1 ha Rübenfeld rechnet man bei weiter Saat 3 a Saatfläche.

Die Pflege hat möglichst früh ihr Augenmerk auf die Bekämpfung der Unkräuter und auf die Zerstörung der Bodenkruste zu richten. Von Unkräutern sind besonders zu nennen: Melde, Hederich und Knöterich. Die Krusten zerstört man durch Überfahren mit einer krustenbrechenden Walze. Schon vor dem Aufgehen der Saat wendet man ein Behacken, die sogenannte „Blindhacke" an; nach dem Aufgehen erfolgt noch ein 2—3maliges Behacken. Handarbeit ist der Gespannarbeit vorzuziehen, da sie schonender für die Saat ist und ein zu starkes Bedecken der Rübenkörper mehr vermieden wird.

Nach dem ersten Behacken erfolgt das Verziehen oder Vereinzeln der Saat. Die ausgezogenen Pflanzen läßt man auf dem Felde liegen, wenn man sie nicht gut absetzen kann; sie bilden für den Boden eine vorzügliche Schutzdecke und unterdrücken die Unkräuter. Eine Lockerung der Pflanzen, welche stehen bleiben, soll beim Verziehen möglichst verhütet werden. Die Futterrunkeln dürfen nicht angehäufelt werden.

Von Rübenschädlingen sind besonders zu nennen:

a) Pilze und durch sie verursachte Krankheiten: Runkelrübenrost (Uromyces betae); Herzblattkrankheit; Herzfäule (Phoma betae); Blattfleckenkrankheit oder Blattdürre (Fusarium betae); Wurzelfäule (Leptosphaeria circinnans); Rübenschwanzfäule.

b) Schädliche Tiere: die Larve des Aaskäfers; die Maulwurfsgrille; die Engerlinge; der nebelige Schildkäfer, welcher die Blätter vollständig skelettiert; die Erdflöhe, Rübennematoden; die geschmückte Kohlwanze.

Durch das Überhandnehmen der pflanzlichen und tierischen Schädlinge, namentlich der Nematoden, ferner durch schlechte physikalische Beschaffenheit des Untergrunds und endlich durch Bodenerschöpfung wird ein Zustand geschaffen, den man als Rübenmüdigkeit bezeichnet; sie zeigt sich in der Weise, daß die Pflanzen zwar aufgehen, aber dann welken und absterben. Als Gegenmittel sind zu empfehlen: Änderung der Fruchtfolge durch Ausschaltung von Rüben und anderen Nematodenwirten (Hafer, Reps), Anbau von Fangpflanzen (Rübsen) und deren Vernichtung, gute Düngung.

Das Abblatten der Rüben vor der Ernte ist immer schädlich, da die Assimilation gestört und der Ertrag verringert wird; höchstens dürfen die unteren welken Blätter abgenommen werden. Die Ernte erfolgt gegen Mitte bis Ende Oktober mit dem Eintritt kühler Witterung; bei noch warmem Wetter geerntet halten sich die Rüben nicht gut in den Mieten. Seichtwurzelnde Runkeln zieht man mit der Hand heraus; im übrigen wendet man Karsthaue, Rübengabel und Rübenheber an. Als Ertrag rechnet man 300 bis 450, zuweilen sogar 600 dz Rübenwurzeln und 100—200 dz Blätter pro Hektar; letztere säuert man entweder für sich allein ein oder man stellt aus einer Mischung mit Mais ein Preßfutter her.

Zur Samengewinnung benützt man schön gewachsene Rüben. Bei der Samengewinnung im großen erntet man pro Hektar 14—30 dz Samen (40—70 Mk. pro dz).

b) Die Zuckerrübe.

Die Zuckerrübe ist durch künstliche Züchtung aus der Runkelrübe entstanden und gehört ihrer Verwertung nach zu den Fabrikpflanzen; wegen ihrer nahen Verwandtschaft mit der Futterrunkel soll sie aber im Anschluß an diese behandelt werden.

Die Kultur der Zuckerrübe ist in Deutschland etwa 100 Jahre alt und auf einzelne Landesteile beschränkt. Im Jahre 1904/05 wurden in den 377 Fabriken Deutschlands 10,19 Mill. t Rüben verarbeitet (davon in Bayern drei Fabriken mit 120052 t). Durchschnittlicher Zuckergehalt 15%.

Eine Fruchtfolge mit starkem Zuckerrübenbau läßt sich nur dort mit Erfolg auf die Dauer durchführen, wo nach Boden und Lage Rüben von hohem Zuckergehalt erzeugt werden, wo die Rüben unter nicht zu ungünstigen Bedingungen an eine möglichst nahe Fabrik abgeliefert werden können und wo endlich die Fabrikrückstände wieder in den Betrieb zurückgelangen. Geschieht letzteres nicht, so wirkt Zuckerrübenbau sehr aussaugend. Der 2 bis 3malige Anbau unmittelbar hintereinander kann unter gewissen Umständen möglich sein, ist aber immer zu verwerfen. Gar leicht stellt sich bei dieser raschen Aufeinanderfolge **Rübenmüdigkeit** ein. Bei bester Kultur kann die Zuckerrübe höchstens alle 3 Jahre wiederkehren; mehr empfiehlt sich noch der Anbau alle 4—5 Jahre. —

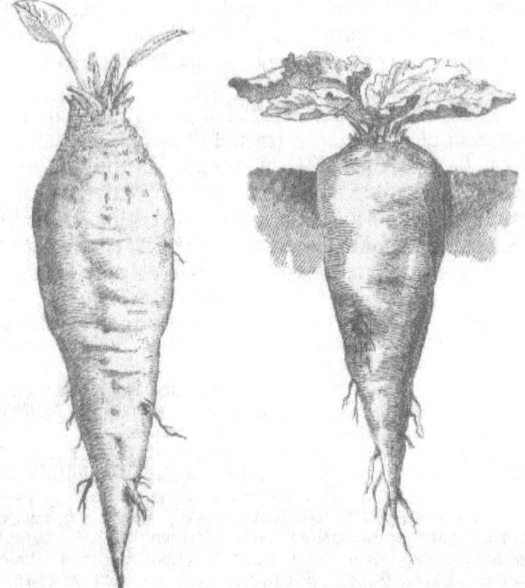

Fig. 140. Weiße, schlesische Zuckerrübe. Fig. 141. Imperial-Zuckerrübe.

Zu den besten Sorten gehören die Klein-Wanzlebener, die Quedlinburger, die schlesische und die französische Zuckerrübe und die Imperialrübe. (Fig. 140 und 141.)

An das **Klima** stellt sie höhere Anforderungen als die gewöhnliche Runkel, indem sie in warmen Lagen den meisten Zucker zu erzeugen vermag. Von den **Bodenarten** zieht sie Mittelböden, humose Lehm- und Mergelböden vor. Je trockener das Klima ist, desto tiefgründiger muß der Boden sein, da sie einen hohen Wasserbedarf hat. Nasse Böden verträgt sie aber nicht.

Die Zuckerrübe baut man gerne in zweite Tracht; soll sie in erste Tracht kommen, so bringt man den Stalldünger bereits im **Herbst** unter. Mit der

Beigabe von Chilisalpeter allein muß man vorsichtig sein, da derselbe die Reife der Rüben verzögert, wodurch deren Zuckergehalt verringert wird. Die schädliche Wirkung einseitiger Chilisalpetergaben kann man durch gleichzeitige Düngung mit Phosphorsäure, welche die Reife beschleunigt, abmindern. Kalisalze erhöhen die Quantität und den Zuckergehalt der Rüben, namentlich beim Anbau auf kaliärmeren Bodenarten. Man gibt sie gerne zur Vorfrucht und zwar öfters zweckmäßiger in Form von 40prozentigem Kalidünger als in Form von Kainit. Pro Hektar 2—4 dz Chilisalpeter, 3—4,5 dz Kainit oder eine entsprechende Menge konzentrierter Kalisalze und 4 dz Thomasmehl oder 2—3 dz Superphosphat.

Bezüglich der Vorfrucht und Bodenbearbeitung gilt das bei der Futterrunkel Gesagte; nur muß hier die Zubereitung des Feldes mit noch mehr Sorgfalt geschehen.

Die Aussaat erfolgt auch möglichst früh (Ende März bis Anfang April). Sie geschieht unter gewöhnlichen Verhältnissen auf ebenes Land, bei zu viel Nässe auf Kämme; ein Verpflanzen findet nur bei vorhandenen Fehlstellen statt. Die Zuckerrüben werden enger gestellt als die Runkeln und zwar um so enger, je reicher der Boden ist, da man nicht auf möglichst große Rüben, sondern auf nur mittelschwere Wurzeln abzielt (ca. 1 kg), welche bei feinfaseriger Beschaffenheit den meisten Zucker enthalten. Drillsaatmenge 30—40 kg per Hektar. Das bestellte Feld schützt man durch Überfahren mit einer Stachelwalze gegen Verkrustung und Verunkrautung. Nach dem Aufgehen folgen noch 3—4 Behackungen und mit der letzten auch ein mäßiges Behäufeln. Die Zuckerrübenköpfe müssen vollständig zugedeckt werden.

Das Verziehen erfolgt, wenn die Pflänzchen 3—4 Blätter angesetzt haben; man beobachtet einen Abstand der Pflanzen von 20—30 cm in den Reihen und eine Reihenentfernung von 36—45 cm.

Die auftretenden Unkräuter und sonstigen Schädlinge sind dieselben wie bei der Runkelrübe.

Die Ernte beginnt gewöhnlich Ende September. Je länger die Rüben auf dem Felde verbleiben können, desto höher wird ihr Zuckergehalt; es ist aber zu beachten, daß die Ernte vor Eintritt der schädlichen Fröste beendet sein muß. Das Ausnehmen der Rüben erfolgt in der Regel mit dem Rübenheber. Die Köpfe werden bei der Ernte sofort abgeschnitten und die Wurzeln entweder sogleich in die Fabrik geliefert oder auf dem Felde eingemietet; im letzteren Falle werden die Rüben nach Bedarf abgeholt. Die Rübenblätter, von denen man pro Hektar 60—80 dz erhält, gelangen als Sauer- oder Grünpreßfutter oder getrocknet zur Verfütterung. Rentabel ist der Zuckerrübenbau noch bei einem Ertrage von 250—300 dz Rüben pro Hektar; günstiger ist natürlich das Resultat bei 400 dz. Der Gehalt an Zucker schwankt im allgemeinen zwischen 13 und 17%. Per Hektar Rübenland wurden in Deutschland in der Kampagne 1897/98 im Durchschnitt 3900 kg Rohrzucker gewonnen.

Zur Samengewinnung müssen die Mutterpflanzen noch sorgfältiger ausgewählt werden, als dies bei der Futterrunkel der Fall ist. Man nimmt nur zuckerreiche Rüben (mindestens 15% Zuckergehalt im allgemeinen), die etwa 1 kg wiegen; große, massige, gabelige, zuckerarme Rüben sind ausgeschlossen. Die Samenpflanzen werden in Mieten überwintert und im Frühjahr auf das gut gedüngte Feld verpflanzt. Den Samenrüben gibt man einen Standraum von 0,5—1,0 qm. Die Knäuel läßt man völlig ausreifen und drischt sie nach dem Trocknen aus. Ertrag pro Hektar ca. 12—20 dz Samen.

2. Die Kohlrübe (Brassica Napus rapifera).

Die Kohlrübe, Steckrübe, Bodenkohlrabi, Bodenrübe, Scherrübe, Dorsche, ist eine Varietät des Rapses, gehört also zu den Kreuzblütlern. Sie hat blaugrüne Blätter und gelbe Blüten. Es gibt verschiedene Sorten, von denen namentlich die Kohlrübe mit weißem bezw. gelbem Fleisch zu erwähnen ist. Die weiße Kohlrübe ist ein vorzügliches Futter für Kühe und Mastvieh, läßt sich aber im Gegensatz zu den Runkelrüben nicht lange aufbewahren. Die gelbe dient namentlich den Menschen zur Nahrung.

Die Kohlrübe liebt einen feuchten, humosen, leichteren Boden; trocken gelegte Teiche sagen ihr sehr zu.

Sie verlangt eine starke Stallmistdüngung; Jauchedüngung lohnt sie auch vorzüglich.

Die Kohlrübe folgt gewöhnlich nach Getreide; in mildem Klima kann sie noch auf Winterroggen sowie auf weißen Senf, dessen Aberntung im Juni geschieht, folgen. Die Pflänzchen zieht man auf Saatbeeten heran; 4—6 kg Samen genügen für 1 ha.

Im jugendlichen Zustande leiden die Kohlrüben sehr unter den Erdflöhen. Beim Verpflanzen wählt man die stärksten, unversehrtesten Rüben aus.

Als Schädlinge treten außer den Erdflöhen noch auf: die Raupe des Kohlweißlings, die Rübenblattwespe, die Kohl- und die Gemüseeule; von Pilzen: Mehltau und Schimmelpilze.

Die Ernte geht leicht von statten; man nimmt sie ziemlich spät vor, da die Rüben niedrige Temperaturen noch recht gut vertragen. Die Verfütterung muß wegen der geringen Haltbarkeit der Kohlrüben bis spätestens Januar beendigt sein. Ertrag pro Hektar 260—520 dz Wurzeln und 40—90 dz Blätter. Die Samengewinnung vollzieht sich ähnlich wie bei den Runkelrüben.

3. Die Wasserrübe (Brassica Rapa rapifera).

Die Wasserrübe wird verschieden benannt: weiße Rübe, Brach-, Stoppel-, Mai-, Teltowerrübe, Turnips; sie ist eine Varietät des Rübsens, dessen Aussehen sie auch hat; die Wurzel ist aber zum Unterschied von der des Rübsens fleischig verdickt. Die Blätter sind hellgrün und behaart. Nach der Form unterscheidet man platte und längliche Weißrüben. Die Farbe ist vorherrschend weiß; doch finden sich auch Abweichungen ins Gelbliche und Rote.

Die Wasserrübe hat eine Vegetationszeit von 10—14 Wochen, geht darum weit nach Norden. In einem feuchten Klima und auf reich gedüngtem Boden wird sie am ertragreichsten; die milden, tiefgründigen Böden sagen ihr besonders zu.

In Deutschland wird die Weißrübe gewöhnlich als Stoppelfrucht gebaut, wozu sie wegen ihrer kurzen Wachstumszeit besonders geeignet ist. Die umgebrochene Stoppel wird bei Bedarf mit rasch wirkenden Düngemitteln gedüngt und dann eingesät. Bei Drillsaat bedarf man $1^1/_2$—2 kg, bei Breitsaat 2—4 kg Saatgut pro Hektar. Drillsaat (ca. 50 cm Reihenweite) ist wegen der nachfolgenden Arbeiten vorzuziehen. Nach dem Aufgehen ist bei allenfallsigem dichten Stand ein Übereggen anzuwenden. Behacken und Verziehen der Weißrüben befördert deren Wachstum sehr.

Als Schädlinge sind zu nennen: Erdfloh, Rübenblattwespe, Kohlweißling; Ackerrettich, Quecke, Ackerspergel.

Die Ernte ist leicht zu bewerkstelligen, aber die Aufbewahrung ist wegen der geringen Haltbarkeit der Rübe schwierig. Deshalb verfüttert man diese rasch; Einmieten kommt seltener vor.

Ertrag: als Stoppelrübe: 200—240 dz Rüben, 40—60 dz Blätter,
als Brachrübe: 400—500 dz Rüben, 100 dz Blätter.

Zur Samengewinnung benützt man schöne Pflanzen, die man über Winter in Mieten aufbewahrt. Pro Hektar erhält man 7—12 dz Samen.

4. Die Möhre (Daucus Carota).

Die Möhre, gelbe Rübe, Mohrrübe, Karotte, gehört zu den Doldengewächsen. Der steifhaarige, hohe Stengel, welcher erst im zweiten Jahre sich entwickelt, trägt oben eine Dolde. Die lange, verdickte Wurzel hat meistens gelbliche und nur selten weiße oder rötliche Färbung.

Als Sorten sind zu nennen die große Möhre, welche als Futter Verwendung findet, und die kleine Möhre, die im Garten als Gemüse angebaut wird.

In manchen Gegenden werden die Gelbrüben zu Mus, Sirup und Kaffeesurrogaten verarbeitet.

Die Möhre liebt ein gemäßigtes Klima und ist ziemlich unempfindlich gegen Feuchtigkeit und Kälte; nur stauende Nässe verträgt sie nicht. Am besten gedeiht sie auf tiefgründigem, kalkhaltigem, humosem Lehmboden und ferner auf lehmigem Sandboden.

Für eine Düngung erweist sie sich sehr dankbar; namentlich Stickstoffdüngung lohnt sie. Stallmist gibt man im Herbst, weil sonst sehr gern Schossen eintritt.

Die Möhre wächst sehr langsam, geht auch erst nach 14 Tagen bis 3 Wochen auf; sie wird darum öfters mit einer Schutzfrucht (Wintergetreide, Reps, Erbse) angebaut. Natürlich ist der Ertrag in diesem Falle geringer als bei Reinsaat. Die Möhre folgt nach Brache oder gedüngten Hackfrüchten. Bei Untersaat („Stoppelmöhre") wird nach dem Abernten der Überfrucht die Saat behackt und dünner gestellt. Bei Reinsaat („Brachmöhre") ist die Pflege schwieriger. Da die Pflänzchen lange nicht erscheinen, kann sich mittlerweile das Unkraut gut entwickeln; es ist darum nötig, schon vor dem Aufgehen der Möhre das Unkraut zu bekämpfen. Eine Behackung ist aber sehr schwierig, weil man keine Spur von der Saat bemerkt und infolgedessen diese leicht schädigt. Zweckmäßig sät man daher die Möhren in Reihen und gibt auch schnellwüchsigen Samen (von Kohlrüben, Reps, Gerste) zu, um dadurch eher instand gesetzt zu sein die Möhrensaat beim Hacken zu schonen. Vor dem Ausbringen reibt man die Samen mit scharfem Sande etwas ab, damit sie mit ihren Haken nicht aneinander hängen bleiben, mischt sie auch mit Erde, um zu dichtem Stande vorzubeugen.

Es empfiehlt sich Drillsaat mit einer Reihenentfernung von 40 bis 50 cm.

Beim Verziehen beobachtet man in den Reihen einen Abstand von 12—14 cm. Saatmenge: zu Drillsaat 4—6 kg, zu Breitsaat 7—8 kg pro Hektar.

Durch Krankheiten hat die Möhre weniger zu leiden als die anderen Rüben. Zu erwähnen sind: die Schwärze der Blätter, der Wurzelbrand und die Wurmfäule, welche durch die Larve der Möhrenfliege veranlaßt wird. Von tierischen Schädlingen sind außer der eben genannten Larve zu nennen: Drahtwürmer und Engerlinge.

Die Ernte findet sehr spät, im Oktober und November, statt, da sich die Möhre bei warmer Witterung nicht gut aufbewahren läßt und da man auf dem Felde immer noch an Zuwachs gewinnt. Pro Hektar erntet man 200—300 dz Rüben und 40—80 dz Blätter. Die Aufbewahrung geschieht in trockenen, luftigen Kellern oder in Mieten, die aber längere Zeit der Luft den Zutritt gestatten müssen; sind möglichst wenige Schichten übereinander gelagert, so ist die Gefahr der Selbsterhitzung und Fäulnis am geringsten. — Ertrag an Samen pro Hektar ungefähr 10—18 dz.

C. Anhang.

Der Kopfkohl (Brassica oleracea capitata).

Der Kopfkohl, Weißkraut, Rot- oder Blaukraut, Kraut, Kappis, ist seiner ganzen Kultur nach zu den Hackfrüchten zu rechnen, weshalb er hier im Anhang folgen soll. Er ist ein Kreuzblütler. Die Wurzel ist eine einfache Pfahlwurzel ohne Verdickung und treibt einen aufrechten Stengel mit vielen saftigen Blättern.

Der Kopfkohl ist eigentlich eine Gartenpflanze und muß, auch wenn er im Felde angebaut wird, eine gartenmäßige Behandlung erfahren. Seine Blätter sind nach innen geschlossen und bilden dadurch sogenannte „Köpfe". Nach der Form derselben spricht man von spitz-, platt- und rundköpfigem Weißkraut. Die Farbe ist meist weiß bis hellgrün; doch gibt es auch gelbliche und blaurote Köpfe (Blaukraut, Rotkraut).

Sorten mit festen Köpfen und dünnen, zartrippigen Blättern sind zum Einmachen, somit auch zum Anbau im großen geeignet, wie das Braunschweiger, Erfurter, Magdeburger, Straßburger, Filder und Ulmer. Frühe Sorten, deren dicke, fleischige Blätter locker übereinander liegen, werden besser als frisches Gemüse (Schmorkraut) benutzt, wie Yorker, Maispitzkraut, mehrere englische Sorten (Shillings Queen, Londoner Marktkraut), von späten Sorten das Schweinfurter und Bamberger.

Der Kopfkohl gedeiht überall, wo noch Getreide fortkommt; etwas feuchtes Klima sagt ihm mehr zu als trockenes. Bei großer Trockenheit mißrät er. Auf milden, feuchten, tiefgründigen, humosen Lehmböden, auf angeschwemmten Böden (Krautäcker, Kappisgärten) gedeiht derselbe am besten. Er verlangt noch stärkere Düngung als die Kohlrübe. In den richtigen Krautgegenden, wo er oft hintereinander folgt, düngt man das Feld im Herbst stark mit Rindviehmist und Fäkalien, im Frühjahr wird entweder nochmals gedüngt, allenfalls gepfercht oder 1—2mal Jauche aufgefahren. Auf das so gedüngte und durch Bearbeitung möglichst gelockerte Feld werden in der Zeit von Mai bis Juni die jungen Pflanzen gesetzt; man beobachtet zwischen den einzelnen Setzlingen einen Abstand von 45—75 cm. Pro Hektar braucht man bei einem Standraum von 65/65 cm 23700 Pflänzchen. Bei trockener Witterung ist ein Angießen derselben nicht zu entbehren. — Die Setzlinge zieht man auf eigenen Saatbeeten heran; diese haben zweckmäßig eine geschützte Lage im Hausgarten, sind im Herbst mit gut verrottetem Stalldünger zu versehen und werden im Frühjahr nochmals umgegraben. Zur Erzielung der nötigen Pflanzen braucht man pro Hektar 0,5—1 kg Saatgut. Dasselbe wird leicht untergerecht, worauf man das Saatbeet mit einem Brett ebnet.

Nach dem Verpflanzen muß zur Vermeidung der Verunkrautung und Verkrustung 3—4maliges Behacken und zuletzt auch ein Anhäufeln folgen.

Von Feinden der jungen Pflanzen sind zu nennen: Kohlerdfloh, Kohlweißling und Kohleule; die beiden letzten legen ihre Eier an die Kohlblätter ab. Die Raupe des Kohlweißlings frißt mehr die äußeren Blätter, während diejenige der Kohleule im Innern der Köpfe lebt (Herzwurm). — Wenn sich die Hernie oder der Kropf (Plasmodiophora Brassicae) beim Kraut einfindet, empfiehlt sich der Wechsel der Felder. Die genannte Krankheit, welche alle Kohlarten bedroht, äußert sich an der Wurzel in Form erbsen- bis faustgroßer Anschwellungen ohne Höhlungen und Gänge im Innern. Die befallenen Strünke müssen gesammelt und verbrannt werden. Kalken der Kohlfelder wirkt dem Kropf entgegen.

Die unteren gelben Blätter des Krauts kann man abnehmen und verfüttern.

Die Ernte des Krauts findet hauptsächlich in der zweiten Hälfte des Oktober und im November statt. Die bei derselben anfallende Ausschußware und die Blätter sind ein sehr wertvolles Futtermaterial.

Pro Hektar kann man im Mittel 12000—15000 zum Verkauf geeignete Köpfe rechnen (300—600 dz mit 100—200 dz Blättern zum Viehfüttern).

Soll eine Aufbewahrung in Mieten erfolgen, so ist darauf zu achten, daß die Temperatur nicht zu sehr steige, weil sonst die Köpfe gerne faulen.

V. Ölfrüchte.

Die Ölfrüchte bilden mit den Gespinst-, Gewürz- und Fabrikpflanzen eine Gruppe, die man als Handelsgewächse zu bezeichnen pflegt. Der Anbau der Handelspflanzen erfolgt nur in geringem Umfange und steht hinter dem der Halmfrüchte weit zurück. Da ihr Gedeihen vom Boden und Klima in hohem Grade abhängig ist und ihre Kultur viel Aufmerksamkeit und vorzugsweise Handarbeit erfordert, eignen sich manche derselben vorwiegend für den Kleinbetrieb. Wie die Handelsgewächse einerseits große Aufwendungen an Betriebskapital nötig machen, so ist anderseits auch der Roh- und Reinertrag ein hoher, wenn sie gut gedeihen und guten Absatz finden. Allerdings ist dieser bei dem beschränkten Bedarfe nicht selten mit Schwierigkeiten verknüpft.

Durch den Verkauf der Handelsgewächse wird eine beträchtliche Menge Nährstoffe der Wirtschaft entzogen. Diese Entnahme ist durch Zukauf von Dünger und Kraftfutter wieder zu decken, wodurch ein erheblicher Anteil des Erlöses aufgebraucht wird. Der Bau der Handelsgewächse kann unter Umständen bei niedrigen Getreidepreisen den Einnahmeausfall wenigstens teilweise decken und gleichmäßigere Jahreseinnahmen herbeiführen.

Zweck des Ölfruchtbaus ist die Gewinnung ölhaltiger Samen. Unter den Handelspflanzen sind die Ölfrüchte noch am einfachsten in der Kultur und damit für den Großbetrieb geeignet.

Vorteile des Ölfruchtbaus sind:

1. Der Ölfruchtbau begünstigt die Durchführung eines rationellen Frucht-

wechsels, weil er das Feld in einem für Wintergetreide, besonders für Weizen, vorzüglichen Zustande hinterläßt.

2. Er ermöglicht eine bessere Ausnützung und gleichmäßigere Verteilung der menschlichen Arbeitskräfte wie auch der Gespann- und Maschinenarbeit, ohne den Kostenaufwand merklich zu erhöhen. Es fallen nämlich die Bestellungs- und Erntearbeiten des Ölfruchtbaus in eine Zeit, welche durch den Getreidebau nicht in Anspruch genommen wird.

3. Die Ölfrüchte liefern bei ihrer Verarbeitung in den Abfällen ein wertvolles, eiweiß- und fettreiches Futtermittel. Wird die anfallende Ölkuchenmenge in der Wirtschaft verfüttert, so verursacht der Verkauf der Samen durchaus keine Bodenerschöpfung; denn in dem Öle werden keine Mineralsalze, sondern nur Bestandteile der Luft (Sauerstoff, Wasserstoff und Kohlenstoff) ausgeführt.

In Betracht kommen aus der Familie der Kreuzblütler: 1. der Reps, 2. der Rübsen und, von den Mohngewächsen, 3. der Mohn.

1. Der Reps oder Raps (Brassica Napus oleifera).

Der Reps (Fig. 142) ist ein Kreuzblütler. Seine blauduftigen, dunkelgrünen Blätter sind kahl und ganzrandig. Das oberste Stengelblatt umfaßt mit seinem herzförmigen Grunde den Stengel nur zur Hälfte. Die dunklen, fast schwarzen Samen liefern eine reichere Ölausbeute als die der übrigen Ölfrüchte.

Fig. 142. Reps.
a Oberstes Stengelblatt.

Der Reps wird als Winter- und Sommerreps angebaut; dieser ist dem Insektenfraße in hohem Grade ausgesetzt und in seinem Ertrage weniger hoch und sicher als der Winterreps. Zu seinem Gedeihen verlangt der Reps eine gewisse Frische des Bodens oder entsprechende Feuchtigkeit des Klimas. Weizen- und Gerstenböden, also tiefgründige, humose, mäßig bündige Felder, sagen ihm zu, dagegen verschmäht er trockene und leichte Böden ebenso wie nasse.

Nach reiner Brache bringt der Reps den höchsten Ertrag. Gute Vorfrüchte sind: Futterroggen, Inkarnatklee, frühes Mengfutter, auch Klee und Kleegras, wenn von diesen nur ein Schnitt genommen wird. Im Weinklima schlägt Stoppelreps nach Wintergetreide oder Gerste oft ganz gut ein. Seitdem die Repspreise bedeutend gesunken sind, wird Brachreps immer seltener; denn durch die Vorfrucht und die nachfolgende, allerdings etwas geringere Repsernte läßt sich eine höhere Einnahme erzielen als durch Brachreps allein.

Bei Reps ist wegen seines großen Düngerbedürfnisses starke Stallmistdüngung angezeigt; diese soll aber möglichst früh aufgebracht werden, damit die Pflanze leicht aufnehmbare Nährstoffe vorfinde. Durch Pferch, Jauche und Handelsdünger können schwächere Mistgaben ergänzt werden. Für bündigen Boden ist Kalkung, für leichten Boden Mergelung angezeigt. Bei ausschließlicher Düngung mit künstlichen Düngemitteln wären erforderlich bei schwacher, mittlerer und starker Düngung: 2—3—5 dz Chilisalpeter oder 1,5—2,5—4 dz schwefelsaures Ammoniak, 4—6—12 dz Thomasmehl und 2—4—6 dz Kainit pro Hektar. Zu Winterreps sind 1/4 des Chilisalpeters im Herbst einzueggen, der Rest im Frühling als Kopfdünger zu geben; Ammoniak ist im Herbst unterzupflügen. Ebenso sind zu Sommerraps 1/4 des Salpeters vor oder bei der Saat und 3/4 als Kopfdüngung zu verabreichen.

Reps verlangt ein vorzüglich gekrümeltes Feld; demnach ist zwei- bis dreimaliges Pflügen mit mindestens einer Tieffurche, ferner fleißiges Eggen und Walzen erforderlich, bis der Acker völlig fein gekrümelt ist.

Die Winterrepssaat wird meistens von Ende Juli ab bis Mitte August vorgenommen. Wo Erdflohfraß häufig auftritt, ist frühe Saat geboten, damit gegebenenfalls Nachsaat erfolgen kann. Der Breitsaat ist Drillsaat mit 30—50 cm Reihenweite oder mit 8—10 cm entfernten Doppelreihen und 40 cm Gassenweite vorzuziehen. Samenbedarf bei Breitsaat 14 kg, bei Drillsaat 8—10 kg. — Sommerreps sät man öfters im April als Ersatz für umgepflügte Wintersaat mit 25—40 cm Drillweite und mit 1/3 größerem Samenbedarf. Die Samen sind wegen ihrer geringen Größe nur flach, 1,5 cm auf bündigem, 2—3 cm auf leichterem Boden unterzubringen, damit das Auflaufen schneller von statten geht.

Die Repssaat ist zahlreichen Gefahren ausgesetzt: Trockenheit und Bodenkrusten hemmen das Aufgehen, Erdflöhe fressen die kaum über den Boden ragenden Pflänzchen ab, Wechsel von Frost und Tauwetter oder vereiste Schneedecke können die Pflanzen völlig vernichten, üppige Saaten leiden unter dichter Schneedecke. Die Pflegearbeiten, welche Abwendung oder doch Minderung der Gefahren bezwecken, haben sich diesen Verhältnissen anzupassen. Bodenkrusten sind mit Walze oder Egge zu brechen. Gegen Erdflöhe geht man durch Aufstreuen von Tabakstaub (Tabakabfall), Guano, Asche oder Straßenstaub vor. Dem schädlichen Einflusse des Frostes und der Nässe sucht man durch Behacken und Behäufeln der Reihen zu begegnen. Fehlstellen werden im Frühjahr ausgepflanzt.

Sehr schlimme Rapsverderber sind: Raps-, Kohl- und gelbgestreifter Erdfloh; Raupen des Kohl- und Heckenweißlings, der Ypsilon- und Kohleule („Herzwurm"), Rapsglanzkäfer, Rübensaatpfeifer, Kohlgallenrüßler (erzeugt Wurzelanschwellungen), Kohlblattlaus u. s. w.

Mit fortschreitender Reife nimmt der Ölgehalt der Körner zu, um so leichter springen aber die Schoten auf. Darum erntet man schon (Ende Juni, anfangs Juli), wenn die meisten Schoten noch gelb und die Samen braun sind, und schneidet, gewöhnlich mit der Sichel oder Sense, in den frühesten Morgenstunden. Einige Tage lang läßt man den Reps in Gelegen auf dem Boden oder in Bunden aufgestellt nachreifen, worauf er auf Wagen, die mit Repstüchern ausgelegt sind, eingefahren wird. Um beim Aufladen einen Körnerverlust zu vermeiden, wird auf der Seite des Wagens, auf welcher der Reps aufgeladen wird, ein größeres Tuch auf den Boden gelegt. Der Drusch erfolgt mit dem Flegel oder mit der Maschine; in letzterem Falle sind besondere Vorsichtsmaßregeln zu treffen, damit die Samen nicht verletzt werden.

Mittlerer Ertrag des Winterrepses pro Hektar: 15 dz Körner, 27 dz

Stroh, 9,5 dz Schoten. 1 dz Körner gibt ca. 37 kg Öl und 58 kg Ölkuchen. Der Ertrag des Sommerrepses ist durchschnittlich um $^1/_3$—$^1/_2$ niedriger, auch ist die Ausbeute an Öl geringer.

2. Der Rübsen (Brassica Rapa oleifera).

Der Rübsen, Rübenreps, Rübsamen (Fig. 143), unterscheidet sich vom Raps 1. durch grasgrüne, behaarte Blätter, 2. durch das oberste Stengelblatt, welches mit seinem herzförmigen Grunde den Stengel vollständig umfaßt, 3. durch den Blütenstand, dessen offene Blüten an der Spitze gedrängt und mit den Blütenknospen in gleicher Höhe stehen, 4. durch kleinere, heller gefärbte Körner mit geringerem Ölgehalt.

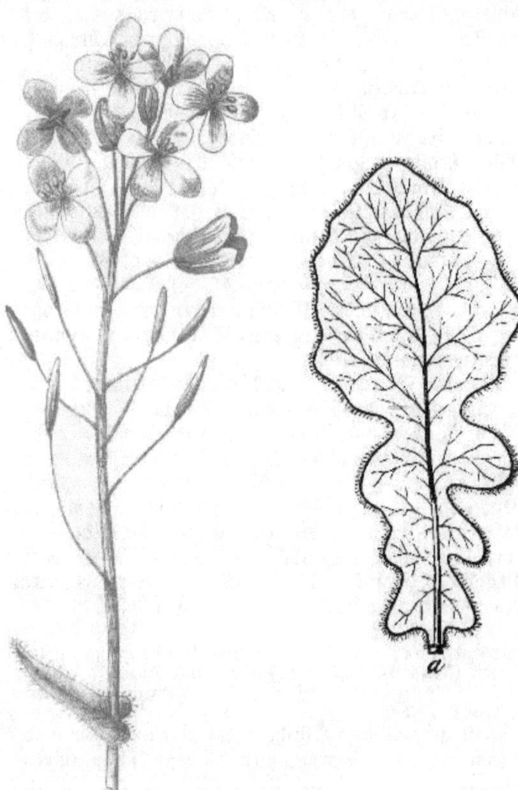

Fig. 143. Rübsen.
a Oberstes Stengelblatt.

Fig. 144. Mohn (Magsame).

Der Rübsen ist durch große Anspruchslosigkeit in Bezug auf Klima, Boden, Düngung, Bodenbearbeitung und Pflege vor dem Repse ausgezeichnet und gedeiht auch dort, wo dieser nur kümmerliche Ernten zu liefern imstande ist. Winterrübsen, meist als Stoppelfrucht gebaut, leidet durch Frost und Schädlinge weniger und wird etwa 14 Tage später, aber dichter als Reps gesät. Im übrigen gilt das beim Reps Ausgeführte auch für Winter- und Sommerrübsen.

Mittlerer Ertrag:

Winterrübsen	10 dz Körner,	20 dz Stroh,	6—7 dz Schoten,
Sommerrübsen	7—8 „ „ ,	15—16 „ „ ,	5 „ „ .

3. Der Mohn (Papaver somniferum).

Der Mohn oder Magsamen (Fig. 144) gehört mit dem Klatschmohn zur Familie der Mohngewächse. Er hat eine verschieden gefärbte Blumenkrone und eine vielfächerige Fruchtkapsel mit zahlreichen kleinen Samen.

Angebaute Mohnarten:
1. der Schließmohn mit geschlossener Kapsel;
2. der Schüttmohn, dessen Kapseln sich bei der Reife öffnen.

Der Mohnsamen liefert Öl (Speiseöl, zur Ölmalerei und zu Lack) und bei der Ölgewinnung als Rückstand Mohnkuchen; die reifen, holzigen Stengel liefern bloß ein Brennmaterial.

Der Mohn verlangt nährstoffreichen, unkrautreinen, kalkhaltigen, milden Lehmboden in warmer, sonniger Lage. Am besten steht er, als vorzügliche Vorfrucht für Weizen, nach Brache, nach gedüngter Hackfrucht, auch nach Tabak und Klee, weniger gut nach Getreide.

Mohn steht in zweiter Tracht oder erhält im Herbste eine starke Stallmistdüngung. Auch künstliche Düngemittel, wie A-SP, Guano und Chilisalpeter finden lohnende Anwendung.

Die Vorbereitung des Bodens erfordert größte Sorgfalt. Die mit trockenem Sand gemengten Samen werden angewalzt oder mit der Ackerschleife untergebracht. Saatmenge: Breitsaat 6—8 kg; Drillsaat 4—6 kg. Mehrmaliges Behacken und schwaches Anhäufeln der vereinzelten Pflanzen ist unbedingt erforderlich.

Schädlinge des Mohns sind: Vögel, Weißfleckrüßler (die Larve frißt die Körner), Blattlaus, Kohleule, falscher Mehltau und Schwarzfleckigkeit der Kapseln.

Bei der Ernte im August oder September pflückt man die Köpfe ab und schüttelt sie in einen Sack oder man zieht die Stengel vorsichtig aus, schüttelt die losen Samen auf ein Tuch aus und gewinnt die nachreifenden Samen nach einigen Tagen durch Abklopfen.

Ertrag: 9—12 dz Körner, 19—25 dz Stroh und Kapseln; Ölausbeute ca. 40%.

VI. Gespinstpflanzen.

Die Gespinstpflanzen werden zur Gewinnung der Bastfaser angebaut und liefern in ihren ölhaltigen Samen einen schätzenswerten Nebenertrag. Da aber der Anbau der Pflanzen, besonders die Ernte und die Gewinnung der Faser, sehr viel Handarbeit erfordert, so ist derselbe mehr für den Kleinbetrieb und nur dann für den Großbetrieb passend, wenn zur Bastfasergewinnung Maschinen verwendet werden oder wenn das Flachsstroh an Spinnereien verkauft werden kann. Für Deutschland kommen nur zwei Pflanzen, nämlich Lein und Hanf, in Betracht. Ihre Kultur ist aber durch die Konkurrenz der Nachbarländer (Rußland, Italien und Österreich) und der Gespinstpflanzen des Auslandes (Baumwolle, Jute, Manillahanf, neuseeländischer Flachs) bedeutend zurückgedrängt und in einzelnen Gegenden ganz verschwunden. Dennoch ist der Flachs- und Hanfbau für den kleinen Landwirt und Arbeiter von Bedeutung und sollte nicht völlig aufgegeben werden, da die Fasergewinnung eine noch annehmbar lohnende Beschäftigung für arbeitslose Wintertage bietet und der Leinsamen zweckmäßige Anwendung bei der Kälberaufzucht findet. Zur Hebung des Anbaues der Gespinstpflanzen vermögen genossenschaftliche Einrichtungen für die Verarbeitung des Flachses und Hanfes beizutragen.

1. Der Lein (Linum usitatissimum). ⊙.

Der Lein oder Flachs (Fig. 145) besitzt einen bis 1 m hohen, oben verzweigten Stengel, hat meist hellblaue Blüten und zehnfächerige Samenkapseln mit braunen Samen und gehört zu den Flachsgewächsen. Er liefert eine feine Faser zu Leinwand, ferner Leinöl und als Rückstand bei der Ölfabrikation die als Futtermittel wertvollen Leinkuchen und Leinmehl.

Man unterscheidet zwei Sorten des angebauten Leins:

a) Dresch- oder Schließ-Lein, dessen Kapseln („Knoten" genannt) bei der Reife geschlossen bleiben; wird höher, gibt mehr und festere Fasern; meist angebaut;

b) Klang-, Kling- oder Spring-Lein, dessen Kapseln bei der Reife von selbst aufspringen; hat feinere Fasern und gibt mehr Samen.

Fig. 145. Lein.

Der Lein liebt Feuchtigkeit und mäßige Wärme, liefert darum auch in Küstenländern (Ostseeprovinzen, Belgien) und Gebirgen mit gleichmäßig verteilten Niederschlägen und häufiger Tau- und Nebelbildung (Oberbayern, Tirol, Schlesien) die feinste Qualität Faser. Frische, durchlässige, tiefgründige Mittelböden mit Sand- und Humusgehalt zieht er vor, ohne Bodenarten ähnlicher Art zu verschmähen. Strenge Ton- und dürre Sandböden schließen seinen Anbau aus; stauende Nässe im Untergrund verträgt er nicht, weshalb unter solchen Verhältnissen zunächst eine Drainage auszuführen ist.

Vor allem muß der Flachs ein unkrautfreies Feld erhalten. Daher kommt er auf umgebrochenes Klee- oder Grasland, auch nach Mengfutter und gedüngten Hack- und Hülsenfrüchten. Mit sich selbst sehr unverträglich, kann Flachs erst nach 7—9 Jahren auf dem gleichen Feld wiederkehren. Nach gut bestandenem Flachs gedeiht jede Pflanze vortrefflich, auch Weizen.

Flachs gibt bei alter Bodenkraft die feinste und gleichmäßigste Faser; darum düngt man zur Vorfrucht. Frische Stallmistdüngung ist zu vermeiden; höchstens darf frühzeitig im Herbst gut verrotteter Mist, Gründünger, auch Latrine, Jauche oder unkrautfreier Kompost angewendet werden. Frische Stallmistdüngung wird durch Verunkrautung des Bodens und ferner dadurch nachteilig, daß sich gerne Lagerflachs, grobe Faser und geringe Ausbeute einstellt. Die Bildung von Geilstellen läßt sich auch nicht vermeiden. Einen recht günstigen Einfluß auf Menge und Qualität des Flachses übt eine Kaliphosphatdüngung aus. Zweckmäßig verabreicht man pro Hektar 5—10 dz Kainit und 4—6 dz Thomasmehl in der Zeit von

Herbst bis Winter oder 2—3 dz 40%iges Kalisalz und ebensoviel Superphosphat kurz vor der Bestellung. Chilisalpeterdüngung empfiehlt sich im allgemeinen nicht; ebenso ist auch von direkter Kalkdüngung abzusehen.

Der Lein ist ein Tiefwurzler und nicht, wie vielfach angenommen wird, ein Flachwurzler. Auf diesen Umstand ist bei der Bearbeitung Rücksicht zu nehmen. Der vor Winter tiefgepflügte Acker (es ist aber kein roher Boden an die Oberfläche zu bringen!) bleibt in rauher Furche liegen und wird im zeitigen Frühjahr durch Eggen und Walzen bei geeignetem Feuchtigkeitszustande des Feldes völlig gartenmäßig hergerichtet. Unmittelbar vor der Einsaat ist das gekeimte Unkraut durch die Egge zu zerstören oder der Acker wird flach geschält und nochmals feingeeggt. Stets sei man auf Erhaltung der Winterfeuchtigkeit bedacht, da der Flachs zum Keimen und in der ersten Zeit seines Wachstums sehr viel Wasser braucht.

Der Same zur Saat soll rein, glänzend, gelblichbraun sein, süßlich schmecken, im Wasser untersinken und auf heißer Herdplatte knisternd aufspringen. Das Hektolitergewicht soll etwa 67 kg betragen. Überjähriger oder bei 30 ° C gedörrter Same bringt erfahrungsgemäß höhere Ernte, längere Stengel und feineren Bast als neuer. In der Regel empfiehlt es sich, nach je 2—3 Jahren einen Samenwechsel vorzunehmen. Dazu genügt schon der Bezug von Saatgut aus der Umgegend, wenn möglich aus einer Wirtschaft mit geringeren Böden und höherer Lage.

Ausgezeichneten Lein liefern die Ostseeprovinzen sowie Tirol und Holland (Seeländer Lein). Der aus den russischen Ostseeprovinzen bezogene „Tonnen- und Sack-Lein" hat seinen Namen von der Verpackung und gibt mehrfach noch nicht den vollen Flachsertrag, sondern erst die von Tonnen-Lein erhaltene Nachzucht, der „Kronen- oder Rosen-Lein". Der weiterhin produzierte Saat-Lein erzeugt kürzere, mehr verästelte Stengel mit gröberem Bast und läßt sich nach 4—5 Jahren nicht mehr zu weiterer Ansaat, sondern nur noch zum Ölschlagen („Schlag-Lein") verwenden.

Schließ-Lein sät man Ende März oder in den ersten Apriltagen als sog. „Früh-Lein", Spring-Lein im Mai als „Spät-Lein". Letzterer leidet nicht selten durch Trockenheit und Fraß der Erdflöhe und liefert bei günstiger feuchter Witterung wohl eine Menge Flachsstroh, aber nur wenig und dabei schlechten Bast. Die Saatmenge wechselt je nach dem Zweck des Anbaus. 1. Bei dichter Saat (200—280 kg pro Hektar) erhält man viele und feine Fasern, aber unvollkommen ausgebildete Samen, die bloß zur Ölfabrikation verwendbar sind; die Stengel können sich infolge des dichten Standes auch nicht ordentlich ausbilden und werden gerne vom Regen niedergeschlagen. 2. Mitteldichte Saat (150—180 kg) liefert guten Bast und brauchbares Saatgut; auch lagert sie nicht so leicht und ist deshalb besonders empfehlenswert. 3. Dünne Saat (Drillsaat 75—100 kg, Breitsaat 100—135 kg) ergibt vollkommenen, zur Saat geeigneten Samen, aber grobe, geringwertige Faser.

Die Flachsgewinnung erfordert einen gleichmäßig dichten Pflanzenstand. Dieser wird durch breitwürfige Saat, kreuz und quer ausgeführt, erreicht. Auch das Eineggen des Samens erfolgt kreuz und quer, aber nicht tiefer als 2 cm, mit nachfolgendem Überfahren mit gerippten oder Ringelwalzen. Auch Einharken mit Handrechen ist üblich um gleichmäßiges Unterbringen und Keimen zu erzielen. Bei Drillsaat nimmt man die Reihen auf 5 cm Entfernung.

Die während der Keimung entstehenden Bodenkrusten sind durch Walzen zu brechen. Stellen sich bei trockener Witterung Erdflöhe ein, so streue man

Holzasche. Um das Lagern zu verhüten, steckt man Reiser ein, zieht Schnüre oder legt längere Stangen auf Gabelstöcke. Unkraut ist durch sorgfältigstes Jäten zu beseitigen.

Recht unangenehm im Flachse sind: kletterndes Labkraut, Ackerwinde, Knöterich, Leindotter, Flachsseide.

Tierische Schädlinge: Drahtwürmer, Engerlinge, Raupe der Ypsiloneule, Erdflöhe und Flachsknotenwickler.

Wie die Saatmenge, so richtet sich auch die Erntezeit des Leins nach dem Anbauzwecke. Will man feine, glänzende, leicht bleichende Faser, so muß man den Flachs ausraufen, sobald die unteren Blätter welken und die Samen noch weich sind. Lein, welcher Saatgut liefern soll, muß völlig ausreifen; er wird also ausgezogen, wenn die Körner in den Kapseln rasseln und die Blätter bereits abgefallen sind. Man erntet aber in der Gelbreife, wenn Samen- und Flachsgewinnung beabsichtigt ist. Die Flachsernte fällt noch vor die Roggenernte, läßt sich deshalb mit den vorhandenen Arbeitskräften leicht bewerkstelligen. Der Flachs darf beim Ausraufen weder regen- noch taufeucht sein. Gleichzeitig erfolgt ein Sortieren nach der Stengellänge und ein sorgfältiges Ausscheiden des Unkrauts. Nach dem Trocknen des Flachses in Kapellen oder auf Holzstangen (Hifel) werden die Samenkapseln abgeriffelt (Riffelkamm, Riffelmaschine, Flachsentknotungsmaschine) oder abgeschlagen. Die ausgedroschenen Samen bewahrt man samt Spreu in einem trockenen Raume auf. Die Flachsstengel werden geröstet (Tauröste, Kalt- und Warmwasserröste, Luft- und chemische Röste) und dann bis zur weiteren Verarbeitung in geeigneten luftigen Räumen aufgestapelt. Ebenso bewahrt man bei Samengewinnung die getrockneten Kapseln bis zum Ausdrusch gegen Ende des Winters auf.

Zur Gewinnung der Flachsfaser sind noch weitere Arbeiten nötig, nämlich 1. das Rotten und Brechen, 2. das Schwingen und 3. das Hecheln. Zweck dieser Arbeiten ist die Loslösung der Bastfaser und deren völlige Reinigung von Rinden- und Holzteilen. Mit der Fasergewinnung befassen sich auch eigene Flachsbereitungsanstalten, die ein wertvolleres Gespinstmaterial erzielen, als dies bei unvollkommenen Einrichtungen durch Handarbeit zu erreichen ist. Ertrag pro Hektar bei Bastgewinnung 25 bis 50 dz trockene Stengel und 5—11 dz Samen.

2. Der Hanf (Cannabis sativa.) ☉.

Der Hanf (Fig. 146 und 147) ist eine zweihäusige Pflanze (s. S. 115) aus der Familie der Nesselgewächse. Die männliche Pflanze (Fimmel, Femel, Staubhanf) trägt die Staubgefäßblüten in einer Rispe, reift früher und liefert weniger feinen Bast als die weibliche. Die niedrige weibliche Pflanze (Samen- oder Mastelhanf) hat größere, rauhe, drüsenhaarige Blätter und bei freiem Stand verästelte Stengel; ihre Stempelblüten stehen dicht gedrängt in den Blattwinkeln. Die Hanffaser ist weniger fein als die Flachsfaser und dient vorzugsweise zur Herstellung von Hopfenschnüren, Stricken, Tauen, Segeltuch, Spritzenschläuchen, Gurten und grober Leinwand.

Hanf wird in warmen Niederungen Süddeutschlands, besonders in der Rheinebene und ihren Seitentälern, angebaut. In sonnigen, vor rauhem und starkem Winde geschützten Lagen auf mäßig frischem Boden ist sein

Gedeihen gesichert. Das Feld sei nährstoffreich, tiefgründig und humushaltig. Am üppigsten wächst der Hanf auf trocken gelegten Teichgründen und angeschwemmten Schlammböden.

Hanf kann nach jeder Frucht, Gerste ausgenommen, angebaut werden. In manchen Gegenden folgt er nach Hackfrucht (Kraut, Rüben) oder nach sich selbst mit Futterroggen als Zwischenfrucht. Er hinterläßt das Feld unkrautfrei und in einem so vorzüglichen physikalischen Zustande, daß Weizen, Tabak und Raps mit Vorliebe nach Hanf gestellt werden.

Da Hanf nicht lagert, gibt man ihm im Herbste eine starke Stallmistdüngung, sorgt aber für gleichmäßige Verteilung und kann noch mit Jauche, Latrine, Kompost, Schafmist, Asche nachhelfen. Oft wird ein Teil des Stallmistes nach der Bestellung obenauf gebreitet. Auch Handelsdünger haben

Fig. 146. Fimmelhanf.
(Männliche Pflanze.)

Fig. 147. Samenträger.
(Weibliche Hanfpflanze.)

sich bewährt: 1,6—3 dz Chilisalpeter, 4—7 dz Thomasmehl und 2—3 dz Kainit per ha. Eine Gabe von 1,5—2,5 dz Viehsalz, vor der letzten Pflugfurche gleichmäßig ausgestreut, mehrt den Ertrag und erzeugt schöneren und zäheren Bast.

Während der Lein eine feine Krümelung mittels der Egge wünscht, verlangt der Hanf eine etwas geringere Zerkleinerung des Bodens, die hauptsächlich durch Pflügen herbeigeführt werden muß. Die notwendigen Tieffurchen sind im Herbste zu geben; im Frühjahre ist die Pflugarbeit auf das Notwendigste zu beschränken, damit die Winterfeuchtigkeit geschont bleibt. Zur vollkommenen Krümelung des Feldes mittels Egge, Walze und Exstirpator bleibt hinreichend Zeit, da der Hanf frühestens in den ersten Maitagen gesät wird.

Die Dichte der Saat richtet sich nach dem Anbauzwecke. „Spinnhanf" mit feinem Baste erzielt man auf schwächer gedüngtem Acker durch dichte, gleichmäßige Breitsaat (150—200 kg Samen per Hektar). Will man starken Seiler- oder „Schleißhanf" gewinnen, so sät man weniger dicht; Breitsaat 100—120 kg, Drillsaat bei 20—30 cm Weite 70—100 kg. Vorzügliches Saatgut erhält man von vereinzelt stehenden Pflanzen, welche man in Kartoffel- oder Rübenfeldern zieht, und von den am Feldrande wachsenden vielästigen Hanfpflanzen.

Der Hanf wächst schnell, unterdrückt daher leicht das Unkraut und bedarf fast keiner Pflege. Weitstehender Samenhanf kann, wenn notwendig, gejätet und mit kleinen Handhacken gehäufelt werden.

Von Hanfschädlingen sind zu nennen:

1. Schmarotzerpflanzen: Hanfwürger auf den oberflächlichen Seitenwurzeln (s. S. 136). Gegenmittel: Reinigung der Samen und Ausstechen der Schmarotzer.

2. Insekten: Den Wurzeln schaden die Engerlinge des Maikäfers und die Raupen der Ypsiloneule.

3. Körnerfressende Vögel, besonders Hänfling, Distelfink und Sperling, lassen sich die Samen wohl schmecken. Mittel: Bedeckung der Saatfelder mit Stallmist, Stroh oder Häcksel; Aufstellung von Vogelscheuchen oder von Wächtern zur Saat- und Erntezeit.

Wie die Saat, so ist auch die Ernte vom Zwecke des Anbaus abhängig. Wenn der Fimmel abgeblüht hat und sich gelb zu färben beginnt, wird er gewöhnlich ausgerauft. Die feinste Faser gewinnt man, wenn zur Fimmelreife zugleich der Mastelhanf mitgeerntet wird („Schlaghanf"). Auch können beim Ausraufen beide Arten gesondert werden. Will man auf den Samenertrag nicht verzichten, so bleibt der weibliche Hanf stehen, bis der größere Teil der Samen reif ist.

Die gerauften Stengel werden durch Abklopfen von Erde gereinigt, in armdicke Bündel gebunden und zum Trocknen in Pyramiden aufgestellt. Aus Samenhanf erhält man durch leichtes Abklopfen mit der Hand oder Abstreifen an einer Leiter die vollkommensten Körner als Saatgut. Die übrigen Samen, welche durch kräftiges Abstreifen oder leichtes Dreschen gewonnen werden, eignen sich als Vogelfutter und zur Ölfabrikation. Die Körner geben etwa 25% Öl und 75% Ölkuchen; diese sind jedoch nur von untergeordneter Bedeutung.

Fimmel- und Mastelhanf werden ihrer Länge nach bei der Ernte sortiert. Die weitere Bearbeitung, die im Rösten, Brechen, Reiben auf der Hanfreibe, Schwingen und Hecheln besteht, liefert als fertiges Produkt den Spinnhanf bezw. Seilerhanf und als Nebenerzeugnisse Werg und Hede. Ertrag per Hektar bei Bastgewinnung 30—60 dz trockene Stengel und 4—10 dz Samen.

VII. Fabrikpflanzen.

Unter diesem Namen faßt man einige wenige Pflanzen zusammen, die man ausschließlich zur Gewinnung von Rohmaterialien für die Industrie anbaut. Ihre Kultur ist nur in beschränkter Ausdehnung ratsam und soll nie in einem Maße geschehen, daß davon die wirtschaftliche Grundlage der Landwirtschaft abhängig ist. Hierher sind außer der schon behandelten Zuckerrübe (Seite 259—261) namentlich noch Tabak und Hopfen zu rechnen.

Der Tabak (Nicotiana). ☉.

Der Tabak (Fig. 148) gehört zur Familie der Nachtschattengewächse (Solaneen) und soll aus Amerika zu uns gekommen sein. Um seine Verbreitung in der alten Welt hat sich angeblich um 1560 der französische Gesandte am portugiesischen Hofe, Jean Nicot, verdient gemacht und nach ihm erhielt der Tabak den lateinischen Gattungsnamen.

In unserem Klima ist der Tabak eine krautartige Pflanze von 1,5 bis 2 m Höhe und hat häufig eiförmige und lanzettförmige Blätter von 40 bis 80 cm Länge und 20—40 cm Breite. Blätter und Stengel sind fein behaart und klebrig. Die trichterförmigen Blüten stehen bei den rot- und weiß-

Fig. 148. Tabak.
a Blüte, b Samenkapsel, c Tabaksblatt, d Tabakspflanze mit Blüte.

blühenden Arten meist in einer Rispe; die gelbblühenden Pflanzen dagegen haben einen traubigen Blütenstand. Die Samenkapsel ist zwei- bis vierfächerig und enthält zahlreiche kleine braune Samen, sodaß eine einzige Pflanze bis zu 40—50 000 Samen zu produzieren vermag. Die ganze Pflanze birgt in sich einen Giftstoff, das Nikotin, welches schon in kleinsten Mengen eine belebende, berauschende Wirkung hervorruft.

Bei uns werden verschiedene Arten von Tabak kultiviert, die sich in 3 Gruppen ordnen lassen:

1. die Nutzpflanzen mit roten Blüten,
2. die Nutzpflanzen mit gelben Blüten,
3. die Zierpflanzen mit weißen und roten Blüten.

Die erste Gruppe umfaßt einige Spielarten der ungestielten virginischen und marylandischen Arten und zwar:

a) Friedrichstaler Tabak (Nicotiana Tabacum var. pendulifolia). Die Blätter stehen sehr dicht und sind lang herabhängend. In der badischen und bayerischen Pfalz zur Verwendung als Spinntabak, auch als Zigarrenmaterial vielfach angebaut. Ist sonst ziemlich widerstandsfähig, nur nicht gegen Rost, verlangt warmen, humosen Boden.

b) Amersforter Tabak (Nicotiana Tabacum var. accuminata). Spitzer virginischer Tabak. Die Blätter stehen dicht, ziemlich wagrecht und aufrecht. Findet vielfach Verwendung zu Pfeifengut und Zigarrenmaterial. Von den Pflanzern bevorzugt, findet er sich in ganz Süddeutschland verbreitet.

c) Der großblättrige Marylandtabak (Nicotiana latifolia var. longifolia, auch latissima, gigantea oder macrophylla). Dutentabak in der Pfalz, Schaufeltabak im Elsaß. Sonst unter dem Ortsnamen Geudertheimer bekannt. Die Blätter stehen nicht ganz so dicht wie bei den virginischen Sorten, sind eirundlich, stengelumfassend und stehen ziemlich aufrecht. Sehr ertragreich; als Zigarrendeckblatt geschätzt.

d) Der Gunditabak (Nicotiana latifolia var. pandurata). Etwas kleinblättriger als die vorige Sorte. Sehr verbreitet in der bayerischen und badischen Pfalz. Namentlich als farbiges Pfeifengut sehr beliebt.

Die zweite Gruppe mit gelben Blüten wird hauptsächlich repräsentiert durch den sog. Bauerntabak (Nicotiana rustica var. cordata), auch Veilchentabak, Rundblatt, Landtabak, Deutscher Virgini, Brasilientabak genannt. Wird 60—100 cm hoch, Blumen gelblichgrün. Stengel, Blätter und Blüten sind stark weiß-grün behaart. Die gestielten Blätter sind länglichrund, am Grunde fast herzförmig, blasig, lederartig. Diese Sorte ist viel widerstandsfähiger gegen Witterung und Klima, sonst aber nicht so wertvoll wie die vorherigen Sorten. Beim Rauchen entwickelt dieser Tabak einen Geruch nach Veilchen, daher der Name. Wird als ordinäres helles Pfeifengut, in einzelnen Fällen auch zu Kau- und Schnupftabak verwendet. Anbau in der Nähe von Duderstadt, Marienwerder, Tilsit, Eschwege, Nürnberg und vereinzelt in Lothringen.

Die dritte Gruppe bilden die Zierpflanzen und zwar eine schöne, 2 m hohe Art mit weitstehenden, großen, ovalen Blättern und schönen roten Blüten (Nicotiana sanguinea). Weiter zwei weißblühende Arten, die verästelte Nicotiana affinis und die Nicotiana sylvestris. Die Blüten dieser beiden Sorten sind ganz außerordentlich aromatisch. In Gärten und Anlagen finden wir diese drei Sorten sehr häufig; sie haben aber keinen eigentlichen ökonomischen Wert.

Anbau des Tabaks.

Der Tabak verlangt ein mildes Klima, geht aber noch über das Weinbauklima hinaus. Gegen Fröste und rauhe Winde ist er sehr empfindlich, weshalb er nur in geschützten Lagen angebaut werden soll. Trockenheit kurz vor der Ernte wirkt auf die Qualität nachteilig ein, weil die oberen Blätter nicht auswachsen und ausreifen können. Überhaupt ist neben genügender Wärme ein bestimmtes Maß von Feuchtigkeit während der ganzen Wachstumszeit zur

Erzielung eines feinen, leichten, elastischen und gut brennenden Blattes von größter Bedeutung. Von Bodenarten sagen ihm die sandigen, humosen, milden und warmen Lehmböden am meisten zu; doch gedeiht er mit Ausnahme des zu nassen, schweren Tonbodens auf allen durchlässigen Böden, wenn sie nur in guter Dungkraft stehen.

Bezüglich der Vorfrucht ist der Tabak nicht wählerisch; er kann, wenn nur auf Quantität gesehen wird, nach allen Früchten gebaut werden; jedoch bedingt die Rücksicht auf die zu erzielende Qualität des Produkts und die Verbrennlichkeit, die Einhaltung bestimmter Fruchtfolgen. Sehr beliebt ist in Tabakgegenden der Anbau des Tabaks nach sich selbst. In Baden und in der Pfalz steht Tabak nicht selten 3 Jahre, im Elsaß manchmal 6—7 Jahre, in Holland ein ganzes Menschenleben und in der Weichselniederung sogar seit 100 Jahren auf dem gleichen Felde. Erfahrungsgemäß wird bei dieser Folge die Qualität eine bessere und wenn die als zweckmäßig erkannten Kulturmaßregeln Beachtung finden, dann verringert sich nicht nur nicht der Ertrag, wie vielfach angenommen wird, sondern auch das Auftreten des Tabakwürgers, Orobanche ramosa L., wird vermindert. Dieser Schädling zieht aus den Wurzeln des Tabaks seine Nahrung und treibt 15—30 cm hohe Stengel mit bläulichen Blüten; dieselben müssen vor der Reife abgeschnitten werden, damit kein Same in den Boden gelangt, wo er jahrelang keimfähig bleibt. Man weiß seit neuerer Zeit, daß das Auftreten des Tabakwürgers oder Hanftodes durch das Zusammenwirken von frischem Dünger und heißem Sonnenschein begünstigt wird. Im Reichslande ausgeführte Versuche ergaben bei einem fortgesetzten Bepflanzen derselben Felder mit Tabak während 7 Jahren:

im 1. Jahre	stark Tabakwürger	im 5. Jahre		frei von Tabakwürger.
„ 2. „	sehr stark „	„ 6. „		
„ 3. „	sehr stark „	„ 7. „		
„ 4. „	schwach „			

Der dichte Bestand und der dadurch verursachte kühle Schatten ließen keinen Samen mehr reif werden. Die Quantität des Tabaks war im 7. Jahre am größten. In umgebrochene Klee-, Luzerne- und Grasfelder sollte der Tabak nur im Notfalle zu stehen kommen; denn das bei solchem Anbau erzielte Produkt brennt sehr schlecht und besitzt geringen Geruch. Deshalb verbietet die Tabaksverkaufsgenossenschaft für die Pfalz, Baden und Hessen, ebenso die Kaiserl. Tabakmanufaktur in Straßburg in ihren Kulturvorschriften die Benützung der Kleeäcker im Tabakbau. Die Nachfrüchte des Tabaks finden den Boden in ausgezeichnetem Kulturzustande, weshalb man nach ihm die anspruchsvollsten Gewächse, Weizen, Gerste und Klee, bringt.

Die Vorbereitung des Bodens muß sorgfältig geschehen. Im Herbst wird der Acker mindestens zweimal gepflügt und zwar einmal zur vollen Tiefe, denn der Tabak verlangt wegen seiner meist tiefgehenden Wurzeln große Tiefgründigkeit des Bodens. Im Frühjahr erhält dieser mit Egge, Walze und Pflug eine vollständig gartenmäßige Behandlung. Von Düngemitteln sagen dem Tabak Rindviehmist und Kompost, der aus verrottetem Stallmist und chlorfreien Pflanzenabfällen hergestellt ist, am besten zu; Latrine ist dagegen unter allen Umständen zu verwerfen, ebenso die Jauche aus der Mistgrube sowie alle stark stickstoffhaltigen Düngemittel. Erwähnt sei, daß in den besten Tabakorten des Rheinlandes fast ausschließlich Pferdemist, der aus

Garnisonen stammt, Verwendung zur Tabaksdüngung findet. Die Dünger gelangen tunlichst schon im Herbst in den Boden, Kompost auch noch im Frühjahr. Alle Dünger sind, im Herbst gegeben, für die Qualität am vorteilhaftesten. Bei der Zugabe von künstlichen Düngern muß man sich in bestimmten Grenzen bewegen. Jedes Zuviel an einem Nährstoff rächt sich an der Qualität; auch die Zusammensetzung der Düngesalze ist dabei von großem Einfluß. Die Ansicht, daß die Qualität, d. i. die Brennbarkeit des Tabaks, mit dem Kaligehalt steigen würde, ist durch die Praxis längst verworfen. Als erwiesen gilt aber, daß durch hohen Chlor- und Eiweißgehalt der Brand geschädigt wird. Die Frage der Kalidüngung wird im Tabakbau sehr häufig noch als die schwierigste aufgefaßt, obwohl durch nichts die Notwendigkeit der besonderen Kalizufuhr bewiesen ist. Von der Kainitdüngung kann wegen des hohen Chlorgehalts selbstverständlich keine Rede sein. Früher wurde empfohlen, kohlensaure Kalimagnesia zu benützen. Der Preis für dieses Düngemittel ist jedoch so hoch, daß es für die Praxis belanglos bleibt und außerdem ist Kalimagnesia wegen Bildung der Magnesiasalze im Blatte zu verwerfen; dieselben vernichten die Brennfähigkeit. Das neu in den Handel gebrachte Martellin (kieselsaures Kali) dürfte sich mit der Zeit als Tabakdünger mehr einführen; die mit demselben angestellten Versuche haben, richtige Anwendung vorausgesetzt, durchweg einen günstigen Einfluß auf die Güte des erzeugten Tabaks erkennen lassen. Die Wirksamkeit des Martellins beruht jedenfalls darauf, daß das zugeführte Kali an die unschädliche Kieselsäure gebunden ist. Voraussetzung der Wirksamkeit ist, daß sich im Boden ein großer Vorrat Humussubstanz vorfindet. Bei Anwendung von Martellin erfolgt die Düngung der Tabakäcker entweder durch die ortsübliche Menge von Stallmist im Spätsommer oder Herbst und durch Ausstreuen von 4 kg Martellin pro Ar in der Zeit vom Herbst bis Januar oder bei halber Stallmistdüngung im Herbst durch Ausstreuen von 4 kg Martellin pro Ar in der Zeit von Herbst bis Januar und nur ausnahmsweise von 1/2 kg salpetersaurem Ammoniak im Februar—März. In schweren Böden und bei verspäteter Stallmistdüngung kann die Menge des Martellins größer sein.

Phosphorsäure beeinträchtigt die Qualität; höchstens kann noch Thomasmehl für Phosphorsäurelieferung in Betracht kommen. Auf phosphorsäurereichen Feldern stellt man Tabak häufig nach Getreide, das dem Boden viele Phosphorsäure entnommen hat. Mit Chilisalpeter stark versorgter Tabak reift spät aus; es ist daher größte Vorsicht bei Salpeterdüngung anzuwenden.

Das Feld muß sich spätestens bis Anfang Juni in dem gewünschten Zustande befinden, damit man die Tabakpflänzchen setzen kann; für einen Hektar braucht man 38—40000 Pflänzchen. Früher Satz ist sehr zu empfehlen. Die Tabakpflänzchen werden auf geschützten Samenbeeten oder besser auf Mistbeeten („Tabakkutschen") herangezogen, welche so angelegt sein müssen, daß man sie bei niedriger Temperatur bedecken kann. Je größer der verfügbare Kutschenraum ist, desto dünner kann gesät werden und desto kräftigere Pflanzen erhält man. Durch fleißiges Jäten hält man das Beet stets unkrautrein und begießt es bei trockener Witterung. Mit dem Verpflanzen beginnt man Ende Mai, wenn die Pflänzchen 6—8 Blätter angesetzt haben und keine Fröste mehr zu befürchten sind. Sowohl Regenwetter als auch große Sonnenhitze sind beim Versetzen schädlich; ausgetrockneter Boden wird an den Pflanzstellen angegossen. Durch die Verabreichung des Wassers vor dem Verpflanzen wird die Krustenbildung verhindert; ein Bedecken der feuchten Stellen nach dem Pflanzen mit etwas trockener Erde hat dieselbe Wirkung. Die Entfernung der einzelnen Pflanzen von einander ist für die Blattentwicklung von großer Bedeutung. Auf vorzüglichem Boden betrage die Entfernung der Reihen voneinander 50—55 cm, diejenige der Pflanzen in den Reihen 42 bis 45 cm; auf armem Boden stellt man sie dichter. Das deutsche Tabaksteuergesetz schreibt auch die Pflanzung in geraden Reihen und in regelmäßigen Abständen vor um die Kontrolle zu erleichtern. Den Bestand muß man, wenn sich schwächliche, fehlerhafte Stellen zeigen, bald „nachbessern".

Nach dem Anwachsen der Tabakpflanzen beginnt das Behacken, das rechtzeitig zu wiederholen ist. Mit der letzten Hacke wird auch das Behäufeln verbunden, wobei man aber beachten muß, daß die unteren Blätter nicht vom Sande bedeckt werden. Weiterhin ist es nötig, das „Köpfen" und „Geizen" rechtzeitig vorzunehmen. Mit dem Ausdruck „Köpfen" bezeichnet man das Abbrechen des Gipfels mit den daransitzenden Blättern sowie der Blütenrispe. Dasselbe geschieht in der Absicht, die übrigen Blätter zu besserer Entwicklung zu bringen. Auch das „Geizen" (Ausbrechen der Seitentriebe) verfolgt den gleichen Zweck. Nicht geköpfte und nicht gegeizte Pflanzen liefern kleinere, aber auch nikotinärmere Blätter, wogegen Köpfen und Geizen den Nikotingehalt und die Blattgröße erhöhen. Das Köpfen wird meistens noch zu niedrig ausgeführt. Die Arbeit des Brechens und Einlesens der Blätter erfährt zwar durch das höhere Köpfen eine Mehrung, allein anderseits wird mindestens einmaliges Geizen gespart. Zweifellos gibt es jedoch auch Äcker und Jahrgänge, welche niedriges Köpfen am Platze erscheinen lassen. Zwar bringt höheres Köpfen leichtere Blätter, allein insgesamt meist ein größeres Blattgewicht pro Stock; bei solch kleinen Blättern ist das sogenannte „Rippenverhältnis" günstiger als bei großen, d. h. der Käufer erhält verhältnismäßig nicht soviel wertloses Rippenmaterial, das er auch versteuern muß.

Die Höhe des Ertrags an Tabak ist unsicher. Reif, Hagelschlag, Platzregen, große Trockenheit oder andauerndes Regenwetter sind der Pflanze gefährlich. Der Hanfwürger (s. o.) schmarotzt an der Wurzel; an den Blättern treten Blattfleckenkrankheiten oder Rost (Phyllosticta Tabaci) und Mosaikkrankheit auf. Gegen die Blattkrankheit hilft Bespritzen mit antiseptischen Mitteln. Von Tieren werden schädlich: Drahtwurm, Kohl- und Ypsiloneule, Maulwurf und Engerling, Heuschrecken und Schnecken; letztere bekämpft man durch Ausstreuen von Schwarzkalk. Mit dem Abernten der Blätter beginnt man, wenn sie gelbe Flecken bekommen, matt und klebrig werden, was in der Rheinpfalz Ende August eintritt. Zigarrentabak wird alsdann sofort geerntet, Rauchtabak darf überreif werden. Die Reife vollzieht sich von unten nach oben; zweckmäßig geschieht deshalb das Abnehmen der Blätter in dieser Reihenfolge. Oft werden dieselben auf einmal geerntet, womit aber stets eine Qualitätsminderung verbunden ist; daher sollen wenigstens die Sandblätter für sich und vor dem Obergut geerntet werden.

Wo es der Tabakpreis lohnt, wird schon beim Einsammeln ein Sortieren in große, kleine, hell und dunkel gefärbte Blätter vorgenommen. Die geernteten Tabakblätter läßt man etwas abwelken und bindet sie dann in kleine Bündel. Man gewinnt 3 Sorten:

1. Bodenblätter, die 6—7 untersten Blätter,

2. **Mittelgut**, die 7—10 mittleren Blätter,

3. **Obergut**, die 5—6 oberen Blätter.

Die auf dem Boden aufliegenden, beschmutzten und teilweise abgestorbenen Blätter bezeichnet man als Grumpen.

Das Trocknen muß möglichst sorgfältig geschehen; gleichmäßige Temperatur, bedeckter Himmel ohne Regen, windiges Wetter sind dem Trocknen sehr förderlich. Nebel direkt nach dem Aufhängen des Tabaks im Schuppen gibt zu Fäulnis Anlaß, namentlich wenn er beregnet unter Dach gebracht wurde. Frost kurz vor dem Abschluß der Trocknung wirkt auf die Reifung der Rippen vorzüglich ein.

Die Blätter werden zum Zwecke der Trocknung an ca. 90 cm lange Schnüre gereiht und zwar so, daß sich zur Vermeidung von Anschimmeln die einzelnen Blattrippen nicht berühren. (Fig. 149.) Die Schnüre befestigt man an Nägeln, welche in einer Entfernung von 10—12 cm an Stangen in luftigen Räumen angebracht sind. (Tabakschuppen, Trockenhäuser.) Bis Ende

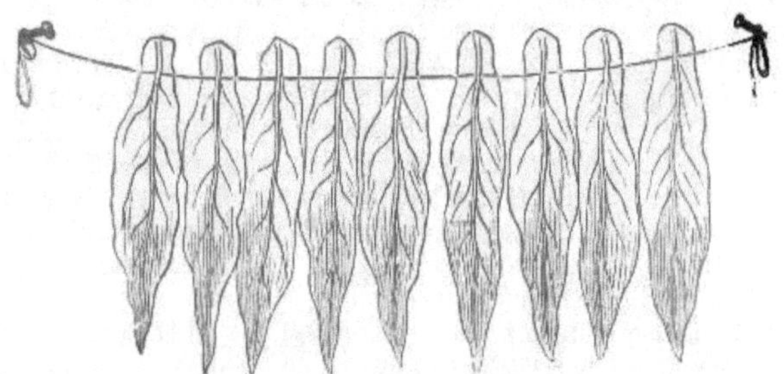

Fig. 149. Zum Aufhängen hergerichtetes Bandalier von grünen Tabaksblättern.

Oktober, anfangs November ist in der Regel die Trocknung des Sandblattes vollendet; bis zur Trocknung von Ober- und Mittelgut dauert es gewöhnlich zwei Monate länger. Man erkennt den richtigen Grad der Trocknung daran, daß die Blattrippe eingeschrumpft ist und kein wahrnehmbares Vegetationswasser mehr enthält, ferner daß die Blätter elastisch trocken sind und nach dem Zusammenrollen wieder ihre alte Form annehmen; diesen Zustand bezeichnet man als Dach- oder Rippenreife. Der abgehängte Tabak wird in Büschel gebunden, welche man in Scheunentennen oder in sonstigen kühlen, aber luftigen und geschlossenen Räumen auf sog. „Bänke" schlägt. Diese sind ca. 30 bis 50 cm hoch und müssen, wenn der Käufer lange auf sich warten läßt, öfters umgesetzt werden, da leicht eine Erhitzung eintritt.

Ertrag pro Hektar 8,5—20 dz Obergut, 1,7—3,5 dz Sandblatt und Grumpen; im Elsaß beträgt der durchschnittliche Gesamtertrag 30—37 dz pro Hektar.

Zur Samengewinnung läßt man pro Hektar eine Anzahl der schönsten und kräftigsten Pflanzen ungeköpft. Diese Samenpflanzen werden erst nach erfolgter Samenreife entblattet; auch werden sie vor Blattkrankheiten geschützt. Andere kranke Pflanzen müssen aus ihrer Nähe entfernt werden. Zweckmäßig bricht man sämtliche Kapseln bis auf die mittleren Gipfelkapseln aus. Vor Eintritt des Frostes schneidet man sie ab und hängt sie über Winter in einem trockenen Raum auf. Erst im Frühjahr werden die Samen aus den Kapseln genommen. Die Samen behalten etwa zehn Jahre lang ihre Keimfähigkeit.

Da der Tabak leicht ausartet, ist häufiger Samenwechsel notwendig.

Der Tabak ist eine echte Qualitätsfrucht und die Kultur des Tabaks muß stets auf Erzielung eines möglichst guten, leicht verkäuflichen und gut bezahlten Produkts gerichtet sein. Wenn gleichzeitig auch der Ertrag quantitativ gesteigert wird, dann ist der Verdienst aus dem Tabakbau um so größer. Nachdem der Verbrauch von Kau- und Schnupftabak ganz bedeutend zurückgegangen ist, auch Pfeifengut immer weniger gewünscht wird, ist es Aufgabe des Tabakpflanzers dem Handel ein vorzügliches Zigarrengut zu liefern, welches den Ansprüchen des Käufers entsprechend aufweisen muß: zartes, feines Blatt, gute Reife, hohe Brennfähigkeit, vorzüglichen Geruch, helle Blattfarbe und günstiges Rippenverhältnis.

Tabak, der nicht gut brennt, hat fast gar keinen Wert mehr. Je besser ein Tabak brennt, desto besser schmeckt er. Aus diesem Grunde verwendet man heute auch für die Pfeife gutbrennenden Tabak, im Gegensatz zu früher, als für die Pfeife das Schlechteste noch gut genug war.

VIII. Wiesen und Weiden.

Wiesen sind mit Gräsern und Kräutern in geschlossenem Stande bewachsene Feldflächen, die zur Futtergewinnung bestimmt und daher einem Wechsel im Anbau in der Regel nicht unterworfen sind.

Bedeutung und Wert der Wiesen beruhen darin, daß sie für die Futtergewinnung und damit für die Viehhaltung eine viel sicherere Grundlage bilden als das Ackerland. (Ausdauernde Pflanzen verschiedener Arten, feuchtere Lagen.) Unter Umständen ist der Wiesenbau, abgesehen von der Weidenutzung, die einzig mögliche Art der Bodenbenützung, z. B. in manchen den Überschwemmungen ausgesetzten Tälern und Flußniederungen, dann an steilen Hängen im Gebirge.

Man scheidet die Wiesen in zwei Hauptgruppen: in natürliche und in künstliche Wiesen.

Die Naturwiesen haben sich auf der unveränderten Erdoberfläche von selbst besamt und sind zur fortdauernden Gewinnung von Heu und Grummet bestimmt, während die künstlichen Wiesen mit Futterpflanzen angesäte Ackerflächen sind, die nur eine Zeit lang zur Futtergewinnung dienen und dann wieder umgebrochen werden.

Unter einer Kunstwiese versteht man ein Grundstück, dessen Oberfläche durch Planierung mehr oder weniger Veränderungen erfahren hat und bei dem die Pflanzendecke größtenteils durch Ansaat erzeugt sowie durch rationelle Bewässerung und Düngung zu den höchsten Erträgen gebracht worden ist.

Nach der Lage der Wiesen unterscheidet man: Tal- oder Niederungswiesen, Berg- oder Höhenwiesen, Feld-, Wald-, Fluß- und Bachwiesen.

Nach der Mähbarkeit: ein-, zwei-, drei- und viermähdige (-schürige) Wiesen.

Nach der Güte des Ertrags: süße und saure Wiesen.

Nach dem Feuchtigkeitsgehalt: Dung- oder Trockenwiesen und Wässerwiesen.

Eigenschaften einer guten Wiese: sie soll gutes, d. h. nahrhaftes und den Tieren bekömmliches Futter in reichlicher Menge liefern.

Gut wird das Wiesfutter genannt, wenn es aus süßen Gräsern und schmetterlingsblütigen Pflanzen (Klee- und Wickenarten) besteht und möglichst wenig Unkräuter enthält. Trockenere Lagen liefern im allgemeinen zwar weniger, aber gehaltvolleres Futter als nasse Lagen und selbst Wässerwiesen.

Je nachdem die Halme der Graspflanzen mehr in die Höhe schießen oder mehr in der Nähe des Bodens sich entwickeln, scheidet man die Gräser in Ober- und Untergräser.

Zu den wichtigeren Obergräsern zählen

1. das Knaulgras, ♃[1]), dauerhaft, ertragreich, liebt frischen, tiefgründigen Mittelboden;
2. das französische Raigras, ♃, rasche Entwicklung, aber wählerisch, verlangt nicht allzu schweren Boden und warme Lage;
3. das Timothe- oder Wiesenlieschgras, ♃, rasche Entwicklung, ertragreich, liebt schwere, feuchte Lagen, Ton- und Moorboden;
4. der Goldhafer, ♃, ertragreich und dauerhaft, liebt mittelschweren Boden;
5. der Wiesenschwingel, ♃, ertragreich und dauerhaft, liebt tiefliegende, feuchte Lagen;
6. der Wiesenfuchsschwanz, ♃, dauerhaft, liebt feuchte Lagen;
7. die Trespenarten, ♃, lieben trockene Lagen.

Die wichtigeren Untergräser (Bodengräser) sind:

1. das englische Raigras, ♃, rasche Entwicklung, nicht sehr ergiebig, liebt schweren, frischen Boden;
2. das Kammgras, ♃, langsame Entwicklung, trockene Lage;
3. das Wiesenrispengras, ♃, langsame Entwicklung, lockerer Boden;
4. das Fioringras, ♃, liebt feuchte Lagen.

Außer den bekannten Kleearten (Rotklee, Weißklee, Bastardklee, Hopfenklee, Schotenklee) sind auf den Naturwiesen noch verschiedene Wickenarten und die Wiesenplatterbse fast regelmäßig anzutreffen.

Alle übrigen auf den Wiesen noch vorkommenden krautartigen Pflanzen, z. B. Löwenzahn, Wegerich, Wiesenknopf, Wiesenbocksbart u. s. w., gehören nicht mehr zum Bestand einer guten Wiese, zählen vielmehr, wenn sie in zu großer Menge vorkommen, zu den Unkräutern, weil sie, ohne gerade gesundheitsschädlich zu sein, entweder im Verhältnis zu ihrem Nährwert einen ungebührlich großen Wachsraum beanspruchen (Platzräuber, wie z. B. der breitblättrige Wegerich, der Löwenzahn), zu starken Geruch oder zu bitteren Geschmack besitzen (Kümmel, Beifuß), oder zu bald holzig und daher schwer verdaulich werden (Bärenklau, Kälberkropf, Flockenblume 2c. 2c.).

---

[1]) Diese Zeichen geben die Lebensdauer an: ⊙ bedeutet einjährig, ⚇ zweijährig, ♃ ausdauernd (s. S. 112).

Zu den häufig vorkommenden giftigen Unkräutern zählen mehrere Hahnenfußarten und die Herbstzeitlose.

(Instrumente zum Ausstechen und Ausreißen der Wiesenunkräuter.)

Pflege der Wiesen.

a) Pflege der Dung- oder Trockenwiesen.

Der leichteren Aberntung wegen und zur Ertragssteigerung nach Menge und Güte sind auf jeder Wiese in erster Linie alle kleineren Unebenheiten, wie z. B. Maulwurfs- und Ameisenhaufen sowie der Grabenaushub, durch Wiesenhobel und Egge auszugleichen. Alsdann ist einer richtigen Düngung die größte Aufmerksamkeit zuzuwenden. Je ärmer an Humus und schmetterlingsblütigen Pflanzen und je trockener eine Wiese von Natur aus ist, um so öfter ist sie einer Kompost- und Stallmistdüngung bedürftig. Jauche ist vorsichtig anzuwenden, da sie gerne rauhes Futter erzeugt; Beigabe von Thomasmehl zu derselben ist vorteilhaft.

Phosphorsäure und Kali werden in der Regel am billigsten in Form von Thomasmehl und Kainit, womöglich schon im Herbst, aufgebracht.

Auf feuchten und moorigen Wiesen wirken auch Asche, Bauschutt, Kalk, Mergel u. s. w. sehr gut.

Grundregel bei der Wiesendüngung sei eine vernünftige Abwechselung in den Düngerarten.

Zur Beseitigung flachwurzelnder Unkräuter, insbesondere von Moos, zur besseren Durchlüftung schweren Bodens, zur Förderung der Bestockung der Graspflanzen 2c. 2c. ist das zeitweise Eggen der Wiesen (Wieseneggen) wie auch das Walzen der zu lockeren Wiesenoberfläche zu empfehlen. (Engerlinge, Frost, einseitige Düngung.)

Die Vertilgung der Wiesenunkräuter ist verschieden in Angriff zu nehmen, je nachdem man es mit Wurzel- oder Samenunkräutern oder mit beiden gleichzeitig zu tun hat. Ausstechen und Ausreißen der Unkräuter, Abmähen derselben vor der Samenreife beziehungsweise sehr häufiges Abmähen, scharfes Eggen, Abweiden oder gänzlicher Umbruch sind die Hauptvertilgungsmittel.

Den schädlichen Tieren ist am ausgiebigsten durch Schonung und Pflege ihrer natürlichen Feinde beizukommen.

Mäuse und Engerlinge werden am gründlichsten durch Bewässerung vertilgt; auch das Vergiften der Mäuse mit Arsenikweizen, Ansteckung mit Mäusetyphusbazillen u. s. w. ist unter Umständen angezeigt.

Endlich ist auch der Instandhaltung der etwa vorhandenen Entwässerungseinrichtungen, wie z. B. der offenen Gräben und Drainage-Ausmündungen, alle Sorgfalt zuzuwenden.

b) Pflege der Wässerwiesen.

Die Pflege der Wässerwiesen hat sich neben sorgfältiger Unterhaltung der Be- und Entwässerungseinrichtungen in erster Linie auf das richtige Wässern nach Zeit und Art zu erstrecken, wobei immer der Zweck der Bewässerung im Auge zu behalten ist (s. Wasserwirtschaft S. 172). Sobald im Frühjahr die Luft wärmer wird als das Wasser, ist sparsam, mit großer Vorsicht und, wenn tunlich, nur bei Nacht und trüber Witterung zu bewässern. Häufiges Umstellen des Wassers, vollkommene Trockenlegung der einzelnen Abteilungen darf nicht übersehen werden. Nicht selten wird zu viel gewässert! Bei nährstoffarmem Wasser lohnt sich auch das Düngen der Wässerwiesen.

Ungefähr eine Woche vor Beginn der Heuernte ist die Bewässerung zu unterlassen und die ganze Fläche trocken zu legen. Erst nach dem Vernarben der Grasstoppeln, also etwa 8 Tage nach dem Schnitt, darf die anfeuchtende Bewässerung wieder aufgenommen werden.

Im Sommer soll niemals anhaltend gewässert, sondern bloß angefeuchtet werden. Herbst und Vorwinter sind die beste Zeit zur anhaltenden (düngenden) Bewässerung, die so lange fortgesetzt werden darf, bis stärkerer Frost zu befürchten ist. Alsdann ist die Rieselfläche vollständig trocken zu legen. Eisbildung auf dem Rasen ist unter allen Umständen zu vermeiden.

Neuanlage von Wiesen.

Bei der Neuanlage einer Dauerwiese ist vor allem darauf zu sehen, daß die Lage der anzusäenden Fläche für Wiesen passend sei. Alsdann ist das Grundstück möglichst sorgfältig vorzubereiten, unkrautfrei zu machen und in gute Dungkraft zu versetzen.

Die Wahl der auszusäenden Gras- und Kleesämereien richtet sich in Art und Menge nach der Bodenbeschaffenheit. Bei derselben werden noch häufig grobe Fehler gemacht; es sollten deshalb Sachkundige hierüber befragt werden. (Landwirtschaftslehrer, Kulturingenieure.)

Bei der Anlage künstlicher Wiesen, die nur einige Jahre zur Futterproduktion bestimmt sind, sollen in der Samenmischung die Kleearten vorherrschen.

Von der Verwendung der sog. Heublumen ist in der Regel dringend abzuraten, da sie meist Samen minderwertiger Pflanzen und vieler Unkräuter enthalten.

Die sog. Egartenwiesen, welche im bayerischen Alpenvorlande häufig angetroffen werden, bedürfen bisweilen keiner Ansaat, da die während des kurzen Anbaus mit Ackerfrüchten sich lebensfähig erhaltenden Wurzelreste der Wiesenpflanzen unter dem Einfluß des regenreichen Klimas ein alsbaldiges Wiederbegrünen dieser Flächen ermöglichen.

Die Aussaat der Sämereien kann bei nicht zu trockener Witterung den ganzen Sommer über erfolgen. Die günstigste Zeit ist von Ende März bis Ende Mai. Eine Überfrucht ist nicht immer notwendig.

Die Klee- und schweren Grassämereien sind zu mischen und gesondert auszusäen, desgleichen die leichten Grassamen. (Kreuzweise Saat, flache Unterbringung.) Eine etwaige Überfrucht ist zuerst unterzubringen.

Die Pflege junger Wiesenanlagen ist sehr wichtig für deren Gelingen.

Beim ersten Schnitt soll die Sense nicht zu tief geführt werden. Walzen der neuen Grasnarbe im Frühjahr. Düngung mit strohigem Mist, keine Jauche.

Zu den nun folgenden Zusammenstellungen von Samenmischungen wird noch ausdrücklich bemerkt, daß sie nur **Beispiele** sein sollen und daß namentlich die auszusäende Menge sich mit der **Reinheit** und **Keimfähigkeit** des zur Verfügung stehenden Samens sehr ändern wird.

Beispiele einiger Samenmischungen:[1])

1. Dauerwiese für guten Mittelboden:

	Samenart:	Prozentsatz von der Einzelsaat:	Saatmenge in Kilogramm f. d. Hektar:
Kleearten 30 %	1. Rotklee	10	4,0
	2. Schotenklee	20	8,0
Obergräser 50 %	3. Timothegras	10	3,3
	4. Knaulgras	10	7,0
	5. Wiesenschwingel	10	8,2
	6. Goldhafer	10	5,8
	7. Wiesenrispengras	10	4,0
Untergräser 20 %	8. Kammgras	10	4,9
	9. Roter Schwingel	10	6,3
	zusammen	100	51,5 kg

2. Dauerwiese für schweren Boden:

	Samenart:	Prozentsatz von der Einzelsaat:	Saatmenge in Kilogramm f. d. Hektar:
Kleearten 20 %	1. Rotklee	5	2,0
	2. Bastardklee	5	1,2
	3. Schotenklee	10	4,0
Obergräser 58 %	4. Timothegras	15	5,0
	5. Knaulgras	15	10,5
	6. Wiesenschwingel	8	6,6
	7. Rohrschwingel	7	5,8
	8. Wiesenfuchsschwanz	8	3,5
	9. Goldhafer	5	2,9
Untergräser 22 %	10. Roter Schwingel	5	3,1
	11. Fioringras	7	2,1
	12. Kammgras	10	4,9
	zusammen	100	51,6 kg

3. Dauerwiese für leichten Boden:

	Samenart:	Prozentsatz von der Einzelsaat:	Saatmenge in Kilogramm f. d. Hektar:
Kleearten 30 %	1. Rotklee	10	4,0
	2. Schotenklee	20	8,0
Obergräser 45 %	3. Französisches Raigras	5	7,1
	4. Knaulgras	15	10,5
	5. Goldhafer	15	8,7
	6. Wiesenrispengras	10	4,0
	7. Kammgras	10	4,9
Untergräser 25 %	8. Roter Schwingel	10	6,3
	9. Fioringras	5	1,5
	zusammen	100	55,0 kg

---

[1]) Aus der für praktische Landwirte sehr empfehlenswerten Schrift: **Die Grassamen-Mischungen** von Dr. Stebler. Bern 1895. Preis 3 ℳ 20 ₰.

4. Dauerwiese für Moorboden:

	Samenart:	Prozentsatz von der Einzelsaat:	Saatmenge in Kilogramm f. d. Hektar:
Kleearten 30 %	1. Bastardklee	10	2,5
	2. Sumpfschotenklee	20	4,9
Obergräser 50 %	3. Timothegras	10	3,3
	4. Knaulgras	5	3,5
	5. Wiesenschwingel	5	4,1
	6. Rohrschwingel	5	4,1
	7. Goldhafer	5	2,9
	8. Wiesenfuchsschwanz	5	2,2
	9. Wiesenrispengras	10	4,0
	10. Wolliges Honiggras	5	2,0
Untergräser 20 %	11. Fioringras	10	3,0
	12. Roter Schwingel	10	6,3
	zusammen	100	42,8 kg

5. Für Wässerwiesen:

	Samenart	Prozentsatz	Saatmenge
Kleearten 15 %	1. Bastardklee	10	2,4
	2. Weißklee	5	1,2
Obergräser 65 %	3. Wiesenschwingel	10	8,2
	4. Rohrschwingel	10	8,2
	5. Knaulgras	10	7,0
	6. Goldhafer	5	3,0
	7. Timothegras	10	3,3
	8. Wiesenfuchsschwanz	10	4,4
	9. Wiesenrispengras	10	4,0
Untergräser 20 %	10. Roter Schwingel	10	6,3
	11. Fioringras	10	3,0
	zusammen	100	51,0 kg

6. Für Wiesen (Heuplätze) in Viehweiden im Gebirge, auf fettem Boden in Höhen von über 1500 Meter.

	Samenart	Prozentsatz	Saatmenge
Kleearten 10 %	1. Bastardklee	10	2,5
Obergräser 55 %	2. Wiesenfuchsschwanz	10	4,3
	3. Wiesenschwingel	10	8,2
	4. Timothegras	10	3,3
	5. Goldhafer	10	5,8
	6. Rohrglanzgras	5	2,2
	7. Wiesenrispengras	10	4,0
Untergräser 30 %	8. Roter Schwingel	15	9,5
	9. Fioringras	15	4,5
Kräuter 5 %	10. Schafgarbe	3	0,6
	11. Kümmel	2	0,8
	zusammen	100	45,7 kg

Heuernte. (S. S. 210.)

Die Zeit der Heuernte ist gekommen, wenn die Mehrzahl der Gräser zu blühen beginnt. (Größter Gehalt an leicht verdaulichen Nährstoffen. Einfluß der Witterung auf die Erntezeit.)

Das Mähen erfolgt entweder mit der Sense oder mit der Mähmaschine, deren Anwendung aber nur auf größeren, ebenen Parzellen rentierlich ist.

Die Art der Heubereitung richtet sich in erster Linie nach den Witterungsverhältnissen. Bei günstiger Witterung wird das Gras einfach an der Luft und Sonne getrocknet. (Grünheubereitung, Heinzen, Heuwender, Pferderechen.)

Bei der Braunheubereitung wird das Gras nicht vollständig durch Luft und Sonne, sondern durch die eigene Hitze getrocknet, die es entwickelt, wenn es im halbtrockenen Zustande in großen Haufen fest zusammengetreten wird. (Richtiger Feuchtigkeitsgrad. — Gefahr der Verschimmlung oder Verkohlung. — Salzen.)

Süßpreßfutter wird erzielt, wenn das noch grüne Futter in Feimen gebracht und unter starkem Druck gehalten wird. (Richtige Temperatur!)

Diese Methode macht bis zu einem gewissen Grade unabhängig von der Erntewitterung.

Sauerheubereitung in Gruben beim letzten Schnitt und bei ungünstiger Witterung. (Möglichster Abschluß gegen Luft und Grundwasser, starkes und gleichmäßiges Einstampfen, Beschweren der ganzen Oberfläche.)

Weiden.

Als Weide wird im allgemeinen eine mit Futterpflanzen bestandene Feldfläche bezeichnet, die zum Abhüten durch unsere Haustiere bestimmt ist.

Man unterscheidet ständige oder natürliche Weiden, deren Umbruch wegen Steilheit der Lage, Abgelegenheit, schlechter Bodenbeschaffenheit, Überschwemmungsgefahr oder aus wirtschaftlichen Gründen nicht empfehlenswert ist (Bergweiden, Alpweiden, Talweiden, Waldweiden) und künstliche Weiden, die durch Ansaat auf Ackerland hergestellt werden und ein Glied in der allgemeinen Fruchtfolge bilden.

Als zufällige Weiden bezeichnet man die Brach- und Stoppelweide und die Frühjahrs- und Herbstweide auf den Wiesen.

Die Bedeutung und der Wert der Weiden beruht in der Billigkeit des Weidebetriebs und in deren Unentbehrlichkeit für die Aufzucht des Jungviehs.

Bei der Neuanlage von Weiden sind solche Gräser und Kräuter auszuwählen, die das Abweiden vertragen, also vorwiegend Bodengräser.

Pflege der Weiden.

Die Weiden sind vor allem, wenn nötig, zu entwässern, eben und möglichst frei von Unkraut und Gestrüpp zu halten; auch sind die Auswürfe der Tiere zu sammeln bezw. gleichmäßig zu verteilen. Oft rentiert sich auch noch die Beigabe künstlicher Düngemittel (Thomasmehl, Superphosphat, Kainit; auf entlegene Alpweiden des billigeren Transportes wegen konzentrierte Kunstdünger).

Im Frühjahr darf der Auftrieb des Weideviehs nicht zu früh stattfinden. Keine Übersetzung der Weidefläche, Wechsel der Weideplätze.

Auf den Bergweiden hat man oft auch noch den Kampf mit den Steinen aufzunehmen. Diese sind zu sammeln und eventuell zur Herstellung von Zäunen und zum Drainieren zu verwenden; allenfalls kann man sie auch vergraben.

IX. Obstbau.

Begriff und Einteilung der Obstgehölze.

Obstgehölze sind alle jene Bäume, Sträucher und Halbsträucher, deren Früchte von den Menschen genossen werden.

Die obsttragenden Gehölze teilt man ein in:

1. Kernobst. Hierher gehören: der Apfel-, Birn- und Speierlingsbaum; der Quitten- und Mispelstrauch.

2. Steinobst. Dazu zählt man den Süß- und Sauerkirsch-(Weichsel-)baum, den Pflaumen-, Zwetschen-, Aprikosen- und Pfirsichbaum.

3. Schalenobst, wozu der Walnußbaum, der Haselnußstrauch, der Mandelbaum und die echte Kastanie gerechnet werden.

4. Beerenobst, in welche Abteilung Weinrebe, Johannis- und Stachelbeer-, Himbeer- und Brombeerstrauch, Maulbeerbaum, Heidelbeer-, Erdbeer- nnd Preiselbeerpflanze gehören.

Die Lehre vom Obstbau zerfällt in drei voneinander getrennte Gebiete:

1. Anzucht der Obstbäume (Baumschulbetrieb).
2. Baumpflege.
3. Obsternte und Obstverwertung.

I. Obstbaumzucht.

In früheren Zeiten war der Landwirt darauf angewiesen sich seine Obstbäume selbst heranzuziehen. Er beschaffte sich meist wild aufgewachsene Bäume aus dem Walde, pflanzte dieselben direkt auf das Feld und veredelte sie nach deren Anwachsen oder er säte Obstkerne, ließ die Pflanzen bis zur Stammhöhe emporwachsen und veredelte dieselben vor oder nach dem Verpflanzen auf ihren Standort.

Vor etwas mehr als einem Jahrhundert finden wir in Bayern die ersten Versuche, dem Landwirt durch Errichtung von Kreis-, Distrikts- und Gemeindebaumschulen Gelegenheit zur Beschaffung guter Obstbäume zu geben.

In der Mitte des vorigen Jahrhunderts bildete sich als eigene Sparte des gärtnerischen Betriebs die Handelsbaumschule heraus, welche sich damit beschäftigt, Obstbäume zum Verkaufe heranzuziehen. Dermalen befinden sich in Deutschland, insbesondere im südlichen und westlichen Teil unseres Vaterlandes, eine große Anzahl hervorragender Baumschulen, sodaß es nicht notwendig ist, von volkswirtschaftlichen Gründen ganz abgesehen, Obstbäume vom Auslande zu beziehen.

Man kaufe nur von solchen Baumschulen, welche ihre Bäume selbst züchten, ähnliche oder ungünstigere Boden- und Klimaverhältnisse haben, Garantie für Sortenechtheit bieten und erstklassige Pflanzen liefern.

Für Weinbaugegenden besteht eine große Gefahr bei dem Bezug von Obstgehölzen aus reblausverseuchten Gegenden Deutschlands. Durch die Möglichkeit mit Obstbäumen gleichzeitig die Reblaus einzuführen, kann großes Unglück für die Weinbergbesitzer herbeigeführt und der Staat in beträchtliche Kosten gestürzt werden.

Man beziehe deshalb Bäume aus der **nächsten guten** oder doch einer renommierten Baumschule des engeren Vaterlands und wende sich zu gemeinsamem Bezuge an seinen Bezirks- oder Kreis-Obstbauverein oder frage um Rat seinen zuständigen Landwirtschaftslehrer, Bezirks- oder Kreisobstgärtner.

Die Berufsgärtner sind in den zur Baumzucht unerläßlichen, nur in mehrjähriger, tüchtiger Schulung zu erreichenden Fertigkeiten dem Landwirt überlegen. Deshalb können sie erstklassige Obstbäume sicherer und oft billiger heranziehen wie der Landwirt, dessen Zeit überdies durch den Hauptberuf vollauf in Anspruch genommen ist.

Immerhin soll der Landwirt die Technik der Baumzucht kennen, um einerseits den Zuchtwert eines Baumes beurteilen, anderseits die zu kaufenden Obstbäume nach ihrer Qualität bewerten zu können. Hat er Freude an der Baumzucht, besitzt er die Kenntnisse und Fertigkeiten gute Bäume zu züchten und steht ihm die nötige Zeit zur Verfügung, so kann die Errichtung einer kleineren Baumschule nur segensreich auf den Obstbau seines Heimatortes und dessen Umgebung wirken, weil eine lokale Baumschule auf die Anzucht bewährter einheimischer Sorten mehr Rücksicht nehmen kann, wie die Handelsbaumschule, welche den verschiedenartigsten Anforderungen der Abnehmer nachkommen muß.

In den hervorragendsten Obstorten und Gegenden ist der Landwirt meist sein eigener Baumzüchter. Die gezüchtete Ware ist nicht immer einwandfrei, aber der Obstbau würde numerisch nicht auf der derzeitigen Höhe stehen, würde der kleine Landwirt solcher Orte zum Ankauf der Bäume genötigt sein.

Nicht durch Unterdrückung oder Verurteilung dieser Baumschulen wird in solchen Gegenden der Obstbau gefördert, sondern durch Verbesserung des bäuerlichen Baumschulbetriebs.

Insbesondere die Anzucht der Zwetschenbäume aus Ausläufern wird großenteils noch von den Landwirten selbst betrieben und in dieser Sparte tut Verbesserung dringend not.

Aus vorstehenden Gründen soll die Anzucht der Obstgehölze kurz vorgeführt werden.

Vermehrung der Obstgehölze.

Äpfel, Birnen, Kirschen, Walnüsse werden nur durch Samen vermehrt. Zum Zwecke der Samengewinnung läßt man die Früchte am Baume möglichst lange hängen und Spätsorten auf dem Lager nachreifen. Die Samen werden auf ein humoses, 40—50 cm tief gelockertes Gartenbeet gebracht. Die Saat erfolgt am besten in 20 cm breiten Rillen, die 20 cm voneinander entfernt sind um lockern und jäten zu können. In warmen Lagen und bei drohendem Mäusefraß sät man im Herbst, andernfalls schichtet man die Samen, insbesondere Steinobstsamen, in Töpfe zwischen ausgewaschenen Quarzsand (Stratifikation) und schützt gegen Mäusefraß durch Auflegen eines Ziegelsteines. Die Töpfe bringt man in einen frostfreien Keller oder gräbt sie 50—70 cm tief in den Gartenboden ein. Die Aussaat erfolgt anfangs April auf 1—2 cm Tiefe.

Als **Saatgut** verwende man von Äpfeln und Birnen die Samen von starkwüchsigen, gesunden Wirtschaftssorten, von Kirschen die Wild-(Vogel-)kirsche, von Walnüssen nur dünnschalige, große Früchte.

Weinreben, Stachel- und Johannisbeeren, Quitten, Paradies- und Doucinäpfel vermehrt man durch **Stecklinge**. Man schneidet ausgereifte und entblätterte Zweige der Mutterpflanze ab und legt kurze Stecklinge senkrecht, lange Stecklinge aber schräg in die Erde so ein, daß das oberste Auge noch 1—2 cm mit lockerer, sandiger Erde bedeckt ist. Die Stecklinge werden in 6—10 cm Entfernung gelegt. Diese Arbeit wird im Frühjahr vorgenommen, doch können Stachel- und Johannisbeeren auch im August vermehrt werden. Das Vermehrungsbeet wird stark angegossen und gegen Verkrustung mit Torfmull oder kurzer Streu belegt. Entwickeln die Stecklinge im ersten Jahre starke Triebe und gute Wurzeln, so kann im nächsten Jahre die Verpflanzung auf den Standort erfolgen, andernfalls werden die Triebe auf 2—3 Augen eingekürzt und noch einen Sommer auf dem Vermehrungsbeet belassen.

Durch Ableger (Fechser) kann man Weinreben, Johannis- und Stachelbeeren sowie Haselnüsse vermehren. Zu dem Zwecke macht man um den Mutterstock einen 20 cm tiefen Graben, legt einjährige Triebe nieder und befestigt sie mit kleinen hölzernen Haken, füllt den Graben mit Kompost oder sandiger Erde aus und schneidet die Triebe zwei Augen über dem Boden ab (Fig. 150). Zur besseren Bewurzelung verwundet man die einzulegenden Triebe an der Biegungsstelle durch Drehen oder Einschnitte. Ältere Mutterpflanzen werden zur Erzielung einjähriger Triebe im Herbst oder zeitig im Frühjahr 5 cm über dem Boden zurückgeschnitten, wodurch zahlreiche Austriebe hervorbrechen, die man im nächsten Frühjahr niederlegt. Sind die Triebe gut bewurzelt, so werden sie abgeschnitten und als selbständige Pflanzen behandelt.

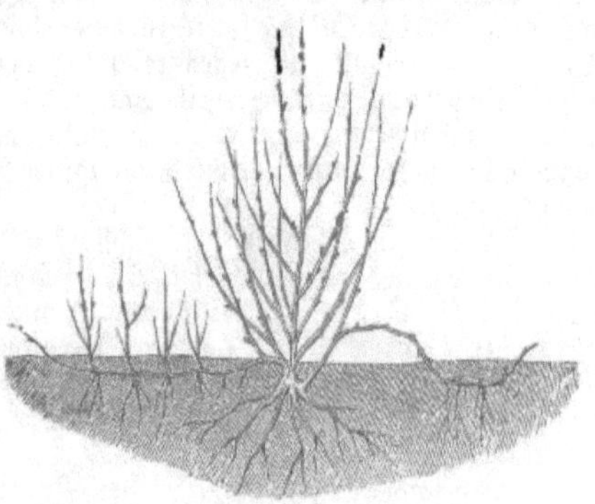

Fig. 150. Vermehrung durch Ableger.

Doucin, Paradies, Quitten, Haselnüsse, Johannis- und Stachelbeeren schneidet man in der Ruheperiode handhoch über dem Boden ab. Sobald die zahlreichen Austriebe 20 cm hoch und holzreif geworden sind, häufelt man dieselben mit humoser Erde an wie Kartoffeln. Die Zweige schlagen Wurzeln, worauf sie abgenommen und wie Ableger behandelt werden.

Die Wurzeln der Zwetschen, Pflaumen und Weichseln bilden Austriebe, welche als Ausläufer bezeichnet werden. Bei geeigneter Behandlung (siehe Baumschulbetrieb) können dieselben zu brauchbaren Bäumen herangezogen werden.

Der Baumschulbetrieb.

Eine Baumschule darf nie im überdüngten Garten, zwischen schützenden Gebäuden, im feuchten Wiesengrunde oder Flußtale angelegt werden. Auf solchen Flächen gezogene Bäume wachsen in 2—3 Jahren heran, neigen aber, in ungünstigere Verhältnisse gebracht, zu allerlei Krankheiten und sterben meist in jungen Jahren ab.

Die Lage der Baumschule sei frei, allen Witterungseinflüssen ausgesetzt.

Für Äpfel, Birnen und Zwetschen wähle man einen guten, 80—100 cm tiefen Mittelboden mit durchlässigem Untergrund. Am besten eignet sich sandiger Lehm oder humoser, sandiger Ton.

Kirschen, Aprikosen, Pfirsiche neigen in schwerem, kaltem oder humosem Boden zu Gummifluß, weshalb lehmiger Sand- oder durchlässiger Kalkboden für dieselben geeigneter erscheint.

Ganz schwere Böden sind infolge erschwerter Bearbeitung, wegen ungenügender Wurzelbildung der Bäume, langer Vegetation derselben und dadurch gegebener Frostgefahr für Baumschulbetrieb nicht wohl geeignet, in nährstoff- und wasserarmen Sand- und Kiesböden brauchen die Bäume 7 bis 10 Jahre zur Entwicklung, werden überständig und minderwertig.

Das zur Anlage einer Baumschule bestimmte Land ist im Vorwinter ca. 70—80 cm tief zu rigolen, wobei die Ackerkrume (Kulturboden) in diejenige Tiefe zu bringen ist, wohin die Wurzeln der Wildlinge gelangen.

Fig. 151. Schnitt des Wildlings.

1—2jährige starkwüchsige Wildpflanzen bilden das beste Pflanzmaterial, ältere Wildlinge sind wertlos.

Vielfach werden Ausläufer von Zwetschen und Pflaumen auf der Wurzel des Mutterstamms bis zur Verpflanzung belassen oder es wird der Mutterstamm einfach entfernt, damit der Ausläufer Platz bekommt. Diese unrichtige Methode hat viel zur Degeneration unserer wertvollen einheimischen Zwetsche beigetragen. Man verfahre folgendermaßen:

Um wertvolle Spielarten unserer Zwetsche zur Nachzucht zu erhalten, zeichne man im Herbst alle Bäume, die, ohne veredelt zu sein, große gelbfleischige, süße Zwetschen mit tiefbrauner Haut tragen, mittels weißen Ölfarbenstrichs am Stamm oder durch Umbinden eines Astes mit einem Strohseile. Nur von so ausgewählten wertvollen Mutterbäumen nehme man 1—2jährige Ausläufer (Wurzelaustriebe), kürze die Wurzel mit scharfem Messer auf 3 bis 4 cm Länge, entferne alle Seitenäste, schneide den Haupttrieb 20 cm über dem Boden ab und pflanze sie in die Baumschule. In gleicher Weise sind Äpfel- und Birnenwildlinge zu beschneiden. (Fig. 151.)

Ist der Boden in der Baumschule im Frühjahr hinreichend abgetrocknet, dann wird derselbe geebnet und es werden die nötigen Wege gezogen; hierauf werden die Entfernungen für die Baumreihen abgesteckt. Die normale Entfernung der Reihen beträgt 80 cm, die Abstände in den Reihen 60 cm. Zu enge Pflanzung ist für die Entwicklung der Bäume schädlich und unter allen Umständen zu verwerfen, deshalb pflanze man in ganz schweren Böden auf 80 cm nach beiden Seiten. Die Baumreihen markiert man mit kleinen Pfählen, die Entfernungen in den Reihen stellt man mittels Setzschnur fest, an welcher mit verzinktem Draht oder farbigen Wollfäden die Abstände ersichtlich gemacht sind.

Die zugeschnittenen Wildlinge werden in eine Mischung von strohfreiem Kuhdung und Lehm getaucht, die Wurzeln in den Pflanzgruben horizontal ausgebreitet, mit humoser Erde gedeckt und leicht angetreten. Gegen Hasenfraß ist die Baumschule mit Latten- oder Drahtzaun zu umgeben. Im Sommer ist der Boden unkrautfrei und locker zu halten.

Apfel- und Birnenwildlinge können in normal feuchten Jahren schon im folgenden August durch Okulation veredelt werden. In trockenen Jahren wird der Bestand zu ungleich, weshalb man die Wildlinge unbehindert wachsen läßt, um sie im nächsten Jahre zwei Augen über dem Boden zurückzuschneiden und im kommenden August zu okulieren. Wildkirschen liefern schönere und gesündere Stämme als edle Sorten, weshalb man die Unterlage bis zur Kronenhöhe wachsen läßt und dann mittels Kopulation oder Gaisfußschnitt im Februar oder März veredelt. Zwetschen können nach beiden Methoden behandelt werden.

Entwicklung eines Baumes in der Baumschule.

Das Edelauge treibt im nächsten Frühjahr aus, der Wildstamm wird handhoch über demselben gekürzt, alle im Laufe des Sommers austreibenden Wildtriebe werden entfernt. Zur Erzielung eines geraden Stammes wird der Edeltrieb, sobald er 5—6 cm lang geworden ist, mittels Bastfaden an dem stehengebliebenen Zapfen senkrecht angebunden. Im zweiten Jahre kommen die meisten Seitenaugen am Stamm zur Entwicklung. Diese Seitentriebe dürfen nicht entfernt werden, da die an denselben sich entwickelnden Blätter die Ernährungsorgane sind, welche das Wachstum des Baumes bedingen, sie heißen deshalb auch Verstärkungstriebe, jedoch müssen sie stets auf 6—10 cm Länge eingekürzt werden. Seitenzweige, welche die Dicke eines Bleistifts erreicht haben, sind glatt am Stamm (im Astring) abzunehmen. Hat der Stamm nach 3—4 Jahren die gewünschte Höhe erreicht, so wird im Frühjahr auf Krone geschnitten. Eine normale Krone soll aus einem Mitteltrieb und 3—5 Seitentrieben bestehen, die direkt aus dem Stamm entspringen und regelmäßig um den Stamm verteilt sind.

Arten der Obstbäume nach Form und Höhe.

Der Zweck des Obstbaues ist lediglich die Erzielung von Früchten, welche sich an den Kurztrieben (Fruchtzweigen) der Krone bilden. Die Stammlänge des Baumes ist deshalb für den Zweck belanglos und kommt nur in Betracht für Straßen, um den Verkehr durch die Krone nicht zu beeinträchtigen, für das freie Feld, um bei Unterkultur die Gespannsarbeit zu ermöglichen sowie den Schutz gegen Wildverbiß zu verbilligen. Für solche Zwecke eignet sich nur der Hochstamm, dessen Krone erst bei 1,80 m Stammhöhe für Ackerfeld und bei 2—2,20 m an Straßen beginnt.

In umzäunten Flächen ist der Hochstamm unrationell und der Niederstamm wegen der früheren, reicheren Tragbarkeit, der Erleichterung der Ernte, der leichteren Bekämpfung von Schädlingen weitaus vorzuziehen.

Der Niederstamm, zu dem alle Obstarten verwendet werden können, wird bei 40 cm Stammhöhe auf Krone geschnitten und im übrigen wie der Hochstamm behandelt.

An Bergabhängen, in stürmischen Lagen, auf Flächen, woselbst nicht mehr mit dem Gespann gearbeitet, jedoch noch Unterkultur getrieben wird und wo eine Umzäunung gegen Wild erspart werden soll, ist der Halbhochstamm den anderen Formen vorzuziehen. Der Halbhochstamm wird auf 1,40 m Höhe auf Krone geschnitten.

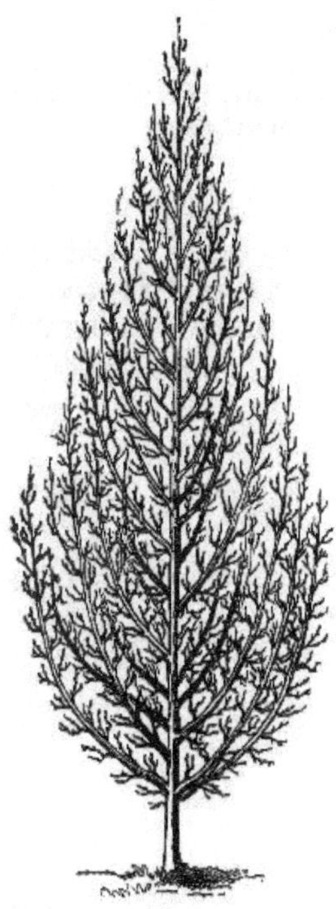
Fig. 152. Natürlich gezogene Pyramide.

Zwergobst.

Veredelt man eine Birne auf den schwachwachsenden Quittenstrauch, den Apfel auf Paradies oder Doucin, die Kirsche auf Prunus Mahaleb, so vermag infolge der geringen Wurzelentwicklung der Unterlage und der hierdurch bedingten geringen Aufnahme von Nährstoffen auch der Edeltrieb nur geringes Wachstum zu entwickeln. Durch Veredelung auf schwachwüchsige Unterlagen erhalten wir also einen Zwergbaum. Der Zwergbaum trägt infolge seines schwachen Wuchses frühzeitig, die Früchte werden wegen der Nähe der wärmestrahlenden Erde wertvoller. Feinstes Tafelobst läßt sich nur an Zwergbäumen erzielen. Der Zwergbaum verlangt guten Gartenboden und sorgfältige Bodenbearbeitung.

Dem Zwergbaum kann eine beliebige Form gegeben werden; letztere wird lediglich durch die zur Verfügung stehenden Flächen und durch Liebhaberei bestimmt. Die einfachsten und gebräuchlichsten Formen sind: die Pyramide (Fig. 152), der Kordon (Fig. 153), das Spalier, die Palmette (Fig. 154).

Fig. 153. Doppelarmiger wagrechter Kordon.

II. Baumpflege.

Die Baumpflege hat den Zweck, möglichst große Ernten tadelloser Früchte von höchstem Marktwert zu erzielen. Die Größe der Ernte hängt beim einzelnen Baume von dem Umfang der fruchttragenden Baumkrone ab. Die erste Aufgabe der Baumpflege besteht deshalb in der Erziehung umfangreicher Kronen. Nur bei Auswahl tiefgründigen, nährstoffreichen Bodens, bei umfassender Bodenlockerung, sachverständigem Schnitt und regelmäßiger Düngung ist dieses Ziel erreichbar. Die Sicherheit der Ernte wird bedingt durch die richtige

Auswahl der für die jeweiligen Verhältnisse geeigneten Sorten, durch systematischen Kampf gegen tierische und pflanzliche Schädlinge, Fernhaltung elementarer Schäden (Frost, Hitze) und möglichste Ausheilung der durch Sturm, Hagelschlag u. s. w. entstandenen Schäden.

Alle Maßnahmen und Eingriffe des Obstzüchters, welche geeignet sind, in kürzester Zeit große, gesunde, reichtragende Bäume zu erzielen, bezeichnen wir als Baumpflege.

Klima, Lage, Boden.

Für die einfache Praxis genügt es, drei klimatische Zonen zu unterscheiden:

1. Das Weinklima. In ihm können die feineren Obstarten wie Aprikosen, Pfirsiche, Mirabellen, Zwetschen, Tafeläpfel, Tafelbirnen, frühe

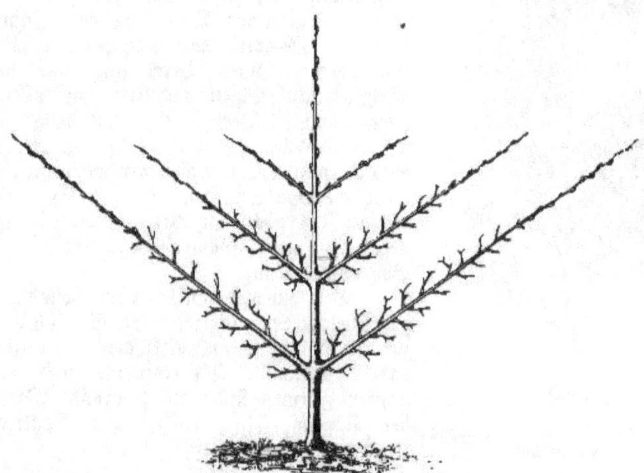

Fig. 154. Einfache Palmette.

Kirschen, Tafeltrauben mit Erfolg gezüchtet werden, sofern nicht die Bodenverhältnisse entgegenstehen.

2. Das Gerstenklima. Dasselbe reicht von der Grenze des Weinstocks bis zu den Lagen, in welchen von Getreide nur noch Hafer und Roggen angebaut werden können. Hier gedeihen noch bestimmte Tafeläpfel, Tafelbirnen, Zwetschen, edle Pflaumen, sofern der Boden den einzelnen Obstarten entspricht.

3. Das Gebirgsklima. In diesem gedeihen noch Wirtschaftsäpfel, Mostbirnen und Kirschen.

Die Erhebung über der Meeresoberfläche allein gibt keinen zuverlässigen Anhaltspunkt für das Gedeihen des Obstbaus. Es finden sich nämlich öfters in hohen Lagen geschützte Stellen, wo noch vorzügliches Tafelobst gedeiht, während zugige, nasse, enge Täler für Obstbau ungeeignet sind.

Auch die Luftfeuchtigkeit und jährliche Niederschlagsmenge spielen eine große Rolle im Fruchtansatz und in der Ausbildung der Früchte. Insbesondere verlangen die meisten Äpfel viel Luftfeuchtigkeit, sie entwickeln sich nur in Waldgegenden oder im Seeklima zu größter Vollkommenheit, während in trockenen Lagen die Früchte infolge Wassermangels klein bleiben oder abfallen.

Abgesehen vom Klima ist die Bodenbeschaffenheit von größtem Einfluß auf die Entwicklung des Baumes und die Sicherheit des Ertrags. In flachgründigen Böden mit kiesigem, sandigem, lettigem Untergrund können nur flachwurzelnde Obstarten wie Zwetschen, Pflaumen sowie einige Apfelsorten gedeihen, während sich kalter, schwerer oder auch humusreicher Boden für Aprikosen, Pfirsiche, Kirschen nicht eignet. Bei größeren Anlagen, die eine Rente abwerfen sollen, sind deshalb Boden, insbesondere der Untergrund desselben, Lage und Klima sorgfältig zu prüfen; es dürfen Art und Sortenwahl keinenfalls durch die persönliche Liebhaberei bestimmt werden.

Die Ansprüche der einzelnen Obstarten an den Boden sind im allgemeinen folgende:

Der Apfelbaum verlangt einen bündigen, schweren bis mittelschweren Boden mit durchlässigem Untergrund. In der Praxis genügt ein Gang durch die Flurmarkung, um an der Entwicklung der alten Obstbäume im freien Felde, an der Ausbildung der einzelnen Früchte unmittelbar vor der Ernte zu erkennen, ob die natürlichen Verhältnisse für den Apfelbaum gegeben sind.

Der Birnbaum verlangt leichteren, warmen, tiefgründigen Boden. Die feineren Tafelsorten verlangen, um schmelzend zu werden, Weinklima, weniger anspruchsvolle Sorten gedeihen noch im Gerstenklima. Die Mostbirnen sind an Klima und Boden unter der Voraussetzung anspruchslos, daß letzterer ein tiefes Eindringen gestattet.

Der Zwetschenbaum will bei seiner flachen Bewurzelung einen kräftigen, bündigen und gut kultivierten Boden, bei leichtem Obergrund einen wasserhaltenden, nahrungsreichen Untergrund, andernfalls bleiben die Früchte klein und fallen größtenteils ab, dagegen verlangt er eine warme, geschützte Lage. Ihre höchste Qualität erreicht die Zwetsche im kalkhaltigen Boden des Weinklimas.

Die Pflaume ist bei sonst gleichen Ansprüchen hinsichtlich des Klimas weniger anspruchsvoll als die Zwetsche.

Der Kirschbaum verlangt trockenen, leichten, durchlassenden Boden, geht aber 600—700 m hoch. Tiefgelockerte Kalkböden oder Sandböden mit Mergelunterlage sagen ihm am meisten zu. Bei kaltem, undurchlässigem Untergrund reißt die Rinde auf der Südseite des Stammes auf und die Bäume sterben frühzeitig ab.

Noch anspruchsloser an den Boden als die Süßkirsche ist die Sauerkirsche, welche noch mit flachgründigen Böden vorlieb nimmt.

Aprikose und Pfirsich gedeihen nur in Gegenden mit milden Wintern. Sandboden, leichter Ton- oder Lehmboden bei regelmäßiger Kalkung oder gutgelockerter Kalkboden sagen ihnen am meisten zu. In überdüngten Gartenböden oder bei Düngung mit stickstoffreichen Düngern gehen sie in kurzer Zeit an Gummifluß zu Grunde.

Der Wallnußbaum verlangt trockenen Boden und geschützte, warme Lage, gehört aber hinsichtlich des Bodens zu den anspruchslosesten Pflanzen. Wegen seiner dichten Krone und seiner weitausgreifenden Wurzeln ist eine Unterkultur unmöglich, weshalb er für den Feldobstbau nur in Gegenden mit extensivster Kultur, auf Ödungen, dann in Betracht kommen kann, wenn für die ebenso anspruchslose Kirsche kein genügender Absatz möglich ist.

Auswahl der Obstsorten.

Nicht nur die Obstarten, sondern innerhalb der Arten auch die einzelnen Sorten machen ganz verschiedene Ansprüche an Klima und Boden.

Während z. B. die eine Apfelsorte Weinklima verlangt, entwickelt sich die andere zur vollen Güte nur im Seeklima, die dritte begnügt sich mit Gebirgsklima.

In fortgeschrittenen Obstgegenden werden Grundlagen für Auswahl der Sorten durch Rücksprache mit erfahrenen Züchtern gewonnen. Man wähle nur wenige, altbewährte Sorten bei größeren Anlagen. Neue, unrentable Sorten veredle man in jungen Jahren um.

Neue Obstsorten sollten unter Berücksichtigung der verschiedenen Verhältnisse eines Bezirks von Vereinen oder Gemeinden in Versuchsgärten erprobt werden; für den einzelnen Züchter ist das Experiment zu kostspielig und führt zum Sortenwirrwarr.

Aus obigen Gründen ist es auch unmöglich „Normalsortimente" für Länder, Kreise, Bezirke aufzustellen. Es kann nur einen richtigen Weg geben, der die Sortenfrage fundamental löst, nämlich das Studium der einzelnen Obstarten und Obstsorten und deren Ansprüche an Boden, Lage und Klima. Jedem Züchter muß es mit Hilfe desselben gelingen, die für seine Verhältnisse passenden Sorten zu ermitteln.

Das „Verzeichnis der seitens der Kgl. Lehranstalt für Obst- und Weinbau in Geisenheim a. Rh. zum Anbau in Süd- und Westdeutschland empfohlenen Obstsorten von Landesökonomierat Goethe" hat neben der üblichen Sortenbeschreibung eine Gruppierung der Sorten nach folgenden Gesichtspunkten:

a) Obstsorten für Straßen (aufrechter Wuchs, unscheinbares Äußere).
b) „ „ rauhe, windige Lagen.
c) „ , die guten Boden verlangen.
d) „ , „ anspruchslos an den Boden sind.
e) „ , „ feuchten Boden verlangen.
f) „ , „ in trockenem Boden gedeihen.
g) „ , „ spät blühen.
h) „ , „ hart im Winter (widerstandsfähig gegen Frost) sind.
i) „ , „ in Hausgärten gehören.
k) „ , „ für Baumgüter, Felder, Viehweiden sich eignen.

Diese Gruppierung gibt dem Obstzüchter, wenn richtig ausgeführt, Grundlagen für die Praxis, weshalb für alle diejenigen, welche nur ein Werkchen sich anschaffen wollen, vorstehendes Verzeichnis als das zur Zeit beste empfohlen werden muß.

Das Landes-Obstsortiment für das Königreich Bayern
nach den verschiedenen Gesichtspunkten zusammengestellt.

Unter „Landessortiment" sind jene Sorten zu verstehen, welche sich in allen Kreisen Bayerns unter den verschiedenartigsten Verhältnissen vorfinden.

Außer diesen genannten Sorten gibt es aber in den einzelnen Kreisen noch andere altbewährte, wertvolle Sorten, selbst Lokalsorten, welche im landwirtschaftlichen Obstbau nur durch sorgfältig für die betreffenden Verhältnisse geprüfte bessere Sorten ersetzt werden dürfen. Nachstehende Aufstellung soll ein Muster darstellen, in welcher Weise Sorten unter Berücksichtigung von Boden, Lage, Klima, Reifezeit, Verwendung und Verwertung beurteilt werden müssen, soll der Obstbau in gegebenen Verhältnissen ein gleichberechtigtes Glied in der Reihe der landwirtschaftlichen Nutzpflanzen werden.

A. Äpfel.

1. Guten Boden (tiefgründigen Lehm- oder Mergelboden) verlangen:
Wintergoldparmäne. Großer rheinischer Bohnapfel. Landsberger Reinette. Große Kasseler Reinette. Letztere gedeiht noch gut in leichterem Boden, wird aber dann nicht so alt.
2. Mit geringeren Böden (sandigen Lehm- und Tonböden und besseren Sandböden) nehmen vorlieb:
Charlamovsky. Goldgelbe Reinette. Roter Trierscher Weinapfel. Geflammter Kardinal (Pleißner Rambour). Damason Reinette (Lederapfel). Schöner von Boskoop. Boikenapfel. Roter Eiserapfel. Baumanns Reinette. Weißer Astrakan. Goldgelbe Reinette.
3. Spätblühend sind:
Weißer Astrakan. Großer Bohnapfel. Boikenapfel. Roter Eiserapfel. Goldgelbe Reinette. Große Kasseler Reinette.
4. Rauhe, windige Lagen vertragen:
Weißer Astrakan. Großer Bohnapfel. Boikenapfel. Geflammter Kardinal (Pleißner Rambour). Charlamovsky. Roter Eiserapfel. Wintergoldparmäne. Baumanns-, Kasseler-, Landsberger-, Goldgelbe Reinette. Roter Trierscher Weinapfel.
5. Tafeläpfel (für Rohgenuß):
Weißer Astrakan. Schöner von Boskoop. Charlamovsky. Wintergoldparmäne. Goldgelbe Reinette. Große Kasseler Reinette. Landsberger Reinette.
6. Für Obstweinbereitung eignen sich:
Großer rheinischer Bohnapfel. Geflammter Kardinal. Roter Eiserapfel. Goldgelbe Reinette. Roter Trierscher Weinapfel.
7. Zum Kochen (Kompott):
Großer Bohnapfel. Geflammter Kardinal. Roter Eiserapfel.
8. Zum Dörren:
Geflammter Kardinal. Goldgelbe Reinette. Große Kasseler Reinette.
9. Widerstandsfähig gegen starke Winterfröste sind:
Weißer Astrakan. Großer Bohnapfel. Boikenapfel. Charlamovsky. Roter Eiserapfel. Goldgelbe Reinette. Große Kasseler Reinette. Landsberger Reinette. Roter Trierscher Weinapfel.
10. Für Straßen (Verkehrswege) eignen sich wegen ihres aufrechtstrebenden Wuchses:
Großer Bohnapfel. Goldgelbe Reinette. Große Kasseler Reinette. Roter Trierscher Weinapfel. In Orten und Gegenden ohne Feldobstbau sollten zur Bepflanzung der Straßen nur herbe Mostbirnen und der rote Triersche Weinapfel verwendet werden.
11. Schaufrüchte (groß und schön gefärbt) sind:
Boikenapfel. Wintergoldparmäne. Baumanns Reinette. Große Kasseler Reinette. Landsberger Reinette. Schöner von Boskoop.
12. Durch große Tragbarkeit zeichnen sich aus:
Großer Bohnapfel. Boikenapfel. Charlamovsky. Wintergoldparmäne. Große Kasseler Reinette. Landsberger Reinette. Roter Trierscher Weinapfel.
13. Nach der Reifezeit geordnet:
August: Weißer Astrakan. Charlamovsky.
September-Februar: Geflammter Kardinal. Goldgelbe Reinette.
Oktober-Januar: Wintergoldparmäne. Roter Trierscher Weinapfel.
November-Februar: Landsberger Reinette.

Dezember-April: Schöner von Boskoop. Baumanns Reinette. Damason Reinette.
Dezember-Juni: Großer Bohnapfel.
Dezember-Juli: Große Kasseler Reinette.
Januar-Mai: Roter Eiserapfel. Boikenapfel.

Die Reife der Früchte wechselt je nach der Sommerwärme, der Niederschlagsmenge, der Bodenart und Pflege. Obige Aufstellung soll, besonders bezüglich der Winter- (Lager-) Früchte, nur allgemeine Anhaltspunkte geben.

B. Birnen.

1. Guten (tiefgründigen, warmen, nicht zu trockenen sandigen Lehm- oder Ton-) Boden verlangen:
Großer Katzenkopf. Stuttgarter Gaishirtle. Grüne Sommer-Magdalene. Gute Luise von Avranches. Diels Butterbirne. Madame Verté.
2. Leichteren, aber genügend feuchten Sandboden verlangen:
Liegels Winterbutterbirne.
3. In trockenen Sandböden gedeihen noch:
Gute Graue. Weilersche Mostbirne.
4. Rauhe, windige Lagen vertragen noch:
Diels Butterbirne. Liegels Winterbutterbirne. Gute Graue. Weilersche Mostbirne.
5. Tafelbirnen (für Rohgenuß):
Diels Butterbirne. Liegels Winterbutterbirne. Stuttgarter Gaishirtle. Gute Graue. Gute Luise von Avranches. Madame Verté. Grüne Sommer-Magdalene. Colomas Herbstbutterbirne.
6. Kochbirnen:
Großer Katzenkopf.
7. Zum Dörren geeignet:
Liegels Winterbutterbirne. Gute Graue. Gute Luise von Avranches. Großer Katzenkopf.
8. Zum Konservieren:
Stuttgarter Gaishirtle.
9. Zur Obstweinbereitung:
Weilersche Mostbirne. Großer Katzenkopf.
10. Widerstandsfähig gegen starke Winterfröste sind:
Colomas Herbstbutterbirne. Liegels Winterbutterbirne. Weilersche Mostbirne.
11. Für das freie Feld und für Straßen eignen sich:
Colomas Herbstbutterbirne. Liegels Winterbutterbirne. Weilersche Mostbirne.
12. Durch große Tragbarkeit zeichnen sich aus:
Diels Butterbirne. Liegels Winterbutterbirne. Stuttgarter Gaishirtle. Gute Graue. Gute Luise von Avranches. Madame Verté. Grüne Sommer-Magdalene. Weilersche Mostbirne.
13. Schaufrüchte (groß und schön gefärbt) sind:
Diels Butterbirne. Gute Luise von Avranches. Großer Katzenkopf.
14. Nach der Reifezeit geordnet:
Juli: Grüne Sommer-Magdalene.
August: Stuttgarter Gaishirtle.
September: Gute Graue. Gute Luise von Avranches.
Oktober: Colomas Herbstbutterbirne.
November: Weilersche Mostbirne. Liegels Winterbutterbirne.
November-Dezember: Diels Butterbirne.
Dezember-Februar: Großer Katzenkopf. Madame Verté.

C. Pflaumen und Zwetschen.

Pflaumen, Frühzwetschen und Mirabellen können nur in Orten mit ausgesprochenem Frühobstbau im freien Lande angebaut werden. In obstarmen Orten und in solchen mit ausschließlichem Kernobstbau empfiehlt es sich, nur die Hauszwetsche außerhalb des Gartens anzupflanzen. Pflaumen rentieren überhaupt nur in der Nähe größerer Städte und Industrieorte, wogegen Zwetschen und Mirabellen in klimatisch günstigen Gegenden, falls lohnender Frischverkauf vom Baume weg nicht möglich ist, zur Branntweinbereitung verwendet werden können.

1. Guten (kalkhaltigen, nicht zu schweren und feuchten Lehm- und Ton-) Boden verlangen:
   Große grüne Reineclaude. Italienische Zwetsche. Hauszwetsche. (Letztere gedeiht noch in leichteren, selbst sandigen Böden, erreicht aber dann nur geringe Größe.)
2. Im Sandboden gedeihen noch:
   Rivers frühe. Mirabelle von Nancy. Herrenhäuser doppelte Mirabelle. Althanns Reineclaude. Washington Pflaume. (Letztere, wenn der Boden etwas feucht ist.) Königspflaume. Bühler Frühzwetsche. Katalonischer Spilling. Eßlinger Frühzwetsche. Jefferson Pflaume.
3. Rauhe, windige Lagen vertragen:
   Jefferson Pflaume. Rivers frühe. Mirabelle von Nancy.
4. Warme, geschützte Lagen verlangen:
   Katalonischer Spilling. Königspflaume. Große grüne Reineclaude. Washington.
5. Zum Dörren sind geeignet:
   Rivers frühe. Mirabelle von Nancy. Herrenhäuser doppelte Mirabelle. Eßlinger Frühzwetsche. Italienische Zwetsche. Hauszwetsche.
6. Nach der Reifezeit geordnet:
   Ende Juli: Katalonischer Spilling. Rivers frühe fruchtbare.
   Mitte bis Ende August: Mirabelle von Nancy. Herrenhäuser doppelte Mirabelle. Bühler Frühzwetsche. Königspflaume.
   Anfang September: Eßlinger Frühzwetsche. Große grüne Reineclaude. Althanns Reineclaude. Washington Pflaume.
   Mitte September: Jefferson Pflaume. Italienische Zwetsche.
   Ende September—Mitte Oktober: Hauszwetsche.

D. Kirschen und Weichseln.

Die Reifezeit ist in Wochen der Kirschzeit angegeben, weil dieselbe je nach Jahrgang, Bodenart und Lage verschieden ist.

1. Nach der Reifezeit geordnet:
   a) Süßkirschen:
      1. Woche: Früheste der Mark. Frühe Maiherzkirsche.
      2. „ Schreckenskirsche. Hedelfinger Riesenkirsche. Ludwigs bunte Herzkirsche.
      3. „ Ochsenherzkirsche. Große braune Knorpelkirsche. Esperens Knorpelkirsche.
      4. „ Große Prinzessinkirsche (Lauermanns Kirsche). Königin Hortensia (Halbweichsel).
      5. „ Dönissens gelbe Knorpelkirsche. Große schwarze Knorpelkirsche. Büttners späte rote Knorpelkirsche.

   b) Sauerkirschen:
      4. Woche: Bettenburger Glaskirsche. Doktorkirsche. Ostheimer Weichsel.
      5. „ Große lange Lotkirsche. (Doppelte Schattenmorelle.)
2. Festfleischig (für Versand auf weitere Entfernungen geeignet) sind:
   Früheste der Mark. Hedelfinger Riesenkirsche. Große braune Knorpelkirsche. Esperens Knorpelkirsche. Große Prinzeßkirsche. Büttners späte rote Knorpelkirsche. Ostheimer Weichsel.
3. Mäßig hart (bei weiterem Versand vor der Vollreife zu pflücken) sind:
   Schreckenskirsche. Ludwigs bunte Herzkirsche. Ochsenherzkirsche. Dönissens gelbe Knorpelkirsche. Große schwarze Knorpelkirsche. Große lange Lotkirsche.
4. Weichfleischig (empfindlich im Versand) sind:
   Frühe Maiherzkirsche. Königin Hortensia. Doktorkirsche. Bettenburger Glaskirsche.
5. Regenfest (nicht leicht platzend) sind:
   Früheste der Mark. Große braunrote Knorpelkirsche. Esperens Knorpelkirsche. Große Prinzessinkirsche. Büttners späte rote Knorpelkirsche.

E. Pfirsiche.

1. Nach der Reifezeit geordnet:
   Ende Juli: Frühe Alexander. Amsden. Frühe Beatrix.
   August: Frühe Rivers. Schöne von Doué.
   September: Große Mignone. Rote Magdalenenpfirsich.
2. Weniger anspruchsvoll an das Klima (für Hochstamm, Buschbaum und Spalier) sind:
   Frühe Alexander. Amsden.
3. Warme, geschützte Lage verlangen (in unseren Breiten als Südspalier anzupflanzen und im Winter zu decken):
   Frühe Beatrix. Große Mignone. Schöne von Doué. Rote Magdalenenpfirsich.

F. Aprikosen.

Nach der Reifezeit geordnet:
Juli: Wahre große Frühaprikose. Ungarische beste.
August: Aprikose von Breda.
August-September: Aprikose von Nancy.

G. Weinreben für Hauswände.

Verlangen tiefgründigen, nährstoffreichen Boden ohne Grundwasser. Frühtrauben reifen noch in weniger günstigem Klima selbst an Südost- und Westwänden.

1. Kurzen Schnitt (Zapfenschnitt) vertragen:
   Triumphtraube, Frühburgunder (Jakobstraube). Muskat-Gutedel. Roter Gutedel. Weißer (Pariser), Gutedel. Früher Malingre. Blauer Portugieser. Grüne Seidentraube.
2. Langen Schnitt verlangen:
   Madeleine Angévine. Gelbe Seidentraube. Blauer Trollinger.
3. Nach der Reifezeit geordnet:
   a) Weiße Frühtrauben: Triumphtraube. Madeleine Angévine. Gelbe und grüne Seidentraube.
   b) Weiße mittelfrühe: Muskatgutedel. Pariser Gutedel. (Beste Spaliertraube.)
   c) Rote mittelfrühe Traube: Roter Gutedel.
   d) Blaue Frühtraube: Frühburgunder (Jakobstraube).
      " mittelfrühe: Blaue Portugieser.
   e) " späte: Trollinger.

Unterscheidung der Baumqualitäten.

Ist man sich in der grundlegenden Arten- und Sortenfrage klar, dann schreitet man zur Bestellung der Bäume bei einer guten, nahegelegenen Baumschule oder man wählt die Pflanzen aus eigener Zucht. Hier kommt es nun darauf an, nur bestes Pflanzenmaterial zu verwenden, weil nur dieses am raschesten zum angestrebten Ziele führt. Nicht nach Billigkeit, sondern nur nach Qualität darf gekauft oder ausgewählt werden, wie man dies beim Saatgetreide als selbstverständlich erachtet. Wie muß nun ein guter Baum beschaffen sein?

1. Der Baum muß vollkommen gesund sein. Gesunde Wurzeln sind beim Anschnitt weiß und saftig, kranke Wurzeln sind braun und tote sind trocken. Der gesunde Stamm ist prall (nicht geschrumpft) und zeigt beim leichten Abschaben der Rinde mit dem Messerrücken grüne Farbe. Der Stamm darf keine Wunden und Verletzungen zeigen, auch die Abschnittstellen der Verstärkungstriebe müssen größtenteils vernarbt sein.

2. Das Alter des Baumes darf nicht mehr als 6 Jahre und nicht weniger als 4 Jahre betragen. Ältere Bäume sind „überständig“ und wachsen schlecht an, jüngere sind in der Regel in zu feuchten oder humosen Böden gezogen und trocknen beim Verpflanzen auf das freie Feld ein, wenn sie nicht mit außerordentlicher Sorgfalt gepflegt werden. Das Alter der Bäume erkennt man an den Jahrestrieben, indem man von den Kronenzweigen gegen die Veredlungsstelle hin abzählt.

3. Der Baum muß einen „konischen“ Stamm haben, d. h. am Boden wesentlich stärker als unter der Krone sein. Konisch gezogene Bäume tragen ihre Krone ohne Pfahl, der nur den Zweck haben darf, den Baum während des Anwachsens vor Erschütterung zu bewahren und senkrecht zu halten. Nur mit Verstärkungstrieben herangezogene Bäume lassen sich konisch erziehen, während andernfalls die Bäume am Boden nicht stärker sind wie unmittelbar unter der Krone, sich schlecht entwickeln und durch die Schwere der Krone zu Boden neigen.

Bäume, welche diesen drei Anforderungen genügen, sind als I. Qualität zu bewerten und allen anderen vorzuziehen. Sie sind trotz naturgemäß höheren Preises auch die billigsten, weil sie sich bei richtigem Schnitt und guter Pflege rasch zu großkronigen Bäumen entwickeln.

Als II. Qualität sind die Bäume zu bezeichnen, welche bei gleichem Alter, richtiger Zucht, tadelloser Gesundheit, schwächer im Stamm geblieben sind oder eine mangelhafte Krone haben.

Kranke, verletzte, überständige, getriebene oder nicht pflanzfertige Bäume werden trotz billiger Preise die teuerste Pflanzware, weil sie sich nicht freudig entwickeln und meist nach jahrelanger Arbeit zu Grunde gehen. Sie sind deshalb zu verwerfen.

Vorbereitung des Bodens zur Pflanzung.

Zunächst ist die Entfernung der Bäume abzustecken, wobei gerade Linien herzustellen sind. Apfel-, Birnen- und Kirschenhochstämme erhalten einen Abstand von 10 m nach allen Seiten, bei Zwetschen und Pflaumen genügen 7 m, Nußbäume erhalten 15—20 m Abstand. An Abhängen genügt eine Entfernung von je 2 m weniger, ebenso können Halb- und Niederstämme je 2 m, an Bergabhängen also 4 m enger gesetzt werden als Hochstämme. Unter allen Umständen ist aber zu enge Pflanzung zu vermeiden, weil hierdurch die Tragbarkeit leidet.

Die zweite Baumreihe ist so zu legen, daß jeder Baum der zweiten Reihe mit den zwei Bäumen der ersten Reihe ein Dreieck bildet (Dreiecks-Verbandpflanzung).

Um den Boden auszunützen und um eher zu einer Rente zu kommen, kann zwischen zwei Reihen Kernobst, das dann auf 14 m Entfernung gepflanzt werden muß, eine Reihe Steinobst (Zwetschen, Mirabellen, Reineclauden, Pflaumen, Weichseln) auf 7 m Entfernung eingefügt werden (Zwischenpflanzung).

Nach dem Abstecken werden die Baumgruben ausgehoben. Je besser, tiefgründiger und lockerer der Boden ist, um so weniger umfangreich sind die Pflanzgruben anzufertigen, je schwerer, fester und steiniger der Boden ist, desto wichtiger ist die Herstellung großer Baumgruben. In lockeren Böden genügen Baumgruben von 1 m Seite, in schweren Böden muß bis zu 2 m nach jeder Seite gegangen werden.

Die Tiefe der Baumgrube richtet sich nach den Untergrundsverhältnissen, sie braucht aber im besten Boden 1 m nicht zu übersteigen, während bei kiesigem, sandigem, lettigem Untergrund eine Tiefe von 60—70 cm nicht überschritten werden soll. Ein Auffüllen solcher Gruben mit Kompost oder Kulturerde nützt nichts. Sobald die Erde derselben durchgewurzelt ist, beginnen die Bäume zu kränkeln und sterben ab; jedoch ist eine Mischung geringeren Bodens mit Kompost oder Ackerkrume zu empfehlen.

Soll die Pflanzung im Herbste erfolgen, was in warmen Böden und besseren Lagen zu empfehlen ist, so sind die Baumgruben schon im Sommer herzustellen. Wird die Frühjahrspflanzung aus irgend einem Grunde vorgezogen, dann sollte die Erde im Vorwinter ausgehoben werden, um sie den atmosphärischen Einflüssen auszusetzen. Beim Ausheben legt man die Kulturerde getrennt von der Untergrundserde. Den Aushub verbessert man sogleich durch Zugabe von 2 kg Thomasphosphatmehl, 2 kg Kainit, in kalkarmen Böden fügt man noch 3 kg Ätzkalk pro qm Grubenfläche hinzu. Diese Vorratsdüngung muß einige Monate an der Oberfläche mit dem Boden vermischt liegen und sich umsetzen, während beim Pflanzen Rohsalze wegen ihrer ätzenden Beschaffenheit nicht gegeben werden dürfen.

Um den Bäumen die nötige Ruhe zu sichern, ist bei Neupflanzungen der Baumpfahl nicht zu umgehen. Der Pfahl muß zur Erfüllung seiner Aufgabe vor Auffüllen der Grube in den festen Untergrund getrieben werden. In stürmischen Lagen ist seine Widerstandsfähigkeit noch zu erhöhen durch 60—70 cm lange Querlatten, die am Fuße des Pfahles angenagelt werden. Der Pfahl wird sorgfältig entrindet, von Aststumpen befreit und so eingekürzt, daß er nur bis an die Krone reicht.

In Feldern stellt man den Pfahl an die Südseite des Baumes zum Schutze gegen die Wintersonne, an Straßen gegen den Straßenkörper zum Schutze gegen das Anfahren, in stürmischen Lagen so, daß der vorherrschende Wind den Baum vom Pfahle wegtreibt. Damit die Pfähle nicht der Fäulnis ausgesetzt sind, werden sie, wenn lufttrocken, nach dem Zuspitzen am Feuer erhitzt und sogleich mit heißem Teer auf 1,20 m Höhe mehrmals angestrichen. Frisch geschlagene Pfähle werden mit dem untern Ende auf 1,20 m Höhe mehrere Wochen in 1—2%ige Kupfervitriollösung gestellt. Das übliche Ankohlen schützt nicht gegen Fäulnis.

2—3 Wochen vor der Pflanzung schlägt man den Pfahl, scharf einvisiert, in die Baumgrube und füllt die ausgehobene Erde so ein, daß die Kulturerde 20 cm tief zu den Wurzeln des Baumes zu liegen kommt. Bis zur Pflanzung hat sich der Boden gesetzt und der Gefahr des zu tiefen Pflanzens ist vorgebeugt. Die Bäume sind beim Transport zur Pflanzstelle durch Umwickeln der Wurzeln mit feuchten Tüchern, Stroh oder anderem Material gegen Austrocknung zu schützen und am Pflanzorte in die Erde einzuschlagen.

Nun wird Baum für Baum herausgenommen und die verletzten sowie angetrockneten Wurzeln werden mit scharfem Messer bis auf gesundes Holz so zurückgeschnitten, daß die Schnittwunden gegen den Boden gekehrt sind. Darauf taucht man die Wurzeln in eine Mischung von strohfreiem Kuhdung und Lehm und setzt den Baum so flach in die Grube, daß der Wurzelhals mit der Bodenoberfläche auf gleicher Höhe steht. Hat sich jedoch der Boden beim Pflanzen noch nicht gesetzt, so ist der Baum 10—20 cm über das Niveau des Bodens zu pflanzen, damit derselbe nach dem Setzen der Erde in richtiger Höhe steht.

Zu tiefes Setzen ist einer der schlimmsten Fehler bei Pflanzung von Obstbäumen, die auf Wildlingsunterlage veredelt sind. Unfruchtbarkeit und Siechtum sind die unausbleiblichen Folgen.

Zwergobstbäume dagegen werden so gepflanzt, daß die Veredelungsstelle nach dem Setzen der Erde unmittelbar über dem Boden steht, weil die Unterlage (Quitte, Doucin, Paradies) im Boden auf ihrer ganzen Länge Notwurzeln schlägt, während dieselbe über dem Boden leicht erfriert.

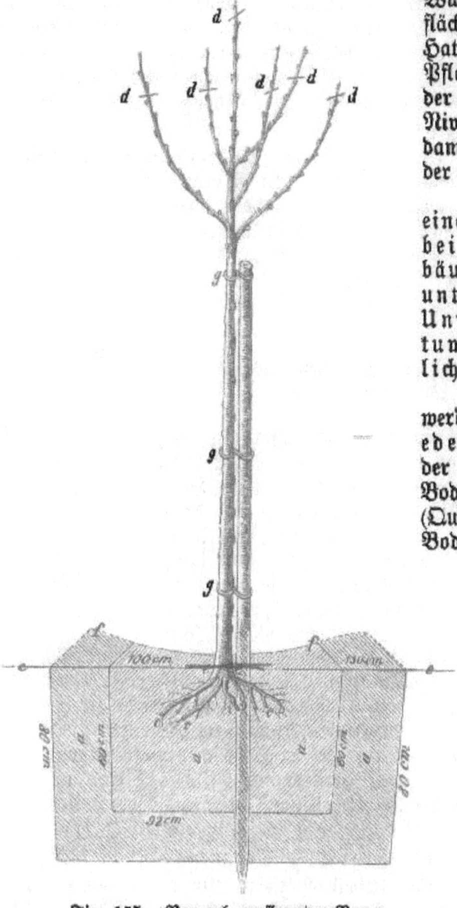

Fig. 155. Normal gepflanzter Baum.

Die Wurzeln werden in der Baumgrube horizontal ausgebreitet, mit guter Kulturerde handhoch umgeben, bei trockenem Boden kräftig eingeschlämmt und dann erst mit Erde bedeckt.

Gegen das Verkrusten und Austrocknen der Oberfläche wie auch gegen das Erfrieren der Wurzeln ist das beste Mittel das Belegen der Baumscheibe mit halbverrottetem Rinderdung, im Notfalle genügt auch eine Moos- und Strohdecke.

Der Baum wird nun nach dem Pflanzen mit einem Weiden- oder Kokosfaserband locker an den Pfahl gebunden, damit er sich allenfalls noch setzen kann. Nach einigen Wochen erfolgt das endgültige Anbinden, indem man den Baum 10 cm unter der Krone sowie in der Mitte des Stammes mit obenerwähntem Bandmaterial faßt, zwischen Pfahl und Stamm etwas trockenes Moos klemmt, das Band zweimal um Baum und Pfahl schlingt und fest bindet. Das vielfach empfohlene Achterband (∞) schützt nicht hinreichend gegen das Scheuern des Baumes.

Bei Pflanzungen im Frühjahre bilden die trockenen Ost- und Nordwinde eine große Gefahr für den Baum, welcher an Stamm und Ästen, oft nur an den weicheren Astringen eintrocknet, ehe er angewachsen ist. Einbinden mit feuchtem Moos bis zur Krone und öfteres Anfeuchten desselben oder ein dicker Anstrich mit einer steifen Mischung von Kuhdung und Lehm sind die sichersten Vorbeugungsmittel.

Gegen Wildverbiß sowie gegen die oft noch schädlichere Wintersonne schützt das Einbinden mit Dornen oder Reisig, die man 10 cm vom Stamm entfernt in den Boden steckt, gegen den Baum neigt und mit dünnem Draht unten und oben umfaßt. Es ist besser als das jetzt oft empfohlene Sichern mit Drahtgeflecht, welches nur gegen Wild einen Schutz bietet.

Behandlung und Schnitt in den ersten Jahren nach der Pflanzung.

Überlassen wir den Baum nach der Pflanzung sich selbst, so finden wir, besonders in trockenen Lagen, daß sich die Kronenzweige mit Fruchtholz garnieren, keine Holztriebe mehr machen, einige Jahre Früchte tragen und dann absterben. Dies kann verhindert werden durch jährlichen sachverständigen Rückschnitt der Krone, der aber nur so lange erfolgt, bis die Ausbildung der Krone erreicht ist. Im Herbst gepflanzte Bäume werden im nächsten Frühjahre so geschnitten, daß die Hälfte jedes Zweiges ins Messer fällt. Bei der Frühjahrspflanzung erfolgt der Schnitt sogleich, am bequemsten, ehe der Baum gepflanzt wird. Er hat nur den Zweck, die Fruchtaugenbildung einzuschränken und Holzaugen für das nächste Jahr zu erhalten. Der eigentliche (definitive) Kronenschnitt erfolgt nach dem Anwachsen des Baumes, also bei Frühjahrspflanzung ein Jahr darauf über einem nach außen gerichteten Auge, unmittelbar über demselben. Der definitive Schnitt ist kurz, auf 4—6 Augen.

Fig. 156.
Ein Leitzweig.
a Verlängerung desselben, b Afterleitzweig; das übrige sind Fruchtzweige.

In der Regel treibt das oberste Auge am stärksten aus, es bildet den führenden oder leitenden Zweig (Leitzweig). Das nächste Auge treibt fast gleichstark aus (Afterleitzweig-Konkurrenzzweig), die folgenden Seitenaugen treiben in der Regel schwächer aus und setzen bald an den Spitzen Fruchtknospen an (Fruchtruten, Fruchtspieße), während die nachfolgenden sich zu Kurztrieben (Ringelspieße, Bukettzweige) oder nur noch zu dicken Fruchtaugen entwickeln. (Fig. 156.) Die Kenntnis der verschiedenen Zweige ist zum

Schnitt unerläßlich. Leitzweige dürfen nur über Holz-(Blatt-)Augen, niemals über Kurztrieben (Fruchttrieben) geschnitten werden.

Infolge des kräftigen Rückschnittes nach dem Anwachsen (Fig. 158) treiben die Leitzweige kräftig aus, die Seitenaugen entwickeln sich zu Fruchtruten, Fruchtspießen, Fruchtaugen. In feuchten Jahren und gutem Boden kann der Rückschnitt ein Austreiben der meisten Seitenaugen zu Holztrieben bewirken (Fig. 156 b), wodurch die Krone zu dicht wird. Diese Seitentriebe können durch Abkneipen (Pinzieren) oder Drehen im Sommer gezwungen werden, sich in Kurztriebe (Fruchtzweige) umzuwandeln. Verfehlt ist es, solche kräftige Seitenzweige im Sommer ungestört wachsen zu lassen, um dieselben im nächsten Jahre auf 3—4 Augen zurückzuschneiden. Dadurch zwingt man dieselben zu immer stärkerem Austreiben und erzielt damit die sogenannten Besen- oder Weidenkronen.

Bei kräftiger Entwicklung der Leitzweige und besonders des Mitteltriebes erfolgt im 3. Jahre nach der Pflanzung der weitere Rückschnitt in der Weise, daß ungefähr 35 cm über dem letzten Seitenast der Mittelzweig hart über einem Auge gekürzt wird. Die Seitenzweige werden um $^1/_3$ zurückgeschnitten. Durch diesen Rückschnitt entwickelt sich ein zweiter Astkranz (Fig. 159). Bei Steinobstbäumen und kugelförmig wachsenden Apfelkronen ist mit dieser zweiten Astserie in der Regel die Krone fertig. Bei den Birnen und pyramidenförmig wachsenden Äpfeln dagegen kann ein dritter (Fig. 160), sogar vierter Astkranz angeschnitten werden.

Jeder Astkranz wird durch entsprechende Auswahl der Augen so über den vorhergehenden geschnitten, daß ein Zweig der zweiten Astserie zwischen zwei Zweige des ersten Kranzes zu stehen kommt.

Ist die Grundform der Krone gebildet, dann muß der Rückschnitt der Leitzweige aufhören, dagegen müssen Bäume, die kümmerliche Jahrestriebe machen, unter Anwendung stickstoffreicher Düngung (Kompost, Jauche) so lange kurz geschnitten werden (ev. auf zwei Augen), bis ein starker Austrieb erfolgt. Erst dann ist der Baum gewonnen.

In der Praxis kommt es oft vor, daß Bäume nur 2—3 Leitzweige zeigen oder daß ein Rückschnitt nicht den gewünschten Austrieb eines kräftigen Mitteltriebes zur Folge hat, daß Leitzweige durch Insekten beschädigt und somit unbrauchbar zum Kronen-Aufbau werden. In solchen Fällen muß im Sommer, solange die Triebe unverholzt und biegsam sind, für Ersatz gesorgt oder durch entsprechenden Schnitt im nächsten Jahre der Fehler behoben werden.

Die Behandlung des Stammes, der die Aufgabe hat, die im Boden befindlichen Nährstoffe den Blättern der Krone zur Umarbeitung in organische Substanz zuzuleiten, bildet vom Tage der Pflanzung an einen wichtigen Faktor der Baumpflege. Der Stamm ist gegen Beschädigung durch Wild, Frost und Hitze zu schützen. Bei zu früher Verkorkung der Rinde bleibt der Stamm zu schwach, er kann die Krone nicht tragen und die Jahrestriebe werden immer schwächer. Wenn der Baum nach dem Anwachsen diese Erscheinung zeigt, wird er anfangs Mai auf der Nordseite mit einem scharfen Messer von der Krone bis zur Wurzel so geritzt, daß die Oberhaut und teilweise das Füllgewebe durchschnitten werden. Auf das Holz (Splint) darf der Schnitt nicht geführt werden, weil hierdurch der Baum geschwächt wird. In der Regel bildet sich eine fingerbreite Vernarbungslinie und das Wachstum nimmt schnell zu. Diese Manipulation darf aber nicht vor dem 3. Jahre

Fig. 157. Erster Schnitt nach dem Anwachsen des Baumes.

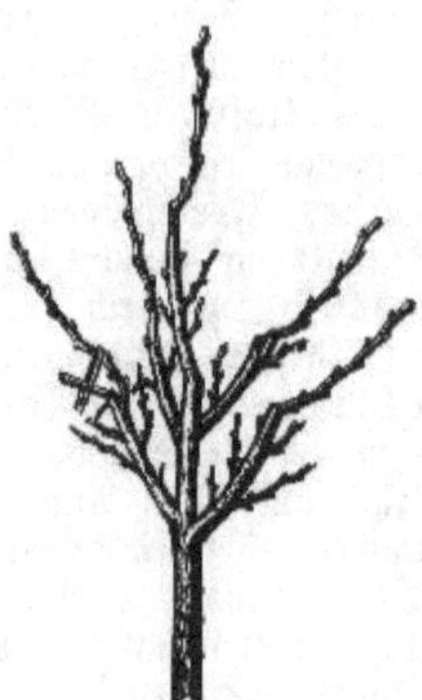

Fig. 158. Zweiter Schnitt.

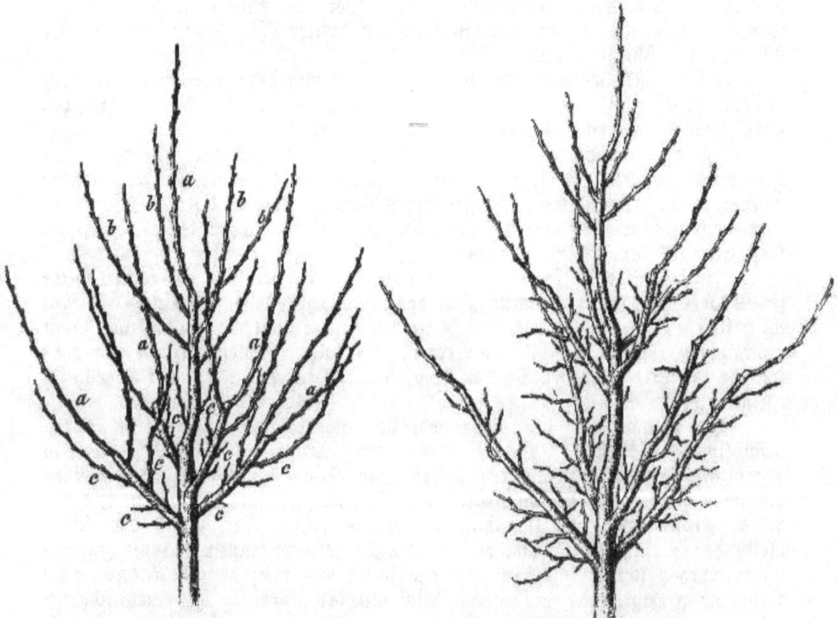

Fig. 159. Krone im Herbst nach dem zweiten Schnitt.

a Leitzweige der ersten Astserie. b Leitzweige der zweiten Astserie. c Fruchtzweige und Kurztriebe.

Fig. 160. Fertige Baumkrone mit drei Astkränzen.

nach der Pflanzung erfolgen und sich nur dann wiederholen, wenn die zu frühe Verkorkung dazu zwingt. Das zu frühe und unnötigerweise wiederkehrende Ritzen schwächt den Baum.

Die Pflege älterer Obstbäume.

Die Wurzelpflege ist der wichtigste Teil der Baumbehandlung, sie hat den Zweck, die Neubildung von Wurzeln zu fördern und den neuen Wurzeln, welche allein imstande sind, Nährstoffe aufzunehmen, solche in hinreichender Menge zur Verfügung zu stellen. Neue Wurzeln bilden sich im lockeren, gut durchlüfteten, humusreichen, warmen Boden in großer Zahl, während im unfruchtbaren, festen, kalten, wasserarmen oder zu feuchten Boden die Wurzelbildung mangelhaft ist. Tiefe Lockerung des Bodens unter der ganzen Krone, Reinigung von Unkraut sind unerläßliche Arbeiten, soll der Baum sich freudig entwickeln und große, regelmäßige Ernten bringen. Der Anbau von Hackfrüchten unter Obstbäumen ist für letztere nicht nachteilig, ebensowenig derjenige von Halmfrüchten, falls mittelschwere Böden und tiefwurzelnde Obstbaumarten in Frage kommen; Klee aber, insbesondere Luzerne und Esparsette, sind als Feinde des Obstbaumes zu betrachten, da sie die schönsten Anlagen unfruchtbar machen und ruinieren; auch Graswuchs ist bei flachwurzelnden Bäumen und in trockenen Lagen nicht unter Bäumen zu dulden.

Das Wasser ist nicht nur Nährstoff, sondern auch Lösungs- und Transportmittel für die Nährstoffe des Bodens. In Südtirol werden die Obstbäume zur Ausbildung ihrer Früchte mehrmals im Sommer kräftig bewässert. Tiefe Lockerung des Bodens im Herbste und Liegenlassen desselben in rauher Scholle, Fang- und Zuleitungsgräben an Abhängen sind Mittel, um den Bäumen das nötige Wasser, soweit es im landwirtschaftlichen Betriebe möglich ist, zuzuführen.

Ein weiterer Faktor der Wurzelpflege ist die Düngung. Stalldünger gibt nicht nur die nötigen Nährstoffe, sondern lockert auch den Boden, macht ihn durchlüftbar, verbessert dessen wasserfassende und wasserhaltende Kraft und ist deshalb in schweren und sehr leichten Bodenarten durch den nur nährstoffegebenden Kunstdünger nicht ersetzbar. Von 6 zu 6 Jahren sollte jedem Baum eine kräftige Düngung mit Stallmist gegeben und dieser flach eingegraben werden. Ebenso wie Stallmist wirkt Kompost, der auf Wiesen leicht durch die billigen Handelsdünger ersetzt und den Obstbäumen teilweise zugewendet werden könnte. Jauche (Gülle, Odel, Pfuhl) wirkt bei den meisten Obstbäumen vorzüglich, jedoch muß ihr die fehlende Phosphorsäure in Form von Superphosphat oder Thomasmehl zugegeben werden.

Aprikosen-, Pfirsich-, junge Kirschbäume werden öfters mit kleinen Gaben reifen Kompostes, welchem reine Nährsalze (phosphorsaures Kali) oder Thomasmehl und 40%iges Kalidüngesalz nebst Kalk zugemischt sind, gedüngt.

Nach den Versuchen der Kgl. Lehranstalt Geisenheim hat bei Jungpflanzungen eine Gabe von 37,5 g Chilisalpeter, 50 g Kainit und 50 g Thomasmehl pro qm das beste Resultat ergeben. Thomasmehl und Kainit werden im Herbste untergegraben, der Salpeter im Frühjahre oben aufgestreut. Das genaue Nährstoffbedürfnis der Obstbäume ist bei der Schwierigkeit der Untersuchung noch nicht ermittelt, umfangreiche wissenschaftliche Untersuchungen sind jedoch durch die Deutsche Landwirtschaftsgesellschaft eingeleitet.

Eine Düngung unmittelbar am Stamm älterer Bäume ist zwecklos, weil hier die Saugwurzeln fehlen. Unsicher in seiner Wirkung ist auch ein Dunggraben unter der Kronentraufe, da je nach Boden- und Baumart die Wurzeln weit über die Krone hinausgehen oder innerhalb derselben enden.

Will man in besonderen Fällen nicht die ganze Baumscheibe tief umgraben, dann mache man Radialgräben (strahlenförmig), wodurch ebenfalls die gelösten Nährstoffe die Saugwurzeln sicherer treffen als durch einen kreisförmigen Graben unter der Kronentraufe. In kalkarmen Böden ist im Herbste eine Gabe von 300 g Ätzkalk pro qm aufzustreuen und unterzugraben.

Pflege des Stammes. Bei älteren Bäumen reißt die nichtwachsende Außenrinde und bildet Borke. Auf derselben siedeln sich, besonders in waldreichen Gegenden, Moose und Flechten an, welche Schlupfwinkel für zahlreiche Schädlinge aus der Insektenwelt bilden. Moose und Flechten sind unter allen Umständen von den Bäumen zu entfernen. Am raschesten wird dies erreicht, wenn man im Herbste nach dem Laubfall mittels einer Handspritze den ganzen Baum mit Kalkmilch (gelöschter Kalk mit Wasser angerührt und durch ein Sieb oder einen Salz- oder Kaffeesack laufen lassen) bespritzt. Löst sich, wie beim Apfelbaum, die Borke in Platten ab, so ist sie mit einer Wurzelbürste an feuchten Tagen des März zu entfernen, weil sie ebenfalls schädlichen Insekten als Schlupfwinkel dient. Die Borke ist als schlechter Wärmeleiter ein natürlicher Schutz gegen Winterfrost und Wintersonne, weshalb ein zu scharfes Abkratzen mittels der Baumscharre, besonders unmittelbar vor Winter nicht vorteilhaft für den Baum sein kann. Die Insekten, welche unter den Rindenschuppen überwintern, lassen sich im Frühjahr unmittelbar vor Beginn der Vegetation beim Abbürsten der Borke leicht vernichten.

Eine weitere Aufgabe der Stammpflege ist die Verhütung und Heilung von Wunden, die durch Ackergeräte, Schafe, Wild, Frost, Hitze und Hagelschlag entstehen. Bei Verletzungen ist Hauptsache, die Wundflächen nicht trocken werden zu lassen, sondern solche baldigst mit der bekannten Mischung von Kuhdung und Lehm fingerdick zu belegen und diese mit Leinwand festzubinden. Unter dieser Decke heilt die Wunde rasch. Rindenstücke, die durch die Einwirkung von Frost und Hitze abgestorben sind, sind bis zu den gesunden Rändern auszuschneiden und ebenso zu behandeln. Offene Krebswunden werden mit dem Stemmeisen bis zu den gesunden Teilen ausgemeißelt und mit erwärmtem Teer bestrichen, auch Karbolineum Avenarius wird in neuester Zeit empfohlen.

Größere Stammwunden werden am besten mit warmem Teer bestrichen, während die Wundränder mit Lehmbrei bedeckt werden.

Kronenpflege. Hat die Krone die entsprechende Größe erreicht, was gewöhnlich in 5 Jahren der Fall ist, dann hat der Rückschnitt der Leitzweige aufzuhören. Die weitere Kronenpflege besteht nun:

1. im Entfernen aller verletzten und abgestorbenen Äste und Zweige;
2. im Ausschneiden aller zu dicht stehenden Zweige, welche das Eindringen des Lichtes hindern;
3. im Herausnehmen sich kreuzender und sich gegenseitig reibender Äste;
4. in der Erhaltung der durch Insekten und Pilze gefährdeten Blätter, Blüten und Früchte. (Siehe Krankheiten und Schädlinge.)

Alle Äste müssen an ihrer Ursprungsstelle, jedoch so mittels scharfer Säge abgenommen werden, daß der Astring (Wulst) zur Hälfte bleibt. (Fig. 161.) Die Wunden sind an den Rändern mit scharfer Hippe, größere mit dem Schnitzmesser glatt zu schneiden; Splint und Kernholzkörper werden mit erwärmtem Teer, die Ränder zur Begünstigung der Überwallung mit Lehm und Kuhdung bestrichen.

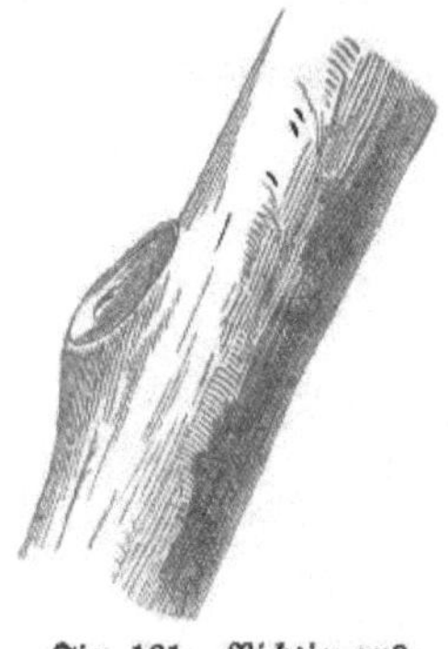

Fig. 161. Richtig ausgeführtes Abnehmen eines Astes.

Die beste Zeit des Ausputzens der Obstbäume ist die Zeit nach der Getreideernte bis zum Eintritt des Frostes. Um diese Zeit ist der Baum belaubt, man erkennt jeden kranken und absterbenden Ast besser wie im Frühjahre, auch erfolgt bei rechtzeitiger Abnahme noch eine teilweise Vernarbung der Wunde. Besonders Aprikosen-, Pfirsich- und Kirschbäume vertragen den Schnitt im abnehmenden Saft besser. Jedoch kann das Ausputzen zu jeder Zeit des Jahres mit Ausnahme der Tage strengen Frostes vorgenommen werden.

Das Verjüngen und Umpfropfen älterer Bäume.

Hat der Obstbaum ein gewisses Alter erreicht, dann läßt der Holztrieb nach, es bilden sich nur noch Kurztriebe (Fruchtholz) und der Baum beginnt von der Spitze an abzusterben. Ist der Stamm noch gesund, so kann durch rechtzeitiges Eingreifen neuer Holztrieb angeregt, die Lebensdauer und Tragbarkeit noch um viele Jahre verlängert werden. Das Mittel ist ein kräftiger Rückschnitt in altes Holz, verbunden mit einer richtigen Düngung. Dies bezeichnet man als Verjüngung des Baumes.

Hierbei ist zu beachten:

1. die Verjüngung muß an frostfreien Tagen des Spätwinters (Januar, Februar) erfolgen;
2. jeder Ast wird unter Berücksichtigung einer guten Kronenform um ungefähr 1/3 seiner Länge möglichst unmittelbar über einem Seitenast zurückgeschnitten (Zurücksetzen der Äste);
3. alle Seitentriebe werden am Aste belassen, aber ebenfalls um 1/3 gekürzt;
4. die Wunden dürfen den Durchmesser von 6 cm nicht erheblich überschreiten und sind mit Teer oder Baumwachs zu bestreichen;
5. im Sommer sind die zahlreich austreibenden Äste zu pinzieren, mit Ausnahme derjenigen, welche als Leittriebe Verwendung finden sollen.

Ältere Bäume, welche eine unrentable oder geringe Sorte tragen, können umveredelt werden, wenn der Stamm noch gesund ist. Unrichtig ist es aber, wenn die Veredlung in altes Holz erfolgt. Ein älterer umzuveredelnder Baum ist folgendermaßen zu behandeln:

Im Sommer vor der Umveredelung wird er mit verdünnter Jauche, unter Beigabe von 2—3 Pfund Superphosphat, kräftig gedüngt. Dies kann von Mai bis Juli geschehen, je früher, desto besser. Im Januar oder Februar wird der Baum verjüngt. (Fig. 162.) Im Sommer zeigt sich eine große Anzahl neuer Triebe, welche bis auf die Leittriebe pinziert werden.

Die Leittriebe werden im nächsten Jahre umveredelt, verwachsen schnell und bilden in 3—4 Jahren eine gesunde, tragbare Krone.

Krankheiten der Obstbäume.

Dieselben werden verursacht:

1. durch unrichtige Boden- oder durch unrichtige Art- und Sortenwahl;
2. durch ungünstige Witterungseinflüsse;
3. durch mechanische Beschädigungen (Ackergeräte, Hagelschlag, Wildverbiß);
4. durch Parasiten (Pilze).

Fig. 162. Verjüngter Obstbaum.

1. In nassen Böden (Grundwasser) entstehen **Wurzelfäule** und **Gummifluß**, welche nur durch Entwässern, Rückschnitt der Wurzeln, Entsäuren des Bodens mittels Ätzkalk und durch Kompostzugabe behoben werden können.

In **Kies- und Sandböden**, welche zu trocken sind, entsteht **Gelbsucht**, **Gipfeldürre**, **Unfruchtbarkeit**, **Aufspringen der Früchte infolge Wassermangels**. Tiefe Lockerung des Bodens, Bewässerung, regelmäßige Düngung mittels Stalldüngers helfen den Übelständen einigermaßen ab.

Schwammspinner und Ringelspinner

Fruchtkörper (Schwämme) an die Oberfläche, bilden Sporen und stecken auch Nachbarbäume an. Der Feuer- und Löcherschwamm sind die verbreitetsten. Als Gegenmittel dient das Ausschneiden und Verbrennen der Schwämme und des kranken Holzes und das Bestreichen der Wunden mit Teer.

c) **Krebs.** In manchen Fällen wird der **Krebs** der Apfelbäume durch einen Pilz (Nectria ditissima), in anderen Fällen durch Frost hervorgerufen. Manche Apfelsorten leiden besonders an dieser Krankheit. Stickstoffreicher (humusreicher) Boden, stagnierende Nässe, Kalkmangel begünstigen die Krankheit.

Gegenmittel: Beseitigung der Ursachen, Umveredelung zum Krebs neigender Sorten mit krebssicheren Sorten, Ausschneiden der Wunden und Bedeckung mit Teer.

d) **Taschen- oder Narrenkrankheit der Zwetschen** sowie die **Kräuselkrankheit der Pfirsiche, Kirschen und Birnen** wird von einem Pilz (Exoascus deformans, E. bullatus, E. Pruni) verursacht. Früchte und Blätter fallen ab. Ganze Ernten werden vernichtet, die Bäume gefährdet. Der Pilz überwintert im alten Holz.

Gegenmittel: Abschütteln der „Taschen" und Vernichtung gleich beim Auftreten. Rückschnitt des einjährigen Holzes an allen befallenen Zweigen im August. Bespritzen der Pflanzen mit 3 %iger **Kupferkalkbrühe** kurz vor dem Ausbrechen des Laubes. Schwefeln mit feingemahlenem Schwefel nach Fruchtansatz.

e) **Schorf der Äpfel und Birnen** (Fusicladium dentriticum und F. pirinum). Der Pilz befällt die Blätter und Früchte der Äpfel, bringt sie zum Aufspringen und Faulen, macht sie fleckig und dadurch als Tafelobst minderwertig. Der Birnenschorf befällt auch die Zweige und Äste und bringt sie zum Absterben.

Gegenmittel: Rechtzeitiges Bespritzen der Bäume nach Laubaustrieb sowie der haselnußgroßen Früchte mit 4 %iger Kupferkalkbrühe.

f) **Der Gitterrost der Birnbäume.** Die Blätter bekommen fleischfarbene Flecken, auf der Unterseite dicke Schwellungen, die Becherfrucht des Pilzes. Baum und Früchte leiden not. Die Wintersporen (Wirtswechsel) entwickeln sich auf dem Sadebaum (Juniperus Sabinae), dem virginischen Wacholder (Juniperus Oxycedrus und Juniperus phoenicea), welche öfters als Zierpflanzen in Anlagen und Gärten gepflanzt werden.

Gegenmittel: Ausrottung der genannten Wacholderarten.

g) **Blattrost und Rotfleckigkeit der Zwetschenblätter**, verursacht durch zwei verschiedene Pilze (Puccinia Pruni und Polystigma rubrum). Die **Ernährungstätigkeit** der Blätter wird in dem Grade herabgedrückt, als der Pilz an Umfang gewinnt.

Gegenmittel: Gegen Blattrost hilft vorbeugendes Bespritzen mit 1 %iger **Kupferkalkbrühe**, gegen die Rotfleckigkeit das Verbrennen oder tiefe Untergraben des Laubes im Herbst, weil sich die Sporen erst im Laufe des Winters und Frühjahrs in den roten Polstern entwickeln.

h) **Fäulnis der Äpfel, Birnen, Kirschen und Zwetschen.** Oft faulen Früchte schon am Baum, besonders wenn sie durch Hagel oder Insekten verletzt sind. Ursache sind die Pilze Monilia cinera oder fructigena, Mucor racemosus, Botrytis cinera. Monilia geht auch auf die Zweige über (besonders bei Weichseln und Kirschen) und bringt Zweige und

Blüten zum Absterben. Faule Äpfel sind mit weißen Schimmelpolstern kreisförmig besetzt oder schwarz.

Gegenmittel: Entfernen aller faulen Äpfel und Vergraben in die Erde; Abschneiden und Verbrennen der an Monilia erkrankten **Kirschzweige** dienen als Abwehrmittel.

i) **Mehltau der Äpfel.** Tritt an einigen Äpfelsorten sowie an Reben besonders stark auf, Blätter und Blüten, auch die Früchte vernichtend.

Gegenmittel: Aufstäuben gepulverten Schwefels.

III. Obstverwertung.

Haben wir unter Aufwendung von Fleiß und Kenntnissen schöne Anlagen mit fruchtbeladenen Bäumen, dann ist es für den rationellen Wirtschafter eine sehr wichtige Aufgabe, möglichst hohen Gewinn aus seiner Anlage zu ziehen. Große Summen gehen heute noch verloren durch Nichtverwendung herabgefallener Früchte, durch unzeitige und nicht sorgfältige Ernte, wodurch wertvolle Tafelfrüchte zu geringstem Wirtschaftsobst bezüglich ihres Wertes herabgedrückt werden. Bäume werden allenthalben genug, ja eher zu viele gepflanzt. Es ist besser nur 10 Bäume zu besitzen und diese mit voller Hingabe zu pflegen, als 50 Bäume sein eigen zu nennen und dieselben zu verwahrlosen. Aber in Baumpflege und besonders in Obstverwertung ist noch vieles in Deutschland zu bessern, zumal wenn man die Obstverwertung in Frankreich, Amerika, Italien, Tirol mit der unsrigen in Vergleich zieht. Rühmliche Ausnahmen finden sich auch bei uns.

Die Obstverwertung umfaßt:

1. Verkauf, Verpackung und Versand des Rohobstes,
2. die Verarbeitung zu Obstwein,
3. " " " Obstbranntwein,
4. " " " Obstessig,
5. " Bereitung von Dörrobst,
6. " " " Mus, Gelee, Marmelade, Latwerge,
7. " " " Konserven.

1. Ernte, Sortierung, Verpackung und Versand des Obstes.

Zeit der Ernte. Sommer- und Herbstäpfel und -Birnen müssen 3—4 Tage vor der Baumreife geerntet werden, sonst werden sie mehlig und geschmacklos. Sobald die Kerne teilweise braun aussehen, beginnt die Ernte, wobei man die Früchte nicht auf einmal abnimmt, sondern erst die reiferen der Südseite und äußeren Äste u. s. w. Frühkirschen, Frühzwetschen, Pflaumen, Aprikosen, Pfirsiche, welche nicht sofort gegessen, sondern auf entfernte Märkte gebracht werden sollen, müssen vor der Vollreife geerntet werden, sollen sie unversehrt und schmackhaft am Absatzort ankommen.

Dagegen sollen Winterobst sowie Früchte zur Brennerei und zur Weinbereitung möglichst lange am Baume hängen und ausreifen. Bei der Ernte selbst sind die Früchte in kleine Körbe zu pflücken, die mit Heu oder Holzwolle dünn ausgepolstert und mit Sackleinen übernäht sind. Diese Früchte sind entweder in größere gepolsterte Körbe umzuleeren und direkt nach Hause zu tragen oder noch besser werden sie vom Baum weg direkt in 50—100 Pfd. haltende Obstversandfässer sorgfältig verpackt, der Name des Züchters und die Obstsorte werden auf die Außenseite geschrieben und es kann nun das Obst per Wagen nach Hause transportiert werden. Beim Pflücken von Tafelobst mittels der Hand oder eines Obstbrechers werden nur unverletzte, unverkrüppelte Früchte abgenommen, diese werden sofort in 2 oder 3 Größen sortiert und gesondert verpackt. Die übrigen Früchte werden abgeschüttelt und zu Wein, Mus u. dgl. verwendet.

Fig. 163.
Versandkorb gefüllt.

Beeren verpackt man in ca. 9 Pfd. haltende Spankörbe, ebenso Trauben. Pfirsiche und Aprikosen werden einzeln in Papier gewickelt und in ganz flache Kistchen zwischen Holz- oder Papierwolle verpackt.

Speisezwetschen und Kirschen bringt man in Körbe von 25—40 Pfd. Inhalt, indem man den Korb hoch anfüllt, die Früchte mit Farnkraut oder grünem Baumlaub bedeckt und mittels Sprießhölzer schützt. Die Innenseiten des Korbes werden mit senkrecht gestelltem, auf die Höhe des Korbes geschnittenem Roggenstroh ausgelegt. (Fig. 163.)

2. Die Obstweinbereitung.

Die frischen Äpfel und Birnen enthalten nach den Untersuchungen von Behrend durchschnittlich 3,35 % feste Bestandteile (Mark) und 96,65 % Saft. Diesen Saft pressen wir mittels Maschinen aus und nennen den süßen Saft Most. Der süße Saft setzt sich zusammen aus Wasser, verschiedenen Zucker- und Säurearten, Zellprotoplasma (Eiweiß) und gelösten Salzen. Auf den Schalen der Früchte finden sich kleine Sproßpilze: die Hefe. Diese kommt beim Pressen der Früchte in den süßen Saft, welcher für sie den Nährboden bildet und ein üppiges Wachstum der Hefe veranlaßt. Dabei zerlegt sie den Zucker in Alkohol und Kohlensäure; der Alkohol bleibt in der Flüssigkeit gelöst, ein Teil der Kohlensäure wird gebunden. Den Vorgang der Umwandlung einer zuckerhaltigen Flüssigkeit in eine alkoholische durch die Tätigkeit der Hefe bezeichnen wir als alkoholische Gärung, das Produkt derselben als Wein.

Der Zuckergehalt eines Mostes ist sonach ausschlaggebend für den Gehalt des Weins an Alkohol, genügt aber nicht zur Herstellung eines guten Weines. Dazu ist nötig ein bestimmter Gehalt des Obstes an Äpfel-, Wein- und Gerbsäure. Obstsorten, z. B. Tafelbirnen, Süßäpfel, welche arm an Säuren und Gerbstoff sind, eignen sich nicht zur Weinbereitung. Den besten und haltbarsten Wein liefern weinsaure Äpfel (Reinetten, Ramboure, Parmänen, Streiflinge und gerbstoffreiche Mostbirnen). Die apfelsauren, zuckerarmen Sorten (z. B. Kaiser Alexander) geben einen minderwertigen Wein. Den besten Obstwein erhält man bei Mischung von sauren mit zucker- und gerbstoffreichen, möglichst reifen Sorten. Winterfrüchte werden zur Nachreife in einer Scheunentenne oder im Garten auf 1 m hohe Haufen gesetzt und 4—5 Tage „schwitzen" gelassen. Hierauf werden die faulen Früchte ausgesondert, die angefaulten ausgeschnitten und die Früchte von anhaftendem Schmutz durch Waschen gereinigt.

Geräte zur Mostbereitung.

Theoretisch müßten nach Vorgesagtem 100 kg Früchte 96 l Most geben. Da aber der Saft in Millionen von Einzelzellen eingeschlossen ist und sich nicht durch einfache Pressung aus dem unversehrten Obst gewinnen läßt, so müssen möglichst viele Zellen so verletzt und zerrieben werden, daß der Saft ausfließen und ausgepreßt werden kann. Dies geschieht mittels der Obstmühle, welche mit Reißhaken und Steinwalzen versehen sein soll. (Fig. 164.)

Bei den Pressen (Fig. 165) kommt es darauf an, einen möglichst großen Druck auf die gemahlenen Früchte auszuüben. Das Vollkommenste auf diesem Gebiete sind die von Duchscher Eisenhütte Wecker (Luxemburg) gefertigten Pressen, welche Differentialhebeldruckwerk besitzen. Gute Pressen machen sich bald bezahlt, schlechte werden durch die geringe Saftausbeute sehr teuer. Pressen und Mühlen sollte man von Vereinen, Genossenschaften oder Gemeinden stets unter Zuziehung von amtlichen Sachverständigen beschaffen.

Fig. 164. Obstmühle mit Reißhaken und Steinwalzen.

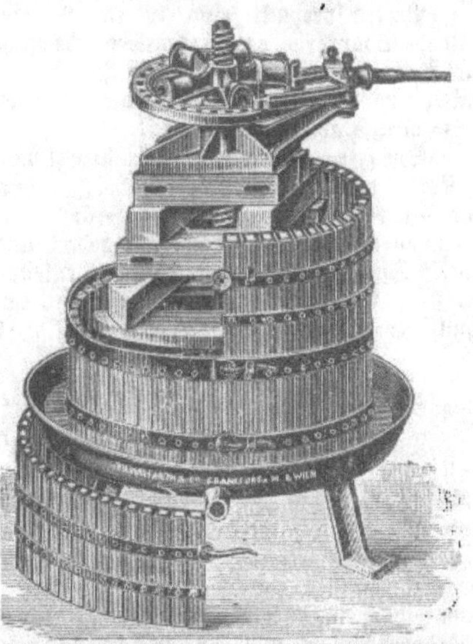

Fig. 165. Obstpresse mit feststehender Spindel und Differentialhebeldruckwerk, Duchscher in Luxemburg.

Ist der Most gewonnen, so wird er in reine, gesunde Fässer gebracht. Als Mostfässer eignen sich nur Wein- oder Branntweinfässer. Neue Fässer müssen mittels Dampf oder heißem Wasser gereinigt werden. Südwein- oder Bordeaux-(Oxhoft-)Fässer sind billig und geeignet. Das Faß darf nicht ganz gefüllt werden, sondern muß 10 cm mostfrei bleiben.

Die Hefe gedeiht wie alle übrigen Pflanzen nur bei einer bestimmten Temperatur. 15—20° C ist für sie die günstigste Temperatur. Hat der Most einen geringeren Wärmegrad, so nimmt man ein zu berechnendes Quantum heraus, erwärmt es in einem reinen Kupferkessel auf ca. 60° C und gibt es wieder in das Faß. Damit die Kohlensäure entweichen kann, darf das Faß nicht geschlossen werden, jedoch wird, um die Verunreinigung des Mostes durch Insekten und Staub zu verhüten, eine Gärröhre aufgesetzt (Fig. 166); auch genügt es, trockenen, ausgewaschenen Quarzsand in Säckchen zu füllen und diese auf den Spund zu legen; selbst vier- bis sechsfach gelegte reine Leinwand aufgelegt und durch einen reinen Ziegelstein festgehalten, erfüllt den Zweck.

Bei Herstellung größerer Mengen Obstweins sollte man den Zucker- und Säuregehalt des Mostes kennen, um nicht der Gefahr des Verderbens der Weine sich auszusetzen. Den Zuckergehalt bestimmt man mittels eines Aräometers, der Öchsleschen Mostwage. Man sollte nur geprüfte oder mit geprüften Wagen verglichene gläserne Senkspindeln verwenden. 5° nach Öchsle sind 1% Zucker, welcher bei richtiger Gärung ½% Alkohol ergibt. Ein Obstwein von 50° Öchsle enthält demnach 10% Zucker und wird nach der Gärung Wein mit 5% Alkohol liefern. Die Säure ist schwieriger bestimmbar und setzt kostspieligere Apparate voraus, die u. a. bei Metzger in Darmstadt zusammengestellt zu beziehen sind.

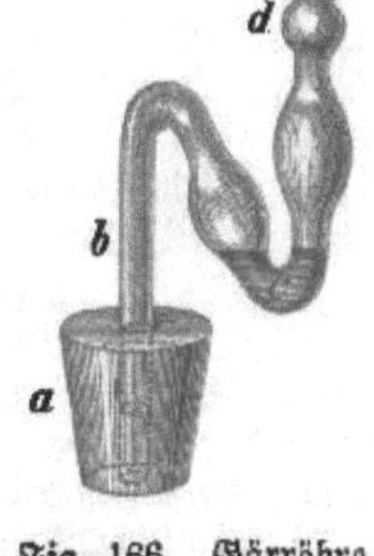

Fig. 166. Gärröhre.
a Gedrehter Spunden aus Hartholz, b S-förmig gebogene Glasröhre, c den Ellbogen ausfüllende Flüssigkeit (Glyzerin, Weingeist, Wasser), d Erweiterung der Röhre, in welche ein Wattepfropfen gesteckt werden kann.

Ablassen des Mostes.

Bei richtiger Gärungsführung ist die stürmische Gärung bis anfangs Dezember vorüber; es sind zu dieser Zeit nur noch geringe Mengen Zucker vorhanden. Die Kohlensäureentwicklung, welche die Hefe in Bewegung hielt, nimmt ab, Hefe und Fruchtfleisch setzen sich zu Boden und damit fängt der Wein an, von oben herein sich zu klären. Eine Probeflasche aus weißem Glas, im November aus dem Faß mit gärendem Most gefüllt und neben das Faß gestellt, zeigt uns den Fortgang der Klärung. Der Zeitpunkt des Ablassens ist gekommen. Lassen wir die Hefe nebst Fruchtfleisch im Fasse, so wird bei eintretender warmer Witterung eine Zersetzung eintreten, wodurch der Wein minderwertig und unverkäuflich werden kann. Ein Verschieben des Ablassens bis zum Frühjahr ist aber unrichtig, weil beim Ablassen um so mehr Kohlensäure entweicht, je wärmer der Keller wird. Ein klarer, mäßig kalter Wintertag eignet sich am besten zu dieser Arbeit, auch wird bei frühem Ablassen infolge der Nachgärung die verlorene Kohlensäure wieder ersetzt. Der Most muß dann in ein ganz reines Faß bis zum Rande gefüllt und vorerst leicht durch Spunden geschlossen werden, so daß noch ein Entweichen der Kohlensäure möglich ist. Alle 3—4 Wochen wird aufgefüllt und von Juni ab das Faß fest geschlossen.

Krankheiten des Obstweins.

1. Das Schwarzwerden (Tintenreaktion). Der Wein läuft klar aus dem Fasse, wird aber an der Luft rasch mißfarbig, oft schwarz wie Tinte. Ursache: hoher Eisengehalt des Weins, bei niederem Säure- und hohem Gerbstoffgehalt. Kommt der Obstsaft mit Eisenteilen der Kelter, den beim Mosten

verwendeten Geräten oder Faßschrauben in Berührung, so löst er Eisen, welches sich bei niederem Säuregehalt mit dem Gerbstoff des Weins verbindet. Vorbeugungsmittel ist sonach, alle Eisenteile der Apparate sorgfältig mit Eisenlack oder Talg zu überziehen. Ist der Fehler aber vorhanden, so genügt es, pro Hektoliter 100—120 g Weinsäure gelöst zuzugeben, da Säure das Eisen in Lösung hält und die Bildung der Gerbstoffverbindung hindert. Hierauf folgt Schönung mit Hausenblase unter vorheriger Probe.

2. Böcksergeschmack. Derselbe erinnert an den Geruch fauler Eier und entsteht bei Anwesenheit von Schwefelwasserstoff. Dieser bildet sich, wenn gärender Most mit abgetropftem Schwefel oder schwefeliger Säure in Berührung kommt. Der Böcksergeschmack läßt sich durch wiederholtes Durchlüften (Ablassen über einen Reisigbesen) beseitigen. Das Faß, in welches solcher Wein kommt, ist stark einzubrennen und nach 14 Tagen ist der Wein nochmals abzulassen.

3. Schimmelgeschmack. Leere Fässer, welche nicht oder nicht rechtzeitig geschwefelt werden, werden schimmelig, bekommen einen sehr unangenehmen Geruch, der sich dem Weine mitteilt und den Wert desselben ganz erheblich mindert. Die Krankheit läßt sich nicht mehr ganz beseitigen, sondern kann nur durch Verschnitt mit gesundem Wein, durch Zusatz von 1 kg Holzkohle auf 1 hl Wein gemildert werden.

4. Trübbleiben und Trübwerden des Weins. Sofern nicht andere Krankheiten vorliegen, wird diese Erscheinung dadurch hervorgerufen, daß sich die eiweißartigen Substanzen des Weins bei Mangel an Gerbstoff oder zu starkem Wasserzusatz nicht zu Boden setzen. Der Zusatz von 1 kg Schlehen oder 2—4 kg Speierlingen zu 50 kg gerbstoffarmen Äpfeln und Birnen verhindert diesen Fehler. Trübe Weine können durch Zusatz von 5 g Tannin, in Weingeist aufgelöst und je 2 hl Wein zugegeben, klar gemacht werden. Unter Umständen ist mit Schönungsmitteln (Magermilch, spanische Erde) oder mit starker Schwefelung die Klärung nach vorherigem Versuch auf der Flasche zu bewerkstelligen.

5. Die Kahm- oder Kuhnenbildung. Die Kahmpilze, welche den Wein mit einem weißen, immer dichter werdenden Häutchen überziehen, leben vom Alkohol des Weins, verzehren selbst die Säure und Extraktstoffe und machen ihn immer schwächer, so daß er seine Haltbarkeit und seinen Gehalt verliert. Sie können nur bei Anwesenheit von Sauerstoff sich entwickeln. Spundvollhalten der Fässer, ganz leichtes Überschwefeln angebrochener Fässer, ist das Gegenmittel.

6. Der Essigstich. Wohl die schlimmste Krankheit des Weins wird durch einen Pilz (Essigsäurepilz) hervorgerufen. Derselbe kann sich nur bei Sauerstoffzutritt und hoher Temperatur (18—30° C) entwickeln. Guter Schluß der Fässer, Spundvollhalten, Lagerung im kühlen Keller sind Vorbeugungsmittel. Der Essigsäurepilz entwickelt sich besonders üppig, wenn Kelter und Mühlen von Fruchtfleischrückständen nicht täglich sorgfältig gereinigt werden. Im ersten Stadium des Auftretens bringt man solche Moste und Weine auf frische Traubentrester oder setzt Reinhefe, auch gequetschte Trauben sowie pro Hektoliter 2 kg aufgelösten, reinen Hutzucker zu und leitet eine stürmische Gärung ein. Der Wein ist rasch zu verbrauchen. Essigstichige Weine können durch Zusatz von 100 g gefälltem kohlensauren Kalk

oder durch ebensoviel kohlensaures Natron abgestumpft und einigermaßen genießbar gemacht werden.

Bei größeren Mengen Weins ist die Verarbeitung zu Essig anzuraten (siehe Essigbereitung).

7. **Das Zähwerden des Weins.** Der Wein wird dick, läuft wie Öl, weich und plump aus dem Fasse und wird ungenießbar. Es entsteht die Krankheit bei unvollständiger Gärung, wenn nämlich ein Teil des Zuckers durch Bakterien und Schleimhefen in Schleim umgebildet wird.

Zusatz von Reinhefe, gequetschten reifen Traubenbeeren, rasche und energische Gärung durch richtige Kellertemperatur, Vermeidung zu hoher Temperaturen sind sichere Vorbeugungsmittel.

Zähe Weine können mittels Reißrohr, starker Durchlüftung, Zusatz von 200—400 g spanischer Erde pro Hektoliter und nachfolgender Umgärung wieder brauchbar gemacht werden.

8. **Das Umschlagen des Weins** besteht in einer fauligen Zersetzung der eiweißartigen Bestandteile des Weins, insbesondere der Hefe. Alkohol- und säurearme Weine, die nicht abgelassen wurden, werden am meisten davon befallen, ebenso Weine, die aus faulenden Früchten bereitet wurden. Umgeschlagene Weine sind schwer und nur mit unverhältnismäßig hohen Kosten zu bessern, weshalb sich sofortiger Verbrauch empfiehlt.

Fig. 167. Essigstande.

Obstessig.

Alkoholhaltige Getränke werden bei höherer Temperatur und Vorhandensein von Sauerstoff durch Essigsäurebakterien in Essig übergeführt. Je alkoholreicher (bis zu einer gewissen Grenze) der Wein ist, desto stärker wird sonach der Essig. Da der Alkohol im Weine aus dem Zucker der Früchte entsteht, geben zuckerreiche Früchte den besten Essig. Es ist ein Irrtum, wenn in der Praxis unreifes oder sehr saures Obst für die Essigbereitung am wertvollsten erachtet wird.

Will man Obstessig bereiten, so nimmt man reifes Obst, preßt daraus den Saft ab und überläßt denselben in einem warmen Raume (Küche, Vorplatz, warmes Zimmer) der stürmischen Gärung. Ist der Wein vollständig ausgegoren, so richtet man ein Essig-, Branntwein- oder Weinfaß, welches für Wein jedoch dann nicht mehr verwendet werden kann, folgendermaßen zu: 30 cm über dem Boden des senkrecht gestellten Fasses (Fig. 167) wird auf jede Seite ein Querstäbchen genagelt, auf welches ein Senkboden (durchlochtes Brett) zu liegen kommt. Der Boden wird mit Gaze oder weitmaschiger Leinwand (Kaffeesack) überspannt und darauf werden einige Liter „Essigmutter" gebracht. In Ermanglung desselben genügen 2—3 Liter echten Weinessigs oder auch stark essigstichiger Wein. Ebenso bringt man 20 cm unter dem oberen Rande des offenen Fasses einen abnehmbaren Senkboden (b) an, der ebenfalls mit Gaze überspannt wird. Den Raum zwischen den Senkböden füllt man mit Buchenspänen aus. Das Faß bringt man in ein warmes Zimmer (25—30° C) und gießt einige Liter des zu Essig zu verarbeitenden Weines auf. Durch Verspritzen auf den Hobelspänen nimmt er Luft und damit Sauerstoff auf. Der Alkohol wird hierdurch rasch in Essigsäure übergeführt. Nach einigen Tagen gießt man wieder 3—4 Liter zu u. s. w. Nach 8—14 Tagen ist der Wein zu Essig geworden, worauf man ihn mittels eines Hahnes bis auf 3—4 Liter abläßt und in ein sauberes Essigfaß füllt.

Die Obstbranntweinbereitung.

Als Rohmaterial kommen insbesondere Zwetschen, Kirschen, Mirabellen, Pfirsiche, Schlehen, Wacholder- und Holunderbeeren, auch ungenügend ausgelaugte Obst- und Weintrester sowie Obst-, Beeren- und Traubenweine in Betracht.

Jeder Wein besteht aus einem Gemisch von Wasser mit durch Hefegärung entstandenem Alkohol, Säuren und gelösten Salzen sowie aromatischen Ölen (Bouquetstoffe). Während nun das Wasser bei 100° C siedet, liegt der Siedepunkt des Alkohols schon bei 79° C. Erwärmt man einen Wein auf etwas über 80° C, so wird die Flüssigkeit dampfförmig und entweicht. Alle festen Stoffe bleiben im Kessel zurück. Leitet man den Dampf aus dem Kessel mittels eines aufgeschraubten Rohres durch Eis oder kaltes Wasser, so verdichtet (kondensiert) er sich wieder und kann in einem vorgestellten Gefäße als Flüssigkeit aufgefangen werden. Diesen Vorgang bezeichnet man als Destillation; durch diese wird es möglich den Alkohol infolge seines tieferen Siedepunktes aus einer Lösung zu trennen.

Bei der Destillation gehen auch immer Wasser sowie die aromatischen Öle über. Wir haben es in der Hand, aus Weinen mit z. B. 5, 10, 12% Alkohol Destillate zu gewinnen, die 40, 50 und mehr Alkoholprozente zeigen. 100 Liter Apfelwein mit 5% Alkohol geben natürlich nur 10 Liter Destillat mit 50% Alkohol, 1 hl Traubenwein mit 10% Alkohol gibt 20 Liter des Destillates mit 50% Alkohol. Aus Weinen durch obiges Verfahren gewonnene Produkte werden allgemein nach dem bekannten französischen Destillationsprodukte als Kognaks bezeichnet.

Nehme ich jedoch Zwetschen, Kirschen, Mirabellen 2c., zerkleinere dieselben, bringe die so entstandene Maische in ein Faß, stelle dasselbe in einen Raum von 12—15° C Temperatur, so beginnt die alkoholische Gärung genau so, wie in dem etwa ausgepreßten zuckerhaltigen Saft. Ist die Gärung vorüber und unterwerfe ich die Alkohol enthaltende Maische der Destillation, so entweicht der Alkohol mit entsprechenden Mengen Wasser und den aromatischen Ölen. Das Produkt nennen wir Branntwein, den Vorgang Brennen.

Daraus ergibt sich: je zuckerreicher und aromatischer die Rohprodukte (Früchte) sind, um so größer ist die Ausbeute an Branntwein und um so wertvoller ist das Produkt. Nur bei voller Reife der Früchte können wir eine lohnende Ausbeute erwarten.

Die bei der Obstbranntweinbereitung zu beachtenden Punkte lassen sich folgendermaßen zusammenfassen:

1. Verwende nur ganz reife, aromatische Früchte und beseitige alle faulen;

2. zerkleinere die Früchte, wobei etwa 1/3 der Kerne zerstoßen werden muß (Bittermandelöl);
3. bringe die Maische in ein gesundes (ganz reines) Faß;
4. das Faß, welches geschlossen und dessen Hahnöffnung zum Entweichen der Kohlensäure mit Gärröhre versehen oder mit Sandsack oder 4fach Leinen bedeckt werden muß, bringe in einen Raum, der 12—15° C Temperatur zeigt (Gärungsführung);
5. verwende nur solche Brennapparate, welche die höchste Ausbeute sichern;
6. lagere den gewonnenen Branntwein in reinen, kleinen Holzfässern und baue ihn aus. Erst nach mehreren Jahren erreicht er seine volle Güte.

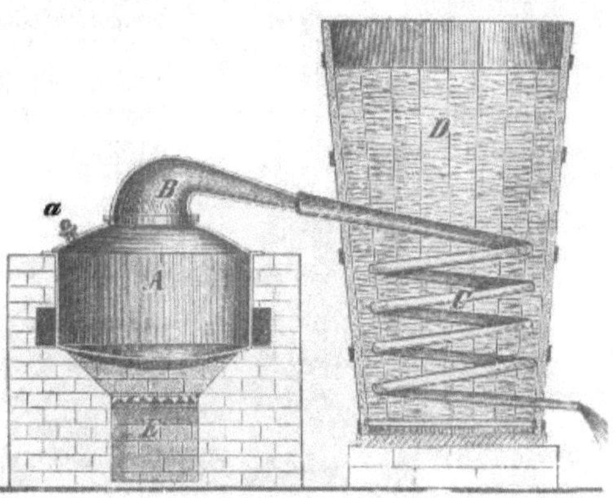

Fig. 168. Brennapparat.

Man unterscheidet Brennapparate mit direkter Feuerung, mit Wasserbad und Dampfdruck. In ersteren ist das Anbrennen der Maische fast nicht zu verhindern, letztere liefern rasch große Mengen, aber keine feine Qualität. Brennapparate mit Wasserbad, Kühlschlange und Rektifikator sind für den mittleren Betrieb am meisten zu empfehlen. (Fig. 168.) Solche liefern u. a.: Ingenieur Ostler in Würzburg, C. Bartelt in Frankfurt a. M., Oliver in Mannheim.

Dörren des Obstes.

Das Dörren ist als Verwertungsart des Obstes unter deutschen Verhältnissen allermeistens unrentabel und kommt nur für den Haushalt in Betracht. Geeignetes Rohmaterial liefern neben grünen Bohnen insbesondere Zwetschen, Kirschen, Äpfel, in Scheiben geschnitten, und Birnen, geschält und geteilt. Hauptsache ist durch Erhitzen nur das Fruchtwasser zu entfernen, ohne die Frucht zu verbrennen.

Zu dem Zwecke werden Zwetschen und geteilte Birnen erst einige Minuten über einem Kessel siedenden Wassers in einem Sieb gedämpft, bis sie mit einem stumpfen Federkiel leicht durchstochen werden können. Dann bringt man sie auf die Dörre.

Die üblichen Dörröfen können kein gutes Produkt liefern, weil die Frucht sofort in zu hohe Temperaturen kommt. Für Haushaltungen eignen sich die Herdedörren oder heizbaren Dörren von Valentin Waas in Geisenheim a. Rh., Preis 30—90 ℳ, für größere Anlagen die amerikanischen Ryderapparate.

Obstkonserven.

Unsere Obst- und Beerenfrüchte, welche 80—90 % Wasser enthalten, sind, sobald sie den Höchstgrad der Reife erlangt haben, raschem Verderben ausgesetzt. Pilze und unter diesen besonders die Bakterien aller Art führen die Vernichtung der Früchte in kürzester Zeit herbei. Alle Maßnahmen, welche dazu dienen, die Zerstörung der Früchte zu verschieben oder unmöglich zu machen, bezeichnen wir mit Konservierung (Erhaltung) der Früchte.

Mikroorganismen (kleinste Lebewesen) gedeihen nur auf entsprechendem Nährboden bei bestimmter Wärme und Vorhandensein von Wasser. Entziehen wir das eine oder das andere, so können dieselben die Frucht nicht angreifen.

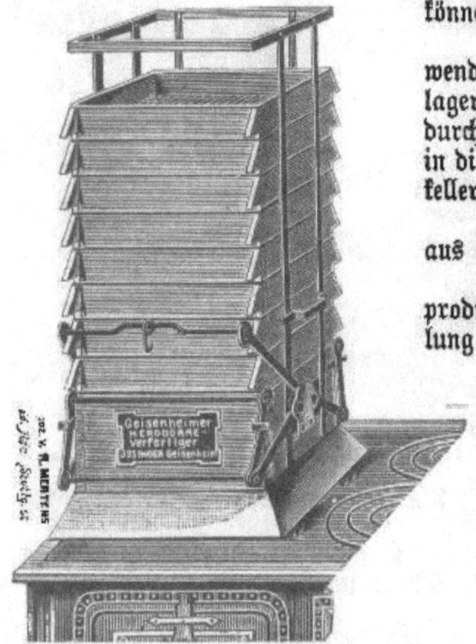

Fig. 169. Geisenheimer Herdedörre.

Die Konservierung durch Kälte wenden wir in der Praxis an durch Einlagerung von Früchten in kühlen Kellern, durch Transport in Eiswägen, Einschichten in die Erde (Mieten), Einlagerung in Eiskellern mit Regulierung der Temperatur.

Entzug des Wassers führen wir aus beim Dörren des Obstes.

Setzen wir dem Obste oder Obstprodukten Stoffe zu, welche die Entwicklung der Pilze hindern, so hält sich ebenfalls das Obst. So kann durch Einlegen der Früchte in Branntwein, Weingeist, Essig, Wein, durch Zusatz von Salz, Zucker zu Obstprodukten die Fäulnis verhindert werden. Das Obst verliert aber hierbei seinen natürlichen Geschmack, seine Bekömmlichkeit und wird verteuert.

Schon im Jahre 1804 schrieb die französische Regierung einen Staatspreis für ein Verfahren aus, bei welchem Obst in seinem natürlichen Geschmacke ohne Zusätze erhalten werden kann. François Appert, ein in Paris lebender ehemaliger Koch des Kurfürsten von der Pfalz, löste die Frage. Sein Verfahren bestand darin, die den Früchten anhaftenden Pilze zu töten oder unfruchtbar zu machen (Sterilisation). Alle Arten Obst: Äpfel, Birnen, Kirschen, Zwetschen, Aprikosen, Mirabellen, Beeren, Trauben ꝛc. lassen sich nach dem Appertschen Verfahren unbegrenzt in ihrem natürlichen Geschmacke und Aussehen erhalten. Es bedarf dazu nur der richtigen Gefäße, welche zur Abhaltung der Pilze luftdicht verschlossen werden können.

Ein Beispiel sei hier angeführt:

Baumreife, tadellose Zwetschen werden unter Beseitigung der Steine und unter Erhaltung des blauen Duftes in 2—4 Teile geschnitten. Ein gewöhnlicher Selterswasserkrug (Anschaffungspreis 3—5 ₰) wird mittels warmen Wassers gereinigt und schwach ausgeschwefelt. In diesen bringt man unter öfterem sanften Aufstoßen die geteilten Zwetschen und füllt denselben bis 3 cm vom Rande. Hierauf wird der Krug mit gut gereinigtem Korke geschlossen und der Kork kreuzweise mit Bindfaden festgehalten. 6—10 so gefüllter Krüge umwindet man einzeln mit Leinwand oder Heu, bringt in einen Waschkessel ein durchlöchertes Brett oder einen Lattenrost und stellt die Krüge darauf. Nun erwärmt man das Wasser bis zum leichten Sieden und läßt die Krüge ca. 20 Minuten im leicht wallenden Wasser stehen. Hierauf nimmt man sie heraus (oder läßt sie im Wasser langsam erkalten) und stellt sie auf ein Brett, bis sie erkaltet sind. Dann drückt man den Kork bis zum Rande ein, entfernt den Bindfaden, wischt den Kork trocken und taucht den Kopf des Kruges in ein Pfännchen mit erwärmtem Schellack oder Flaschenlack. Die Krüge bringt man in einen kühlen Keller.

So konservierte Zwetschen schmecken wie frische, behalten ihre Festigkeit, so daß sie nach einem Jahre noch auf Kuchen gelegt werden können, und sind bekömmlich. Beim Ausnehmen der Zwetschen muß der Kopf des Krugs durch leichtes Anschlagen abgenommen werden.

Die Bereitung von Kompotten, Marmeladen, Mus, Gelee und Obstsäften erfolgt auf ähnliche Weise mit und ohne Zuckerzusatz je nach dem Säuregehalt der Frucht.

Die Konservierung sollte in jedem ländlichen Haushalte zur Verwertung des Obstsegens und zur Bereicherung der Nährmittel wie auch aus Gesundheitsrücksichten bekannt sein.

Achter Abschnitt.

Tierproduktion mit Milchwirtschaft.

I. Bau der landwirtschaftlichen Haustiere.

Allgemeines.

Die Zellen.

Der Tierkörper ist aus kleinen, mit dem bloßen Auge nicht mehr erkennbaren Gebilden, den Zellen, aufgebaut. An den Zellen unterscheidet man den Zellkörper (Protoplasma) und den Zellkern. Die Gestalt der Zelle ist ursprünglich die runde, späterhin kann sie jedoch sehr verschiedenartig sein.

Bei weiterer Entwicklung wandeln sich die Zellen in tierische Gewebe um. Manche dieser Gewebe behalten ihren Zellencharakter bei, so die aus plattenförmigen Zellen bestehenden Gewebe.

Die Zellen können sich durch Teilung vermehren. Eine der wichtigsten Eigenschaften der Zelle ist ihre Fähigkeit Stoffe aufzunehmen, umzuarbeiten und wieder auszuscheiden. Auf dieser Fähigkeit beruht die Absonderung der Säfte im Körper. (Produktion von Milch, Speichel, Magen- und Darmsaft, Galle rc.)

Alle Wachstums- und Vermehrungsvorgänge des Tierkörpers gründen sich auf das Vermögen der Zellen sich zu teilen und zu vermehren.

A. Der innere Bau der landwirtschaftlichen Haustiere.

Der Körper unserer Haustiere besteht aus:

1. Knochen,
2. Muskeln,
3. Eingeweiden,
4. Blut- und Lymphgefäßen,
5. Nerven,
6. Sinnesorganen,
7. Haut und deren Anhängen.

1. Die Knochen.

Unter Knochen versteht man plattenartige oder röhrenförmige Bestandteile des Tierkörpers, die sich durch Härte und Widerstandsfähigkeit auszeichnen. Sie bestehen der Hauptsache nach aus Kalkverbindungen (vorwiegend phosphorsaurer Kalk) und einer verbrennlichen, stickstoffhaltigen Substanz, die beim Kochen mit Wasser Leim (Knochenleim) liefert.

Die plattenförmigen Knochen sind aus zwei harten, elfenbeinartigen Tafeln zusammengesetzt, welche eine schwammige Knochensubstanz einschließen.

Bei den Röhrenknochen findet man die schwammige Knochensubstanz nur an den beiden Endteilen des Knochens. In der Mitte der Röhrenknochen liegt dagegen die Markhöhle, welche das Knochenmark enthält.

Außen sind die Knochen von einer dünnen, aber festen Haut, der Beinhaut, überzogen.

Der Verlust der Beinhaut bewirkt das Absterben des ganzen Knochens. Bei Erkrankungen oder Reizungen der Beinhaut, z. B. Stoß und Schlag, entstehen Überbeine, wie Spat, Ringbein, Schale und Leiste.

Sämtliche Knochen eines Tieres in ihrem Zusammenhange bezeichnet man als Skelett. (Fig. 170.)

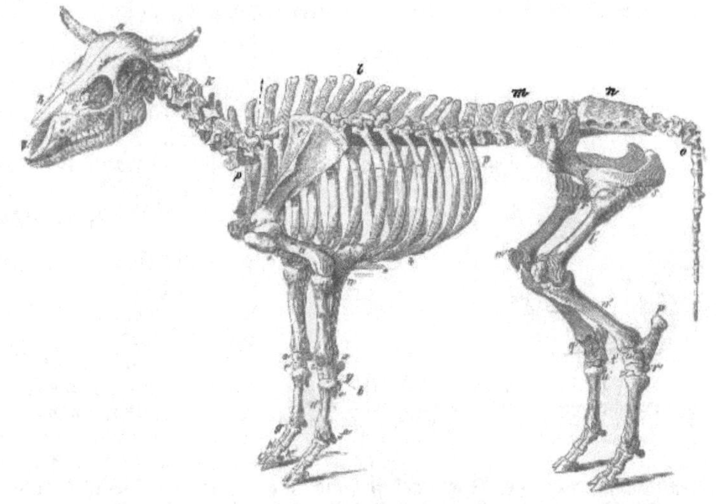

Fig. 170. Skelett eines Rindes.

a Stirnbein, b Scheitelbein, c Schläfenbein, d Jochbein, e Tränenbein, f Großkieferbein, g Kleinkieferbein, h Nasenbein (a—h sind paarige Knochen), i Hinterkieferbein, k Halswirbel, l Rückenwirbel, m Lendenwirbel, n Kreuzbein, o Schweifwirbel, pp Rippen, q Darmbein, r Schambein, s Gesäßbein, t Schulterblatt, u Armbein, v Vorarmbein (Speiche), w Ellenbogenbein, x—z—c' vordere Fußwurzelknochen (Vorderfußknochen), d' Schienbein (Vordermittelfuß), e' Griffelbein, f' Sehnenbein (Sesambein), g' Fesselbeine, h' Kronbeine, i' Klauenbeine, k' untere Sehnenbeine (Strahlbeine), l' Oberschenkelbein (Backbein), m' Kniescheibe, n' Unterschenkelbein, o' Rollbein, p' Sprungbein (Fersenbein), q' Rollbein, innere Seite, r' s' t' Hinterfußwurzel-(Sprunggelenks-)Knochen, u' Griffelbein.

Den Knochen fällt die Aufgabe zu, ein widerstandsfähiges Gerüst und Stützwerk für den ganzen Tierleib herzustellen. Sie bilden vor allem die feste Wirbelsäule des Körpers, welche aus ca. 50—56 mehr oder weniger beweglich miteinander verbundenen Wirbeln besteht. Außerdem bilden die Knochen auch Körperhöhlen (Gehirnhöhle, Rückgratskanal der Wirbelsäule,

Nasen- und Maulhöhle, Brust- und Beckenhöhle, Augenhöhle). In diesen Höhlen finden die weniger widerstandsfähigen Sinneswerkzeuge und Eingeweide eine gesicherte Aufnahme und einen Schutz vor Beschädigung.

Andere Knochen endlich (die Knochen der Gliedmaßen) haben den Zweck den Körper zu stützen und fortzubewegen.

Man unterscheidet beim Skelett: a) Kopfknochen, b) Rumpfknochen, c) Knochen der Gliedmaßen.

a) Kopfknochen.

Die Kopfknochen sind meistens plattenförmige Knochen. (Fig. 171.)

Die Kopfknochen heißen: 1. Hinterhauptsbein, 2. Scheitelbein, 3. Stirnbein (aus diesem geht bei Wiederkäuern der hohle, knöcherne Hornzapfen hervor), 4. Schläfenbein (in diesem befinden sich die Gehörwerkzeuge), 5. Keilbein, 6. Siebbein, 7. Großkieferbein, 8. Gaumenbein, 9. Nasenbein, 10. Tränenbein, 11. Jochbein, 12. Flügelbein, 13. Pflugscharbein, 14. Kleinkieferbein, 15. Hinterkieferbein, 16. Zungenbein.

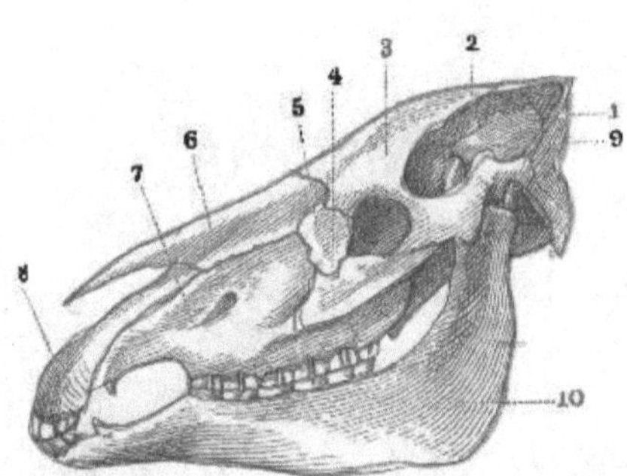

Fig. 171. Schädel des Pferdes.

1. Hinterhauptsbein, 2. Scheitelbein, 3. Stirnbein, 4. Jochbein, 5. Tränenbein, 6. Nasenbein, 7. Großkieferbein, 8. Kleinkieferbein, 9. Schläfenbein, 10. Hinterkieferbein.

Die Kopfknochen stellen die Gehirnhöhle, die Maul- und Nasenhöhle her. Die Gehirnhöhle nimmt das Gehirn auf, in der Maulhöhle befinden sich die Organe für die Futteraufnahme, die Kauwerkzeuge und Geschmacksorgane, die Nasenhöhle bildet einen Kanal für die Atmungsluft und beherbergt die Geruchswerkzeuge.

Die Augenhöhle nimmt das Sehorgan auf; der äußere Gehörgang sowie das mittlere und innere Ohr umschließen die Gehörwerkzeuge.

Außer den genannten Höhlen sind im Kopf noch geräumige Lufthöhlen vorhanden, die bei Wiederkäuern eine beträchtliche Ausdehnung (Stirnhöhle) erreichen.

Die Hornzapfenhöhle der Wiederkäuer steht mit der Stirn und Nasenhöhle in Verbindung.

b) Rumpfknochen.

Die Rumpfknochen bestehen aus: Wirbelknochen, Rippen, Brustbein und Becken. Die Wirbelknochen sind untereinander durch knorpelige Scheiben verbunden, welche eine Biegung der Wirbelsäule zulassen. Im Innern der Wirbelknochen befindet sich der Rückgratskanal.

Bei alten, strapazierten Pferden sind die Knorpelscheiben meist ganz verknöchert und der Rücken dieser Tiere wird hierdurch steif. Derartige Pferde legen sich nicht mehr nieder, weil sie nicht mehr allein aufstehen können.

Die Wirbelknochen zerfallen in:

1. Halswirbel (Fig. 170 k),
2. Brust- und Rückenwirbel (Fig. 170 l),
3. Lendenwirbel (Fig. 170 m),
4. Kreuzwirbel, die schon im ersten Lebensjahre zu einem einzigen Knochen, dem Kreuzbein, verschmelzen (Fig. 170 n),
5. Schweifwirbel (Fig. 170 o).

An die Brustwirbel schließen sich die Rippen an (Fig. 170 pp). Sie stellen den Brustkorb her, indem sie sich unten mit einem schwammigen Knochen, dem Brustbein, verbinden. An das Kreuzbein heften sich noch Knochen des Beckens (Darmbein) an.

Das Kreuzbein und die drei Knochen des Beckens: Darmbein, Schambein und Gesäßbein (Fig. 170 qrs) bilden zusammen die Beckenhöhle.

c) Knochen der Gliedmaßen.

Die Knochen der Gliedmaßen bilden unter sich bewegliche Verbindungen, die man als Gelenke bezeichnet.

Die Gelenke werden von sehr starken, häutigen Kapseln umgeben (Kapselbänder, Fig. 172). Außerdem sind bei vielen Gelenken noch starke, sehnige Bänder vorhanden, welche die Gelenkenden fest zusammenhalten. Den Raum zwischen den beiden überknorpelten Gelenkenden bezeichnet man als Gelenkhöhle. Sie ist mit der Gelenkschmiere angefüllt.

Fig. 172. Gelenkkapsel. (Schematisch.)

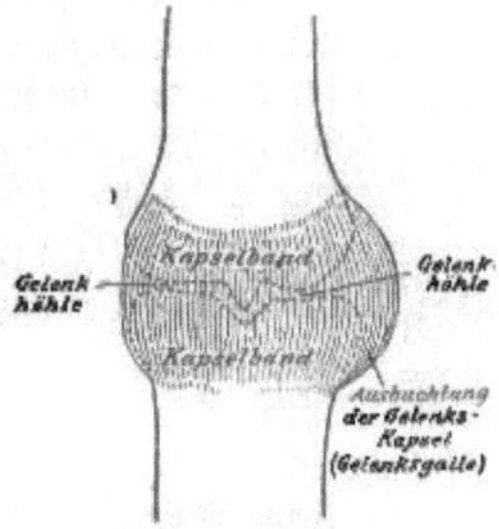

Fig. 173. Gelenksgalle. (Schematisch.)

Verletzungen der Gelenke sind in der Regel sehr gefährlich. Ausbuchtungen der Gelenkkapseln bezeichnet man als Gelenksgallen. (Fig. 173.)

Die Knochen der Gliedmaßen zerfallen in diejenigen der vorderen und hinteren Gliedmaßen.

An der vorderen Gliedmaße befinden sich folgende Knochen:

1. Das Schulterblatt. Dieses stellt die Verbindung der Vordergliedmaße mit dem Rumpfe her. (Fig. 170 t.)
2. Das Armbein. Es bildet mit dem Schulterblatt das Buggelenk. (Fig. 170 u.)
3. Das Speiche- (Vorarm-) und Ellenbogenbein. Sie bilden mit dem unteren Gelenkende des Armbeins das Ellenbogengelenk. (Fig. 170 v w.)
4. Die Vorderfußwurzelknochen, die in zwei Reihen übereinander liegen. Aus diesen Knochen sowie aus dem unteren Ende der Speiche und dem oberen Ende des Schienbeins besteht das vordere Kniegelenk. (Fig. 170 x¹—z.)

5. Das Schienbein mit den beiden Griffelbeinen. (Fig. 170 d′e′.)
6. Das Fesselbein, welches mit dem unteren Gelenksende des Schienbeins das Fesselgelenk herstellt. (Fig. 170 g′.)
7. Das Kronbein. Es bildet mit dem Fesselbein das Krongelenk. (Fig. 170 h′.)
8. Das Huf-(Klauen-)bein. Die Verbindung zwischen dem Kron- und Hufbein bezeichnet man als Hufgelenk. (Fig. 170 i′.)
9. Die oberen Sehnenbeine, die sich am unteren Ende und an der hinteren Fläche des Schienbeins befinden. (Fig. 170 f′.)
10. Das Strahlbein, unteres Sehnenbein (Weberschiffchen). Es liegt auf der hinteren Fläche des Hufbeins. (Fig. 170 k′.)

Die Knochen 5—10 bilden den eigentlichen Fuß oder Unterfuß.

Die **hintere Gliedmaße** besteht aus folgenden Knochen:

1. Aus dem Oberschenkelbein, welches mit der Gelenkpfanne des Beckens das Pfannen- oder Hüftgelenk bildet. (Fig. 170 l′.)
2. Aus dem Unterschenkelbein. (Fig. 170 n′.)
3. Aus der Kniescheibe. Das untere Gelenksende des Oberschenkels, das obere Gelenksende des Unterschenkels und die Kniescheibe bilden zusammen das Kniegelenk. (Fig. 170 m′.)
4. Aus den Sprunggelenksknochen, die in zwei bezw. drei Reihen übereinander liegen. In der oberen Reihe befindet sich das Rollbein und das Fersenbein mit dem Fersenbeinhöcker, an den sich die Achillessehne anheftet. (Fig. 170 o′—p′.)

Die Knochen des Unterfußes: Schienbein, Fesselbein, Kron- und Huf-(Klauen-)bein, verhalten sich wie bei der vorderen Gliedmaße.

2. Die Muskeln.

Mit dem Namen Muskeln bezeichnet man gewöhnlich das rote Fleisch des Körpers, welches aus einer Menge zusammenziehbarer Fasern besteht. Die Muskeln haben deshalb auch das Eigentümliche, daß sie sich zusammenziehen, d. h. verkürzen können.

Durch diese Verkürzung (Kontraktion) üben sie eine Zugkraft aus. Die Zusammenziehung erfolgt bei den willkürlichen Muskeln infolge eines Willensaktes. (Unwillkürliche Muskeln, die eine blasse Farbe haben, findet man in allen Eingeweiden, besonders aber im Magen, Darm, in der Blase, im Fruchthälter und in den Blutgefäßen.) Die willkürlichen Muskeln heften sich meistenteils an das Skelett an oder sie endigen mit starken, sehr widerstandsfähigen, bandartigen Anhängen, den Sehnen (Flechsen).

Man findet diese Sehnen hauptsächlich an den Gliedmaßen. Sie haben den Zweck, die Gelenke zu beugen oder zu strecken. (Beugesehnen und Strecksehnen.)

Sowohl die Bewegung des Gesamtkörpers als auch diejenige der einzelnen Teile beruht auf der Verkürzung und Wiederausdehnung der Muskeln und der einzelnen Muskelgruppen.

Bei sehr fetten Tieren lagert sich viel Fett zwischen den Fasern der Muskeln ab und verdrängt diese, wobei ihre Leistungsfähigkeit mehr oder weniger abnehmen muß.

3. Die Eingeweide.

Unter Eingeweiden versteht man Organe des Körpers, welche in Körperhöhlen liegen, Stoffe empfangen und wiederum Stoffe abgeben. Gruppen von Eingeweiden bilden Apparate, die bestimmten Zwecken dienen.

Diese Apparate sind:

a) Der Apparat für die Verdauung.

Zu diesem gehören:

1. Die Maulhöhle.

In der Maulhöhle befindet sich die Zunge, ein sehr beweglicher Muskel, dessen obere Fläche mit feinen Hornzähnchen besetzt ist.

Die Zunge hat die Aufgabe das Futter zu erfassen, zwischen die Zähne zu schaffen und in die Rachenhöhle zu befördern.

Der Verlust oder die Entartung der Zunge hat den sicheren Tod zur Folge, da die Tiere nicht mehr imstande sind die notwendige Nahrung aufzunehmen.

In die Maulhöhle münden die Ausführungsgänge der verschiedenen Speicheldrüsen.

In den beiden Kiefern der Pferde und Wiederkäuer befinden sich auf jeder Seite je 6 Backenzähne, deren freie obere Fläche rauh und kantig und deshalb sehr geeignet zum Zerreiben von Futterstoffen ist.

Bei den älteren Pferden kommen sehr häufig an den Backzähnen Spitzen vor, welche die Tiere sehr an der Futteraufnahme hindern. Sie können aber leicht durch Abfeilen beseitigt werden.

Die Maulhöhle wird gegen die Rachenhöhle durch den weichen Gaumen oder das Gaumensegel abgesperrt.

2. Die Rachenhöhle.

In der Rachenhöhle befindet sich der Eingang in die Nasenhöhle, in den Kehlkopf und in den Schlund sowie der Eingang in das mittlere Ohr (Eustachische Röhre). Ein abgeschluckter Bissen muß unter dem Gaumensegel hindurch und über den geschlossenen Kehldeckel hinweggleiten.

Bei Pferden kann wegen der starken Entwicklung des Gaumensegels der Bissen nur in der Richtung gegen die Rachenhöhle, aber nicht umgekehrt sich fortbewegen. Bei Schlingbeschwerden der Pferde kommt deshalb nicht selten Futter und Trank wieder durch die Nasenhöhle zum Vorschein. Die Pferde können aus diesem Grunde auch nicht durch die Maulhöhle atmen. Sie ersticken sofort, wenn die Nasenlöcher unwegsam werden.

Da der Bissen und die Flüssigkeiten beim Abschlucken über den geschlossenen Kehldeckel hinweggleiten müssen, so ist beim Einschütten von flüssigen Arzneimitteln die größte Vorsicht nötig. Man darf hierbei den Kopf der Tiere nicht zu hoch halten und muß ihnen auch außerdem Zeit zum Atmen lassen.

3. Der Schlund.

Der Schlund ist ein muskulöses Rohr, welches in der Rachenhöhle beginnt und in der linken Magenabteilung endigt. Durch den Schlund gelangt das aufgenommene Futter in den Magen.

4. Die Bauchhöhle.

Unter Bauchhöhle versteht man die hinter dem Zwerchfell liegende große Körperhöhle. Sie wird vom Bauchfell ausgekleidet und beherbergt

Magen, Darmkanal, Leber, Milz und Bauchspeicheldrüse, Nieren, Eierstöcke, Fruchthälter und einen Teil der Blase.

5. Der Magen. (Fig. 174.)

Der Magen ist eine sackartige Ausbuchtung des Verdauungsschlauchs, in welchem sich Drüsen befinden. Diese sondern den Magensaft ab, welcher unlösliches Eiweiß in lösliches Eiweiß (Peptone) umwandelt.

Der Magen der Pferde (ebenso der Schweine) ist einfach und von bohnenförmiger Gestalt. Die Schlundeinmündung des Pferdemagens (Magenmund) ist durch Hautfalten und Muskeln derart verschlossen, daß zwar Stoffe in den Magen eintreten, jedoch weder Futter noch Gase durch den Schlund entweichen können.

Wenn Pferde sehr viel stark blähendes oder nachquellendes Futter, z. B. neuen Hafer, Gerste, Weizen, Mais, Ackerbohnen, neues Heu aufnehmen, muß eine Magenberstung eintreten, da Gase und gequollenes Futter niemals durch den Schlund entfernt werden können.

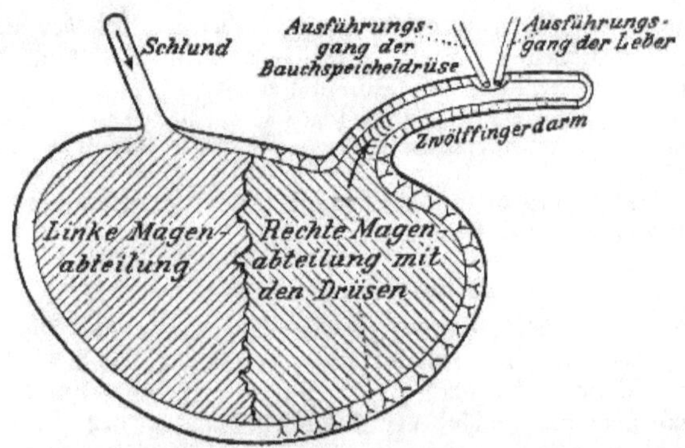

Fig. 174. Pferdemagen (schematisch).

Eine zweite Öffnung des Magens, der Pförtner, führt in den ersten Darmabschnitt (Zwölffingerdarm). Der Pferdemagen ist sehr klein; er faßt ca. 10 Liter.

Der Magen der Wiederkäuer (Rind, Schaf, Ziege) ist vierteilig. (Fig. 175.)

In die erste, sehr große Magenabteilung, den Wanst (Pansen), mündet der Schlund ein. Der Wanst füllt etwa zwei Drittel der Bauchhöhle aus. Er liegt hauptsächlich auf der linken Seite derselben. Rechts vom Wanste befindet sich die Darmscheibe.

Der Pansenstich muß immer auf der linken Seite des Tieres gemacht werden. Rechts würde man den Darm treffen, wobei die Tiere zu Grunde gehen müßten.

Die zweite Magenabteilung bezeichnet man als Haube. Es ist die am tiefsten gelegene Partie des Wiederkäuermagens. Sie liegt unter der Schlundöffnung und steht auch mit dem Wanste durch eine weite Öffnung in Verbindung.

Charakteristisch ist für die Haube die Auskleidung mit fünfeckigen Schleimhautnischen oder Zellen. In der Haube findet man, weil sie am tiefsten liegt, bei geschlachteten Tieren häufig Drahtstücke, Nägel, Nadeln ꝛc. Nicht selten bohren sich diese Gegenstände durch die Wandungen und gelangen in das Herz, da die Herzspitze nur wenige Zentimeter von der Haube entfernt ist.

Eine dritte Öffnung der Haube führt in die dritte Magenabteilung, den Psalter (Buch).

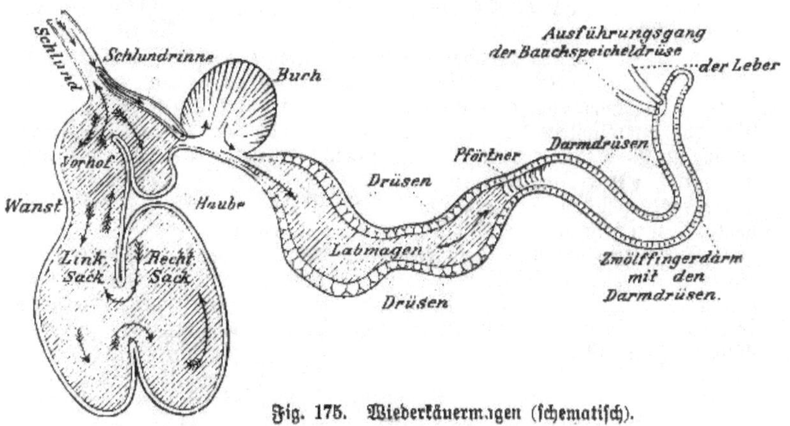

Fig. 175. Wiederkäuermagen (schematisch).

In dem Innern des Psalters befindet sich eine bedeutende Zahl größerer und kleinerer Schleimhautblätter.

Eine häutige Rinne, die Schlundrinne, führt vom Schlunde zum Psalter. Diese Rinne ist unten offen. Kleingekautes oder wiedergekautes Futter sowie kleine Mengen von Getränk, jedoch nicht grob gekaute und grobe Bissen können durch die Schlundrinne direkt, ohne den Wanst zu passieren, in den Psalter gelangen.

Von dem Psalter führt eine Öffnung in die vierte Magenabteilung, den Labmagen.

Dieser ist der eigentlich verdauende Magen; er entspricht der rechten Magenhälfte der Tiere mit einem Magen, in welcher sich die Verdauungssäfte liefernden Drüsen befinden.

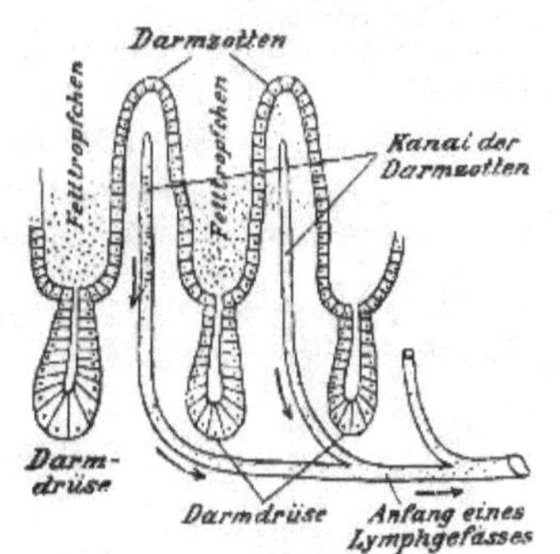

Fig. 176. Darmzotten (schematisch).

6. Der Darm.

Der Darm ist ein häutiges Rohr. In seinen Wandungen befinden sich Drüsen, welche Darmsaft absondern. Auf der inneren Oberfläche einzelner Darmabschnitte sind Fortsätze (Zotten) vorhanden, welche das bei der Verdauung im Darmkanal sehr fein verteilte Fett in die Lymph- bezw. in die Blutbahn abführen. (Fig. 176.)

Der Darm zerfällt: a) in den Dünn- und b) in den Dickdarm. Den Dünndarm teilt man wieder ein in den Zwölffingerdarm, in den Leerdarm und in den Hüftdarm. Der wichtigste Abschnitt ist der Zwölffingerdarm. In diesen Abschnitt mündet der Ausführungsgang der Leber und der Bauchspeicheldrüse ein.

Der Dickdarm besteht aus dem Blinddarm, dem Grimmdarm und dem Mastdarm.

Blinddarm und Grimmdarm sind beim Pferde sehr stark entwickelt; sie fassen ca. 90 Liter Inhalt. Der Pferdedarm ist an einem sehr langen häutigen Aufhängeband, dem Gekröse, befestigt. Dieses erleichtert zwar sehr die Beweglichkeit der einzelnen Partieen, gibt aber auch häufig Veranlassung zu Verdrehungen und Verschnürungen, Krankheitszustände, die man mit dem Namen Kolik bezeichnet.

In dem flaschenförmigen Teil des Mastdarms sammeln sich die unverdauten Futterstoffe an, welche zeitweilig entleert werden.

Der Darm des Rindes ist wesentlich vom Darm des Pferdes verschieden. Er zeichnet sich durch eine sehr erhebliche Länge aus und bildet mit seinem Gekröse eine Scheibe. Am Rande dieser Scheibe ist der Dünndarm befestigt, im Innern befindet sich der sehr kurze Blinddarm und der etwa 9 Meter lange Grimmdarm.

7. Die Leber.

Die Leber liegt auf der rechten Seite des Magens. Sie besteht aus einer großen Anzahl kleiner Läppchen. In den Zellen dieser Läppchen wird die Galle produziert.

Bei den landwirtschaftlichen Haustieren, das Pferd ausgenommen, befindet sich an der Leber eine Blase zur Ansammlung der Galle, die Gallenblase.

Vom Zwölffingerdarm aus können Leber-Parasiten, die Leberegel, in die Gallengänge einwandern. Wenn sehr viele derartiger Parasiten eindringen, so kann der größere Teil der Leber zerstört werden und bei den Tieren stellt sich dann Abzehrung ein.

8. Die Bauchspeicheldrüse.

Diese für die Verdauung sehr wichtige Drüse liegt etwas hinter der Leber, in der Nähe der Wirbelsäule. Sie hat eine schmutzig-braunrote Farbe.

Der Saft der Bauchspeicheldrüse besitzt eine dreifache Wirkung: er unterstützt die Wirkung der Galle bei der feinen Verteilung des Fettes, er verzuckert Stärkemehl und macht Eiweißkörper löslich.

b) Der Apparat für die Atmung.

1. Die Nasenhöhle.

Die Nasenhöhle stellt eine geräumige Höhle dar, welche durch eine knorpelige Scheidewand in zwei gleich große Räume abgeteilt ist.

Der Scheidewandknorpel ist mit einer Schleimhaut überzogen, in welcher der Geruchsnerv ausgebreitet ist.

Auf dieser Scheidewand entstehen bei rotzkranken Pferden Geschwüre und Narben.

2. Die Rachenhöhle. (Siehe S. 327.)

3. Der Kehlkopf.

Der Kehlkopf bildet den Eingang zur Luftröhre und zu den Lungen. Er ist aus verschiedenen Knorpeln zusammengesetzt.

Im Innern des Kehlkopfes befinden sich die Stimmbänder. Die Öffnung zwischen den beiden Stimmbändern bezeichnet man als Stimmritze. Sie kann sich erweitern und verengern.

Der Kehlkopf ist einesteils ein Luftweg, anderntеils das Werkzeug für die Stimmbildung.

4. Die Luftröhre.

Die Luftröhre besteht aus einer größeren Anzahl von Knorpelringen (50–56), die leicht beweglich miteinander verbunden sind. Der erste Ring heftet sich an den unteren Teil des Kehlkopfes an. Nach dem Eintritt der Luftröhre in die Brust teilt sie sich in 2 Stämme.

5. Die Brusthöhle.

Man bezeichnet als Brusthöhle die große, vordere Körperhöhle, welche von den Rippen, dem Brustbein und dem Zwerchfell gebildet wird.

Die Haut, welche die Brusthöhle auskleidet, bezeichnet man als Brustfell. Die Brusthöhle nimmt die Atmungswerkzeuge, Luftröhre und Lungen sowie das Herz und die großen Blutgefäßstämme und den Brustteil des Schlundes auf.

6. Das Zwerchfell.

Das Zwerchfell bildet den hinteren Verschluß der Brusthöhle gegen die Bauchhöhle zu und heftet sich an die Rippen, die Wirbelsäule sowie an das Brustbein an.

Das Zwerchfell ist ein häutiger Muskel, der in der Brusthöhle von dem Brustfell und in der Bauchhöhle von dem Bauchfell überzogen wird. Im Zustande der Erschlaffung wird das Zwerchfell durch die Baucheingeweide in die Brusthöhle gedrängt, wobei die Lungen zusammenfallen. Zieht sich das Zwerchfell zusammen, so schiebt es die Baucheingeweide nach rückwärts, der Brustraum erweitert sich, die Lungen dehnen sich aus und es folgt die Einatmung. Solange die Tiere gesund sind, ist bei der Atmung fast ganz allein das Zwerchfell beteiligt.

7. Die Lungen.

Die Lungen sind schwammige Organe, welche sich an die beiden Luftröhrenstämme anheften. Diese verzweigen sich sehr stark in den Lungen und die feinsten Verzweigungen endigen in Lungenbläschen. Diese Lungenbläschen werden von einem engmaschigen Blutgefäßnetz umsponnen. In den Lungenbläschen findet der Gasaustausch zwischen dem durch die Lungen aufgenommenen Sauerstoff der Luft und der aus dem Blut abzugebenden Kohlensäure statt.

c) Der Harnapparat.

1. Die Nieren.

Die Nieren sind bohnenförmige, braunrote Gebilde, welche unter den Lendenwirbeln liegen. Sie bestehen in ihrer Rindenschichte aus kleinen punktförmigen Körperchen und einem sehr komplizierten Kanalsystem. Durch die Nieren werden die unbrauchbar gewordenen und den Organismus schädigenden Stoffe sowie das überschüssige Wasser in Form von Harn aus dem Blut ausgeschieden und durch die Harnleiter der Harnblase zugeführt.

2. Die Harnblase.

Die Harnblase hat die Aufgabe den von den Tieren abgesonderten Harn zu sammeln. Sie liegt am Eingang in die Beckenhöhle unter dem Mastdarm. Wenn sie stark angefüllt ist, ragt sie noch ein Stück weit in die Bauchhöhle hinein. Von Zeit zu Zeit zieht sie sich zusammen und der Urin entleert sich durch die Harnröhre nach außen. Zwischen der Blase und der Harnröhre befindet sich ein fleischiger Ring, der Schließmuskel, der beim Entleeren des Urins sich öffnen muß.

In der Blase können sich Steine bilden, die aus Erdsalzen bestehen. Diese Blasensteine bleiben bisweilen im Blasenhalse oder in der Harnröhre stecken, wodurch eine Harnverhaltung eintritt. Gelingt es nicht die Steine zu entfernen, dann erfolgt eine Blasenberstung und die Tiere sterben an Urinvergiftung.

d) Die Werkzeuge der Fortpflanzung.

Weibliche Geschlechtsorgane.

1. Der Eierstock. (Fig. 177.)

Der Eierstock ist ein nußgroßes, rundes Gebilde, das durch eine derbe Haut unter den Lendenwirbeln an der Wirbelsäule aufgehängt ist. In dem Eierstock wird das Ei (Eizelle) gebildet. Letzteres wird von einem mit Flüssigkeit gefüllten Bläschen umgeben, welches schließlich die Größe einer Haselnuß erreicht und bei der Brünstigkeit platzt. Durch das Platzen wird das Ei entleert und es gelangt durch den Eileiter in ein Fruchthälterhorn.

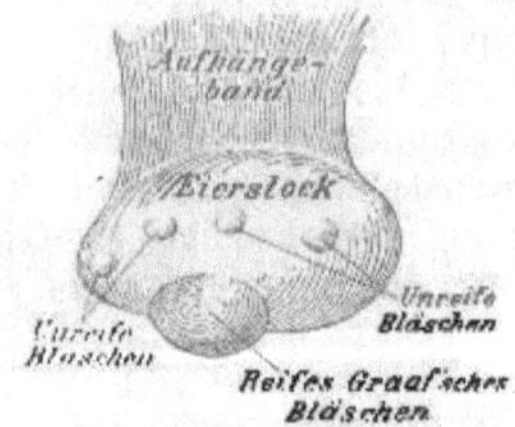

Fig. 177.
Eierstock (schematisch).

2. Die Eileiter.

Die Eileiter führen die Eier zu den Fruchthälterhörnern.

3. Der Tragsack oder Fruchthälter (Uterus).

Man versteht unter Tragsack einen häutigen Sack, der durch die Mutterbänder mit der Wirbelsäule verbunden ist. Bei nicht trächtigen Tieren ist er sehr klein. Bei trächtigen Tieren erreicht er eine bedeutende Größe und füllt dann die halbe Bauchhöhle aus. An dem Tragsack kann man den Körper und zwei Hörner unterscheiden. In den

Hörnern des Wiederkäuerfruchthälters bemerkt man warzenartige Gebilde, die Mutterkuchen, an welche sich während der Trächtigkeit die Eihäute anheften. Eine dicke Muskelschichte bildet einen starken Schließmuskel, der während der Trächtigkeit den Hals des Tragsackes fest zusammenschnürt. Bei der Geburt erschlafft er und die Wasserblase dehnt ihn allmählich aus.

Wird bei der Geburtshilfe zu früh und zu gewaltsam am jungen Tier gezogen, dann kann der Fruchthälterhals zerreißen und die Tiere gehen zu Grunde; bisweilen ist der Fruchthälterhals auch verwachsen.

4. Die Scheide.

An den Tragsack schließt sich ein häutiger Kanal an, den man als Scheide bezeichnet. In diese mündet bei weiblichen Tieren die Harnröhre. Die Scheide endet mit dem Wurf.

5. Das Euter.

Das Euter besteht aus zwei Abteilungen mit je zwei Hälften. In jedem der vier Teile befindet sich ein größerer Raum, in welchem sich die Milch ansammelt. Man bezeichnet denselben als Milchzisterne. Diese setzt sich bis in die Striche hinab fort.

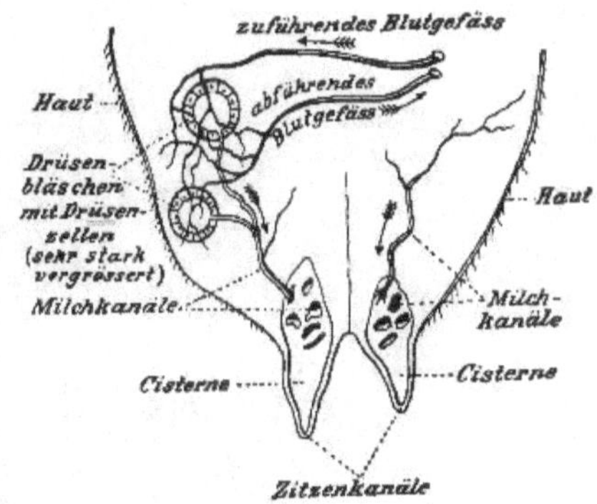

Fig. 178. Euter (schematisch).

Die Hauptmasse des Euters besteht aus einer körnig erscheinenden Drüsensubstanz. In der Drüsensubstanz befinden sich kleine, mit Zellen ausgekleidete Bläschen, deren Ausführungsgänge in die Zisterne bezw. in die Milchkanäle münden. Die Milch wird im wesentlichen von den Zellen der Drüsenbläschen produziert.

Eine große Menge von Blut- und Lymphgefäßen durchzieht die Drüsensubstanz und bringt dem Euter das notwendige Rohmaterial zur Bereitung der Milch.

Männliche Geschlechtsorgane.

Die Hoden.

Unter Hoden versteht man ovale, drüsige Gebilde, welche in häutigen Hüllen außerhalb der Bauchhöhle sich befinden. Sie erzeugen den männlichen Samen oder die Samenzellen.

4. Das Blut- und Lymphgefäßsystem.

a) Das Herz. (Fig. 179.)

Das Herz ist ein Muskel mit Hohlräumen, der sich in der Brusthöhle befindet. Durch die großen Blutgefäße, die aus dem Herzen hervorgehen, wird es in seiner Lage erhalten. Das Herz wird von einer sehnigen Kapsel, dem *Herzbeutel*, umgeben.

Im Herzen befinden sich *vier Kammern*. Am Grunde des Herzens liegen die *linke* und *rechte Vorkammer*, gegen die Spitze zu die *linke* und *rechte Herzkammer*.

Zwischen den betreffenden Vorkammern und Herzkammern sind zwei weite Öffnungen, welche bei der Zusammenziehung des Herzens durch die Segelklappen (Segelventile) verschlossen werden. Aus den beiden Herzkammern gehen die großen Blutgefäßstämme hervor. Der Stamm, welcher aus der rechten Herzkammer herausführt, die *Lungenarterie*, leitet das Blut von

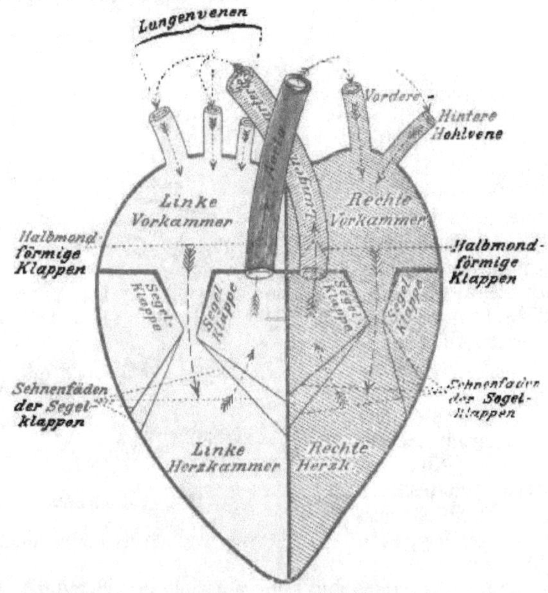

Fig. 179. Herz (schematisch).

der rechten Herzkammer in die Lungen. Aus der linken Herzkammer entspringt dagegen die *große Körper-Aorta*, welche das Blut in sämtliche Teile des Körpers zu allen Organen und Geweben führt.

An den Stellen, an welchen die Lungenarterie und die Körper-Aorta aus den Herzkammern heraustreten, befinden sich taschenartige, häutige Ventile, die *halbmondförmigen Klappen*, welche das Zurückfließen des Bluts bei der Ausdehnung des Herzens verhindern.

In die rechte Vorkammer münden die vordere und hintere Hohlvene ein, welche das kohlensäurehaltige Blut des Körpers dem Herzen zuführen.

In die linke Vorkammer ergießen die Lungenvenen ihren Inhalt, nämlich das sauerstoffreiche Blut, welches aus den Lungen dem Herzen zugeleitet wird.

b) Die Arterien.

Unter Arterien versteht man starkwandige Blutgefäße, welche aus der linken und rechten Herzkammer hervorgehen. Die aus dem großen Aortenstamme entspringenden Arterien verzweigen sich im ganzen Körper und bringen ihm sauerstoffreiches (arterielles) Blut. (Fig. 180.) Die Lungenarterie verzweigt sich in der Lunge und umspinnt schließlich die Lungenbläschen.

c) Die Haargefäße (Kapillargefäße).

Die Haargefäße gehen aus den feinsten Arterien hervor. Sie bilden in allen Teilen des Körpers ein feines Netzwerk.

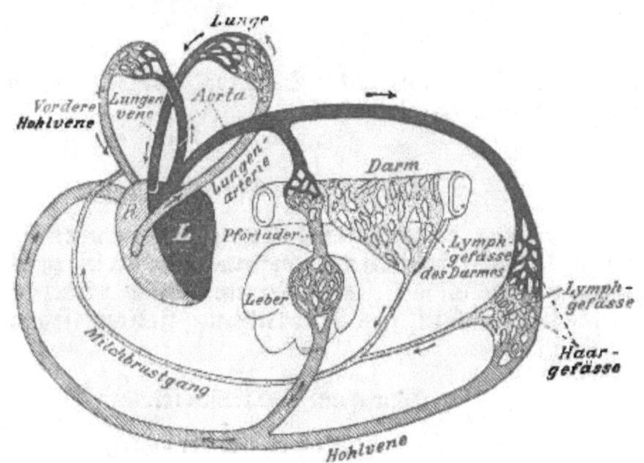

Fig. 180. Blut- und Lymphkreislauf (schematisch).

d) Die Venen.

Die Haargefäße vereinigen sich wieder zu kleinen Stämmchen und aus diesen entspringen die Venen, welche das Blut zum Herzen zurückleiten. Sie sind viel dünnwandiger als die Arterien. An den Stellen, an welchen der Blutstrom aufwärts steigen muß, sind Klappen eingeschaltet, um ein Zurückströmen des Blutes zu verhindern.

Die Venen münden in zwei großen Stämmen (vordere und hintere Hohlvene) in die rechte Herzvorkammer ein. Die Venen des Magen- und Darmkanals vereinigen sich zu einem großen Stamme, der Pfortader, welcher sich in der Leber verzweigt und derselben das Material zur Bereitung der Galle liefert.

e) Die Lymphgefäße.

Zwischen den Gewebszellen befinden sich Lücken, in welche aus den Haargefäßen (Kapillaren) Blutflüssigkeit fortwährend austritt. Diese Gewebsflüssigkeit führt den einzelnen Zellen der Organe die nötigen Nährstoffe zu. Aus den Gewebslücken gehen Kanäle hervor, welche Lymphgefäße genannt werden.

Die Lymphgefäße führen die überschüssige Gewebsflüssigkeit samt den Zersetzungsprodukten dem venösen Blutstrom zu.

Die Lymphgefäße des Darms und diejenigen der hinteren Gliedmaßen und der Beckengegend vereinigen sich zu einem größerem Stamme, dem Milchbrustgang. Dieser führt seinen Inhalt den Achselvenen zu.

In die Lymphbahnen sind die Lymphdrüsen eingeschaltet, die aus einem Maschenwerk bestehen, in welchem weiße Blutkörperchen gebildet werden.

Die Lymphdrüsen spielen bei ansteckenden Krankheiten eine große Rolle. Der Ansteckungsstoff, der in den Lymphstrom gelangt, wird zuerst in den Lymphdrüsen zurückgehalten, wodurch eine Schwellung derselben eintritt. Bei manchen derartigen Krankheiten vereitern die beteiligten Drüsen, brechen nach außen auf, wobei der Ansteckungserreger mit dem Eiter wieder aus dem Körper ausgeschieden wird, z. B. bei der Druse der Pferde.

f) Die Milz.

Die Milz liegt auf der linken Seite des Magens und steht mit der Bluterneuerung in Zusammenhang.

5. Das Nervensystem.

Das Nervensystem besteht a) aus den Zentralorganen: Gehirn und Rückenmark, b) aus solchen Nerven, die aus dem Gehirn und Rückenmark hervorgehen, c) aus jenen Nerven, welche nicht direkt mit Gehirn und Rückenmark in Verbindung stehen (sympathisches Nervensystem).

a) Gehirn und Rückenmark.

Das Gehirn ist in der Schädelkapsel (Gehirnhöhle) eingeschlossen. Im Innern des Gehirns befinden sich Hohlräume (Kammern), welche gewöhnlich sehr wenig Flüssigkeit enthalten.

Bei der Gehirnwassersucht und dem Dummkoller der Pferde sammelt sich in diesen Kammern oft bis zu $^{1}/_{8}$ Liter Flüssigkeit an.

Das Gehirn ist von drei Häuten umgeben. Man unterscheidet ein Großhirn und ein Kleinhirn mit dem verlängerten Mark, an welches sich das Rückenmark anschließt.

Aus dem Gehirn gehen 12 paarige Gehirnnerven hervor, die sich mit Ausnahme der Lungen- und Magennerven sämtlich am Kopfe und oberen Halse verzweigen.

Das Gehirn ist das Zentralorgan für sinnliche Wahrnehmung, für Bewußtsein, Erinnerung und Willenstätigkeit.

Das Rückenmark liegt im Rückgratskanal der Wirbelsäule. Es bildet einen Strang, aus dem bei dem Wirbel paarige Nerven hervorgehen.

b) Die aus dem Gehirn und Rückenmark hervorgehenden Nerven.

Durch diese Nerven stehen alle Organe und jede einzelne Zelle mittelbar oder unmittelbar mit dem Gehirn in Verbindung. Sie vermitteln Empfindungen (sensible Nerven) oder veranlassen Muskelbewegungen (motorische Nerven).

c) Die nicht direkt mit Gehirn und Rückenmark in Verbindung stehenden Nerven (das sympathische Nervensystem).

Dieses System besteht aus einem Netz von Nerven und regelt diejenigen Vorgänge im Körper, welche dem Bewußtsein und der Willkür entrückt sind, so die Verdauung und Darmbewegung.

6. Die Sinneswerkzeuge.

a) Das Auge.

Die äußerste Schichte des Augapfels besteht aus einer sehnigen, sehr widerstandsfähigen Haut, der weißen undurchsichtigen Hornhaut. In dieser befindet sich eine große, ovale Öffnung, in welche die durchsichtige Hornhaut so eingefügt ist wie das Uhrenglas einer Uhr.

Unmittelbar unter der undurchsichtigen Hornhaut liegt die Aderhaut und auf diese folgt die Netzhaut, welche aus der häutigen Ausbreitung des Sehnervs besteht. Diese innerste Schicht ist die eigentliche lichtempfindliche Stelle des Auges.

Hinter der durchsichtigen Hornhaut ist die braune Regenbogenhaut, eine Fortsetzung der Aderhaut, in deren Mitte sich ein ovaler, dunkler Spalt, das Sehloch oder die Pupille, befindet.

Die Pupille kann sich verengern und erweitern. Fällt viel Licht in das Auge, dann zieht sie sich zusammen, bei schwachem Licht erweitert sie sich.

Hinter der Regenbogenhaut liegt eine doppelt gewölbte, durchsichtige Linse, welche das Licht bricht. Dieselbe ist in den gallertigen, durchsichtigen Glaskörper, der den Hohlraum des Augapfels hinter der Linse vollständig ausfüllt, eingebettet. Zwischen der durchsichtigen Hornhaut und der Regenbogenhaut befindet sich die vordere Augenkammer.

Zu dem Auge gehören noch Schutzapparate:

1. Die Augenhöhle, die einen festen Knochenring darstellt.

2. Das Augenhöhlenfett, in welches der Augapfel eingebettet ist.

Bei kranken, herabgekommenen Tieren schwindet das Augenhöhlenfett etwas, so daß sich die Augen tief in die Höhlen zurückziehen.

3. Die Augenlider mit der Nickhaut. Die Augenlider sind klappenartige Hautfalten, welche den Augapfel vor Verletzungen, grellen Lichtstrahlen oder Fremdkörpern schützen. An den Augenlidern befinden sich die Wimperhaare.

4. Die Tränendrüsen. Diese befinden sich in einer kleinen Grube im oberen Teile der Augenhöhle. Sie sondern eine Flüssigkeit ab, die den Augapfel feucht erhalten und Fremdkörper entfernen soll.

Bei Entzündungen findet oft ein sehr starker Tränenfluß statt.

b) Das Ohr.

Das Ohr besteht:

1. aus der Ohrmuschel, einem mit einer feinen Haut überzogenen Schalltrichter;

2. aus dem äußeren Gehörgang, der durch das Trommelfell nach innen abgeschlossen wird;

3. aus der Paukenhöhle (mittleres Ohr); in dieser ist eine Reihe von ganz kleinen Knöchelchen, die sogenannten Gehörknöchelchen (Hammer, Ambos, Steigbügel, Linsenbein), quer durch die Paukenhöhle gespannt, um eine Verbindung zwischen dem Trommelfell und dem inneren Ohr herzustellen; von der Rachenhöhle führt die Eustachische Röhre in die Paukenhöhle;

4. aus dem inneren Ohr. In demselben befinden sich gang- und wendeltreppenartige Hohlräume, die mit einer feinen Haut ausgekleidet und mit Flüssigkeit angefüllt sind. In der genannten Haut, dem häutigen Labyrinth, endigt der Hörnerv.

Sobald ein Schall (d. h. Luftschwingungen) zum Trommelfell gelangt, wird dieses in schwingende Bewegungen versetzt. Mit Hilfe der Gehörknöchelchen werden die Schwingungen auf das innere Ohr übertragen, hierbei gerät die Flüssigkeit im innern Ohr in Wellenbewegungen. Letztere erregen die Gehörnerven und diese Erregungen werden im Gehirn als Töne empfunden.

c) Die Geschmacksorgane.

Die Geschmacksorgane haben ihren Sitz in warzenartigen, kleinen Gebilden (Papillen) am Zungengrunde. Damit Stoffe auf den Geschmack geprüft werden können, müssen dieselben gelöst sein und eine mittlere Temperatur besitzen. Die gelösten Substanzen dringen bis zu den Endverzweigungen der in den Papillen befindlichen Geschmacksnerven und reizen sie, wodurch Geschmacksempfindungen wachgerufen werden.

Die Geschmackswärzchen werden nicht selten als krankhafte Gebilde (Mitesser) angesehen und durch Reiben der Zunge mit Ziegelstücken zu beseitigen gesucht (Tierquälerei!).

d) Die Geruchsorgane.

Die Geruchsorgane befinden sich in den Schleimhäuten der oberen Partien der Nasenhöhlen (Riechgegend), in welchen sich die beiden Riechnerven verzweigen. Nur gewisse gasförmige Körper können die Geruchsnerven erregen; weder feste Körper noch Flüssigkeiten als solche üben einen Reiz auf dieselben aus.

e) Die Empfindungsnerven.

Das Hauptorgan für die Empfindung ist die Haut. In derselben ist eine große Anzahl von Empfindungsnerven verbreitet, die durch äußere Einwirkungen, z. B. Druck, Stoß, Reibung, Kälte und Wärme sowie Verletzungen, erregt werden können.

7. Die Haut und ihre Anhänge.

a) Die Haut.

Die Haut besteht aus drei Schichten:

1. Aus der Oberhaut. Diese besteht aus den Oberhautzellen, welche in mehrfacher Schichtung übereinander gelagert sind. Die obersten Zellenschichten machen einen Verhornungsprozeß durch und bilden eine dünne Hornschichte über dem ganzen Körper. Die Zellen der jüngsten Schichten vermehren sich und verhornen in den obersten Lagen fortwährend. Die älteren, verhornten Teile werden ständig gelockert, abgestoßen und beim Bürsten oder Baden als Schuppen entfernt.

2. Aus der eigentlichen Haut, der Lederhaut, aus welcher in der Gerberei das Leder hergestellt wird. Sie besitzt viele Blutgefäße und Nerven.

3. Aus dem Unterhautbindegewebe (Unterhaut). Dieses stellt die Verbindung zwischen der Haut und den darunter liegenden Körperteilen her. In dem Unterhautbindegewebe sind viele Fettzellen eingeschlossen, in denen sich Fett ablagern kann (Mastung).

In der Haut befinden sich auch Drüsen, nämlich die Schweißdrüsen, welche bei gesteigerter Körpertemperatur der Tiere Schweiß absondern, um dadurch abkühlend auf die Körperoberfläche zu wirken. Außerdem besitzt die Haut noch Talgdrüsen, welche die Haare fett und glänzend zu erhalten haben.

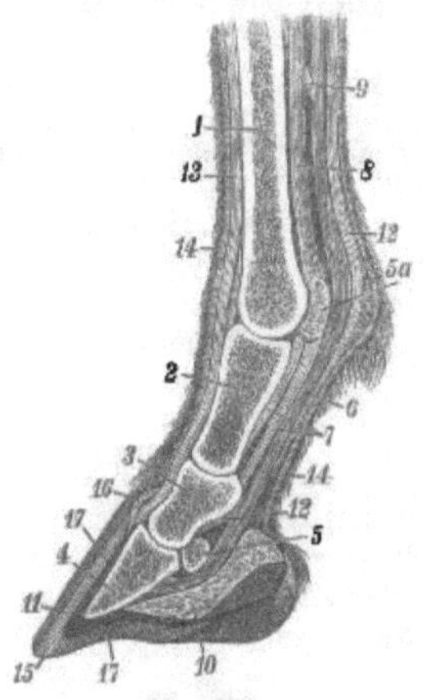

Fig. 181.
In der Mitte durchschnittener Pferdefuß.
1. Schienbein (Vordermittelfußbein). 2. Fesselbein. 3. Kronbein. 4. Hufbein. 5. Strahlbein (unteres Sehnenbein). 5a. Oberes Sehnenbein. 6. Hufbeinbeugesehne. 7. Kronbeinbeugesehne. 8. Fesselbeinbeugesehne. 9. Verstärkungssehne. 10. Strahlkissen. 11. Hornwand. 12. Kapselband des Hufgelenks. 13. Strecksehne. 14. Haut. 15. Weiße Linie. 16. Kronenwulst. 17. Fleischsohle und Fleischwand.

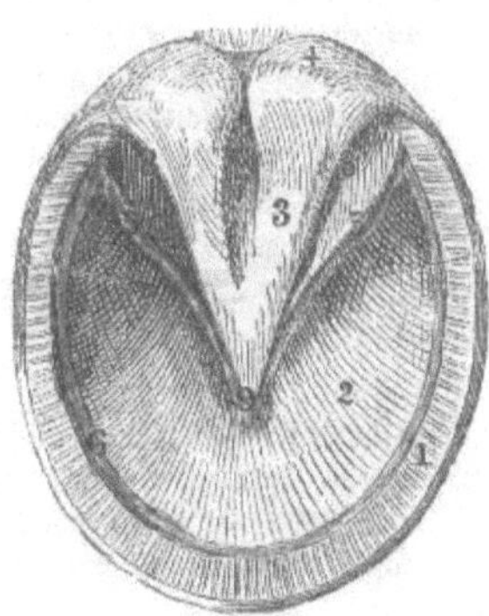

Fig. 182.
Sohlenfläche des Hufes.
1. Tragfläche der Hornwand. 2. Hornsohle. 3. Hornstrahl. 4. Ballen. 5. Eckstreben. 6. Weiße Linie. 7. Mittlere Strahlspalte. 8. Seitliche Strahlspalte. 9. Strahlspitze.

Die Haare stecken in einer Einstülpung der Haut, dem Haarsack. Am Grunde des Haares befindet sich die Haarwurzel oder Haarzwiebel, welche das Haar ernährt.

Bei lang andauernden Krankheiten wird das Haar der Tiere glanzlos, trocken und spröde, weil die Talgdrüsen nur mangelhaft oder gar nicht in Tätigkeit sich befinden und die Haare deshalb ungenügend eingefettet werden.

b) Hufe und Klauen. (Fig. 181.)

Bei diesen nimmt man außen eine hornige, schuhartige Kapsel, den Hornschuh, wahr. Der Hornschuh wird von der darunter befindlichen, fleischigen, gefäß- und nervenreichen Lederhaut (Leben) erzeugt. Die Lederhaut und der Hornschuh umschließen das Hufbein mit dem Hufknorpel und dem Strahlbein (beim Rind das Klauen- und untere Sehnenbein), die Streck- und Beugesehnen sowie das Huf- und Klauengelenk. Beim Pferde befindet sich zwischen der Beugesehne und der Lederhaut noch das Strahlkissen, welches die auf den Huf einwirkenden Stöße abzuschwächen hat.

Wird der Huf von außen betrachtet, so bemerkt man an demselben oben die Krone mit dem Kronrand, unten den Tragrand, mit welchem das Pferd auf den Boden tritt. Der vordere Teil des Hufes heißt Zehenwand, der mittlere Seitenwand und der hintere Fersenwand oder Trachte.

An dem Huf, von unten gesehen, bemerkt man vor allem die Sohle, in welche der Strahl wie ein Keil eingefügt ist. Im Strahle selbst befindet sich eine Vertiefung, die Strahlgrube, in den beiden Winkeln zu beiden Seiten des Strahls liegen die Eckstreben. (Fig. 182.)

Eine Verkümmerung des Strahls hat ein Zusammenziehen der Fersenwände zur Folge; es entsteht hierdurch der Zwanghuf. Werden die Eckstreben und die Hornsohle durch zu starkes Ausschneiden geschwächt, so senkt sich die Sohle und es entsteht der Platthuf, welcher bei fortgesetzter Einwirkung der Ursache zum Vollhufe führt.

Die Klauen zeigen von außen betrachtet denselben Bau wie die Hufe. Nur fehlen bei den Klauen das Strahlkissen, der Hornstrahl und die Hufknorpel. An Stelle des Strahls befindet sich der Hornballen.

Bei den Klauen sind die Wandungen des Hornschuhs, besonders aber die Sohlen dünner als beim Pferd.

c) Hörner.

Die hohlen, knöchernen Hornzapfen unserer Wiederkäuer, die aus dem Stirnbein hervorsprossen, sind mit einer gefäßreichen Lederhaut überzogen. Diese produziert die Hornsubstanz, welche das ganze Horn mit einer scheidenartigen Umhüllung, der Hornscheide, überzieht.

B. Der äußere Bau der landwirtschaftlichen Haustiere.

Pferd.

Allgemeines.

Den ganzen Körper des Pferdes teilt der Züchter in Vorhand, Mittelhand und Nachhand ein. Unter Mittelhand versteht der Züchter die Partie, welche der Reiter einnimmt, die Vorhand ist der Teil, die vor ihm, die Nachhand der Teil, der hinter ihm liegt.

Zur Vorhand gehören Kopf, Hals, fast die ganze Brust, Widerrist und die vorderen Gliedmaßen; zur Mittelhand: Rücken, Lenden, Bauch und die hinteren seitlichen Brustpartien; zur Nachhand: Kruppe (Kreuz) und hintere Gliedmaßen.

Vom zoologischen Standpunkt aus zerfällt der Tierkörper in Kopf, Rumpf und Gliedmaßen.

1. Der Kopf. (Fig. 183.)

Bei edlen Pferden soll der Kopf leicht und trocken, bei gemeinen Pferden aber kräftig entwickelt sein. Die Profillinie der Stirne und der Nase ist entweder gerade oder schwach gebogen. Beim **Ramskopf** ist die Nasenpartie, beim **Schafskopf** die Nasen- und Stirnpartie gewölbt, beim **Hechtkopf** dagegen ist die Profillinie an der unteren Stirnpartie etwas eingesenkt.

Fig. 183. Die Körpergegenden des Pferdes.

1. Genick. 2. Vorderkopf. 3. Stirne. 4. Ohren (zwischen denselben der Schopf). 5. Schläfe. 6. Augen. 7. Ganaschen (nach abwärts die Backen). 8. Nase. 9. Nasenlöcher (Nüstern). 10. Maul mit Ober- und Unterlippe. 11. Kehlgang. 13. Kamm mit Mähne. 14. Seitliche Halsgegend. 15. Kehlgegend. 16. Widerrist. 17. Vordere Brustgegend. 18. Rippen. 19. Seitenwandungen der Brust. 19 b. Unterbrust. 20. Flanken. 21. Lenden. 22. Kreuz oder Kruppe. 23. Äußerer Darmbeinwinkel (Hüfte). 24. Schweifansatz. 25. Schweif. 26. Aftergegend. 27. Damm. 28. Hodensack. 29. Schlauch. 30. Schulter. 31. Vorarm. 32. Ellenbogen. 33. Vorderknie (Vorderfußwurzel). 34. Schienbein. 35. Kötenbehang (Kötenzopf). 36. Fessel. 37. Krone. 38. Huf. 39. Oberschenkel. 40. Unterschenkel oder Hose. 41. Knie (Kniescheibe). 42. Sprunggelenk. 43. Fersenbeinhöcker (Sprungbeinhöcker). Von hier ab wie am Vorderfuß. 44. Untersuchung des Herzschlags.

Beim **Schweinskopf** ist der Kopf im Stirnteil breit und etwas eingesenkt; er ist kurz und plump und die großen Ohren stehen horizontal. (Fig. 184 und 185.)

Am Kopfe befinden sich folgende Partien: das **Genick**, die **Stirne**, die Augen, Ohren, Schläfe, Wangen oder Ganaschen, die Backen, die Nase, das Maul, das Kinn und der Kehlgang.

Die Augen sollen groß, lebhaft und ausdrucksvoll sein. Tränenflüsse oder geschlossene Augenlider lassen auf Entzündungen schließen.

Stellt man ein Pferd in einen dunklen Raum und läßt man das Licht von vorn auf das Auge fallen, dann muß das Sehloch als ein ovaler, dunkler, breiter Schlitz erscheinen. Ist das Sehloch aber spaltförmig verengert oder zackig gerändert, erscheint der Hintergrund grau und wolkig, dann ist grauer Star vorhanden. Durch eingedrungene Fremdkörper können bläulich-weiße Trübungen der durchsichtigen Hornhaut veranlaßt werden. Sie stören das Sehvermögen, wenn sie das Sehloch ganz oder teilweise verdecken.

Fig. 184. Gerader Kopf.

Fig. 185. Ramskopf.

Schwimmen in der vorderen Augenkammer Gerinnsel, so ist eine Entzündung vorhanden. Bei Entzündungen der durchsichtigen Hornhaut wachsen vom Rande aus Blutgefäße über dieselbe. Ist die Regenbogenhaut nicht braun, sondern weiß, dann bezeichnet man das Auge als Glasauge.

Die Ohren sollen vom Pferd aufrecht getragen werden.

Bei gesunden Pferden muß der Grund der Ohren mäßig warm sein; ist derselbe heiß, so ist Fieber vorhanden, ist er kalt, dann sind die Tiere schwer krank und der Tod ist meistens nicht fern. Greift man einem gesunden Pferde mit den Fingern in die Ohren, so muß es energische Abwehrversuche vornehmen und mit dem Kopfe schütteln. Lassen sich die Pferde jedoch, ohne mit dem Kopfe zu schütteln, in die Ohren greifen, dann sind sie entweder bedenklich krank oder sie leiden an Dummkoller oder sind unempfindlich (phlegmatisch).

2. Der Hals.

Den oberen Rand des Halses bezeichnet man als Kamm, den unteren als Kehle; die beiden seitlichen Teile werden als Seitenflächen des Halses bezeichnet. Bei edlen Pferden soll der Hals fein und lang sein. Bei schweren Pferden wird ein starker und kurzer Hals gerne gesehen. Bei dem geraden Hals läuft die Kammlinie gerade, beim Schwanenhals ist sie stark gewölbt. Bei gemeinen Zugpferden findet man meistens einen kurzen, dicken und plumpen Hals (Speckhals).

3. Der Widerrist.

Der Widerrist liegt zwischen dem Halse und der Rückenpartie. Er soll bei edlen Pferden hoch und lang sein, deutlich hervortreten und gut bemuskelt sowie abgerundet erscheinen. Bei gemeinen Pferden findet man meistens einen schlecht markierten und kurzen Widerrist.

Die höchste Stelle des Widerristes soll höher sein als die höchste Stelle des Kreuzes.

4. Der Rücken.

Der Rücken liegt zwischen Widerrist und Lende. Er soll breit, gut bemuskelt, möglichst eben und mäßig lang sein. Ein großer Fehler ist der Senkrücken. Ursachen des Senkrückens sind: Fressen aus hohen Raufen, Ernährung mit gehaltlosem Futter im jugendlichen Alter und zu frühzeitige Benützung zur Zucht oder zum Reitdienst.

Das beste Mittel, um den Senkrücken bei jungen Tieren zu beseitigen oder dessen Ausbildung überhaupt zu verhindern, ist der Weidegang, da beim Senken des Kopfes der Rücken sich aufrichten muß. Das Gegenteil des Senkrückens ist der Karpfenrücken. Man findet diesen zuweilen bei gemeinen Arbeitspferden. Ein sehr langer Rücken ist wohl dem Pferde nachteilig, keineswegs aber dem Rinde, da bei diesem der Rücken das wertvollste Fleisch besitzt.

5. Die Lende.

Die Lende schließt sich dem Rücken an. Auch sie soll eben, breit und gut mit Muskeln versehen sein.

6. Die Kruppe (das Kreuz).

Die Kruppe bildet den hintersten Abschnitt des Rumpfes. Das Kreuz soll eben, möglichst lang und breit sein. Eine nach rückwärts abfallende Kruppe bezeichnet man als Eselskreuz. Die nach der Seite abfallende Kruppe wird Schweinskreuz genannt. Gute Formen der Kruppe sind die ebene oder melonenförmige Kruppe. Letztere ist oval, lang und breit.

Die spitze und hohe Kruppe findet man meistens bei schlecht gebauten Pferden warmblütiger Schläge. (Auch beim Rinde sucht man sie auszumerzen.) Die gespaltene Kruppe ist ein charakteristisches Merkmal gemeiner Pferde.

7. Die Brust.

Man unterscheidet die Vorderbrust, Unterbrust und die Seitenwandungen der Brust. Ist die Vorderbrust sehr breit und sehr stark mit Muskeln und Fett beladen, dann heißt man sie Löwenbrust. Bei dieser Brustform stehen die Gliedmaßen weit auseinander, was einen fuchtelnden, schwerfälligen Gang bewirkt. Bei edlen Pferden ist nicht selten die Vorderbrust etwas schmal. Derartig gebaute Pferde sind aber in der Regel sehr schulterfrei und gängig. Hinter den Ellenbogen soll jedoch die Brust breit werden. Sehr wichtig ist eine gute Wölbung der Rippen.

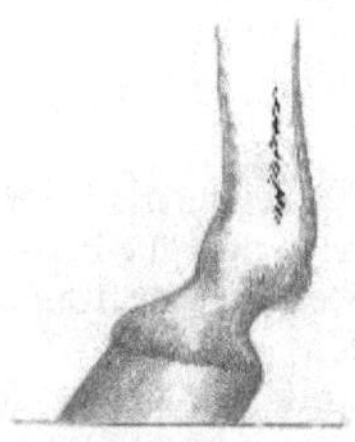

Fig. 186.
Spitzgewinkelte Stellung.
(Weicher Fessel.)

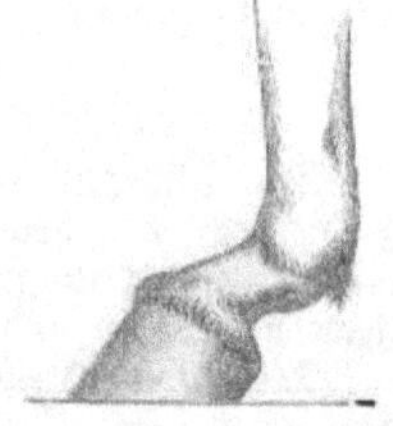

Fig. 189.
Bärentatzige Fesselstellung.

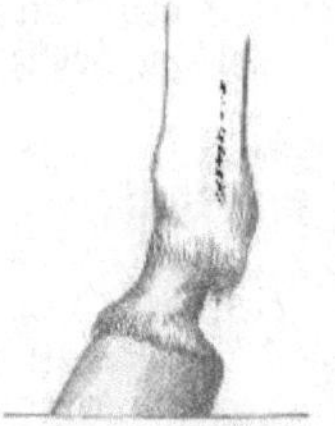

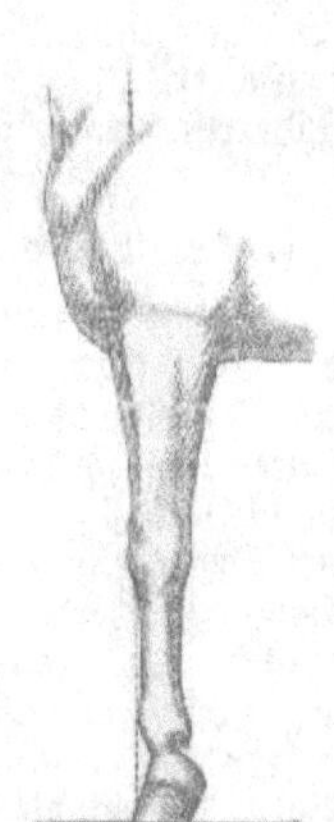

Fig. 188.
Stelzfüßige Stellung mit Bockhuf.

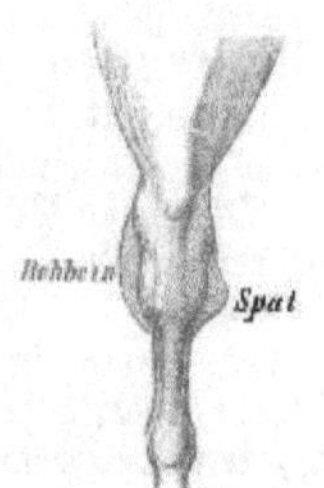

Fig. 187.
Stumpfgewinkelte Stellung.
(Steiler Fessel.)

Fig. 190.
Rehbein und Spat.

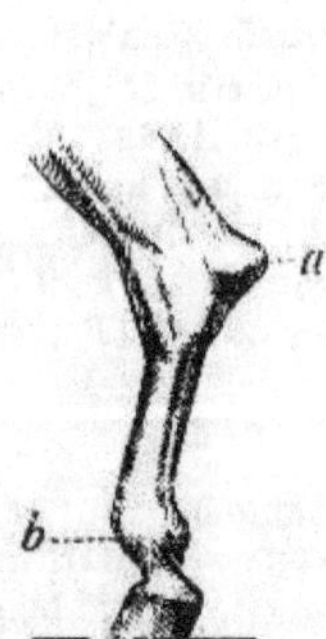

Fig. 191.
a Piephacke;
b überkötige Stellung.

Fig. 192.
Normale Stellung der Vordergliedmaße.
(Von vorne gesehen.)

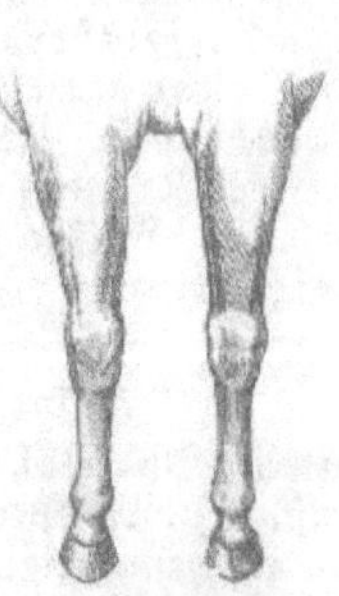

Fig. 193.
Senkrechte Stellung der Vordergliedmaßen.

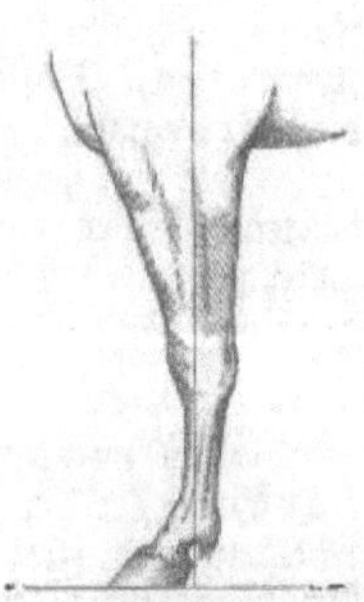

Fig. 194.
Normale Stellung der Vordergliedmaße.

8. Der Bauch.

Der Bauch soll ungefähr in derselben Höhe liegen wie das Brustbein. Einen aufgezogenen Bauch bezeichnet man als Hirschbauch.

Das Gegenteil des Hirschbauches ist der Hängebauch, der breit ist, weit herabhängt und von schlaffer Muskulatur und schwacher Wirbelsäule herrührt.

9. Die Gliedmaßen.

a) Vordere Gliedmaßen.

Die Schulter sei bei Reit- und Wagenpferden lang und schräg gestellt. Dadurch wird ein gutes Vorgreifen mit den Vordergliedmaßen möglich. Bei schweren Zugpferden, die nur im langsamen Zuge verwendet werden, schadet eine steilgestellte Schulter nichts, sie gewährt im Gegenteil eine gute Unterlage für das Kummet.

Der Vorarm liegt unmittelbar unter der Schulter. Er sei lang, in seinen oberen Teilen gut bemuskelt und, von der Seite gesehen, breit.

Das Knie soll, von vorne gesehen, ein längliches Viereck darstellen. Ein rundes Knie ist sehr fehlerhaft. Von der Seite betrachtet, muß das Knie ebenfalls breit erscheinen.

Das Schienbein oder der Mittelfuß muß vor allem senkrecht stehen. Auch soll es beträchtlich kürzer sein als der Vorarm. Seitlich betrachtet, erscheine es breit und trocken, d. h. die Sehnen, die auf der Rückseite verlaufen, sollen deutlich hervortreten. Dies gilt besonders für Rassepferde. Das Schienbein darf nicht dünn und unter dem Vorderknie nicht gedrosselt sein. Auf die Schienbeinstärke wird bei Beurteilung der Zuchtpferde großes Gewicht gelegt. An den Sehnen findet man nicht selten Sehnenscheiden-Gallen.

Der Fessel ist die Partie zwischen dem Schienbein und der Krone. Er soll mit der Horizontalen einen Winkel von 45° bilden. Ist der Fessel lang und schräg gestellt, so hat das Pferd eine spitzgewinkelte Fesselstellung (Fig. 186), bei welcher die Erschütterung des Hufes und der Gelenke eine geringere ist. Bei kurzem, etwas steilerem Fessel besteht dagegen die stumpfgewinkelte Stellung, mit welcher eine stärkere Erschütterung des Unterfußes verbunden ist. (Fig. 187.) Die erstere Stellung bringt den Reitpferden, die letztere den Zugpferden keinen Nachteil. Steht der Fessel nahezu senkrecht, dann bezeichnet man die Pferde als struppiert. Man findet diesen Fehler meistens bei übermäßig angestrengten, abgenützten Reit- und Wagenpferden. Schießt dabei die Köte nach vorn, so bezeichnet man dies als stelzfüßige Stellung (Fig. 188).

Steht der Fessel nahezu horizontal, so bezeichnet man diese Stellung als bärentatzig. (Fig. 189.)

In dem Fessel kommt häufig eine Hautentzündung vor, die Mauke, welche oft durch mangelhafte Pflege des Tieres entsteht. Am Fesselgelenk bemerkt man nicht selten Gelenksgallen.

b) Hintere Gliedmaßen.

Der Oberschenkel sei breit und fleischig.

Der Unterschenkel sei ebenfalls mit einer guten Muskulatur versehen. Pferde mit muskelarmem Unterschenkel bezeichnet man als schlecht behost.

Das **Sprunggelenk** soll ein längliches Viereck bilden. Zu verwerfen ist ein schmales und ein abgesetztes Sprunggelenk. Auch dürfen keine Knochenauftreibungen zc.: Spat, Rehbein (Fig. 190), Hasenhacke oder Piephacke, (Fig. 191) am Sprunggelenk vorhanden sein.

Sprunggelenksgallen, d. h. weiche, haselnußgroße Geschwülste, kommen häufig vor; sie schaden zwar nichts, sind aber gewöhnlich Zeichen von schwachen Bandapparaten und von Überanstrengungen. (Seite 325.)

10. Der Huf.

Die Hufe der Vorderfüße sind etwas breiter als die der Hinterfüße. Gemeine Zugpferde haben breitere, größere Hufe als edle Pferde. Pferde, die von Jugend an viel auf steinigem Boden gehen, besitzen schmale, kleinere Hufe; doch werden diese flacher und breiter, wenn die Tiere viel auf feuchte Weiden kommen.

Der gesunde Huf soll einen matten Glanz zeigen. Dieser rührt von der Glasur her, welche den Huf hauptsächlich vor Nässe zu schützen hat. Die Glasur muß sorgfältig geschont werden.

Die Sohle des Hufes soll gut mit der Wand verbunden und der Strahl kräftig entwickelt sein.

Fehlerhafte Hufe sind:

Der **Platthuf** oder **Flachhuf**. Die Wände laufen schief aufwärts. Der Strahl ist sehr groß und die Sohle dünn. Pferde mit derartigen Hufen sind schwer zu beschlagen; auch entstehen dabei gerne Sohlenquetschungen durch Steine oder durch Aufliegen der Eisen auf der Sohle. Der Flachhuf vererbt sich. — Der **Vollhuf** ist dem Flachhuf ähnlich, nur wölbt sich die Sohle noch über den Tragrand hervor. S. S. 340.

Der **Zwanghuf**. Die Wände sind sehr hoch und steil, der Strahl ist verkümmert und die Fersenwände sind einander stark genähert. S. S. 340.

Der **Bockhuf**. Die Fersenwände sind sehr hoch und die Zehenwände stehen nahezu senkrecht. Man findet diesen Huf meistens bei steiler Fesselstellung. (Fig. 188.)

Der **Ringhuf** besitzt horizontal verlaufende, wulstförmige Erhabenheiten. Er entsteht meistens bei Hufkrankheiten, die ein unregelmäßiges Wachstum der Hornwand zur Folge haben. Häufig bilden sich Ringe, wenn die Pferde abwechslungsweise auf trockener und feuchter Weide sich befinden oder wenn das Futter bezüglich seiner Qualität zeitweilig verschieden ist. Die Ringe sind dann ohne Bedeutung.

An den Hufen findet man nicht selten **Hornspalten**. Sie können von der Krone aus nach abwärts gehen und heißen dann **Kronenspalten** oder sie gehen unten vom Tragrande aus nach oben und werden dann **Tragrandspalten** genannt. Gefährlich sind die durchgehenden Spalten in der Mitte des Hufes, die **durchgehenden Zehenspalten**. Die Spalten an der Ferse schaden in der Regel nichts. Als **Hornkluft** bezeichnet man eine querlaufende Spalte in der Hufwand.

11. Die Stellung der Gliedmaßen.

Wenn man ein Pferd von rückwärts betrachtet, so müssen die hinteren Gliedmaßen die vorderen so decken, daß man von den vorderen Gliedmaßen nichts sehen kann. Dasselbe muß umgekehrt der Fall sein, wenn man ein Pferd von vorne mustert.

Sowohl die vorderen wie die hinteren Gliedmaßen sollen aber auch senkrecht stehen. (Fig. 192 und 193.) Legt man ein Senkblei an der Bugspitze an, dann muß die vordere Gliedmaße durch das Lot genau in der Mitte durchschnitten werden. Hält man es seitlich an die Mitte des Vorarmes, dann müssen Knie und Schienbein halbiert werden und das Senkblei soll hinter dem Fuß zu Boden fallen. (Fig. 194.) Ist die hintere Gliedmaße normal gebaut, so wird sie durch das Lot halbiert, wenn man dasselbe am Gesäßbeinhöcker anlegt. (Fig. 195.) Legt man das Lot am Hüftgelenk an, dann muß es vor dem Schienbein herabfallen und an der Seitenwand des Hufes auf den Boden gelangen.

Abweichungen von diesen normalen Stellungen sind:

a) Bei den vorderen Gliedmaßen:

Die Knieenge. Die Vorderfüße sind im Knie einander genähert.

Die Knieenge und bodenweite Stellung. Die Fessel stehen nach auswärts. (Fig. 196.)

Die Bodenenge (Fig. 197). Die Füße laufen vom Rumpfe ab bis zu den Hufen einwärts. Das Gegenteil hiervon ist die bodenweite Stellung. (Fig. 198.) Am häufigsten ist die zehenweite (französische) Stellung, bei welcher die Gliedmaßen bis zur Köte senkrecht stehen und von hier ab nach auswärts gerichtet sind. Den Gegensatz hierzu bildet die zehenenge Stellung, die bei Fuhrmannspferden häufig vorkommt.

Unterständige Stellung. Die vorderen Gliedmaßen stehen nicht senkrecht, sondern sind etwas unter den Leib gestellt. Man findet diese Stellung meistens bei Zugpferden. (Fig. 201.)

Die vorbiegige, bockbeinige Stellung (Fig. 199). Der Vorderfuß ist bei derselben im Knie nach vorn gebogen. Bei der rückbiegigen, hammelbeinigen Stellung ist der Vorderfuß im Knie nach rückwärts gebogen.

b) Bei den hinteren Gliedmaßen:

Zu enge Stellung der Gliedmaßen. Dabei wird der Körper zu schlecht gestützt und das Streifen begünstigt.

Zu weite Stellung der Gliedmaßen. Der Gang wird schwerfällig und ermüdend.

Die faßbeinige Stellung. Die Hinterfüße stehen im Sprunggelenk zu weit auseinander.

Die kuhhessige Stellung (Sprunggelenksenge). Die beiden Sprunggelenkshöcker stehen ganz nahe beisammen. Die Hufe sind auswärts gedreht. (Fig. 202.)

Die rückständige Stellung. Die Hinterfüße stehen zu weit zurück. (Fig. 203.)

Die säbelbeinige Stellung. Der Hinterfuß ist im Sprunggelenk zu stark gebogen. (Fig. 204.)

Die zu steile Stellung der hinteren Gliedmaßen, wobei der Fuß im Sprunggelenk zu wenig gebeugt ist. Damit ist in der Regel bärentatzige Stellung des Fessels verbunden. (Fig. 205.)

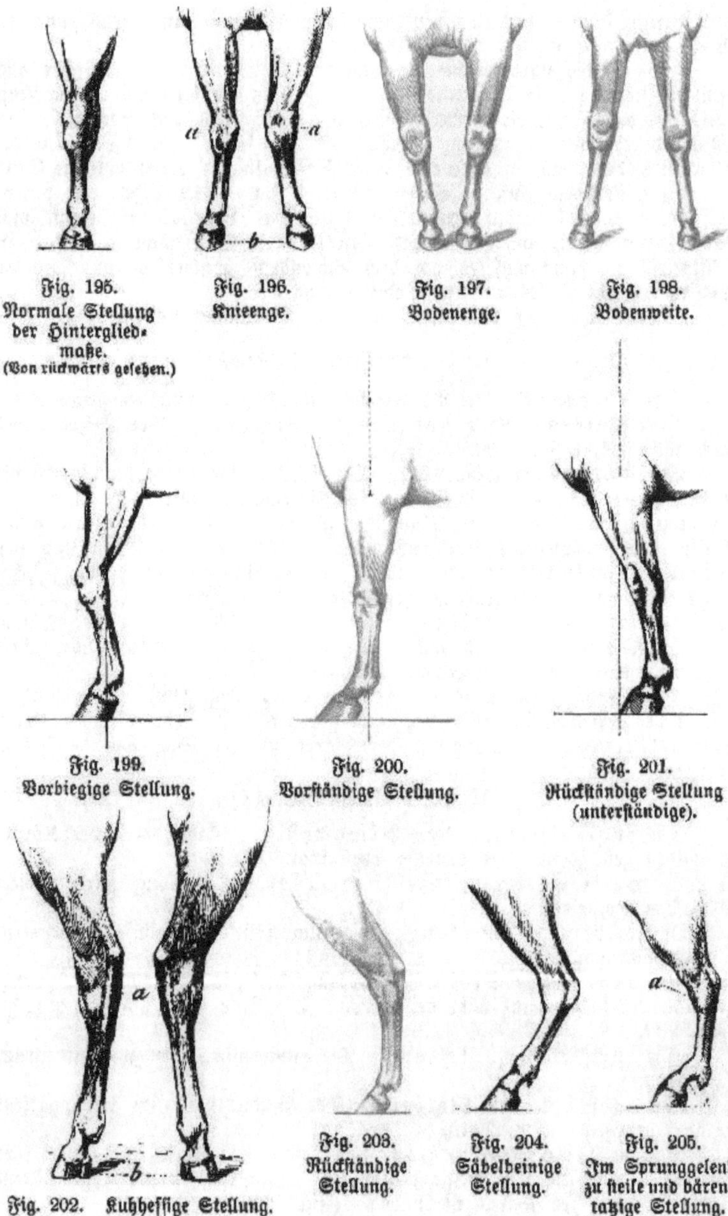

Fig. 195. Normale Stellung der Hintergliedmaße. (Von rückwärts gesehen.)

Fig. 196. Knieenge.

Fig. 197. Bodenenge.

Fig. 198. Bodenweite.

Fig. 199. Vorbiegige Stellung.

Fig. 200. Vorständige Stellung.

Fig. 201. Rückständige Stellung (unterständige).

Fig. 202. Kuhhessige Stellung.

Fig. 203. Rückständige Stellung.

Fig. 204. Säbelbeinige Stellung.

Fig. 205. Im Sprunggelenk zu steile und bärentatzige Stellung.

Alle diese fehlerhaften Stellungen haben das Nachteilige, daß die Last des Körpers sich nicht gleichmäßig auf die Gliedmaßen verteilt, sondern einzelne Teile zu sehr und zu einseitig belastet werden, wodurch die Gelenke und Bandapparate frühzeitig ihre Widerstandsfähigkeit einbüßen und sich fehlerhafte Hufe ausbilden.

Pferde mit fehlerhaften Stellungen ermüden bald und können auf die Dauer nicht viel leisten; jedoch gibt es auch Ausnahmen.

Rind.

1. Der Kopf.

Erwünscht sind bei Kühen leichte Köpfe mit mäßig breiter Stirne, geradem Nasenrücken, breitem Maul und leichten Hörnern. Bei männlichen Tieren seien die Köpfe kräftig entwickelt.

Die Form der Hörner richtet sich nach der Rasse. Tiefe, regelmäßige Kälberringe an den Hörnern sind sehr gern gesehen, da sie ein regelmäßiges Trächtigwerden und Abkalben der Kühe sowie gute Milchnutzung andeuten.

2. Der Hals.

Der Hals soll mit dem Rücken in einer Linie liegen. Bei Milchvieh wünscht man einen feinen Hals; die Haut soll zahlreiche kleine Falten bilden und sich weich anfühlen; auch bei Bullen wird eine zarte, in Falten gelegte Haut am Halse sehr gern gesehen. Sie verspricht milchreiche Nachkommen.

3. Der Stock oder Widerrist

sei breit und nach allen Seiten hin gut abgerundet. Ein hoher, scharfer Stock verrät Muskelarmut. Der Stock darf etwas tiefer liegen als die höchste Stelle des Kreuzes.

4. Der Rücken und die Lende

sollen eben, breit und fleischig sein. Der Senkrücken ist besonders bei männlichem Zuchtmaterial als ein großer Fehler zu betrachten.

5. Das Kreuz

darf nur wenig höher sein als der Stock. Ein breites, langes, tafelförmiges, horizontal gestelltes Kreuz ist wünschenswert. Schlecht ist ein stark nach der Seite abfallendes Kreuz. Ein hoher Schweifansatz, der gerne bei Senkrücken vorkommt, ist ebenfalls ein Fehler.

6. Die Brust

sei breit und gut bemuskelt. Vor allem wünscht man aber eine gute Rippenwölbung und eine tiefe Brust.

7. Der Bauch.

Schlecht ist ein tief herabhängender Bauch. Bei hochträchtigen Tieren, welche schon wiederholt geboren haben, ist ein mäßiges Herabhängen des Bauches kein Fehler, wohl aber bei männlichem Zuchtvieh.

8. Die Gliedmaßen.

Die Schulter sei lang und breit; auch soll das Schulterblatt schräg gestellt sein.

Schlecht ist ein kurzes, steifes und muskelarmes Schulterblatt. Der Vorarm soll senkrecht stehen sowie breit und länger als das Schienbein sein.

Das Vorderknie sei breit und eckig.

Das Schienbein muß senkrecht stehen.

Der Fessel sei kurz und schräg gestellt. Mit einem steil gestellten Fessel sind in der Regel Bockklauen verbunden, bei denen der Fersenteil sehr lang ist. Sehr schlecht sind auch die Pantoffelklauen, deren Zehenteil übermäßig verlängert ist.

Pantoffelklauen bringen den Tieren großen Schaden, da die Beugesehnen übermäßig angespannt werden, wobei die Tiere fortwährend Schmerzen im Stehen empfinden, höchst unsicher auftreten, auch beim Aufstehen oder Niederliegen sehr gern ausgleiten und umfallen. Pantoffelklauen sind besonders dem trächtigen Vieh gefährlich. (S. S. 361.)

9. Die Stellung der Gliedmaßen.

Dieselbe verhält sich in der Hauptsache wie beim Pferde.

10. Milchzeichen.

Das Euter soll einen beträchtlichen Umfang haben und nach dem Melken etwas einfallen und gefaltet erscheinen. Zu verwerfen ist das Fleischeuter. Starke Milchadern (Eutervenen) sind ein gutes Milchzeichen, ebenso große Milchschüsseln an der Unterseite des Bauches. Sie deuten an, daß viel venöses Blut von dem Euter zum Herzen strömt und daß dem Euter viel Rohmaterial zur Milchbildung zugeführt wird.

Ein gutes Milchzeichen ist ein feiner, leichter Kopf mit feinen Hörnern sowie eine weiche Haut mit zarter Behaarung. Eine grobe und dicke, mit derben Haaren besetzte Haut, die sich schwer von der Unterlage abheben läßt, verspricht eine geringe Milchnutzung.

C. Bestimmung des Alters mittels der Zähne.

Pferd.

1. Fohlenalter.

Die zwei Zähne, die in der Mitte des Kiefers stehen, d. h. die beiden Zangen, bringen die Fohlen mit auf die Welt oder sie erscheinen acht bis zehn Tage nach der Geburt. Im Alter von sechs Wochen brechen die sogenannten Mittelzähne, die links und rechts von den Zangen stehen, hervor. Mit sechs Monaten erscheinen die Eckzähne.

2. Alter des Zahnwechsels.

Es werden gewechselt:

die Zangen	mit $2^1/_2$—3	Jahren	(Fig. 206),
„ Mittelzähne	„ $3^1/_2$—4	„	(„ 207),
„ Eckzähne	„ $4^1/_2$—5	„	(„ 208).

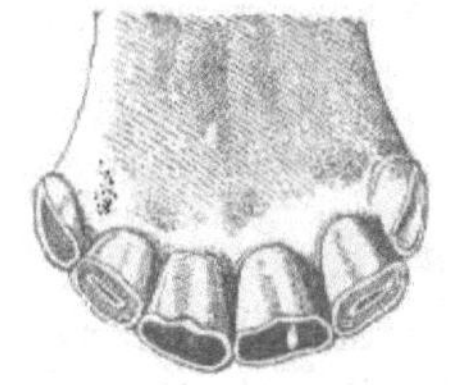
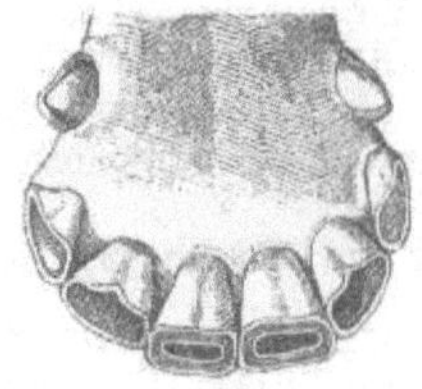
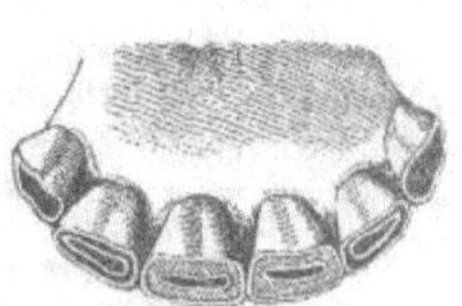

Fig. 206. Die Zangen sind gewechselt.

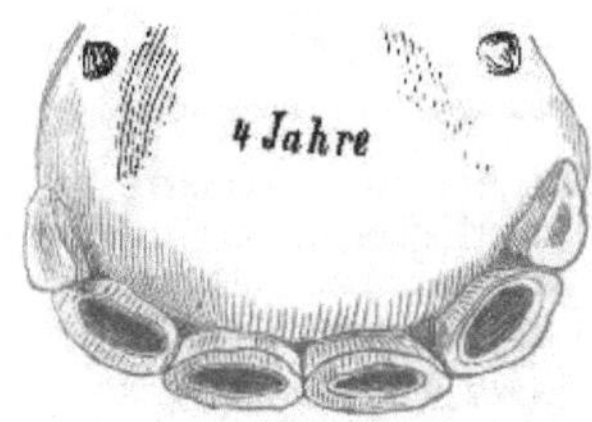

Fig. 207.
Zangen und Mittelzähne sind gewechselt.

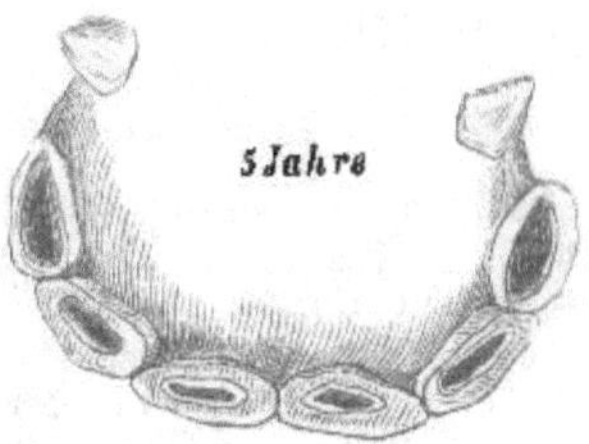

Fig. 208.
Auch die Eckzähne sind gewechselt.

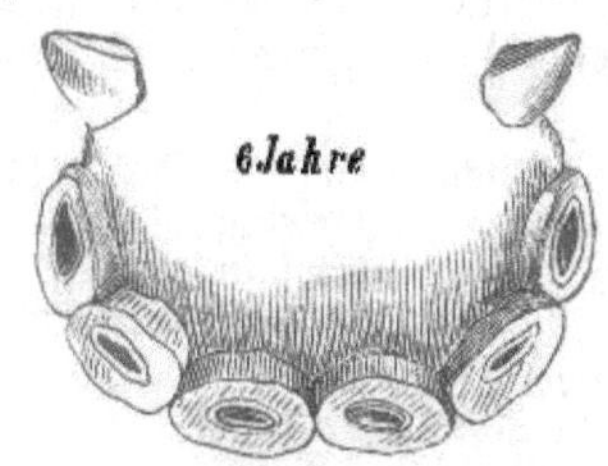

Fig. 209.
Die Kunden der Zangen sind abgerieben.

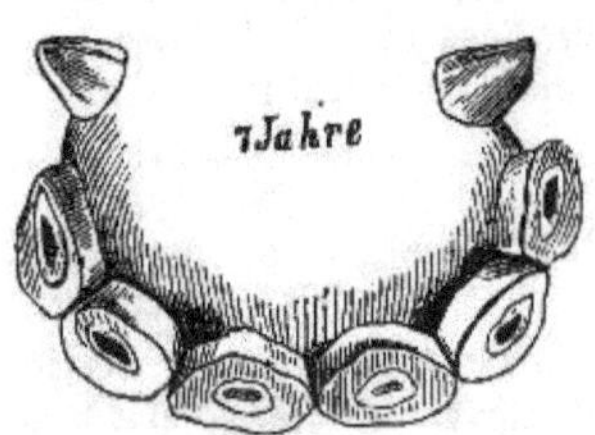

Fig. 210.
Die Kunden der Mittelzähne sind abgerieben.

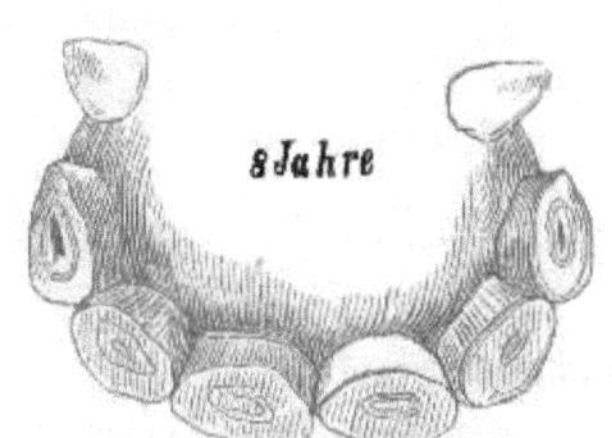

Fig. 211. Alle Kunden sind verschwunden.

Fig. 212. Erster Einbiß.

Ein Pferd ist also fünfjährig, wenn es alle seine Milchzähne gewechselt hat und die Ersatzeckzähne in Reibung getreten sind.

Die Ersatzzähne erkennt man an der tiefen Furche auf der Lippenfläche der Zähne; bei den Milchzähnen ist sie nicht vorhanden.

3. Periode der Kunden oder Bohnen.

Es werden die Kunden abgerieben im Unterkiefer: bei den Zangen mit 6 Jahren (Fig. 209), bei den Mittelzähnen mit 7 Jahren (Fig. 210), bei den Eckzähnen mit 8 Jahren (Fig. 211). Bedeutende Abweichungen von der regelrechten Abreibung sind jedoch nicht selten.

Im Oberkiefer dauert die Abreibung und das Verschwinden der Kunden um je drei Jahre länger.

4. Periode des Einbisses und der Formänderung der Zähne.

Mit 8—9 Jahren erscheint an den Eckzähnen des Oberkiefers der erste Einbiß. (Fig. 212.) Der Eckzahn des Unterkiefers steht nämlich etwas weiter zurück als der des Oberkiefers. Bei der Abreibung wird deshalb nicht die ganze Krone abgerieben, sondern es bleibt noch eine kleine Ecke stehen. Dieser Einbiß verschwindet wieder, um mit 14 Jahren noch einmal aufzutreten (zweiter Einbiß). Der Einbiß ist mit 9 Jahren scharf und eckig, mit 14 Jahren mehr rund ausgehöhlt.

Vom neunten Jahre ab wird der Querschnitt des Zahns bezw. die Form der Reibfläche zur weiteren Altersbestimmung benützt.

Der Querschnitt ist vom Hervorbrechen des Zahns bis zum neunten Lebensjahr quer-oval. (Kunden mit anderer als quer-ovaler Reibfläche sind künstlich hergestellt.)

Ungefähr vom 9.—14. Jahre wird der Querschnitt rundlich (Fig. 213),
" " 15.—18. " " " " dreieckig (Fig. 214),
" " 19.—22. " " " " birnförmig,
" " 23. Jahre ab " " " längs-(verkehrt-)oval.

Abweichungen von diesen Regeln treten auch hier sehr häufig auf, weshalb die Altersbestimmungen nach dem Verschwinden des ersten Einbisses (9.—11. Jahr) nicht mehr präzise vorgenommen werden können.

Rind.

1. Jugendliches Alter.

Die Kälber bringen meistens schon die 4 mittleren Milchzähne am Unterkiefer mit auf die Welt (im Oberkiefer befinden sich bei den Wiederkäuern überhaupt keine Schneidezähne). In 4 Wochen sind alle 8 Schneidezähne vorhanden. (Fig. 215.) Etwa mit einem Jahre stehen die Zähne noch in einer dicht geschlossenen Reihe beisammen. Mit 15 Monaten entstehen schon Lücken zwischen den Zähnen.

2. Alter des Zahnwechsels.

Der Zahnwechsel beginnt, je nach der Frühreife der Tiere, im Alter von 18—24 Monaten.

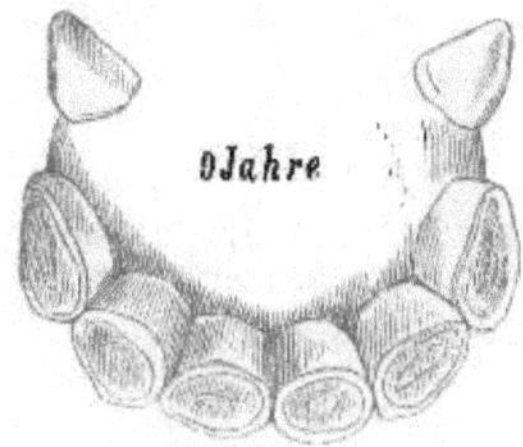

Fig. 213. Querovale und rundliche Reibfläche.

Fig. 214. Dreieckige Reibfläche.

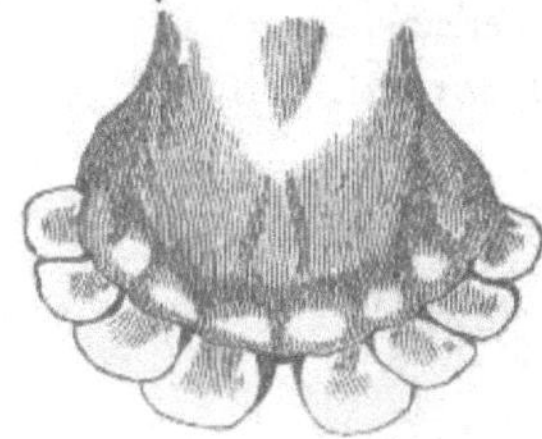

Fig. 215. Kalb, 4 Wochen alt.

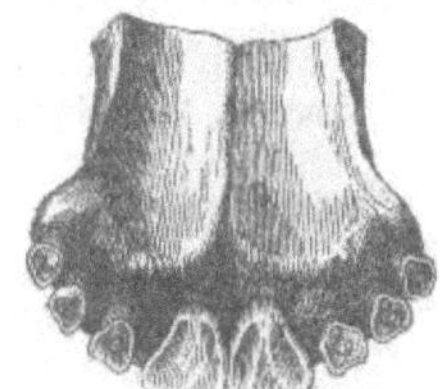

Fig. 216. Rind mit 2 Schaufeln, 18—24 Monate alt.

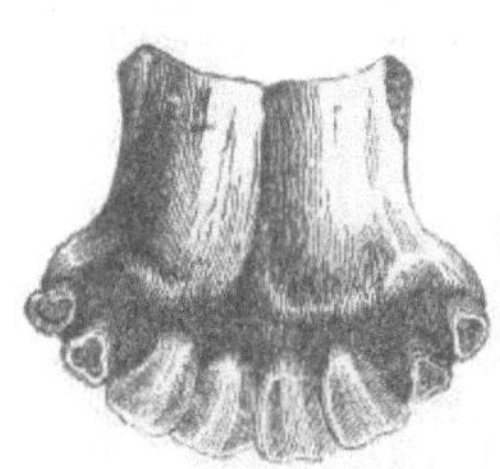

Fig. 217. Rind mit 4 Schaufeln (2½ jähr.).

Fig. 218. (3jährig.)

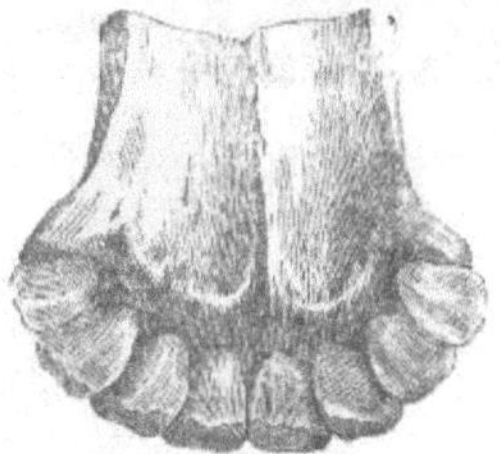

Fig. 219. Abgezahnt (4jährig).

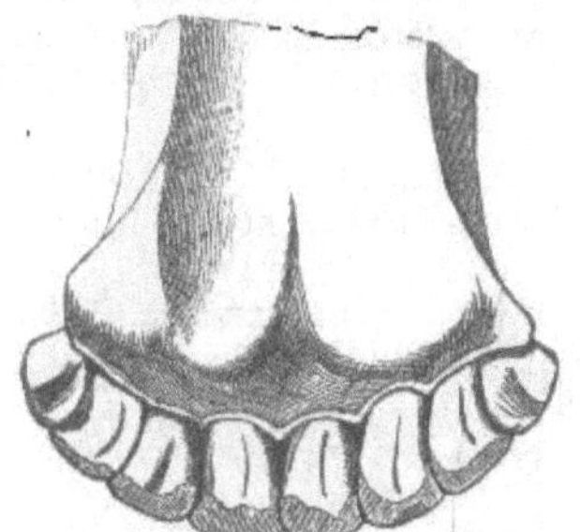

Fig. 220. Rind, 6jährig. Die Abreibung der Ersatzzähne hat begonnen.

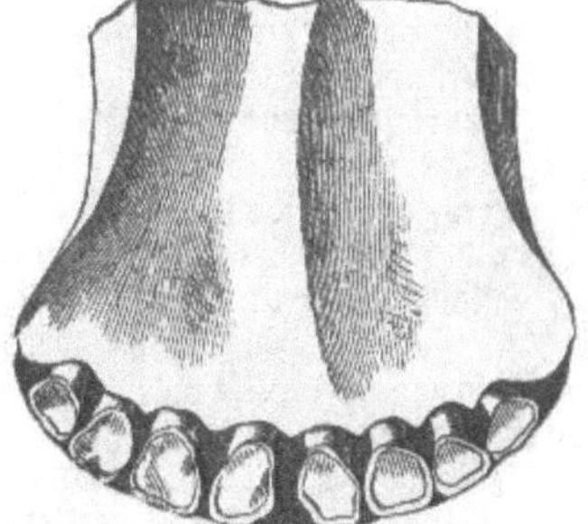

Fig. 221. Rind, 15jährig. Die Zahnkronen sind fast ganz abgerieben.

Die 2 Zangen werden gewechselt	mit etwa	$1^1/_2$—2 Jahren	(Fig. 216),
„ 2 inneren Mittelzähne	„ „	$2^1/_2$ „	(„ 217),
„ 2 äußeren „	„ „	3 „	(„ 218),
„ 2 Eckzähne	„ „	$3^1/_2$—4 „	(„ 219).

Bei jüngeren Rindern zwischen 4—7 Jahren decken sich die Ränder der Schneidezähne (Schaufeln). (Fig. 220.) Nach 10 Jahren rücken die Kronen der Zähne infolge der Abreibung der Kronen weiter auseinander, so daß Lücken entstehen. (Fig. 221.)

Schaf.

Der Zahnwechsel erfolgt ganz ähnlich wie beim Rind. Das Milchgebiß (8 Schneidezähne) ist bereits mit 3 Wochen vorhanden.

Die 2 Zangen werden gewechselt	im Alter von etwa	$1^1/_4$—$1^1/_2$ Jahren,
„ 2 inneren Mittelzähne	„ „ „ „	2 „ ,
„ 2 äußeren „	„ „ „ „	3 „ ,
„ 2 Eckzähne	„ „ „ „	4 „ .

Statt 1-, 2-, 3- und 4**jährig** sagt man in der Schäfersprache auch 2-, 4-, 6- und 8**zähnig** (-schaufelig), in letzterem Falle auch **abgezahnt**.

Schwein.

Die Ferkel bringen 4 Hackenzähne (Häuer) und 4 Eckzähne mit auf die Welt. Die Milchzangen erscheinen mit 4 Wochen, die Mittelzähne mit 8—12 Wochen. Der Wechsel beginnt mit ungefähr 9 Monaten bei den Eckzähnen; die Zangen werden etwa mit 1 Jahr, die Mittelzähne mit $1^1/_4$—$1^1/_2$ Jahren durch bleibende Zähne ersetzt.

II. Lebensvorgänge.

A. Die Verdauung.

Das Futter wird mit den Lippen und Zähnen erfaßt und mit der Zunge zwischen die Backzähne gebracht.

Das Pferd kaut das Futter sofort gründlich. Während des Kauens wird der Saft der Speicheldrüsen in reichlicher Menge abgesondert. Dieser Saft enthält das Speichelferment (Ptyalin), welches die Eigenschaft besitzt, die in Wasser unlösliche Stärke in Zucker überzuführen. Das Futter wird um so gründlicher zerkleinert und die Verwandlung der Stärke in Zucker ist um so durchgreifender, je besser die Pferde kauen.

Das zu kurze Schneiden und das Annetzen des Futters ist zu verwerfen, weil hierbei die Pferde das Futter nicht genügend kauen und einspeicheln.

Nach dem gründlichen Durchkauen gelangt der Bissen durch den Schlund in den Magen. Im Magen werden die in Wasser unlöslichen Eiweißstoffe der Nahrung mit Hilfe eines Fermentes, **Pepsin**, das von den Magendrüsen abgesondert wird, unter Mitwirkung von **freier Salzsäure** in lösliche Eiweißkörper (**Peptone**) umgewandelt.

Die **Wiederkäuer** zerkleinern das aufgenommene Futter vorerst nur ganz oberflächlich. Das abgeschluckte Futter gelangt in die erste oder zweite Magenabteilung, den **Wanst** und die **Haube**.

Im Wanste verweilt das Futter unter normalen Verhältnissen etwa einen Tag. Während dieser Zeit wird unter Mitwirkung des verschluckten Speichels etwas Stärke verzuckert und unter Beihilfe von Spaltpilzen ein Teil der Rohfaser der Pflanzen aufgelöst, wodurch die in den Pflanzenzellen eingeschlossenen Nährstoffe später den Verdauungssäften zugänglich gemacht werden.

Dieselben Vorgänge wie im Wanste finden auch in der Haube statt.

Von Zeit zu Zeit zieht sich der Wanst stark zusammen und ein Teil des Futters wird wieder durch den Schlund in die Maulhöhle hinaufgepreßt, um zum zweiten Male vollständig durchgekaut und eingespeichelt zu werden. Der wieder gekaute Bissen gelangt hierauf durch den Schlund und die Schlundrinne (S. 329) direkt in die dritte Magenabteilung (Buch) und von da in die vierte Abteilung, den Labmagen, wo die Eiweißverdauung in derselben Weise wie im Magen des Pferdes stattfindet.

Die Schweine kauen das Futter in der Regel weniger gründlich. Die Zubereitung des Schweinefutters muß deshalb eine sehr sorgfältige sein.

Schon im Magen treten gewisse Mengen verdauter Nährstoffe in die Blutbahn über. Was im Magen an unverdauten Stoffen übrig bleibt, wandert durch den Pförtner in den Darmkanal. Im Zwölffingerdarm kommt der im Magen gebildete Speisebrei behufs Umbildung in Speisesaft (Chylus) mit dem Safte der Darmdrüsen in Berührung. Außerdem ergießen sich in den Zwölffingerdarm die Säfte der Bauchspeicheldrüse sowie die Galle. Der Saft der Darmdrüsen und der Bauchspeicheldrüse kann noch nicht gelöstes Stärkemehl in Zucker umwandeln und auch im Magen noch nicht gelöstes Eiweiß in lösliche Formen (Peptone) überführen.

Sehr wichtig ist aber auch, daß in diesem Darmabschnitte das Nahrungsfett unter Mitwirkung der Galle und des Bauchspeichels so fein verteilt wird, daß es in die Säftebahn übertreten kann. Zur Aufsaugung des Fettes sind eigene Organe, die Darmzotten (s. S. 329), vorhanden. Sie sind außen mit Zellen umkleidet, welche die staubfeinen Fetttröpfchen aufnehmen und in einen kleinen Kanal im Innern der Zotte behufs Abführung zuleiten.

Außer dem Fett nehmen die Darmzotten auch noch verdaute Eiweißkörper, Zucker- und Salzlösungen auf.

Die genannten kleinen Kanäle im Innern der Zotten vereinigen sich zu größeren Gefäßen, den Milchsaftgefäßen (Chylusgefäßen), und münden schließlich in den Milchbrustgang (Fig. 180), der seinen Inhalt in die Achselvene führt.

Außer den Darmzotten nehmen auch die Zellen der Darmwandungen gelöste Nahrungsstoffe, Fett ausgenommen, auf und führen sie in die Blutbahn ab. — Im Dickdarm wird ein Teil der Rohfaser verdaut.

B. Umwandlung der in die Blutbahn übergetretenen Nährstoffe.

Die ins Blut übergetretenen Eiweißstoffe dienen teilweise zum Aufbau bezw. Wiederersatz von Organen (Muskeln, Blut, Zellen) sowie zur Bildung von Sekreten (Käsestoff), zum Teil aber werden sie zersetzt, wobei sich unter anderem als Endprodukt der Zersetzung Harnstoff rc. bildet.

Aus dem in die Blutbahn übergetretenen Eiweiß kann durch Abspaltung auch Fett entstehen.

Das aufgenommene Fett wird zum Teil unter Sauerstoffzutritt verbrannt, wobei Kraft und Wärme erzeugt wird. Bei der Verbrennung des Fetts entstehen Kohlensäure und Wasser. Bei reichlicher Fettzufuhr wird auch Fett aufgespeichert (Reservefett).

Die Zuckerstoffe dienen hauptsächlich zur Kraft- und Wärmeproduktion und verbrennen hierbei zu Kohlensäure und Wasser. Bei manchen Tieren (Schwein) tragen sie auch wesentlich zur Fetterzeugung bei.

Die gelösten Mineralsalze finden beim Aufbau der Knochen, bei der Bildung von Blut, Säften, Absonderungsprodukten (Sekreten, wie z. B. Milch) sowie bei verschiedenen Vorgängen im Körper Verwendung.

C. Die Ausscheidung.

Die Ausscheidung der im Körper unbrauchbar gewordenen Stoffe aus dem Blut- und Säftestrom erfolgt durch die Lungen, die Nieren und die Haut. Die Lungen geben in der Ausatmungsluft Kohlensäure und Wasser, die Nieren im Harn die Zersetzungsprodukte der Eiweißkörper (Harnstoff), überschüssiges Wasser und Salze ab. Durch die Haut gelangen ebenfalls Wasser und geringe Mengen von Kohlensäure zur Ausscheidung. Der von den Nieren abgegebene Harn sammelt sich in der Harnblase an, um zeitweilig entleert zu werden.

D. Das Blut und die Blutbewegung.

Das Blut besteht aus den roten und weißen Blutkörperchen und der Blutflüssigkeit (Plasma). Letzteres läßt sich in Blutserum und Fibrin zerlegen. (S. S. 69.)

Das Blut hat vor allem die Aufgabe, den Organen Sauerstoff zuzuleiten und die Kohlensäure abzuführen. Außerdem bringt das Blut den einzelnen Geweben das nötige Nährmaterial und Wasser, nimmt dagegen die bei dem Stoffwechsel entstandenen Zersetzungsprodukte in Empfang und leitet sie den Ausscheidungsorganen zu.

Die treibende Kraft für den Blutstrom ist das Herz. (Fig. 179 u. 180.) Bei der Zusammenziehung der Vorkammern tritt zuerst aus den Vorkammern das Blut in die beiden Herzkammern, dann folgt eine zweite, stärkere Zusammenziehung. Hierbei verengern sich die Herzkammern und das Blut strömt in die Lungenarterie und in die Aorta ab, wobei die Segelklappen zwischen den Vor- und Herzkammern sich schließen und so das Zurückströmen in die Vorkammern verhüten. Damit bei der Wiederausdehnung des Herzens das Blut nicht in die Herzkammern zurückfließen kann, schließen sich die in der Lungenarterie und Aorta befindlichen halbmondförmigen Klappen (Taschenventile), s. S. 334.

Das dunkle, kohlensäurereiche (venöse) Blut gelangt bei der Zusammenziehung der rechten Herzkammer durch die Lungenarterie in die Haargefäße der Lunge. Von hier aus strömt es gereinigt durch die Lungenvenen in die linke Vorkammer und dann in die linke Herzkammer.

Von der linken Herzkammer aus fließt das gereinigte Blut unter dem Drucke der zusammengepreßten Herzwände durch die Aorta in die großen

Gefäßstämme des Körpers und kehrt mit Kohlensäure beladen in die rechte Vorkammer zurück.

Das venöse Blut, das aus den Körperteilen zum Herzen zurückfließt, wird zum Teil durch den Herzdruck, zum Teil aber auch durch die bei der Ausdehnung des Herzens entstandene ansaugende Wirkung der rechten Herzhälfte in Strömung erhalten.

Der Lymphstrom wird ebenfalls durch dieses Ansaugen vorwärts bewegt. In den Lymphgefäßen befinden sich ebenfalls Klappen und es muß deshalb beim Druck auf dieselben, z. B. durch arbeitende Muskeln, die Lymphe in der Richtung gegen das Herz zu fortbewegt werden.

Bei Pferden, besonders bei älteren und geschwächten, entstehen sehr häufig bei längerer Untätigkeit infolge von Stauungen der Lymphe in den Lymphgefäßen Anschwellungen in den Füßen, sie verschwinden aber meistens nach reichlicher Bewegung.

E. Die Atmung.

Das Leben des tierischen Organismus ist an chemische Umwandlungen in den Zellen geknüpft, wozu die Zellen Sauerstoff notwendig haben.

Der Sauerstoff wird dem Körper durch die Atmung zugeführt. Bei diesen Umsetzungsvorgängen im Körper wird neben anderen Stoffen insbesondere

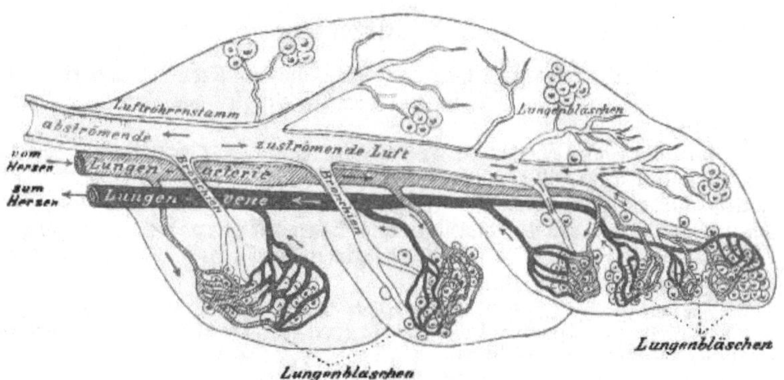

Fig. 222. Atmungsvorgang in der Lunge (schematisch).

Kohlensäure gebildet, welche ausgeschieden werden muß, da sie, in größeren Mengen angehäuft, giftig wirkt.

Der Austausch der Gase, nämlich die Zufuhr von Sauerstoff und die Abgabe von Kohlensäure, findet in den Lungen durch Vermittlung des Blutes statt

Der Vorgang bei der Atmung (Fig. 222) ist folgender:

Das Zwerchfell, welches eine bewegliche Scheidewand zwischen der Brust- und Bauchhöhle darstellt, zieht sich bei der Einatmung zusammen, da es im Zustande der Erschlaffung gegen den Brustraum hin gewölbt ist. Bei der Zusammenziehung muß diese Wölbung verschwinden und der Brustraum wird hierdurch größer, die Lungen erweitern sich und die Luft strömt bis in die

Endbläschen der feinsten Luftröhrenästchen. Diese kleinen **Lungenbläschen** sind aber von einem engen Blutgefäßnetz umsponnen. Nur ganz dünne Häutchen trennen die Luft in diesen Bläschen von dem Blutstrom, der die Bläschen umspült. Die Häutchen bilden aber für den Übertritt der Gase zum Blute und umgekehrt vom Blute herüber gar kein Hindernis. Es tritt deshalb der Sauerstoff aus den Bläschen zu dem Blutstrom über und bildet eine lockere chemische Verbindung mit den roten Blutkörperchen. Dafür aber wird die gebildete Kohlensäure frei und tritt in die Lungenbläschen über, um bei der Ausatmung zu entweichen.

Das mit Sauerstoff versehene hellrote (arterielle) Blut strömt in die linke Vorkammer des Herzens und von da durch die linke Herzkammer in alle Teile des Organismus. In den Haargefäßen (Kapillaren) angekommen, geben die roten Blutkörperchen ihren Sauerstoff an die sauerstoffbedürftigen Gewebe ab. Dagegen nimmt das Blut die in den Geweben erzeugte Kohlensäure auf, bringt sie durch die rechte Vorkammer und Herzkammer in die Lungen, wo dann die Kohlensäure in die Lungenbläschen übertritt um ausgeatmet zu werden.

Der Gasaustausch muß beständig und ungehindert vor sich gehen, da sonst eine Kohlensäurevergiftung in den Geweben eintreten würde. Eine Verhinderung der Atmung oder eine Aufhebung der Blutbewegung hätte somit den sicheren Tod nach einigen Minuten zur Folge. (Erstickungstod.)

F. Die Fortpflanzung.

Nach einer erfolgreichen Paarung bildet sich der Keimling oder Embryo (Fötus). Dieser befindet sich in einem mit Flüssigkeit gefüllten Sack, dem Eihautsack.

Auf der äußeren Eihaut (Lederhaut) entstehen kleine Zotten, welche sich in entsprechende Vertiefungen der Tragsackschleimhaut einsenken. Diese Zotten werden von einem Blutgefäßnetz umspült und von dem Blute der Mutter aus gehen gelöste Nährstoffe und Sauerstoff fortwährend zum Jungen (Fötus). Dagegen wird die in dem letzteren entstandene Kohlensäure dem Mutterblute wieder zugeführt.

Die mit Flüssigkeit gefüllten Eihautsäcke bilden schützende Hüllen um das sehr empfindliche Junge. Außerdem haben sie den Zweck bei der Geburt die Geburtswege langsam zu erweitern und zu öffnen.

Die Eihäute gehen nach der Geburt als sog. **Nachgeburt** ab.

Pferde tragen im Mittel $48^1/_2$ Wochen, Rinder 40—42 Wochen, selten 40 Wochen (Frühreife spielt hier eine Rolle), Schafe 5 Monate und Schweine $3^3/_4$ Monate oder etwa 116 Tage.

III. Gesundheitspflege.

A. Luft.

Da viele Lebensvorgänge im Tierkörper von der Zufuhr der notwendigen Menge Sauerstoff abhängig sind, muß vor allem in den Räumen, in denen Tiere sich aufhalten, für eine gute Luft gesorgt werden.

Gute Luft besitzt dem Rauminhalt nach gegen $^1/_5$ Sauerstoff und $^4/_5$ Stickstoff und nur sehr geringe Mengen Kohlensäure, durchschnittlich 0,04 %.

Außerdem findet man in der Luft noch etwas Wasserdampf, Spuren von Ammoniak, Staub und Bakterien.

Im Freien ist die Zusammensetzung der Luft fast immer gleich. In geschlossenen Räumen aber, in denen viele Tiere atmen, kann sich dieses Verhältnis sehr bedeutend ändern. Der Kohlensäuregehalt der Luft kann sich derartig steigern, daß die Luft zum Atmen völlig untauglich wird und die eingesperrten Tiere ersticken müssen. (Geschlossene Eisenbahnwagen!) Wenn der Kohlensäuregehalt der Luft 0,4 % übersteigt, so wird diese direkt schädlich.

In den Stallungen ist aber meistens eine natürliche Ventilation vorhanden. Es lassen nämlich die Ritzen und Fugen in den Mauern, in den Türen und Fenstern stets etwas Luft von außen eindringen. Diese natürlichen Ventilationen sind aber in der Regel völlig unzureichend und müssen demgemäß durch künstliche Vorrichtungen ergänzt werden.

Neben der Kohlensäure wird mitunter, besonders in Pferdestallungen, das durch die Zersetzung von Harn- und Mistbestandteilen gebildete Ammoniak der Gesundheit der Tiere sehr schädlich, da Ammoniak die Schleimhäute angreift und das Blut verschlechtert. Pferde werden in schlecht ventilierten Stallungen gerne dämpfig oder auch augenleidend. Durch gute Lüftung sowie tägliche Beseitigung des Düngers kann aber Abhilfe geschaffen werden.

Eine feuchtwarme Luft erschwert die Verdunstung des Schweißes. Eine feuchte und kalte Luft dagegen gibt Veranlassung zu Erkältungskrankheiten.

Eine trockene und heiße Luft begünstigt wiederum eine übermäßige Schweißabsonderung, wodurch die Tiere matt und kraftlos werden. Die fortgesetzten Verunreinigungen der Luft durch Staub können mitunter zu Erkrankungen der Luftwege führen.

Sehr gefährlich sind auch die Verunreinigungen der Luft mit winzig kleinen pflanzlichen Gebilden, den Bakterien. Einzelne dieser Bakterien rufen nämlich bestimmte Erkrankungen der Haustiere hervor, so die Tuberkulose, die Lungenseuche, den Schweinerotlauf, das seuchenhafte Verkalben, die Lähme, die Rotzkrankheit, die Brustseuche, die Influenza der Pferde, die Druse, den Milzbrand, den Rauschbrand, die Rinderseuche und die Schweineseuche.

Die Temperatur der Luft.

Niedrige Temperaturen vertragen die im Freien wildlebenden Tiere verhältnismäßig gut, da sie durch ein dichtes Haarkleid hinlänglich geschützt sind. Im Winter wird dieses Haarkleid durch einen Zusatz von Flaumhaaren noch dichter und wärmer. Anders verhält sich dies bei den Haustieren. Niedrige Stalltemperaturen sind besonders den Rindern und Schweinen nachteilig. Die Rinder werden hierdurch mager und bekommen ein sehr grobes und struppiges Haar. Schafe vertragen dagegen niedrige Stalltemperaturen gut.

Rinder und Schweine, die man schonungslos großer Hitze aussetzt, gehen nicht selten an Hitzschlag zu Grunde.

Gegen kalte Luft sind wenig abgehärtete Tiere am empfindlichsten.

Ein greller Temperaturwechsel, besonders aber das plötzliche starke Sinken der Temperatur, verursacht bei Tieren sog. Erkältungskrankheiten.

Mittlere Stalltemperaturen sind: für Luxuspferde 16—18° C, für Arbeits- und Zuchtpferde 12—16° C, für Milch- und Jungvieh 16—17° C, für Arbeitsvieh 12—14° C, für Schafe 10—14° C, für Schweine 12—15° C und für Ferkel 14—17° C.

B. Licht.

Die Lichtstrahlen begünstigen die Stoffwechselvorgänge im Körper und die Tiere gedeihen deshalb in hellen Räumen gewöhnlich gut. Da Dunkelheit den Stoffwechsel herabsetzt, so bringt man nicht mit Unrecht häufig Mastvieh in Stallungen mit gedämpftem Licht unter. Namentlich junge Tiere bedürfen zum Gedeihen des Lichtes.

Eine sehr große Rolle spielt das Licht als Desinfektionsmittel. Das Licht tötet nämlich viele Bakterien. Mangel an Licht in dunklen Stallungen bringt den Augen große Nachteile, da der Lichtwechsel zu grell ist, wenn man die Tiere ins Freie bringt.

C. Stalleinrichtungen.

Die Stallungen sollen die Haustiere vor Hitze und Kälte und vor atmosphärischen Niederschlägen schützen, zugleich aber den eingestellten Tieren einen bequemen Aufenthalt gewähren.

Bei der Beurteilung der Stallungen kommen deshalb folgende Gesichtspunkte in Betracht:

a) Die Größe. Dieselbe soll so bemessen sein, daß die Tiere bequem liegen können. (Siehe Betriebslehre, Gebäude.)

b) Die Trockenheit. Man sorge für tunlichste Trockenheit der Umfassungsmauern und der Stalldecken. (Anlage der Stallungen auf erhöhtem, trockenem Boden.)

c) Der Stand oder Standplatz muß undurchlässig sein. Flüssige Auswurfstoffe dürfen nicht in den Stallboden einsickern und daselbst faulen. Verwerflich ist ein glatter Standplatz, da die Tiere beim Aufstehen leicht ausgleiten und sich beschädigen können. (Trächtige Tiere können durch Ausgleiten auf glattem Pflaster verwerfen.) Der Standplatz darf ferner nicht zu kurz sein, da sonst die Tiere genötigt sind in die Jaucherinne zu treten. Ist er zu abschüssig, dann entstehen bei trächtigen Tieren gern Tragsackvorfälle, auch bilden sich fehlerhafte Stellungen aus.

d) Krippen und Raufen dürfen nicht zu hoch angebracht werden. Fressen Pferde aus hohen Raufen, so fällt ihnen häufig Staub in die Augen und veranlaßt Entzündungen. Bei jungen Tieren hat das Fressen aus hohen Krippen die Ausbildung des Senkrückens zur Folge. Zuchtvieh, insbesondere Kälber, soll man überhaupt nicht aus Raufen, sondern aus niedrig gestellten Barren füttern.

e) Die Streu soll den Tieren ein weiches, warmes und trockenes Lager bieten.

In Pferdestallungen empfiehlt sich außer Strohstreu noch Torfstreu und Sägemehl. In Rindviehstallungen kann man außer Stroh auch Schilf-, Moos- und Waldstreu sowie Sägemehl benützen. Man sorge vor allen Dingen dafür, daß die Streu nicht gefroren ist. (Gefrorene Waldstreu verursacht nicht selten Bauchfellentzündungen und Verwerfen).

Beim Neubau von Stallungen ist auch darauf zu achten, daß gut funktionierende Einrichtungen für die Lufterneuerung angebracht werden. In neueren Stallungen wird die Luft durch Kanäle, welche vor den Krippen in den Stallgängen ausmünden, in den Stall geführt; die verbrauchte Luft wird durch Dunstschächte oben an der Decke abgeführt. Die Luftkanäle sind an der Außenmauer gut durch Gitter zu verschließen, damit keine Tiere eindringen können.

D. Haut-, Huf- und Klauenpflege.

1. Hautpflege.

Von der obersten Schichte der Oberhaut lösen sich fortgesetzt Teile los, die bei wildlebenden Tieren durch Wind, Regen, Wälzen und Reiben entfernt werden. Bei den im Stalle gehaltenen Tieren müssen diese Abschuppungen mit Striegel und Bürste fleißig entfernt werden.

Außerdem lagern sich auf der Haut noch eingetrockneter Schweiß, das Produkt der Talgdrüsen, sowie Staub und Schmutz ab. Werden diese nicht beseitigt, so treten häufig tiefgreifende Störungen im Stoffwechsel ein. Auch entstehen bei vernächlässigter Hautpflege oft juckende Hautausschläge, welche die Tiere fortwährend zum Kratzen und Scheuern veranlassen und denselben die notwendige Ruhe entziehen.

Nach dem Putzen der Pferde soll man den Stall lüften, da der Putzstaub die Luft sehr verschlechtert und die Schleimhäute reizt. Das Schwemmen an heißen Sommertagen ist den Pferden sehr zuträglich. Das Wasser darf aber nicht zu kalt sein. Auch soll man die Pferde nicht zu lange im Wasser verweilen lassen. Niemals dürfen die Tiere erhitzt in das Wasser gebracht werden. Nach dem Schwemmen sorge man dafür, daß die Pferde sich nicht erkälten und im langsamen Schritt in den Stall gebracht werden.

Das Scheren empfiehlt sich hauptsächlich bei trägen, rauhhaarigen, jungen Tieren, die nicht gut gedeihen wollen.

Während des Haarwechsels soll man die Arbeitstiere nicht stark anstrengen, da sie zu dieser Zeit weniger Kraft besitzen.

Auch Schweinen ist die Hautpflege sehr nützlich. Man gebe ihnen insbesondere gute Streu und Gelegenheit zum Baden. Fehlt diese, dann sind die Tiere an warmen Tagen mit Wasser zu begießen und mit Strohwischen abzureiben. Auch das trockene Abreiben mit Bürsten ist den Schweinen sehr zuträglich.

2. Huf- und Klauenpflege.

Die Hufe sollen rein gehalten werden. Von Zeit zu Zeit sind sie auch mit Vaselin oder reinem Fett einzuschmieren. Vor dem Einschmieren muß man aber den an den Hufen anhaftenden Schmutz entfernen. Es ist schädlich für den Huf, wenn der Schmutz nur mit einer schwarzen Schmiere überstrichen wird. Auch die Sohle und der Strahl des Hufes sollen gereinigt, gewaschen und eingeschmiert werden. Ist der Strahl faulig und schmierig, dann streue man nach dem Auswaschen gepulverten Eisenvitriol oder gepulverte Holzkohle oder Buchenasche hinein.

Beim Reinigen des Hufes hüte man sich aber die Glasur am Hufe wegzukratzen. — Beim Rindvieh ist besonders das Zuschneiden der Klauen notwendig. Läßt man bei Stallvieh die Klauen ungehindert wachsen, so nehmen sie oft eine unförmliche Gestalt an (Pantoffelklauen).

Bei Hornvieh sollten wenigstens zweimal im Jahre die Klauen untersucht und, wenn nötig, zugeschnitten werden. Die

Zehen müssen durch Abzwicken mit einer scharfen Zange oder mit einer Klauenschere gekürzt und hohe Hornballen niedergeschnitten werden, da sich sonst schmerzhafte, die Ernährung und Nutzung beeinträchtigende Klauengeschwüre einstellen. Häufig bildet sich bei Rindern eine doppelte Sohle (besonders nach der Klauenseuche). Die alte Sohle drückt auf die neue und verursacht den Tieren große Schmerzen. Nach dem Entfernen der alten Sohle mit dem Messer können die Tiere sofort wieder auftreten.

3. Regeln für den Huf- und Klauenbeschlag.

Pferde sollen in der Regel alle 4—6 Wochen beschlagen werden. Das Beschläg ist zu erneuern, wenn die Eisen nicht mehr gut liegen, wenn sie zu schmal oder zu kurz werden, abgelaufen oder locker geworden sind oder zu Lahmheiten Veranlassung geben. Werden die Eisen zu schmal, so entstehen Lücken zwischen der Sohle und der Hornwand; werden die Eisen durch das Wachstum an der Zehe und durch das Nachschieben an den Fersenwänden allmählich zu kurz, so schützen sie die Fersen nicht mehr genügend.

Beim Beschlagen soll man das Eisen nicht zu heiß aufprobieren, da sonst die Sohle beschädigt werden kann. Den Strahl darf man nur soviel zuschneiden, als zur Reinigung desselben notwendig ist.

An der Sohle darf nur das alte, abgestorbene Horn weggenommen werden.

Das Eisen soll dem Hufe angepaßt und nicht umgekehrt der Huf nach dem Eisen gerichtet werden.

Ein starkes Zuschneiden des Hufs, damit er kleiner erscheine, ist fehlerhaft. Schweren Zugpferden gibt man Eisen mit Stollen. Im Winter empfiehlt sich die Verwendung von Eisen mit Schraubstollen oder Steckgriffen.

Bei Rindern, die viel auf hartem Boden, z. B. auf Pflaster oder Landstraßen gehen müssen, ist ebenfalls ein Beschläg notwendig.

Die Klaueneisen befestigt man außer mit Nägeln noch mit Aufzügen und Kappen. Die Eisen der Rinder haben die ganze Sohle zu decken, dürfen jedoch nur auf dem Tragrand aufliegen.

E. Füttern und Tränken vom Standpunkt der Gesundheitspflege aus.

Pferden soll das Futter trocken verabreicht werden, damit sie genötigt sind gründlich zu kauen. Geschieht dies seitens der Pferde nicht, so wird die Rohfaser nicht hinreichend zerkleinert und die Verdauungssäfte können nicht genügend einwirken. Auch wird das Futter ungenügend eingespeichelt. Aus diesem Grunde ist es auch fehlerhaft, wenn der Häcksel zu kurz (unter 1½ cm) geschnitten wird. Ein zu kurz geschnittener Häcksel gibt auch Veranlassung zu sehr gefährlichen Verstopfungen.

Getreide (Roggen, Gerste 2c.) quillt im Magen gerne nach und verursacht, in größeren Mengen verabreicht, Berstungen desselben. Wenn Pferde längere Zeit ausschließlich mit Gerste gefüttert werden, so erkranken sie in unserem Klima häufig an Hufrehe (Entzündung der Huflederhaut). Wird Mais geschrotet den Pferden vorgelegt, so muß man das hierbei anfallende Mehl vorher absieben, da die feinen Bestandteile des Schrotes eine sehr gefährliche Kolik hervorrufen können. Ganzer Mais wird vor der Fütterung eingequellt. Bei Maisschrotfütterung pflegt man die Pferde vor Beginn der Fütterung etwas zu tränken.

Saures Heu von sumpfigen Wiesen erzeugt bei Pferden mit der Zeit eine eigentümliche Krankheit der Leber, die Leberverhärtung, an welcher sie nach längerer Zeit zu Grunde gehen.

Etwas Grünfutter ist den Pferden zuträglich. Einen vollständigen Ersatz für Hafer und Heu kann aber nicht einmal der grüne Rotklee bieten. Die Pferde bekommen zwar bei Kleefütterung ein glattes Haar, sie schwitzen aber viel und verfallen in Krankheiten, besonders dann, wenn sie wenig beschäftigt sind (Hufrehe, Gehirnwassersucht 2c.). Auch verlieren die Gliedmaßen ihre Trockenheit. Strengt man Pferde bei reichlicher Grünkleefütterung stark an, so werden sie matt, mager und leistungsunfähig. — Junger Klee verursacht bei Pferden auch häufig eine tötliche Kolik.

Pferde füttert man am besten dreimal des Tags. Die Hauptmenge des Heus wird abends vorgelegt.

Die Pferde sollen genügend Zeit zum Fressen und zur ersten Verdauung haben, weshalb sich eine Mittagspause von zwei Stunden empfiehlt. Gefährlich ist es, wenn Pferde an Feiertagen doppelte Rationen erhalten, da sich hierbei die Tiere leicht überfressen und an Kolik erkranken.

Als Getränk empfiehlt sich für Pferde gesundes Brunnen-, Bach-, Teich- oder Seewasser von nicht zu niedriger Temperatur (mindestens 8° C). Zu kaltes Wasser stört die Verdauung und ruft Durchfälle hervor. Reicht man erhitzten Pferden einen Schluck Wasser, so schadet dieser nichts, wofern die Tiere in Bewegung bleiben. Kommen sie aber in die Ruhe, so muß man mit der Tränke warten, bis sie sich abgekühlt und etwas Rauhfutter verzehrt haben.

Zu kurz geschnittener Häcksel wird von Rindern nicht vollständig wiedergekaut. Auch können von dem schlechtgekauten Häcksel Teile im dritten Magen (Buch) liegen bleiben und zu Anschoppungen Veranlassung geben. Man schneidet deshalb den Häcksel für Rinder 4—5 cm lang. Kraftfutter wird am besten ausgenützt, wenn es trocken auf Häcksel gestreut wird.

Junger Klee (besonders wenn er von gut gedüngten Feldern stammt) ruft häufig Aufblähungen hervor. Man darf deshalb von demselben bei Beginn der Fütterung nur mäßige Portionen verabreichen. Weniger gefährlich als reine Kleefütterung ist eine solche von Kleegrasmischungen. Sehr zweckmäßig zur Vorbeugung des Aufblähens sind Einsaaten von Kümmel in Klee- und Kleegrasbestände, etliche Kilogramm per ha.

Klee darf nicht in großen Haufen längere Zeit vor der Fütterung lagern. Bei seiner Aufbewahrung ist er in einer kühlen Kammer flach auszubreiten.

Nachteilig für Rinder ist sauer gewordenes, verschimmeltes und überschwemmtes Futter. Ferner sind ranzige Ölkuchen, sauer gewordene Biertreber 2c. gefährlich.

Alle diese verdorbenen Futtermittel können schwere Verdauungsstörungen, Durchfälle und bei weiblichen Tieren Verwerfen hervorrufen. Rinder erkranken bei zu großen Schlempegaben an einer Hautentzündung der Füße. (Schlempen-Mauke.)

Erhalten Rinder sehr viel flüssiges Futter, so können sie trotzdem frisches Wasser nicht völlig entbehren. Am zweckmäßigsten wäre für Stallvieh das Tränken am Brunnen. In der Regel tränkt man die Tiere nach der Fütterung. Im Winter darf das Tränkwasser nicht zu kalt sein. Die Anschauungen über die Zweckmäßigkeit der Selbsttränkevorrichtungen lauten nicht durchweg günstig, besonders dann nicht, wenn Eisenrohre verwendet werden, in denen sich viel Ocker ablagert. Besser sind in Zement eingebettete Tonröhren.

Der Weidegang ist zur Erhaltung der Gesundheit und zur Erzielung einer kräftigen gesunden Nachzucht unentbehrlich. Auch für Milchvieh ist er sehr zweckmäßig. Viele Störungen der Gesundheit lassen sich verhüten, wenn Zucht- und Milchvieh im Sommer regelmäßig ins Freie kommt.

Eine Weide biete neben Futter und Wasser auch Schatten. Ein Beifutter muß den Tieren öfters verabreicht werden.

F. Bewegung und Ruhe.

Bei dem Einspannen der Zugpferde ist zu prüfen, ob das Geschirr gut sitzt und unbeschädigt ist. Bei Verwendung von schlecht anliegendem und schadhaftem Geschirr entstehen häufig Geschirrdruck und verschiedenartige Unfälle. Zu vermeiden ist gefrorenes Zaumzeug den Tieren in das Maul zu bringen.

Pferde sollen zur Verhütung von Krankheiten jeden Tag (auch am Feiertag), wenn auch nur auf eine Viertelstunde, ins Freie kommen. Sind Pferde im Winter mehrere Tage im Stall gestanden, so führe man sie, nachdem vorher längere Zeit die Stalltür geöffnet worden ist, am ersten Arbeitstage zunächst nur für kurze Zeit ins Freie und dann auf eine Weile wieder in den Stall zurück. Auf keinen Fall aber darf man direkt mit den Pferden in weit entfernte und abgelegene Gegenden fahren, weil die Tiere leicht vom Schwarzharnen (Harnwinde) befallen werden. (Siehe Schwarzharnen bei tierärztlicher Nothilfe.)

Rinder, die zum Zuge verwendet werden, müssen mittags längere Zeit ausruhen um Zeit zum Wiederkauen zu finden. Man darf sie auch nicht überanstrengen, denn bei Übermüdung fressen sie schlecht und wiederkauen ungenügend. Um Ochsen in gutem Ernährungszustand zu erhalten, ist es notwendig, ihnen bei angestrengter Arbeit öfters einen ganzen oder halben Ruhetag und Kraftfutterzulage zu gewähren.

Während der größten Mittagshitze soll man Rinder nicht einspannen.

IV. Allgemeine Züchtungslehre.

Die Lehre von der Zucht befaßt sich mit den Grundsätzen der Züchtung, soweit sich dieselben auf die praktischen Erfahrungen und die wissenschaftlichen Forschungen stützen.

Unter den gegenwärtigen Verhältnissen lohnt sich die Zucht nur dann, wenn die gezüchteten Tiere das von ihnen verzehrte Futter so verwerten, daß ein entsprechender Gewinn dabei erzielt wird.

Dieses Ziel kann der Züchter erreichen, insofern er Tiere züchtet, welche sich durch eine hohe Leistungsfähigkeit auszeichnen und nebenbei auch den Anforderungen und Bedürfnissen des Marktes entsprechen.

Die Tierzuchtlehre gibt die notwendige Anleitung zur Erreichung dieses Zieles.

A. Begriff von Rasse, Schlag und Stamm.

Der Züchter unterscheidet bezüglich der Einteilung der Tiere: Rassen, Schläge, Stämme oder Zuchten und Familien.

Unter Rasse versteht der Züchter eine Anzahl von Tieren einer Art, welche sich durch gemeinsame besondere Merkmale von anderen Tieren derselben Art erkennbar unterscheiden und dieselben mit Sicherheit auf ihre Nachkommen übertragen. (Arabisches Pferd, Pinzgauer Pferd, großes Fleckvieh der Schweiz, Merinoschaf, Yorkshireschwein.)

Als Kulturrasse bezeichnet man eine Rasse, welche unter Beobachtung züchterischer Grundsätze (Reinzucht oder Kreuzung) bei sorgfältiger Auswahl der Zuchttiere und rationeller Ernährung und Aufzucht der Nachkommen entstanden ist.

Naturrassen (ursprüngliche Rassen oder Primitivrassen) sind dagegen Rassen, welche im Laufe einer sehr langen Zeitperiode ohne derartige Einflüsse geblieben sind und sich deshalb nicht durch besondere Nutzungs- und Körpereigenschaften auszeichnen.

„Schlag" ist eine Unterabteilung der Rasse. So kann man z. B. das Fleckvieh der Schweiz in den Simmentaler- und Freiburger-Schlag einteilen. Genannte Schläge besitzen die Hauptcharaktere des Fleckviehs der Schweiz, unterscheiden sich jedoch wesentlich in der Farbe.

Die Schläge können des weiteren in „Stämme" und diese wieder in „Familien" zerfallen.

B. Lehre von den Eigenschaften und dem Zuchtwert der Tiere.

Man unterscheidet:

1. Äußere (morphologische) Eigenschaften, die sich auf Form, Körperbau, Farbe, Hornstellung 2c. beziehen.

Eine einseitige Berücksichtigung von guten Formen und beliebten Farben liegt aber nicht immer im Interesse des Züchters, denn vor allem sind die Leistungen maßgebend. Der Züchter darf jedoch in Bezug auf Formen und Farbe die Ansprüche des Marktes nicht vernachlässigen.

2. Innere (physiologische) Eigenschaften, welche sich auf Lebensvorgänge und Nutzungen beziehen.

Diese sind für den Züchter und Viehhalter von der größten Bedeutung, weil von ihnen der Erfolg und die Einträglichkeit der Zucht und Viehhaltung vielfach abhängt, z. B. normales Geschlechtsleben, gute Futterverwertung, vorzügliche Milchnutzung nach Menge und Güte, leichte Mastfähigkeit und Zugleistung.

Bei Beurteilung der Zuchttiere kommen insbesondere nachstehende Eigenschaften in Betracht:

1. Die Konstitution (Leibesbeschaffenheit).

Man versteht darunter die allgemeine körperliche Verfassung der Tiere, wobei eine grobe (robuste) und eine feine Konstitution unterschieden wird.

Tiere mit grober Konstitution besitzen einen großen, dicken Kopf, starke Hörner, kräftige Knochen, derbe, feste Haut, grobe und dichtstehende Haare. Derartige Tiere zeichnen sich aus durch große Widerstandsfähigkeit gegen schädliche Einflüsse, rauhes Klima rc.

Bei Zugtieren ist die grobe Konstitution häufig erwünscht, da sich derartige Tiere in der Regel durch Ausdauer, Gesundheit und Kraftproduktion auszeichnen. Milchtiere mit grober Konstitution sind dagegen nicht beliebt.

Tiere mit feiner Konstitution besitzen einen leichten Kopf, feine Gliedmaßen, weiche Haut und feine Behaarung. Sie sind aber empfindlich gegen schädliche Einflüsse des Klimas und der Witterung; dagegen werden sie geschätzt bezüglich ihrer Mast- und Milchnutzung.

Bei Tieren, welche auf die Weide gehen, ist eine mäßig robuste Konstitution wünschenswert, denn sie sollen gegen ungünstige Witterungseinflüsse unempfindlich, d. h. wetterhart sein.

Grobe sowie feine Konstitution sind auch Rasseeigentümlichkeiten. So findet man unter den Niederungsrassen mehr feine Tiere als unter den Alpenrassen. Tiere mit feiner Konstitution sind in der Regel leichter zu ernähren als solche mit grober Konstitution, da nämlich Tiere mit feiner Konstitution schon bei einem Futterquantum Nutzen liefern, welches Tiere mit grober Körperbeschaffenheit noch zum Unterhalt ihres Körpers bedürfen.

Männliche Tiere ein und derselben Rasse sind im allgemeinen kräftiger gebaut als die weiblichen.

Kraft und Mut müssen in dem männlichen Tier stets zum Ausdruck kommen. Dagegen sollen weibliche Tiere immer einen bestimmten Grad von Feinheit erkennen lassen. Sie sollen einen sogenannten weiblichen Typus besitzen. Dies gilt besonders für Milchviehzuchten. Hier werden auch Stiere mit mäßig ausgedrücktem weiblichen Typus nicht ungern gesehen.

Werden Tiere mit schmalen Köpfen, die an Kuhköpfe erinnern, zur Zucht verwendet, dann geht das Abkalben sehr leicht von statten, da die von denselben abstammenden Kälber schmale Köpfe mit auf die Welt bringen.

2. Das Temperament.

Man unterscheidet ein ruhiges und ein lebhaftes Temperament. Das ruhige Temperament der Tiere ist in Bezug auf Futterverwertung und Nutzung besser als ein reizbares und lebhaftes. Es ist insbesondere eine gute Eigenschaft bei säugenden Tieren, namentlich bei Schweinen. Das lebhafte Temperament fördert die momentane Kraftentwicklung des Arbeitstieres.

3. Die Frühreife.

Unter dieser vom Züchter sehr geschätzten Eigenschaft versteht man die Fähigkeit eines Tieres frühzeitig sein Wachstum zu vollenden und den erwarteten Nutzen zu bringen.

Bei frühreifen Tieren ist die Trächtigkeit auch etwas kürzer als bei spätreifen.

Die Frühreife ist abhängig zum kleineren Teil von der Vererbung, zum größeren Teil aber von der Ernährung der Muttertiere wie auch der Jungen.

Deshalb können junge Tiere, welche nach dem Abgewöhnen in ihrem Futter die nötigen Nahrungsbestandteile in ungenügender Menge erhalten, niemals frühreif werden.

Bei frühreifen Tieren äußert sich der Geschlechtstrieb etwas früher als bei spätreifen. Man kann deshalb die frühreifen Zuchttiere eher zur Zucht verwenden als die spätreifen. Werden frühreife Tiere sehr reichlich ernährt und wartet man mit der ersten Paarung sehr lange, dann erlischt nicht selten der Geschlechtstrieb völlig. Sehr frühreife Tiere haben die Neigung zu reichlichem Fettansatz, dagegen lassen sie bezüglich der Milchergiebigkeit meist zu wünschen übrig.

Zu den frühreifen Pferdeschlägen rechnet man die belgischen Pferde, zu den spätreifen die Halbblut- und Vollblutpferde.

Als frühreife Viehschläge gelten die Shorthorns, dann als mäßig frühreif die Simmentaler und das Niederungsvieh, als spätreif die Landschläge.

4. Futterverwertung.

Unter Futterverwertung ist die Fähigkeit eines Tieres zu verstehen das aufgenommene Futter in Fett, Milch, Wolle und tierische Arbeit umzuwandeln.

Die Futterverwertung ist um so größer, je mehr ein Tier aus dem verabfolgten Futterquantum derartige Leistungen vollbringt.

Diese Leistungsfähigkeit ist zunächst abhängig von dem Umfang der Tätigkeit der Verdauungs- und Aufsaugungsorgane und von dem Stoffwechsel, somit von inneren Vorgängen, zum kleineren Teil auch von dem Temperament der Tiere. Auch kommt hier die Rasse in Betracht. Manche Rassen verwerten das Futter hoch, andere weniger gut. Einzelne Individuen innerhalb derselben Rasse zeigen ein verschiedenes Verhalten in dieser Hinsicht.

Eine große Rolle spielt bei der Futterverwertung die Gesundheit.

Die Futterverwertung ist aber auch abhängig von der Zubereitung des Futters und von der Regelmäßigkeit in der Verabreichung desselben.

Sehr ungünstig wirken Schwankungen in der Menge des verabreichten Futters. Erhalten z. B. Mastschweine Futter in überreicher Menge, so daß sie sich den Magen überladen, so entstehen Appetitstörungen, die häufig eine vorübergehende Abmagerung zur Folge haben.

5. Unarten und Fehler.

Dazu gehören z. B. Widersetzlichkeit, Anlagen zu Krankheiten und zwar periodische Augenentzündungen, Dummkoller, Kehlkopfpfeifen, Kalbefieber, Verwerfen, Knochenkrankheiten (Spat, Rehbein, Schale, Ringbein rc.) sowie die Neigung zu Zwanghuf und Platthuf.

6. Die Größe.

Im allgemeinen kann man annehmen, daß Muttertiere die Größe der Jungen bestimmen. Will man sonach große Tiere züchten, so verwende man große Muttertiere.

7. Rassereinheit.

Unter reinrassigen Tieren versteht man solche, deren Vorfahren eine größere Zahl von Generationen hindurch ein und derselben Rasse oder demselben Schlage angehörten. Edel dagegen werden solche Tiere genannt, welche in Bezug auf ihre äußere Erscheinung sich hervorragend auszeichnen, und ihre Abstammung von einer hochgezüchteten Rasse unzweifelhaft erkennen lassen. Im Gegensatz zu edlen Tieren stehen die unedlen (gemeinen) Tiere. Rassenreine und edle Tiere besitzen in der Regel einen viel höheren Zuchtwert als die gemeinen. Wird die Zucht einer anerkannt edlen Rasse lange Zeit rein fortgesetzt, so heißen die Produkte derselben Vollblut. Durch Paarung gemeiner Tiere mit Vollblut entsteht das Halbblut. Als Originaltiere bezeichnet man die aus fremden Gegenden eingeführten Tiere reiner Rasse, die entweder in deren Heimat geboren oder doch erzeugt wurden. Tiere von Originalabstammung sind dagegen solche, welche zwar von Originaltieren oder deren unvermischter Nachzucht abstammen, aber nicht mehr in der ursprünglichen Heimat der Originaltiere erzeugt wurden.

Der Zuchtwert eines Tieres kann ganz erheblich gemindert werden durch verschiedene ungünstige Umstände, nämlich schlechte Akklimatisation, schlechte Haltung und mangelhafte Ernährung sowie durch übermäßige Benützung. Bei mangelhafter Akklimatisation kann überhaupt die Fruchtbarkeit bei weiblichen Tieren ganz verloren gehen.

C. Lehre von der Vererbung.

Unter Vererbung versteht man die Fähigkeit eines Tieres seine Eigenschaften, äußere wie innere, auf die Nachkommen zu übertragen. Bei der Vererbung kommt auch noch in Betracht die Übertragung von Krankheiten, wie periodische Augenentzündung (Mondblindheit), Dummkoller und Neigung zu verwerfen bei Pferden, Tuberkulose 2c. Knochenkrankheiten sowie Unarten werden gewöhnlich nicht vererbt.

Die inneren Eigenschaften werden mehr als die äußeren nur in der Anlage vererbt. Zur vollen Entwicklung können sie nur dann gelangen, wenn für entsprechende Ernährung und Haltung gesorgt wird.

Von den Züchtern ist seit alter Zeit eine Reihe von Vererbungsgesetzen aufgestellt worden, von denen aber nur wenige zuverlässig sind.

Soviel ist jedoch richtig, daß beide Elterntiere in der Regel den gleichen Einfluß auf die Entwicklung und Ausbildung des Jungen haben. Bei den Nachkommen kann man deshalb eine Mischung der väterlichen und mütterlichen Eigenschaften wahrnehmen.

Auch die Ähnlichkeit der Elterntiere spielt noch eine Rolle bei der Vererbung. Je ähnlicher sich die beiden Eltern sind, desto auffälliger wird die Ähnlichkeit bei den Jungen wiederkehren.

Einzelne Tiere zeichnen sich durch eine hervorragende Vererbungskraft aus. Diese können dann in einer Zucht, wenn sie bezüglich ihrer Formen, Leistungen 2c. entsprechen, außerordentliches leisten.

Zuweilen können auch bei den Nachkommen Eigenschaften auftreten, die ursprünglich bei den Eltern nicht vorhanden waren.

Dieser Umstand ermöglicht dem Züchter, bestehende Rassen nach gewisser Richtung hin besser auszubilden, indem er diese neuen Eigenschaften züchterisch verwertet und durch entsprechende Ernährung und Haltung deren weitere Entwicklung fördert. Es muß aber hierbei der Züchter genau beobachten und prüfen, ob diese einseitige Befähigung seiner Tiere den gewünschten wirtschaftlichen Zwecken dienlich ist.

Bei den Nachkommen werden bisweilen einzelne Eigenschaften in hervorragender Ausbildung angetroffen, wie dies bei den Elterntieren nicht vorkommt. In diesem Falle kann zur Steigerung der Leistungsfähigkeit des betreffenden Tierschlags mit Vorteil von der in Betracht kommenden vorzüglichen Eigenschaft Gebrauch gemacht werden.

Vielfach wird auch die Beobachtung gemacht, daß bei Nachkommen Eigenschaften zum Vorschein kommen, welche die Eltern nicht hatten, sondern nur die Großeltern oder Ureltern.

Man bezeichnet dies als Rückschlag. Aus diesem Grunde ist es von großer Wichtigkeit die Eigenschaften der Voreltern zu kennen.

Je länger sich in einer Zucht gute Eigenschaften eingebürgert haben und je mehr Generationen mit diesen Eigenschaften hervorgegangen sind, desto größer ist die Bürgschaft, daß unangenehme Rückschläge ausbleiben.

Aufschlüsse über die Eigenschaften und Leistungen früherer Generationen geben die Zuchtregister und Herdebücher, die aus diesem Grund eine große Bedeutung besitzen. Es müssen aber diese Zuchtbücher mit Gewissenhaftigkeit geführt werden, wenn sie einen Wert haben sollen.

Gelingt es dem Züchter, gewisse äußere und innere Eigenschaften bei einer Reihe von Geschlechtern (Generationen) zu befestigen, dann werden sie zur Rasseeigentümlichkeit, die so lange anhält, bis ungünstige Verhältnisse dieselben zum Teil wieder zum allmählichen Verschwinden bringen.

Für bestimmte Zwecke lassen sich bei den Haustieren bestimmte Eigenschaften und Leistungen heranzüchten, z. B. besondere Mastfähigkeit oder Milchergiebigkeit.

Wenn ein Zuchttier seine Eigenschaften mit großer Treue auf die Nachkommenschaft überträgt, so bezeichnet man dies als Konstanz. Diese findet man hauptsächlich bei Tieren, welche von Rassen oder Schlägen herstammen, die schon längere Zeit bestehen. Die Konstanz ist aber auch abhängig von Ernährung, Haltung und Klima. Bei Tieren, welche neuen ungewohnten Existenzbedingungen ausgesetzt werden, geht die Konstanz mehr oder weniger bis zur völligen Anpassung an die neuen Verhältnisse (Akklimatisation) verloren.

D. Auswahl der Zuchttiere.

Da die beiden Elterntiere gewöhnlich gleichmäßig ihre Eigenschaften vererben werden, so soll man womöglich bei dem Vater- wie auch bei dem Muttertier auf möglichst günstige Ausbildung der gewünschten Eigenschaften sehen. Vor allem aber wäre auf Gesundheit und gute körperliche Entwicklung Rücksicht zu nehmen. Von schlecht entwickelten und verkümmerten Tieren kann niemals eine entsprechende Nachkommenschaft erwartet werden, welche die Aufzucht lohnt. Da das männliche Tier seine Eigenschaften viel öfter vererbt als das weibliche, so ist bei Auswahl desselben mit besonderer Sorgfalt vorzugehen. Handelt es sich um Reinzucht von Tieren, so müssen auch die Merkmale der Rasse beziehungsweise des Stammes, wie Körperform, Farbe und Abzeichen, entsprechende Beachtung finden.

Überdies hat der Züchter bei Auswahl der Zuchttiere solches Material zu verwenden, welches am meisten seinen wirtschaftlichen und Absatzverhältnissen entspricht.

Berücksichtigt der Züchter bei allen seinen Tieren ihre Eigenschaften nur in Hinsicht auf die gewünschten wirtschaftlichen Zwecke, so bezeichnet man dies als Zucht nach Leistung.

Durch eine vorsichtige und verständige Zuchtwahl können Tiere mit ausgezeichneten Leistungen geschaffen werden, wenn Haltung und Ernährung ebenfalls in einem passenden Verhältnisse zu einander stehen.

Niemals werden aber alle wünschenswerten Eigenschaften in hervorragendem Maße bei einem Tiere angetroffen.

Sollen bei einem Tier mehrere Leistungen vereinigt werden, so können diese nur in einem mittleren Maße vorhanden sein. Derartige Tiere sind in kleinen Betrieben oft unentbehrlich, z. B. Kühe mit guter Milchnutzung, Zugleistung und befriedigender Mastfähigkeit. Man bezeichnet dies als kombinierte Leistung.

Eine Rasse, die sich durch eine derartige kombinierte Leistung auszeichnet, ist die Simmentaler-Rasse.

Ist ein Züchter gezwungen mit einem fehlerhaften Tier zu züchten, so läßt sich unter Umständen eine Ausgleichung oder Ausmerzung des Fehlers erzielen. Es muß aber in diesem Falle das andere Elterntier statt des vorhandenen Mangels eine vorzügliche Entwicklung nach der gewünschten Richtung hin aufweisen.

Besitzen beide Elterntiere die gewünschten Eigenschaften in hohem Grade, so ist zu erwarten, daß die körperlichen Eigenschaften und Leistungen der Nachkommen ebenfalls dieselben sind.

Von mangelhaften Eltern kann man aber niemals Nachkommen von hervorragender Bedeutung erwarten. Es sollte deshalb der Züchter nie schlechtes Zuchtmaterial benützen.

E. Die Zuchtmethoden.

Dem Züchter stehen drei Methoden der Züchtung zur Verfügung, um den gewünschten Zuchtzweck zu erreichen: die Reinzucht, Inzucht und Kreuzung.

a) Unter Reinzucht versteht man die Züchtung von Tieren innerhalb einer Rasse, eines Schlags oder Stamms mit Ausschluß fremden Bluts und der nächstverwandten Tiere. Reinzucht wird getrieben, wenn die Eigenschaften der betreffenden Rasse völlig entsprechen und eine Änderung der Rasseeigenschaften nicht beabsichtigt wird. Sie wird besonders da am Platze sein, wo gut gezüchtete Rassen vorhanden sind, die einen anerkannt guten Ruf haben.

Die wünschenswerten Eigenschaften lassen sich durch Reinzucht bei entsprechender Haltung und Fütterung auf die große Mehrzahl der Tiere dieser Rasse ausdehnen.

b) Die Paarung nahe verwandter Tiere bezeichnet man als Inzucht oder Verwandtschaftszucht (Familienzucht). Die Verwandtschaftszucht schafft in kurzer Zeit große Familienähnlichkeit und Gleichförmigkeit bei der Nachzucht.

Die Verwandtschaftszucht kann zweckmäßig sein, wenn es sich darum handelt bestimmte hervorragende, aber neu aufgetretene Eigenschaften eines Stammes zu befestigen, wodurch das erstrebte Zuchtziel bald erreicht werden kann.

Es bringt aber die Verwandtschaftszucht erhebliche Gefahren, da auch die Fehler in der betreffenden Zucht sich bei den Nachkommen befestigen und vermehren. Will man von der Verwandtschaftszucht Gebrauch machen, dann darf man nur ganz fehlerfreie Tiere verwenden. Wenn längere Zeit Verwandtschaftszucht, besonders unter den allernächsten Verwandten, getrieben wird, so führt dies zur Entartung (Degeneration) der Tiere.

Die Entartung tritt um so früher ein, je näher die Tiere miteinander verwandt sind und je unnatürlicher die Tiere bezüglich ihrer Lebensweise und Nutzungen gehalten werden. Die Folgen der Entartung sind: Steigerung aller Krankheitsanlagen, gesteigerte Vererbung aller Fehler, Kleinerwerden der Nachkommen, Abnahme der Fruchtbarkeit, schlechte Futterverwertung.

Die ersten Zeichen der beginnenden Entartung sind spitzige, auffallend kleine Köpfe, sehr dünne Haut, schwache Sehnen und dünne Knochen.

Die schlimmen Folgen der Verwandtschaftszucht verschwinden aber wieder, wenn man den entarteten Bestand mit Tieren derjenigen Rasse (Schlag, Stamm) paart, aus welcher derselbe hervorgegangen ist. Man heißt dieses Verfahren „Blutauffrischung". Hierzu benützt man meistens nur männliche Tiere.

Es ist aber bei der Blutauffrischung dafür Sorge zu tragen, daß keine bisher fremden Fehler in die Zucht eingeführt werden.

Am wenigsten empfindlich gegen die Verwandtschaftszucht ist das Rind, am meisten das Schaf und das Schwein.

c) Von der Kreuzung wird man Gebrauch machen, sobald die Eigenschaften und Leistungen einer Rasse nicht befriedigen und deswegen eine Verbesserung angebahnt werden soll. Der Züchter wählt hierbei aus einer anderen, ihm passend erscheinenden Rasse (Schlag, Stamm) Zuchttiere aus und paart sie mit den Tieren des zu verbessernden Bestands, wobei jedoch darauf zu achten ist, daß die zu paarenden Tiere nicht zu große Unähnlichkeiten aufweisen.

Auf diese Weise kann man die gewünschten Eigenschaften einer fremden Rasse (z. B. größere Milchergiebigkeit, Frühreife und Fleischproduktion, bessere Formen) auf die zu verbessernde übertragen.

Bei der Anwendung der Kreuzung ist eine gewisse Vorsicht notwendig. Wenn nämlich anspruchslose Landschläge mit Tieren anspruchsvoller Rassen gekreuzt werden, so geht häufig die Genügsamkeit der Landschläge verloren, ohne daß sich die gewünschten guten Eigenschaften einstellen, wenn nicht gleichzeitig die Futterverhältnisse verbessert werden.

Durch Kreuzung von zwei oder mehr Rassen rc. kann eine neue Rasse gebildet werden.

Die aus einer Kreuzung hervorgegangenen Tiere sind in der Regel sehr ungleich, da die verschiedenen Eigenschaften zweier Rassen bei den Nachkommen auftreten.

Um hier rasch gewünschte Eigenschaften unter den aus einer Kreuzung hervorgegangenen Tieren zu befestigen (konsolidieren), macht man häufig bei den Nachkommen von der Verwandtschaftszucht Gebrauch.

F. Das Zuchtziel.

Jeder Züchter muß sich zuerst darüber klar werden, was er züchten will, ob Tiere mit hervorragenden Milchleistungen oder Tiere, die sich durch Frühreife, Mastfähigkeit oder Tauglichkeit zur Arbeit auszeichnen.

Dieses Ziel muß stets im Auge behalten werden und darnach hat sich der Züchter bei der Auswahl seiner Zuchttiere zu richten. Von dem einmal gewählten Ziele soll ohne zwingende Notwendigkeit nicht abgegangen werden.

V. Allgemeine Fütterungslehre.

A. Zusammensetzung der Futtermittel.

Übersicht der wichtigsten chemischen Verbindungen des Pflanzenkörpers bezw. der Futtermittel:

- Wasser
- Trockensubstanz
  - Unverbrennliche oder Mineralsubstanz (Asche)
    - Kali, Natron, Kalk, Magnesia, Eisen, Phosphorsäure, Schwefelsäure, Chlor u. a.
  - Verbrennliche oder organische Substanz
    - Stickstoffhaltige Stoffe
      - Pflanzeneiweiß, Kleber, Legumin, Amidsubstanzen.
    - Stickstoffreie Stoffe
      - Fett, Kohlehydrate, Rohfaser, Gallertstoffe, Pflanzensäuren.

1. Wasser findet sich in allen Futtermitteln; selbst die „getrockneten", wie z. B. Dürrfutter, enthalten noch ca. 15 %. Sehr viel Wasser enthalten Schlempe, Schnitzel, Wurzel- und Knollengewächse u. s. w. (Siehe die Tabelle, Beilage.)

2. Von den Mineralstoffen verdienen Kalk und Phosphorsäure besondere Beachtung, wie wir später sehen werden.

Kalkreich sind: Heu und Stroh aller Leguminosen, gutes Wiesenheu.

Kalkarm sind: alle Wurzel- und Knollengewächse, die Körner der Getreidearten, die meisten Ölkuchen, Schlempe und Schnitzel, saures Wiesenheu.

Phosphorsäurereich sind: alle eiweißreichen Futtermittel, wie die Körner der Getreidearten und ihre Mahlabfälle, die Ölkuchen u. s. w.

Phosphorsäurearm sind: Wurzeln und Knollen, Schnitzel.

3. Die stickstoffhaltigen Nährstoffe (Nh) treten in den Pflanzen in zwei Hauptformen auf:

a) als Eiweißstoffe (S. 68—70):

Albumin, gelöst in Pflanzensäften, in Milch, Molken ꝛc.; Kleber, in den Getreidekörnern; Legumin oder Pflanzenkaseïn, Bestandteil der Körner von Hülsenfrüchten; tierisches Fibrin, im Fleischfuttermehl;

b) als Amidverbindungen (s. S. 70).

Die Amide sind besonders in Kartoffeln und Rüben, ferner in allen jungen wachsenden Pflanzen (daher reichlich in den Malzkeimen) vorhanden; die stickstoffhaltigen Stoffe der Melasse bestehen so gut wie ganz aus Amiden.

4. Die stickstoffreien Nährstoffe.

a) Fett kommt in allen Pflanzenstoffen, in reichlichen Mengen in den Samen und Preßrückständen der Ölfrüchte vor; nur wenig Fett enthalten die Rauh- und Grünfutterarten und fast völlig frei sind die Hackfrüchte.

b) Die stickstoffreien Extraktstoffe (Nfr.) bestehen fast ausschließlich aus Kohlehydraten (Stärkemehl, Zucker, Dextrin, Pentosane), welche in Wasser löslich sind oder durch Verdauungssäfte leicht in Zucker übergeführt werden. Sie finden sich in großen Mengen in den Kartoffeln, Rüben und Getreidesamen.

c) Die Rohfaser besteht in der Hauptsache aus Zellulose sowie eingelagertem Holz- und Korkstoff. Sie ist in allen Stoffen pflanzlichen Ursprungs vorhanden, jedoch in sehr verschiedenen Mengen: wenig enthalten die Rüben, Kartoffeln ꝛc., sehr viel die Rauhfutterstoffe.

Aus der Tabelle (Beilage) ergibt sich, daß die Futtermittel in Bezug auf ihre Zusammensetzung große Verschiedenheiten aufweisen. Aber auch die Zusammensetzung eines und desselben Futtermittels ist großen Schwankungen unterworfen. Diese werden bei den selbsterzeugten Futtermitteln, den Feldgewächsen, durch eine Reihe von Umständen bedingt, deren wichtigste folgende sind:

a) die Düngung (rationelle Düngung erhöht den Nährstoffgehalt);

b) der Standort (je feuchter dieser ist, desto größer wird der Rohfasergehalt);

c) der Boden;

d) das Alter der Pflanzen; je jünger sie sind, desto reicher sind sie an Nh, ein desto größerer Teil der Nh besteht aus Amiden; je älter sie sind, desto mehr nimmt der Rohfasergehalt zu, derjenige an Eiweiß ab, ein desto geringerer Prozentsatz der Nh besteht aus Amiden;

e) die Witterung während des Wachstums; dauernd feuchte Witterung erhöht den Rohfasergehalt; in trockenen und warmen Jahren wächst im allgemeinen nahrhafteres Futter als in nassen und kalten;

f) die Witterung bei der Ernte; der Regen entführt leicht lösliche Nährstoffe, wodurch der Gehalt an schwerlöslichen, besonders an Rohfaser steigt;

g) die Erntemethode; infolge fehlerhafter Methoden bei der Heubereitung gehen zartere, rohfaserärmere, eiweißreichere Teile, wie z. B. die Blätter, durch Abreiben verloren, wodurch der Eiweißgehalt vermindert, derjenige an Rohfaser vermehrt wird;

h) Art und Zeitdauer der Aufbewahrung; Wurzeln und Knollen veratmen um so mehr Nährstoffe, je wärmer die Temperatur des Aufbewahrungsraumes ist und je länger sie aufbewahrt werden; auch Heu nimmt mit der Zeit infolge der Tätigkeit von Bakterien an Nährwert ab.

Bei den Fabrikationsrückständen (Kleien, Schlempen, Ölkuchen ꝛc.) können zu den Verschiedenheiten, welche in der Zusammensetzung des Rohmaterials begründet sind, noch solche treten, welche durch mehr oder weniger vollkommene Fabrikationsmethoden bedingt sind.

Die in der Tabelle verzeichneten Zahlen für den Gehalt an Rohnährstoffen sind daher stets als Durchschnitte aus einer größeren Zahl von Untersuchungen zu betrachten.

B. Verdaulichkeit.

Sollen die in den Futtermitteln enthaltenen Nährstoffe dem Tiere zugute kommen, so müssen sie in die Blutbahn gelangen.

Einige Nährstoffe sind zur Aufnahme in die Blutbahn ohne weiteres geeignet (Albumin, Zuckerarten, organische Säuren 2c.), die meisten müssen jedoch vorher durch die Kau- und Verdauungsvorgänge in lösliche Formen verwandelt (verdaut) werden. (S. Seite 354.) Unverdaulich sind: Wachs, Blattgrün, Korksubstanz 2c. Aber auch von den übrigen Nährstoffen entzieht sich immer ein gewisser Teil den Einflüssen der Verdauung. Der unverdaute Teil des Futters wird neben wenigen Stoffwechselprodukten als Kot ausgeschieden. Um die Menge der von einem Futter verdauten Stoffe zu finden, verfährt man in folgender Weise: man bestimmt genau die Menge der von dem Tier verzehrten Nährstoffe und sammelt während der Versuchsdauer verlustlos den Kot, um die in diesem noch enthaltenen Nährstoffe durch chemische Untersuchung zu ermitteln. Durch Subtraktion der im Kot ausgeschiedenen von den verzehrten Nährstoffen ergibt sich die Menge der verdauten. Aus solchen in großer Zahl angestellten Versuchen geht nachstehendes Resultat hervor:

1. Ein und dasselbe Tier verdaut das nämliche Futter unter sonst gleichen Umständen immer in demselben Grade.

2. Alter und Rasse sind ohne Einfluß auf das Verdauungsvermögen, dagegen kann dieses bei einzelnen Tieren derselben Rasse recht verschieden sein (Tiere mit schlechtem Gebiß, hastige Fresser u. s. w. verdauen schlechter).

3. Unter unsern Haustierarten haben die Wiederkäuer das beste Verdauungsvermögen.

4. Einseitige Zulage verdaulicher Kohlehydrate zu einer Futtermischung bewirkt eine Verdauungsverminderung, welche sich vornehmlich auf die stickstoffreien Extraktstoffe erstreckt. Bei gleichzeitiger Zulage stickstoffhaltiger Stoffe (ob Eiweißstoffe oder Amide ist hier gleichgültig) kann einer solchen Verdauungsverminderung vorgebeugt werden. Letztere findet nicht statt, wenn in einer Futterration für Wiederkäuer auf 8—10, in einer Ration für Schweine auf 10—12 Teile verdaulicher stickstoffreier Nährstoffe (einschließlich Fett × 2,4) nicht weniger als 1 Teil verdaulicher stickstoffhaltiger Stoffe kommt.

Das Verhältnis der Nh einer Futtermischung oder eines einzelnen Futtermittels zu den stickstoffreien Stoffen (einschließlich Fett × 2,4) nennt man das Nährstoffverhältnis. Wie dieses zu berechnen ist, kann aus folgendem Beispiel ersehen werden. Eine Futtermischung enthalte 2 kg verdauliche Nh, 0,8 kg Fett und 15 kg Nfr. Die Summe der stickstoffreien Stoffe ist $(0{,}8 \times 2{,}4) + 15 = 1{,}92 + 15 = 16{,}92$. Das Nährstoffverhältnis ist demnach 2 : 16,92 oder 1 : 8,46 (rund 8,5).

5. Beigabe von Kochsalz, oder von Reiz- oder Würzestoffen (Bestandteile zahlreicher Vieh-, Mast-, Freßpulver 2c.) erhöht die Verdaulichkeit nicht. Eine übermäßige Gabe von Kochsalz kann infolge ihrer abführenden Wirkung die Verdaulichkeit des Futters sogar vermindern.

6. Über den Einfluß verschiedener Zubereitungsmethoden auf die Verdaulichkeit siehe S. 392—394.

7. Die Verdaulichkeit der einzelnen Futtermittel ist zunächst je nach ihrer Art sehr verschieden. Leicht verdaulich sind Knollen und Wurzeln, Getreidekörner und Getreideschrot, junges, zartes Grünfutter 2c., während die Rauhfutterarten, und unter diesen besonders die Stroh-, vornehmlich Winterstroharten, schwerer verdaulich sind. Die Blätter der Grün- und Rauhfutterarten sind leichter verdaulich als die Stengel.

8. Auch bei der nämlichen Futtermittelart ist die Verdaulichkeit eine wechselnde. Bei den Grün- und Rauhfuttermitteln nimmt die Verdaulichkeit ab, je mehr der Rohfasergehalt steigt. Dies geschieht

a) mit dem fortschreitenden Alter der Pflanzen,
b) infolge feuchter Witterung während des Wachstums,
c) infolge eines feuchten Standortes,
d) durch Auswaschen leichtlöslicher Nährstoffe durch den Regen bei der Ernte,
e) durch Abreiben zarter Pflanzenteile infolge fehlerhafter Heuwerbungsmethoden.

Auch die in der Tabelle (Beilage) verzeichneten Zahlen für die verdaulichen Nährstoffe sind als Durchschnittszahlen zu betrachten und darnach zu behandeln.

C. Verwertung und Bedeutung der verdauten Nährstoffe.

Die verdauten Nährstoffe gelangen direkt oder durch Vermittlung des Lymphgefäßsystems in die Blutbahn. Durch das Blut werden sie allen Körperteilen zugeführt, um entweder zersetzt und oxydiert oder aufgespeichert zu werden. Zum besseren Verständnis dieser Vorgänge wollen wir das Verhalten des Tierkörpers unter verschiedenen Ernährungsverhältnissen betrachten.

1. Hunger.

Bei vollständiger Nahrungsentziehung bleibt das Tier gleichwohl längere Zeit am Leben, sofern für Befriedigung des Wasserbedürfnisses gesorgt ist. Dabei scheidet das Tier bis zum Tode Stoffe aus: im Harn Harnstoff, Harnsäure 2c., sowie verschiedene Salze; mit der Ausatmungsluft Kohlensäure und Wasser; selbst die Ausscheidung des Kotes ist nicht ganz aufgehoben. Die ausgeschiedenen Stoffe sind Zersetzungsprodukte. Aus der Art und Menge derselben läßt sich erkennen, daß während des Hungers im Körper Eiweiß (daher der Harnstoff) und Fett zersetzt und verbrannt wird. Beide Stoffe müssen aus dem Körpervorrat stammen: das Fett aus dem Fettgewebe der Haut und des Gekröses, dem Muskelfett u. s. w., das Eiweiß aus dem Blut, dem Muskelfleisch, der Drüsen- und Nervensubstanz. Infolge dieser Vorgänge wird das Tier „magerer", alle Körperteile, selbst das Knochengewebe nehmen an Masse ab. Bei der Zersetzung der Körpersubstanz werden auch die mit ihr verbundenen Mineralstoffe frei und ausgeschieden.

Die Zersetzungsvorgänge im Tierkörper sind nötig; sie liefern die zur Erhaltung des Lebens erforderlichen Mengen von Kraft und Wärme. Kraft ist notwendig zum Betriebe des Blutkreislaufes, der Ein- und Ausatmung, der sonstigen unwillkürlichen und willkürlichen Bewegungen. Die Kraft geht zwar zuletzt in Wärme über; die auf diese Weise bei Hunger entstehenden Wärmemengen würden jedoch bei weitem nicht genügen, um die durch Ausstrahlung, Wasserverdunstung von der Körper- und Lungenoberfläche, Erwärmung kalter eingenommener Stoffe u. s. w. entstehenden Wärmeverluste zu decken; deshalb müssen Stoffe besonders behufs Wärmeerzeugung im Tierkörper verbrannt werden. Durch Erhöhung der Umgebungstemperatur bis zu einer gewissen Grenze (25 ° C) spart man dem hungernden Tiere wärmeerzeugende Stoffe, so daß es alsdann den Hunger längere Zeit ertragen kann, umgekehrt tritt der Hungertod um so früher ein, je niedriger die Umgebungstemperatur gehalten wird.

Ist das hungernde Tier sehr „fett", dann scheidet es nur wenig Harnstoff aus, d. h. es zersetzt nur wenig Eiweiß, dafür aber um so mehr Körperfett. Aber auch im fettesten Körper wird stets eine gewisse, wenn auch geringe Eiweißmenge zersetzt. Je ärmer der Körper an Fett wird, desto mehr Eiweißstoffe unterliegen dem Zerfall. Verfügt der Körper überhaupt über kein Fett mehr, so muß das Eiweiß (Fleisch) den gesamten Kraft- und Wärmebedarf decken, weshalb in diesem Fall der Eiweißzerfall groß ist.

2. Zufuhr einzelner Nährstoffe.

a) Führt man dem hungernden Tiere nichts als Fett zu, so wird dieses an Stelle einer entsprechenden Menge Körperfettes verbrannt, ja bei reichlicher Zufuhr kann ein etwaiger Überschuß sogar aufgespeichert werden. Die Eiweißzersetzung kann durch die Fettzufuhr wie durch das Körperfett zwar vermindert, jedoch niemals völlig aufgehoben werden. Das Eiweiß hat nämlich außer der Kraft- und Wärmelieferung gewisse Aufgaben, welche durch keinen anderen Nährstoff übernommen werden können, z. B. Lieferung der stickstoffhaltigen Verdauungssäfte u. s. w.

b) Bei alleiniger Zufuhr von Kohlehydraten werden diese an Stelle einer entsprechenden Menge Körperfettes zersetzt (sie wirken „Fett ersparend"); sie sind wie das Fett zur Lieferung von Kraft und Wärme befähigt, zerfallen und verbrennen jedoch leichter als das Fett. Während aber 1 kg Fett bei vollständiger Verbrennung rund 9400 Wärmeeinheiten*) liefert, können aus 1 kg Kohlehydrat nur etwa 3900 Wärmeeinheiten frei werden. Um 1 kg Fett zum Zwecke der Kraft- und Wärmeproduktion im Tierkörper zu ersetzen, werden daher rund 2,4 kg Kohlehydrate benötigt. — Wie das Fett, so können auch die Kohlehydrate Eiweiß ersparen, aber wiederum nur insofern, als es sich um Erzeugung von Kraft und Wärme handelt. Ähnlich den Kohlehydraten verhält sich der verdauliche Teil der Rohfaser.

c) Alleinige Zufuhr von Eiweißstoffen schützt eine entsprechende Menge von Körpereiweiß vor dem Zerfall. Bei reichlicher Zufuhr wird schließlich weder Körpereiweiß noch Körperfett zersetzt, ja es kann ein etwaiger Überschuß als Eiweiß (Fleisch) oder als Fett im Körper angesetzt werden.

d) Alleinige Zufuhr von Amiden kann zwar den Fett- und Eiweißzerfall einschränken, aber ebensowenig wie Fett und Kohlehydrate ganz aufheben; auch die Amide können die spezifische Eiweißrolle nicht übernehmen.

e) Das Tier ist nicht wie die Pflanze befähigt, aus Kohlensäure und Wasser unter Zuhilfenahme von Mineralstoffen organische Stoffe aufzubauen. Bei alleiniger Zufuhr von Mineralstoffen würde es wie ohne dieselbe verhungern. Gleichwohl sind diese Stoffe für das Tier nicht bedeutungslos. Bei Verabreichung eines mineralstoffreien Gemisches von Eiweiß, Fett und Kohlehydraten kann sich das Tier zwar wochenlang am Leben erhalten, selbst neue Körpermasse erzeugen, geht aber endlich zu Grunde. Bei dieser Ernährung

*) Unter einer Wärmeeinheit (Kalorie) versteht man diejenige Wärmemenge, welche nötig ist, um die Temperatur von 1 kg Wasser um 1° C zu erhöhen.

ist nämlich die Mineralstoffausscheidung durch Harn und Kot nur vermindert, niemals aber ganz aufgehoben. Die Folgen der zunehmenden Verarmung des Körpers an Mineralstoffen sind Störung des Nervensystems und endlich der Tod. Aber nicht nur der Mangel an allen Mineralstoffen zugleich, sondern auch an einzelnen erweist sich für das Tier schädlich, weil jedem derselben eine bestimmte Bedeutung zukommt. Kochsalz, Kalk und Phosphorsäure sind öfters ungenügend zugegen; die andern dürften in jeder Futtermischung in ausreichender, selbst überflüssiger Menge vorhanden sein.

Das Kochsalz findet sich gelöst in allen tierischen Säften, im Blut in stets fast unveränderlichem Verhältnis. Bei überreichlicher Kochsalzzufuhr wird der Überschuß alsbald wieder durch den Harn ausgeschieden, bei Kochsalzhunger hält das Blut dieses Salz hartnäckig zurück, so daß nur Spuren davon im Harn nachgewiesen werden können. Dies deutet darauf hin, daß ihm wichtige, allerdings noch nicht klar erkannte Aufgaben zukommen. Jedenfalls wird es die Salzsäure für den Magensaft sowie das Natron für manche Verdauungssäfte zu liefern haben. Die in gewöhnlichem Futter enthaltenen Kochsalzmengen sind für diese Zwecke mehr als ausreichend, weshalb Extrabeigaben dieses Salzes die Verdaulichkeit des Futters nicht erhöhen, wie vielfach noch angenommen wird. Auch hat sich auf Grund sorgfältiger Untersuchungen die Annahme, daß Kochsalzbeigaben zum Futter einen größeren Eiweißzerfall veranlassen, als irrig erwiesen.

Trotzdem wird die Extrabeigabe des Salzes wegen einiger günstigen Nebenwirkungen empfehlenswert sein:

es regt den Appetit an, was besonders gegen Ende der Mast und bei Verabreichung fad schmeckender Futtermittel (Kartoffeln) wichtig ist;

es bewirkt eine geringe Beschränkung der nachteiligen Wirkung ungesunden oder weniger gedeihlichen, dumpfigen, verschlämmten Futters;

es veranlaßt vermehrten Durst, was bei trockener Fütterung von vorteilhaftem Einfluß auf die Milchproduktion ist.

Zur Erzielung dieser Nebenwirkungen sind die in den meisten Futtermischungen enthaltenen Kochsalzmengen kaum ausreichend. Man reicht daher Tieren mittlerer Schwere täglich: Rindern 20—40 g, Pferden 7—15 g, Schafen und Schweinen 4—8 g.

Man streut das Salz über das Futter oder gibt es im Getränk, auch reicht man es den Tieren mitunter in der weniger empfehlenswerten Form von Salzleckfteinen. — Wurde Heu ꝛc. beim Einbansen gesalzen, so fällt die normale Salzgabe bei der Verabreichung desselben fort.

Phosphorsäure und Kalk sind Bestandteile aller tierischen Gewebe, besonders aber der Knochen. Die getrockneten und entfetteten Knochen bestehen zu einem Drittel aus Knochenknorpel, welcher beim Kochen Leim gibt, zu zwei Dritteln aus Mineralsubstanz; letztere setzt sich in der Hauptsache aus phosphorsaurem, nur wenig aus kohlensaurem Kalk zusammen. Bei Mangel an Phosphorsäure oder an Kalk oder an beiden Stoffen im Futter erlangen die Knochen junger, noch wachsender Tiere nicht ihre normale Härte, sondern werden biegsam (englische Krankheit), diejenigen älterer, bereits ausgewachsener Tiere verarmen an phosphorsaurem Kalk und werden brüchig (Knochenbrüchigkeit). Das letztere ist besonders bei milchergiebigen Kühen der Fall, die mit jedem Liter Milch ca. 1,7 g Kalk und 2 g Phosphorsäure ausscheiden.

In der Regel enthalten natürlich zusammengesetzte Futtermischungen genügende Mengen von Phosphorsäure und Kalk. Unter normalen Verhältnissen dürfte es kaum zu einem Mangel an Phosphorsäure kommen, denn alle Tiere mit hohem Bedarf an Phosphorsäure (wachsende, milchgebende) haben zugleich auch hohen Eiweißbedarf. Da nun alle eiweißreichen Futtermittel zugleich auch phosphorsäurereich sind, so wird mit dem Eiweißbedarf zugleich auch der an Phosphorsäure gedeckt.

Eher kann es zu einem Mangel an Kalk im Futter kommen. Dies ist dann wahrscheinlich, wenn es an kalkreichen Futtermitteln (Kleeheu, gutes Wiesenheu) gebricht und wenn der Nahrungsbedarf größtenteils durch kalkarme Futtermittel (s. S. 372) gedeckt wird. In diesen Fällen kann der Mangel an Kalk durch Zugabe von billig zu beschaffendem kohlensauren Kalk (Kreide) beseitigt werden, wovon man pro Kopf täglich verabreicht an Jungvieh 10—15 g, an Kühe 30—50 g, an Schweine 5—10 g.

f) Das Wasser dient als Lösungsmittel für die Verdauungssäfte, als Transportmittel für die verdauten Nährstoffe sowie für die auszuscheidenden Stoffwechselprodukte; es ist als Bestandteil aller tierischen Gewebe bei der Neubildung von Fleisch, Blut, Knochen, Milch rc. notwendig u. s. w.; neugeborene Tiere enthalten in ihrem Körper 80—85 %, alte gemästete immer noch 40—50 % Wasser.

Der Bedarf unserer landwirtschaftlichen Nutztiere an Wasser ist je nach Umständen sehr verschieden. Im allgemeinen brauchen an Wasser Schweine das 7—8fache, Kühe das 4—6fache, Ochsen das 4—5fache, Pferde und Schafe das 2—3fache der Futtertrockensubstanz. Ein großer Teil dieses Bedarfes, oft sogar der ganze Bedarf, wird durch die in allen Futtermitteln enthaltenen Wassermengen gedeckt; was in diesen bis zum vollen Bedarf noch fehlt, ersetzen die Tiere durch die Tränke nach Belieben. In diesem Fall ist eine übermäßige Wasseraufnahme nicht zu befürchten. Zu einer solchen können die Tiere jedoch durch wässeriges Futter sowie durch hohe Salzgaben veranlaßt werden.

Eine vorübergehende Aufnahme zu großer Wassermengen schadet nicht, abgesehen davon, daß sie die Verdauung beeinträchtigt, da der Überschuß alsbald wieder ausgeschieden wird. Dauernd übermäßige Wasseraufnahme führt jedoch zu einer Ablagerung des Wassers im Körper, wodurch die Muskulatur schlaff, das Fleisch minderwertig, die Milch wässerig wird; auch setzt ein Übermaß der Wasserzufuhr die Verdauung herab, erhöht jedoch nicht den Eiweißzerfall, wie irrtümlich bisher angenommen wurde.

Bisweilen bestehen Einrichtungen, durch welche die Tiere ihren Durst jederzeit nach Belieben befriedigen können (Selbsttränke).

g) Die Reizstoffe. Darunter versteht man angenehm riechende und schmeckende Stoffe wie die Süßstoffe, ätherische Öle, einige Salze (z. B. Kochsalz). Abgesehen von den Süßstoffen kommt den Reizstoffen keine Nährwirkung zu.

Sie veranlassen zwar eine stärkere Absonderung der Verdauungssäfte, erhöhen jedoch die Verdaulichkeit des Futters nicht, selbst dann nicht, wenn sie einem ganz reizlosen Futter beigegeben werden.

Ihre Bedeutung liegt vielmehr darin, daß sie den Appetit der Tiere anreizen, eine anregende Wirkung auf das Nervensystem ausüben und so zum Wohlbefinden der Tiere beitragen. Nach neueren Untersuchungen scheinen sie die Produktion von Milchfett günstig zu beeinflussen.

Trotzdem ist eine Extrabeigabe von Reizstoffen kaum nötig. Denn unsere meisten Futtermittel sind mit einer Fülle von Reizstoffen ausgestattet, in erster Linie gutes, nicht verregnetes (aromatisches) Heu, ferner aber auch die Körnerarten und ihre Mahlabfälle, die Ölkuchen, die Rüben, selbst unverdorbenes Stroh und ebensolche Spreu. Sollte eine Futtermischung sich vorwiegend aus ausgelaugten, reizstoffarmen Stoffen, wie stark verregnetem Heu und Stroh, nassen Rübenschnitzeln, ferner saurem Heu, Kartoffeln, zusammensetzen, so ließe sich einem Reizstoffmangel sicher durch die ohnehin erforderliche Beigabe von gewürzreichen Kraftfuttermitteln und etwas Kochsalz abhelfen. In keinem Fall verlohnt sich der Ankauf der meist stark mit Gewürzstoffen (Kümmel, Anis, Fenchel, Bockshornklee 2c.) versehenen, teuren Freß-, Mastpulver 2c.

3. Erhaltung des Lebens.

Dem Tiere kann man ein Gemisch von Eiweiß, Fett, Kohlehydraten, Mineralstoffen und Wasser im Futter in solchen Mengen reichen, daß weder Eiweiß (Fleisch), Fett und Mineralstoffe im Körper aufgespeichert werden, noch der Körpervorrat an diesen Stoffen eine Einbuße erleidet. Ein solches Futter reicht also gerade zur Erzeugung der für die Erhaltung des Lebens notwendigen Kraft und Wärme aus und wird daher Erhaltungsfutter genannt. Ein Ochse von 10 Ztr. Lebendgewicht braucht z. B. pro Tag zur bloßen Erhaltung 0,6 Pfd. Eiweiß und 8 Pfd. Nfr. (einschließlich Fett). Bei Vermehrung des Eiweißes genügen entsprechend geringere Mengen von Nfr. (Dies empfiehlt sich jedoch deswegen nicht, weil die Eiweißstoffe teurer bezahlt werden müssen als die Kohlehydrate.) Dagegen darf unter das geringste Maß von 0,6 Pfd. Eiweiß selbst bei Vermehrung der Nfr. nicht herabgegangen werden, weil sonst das bis zu 0,6 Pfd. noch fehlende Eiweiß aus dem Körpervorrat genommen, also Fleisch zersetzt wird.

Von dem Erhaltungsfutter hat der Landwirt außer dem anfallenden Dünger keinen Nutzen. Daher muß er darauf bedacht sein Erhaltungsfutter einzusparen. Wie dies möglich ist, wird später gezeigt.

4. Produktion von Stoffen und von Kraft.

Bei Vermehrung der Nährstoffe über den Erhaltungsbedarf steht ein Teil derselben zur Produktion von Fleisch, Fett, Milch, Arbeit u. s. w. zur Verfügung, freilich nicht der gesamte Überschuß, da die vermehrte Kau- und Verdauungsarbeit einen Teil der mehr gereichten Nährstoffe für sich beansprucht. Im allgemeinen zeigt sich, daß die Produktion nutzbarer Stoffe bis zu einer gewissen Grenze umsomehr gehoben wird, je größer der Überschuß des Produktionsfutters über das Erhaltungsfutter ist. Hierin liegen zum Teil die Vorteile einer reichlichen Ernährung von wenig Vieh gegenüber einer spärlichen von viel Vieh begründet. (S. Seite 395.)

Bei dem reichlich gefütterten Tiere entstehen durch die beträchtliche Kau- und Verdauungsarbeit sowie aus anderen Ursachen Wärmemengen, welche zur Deckung des Wärmeverlustes des Körpers völlig ausreichen, so daß bei reichlicher Fütterung keine Nährstoffe mehr lediglich zu Heizzwecken verbrannt werden müssen. Daher ist unter diesen Umständen bei einer Umgebungstemperatur von wenigstens über 7 ° C der Stoffverbrauch von den Schwankungen der Umgebungstemperatur unabhängig, was bei spärlicher Ernährung wie auch bei

Hunger nicht der Fall ist. Aus demselben Grunde läßt sich bei reichlicher Fütterung durch Verabreichung warmen Futters keine Ersparnis an Heizstoffen erzielen. Dies ist nur bei spärlicher Ernährung der Fall.

1. Die Fleischbildung. (Eiweißansatz.)

Ein wesentlicher Fleischansatz ist nur bei noch im Wachstum begriffenen oder höchstens bei solchen erwachsenen Tieren möglich, welche durch ungenügende Ernährung oder dauernde Überanstrengung sehr heruntergekommen sind. Im übrigen zersetzen ausgewachsene Tiere die überschüssig gereichte Eiweißmenge und setzen das aus einem Teil derselben abgespaltene Fett an.

Zur Erzeugung von Fleisch (Muskel-, Drüsensubstanz rc.) sind nur die Eiweiß- oder Proteinstoffe befähigt; in dieser Hinsicht können sie durch keine andere Nährstoffgruppe, auch nicht durch Amide ersetzt werden.

Die Hauptbedingungen des Eiweißansatzes oder der Fleischbildung sind:

1. reichlicher Überschuß von Eiweiß über den Erhaltungsbedarf;
2. die Gegenwart solcher Mengen von Nfr., welche zur Deckung des gesamten Kraft- und Wärmebedarfs des Tieres ausreichen. Bei einseitiger Steigerung der Eiweißzufuhr ohne gleichzeitige Vermehrung der Nfr. findet eine lebhafte Steigerung des Eiweißzerfalles statt, so daß nur ein kleiner Teil des mehr gereichten Eiweißes zum Ansatz gelangt.

2. Die Fettbildung.

Eine solche ist bei allen Tieren, sowohl jungen als erwachsenen, möglich. Selbstverständlich kann sie nur dann stattfinden, wenn mehr Nährstoffe im Futter zugeführt werden, als zur bloßen Lebenserhaltung nötig sind. Zur Erzeugung von Körperfett sind befähigt: die Eiweißstoffe, das Nahrungsfett, die Kohlehydrate und die verdauliche Rohfaser, dagegen nicht: die Amide und die organischen Säuren.

Die Fettbildung aus Eiweiß kann man sich folgendermaßen vorstellen: das Eiweiß zerfällt in eine stickstoffreie Gruppe, welche zur Fettbildung verwendet wird und in eine N-haltige, welche zu Harnstoff oxydiert und ausgeschieden wird.

Bezüglich der Bildung von Körperfett aus Nahrungsfett ist es sehr wahrscheinlich, daß dieses ohne wesentliche chemische Veränderungen im Körper abgelagert werden bezw. in die Milch übergehen kann. So erklärt sich die Tatsache, daß die Konsistenz des Körper- bezw. Milchfettes derjenigen des Nahrungsfettes entsprechend sich gestaltet.

Die Möglichkeit der Fettbildung aus Kohlehydraten und Rohfaser ist für den Landwirt von großer Bedeutung, da dieselben in den selbsterzeugten Futtermitteln bedeutend vorwiegen und billiger als Eiweiß und Fett sind.

Professor Dr. Kellner hat nun durch Versuche am ausgewachsenen Wiederkäuer (Ochsen) ermittelt, welche Mengen von Körperfett aus den einzelnen Nährstoffen entstehen können, indem er einem Grundfutter, das den Erhaltungsbedarf überschritt und dessen fettproduzierende Wirkung vorerst festgestellt wurde, in aufeinander folgenden Perioden bestimmte Mengen der einzelnen rein hergestellten Nährstoffe (Kleber, Erdnußöl, Stärke, Rohrzucker, Strohstoff rc.) zulegte und jedesmal die Steigerung des Fettansatzes feststellte. Eine solche mußte der jeweiligen Zulage zugeschrieben werden.

Nach diesen Versuchen lieferten:

1 kg	verdauliches Eiweiß	235 g Körperfett
1 „	„ Fett der Rauhfutterstoffe, Wurzelgewächse und deren Abfälle	474 „ „
1 „	verdauliches Fett der Körnerarten (ausgenommen der Ölsamen) und ihrer Abfälle	526 „ „
1 „	verdauliches Fett der Ölsamen und Ölkuchen . . .	598 „ „
1 „	verdauliche Stärke	248 „ „
1 „	verdauliche Rohfaser	248 „ „
1 „	Rohrzucker	188 „ „
1 „	organische Säuren	0 „ „
1 „	Amide	0 „ „

Würden die verdauten Nährstoffe ohne Verlust als Fett angesetzt, so müßten die produzierten Fettmengen bedeutend größer sein; die Verluste betragen z. B. bei der Stärke 43,6 %, beim Rohrzucker sogar 54,8 %. Sie kommen dadurch zustande, daß ein Teil der verdauten Nährstoffe behufs Erzeugung von Kraft für die Kau- und Verdauungsarbeit verbrannt, ein andrer Teil durch Bakterien im Magen und Darm zersetzt wird. Besonders groß sind die Verluste beim Rohrzucker; von diesem Stoffe wird nämlich seiner Leichtlöslichkeit wegen ein viel größerer Teil als von den andern Nährstoffen von den genannten Bakterien aufgenommen, zersetzt und so der Fettbildung entzogen.

Über die Milchproduktion vergl. Fütterung des Milchviehs.

3. Die Krafterzeugung.

Zum Zwecke der Krafterzeugung werden die Nährstoffe zersetzt und oxydiert. Zuletzt geht die Kraft in Wärme über und verläßt als solche den Körper (Erwärmung des Körpers bei der Arbeit). Zur Lieferung von Kraft sind alle drei Nährstoffgruppen befähigt. In erster Linie werden jedoch hierzu die Kohlehydrate, alsdann das Fett verwendet und nur, wenn beide Stoffe im Futter in nicht ausreichender Menge zugegen sind und gleichzeitig der Körper fettarm ist, werden auch die Eiweißstoffe als Kraftlieferanten herangezogen.

Es sei hier darauf aufmerksam gemacht, daß auch die Zerkleinerungsarbeit der Kau- und Verdauungswerkzeuge so gut wie jede andere Muskelarbeit eine Triebkraft erfordert, zu deren Erzeugung ein beträchtlicher Teil der verdauten Nährstoffe verbraucht und so der Produktion nutzbarer Stoffe entzogen wird.

D. Die Futtermittel.

Die für die Ernährung nötigen Stoffe werden den Tieren in Form von Futtermitteln zugeführt. Der Wert eines Futtermittels ist in erster Linie abhängig von dem Maße, in welchem es zur Erzeugung tierischer Produkte befähigt ist. Als Maßstab hiefür hat man bisher den Gehalt an verdaulichen Nährstoffen zu Grunde gelegt. Dies hat sich jedoch nach vielen Beobachtungen in der Praxis, auf Grund wirtschaftlicher Überlegungen, vor allem aber nach den exakten Fütterungsversuchen von Professor Dr. Kellner als ungenügend erwiesen. Kellner hat nämlich durch solche Versuche mit Mastochsen ebenso wie für die einzelnen Nährstoffe (Seite 380 u. 381) für eine große Anzahl von Futtermitteln die Fettmenge genau festgestellt, welche jedes einzelne von ihnen als Zulage zu einem Grundfutter von bekannter Wirkung zu erzeugen vermag. Dabei hat er gefunden, daß die gleichen Mengen verdaulicher Nährstoffe in verschiedenen Futtermitteln durchaus nicht immer gleichwertig sind, d. h. daß sie nicht immer den gleichen Fettansatz bewirken, z. B.:

Futtermittel	Gehalt an verdaulichen Nährstoffen	Fettansatz
100 kg Sommerhalmstroh, mittel	1,3 kg Eiw., 0,60 kg Fett, 40,4 kg Nfr.,	5,0 kg
200 kg Kartoffeln, mittel	1,2 „ „ 0,16 „ „ 42,0 „ „	10,8 „
600 kg Futterrunkeln, groß .	1,2 „ „ 0,36 „ „ 41,4 „ „	7,9 „

Mit den gleichen Mengen verdaulicher Nährstoffe erzielt man also unter den geschilderten Umständen durch Runkelrüben nur etwa drei Viertel, durch Sommerhalmstroh sogar nur die Hälfte der Körperfettmenge, welche die Kartoffeln liefern.

Kellner benützt daher als Maßstab für den Nährwert der Futtermittel den Fettwert derselben, d. h. diejenige Fettmenge, welche 100 kg jedes einzelnen Futtermittels bei der Mast ausgewachsener Rinder zu erzeugen vermögen. Um nun aber nicht zu der Meinung zu verleiten, als ob es sich bei allen Fütterungszwecken um einen Ansatz von Körperfett handle, berechnet er, wieviel kg verdauliche Stärke nötig wären um den ermittelten Fettansatz zu bewirken.

Das Rechnungsverfahren ist aus folgendem Beispiel ersichtlich.

Aufgabe: 100 kg Sommerhalmstroh erzeugen einen Fettansatz von 5,0 kg. Wieviel kg Stärke sind zur Produktion dieser Fettmenge nötig?

Lösung: 1000 g Stärke sind nötig zur Erzeugung von 248 g Körperfett (S. 381).
? „ „ „ „ „ „ 5,0 kg „

$$\frac{1000 \times 5000}{248} = \text{rund } 4 \times 5000 \text{ g} = 20{,}0 \text{ kg}$$

Die so gefundene Zahl nennt man den Stärkewert und um diesen zu finden, hat man nur nötig, wie aus der Lösung der Aufgabe hervorgeht, den Fettwert mit 4 zu multiplizieren.

Der Stärkewert der oben angeführten 3 Futtermittel ist also:

für 100 kg Sommerhalmstroh 4 × 5 = 20,0,
„ 100 „ Kartoffeln 4 × 5,4 = 21,6,
„ 100 „ Runkeln (groß) 4 × 1,3 = 5,2.

Der Stärkewert der reinen, für sich verabreichten Nährstoffe (S. 381) ist:

für 1 kg Eiweiß	235 × 4	= 0,94
„ 1 „ Fett	598, 526, 474 × 4	= 2,39; 2,10; 1,90
„ 1 „ Stärke und Rohfaser	248 × 4	= 1,0
„ 1 „ Zucker	188 × 4	= 0,75
„ 1 „ Amide oder org. Säuren		= 0

Mit Hilfe dieser Zahlen läßt sich nun aus dem Gehalte an verdaulichen Nährstoffen (vergl. Tabelle, Beilage) ohne weiteres der Stärkewert aller jener Futtermittel berechnen, deren verdauliche Nährstoffe genau so wirken, als wenn diese für sich allein verabreicht werden. Beispiel: 100 kg Kartoffeln enthalten an verdaulichen Nährstoffen: 0,6 kg Eiweiß, 0,08 kg Fett und 21 kg Stärke + Rohfaser; es berechnen sich demnach:

aus 0,6	kg Eiweiß	= 0,6 × 0,94	=	0,56 kg Stärkewert
„ 0,08	„ Fett	= 0,08 × 1,90	=	0,15 „ „
„ 21,00	„ Stärke ꝛc.	= 21 × 1,00	=	21,00 „ „
		im ganzen	=	21,71 kg Stärkewert.

In der Tat ergaben die Kellnerschen Versuche bei mehreren Futtermitteln völlige Übereinstimmung des berechneten Stärkewertes mit dem durch Fütterungsversuche ermittelten. Futtermittel dieser Art sind **vollwertig** (= 100wertig).

Anders verhalten sich z. B. die Rauhfutterarten. Aus den verdaulichen Nährstoffen in 100 kg Wiesenheu aus guten Gräsern, reif, (siehe Tabelle) berechnen sich nach dem obigen Verfahren 48,5 kg Stärkewert, während auf Grund der Kellnerschen Untersuchungen am erwachsenen Rinde sich nur 33,7 kg, also nur 69 % des berechneten, ergeben; dieses Heu ist daher nur 69wertig.

Beim Weizenstroh ergeben sich statt der berechneten 37,1, sogar nur 14,3 kg Stärkewert, also nur 38 % des berechneten, weshalb wir das Weizenstroh als 38wertig bezeichnen.

Von den in den Rauhfuttermitteln vorhandenen verdaulichen Nährstoffen geht demnach ein ziemlich großer Teil (beim Heu 31 %, beim Weizenstroh 62 %) für den Ansatz verloren. Kellner hat gefunden, daß diese Verluste zu dem Gesamtgehalt der Rauhfuttermittel an Rohfaser in Beziehung stehen und daß durchschnittlich je 1 kg in den Rauhfutterstoffen verzehrte Rohfaser den Fettansatz im Körper des Rindes um 143 g = 0,57 kg Stärkewert vermindert. Diese Verluste erklären sich dadurch, „daß die Arbeit der Zerkleinerung, welche das Tier beim Verzehren und der Verdauung dieser harten Futterstoffe aufzuwenden hat“, einen Teil der verdauten Nährstoffe für sich beansprucht. Als nämlich Kellner Weizenspreu oder fein zerkleinertes Stroh bei seinen Fütterungsversuchen anwandte, stellte sich der Verlust pro 1000 g Rohfaser durchschnittlich nur auf 75 g Körperfett = 0,30 kg Stärkewert. Durch eine Zerkleinerung des Strohes, weiter als bis zur Größe der Weizenspreu gehend, ließ sich der Verlust an Stärkewert nicht mehr weiter herabdrücken.

Der noch bleibende Verlust erklärt sich durch die Belastung der Verdauungswerkzeuge durch die großen Massen des unverdaulichen Teils der Rauhfutterstoffe, zum Teil auch durch Gärungsvorgänge.

Macht man nun von den berechneten Stärkewerten auf je 1 kg Gesamtrohfaser bei allen Heu- und Stroharten einen Abzug von 0,57 kg, bei den Spreuarten von 0,30 kg Stärkewert, so erhält man genügend genau die tatsächlich zutreffenden Stärkewerte.

Beispiele:

1. für 100 kg Weizenstroh berechnen sich	.	37,1 kg Stärkewert
ab für 40 kg Rohfaser = 40 × 0,57 =		22,8 kg „
	bleiben	14,3 kg Stärkewert

2. für 100 kg Haferspreu berechnen sich . 35,6 kg Stärkewert
ab für 30,3 kg Rohfaser = 30,3 × 0,30 = 9,1 kg "

Bleiben 26,5 kg Stärkewert.

Auch der Stärkewert der Grünfutterarten wird von deren Gehalt an Rohfaser beeinflußt. Von ihrem berechneten Stärkewert hat man nach den Angaben Kellners abzuziehen: bei einem Gehalte des frischen Futters von 4 % Rohfaser und weniger 0,29, von 6 % 0,34, von 8 % 0,38, von 10 % 0,43, von 12 % 0,48, von 14 % 0,53 und von 16 % und darüber 0,57 Stärkewert.

Auch der Stärkewert der Wurzeln und Knollen läßt sich rechnerisch ermitteln, falls ihre genauere chemische Zusammensetzung, insbesondere auch der Gehalt an Zucker und organischen Säuren bekannt ist.

Die Stärkewerte der einzelnen Futtermittel sind in der Tabelle (Beilage) verzeichnet. Dazu sei noch bemerkt, daß die Resultate zukünftiger Fütterungsversuche hie und da Korrekturen notwendig machen können, die indessen kaum von wesentlicher Bedeutung sein werden.

Außer dem Nährwert kommen für die Beurteilung des wirtschaftlichen Wertes der Futtermittel noch in Betracht: ihre Wirkung auf Gesundheit und Wohlbefinden, besondere Nebenwirkungen sowie ihre Haltbarkeit.

In gesundheitlicher Beziehung wirken folgende Umstände schädlich:

1. die Beimengung von Giftpflanzen (Herbstzeitlose, Schierling etc. im Heu, Kornradekörner im Getreide etc.);
2. der Befall mit Pilzen, wie Rost- und Brandpilzen (von letzteren hauptsächlich Stein- oder Stinkbrand gefährlich)), Schimmelpilzen, Mutterkorn, Bakterien (in dumpfig, faulig und ranzig gewordenen Futtermitteln);
3. die Beimengung größerer Quantitäten von Sand, Erde, Staub (soll Verdauungsstörungen, Verstopfung, unter Umständen sogar den Tod hervorrufen können).

Bezüglich der besonderen Nebenwirkungen vergleiche z. B. den Einfluß einiger Futtermittel auf Geschmack und Festigkeit der Butter (s. Milchwirtschaft).

1. Arten der Futtermittel.

Man unterscheidet: 1. Grünfutter, 2. Rauh- oder Dürrfutter, 3. Knollen- und Wurzelgewächse, 4. Körnerfrüchte und Samen, 5. gewerbliche Produkte und Abfälle.

Grünfutter, Rauh- oder Dürrfutter, Knollen- und Wurzelgewächse bezeichnet man als voluminöse Futtermittel, während man Körnerfrüchte und die meisten Fabrikationsrückstände (wasserreiche ausgenommen) konzentrierte oder Kraftfuttermittel nennt, weil letztere in einem kleinen Volumen eine verhältnismäßig große Menge von Nährstoffen enthalten.

1. Grünfutter.

Das Grünfutter hat einen sehr hohen Wassergehalt (70—90 %). Der Gehalt an Eiweiß, Fett und stickstoffreien Extraktstoffen ist zwar kein hoher, aber doch so günstig, daß Milchkühe und mäßig angestrengte Arbeitsochsen bei ausschließlicher Grünfütterung sehr gut auskommen können. Für hohe Kraftleistungen und raschen Fleisch- und Fettansatz ist es allerdings als alleiniges Futter meistens nicht zureichend. Zu rechter Zeit gemäht, ist es leicht verdaulich, übt auf die Verdauungsorgane eine kühlende, erfrischende, gelind abführende Wirkung aus und besitzt auch viele Reizstoffe. Dasselbe gilt auch von dem Weidefutter.

Über die Umstände, welche die Zusammensetzung und die Verdaulichkeit des Grünfutters beeinflussen, vergl. S. 373 und 374.

Am häufigsten werden als Grünfutter benutzt: Wiesen- und Weidegras, Kleearten, Futterroggen, Wickfuttergemenge, Grünmais und Blätter von Wurzelgewächsen. Manche Grünfutterpflanzen, namentlich die Kleearten, wirken blähend, weshalb man dieselben, besonders im jungen Zustande, mit Stroh- und Heuhäcksel gemengt verabreichen soll. Hierdurch wird auch einer Verschwendung von Eiweißstoffen vorgebeugt. Klee darf auch niemals im nassen, welken oder gar erhitzten Zustande den Tieren vorgelegt werden. Rübenblätter sollen wegen ihres hohen Wassergehalts und ihres höheren Gehalts an Salzen nur in mäßigen Mengen und mit Trockenfutter (Heu, Stroh, Spreu) gemengt verabreicht werden, weil sonst Durchfall eintritt. Grünmais ist eiweißarm, weshalb gleichzeitig ein eiweißreicheres Grün- oder Trockenfutter beigegeben werden soll.

Mitunter erhalten die landwirtschaftlichen Nutztiere, also auch die Rinder, gar kein Grünfutter, sondern nur Trockenfutter. Hierdurch kann wohl eine gleichmäßigere Ernährung auch im Sommer durchgeführt werden, doch ist den Tieren die Verabreichung von Grünfutter in den Sommermonaten naturgemäßer und gesundheitlich zuträglicher. Dies gilt insbesondere für das Milchvieh.

2. Rauh- oder Dürrfutter.

a) Heuarten.

Das Wiesenheu ist in seiner Güte sehr verschieden und im allgemeinen, unter sonst gleichen Verhältnissen, etwas weniger nahrhaft als das Wiesengras, weil bei der Heubereitung ein nicht unwesentlicher Verlust an zarten, leicht verdaulichen Blättern und Stengelteilen unvermeidlich ist und weil das Heu mehr Kauarbeit verursacht als das weichere Grünfutter. Aus 4—4½ kg Grünfutter erhält man 1 kg Heu.

Bei Beurteilung der Güte des Wiesenheus kommt zunächst das Mischungsverhältnis zwischen Gräsern und Kräutern in Betracht, das in enger Beziehung steht zu dem Boden, der Düngung und der Lage der Wiesen. Die Nährwirkung des Heus ist um so größer, je mehr in demselben die besseren Süßgräser, gute Kleearten und aromatische Kräuter vorkommen. Das geringste Heu liefern nasse, saure Wiesen.

In Bezug auf andere, die Nährwirkung des Heues beeinflussende Umstände vergl. S. 373 u. S. 374.

Von großer Wichtigkeit ist die Zeit des Mähens. Da mit dem Alterwerden der Eiweißgehalt der Pflanzen ab-, derjenige an Rohfaser zunimmt, so muß damit der prozentische Gehalt an Stärkewert sinken. Die prozentischen Gehaltsziffern sind jedoch für sich allein nicht ausschlaggebend. Die Zeit des Mähens ist dann gekommen, wenn von einer bestimmten Fläche die größte Menge an Stärkewert geerntet wird. Dies ist dann der Fall, wenn die Pflanzen in die Blüte eingetreten sind. Jede Verzögerung der Ernte über die volle Blüte hinaus hat einen merklichen Verlust an Stärkewert zur Folge.

Durch frisches noch nicht ausgeschwitztes Heu (in den ersten 6 bis 8 Wochen) können Verdauungsstörungen und Kongestionen nach dem Kopfe und den Lungen veranlaßt werden. Gutes Wiesenheu ist für Pferd, Rind und Schaf das zuträglichste Hauptfutter, besonders während des Winters; für junge Tiere ist es wegen seiner Bekömmlichkeit und seines guten Einflusses auf die Knochenbildung durch kein anderes Futtermittel zu ersetzen.

Grummet ist leichter verdaulich als Wiesenheu vom ersten Schnitt, weil die Gräser jünger, ärmer an Holzfaser und reicher an eiweißhaltigen Stoffen sind. War es gut eingebracht, so hat es einen höheren Nährwert als der erste Schnitt und ist besonders geeignet für Jung- und Milchvieh.

Heu von Kleearten und anderen Hülsenfrüchten ist bei rechtzeitiger Aberntung und tadelloser Trocknung reicher an Eiweißstoffen als Wiesenheu, wirkt aber mehr erhitzend und ist deshalb für trächtige und junge Tiere als ausschließliches Rauhfutter weniger geeignet. Vorzüglich ist das Esparsette- und Serradellaheu; dann kommt in der Güte das Heu von Luzerne, Rot-, Gelb- und Weißklee; geringwertiger ist das Heu von Wund- und Inkarnatklee. Am eiweißreichsten ist das Lupinenheu, das aber wegen seines Bitterstoffgehalts nur von Schafen gefressen wird. Unter Umständen entwickelt sich in den Lupinen ein Giftstoff, der die Lupinose erzeugt (Probefütterung mit einigen Tieren). Besonders gefährlich hierin ist die gelbe Lupine, weniger die weiße.

b) Stroharten.

Die Stroharten sind sehr voluminöse, an Holzfaser reiche, an Eiweiß arme Futtermittel, hauptsächlich nur für Wiederkäuer geeignet, die solche auch am besten auszunützen vermögen. Den Pferden setzt man zum Körnerfutter Stroh- und Heuhäcksel zu, damit sie dasselbe langsamer und besser kauen und einspeicheln. Als alleiniges Futter bietet das Stroh eine dürftige Nahrung; dagegen als Nebenfutter zu Hackfrüchten, Abfällen aus technischen Nebengewerben, Körnern, Grünfutter verabreicht, fördert es die Verdauungsvorgänge und erhält die Organe gesund. Verfütterung großer Strohmengen ohne Beigabe eiweißreicherer Futtermittel ist ein Krebsschaden vieler Wirtschaften. Wenige und schlechte Erzeugnisse des so ernährten Viehstands, geringwertiger Dünger, mangelhafte Ernten und damit wenig Ertrag von der ganzen Wirtschaft sind die Folgen einer derart kargen Fütterung. Vergl. auch Seite 383.

Das Hülsenfruchtstroh ist reicher an verdaulichen Eiweißstoffen sowie an Phosphorsäure und Kalk als das Stroh der Getreidearten. Am besten ist das Linsenstroh, dann folgt das Stroh von Samenklee und Wicken; Stroh von Erbsen und Bohnen ist mehr für Schafe geeignet. Das Stroh der Hülsenfrüchte ist nicht selten von Pilzen befallen.

Von den Stroharten der Halmfrüchte ist das der Sommergetreidearten eiweißreicher, zarter und leichter verdaulich als das von Wintergetreide. Bei Beurteilung des Nährwerts der Stroharten ist auch das Erntestadium, die Erntewitterung, Reinheit von Pilzen (Rost, Brand) und das Alter zu berücksichtigen. Durch längere Aufbewahrung verliert Stroh noch mehr als Heu. Mit Klee durchwachsenes Stroh besitzt einen höheren Futterwert als reines Stroh.

Rapsstroh gibt man nicht an Kühe, sondern nur den Schafen zum „Ausfressen".

Das Stroh von Kleearten ist zwar reich an Nährstoffen, muß jedoch mit Vorsicht verfüttert werden, weil es häufig von Pilzen befallen ist und bei der Ernte nicht selten von ungünstiger Witterung zu leiden hat.

Spreu, Hülsen und Schoten sind im allgemeinen reicher an Eiweiß und ärmer an Holzfaser als die betreffende Strohart, teilweise auch zarter und stehen deshalb in ihrer Nährwirkung dem Stroh voran. Von den Spreuarten verdient Weizen- und Haferspreu besondere Beachtung. Gerstenspreu findet wegen der darin enthaltenen Grannen nur im aufgeweichten oder angebrühten Zustand als Futtermittel Verwendung. Hülsen von Erbsen, Wicken und Bohnen sowie Rapsschoten eignen sich mehr für Schafe. Angebrühte Kleesamenspreu wird mitunter auch an Zuchtsauen als voluminöses Futter verabreicht. In Brennereiwirtschaften werden diese Futtermittel mit heißer Schlempe angebrüht und lauwarm verfüttert.

3. Knollen- und Wurzelgewächse.

Die Knollen- und Wurzelgewächse haben nur einen verhältnismäßig geringen Gehalt an Nährstoffen, da sie sehr wasserreich sind (75—92%). Sie sind deshalb mit wasserarmen Futtermitteln (Trockenfutter) gemengt zu verfüttern. Der Gehalt an Eiweiß und knochenbildenden Substanzen ist sehr niedrig, dagegen verhältnismäßig groß der an Kohlehydraten; deswegen ist auch eine entsprechende Beigabe eiweißreicher Kraftfuttermittel bei reichlicher Gabe von Knollen- und Wurzelgewächsen besonders nötig. Die Verdaulichkeit der darin enthaltenen Nährstoffe ist bei richtiger Futterzusammensetzung eine sehr günstige. In diätetischer Hinsicht regen Knollen- und Wurzelgewächse, in mäßigen Mengen verabreicht, die Verdauung an, während sie in großer Menge Verdauungsstörungen (Durchfall) verursachen. Sie sind in erster Linie für Rindvieh, dann für Schweine und Schafe ein gedeihliches Futter. Pferden sind nur geringe Mengen davon zuträglich.

Die Kartoffeln enthalten als wichtigsten Nährstoff Stärkemehl (durchschnittlich 18—20%). An stickstoffhaltigen Substanzen ist nur wenig darin enthalten und ein erheblicher Teil derselben besteht aus Amidverbindungen. Die verdaulichen Nährstoffe sind vollwertig. Die Kartoffeln sind arm an Phosphorsäure und Kalk (Knochenweiche bei starker Kartoffelfütterung). Beim Aufbewahren nehmen sie gegen Ende des Winters immer mehr an Gewicht und Nährkraft ab (namentlich bei Lagerung in zu warmen Kellern) und treiben Keime. Letztere enthalten einen giftigen Stoff, das Solanin, und müssen deshalb vor der Verwendung der Kartoffeln abgebrochen werden; auch dürfen die Kartoffelkeime weder in rohem noch in gekochtem Zustande verfüttert werden.

In erster Linie eignen sich die Kartoffeln, und zwar in gekochtem oder gedämpftem Zustande, als Futtermittel für Masttiere, besonders für Mastschweine, dann aber auch für Mastrinder und Mastschafe. Auch für Milchvieh wirken geringe Gaben von rohen Kartoffeln nicht ungünstig, indem sie den Milchertrag steigern. Größere Mengen roher Kartoffeln (8—10 kg auf

500 kg Lebendgewicht pro Tag) machen die Milch dünn, wässerig und die daraus bereitete Butter geringwertig. Will man trotzdem größere Quantitäten davon an Milchvieh verfüttern, so muß man dieselben wenigstens teilweise kochen oder dämpfen. Für Arbeitstiere, die angestrengt arbeiten sollen (besonders Pferde), sind die Kartoffeln ein wenig geeignetes Futtermittel, weil jene bei solcher Fütterung leicht schwitzen. Dagegen können bei nur mäßig angestrengten Tieren kleinere Mengen von Kartoffeln Verwendung finden.

Die Topinamburknollen sind ein gutes Futtermittel für Milchkühe und Schweine und werden auch von Pferden genommen. Sie werden stets roh gefüttert, am besten im Frühjahr.

Die Runkelrüben gehören zu den wichtigsten Futtermitteln in den Wintermonaten. Bezüglich ihres Nährwerts beachte man, daß die Rüben sehr wasserreich sind und nur wenig Eiweiß enthalten. Man muß deshalb bei reichlicher Rübenfütterung dafür sorgen, daß hinreichende Rauhfuttermengen und eiweißreiche Kraftfutterstoffe die Futtermischung ergänzen. Im Gegensatz zu den vollwertigen Kartoffeln haben sie sich nur ca. 72wertig erwiesen, da ihre Nfr. größtenteils aus Zucker bestehen und selbe auch organische Säuren enthalten. Sie eignen sich besonders für das Milchvieh, auch an Mastrinder und Mastschafe werden Rüben mit Vorteil verfüttert, desgleichen in mäßigen Mengen an Arbeitstiere. Jungen Rindern gibt man bis zum zweiten Jahre die Rüben nur in geringen Mengen als Beifutter. Schweine können die Rüben im gekochten Zustande gut verwerten, wenn es an einem proteinreichen Beifutter nicht fehlt.

Kohlrüben (Scherrüben) sollen besser nähren als die gewöhnlichen Futterrunkeln. Doch sei man bei Fütterung an Milchvieh einigermaßen vorsichtig, weil größere Mengen von Kohlrüben der Milch und der daraus bereiteten Butter einen bitteren, strengen Geschmack geben, besonders dann, wenn nebenbei viel Stroh verabreicht wird.

Wasser- oder Stoppelrüben stehen an Nährwert den beiden zuletzt erwähnten Rübenarten erheblich nach. Sie enthalten 90—92% Wasser. Von Kühen, Schafen und Schweinen werden die Stoppelrüben gerne gefressen, doch gibt man an erstere nicht mehr als 20—30 Pfd. pro Stück und Tag. Größere Mengen verursachen eine dünne Milch mit unangenehmem, scharfem Geschmack. Für Jungvieh sind sie nicht geeignet, an Schweine können sie gekocht oder gedämpft gegeben werden.

Möhren sind für alle landwirtschaftlichen Nutztiere, auch für Pferde, ein gutes Futter, doch sind sie nur als Beifutter zu betrachten. Die Butter wird nach Möhrenfütterung fest, gelb und wohlschmeckend. Wichtig ist die günstige Wirkung der Möhre auf das Allgemeinbefinden der Tiere (diätetische Wirkung).

4. Körner und Samen.

Die Körner und Samen besitzen hohen Nährwert und sind auch bei entsprechender Zubereitung (Quetschen, Schroten, Beigabe von Häcksel) verhältnismäßig leicht verdaulich. Einige (Mais, Reis) sind vollwertig, die andern nahezu.

Von den Getreidearten wird Weizen selten, für gewöhnlich nur der geringe Weizen, als Futter verwendet. Für Roggen und Gerste gilt im allgemeinen dasselbe, doch finden diese Körnerfrüchte schon eher für Futterzwecke Verwendung, namentlich wenn es sich um Masttiere handelt. **Bei marktfähiger Ware ist trotz niedrigen Preises die Verfütterung wirtschaftlich unvorteilhaft.** Ist aber in nassen Jahren das Getreide schlecht eingebracht oder ausgewachsen, also nicht marktfähig, so empfiehlt sich dessen Verfütterung, nachdem die Körner gedämpft oder gekocht worden waren. Der **Hafer** spielt unter den Körnerfrüchten als Futtermittel die erste Rolle und ist für Pferde das bekömmlichste Kraftfutter, besonders für edle Pferde. Er zeichnet sich durch Leichtverdaulichkeit sowie durch seine anregende Wirkung auf das Nervenleben aus. Er beeinflußt das Temperament der Pferde und befähigt sie zu großen Leistungen. Geschrotener oder gemahlener Hafer wirkt in dieser Hinsicht viel schwächer als die ganzen Haferkörner. Ferner ist der Hafer ein vortreffliches Futtermittel für männliche Zuchttiere, besonders bei starker Zuchtbenutzung. Auch für milchgebende Tiere wirkt Hafer sehr günstig, steht jedoch für diesen Zweck in der Regel zu hoch im Preise. Schließlich ist er wegen seiner guten Eigenschaften in gequetschter Form als Futtermittel für junge Tiere (abgesetzte Fohlen, Kälber und Lämmer) von großer Bedeutung.

Der **Mais** ist reich an Stärkemehl und enthält auch unter den Getreidefrüchten das meiste Fett (Mittel 4,0 %), ist dagegen weniger reich an Eiweißstoffen; deshalb eignet er sich in erster Linie für Masttiere jeder Art. Auch kann er in geschrotener Form zum teilweisen Ersatz des Hafers für solche Pferde dienen, welche zwar angestrengt, aber in einem regelmäßigen und nicht zu raschen Tempo arbeiten.

Erbsen, Bohnen und **Wicken** haben einen wesentlich höheren Eiweißgehalt wie die Getreidekörner und eignen sich in der Hauptsache als Mastfutter für Rinder, Schafe und Schweine, ferner in mäßigen Mengen auch für Spanntiere bei starker Arbeit.

Lupinen werden wegen ihres Bitterstoffs nur von Schafen aufgenommen. Nach der Entbitterung können sie aber auch an andere Tiere verabreicht werden.

Buchweizen wird mitunter an das Geflügel verfüttert.

Geschrotener **Leinsamen** ist für abgesetzte Kälber als Zusatz zur Magermilch von Wichtigkeit.

5. Gewerbliche Produkte und Abfälle.

Als Abfälle **aus der Müllerei** sind die **Kleien** besonders wichtig. Dieselben besitzen einen etwas höheren Proteingehalt wie die Körner, von welchen sie stammen (Kleberschicht unter der Samenschale) und werden namentlich von Wiederkäuern verhältnismäßig gut verdaut, sind jedoch nur etwa 79wertig. Die **Weizenkleie** ist als Futter für die Kühe sehr geeignet und wirkt für die Milch- und Butterproduktion entschieden besser als die **Roggenkleie**. Die Butter erhält bei Weizenkleie eine etwas weichere Beschaffenheit; Weizenkleie hat auch eine gelind abführende Wirkung. **Roggenkleie** eignet sich mehr für die Mastung. Leider wird die Kleie im Handel nicht selten verfälscht, z. B. durch Spreuabfälle, gemahlene Unkrautsamen u. a. m., deshalb ist Vorsicht beim Ankauf geboten. (Untersuchung!)

Reisfuttermehl enthält bei **guter** Beschaffenheit etwa 12 % Eiweiß, 12 % Fett neben fast 50 % Kohlehydraten und ist ein schmackhaftes, leicht verdauliches, vollwertiges Futtermittel, besonders für Mastschweine und in mäßigen Mengen auch für Milchvieh geeignet. Bei Fütterung von Reisfuttermehl an Schweine wird jedoch der Speck leicht von zu weicher Beschaffenheit. Größere Mengen (über 1 kg pro Tag und Stück) sollen eine weiche Beschaffenheit der Butter verursachen. Bei Reisfuttermehl kommen häufig auch geringwertigere Sorten vor.

Die Ölkuchen in ihren verschiedenen Arten haben als Futtermittel eine große Bedeutung. Sie sind im allgemeinen reich an leicht verdaulichem Eiweiß und Fett, dagegen verhältnismäßig arm an stickstoffreien Extraktstoffen. Die Ölkuchen eignen sich deshalb ganz besonders dazu, in einer Futtermischung fehlendes Eiweiß zu ersetzen. Die verdaulichen Nährstoffe der Palmkern- und Kokoskuchen haben sich als vollwertig, die der andern Ölkuchen als nahezu vollwertig erwiesen.

Repskuchen sind als Kraftfutter für Milch- und Masttiere sehr beliebt, doch können sie bei etwas reichlicher Gabe den Wohlgeschmack der Milch und Butter beeinträchtigen. Man soll nicht mehr als 1 kg pro Stück und Tag verabreichen. Grüne Rapskuchen sind nahrhafter wie dunkle.

Leinkuchen sind wegen ihres milden Geschmacks und ihrer schleimigen Beschaffenheit gedeihlicher als alle übrigen Ölkuchenarten und besonders für junge Tiere als Ersatzmittel für die Milch geeignet. Der starken Nachfrage wegen sind sie aber verhältnismäßig teuer und werden deshalb öfters verfälscht. Man beziehe sie also nur aus bekannten, soliden Quellen.

Palmkernkuchen oder Palmkernmehl gehören zu den beliebtesten Ölkuchenarten, welche von den Kühen gern gefressen werden und auf die Beschaffenheit der Milch und Butter günstig einwirken (die Butter wird fester und erhält einen angenehmen Nußgeschmack).

Kokoskuchen stehen in ihren Eigenschaften den Palmkernkuchen nahe.

Erdnußkuchen sind unter den Ölkuchen am eiweißreichsten und eignen sich besonders für Masttiere und in mäßigen Mengen auch für das Milchvieh. Gute Erdnußkuchen besitzen eine grauweiße Farbe (nicht braun) und halten sich, mit Wasser angefeuchtet, längere Zeit unverändert, während verdorbene nach wenigen Tagen schimmelig werden.

Sesamkuchen dienen als Mastfutter sowie in Mengen bis 1 kg pro Stück und Tag als Futter für Milch- und Jungvieh. Bei Verabreichung größerer Mengen wird die Butter weich.

Baumwollsaatmehl aus geschälten Samen ist reich an Eiweiß und Fett und eignet sich besonders für Mastvieh, in zweiter Linie für Milchkühe und Arbeitsochsen, dagegen nicht für Jungvieh. Trächtigen Kühen soll man nicht über $^3/_4$—1 kg pro Tag und Stück verabreichen, bei vorgeschrittener Trächtigkeit aber besser ganz davon absehen (Verwerfen).

Mohnkuchen sind ein sehr gutes Beifutter für Masttiere; auch für Milchkühe sind sie sehr geeignet, wenn sie in nicht zu großen Mengen verabreicht werden.

Da alle Ölkuchen leicht ranzig werden und nicht selten mit Pilzbildungen, Haaren von Preßtüchern u. s. w. durchsetzt sind, so muß man bei ihrem Ankauf vorsichtig sein (untersuchen lassen) und sie luftig und trocken (lose gelagert) aufbewahren. Die Ölkuchen kommen auch öfters gemahlen in den Handel.

Von den Abfällen der Brauereien sind die Malzkeime wegen ihres günstigen Nährstoffgehalts und ihrer leichten Verdaulichkeit für Milch- und Jungvieh ein sehr geschätztes Futtermittel; ihre verdaulichen Nährstoffe sind jedoch nur 75wertig, da ein großer Teil der Nfr. aus Zucker und organischen Säuren besteht. Man sorge für frische, sand- und staubfreie Ware von heller Farbe. Malzkeime weicht man vor der Verfütterung in warmem oder kaltem Wasser ein.

Biertreber sind ziemlich reich an leicht verdaulichen Eiweißstoffen, ca. 85wertig und sehr schmackhaft. Sie fördern besonders die Milchsekretion, eignen sich indes auch für alle Masttiere und werden getrocknet auch zum teilweisen Ersatz des Hafers für Arbeitspferde verwendet. Die getrockneten Biertreber sind von völlig gleicher Wirkung für die Milchproduktion wie ein entsprechendes Quantum von frischen Trebern.

Das Abfallprodukt der Brennerei ist die Schlempe. Sie ist das wasserreichste aller Futtermittel und wirkt auf die Gesundheit der Tiere im allgemeinen nicht gerade günstig. Trotzdem hat sie für Brennereiwirtschaften Wichtigkeit. Sie ist nicht arm an Eiweißstoffen und läßt im Gemisch mit Rauhfutter eine ganz gute Nährwirkung erzielen, zumal bei Milch- und Mastvieh. Verfütterung großer Mengen von Kartoffelschlempe hat Verdauungsstörungen, Verwerfen der Kühe, Eingehen der Kälber an Durchfall und Schlempenmauke zur Folge. Für Pferde, Jungvieh, hochtragende und säugende Tiere ist sie wegen der erschlaffenden Wirkung auf die Verdauungsorgane nicht geeignet. Zur Vermeidung von Säurebildung soll die Schlempe frisch und möglichst warm gefüttert werden. Die Geschirre und Krippen sind mit peinlicher Sorgfalt zu reinigen. Mais- und Roggenschlempe ist nahrhafter und den Tieren weit bekömmlicher als Kartoffelschlempe; besonders in getrockneter Form ist jene ein vortreffliches Futtermittel, das die getrockneten Biertreber an Nährkraft wegen größeren Gehalts an Eiweiß und Fett und geringeren Gehalts an Rohfaser übertrifft.

Die Rückstände der Zuckerfabrikation sind Diffusionsschnitzel und Rübenmelasse. Die Diffusionsschnitzel besitzen bei ihrem hohen Wassergehalt (90 %) wenig nährende Substanzen, doch lassen sie sich im Verein mit Trocken- und Kraftfutter durch Milchkühe, Zug- und Mastochsen verwerten. In Gruben eingesäuert halten sie sich bis tief in den Sommer, doch ist damit immer ein Verlust an wertvoller Substanz verbunden. In neuerer Zeit werden die Rübenschnitzel auch getrocknet, wobei fast jeder Verlust an Nährstoffen ausgeschlossen und die Bekömmlichkeit eine viel bessere wird. Die Trockenschnitzel werden zwar in demselben Grade wie die nassen verdaut; während aber die verdaulichen Nährstoffe der nassen Schnitzel ca. 94 wertig sind, erreichen diejenigen der harten Trockenschnitzel infolge der vermehrten Kauarbeit nur eine Wertigkeit von ca. 78. Diese Verluste können zweifellos durch Einweichen der Trockenschnitzel vermindert werden, was auch schon wegen des gefährlichen Nachquellens im Magen geboten ist.

Rübenmelasse ist zwar ein billiges, aber infolge ihres großen Gehalts an Salzen leicht Durchfall erregendes Futtermittel, das an Zuchttiere nicht oder doch nur mit großer Vorsicht verfüttert werden soll. Die stickstoffhaltigen Bestandteile der Melasse bestehen fast nur aus „Nichteiweiß". Bei Milchkühen, Mast- und Arbeitstieren hat sie sich bewährt. Als mittlere zu verwendende Menge rechnet man auf 1000 kg Lebendgewicht bei Milchvieh $1^1/_2$, bei Mastvieh 3, bei Pferden 1 kg. Um die Melasse den Tieren bekömmlicher und die Fütterung bequemer zu machen, werden Mischungen in den Handel gebracht, z. B. Melassetorfmehl mit 20 % Torf, Palmkernmelasse aus gleichen

Teilen Palmkernmehl und Melasse, Melasseschnitzel u. s. w. Da das Torfmehl keine Nährwirkung äußert, vielmehr dem Tiere Nährstoffe entzieht, so ist zur Verfütterung einer Melassetorfmischung nur dann zu raten, wenn sie entsprechend billig zu kaufen ist.

Fleischfuttermehl, ein Nebenprodukt der Fleischextraktfabrikation, ist ein besonders eiweißreiches, leicht verdauliches, vollwertiges Futtermittel, das sich in erster Linie für Schweine und Hühner eignet. Auch für Milchkühe und Mastrinder wird dasselbe in Mengen von 1—1½ kg pro Stück und Tag verwendet, besonders bei reichlichem Gehalt der Futterration an stickstoffreien Stoffen; doch müssen sich die Tiere erst allmählich daran gewöhnen.

Von Milch- und Molkereirückständen sind Mager-, Buttermilch und Molken zu nennen. Vollmilch von Kühen kommt, abgesehen von der Verwendung für Saugkälber, in der Regel nur bei Absetzferkeln zur Verwendung. Magermilch verwertet sich bei Schweinen, Absetz- und Mastkälbern in der Regel am höchsten. Ähnlich der Nährwirkung von Magermilch ist die von Buttermilch. Molken werden am besten an Schweine verabreicht.

2. Zubereitung der Futtermittel.

Sorgfältige Zubereitung der Futtermittel fördert die Gedeihlichkeit und gute Ausnutzung des Futters, macht dasselbe oft schmackhafter, beseitigt etwaige nachteilige Eigenschaften und ermöglicht die Verwendung gewisser Futtermittel für spätere Zeiten (Einsäuern). Die Zubereitung bewirkt entweder mechanische oder chemische Veränderungen der Futtermittel. Erstere werden erreicht durch Schneiden, Quetschen, Schroten und Mahlen, Einweichen, Brühen, Kochen und Dämpfen, letztere durch Selbsterhitzen und Einsäuern.

a) Das Schneiden findet bei Rauhfutter, Grünfutter, Wurzel- und Knollengewächsen statt. Rauhfutter, namentlich Stroh, schneidet man mitunter zu Häcksel, um die Aufnahme desselben den Tieren zu erleichtern, das Mischen desselben mit anderem Kurzfutter zu ermöglichen und ein Verschleudern des Futters zu verhindern; auch wird durch Verminderung der Kauarbeit eine Ersparnis an verdaulichen Nährstoffen erzielt. Die Zerkleinerung soll jedoch nur soweit gehen, daß immer noch ein Durchkauen des Futters nötig ist, wodurch die Nährstoffe den Verdauungssäften zugänglich gemacht werden. Eine übermäßige Zerkleinerung des Rauhfutters verbietet sich auch deswegen, weil zu kurzes Häcksel gefährliche Kolik veranlassen kann. Man gibt daher dem Strohhäcksel für Rinder eine Länge von 3—4 cm, für Pferde und Schafe eine solche von 1,5—2,5 cm. Grünfutter und Heu schneidet man am besten noch länger.

Grünfutter wird übrigens seltener, meistens nur im ersten Frühjahr, geschnitten, um es mit Häcksel mischen zu können. Dadurch werden Verdauungsstörungen vermieden; auch wird bei Verabreichung eiweißreichen Futters (junger Klee) einer Nährstoffverschwendung vorgebeugt. Ob man alles Rauh- und Grünfutter schneiden soll, muß davon abhängig gemacht werden, ob die durch Verminderung der Kauarbeit erzielte Ersparnis an verdaulichen Nährstoffen einen größeren Geldwert bedeutet als die durch das Häckseln bedingten Unkosten.

Durch das Schneiden der Hackfrüchte wird zwar keineswegs die Nährwirkung erhöht, aber doch bewirkt, daß sich dieselben leicht mit Häcksel,

Spreu u. s. w. mengen lassen und daß den Tieren ganze Kartoffeln oder größere Rübenstücke nicht im Schlunde stecken bleiben. Das Zerschneiden in fingerförmige Streifen verdient den Vorzug vor dem Zerschneiden in Scheiben oder dem Zerreiben zu Mus.

b) Das Quetschen, Schroten und Mahlen von Körnern und Samen erleichtert den Tieren die Kauarbeit und macht durch Zerreißen der Schalen den Inhalt dieser Futterstoffe für die Verdauungssäfte leichter zugänglich. Pferde kauen bei gutem Gebiß in der Regel genügend, besonders dann, wenn man den Hafer mit Häcksel mischt. Mais (s. S. 389) und Hülsenfruchtkörner soll man jedoch auch für Pferde grob schroten oder quetschen. Wichtiger sind diese Zubereitungsmethoden für Wiederkäuer, weil diese die ganzen Körner nur ungenügend kauen, desgleichen auch für Schweine.

Rapskuchen sind auf einem Ölkuchenbrecher oder anderweitig in erbsen- bis haselnußgroße Stücke zu verwandeln und trocken zu füttern.

c) Durch das Einquellen gewisser Futtermittel (Mais, Roggen, Erbsen) wird den Tieren die Aufnahme erleichtert und das schädliche Nachquellen im Magen verhütet.

d) Das Anbrühen des trockenen, harten oder befallenen Halmfutters, der Spreu u. s. w. geschieht entweder bloß mit Wasser oder mit heißer Schlempe, wobei die Futterstoffe gehörig durchweicht werden sollen. Die Verdaulichkeit wird zwar dadurch nicht erhöht, jedoch wird solches Futter aufnahmefähiger und den Tieren schmackhafter. Verwerflich ist das beliebte Aufbrühen eiweißreicher Kraftfuttermittel, weil hierdurch die Nährwirkung derselben beeinträchtigt wird. Es ist dies nur dann angezeigt, wenn es sich darum handelt, Kraftfutter von zweifelhafter Beschaffenheit noch zu verwerten.

e) Das Kochen und Dämpfen von eiweißreichen Futtermitteln hat die gleichen Nachteile wie das Aufbrühen. Dagegen werden Kartoffeln gekocht oder besser gedämpft, besonders für Schweine, ferner für Mastrinder, Mastschafe und Geflügel. Beim Dämpfen wird ein Auslaugen vermieden, auch bleiben die Kartoffeln mehliger. Das Dämpfen ist auch besonders noch bei gefrorenen Kartoffeln und Rüben zu empfehlen. Von den Viehfutter-Dämpfapparaten haben sich der Schnelldämpfer Patent A. Ventzki und der Reform-Schnelldämpfer von P. Reuß in Artern (75 l Inhalt für 50 kg Kartoffeln, Preis 60 Mk.; 600 l Inhalt für 425 kg Kartoffeln, Preis 400 Mk.) am besten bewährt.

Das Auslaugen von Bitterstoffen ꝛc. erfolgt bei Kastanien, Eicheln und Lupinen.

Kastanien und Eicheln werden zerkleinert und mehrere Tage mit kaltem Wasser ausgelaugt, wobei das Wasser öfters zu erneuern ist. Die Entbitterung der Lupinen erreicht man fast vollständig durch das Kellnersche Verfahren. Hierbei werden bei mehrmaliger Erneuerung des Wassers die Lupinenkörner 24 Stunden lang eingequellt, hierauf wird eine Stunde bei 100° C gedämpft, um die Schalen zu sprengen und dann 2 Tage unter mehrmaligem Umrühren und Erneuern des Wassers ausgelaugt. Dabei gehen allerdings auch etwa 18 % der Nährstoffe, größtenteils aber stickstoffreie, verloren. Entbitterte Lupinen können auch an Rinder und Pferde verfüttert werden; letztere nehmen sie jedoch nur sehr ungern auf.

f) Das Selbsterhitzen des Futters wird erreicht, wenn man die Futtermittel (Häcksel, Spreu, Rüben, Ölkuchen ꝛc.) lagenweise in große Bretterkästen oder Bottiche bringt, mit warmem Wasser mäßig anfeuchtet, dann schichtenweise festtritt und schließlich einen Deckel auflegt, welchen man beschwert. Nach 2—3 Tagen kann die warmgewordene Masse verfüttert werden. Man bezweckt dadurch minder gute Futtermittel schmackhafter und aufnahmefähiger zu machen. Bei größerem Viehstande ist diese Zubereitungsmethode zu umständlich, auch kann dieselbe nur bei Beobachtung großer Pünktlichkeit und Reinlichkeit empfohlen werden.

g) Das Einsäuern empfiehlt sich bei Rüben und Kartoffeln, dann bei Schnitzeln, Rübenblättern, Grünmais u. s. w. Die hierzu benutzten Gruben werden am besten ausgemauert und zementiert und erhalten eine Breite von 2—2½ m bei einer Tiefe von mindestens 1,6 m. Des gleichmäßigeren Druckes wegen macht man die Seitenwände senkrecht. Bei dem Einfüllen des Materials handelt es sich vor allem um die Beseitigung der atmosphärischen Luft, um die Schimmelbildung zu verhindern und eine Milchsäuregärung einzuleiten. Dieser Zweck wird am vollkommensten erreicht durch das Zerkleinern und Mischen der einzusäuernden Stoffe, weiter durch sorgfältiges Festtreten derselben, endlich durch Bedecken mit Erde oder Belastung mit schweren Gegenständen. Die in der Erddecke beim Sinken der Masse sich bildenden Risse müssen täglich bis auf den Grund wieder zugeschlagen werden. Beim Einsäuern sehr saftreicher Futtermassen, z. B. Rübenblätter, muß man dieselben schichtweise mit trockenen Stoffen (Getreidespreu) einlegen, damit das Übermaß der Feuchtigkeit aufgesaugt wird. Erfolgt diese Durchschichtung nicht, so tritt leicht Fäulnis ein. Bei der Verwendung wird das Sauerfutter stets in schmalen Bänken senkrecht abgestochen und bis zur Sohle der Grube weggefüttert, bevor eine weitere Bank von oben angestochen wird. Beim Einsäuern gehen viele Nährstoffe verloren; die Trockensubstanz nimmt um etwa ¼—⅓ ab.

Das richtig zubereitete Sauerfutter hat einen säuerlichen Geruch und Geschmack und wird von den Tieren gerne aufgenommen.

Grünfutter kann auch als Süßpreßfutter aufbewahrt werden. (Siehe Seite 213.)

E. Allgemeine Regeln für die Einteilung und Verabreichung des Futters.

Der Endzweck jeder Fütterung besteht darin, die verabreichten Futterstoffe möglichst gut zu verwerten. Um dieses Ziel zu erreichen, sind folgende Punkte bei der Einteilung und Verabreichung des Futters besonders beachtenswert:

1. sollen die Tiere reichlich und zweckmäßig ernährt werden;
2. ist die Gleichmäßigkeit bei der Verabreichung des Futters von Bedeutung;
3. sind Futterübergänge allmählich vorzunehmen und
4. ist bei der Verabreichung des Futters die größte Ordnung, Pünktlichkeit und Reinlichkeit zu beachten.

1. Reichliche und zweckmäßige Ernährung.

Behufs reichlicher und zweckmäßiger Ernährung der Tiere ist es nötig, den einzelnen Tieren ihr Futter in richtigen und dem Nährzweck angemessenen Rationen zuzuteilen. Oben ist bereits betont worden, daß zur Erzielung einer guten Nutzung aus dem Viehbestande eine reichliche Ernährung die erste Vorbedingung ist. Deshalb die Regel: „Lieber weniger Vieh halten und dasselbe gut ernähren, als einen im Verhältnis zum Futtervorrat zu zahlreichen Viehstand bei knapper Fütterung."

Außer höherer Nutzung aus dem Viehbestande liefert eine reichliche Fütterung bei nicht zu großer Zahl von Tieren noch manche Nebenvorteile: zum Ankauf von Vieh ist weniger Kapital nötig, somit auch weniger Zins zu decken. Weniger Vieh erfordert auch weniger Stallung und weniger Wartekosten. In futterarmen Jahren wird man nicht so leicht genötigt, Vieh um Spottpreise zu verschleudern oder Futter zu unverhältnismäßig hohen Preisen zuzukaufen. Endlich erhält man bei guter Fütterung mehr und besseren Dünger, hat weniger Streustrohmangel und damit weniger Veranlassung, Waldstreu zu verwenden. Bei wenig Futter viel Vieh zu halten ist deshalb in jeder Hinsicht ein großer wirtschaftlicher Fehler.

Bei Bemessung der Futterrationen genügt es nicht, nur die Menge oder das Gewicht der zu verabreichenden Futtermittel zu berücksichtigen, da die letzteren zu ungleich zusammengesetzt sind. Es ist zwar eine gewisse Futtermasse (berechnet auf wasserfreie oder Trockensubstanz) erforderlich, um das Gefühl des Hungers zu stillen und anregend auf die Tätigkeit der Verdauungsorgane zu wirken — besonders ist bei Pflanzenfressern auf genügenden Gehalt der Futterration an Rauhfutter (Heu oder Stroh) zu achten — doch ist zur ausreichenden Ernährung der Tiere auch eine Beurteilung der Futterration auf ihren Gehalt an verdaulichem Eiweiß sowie an Stärkewert unbedingt nötig.

Die Untersuchung einer sehr großen Zahl von Futterrationen mit gleicher Wirkung hat zu Durchschnittszahlen geführt, welche die für eine Nutzung erforderlichen Mengen an verdaulichen Nährstoffen und Stärkewert angeben und als Futternorm für dieselbe bezeichnet werden. Als Ausgangspunkt bei Bemessung der nötigen Futtermenge legt man das Lebendgewicht der Tiere zu Grunde, welches man durch Schätzung oder Messung mit Hilfe eines Meßbandes, genauer jedoch durch wiederholte Wägungen, ermittelt.

Werden in der täglichen Futterration weniger Nährstoffe gereicht als die Norm verlangt, so sind die Tiere zu entsprechender Nutzleistung nicht befähigt, im entgegengesetzten Falle treibt man Futterverschwendung. Bezüglich aller Fütterungsnormen aber ist zu erwähnen, daß man dieselben in der Praxis nicht gar zu ängstlich bis auf ein genaues Zutreffen der einzelnen Zahlen zu befolgen braucht. Ihre große Bedeutung liegt darin, daß sie allgemeine Anhaltspunkte gewähren und die richtigen Ernährungsverhältnisse rasch erkennen lassen.

Aufgabe des Landwirtes ist es nun, mit Hilfe der Futtermitteltabellen zu berechnen, ob in der pro Tag und Stück verabreichten Futterration die der Futternorm entsprechende Menge an Trockensubstanz, verdaulichem Eiweiß und Stärkewert annähernd enthalten ist.

In den Stärkewerten der Tabelle sowie der Fütterungsnormen ist zwar stets auch der Stärkewert des Eiweißes schon enthalten. Trotzdem wird dieser Nährstoff bei allen Futterberechnungen besonders berücksichtigt, weil ihm, wie bekannt, Aufgaben zukommen, welche kein anderer Nährstoff übernehmen kann, z. B. die Bildung von Fleisch, Milcheiweiß u. s. w. Über das in den Fütterungsnormen angegebene Minimum an Eiweiß soll daher nicht heruntergegangen werden.

Unter Umständen kann auch eine Berücksichtigung des Fettgehaltes angebracht sein, z. B. wenn es sich um Fütterung des Milchviehs handelt. Unter allen Umständen aber müssen die Berechnungen von Futterrationen sich auf das verdauliche Eiweiß (nicht Nh) und auf den Stärkewert erstrecken. Beispiel siehe Seite 397.

2. Gleichmäßigkeit bei der Fütterung (Futtervoranschlag).

Geht man bei der Fütterung der Tiere von dem Grundsatz aus, das ganze Jahr nicht nur reichlich, sondern auch möglichst gleichmäßig zu füttern, Änderungen nur möglichst selten vorzunehmen, so ist es unbedingt nötig, daß sich der Landwirt einen Plan über die Fütterung für die Winter- oder Trockenfutterzeit und, soweit es tunlich, auch für die Sommer- oder Grünfutterzeit entwirft. Einen solchen Fütterungsplan nennt man Futtervoranschlag. Allerdings werden nicht selten Fälle eintreten, in welchen der Landwirt einen einmal aufgestellten Plan ändern muß; dies ist aber immerhin noch besser, als ohne jegliche Einteilung des Futters zu wirtschaften. Die Aufstellung eines solchen Futtervoranschlages hat auch den Vorteil, daß man schon rechtzeitig weiß, in welchem Umfange Kraftfuttermittel zuzukaufen oder Tiere auszumerzen sind. Auch ist man der Gefahr eines vorzeitigen Futtermangels weniger ausgesetzt.

Bei Aufstellung eines Futtervoranschlages ist zunächst die Dauer der beiden Hauptfütterungsperioden festzustellen. Im Mittel dürfte die Sommerfütterung etwa 155 Tage, die Winterfütterung daher etwa 210 Tage dauern. Legt man diese Mittelzahlen zu Grunde, so wird man, wenn die vorhandenen Futtermittel ihrem Gewicht nach bekannt sind, ohne Schwierigkeiten die täglich zu verabreichende Futterration berechnen können. Stets soll der Voranschlag so entworfen werden, daß womöglich ein Überschuß an Rauhfuttermitteln (Reservevorrat) bleibt, damit man nicht sogleich zu hohem Preise Futter zukaufen muß, wenn sich einmal die Winterfütterung länger als gewöhnlich hinausziehen oder eine schlechte Futterernte eintreten sollte.

Bei Berechnung des Futtervorrates für den Winter hat man auch zu beachten, daß das Futter durch Eintrocknen und Verstauben Verluste erleidet, welche bei Wiesenheu 10—15 %, Grummet 15—20 %, Rüben und Kartoffeln 8—10 % betragen können.

Beispiel eines Futtervoranschlags für die Winterfütterung.

Wenn 10 Kühe mit einem durchschnittlichen Lebendgewicht von 500 kg während des Winters vom 20. Oktober bis 10. Mai, also 210 Tage lang ernährt werden sollen und es sind nach Abzug des Futterbedarfs für andere Tiere (Pferde, Schafe, Kälber) und unter Berücksichtigung eines entsprechenden Reservevorrates folgende Futtermengen zur Verfügung:

210 Ztr. (105 dz) mittelgutes Wiesenheu,
105 „ (52,5 dz) gutes Rotkleeheu,
105 „ (52,5 dz) sehr gutes Sommerhalmstroh und
840 „ (420 dz) Futterrüben (große),

so gestaltet sich die Berechnung des zur Verfügung stehenden Futterquantums pro Stück und Tag folgendermaßen:

Wiesenheu $= \frac{21000}{10 \cdot 210} = 10$ Pfd. $= 5{,}0$ kg

Rotkleeheu $= \frac{10500}{10 \cdot 210} = 5$ Pfd. $= 2{,}5$ kg

Sommerhalmstroh $= \frac{10500}{10 \cdot 210} = 5$ Pfd. $= 2{,}5$ kg

Futterrüben $= \frac{84000}{10 \cdot 210} = 40$ Pfd. $= 20{,}0$ kg

Von diesem Futterquantum ist unter Zuhilfenahme der Futtermitteltabellen der Gehalt an Trockensubstanz, an verdaulichem Eiweiß und an Stärkewert zu berechnen. Sofern es sich um Fütterung von Milchvieh handelt, empfiehlt sich auch die Berücksichtigung des Fettgehaltes.

	Trockensubstanz Pfd.	Verd. Eiweiß Pfd.	Stärkewert Pfd.	Fett Pfd.
10 Pfd. mittelgutes Wiesenheu . . .	8,50	0,39	3,15	0,10
5 „ gutes Rotkleeheu, in der Blüte geschnitten	4,20	0,28	1,59	0,07
5 „ sehr gutes Sommerhalmstroh .	4,28	0,11	0,98	0,04
40 „ große Futterrüben	4,40	0,08	2,12	0,02
Summa	21,38	0,86	7,84	0,23
Für Kühe von 10 l täglichem Milchertrag sollen nach der Norm im Mittel gefüttert werden	26,00	1,80	10,50	0,50
Es fehlen somit	4,62	0,94	2,66	0,27

Obige Futtermischung enthält 20 Pfd. Rauhfutter, also eine völlig genügende Menge (Schwankungen für Rauhfutter von 12—20 Pfd. auf 1000 Pfd. Lebendgewicht zulässig). Im übrigen erweist sich jedoch die Futtermischung als durchaus ungenügend. Durch Zugabe von Kraftfutterstoffen kann nun eine Ergänzung dieses sogenannten **Grundfutters** erfolgen. Setzen wir noch 2 Pfd. feine Weizenkleie, 3 Pfd. getr. Biertreber und 3/4 Pfd. Erdnußkuchen (geschält) pro Kopf und Tag zu, so ist der Nährstoffgehalt der Tagesration folgender:

	Trockensubstanz Pfd.	Eiweiß Pfd.	Stärkewert Pfd.	Fett Pfd.
2 Pfd. Weizenkleie	1,75	0,17	0,97	0,06
3 „ getr. Biertreber	2,72	0,45	1,43	0,19
3/4 „ Erdnußkuchen	0,64	0,29	0,17	0,05
In der Zulage im ganzen	5,11	0,91	2,57	0,30
Dazu in den selbst erzeugten Futtermitteln	21,38	0,86	7.84	0,23
Zusammen	26,49	1,77	10,41	0,53

Das durch Zusatz obiger Kraftfuttermittel ergänzte Grundfutter entspricht nun annähernd der Futternorm. Die Kraftfutterstoffe spielen also bei der Fütterung eine ergänzend wirkende Rolle, ähnlich wie die Kunstdüngemittel bei der Düngung der Felder. Ohne Zusatz von Kraftfutter wäre in der Regel das Grundfutter, das wir in der Wirtschaft selbst gewinnen, zu arm an wichtigen Nährstoffen, besonders an Eiweiß und Fett, und die Nutzung der Tiere würde eine ungenügende sein, ganz abgesehen davon, daß der Dünger von mangelhaft ernährten Tieren weniger wertvoll ist als von reichlich gefüttertem Vieh.

Bei der Aufstellung des Futtervoranschlages ist die **richtige Wahl der zur Ergänzung des Grundfutters nötigen Kraftfutterstoffe** von besonderer Bedeutung. Hierbei ist zu beachten:

a) Welche Nährstoffe sind in dem Grundfutter hauptsächlich in zu geringer Menge vorhanden?
b) In welchen Kraftfuttermitteln erhält man jeweils die fehlenden Nährstoffe am billigsten?
c) Welchen besonderen Einfluß haben die in engere Wahl gezogenen Kraftfutterstoffe auf die Gesundheit und Nutzleistung der Tiere?

a) Welche Nährstoffe sind dem Grundfutter beizugeben?

In der Regel ist in dem Grundfutter zu wenig an Eiweiß und Fett enthalten, so daß man bei der Auswahl der Kraftfutterstoffe in erster Linie solche berücksichtigen muß, welche an Eiweiß und Fett reich sind. Es wäre z. B. ein Fehler, wollte man bei einem Grundfutter, dem hauptsächlich Eiweißstoffe und Fett fehlen, Roggenschrot oder **nur** Kleie zusetzen. Die Fütterung würde dadurch nicht nur teuer werden, sondern man würde auch eine Verschwendung an stickstoffreien Stoffen sich zuschulden kommen lassen.

b) Geldwertberechnung der Kraftfuttermittel.

Der Zentnerpreis der Futtermittel gibt keinen Maßstab für die Beurteilung der Preiswürdigkeit derselben ab, weil der Gehalt an Nährstoffen in den verschiedenen Kraftfuttermitteln ein sehr verschiedener ist. **Vielmehr ist dasjenige Futtermittel als das billigste zu betrachten, in welchem eine Nährwerteinheit am wenigsten kostet.**

Als **Nährwerteinheit** nehmen wir den Geldwert von 1 kg Stärkewert an. Der Geldwert von 1 kg verdaulichem Eiweiß entspricht gegenwärtig 1,599 Nährwerteinheiten.

Nach Berechnungen von O. Kellner betrugen zu Anfang dieses Jahres die Durchschnittspreise

für 1 kg	verdauliches Eiweiß	27,59 ₰
„ 1 „	Stärkewert	17,25 „

$$\text{Also ist 1 kg Eiweiß} = \frac{27,59}{17,25} = 1,599 \text{ Nährwerteinheiten.}$$

Da nun der Stärkewert des Eiweißes (S. 382) bereits im Stärkewert eines Futtermittels inbegriffen ist, so sind in den durch diesen gegebenen Nährwerteinheiten für jedes kg Eiweiß bereits 0,94 enthalten, so daß wir nur mehr 1,599 − 0,94 = 0,659 oder rund $^2/_3$ Nährwerteinheiten für jedes kg Eiweiß anzurechnen haben. **Die Summe der Nährwerteinheiten eines Futtermittels findet man demnach, wenn man $^2/_3$ der**

Zahl für den prozentischen Eiweißgehalt zu der Zahl für den prozentischen Gehalt an Stärkewert addiert.

Dividiert man den Preis eines Futtermittels durch diese Summe, so erhält man den Preis für eine Nährwerteinheit.

Beispiel:

100 kg getrocknete Biertreber sollen 15,0 kg verdauliches Eiweiß und 47,8 kg Stärkewert enthalten.

15 kg verdauliches Eiweiß	15 × 2/3	= 10	Nährwerteinheiten
47,8 „ Stärkewert		= 47,8	„
	Summa	= 57,8	Nährwerteinheiten

Kosten 100 kg Biertreber 11,60 ℳ, so kommt eine Nährwerteinheit auf $\frac{1160}{57,8} = 20$ ₰ zu stehen.

c) Einfluß der Kraftfutterstoffe auf Gesundheit und Nutzleistung.

Es muß eindringlich davor gewarnt werden, den Preis einer Nährwerteinheit ausschließlich für die Bewertung der Kraftfuttermittel zu Grunde zu legen; mindestens ebenso wichtig ist der Einfluß derselben auf den Gesundheitszustand und die Nutzleistung der Tiere. Die Kraftfutterstoffe müssen von frischer, guter Beschaffenheit sein, dagegen sollen diejenigen, welche irgendwie in ihrer Qualität geschädigt sind, nur mit großer Vorsicht oder überhaupt nicht mehr zur Verfütterung Verwendung finden. Man kaufe deshalb nur gegen Gehaltsgarantie frische, tadellose Ware und versäume nicht, eine Untersuchung bei einer Versuchsstation ausführen zu lassen. Hat man diese Vorsicht geübt, so wird man auch selten nachteilige Folgen für die Gesundheit der Tiere wahrnehmen, selbst wenn man diese Futtermittel in etwas größeren Gaben verabreicht. Dies gilt insbesondere bezüglich der Verwendung von Kraftfuttermitteln für Masttiere und auch für Milchkühe, namentlich wenn letztere bloß abgemolken und dann fett gemacht werden. Bei Jungvieh, hochtragenden und säugenden Tieren ist bei Verabreichung von Kraftfutterstoffen mehr Vorsicht geboten. Bei letztgenannten Tiergattungen sehe man nicht zu sehr auf die Billigkeit der Nährstoffe, sondern wähle vielmehr diejenigen Futtermittel aus, welche in gesundheitlicher Hinsicht einen Vorzug verdienen, z. B. unter den Ölkuchenarten entschieden die Leinkuchen.

Manche Futtermittel zeigen besondere Nebenwirkungen, welche bei der Wertschätzung und Auswahl der Kraftfuttermittel gleichfalls berücksichtigt werden müssen.

3. Allmählicher Futterübergang.

So sehr man bestrebt ist, die Tiere gleichmäßig zu ernähren, so läßt es sich doch zuweilen nicht vermeiden, Futterübergänge vorzunehmen, sei es im Frühjahr bei dem Übergang von der Trockenfütterung zum Grünfutter oder im Herbst bei dem Übergang zur Dürrfütterung. Solche Übergänge sind ganz allmählig zu bewerkstelligen und sollen mindestens zwei Wochen dauern. Schneller Übergang verursacht Krankheiten und erheblichen Rückschlag in der Nutzung.

4. Ordnung, Pünktlichkeit und Reinlichkeit bei der Fütterung.

Die Beachtung von Ordnung, Pünktlichkeit und Reinlichkeit bei der Fütterung landwirtschaftlicher Nutztiere ist nicht nur bei Pferden von ganz augenfälligem Erfolge, sondern spielt auch bei allen anderen Nutztierarten eine bedeutsame Rolle. Das tägliche Futter sollen die Tiere immer zu bestimmter Zeit erhalten; sie gewöhnen sich an die Futterzeiten und werden unruhig, wenn diese nicht eingehalten werden. Unregelmäßige, vom Zufall abhängige Futterzeiten sind das Zeichen einer schlechten Wirtschaft. Die Anzahl der Futterzeiten richtet sich nach der Tierart, dem Nährzwecke und der Beschaffenheit der Futtermittel. Drei Mahlzeiten genügen für Wiederkäuer und Pferde, während man für Ferkel und säugende Mutterschweine, auch für Mastschweine gern 4—5 Mahlzeiten einhält. Das Futter einer Mahlzeit wird bei Pferden und Rindvieh in mehreren Portionen verabreicht, wobei die folgende Portion erst dann vorgelegt wird, wenn die vorhergehende vollständig verzehrt ist. Zuerst verabfolgt man in der Regel das kurze und zuletzt das lange Futter (Heu, Stroh). Auf sorgfältigste Reinhaltung der Krippen und Futtergefäße ist zu achten, besonders bei Verabreichung solcher Futterstoffe, die zum Sauerwerden und zur Schimmelbildung geneigt sind.

VI. Besondere Tierzuchtlehre.

A. Rindviehzucht.

1. Die wichtigsten deutschen Rindviehschläge

unter besonderer Berücksichtigung der bayerischen sind folgende:

1. Gebirgs- und Höhenschläge.

a) Großes Fleckvieh der Schweiz (Simmentaler), mit hellem Pigment.

Dasselbe zeichnet sich durch Größe, bedeutendes Körpergewicht, rasches Wachstum bei guter Ernährung, gute Mast- und Zugfähigkeit sowie durch befriedigende Milchproduktion aus. Der Farbe nach sind diese Rinder vorwiegend gelbscheckig, seltener rotscheckig. Die Köpfe sind vielfach weiß oder gefleckt. Der Kopf der Simmentaler ist kurz und breit, die Hornspitzen und Klauen sind gelb; das Flotzmaul, die Zunge und der Gaumen sind blaßrot, der Hals ist kräftig und mit gut ausgebildetem Triel versehen. Stock und Rücken sind eben und breit. Nicht selten ist das Kreuz etwas überbaut und der Schweifansatz hoch. Die Brust ist breit, die Rippen sind gut gewölbt; der Rumpf ist schlank. Die Beine sind sehr kräftig; öfters jedoch findet man ein steiles Sprunggelenk, dagegen sind die Milchzeichen häufig nur mäßig entwickelt. Schwarze Flecken am Flotzmaul, am Gaumen, an der Zunge und an den Klauen sowie schwarze Hornspitzen sind als ein Zeichen unreiner Rasse anzusehen. Braune Farbe des Flotzmauls oder braune Flecken (Leberflecken) auf demselben sind dagegen nicht fehlerhaft.

Simmentaler Vieh wird vielfach dazu verwendet, verschiedene mangelhaft gebaute und spätreife Landschläge hinsichtlich ihrer Größe, Form und Wüchsigkeit zu verbessern.

Die in Bayern vorkommenden und durch Kreuzung mit Simmentaler-Blut entstandenen großen Fleckviehschläge sind:

1. Das oberbayerische Alpenfleckvieh (Miesbach-Tegernseer Vieh) in der Gegend von Miesbach, Tegernsee, Tölz und Aibling. Der Sitz des Zuchtverbands befindet sich in Miesbach. Dieser Schlag ging durch fortgesetzte Kreuzung des früheren einheimischen Gebirgsviehs mit Original-Simmentaler Blut hervor und steht bereits dem Original-Simmentaler Vieh sehr nahe. Die ersten Simmentaler wurden vor etwa 50 Jahren aus der Schweiz nach Gmund am Tegernsee eingeführt. Das oberbayerische Alpenfleckvieh genießt wegen seiner Reinblütigkeit und seiner hervorragenden Eigenschaften einen sehr guten Ruf und wird innerhalb und außerhalb Bayerns zur Verbesserung von Landschlägen und zur Reinzucht benützt.

Fig. 223. Simmentaler Kuh.

2. Das Fleckvieh in Mittelfranken (Ansbach-Triesdorfer Vieh). Es ging aus einer Kreuzung des dortigen Landviehs mit Holländern, Ostfriesen und Simmentaler Vieh hervor. Es ist gelb- oder rotscheckig oder getigert, selten weiß mit gelbem oder rotem Kopf (Mohren) und findet sich in der Gegend von Ansbach, Hersbruck, Nürnberg und Dinkelsbühl. Soweit bei diesem Schlag das Simmentaler Blut in den Vordergrund trat, wurde zwar die Raschwüchsigkeit gefördert, die Milchergiebigkeit dagegen beeinträchtigt. Die Zugleistung dieser Tiere ist sehr gut, Milch- und Fleischproduktion sind ebenfalls sehr befriedigend. Schwarze Hornspitzen und Klauen sind keine Fehler.

Der Sitz des Zuchtverbands ist Ansbach.

3. Das Bayreuther Scheckvieh (die oberfränkischen Schecken) in der größeren östlichen Hälfte von Oberfranken. Es entstand durch Kreuzung des ehemaligen oberfränkischen, roten Landviehs mit Simmentaler Blut. Letzteres

wiegt in vielen Gegenden des Verbreitungsgebiets vor. Die Zugtauglichkeit und Raschwüchsigkeit wird sehr gelobt.

Sitz der Herdebuchgesellschaft ist Bayreuth.

4. Das Fleckvieh in Schwaben in der nördlichen Hälfte des Regierungsbezirks Schwaben und Neuburg.

Dieser Schlag ist aus einer Kreuzung des dortigen Landviehs mit Simmentaler Stieren entstanden.

Sitz des Zuchtverbands ist Donauwörth.

5. Auch die Landschläge vom ober- und niederbayerischen Flachland, vom bayerischen Wald, vom unteren Maintal und von der Vorderpfalz haben sich in den letzten Jahrzehnten durch Beimischung von großem Fleckvieh und Original-Simmentaler Vieh vielfach nicht unwesentlich in ihren Formen verbessert. Der Sitz des Zuchtverbands für Fleckvieh in Niederbayern ist Landshut, für das Fleckvieh in Unterfranken Aschaffenburg und für das Fleckvieh in der Pfalz Landau.

6. Das oberbadische Höhenfleckvieh. (Meßkircher und Baaremer Rind.) Das oberbadische Vieh ist vor ca. 70 Jahren entstanden durch eine Kreuzung des dortigen Landviehs mit Simmentaler Tieren.

Das oberbadische Vieh ist vorwiegend gelb- oder falbscheckig, bisweilen auch gelb mit weißen Abzeichen. Es sind schwere Tiere mit guten Formen, feinen Knochen und kombinierter Leistung. Die Heimat ist der südliche Teil von Baden.

7. Das württembergische Fleckvieh. In Farbe, Größe und Gestalt ist es dem oberbadischen Fleckvieh ähnlich. Es eignet sich ebenfalls für kombinierte Leistungen, jedoch mit besonderer Berücksichtigung von Milchproduktion.

b) Gelbe einfarbige Höhenschläge.

1. Das gelbe Frankenvieh.

a) In Mittelfranken in der Gegend von Weißenburg in Bayern, Ellingen und Pappenheim. (Ellinger Vieh.)

Es ist aus einer Kreuzung des dortigen Landviehs mit Allgäuer und Schwyzer Vieh entstanden. Das Ellinger Vieh ist einfarbig gelb. Dunkle Färbung des Flotzmauls, dunkle Hornspitzen und Klauen sind sehr häufig zu finden.

Die verschiedenen Nutzungseigenschaften sind bei diesem Viehschlag gleich gut ausgebildet.

Seit neuester Zeit wird zur Verbesserung des Ellinger Viehs gelbes Frankenvieh von Unterfranken verwendet.

b) In Mittel- und Oberfranken in der Gegend von Uffenheim, Neustadt a. Aisch und Bamberg. Die Tiere sind einfarbig erbsengelb. Schwarze Hornspitzen sind zulässig, dagegen muß das Flotzmaul fleischfarbig sein. Sie zeichnen sich durch Gängigkeit aus. Milch- und Fleischproduktion befriedigen. (Scheinfelder Vieh.) Es hat jetzt meistens den Charakter des übrigen gelben Frankenviehs.

c) In ganz Unterfranken mit Ausnahme der westlichen Bezirke. Die Farbe ist rotgelb oder erbsengelb bisweilen sind weiße Abzeichen vorhanden; Hornspitzen und Flotzmaul sind hell, doch schließen dunkle Hornspitzen nicht aus. Durch Einmischung von einfarbigem Simmentaler Blut, Verbesserung der Aufzucht, Zuchtstierhaltung 2c. wurden die Formen wesentlich verbessert. Die Zugtauglichkeit ist berühmt, die übrigen Nutzungen dagegen treten etwas zurück.

Der Sitz des Zuchtverbands für das gelbe Frankenvieh, Abteilung Mittelfranken, ist in Gunzenhausen, der Abteilung Oberfranken in Bamberg und der Abteilung Unterfranken in Würzburg.

2. Das Glan-Donnersberger Vieh.

Das Glan-Donnersberger Vieh in der nordwestlichen und nördlichen Rheinpfalz, z. B. im Glantal und in der Umgebung des Donnersbergs und von Kaiserslautern. Die Tiere sind hellgelb; sie zeichnen sich durch gute Milchergiebigkeit, gute Fleischqualität und gute Zugleistung aus und sind dadurch für den Kleinbesitz ganz besonders wertvoll.

Der Sitz des Zuchtverbands ist Kaiserslautern.

3. Limpurger Schlag.

Verbreitet in den württembergischen Oberämtern Schwäbisch-Gmünd, Gaildorf und Aalen.

Die Farbe ist hellgelb bis rotgelb, in der Regel heller an der Innenseite der Gliedmaßen und am Bauch. Klauen und Hörner sind gelblich. Es sind mittelgroße bis kleine Tiere; zur Arbeit, Milchleistung und Mast geeignet und besonders für kleinbäuerliche Verhältnisse zu empfehlen.

c) Graubraunes Gebirgsvieh.

1. Allgäuer Schlag (Fig. 224)

im mittleren und südlichen Teil des Kreises Schwaben. Der Sitz der Allgäuer Herdebuchgesellschaft ist Immenstadt. Der Allgäuer Schlag ist sehr milchreich, in der Fleisch- sowie Kraftproduktion aber nur mittelgut. In neuerer Zeit

Fig. 224. Allgäuer Kuh.

hat die Zucht des graubraunen Gebirgsviehs sehr wesentliche Fortschritte gemacht, insbesondere durch die Einfuhr von Original-Schwyzer Vieh.

Die Farbe dieser Tiere ist meistens rehbraun, graubraun und gelbgrau. Hornspitzen, Klauen und Flotzmaul sind dunkelgrau bis schwarz gefärbt. Heller Maulring und Aalstrich auf dem Rücken sind öfters sehr charakteristische Merkmale. Kleine weiße Flecke an der Unterseite von Brust und Bauch sind zulässig. Der Kopf ist kurz, der Stirnteil jedoch lang; der Hals ist kurz und besitzt bei vielen Tieren eine sehr feine, gefaltete Haut. Der Rumpf ist gedrungen, die Rückenpartie gerade, die Brust breit, die Gliedmaßen sind kurz und stämmig. Das Milcherträgnis ist sehr günstig, bei sehr guten Kühen 3500 bis 4000 Liter Milch jährlich.

2. Das graue und braune Vieh im Württemberger Allgäu.

Im württembergischen Allgäu verbreitet. Dem Allgäuer Vieh in den Eigenschaften gleich. Die Milchleistung ist sehr gut.

3. Murnau-Werdenfelser Schlag.

Verbreitet in der Gegend von Weilheim, Murnau und Partenkirchen in Oberbayern.

Farbe hell rostgelb, ins Graue spielend; Nasenspiegel schieferfarbig, Hornspitzen und Klauen schwarz. Die Tiere sind meist klein, mit guter Milchleistung und sehr genügsam. Seit neuerer Zeit fast allgemein durch Einfuhr von graubraunem Gebirgsvieh verbessert.

Der Sitz des Zuchtverbands ist Weilheim.

d) Einfarbig rotes und rotbraunes Vieh des Höhenlandes.

1. Voigtländer Schlag (bayerisches Rotvieh).

Die Heimat dieses Schlags ist hauptsächlich der Nordosten der Oberpfalz, besonders der Bezirk Neustadt a. W.-N. Der Sitz des Zuchtverbands befindet sich in Weiden. Ebenso ist in Weiden der Sitz der Zuchtverbände für die Züchtung des Fleckviehs der Oberpfalz und des Kelheimer Viehs.

Die Tiere sind einfarbig rot, hellrot bis schwarzbraun, die Schwanzquaste ist mit hellen Haaren gemischt, der Nasenspiegel ist fleischfarben, die Hornspitzen und Klauen sind jedoch dunkel. Der Kopf ist kurz, der Hals dünn. Die Knochen sind fein, die Gliedmaßenstellung ist gut. Das bayerische Rotvieh zeichnet sich durch sehr große Genügsamkeit, sehr günstige Zugleistung und vorzügliche Fleischqualität aus.

2. Vogelsberger Schlag

in Oberhessen und in den benachbarten Ländern. Einfarbig rot bis braunrot ohne weiße Flecken und schwarzes Pigment. Es sind kleine bis mittelgroße Tiere mit kombinierter Leistung. Passend für kleine Wirtschaften.

Sehr ähnlich dem Vogelsberger Vieh ist das Harzer Vieh, das zu den mittelgroßen Schlägen zählt und als Arbeitsvieh geschätzt ist.

e) Rot- und Braunblässen.

1. Kelheimer Schlag

in der südwestlichen Oberpfalz und im südöstlichen Mittelfranken, er besitzt eine rote Farbe mit Bläße auf Stirn und Nase (Kelheimer Blässen). Nasenspiegel,

Hornspitzen und Klauen sind schwarz. Es ist ebenfalls sehr genügsam. Die Fleischfaser ist sehr fein, die Milchproduktion mittelgut.

Sitz des Zuchtverbands ist, wie schon erwähnt, Weiden.

2. Westerwälder Schlag

im Westerwald (Rheinprovinz und Hessen-Nassau). Farbe braunrot bis rotbraun mit Blässe und weißer Schwanzquaste. Flotzmaul fleischfarben, Hörner und Klauen gelb. Klein bis mittelschwer, sehr arbeitsfähig.

f) Pinzgauer Vieh.

Dasselbe wird im südöstlichen Bayern gezüchtet. Der Sitz des Verbands für Reinzucht des Pinzgauer Rindes ist Traunstein.

Die Farbe des Pinzgauer Viehs ist rotbraun bis braungelb, kirsch- und kastanienbraun mit weißem Kreuz und Bauch sowie weißen Abzeichen am Vorarm und Unterschenkel (Schenkelbinden) und weißgelber Schwanzquaste. Zu viel Weiß ist beim Bullen ein Fehler. Hornspitzen und Klauen sind braun. Der Nasenspiegel ist fleischfarben oder bräunlich.

Der Körper ist gedrungen, die Gliedmaßen sind kräftig und die Milchzeichen sehr gut ausgeprägt. Die Milchergiebigkeit ist bedeutend. Auch die Mastfähigkeit und Zugleistung wird sehr geschätzt.

Das Fleisch zeichnet sich durch eine sehr feine Fleischfaser aus. Die Pinzgauer sind im allgemeinen schwere bis mittelschwere und sehr gängige Tiere. Pinzgauer Zugochsen werden hoch geschätzt und sehr gut bezahlt.

g) Kleines geflecktes oder rückenblässiges Höhenvieh.

Der Vogesenschlag

in der südlichen Hälfte des Vogesengebirgs. Meistens Schwarz-Rückenschecken. Sie sind klein bis mittelgroß und spätreif, aber sehr milchreich und ausdauernd in der Arbeit.

2. Tieflandschläge.

Kopf lang und schmal, Hörner nach vorwärts gerichtet, der Triel (Wamme) ist fein und beginnt erst an der Unterbrust. Hals verhältnismäßig lang und schmal. Rückenpartie in der Regel gerade, Becken meistens breit, lang und eben, Schweif tief angesetzt. Haut und Knochen fein, Milchzeichen sehr gut entwickelt. Milch- und Fleischproduktion sehr gut, Zugleistung mittelmäßig. Heimat: Norddeutsche Tiefebene an der Nord- und Ostsee sowie Holland.

a) Schwarzbunte Tieflandschläge.

Bunter ostfriesischer Marschschlag.

Schwarzbunt oder rotbunt, selten weißbunt. Kräftige allgemeine Körperbeschaffenheit. Milchergiebig und mastfähig. Heimat: Ostfriesland. — Hieher gehört auch das schwarzbunte Tieflandvieh von Ost- und Westpreußen.

b) Rotbuntes holsteinisches Vieh.

Breitenburger Schlag.

Rotbunt, jedoch rot vorherrschend, Schwanzquaste weiß. Mittelschwerer Milch-Fleischschlag. Heimat: Holstein.

c) Rotes schleswigsches Milchvieh.

Einfarbig hell- oder dunkelbraunrot. Hohe Milchleistung bei mittlerem Körpergewicht. — Angler Vieh.

d) Schlesisches Rotvieh.

Einfarbig rot, bald heller, bald dunkler. Großer anspruchsloser Rindviehschlag mit kombinierten, nach verschiedenen Richtungen gehenden Leistungen.

3. **Shorthorns.**

Braunrot mit weißem Bauch oder Rotschimmel. Bei großer Körperschwere sind sie frühreif und mastfähig; Milchleistung meist mittelmäßig. Die Shorthorns kommen rein gezüchtet in Deutschland selten vor. In Holstein und in anderen Landstrichen Norddeutschlands werden sie zur Verbesserung der Tieflandschläge verwendet. — Auf der Sickingerhöhe in der Pfalz vorhanden.

2. **Die Zucht des Rindes** (Auswahl, Paarung und Aufzucht).

Die Zucht des Rindes hat in den letzten Jahrzehnten eine ganz ungewöhnliche Bedeutung in der Landwirtschaft erlangt.

Eine rationelle Viehhaltung verschafft dem Landwirt sehr beachtenswerte Einnahmen. Soll aber ein entsprechender Gewinn erzielt werden, dann ist es notwendig, bei der Auswahl der männlichen und weiblichen Zuchttiere, bei der Aufzucht, Fütterung und Haltung der Tiere in richtiger und zweckentsprechender Weise zu verfahren. Dabei wäre hauptsächlich folgendes zu beachten:

Kalbinnen werden je nach dem Grade ihrer Entwicklung im Alter von $1^3/_4$—2 Jahren zur Zucht verwendet, wenn sich bei ihnen die Brunst regelmäßig und heftig äußert. Wartet man bei Kalbinnen, die Neigung zum Fettwerden haben, zu lange mit der Paarung, so werden sie häufig nicht mehr trächtig.

Nehmen Kalbinnen bereits mit $1^1/_4$ Jahr oder noch früher auf, so führt dies zu schweren und unglücklichen Geburten.

Fette Kalbinnen und Kühe, die nicht aufnehmen wollen, soll man mäßiger füttern und ihnen viel Bewegung durch Weidegang oder Einspannen verschaffen.

Sind die Tiere trächtig geworden, so rindern sie gewöhnlich nicht mehr, sie werden ruhiger und der Appetit steigert sich. Später stellt sich eine Umfangsvermehrung des Hinterleibes ein. Mit etwa 7 Monaten kann man die Bewegungen des Kalbes auf der rechten Bauchseite wahrnehmen und das Kalb selbst durch vorsichtiges Drücken auf der rechten Bauchseite fühlen.

Hie und da kommt es vor, daß trächtige Kühe oder Kalbinnen am Ende der Trächtigkeit nicht mehr gut aufstehen können. Man bezeichnet diesen Zustand als Festliegen. (Siehe Tierärztliche Nothilfe.)

Trächtigen Kühen und Kalbinnen soll man etwas Bewegung verschaffen. Schonendes Einspannen ist ihnen förderlich. Auch der Weidegang wäre zweckmäßig; er darf aber die Tiere nicht zu sehr anstrengen. Je mehr die trächtigen Tiere regelmäßig sich bewegen können, desto leichter und glücklicher geht in der Regel die Geburt von statten.

Die Kühe sollen ungefähr 6 Wochen vor dem Kalben trocken stehen; das sog. Durchmelken führt zur Entkräftung der Tiere.

Zweckmäßig ist es, bei Kalbinnen während der Trächtigkeit das Euter öfters zu berühren, damit sie sich leichter an das Saugen der Kälber und an das Melkenlassen gewöhnen.

Die Kühe kalben in der Regel in der 42. Woche. Naht die Geburt, so sinkt die Umgebung der Schweifwurzel ein, der Bauch der Tiere senkt sich etwas und das Euter schwillt an.

Kurze Zeit vor der Geburt geht aus dem Wurf zäher Schleim ab. Sobald die Geburt beginnt, fangen die Tiere an zu drängen. Sie werden unruhig, legen sich nieder, springen wieder auf und setzen Urin oder Mist ab.

Bei rasch verlaufenden Geburten erscheint bald eine blaue oder rötliche Wasserblase in der Wurfspalte. Platzt diese, dann kommen bei normal verlaufenden Geburten die Füße und der Kopf des Kalbes sehr bald zum Vorschein.

In diesem Stadium der Geburt stehen die Kühe in der Regel nicht mehr auf. Sie drängen dann mit Unterbrechungen stark während des Liegens. Auf diese Weise wird allmählich das Kalb ausgepreßt.

Springt die Kuh nach dem Gebären wieder auf, so wird die Nabelschnur, welche das Junge noch mit dem Muttertier verbindet, abgerissen. Bei rasch verlaufenden Geburten kann das Kalb bereits in $^1/_4$—$^1/_2$ Stunde nach dem Auftreten stärkerer Wehen geboren sein. In vielen Fällen dauert es aber eine oder mehrere Stunden, bis die Geburt vorüber ist.

Zuweilen stirbt das Junge im Mutterleibe ab und wird im unentwickelten Zustande geboren. Man bezeichnet diesen Vorgang als Verwerfen.

Bei Frühgeburten kommen die Jungen vor Ablauf der Trächtigkeit zur Welt. Sie sind zwar lebensfähig, jedoch nur ausnahmsweise zur Aufzucht geeignet.

Verwerfen und Frühgeburten bringen großen Schaden. Die Nachzucht geht verloren, die Nachgeburt geht nicht regelmäßig ab und der Milchertrag vermindert sich. Der größte Schaden entsteht aber dadurch, daß die Tiere, welche verworfen haben, nicht mehr zur rechten Zeit trächtig werden.

Es ist daher bei trächtigen Tieren alles zu vermeiden, was das Verwerfen begünstigen könnte. Aus diesem Grunde gebe man den trächtigen Tieren kein zu kaltes Getränk (nicht unter 9° C), keine zu kalten Hackfrüchte und kein gefrorenes oder bereiftes Futter. Man lasse die Tiere nicht auf bereifte Weiden. Schädlich ist auch das Überfressen mit Klee.

Gefährlich sind ferner für hochträchtige Tiere Schläge und Stöße auf den Bauch, Anstoßen an den Stalltüren, Niederstürzen, Ausgleiten auf glattem Pflaster. Verwerfen kann außerdem hervorgerufen werden durch Verabreichung von Futtermitteln, die von Mutterkorn befallen oder verdorben sind.

Das Verwerfen kann auch seuchenartig auftreten. Dasselbe wird in diesem Falle durch einen kleinen Pilz verursacht. Bei dem seuchenartigen Verwerfen muß man durch sorgfältigste Reinigung des Stalles und durch Ausspritzungen der Scheide des Muttertiers den Ansteckungsstoff zu vernichten suchen, wozu aber sachverständiger Beirat zu erholen ist.

Sehr wichtig ist es auch, die totgeborenen Kälber und die faule Nachgeburt so bald als möglich aus dem Stalle zu entfernen, einzugraben und die verunreinigten Plätze im Stall mit Kreolin- oder Eisenvitriollösung zu waschen.

Da nicht selten die Stiere Träger des Ansteckungsstoffes sind, so wäre auch für eine entsprechende Ausspülung des Schlauches der Stiere zu sorgen.

Gibt eine trächtige Kuh, deren Milch fast versiegt ist, plötzlich größere Mengen Milch, so ist anzunehmen, daß das Junge abgestorben ist und bald das Verwerfen eintritt.

Bei leichteren Geburten sollte eine Hilfe nicht notwendig werden. Bei schwereren Geburten verfahre man so, wie dies bei dem Abschnitt über Geburtshilfe angegeben ist.

Ist das Kalben vorüber, bleiben aber die Muttertiere noch längere Zeit liegen, dann treibe man sie auf, besonders aber bei starkem Drängen. Wird dies unterlassen, so entsteht nicht selten ein gefährlicher Tragsackvorfall.

Das Kalb soll man nach der Geburt der Kuh zum Ablecken bringen. Durch das Ablecken wird das Junge zu energischem Atmen angeregt. Ist das Kalb bereits trocken geworden, dann entferne man dasselbe. Der Kuh kann man hierauf eine kleine Quantität lauwarmen Trank oder etwas Heu verabreichen.

Sollte das Kalb scheintot sein, so gieße man etwas kaltes Wasser über den Rücken oder in die Flanken. Hierdurch werden in den meisten Fällen kräftige Atmungsbewegungen veranlaßt; noch besser macht man künstliche Atmungsbewegungen.

Man füttere die Kühe in der letzten Zeit vor dem Kalben und einige Tage nachher nicht zu reichlich, da durch eine zu kräftige Fütterung das Auftreten des Kalbefiebers (Milchfieber) begünstigt werden kann. Einige Tage nach dem Abkalben darf man die Tiere zur Steigerung des Milchertrags besser füttern.

Sind die Kühe beim Kalben sehr matt geworden, so schütte man ihnen einen Viertelliter Schnaps mit etwas Wasser verdünnt, einen Liter Warmbier oder einen halben Liter warmes Zuckerwasser ein.

Sollte die Nachgeburt nicht gleich nach der Geburt abgehen, drängen die Tiere sehr stark, so ist ihnen eine Vorfallbandage anzulegen, damit kein Tragsackvorfall entstehen kann.

Diese Gefahr ist am größten während der ersten 6—10 Stunden. Deshalb sind Kälberkühe während dieser Zeit nicht lange aus dem Auge zu lassen.

Sollten in einem Stalle Fälle von Kälberlähme schon vorgekommen sein, so wasche man den Nabel des Kalbes mit ½prozentiger Kreolinlösung und bepinsle ihn mit Kollodium (täglich einmal) mehrere Tage hintereinander.

Sobald das Kalb stehen kann, bringe man es zum Saugen zur Kuh.

Die erste Milch (Biestmilch) darf dem Kalb nicht vorenthalten werden. Sie wirkt abführend und löst deshalb das Darmpech.

Die Kälberställe müssen mit großer Sorgfalt rein gehalten werden. Man beseitige den Dünger täglich aus den Buchten, besonders aber dann mit großer Sorgfalt, wenn die Kälber an Durchfall leiden.

Bewegung in einem Laufstalle ist für Kälber vorteilhaft.

Das Futter sollen die Kälber aus niedrigen, höchstens 50 cm hohen Futtertrögen aufnehmen. Bei fortgesetzter Aufnahme desselben mit gestrecktem Halse aus hohen Krippen können die Tiere leicht senkrückig werden. Raufen sollten in keinem Kälberstall vorhanden sein.

Bei der Verwendung der Kälber zur Zucht ist ihnen wenigstens 6 bis 8 Wochen lang Vollmilch zu verabreichen. In den ersten Wochen genügen etwa 5—6 Liter pro Tag, später etwa 10—12 Liter. Die Kälber kann man an den Müttern aufsäugen oder aus dem Kübel tränken. Das Tränken aus dem Kübel ist viel rationeller, es empfiehlt sich aber nur dann, wenn große Sorgfalt und Reinlichkeit beobachtet wird. Geschieht dies nicht, so sind Erkrankungen und schlechtes Gedeihen der jungen Tiere zu befürchten. Bei dem Tränken aus dem Kübel kann man den Tieren stets die richtige Menge Milch zuteilen, auch das Abgewöhnen verursacht weniger Schwierigkeiten. Schon mit 14 Tagen bis 3 Wochen beginnen die Kälber etwas Heu aufzunehmen und wiederzukauen.

Das Abgewöhnen hat bei Kälbern ganz allmählich zu erfolgen. Hierbei wird ihnen täglich an der Vollmilch etwas abgezogen und dafür erwärmte süße Magermilch gegeben. Der Ausfall an Fett kann durch gekochten oder geschroteten Leinsamen, den man in die Milch rührt, ersetzt werden. Die Leinsamenmengen sind anfänglich zur Vermeidung von Durchfällen ganz gering zu bemessen. Sind die Kälber etwas älter geworden, so soll man den Leinsamen durch Leinkuchen oder Leinmehl ersetzen. Ein hervorragendes Kraftfutter ist Haferschrot. An Rauhfutter ist den Tieren Heu bester Qualität und Grummet zu verabfolgen. Grummet wird den Kälbern nur dann Schaden bringen, wenn dieselben noch sehr jung sind und dieses Futter außerordentlich reich an Nährstoffen ist. Bei zunehmendem Alter empfiehlt sich als Beifutter die Verabreichung von Malzkeimen, Bohnenschrot, Ölkuchen und frischen Molkereiabfällen. Ist das Rauhfutter auf mageren Böden gewachsen und infolgedessen arm an phosphorsaurem Kalk, so streue man den Kälbern täglich einen guten Kaffeelöffel voll Futterknochenmehl trocken in den Barren oder unter das Futter.

Im Anfange genügt bei Kälbern 1/4—1 Kilogramm Kraftfutter. Später sind diese Quantitäten beträchtlich zu steigern.

Die Anschauung, das Kälberfleisch müsse nach dem Abgewöhnen verschwinden, ist eine ganz irrige. Verlieren Kälber während des Abgewöhnens viel an Gewicht, so ist meistens anzunehmen, daß grobe Fehler in der Fütterung gemacht werden, die abzustellen sind.

Sollten die Kälber während des Abgewöhnens erkranken und sich Durchfälle einstellen, so ist ihnen bis zur völligen Genesung Vollmilch zu reichen oder die Tiere sind wieder an die Mutter zu bringen.

Im ersten Lebensjahre sind die Kälber möglichst kräftig zu ernähren; im zweiten Jahre genügt eine etwas weniger nährstoffreiche Fütterung, da ein zu frühes Fettwerden vermieden werden muß. Letzteres gilt insbesondere für zukünftiges Milch- und Arbeitsvieh. Zukünftiges Mastvieh soll behufs Ausbildung guter Mastfähigkeit etwas reichlicher ernährt werden. Die Fütterung des Jungviehs erfolgt daher zweckmäßig ungefähr nach folgenden Normen pro 1000 kg Lebendgewicht.

1. Zukünftiges Milch- und Arbeitsvieh.

Alter in Monaten	Lebendgewicht kg	Trs kg	Verdaul. Eiweiß kg	Stärkewert kg	Fett kg
2—3	70	22	3,4	18,6	2,0
3—6	140	24	2,8	15,0	1,0
6—12	230	26	2,2	12,2	0,6
12—18	320	26	1,8	10,3	0,4
18—24	400	26	1,3	8,8	0,3

2. Zukünftiges Mastvieh.

Alter in Monaten	Lebendgewicht kg	Trs kg	Verdaul. Eiweiß kg	Stärkewert kg	Fett kg
2—3	75	23	4,5	19,0	2,2
3—6	150	24	3,4	17,2	1,5
6—12	250	26	2,7	14,4	0,8
12—18	350	26	2,1	11,5	0,5
18—24	425	26	1,6	10,0	0,4

Kommen die Kälber im ersten Sommer auf die Weide, dann sind ihnen Zulagen von Kraftfutter zuträglich. Außerdem gebe man ihnen noch morgens und abends gutes Heu.

Die Kälber soll man auch wiederholt in der Woche mit Stroh oder mit einer Bürste abreiben.

Vor dem Abgewöhnen kann man die Stierkälber kastrieren lassen. Es können aber männliche Rinder auch noch in höherem Alter ohne besondere Gefahr verschnitten werden. Bei sehr frühzeitiger Kastration der Stierkälber bekommen die Ochsen einen mehr weiblichen Typus. Die Köpfe derselben werden länger und das Hinterteil entwickelt sich sehr in die Breite. Bei spät kastrierten Stieren wird aber die Brust breiter und der Kopf behält mehr den männlichen Charakter.

Zur guten Ausbildung der Kälber ist eine reichliche Bewegung im Freien neben kräftiger Nahrung unbedingt notwendig.

Im Alter von ½ Jahr sind die männlichen Rinder von den weiblichen zu trennen.

In Bayern sucht man die einzelnen Viehschläge u. a. durch Einrichtung von Zuchtverbänden, Zuchtgenossenschaften (Stammzuchtvereinen, Züchtervereinigungen), durch Anlage von Herdebüchern, durch Errichtung von Zuchtstationen und Jungviehweiden sowie Einfuhr von edlem männlichen und weiblichen Zuchtmaterial zu heben und zu verbessern.

Die in Bayern vom Staate ausschließlich zur Hebung der Viehzucht aufgestellten Organe sind: der Kgl. Landesinspektor für Tierzucht und die Kgl. Tierzuchtinspektoren; im Herbst 1906 waren im ganzen 17 Inspektoren und 4 Assistenten angestellt. Diese haben in erster Linie ihre Tätigkeit dem Zuchtverbande, bei welchem sie aufgestellt sind, zu widmen; daneben haben sie jedoch auch auf Hebung der Kleinviehzucht des betreffenden Bezirkes hinzuwirken.

3. Ernährung und Haltung der Milch-, Mast- und Zugrinder.

a) Fütterung und Haltung des Milchviehs.

Über die Bestandteile der Milch siehe Milchwirtschaft. Die Absonderung der Milchbestandteile geschieht in der Milchdrüse. Dieselben treten nicht einfach aus den Blutgefäßen in die Drüsenbläschen und Drüsenkanälchen über, denn Kasein und Milchzucker kommen im Blute gar nicht vor und Fett sowie Asche der Milch haben eine ganz andere Zusammensetzung als Fett und Asche des Blutes.

Das Blut liefert den Zellen der Drüsenbläschen nur die Rohmaterialien zur Bildung der Milch, nämlich Wasser, Eiweißstoffe, Zucker (Traubenzucker),

Fett, Mineralstoffe. Diese Rohmaterialien werden nun von den genannten Zellen erst zu Milchbestandteilen verarbeitet, z. B. die Eiweißstoffe zu Kasein, der Traubenzucker zu Milchzucker oder Milchfett 2c. Menge und Güte der Milch sind daher vor allem von der Menge und Leistungsfähigkeit der Drüsenzellen abhängig. Für die Beschaffenheit der Drüsenzellen ist aber die ererbte Anlage ausschlaggebend. Daher spielen Rasse und Individualität der Tiere sowie der durch die Laktationsdauer bedingte Entwickelungszustand der Milchdrüse in Bezug auf Menge und Güte der Milch die Hauptrolle.

Die Ernährung steht in dieser Beziehung erst an zweiter Stelle. Läßt man auf eine reichliche Ernährung eine unzureichende folgen, so kann sich die Milchbildung zunächst noch auf ihrer Höhe erhalten; in diesem Falle wird die Milch aus Körpersubstanz erzeugt, soweit die in der Nahrung zugeführten Stoffe hierzu nicht ausreichen. Dies kann häufig bei frisch milchenden Kühen beobachtet werden. Alsbald nimmt aber nicht nur die Menge, sondern auch die Güte der Milch rasch ab. Die Folgen einer längere Zeit andauernden mangelhaften Ernährung sind Rückbildung und Schwächung der Milchdrüse. Dieselbe erreicht alsdann selbst bei reichlichster Ernährung nicht wieder ihre frühere Leistungsfähigkeit.

Gibt man umgekehrt zu einem spärlichen Futter allmählich immer stärkere Zulagen, so wächst damit auch die Milchabsonderung und zwar anfangs den Zulagen entsprechend, d. h. anfangs bewirkt die doppelte, dreifache 2c. Zulage auch den doppelten, dreifachen 2c. Mehrertrag an Milch. Einmal aber wird ein Nährstoffquantum erreicht, von welchem ab die Futterzulagen schwächer und schwächer wirken; zuletzt nimmt bei weiterer Futtervermehrung der Milchertrag überhaupt nicht mehr zu. Von einem bestimmten Punkte ab entzieht sich also ein stetig zunehmender Teil der Nährstoffe der Verarbeitung zu Milch, um als Körpersubstanz, besonders als Fett, angesetzt zu werden. Von diesem Punkt ab stellen sich daher die Futterkosten für 1 kg Milch mit jeder Vermehrung des Futters höher. Eine bis aufs äußerste getriebene Ausnützung der Leistungsfähigkeit des Milchviehs ist daher höchstens bei sehr hoher Verwertung der ermolkenen Milch gerechtfertigt.

Von den einzelnen Nährstoffen haben die Eiweißstoffe für die Milchtiere eine hervorragende Bedeutung. Vermehrter Eiweißgehalt des Futters begünstigt nicht nur die Menge der abgesonderten Milch, sondern auch die Zunahme ihres Trockensubstanzgehaltes. Zugleich ist zu beachten, daß die Tiere dabei eine hohe Milchergiebigkeit weit länger beibehalten, als wenn ihnen ein eiweißarmes Futter verabreicht wird.

Auch das Fett verdient bei der Fütterung der Milchtiere besondere Beachtung. Nach neueren Untersuchungen vermag nämlich eine Zulage von Fett zu fettarmen Rationen den Fettgehalt der Milch einseitig zu steigern. Jedoch haben sich Gaben von mehr als 0,8 kg Fett pro Tag und 1000 kg Lebendgewicht nicht bewährt.

Die Menge der zu verabreichenden Nährstoffe richtet sich nach der jeweiligen Milchleistung. Auf Grund zahlreicher Beobachtungen und Berechnungen hat sich ergeben, daß zur Produktion von 1 kg Milch pro 500 kg Lebendgewicht 0,055—0,065 kg Eiweiß und 0,20—0,27 kg Stärkewert, also für 1000 kg Lebendgewicht 0,11—0,13 kg Eiweiß und 0,40—0,54 kg

Stärkewert erforderlich sind. Hierbei gelten die niedrigen Zahlen für niedrige, die hohen für hohe Verwertung der gewonnenen Milch. Mit Hilfe dieser Zahlen und unter Berücksichtigung des Erhaltungsbedarfs, welcher für Kühe 0,6 kg Eiweiß und 5,8 kg Stärkewert pro 1000 kg Lbdg. beträgt, läßt sich nun die für jede beliebige Milchleistung erforderliche Nährstoffmenge berechnen.

Beispiel: Welche Nährstoffmenge ist pro 1000 kg Lbdg. bei hoher Milchverwertung und bei einem täglichen Milchertrag von 10 Liter pro Stück (500 kg) zu verabreichen?

Zur Produktion von 10 Liter Milch sind nötig:

	$10 \times 0{,}13 = 1{,}3$ kg Eiweiß und	$10 \times 0{,}54 = 5{,}4$ kg Stärkewert
Hierzu Erhaltungsbedarf:	0,6 „ „ „	5,8 „ „
Summa:	1,9 kg Eiweiß und	11,2 kg Stärkewert.

Auf diese Weise gelangt man zu den nachstehend verzeichneten Fütterungsnormen, in welchen außer den berechneten Mengen von Eiweiß und Stärkewert auch noch die jeweils günstigsten Mengen von verdaulichem Fett verzeichnet sind.

Fütterungsnormen für Milchkühe.

Milchleistung pro Tag und 500 kg Lebendgewicht	Die tägliche Futterration für Milchkühe soll pro 1000 kg Lebendgewicht enthalten:						
	verdauliches Eiweiß			Stärkewert			Verdauliches Fett
	bei niedriger Milchverwertung	bei hoher Milchverwertung	im Mittel	bei niedriger Milchverwertung	bei hoher Milchverwertung	im Mittel	
kg	kg	kg	kg	kg	kg	kg	kg
5	1,15	1,25	1,2	7,8	8,5	8,1	0,3
10	1,70	1,90	1,8	9,8	11,2	10,5	0,5
15	2,25	2,55	2,4	11,8	13,9	12,8	0,6
20	2,80	3,20	3,0	13,8	16,6	15,2	0,8

Die Trockenmasse der Rationen kann zwischen 20 und 32 kg schwanken. Davon soll mindestens die Hälfte durch Rauhfutter gedeckt werden.

Bleiben die vorstehenden Normen bei der Zumessung der Nährstoffmengen wesentlich zurück, so ist eine volle Leistung der Tiere nicht zu erwarten, eventuell können die S. 411 geschilderten Folgen eintreten. Die dauernde Überschreitung der jeweiligen Normen, insbesondere aber ihres Stärkewertes, führt zur Mästung der Tiere, welche mit einer Erniedrigung des Milchertrags Hand in Hand geht.

Aus dem Vorstehenden ergibt sich die Notwendigkeit einer durchaus individuellen Fütterung der Milchkühe.

Verfahren bei der individuellen Fütterung. Man setzt zunächst aus den in der Wirtschaft erzeugten Futtermitteln ein möglichst billiges

Grundfutter zusammen, dessen Eiweiß- und Stärkewertgehalt mit Hilfe geringer Mengen von Kraftfutter, eventuell ganz ohne Kraftfutter, auf das Minimum der Norm für 1000 kg Lebendgewicht festzustellen ist. Den vorhandenen Milchviehbestand bringt man sodann in drei Abteilungen: in die Gruppe der altmelkenden und trocken stehenden Kühe, in die Gruppe der in der Mitte der Milchproduktionsperiode stehenden Kühe und in die Gruppe der frischmilchenden und Erstlingskühe. Letztgenannte Gruppe erhält zu dem Grundfutter die stärksten Kraftfuttergaben mit einem Nährstoffgehalt, der mehr dem Maximum der Norm sich nähert. Mittlere Mengen von Kraftfutter erhält die zweite Gruppe, während man der ersten Gruppe nur geringe Mengen Kraftfutter verabreicht, bezw. dieselbe nur mit dem Grundfutter ernährt. Bei dieser getrennten Fütterungsweise lassen sich die Erträge aus dem Kuhstalle ganz wesentlich steigern.

Die Sommerfütterung der Milchkühe findet entweder durch Weidegang oder als Stallfütterung statt.

Die Ernährung auf der Weide ist naturgemäßer und bietet den Vorteil der freien, den Tieren gedeihlichen Bewegung. Das junge, zarte Weidefutter erfüllt seinen Zweck besser als solches Grünfutter, welches in vorgeschrittener Vegetation abgeschnitten wird. Milch und Milchprodukte (Butter, Käse) gewinnen an Güte. Die Kosten des Mähens, Anfahrens und Vorlegens des Futters fallen fort.

Beim Weidegang ist darauf zu achten, daß der Übergang von der Winterfütterung zu ersterem allmählich erfolge. Das Weiden ist stets in kleineren Abteilungen (Koppeln) auszuführen, weil sonst zu viel Futter durch Zusammentreten verloren geht. Bei blähendem Futter ist Vorsicht beim Weidebetrieb nötig.

Die Stallfütterung verlangt allerdings mehr Arbeit und Streumaterial gegenüber dem Weidegang, bietet aber den Vorteil der vermehrten Düngergewinnung. Es ist daher in der Regel ratsam, wenn nicht besondere Umstände und örtliche Verhältnisse zugunsten der Weide sprechen, die Ernährung des Milchviehs während des Sommers hauptsächlich im Stalle zu bewirken. Dies schließt jedoch immerhin einen teilweisen Weidegang nicht aus, vielmehr empfiehlt es sich, wo es zu ermöglichen ist, dem Milchvieh ein Stück nahegelegenes Grasland anzuweisen, auf dem es täglich einige Stunden weidend verbringt. Ist eine derartige Weidegelegenheit zu andauernder Nutzung in den Sommermonaten nicht vorhanden, so läßt sich in den meisten Fällen eine solche von Mitte September bis Ende Oktober durch vorsichtiges Beweiden der Wiesen und der Stoppelkleefelder gewinnen. Eine ausschließliche Haltung der Kühe im Stalle eignet sich für Abmelkwirtschaften.

Die Sommerstallfütterung läßt sich entweder als Grün- oder als Trockenfütterung durchführen.

Die Grünfütterung übt einen günstigen Einfluß auf die Beschaffenheit der Milch und der Butter aus; ferner entfallen bei der Grünfütterung Risiko und Heu-Werbungskosten. Sodann ist zu beachten, daß das Grünfutter, abgesehen von seinem besonderen Werte für das Milchvieh, an und für sich einen größeren Nähreffekt äußert als die entsprechende Menge Heu gewöhnlicher guter Beschaffenheit (vergl. S. 385). Zugunsten der Trockenfütterung spricht die gleichmäßigere Ernährung der Tiere. Absolute Gleichmäßigkeit ist freilich auch hier nicht zu erwarten, weil je nach der Erntewitterung und dem Vegetationsstadium der Pflanzen das Trockenfutter in verschiedener Qualität gewonnen wird und dasselbe bei längerer Aufbewahrung in seiner Zusammensetzung sich ändert. Die Durchführung einer ausschließlichen Trockenfütterung im Sommer dürfte für Milchvieh nur ausnahmsweise und unter besonderen Verhältnissen sich empfehlen, z. B. bei sehr weiter Entfernung der Futterfelder vom Hofe, ferner in Wirtschaften, in welchen im Sommer reichliche Mengen wässeriger Fabrikationsrückstände (eingesäuerte Schnitzel, Schlempe) zur Fütterung verwendet werden sollen, und bei Verwendung der Milch als Kindermilch.

Bei der Grünfütterung ist die Beschaffung einer ausreichenden Quantität und die möglichste Ausdehnung der Grünfütterungsperiode von besonderer Wichtigkeit. In Gegenden mit gutem Kleewuchs sind diese Bedingungen leicht zu erfüllen, dagegen müssen in kleeunsicheren Gegenden die verschiedenartigsten Pflanzen den Grünfutterbedarf decken helfen. Sehr wichtig für die Milchviehhaltung ist ein möglichst früher Beginn der Grünfütterung.

Zu diesem Zwecke wird in milderen Gegenden im Frühjahr der Übergang von der Trocken- zur Grünfütterung mit einem Gemenge von Futterroggen und Sandwicke bezw. Wintererbsen oder Winterrübsen, ferner mit jungem Gras aus dem Grasgarten eingeleitet (Ende April, anfangs Mai), dann folgt Inkarnatklee bezw. der erste Schnitt Luzerne, hierauf der erste Rotklee, weiterhin der zweite Schnitt Luzerne, darauf Futtergemenge und der zweite Schnitt Rotklee; für die Monate August, September und Oktober bilden Futtermais, dritter bezw. vierter Schnitt Luzerne, Blätter von Rüben und Kopfkohl und Herbstfuttergemenge die Hauptmasse des Grünfutters. — Die Dauer der Grünfütterung hängt von Boden, Klima, Witterung und von den vorhandenen Futterpflanzen ab. Sie beträgt unter mittleren Verhältnissen etwa 5 Monate (Mitte Mai bis Mitte Oktober). Unter dieser Voraussetzung ist für die Ernährung einer Milchkuh eine auf Rotklee berechnete Feldfläche von 56 a für den Sommer oder 37 qm pro Tag erforderlich. Es ist besser, die Fläche für Futterbau etwas größer zu bemessen, als dieselbe zu klein zu nehmen. Der Überschuß in guten Futterjahren läßt sich leicht durch Trocknen des Futters für die Winterfütterung nutzbar machen.

Das Grünfutter soll täglich frisch vom Felde eingebracht, dünn ausgebreitet und kühl aufbewahrt werden. Welkes und nasses Grünfutter ist den Tieren nachteilig, namentlich dann, wenn es an und für sich leicht blähend wirkt (junger Rotklee, Luzerne, bereiftes Grünfutter). In letzterem Falle gebietet die Vorsicht, dasselbe mit Stroh abzumischen und das Tränken erst einige Zeit nach dem Füttern vorzunehmen. Um der Verschleuderung und auch dem Aufblähen vorzubeugen, wird das Grünfutter in kleinen Portionen vorgelegt. Ist es sehr eiweißhaltig (junger Klee), so schneidet man es in Handlänge und mischt dasselbe mit Strohhäcksel; auch bei älterem, hartstengelig gewordenem Grünfutter empfiehlt es sich, dasselbe zu schneiden und mit saftigerem, jüngerem Futter zu mischen.

Die Winterfütterung der Milchkühe stützt sich neben entsprechenden Mengen von Rauhfutter (Heu und Stroh) auf die Abfälle gewerblicher Anlagen oder, wo diese nicht vorhanden sind, auf die Hackfrüchte. Zum Teil kann letztere auch der eingesäuerte Mais ersetzen. Vorgenannte Futtermittel bilden das Grundfutter, welches durch Zusatz von Kraftfutter zu einer der Norm entsprechenden Futtermischung ergänzt werden muß. Vor allem ist somit vor Beginn der Winterfütterung ein Futtervoranschlag nach den Grundsätzen aufzustellen, wie dieselben auf Seite 396—399 und bei der Besprechung der Milchviehfütterung im ganzen, Seite 412 und 413, entwickelt worden sind.

Im allgemeinen ist zu beachten, daß bei Milchverkauf anders zu füttern ist als bei der Verarbeitung der Milch zu Butter oder Käse. Bei Milchverkauf sucht man nämlich durch genügend große Eiweißmengen und durch wasserreiche Futtermittel, wie Hackfrüchte, Schlempe und Schnitzel, möglichst große Milchmengen zu erzeugen, während bei der Herstellung einer guten Butter gutes Wiesen- und Kleeheu in Verbindung mit solchen Kraftfuttermitteln, welche den Geschmack der Butter vorteilhaft beeinflussen (z. B. Weizenkleie, Malzkeime, Biertreber, Palmkuchen), bevorzugt werden müssen.

Aber nicht allein die Güte der Milch und der Milchprodukte wird durch die Futtermittel beeinflußt, sondern selbst die Zusammensetzung des Butterfetts. Grünfutter, Rapskuchen, Haferschrot und Weizenkleie, Mais und Reisfuttermehl wirken mehr auf die Bildung von flüssigen Fetten, dagegen Rauhfutter, Erbsen- und Wickenschrot, Roggenkleie, Palmkernkuchen und Palmkernmehl, Leinkuchen, Baumwollsamenkuchen, Rübenblätter und Rübenköpfe mehr auf die Erzeugung von festen Fetten hin.

Noch mehr als bei der Butterbereitung wird die für Käsereizwecke bestimmte Milch durch die Fütterung beeinflußt. In den Milchpachtverträgen oder Milchlieferungsordnungen der Pächter und Käsereigenossenschaften wird „käsereitaugliche" Milch verlangt[1]), wie sie von Kühen gewonnen wird, die mit gesundem Futter ernährt werden. Wo die Milchlieferanten solchen Forderungen, die um so strenger sind, je wertvollere Käse aus der Milch bereitet werden sollen, nicht gerecht werden können, kann die Käserei nicht mit Vorteil betrieben werden. Jedenfalls darf der „Milchkäufer" oder die Genossenschaft nicht durch die Lieferung vertragswidriger Milch geschädigt werden. Man frage sich also vor Eingehen eines Vertrags, ob man den Forderungen vollkommen genügen kann, oder ob es geraten ist, die Milch auf andere Weise entsprechend zu verwerten.

Für „Kindermilch" bestehen in manchen Städten besondere Vorschriften. Wo reine Trockenfütterung gefordert wird, will man die schädlichen Einflüsse der Schlempe-, Treber-, Rübenfütterung u. s. w. sowie auch die Begleiterscheinungen jeden Futterwechsels ausschließen. Wer seine Milch unter der Bezeichnung „Kindermilch" zu verkaufen beabsichtigt, muß eben die bestehenden Verordnungen strenge beachten.

---

[1]) So verlangen z. B. die „Milchlieferungsbedingungen" des milchwirtschaftlichen Vereins im Allgäu: „Zur Ernährung der Kühe darf nur gutes, gesundes Futter, das aus natürlichen Futtermitteln besteht, keine Beimischung von schädlichen Zusätzen enthält sowie unverfälscht und unverdorben ist, in Verwendung kommen. Unbedingt zulässig sind außer Gras, Klee, Heu und Grummet auch Getreide in ganzem oder gemahlenem Zustande, aber selbst diese natürlichen Futtermittel nur in einem richtigen Mengenverhältnis und in schimmelfreier, unverdorbener Beschaffenheit."

„Unter der Voraussetzung der erfolgten Anzeige an den Milchkäufer können in mäßigen Quantitäten gefüttert werden: frische und getrocknete Biertreber, Malzkeime, unverfälschtes Futtermehl und gekochte Kartoffeln."

„Hiergegen ist gänzlich ausgeschlossen die Fütterung aller Sorten Pulver, (Vieh-, Freß- oder sogenannte Milch- und Nutzenpulver), roher Kartoffeln und deren Kraut, die Fütterung von Obst- und Obstabfällen, von Rübenkraut, Hefe, Schwefel, Brennwasser (Schlempe) und saurer Molke, wie auch die Fütterung aller schon voraufgeführten zulässigen Futtermittel, sobald sie in Säure übergegangen oder sonst verdorben sind, was beim Anbrühen der verschiedenartigsten Futtermittel auf Vorrat so häufig vorkommt."

Neben dem nach Menge und Güte richtig bemessenen Futter ist die regelmäßige, pünktliche Einhaltung einer bestimmten **Futterordnung** von Wichtigkeit. Gewöhnlich füttert man dreimal des Tags und verabreicht das Futter den Tieren in mehreren Portionen und zwar zuerst das Häckselfutter, dann den Trank, wo solcher gegeben wird, und zuletzt ungeschnittenes Heu oder Stroh. Man dehne jede Futterzeit auf etwa zwei Stunden aus, damit die Tiere Zeit haben, das Futter einer vorgelegten Portion möglichst rein aufzuzehren, bevor eine zweite gegeben wird. Wo nicht ausschließliche Stallhaltung stattfinden soll, läßt man die Tiere einige Zeit vor dem Mittagsfutter aus dem Stalle zur Tränke; wo kein Trank im Stalle verabreicht wird, geschieht dies auch vor dem Abendfutter. Hat man Selbsttränke, so lasse man die Tiere bei guter Witterung ab und zu eine Stunde auf den Hof oder die Düngerstätte, noch besser aber auf einen besonderen Laufplatz.

b) Fütterung und Haltung des Mastviehs.

1. Die Mästung ausgewachsener Rinder (Ochsen, Kühe, Stiere).

Bei ausgewachsenen Tieren findet keine Vermehrung der Muskelfasern mehr statt. Die Umfangszunahme der Muskeln beruht auf reichlicherer Durchtränkung mit Fleischsaft und Einlagerung von Fett. Ein nennenswerter Ansatz von Fleisch ist daher bei solchen Tieren nicht mehr zu erwarten, soferne sie sich nicht in stark abgemagertem Zustande befinden. Dagegen handelt es sich um eine reichliche **Produktion von Körperfett**, welches in den Bindegewebszellen, hauptsächlich unter der Haut, im Netz und Gekröse, Bauchfell, zwischen und in den Muskeln 2c. abgelagert wird.

Darnach besteht die Aufgabe der Mästung erwachsener Tiere in einer möglichst **billigen Erzeugung von Körperfett**.

Zu diesem Zwecke sind folgende Punkte zu beachten:

1. Zur Fettbildung sind zwar die drei Nährstoffgruppen (Eiweiß, Fett und Kohlehydrate) befähigt, am billigsten stellen sich aber die **Kohlehydrate**; daher ist es von Wichtigkeit, daß dieselben in den Mastrationen nach neueren Untersuchungen in größeren Mengen vertreten sein dürfen (16 kg auf 1000 kg Lbdg.), als bisher angenommen wurde. Von den einzelnen Kohlehydraten besitzen die von der Art des Stärkemehls das größte Fettproduktionsvermögen. Daher spielen die stärkereichen Futtermittel wie Kartoffeln und Getreideschrot bei der Mast eine hervorragende Rolle. Aber auch der Zucker in den Rüben und in der Melasse verdient wegen seiner Billigkeit Beachtung.

Dem **Nahrungsfett** kommt das Vermögen Körperfett zu bilden in höchstem Maße zu. Um daher die Mast zu beschleunigen, sollen die Fettmengen in den Mastrationen so weit als möglich gesteigert werden. Größere Mengen als 0,7—0,8 kg auf 1000 kg Lebendgewicht können jedoch appetitvermindernd wirken, unter Umständen sogar Verdauungsstörungen hervorrufen.

Das Fettbildungsvermögen der **Eiweißstoffe** ist bekanntlich geringer als dasjenige der Kohlehydrate von der Art des Stärkemehls, dabei sind die Eiweißstoffe wesentlich teurer als die Kohlehydrate. Wer daher den Grundsatz möglichst billig zu mästen befolgt, wird auf das Fettproduktionsvermögen des Eiweißes in der Regel ganz verzichten, d. h. er wird das Eiweiß nur in soweit in die Mastration einführen, als zur Erhaltung des Tieres und zur Sicherung einer normalen Verdauung absolut nötig ist. Seite 374 ist bereits darauf hingewiesen worden, daß behufs Gewährleistung einer normalen Verdauung ein Nährstoffverhältnis von 1:8—10 nicht überschritten werden soll. Zu diesem Zweck erweisen sich in Mastrationen für 1000 kg Lbdg. 1,6 kg Eiweiß als vollkommen ausreichend.

2. Die Mast kommt um so billiger zu stehen, je rascher sie vollendet ist. Wem es gelingt, ein Tier in 3 Monaten auszumästen, der erspart gegenüber einem anderen, der dasselbe Ziel erst in 5 Monaten erreicht, nicht nur das Erhaltungsfutter für 2 Monate, sondern auch die Arbeitskosten 2c., welche das Tier in den 2 Monaten verursacht. Im allgemeinen läßt sich das Ziel in ca. 2½—3 Monaten, bei stark abgemagerten Tieren in etwa 4 Monaten erreichen.

Um den Mastfortschritt zu kontrollieren, kann man in regelmäßigen Zwischenräumen, z. B. alle 8 Tage, das Lebendgewicht durch Wage oder Meßband ermitteln. Diese Feststellungen sollen immer zu derselben Tageszeit, am besten vor der Morgenfütterung erfolgen. Dabei hat man aber zu bedenken, daß die Lebendgewichtszunahme zu Beginn der Mast eine starke ist, allmählich schwächer wird und gegen Ende der Mast sogar ganz erlöschen kann, ohne daß die Produktion von Körperfett aufgehört hätte. Gegen Ende der Mast tritt nämlich das neugebildete Fett an Stelle des spezifisch schwereren Wassers in die Gewebe ein, so daß alsdann zwar eine Qualitätsverbesserung des Fleisches, aber keine Gewichtszunahme mehr stattfindet. Infolgedessen betragen die Futterkosten auf 1 kg Lebendgewichtszunahme zuletzt mehr als das doppelte wie zu Anfang der Mast. Im allgemeinen dürfte daher die Mästung als vollendet angesehen werden, wenn durch die Wägungen keine wesentliche Gewichtszunahme mehr festzustellen ist. Die Fortsetzung der Mästung über diesen Zeitpunkt hinaus kann sich nur da als rentabel erweisen, wo das Mastvieh nicht bloß nach dem Gewicht, sondern zugleich auch nach der Qualität des Fleisches bezahlt wird.

Im Interesse einer beschleunigten Mast sind bei der Mastfütterung folgende Punkte zu beachten:

a) Reichliche Fütterung. Je mehr Produktionsfutter eine Ration enthält, desto größere Körperfettmengen können in derselben Zeit erzeugt werden. Einen Anhaltspunkt für die zu verabreichenden Nährstoffmengen gewährt die nachstehende, mittleren Verhältnissen der Mästung angepaßte Norm pro 1000 kg Lebendgewicht:

24—30 kg Trockensubstanz, 1,6 kg Eiweiß, 14,5 kg Stärkewert.

Werden die Tiere in mittlerem Ernährungszustande zur Mast aufgestellt, so kann man in allmählichem etwa 8 Tage dauernden Übergang ohne weiteres zur Verabreichung einer der vorstehenden Norm angepaßten Ration schreiten. Nur wo stark abgemagerte Tiere gemästet werden sollen, ist eine 2—4 wöchentliche vorbereitende Fütterungsperiode nötig, in welcher ca. 2 kg Eiweiß, 0,5 kg Fett und 13 kg Nfr. zu verabreichen sind.

Ist der gewünschte Ausmästungsgrad erreicht, kann aber das Tier aus irgend einem Grunde noch nicht seiner Bestimmung zugeführt werden, dann ist es nicht nötig, dasselbe mit der reichlichen Mastration weiter zu füttern, vielmehr genügen alsdann je nach dem Ausmästungsgrad

1—1,5 kg verdauliches Eiweiß und 7—9 kg Stärkewert,

um das Tier in dem erreichten Mastzustande zu erhalten.

b) Erhaltung des Appetits. Die vollständige Aufnahme eines reichlich bemessenen Mastfutters setzt einen immer regen Appetit voraus.

Es ist daher alles zu vermeiden, was diesen vermindern könnte. Zu diesem Zweck muß die Verabreichung minderwertiger Stoffe, z. B. von Stroh und Spreu, auf ein Mindestmaß beschränkt werden. Größere Mengen dieser Stoffe nehmen das Fassungsvermögen des Verdauungsapparates derart in Anspruch, daß darunter die Aufnahme der mehr vollwertigen Futterstoffe, welche behufs Beschleunigung der Mast von größter Wichtigkeit sind, leiden würde. Bei intensiver Mast kann die gesamte Rauhfuttergabe unter Umständen auf 5—10 kg beschränkt werden. — Auf die Schmackhaftigkeit der Rationen ist großes Gewicht zu legen. Zu diesem Zweck kann z. B. den Tieren ein minder schmackhafter Teil der Ration mit einem schmackhafteren gemischt vorgelegt werden. Auch besondere, die Schmackhaftigkeit fördernde Zubereitungsmethoden machen sich bei der Mast bezahlt. Von diesem Standpunkt aus verdient z. B. die Verabreichung gekochter oder gedämpfter vor der Verfütterung roher Kartoffeln an Mastvieh unbedingt den Vorzug, ganz abgesehen davon, daß diese Zubereitungsmethoden die Verdaulichkeit der Kartoffeln etwas erhöhen. — Als den Appetit anregende Mittel kommen in Betracht: die Melasse, mit Wasser verdünnt über das weniger zusagende Futter gegeben, und das Kochsalz. Die gewöhnlichen Kochsalzgaben (S. 377) werden bei der Mast vorteilhaft verstärkt, besonders bei Verfütterung größerer Mengen reizloser, fad schmeckender Stoffe, wie z. B. gekochter Kartoffeln, Rübenschnitzel 2c. Appetit vermindernd kann auch eine zu hohe Stalltemperatur wirken. Reichlich gefütterte Tiere produzieren nämlich große Mengen von Wärme. In einem zu warmen Stalle ist die Abgabe der überschüssigen Wärmemengen von seiten des Körpers gehemmt und, um diesen daher vor zu großer Wärme zu schützen, fressen alsdann die Tiere weniger. Die Stalltemperatur soll aus diesen Gründen nicht mehr als 10—15° C betragen.

c) Verhütung alles dessen, was den Stoffverbrauch steigert, z. B. erheblicher Muskelanstrengungen, nervöser Erregungen 2c. Zu diesem Zweck sind z. B. die Mahlzeiten (am besten drei täglich) genau einzuhalten und die Ställe für das Mastvieh mäßig dunkel zu halten, um den Reiz des Lichtes auf die Lebhaftigkeit der Tiere zu vermeiden.

Nicht nur die Menge, sondern auch die Beschaffenheit des entstehenden Körperfettes kann durch die Fütterung beeinflußt werden. Das Rindsfett ist an sich hart, talgig und in diesem Zustand beim Konsumenten wenig beliebt. Daher verbessert alles, was das Fett weicher macht, seine Qualität. Eine Handhabe zur Beeinflussung der Konsistenz des Fettes bietet uns die Erkenntnis der zwei folgenden Tatsachen: 1. Alles Fett, welches im Körper des Rindes aus Kohlehydraten und wohl auch aus Eiweiß gebildet wird, ist ausgesprochenes Rindsfett, also hart, talgig. 2. Die Fette und Öle der Nahrung werden, wie S. 380 bereits angegeben, teilweise unverändert im Körper abgelagert. Demnach liefern harten Talg: die kohlehydratreichen, fettarmen Futtermittel, wie die Kartoffeln, Rübenarten, die Körner von Roggen, Gerste, Bohnen, Erbsen, Linsen, ferner die Ölkuchen mit festerem Fett, wie Palmkern- und Kokosnußkuchen. Dagegen wird das Körperfett weicher, unter Umständen sogar ölig nach Verfütterung von Hafer, Mais, Weizenkleie, Reisfuttermehl, Raps-, Lein-Sonnenblumen-, Sesamkuchen, Fleisch- und Fischfuttermehl.

Die Mast *erwachsener Rinder* geschieht entweder auf der Weide oder im Stalle.

Die *Weidemast* ist nur auf *Fettweiden* lohnend, vorausgesetzt, daß diese nicht übersetzt werden. Am vorteilhaftesten ist die Frühjahrsweide wegen des Nährstoffreichtums ihres Pflanzenbestandes. Um einem zu hastigen Verzehren des schmackhaften Weidefutters und dadurch bedingten Verdauungsstörungen vorzubeugen, empfiehlt es sich, den Tieren vor dem Austreiben etwas Heu zu verabreichen. Das Fleisch der auf Fettweiden gemästeten Rinder ist von besonders guter Beschaffenheit.

Die *Stallmast* läßt sich wieder in die Sommer- und Winterstallmast unterscheiden. Die *Sommerstallmast* wird mit Grünfutter (Klee und Wickengemenge) betrieben. Bei jungem Grünfutter ist eine Kraftfutterzulage nicht unbedingt erforderlich. Älteres Grünfutter hingegen verabreicht man stets unter Zugabe einer angemessenen Menge von Getreideschrot (Gerste oder Mais).

Häufiger und in der Regel auch lohnender ist die *Winterstallmast*, deren Stütze entweder die *Hackfrüchte* oder die *Rückstände landwirtschaftlicher Nebengewerbe* sind. Außerdem verabreicht man hierbei angemessene Mengen von *Rauhfutter* und *Kraftfuttermitteln*.

Unter den Hackfrüchten sind *Kartoffeln* in gekochtem oder gedämpftem Zustande das beste Mastfutter. *Rüben* (Runkel-, Kohlrüben und Möhren) sind ein billigeres Mastfutter als Kartoffeln und kommen zerkleinert mit Stroh- und Heuhäcksel gemengt zur Verfütterung. Für einen mittelschweren Mastochsen sind täglich 25—40 kg an Hackfrüchten zu rechnen.

Unter den Abfällen landwirtschaftlicher Nebengewerbe findet namentlich die *Schlempe* eine sehr günstige Verwertung bei der Mast. Über 60 Liter auf 500 kg Lebendgewicht soll man pro Tag nicht verabreichen. Daneben muß aber für eine angemessene Rauhfuttergabe gesorgt werden, sonst leidet der Wohlgeschmack des Fleisches und die Güte des Fettes. Die Schlempe wird mit Häcksel oder Spreu gemengt und lauwarm gefüttert. — Auch *Rübenschnitzel*, frisch, eingesäuert oder getrocknet, bilden ein vortreffliches Mastfutter. Beim Mastbeginn sollen nicht über 30—35 kg frische oder eingesäuerte Schnitzel auf 500 kg Lebendgewicht gegeben werden. Von getrockneten Schnitzeln, die man vor der Verabreichung in Wasser aufquillt, vertragen Mastochsen 10—12 kg täglich.

Neben Kartoffeln, Schnitzeln oder Rüben kann auch die *Melasse* in Mengen von 2—2½ kg pro Haupt und Tag verabreicht werden. Ein vorzügliches Mastfutter für Rinder sind auch die *Biertreber*, die bis zur Deckung des halben Nährstoffbedarfs zulässig sind.

Eine angemessene *Rauhfuttergabe* ist auch bei der Mast erforderlich, insbesondere bei Verabreichung größerer Mengen wässeriger Futtermittel. Als Hauptfutter kommen jedoch selbst gutes Wiesen- und Kleeheu aus den S. 418 angeführten Gründen selten in Frage.

Der fehlende *Eiweißgehalt* des Winterfutters für Masttiere wird durch eiweißreiche Kraftfuttermittel ergänzt. Am billigsten und wirksamsten sind die *Ölkuchen*, unter denen die Rapskuchen, Sesamkuchen, Mohnkuchen, Erdnußkuchen und das Baumwollsaatmehl besondere Beachtung verdienen. Von ziemlich gleicher Nährwirkung sind die *Hülsenfrüchte*. Dieselben sind als Mastfutter hervorragend, nur stellen sie sich meist etwas teurer. Weniger eiweißreich als die genannten Kraftfuttermittel, aber bei nicht zu hohem Marktpreise sehr beachtenswert ist die Kleie. Als hervorragendes Kraftfuttermittel, besonders gegen Ende der Mast, erweist sich Getreideschrot, namentlich Gersten- oder Maisschrot, welche viele leicht verdauliche Kohlehydrate enthalten und gern aufgenommen werden. Die Kraftfuttermittel verabreicht man trocken — über das übrige Futter gestreut — oder als lauwarmes Getränk, dem man etwas Salz zusetzt.

2. Die Mästung noch im Wachstum begriffener Rinder.

Sollen Rinder, welche noch im Wachstum begriffen sind, z. B. solche im Alter von 2—3 Jahren, gemästet werden, so hat man nur darauf zu achten, daß die Futterration pro 1000 kg Lebendgewicht ca. 1/2 kg verdauliches Eiweiß mehr als die für erwachsene Masttiere bestimmte enthält. Im übrigen aber hat sich die Fütterung solcher Tiere nach denselben Grundsätzen zu vollziehen wie diejenige ausgewachsener Rinder.

In manchen Gegenden werden auch Kälber gemästet. Die Kälbermast ist nur dort am Platze, wo die Preise für gutes Kalbfleisch im Verhältnisse zu denen für Milch angemessen hohe sind. Man gibt den Kälbern bei der Mast täglich so viel Milch in 4—5, später 3 Gaben, als sie aufzunehmen vermögen. Die Mastzeit dauert 5—6 Wochen. In neuerer Zeit wird, namentlich in Norddeutschland, abgerahmte Milch zur Kälbermast mit Erfolg verwendet. Die Kälber erhalten 8—14 Tage süße Milch, welcher in den letzten Tagen schon Magermilch zugesetzt wird. Letztere soll süß sein und eine Temperatur von 30° C besitzen. Während man durchschnittlich von 10 kg Vollmilch 1 kg Lebendgewicht erzielt, sind hierzu 15—20 kg Magermilch erforderlich. Den fehlenden Fettgehalt kann man durch gequetschten und aufgebrühten Leinsamen ersetzen. Man sperrt die Mastkälber am zweckmäßigsten einzeln in kleine, dunkle Buchten, in welchen dieselben gerade noch stehen und sich legen können.

c) Fütterung und Haltung der Spanntiere.

Aus dem, was S. 381 über die Erzeugung der Muskelkraft gesagt ist, geht hervor, daß die Eiweißmenge in den Rationen für erwachsene Arbeitstiere so gering bemessen werden darf, daß der Erhaltungsbedarf gedeckt und eine normale Verdauung gesichert ist. Bekanntlich soll zu diesem Zweck ein Nährstoff-(Eiweiß-)Verhältnis von 1:8—10 nicht überschritten werden.

Je nach der Arbeitsleistung rechnet man für erwachsene Arbeitsochsen pro 1000 kg Lebendgewicht:

	Trockensubstanz	Verd. Eiweiß	Stärkewert
bei voller Stallruhe	18 kg	0,7 kg	6,0 kg
„ schwacher Arbeit	22 „	1,1 „	7,5 „
„ mittlerer „	25 „	1,4 „	9,9 „
„ starker „	28 „	1,8 „	12,8 „

Bei jungen, noch wachsenden, 3—5 Jahre alten Ochsen ist es rätlich, den Eiweißgehalt bei starker Arbeit um ca. 1/4 kg zu erhöhen. Ebenso müssen Zugkühe ein kräftigeres, namentlich an leicht verdaulichen Kohlehydraten und Fett reicheres Futter erhalten als gewöhnliche Milchkühe.

Die Ernährung der Zugochsen erfolgt am billigsten auf der Weide. Bei einem intensiveren Wirtschaftsbetriebe sind Weideflächen in der Regel nicht mehr vorhanden, so daß die Ochsen bei Stallfutter gehalten werden.

Bei Stallfütterung bekommen die Zugochsen im Sommer vielfach Grünfutter. Ist dasselbe zu eiweißarm, so gibt man den Tieren Zulagen von Kraftfutter.

Ist wenig Grünfutter vorhanden, so überlasse man dieses den Kühen und gebe den Zugochsen nur Trockenfutter, das überhaupt für Zugtiere empfehlenswerter ist, sobald es auf größere Ausdauer und Kraftentwicklung ankommt. Bei mäßiger Arbeit genügt als Grundfutter ein mittelgutes Heu, dem kleine Mengen Kraftfutter (pro 1000 kg Lebendgewicht 1—2 kg Ölkuchen, Roggen und Hülsenfruchtschrot) mit Häcksel gemengt zugesetzt werden. Von frischen Biertrebern dürfen nicht mehr als 10 kg, von Branntweinschlempe höchstens 30 Liter, von frischen Schnitzeln bis zu 40 kg, von eingesäuerten die Hälfte pro Stück und Tag verabreicht werden. Anhaltende Ernährung mit wasserreichen und kraftlosen Futtermitteln verdirbt die gute Beschaffenheit der Muskulatur und erzeugt ein phlegmatisches Temperament.

Bei starker Arbeit vermindert man die Menge des Rauhfutters, namentlich des Strohs, und setzt an dessen Stelle 1—1,5 kg Getreideschrot, um den Tieren dadurch leicht lösliche Kohlehydrate in konzentrierter Form zuzuführen.

Die Zugochsen sind bei einer 2—3stündigen Mittagsruhe täglich dreimal zu füttern und zu tränken. Große Regelmäßigkeit in der Fütterung und in der Benutzung der Tiere zur Arbeitsleistung fördern die Ausnutzung der Arbeitskraft. Bei der Arbeit halte man auf einen lebhaften Schritt, ohne die Tiere zu übertreiben. Zur heißen Sommerszeit werde früher ein- und später ausgespannt und eine verlängerte Mittagsruhe gehalten; denn große Hitze verträgt das Rind weniger gut als das Pferd. Das einfache Stirnjoch entspricht am meisten dem Knochen- und Muskelbau des Rindes und ermöglicht die größte Kraftäußerung.

B. Schweinezucht.

1. Die wichtigsten Rassen.

a) Unveredelte Landschweine.

Die unveredelten Landschweine zeichnen sich durch einen schmalen, langen Kopf mit langem, zum Wühlen geeignetem Rüssel, durch große, meist herabhängende Ohren, Karpfenrücken, flache Rippen, abschüssiges Kreuz, lange, starke Beine, dicke Haut und dichten Borstenbesatz aus. Sie sind sehr fruchtbar und widerstandsfähig gegen rauhes Klima und mangelhafte Haltung. Das Fleisch ist kernig und fest, der Speckansatz tritt zurück. Diese Schweine eignen sich sehr gut für den Weidegang.

Zu den unveredelten Landschweinen rechnet man das bayerische Landschwein (Fig. 225). Dasselbe ist zwar verhältnismäßig spätreif, aber sehr fruchtbar, genügsam und wenig empfindlich gegen Kälte und schlechte Witterung. Das bayerische Landschwein ist ein gutes Weideschwein.

Zu den wenig veredelten Rassen rechnet man das westfälische Schwein mit langgestrecktem Körper, schmalem, geradlinigem Kopf, langem, starkem Rüssel und schweren, herabhängenden Ohren und weißer Farbe.

Das ehemalige schwäbisch-hällische Schwein, das rein nicht mehr vorkommt, war ein Landschwein mit schwarzem Kopf und Hinterteil und weißer Gurte. Durch Kreuzung mit englischen Schweinen ist es veredelt worden;

Fig. 225. Bayerisches Landschwein.

ebenso das weiße Filderschwein (Württemberg) und das Tigerschwein in der Baar (Baden).

Die krausborstigen ungarischen und serbischen Schweine mit kurzem, aber kräftigem Rüssel und kurzem, gedrungenem Körper kommen als Speckschweine auf die deutschen Märkte.

b) Die englischen Schweine.

Die hierher gehörigen Rassen besitzen einen kurzen, aber breiten, zwischen Stirn und Nasenpartie eingesenkten Kopf, sehr kurzen, zum Wühlen weniger geeigneten Rüssel, geraden, breiten Rücken, ebenes, breites Kreuz, sehr starke Rippenwölbung und kurze Beine.

Das englische Schwein entstand durch Kreuzung des alten englischen Landschweines mit dem sehr mastfähigen und frühreifen chinesischen Schwein. Es ist außerordentlich frühreif und mastfähig; dagegen ist es weniger fruchtbar und widerstandsfähig, ein Übelstand, der größtenteils von der immerwährenden Stallhaltung herrührt.

Für Bayern kommen hauptsächlich in Betracht die mittleren und großen, weißen englischen Schweine (Yorkshire-Schweine, Fig. 226), die jetzt unter dem Namen „deutsches Edelschwein" in Deutschland seit Jahren in bester Beschaffenheit gezüchtet werden.

Die schwarzen englischen Schweine (Berkshireschweine) findet man dagegen in Bayern nur noch ganz selten.

Die bayerischen Landschläge werden vielfach mit den Yorkshire- und deutschen Edelschweinen gekreuzt, um größere Frühreife und Mastfähigkeit zu erzielen. Zu weit darf aber diese Veredelung nicht getrieben werden, da sich sonst bei fortwährender Stallhaltung mangelhafte Fruchtbarkeit, schwache Ferkel und größere Empfindlichkeit einstellen.

Fig. 226. Yorkshire-Schwein.

Mit englischem Blute veredelte Landschweine sind vorzügliche Gebrauchsschweine, da sie gute Körperformen, Wüchsigkeit und Fruchtbarkeit, Widerstandsfähigkeit und gute Futterverwertung mit einander verbinden.

Das Fleisch der halbenglischen Schweine ist auch nicht so fett wie das der echten Yorkshires, ein Umstand, der wohl berücksichtigt werden muß, da die Metzger Schweine mit zu viel Fett nicht so hoch verwerten können wie fleischige Schweine.

Schweinezuchtstationen befinden sich in Bayern folgende:

I. Für die Zucht des großen weißen Edelschweines:
   1. auf dem Kgl. Staatsgut Weihenstephan bei Freising;
   2. bei Domänenpächter Berger jr. in Weißenkirchen bei Eichstätt;
   3. bei Gutsbesitzer Streng in Aspachhof bei Uffenheim;
   4. bei Ökonomierat Bayer in Günzburg.

II. Für die Zucht des veredelten Landschweines:
   1. bei der Spitalgutsverwaltung in Landsberg a. Lech;
   2. bei der Kgl. Kreisackerbauschule Schönbrunn bei Landshut;
   3. bei Gutsbesitzer Jakob Frank jr. in Langmeil (Pfalz);
   4. bei Gutsbesitzer Fertig in Eichenfürst bei Marktheidenfeld;
   5. bei Gutsbesitzer Sutter in Vollmersweiler (Pfalz).

III. Für das bayerische Landschwein:
   Schweinezuchtstation auf dem Weidehof Almesbach bei Weiden.

2. Die Zucht des Schweines.

Die zur Zucht benützten Muttertiere sollen mindestens zwölf Zitzen (Späne) besitzen und von einer fruchtbaren, milchreichen Zucht stammen.

Läufer darf man erst mit 9—10 Monaten zur Zucht verwenden.

Frühreife Eber kann man mit 6—7 Monaten aushilfsweise zum Decken benützen. Eine regelmäßige Benützung sollte aber vor 8—9 Monaten nicht stattfinden. Man rechnet auf 1 Eber 40—50 Mutterschweine.

Schweine können zweimal im Jahre ferkeln, da die Trächtigkeit nur 16 Wochen dauert.

Die Mutterschweine soll man nicht zu alt werden lassen. Gewöhnlich begnügt man sich mit 6—8 Würfen; doch kann man sie im allgemeinen so lange zur Zucht benützen, als sie viele und kräftige Junge bringen und dieselben gut säugen. Die nicht mehr zur Zucht verwendbaren Zuchtschweine werden vor dem Verkaufe gemästet.

Eber, die zum Schlachten verkauft werden, muß man vorher kastrieren lassen.

Die Kastration soll von einem erfahrenen Mann (Tierarzt) ausgeführt werden. Da beim Verschneiden älterer Tiere leicht heftige Entzündungen eintreten, so ist bei der Operation große Vorsicht anzuwenden. Die Schnittwunde ist nach dem Abdrehen oder Abbinden der Hoden gut mit kaltem Wasser auszuspülen.

In der ersten Zeit nach der Kastration dürfen sich die verschnittenen Eber nicht auf die Miststätte oder in die Jauche legen.

Die Trächtigkeit des Mutterschweins erkennt man meist daran, daß dasselbe ruhiger und gefräßiger wird.

Mit zwei Monaten bemerkt man eine starke Umfangszunahme des Bauches, im vierten Monat senkt sich der Bauch und das Gesäuge schwillt etwas an.

Während der Trächtigkeit vermeide man alles, was zum Verwerfen Anlaß geben könnte, so z. B. Schläge und Stöße auf Bauch und Rüssel, Hetzen der Weideschweine durch Hunde, zu kalte Schwemme, plötzlichen Futterwechsel oder Verabreichung von blähendem, verschimmeltem und gefrorenem Futter.

Man sorge auch dafür, daß das Stallpflaster nicht zu glatt ist.

Sehr wichtig ist für trächtige Schweine eine ausgiebige Bewegung auf einer nahen Weide oder einem Laufplatz.

Sobald der Wurf anschwillt und die Umgebung der Schweifwurzel einsinkt, dauert es nicht mehr lange, bis die Geburt erfolgt. Man muß dann das Mutterschwein in einer geeigneten, trockenen und warmen Stallabteilung unterbringen. Am besten ist es, wenn unmittelbar neben dem Raum für das Mutterschwein sich noch ein eigener Verschlag mit einem Schlupfloch befindet, in welchen sich die Ferkel zurückziehen können. Die Temperatur im Stalle soll etwa 14—17 ° C betragen. In kalten Stallungen gedeihen die Ferkel schlecht. Das Wärterpersonal soll, wenn die Geburt nahe ist, das Schwein wiederholt am Rücken oder Bauch kratzen, damit sich dieses ruhig verhält und an die Berührung gewöhnt ist, wenn allenfalls Geburtshilfe notwendig werden sollte.

Beginnen die Zitzen sich zu röten, trägt das Schwein Streu zusammen, richtet es den sog. Kessel her und wird das Tier dabei unruhig, dann erfolgt bald die Geburt. Die Ferkel werden in der Regel leicht und schnell geboren. Zuweilen kommt es jedoch vor, daß sich die Eihautsäcke nicht öffnen, nachdem diese mit den Ferkeln ausgestoßen worden sind. In diesem Falle hat man dieselben sofort aufzureißen, da sonst die eingeschlossenen Jungen ersticken.

Ist ein Ferkel geboren, so bringt man dasselbe vorläufig in einem mit weichem Stroh ausgefüllten Korb unter, bis alle Ferkel zur Welt gekommen sind.

Beim erstmaligen Säugen suchen die Ferkel die Späne von selbst auf. Sollten mehr Ferkel vorhanden sein als Späne, so tötet man die schwächsten, wenn man sie nicht bei anderen säugenden Schweinen unterbringen kann oder mit der Flasche aufziehen will.

Die Nachgeburt, welche sehr bald nach dem letzten Ferkel abgeht, muß sofort entfernt werden. Die Schweine fressen sonst dieselbe und greifen dann auch ihre Ferkel an und verzehren sie. Auch sollte man, um dieses zu verhüten, während der Trächtigkeit kein rohes Fleisch füttern.

Vor der Geburt sorge man insbesondere auch dafür, daß die Mutterschweine nicht an Verstopfung leiden.

Gerät die Geburt ins Stocken und dauert es sehr lange, bis das erste Ferkel geboren wird, dann kann man die gut gereinigte und mit reinem Fett eingeschmierte Hand in den Geburtsweg einführen und nach dem Hindernis suchen.

Hie und da treten gleichzeitig zwei Ferkel in den Geburtsweg ein oder die Ferkel sind mit dem Rücken oder den vier Füßen am Beckeneingang eingeklemmt. In letzterem Falle sind die Ferkel zurückzuschieben und in der Kopf- oder Steißendlage herauszuziehen.

Nicht selten drücken die Mutterschweine ihre Jungen tot, besonders dann, wenn die Ferkel unachtsam sind und Langstroh eingestreut wird, in welchem sich die Ferkel verkriechen und deshalb von dem Muttertier nicht gesehen werden können. Man streue deshalb nur kurz geschnittenes Stroh ein, auch hänge man im Ferkelkoben beim Eintritt der Dunkelheit eine Stallaterne auf.

Springt das säugende Schwein beim Säugen der Ferkel plötzlich auf und verrät Schmerz, so sind die scharfen Eckzähnchen der Ferkel mit einer Zange abzuzwicken. Wird dies unterlassen, so greift nicht selten das Mutterschwein das nächste beste Junge an, verletzt es und frißt es schließlich auf.

Bei gutem, warmem Wetter bringe man die Ferkel schon nach acht Tagen ins Freie.

Im Winter und bei schlechtem Wetter schütte man in eine Ecke des Verschlags, in dem sich die Ferkel befinden, Sand, Erde und Holzkohlen. Die Ferkel wühlen dann lebhaft darin herum und fressen davon.

Das Vorlegen von Erde sollte niemals unterlassen werden, wenn die Ferkel nicht ins Freie kommen. Beachtet man dies nicht, dann entsteht öfters eine eigentümliche Krankheit, wobei die Haut der Tierchen grau und schuppig wird. Sie gehen hierbei nach mehrwöchentlicher Dauer des Leidens fast ausnahmslos zu Grunde.

Bei ausgiebiger Bewegung im Freien bei schönem Wetter entwickeln sich die Ferkel am besten und bleiben gesund.

Mitunter ist es zweckmäßig den Ferkeln schon während der Säugezeit etwas lauwarme, frische Kuhmilch zu reichen, um das Wachstum der Tiere zu fördern. Dies ist besonders dann notwendig, wenn das Muttertier ungenügend Milch produziert und sehr viele Ferkel zu ernähren hat.

Vor dem Abgewöhnen läßt man die Ferkel, welche nicht zur Zucht verwendet werden sollen, noch verschneiden.

Ferkel werden mit etwa 5—8 Wochen abgewöhnt. Die schwächeren Tiere läßt man zweckmäßigerweise noch eine Woche länger an der Mutter saugen. Nach dem Abgewöhnen der Jungen ist das Muttertier weniger kräftig zu füttern, auch sorge man für ausreichende Bewegung, damit die Milchabsonderung rasch eingestellt werde.

Den abgewöhnten Ferkeln reicht man Kuhmilch, gekochte Kartoffeln, Gersten- und Haferschrot, auch etwas ganze Gerste.

Später eignen sich zur Fütterung auch Kleie, Erbsen, Mais, ferner Abfälle aus Küche und Molkereien sowie zartes Grünfutter.

Durch Schweinezuchtgenossenschaften, Schweinezucht- und Eberstationen sucht man die vorhandenen Schläge in Bayern zu erhalten und in ihrer Leistungsfähigkeit zu heben. (Siehe auch „Betriebslehre", lebendes Inventar.)

3. Ernährung und Haltung der Zucht- und Mastschweine.

a) Fütterung und Haltung der Zuchtschweine.

Ferkel, welche zur Zucht bestimmt sind, ernähre man nach dem Absetzen derart, daß sie ungestört und gut sich fortentwickeln können; man vermeide aber eine Fütterung, wodurch dieselben in einen mastigen Zustand kommen. Werden Zuchtferkel in gleicher Weise ernährt wie die zur Mast bestimmten Tiere, so kann die Fruchtbarkeit derselben beeinträchtigt werden.

Anhaltspunkte für die Fütterung der Zuchtferkel bieten die folgenden auf 1000 kg Lebendgewicht bezüglichen Normen.

Alter in Monaten	Mittleres Lebendgew. pro Kopf kg	Trockensub. kg	Verd. Eiweiß kg	Stärkewert kg
2—3	20	44	6,3	34,0
3—5	45	35	4,0	27,0
5—6	55	32	3,1	23,4
6—8	80	28	2,3	20,3
8—12	120	25	1,7	15,6

Bewährte Futterrationen pro Tag und Stück:

a) für Ferkel unmittelbar nach dem Absetzen:
- 1—1½ l Milch (halb Vollmilch, halb süße abgerahmte Milch);
- ¼ kg Gerste,
- ½—¾ kg Kartoffeln;

b) für 25 kg schwere Läufer:
- 2—3 l Magermilch,
- ½ kg Gerste und ¼ kg Weizenkleie,
- 1—2 kg Kartoffeln.

Die meisten bei der Aufzucht der Schweine verwendeten Futtermittel sind kalkarm. Um eine normale Ausbildung des Knochengerüstes zu ermöglichen, ist es daher empfehlenswert, den Ferkeln etwas kohlensauren Kalk (Kreide) zu verabreichen (je nach dem Alter und der Größe der Tiere pro Tag 5—10 g).

Von größter Wichtigkeit ist für Zuchtferkel eine ausreichende Bewegung im Freien, weil dadurch die Entwicklung eines gesunden und kräftigen Körpers wesentlich gefördert wird.

Bezüglich der Ernährung und Haltung der trächtigen Zuchtschweine gelten folgende Regeln:

Da die trächtigen Tiere einen großen Teil der Nahrung zur Entwicklung der Jungen benötigen, so müssen sie in geeigneter Weise gefüttert werden, jedoch ist eine mastige Haltung der Tiere zu vermeiden. Bei kärglicher Ernährung dagegen leiden die Muttertiere, besonders Erstlinge, welche noch in starkem Wachstum begriffen sind. Außerdem wird aber auch die Ausbildung der Jungen benachteiligt. Werden tragende Schweine zu mastig ernährt, so bringen dieselben keine gut entwickelten Ferkel zur Welt, säugen schlecht, sind infolge ihrer Schwere häufig unbehilflich und erdrücken viele Ferkel.

Das Futter für trächtige Schweine soll nicht zu eiweißreich sein, besonders soll ihnen kein Schrot von Hülsenfrüchten gereicht werden. Die Nahrung besteht im Sommer am besten aus Molkereiabfällen, gedämpften Kartoffeln, Grünfutter und Weizenkleie oder Gerstenschrot. Im Winter ersetzt man das Grünfutter durch gedämpfte Rüben und aufgebrühte Spreu. Gibt man den trächtigen Tieren auch Küchenspülicht, so sehe man streng darauf, daß keine stark salzhaltigen Stoffe (Pöckellake, Häringslake) beigemengt sind. Das Schwein verträgt nämlich pro Stück und Tag nur 4—8 g Salz. Man versäume auch nicht, den trächtigen Tieren etwas kohlensauren Kalk zum Futter zuzusetzen. Sehr wichtig für tragende Tiere ist möglichst viel Bewegung im Freien.

Dem Zuchteber lasse man während der Verwendung zur Zucht im allgemeinen dieselbe Ernährung und Haltung zuteil werden wie den Zuchtschweinen, gebe jedoch bei stärkerer Zuchtbenutzung entsprechende Futterzulagen, vornehmlich Hafer.

Besonders wichtig für den Erfolg der Schweinezucht ist die Fütterung und Haltung der säugenden Zuchttiere. Diese sollen in den ersten Tagen nach dem Ferkeln nur mäßig gefüttert werden; sie unmittelbar vor und nach dem Ferkeln stark zu füttern ist sogar gefährlich. Später ist denselben nahrhaftes Futter zu reichen. Je größer die Ferkelzahl ist, desto besser muß gefüttert werden, damit die Tiere reichlich Milch absondern und nicht zu mager werden. Unter mittleren Verhältnissen soll die tägliche Ration pro 1000 kg Lbdg. ungefähr 2,1 kg verdauliches Eiweiß und 16—17 kg Stärkewert enthalten. Den Muttertieren darf nur leicht verdauliches Futter von bester Beschaffenheit gereicht werden. Als geeignete Futtermittel für Zuchtschweine gelten: Gerste, Hafer, Kartoffeln, Runkelrüben, Möhren, geschnittenes junges Grünfutter, Weizenkleie, abgerahmte Milch. Zu vermeiden sind alle erhitzenden, blähenden und stopfenden Futtermittel, ebenso alle Fabrikationsrückstände, welcher Art sie auch sein mögen. Nicht gefüttert sollen daher werden: Hülsenfrüchte, Ölkuchen, Schlempe, frische Biertreber. Das Futter soll täglich in 3—4 Mahlzeiten lauwarm gegeben werden. Ein Wechsel in den zu verabreichenden Futtermitteln ist möglichst zu vermeiden, wenn ihn nicht gesundheitliche Rücksichten gebieten. Besonders zu beachten ist, daß keine Futterreste in den Trögen zurückbleiben, da dieselben sauer werden und einen schädlichen Einfluß auf die Muttermilch ausüben. Außerdem sind die Tröge wöchentlich ein- bis zweimal mit Kalkwasser auszuwaschen, um jede Säurebildung zu verhindern. Bei großer Hitze und bei Verabreichung von breiigem Futter hat man den Schweinen noch frisches Wasser zu geben.

b) Fütterung und Haltung der Mastschweine.

Zur Mast bestimmte Ferkel sind bis zum Alter von 3 Monaten in derselben Weise wie die zur Zucht bestimmten zu ernähren. Von diesem Zeitpunkt ab bedürfen sie jedoch einer reichlicheren Fütterung, wie aus den folgenden Normen hervorgeht.

Fütterungsnormen für wachsende Mastschweine auf 1000 kg Lebendgewicht per Tag.

Alter in Monaten	Mittleres Lebendgewicht kg	Trockensubstanz kg	Verdauliches Eiweiß kg	Stärkewert kg
2—3	20	44	6,3	34,0
3—5	50	35	4,5	31,0
5—6	65	33	3,6	27,0
6—8	90	30	3,0	24,0
9—12	130	26	2,5	20,0

Bei der Mästung ausgewachsener Schweine (von 1—1$^1/_2$ Jahren ab) können die nachstehend angegebenen auf 1 Tag und 1000 kg Lebendgewicht bezüglichen Normen zur Richtschnur dienen.

	Trockensubst. kg	Verdauliches Eiweiß kg	Stärkewert kg
1. Mastperiode	36	3,1	27,7
2. "	32	2,9	25,8
3. "	25	2,1	19,5

Eine bewährte Futterration für Mastschweine von etwa 100 kg Lebendgewicht ist: 1$^1/_2$—2 kg Schrot, 3—4 kg Kartoffeln und 4—5 Liter Sauermilch.

Bei der Mast wird von den Schweinen verlangt, daß sie möglichst große Nährstoffmengen aufnehmen. Dazu brauchen die Tiere aber viel Ruhe zwischen den Mahlzeiten, weshalb von nun an die in der Läuferzeit so günstig wirkende Bewegung aufhören muß. Auf Reinhaltung der Masttiere ist besonderes Gewicht zu legen. Der Stall für Mastschweine soll mehr dunkel und mäßig warm (12—15° C) gehalten werden. Während des Sommers öffne man die Fenster, damit möglichst kühle und frische Luft im Stalle erhalten wird; denn durch zu hohe Stalltemperatur leidet das Schwein in Bezug auf Mastfortschritt und ist auch in seinem Gesundheitszustand gefährdet. Fußboden und Wände besprenge man an heißen Tagen mit kaltem Wasser. Die einmal bestimmten Futterzeiten sind genau einzuhalten. Die Wärter müssen ihre Tiere genau nach dem Futteraufnahmevermögen taxieren lernen und dürfen nicht mehr in die Tröge geben, als verzehrt wird. Anzuraten ist, etwaige Reste aus den Trögen wieder zu entfernen, sobald sich die Tiere von denselben zurückgezogen und gelagert haben.

Wenn auch zur Mast festere und weniger wässerige Nahrung im allgemeinen dienlicher ist, so wäre es doch fehlerhaft, den Tieren Tränke vorzuenthalten, wenn sie darnach verlangen. Läßt die Freßlust der Masttiere nach, so reicht man pro Tag und Stück 6—8 g Kochsalz. Auch gebe man den Masttieren ab und zu etwas Kohlengrus oder Erde, weil hierdurch die Verdauung angeregt wird.

Gute Futtermittel für Mastschweine sind: Gerste, Mais, Roggen, Erbsen, Fleischfuttermehl, Molkereiabfälle und gedämpfte Kartoffeln. Mais macht den Speck nur dann weich und gelb, wenn er in großen Mengen an Mastschweine verabreicht wird. Die Körnerfrüchte sollen stets in Schrotform und mit den gequetschten Kartoffeln vermengt gegeben werden. Die Art der Fütterung übt einen Einfluß auf die Ausnutzung der Futterstoffe aus. Es ist deshalb von Wichtigkeit, daß die Tiere die Nahrung nicht hastig verschlingen, sondern gehörig kauen und einspeicheln. Dies wird am besten erreicht, wenn die festen Nahrungsmittel von den flüssigen getrennt verabreicht werden, etwa derart, daß bei jeder Mahlzeit zuerst das feste Futter (gedämpfte und gequetschte Kartoffeln mit Schrot vermengt) gegeben wird und späterhin das Getränk (Molkereiabfälle, Küchenspülicht bezw. Wasser). Wässerige Zubereitungsart des Futters (Vermengung des festen und flüssigen Futters zu einem Trank) ist unzweckmäßig. An die getrennte Verabreichung des festen und flüssigen Futters sollen die Schweine von Jugend auf gewöhnt werden.

C. Pferdezucht.

1. Die wichtigsten Rassen.

a) Die kaltblütigen oder gemeinen Pferde.

Die kaltblütigen oder Schrittpferde zeichnen sich durch Schwere und Masse aus. Sie besitzen einen breiten, plumpen Kopf, kurzen, dicken Hals, breite Brust und breites Becken, etwas eingesenkten Rücken und meist abschüssige Kruppe mit Kruppenspalt. Die Beine sind kurz, kräftig, aber etwas schwammig.

An dem Fessel befindet sich ein starker Kötenbehang. Die kaltblütigen Pferde eignen sich besonders zur Fortbewegung schwerer Lasten auf harten, guten Straßen.

Im langsamen Zuge bekunden sie große Ausdauer. Auch sind sie ruhig im Temperament. Zu den meisten landwirtschaftlichen Arbeiten sind aber die sehr schweren, kaltblütigen Pferde zu langsam. Sie eignen sich hingegen ganz besonders für Spediteure, Bierbrauer und Fabrikanten.

Im Karren, womit in der Pfalz Dünger, Erde, Steine rc. in die Weinberge gefahren werden, ist das schwere Pferd sehr gut zu gebrauchen.

Auch rücksichtlich der Arbeiternot ist das kaltblütige Pferd für den Landwirt sehr wertvoll, da es bei seinem ruhigen Temperament ungeübten Leuten leichter anvertraut werden kann als das edle Pferd mit sehr lebhaftem Temperament. Die tiefere Bodenbearbeitung und die vermehrte Verwendung von Maschinen bedingen ebenfalls die Haltung dieses schweren, kaltblütigen und ruhigen Pferdes.

Zu den schweren kaltblütigen Rassen und Schlägen gehören: das **Pinzgauer** Pferd, der schwere Schlag im **bayerischen** Gebirge 2c., die **belgischen** (Fig. 227), **schweren rheinischen, dänischen, englischen**

Fig. 227[1]). Belgisches Pferd.

(**Shirepferd**, sprich: Scheirpferd) und **schottischen** (**Clydesdales**, sprich: Cleidsdäls) Pferde.

b) Die warmblütigen oder edlen Pferde.

Die edlen oder Laufpferde zeichnen sich durch feinen, langen Kopf, langen Hals, hohen und langen Widerrist, gerade und ebene Kruppe, Ebenmaß und schöne Formen, zarte Haut, weiche Mähne und langen Schweif aus. Der Rumpf ist gestreckter und leichter als bei den kaltblütigen Pferden; die Beine sind länger, feiner und trockener. Der Kötenbehang fehlt nahezu.

Die warmblütigen Pferde eignen sich in erster Linie für den Reit- und leichteren Wagendienst. Sie können unter dem Reiter und im leichten Zug große Strecken in kurzer Zeit zurücklegen. Für die landwirtschaftlichen Ar-

[1]) Die Abbildungen von Fig. 227 und 228 sind nach Originalzeichnungen aus „von Nathusius, Pferderassen", Preis Mk. 6.— (Verlag von Eugen Ulmer in Stuttgart) in verkleinertem Maßstab angefertigt.

beiten eignen sich die ganz edlen Pferde sehr wenig, da sie zu leicht und zu lebhaft sind.

Fig. 228. Ostpreußisches (Trakehner) Pferd.

Zu den warmblütigen Pferden rechnet man: das arabische Pferd, das englische Vollblut- und Halbblutpferd, das ostpreußische (Fig. 228), das ungarische, russische und amerikanische Pferd.

c) Kreuzungen zwischen den kaltblütigen Landschlägen und den edlen Pferden.

Diese Pferde besitzen alle Eigenschaften, die für ein landwirtschaftliches Arbeitspferd wünschenswert erscheinen. Sie sind nicht mehr so langsam und schwerfällig wie die schweren Zugpferde, aber kräftiger als die ganz edlen Pferde.

Sie eignen sich für den langsamen Zug, können aber auch mit Ausdauer traben. Wegen ihres Temperaments und ihrer lebhaften Gangart werden sie auch bei den landwirtschaftlichen Arbeiten sehr geschätzt.

Zu diesen Schlägen gehören u. a. die veredelten bayerischen, mecklenburgischen, hannöverischen, oldenburgischen und holsteinischen Pferde.

2. Die Zucht des Pferdes.

Hengste kann man bei großer Schonung schon mit 3 Jahren zur Zucht verwenden. Sobald sie aber in diesem Alter zu viel zum Decken benützt werden, verlieren sie sehr bald ihren Wert als Beschäler. Kaltblütige Stuten eignen sich ebenfalls mit 3 Jahren schon zur Zucht.

Älteren Hengsten kann man während der Deckperiode (1. März bis 30. Juni auf den bayerischen Beschälstationen) etwa 60 Stuten zuteilen. Alle Privathengste, die zum Decken fremder Stuten benützt werden, müssen in Bayern angekört sein. Hengste, welche an Augenkrankheiten, Knochenfehlern, Spat, Schale u. dgl. leiden, sowie diejenigen, welche schlechte Körperformen und Gliedmaßenstellungen besitzen, dürfen nicht angekört werden.

Ziemlich viele gedeckte Stuten werden nicht trächtig. Sind derartige Stuten sehr gut genährt, dann ziehe man ihnen zur Herbeiführung der Trächtigkeit an Futter ab und lasse sie viel arbeiten. Stuten bringt man 9 Tage nach dem Abfohlen wieder zum Hengst. Die Rossigkeit kehrt beim Nichtträchtigwerden nach 8—11 Tagen wieder.

Trächtige Stuten dürfen bis kurz vor dem Abfohlen zu landwirtschaftlichen Arbeiten mäßig verwendet werden. Je mehr die Pferde während der Trächtigkeit regelmäßige, aber nicht zu anstrengende Bewegung haben, desto leichter verläuft die Geburt.

Das Verwerfen kommt bei trächtigen Stuten nicht selten vor. Um dieses zu verhüten, achte man darauf, daß die Deichsel nicht an den Bauch schlage, daß die Stuten nicht zu stark gegurtet werden, daß sie nicht niederstürzen oder unter der Stalltüre anstreifen. Zu vermeiden ist auch das scharfe Parieren, wenn die Pferde traben, Verkältung, ebenso die Verabreichung von verdorbenem Hafer oder verschimmeltem Heu und zu kaltem Wasser. Auch fahre man langsam bergab. — Die Trächtigkeit dauert bei Pferden im Mittel 48½ Wochen.

Schwellen Wurf und Euter stark an und werden pechartige Tropfen an den Zitzen sichtbar, so sind die Pferde fleißig zu führen oder schonend zur Arbeit zu benützen, da das Abfohlen nahe ist.

Sobald einmal etwas Milch aus den Zitzen fließt, ist die Geburt in wenigen Stunden zu erwarten. Man darf dann derartige Stuten nicht mehr aus den Augen lassen und das Tier soll auch nachts beobachtet werden.

Wenn die Stuten nahe am Fohlen stehen, richte man einen Laufstand (Fohlenstand) her und nehme ihnen die Eisen ab.

In der Regel bringt die Stute nur ein Fohlen zur Welt.

Die neugeborenen Fohlen führe man, sobald sie etwas stehen können, an das Euter.

Ist die Stute reizbar und will sie das Junge nicht saugen lassen, so wasche man das Euter mit kaltem Wasser; dadurch wird die übergroße Empfindlichkeit beseitigt. Auch kann man derselben allenfalls in der ersten Zeit während des Säugens die Bremse anlegen und einen Vorderfuß aufheben, damit sie das Fohlen nicht verletzt. Die meisten widerstrebenden Stuten gewöhnen sich übrigens bald an ihre Jungen.

Stuten, die sich immer feindselig gegen die Fohlen benehmen, sind von der Zucht auszuschließen.

Für den Fohlenstall genügt eine Lufttemperatur von 12—16° C. Auch in kühlen Stallungen gedeihen die Fohlen sehr gut. Nur sind diese vor Zugluft zu schützen.

Fünf Tage nach der Geburt kann man das Fohlen bei günstigem Wetter schon ins Freie bringen. Die Fohlen dürfen jedoch nicht naß werden. In den ersten drei Wochen läßt man Stute und Fohlen soviel als möglich beisammen. Bei zu langer Trennung der Stuten von den Fohlen werden diese nämlich zu hungrig und übersaufen sich. Am besten ist es, wenn in der ersten Zeit das Fohlen ganz beliebig saugen kann. Sobald aber dasselbe etwas feste Nahrung zu sich nimmt, kann man die Stute längere Zeit von ihrem Jungen trennen.

Erkältungen und Verdauungsstörungen bei den Stuten rufen bei den Fohlen in der Regel Durchfälle hervor.

Sind die Fohlen einige Monate alt geworden, so lasse man sie den größten Teil des Tages im Freien. Die Tummelplätze sollen aber geräumig sein, damit die jungen Tiere beim Herumgaloppieren nicht sehr häufig umwenden und parieren müssen.

Das vollständige Abgewöhnen der Fohlen soll nicht vor dem vierten oder fünften Monat stattfinden. Je länger die Fohlen Muttermilch erhalten, desto kräftiger entwickeln sie sich. Das Abgewöhnen kann allmählich oder rasch erfolgen. Bei dem allmählichen Abgewöhnen trennt man die Fohlen immer länger von den Stuten. Die Stuten werden dabei fleißig eingespannt und etwas karg gefüttert, damit die Milchabsonderung nach und nach aufhört. Die Fohlen sind in diesem Falle gezwungen, steigende Mengen von Heu und Hafer aufzunehmen um ihren Nährstoffbedarf zu befriedigen. Nach etwa 8—10 Tagen soll das Abgewöhnen beendet sein.

Abgenommenen Fohlen reicht man Hafer, wenn möglich gequetscht, und Heu bester Qualität. Anfangs bedürfen dieselben etwa $1\frac{1}{2}$—2 kg Hafer pro Tag, gegen Ende des ersten Jahres aber soll sich die Haferration auf 3 kg erhöhen, wenn sich die Tiere rasch und kräftig entwickeln sollen.

Künstlich kann man Fohlen mit Kuh- oder Ziegenmilch, die mit Zuckerwasser verdünnt ist, aufziehen.

Eine sorgfältige Hautpflege ist unbedingt notwendig. Kommen die Fohlen nicht viel ins Freie, dann sind die Hufe häufig einer Untersuchung zu unterwerfen.

Verlieren die Hufe die regelmäßige Form, werden sie schief, zu spitzig oder zu hoch an den Fersen, so muß man sie mit einer Raspel zufeilen, um ihnen die richtige Form zu verleihen.

Edlere Pferde soll man vor dem vierten Jahr nicht regelmäßig einspannen. Bei zu frühem Einspannen verlieren Gelenke, Sehnen und Bänder ihre Festigkeit und die Pferde werden schon abgenützt, bevor sie vollständig ausgewachsen sind. Schwere Pferde kann man bereits im 3. Jahre schonend benützen.

Bevor die Pferde eingespannt werden, sind sie an das Beschlagen zu gewöhnen. Dieses muß mit großer Vorsicht und Geduld geschehen, damit sie schmiedefromm werden. Werden die Fohlen beim Beschlagen erschreckt oder roh behandelt, so fürchten sie oft ihr ganzes Leben lang das Beschlagen und widersetzen sich.

Im Alter von zwei Jahren werden die nicht zur Zucht tauglichen männlichen Fohlen kastriert. Bei früherer Kastration entwickelt sich besonders das Hinterteil. Werden sie erst später verschnitten, so wird die Brust breiter.

Der bayerische Staat fördert die Pferdezucht insbesondere durch Haltung von ca. 500 Beschälern, durch die Unterhaltung zweier Stammgestüte, durch Subventionierung von Fohlenzuchtanstalten, ausgiebige Prämiierungen und Abgabe von geeigneten Remontepferden zu billigen Preisen für Züchtungszwecke.

3. Ernährung und Haltung der Zucht- und Arbeitspferde.

a) Ernährung und Haltung der Zuchtpferde.

Bei der Gestütspferdezucht werden die Zuchtstuten im Sommer in der Regel auf der Weide ernährt, während im Winter das Futter in der Hauptsache aus Heu, etwas Stroh und einer mäßigen Ration Hafer besteht. Werden Zuchtpferde zur Arbeit verwendet, wie dies bei der Hauspferdezucht der Fall ist, so sind dieselben ähnlich zu füttern wie die Arbeitspferde, nämlich mit Hafer, Heu und etwas Stroh (Häcksel); nebenbei gibt man im Sommer einiges Grünfutter und im Winter Möhren. Hierbei beachte man, daß trächtige und zugleich arbeitende Stuten einer Haferzulage von 1 bis $1^1/_2$ kg täglich bedürfen, weil dieselben nicht allein Arbeit zu leisten haben, sondern auch das Baumaterial zur Entwickelung des Fohlens im Mutterleibe liefern müssen.

Insonderheit sehe man auf einen entsprechenden Gehalt der Futterration an verdaulichen Eiweißstoffen und phosphorsaurem Kalk. So nachteilig eine zu karge Ernährung trächtiger Stuten ist, ebenso schädlich wirkt eine zu üppige. Ein trächtiges Tier soll wohlgenährt, aber nicht fett sein. Zu mastig ernährte Stuten gebären kleine, schwächliche Fohlen und bieten diesen nach der Geburt wenig und dazu noch mangelhaft zusammengesetzte Milch. Ganz besonders ist vor dem Fehler zu warnen, die Stuten in den letzten Wochen vor dem Geburtsakte zu stark zu füttern oder denselben ein Futter zu verabreichen, das zu viel voluminöse Futtermittel (Stroh, geringwertiges Heu) enthält. Jede Überfüllung der Verdauungsorgane übt einen gefährlichen Druck auf die Leibesfrucht aus. Nachteilig wirken alle Dickblütigkeit erzeugenden Stoffe (Hülsenfrüchte, Roggen) sowie blähendes, verstopfendes, Durchfall erregendes und mit Pilzen befallenes Futter. Nur gesunde, frische Nahrung darf gereicht werden.

In den ersten Tagen nach der Geburt reicht man der Mutterstute neben süßem Heu Kleien- und Mehltrank. Späterhin sorgt man durch Verabreichung von Hafer, Gerstenschrot, aufgeweichten Leinkuchen 2c. neben süßem Heu für eine reichliche und normale Absonderung der Milch. Nach etwa 14 Tagen hat sich die Stute soweit erholt, daß sie bei günstiger Witterung wieder mäßigen Zugdienst verrichten kann, vorausgesetzt, daß täglich eine Haferzulage von $1^1/_2$—2 kg gewährt wird. Auch Zuchthengste müssen während der Deckzeit eine entsprechende Haferzulage erhalten.

b) Ernährung und Haltung der Arbeitspferde.

Der einfache, nur etwa 10 Liter fassende Pferdemagen ist zur Verdauung voluminöser, holzfaserreicher Futtermittel wenig befähigt. Im Naturzustand nährt sich zwar das Pferd von frischem Gras, auch mag bei geringer Arbeitsleistung gutes Grünfutter oder Heu genügen. Sobald man aber stärkere und ausdauerndere Arbeitsleistung verlangt, ist dieses verhältnismäßig voluminöse Futter nicht mehr zureichend, weshalb für Arbeitspferde als Normalfutter Hafer und gutes Heu Verwendung finden. Der Hafer wird am besten mit Strohhäcksel vermischt verabreicht, damit derselbe nicht zu rasch verschluckt, sondern besser gekaut und eingespeichelt werde. Außer dem Normalfutter gibt man landwirtschaftlichen Arbeitspferden im Sommer häufig als Nebenfutter etwas Grünfutter (Klee, Gemenge) und im Winter geschnittene Wurzelgewächse, besonders Möhren.

Die Menge der einzelnen Futterstoffe richtet sich nach dem Körpergewicht und nach der Arbeitsleistung der Pferde. Je angestrengter die Tiere zu arbeiten haben, um so mehr muß die tägliche Ration Körnerfutter enthalten, während Heu und Stroh zurücktreten. Bei ruhenden Pferden und in arbeitsarmen Zeiten tritt dagegen das umgekehrte Verhältnis ein.

Settegast gibt nachstehende Futtermengen als Tagesration pro Stück an:

	Hafer	Heu	Stroh
Reit- und leichte Wagenpferde	3—4,5 kg	3—4 kg	1—1,5 kg
Schwere Wagenpferde	3,5—5 „	3—4 „	1—1,5 „
Leichte Ackerpferde	3—4,5 „	3—4 „	1,5 „
Mittelschwere Pferde	4,5 „	4—5 „	1,5—2 „
Lastpferde	7,5—9 „	6—7,5 „	2 „

Bei anstrengendem Dienst ist die tägliche Hafergabe noch etwas zu erhöhen.

Arbeitspferde bedürfen auf 1000 kg Lebendgewicht täglich in kg:

	Trockensubstanz	Eiweiß	Stärkewert	Fett
bei mäßiger Arbeit	20	1,1	9,3	0,4
„ mittlerer „	24	1,5	11,6	0,6
„ starker „	26	2,0	14,9	0,8

Wirtschaftliche Verhältnisse machen zuweilen einen Ersatz von Hafer und Wiesenheu durch andere Stoffe notwendig.

Wenn auch der Hafer das bekömmlichste Kraftfutter für Pferde ist, so kann doch unter Umständen ein teilweiser Ersatz desselben, namentlich bei schweren Arbeitspferden, zweckmäßig erscheinen. Als solche Ersatzmittel gelten:

Mais in grob geschrotener Form und mit Häcksel vermengt oder eingequellt in einer Menge von $^1/_4$—$^1/_2$ der Haferration, desgleichen Roggen; doch darf derselbe nicht zu neu sein und muß bei Verabreichung in größeren Mengen (über $^1/_4$ der Haferration) vorher 12 Stunden im Wasser eingequellt werden, um dem gefährlichen Nachquellen im Magen vorzubeugen. Auch Gerste wird mitunter zum teilweisen Ersatz des Hafers verwendet.

Hülsenfrüchte (Erbsen, Bohnen, Wicken, entbitterte Lupinen) dienen auch zuweilen in Gaben von 1—2 kg pro Tag als Hafersatzmittel, eignen sich jedoch nur für schwere, stark arbeitende Pferde. Man verabreiche jene im geschrotenen oder eingequellten Zustande und beginne erst mit kleinen Gaben, die man nach und nach zu den angegebenen Mengen steigert. Bei unvorsichtiger Anwendung erzeugen diese Futtermittel ähnlich wie der

Roggen leicht Kolik. Unter den Abfällen aus technischen Nebengewerben ist die Weizenkleie erwähnenswert. In Gaben von etwa 1 kg pro Tag wirkt sie günstig; übermäßige Kleiefütterung verursacht Darmsteinbildung. Außerdem werden noch zum teilweisen Ersatz des Hafers Leinkuchen, Erdnußkuchenschrot, getrocknete Biertreber, getrocknete Getreideschlempe, Melassefutter und zur raschen Sättigung und Kräftigung altgebackenes Brot verwendet.

An Stelle des Wiesenheus kann auch Rotklee-, Luzerne-, Esparsetteheu und gut eingebrachtes Hülsenfruchtstroh verabreicht werden. Besonders das Esparsetteheu wird als Pferdefutter sehr geschätzt und kann im Winter bei geringer Arbeit als fast ausschließliches Futter dem Nahrungsbedürfnis des Pferdes genügen.

Unter den Stroharten eignet sich zu Pferdehäckfel am besten Roggen- oder Weizenstroh. Im Winter während der Arbeitsruhe kann ein Teil des Futters auch durch Wurzelgewächse ersetzt werden. Am zusagendsten sind den Pferden Möhren, jedoch nicht über 2,5 kg pro Tag und Stück. Weniger empfehlenswert sind Kohlrüben, Runkelrüben, Kartoffeln und Topinamburknollen. Kartoffeln sind mit großer Vorsicht zu verfüttern und eignen sich nur für schwere Pferde, die in langsamem Zuge arbeiten.

Wie bei den übrigen Haustieren, so ist auch bei der Fütterung der Pferde die größtmögliche Regelmäßigkeit zu beobachten. Die festgestellten Futterzeiten, gewöhnlich morgens, mittags und abends, sollen mit der größten Pünktlichkeit eingehalten werden. Besonders zu beachten ist die Vorlage des Futters in mehreren nie zu großen Portionen. Die Krippen sind stets gehörig rein zu halten. Das Futter ist derart zu verteilen, daß man zunächst mit Häcksel vermischte Körner vorlegt und dann das Heu in die Raufen steckt. Die Hauptration an Heu reicht man am Abend. Kommen Pferde sehr durstig in den Stall, so verschmähen dieselben häufig das trockene Kurzfutter. In diesem Falle wird letzteres mit Wasser angefeuchtet vorgelegt. Gewöhnlich werden die Pferde erst nach der Mahlzeit getränkt. Große Vorsicht erheischt das Tränken, wenn die Pferde stark erhitzt sind.

D. Schafzucht.

1. Die wichtigsten Rassen des Schafes.

a) Schafe mit edler Wolle.

Zu den Schafen mit edler Wolle gehören die im 18. Jahrhundert aus Spanien nach Sachsen und Norddeutschland und im 19. Jahrhundert nach Bayern eingeführten Merinoschafe (Elektorals, Negrittis und Eskurials).

Dieselben sind verhältnismäßig kleine, zart gebaute Tiere, bei denen sowohl die Böcke wie auch die Mutterschafe Hörner tragen.

Die Wolle der Merinos ist kurz, aber sehr fein und stark gekräuselt. Sie besitzt auch viel Wollschweiß. Die Wolle der Merinos wird auch als Tuchwolle bezeichnet.

Die spanischen Merinos sind sehr spätreif und eignen sich nicht gut für Fleischproduktion. Auch liefern sie nur eine kleine Quantität Wolle, nämlich $1^1/_2$—2 Pfund in gewaschenem Zustand pro Stück.

Die französischen Merinos (Rambouillets) sind aus Kreuzungen zwischen französischen Schafen und spanischen Merinos entstanden. Sie sind viel kräftiger, frühreifer und mastfähiger als die spanischen Merinos, tragen aber eine weniger feine Wolle (Kammwolle). Außer den Rambouillets sind auch noch die deutschen Kammwollschafe mit ähnlichen Eigenschaften zu erwähnen.

Auch die süddeutschen Bastardschafe in Bayern (Frankenschaf), Württemberg und Baden, die in Rauh-, Mittel- und Feinbastard unterschieden werden, sind aus Kreuzungen der Landschafe mit Merinos hervorgegangen. Sie liefern viel Fleisch und erhebliche Mengen guter Kammwolle. Die Tiere sind genügsam und abgehärtet und eignen sich deshalb sehr gut zum Pferchen.

b) Schafe mit gemeiner Wolle.

Die Wolle ist nur schwach oder gar nicht gekräuselt und besitzt wenig Wollschweiß. Hierher gehören verschiedene deutsche Schafrassen:

Das gemeine fränkische Schaf, das Rhönschaf, das Marschschaf, die Heideschnucken u. a.

Zu den Schafrassen in England, die sich durch große Frühreife, große Mastfähigkeit und eine verhältnismäßig gute Kammwolle bei reichem Ertrage auszeichnen, gehören die Downschafe (spr. „Daun").

In Bayern empfiehlt sich am meisten die Züchtung der Bastardschafe, die neben einer guten Kammwolle günstige Fleischerträge liefern.

2. Die Zucht des Schafes.

Böcke und Mutterschafe kann man im Alter von 1$^3/_4$—2 Jahren zur Zucht benutzen. Die Trächtigkeit dauert im Mittel 152 Tage oder rund 5 Monate. Jungen Böcken teilt man 30—40, älteren 60—80 Schafe zu.

Die Brunst kehrt nach dem Ablammen gewöhnlich erst nach etwa 4—6 Monaten wieder und tritt dann alle 2—3 Wochen auf. Mutterschafe läßt man etwa 5—6 mal ablammen.

Als Zeichen der Trächtigkeit sind anzusehen: vermehrter Appetit, Umfangszunahme des Bauches und nach einigen Monaten der Trächtigkeit das Anlaufen des Euters.

Hie und da verwerfen die Schafe während der Trächtigkeit. Nachteile bringen trächtigen Schafen weite Märsche, Auftrieb auf bereifte Felder, das Pferchen bei naßkaltem Wetter, das Drängen unter der Stalltüre, das Hetzen durch Hunde, das Überspringen breiter Gräben u. s. w. Gefährlich ist auch das Emporheben der trächtigen Schafe an den Hinterbeinen.

Das Verwerfen bringt den Schafen große Nachteile, da in der Regel die Nachgeburt nicht abgeht und sich deswegen nachteilige Ausflüsse einstellen.

Vor dem Lammen bringt man die Schafe einzeln in kleinen Buchten unter, um sie bei der Geburt und beim ersten Säugen der Lämmer genau beobachten zu können.

Die Geburt geht in der Regel leicht vor sich. Es kommen aber bei den Lämmern auch fehlerhafte Lagen der Gliedmaßen und des Kopfes vor, welche die Geburt erschweren oder auch unmöglich machen. In diesem Falle muß man mit der gut gereinigten und eingefetteten Hand das Hindernis zu beseitigen suchen.

Im Alter von etwa 3 Wochen beginnen die Lämmer zu fressen und wiederzukauen. Um ihr Wachstum zu fördern, biete man ihnen Gelegenheit bestes Heu und Hafer in einer gesonderten Bucht, in welche nur die jungen Tiere einschlüpfen können, aufzunehmen.

Während des Säugens sind die Muttertiere kräftig zu ernähren. Weidegang fördert im Frühjahr sehr die Milchproduktion. Bei warmem, trockenem Wetter läßt man auch die Lämmer mit den Mutterschafen auf die Weide gehen.

Trockene Weiden sind unbedingt notwendig, wenn die Schafe gesund bleiben sollen. Gefährlich sind sumpfige Weiden oder solche mit Wassertümpeln, da an den Pflanzen derartiger Stellen sich die Leberegelbrut häufig aufzuhalten pflegt. (Siehe Leberegel, Seite 107.)

Gefährlich werden Kleeweiden, wenn sich die Tiere vor dem Betreten derselben nicht schon mit anderem Futter halb gesättigt haben, weil dann die Schafe von Klee zuviel aufnehmen und aufgebläht werden. *Bei großer Mittagshitze darf man die Schafe nicht pferchen* und nicht viel auf schattenlosen Straßen treiben. Unmittelbar nach dem Verabreichen von Salz dürfen die Schafe nicht getränkt werden.

Das *Abgewöhnen* der Lämmer erfolgt nach 4—5 Monaten und hat allmählich zu geschehen.

Das Kastrieren der Bocklämmer wird am besten innerhalb der ersten 4—8 Wochen vorgenommen.

Die Schur.

Die Schur soll nur einmal im Jahr erfolgen.

Dem Scheren geht die Wäsche in einem Bach, Teich oder See voraus. Am Tage vor der eigentlichen Wäsche wird die Wolle der Schafe gründlich aufgeweicht. Nach dem Einweichen bringt man die Schafe in einen warmen, gut verschlossenen Stall und läßt sie dämpfen. Man achte aber darauf, daß genügend Luft durch Fenster oder Löcher oben in der Wand zugeführt wird, da sonst die Schafe ersticken können. Durch das Dämpfen wird der Wollschweiß gelöst.

Am andern Tage werden die Schafe in einem Bach, Teich oder See gründlich gewaschen (Schwemmwäsche). Läßt man das Wasser mit starkem Gefäll auf die Wolle herabstürzen, dann bezeichnet man dies als Sturzwäsche. Während die Schafe abtrocknen, sind sie vor Erkältung zu schützen nnd an schattigen, staubfreien Orten zu belassen. Sind sie trocken geworden, dann schreitet man zum Scheren.

Bei ungeschicktem Scheren kommen nicht selten erhebliche Verletzungen vor; die hierbei entstehenden Wunden sind mit $^1/_2$ %iger Kreolinlösung wiederholt zu reinigen.

In jeder Schäferei findet meistens im Herbst, bevor die Schafe wieder trächtig werden, das Ausbracken statt, wobei alle kränklichen, schwachen, fehlerhaft gebauten oder mit Wollfehlern behafteten sowie die ganz alten Schafe ausgemustert und zum Schlachten verkauft werden.

3. Ernährung und Haltung der Zucht-, Woll- und Mastschafe.

a) Ernährung und Haltung der Zuchtschafe.

Für die kräftige Entwicklung der Lämmer ist schon durch eine entsprechende Ernährung der trächtigen Mutterschafe zu sorgen. Nach Eintritt der Trächtigkeit ist diesen gutes, leicht verdauliches Futter in ausreichender Menge vorzulegen. Nasse Weiden, bereifte Wintersaaten, nicht ganz tadellose Futtermittel und plötzlicher Wechsel in der Fütterung sind zu vermeiden. Auch ist es empfehlenswert, an regnerischen Tagen vor dem Austreiben zuerst etwas Trockenfutter zu geben.

Die Ernährung der säugenden Muttertiere muß darauf abzielen, viel Milch zu erzeugen, damit die Lämmer rasch wachsen und gedeihen können. (Vergl. die Normen am Schluß dieses Kapitels.) Gut eingebrachtes Heu, geschnittene Rüben, besonders Möhren, eventuell etwas gequetschter Hafer sind für diesen Zweck geeignete Futtermittel. Die Ernährung säugender Schafe sei eine möglichst gleichmäßige, damit sich die Beschaffenheit der Milch nicht ändere. Bei wechselnder Beschaffenheit der Milch treten leicht Lämmerkrankheiten auf. Außerdem ist für genügendes, gutes Trinkwasser und trockene, weiche Streu zu sorgen.

b) Ernährung und Haltung der Woll- und Mastschafe.

Die Ernährung der Schafe erfolgt entweder auf der Weide oder im Stalle.

1. Weidegang.

Am gedeihlichsten sind für das Schaf hochgelegene, mit kurzen, nahrhaften Gräsern und aromatischen Kräutern dicht bestandene Weiden. Besonders empfindlich gegen niedrige und feuchte Weiden sind die Merinoschafe, weniger die grobwolligen Schafrassen, welche sich im gegebenen Falle zur Ausnutzung der Moore noch eignen. Sumpfige Weideplätze sollen nicht betrieben werden, keinesfalls von Mitte Juli an, weil zu dieser Zeit die Brut des für Schafe sehr gefährlichen Leberegels sich reichlich zu entwickeln beginnt.

Die Weiden teilt man in natürliche, künstliche und zufällige oder Nebenweiden (Brachäcker, Stoppelweiden, Saatfelder) ein.

Während die natürlichen Weiden dauernd sind und eigene Weidepflanzen tragen, müssen die künstlichen erst angesät werden. Man benütze zu letzteren einen kräftigen, graswüchsigen Boden, nehme reichliches Saatgut (40—50 kg pro Hektar) und mische die verschiedenen Gräser und Kräuter derart, daß ein dichter, lange ausdauernder Rasen entsteht.

Beim Weidegang sind folgende Regeln zu beachten:

Der Übergang zum Weidetrieb soll allmählich stattfinden, indem man anfangs die Tiere täglich nur wenige Stunden auf die Weide bringt. Auf üppigen Weiden, welche viel Klee enthalten, ist große Vorsicht nötig, um dem Aufblähen vorzubeugen; das Gleiche gilt auch bei saftiger Stoppelweide, Wintergetreide u. s. w. Tau im Hochsommer und bei trockenem Klima ist den Schafen nicht nachteilig; je feuchter jedoch das Klima und je vorgerückter die Jahreszeit ist, um so mehr muß man sich hüten, Schafe auf betaute oder bereifte Weide zu treiben. Aufblähen oder Kolik sind sonst die Folgen. Vom Schlagregen betroffene und überschwemmte Weiden sind eine

Zeitlang nicht zu benützen, nach Hagelschlag erst dann, wenn der Nachwuchs erstarkt ist. Auch von Rost und Mehltau befallene Weiden können den Schafen gefährlich werden. Die besten Weiden sind den Lämmern, Mutterschafen und Masttieren, die minder guten den Jährlingen, Brackschafen und sonstigem Geltvieh zuzuweisen.

Es ist ferner zweckmäßig, nicht die ganze Fläche auf einmal zu beweiden, sondern dieselbe in Abteilungen zu teilen, damit das Nachwachsen besser erfolgt. Bei anhaltender Regenperiode muß die Weidezeit verkürzt und im Stalle Trockenfutter hinzugegeben werden. Auch bei starker Sonnenhitze wird die Schafherde am besten in den Stall gebracht oder an einen schattigen Platz getrieben. Unkräuter, welche namentlich die feine Wolle schädigen, sind Disteln, Igelsamen, Kletten, rundblättriges Labkraut, Pfriemengras.

Das Tränken erfolgt vor dem Austreiben. Alle nassen Stellen, an denen das Wasser in kleinen Lachen stehen bleibt, sind den Schafen gefährlich.

Gute Weide liefert pro Hektar für 12—20 Schafe, mittelmäßige Weide für 10, mindere für 4—6, schlechte für 2—3 Schafe Nahrung.

2. Stallfütterung.

Die Sommerstallfütterung ist bei Schafen wenig üblich und bietet auch geringere Vorteile als bei Rindern. Für den Winter dagegen muß die Stallfütterung als Regel betrachtet werden, wenngleich die Winterweide für grobwollige Rassen sowie in milderen Klimaten nichts seltenes ist.

Die Winterfütterung wird bei Schafen hauptsächlich mit Heu, Stroh, Wurzelgewächsen, Körnern und Abfällen aus technischen Nebengewerben durchgeführt. Ausschließliche Heufütterung wird sich in den seltensten Fällen rentieren.

Bei geringen Heuvorräten sind vor allem die Lämmer, Jährlinge und Mutterschafe zu befriedigen. Einen Hauptbestandteil des Winterfutters bildet ferner das Stroh, welches bekanntlich durch die Schafe mehr ausgenutzt wird als durch das Rindvieh, indem es zum Durchfressen vorgelegt und dann erst als Streu verwendet wird. Als gutes Beifutter dienen die Wurzel- und Knollengewächse, welche aber wegen ihres hohen Wassergehalts mit einer entsprechenden Menge Rauhfutter verfüttert werden müssen. Die Möhren sagen am meisten zu, namentlich den säugenden Mutterschafen. Körner werden in geringer Menge mit Vorteil gefüttert, weil durch ihre Beigabe das Wachstum der Wolle günstig beeinflußt wird. Vorsicht erfordert die Lupinenfütterung, weil diese leicht die Lupinose erzeugt. Statt Körnern können auch Ölkuchen, z. B. Repskuchen, Leinkuchen, Erdnußkuchen, verfüttert werden; sie dienen vor allem zur Erhöhung des Eiweißgehalts der Futterration. Schlempe, Schnitzel und sonstige wässerige Stoffe sind stets nur in mäßiger Menge und in angemessener Verbindung mit Trockenfutter zu geben.

Die Art der Fütterung hat auf das Wachstum der Wolle einen wesentlichen Einfluß. Bei Verabreichung von Mastfutter wird zwar nicht mehr Wolle erzeugt, als wenn die Tiere sonst gut ernährt werden; es wird aber bei dürftiger Fütterung nicht nur weniger, sondern auch fehlerhafte Wolle gewonnen (Wollabsatz). Auch eine zu stickstoffarme Fütterung ist zu vermeiden, weil sie ungünstig auf den Wollzuwachs einwirkt.

Für die Verabreichung des Futters genügen 3 Mahlzeiten.

Man achte bei der Fütterung vor allem auf Regelmäßigkeit und Reinlichkeit. Zwischen den einzelnen Futterzeiten sorge man im Stalle oder an Brunnentrögen für ausreichende Tränke. Dieselbe wird je nach der Wässerigkeit des Futters ein- oder zweimal gegeben. Kleine Gaben von Salz, 4—6 g täglich, sind für den Gesundheitszustand des Schafes besonders wichtig; auch Salzlecksteine können für diesen Zweck aufgestellt werden. Durch gute Futtertröge und zweckmäßig gebaute und aufgestellte Raufen suche man dem Verschleudern des Futters und der Verunreinigung der Wolle beim Fressen vorzubeugen.

Während für ausgewachsene Woll- und Zuchtschafe ein mittlerer Ernährungszustand genügt, der aber gleichmäßig erhalten werden muß, ist bei Mastschafen der Körperzuwachs durch reichliche, entsprechend stickstoffreiche Nahrung möglichst zu fördern, besonders wenn es sich um die Mast jüngerer Tiere handelt. Einen wesentlichen Einfluß auf den Masterfolg üben Rasse und Alter aus. Am besten mästen sich die kurzwolligen, englischen Fleischschafe und deren Kreuzungsprodukte und zwar in einem Alter von 1½—3 Jahren.

Die Mästung der Schafe ist in ähnlicher Weise durchzuführen wie jene der Rinder; doch darf das Mastfutter für Schafe von nicht zu wässeriger Beschaffenheit sein. Am schnellsten nehmen die Schafe nach der Schur infolge der alsdann erhöhten Freßlust zu. Die Stallmast wird am besten verlaufen, wenn neben Rauhfutter angemessene Gaben von Ölkuchen, Körnerschrot oder Körnerabfällen (½—1 kg pro Haupt und Tag) verabreicht werden. Kartoffeln und Rüben sind in Gaben bis zu höchstens 3 kg auf Haupt und Tag zulässig. Von frischen Schnitzeln kann man bis zu 3 kg, von eingesäuerten bis zu 2 kg füttern. Frische Biertreber reicht man bis zu 2 kg, getrocknete bis zu ½ kg. Schlempe füttert man an Mastschafe 2—3 Liter.

Richtige Mischung und schmackhafte Zubereitung des Futters ist für Mastschafe um so wichtiger, je weiter die Mast fortschreitet. Als Mastdauer rechnet man bei der Stallmast etwa 3 Monate.

In Deutschland werden vielfach die zur Mast bestimmten Märzschafe auf der Weide, hauptsächlich auf Stoppelfeldern angemästet und dann im Stalle ausgemästet. Es ist dies ein Verfahren, welches die Mast erheblich verbilligt.

Ausschließliche Weidemast ist nur bei Vorhandensein sehr guter Weiden (Fettweiden) durchführbar, sie ist aber vorteilhafter als die Stallmast.

Anhaltspunkte für die Fütterung der Schafe unter Rücksichtnahme auf deren Alter und Nutzungszweck bieten die folgenden auf 1000 kg Lebendgewicht bezüglichen Normen.

	Trockensubstanz kg	Verdauliches Eiweiß kg	Stärkewert kg
1. Erhaltungsfutter für ausgewachsene Wollschafe:			
Gröbere Rassen	20	1,0	8,3
Feinere "	23	1,25	9,0
2. Mutterschafe, Lamm- und Säugezeit	25	2,4	14,5
3. Ausgewachsene Mastschafe	28	1,7	14,5

4. Wachsende Schafe, Wollrassen

Alter in Monaten	Mittleres Gewicht pro Kopf	Trockensubstanz kg	Verdauliches Eiweiß kg	Stärkewert kg
4—6	28 kg	25	3,1	16,3
6—8	34 „	25	2,4	12,9
8—11	38 „	23	1,8	10,7
11—15	41 „	22	1,5	10,2
15—20	45 „	22	1,2	9,5

5. Wachsende Schafe, Mastrassen

Alter in Monaten	Mittleres Gewicht pro Kopf			
4—6	30 kg	26	4,3	17,0
6—8	38 „	26	3,3	15,3
8—11	46 „	24	2,4	13,3
11—16	55 „	23	1,9	11,2
15—20	70 „	22	1,5	10,2

E. Ziegenzucht.

Die Ziege, ein überaus nützliches Haustier, ist hauptsächlich in solchen Haushaltungen am Platze, wo für eine Kuh nicht genügend Futter vorhanden ist. In vielen Wirtschaften werden jetzt auch Ziegen gehalten, um Milch für die Aufzucht der Ferkel zu haben.

Schon zwei Ziegen können für eine Familie die nötige Milch liefern. In Gebirgsgegenden mit steilen Halden, die für Rindvieh beim Abweiden zu beschwerlich und zu gefährlich werden, können die Weiden von den Ziegen noch sehr gut ausgenützt werden. Die Ziegen geben im Verhältnis zu ihrem Körpergewicht ansehnliche Mengen Milch, jährlich etwa 300—500 Liter.

Die Milch zeichnet sich durch einen sehr hohen Fettgehalt aus (5 %). Der Ziegenmilch wird auch nachgerühmt, daß sie fast gar nie Tuberkelbazillen enthalte.

Sehr gute Ziegenrassen sind:

1. Die Thüringer Rasse.

Die Ziege besitzt sehr lange, grobe, weiße Haare. In der Regel ist sowohl der Bock als auch das weibliche Tier hornlos. Das Euter ist gut entwickelt; gute Thüringer Ziegen geben noch in einem Alter von 10 Jahren jährlich bis zu 550 Liter Milch.

2. Die Saanenziege im Kanton Bern (Schweiz). (Fig. 229.)

Die Saanenziege ist ebenfalls weiß und ungehörnt und wie die Thüringer Ziege groß und kräftig.

Sie zeichnet sich durch sehr gute Beine und starke Klauen aus; für unser Klima eignet sie sich nicht immer gut. Der Milchertrag ist bei gutem und reichlichem Futter sehr beträchtlich.

3. Rehfarbene hornlose Schwarzwaldziege.

(Mit Sorgfalt gezüchtet im Ziegenzuchtverband in Tuttlingen in Württemberg.)

4. Schwarzscheckige Ziege in Baden.

Sie ist mittelgroß und zeichnet sich durch gute Milchleistung aus.

5. Die Rhönziege.

Graue oder schwärzliche, abgehärtete, hauptsächlich in der Rhön vorkommende Ziege; im Milchertrag befriedigend, für rauheres Klima besonders geeignet.

Die Ernährung der Ziegen verursacht keine Schwierigkeiten. Die Ziege ist zwar sehr wählerisch im Futter, verzehrt aber eine Menge von

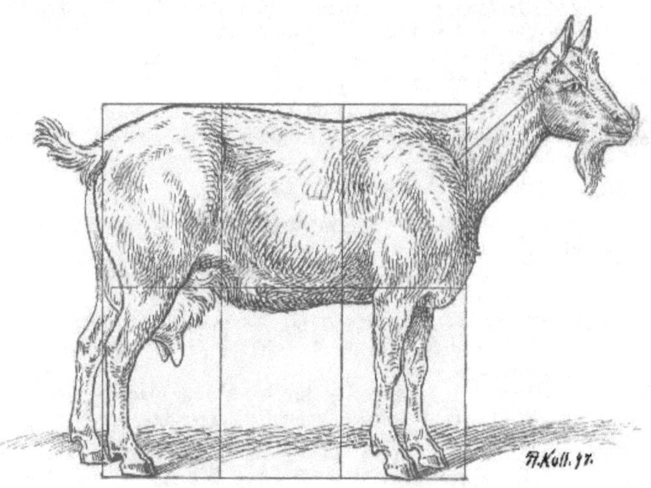

Fig. 229. Wünschenswerte Körperformen der Ziege.

Gräsern, Kräutern, Blattwerk, Laub von Bäumen und Sträuchern, ja selbst Unkräuter. Jedoch weiß sie unter dem Dargebotenen immer eine ganz geschickte Auswahl zu treffen.

Sogar getrocknetes Laub von Bäumen und Sträuchern nehmen die Ziegen gern auf sowie die Früchte des Vogelbeerbaums, frisch und im angesäuerten Zustande. Aber auch Kraftfutter verwerten die Ziegen ganz gut.

Im Winter kann man sie mit gutem Heu allein ernähren.

Da der Magen der Ziege verhältnismäßig klein ist, so soll man sie öfters, im Tage vier- bis fünfmal, füttern und wenigstens zweimal mit überschlagenem Wasser tränken; auch Kleientränke wird gern genommen.

Die Ziegen verlangen einen warmen, trockenen Stall. Gegen Kälte und Nässe sind sie sehr empfindlich. Im Sommer muß man ihnen bei naßkaltem Wetter, wenn sie von der Weide kommen, etwas Trockenfutter reichen. Bei der Zucht achte man darauf, daß die zur Zucht benützten Tiere von einem milchreichen Schlage bezw. einer solchen Familie abstammen.

Kitzchen, die von einem Einzelwurfe abstammen, eignen sich für die Zucht am besten.

Die Zicklein läßt man, obgleich sie schon mit 14 Tagen etwas Heu oder grüne Blätter verzehren können, 6 Wochen an der Mutter saugen. Mit 9—10 Monaten kann man den Bock, mit 1½ Jahren die Ziege zur Zucht benützen. Ein ausgewachsener Bock genügt in der Regel für 80—100 Ziegen.

Die Aufstellung eines gut gebauten, kräftigen, aus einer milchreichen Herde stammenden Bockes sowie dessen gute Ernährung und Pflege ist von größter Wichtigkeit.

Gute Ziegen lassen sich bis ins höhere Alter zur Zucht verwenden.

Die Trächtigkeit dauert 21 Wochen.

Ältere Böcke kann man kastrieren, um besseres Fleisch zu erzielen.

Trockene Bergweiden sind den Ziegen am zuträglichsten. Wenn sie viel auf nasse sumpfige Weiden angewiesen sind, werden sie leicht von der Leberegelbrut heimgesucht und dadurch wassersüchtig.

In neuerer Zeit sucht man durch Errichtung von Ziegenzucht- und Bockstationen sowie durch Kreuzungen die teilweise wenig leistungsfähigen Landschläge zu verbessern.

Ziegenzuchtstationen finden sich in Bayern:

1. auf dem Dreistelzhof bei Stadt Brückenau für die hornlose, graue und schwarze Rhönziege;
2. bei dem Pinzgauer Zuchtverbande auf dem Hochberg bei Traunstein für die Pinzgauer Ziege (rehfarbige Gebirgsziege);
3. in Unterklingensporn bei Naila für die hornlose Frankenwaldziege;
4. bei dem Landwirt Gander in Dörrenbach bei Bergzabern (Pfalz) für die Saanenziege.
5. Eine weitere Ziegenzuchtstation für die Saanenziege ist (Herbst 1906) auf dem Reutberghof bei Gunzenhausen eingerichtet worden.

Unternehmer der sub 1, 3 und 4 genannten Zuchtstationen sind die einschlägigen landwirtschaftlichen Bezirksvereine, der sub 2 und 5 genannten der Pinzgauer Zuchtverband in Traunstein bezw. der Zuchtverband für gelbes Frankenvieh, A. M., in Gunzenhausen.

F. Fischzucht. Teichwirtschaft.

Überall, wo die natürlichen Verhältnisse günstig, wo kleine Seen oder Teiche vorhanden sind, wo die Herstellung oder Einrichtung von Teichen keine großen Kosten verursacht, kann die Fischzucht ein sehr lohnender Betriebszweig der Landwirtschaft werden.

Die Bewirtschaftung von fließenden Gewässern dagegen ist mehr Sache der Berufsfischer sowie des Sports und bildet nur selten einen namhaften Erwerbszweig der Landwirte.

Jedoch kann durch eine rationelle Bewirtschaftung und Besetzung eines Baches oder Flußlaufes immerhin eine, wenn auch mäßige Einnahme erzielt werden.

Am einträglichsten bleibt immer die Bewirtschaftung stehender Gewässer oder Teiche.

Man unterscheidet:

1. Kalte Teiche.

Diese sind geeignet für Edelfische: Bachforellen, Regenbogenforellen, Bachsaiblinge u. s. w.

Die Wassertemperatur eines Forellenteiches darf im Sommer die Höhe von 21 ° C in der Mitte des Teiches nicht übersteigen. Etwas höhere Temperatur ertragen nur die Regenbogenforellen.

Eine weitere Hauptsache ist, daß der Teich vollständig abgelassen werden kann. Ist dieses nicht der Fall, dann eignet sich der Teich durchaus nicht für die Zucht der Edelfische oder Salmoniden.

Läuft der Teich nicht völlig ab, dann ist man nicht imstande alle Fische bei der Abfischung herauszubringen. Die zurückgebliebenen werden den frischen Besatz größtenteils aufzehren.

Wenn Teiche nicht auslaufen, dann muß man entweder das Ablaufrohr tiefer legen oder die tiefen Stellen, an denen sich nach dem Abfischen Tümpel bilden, mit Sand, Kies oder Erde auffüllen.

Es ist durchaus nicht notwendig, daß der Teichboden aus Kies, Fels oder Sand bestehe.

Eine Schlammschichte von $^1/_2$—$^3/_4$ m schadet nichts, vorausgesetzt, daß dieselbe nicht aus faulenden Pflanzenstoffen besteht. Durch das Verfaulen frischer Pflanzen wird nämlich ein Teil des Sauerstoffes im Wasser verbraucht und die Fische müssen an Sauerstoffmangel zu Grunde gehen. Das Einfallen von Laub schadet nicht viel, wenn frisches Wasser zufließt.

Vor allem ist das Anbringen von passenden Verschlüssen notwendig. Wird dieses unterlassen, dann werden Bachsaiblinge sicher, Bachforellen und Regenbogenforellen aber wahrscheinlich den Teich verlassen.

Die beste Einrichtung zum Verschluß eines Teiches ist der Mönch, der auf das Ablaufrohr gesetzt wird. Es ist dieses ein viereckiger, aus Brettern hergestellter hoher Kasten, von denen eine Seite mit einem Gitter versehen ist. Im Innern befinden sich Staubretter, mit denen die Höhe des Wasserstandes reguliert werden kann. Der Mönch muß so lang sein, daß sein oberes Ende über den Wasserstand hervorragt.

(Der Bayerische Fischereiverein in München liefert gerne Pläne von Mönchen.)

Scheut man die Anfertigung eines Mönches, so muß man am Überlaufe des Teiches ein gut schließendes Gitter anbringen und die Rahmen desselben gegen den Damm hin sorgfältig mit Lehm dichten. Geschieht dieses nicht, dann werden die eingesetzten Fischchen sich neben dem Gitter hindurchbohren.

Hochwässer sind vom Teich abzulenken. Ist ein Forellenteich fortwährend dem Hochwasser ausgesetzt, so wird der Damm beschädigt und es besteht die Möglichkeit, daß die eingesetzten Fischchen entweichen.

Forellenteiche müssen hechtfrei sein. Wo Hechte sich befinden, kann keine Forelle sich halten. Auch dürfen in einem Forellenteich nicht ungewöhnlich große und alte Forellen sich aufhalten. Diese würden nämlich die jüngeren Jahrgänge soweit aufzehren, daß ein finanzieller Erfolg ausgeschlossen ist.

Auch Krebse sind als Feinde der Forellen im Teiche anzusehen.

Der Teich muß reich an lebender Nahrung sein. In dem Teichschlamme, an lebenden und modernden Pflanzenteilen sowie im freien Wasser der Teiche befinden sich zahlreiche Arten von Wassertieren, welche den Fischen zur Nahrung dienen.

Dazu gehören: die Larven der Eintagsfliegen, der Köcherfliegen, krebsartige kleine Tiere, die Wasserflöhe und Flohkrebse, Wasserkäfer, Würmer, Schnecken, kleine Fische und Frösche. Die Menge dieser Tiere ist ungemein verschieden. Sie richtet sich nach dem Pflanzenbestand und der Beschaffenheit des Schlammes. Ein mäßiger Pflanzenbestand ist deshalb erwünscht. Eine zu starke Verunkrautung kann aber schädlich werden und bildet auf alle Fälle ein großes Hindernis bei der Abfischung. Besonders gefürchtet ist die Wasserpest.

Teiche, welche von Bächen gespeist werden, die längere Zeit durch Wiesen, Felder und Buschwerk fließen, sind meist reich an Forellennahrung.

Der zufließende Wasserstrom bringt nämlich eine Menge von lebender Nahrung in den Teich, so Insekten und Käfer, die in das Wasser fallen, Heuschrecken und nach Regengüssen Regenwürmer. Auch fangen die Forellen die über dem Teich schwebenden Insekten.

Bei richtigem Besatz soll die natürliche, lebende Nahrung genügen. Etwa 900—1200 Stück fingerlange Forellchen für 1 Hektar können im zweiten Jahre schon das gesetzliche Maß erreichen und verkauft werden.

Ein Teich von 1 Hektar Wasseroberfläche kann bei reicher Nahrung und richtiger Besetzung mit 900—1200 Stück fingerlangen Forellchen im Monat August bis zum August des kommenden Jahres 50 Kilogramm Forellenfleisch produzieren, was einem Geldertrag von 600 ℳ entspricht.

Bachforellen und Bachsaiblinge werden im dritten Jahre laichreif. Die Eier der Forellen sind verhältnismäßig groß. Mittelgroße Forellen produzieren 500—1000 Eier, mehrere Pfund schwere Forellen 2000—3000 Stück.

Die Forellen und Saiblinge laichen im November, Dezember und anfangs Januar.

Die Eichen werden in kleine Gruben gelegt und von den Laichfischen mit Kies überdeckt. Je nach der Temperatur des Wassers schlüpfen die Fischchen aus ihrem Eichen etwa nach 10 Wochen aus. Sie bleiben aber noch 2—3 Monate unter dem Kies versteckt.

Der Leib des ausgeschlüpften Fischchens ist ungemein schlank. An demselben hängt eine gelbe Blase, der Dottersack, von dessen Inhalt das Fischchen in den ersten Monaten lebt. Ist der Dottersack aufgezehrt, dann machen die Fischchen Jagd auf kleine Wassertiere, auf kleine Insektenlarven, Wasserflöhe, Hüpferlinge, Flohkrebse und kleine Schnecken.

In kleinen Weihern wächst die Forellenbrut viel rascher als in rasch fließenden klaren Bächen, da in der starken Strömung sich die Nährtiere nur schwer halten können.

In den letzten Jahrzehnten wird in Mitteleuropa die künstliche Fischzucht in großem Umfange getrieben. Bei derselben werden die in Wildgewässern gefangenen laichreifen Milchner und Rogner ausgestreift. Die Laichfische, welche lange Zeit in Gefangenschaft gehalten und künstlich ernährt wurden, sind in der Regel unfruchtbar.

Die Eier des Rogners werden trocken in einer Schüssel gesammelt, darüber wird der Milchner ausgestreift und die Milch desselben mittels einer Gänsefeder mit den Eiern gut gemischt. Hierauf wird Wasser über die auf diese Weise befruchteten Eier gegossen. Nach einer Stunde legt man die Eier in einen Brutapparat.

In großen Betrieben wird in der Regel der kalifornische Brutapparat verwendet.

Für kleine Brutanstalten eignet sich gut der Weihenstephaner Brutapparat, welcher aus Porzellan hergestellt wird. Er ist sehr dauerhaft, leicht zu reinigen, erfordert sehr wenig Wasserzulauf und kann an jedem beliebigen Ort, wo fließendes Wasser vorhanden ist, aufgestellt werden.

In dem Brutapparat schlüpfen die Fischchen wie in den Wildgewässern in 10—12 Wochen aus und verbleiben dann noch daselbst bis zur Aufzehrung des Dottersackes. (Angebrütete Eier und dottersackfreie Brut sind in jeder Fischzuchtanstalt käuflich zu erhalten. Eier zu 5—6 ℳ pro 1000 Stück und dottersackfreie Brut zu 12 ℳ pro 1000 Stück.)

Stellt sich bei der Brut die Freßlust ein, so ist sie am besten in kleine Teiche oder kleine Bächlein auszusetzen, die man aber vorher entsprechend instand setzen muß.

Zunächst ist es notwendig, dieselben nach Feinden der Fischbrut, nämlich nach größeren Forellen, Bürschlingen, Fröschen und Larven des Schwimmkäfers, abzusuchen.

Außerdem ist die Sohle des Teiches oder Bächleins so zu regulieren, daß ein vollständiges Ablassen des Wassers beim Abfischen möglich wird.

Zum Schlusse sind noch Verschlüsse aus Drahtgitter von 0,5 cm Maschenweite am Abfluß anzubringen. Die Drahtgitter befestigt man an Rahmen, die an ihren Rändern gegen das Erdreich zu gut mit Lehm gedichtet werden müssen.

Für 1000 Stück Brut genügt ein kleiner Teich von 60—100 Quadratmetern. In kleinen Teichen wachsen die Fischchen besser als in schmalen, seichten Bächlein.

Im Juli, August oder September muß die Brut herausgefangen und sortiert werden. Läßt man die kleinen Fischchen ein ganzes Jahr beisammen, so wird ein sehr großer Teil der kleinen, im Wachstum zurückgebliebenen Fischchen von den besser entwickelten Altersgenossen aufgefressen und der Ertrag bleibt gering.

Je früher die etwa fingerlange Brut im ersten Sommer im Teiche von $^1/_{12}$—$^1/_6$ Hektar ausgesetzt werden kann, desto besser ist ihr Wachstum im zweiten Jahr.

Bachforellen und Bachsaiblinge werden am besten bezahlt, wenn sie $^1/_8$—$^1/_{10}$ Kilogramm schwer geworden sind. In Badeorten oder in der Nähe großer Städte bezahlt man 4—5 ℳ pro Kilogramm.

Es ist in der Regel nicht zweckmäßig Forellen und Saiblinge mehrere Pfund schwer werden zu lassen, da sie, einmal größer geworden, viel gröberes Futter brauchen, welches in den Teichen nicht immer vorhanden ist.

Die Fütterung der Forellen im Teiche mit Hühnerdärmen, Seefischen 2c. ist in kleineren, mit Landwirtschaft verbundenen Betrieben nur selten zu empfehlen, weil die regelmäßige Herbeischaffung des Futters nur schwer möglich und recht kostspielig ist.

Fütterung mit Kadaverfleisch ist vielfach gefährlich. Das Fleisch der Forellen wird dabei schlecht und nicht selten geht der Besatz zu Grunde.

Am sichersten ist der Teichbetrieb dann, wenn lediglich Naturnahrung verwendet wird, die sich jederzeit von selbst wieder ergänzt. Es muß aber die Besatzstärke sich nach der vorhandenen Nahrung richten.

Ob der Teich angemessen besetzt wurde, wird man nach einigen Abfischungen bald herausfinden.

Will man mehr Forellen züchten, so sind die Teiche zu vergrößern oder zu vermehren, da eine Mehrung des Futters nicht leicht möglich ist.

Die Teichwirtschaft gestaltet sich in der Regel rentabel, wenn die fingerlangen Besatzfische selbst herangezüchtet werden können; aus Anstalten bezogen kosten 1000 Stück 100—200 *M*.

Große Umsicht ist bei der Abfischung der Gewässer und dem Transporte der Fische notwendig. Die Forellen müssen alsbald aus dem schlammigen Wasser des leergewordenen Teiches genommen und womöglich in fließendes Wasser gebracht werden.

Am zweckmäßigsten legt man einen kleinen Tümpel von 1—2 qm Größe in der Nähe des Teiches an und leitet in denselben etwas Quell- oder Bachwasser. Dieses kann auch erreicht werden durch Aufstauen eines kleinen Grabens.

Die Fische sind in dem Tümpel so lange aufzubewahren, bis der letzte aus dem Teiche herausgefangen ist, was oft mehrere Stunden dauern kann.

Die Forellen werden in großen Fässern transportiert, die aber nur zur Hälfte mit Wasser gefüllt sein dürfen. Am zweckmäßigsten verwendet man kühles Bach- oder Teichwasser, das in der Regel mehr Sauerstoff enthält, als Wasser aus Leitungen.

Die Fische halten den Transport stundenlang aus, sobald die Fässer fortwährend stark gerüttelt werden und das Wasser nicht zu warm wird. Dasselbe gilt auch für den Bahntransport. Durch das Schütteln wird das Wasser mit Sauerstoff bereichert.

Beim ruhigen Stehen ist jedoch der Sauerstoff im Wasser bald verbraucht und die Fische sterben ab.

Will man das Faß mit frischem Wasser auffüllen, so verwende man kühles Bach- oder Teichwasser.

Hat man nur Leitungswasser zur Verfügung, so muß man dieses durch einen Seiher langsam in das Faß einlaufen lassen.

Die Öffnung des Transportfasses darf man nicht fest verschließen. Damit die Fische aber nicht herausgeschleudert werden und auch Luft eindringen kann, steckt man eine Partie Erlen- oder Weidenzweige in die Öffnung hinein.

Der Transport soll vor Sonnenaufgang oder abends spät erfolgen.

2. Warme Teiche.

Warme Teiche eignen sich für die Zucht der Karpfen, Hechte und Schleihen.

Karpfenteiche sollen seichte, flache Ufer besitzen, damit sich das Wasser im Sommer erwärmen kann. Ein starker Zulauf von kaltem Wasser ist nicht wünschenswert.

Für Karpfenzucht eignen sich auch sog. Himmelsteiche, die nur bei Regenwetter einen Zufluß erhalten. Die warmen Teiche müssen gut ablaßbar sein. Bleiben beim Abfischen Hechte zurück, so kann der Besatz von diesen aufgefressen werden.

Es sind gut schließende Abschlußvorrichtungen am Überlauf in Form eines Rechens oder eines Mönches anzubringen.

Die hauptsächlichste Karpfennahrung besteht aus Wasserflöhen. Nebenbei kommen sonst noch in Betracht alle im Wasser lebenden Tierchen, wie kleine Krebstierchen, kleine Schnecken, Würmer, Insektenlarven und Insekten, die über dem Wasser schweben.

Zur künstlichen Fütterung der Karpfen eignen sich Malzkeime, Treber, Mais, Lupinen, Kohlstrünke, Kartoffeln, Rüben, die man ins Wasser wirft. Einbringen von Fleisch gefallener Tiere kann jedoch gefährlich werden.

Die Produktion an Nahrung in einem Teich wird durch Trockenlegung desselben im Winter, Düngung und Anbau von Pflanzen, wie Rüben, Mengfutter, Getreide, Kartoffeln u. s. w., gesteigert.

Die Karpfen laichen im Mai und anfangs Juni, sobald das Wasser sich erwärmt hat.

Zu Laich- oder Schlagteichen eignen sich am besten flache, mit Gras bewachsene Teiche mit 40 cm tiefem Wasserstand. Die Weibchen setzen je nach ihrer Größe 100 000—1 000 000 Eier ab, welche an Wasserpflanzen kleben bleiben.

Bei Teichen mit dürftigem Pflanzenbestand werden Wacholderstauden ins Wasser gelegt, an welchen die Karpfen mit Vorliebe ihre Eier ablegen.

Das Ausschlüpfen der Brut erfolgt schon nach 3—12 Tagen je nach der Temperatur des Wassers.

Anfangs lebt die Karpfenbrut von Infusorien und kleinen krebsartigen Tierchen. Bei reichlicher Nahrung erreichen sie im ersten Jahre eine Länge von 4—10 cm.

Wenn während des Laichens und der Erbrütung schlechtes Wetter eintritt, dann gehen Eier und Brut oft massenhaft zu Grunde.

Im zweiten Jahre können bei mittlerem Besatz und guten Nahrungsverhältnissen die Karpfen $^1/_4$ Kilogramm und nach drei Jahren 1—$1^1/_2$ Kilogramm schwer werden.

Auf einen Teich von 1 Hektar Fläche sollte man nicht mehr als 180 Stück $^1/_2$ Kilogramm schwere Karpfen einsetzen. Man kann aber dann in einem Sommer per Stück bis zu 1 Kilogramm Fleischzuwachs erwarten.

Als Durchschnittsertrag rechnet man pro Hektar und Jahr 150 Kilogramm Karpfenfleisch ohne künstliche Fütterung.

Liefert ein Teich per Hektar 90 Kilogramm Zuwachs, so ist dessen Produktion mittelmäßig, schlecht ist er, wenn er pro Hektar und Sommer nur 45 Kilogramm bringt.

Zu stark besetzte Karpfenteiche liefern in der Regel schlechte oder gar keine Erträge.

Schlechte Erträge ergeben sich auch bei der wilden Karpfenzucht, bei der Karpfen vieler Jahrgänge in einem Teiche gehalten werden und der Teich jahrelang nicht abgefischt wird. Man findet dann beim Abfischen eine große Anzahl ganz junger Fische, ferner viele verkümmerte 1- und 2jährige und sehr magere alte Fische mit sehr großen Köpfen, die kaum verkäuflich sind. Neben den Karpfen sind in solchen Teichen außerdem noch Tausende wertloser Weißfische, Futterkonkurrenten der Karpfen, vorhanden. Töricht ist es dann, wenn man die Fische nochmals ein oder zwei Jahre in dem Teich läßt, was sehr häufig geschieht, in der Hoffnung, daß sie mit der Zeit doch besser wachsen würden.

Bei der nächsten Abfischung wird das Resultat noch schlechter sein, weil die Unzahl der kleinen Fische den großen Karpfen kaum das nötigste Erhaltungsfutter zum Leben übrig läßt.

Will man mit seinen Karpfenteichen einen Ertrag erzielen, so ist wenigstens alle zwei Jahre abzufischen und der Besatz auf einen oder zwei Jahrgänge in angemessener Stärke zu beschränken. Noch besser ist es, wenn man für jeden einzelnen Jahrgang einen eigenen Teich hat.

Zur Beseitigung der unnützen Weißfische, welche den Karpfen das Futter wegfressen, werden in den Karpfenteich Hechte eingesetzt. Die Hechte sind nämlich wertvolle Beisatzfische im Karpfenteich, ebenso die Schleien.

Beim Abfischen sind die Karpfen viel widerstandsfähiger als die Forellen. Sie werden in Fässern, die geschüttelt werden müssen, transportiert.

Das Kilogramm Karpfen wird dem Züchter gewöhnlich mit 1 *M* bis 1 *M* 40 *₰* bezahlt.

VII. Tierkrankheiten.

In diesem Kapitel sind nur diejenigen Behandlungsmethoden der Tierkrankheiten angegeben, welche von Laien leicht und ohne Gefahr in Notfällen angewendet werden können, wenn tierärztliche Hilfe nicht sofort beigebracht werden kann. Die rechtzeitige Beiziehung eines Tierarztes wird aber nicht nur in ganz schweren, sondern auch in leichteren Fällen von Nutzen sein.

Der Schwerpunkt ist in nachstehenden Darlegungen mehr auf das Erkennen und Verhüten der Krankheiten und weniger auf das Heilen derselben gelegt worden.

A. Tierärztliche Nothilfe und Geburtshilfe.

1. Tierärztliche Nothilfe bei äußeren Krankheiten.

a) Quetschungen, entstanden durch Geschirrdruck oder Anstoßen.

Erscheinungen: Die gequetschten Teile sind geschwollen, heiß und bei Berührung schmerzhaft.

Behandlung: Man mache zuerst Umschläge mit kaltem Wasser oder Eis, das man in einem kleinen Säckchen umhängt. Auch Bleiwasser oder Essigumschläge sind am Platze sowie Anstriche von Lehm und Essig.

Verschwinden nach einem halben Tag die Schmerzen nicht, wird im Gegenteil der Schmerz größer, dann ist eine Eiterung zu erwarten und es empfehlen sich in diesem Falle warme Umschläge mit gekochtem Leinsamen oder gekochten Kartoffeln. Nach dem Weichwerden der Beule darf eine baldige Öffnung derselben durch den Tierarzt nicht versäumt werden.

Bei Hautabschürfungen wasche man die betreffenden Stellen mit Alaunlösung oder Bleiwasser. Sind derartige Abschürfungen durch Kummetdruck entstanden, dann darf man bis zur völligen Heilung ein Kummet nicht mehr benützen. Es können aber Sielen (Riemengeschirre) ohne Nachteil verwendet werden.

b) Sohlenquetschungen am Hufe und an den Klauen.

Erscheinungen: Die Tiere zeigen einen gespannten Gang. Die Sohle, besonders aber die Ballen sind bei Rindern heiß und empfindlich. Bei Druck auf den Ballenteil der Klauen fühlt man etwas Flüssigkeit unter dem Ballenhorn.

Behandlung: Vor allem lasse man die Eisen abnehmen und den Huf mittels warmen Seifenwassers und einer Wurzelbürste ordentlich reinigen.

Bei Rindern tritt meist rasche Besserung ein, wenn in die Ballen ein kleiner Einschnitt gemacht wird.

Bei Pferden muß der Huf gründlich untersucht und dabei ebenfalls für eine rasche Entleerung der etwa vorhandenen Flüssigkeit oder des Eiters gesorgt werden. Nebenbei sind Fußbäder mit desinfizierenden Mitteln anzuwenden.

c) Streifwunden am Fessel und Kronentritt.

Derartige Verletzungen an den Fußenden sind sehr sorgfältig zu beachten. Überläßt man bei solchen, anscheinend geringfügigen Verletzungen die Heilung der Natur, dann stellt sich sehr leicht Wundstarrkrampf ein. Es kommen nämlich im Straßenkot, im Pferdemist und in der Gartenerde sehr häufig kleine, schädliche Organismen, sog. Starrkrampfbazillen, vor. Ist die Haut an den Fußenden verletzt und werden diese Verletzungen nicht sorgfältig desinfiziert, dann können die kleinen Pilze auf diesem Wege in den Körper einwandern. Bei den genannten Verletzungen können aber auch noch andere schwere Erkrankungen der Füße sich einstellen, wie ausgedehnte, entzündliche Schwellungen des ganzen Fußes.

Behandlung: Hat sich ein Pferd oder Rind an den Fußenden durch Anstreifen oder Treten beschädigt, so wasche man die betreffende Stelle mit Bleiwasser oder mit verdünntem Essig aus.

Vor allem aber sehe man nach, ob keine Fremdkörper, kleine Steine, Holzsplitterchen oder Haare, in die Wunde gekommen sind. Derartige Fremdkörper sind sofort zu beseitigen.

Tiefgehende Verletzungen an der Krone sind nicht selten gefährlich.

d) Die Mauke.

Bei Pferden kommt häufig auf der Rückseite des Fessels infolge unreiner Haltung eine Hautentzündung vor.

Man bezeichnet diese Entzündung als Mauke.

Erscheinungen: Anfangs ist die Haut an der betreffenden Stelle heiß. Sie legt sich in Falten und wird bald schrundig. Aus den Rissen der Haut sickert eine klebrige Flüssigkeit, die zu Krusten eintrocknet. Werden diese Stellen ständig verunreinigt, dann kann die Entzündung und Zerstörung auch in die Tiefe gehen. Nicht selten entsteht auch eine derartige Entzündung im Fessel, wenn Pferde in den Strängen hängen geblieben sind. Im allgemeinen ist das Leiden nicht bösartig.

Behandlung: Man sorge für ein reines, trockenes Lager und wasche die entzündeten Stellen mit Blei- oder Alaunwasser.

Bei Rindern tritt die Mauke leicht auf, wenn lange Zeit viel Schlempe gefüttert wird; sie kommt besonders dann zum Ausbruch, wenn die Tiere wenig Bewegung haben.

Am häufigsten entsteht sie bei den Mastochsen, seltener bei Milch- und Zugvieh.

Behandlung: Bricht die Schlempenmauke aus, so muß man den kranken Tieren sofort die Schlempe entziehen. Man gebe den Tieren neben Wiesen- oder Kleeheu Roggenkleie oder Leinkuchen. Außerdem verabreicht man ihnen Kreolinbäder.

e) Der faule Strahl.

Erscheinungen: Der Strahl wird zerklüftet, zerfressen und in der Strahlgrube findet man eine sehr übel riechende, schmierige Masse.

Wird der Strahl größtenteils zerstört, so können die Pferde lahm gehen.

Ursachen: Der faule Strahl entsteht, wenn Pferde viel in nasser Streu stehen und wenig Bewegung haben oder wenn der Strahl durch Ausschneiden geschwächt wird. Häufig ist aber jener eine Folge des Zwanghufs.

Behandlung: Im Anfang ist unschwer abzuhelfen, wenn man für eine gute trockene Streu sorgt, den Strahl gründlich reinigt und gepulverte Holzkohle (Asche) einstreut. Namentlich empfiehlt sich das Stellen der Pferde auf Sägmehl oder Gerberlohe. Am besten wirkt der Teeranstrich oder das Bestreuen mit Alaun. Das Einstreuen von Eisen- oder Kupfervitriol ist schädlich, weil Strahl, Eckstreben und Fersenwände zu hart werden, wodurch Klemmdruck entsteht und die Pferde dann erst recht lahm gehen.

f) Der Strahl- oder Hufkrebs.

Nicht zu verwechseln mit dem faulen Strahl ist der Strahl- oder Hufkrebs.

Erscheinungen: Dieser charakterisiert sich dadurch, daß meist von der Strahlspitze aus der Strahl, die Sohle, die Hornwand, auch die Ballen von der Krankheit ergriffen werden, wobei das Horn nach und nach zerstört wird.

An Stelle des Horns wachsen büschelförmige, zottige Wucherungen hervor, die eine übelriechende, schmierige Masse absondern. Das Leiden ist sehr häufig unheilbar nnd läßt sich nur in günstigen Fällen, hauptsächlich bei geringerem Grade und in der ersten Zeit des Entstehens durch eine Operation beseitigen. Im vorgeschrittenen Stadium werden die Pferde zum Zugdienst untauglich. Beim Ankauf von Pferden lasse man sich deshalb für gute Hufe Garantie leisten.

g) Eintreten eines Nagels in den Huf oder in die Klauen.

Bemerkt man an einem Zugtier, daß es plötzlich und ganz auffallend hinkt, so ist sofort nachzusehen, ob ein Nagel eingetreten worden ist. Versäumt man dies, so kann der Nagel mit jedem Schritt vorwärts getrieben werden. Die anfangs harmlose Verletzung wird dann äußerst gefährlich, wenn der Nagel in den Knochen oder in die Gelenke eingedrungen ist.

Behandlung: Nachdem der Nagel vorsichtig herausgezogen ist, merke man sich vorerst die Stelle, wo er sich befand, und die Richtung, welche er genommen hatte. Auch hebe man den Nagel auf, nachdem man ihn besichtigt hat, damit später der Tierarzt Anhaltspunkte für die Beurteilung der Verletzung gewinnen kann. Darauf reiche man sobald als möglich dem Pferd ein Fußbad mit Lysol. Es ist zweckmäßig die verletzten Pferde einige Tage stehen zu lassen, auch wenn sie nicht hinken. Das Lahmgehen kommt häufig erst in einigen Tagen zum Vorschein. Nach dem Fußbade verklebt man die Stelle mit etwas Wachs oder Terpentin, man hüte sich jedoch Terpentinöl hineinzuschütten, was häufig geschieht, aber Schmerzen verursacht. Sollte nach einigen Tagen große Schmerzhaftigkeit eintreten, dann ist anzunehmen, daß eine Eiterung entsteht. Man rufe deshalb sofort einen Tierarzt, was besonders bei versicherten Pferden unumgänglich notwendig ist.

h) Wunden.

Hat sich ein Tier verletzt und blutet die Wunde stark, so ist mit dem Finger oder einer kleinen Zange die spritzende Ader etwas vorzuziehen und zu unterbinden. Gelingt dies nicht, so stopfe man Werg, das man vorher in Essig getränkt hat, in die Wunde und wickle, falls es möglich ist, eine Gurte oder ein Tuch (Schurz) fest um die blutende Stelle.

Befinden sich derartige Wunden an den Gliedmaßen, dann kann man auch einen elastischen Hosenträger oberhalb der blutenden Ader anlegen.

Große herabhängende Hautlappen muß man annähen lassen.

Die Geschwüre wasche man mit Kreolin- oder Lysollösung oder Borwasser.

i) Verletzungen und Wunden am Maule und an der Zunge.

Erscheinungen: Die Tiere speicheln sehr stark und fressen nicht.

Behandlung: Zuerst ist nachzusehen, ob keine kleinen Fremdkörper in den verwundeten Stellen stecken. Die Geschwüre wasche man mit einer Mischung bestehend aus $^1/_8$ Liter Essig, 1 Eßlöffel voll Kochsalz auf 1 Liter Brunnenwasser.

Zum Waschen benutzt man einen Lappen, den man um einen Stab herumwickelt und festbindet.

Der in das Maulwasser eingetauchte Lappen wird hierauf in die Maulhöhle eingeführt. An diesem Lappen läßt man die Tiere herumbeißen.

Verletzungen durch Zahnspitzen und zu lange Zähne.

Diese kommen sehr häufig bei Pferden vor. Wenn Pferde schlecht fressen, so ist jedesmal nachzusehen, ob Zahnspitzen oder zu lange Zähne die Ursache hiervon sind. Hat man gefunden, daß ein Zahn die Backen oder die Zunge beim Kauen verletzt, so werden die Spitzen abgefeilt.

Diese Operation läßt man am besten durch den Tierarzt (nicht durch den Schmied) vornehmen.

Die durch die Zähne entstandenen Verletzungen heilen meist von selbst und bedürfen keiner besonderen Behandlung, wenn die Ursache beseitigt ist.

k) Ausdrehen der Hornscheide bei Rindern und Schafen.

Das Anheilen der abgestoßenen Hornscheide ist nicht möglich. Man unternimmt am besten keinen Anheilungsversuch, da jedesmal wieder ein neues, aber etwas verkümmertes Horn nachwächst.

Behandlung: Um den fleischigen und meist stark blutenden Hornzapfen wieder bald zum Heilen zu bringen, werden in den ersten Tagen fleißig

Umschläge mit lauwarmen Alaunlösungen gemacht, wozu man 50 g Alaun und 1—2 Liter Wasser nimmt. Am zweckmäßigsten ist es aber, den Tierarzt zu rufen und einen richtigen Verband anlegen zu lassen.

l) Bruch des knöchernen Hornzapfens.

Behandlung: Ist nur ein Sprung im Hornzapfen vorhanden und hängt letzterer noch an einer Stelle fest, so kann man diesen nicht selten zum Anheilen bringen, wenn ein guter Verband angelegt wird. — Manchmal gefährden die Hornzapfenbrüche durch ihre Folgen das Leben.

m) Knochenbrüche an den Gliedmaßen.

Knochenbrüche sind bei Pferden und Rindern häufig. Vollständig abgeschlagene Knochen der Gliedmaßen lassen sich bei ausgewachsenen Pferden und Rindern nur in den seltensten Fällen heilen, da es außerordentlich schwer ist, große Tiere längere Zeit in Schwebeapparaten zu erhalten. Doch werden Kron- und Fesselbeinbrüche nicht selten geheilt.

Dagegen heilen Knochenbrüche bei Schafen sehr leicht, da diese die gebrochenen Teile ruhig halten. Sind die Knochen am Vorarm, Unterschenkel oder Schienbein vollständig abgeschlagen, dann soll man bei Schafen ein Stück Filz herumwickeln, wozu ein alter Hut verwendet werden kann.

Um den Filz ist hierauf eine in Leim getränkte Binde zu legen.

n) Lahmheiten.

Sehr häufig ist es schwer, den Sitz und die Ursache des Lahmgehens festzustellen. Im allgemeinen gelten aber folgende Grundsätze:

Ist das Leiden unten im Huf, in der Krone, im Fesselgelenk oder in der Beugesehne, dann werden die Tiere nicht mit dem ganzen Fuße auftreten, sondern denselben nur auf die Zehe stützen.

Vor allem hebe man den Fuß auf und sehe nach, ob nicht ein Fremdkörper im Hufe oder in der Klaue steckt. Durch Klopfen oder Zwicken mit einer Zange kann festgestellt werden, ob und an welcher Stelle eine größere Empfindlichkeit besteht.

Auch untersuche man, ob das Eisen nicht drückt. Häufig fehlt in der Sohle nichts, dagegen ist ein Nagel zu tief eingeschlagen oder das Eisen drückt an einer Stelle. Durch Klopfen mit einer Zange oder einem Hammer kann man die gedrückte Stelle herausfinden.

Wird im Hufe nichts gefunden, so lasse man den Fuß aufheben. Hierauf ergreift man den Fuß und dreht ihn und beugt ihn im Gelenk. Das Tier wird in der Regel Schmerz äußern, wenn der Sitz der Lahmheit im Gelenk ist.

Durch Drücken und Betasten kann man auch feststellen, ob irgendwo eine Schwellung, Hitze oder größere Empfindlichkeit besteht.

Wurde das Leiden und dessen Sitz mit einiger Sicherheit festgestellt, so ist vor allem dafür zu sorgen, daß der leidende Teil in Ruhe kommt. Zu diesem Zweck verbringe man die Tiere, wenn möglich, in einen Laufstand und lasse sie dort ruhig stehen.

Bei ganz frischem Leiden und höherer Wärme werden Umschläge mit kaltem Wasser, Eis- oder Bleiwasser gemacht. Auch kann man einen Lehmanstrich anbringen, der aber beständig feucht zu erhalten ist. Ist nach einigen

Tagen eine Besserung eingetreten, so wird Kampfer- oder Arnikageist eingerieben.

Ist der Sitz der Lahmheit in der Schulter oder in der Hüfte, dann werden die Tiere, so lange sie stehen, den Fuß ganz normal auf den Boden stützen. Führt man sie aber zur Stalltüre hinaus, so werden die Tiere die lahme Gliedmaße nicht genügend heben und vorwärts setzen. Beim Herumführen im Kreise steigert sich das Hinken, wenn die lahme Gliedmaße sich außen befindet.

Besteht die Vermutung, daß das Leiden in der Schulter oder Hüfte liegt, so verschaffe man den Tieren ebenfalls vollständige Ruhe.

Außerdem mache man ihnen auch einen Lehmanstrich oder kalte Umschläge.

Die Lahmheiten in der Schulter sind sehr selten. Sie werden herbeigeführt durch starkes Traben bergab sowie durch Deichselschläge beim Fahren über Straßenrinnen, durch Anstoßen am Barren, an der Standsäule, an der Stalltüre und beim Umkehren im Stande.

Schulterlahmheit wird häufig als vorhanden angenommen, obwohl sie nicht besteht; erst später zeigt sich der Sitz des Leidens und wird auch dem Laien erkennbar, indem am Schien-, Fessel- oder Kronbein ein Überbein sichtbar wird.

Niemals darf man schulterlahme Pferde einspannen, bevor sie vollständig hergestellt sind.

o) Augenentzündungen.

Häufig kommt es vor, daß Fremdkörper in die Augen gelangen oder daß letztere durch Peitschenhiebe und Stöße getroffen werden.

Erscheinungen: Die Augenlider werden auf der Innenfläche stark gerötet und über das untere Augenlid ergießt sich ein reichlicher Tränenfluß. Zuweilen erhält auch die Hornhaut weiße Flecken oder einen trüben, weißen Schimmer.

Behandlung: Wird ein Fremdkörper vermutet und sitzt dieser auf der Hornhaut, so suche man denselben mit dem gut gereinigten Finger oder mit Watte wegzustreifen.

Ist kein Fremdkörper zu finden oder ist er schon entfernt, so bringe man die Tiere an ihren alten Platz im Stalle und halte grelles Licht ab. Außerdem sind kalte Vorwasserüberschläge angezeigt.

p) Steckenbleiben von Fremdkörpern im Maule, Rachen und Schlunde.

Rübenschnitze und auch Kohlstrünke können sich zwischen den oberen Backzahnreihen einzwängen. Die Tiere sind in diesem Falle nicht mehr imstande zu fressen und die Kiefer zu schließen. In der Regel geifern sie auch dabei. Bei Öffnung des Maules ist es gar nicht schwer, den eingeklemmten Gegenstand zu erkennen und zu entfernen. Manchesmal können auch Reisigstücke oder kleine Zweige von Dornsträuchern sich einspießen.

Viel häufiger kommt es aber vor, daß Kartoffeln oder Rüben im Schlunde stecken bleiben. Dies erkennt man daran, daß die Tiere fortgesetzt geifern und Würgbewegungen machen. Betastet man mit der Hand die Kehlgegend und den Hals, so fühlt man häufig die verschluckte Rübe als einen harten Gegenstand.

In diesem Falle versuche man durch Druck von außen den steckengebliebenen Gegenstand wieder in die Rachenhöhle hinaufzuschieben. Dies gelingt jedoch manchmal nicht. Sollte sich der Gegenstand tiefer unten im Schlunde befinden, dann kann man auch versuchen denselben mit der Hand abwärts zu bewegen.

Sind alle diese Versuche vergeblich, so trachte man den Gegenstand mit Hilfe der Schlundröhre in den Magen hinabzuschieben. Zu diesem Zwecke wird den Tieren zuerst ein Maulkeil in das Maul gesteckt und durch die runde Öffnung des Keils wird die Schlundröhre geschoben. Vorher muß man aber den Bleikopf der Schlundröhre vorne gut einfetten und vor dem Einführen der Schlundröhre gibt man einen Schoppen Lein- oder Salatöl ein. Die Schlundröhre schiebt man dann vorsichtig am Gaumen entlang in die Rachenhöhle. Man achte aber darauf, daß der Bleikopf nicht zwischen die Backzähne komme, da er sonst zerbissen wird und scharfe, gefährliche Kanten erhält. Ist die Schlundröhre auf den Fremdkörper gestoßen, dann suche man ihn durch geringen Druck und vorsichtiges Drehen weiter hinab zu schieben.

Bei größerer Gewaltanwendung oder bei Benützung von Peitschenstielen, Weiden rc. zerreißt meist der Schlund und die Tiere sind verloren.

Wenn es einigermaßen möglich ist, so ziehe man zu dieser nicht ungefährlichen Operation einen Tierarzt bei.

2. Tierärztliche Nothilfe bei inneren Krankheiten.

a) Lungenentzündung.

Sind Pferde krank nach Hause gekommen, schwitzen sie stark, atmen sie schwer und verschmähen sie das Futter, dann reibe man sie vor allem kräftig mit einem Strohwisch ab und decke sie nachher gut mit warmen Decken zu. (Das Einschütten von Flüssigkeiten ist bei vermehrter Atmung, hier Lungenentzündung, höchst gefährlich. Es wird dadurch immer mehr geschadet als genützt.)

Ist die Atmung sehr erschwert, so wird es sehr gut sein, dem Tiere einen kräftigen Aderlaß zu machen. Ein feuchtwarmer Wickel um die Brust leistet ebenfalls sehr gute Dienste.

Nach 4—6 Stunden wird der Umschlag gewechselt. In manchen Fällen gelingt es auf diese Weise, eine drohende, schwere Lungenentzündung abzuhalten.

b) Drusenkrankheit, Kehlsucht, Strengel.

Diese Krankheit wird durch ganz kleine Pilze, die Drusebakterien, verursacht.

Die Druse charakterisiert sich durch das Auftreten von Katarrhen der Nasenhöhlen, der Rachenhöhle und des Kehlkopfs. Die Lymphdrüsen des Kehlganges und der Kehlgegend schwellen alsbald an und es tritt nach kurzer Zeit Vereiterung in denselben ein. Wenn die vereiterte Lymphdrüse aufbricht, hat in der Regel die Krankheit ihr Ende erreicht und die Tiere beginnen wieder zu fressen.

Werden auch die um den Kehlkopf liegenden Drüsen ergriffen, dann können die Pferde nicht mehr schlucken, auch kann Erstickung eintreten.

Behandlung: Solange drusekranke Pferde noch guten Appetit besitzen, die Drüsen nur wenig geschwollen sind und geringer Nasenausfluß besteht, kann man sie noch zu leichter Arbeit benützen. Sobald aber die Freßlust fast ganz aufgehoben ist und sich Fieber einstellt, muß man die Tiere unbedingt im Stalle stehen lassen.

Die geschwollenen Drüsen werden mit warmem Schweinefett eingerieben oder es werden Umschläge von gekochten Kartoffeln oder gekochtem Leinsamen gemacht.

Werden die Drüsen reif, dann warte man nicht das Aufbrechen ab, sondern lasse sie frühzeitig aufschneiden.

Bei Atemnot der Pferde muß ungesäumt der Luftröhrenschnitt von einem Tierarzt gemacht werden.

Man sorge für mäßig warme, reine Stalluft. Gute Dienste leisten Inhalationen von Wasserdämpfen. Diese bereitet man in der Weise, daß man Heublumen in einem Schaff mit heißem Wasser übergießt und einen erhitzten Ziegelstein hinzugibt. Ein gewöhnlicher Sack wird unten aufgetrennt. Das eine Ende des Sackes hebt man über das Schaff und das andere Ende des Sackes zieht man bis über die Nasenlöcher des Pferdes. Zweckmäßig läßt die Person, welche das obere Ende des Sackes hält, die eine Hand neben den Lippen des Pferdes, um von unten nach Bedarf Luft miteinströmen zu lassen, falls die Dämpfe zu heiß sind.

Man verabreiche leicht verdauliches, saftiges Futter. (Rüben, gelbe Rüben, Kartoffeln, Grünfutter, gutes Heu und warme Tränke.) Bei längerer Dauer der Krankheit gibt man Karlsbader-Salz eßlöffelweise auf das Futter. — Aus den aufgeschnittenen Drüsen muß täglich einige Mal der Eiter ausgepreßt und die Abszeßhöhle mit Kreolin- oder Lysolwasser ausgespritzt werden.

Reinigung der Krippen, Decken, Raufen, Barren 2c. wird bei drüsenkranken Pferden öfters nötig. Notwendig ist eine Trennung der gesunden und kranken Tiere.

Beim Ankauf von Pferden auf einem Markt oder bei einem Händler sollen dieselben vorsichtshalber 8 Tage lang getrennt von den anderen Pferden in einem eigenen Raume aufgestellt werden, damit sie den alten Pferdebestand gegebenen Falles nicht anstecken können.

c) Die Brustseuche.

Die Brustseuche ist eine der gefährlichsten Pferdekrankheiten, an welcher 20—30% der befallenen Pferde zu Grunde gehen können. Der Ansteckungsstoff kann durch kranke Pferde sowie durch Zwischenträger jeder Art verschleppt werden. 5—10 Tage nach der Ansteckung bricht die Krankheit aus.

Erscheinungen: Der Appetit vermindert sich allmählich und die Pferde verlieren ihre Munterkeit. Hierauf stellt sich starkes Fieber ein. Die Schleimhaut der Augen färbt sich gelb, die Gelenke knacken, das Atmen wird erschwert und die Tiere husten viel. Bei vielen Tieren, welche die Krankheit überstehen, bleibt Dämpfigkeit oder Kreuzlähme zurück. Herrscht in einer Gegend die Brustseuche, so soll man frisch angekaufte Pferde 10 Tage lang in einem gesonderten Stalle (z. B. Rindviehstall) aufstellen.

d) Die Influenza.

Die Influenza ist eine Erkrankung der Schleimhäute und des Blutes. Sie hat viele Ähnlichkeit mit der Brustseuche, ist aber nicht so gefährlich.

Erscheinungen: Die Krankheit charakterisiert sich dadurch, daß plötzlich schweres Fieber auftritt mit Zittern, schwerem Atmen und großer Hinfälligkeit. Auch hört man häufig ein Knacken der Gelenke. Außerdem beobachtet man starkes Anschwellen der Augenlider, verbunden mit Tränen und Lichtscheue. Ältere, schlecht genährte und überanstrengte Pferde sterben gern an dieser Krankheit, ebenso aber auch Pferde, die nach Ausbruch der Krankheit noch erkältet oder zu schwerer Arbeit verwendet werden.

Behandlung: Im Anfange macht man bei Ausbruch dieser Krankheit den Tieren einen nassen Wickel um die Brust.

Nicht selten bleiben Augenkrankheiten, Dummkoller oder Hufentzündungen zurück.

e) Die Kolik.

Man versteht unter Kolik verschiedene krankhafte Zustände des Magen- und Darmkanals, wobei die Pferde große Schmerzen äußern, sich niederlegen und wälzen. Die Ursachen der Kolik können sein:

1. Überladungen des Magens mit nachquellendem Futter, wobei eine Zerreißung des Magens stattfinden kann,
2. Ansammlungen von Gasen im Darme, die nicht entweichen können,
3. Anschoppungen von Futter im Darmkanal,
4. Einklemmungen des Darmes, Verdrehungen oder Ineinanderschiebungen desselben.

Außerdem können Darmsteine und Spulwürmer die Veranlassung zur Kolik geben. Die häufigsten Ursachen sind aber Überladungen des Darmes mit Futter, ferner Erkältungen, wobei die Darmbewegungen für einige Zeit eingestellt werden.

Behandlung: Erkrankt ein Pferd plötzlich an Kolik, so reibe man dieses vor allem mit einem Strohwisch gründlich ab. Dadurch wird die aufgehobene Darmtätigkeit wieder angeregt und angesammelte Gase können durch den Mastdarm entweichen. Außerdem kann man den Pferden mit einem Gummischlauch und Trichter kaltes Wasser oder dünnes Seifenwasser in den Mastdarm einlaufen lassen.

Innerlich gebe man, bis tierärztliche Hilfe eintrifft, Kamillentee mit 1/4 Liter Schnaps oder Kamillentee mit 1 Pfund Glaubersalz.

Sehr viele Pferde gehen an der Kolik zu Grunde. Etwa 45% sämtlicher Todesfälle sind auf Kolik zurückzuführen. Bei manchen verschwindet die Krankheit aber ebenso schnell, als sie gekommen ist. Ein gutes Zeichen ist es, wenn die Pferde wieder mit dem Kopfe schütteln, sobald man ihnen in die Ohren greift und wenn der Puls wieder kräftiger und langsamer wird. Sehr häufig entsteht die Kolik bei Verabreichung von frischem Klee, neuem Hafer und neuem Heu, ferner auch dann, wenn die Pferde an Sonn- und Feiertagen untätig im Stalle stehen und größere Futterrationen als sonst erhalten.

f) Die Harnverhaltung.

Wenn Pferde sich erkälten oder wenn man ihnen unterwegs keine Zeit läßt Urin abzusetzen, so stellt sich leicht ein Krampf des Blasenhalses ein und die Tiere sind dann nicht imstande Urin abzusetzen, sobald sie in den Stall kommen.

Erscheinungen: Die Pferde zeigen dasselbe Benehmen wie bei der Kolik. Auch stellen sie sich wiederholt zum Urinabsetzen an, aber immer ohne Erfolg.

Derartigen Pferden reibe man gründlich den Bauch mit Strohwischen ab. Auch empfehlen sich Klystiere von warmem Kamillentee in den Mastdarm.

g) Das Schwarzharnen (Harnwinde oder Windrehe).

Pferde, die regelmäßig schwer arbeiten müssen, aber zufällig einige Tage hintereinander im Stalle stehen, z. B. während mehrerer Feiertage, erkranken sehr häufig an einer eigentümlichen Blutkrankheit, nämlich an Schwarzharnen.

Erscheinungen: Das erste Krankheitszeichen der vorher recht munteren Pferde ist zunächst Schweißausbruch (an Ohren, Hals und Flanken), dann folgt eine Lähmung im Kreuze, wobei ein Hinterfuß oder beide allmählich den Dienst versagen. Bringt man die Pferde nicht sofort in einen Stall, dann fallen sie in der Regel um und bleiben auf dem Wege liegen. Später tritt noch heftiger Schweißausbruch ein und nebenbei wird ein dunkler, bierbrauner, kaffee- oder tintenschwarzer Urin abgesetzt.

Wenn man die Pferde sofort nach dem Auftreten der Lähmung in einen nächst gelegenen Stall zu bringen vermag, so können die Pferde baldigst wieder hergestellt werden. Versäumt man aber dies, will man mit den Pferden den entfernt gelegenen Stall noch erreichen, dann verenden die Pferde meistens innerhalb 12—36 Stunden.

Behandlung: Das Liegen des Pferdes ist meist schädlich. Man soll es zum Stehen bringen und das Niederlegen verhindern durch Anbringen einer Hängegurte, welche in einem Kastenstand derart angebracht werden kann, daß man einen Hopfensack dem stehenden Pferde unter dem Bauch durchzieht und mittels Latten an den Kastenwänden annagelt.

Die Haut läßt man mit reizenden Mitteln (Kampfer-Spiritus und Terpentinöl) einreiben und mit Strohwischen tüchtig frottieren.

Als Futter verabreiche man Mehl- und Kleientränke, gelbe Rüben, Grünfutter oder gutes Heu, dagegen keinen Hafer.

Die Tiere läßt man möglichst viel Wasser saufen.

Die Krankheit kann verhütet werden, wenn man Pferde überhaupt nicht lange Zeit im Stalle stehen läßt. In Fällen, wo dies nicht zu vermeiden ist, bringe man die Pferde des erste Mal nur kurze Zeit ins Freie und führe sie dann wieder in den Stall zurück. Auf diese Weise gewöhnen sich die Pferde an die Luft im Freien. Auch ist es gut, wenn man einige Zeit vor dem Einspannen die Stalltüre öffnet, um frische Luft einströmen zu lassen.

h) Der Starrkrampf (Maulsperre, Hirschkrankheit).

In dem Pferdemist, im Straßenkot und in der Gartenerde kommen sehr häufig kleine Pilze (Bakterien) vor, welche nach der Einwanderung in den Tierkörper Starrkrampf hervorrufen können.

Die Einwanderung dieser kleinen Pilze kann durch geringfügige Wunden und Geschwüre erfolgen. Durch die unverletzte Haut dagegen vermögen sie nicht einzudringen. Es sind deshalb alle Verletzungen an den Füßen gefährlich, z. B. Nageltritte, Streifwunden und Vernagelungen.

Der Starrkrampf kann auch nach dem Koupieren des Schweifes entstehen.

Erscheinungen: Die Krankheit beginnt meistens am Kopfe. Die Pferde vermögen das Maul nicht mehr zu öffnen (Maulsperre) und der Hals wird steif. Hierauf tritt ein Krampf an den Muskeln des Rumpfes und der Gliedmaßen auf. Die Pferde stehen dann mit steif vorwärts gestrecktem Kopfe und Hals sowie mit ausgespreizten Gliedmaßen im Stalle.

Der Starrkrampf ist sehr schwer zu heilen. Die meisten der ergriffenen Pferde sterben.

Durch Impfung mit dem sehr teuren Pasteurschen Impfstoff kann man in manchen Fällen den Starrkrampf noch beseitigen.

i) Gehirnhautentzündung (hitziger Koller).

Bei sehr gut genährten Pferden, besonders aber bei solchen, die mit Klee oder Kleeheu ernährt werden, kommt häufig in der wärmeren Jahreszeit eine Kopfkrankheit vor, der hitzige Koller. Nicht selten bricht die Krankheit bei Pferden aus, die sehr weit mit der Eisenbahn transportiert werden. Auch die Vererbung spielt eine Rolle.

Erscheinungen: Die Pferde hören allmählich auf zu fressen und verfallen hierauf in einen schlafähnlichen Zustand, wobei sie den Kopf häufig auf den Barren aufsetzen. Bisweilen sind sie sehr unruhig und rennen mit dem Kopf gegen die Wände.

Die Krankheit dauert oft mehrere Wochen. Ein großer Teil dieser Tiere geht zu Grunde. Bei einem anderen Teil entsteht der Dummkoller. Nur bei einer kleinen Anzahl erfolgt vollständige Genesung.

Behandlung: Bemerkt man an einem Pferd, daß es in einen derartigen schlafsüchtigen Zustand verfällt, dann bringt man dasselbe in einem kühlen, dunklen Raume unter. Auch kann man einen Eisbeutel auflegen. Aderlässe sind nur am Platze, wenn die Tiere aufgeregt sind.

k) Das Aufblähen der Rinder und Schafe.

Das Aufblähen erfolgt in der Regel bei der Aufnahme von zu großen Mengen jungen, grünen Klees und junger Kleegrasmischungen.

Erscheinungen: Man bemerkt beim Auftreten des Aufblähens ein allmähliches starkes Hervortreten der linken Flanke. Im weiteren Verlaufe nimmt auch die rechte Bauchseite an der Auftreibung teil. Dabei stöhnen die Tiere und atmen schwer.

Wird keine Hilfe gebracht, werden die Gase nicht entfernt, so fallen die aufgeblähten Tiere schließlich um und verenden in kurzer Zeit.

Behandlung: Sind Rinder oder Schafe aufgetrieben, so sorge man zunächst dafür, daß die Tiere kein Wasser aufnehmen können. In leichteren Fällen genügt es wohl auch, mit gekreuzten Händen auf die linke Flanke zu drücken und den Bauch tüchtig abzureiben.

Sehr zweckmäßig ist ferner das Aufzäumen der Tiere mit einem Strohband, das man womöglich in Seifenwasser eintaucht. Das Strohband wird den Tieren durch das Maul gezogen und im Genicke festgebunden.

Das ~~Anziehen an der Zunge~~ bei gleichzeitigem Drücken auf die Hungergruben kann in leichteren Fällen das Rülpsen und das Entweichen der Gase durch den Schlund einleiten.

Eingießen von Medikamenten ist meistens wertlos.

Sehr ~~starke Kümmelabkochunge~~n können jedoch die Wanstbewegung anregen und das Rülpsen befördern, solange die Tiere nicht zu stark aufgetrieben sind. Sollten die genannten Maßnahmen nichts helfen, dann führe man die Schlundröhre ein, um die Gase durch das Rohr zum Entweichen zu bringen. (Siehe Seite 456.)

Die Gase können nur austreten, wenn die Tiere vorne hoch gestellt sind, da sonst der Bleiknopf der Schlundröhre in die Futtermassen hineinragt, aber nicht in die Gasschicht. Tritt trotz der Schlundröhre keine genügende Gasentweichung ein, wird im Gegenteil die Auftreibung schlimmer, dann muß man mit dem Trokar auf der linken Seite des Wanstes einen Einstich machen. Den Trokar stößt man an der Stelle in den Wanst hinein, wo sich dieser am stärksten hervorwölbt. (Fig. 230.)

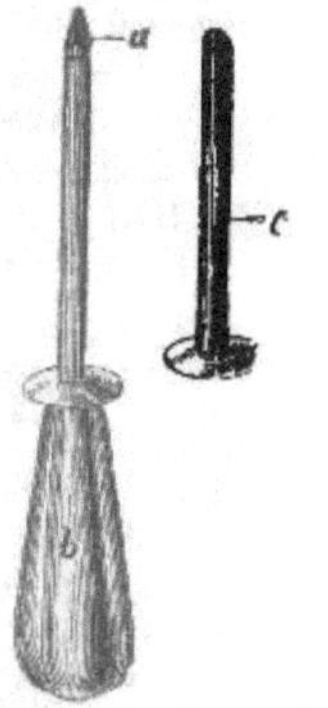

Man achte aber darauf, daß die letzten Rippen und die Fortsätze an den Lendenwirbeln nicht getroffen werden.

Nach dem Einstechen zieht man den Dolch aus der Hülse heraus, die Hülse läßt man aber längere Zeit in der Stichwunde stecken.

Fig. 230. Trokar. a Stilet, b Handgriff, c Hülse.

Beim Verstopfen der Hülse nimmt man ein kleines Reisigästchen und reinigt die Öffnung.

Hat man keinen Trokar zur Hand, so kann man im Notfall ein im Griff feststehendes Messer benützen und mit diesem den Einstich machen. Das Einstechen mit dem Messer hat aber immer den Nachteil, daß die Wanstwunde zu groß wird und Futterteile in die Bauchhöhle gelangen; auch wächst häufig der Wanst an der Bauchwand an und es können Ernährungsstörungen eintreten oder langwierige, wenn auch nicht gerade tötliche Bauchfellentzündungen entstehen.

Bei verblähten Kälbern führt man am zweckmäßigsten die Kälberschlundröhre ein.

l) Verdauungsstörungen.

Verzehren Rinder viel unverdauliches, verdorbenes oder blähendes Futter, so stellen sich leicht Blähungen, verbunden mit Verstopfungen ein. Die Tiere fressen nur noch sehr wenig oder gar nichts mehr und das Wiederkauen hört ganz auf. Mist wird nur in ganz kleinen, mit Schleim überzogenen Ballen abgesetzt.

Behandlung: In diesem Falle entziehe man den kranken Tieren alles feste Futter. ~~Saufen sie noch Kleientränke, dann kann man ihnen davon anbieten.~~

Bei Verdauungsstörungen empfiehlt es sich ebenfalls, die Tiere tüchtig am Bauche und an den Flanken abzureiben und nachher mit warmen Decken zuzudecken.

Stöhnen die Tiere, dann kann man ihnen auf zwei Mal im Tage ½ Liter warmes Leinöl einschütten.

m) Durchfall der Kälber.

Ursachen: Die häufigsten Ursachen des Durchfalls bei Kälbern sind Erkältungen durch kalte, nasse Streu, zugige Standplätze, Diätfehler des Muttertieres und Fehler, die beim Abgewöhnen gemacht werden. Zuweilen kommen auch spezifische Ursachen in Frage.

Vor allem suche man die Ursachen abzustellen, wenn sie sich ermitteln lassen. Außerdem halte man die Kälber recht warm und gebe ihnen innerlich pro Tag 1—2 g kohlensaure Magnesia mit etwas Milch. Unbedingt müssen die Kälber an andere Plätze des Stalles gebracht, der bisherige Standort gründlich gereinigt und mit Kalkwasser und Chlorkalk desinfiziert werden.

n) Herzbeutelentzündung.

Ursachen: Da die Rinder bei der Futteraufnahme nicht gründlich kauen, sondern das Futter gleich in größeren Portionen abschlucken, so verschlingen sie häufig Nägel, Nadeln und Drahtstücke mit dem Futter. Diese Gegenstände fallen zunächst in die Haube, in der sie längere Zeit liegen bleiben können. Unter ungünstigen Verhältnissen können sie weiter wandern und durch das Zwerchfell in den Herzbeutel und das Herz eindringen.

Erscheinungen: Das erste krankhafte Zeichen ist das zeitweilige Stöhnen der Tiere. Sie ächzen ganz besonders, wenn sie einen Berg hinabgehen oder wenn sie liegen. Sie stöhnen ebenfalls, wenn man mit der Faust von unten her gegen den Brustbeinknorpel drückt. Der Besitzer wird jedoch gewöhnlich erst durch die Aufblähung, die aber bald von selbst wieder verschwindet, auf die Krankheit des Tieres aufmerksam, worauf meist 8—14 Tage lang noch scheinbare Gesundheit eintritt.

Behandlung: Im Anfange der Krankheit kann man den Tieren durch Verabreichung eines starken Abführmittels und durch knappe Fütterung Erleichterung verschaffen. Müssen die Tiere bergab gehen, dann kann plötzlich eine Verschlimmerung eintreten. Sind die Gegenstände bereits in das Herz eingedrungen, so ist jede weitere Behandlung zwecklos, da eine zum Tode führende Herzentzündung entsteht.

o) Das Festliegen.

Das Festliegen ist ein krankhafter Zustand, der bei Kühen sowohl vor als nach dem Kalben vorkommen kann.

Ursachen: Die Ursachen lassen sich häufig nicht ermitteln. Meist bestehen sie in Erkältung oder Verstopfung (Druck aufs Rückenmark). An den kranken Tieren bemerkt man plötzlich, daß sie nicht mehr imstande sind, allein aufzustehen.

Behandlung: Ist ein Tier von diesem Leiden befallen, dann suche man unter Mithilfe von 6—8 Personen das Tier mit untergeschobenen Säcken wieder aufzuheben. Gelingt es, das Tier auf die Beine zu bringen und bleibt es auch nur wenige Minuten stehen, dann ist Hoffnung vorhanden, daß es gerettet werden kann. Die Füße des Tieres reibt man, nachdem man es in die Höhe gebracht hat und so lange es noch steht, mit Kampferspiritus ein. Will nach einigen Minuten das Tier nicht mehr stehen, dann lasse man es sich wieder legen.

Gelingt es am andern Tage vier Männern, das Tier auf die Beine zu stellen, dann ist der Verlauf voraussichtlich sehr günstig. Es wäre aber ganz verkehrt, wenn man die Tiere mehrere Tage lang ruhig liegen ließe, in der Hoffnung, daß sie sich von selbst bald wieder erholen. Wenn die Tiere sehr lang gar nicht auf die Beine kommen, so sind sie in der Regel verloren. Die Tiere sollen täglich zweimal vorsichtig umgelegt werden.

Oft tritt eine sehr bedeutende Besserung ein und die kranken Tiere versuchen allein wieder aufzustehen, bringen es aber noch nicht fertig. Sie fallen dabei häufig um und ziehen sich Brüche des Beckens oder der Gliedmaßen zu. Um dieses zu verhüten, wird den kranken Tieren eine sehr gute, reichliche Streu bereitet. Auch ist dafür zu sorgen, daß keine scharfkantigen Gegenstände in unmittelbarer Nähe der Tiere sich befinden. Tierärztliche Hilfe ist hier meistens von bestem Erfolg begleitet.

p) Kalbefieber.

Das Kalbefieber tritt in der Regel am zweiten oder dritten Tag nach dem Kalben, selten später bei Kühen auf, die sehr leicht gekalbt haben. (Fig. 231.)

Erscheinungen: Die Erkrankung erfolgt plötzlich. Die Tiere verschmähen das Futter, verlieren die Fähigkeit zu stehen, legen sich deshalb alsbald nieder oder fallen um. Nach kurzer Zeit stellt sich ein schlafähnlicher Zustand ein und die Tiere liegen mit in die Seite (gewöhnlich linke) zurückgeschlagenem Kopfe ganz bewußtlos am Boden. Dieselben zeigen gegen Nadelstiche und Berührung des Augapfels mit dem Finger gar keine Empfindung mehr. In schweren Fällen lassen die Tiere die Zunge, wenn man sie etwas anzieht, lange Zeit zum Maule heraushängen.

Fig. 231. Kuh mit Kalbefieber.

Gleichzeitig hört auch die Milchabsonderung sowie die Magen- und Darmtätigkeit vollständig auf. In diesem Zustande können die Tiere längere Zeit verharren. Manchmal erwachen sie auf kurze Zeit und versuchen aufzuspringen, fallen aber dann alsbald wieder in den alten Zustand zurück.

Die Krankheit kann infolge Herz- und Lungenlähmung rasch zum Tode führen. Vielfach sterben die Tiere erst später an Lungenentzündungen, wenn Eingüsse oder Mageninhalt in die Lungen gekommen sind. In günstigen Fällen erfolgt Genesung am zweiten oder dritten Tag.

Behandlung: Gleich bei Beginn der Krankheit sorge man dafür, daß die Tiere in eine passende Lage gebracht werden. Man lege dieselben auf die Unterbrust und biege den Kopf gegen die rechte oder linke Brustwandung ab oder bette ihn tunlichst hoch, damit bei der bestehenden Schlundlähmung kein Wanstinhalt in die Rachenhöhle und von da in die Lungen fließen kann. Einblasen von Sauerstoffgas oder Luft in das gut ausgemolkene Euter ist wirksam. Je frühzeitiger tierärztliche Hilfe in Anspruch genommen wird, um so sicherer ist Heilung zu erwarten.

Um das Kalbefieber zu verhüten, wird empfohlen:

1. Weniger intensive Fütterung von der vierten Woche ab vor dem Abkalben.
2. Ausmelken des Euters vor dem Kalben, wenn die Milch stark einschießt.
3. Verfütterung von $^1/_4$—$^1/_2$ kg Glaubersalz einige Tage vor dem Kalben.

Kühe, die das Kalbefieber einmal überstanden haben, soll man nicht mehr zur Zucht verwenden.

3. Geburtshilfe bei Pferden und Rindern.

a) Hilfeleistung bei leichten und schweren Geburten.

Bei Pferden ist in der Regel wegen des weiten und kurzen Beckens keine Geburtshilfe notwendig, wenn die Tiere bis zum letzten Tage vor der Geburt in schonender Weise eingespannt worden sind.

Bei Rindern ist das Becken enger und länger. Die Geburten gehen deshalb bei Rindern schon von Natur aus langsamer vor sich. Auch treten bei Rindern meist viel früher Vorwehen auf als bei Stuten.

Bei leichten Geburten währt es fast immer eine halbe Stunde, bis das Junge geboren ist. Es schadet aber auch nichts, wenn es 1—2 Stunden dauert, bis einmal die Wasserblase zum Vorschein kommt. Bei voreiliger und gewaltsamer Geburtshilfe werden sehr viele Tiere zu Grunde gerichtet.

Am besten ist es, wenn das Junge ohne menschliche Mithilfe geboren wird. Die Geburt dauert bei Rindern zwar etwas länger, wenn man dem gebärenden Tiere nicht durch Anziehen hilft, es schadet aber in der Regel nichts, wenn die Geburt sich lange hinauszieht.

Ein Anziehen ist erst ratsam, wenn die Blase geplatzt ist, der Kopf im Becken steckt und die Füße schon weit zum Wurfe herausragen.

Ganz verfehlt ist es, wenn man glaubt, daß man bei jeder regelrechten Geburt mit Aufbietung vom ganzen Stallpersonal das Kalb herausziehen müsse, weil man fürchtet, es ersticke.

In diesem Falle kommen leicht Zerreißungen und Quetschungen vor, die häufig den Tod des Muttertieres herbeiführen.

Dies gilt besonders bei erstgebärenden Rindern.

Man hüte sich ganz besonders voreilig die Wasserblase aufzureißen. Ein zu frühes Platzen der Wasserblase zieht die schlimmsten Folgen nach sich. Die Wasserblase hat nämlich die Aufgabe, die Geburtswege nach und nach zu erweitern. Je langsamer dies geschieht, desto besser ist es.

Ist aber die Wasserblase geplatzt und geht die Geburt trotzdem nicht von statten, dann soll man die eingefettete, gut gereinigte Hand in die Geburtswege einführen, um nach dem Hindernis zu forschen.

Vor allem überzeuge man sich von der richtigen Lage der Jungen (Fohlen oder Kälber), d. h. ob sie mit dem Kopfe und den Vorderfüßen zuerst kommen. Liegen sie verkehrt, d. h. kommt zuerst das Hinterteil, schaut die Sohlenfläche der Klauen aufwärts, fühlt die eingeführte Hand auch das Sprunggelenk, dann ziehe man an den Hinterfüßen alsbald kräftig an, da bei längerem Zuwarten das Junge sicher ersticken würde.

Häufig ist der Schweif bei der verkehrten Lage aufwärts gebogen und stemmt sich am Beckeneingang an, wodurch die Geburt verzögert wird. Es verursacht aber keine besonderen Schwierigkeiten den Schweif herabzuziehen.

Das Anziehen an den Füßen des Jungen soll nur während des Drängens und etwas in der Richtung nach abwärts erfolgen.

Findet die eingeführte Hand die vorderen Gliedmaßen und den Kopf, somit das Junge in der richtigen Lage, und geht die Geburt trotzdem nicht vorwärts, so sind entweder die Jungen zu groß oder es ist der Geburtsweg an und für sich zu eng oder noch nicht genug ausgeweitet. Letzteres ist sehr häufig bei Erstlingen der Fall.

Fühlt die Hand die beiden Vorderfüße und den Kopf bereits im Becken, dann soll man geduldig zuwarten. Wollte man bei engen Geburtswegen den Kopf und die Füße anseilen und das Junge gewaltsam herausreißen, dann gäbe es ganz sicher eine starke Quetschung oder gar eine gefährliche Zerreißung. Quetschungen entstehen auch leicht, wenn die Stricke Knoten besitzen.

Fühlt der Geburtshelfer bei der Untersuchung nur einen Fuß, ist der Kopf oder der Fuß zurückgeblieben, dann besteht eine fehlerhafte Haltung, d. h. der Kopf oder der Fuß ist verschlagen. In diesem Falle sind die fehlenden Teile mit der Hand aufzusuchen und vorsichtig in das Becken hereinzuziehen. Sollte dies nicht alsbald gelingen, dann stelle man nicht lange unnütze und gefährliche Versuche an, sondern hole schleunigst den Tierarzt.

Bei lange andauernden Geburten werden die Geburtswege häufig trocken und verlieren ihre Schlüpfrigkeit und Dehnbarkeit. Hierbei leisten ~~Einspritzungen~~ von ~~1prozentiger Sodalösung~~ oder ~~Leinsamenschleim~~ mittels Gummischlauch und Trichter gute Dienste. Die Geburt geht dann oft überraschend leicht von statten. Unterläßt man dies aber, so ist das Leben des Muttertieres sehr gefährdet.

Kann die eingeführte Hand nicht bis zum Muttermund vordringen, ist der Geburtsweg eng und gewunden, dann besteht eine Scheiden- und Tragsackdrehung. Derartige Verdrehungen können in sehr vielen Fällen durch Sachkundige mittels Drehens und Wälzens beseitigt werden.

Bisweilen findet der Geburtshelfer den Muttermund fest geschlossen oder verwachsen. In diesem Falle ist tierärztliche Hilfe unentbehrlich. Die während des Geburtsaktes erschöpften Tiere können durch Eingabe von 1/4 kg Zucker, in Wasser gelöst, gestärkt werden.

b) Hilfeleistung bei Tragsackvorfällen.

Ist bei einem Rind nach der Geburt der Tragsack umgestülpt worden, dann suche man denselben so bald als möglich wieder hineinzubringen. Vorher muß man aber die Eihäute gründlich ablösen und den ganzen Tragsack mit einer 2prozentigen lauwarmen Alaunlösung gründlich abwaschen. Am leichtesten wird die Zurückbringung gelingen, wenn man die Kuh mit dem Hinterteile möglichst hoch legt. Wenn das Tier hinten hoch liegt, dann kann es nicht stark drängen. Nach dem Zurückbringen des Vorfalls lasse man in den Tragsack 15—20 Liter lauwarme 2prozentige Alaunlösung in kräftigem Strahle einlaufen. Dadurch werden dann noch die letzten Umstülpungen beseitigt.

Nach dem Aufstehen der Kuh wird eine Vorfallbandage angelegt. Sollte diese nicht genügend Halt gewähren, so lasse man mit einem Messingdraht die Scheide ringeln.

Um die Tragsackvorfälle zu verhüten, empfiehlt es sich unmittelbar nach dem Kalben die Kühe nicht zu lange liegen zu lassen, sondern sofort aufzutreiben, sobald sie zu drängen beginnen.

Ist man in der Lage, rasch tierärztliche Hilfe beizubringen, dann unterlasse man dies nicht. Weniger bedenklich sind die während der Trächtigkeit entstehenden Scheidevorfälle.

c) Verhalten beim Zurückbleiben der Nachgeburt.

Sehr häufig geht bei Kühen die Nachgeburt nicht rechtzeitig ab. Dies ist regelmäßig der Fall, wenn die Tiere zu früh gekalbt haben.

Es hängt dann meistens ein größeres oder kleineres Stück der Nachgeburt zum Wurfe heraus. Je größer die heraushängende Partie am ersten Tage ist, desto günstiger liegt der Fall.

Sollte gar nichts von der Nachgeburt abgegangen sein und sollte man keine heraushängenden Stücke wahrnehmen, dann muß man sofort das Tier untersuchen lassen, bevor sich der Muttermund vollständig schließt.

Die erreichbaren Teile müssen dann, so gut es geht, in die Geburtswege herausgezogen werden. Wenn der Zusammenhang zwischen dem heraushängenden und dem inneren festsitzenden Stück nicht gestört wird, dann schadet das Zurückbleiben der Nachgeburt nicht viel.

Hängt ein größeres Stück der Nachgeburt heraus, so mache man mehrere Knoten in dasselbe, damit es kürzer wird und nicht nebenstehende Tiere darauf treten und dasselbe abreißen. Schneidet man es aber kurz ab, dann besteht die Gefahr, daß sich das ganze Stück wieder in den Tragsack hineinzieht.

Das Ablösen der Nachgeburt mit der Hand wäre das richtigste Verfahren. Es ist aber nicht immer vollständig auszuführen.

Bei großen Kühen erreicht nämlich die Hand des Menschen den Grund des Tragsacks nicht mehr, auf dem die Nachgeburt meistens festsitzt.

Wenn auch die Tiere in diesem Zustande häufig noch bei gutem Appetit sind, so ist es doch bei dem großen Werte der Zuchttiere angezeigt, einen Tierarzt zu Rate zu ziehen, denn es kommt nicht selten vor, daß infolge des Zurückbleibens der Nachgeburt nach 5—8 Tagen eine schlimme Gebärmutterentzündung auftritt. Eine zu spät eingeleitete tierärztliche Behandlung hat aber wenig Aussicht auf Erfolg. Innerlich angewendete Mittel haben bei diesem Übelstand in der Regel wenig Wert.

B. Viehgewährschaft.

Gesetzliche Bestimmungen.

Jeder Verkäufer von Pferden, Rindern, Schafen und Schweinen hat im Gebiete des Deutschen Reichs für gewisse, genau bestimmte Fehler und für bestimmte Fristen Haftung zu übernehmen, auch für den Fall, daß nicht von einer Garantie gesprochen wird. Der Verkäufer kann sich aber mit Zustimmung des Käufers Gewährsfreiheit ausbedingen, wie auch der Käufer für besondere, im Gesetze nicht aufgeführte Mängel Haftung verlangen kann.

Hierfür ist aber ein Zeuge oder ein schriftlicher Vertrag notwendig. Wird das Versprechen gegeben, für alle erheblichen Mängel und Fehler haften zu wollen, so bezieht sich dies nicht nur auf die sog. Hauptfehler, wie dies bis zum 31. Dezember 1899 der Fall war, sondern auf jeden erheblichen Mangel, mit dem das Tier behaftet ist und der den Wert und die Gebrauchsfähigkeit wesentlich herabsetzt. Dieser Fehler muß aber erheblich sein und es muß vom Käufer nachgewiesen werden, daß der Fehler schon am Tage der Übergabe des Tiers vorhanden war. Der Anspruch des Käufers geht verloren, wenn am 42. Tage dem Verkäufer die Klage nicht durch den Gerichtsvollzieher zugestellt ist. Dem Verkäufer ist demzufolge dringend zu raten bei der Veräußerung von Tieren mit seinen Versprechungen sehr vorsichtig zu sein. (§ 459 des Bürgerlichen Gesetzbuchs.) Der Verkäufer haftet aber für einen Fehler nicht, wenn dem Käufer beim Kaufabschluß der Fehler bereits bekannt war. (§ 460 des Bürgerlichen Gesetzbuchs.)

Ein arglistiges Verschweigen von Fehlern hebt den Vertrag auf und macht den Verkäufer für allen Schaden haftbar. Zeigt sich bei einem Tier nach dem Kaufe ein Mangel, dann wird es sich vor allem empfehlen einen tierärztlichen Sachverständigen zu rufen, damit die Mangelhaftigkeit rechtzeitig festgestellt werden kann.

1. Die gesetzlich bestimmten Gewährsfehler bei lebenden Tieren.

a) Pferd.

1. Rotzkrankheit. Gewährsfrist 14 Tage. (Siehe Seite 471.)

2. Dummkoller. (Koller, Dummsein.) Gewährsfrist 14 Tage.

Der Dummkoller ist ein andauernd krankhafter Zustand des Gehirns, wobei Bewußtsein und Empfindung gestört sind.

Erscheinungen: Dummkollerige Pferde lassen sich in die Ohren greifen ohne mit dem Kopfe zu schütteln; beim Treten auf die Krone ziehen sie den Fuß nicht zurück. Sie verharren lange Zeit mit gekreuzten Füßen in ganz unnatürlichen Stellungen. Während des Fressens setzen sie gern aus und verfallen dabei einige Zeit in einen schlafsüchtigen Zustand.

Das Spiel der Ohren ist anormal. Eingespannt halten dummkollerige Pferde das Geleise nicht ein und irren vom Wege ab, auch folgen sie dem Zügel und dem Zuruf nicht. Der Dummkoller entwickelt sich meistens aus der hitzigen Gehirnwassersucht. (Siehe Seite 460.)

In der Regel gehen die Pferde an Dummkoller nicht zu Grunde, außer wenn eine neue Entzündung mit Wassererguß in das Gehirn erfolgt.

Kollerige Pferde können häufig noch jahrelang zu mäßiger Arbeit verwendet werden, wenn dieselben nicht allzu reichlich gefüttert und im Sommer in einem kühlen Raum untergebracht werden.

3. Die Dämpfigkeit. Gewährsfrist 14 Tage.

Die Dämpfigkeit ist ein fehlerhafter Zustand in den Atmungsorganen oder im Herzen.

Erscheinungen: Schon im Zustande der Ruhe atmen die dämpfigen Pferde bisweilen schwer, man kann hierbei 18—24 Atemzüge in der Minute zählen. Nach größerer Anstrengung steigert sich das erschwerte Atmen bis zur Atemnot. Die Atemzüge betragen dann 50—60 per Minute. Das Atmen erfolgt mit Aufsperren der Nüstern und starker Anteilnahme der Flanken und letzten Rippen. Zuweilen geht das Atmen in zwei Absätzen vor sich. Auch bei ganz gesunden Pferden kann nach großer Anstrengung sich erschwertes und vermehrtes Atmen einstellen. Bei diesen dauert es aber höchstens 1—2 Minuten, bis sie wieder völlig ruhig atmen. Bei dämpfigen Pferden dagegen währt es 10—30 Minuten, bis normales ruhiges Atmen wieder eintritt.

Die Dämpfigkeit kann mit Blutarmut sowie mit katarrhalischen und fieberhaften Krankheiten verwechselt werden, bei denen die Pferde ebenfalls erschwert atmen. Das lange Stehen in warmen Stallungen kann die Dämpfigkeit steigern. Schädlich sind dämpfigen Pferden Grünklee und Kleeheu.

4. Kehlkopfpfeifen. Gewährsfrist 14 Tage.

Das Kehlkopfpfeifen ist ein erschwertes Atmen, bei welchem ein pfeifendes Geräusch im Kehlkopf oder in der Luftröhre wahrgenommen wird.

5. Periodische Augenentzündung (Mondblindheit). Gewährsfrist 14 Tage.

Die periodische Augenentzündung ist eine Entzündung des inneren Auges, wobei das Sehvermögen zum Teil oder ganz aufgehoben werden kann. Die Erkrankung tritt meist ganz unvermittelt auf. Die Pferde beginnen zu tränen und große Lichtscheue zu zeigen. Das Sehloch ist verengt. Die Entzündung dauert oft mehrere Wochen, läßt aber allmählich nach, um nach längerer oder kürzerer Zeit wiederzukehren.

Die Entzündungen wiederholen sich so oft, bis das ganze Auge schließlich erblindet ist.

6. Das Koppen. Gewährsfrist 14 Tage.

Das Koppen ist eine Untugend der Pferde, die von den nebenstehenden Tieren häufig nachgeahmt wird.

Koppende Pferde setzen ihre Schneidezähne auf dem Krippenrand oder an einem anderen Gegenstand auf und machen darauf eine schluckende Bewegung, wobei Luft eingesogen und ein dem Rülpsen ähnlicher Ton hörbar wird.

Bei vielen koppenden Pferden wird so viel Luft abgeschluckt, daß die Pferde Kolik bekommen. Manche Pferde, sog. Luftkopper, sind auch imstande zu koppen, ohne daß sie den Kopf aufsetzen.

b) Rind.

1. Tuberkulöse Erkrankung,

sofern infolge dieser Erkrankung eine allgemeine Beeinträchtigung des Nährzustands des Tieres herbeigeführt ist. Gewährsfrist 14 Tage.

Diese Krankheit wird durch einen sehr kleinen Pilz, den Kochschen Tuberkelbazillus verursacht, der entweder durch die Atmungsorgane, den Darmkanal oder durch kleine Hautverletzungen einwandert.

Im Darm und in den weichen Organen des Körpers veranlaßt er zuerst kleine Knötchen, die zusammenfließen und Eiterherde bilden können.

Am Bauch- und Brustfell verursacht die Tuberkulose eine Auflagerung von kleinen Knötchen, die oft ganze Platten darstellen. Diese krankhaften Veränderungen nannte man früher „Perlsucht".

In der Milch und im Mist tuberkulöser Rinder sind sehr viele Tuberkelbazillen vorhanden, die zu neuen Ansteckungen Veranlassung geben können. Die Krankheit kann Monate und Jahre lang dauern, bis sie endlich zu einem Zerfall der Kräfte und zum Tode führt. Sehr häufig wird die Tuberkulose erst beim Schlachten entdeckt.

Wenn man einen Impfstoff, Tuberkulin genannt, einspritzt, kann die Erkrankung mit annähernder Sicherheit frühzeitig festgestellt werden.

Beim Zuchtbetrieb sind die an Tuberkulose erkrankten Tiere tunlichst auszuschließen, ganz besonders wichtig ist aber, daß die Saugkälber keine Milch von tuberkulösen Kühen im ungekochten Zustand erhalten.

2. Lungenseuche. (Siehe Seuchen S. 472.) Gewährsfrist 28 Tage.

c) Schaf.

Räude bei Schafen. (Siehe Seuchen S. 473.) Gewährsfrist 14 Tage.

d) Schwein.

1. Rotlauf der Schweine. Gewährsfrist 3 Tage.

Diese Krankheit wird ebenfalls durch sehr kleine Pilze (die Löfflerschen Bazillen) verursacht.

Sie charakterisiert sich dadurch, daß die Tiere das Futter verschmähen, matt und traurig werden und in der Streu sich verkriechen. Am ersten, zweiten oder auch am dritten Tage entstehen an den Ohren, am Rücken, am Bauche und an der inneren Schenkelfläche rote Stellen, die aber nicht über die Haut hervorragen.

Die Krankheit ist meist unheilbar. Der Krankheitsstoff haftet an dem Fleisch, dem Blut und dem Darminhalt der gefallenen oder geschlachteten Schweine.

Ein ziemlich zuverlässiges Mittel gegen diese Krankheit ist die Impfung mit dem Pasteurschen oder Lorenzschen Impfstoff. Selbstverständlich soll bei der Bekämpfung dieser sehr verheerenden Krankheit den Anforderungen der Gesundheitspflege und Ernährung möglichst Rechnung getragen werden.

2. Schweineseuche und Schweinepest. Gewährsfrist 10 Tage.

Beide Krankheiten bestehen in ansteckenden Lungen-, Darm- und Nierenentzündungen, welche öfters zu einem Massensterben Veranlassung geben.

Erscheinungen: Die Schweine verlieren plötzlich den Appetit. Sie beginnen zu fiebern; auch werden sie matt und hinfällig.

Nach einiger Zeit stellt sich auch erschwertes Atmen, verbunden mit schmerzhaftem Husten ein.

Behandlung: Dieselbe hat in der Regel keinen Zweck und es ist am besten, die Schweine frühzeitig zu schlachten. — Seit neuerer Zeit wird Impfung mit sog. polyvalentem Serum gegen diese Seuche empfohlen.

2. Die gesetzlich bestimmten Gewährsfehler bei Schlachttieren.

Bei Schlachttieren ist noch in folgenden Fällen Gewährschaft zu leisten:

a) bei Pferden, wenn sie mit Rotz behaftet sind. (Siehe Seite 471.) Gewährsfrist 14 Tage;

b) bei Rindern und Schweinen, bei denen infolge der Tuberkulose die Hälfte des Schlachtgewichts ungenießbar oder nur unter Beschränkung genießbar erklärt wird. Gewährsfrist 14 Tage;
c) bei Schafen für allgemeine Wassersucht. Gewährsfrist 14 Tage;
d) bei Schweinen: 1. für Trichinen. (Siehe Seite 476.) Gewährsfrist 14 Tage;
2. für Finnen. (Siehe Seite 476.) Gewährsfrist 14 Tage.

C. Die Seuchen der Haustiere.

Bei dem Auftreten der nachstehend genannten Seuchen ist der Besitzer oder dessen Stellvertreter verpflichtet, innerhalb 24 Stunden bei der Ortspolizeibehörde (Bürgermeister bezw. Stadtmagistrat) Anzeige zu erstatten. (Siehe auch Gesetzeskunde.)

1. Die Rinderpest.

Diese in hohem Grade ansteckende Rinderkrankheit besteht in einer Erkrankung des Bluts und der Schleimhäute. Etwa 98 % der erkrankten Tiere sterben.

Die Heimat dieser Krankheit ist in Südrußland. Nach Mitteleuropa gelangt sie nur dann, wenn sie durch russisches Steppenvieh eingeschleppt wird.

2. Der Milzbrand.

Unter Milzbrand versteht man eine rasch verlaufende Blutkrankheit, die durch sehr kleine Pilze, die Milzbrandbazillen, verursacht wird.

Erscheinungen: Das Blut bei den an Milzbrand gefallenen Tieren ist teerartig und gerinnt nicht. Die Milz ist oft um das Zehnfache vergrößert und schwarzbraun. Bei Milzbrandschlag verenden die Tiere gewöhnlich unter Atemnot ungemein rasch.

Der Ansteckungsstoff befindet sich hauptsächlich im Blute. Im Freien kann er sich Jahre lang wirksam erhalten und kann mit den am Verscharrungsplatz der gefallenen Tiere wachsenden Pflanzen wieder aufgenommen werden.

Die Infektion, d. h. die Aufnahme der Milzbrandbazillen kann auf dreierlei Art entstehen: 1. vom Magen-Darmkanal aus, 2. von der äußeren Haut und den natürlichen Körperöffnungen aus, 3. seitens der Lunge.

Für Tiere, welche an Milzbrand zu Grunde gegangen sind, wird in Bayern eine Entschädigung aus der Staatskasse und zwar zu 4/5 des Wertes gewährt.

Milzbrandkranke Tiere müssen mit kreuzweise durchschnittener Haut verscharrt werden. Der Milzbrand ist auch für den Menschen höchst gefährlich.

Eine Entschädigung findet in Bayern auch noch bei den zwei nachstehenden Tierseuchen statt.

a) Rauschbrand.

Bei dieser Krankheit entstehen unter der Haut knisternde Geschwülste, die beim Durchschneiden eine übelriechende, schaumige Flüssigkeit absondern.

Der Rauschbrand ist eine Wundinfektionskrankheit. Im Gegensatz zum Milzbrand sind hier das Blut und die Milz normal. Wo Rauschbrand ständig vorkommt, ist die Vornahme der Schutzimpfung, deren Kosten vom Staate getragen werden, angezeigt.

b) Wild- oder Rinderseuche.

Bei dieser Krankheit treten Anschwellungen am Kopfe, an der Zunge, im Kehlgang und an den Beinen auf. Auch stellen sich Atmungs- und Schlingbeschwerden ein. Bei der Schlachtung findet man fleckige Rötung in der Bauch- und Brusthöhle sowie in der Luftröhre und im Kehlkopf. Die an Rauschbrand und Rinderseuche gefallenen Tiere müssen ebenfalls mit kreuzweise durchschnittener Haut verscharrt werden.

3. Die Tollwut.

Diese Hundekrankheit entsteht durch einen Biß wütender Hunde. Es vergehen aber viele Wochen nach dem Bisse, bis die Krankheit zum Ausbruch kommt. Der Infektionsstoff findet sich besonders im Speichel, auch in der Milch, den Drüsen und im Nervensystem. Die Wutkrankheit kann auf Pferde, Rinder, Esel, Schafe, Ziegen, Katzen, Hühner, Tauben, Rutten, Mäuse und auch Wild, wie Füchse, Dachse, Marder, Rehe, Hirsche ꝛc., übertragen werden.

Erscheinungen: Wütende Hunde fressen Steine, Holz, Erde, sie verschmähen aber natürliches Futter. Sie haben auch einen Drang zum Entweichen. Außerdem verfallen sie in Beißsucht, wobei sie sogar gut bekannte Personen und den eigenen Herrn anfallen.

Wutkranke Hunde gehen innerhalb 8 Tagen nach dem Ausbruch der Krankheit sicher zu Grunde.

Bei der Sektion findet man fast immer Entzündungen im Rachen und Fremdkörper im Magen.

Sind Menschen von wütenden Hunden gebissen worden, dann müssen sie sich sofort dem Pasteurschen Impfverfahren im Institut für Infektionskrankheiten zu Berlin oder im Rudolfspital zu Wien unterziehen, da sie sonst von der Tollwut (Wasserscheu) befallen werden können.

4. Der Rotz der Pferde, Esel, Maultiere und Maulesel.

Bei dieser Krankheit entstehen zunächst in den Lungen, dann in den Lymphdrüsen, den Schleimhäuten und anderen Organen kleine, graue Knötchen, welche wieder zerfallen und zerfressene Geschwüre bilden. Auch in der Haut können Rotzgeschwüre und Wurmbeulen auftreten. Nach kurzer Zeit magern die Pferde stark ab, bekommen ein ganz elendes Aussehen, die Füße und der Bauch schwellen an. Die Krankheit kann oft viele Monate lang dauern.

Erscheinungen: Die Rotzkrankheit erkennt man bei Pferden an dem einseitigen Nasenausfluß, an den einseitig geschwollenen Kehlgangsdrüsen und den Geschwüren auf der Nasenscheidewand.

Rotz ist auf Rindvieh nicht übertragbar.

Rotzkranke Pferde müssen getötet werden. Für die auf amtliche Anordnung getöteten und rotzkrank befundenen Pferde wird eine Entschädigung zu $^3/_4$ des Wertes aus der Staatskasse gewährt, wenn die Anzeige innerhalb 24 Stunden nicht versäumt wurde. Für die auf polizeiliche Anordnung getöteten und nicht rotzkrank befundenen Pferde wird volle Entschädigung gewährt.

5. Die Maul- und Klauenseuche des Rindviehs, der Schafe, Ziegen und Schweine. (Fig. 232.)

Bei der Maul- und Klauenseuche entstehen infolge Eindringens des Ansteckungsstoffes Blasen am Gaumen, an der Zunge, im Klauenspalt und am Euter. Diese Blasen platzen und entleeren eine Flüssigkeit, welche den Ansteckungsstoff enthält. Nach dem Platzen bleiben dann Geschwüre zurück, welche die Tiere am Fressen und am Gehen hindern. Die Heilung erfolgt unter günstigen Verhältnissen in einigen Tagen, unter ungünstigen können tiefgehende Zerstörungen besonders an den Klauen auftreten, die sogar eine Schlachtung notwendig machen.

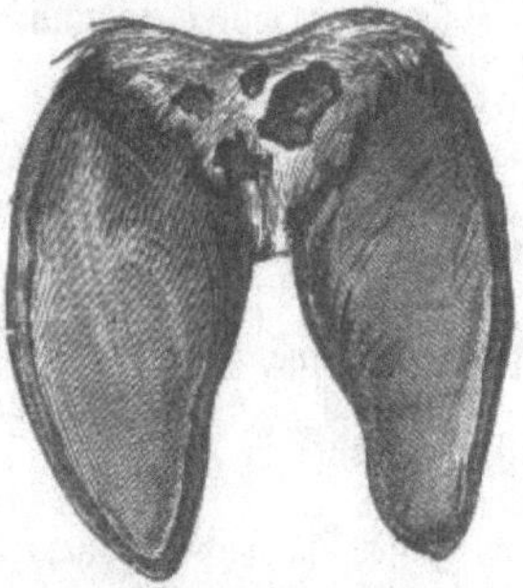

Fig. 232. Klauengeschwür bei der Klauenseuche.

Bei der bösartigen Form gehen schon bei Ausbruch der Krankheit die erkrankten Tiere zu Grunde.

Die Verschleppung der Maul- und Klauenseuche erfolgt durch kranke Tiere, Personen, kleine Haustiere (Katzen, Hunde, Geflügel) sowie durch sonstige Zwischenträger, hauptsächlich aber durch die Schuhe, Stiefel 2c. des Wärterpersonals.

Der Ansteckungsstoff kann sich monatelang in einem Seuchenstalle, besonders im Dünger wirksam erhalten. Der Infektionsstoff ist in den Blasen und Geschwüren enthalten; außerdem auch in der Milch und im Kot. Der Ansteckungsstoff kann durch die Lungen wie durch den Verdauungsapparat aufgenommen werden.

Der Genuß der Milch von erkrankten Tieren im ungekochten Zustand ist für Menschen und Tiere gefährlich.

Behandlung: Kranken Tieren verabreiche man weiches Futter und schleimige Tränke, besonders hat man aber für eine gute und reinliche Streu zu sorgen. Bei schweren Klauenleiden wende man den Klauenschuh von Eduard König in Würzburg an. — Häufig werden nach dem Überstehen dieser Seuche noch Klauenoperationen notwendig.

6. Die Lungenseuche des Rindviehs.

Die Lungenseuche ist eine langsam verlaufende Entzündung der Lungen und des Brustfells. Sie ist sehr ansteckend und kommt hauptsächlich in solchen Stallungen vor, in denen das Vieh häufig gewechselt wird. Nicht alle erkrankten Tiere gehen zu Grunde. Die durchseuchten Stücke können aber noch monatelang anstecken.

Erscheinungen: Bei den gefallenen oder geschlachteten Tieren findet man die Lungen sehr stark vergrößert. Schneidet man die Lungen durch, dann bemerkt man auf der Schnittfläche eine eigentümliche marmorartige Zeichnung. An Lungenseuche erkrankte Tiere müssen geschlachtet werden. — Für die geschlachteten Tiere wird Entschädigung von Staats wegen zu 4/5 des Wertes geleistet. In Bayern ist die Lungenseuche fast ganz ausgerottet worden.

7. Pockenseuche der Schafe.

Bei dieser Krankheit entstehen kleine Blasen, die sich über die ganze Körperoberfläche ausbreiten können. Unter ungünstigen Verhältnissen entstehen tiefgehende Zerstörungen der Haut und die befallenen Tiere können an Blutvergiftung sterben.

8 a. Die Beschälseuche der Pferde.

Die Beschälkrankheit kommt bei Zuchtpferden nur sehr selten vor. Die Krankheit führt erst nach 1—2jährigem Leiden, aber sicher zum Tode

8 b. Der Bläschenausschlag bei Pferd und Rind.

Der Bläschenausschlag ist eine sehr häufig auftretende, in der Regel aber gutartig verlaufende Geschlechtskrankheit, wobei auf den Schleimhäuten der äußeren Geschlechtswege kleine Bläschen entstehen.

Die Krankheit wird durch die Paarung weiter verbreitet.

Erscheinungen: Es kommt zur Geschwürbildung auf der Schleimhaut der Geschlechtsorgane, verbunden mit Rückenmarkslähmung und meist auch Hautausschlag.

Sind die Tiere von dem Ausschlag befallen, dann dauert es nicht selten sehr lange, bis sie abheilen, auch kann ihre Abschaffung notwendig werden.

9. Die Räude der Pferde, Esel, Maultiere, Maulesel und Schafe. (Fig. 233.)

Die Räude ist sehr ansteckend und wird verursacht durch Räudemilben (Krätzmilben), welche Gänge in die Haut bohren und dadurch zu höchst juckenden Hautausschlägen Veranlassung geben.

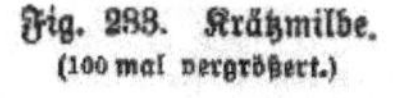

Fig. 233. Krätzmilbe. (100 mal vergrößert.)

Die Räude kann durch Kreolin- oder Lysolbäder sicher geheilt werden. Durch Schmierkuren wird keine dauernde Heilung erzielt. Neben der Badekur hat auch noch eine gründliche Reinigung und Desinfektion des Stalles und der Stallgeräte zu erfolgen.

10. Die Schweinepest, Schweineseuche und der Schweinerotlauf. S. S. 469.

11. Die Geflügelcholera und Geflügelpest.

Diese beiden Seuchen sind in der Regel von Durchfällen begleitet und die Erkrankungen haben Ähnlichkeit mit Massenvergiftungen. Geflügelcholera und -Pest werden meist von Österreich-Ungarn oder Italien eingeschleppt.

D. Die Parasiten der Haustiere.

1. Die Pferdebremse. S. S. 104.

Die Pferdebremse (Magenbremse, Fig. 234) legt im Sommer ihre Eier auf die Haut der Pferde. Durch Ablecken der juckenden Stellen gelangen die Eier oder die daraus hervorgegangenen Larven in den Magen, wo sie sich ansaugen und bis zum Frühjahr verweilen. Im Frühjahr verlassen sie den Magen und gelangen mit dem Kote ins Freie, um sich dort in Bremsen umzuwandeln. Sitzen die Larven in sehr großer Zahl im Magen, so können sie nicht unwesentliche Störungen der Gesundheit, sogar Blutvergiftungen, veranlassen.

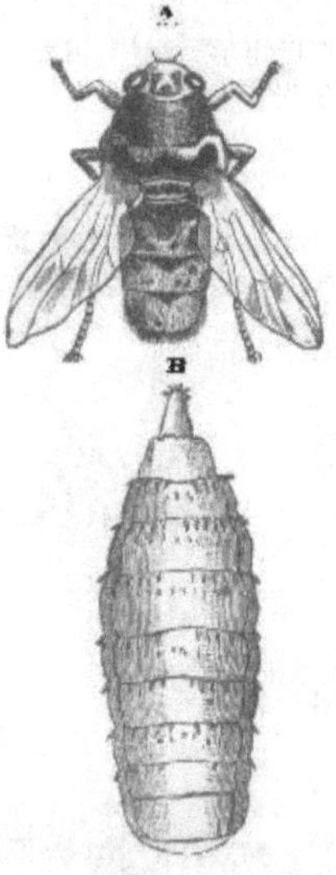

2. Die Rinderbremse. S. S. 104.

Die Rinderbremse (Rinderbiesfliege) legt ihre Eier im Sommer auf die Haut der Rinder. Die Eier bezw. auskriechenden Larven werden abgeleckt, kommen in den Magen und gelangen schließlich unter die Haut, woselbst sie sich zu Engerlingen entwickeln und die sog. Dasselbeulen bilden. Im Frühjahr des folgenden Jahrs schlüpfen sodann die Larven (Engerlinge) aus. Am häufigsten kommen diese Larven bei Weidevieh und sehr feinhäutigem Jungvieh, das in erster Linie befallen wird, vor.

In der Regel bringt die Rinderbremse wenig Schaden, außer wenn sie in großer Anzahl vorhanden ist. Durch Abreiben und Abbürsten der Haut der Tiere abends nach dem Weidegang werden die Eier beseitigt, so daß sie nicht mehr abgeleckt werden können.

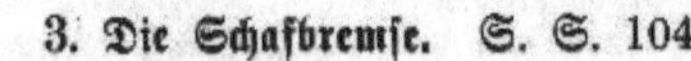

3. Die Schafbremse. S. S. 104.

Fig. 234.
Magenbremse des Pferdes.
A Männliche Fliege, B Larve.

Die Schafbremse (Nasenbiesfliege) legt ihre Eier in die Naseneingänge der Schafe. Die aus den Eiern ausschlüpfenden Larven wandern in die Kiefer-, Stirn- und Hornzapfenhöhlen und erzeugen durch den dabei entstehenden Juckreiz die sog. „Schleuderkrankheit".

Im Frühjahr kriechen die Larven wieder in die Nasenhöhle herab, werden beim Nießen herausgeschleudert und entwickeln sich im Freien zu Schafbremsen.

Manche Schafe gehen infolge der unaufhörlichen Belästigung durch diese Schmarotzer zu Grunde. Schafe, welche den Winter überstehen, erholen sich im Frühjahr wieder, wenn die Larven ausgewandert sind.

Zur Entfernung der Larven kann man im Herbst, kurz nach dem Einwandern der Larven, versuchen, durch Einblasen von weißem Schnupftabak die Schafe zum Nießen zu bringen

4. Läuse.

Bei Mangel an Hautpflege, unzureichender Ernährung und schlechter Einstreu entwickeln sich häufig Läuse auf der Haut, welche einen unerträglichen Juckreiz verursachen. Die befallenen Tiere gehen häufig infolge der fortgesetzten Beunruhigung im Ernährungszustande zurück. Abhilfe kann durch Waschungen mit Tabakslauge oder mit warmem Essig geschaffen werden. Der Essig zerstört nämlich die Entwicklungsfähigkeit der an den Haaren haftenden Eier (Nisse). Sehr gut wirkt auch das Einstäuben der angefeuchteten Haare mit persischem Insektenpulver, das mit der dreifachen Menge Anissamenpulver vermischt wird. Rauhhaarige Tiere sind vor der Behandlung zu scheren. Sogenannte Laussalben sind wegen ihrer großen Gesundheitsschädlichkeit zu vermeiden.

Die Anschauung, es müßten Kälber, falls sie gedeihen sollen, von Läusen befallen werden, ist eine ganz törichte.

5. Räudemilben. S. S. 105 u. 473.

6. Die Leberegel bei Rindern und Schafen. S. S. 107.

An Pflanzen, die an nassen oder geilen Stellen wachsen, befinden sich häufig sehr kleine, mit dem bloßen Auge noch nicht erkennbare Kapseln, welche die Brut eines kleinen, platten Wurms, des Leberegels (Fig. 235), enthalten.

Fig. 235. Leberegel. (Vergrößert.)

Die mit dem Futter aufgenommenen Kapseln werden im Magen der Tiere aufgelöst und die Brut kann dann durch den Zwölffingerdarm in die Lebergallengänge einwandern.

Wenn sehr viele Leberegel in die Leber gelangen, so kann bei Rindern und Schafen eine Verhärtung der Leber mit schwerer Ernährungsstörung und zum Schlusse Abzehrung und Wassersucht eintreten.

Um dies zu verhüten, halte man Schafe und Rinder von nassen Weiden sowie von Tümpeln, an deren Ränder üppige Pflanzen wachsen, ferne und entwässere die betreffenden ungesunden Ländereien.

Die Leberegelkrankheit kommt hauptsächlich nach nassen Jahrgängen im Herbst und Winter zum Ausbruch.

Fig. 236. Hundebandwurm.

7. Die Larve des Hülsenbandwurms.

Beim Hunde kommt ein sehr kleiner, kaum 1 cm langer Bandwurm vor. (Fig. 236.)

Gelangen die Eier dieses Bandwurms in den Magen der Rinder, Schafe oder Schweine, so kriecht eine kleine Larve aus, die sich in der Leber, im Herzen, in den Lungen 2c. festsetzt. Die Larve wandelt sich an diesen Stellen zu einer mehr oder weniger großen Blase um und verdrängt allmählich die Substanz des befallenen Organs. Es entstehen hierauf sehr schwere Leber-, Lungen- und Herzleiden, denen die Tiere häufig erliegen.

Die kranken Organe geschlachteter Tiere sind sorgfältig zu vernichten. Werden selbe von Hunden verzehrt, dann bekommen diese aufs neue den kleinen Hundebandwurm und durch die mit dem Hundekot abgehenden Eier werden die Parasiten wieder aufs neue verbreitet.

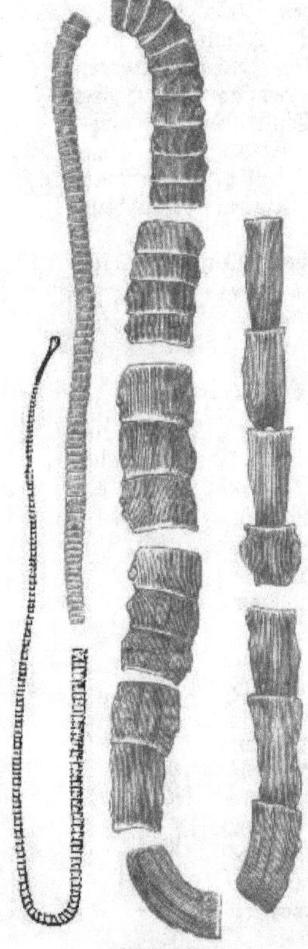

Fig. 237.
Bandwurm der Rinderfinne.
(Natürliche Größe.)

8. Die Larve des Quesenbandwurms.

Diese Larve kommt bei Rindern und Schafen vor, wenn sie Pflanzen verzehren, die mit infiziertem Hundekot beschmutzt sind.

Die Larve wandert in dem Blutstrom vom Magen aus in das Gehirn, bettet sich daselbst ein und umgibt sich mit einer haselnuß- bis hühnereigroßen Blase. Die Blase verdrängt das Gehirn allmählich und veranlaßt dann einen Zustand, der als „Drehkrankheit" bezeichnet wird.

Hunde, die an Bandwürmern leiden, sind sofort abzuschaffen, wenn man sie nicht einer Bandwurmkur unterziehen will, was bei Schäferhunden niemals unterlassen werden sollte. Den Hunden soll man auch nicht das Gehirn drehkranker Schafe zum Fressen vorwerfen.

9. Die Finnen des Schweins. S. S. 107 u. 470.

Wenn Schweine Glieder oder Eier des menschlichen Bandwurms verzehren, dann schlüpfen im Darme aus den Bandwurmeiern kleine Larven aus, die fortwandern und sich schließlich in der Muskulatur einbetten. Daselbst umgeben sie sich mit erbsengroßen Blasen, die als Finnen bezeichnet werden. Diese Finnen trifft man am häufigsten im Herzen, in der Zunge und in den Augenlidern an.

Beim Genuß derartigen Fleisches im rohen Zustand entwickelt sich wieder beim Menschen der Bandwurm. Aus diesem Grunde sollte rohes Schweinefleisch nicht verzehrt werden. Auch beim Rinde kommt eine Finne vor, die aber im Fleisch schwer aufzufinden ist. Aus der Finne entwickelt sich ein der Gesundheit sehr nachteiliger Bandwurm. (Fig. 237.)

10. Die Trichinen. S. S. 106 u. 470.

In der Muskulatur der Schweine findet sich zuweilen in einer kleinen Kalkkapsel eingeschlossen ein kleiner Fadenwurm, die Muskeltrichine (Fig. 238). Wird das trichinöse Fleisch verzehrt, so schlüpft nach der Auflösung der Kalkkapsel die Trichine aus und entwickelt sich zur Darmtrichine, welche in wenigen Wochen Tausende von lebenden jungen Trichinen erzeugt. Die jungen Trichinen durchbohren die Darmwand und wandern in die Muskulatur ein. Bei dieser Wanderung treten schwere, krankhafte Erscheinungen bei Menschen auf, die man als Trichinenkrankheit bezeichnet. Durch ein einziges trichinöses Schwein können Dutzende von Personen erkranken und sogar sterben.

An manchen Orten sind deshalb amtliche Trichinenschauer aufgestellt. Die Trichinenschau bietet aber keine absolute Sicherheit vor Infektion; das zuverlässigste und sicherste Mittel ist deshalb, das Schweinefleisch vollständig gar zu kochen oder durchzubraten.

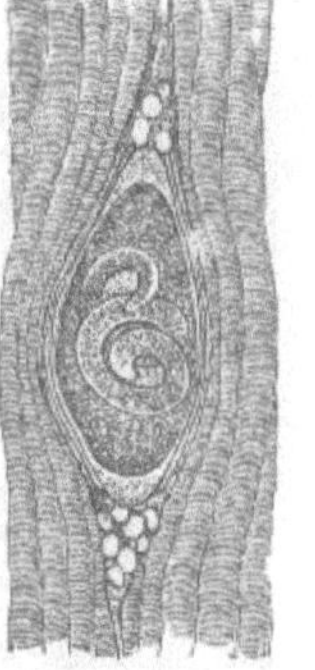

Fig. 238. Eingekapselte Trichine. (Bedeutend vergrößert.)

11. Spulwürmer bei Pferden. S. S. 106.

Die Spulwürmer findet man oft in sehr großer Anzahl im Darme der Pferde, insonderheit von Fohlen. Wenn junge Tiere sehr viele derartige Würmer beherbergen, können sie daran zu Grunde gehen.

Erscheinungen: Die Pferde sind stets bei gutem Appetit und sehen trotzdem schlecht genährt aus; sie schwitzen leicht und sind matt. Auch sehen sie sich häufig nach dem Bauche um. Ist zu vermuten, daß die Pferde mit Würmern behaftet sind, so lasse man durch den Tierarzt ein Wurmmittel verordnen.

12. Lungenwürmer bei Schafen und Schweinen.

In der Luftröhre und in den Lungen von Schafen und Schweinen kommen nicht selten Fadenwürmer vor, welche einen langwierigen Lungenkatarrh veranlassen. Durch Teerdämpfe kann man aber diese Parasiten töten.

Zu diesem Zwecke bringt man die Schweine oder Schafe in einen kleinen Stall. Auf einen heißen Ziegelstein träufelt man Teer. Die sich entwickelnden Dämpfe läßt man die Tiere einatmen, wodurch die Fadenwürmer in den Lungen absterben.

13. Bandwürmer bei Lämmern.

Vom Bandwurm befallene Lämmer magern ab, zeigen Leibschmerzen und drängen stark, auch gehen Bandwurmglieder mit dem Kote ab. Durch Bandwurmmittel können diese Parasiten entfernt werden.

14. Fadenwürmer im Magen der Lämmer.

Die Erscheinungen sind ähnlich wie bei der Bandwurmseuche; ebenso die Behandlung.

VIII. Milchwirtschaft.

A. Bestandteile und Eigenschaften der Milch.

Die Kuhmilch besteht aus Wasser und festen Stoffen, welch letztere nach dem Eintrocknen der Milch zurückbleiben und als Milchtrockensubstanz bezeichnet werden. Diese ist in dem Wasser der Milch teils aufgelöst teils in feinster Verteilung vorhanden und beträgt durchschnittlich 12,5 %. Mit fortschreitender Laktation steigt der Gehalt an Trockensubstanz.

Die einzelnen Bestandteile der Trockensubstanz sind:

1. Butterfett,
2. Käsestoff,
3. Milcheiweiß,
4. Milchzucker,
5. Aschenbestandteile oder Salze.

1. Das Butterfett.

Das Butterfett ist der wertvollste Bestandteil der Milch, weil das Haupterzeugnis der Milchverarbeitung, die Butter, zum größten Teil aus Fett besteht und die Güte des Käses von dessen Fettgehalt vorzugsweise abhängt. Das Butterfett findet sich in der Milch in ungemein kleinen, nur durch das Mikroskop sichtbaren Fettröpfchen, welche man als Milch- oder Fettkügelchen bezeichnet.

Bei der Betrachtung eines Tropfens Milch mittels starker Vergrößerung erkennt man, daß diese Fettkügelchen verschieden groß sind. Die große Anzahl und außerordentlich feine Verteilung der Fettkügelchen in der Milch (Emulsion) ist die hauptsächliche Ursache der Undurchsichtigkeit und weißgelblichen Farbe der Milch. Zu Beginn der Laktation sind die Fettkügelchen immer am größten und werden dann immer kleiner (dafür aber zahlreicher). Deshalb rahmt Milch von altmelken Kühen schwer auf und ist schwer zu verbuttern.

Die Fettkügelchen sind leichter als Wasser; sie steigen daher beim ruhigen Stehen der Milch aufwärts und bilden, dicht zusammengedrängt, nach einiger Zeit die Rahmschicht.

Die Fettröpfchen bleiben in der Milch flüssig, auch wenn diese unter den Erstarrungspunkt des Fettes (19—24° C) heruntergekühlt wird. Beim Buttern werden sie fest und können sich dann zu Butterklümpchen vereinigen.

Das Butterfett (Milchfett) ist ein Gemisch von festen und flüssigen Fettarten. Es ist die Butter bald härter bald weicher, je nachdem mehr feste oder flüssige Fette darin vorhanden sind. Bei längerer Aufbewahrung der Butter wird durch die Einwirkung der Luft und kleiner Pilze das Butterfett so verändert, daß es einen unangenehmen Geruch und Geschmack annimmt. Die Butter wird dann als ranzig bezeichnet. Durch starke Belichtung wird die Butter gebleicht und talgig.

Die Milch enthält gewöhnlich zwischen 3 und 4 % Fett, im Mittel etwa 3,5 %. Mit fortschreitender Laktation steigt der Fettgehalt.

2. Der Käsestoff.

Das Vorhandensein dieses zu den Eiweißkörpern gehörigen Stoffes in der Milch macht neben den anderen Bestandteilen hauptsächlich die Milch als Nahrungsmittel für Menschen und als Futtermittel für Kälber und Schweine besonders wertvoll.

Der Käsestoff ist in der Milch nicht gelöst, sondern leimartig aufgequollen. Dieser Zustand verursacht hauptsächlich die Zähflüssigkeit und zum Teil auch die Undurchsichtigkeit der Milch (vgl. Fett S. 478).

Bei dem Sauerwerden der Milch wird der Käsestoff durch eine aus dem Milchzucker entstehende Säure, die Milchsäure, ausgeschieden, die Milch gerinnt. Außerdem wird der Käsestoff noch zur Gerinnung und Abscheidung durch Lab (Labferment) gebracht, welches aus dem Labmagen saugender Kälber gewonnen wird. Zur Bereitung von Käse aus süßer Milch macht man von dieser Eigenschaft des Labes zur Ausscheidung des Käsestoffes Gebrauch. Durchschnittlich enthält die Milch 3,1 % Käsestoff.

3. Das Milcheiweiß.

Der Gehalt der Milch an Milcheiweiß beträgt im Mittel 0,5 %; es ist in der Milch gelöst, wird durch Lab nicht zum Gerinnen gebracht, gerinnt aber beim Kochen; das Milcheiweiß verbleibt daher in der Käsemolke. Durch Erhitzen mit saurer Molke wird es als „Schotte" ausgeschieden. Die Molke findet als Futtermittel für Schweine Verwendung, auch als Rohstoff zur Herstellung von Milchzucker und Milchsäure.

4. Der Milchzucker.

Der Milchzucker ist in der Milch gelöst und verleiht der frischen Milch den angenehmen, schwach süßen Geschmack. In nicht abgekühlter warmer Milch geht derselbe sehr leicht in Milchsäure über, welche das Sauerwerden und schließlich die Gerinnung der Milch herbeiführt. Diese Milchsäuregärung wird verursacht durch kleine Pilze, welche auf verschiedene Weise bei und nach dem Melken in die Milch gelangen und bei geeigneter Temperatur durch ihre Vermehrung und Wucherung in der Milch den Milchzucker in Milchsäure umwandeln. Bei 10° C geht diese Umwandlung äußerst langsam vor sich, und bei noch niedrigerer Temperatur bleibt die Milch so gut wie unverändert. Bei Blutwärme ist die Milchsäuregärung am lebhaftesten. Durchschnittlich sind in der Milch 4,7 % Milchzucker enthalten. Er ist ein wertvoller Nährstoff, besonders für die Ernährung der Kinder, und der wertvollste Bestandteil in der Molke, aus welcher er auch fabrikmäßig hergestellt wird.

5. Die Asche.

Die Asche bleibt beim Verbrennen der festen Bestandteile der Milch zurück und besteht hauptsächlich aus phosphorsaurem Kalk und den Chlorverbindungen von Kalium und Natrium. Die unverbrennlichen oder mineralischen Bestandteile dienen bei der Verwendung der Milch als Nahrungs- und Futtermittel hauptsächlich zur Bildung der Knochen.

Die mittlere Zusammensetzung der Kuhmilch ist folgende:

Wasser . . . . 87,5 %
feste Stoffe oder Trockensubstanz 12,5 %

In der Trockensubstanz finden sich durchschnittlich:

Butterfett	3,5 %
Käsestoff	3,1 %
Milcheiweiß	0,5 %
Milchzucker	4,7 %
Asche	0,7 %
Summe	12,5 %

Außerdem enthält die frischgemolkene Milch noch Kohlensäure und aufgenommene Luft. Die Milch nimmt sehr leicht Gerüche auf, z. B. aus der Stalluft. Deshalb soll die Luft im Stall möglichst rein sein und die Milch sofort nach dem Melken aus dem Stall kommen.

Das spezifische Gewicht der Milch.

Ein Liter Milch wiegt wegen der im Wasser der Milch aufgelösten festen Stoffe etwas mehr als ein Liter Wasser. Das Gewicht von einem Liter Milch kann bei 15 ° C wegen des schwankenden Gehaltes an Trockensubstanz zwischen 1029 - 1034 g betragen; dementsprechend schwankt das spezifische Gewicht der Milch zwischen 1,029 und 1,034. Bei einzelnen Kühen kommen nicht selten Ausnahmen vor. Das mittlere spezifische Gewicht der Milch ist 1,031; 100 Liter Milch wiegen daher im Durchschnitt 103 kg.

Die Biestmilch oder Kolostrummilch.

Die in den ersten Tagen nach dem Kalben abgesonderte Milch, welche als Biestmilch oder Kolostrummilch bezeichnet wird, hat noch nicht das Aussehen und die Zusammensetzung der späterhin gewonnenen Milch. Die Biestmilch hat eine etwas gelbliche Farbe, ist reich an leicht verdaulichem Milcheiweiß und an Salzen und wirkt leicht abführend. Sie ist daher für das Kalb die geeignetste erste Nahrung, da sie wegen ihres höheren Gehaltes an Aschenbestandteilen zur Entfernung des ersten Darmkotes (Darmpeches) beiträgt. Diese Milch darf daher dem Kalbe nicht entzogen werden. Zur Käserei darf diese Biestmilch unter keinen Umständen geliefert werden, weil sie wegen des hohen Gehaltes an Milcheiweiß durch Lab nicht gerinnt und, der zum Käsen dienenden Milch beigemischt, ein unvollkommenes Gerinnen dieser Milch herbeiführen kann. Milch von frischmelken Kühen soll in Molkereien nicht vor dem 8. und in Käsereien nicht vor dem 14. Tage nach dem Kalben geliefert werden.

B. Gewinnung und Behandlung der Milch.

Bei der Milchgewinnung ist die Art des **Melkens** von großer Bedeutung, da die Menge, der Gehalt und die Reinheit der Milch wesentlich auch von der Geschicklichkeit des Melkenden abhängt. Das Melken soll einen die Milchbildung fördernden Einfluß ausüben, es sollen daher die Tiere bei Beginn und während des Melkens freundlich behandelt werden. Rohe Behandlung der Tiere, Stoßen und Schrecken derselben, Unruhe im Stalle wirken ungünstig auf die Milchbildung. Das von manchen Melkern geübte Streicheln oder gelinde Walken des Euters vor Beginn des Melkens („Anrüsten") bewirkt einen angenehmen Reiz für die Kuh und ist der Milchbildung und der leichten Milchabgabe seitens der Kuh förderlich. Besonders erfolgreich ist das Walken gegen Ende des Melkens (Nachmelken). Die bei den ersten drei bis vier Zügen aus jeder Zitze austretende Milch soll in die Streu hinter die Kuh gemolken werden, da diese Anteile besonders reich sind an von außen durch den Strichkanal eingedrungenen Pilzkeimen, welche zum Verderben der Milch Veranlassung geben können. Die zuerst gemolkene Milch ist fettärmer als die zuletzt gemolkene; daher ist besonders darauf zu achten, daß das Euter beim Melken vollständig entleert werde, da gerade die zuletzt entleerten Portionen die fettreichsten sind. Ein vollständiges Ausmelken ist aber auch deshalb notwendig, weil bei unvollständigem Ausmelken ein Nachlassen der Milchabsonderung eintritt und dadurch milchreiche Kühe verdorben werden können. Außerdem können durch unvollständiges Ausmelken Eutererkrankungen herbeigeführt und die verminderte Milchergiebigkeit kann durch Vererbung auf die Nachkommenschaft übertragen werden.

Erst wenn durch das Anrüsten die Striche prall sich mit Milch angefüllt haben, beginnt man mit dem Melken. Es sollen die zwei vorderen Striche zugleich und die zwei hinteren Striche zugleich gemolken werden, damit jede Drüse gleichmäßig gereizt wird. Man melke mit ganzer Faust und trocken. Das Ausstreifen des Striches mit zwei Fingern, Strippen ist verwerflich. Naßmelken ist unreinlich. Die Milch soll in langen, vollen Zügen und schnell herausbefördert werden.

Die Milchabsonderung ist zwar um so reichlicher, in je kürzeren Zwischenpausen die Kühe gemolken werden, doch werden häufig die Tiere täglich nur zweimal gemolken. Die Zwischenpausen sollen gleich groß sein. Ein dreimaliges Melken ist bei neumelkenden Kühen und bei sehr milchergiebigen Tieren, besonders aber bei jungen Kühen zu empfehlen. Kühe, an welchen das Kalb saugt, sollen immer nachgemolken werden.

Die Leistung der Kühe nach Menge und Fettgehalt der produzierten Milch ist sehr verschieden. Nur Kühe, welche viele und fettreiche Milch geben, sollen, wenn sie auch sonst geeignet sind, zur Zucht und als Nutztiere verwendet werden. Um sich hierüber ein richtiges Urteil bilden zu können, sollte regelmäßig alle 8 oder 14 Tage ein Probemelken (Probemelktabelle, siehe Buchführung) stattfinden, bei welchem die von jeder Kuh produzierte Milch der Menge nach bestimmt wird. Auch die Ermittlung des spezifischen Gewichtes und Fettgehaltes der Milch bei solchen Probemelkungen ist zur Beurteilung der Leistung der Tiere von größter Wichtigkeit sowie die Ermittlung der Menge des verzehrten Futters. Dabei ist auch darauf zu achten, ob der allgemeine Gesundheitszustand der Tiere nicht leidet, weshalb auch von Zeit zu Zeit das Gewicht der Tiere festzustellen ist.

Da fast alle Veränderungen der Milch und der daraus gewonnenen Produkte auf der Entwicklung und dem Wachstum verschiedenartiger kleiner Pilze beruhen, so ist durch eine verständige und sachgemäße Behandlung der Milch bei deren Gewinnung und Verarbeitung darauf hinzuwirken, daß diese Pilze nicht in die Milch gelangen. Die Entwicklung einzelner Pilzarten ist teils erwünscht, wie bei der Rahmsäuerung, der Käsebereitung, teils nachteilig, wie beim Sauerwerden der Milch, bei dem Auftreten von Milchfehlern, auch Krankheit verursachende Pilze können sich in der Milch entwickeln.

Von diesen kleinen Pilzen sind für die Milchwirtschaft von besonderer

Bedeutung die Spaltpilze oder Bakterien. Außerdem können sich noch Hefepilze, welche Gärung verursachen, sowie Schimmelpilze in der Milch entwickeln.

Diese Bakterien finden sich sehr verbreitet in der Stalluft, auf Futter- und Streumaterial, im Kot, in schlechtem und unreinem Wasser, in sauer gewordenen und in Gärung übergegangenen Milchresten, in schleimigen Überzügen auf mangelhaft gereinigten Geräten und in gesäuerten Futtermitteln, wie z. B. in Biertrebern. Von hier aus können sie beim Melken leicht in die Milch gelangen. Man soll deshalb während des Melkens nicht füttern oder einstreuen, sondern längere Zeit vorher.

Das Wachstum dieser Pilze wird besonders begünstigt:

1. durch eine höhere Temperatur;
2. durch Feuchtigkeit.

In kuhwarmer Milch vermehren sich diese Pilze sehr rasch, so daß schon kurze Zeit nach dem Melken eine sehr große Zahl solcher Keime vorhanden sein kann. Bei niedriger Temperatur (unter 10 ° C) findet dagegen keine Vermehrung oder nur ein sehr langsames Wachstum der Pilze statt. Durch Erhitzen der Milch auf 80—100 ° kann man die meisten der in die Milch gelangten Pilze töten, durch starke Abkühlung die Vermehrung derselben verhindern.

Durch solche Spaltpilze werden hervorgerufen:

1. das Sauerwerden der Milch;
2. die häufigsten Milchfehler.

Das Sauerwerden der Milch wird verursacht durch die Entwicklung der Milchsäurebakterien, welche den Milchzucker in Milchsäure umwandeln. Diese Pilze sind in der frisch gemolkenen Milch, wie sie aus dem gesunden Euter kommt, noch nicht enthalten, sondern gelangen in dieselbe erst durch die Stalluft, durch Berührung mit sauer gewordenen Milchresten u. s. w.

Von den Milchfehlern, welche durch Spaltpilze hervorgerufen werden, sind die wichtigsten:

1. Blaue Milch. Bei längerem Stehen bilden sich zuweilen an der Oberfläche des Rahms, wenn die Milch etwas sauer zu werden beginnt, blaue, allmählich sich vergrößernde Flecken.

2. Rote Milch, schleimige und fadenziehende Milch. Diese Milchfehler treten ebenfalls öfters auf.

Rote blutige Milch kann durch Verletzungen von Blutgefäßen im Euter oder durch Pilze, bittere Milch auch durch Futtermittel verursacht werden, welche einen Bitterstoff enthalten, wie z. B. die Lupinen, oder die Milch kann durch die Tätigkeit der Bakterien einen bitteren Geschmack annehmen, der auch bei Milch von altmelken Kühen auftreten kann.

Bei der sandigen Milch bilden sich im Euter kleine, feste Ausscheidungen, sog. Milchsteine, welche entweder durch Euterentzündungen oder durch kalkreiche Futtermittel entstehen können und beim Melken den Tieren Schmerz verursachen.

Außer durch die Entwicklung kleiner Pilze in der Milch kann diese auch durch andere Umstände verändert werden. Bei übermäßiger Aufnahme von Wasser, veranlaßt durch Verfütterung großer Mengen wasserreicher Futtermittel, wie Rüben, Grünmais, wird eine an Trockensubstanz arme

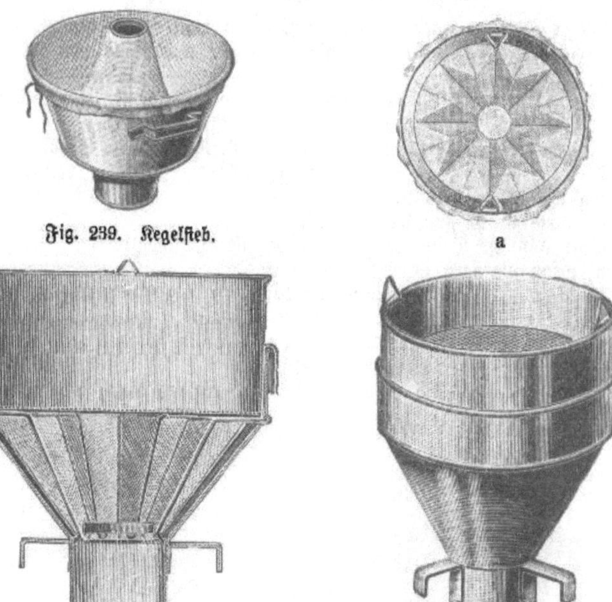

Fig. 239. Kegelsieb.

Fig. 240. Sternfilder.
Das sternförmig gefaltete Tuch bietet eine große Oberfläche. a Längsschnitt. b Querschnitt.

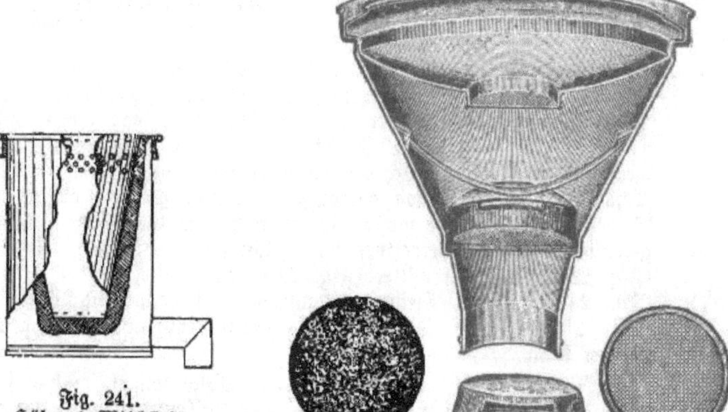

Fig. 241.
Hübners Milchsieb.
Die Milch wird in ein kegelförmiges Gefäß eingegossen, auf dessen Boden sich der Schmutz absetzen soll und läuft durch die Löcher im oberen Teile in einen Flanellsack, der als Filter dient.

Fig. 242. Ulanders Wattefilter.
Die Milch läuft durch einen gröberen Vorseiher auf die Schutzglocke, durch diese seitlich zur zwischen 2 gröberen Sieben festgehaltenen Wattescheibe.

wässerige Milch erzeugt, ebenso auch, wenn durch starke Gaben von Salz oder Melasse die Tiere zu einer überreichlichen Aufnahme von Tränkwasser veranlaßt werden.

Die durch Pilze hervorgerufenen Gärungen und unerwünschten Veränderungen der Milch können verhindert werden:

1. durch größte Reinlichkeit beim Melken und im Stalle überhaupt;
2. durch Abkühlen der frisch gemolkenen Milch in reiner Luft auf eine möglichst niedrige Temperatur;
3. durch Erhitzen der Milch.

Eine reinliche Gewinnung der Milch ist nur möglich:

a) wenn die Luft im Stalle rein ist;
b) wenn genügend Einstreu vorhanden ist, der Kot fleißig entfernt wird (Streu schneiden) und die Tiere regelmäßig geputzt werden;
c) wenn die Euter vor dem Melken gereinigt werden und das Melken immer mit reinen Händen geschieht;
d) wenn die Milch sofort nach dem Melken aus dem Stalle entfernt wird;

Fig. 243. Waegemanns Melkeimer.
a herausnehmbarer Einmelktrichter mit senkrecht gestelltem Sieb b, c Sitz.

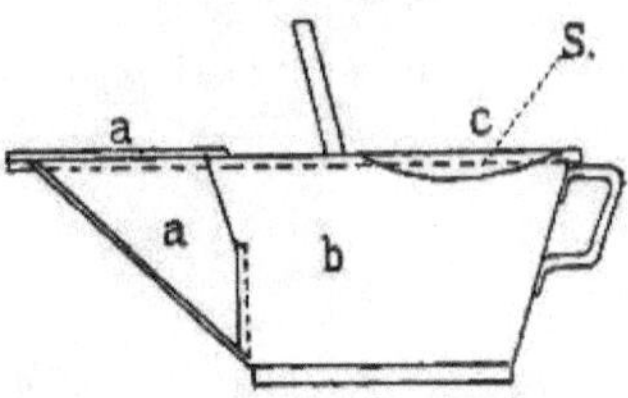

Fig. 244.
Der Einmelktrichter a wird beim Ausgießen der Milch jedesmal herausgenommen und abgespült.

e) wenn die Seihevorrichtungen, durch welche die Milch nach dem Melken zur Entfernung von Haaren und Schmutzteilen gegossen wird, stets genügend rein gehalten werden; die Seihetücher und Siebe müssen genügend eng sein; die Seihetücher und Siebe sind rechtzeitig zu wechseln, damit nicht durch das zu oftmalige Aufgießen frischer Milch Schmutzteile in die schon durchgeseihte Milch geschwemmt werden. Seihetücher und Siebe müssen sofort nach dem Gebrauche gründlich gereinigt, gebrüht, getrocknet und gelüftet werden. Das Kegelsieb (Fig. 239), das Sternfilter (Fig. 240) und das Hübnersche Filter (Fig. 241) sind gute Seihevorrichtungen. Die besten sind Wattefilter (Fig. 242), deren Filtriermasse (Watte) nur einmal benützt werden kann.

Die Melkeimer und alle Gefäße, in welche Milch kommt, müssen sorgfältig mit heißem Wasser, heißer Sodalösung oder Kalkmilch gereinigt werden. Melkeimer mit Sieb sind nur brauchbar, wenn der Milchstrahl nicht auf das Sieb gerichtet ist. Waegemanns Sieb-Melkeimer (Fig. 243 und 244). Die frisch gemolkene Milch soll sobald als möglich der Einwirkung der Luft des Kuhstalles entzogen werden, da sie leicht die Gerüche der Stalluft aufnimmt, welche von den Auswurfstoffen der Kühe und den Ausdünstungen der Tiere herrühren. Es soll daher die Milch nicht bis zum Ausmelken der letzten Kuh im Stalle verbleiben, sondern die Milch jeder Kuh ist möglichst rasch nach dem Melken aus dem Stalle zu entfernen und in einem rein gehaltenen, gut gelüfteten Raum, in welchem auch der Milchkühler am besten Aufstellung findet, weiter zu behandeln. Um die Milch jeder einzelnen Kuh sofort nach dem Melken

Fig. 245. Schutzdach aufgeklappt.

Fig. 246. Schutzdach heruntergeklappt.

Fig. 247. Milcheinguß im Stall.

Fig. 248. Milchkühler.

aus dem Stall zu schaffen und im Freien unter einem Schutzdach zu seihen, hierzu dient obenstehende billige Einrichtung. Fig. 245, 246, 247.

Das Abkühlen der Milch geschieht entweder durch Einstellen der die Milch enthaltenden Gefäße in kaltes Wasser oder mittels eines Milchkühlers. Sehr geeignete Milchkühler sind die zylindrischen, da sie wenig Platz beanspruchen und leicht zu reinigen sind (Fig. 248), besonders, wenn sie drehbar sind.

Schädlich ist es die Milch im Stalle selbst abzukühlen, weil hierbei die Milch aus der Luft zahlreiche Keime und Riechstoffe aufzunehmen vermag.

Durch Erhitzen der Milch werden die in derselben enthaltenen kleinen Pilze getötet oder doch so in der Entwicklung gehemmt, daß die Milch einige Tage süß bleibt, wenn sie kühl aufbewahrt wird.

Beim Erhitzen verfolgt man besonders auch den Zweck, die in der Milch enthaltenen oder in dieselbe bei der Gewinnung gelangten Krankheitskeime abzutöten und so die Verbreitung von Krankheiten zu verhüten.

Man unterscheidet beim Erhitzen der Milch:

a) das Pasteurisieren;

b) das Sterilisieren.

a) Beim Pasteurisieren wird die Milch einige Zeit (in Molkereien auf 75—95 °C) erhitzt und sodann rasch wieder abgekühlt. Man wendet dieses Verfahren an bei Milch, welche von maul- und klauenseuchekranken Tieren herstammt (in diesem Falle muß die Milch gekocht oder 10 Minuten bei 90° erhitzt werden) und bei der Rückgabe von Magermilch aus Genossenschaftsmolkereien, um die Übertragung von Krankheiten, besonders der Tuberkulose, zu verhüten. Ebenso wird auch der Rahm pasteurisiert in solchen Molkereien, in welchen die künstliche Säuerung desselben besonders sorgfältig geleitet wird.

b) Beim Sterilisieren wird die Milch längere Zeit über 100 °C erhitzt und dafür Sorge getragen, daß nach dem Erhitzen die Gefäße, in welchen die Milch erhitzt wurde, sofort luftdicht verschlossen werden. Hierdurch wird verhütet, daß von neuem aus der Luft Pilze in die Milch gelangen, so daß gut sterilisierte Milch sich Monate lang süß hält. Das Sterilisieren der Milch wird meist nur mit kleineren Milchmengen in Flaschen vorgenommen, wenn die Milch als Nahrungsmittel für Kinder, als sog. „Kindermilch", verkauft werden soll. Durch zu langes und zu hohes Erhitzen leidet die Bekömmlichkeit der Milch.

Außerdem kommt aber auch Milch, die unter besonderen Vorsichtsmaßregeln gewonnen wird, unsterilisiert als sog. „Kindermilch" zum Verkauf. Die zur Gewinnung solcher Milch gehaltenen Kühe müssen vollkommen gesund sein und genügend Bewegung in frischer Luft haben; auch werden sie regelmäßig von einem Tierarzt auf ihren Gesundheitszustand untersucht.

In diesem Falle wird die Fütterung so geregelt, daß die Kühe meist trocken gefüttert werden unter Ausschluß solcher Futtermittel, welche leicht in Gärung übergehen können, wie Biertreber, und von Futtermitteln, welche der Milch einen unangenehmen Geschmack verleihen können. Auf reinlichste Gewinnung der Milch, Abkühlung derselben gleich nach dem Melken und Filtrieren und Verkauf in ganz reinen Flaschen ist in diesem Falle die größte Sorgfalt zu verwenden.

C. Einfluß der Futtermittel auf die Beschaffenheit der Milch.

Auf die Beschaffenheit der Milch kann die Art des Futters einen Einfluß ausüben; dieser macht sich häufig schon im Geschmack der Milch, mehr noch aber in dem Geschmack der daraus bereiteten Butter geltend. Gutes Heu, welches hauptsächlich aus süßen Gräsern besteht und gut eingebracht wurde, bildet die Grundlage zur Gewinnung einer wohlschmeckenden, die Herstellung guter Produkte ermöglichenden Milch. Dagegen kann verdorbenes, verschimmeltes und stark beregnetes Futter sehr nachteilig werden, weil solche Futtermittel nicht nur zu Gesundheitsstörungen führen können, sondern auch reich sind an Keimen, welche in der Milch und im Rahm sowie bei der Reifung der Käse Veränderungen unerwünschter Art hervorrufen.

Von den zur Verfütterung gelangenden Rüben ist zu bemerken, daß sie, in mäßiger Menge mit Häcksel vermischt, die Milchergiebigkeit vorteilhaft beeinflussen. Am günstigsten sind in dieser Beziehung die Runkelrüben, während die Kohlrüben und Weißrüben, wenn sie in größerer Menge verfüttert werden, der Milch einen eigentümlichen, unangenehmen sog. Rübengeschmack, der sich auch auf die Butter überträgt, verleihen können. Zur Beseitigung des Rübengeschmacks ist, wenn er durch Bakterien erzeugt ist, das Pasteurisieren des Rahms mit Erfolg angewendet worden. Verfütterung großer Mengen von Schlempe kann die Beschaffenheit der Milch und der Butter ungünstig beeinflussen, besonders weil in diesem Futtermittel, sofern es nicht frisch verfüttert wird, zahlreiche Keime zur Entwicklung kommen, die auf verschiedene Weise beim Melken in die Milch gelangen, entweder direkt durch die Stalluft oder dadurch, daß solche Keime den Magen und Darmkanal unverändert und entwicklungsfähig passieren und mit Kotresten in die Milch geraten. Das Pasteurisieren und Ansäuren des Rahms mittels saurer Magermilch oder Reinkulturen ist bei Schlempefütterung sehr zu empfehlen, um eine feine und haltbare Butter herzustellen.

Ebenso ist bei Verfütterung von eingesäuerten Futtermitteln, wie eingesäuerten Biertrebern, gesäuerten Rübenschnitzeln, eingesäuertem Mais, der Gewinnung und Verarbeitung der Milch besondere Reinlichkeit und Sorgfalt zuzuwenden. Getreideschrot, Roggen- und Weizenkleie, Futtermehl haben sich als gute Futtermittel für die Milcherzeugung bewährt, ebenso auch die verschiedenen Arten von Ölkuchen, wenn sie in mäßigen Mengen, am besten mehrere Sorten gemischt, zur Verfütterung gelangen. Besonderes Augenmerk ist aber darauf zu richten, daß solche Ölkuchen nicht in schimmeligem oder verdorbenem Zustande verfüttert werden.

D. Die Verwertung der Milch.

Dieselbe kann stattfinden:

1. durch Verkauf der Vollmilch und des Rahms;
2. durch Bereitung von Butter;
3. durch Herstellen von Käse;
4. durch Herstellen von Käsestoff, Kasein für Klebstoff- und Nährmittelfabrikation, von Milchzucker und Milchsäure.

1. Der direkte Verkauf der frischen Milch.

Bei dem direkten Verkauf der Milch ist eine lange Haltbarkeit derselben ein Haupterfordernis. Es muß daher durch größte Reinlichkeit beim Melken und durch sofortiges Abkühlen der Milch auf eine möglichst niedrige Temperatur auf eine lange Haltbarkeit hingearbeitet werden. Selbstverständlich darf die Milch nur von gesunden Tieren stammen.

Der Versand der Milch geschieht am besten in dicht und sicher verschließbaren Milchtransportkannen aus verzinntem Eisenblech. (Fig. 249.)

Der Rahm kommt als sogenannter Kaffeerahm (dünner) und als Schlagrahm (dicker) zum Verkauf.

2. Die Verarbeitung der Milch zu Butter.

Für die Herstellung von Butter ist zunächst die Gewinnung des Rahms aus der Milch notwendig. Dieselbe kann erfolgen:

a) durch freiwilliges Aufrahmen der Milch;

b) durch Entrahmen mittels Zentrifugen oder Milchschleudern.

a) Freiwilliges Aufrahmen der Milch.

Das Aufstellen der Milch zum freiwilligen Aufrahmen geschieht entweder in flachen oder hohen Gefäßen. Je niedriger die Milchschichte ist, desto kürzeren Weg haben die Fettkügelchen zurückzulegen, desto schneller und besser erfolgt die Aufrahmung.

Das Aufstellen der frischgemolkenen Milch in kleinen, flachen Satten, irdenen Gefäßen ist nicht empfehlenswert, da hier

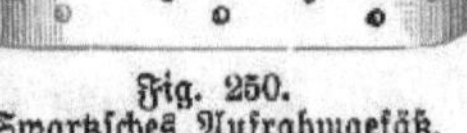

Fig. 249. Milchtransportkanne mit Luftlöchern im Deckel.

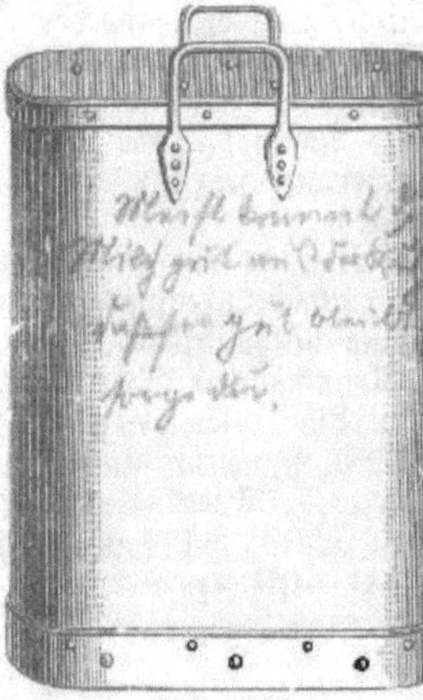

Fig. 250. Swartzsches Aufrahmgefäß.

Fig. 251. Rahmlöffel für tiefe Satten.

die ungekühlte Milch vielfach sehr bald gerinnt und dann das Fett nicht mehr aufsteigen kann. Die Satten sollen auch nicht in Wohn- und Schlafstuben aufbewahrt werden, da Staub, Rauch und Dunst auf diese Weise sehr leicht in die Milch gelangen und dem Rahm und der Butter einen schlechten Geschmack verleihen. Auch Krankheiten können durch derartig aufbewahrte Milch verbreitet werden. Die Aufrahmung in größeren flachen Holzgefäßen (Stotzen) ist allgemein im Gebrauch in Käsereien, wo man nicht beabsichtigt die Milch vollständig ausrahmen zu lassen.

Um die Milch längere Zeit aufrahmen zu lassen und süß zu erhalten, dient das Swartzsche Aufrahmverfahren.

Bei diesem Verfahren wird die Milch warm in hohe Blechgefäße von ovalem Querschnitt eingefüllt. Diese werden in Tröge mit von unten eingeleitetem, kaltem, fließendem oder durch Eisstücke vorher gekühltem Wasser eingestellt.

Die Aufrahmgefäße (Fig. 250) sind 40—50 cm hoch und fassen 10—30 Liter Milch. In diesen Aufrahmgefäßen bleibt die Milch bis 48 Stunden in kaltem Wasser stehen; der Rahm wird sodann mittels eines flachen Löffels (Fig. 251) abgenommen und hierbei in süßem Zustande gewonnen. Ebenso ist auch die Magermilch bei diesem Aufrahmverfahren noch süß und kann, da sie durchschnittlich noch 0,7 % Fett enthält, zur Käsebereitung, zur Verfütterung an Kälber und Schweine verwendet werden. Der Betrieb ist ein sicherer, die Qualität der Butter eine bessere und die Ausbeute eine etwas höhere als bei den Aufrahmverfahren ohne dauernde Abkühlung der Milch.

In der Rheinpfalz ist der Moessche Apparat zur Kühlung und zum Aufrahmen der Milch in kleineren landwirtschaftlichen Betrieben in Verwendung. Derselbe besteht aus verhältnismäßig niederen Satten aus Weißblech, welche durch fließendes kaltes Wasser gekühlt werden.

Der Rahm soll bei allen Verfahren durch Abschöpfen des Rahms, nicht durch Abzapfen der Magermilch gewonnen werden, damit der Milchschmutz nicht in denselben gelangt. Das Abblasen des Rahmes ist unappetitlich und mitunter auch gesundheitsschädlich. (Übertragung von Tuberkulose.)

b) Entrahmung der Milch mittels Zentrifugen (Milchschleudern).

Die Zentrifugen bestehen in ihrem Hauptteil aus einem Stahlgefäß, der Zentrifugentrommel, welche in rasche Umdrehung versetzt wird. Hierbei wird die in der Trommel befindliche ganze Milch durch Zentrifugalkraft (Schleuderkraft) so getrennt, daß die schwerere Magermilch gegen die Wand der Trommel sich drängt, während der leichtere Rahm gegen die Mitte der Trommel zu gedrängt wird.

Durch besondere Vorrichtungen werden sodann Rahm und Magermilch getrennt wieder aus der Zentrifuge herausgeleitet.

Durch Zentrifugieren wird die Milch so vollständig entrahmt, daß die Magermilch durchschnittlich nur noch 0,1—0,15 % Fett enthält. Durch die „Einsätze" in den Schleudertrommeln wird eine schnellere und bessere Entrahmung bewirkt, weil der Weg für die Fettkügelchen abgekürzt ist.

Um diese vollkommene Entrahmung zu erreichen, sind aber stets folgende Umstände zu berücksichtigen:

1. die Trommel muß die richtige Geschwindigkeit besitzen;
2. die Milch muß warm zentrifugiert werden;
3. es darf keine größere Menge Milch zulaufen, als die Zentrifuge gut zu entrahmen vermag.

Die Umdrehungsgeschwindigkeit der Zentrifugentrommel beträgt je nach Bauart der Maschine 6000—12000 Touren in der Minute; erst wenn die vorgeschriebene Geschwindigkeit erreicht ist, soll in der Regel der Zulaufhahn für die Milch geöffnet werden.

Kalte Milch, welche zur Süßerhaltung abgekühlt war, muß vor dem Zentrifugieren auf 35 °C erwärmt werden. Wird die Milch sogleich nach dem Melken kuhwarm zentrifugiert, so ist eine vorherige Erwärmung nicht notwendig. Es kann auch Milch von höherer Temperatur, z. B. nach dem Pasteurisieren, geschleudert werden.

Läuft in die Zentrifuge zuviel Milch ein, so bleibt dieselbe zu kurze Zeit in der Schleuder und wird daher nicht vollständig entrahmt.

Umstände, welche beim Betrieb einer Milchschleuder zu beachten sind:

1. Bei dem Zusammensetzen der Schleuder müssen die einzelnen gutgereinigten Teile vorschriftsmäßig zusammengestellt werden.

2. Die Schleuder muß vor der Benützung mit besonderem, dünnflüssigem Mineralöl geschmiert werden.

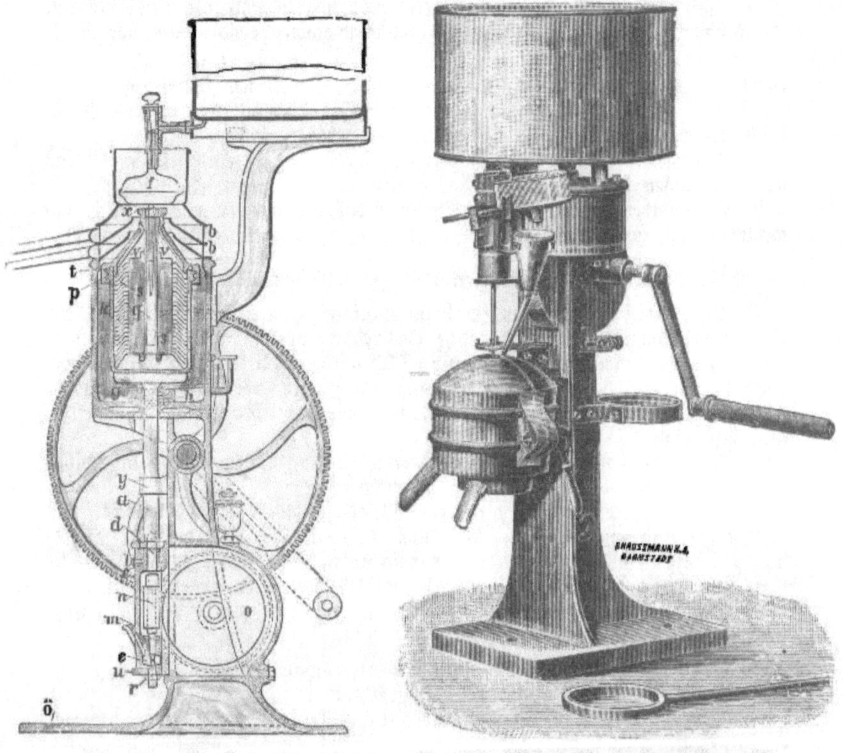

Fig. 252. Alfa-Separator. 8 Einsatzteller.

Fig. 253. Melottesche Handzentrifuge mit hängender Trommel.

3. Der Antrieb der Schleuder hat langsam und allmählich bis zur vollen Geschwindigkeit der Trommel zu geschehen und es ist die vorgeschriebene Geschwindigkeit beizubehalten. Bei unruhigem Gang der Trommel muß das Schleudern eingestellt und es muß die störende Ursache gesucht und beseitigt werden.

4. Die zuerst auslaufende Magermilch ist nicht genügend entrahmt und

es werden deshalb davon einige Liter zur Vollmilch zurückgegeben. Nach dem vollständigen Zulauf der ganzen Milch gibt man noch einige Liter Magermilch in die Schleuder, um den letzten Rest des Rahms herauszudrängen.

5. Die Schleudertrommel darf nicht gebremst werden, sondern muß ruhig auslaufen.

6. Das Reinigen aller Teile der Schleuder muß mit möglichst heißem Wasser und durch Nachspülen mit reinem, kaltem Wasser, gleich nach dem Zentrifugieren geschehen. Teile, die sich noch fettig anfühlen, sind noch nicht rein.

7. An der inneren Wand der Schleudertrommel setzt sich beim Betrieb eine schmutzig-graue Masse, der „Zentrifugenschlamm" ab. Da derselbe die in die Milch gelangten Unreinigkeiten und viele kleine Pilze enthält, so darf er nicht verfüttert oder auf den Düngerhaufen geworfen, sondern muß verbrannt werden, am einfachsten im Dampfkesselfeuer.

Man benützt die Milchschleudern auch als Reinigungsmaschinen, wobei man Rahm und Magermilch sofort wieder zusammenfließen läßt.

Aus 100 kg Milch erhält man beim Zentrifugenbetrieb etwa 12—15 kg Rahm und 88—85 kg Magermilch.

Eine gute Milchschleuder soll solide und sicher gebaut und dauerhaft sein. Sie soll schnell und möglichst vollkommen entrahmen. Die Magermilch soll nicht mehr als 0,15 % Fett enthalten. Der Kraftverbrauch und somit die Betriebskosten sollen möglichst gering sein. Die Bedienung soll einfach und die Reinigung leicht sein. Sie darf nicht zu teuer sein.

Es gibt eine Menge brauchbarer Zentrifugen von verschiedener Größe und mit verschiedener Leistungsfähigkeit. (40—4000 l Stundenleistung für Hand- und Kraftbetrieb).

Vor Ankauf einer Zentrifuge erhole man sich den Rat eines Sachverständigen und kaufe nur gegen bestimmte Garantie. Die Aufstellung soll durch einen Vertreter der Fabrik erfolgen. Erst wenn man sich überzeugt hat, daß die Maschine in jeder Hinsicht richtig arbeitet, soll man sie abnehmen.

Die Vorteile der Entrahmung der Milch mittels Zentrifugen sind nachstehende:

1. die Entrahmung ist eine sehr vollständige; demgemäß wird aus der Milch mehr Butter als bei den älteren Verfahren gewonnen;
2. der Rahm und die Magermilch werden vollständig süß gewonnen; letztere eignet sich sehr gut zur Kälber- und Schweineaufzucht;
3. es können große Milchmengen in kurzer Zeit entrahmt werden;
4. die Milch wird von Schmutz sehr vollkommen gereinigt;
5. bei genossenschaftlicher Vereinigung können auch kleinere Landwirte sich die Vorteile des Zentrifugenbetriebs zunutze machen.

Erst durch die Anwendung der Zentrifuge ist die Einführung des billiger arbeitenden Großbetriebes im Molkereiwesen möglich gemacht worden.

c) Rahmbehandlung.

Der Rahm, welcher mit einer Wärme von ungefähr 30—35 ° C aus der Zentrifuge fließt, muß sofort durch Einstellen in kaltes Wasser oder bei größerer Rahmmenge mittels eines besonderen Kühlers **stark** abgekühlt werden, besonders wenn der Rahm süß verbuttert werden soll.

Man bereitet Butter aus süßem Rahm und aus gesäuertem Rahm. Butter aus richtig gesäuertem Rahm besitzt kräftigeren Geschmack und größere Haltbarkeit. Auch wegen der für den Handel wichtigen gleichmäßigen Beschaffenheit hat die Bereitung von Butter aus gesäuertem Rahm große Verbreitung gefunden. Man überläßt hierbei den Rahm:

1. der freiwilligen Säuerung oder leitet

2. die Säuerung künstlich ein durch Zusatz von reinschmeckender, saurer Buttermilch, saurer fehlerfreier Magermilch oder von Kulturen, welche rein gezüchtete Milchsäurepilze und Aromabildner enthalten.

Zur freiwilligen Säurung des Rahms läßt man denselben bei 15 bis 18° C während 20 bis 36 Stunden stehen; diese Art des Säuerns ist jedoch unsicher, weil auch andere, die Güte der Butter beeinträchtigende Pilze sich entwickeln können. Deshalb ist auch saure Buttermilch zum Ansäuern des Rahms weniger geeignet, da durch dieselbe etwa vorhandene schädliche Gärungen in dem Rahm fortgeführt werden können. Man verwendet am zweckmäßigsten möglichst fehlerfreie gesäuerte Zentrifugen-Magermilch, welche am besten von einer Milch, die sehr reinlich gewonnen wurde, erhalten wird. Von solch saurer Magermilch, Säurewecker genannt, setzt man dem auf einer Temperatur von 16 bis 20° C zu haltenden Rahm 4—6% hinzu und rührt mit einem reinen Stabe öfters um. Nach 18—20 Stunden soll der Rahm mäßig dick und kräftig sauer geworden sein. Die Herstellung von Säureweckern mit käuflichen Reinkulturen hat nach bestimmten Vorschriften zu erfolgen. (Gebrauchsanweisung.)

d) Buttern.

Durch anhaltende Erschütterung des Rahms bei einer Temperatur, welche unter dem Erstarrungspunkte des Butterfettes liegt, sollen die flüssigen Fettkügelchen fest werden und sich allmählich zu kleinen Butterklümpchen vereinigen — Buttern.

Für das Verbuttern des Rahms ist eine bestimmte Temperatur einzuhalten. Für süßen Rahm nimmt man 10—12° C, für gesäuerten Rahm 14—16° C. Die richtige Butterungstemperatur soll durch Einstellen der Rahmgefäße in nicht über 40° C warmes Wasser oder in kaltes Wasser herbeigeführt werden oder man bedient sich zur Erzielung der richtigen Butterungstemperatur einer Blechbüchse, welche, mit kaltem oder warmem Wasser oder Eis gefüllt, in den Rahm gesetzt wird. Das Zugießen von warmem oder kaltem Wasser ist verwerflich.

Die Ausführung des Butterns geschieht in den Butterfässern.

Ein gutes Butterfaß soll folgenden Anforderungen entsprechen:

1. es soll gut ausbuttern; 2. man soll die Butter leicht herausnehmen können, 3. es soll leicht zu bedienen und zu reinigen sein, 4. es soll nicht viel Kraft brauchen, 5. es soll dauerhaft sein, 6. es darf nicht zu teuer sein. (Mode.)

Für Großbetrieb ist das Holsteinsche (Fig. 254), ein Schlagbutterfaß, für Handbetrieb das Viktoriabutterfaß (Fig. 255), ein Sturzbutterfaß, am besten geeignet. Wo es irgend möglich ist, soll am Butterfaß ein Thermometer angebracht sein.

Das Ausbuttern soll, wenn richtig geleitet, nicht länger als 30 bis 45 Minuten dauern. Das Buttern soll nur so lange fortgesetzt werden, bis sich die Butter in reps- bis linsengroßen Körnern abgeschieden hat. Ein Zusammentreiben der Butter zu einem größeren Klumpen im Butterfaß soll nicht stattfinden, weil sich die Buttermilch sonst schwer auskneten läßt.

In dem Butterfasse spült man die Butterkörnchen mit Buttermilch oder kalter Magermilch, aber nicht mit Wasser zusammen und nimmt die Butter mit einem Haarsieb heraus oder läßt die Buttermilch durch ein Haarsieb ablaufen.

Fig. 254. Holsteinsches Butterfaß.

Fig. 255. Viktoriabutterfaß mit Einsatz.

Das Kneten der Butter hat den Zweck, die an den Butterkörnchen anhaftende Buttermilch zu entfernen. Es soll das Kneten nicht mit den Händen, die warm und schweißig sind, sondern mit einem einfachen Handbutterkneter oder mittels eines rotierenden Butterkneters vorgenommen werden. (Fig. 256.) Butter soll mit den Händen nicht berührt werden. (Butterspatel.)

Bei richtigem Ausbuttern soll die Buttermilch nicht mehr als 0,2—0,4 % Fett enthalten.

Aus 100 kg Milch erhält man je nach dem Fettgehalt derselben im Durchschnitt 7—8 Pfund Butter, d. h. man braucht zu 1 Pfund Butter 12,5--14 kg (Liter) Milch. (Fettgehalt der Milch × 2 . 2 = Butterausbeute in Pfund).

Fig. 256. Rotier-Butterkneter.

Die beim Buttern zurückbleibende Flüssigkeit, die Buttermilch, ist mehr oder weniger sauer. Man verwendet dieselbe als menschliches Nahrungsmittel, zur Schweinefütterung und zur Herstellung kleinerer Käse (Quark).

In Süddeutschland gewinnt man vielfach durch Schmelzen der Butter Schmalz oder Butterschmalz. Dieses „Auslassen" hat den Zweck das Wasser der Butter und die nicht fettartigen Bestandteile, Käsestoff und Milchzucker zu entfernen und reines Butterfett zu gewinnen, welches sich in diesem Zustande sehr lange Zeit unzersetzt erhält. Butterschmalz findet hauptsächlich zu Koch- und Backzwecken Verwendung. Beim Auslassen der Butter über freiem Feuer soll vorsichtig verfahren werden, um ein Anbrennen des sich ausscheidenden Käsestoffes zu vermeiden, überhaupt soll das Fett nicht über 60° C erhitzt werden, da Geschmack und Farbe sonst dabei leiden.

Der Gewichtsverlust kann je nach dem Gehalt an Buttermilch und der Sorgfalt beim Auslassen bis 25 % der angewandten Butter betragen. Da man aus Butter nur 75—80 % Schmalz erhält, so sollte der Preis für das Schmalz auch dementsprechend höher sein. In der Regel verwendet man nur minderwertige Butter dazu.

Die abgerahmte blaue Milch, die Magermilch, enthält in süßem Zustande noch alle Bestandteile der ganzen Milch mit Ausnahme des Fettes, welches derselben durch die Entrahmung größtenteils entzogen worden ist. Die süße Magermilch ist durch ihren Gehalt an Eiweißstoffen, Milchzucker und Aschenbestandteilen immer noch wertvoll als Nahrungsmittel für Menschen, als Futtermittel für Tiere. Mit Hafer oder Lein in allmählich steigenden Mengen gegeben, ist sie bei der Aufzucht sowie bei der Mast von Kälbern ein wertvolles Ersatzmittel für Vollmilch. Nicht minder ist die süße Magermilch für die Schweinezucht von Bedeutung. Magermilch und Buttermilch sollen nur ganz süß oder ganz sauer verfüttert werden. Magermilch, welche bei älteren Aufrahmverfahren, z. B. dem Satten- und dem Swartzschen Verfahren, gewonnen wird, eignet sich auch noch gut zur Käsebereitung, weil sie noch einen angemessenen Fettgehalt hat.

3. Die Käsebereitung.

Je nachdem der Käsestoff durch Lab oder durch Säure zum Gerinnen gebracht wird, unterscheidet man Labkäse oder Süßmilchkäse und Sauermilchkäse und je nachdem wenig oder viel Molke in dem Käse verblieben ist, Hartkäse und Weichkäse und je nach dem Fettgehalt Fettkäse und Magerkäse.

Bei der Herstellung von Labkäsen wird der Milch ein aus dem getrockneten Labmagen von Saugkälbern bereiteter Auszug zugesetzt; dieser Auszug enthält ein als Lab bezeichnetes Ferment, welches das Gerinnen des Käsestoffs bewirkt. Man verwendet zur Abscheidung des Käsestoffs durch Lab entweder selbstgefertigte Auszüge, welche aus getrockneten Kälbermagen täglich mit eiweißfreier Molke frisch bereitet werden, oder käufliche Labessenzen (Labextrakte) und festes Lab (Labpulver, Labtabletten), welche längere Haltbarkeit und größere Wirksamkeit besitzen. Die meisten Hartkäse- nnd Weichkäsesorten werden unter Verwendung von Lab hergestellt. Nur zur Bereitung von Emmentaler- und Schweizerkäsen hat man bisher immer selbst bereitetes sog. „Käserlab" verwendet. (Vergl. Säurewecker.)

Die Sauermilchkäse gewinnt man aus Milch, in welcher der Käsestoff durch freiwilliges Sauerwerden derselben zum Gerinnen gekommen ist.

Die Herstellung der verschiedenen Käsesorten erfordert besondere Einrichtungen und Kenntnisse. Es sollen hier nur die hauptsächlichsten Käsesorten erwähnt und die Bereitung von Handkäsen aus saurer Milch sowie von kleinen Süßmilchkäsen. die in kleineren Landwirtschaftsbetrieben durchgeführt werden kann, beschrieben werden.

Die hauptsächlichsten für Bayern in Betracht kommenden Käsesorten sind: der Emmentalerkäse, welcher im Allgäu erzeugt wird, der diesem ähnliche Schweizerkäse aus teilweise entrahmter Milch (Hartkäse), ferner der Limburger oder Backsteinkäse aus verschieden fetter Milch, Romatourkäse, Schachtelkäse und andere (Weichkäse).

Zur Herstellung von Handkäschen verwendet man gewöhnlich Magermilch, meist Zentrifugen-Magermilch, welche man zur Abscheidung des Käsestoffs sauer werden läßt. Zu diesem Zwecke wird die Magermilch, je nachdem sie schon mehr oder weniger sauer ist, auf 25—35 ° C erwärmt, bei dieser Temperatur bis zur Abscheidung des Käsestoffs stehen gelassen, etwas zerkleinert, auf höchstens 38 ° C nachgewärmt und dann auf ein reines Tuch oder in ein leinenes Säckchen gegossen. Den geronnenen Käsestoff oder Quark

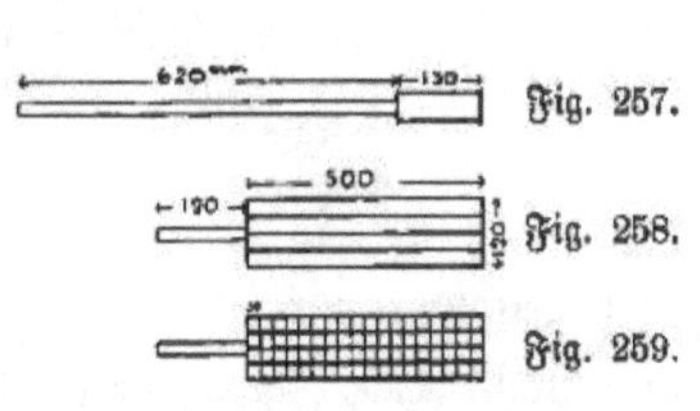

Fig. 257.

Fig. 258.

Fig. 259.

Geräte zur Zerkleinerung des Bruches, aus verzinntem Blech und Draht.

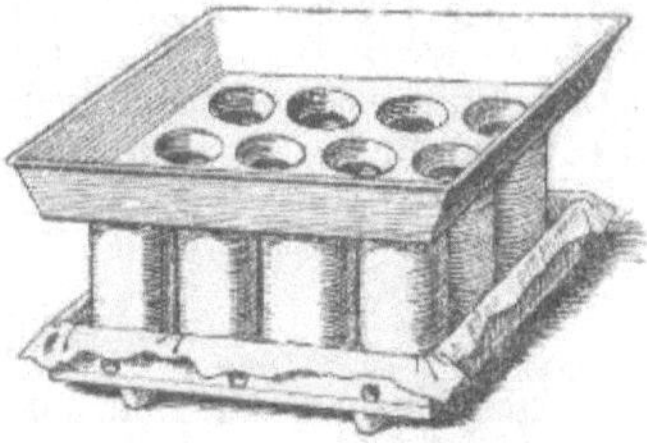

Fig. 260. Fülltrichter, Formen, Käsetuch und Formkasten.

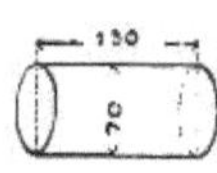

Fig. 261. Form aus Zinkblech.

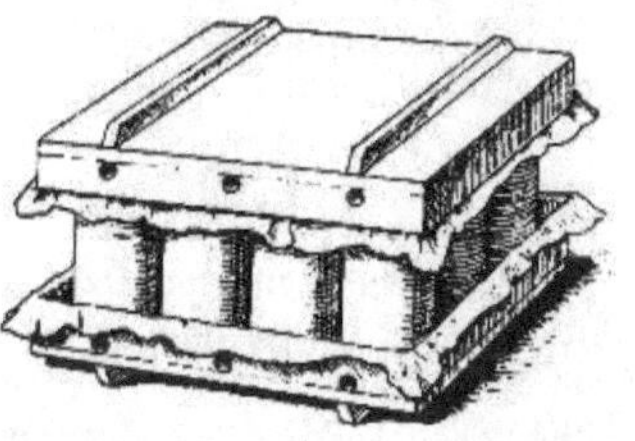

Fig. 262. Formkasten fertig zum Wenden.

hängt man zum Abtropfen etwa 24 Stunden auf, preßt ihn mäßig, bearbeitet ihn dann mit den Händen oder in einer Quarkmühle und formt daraus unter Einkneten von 2—3 % Salz (mitunter auch 1—1½ % Kümmelsamen) kleine 80—100 g schwere Käschen. Dieselben werden im Sommer an der Luft unter Abhaltung der Sonnenstrahlen und der Fliegen, im Winter in der Nähe des Ofens vorsichtig so getrocknet, daß dieselben keine Risse bekommen. Sodann werden die Käschen in Steinguttöpfe, welche man im Keller bei 15 ° C aufbewahrt, zum Reifen eingelegt. Die Käschen werden von Zeit zu Zeit herausgenommen, mit Wasser oder Salzwasser von Schimmel und Schmiere gereinigt und nach dem Abtrocknen wieder eingelegt, so daß die härteren nach unten und die weicheren oben in den Topf zu liegen kommen. Die Reifung ist nach 4 Wochen etwa beendigt.

Zur Herstellung von Käschen aus süßer Magermilch erwärmt man 26 l Magermilch (der Zentrifugenmagermilch werden 10% Vollmilch zugemischt, das genügt), auf 35° C in Swartzschen Kannen, setzt 1 g Käsefarbe und 5 g flüssiges Lab zu. Der nach 30—40 Minuten genügend feste Bruch wird mit Käsesäbel (Fig. 257), Käseharfe (Fig. 258) und Doppelharfe (Fig. 259) in Würfel von etwa 3 cm Durchmesser zerkleinert. Man gießt den Bruch durch einen Trichteraufsatz (Fig. 260) in Formen (Fig. 261), welche in einem mit einem Käsetuch ausgelegten Holzrahmen stehen, wobei man etwas Kümmel einsät. Man läßt unter öfterem Wenden (Fig. 262) die Käse auslaufen. Am nächsten Tage werden die Käse in Salz gewendet, und am folgenden Tag am Rand gesalzen, 1—2 Tage auf Bretter zum Trocknen gelegt und öfter gewendet. Im Keller (14—15° C) werden sie wie Limburger geschmiert, in der ersten Woche jeden zweiten, dann jeden dritten Tag. In 14 Tagen sind sie versandreif, in 3 Wochen genußreif. 1 Käse wiegt reif 80 g. Statt Magermilch kann man auch fettere, halbfette und vollfette Milch nehmen, dann fällt der Kümmelzusatz weg. Die Einrichtung wird hergestellt für 12 (Fig. 260 u. 262), 20 und 40 Käse.

E. Prüfung der Milch.

Vorbedingung hiefür ist eine richtige Probenahme (Durchschnittsprobe). Bei der Beurteilung der Milch kommen in Betracht:

1. die mit den Sinnen wahrnehmbaren Eigenschaften; die Frische und der Schmutzgehalt;
2. das spezifische Gewicht;
3. der Fettgehalt.

1. Frische und Schmutzgehalt der Milch.

In Käsereien ist auch noch besonders auf etwaige Milchfehler zu achten. Zur Prüfung der Milch auf Frische dient entweder die Alkoholprobe oder die Milchgärprobe von Walther.

Bei der Alkoholprobe wird die Milch (etwa 10 ccm) mit der gleichen Menge 68%igen Alkohols (Volum-%) versetzt. Ist die Milch noch frisch, so tritt keine Gerinnung ein, ist dagegen die Milch schon in der Säurung vorgeschritten, so wird sie durch 68%igen Alkohol zum Gerinnen gebracht. Milch, welche hierbei nicht gerinnt, hält das Kochen noch aus.

Bei der Milchgärprobe wird die Milch in Wasser von 40° C, welches ständig auf dieser Temperatur erhalten wird, eingestellt und nach 12 Stunden geprüft. Gesunde, reinlich gemolkene und behandelte Milch darf nach 12 Stunden nicht gerinnen oder in auffallender Weise verändert sein. Insbesondere soll keine Gärung und Gasbildung auftreten, die Molke soll sich nicht abscheiden und kein übler Geruch aus der Milch sich entwickeln. Die Milchgärprobe dient besonders zur Prüfung der Milch auf ihre Tauglichkeit zur Käserei und bietet eine Handhabe, um die Lieferanten ungesunder Milch zu entdecken und sie zur Beseitigung von Fehlern bei der Gewinnung der Milch zu veranlassen.

Da mit dem Schmutz in die Milch zahlreiche Pilzkeime gelangen und hiemit vorzugsweise die Schnelligkeit des Sauerwerdens und andere Veränderungen der Milch zusammenhängen, so ist die **Prüfung auf Schmutzgehalt** von Bedeutung. Zu diesem Zweck läßt man die Milch in einem hohen zylindrischen weißen Glase mit ebenem Boden ruhig stehen und sieht zu, ob sich Schmutz absetzt, oder man gießt 1 Liter Milch durch ein Wattefilter, welches am besten den Schmutz zurückhält.

Zur Schätzung der Schmutzmenge dient Henkels Kontrollfilter. (Fig. 263.)

Der Eingußzylinder c ist an einer Stelle eingedrückt (d) und besitzt keinen Boden, sitzt fest auf der Wattescheibe, welche in einem kleinen Teller mit Siebboden eingelegt wird, auf,

Fig. 263. Henkels Kontrollfilter, zusammengesetzt.

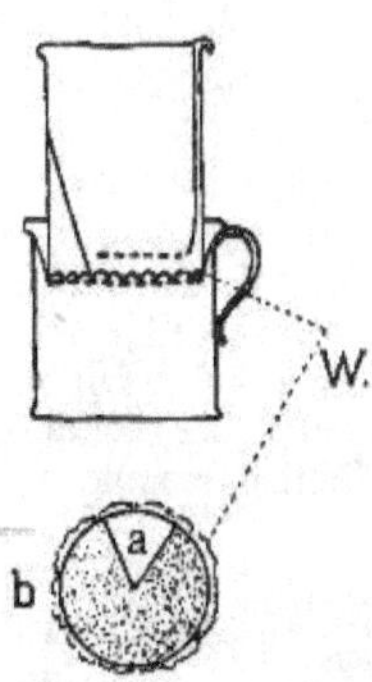

Fig. 264. Im Durchschnitt. Benützte Wattescheibe (W).

so daß ein Teil der Watte (Fig. 264 a) außerhalb des Eingußrohres liegt und schmutzfrei bleibt. Durch Vergleich von a und b erhält man eine Vorstellung von dem Grade der Verunreinigung der Milch. Die benützte Wattescheibe wird getrocknet und den Lieferanten vorgezeigt.

2. Spezifisches Gewicht der Milch.

Fig. 265. Milchspindel von Johannes Greiner in München.

Zur **Bestimmung des spezifischen Gewichts der Milch** verwendet man besondere **Milchwagen** oder **Milchspindeln**, sogenannte **Laktodensimeter** (Fig. 265). Eine zweckmäßige Milchwage trägt an dem Stiel der Spindel die Zahlen 23—38, entsprechend den spezifischen Gewichten 1,023—1,038. Die an der Spindel angebrachten Zahlen (23—38) bezeichnet man als Grade.

Für die Bestimmung des spezifischen Gewichts der Milch ist von Wichtigkeit:

1. daß nur eine richtige, von sachverständiger Seite geprüfte Milchwage benützt wird;

2. daß die Milch nach dem Melken wenigstens 3 Stunden kühl gestanden und so die volle Dichtigkeit angenommen hat;
3. daß die Milch auf eine Temperatur von 15° C gebracht oder die Ablesung umgerechnet wird.

Bei unverfälschter ganzer Milch mehrerer Kühe kann das spezifische Gewicht zwischen 1,029 bis 1,034 schwanken.

Durch Zusatz von Wasser wird die Milch verdünnt und es sinkt deshalb die Milchspindel tiefer in dieselbe ein; gewässerte Milch zeigt daher in der Regel ein niedrigeres spezifisches Gewicht als 1,029.

Durch Abrahmen wird das spezifische Gewicht der Milch höher, ganz entrahmte Milch zeigt daher gewöhnlich ein spezifisches Gewicht von 1,034 bis 1,038.

3. Fettgehalt der Milch.

Der Fettgehalt der Milch wird am einfachsten mittels des Fettbestimmungsapparates von Gerber ermittelt (Fig. 266). In seinen wesentlichsten Teilen besteht derselbe aus den eigentlichen Fettbestimmungsröhrchen und dem Schleuderapparat. Das Wesen dieser Methode besteht darin, daß der Käsestoff durch Zusatz von konzentrierter Schwefelsäure gelöst und das Fett nach Zusatz von Amylalkohol als klare Flüssigkeit durch Ausschleudern von den übrigen Bestandteilen der Milch getrennt wird. Zur Ausführung dieser Fettbestimmung mißt man in die eine Teilung tragenden Meßröhrchen (Butyrometer) 10 ccm Schwefelsäure vom spezifischen Gewichte 1,820—1,825 ein und schichtet darüber vorsichtig 11 ccm Milch und zuletzt 1 ccm Amylalkohol. Dann verschließt man die Röhrchen mit einem Gummistopfen und schüttelt dieselben so lange, bis der durch die Schwefelsäure zunächst geronnene Käsestoff sich wieder aufgelöst hat. Man schleudert sodann die Röhrchen in dem Schleuderapparat und liest, nachdem man die Röhrchen einige Zeit in warmes Wasser von etwa 65° C gestellt hat, die Höhe der in den geteilten Röhrchen abgeschiedenen Fettsäule ab. Hierbei bedeutet jeder Teilstrich 0,1 % Fett. Umfaßt z. B. die abgeschiedene Fettsäule 37 Teilstriche, so entspricht dies einem Gehalte von 3,7 % Fett in der Milch.

Fig. 266. Gerbers Fettbestimmungsapparat.

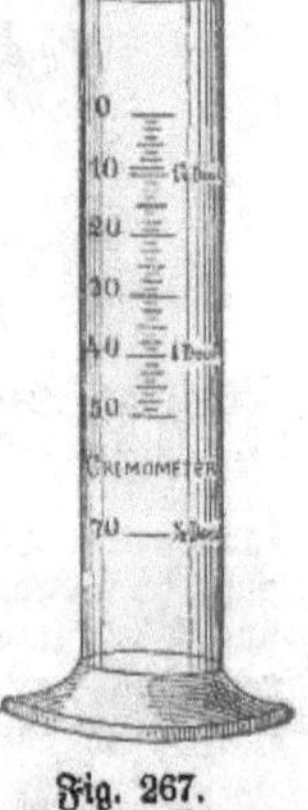

Fig. 267. Rahmmesser.

Statt der stark ätzenden Schwefelsäure wird jetzt auch mit gleich gutem Erfolge eine bestimmt Salzlösung (11 ccm) verwendet und zu derselben 0,6 ccm Isobutylalkahol, dann 10 ccm Milch gegeben. Das Gemisch wird auf 45° C bei der Untersuchung gehalten.

Für Untersuchung der Magermilch hat man besondere fein geteilte „Präzisionsbutyrometer".

Ein einfacher Apparat zur ungefähren Beurteilung der Qualität der Milch ist der Rahmmesser oder das Cremometer (Fig. 224). Dasselbe besteht aus einem Glaszylinder, in welchen die Milch bis zum obersten Teilstrich eingefüllt wird. In diesem Zylinder läßt man die Milch bei möglichst gleichbleibender Temperatur von 17—18° C 24 Stunden stehen und liest dann die Höhe der abgeschiedenen Rahmschichte ab. Da die Aufrahmfähigkeit verschiedener Milchproben eine verschiedene sein kann und nicht bloß mit dem Fettgehalt allein zusammenhängt, kann man sich auf die Angaben des Rahmmessers nicht verlassen. Dagegen gibt das Laktoskop-Verfahren, bei welchem die Milch in kleinen Röhrchen zentrifugiert und dann die Rahmschichte abgelesen wird, ganz gute Resultate ohne Anwendung von Chemikalien. Das Verfahren ist sehr einfach und für Massenuntersuchungen von Mischmilchen in Molkereien geeignet. (Bezahlung der Milch nach Fettgehalt.)

Aus dem Grad der Undurchsichtigkeit der Milch läßt sich der Fettgehalt nicht sicher ermitteln (optische Methoden, Fesers Laktoskop, Heerens Pioskop), weil zur Undurchsichtigkeit der Milch auch die Eiweißstoffe und ungelösten Salze beitragen.

Beim Verkauf wird die Milch entweder gemessen oder gewogen; wägen ist zuverlässiger. Die Bezahlung erfolgt nach Liter oder Kilogramm oder auch nach Kilogramm und Fettgehalt. So wird z. B. von Molkereigenossenschaften bei Rückgabe von 80% Magermilch für jedes Prozent Fett in 1 Kilogramm Magermilch 2 Pfg. bezahlt, so daß z. B. eine Milch mit 3,7% Fett mit 7,4 Pfg. bezahlt, eine solche mit 3,2% Fett mit 6,4 Pfg. pro Kilogramm bezahlt wird.

Da die Milch ein vorzügliches und dazu sehr billiges Nahrungsmittel ist, das immer frisch und unverfälscht aus der eigenen Wirtschaft erhalten werden kann, hat man dafür zu sorgen, daß in erster Linie genügend Milch zurückbehalten wird für den Haushalt, dann auch für die Aufzucht von Kälbern und Schweinen. Unter allen Umständen müssen die Kinder viel und gute Milch erhalten. Wer das versäumt, versündigt sich nicht nur an seinen Kindern, sondern auch an seinem Vaterlande.

Erst die Kinder,
Dann die Rinder;
Was noch frei:
Zur Molkerei!

Neunter Abschnitt.

Landwirtschaftliche Betriebslehre.

Die Betriebslehre führt die Grundsätze auf, nach denen in einem rationellen, d. i. durchdachten Landwirtschaftsbetriebe auf die Dauer die höchstmöglichen Reinerträge erzielt werden können. Rationell heißt also eine Wirtschaftsweise dann, wenn sie unter den jeweils gegebenen Verhältnissen durch richtige Gruppierung, Anwendung und Ausnützung aller vorhandenen Betriebsmittel die größtmöglichen Reinerträge auf die Dauer erzielen läßt.

Unter Reinertrag versteht man im allgemeinen den in Geld ausgedrückten Unterschied zwischen sämtlichen wirtschaftlichen Einnahmen und sämtlichen wirtschaftlichen Ausgaben.

Im Gegensatz zum Reinertrag steht der Rohertrag; dieser setzt sich zusammen aus dem Wert sämtlicher in der Wirtschaft erzielten Produkte. In der Regel wird mit einer Vermehrung des Rohertrages auch eine Steigerung des Reinertrages verbunden sein. In manchen Fällen aber kann es vorkommen, daß die zur Hebung des Rohertrages aufgewendeten Herstellungs- oder Produktionskosten so groß werden, daß dadurch der Reinertrag sinkt oder ganz verschwindet.

Die Betriebslehre kann in folgende Hauptabschnitte eingeteilt werden: I. Die Betriebsmittel. II. Die Einrichtung des landwirtschaftlichen Betriebes. III. Die Arten der landwirtschaftlichen Unternehmung.

I. Betriebsmittel.

A. Betriebsmittel im allgemeinen.

Der Zweck einer jeden wirtschaftlichen Tätigkeit ist die Schaffung von Werten und Gütern, um mit denselben die Bedürfnisse der Menschen zu befriedigen.

Ebenso verschieden wie die Bedürfnisse sind auch die Güter zur Befriedigung derselben; man kann freie und unfreie Güter unterscheiden. Die freien Güter, wie das Sonnenlicht, die Sonnenwärme, die Luft und zumeist das Wasser, stehen jedem frei zur Verfügung; die unfreien Güter (Boden, Gebäude, Vieh, Geräte, Futter 2c.) dagegen müssen durch Arbeit oder Kapital erworben werden.

Je mehr ein Gut einem wahren und dringenden menschlichen Bedürfnisse entspricht, desto höher ist sein **Gebrauchswert**. Da nicht jeder Mensch die zu seinem Leben nötigen Güter selbst erzeugen kann, so muß er dieselben gegen andere eintauschen. Die weitaus wichtigsten und gebräuchlichsten Tauschgegenstände sind edle Metalle, z. B. Gold und Silber in Form des Geldes. Je mehr ein Gut durch seinen Gebrauchswert geeignet erscheint, andere Güter damit zu erwerben, desto höher ist sein **Tauschwert**.

Den in Geld ausgedrückten Tauschwert eines zum Verkauf angebotenen Gutes — einer Ware — nennt man den **Preis**.

Die Höhe des Preises einer Ware richtet sich vor allem nach dem **Angebot** und der **Nachfrage**. Wenn mehrere Menschen dieselben Güter besitzen und vertauschen wollen, so spricht man von einem Angebot; suchen dagegen mehrere dieselbe Art von Gütern durch Tausch zu erlangen, so ist Nachfrage vorhanden. Anbietende und Nachfragende treffen sich auf dem Markte (Getreide-, Vieh-, Woll-, Hopfenmarkt, Schranne, Börse); auf diesem wird der Marktpreis einer Ware festgestellt. Im allgemeinen steigt der Preis einer Ware mit zunehmender Nachfrage, er wird geringer mit zunehmendem Angebot.

Der Preis einer Ware findet seinen Ausdruck in einem allgemeinen Tauschmittel und Wertmesser, dem **Geld**. Jeder entwickelte Tauschverkehr, Kauf und Verkauf oder Handel, setzt das Vorhandensein von Geld voraus.

Man unterscheidet hauptsächlich zwei Arten von Münzen: **Kurant-** und **Scheidemünzen**.

Kurantmünzen sind solche, bei denen der auf denselben angegebene Nennwert gleich ist dem Werte des tatsächlich enthaltenen Edelmetalls, z. B. die deutschen Goldmünzen. **Scheidemünzen** (oder Kreditmünzen) haben einen höheren Nennwert, als der tatsächliche Wert der in ihnen enthaltenen Metalle ausmacht (z. B. Reichssilber- und Kupfermünzen).

Ein Ersatzmittel für das Metallgeld ist das **Papiergeld** (Banknoten, Reichskassenscheine und unverzinsliche Schuldverschreibungen). Während das Metallgeld durch seinen Gehalt an edlem Metall stets einen gewissen, hohen Tauschwert hat, fehlt dem Papiergeld als solchem jeder innere Wert. Dessen Wert als Tauschmittel beruht vielmehr nur auf dem Vertrauen, daß der Aussteller desselben stets den vollen Wert in Metallgeld ohne allen Abzug wieder eintauscht.

Eine besondere Wichtigkeit im Verkehrsleben der Völker besitzt die sog. **Währung**. Unter dieser versteht man die Wahl jener Edelmetalle, welche vom betreffenden Staate als gesetzliches Zahlungsmittel festgesetzt werden. Man unterscheidet folgende drei Hauptformen: 1. **Gold-**, 2. **Silber-** und 3. **Doppelwährung**.

In Deutschland besteht seit dem Jahre 1873 die Goldwährung, d. h. als gesetzliches Zahlungsmittel dienen die Goldmünzen (Kurantmünzen). Silber wird nur zur Herstellung der Scheidemünzen benützt; dieselben braucht man nur bis zum Betrage von 20 ℳ in Zahlung anzunehmen.

Im gewöhnlichen Leben bezeichnet man eine angesammelte Summe baren Geldes als **Kapital**. Diese Bezeichnung ist aber nur teilweise zutreffend. Unter **Kapital im weiteren Sinne** hat man nämlich jedes Gut zu verstehen, welches bei seiner wirtschaftlichen Verwendung einen **Nutzen** gewährt.

Deshalb gehören zum Kapital auch Gebäude, Haustiere, Geräte, Maschinen und Vorräte.

Güter, welche zwar infolge ihres Gebrauchs- und Tauschwertes geeignet wären einen Nutzen zu bringen, aus gewissen Gründen aber zur Zeit einen solchen nicht abwerfen, bezeichnet man als ruhendes oder totes Kapital, z. B. eine nicht mehr in Verwendung befindliche Maschine oder ein unbenützt dastehendes Wirtschaftsgebäude. Je weniger totes Kapital ein Landwirt besitzt, um so vorteilhafter ist es für denselben, weil sonst der Reinertrag verringert wird.

Den reinen Nutzen, welchen der Besitzer eines Kapitals aus demselben zieht, bezeichnet man als Kapitalzins; man sagt daher von einem Kapital, welches einen großen Nutzen gewährt, daß es sich hoch verzinse und umgekehrt. Unter Zins versteht man gleichzeitig aber auch die Vergütung, welche ein Kapitalbesitzer für die leihweise Überlassung eines Kapitals an einen anderen erhält.

Die Höhe der Zinsen findet ihren Ausdruck im sog. Zinsfuße; dieser wird angegeben in Prozenten (%), z. B. 4% Zins besagt, ein Kapital von 100 *M* bringt in einem Jahre einen Zins (oder Nutzen) von 4 *M*. Unter landesüblichem Zinsfuß versteht man denjenigen Zins, welcher für sicher angelegte Kapitalien durchschnittlich in einem Lande bezahlt wird. Die Höhe des Zinsfußes hängt von dem Angebot an Kapitalien und von der Nachfrage nach solchen ab, außerdem aber auch von der Sicherheit der Kapitalsanlage. Je mehr ein Kapital bei seiner Verwendung bezw. bei dem Verleihen desselben der Gefahr ausgesetzt ist, daß es teilweise oder ganz verloren gehen kann, desto größer wird der für dasselbe zu verlangende Zins sein.

Viele Kapitalien verlieren bei ihrer Verwendung in kürzerer oder längerer Zeit an Wert und schließlich werden sie vollständig aufgebraucht; sie sind dann nahezu oder vollständig wertlos geworden. Dies ist z. B. der Fall bei den Gebäuden, Geräten und Maschinen. Es muß daher ein Teil des Nutzens dieser Kapitalanlagen verwendet werden, 1. um die entstandene Wertsverminderung zuerst durch Reparatur wieder auszugleichen und 2. um den ursprünglichen Wert des verbrauchten Kapitals durch eine in der Zwischenzeit erfolgte Ansammlung von neuem Kapital wieder zu ersetzen. Man bezeichnet dies als Amortisation (Abzahlung, Tilgung). Dieselbe hat um so rascher zu erfolgen, je schneller sich ein Kapitalsgegenstand abnutzt.

Produktionsfaktoren.

Zur Erzeugung irgend eines Gegenstandes ist das Zusammenwirken dreier Faktoren notwendig: 1. der Natur, 2. des Kapitals, 3. der Arbeit. Auch im landwirtschaftlichen Betriebe sind diese drei Betriebsmittel tätig und zwar die Natur in Form der mannigfachen freien Naturkräfte, welche der Landwirt durch den Besitz von Grund und Boden auszunützen imstande ist. In den allerersten Anfängen der Kultur war der Grund und Boden ein freies Gut, heute muß derselbe aber in der Regel durch Aufwand an Kapital erworben werden; er ist daher in diesem Sinne auch als Kapital aufzufassen.

Zum landwirtschaftlichen Unternehmen sind daher folgende Betriebsmittel nötig: a) Kapital, b) Arbeit.

Der Landwirt muß bestrebt sein, durch richtige Verbindung und Anordnung von Kapital und Arbeit die ihm von der Natur dargebotenen freien

Naturkräfte je nach den gegebenen Verhältnissen möglichst vorteilhaft auszunützen.

In den nächstfolgenden Abschnitten sollen die Eigentümlichkeiten der beiden landwirtschaftlichen Betriebsmittel, Kapital und Arbeit, erörtert werden.

B. Die landwirtschaftlichen Betriebsmittel.

a) Die Arten des landwirtschaftlichen Kapitals.

Einteilung der Kapitalien: Die landwirtschaftlichen Kapitalien teilt man ein a) in unbewegliches Kapital oder Immobiliarkapital, zu welchem der Grund und Boden und die Gebäude gehören, und b) in bewegliches Kapital oder Mobiliarkapital. Letzteres umfaßt die Geräte und Maschinen, das Vieh, sämtliche Vorräte und das Bargeld. Diese Art der Unterscheidung kommt namentlich in Betracht in Bezug auf die Versicherung gegen Feuersgefahr (Immobiliar- und Mobiliarfeuerversicherung) sowie in Rücksicht auf die Verpachtung (unbewegliches Kapital = Eigentümer-Kapital und bewegliches Kapital = Pächter-Kapital).

Eine weitere Einteilung der Kapitalien gründet sich auf die Unterscheidung in a) Anlagekapital und b) umlaufendes Betriebskapital.

Zum Anlagekapital gehören: 1. der Grund und Boden und sämtliche damit verbundenen Meliorationen, Rechte und Lasten; 2. die Gebäude und baulichen Anlagen; 3. das tote Inventar (Geräte und Maschinen) und 4. das lebende Inventar (Arbeits- und Nutzvieh).

Die genannten 4 Betriebsmittel können dauernd (Grund und Boden) oder doch eine lange Zeit hindurch immer wieder gebraucht werden und nützen sich hierbei nicht oder nur allmählig ab. Grund und Boden sowie die Gebäude werden auch zusammengefaßt als sog. Grundkapital, während Geräte und Maschinen sowie das Vieh als Inventar bezeichnet werden.

Dieses Grund- und Inventarkapital vermag aber für sich allein keinen Nutzen abzuwerfen. Es wird erst dann nutzbar gemacht, wenn gleichzeitig in richtiger Weise umlaufendes Betriebskapital aufgewendet wird.

Zum umlaufenden Betriebskapital gehören die sämtlichen Vorräte an Lebensmitteln, an Futter- und Düngestoffen, an Saatgut- und Verkaufsgetreide, an Brenn- und Baumaterialien sowie an Bargeld.

Die genannten Gegenstände des umlaufenden Betriebskapitals werden bei einmaliger Verwendung verbraucht und verschwinden ihrer Form nach vollständig in der Wirtschaft, müssen aber ihrem Werte nach durch die erzielten Produkte wieder vollständig ersetzt werden.

Aus der Zusammenfassung der obigen Gesichtspunkte ergibt sich folgende Übersicht über sämtliche in der Landwirtschaft zur Verwendung kommenden Kapitalsarten:

Grundkapital (Immobiliarkapital).

1. Grund und Boden (und die damit verbundenen Meliorationen, Rechte und Lasten),
2. Gebäude und bauliche Anlagen.

Betriebskapital im weiteren Sinne (Mobiliarkapital).

1. Stehendes Betriebs- oder Inventarkapital:
   a) totes Inventar (Geräte und Maschinen),
   b) lebendes Inventar (Arbeits- und Nutzvieh).
2. Umlaufendes Betriebskapital (sämtliche Vorräte und Bargeld).

Das Grundkapital.

Das Grundkapital umfaßt den Grund und Boden und die damit verbundenen Gebäude und baulichen Anlagen sowie die mit ersterem in unmittelbarer Verbindung stehenden Meliorationen, Rechte und Lasten. Die Grundstücke und Gebäude zusammen bilden das Landgut. Das Grundkapital bildet das Fundament eines jeden Landwirtschaftsbetriebes.

1. Der Grund und Boden.

Bei der Wertschätzung eines Landgutes sind namentlich folgende Verhältnisse zu berücksichtigen:

1. Die verschiedenen Besitzverhältnisse. Hiernach unterscheidet man u. a.: a) Freieigene Landgüter, die nach Belieben verkauft, verteilt, vererbt oder verpfändet werden können. Hierher gehören z. B. die gewöhnlichen Bauerngüter, Rittergüter und adeligen Güter. b) Lehengüter; sie wurden namentlich in früheren Zeiten von Fürsten oder Regierungen an Personen oder Familien gegen eine für lange Zeit geregelte Abgabe oder gegen Dienstleistungen (Frohnden) zur Nutznießung verliehen. Ehemals bestand ein sehr großer Teil des bäuerlichen Grundbesitzes aus solchen Lehengütern. Die betr. Bauern waren den sog. Lehensherren zu Abgaben und Dienstleistungen verpflichtet. Mit der in Bayern im Jahre 1848 durchgeführten Ablösung dieser alten Rechte wurden die Abgaben und Dienstleistungen zum Teil ganz aufgehoben, zum Teil in Geldleistungen umgewandelt. Auf diese Weise entstanden zum Teil die sog. Bodenzinse. c) Güter in gemeinschaftlichem Besitze, z. B. die Gemeindegründe. Dieselben haben für die Landgemeinden oft einen hohen Wert, da sie diesen oder den nutzungsberechtigten Landwirten eine sichere Einnahme gewähren; nur läge es häufig im Interesse der Landwirte die betr. Gemeindegründe besser als bisher zu bewirtschaften.

2. Die Größe der Landgüter. Der Umfang eines Landgutes bemißt sich nach seinem Flächeninhalt. Je nach den allgemeinen wirtschaftlichen Verhältnissen unterscheidet man: a) kleine, b) mittlere, c) große Güter. a) Ein kleines Gut ist ein solches, bei welchem der Besitzer mit seinen Familienangehörigen die sämtlichen Wirtschaftsarbeiten selbst verrichtet und vielleicht nur zu gewissen drängenden Zeiten fremde Arbeitskräfte benötigt. (Gütler.) b) Beim mittelgroßen Besitz (z. B. größere Bauerngüter) bedarf es zur Bewirtschaftung des Gutes bereits fremder Arbeitskräfte; der Besitzer beteiligt sich aber neben der Leitung und Beaufsichtigung des Gutes noch an der Verrichtung der landwirtschaftlichen Arbeiten, namentlich jener, die eine besondere Sorgfalt und Genauigkeit verlangen. c) Beim Großbetrieb ist der Bewirtschafter völlig mit der Leitung des Betriebs beschäftigt; er braucht sogar hierzu häufig noch Gehilfen, wie Aufseher und Verwalter.

Die kleinen Wirtschaften haben den Vorteil, daß die Feldarbeiten sorgfältiger ausgeführt werden können, daß die Wirtschaftskosten geringer und die Reinerträge meist höher sind als beim Großbetrieb. Der Großbetrieb dagegen hat den Vorzug, daß er arbeitsersparende und arbeitsverbessernde Maschinen umfassender anwenden, Bodenverbesserungen leichter durchführen und für die Hebung seiner Viehzucht mehr aufwenden kann, auch ist der Bodenpreis beim Großbetrieb in der Regel geringer. Für die Allgemeinheit ist letzterer insoferne von Bedeutung, als er vielfach durch seinen wirtschaftlichen Fortschritt vorbildlich für die Umgebung wirken kann. Diesen Vorteilen des Großbetriebes stehen aber auch verschiedene Nachteile gegenüber, indem er nur auf fremde, meistens teure und häufig weniger zuverlässige Arbeitskräfte angewiesen ist, so daß die allgemeinen Wirtschaftskosten höher sind und der Reinertrag von der gleichen Fläche meist geringer ist als beim Klein- und Mittelbetrieb.

Für das Wohl eines Staates ist es zumeist am besten, wenn im Lande der mittlere und kleinere Besitz vorherrscht, daneben aber ziemlich gleichmäßig verteilt auch einzelne musterhaft bewirtschaftete Großbetriebe vorkommen.

Die Vorteile des Großbesitzes kann sich der kleine und mittlere Besitz vielfach durch genossenschaftliche Vereinigungen verschaffen.

3. Form und Grenzen eines Landgutes. Diese sind für die Beurteilung und für die Bewirtschaftung eines Gutes von besonders großer Bedeutung. Man kann unterscheiden den zerstückelten oder parzellierten und den geschlossenen oder arrondierten Besitz.

Beim zerstückelten Besitz sind die Grundstücke von einander durch jene der Nachbarn getrennt, während beim geschlossenen Besitz die Felder derart beisammen liegen, daß sie eine zusammenhängende Fläche bilden.

Am günstigsten ist ein arrondiertes Gut, das bei vollständig geschlossener Lage möglichst kreisförmige Grenzen hat und dessen Wirtschaftshof ungefähr in der Mitte liegt. Hier ist eine uneingeschränkte Benutzung des Bodens möglich, die Grundstücke liegen möglichst nahe bei dem Wirtschaftshof, die Feldarbeiten kommen billiger zu stehen und sind besser zu überwachen. Je mehr die Grenzen eines Gutes sich strecken, je zerstreuter die Grundstücke sind und je kleiner sie damit werden, desto schwieriger und teurer wird der Betrieb und desto geringer wird bei gleichem Rohertrag der Reinertrag und damit der Gebrauchs- und Tauschwert eines Gutes sein.

Die sehr starke Zerstückelung des Grundbesitzes hat namentlich dort, wo der Boden und das Klima nicht sehr fruchtbar sind und also kaum eine gartenähnliche Kultur zulassen, große Nachteile. 1. Die an den vielen Grenzen unbestellt bleibenden Flächen (Raine) gehen für die Kultur verloren und bilden die Brut- und Verbreitungsstätten für schädliche Tiere, Unkräuter und Pflanzenkrankheiten. 2. Ein großer Teil der Anbaufläche muß für Zufahrten frei bleiben oder es müssen die Angrenzer das sog. Fuhr-, Tret- und Wenderecht anerkennen. Hierdurch ist häufig Veranlassung zu Streit und teuren Prozessen gegeben. Es können die Landwirte in Bezug auf die Bebauung der Felder nicht frei verfügen, da sie sich nach ihren Nachbarn zu richten haben. Dies führt zu dem seit 1848 zwar gesetzlich aufgehobenen, aber tatsächlich noch vielfach bestehenden Flurzwang. 3. Infolge der größeren Entfernung der Felder vom Wirtschaftshofe geht viele menschliche und tierische Arbeitszeit und -Kraft auf dem Wege verloren; die Beaufsichtigung und Leitung der Wirtschaft ist erschwert. 4. Bei den unregelmäßigen und kleinen Grundstücken können viele Geräte und Maschinen nicht oder nur unvollkommen angewendet werden (Säe- und Mähemaschinen, Quereggen und Querpflügen). 5. Bodenverbesserungen, wie Ent- und Bewässerungen, können nur schwierig oder gar nicht durchgeführt werden.

Diesen großen Nachteilen gegenüber können die Vorteile der starken Parzellierung (höherer Tauschwert, größere Sicherheit vor vollständigem Hagel-, Insektenschaden u. s. w.) nicht in Betracht kommen. Die Nachteile zu starker Parzellierung können nur durch die Flurbereinigung, welche die dem Staatsministerium des Innern unterstellte Kgl. Flurbereinigungskommission in München vornimmt, gehoben werden. (Näheres s. Gesetzeskunde.)

4. Die Beschaffenheit der Oberfläche. Man unterscheidet hierbei ebene und gebirgige Lage. Eine vollkommen oder nahezu ebene und horizontale Oberfläche der Felder gestattet ungehinderte Bodenbearbeitung, sehr weitgehende Anwendung zweckmäßiger Maschinen, geringsten Kraft- und Zeitaufwand bei Fuhren, geringere Abnützung der Tiere und der Fuhrgeräte. Freilich hat die ebene Lage oft den Nachteil einer mangelnden Vorflut, so daß manchmal ein Übermaß an Wasser vorhanden ist. Ein Gut in mehr flacher Gegend hat unter sonst gleichen Umständen einen höheren Wert als ein solches in stark welliger oder gebirgiger Lage.

5. Das Klima. Dasselbe ist von sehr großer Bedeutung für die Ertragsfähigkeit eines Gutes. In mildem Klima herrscht eine längere Wachstumsdauer, die jährliche Arbeitszeit und Arbeitsverteilung ist eine bessere, es können anspruchsvollere und einträglichere Pflanzen gebaut und Doppelernten erzielt werden; die Saatmengen sind geringer, die Erntemengen höher; die Wirkung der Düngung und der Bodenbearbeitung sowie der Bewässerung ist eine größere, ferner treten schädliche Fröste viel seltener ein.

Die Roherträge und meist auch die Reinerträge sind daher im milderen Klima höher als im rauheren Klima.

6. Die Beschaffenheit des Bodens. Bei der Beurteilung desselben kommen in Betracht:

a) Die Zusammensetzung und Mächtigkeit der Ackerkrume. Am besten sind jene Böden, die keine ungünstigen physikalischen Eigenschaften haben, wie die milden Lehm-, Lehmmergel- und sandigen Lehmböden. Die schweren Lehm- und die Tonböden sind zwar an sich häufig reich an Nährstoffen und können hohe Erträge liefern, sind aber schwer und mit geringerer Sicherheit zu bearbeiten und verlangen hohe Bewirtschaftungskosten. Die leichten Sandböden sind meist arm an Nährstoffen und leiden öfters unter Wassermangel, können aber durch gute Kultur häufig in sehr fruchtbaren Zustand versetzt werden. In Bezug auf die Tiefe der Ackerkrume gilt der Grundsatz, daß ein Boden um so fruchtbarer und sicherer in seinen Erträgen ist, je tiefgründiger derselbe ist und daß Böden mit sehr seichtgründiger Ackerkrume nur schwer zu verbessern und in ihren Erträgen am meisten von den wechselnden Witterungserträgen abhängig sind.

b) Die Beschaffenheit des Untergrundes ist ebenfalls von Einfluß auf die Fruchtbarkeit des Bodens. Am besten ist jener Zustand, bei welchem die ungünstigen Eigenschaften einer zu bündigen Ackerkrume durch einen leichteren, durchlässigeren Untergrund ausgeglichen werden (und umgekehrt) und bei welchem außerdem durch tiefere Bearbeitung ein Teil des Untergrundes so zu verbessern ist, daß er mit der Ackerkrume vermischt werden kann.

c) Der jeweilige Kulturzustand des Bodens. Man kann bei jedem Boden seine natürliche und seine durch die Kultur herbeigeführte Fruchtbarkeit unterscheiden. Es gibt Böden von großer natürlicher Fruchtbarkeit, die aber infolge vieljähriger schlechter Bodenbearbeitung, starker Unkrautvermehrung und ungenügender Düngung (Raubbau) eine geringe Ertragsfähigkeit besitzen. Dagegen kann auch ein von Natur aus schlechter Boden durch fortgesetzt gute Bearbeitung, gute Düngung mit Stallmist, Kunst- und Gründünger in einen fruchtbaren Zustand versetzt werden.

7. *Die Verkehrs- und Bevölkerungsverhältnisse.* Diese sind von großem Einflusse auf den Reinertrag einer Wirtschaft. Hier kommt zunächst die Beschaffenheit des nächsten *Marktortes* insofern in Betracht, als derselbe Gelegenheit zum sicheren *Absatze* der landwirtschaftlichen Produkte und zum billigen *Einkaufe* der Bedürfnisse des landwirtschaftlichen Betriebs bietet. Ferner ist maßgebend die *Entfernung* des Gutes vom Marktort. Je näher der Absatzort liegt, desto geringer sind die Transportkosten und desto höher ist somit die Rein- (oder Netto-) Einnahme für die Produkte, desto leichter und billiger können Kunstdünger, Kraftfutter, Saatwaren 2c. bezogen werden. Beachtenswert ist auch der am Marktort herrschende *Durchschnittspreis* und der unter gewissen Umständen vorhandene gute Ruf einer Gegend in Bezug auf die dort erzeugten Produkte (Saatgetreide, Zuchtvieh 2c.).

Sehr wichtig ist aber auch der Zustand der *Verkehrswege.* Hierbei kommt in Betracht, ob die Straßen gut oder schlecht sind, ob Eisenbahnen eine billige und schnelle Beförderung der Produkte zulassen oder ob schiffbare Flüsse und Kanäle den Absatz und die Zufuhr solcher Produkte ermöglichen, welche infolge ihres geringeren Wertes und großen Raumbedarfs (Stroh, Heu, Holz) sonst nicht mit Vorteil auf weitere Entfernungen verfrachtet werden können. Durch derartig günstige Verkehrsverhältnisse wird auch bei weiterer Entfernung vom Marktorte der Absatz mancher Produkte ermöglicht, die wegen ihrer geringen Haltbarkeit vorher nicht entsprechend verkauft werden konnten (Milch). Im allgemeinen nimmt man an, daß ein Produkt um so weniger weit verfrachtet werden kann, je geringer sein Wert, je größer sein Raumbedarf und je geringer seine Haltbarkeit ist, ferner je schlechter die Verkehrsverhältnisse sind.

Aber auch die *Bevölkerungsverhältnisse* haben einen bedeutenden Einfluß auf die Bewirtschaftung eines Gutes. Bei großer Dichte der Bevölkerung ist nicht nur der Absatz der Erzeugnisse ein sicherer und besserer, sondern es wird der Landwirtschaft meist auch die Erlangung ausreichender Arbeitskräfte ermöglicht. Von Einfluß sind auch die Sitten und Gebräuche (namentlich in Bezug auf die Kost), der Fleiß, die Arbeitstüchtigkeit und die Sparsamkeit der Bevölkerung sowie die Zahl der gehaltenen Feiertage.

8. *Die Einrichtungen des Staates.* Die politischen Verhältnisse der Gemeinde sind für das Einkommen des Landwirts, somit auch für die Beurteilung eines Landgutes von großem Einfluß. Hierbei kommen vor allem jene Gesetze in Betracht, die in direkter Beziehung zur Landwirtschaft stehen, ferner aber auch die *Steuern* und die *Zölle.*

Man unterscheidet *direkte* und *indirekte Steuern.* Zu ersteren gehören in Bayern die Grund-, Haus-, Gewerbe-, Kapitalrenten- und Einkommensteuer, zu den letzteren die Malz-, Branntwein-, Salzsteuer, die Zölle u. s. w.

Für den Betrieb der Landwirtschaft wird in *Bayern* weder Einkommen- noch Gewerbesteuer, sondern nur die *Grundsteuer* entrichtet. Dieselbe wurde nach dem Gesetze vom Jahre 1828 aus der Wertschätzung des möglichen, durchschnittlich erzielbaren **Rohertrags** berechnet und zwar verschieden für Ackerland, Wiese, Weide und Wald.

Beispiele einer Grundsteuerberechnung für das Ackerland. Dieselbe gründet sich auf eine Rohertragsberechnung, wobei die Grundstücke nach der reinen Dreifelderwirtschaft (1. Winterfrucht, 2. Sommerfrucht, 3. reine Brache) bebaut gedacht wurden. In jeder einzelnen Gemeinde wurden Mustergrundstücke aufgestellt und für dieselben der mitteljährige Rohertrag durch vereidigte Grundbesitzer und durch amtliche Obertaxatoren berechnet. Hierauf wurde im Vergleich zu diesen Mustergrundstücken die natürliche Ertragsfähigkeit sämtlicher Ackerstücke der Gemeinde eingeschätzt, wobei jeweils die Beschaffenheit der Ackerkrume und des Untergrundes, die größere oder geringere Neigung des Bodens u. s. w. berücksichtigt wurden. Der erzielbare mitteljährige Körnerertrag vom b. Tagwerk (= 34,07 a) bildete nach Abzug des Saatguts und unter Außerachtlassung des Strohs und sonstiger Nebennutzungen den steuerbaren Ertrag. Derselbe wurde angegeben in bayerischen Schäffeln (= 222,36 Liter), wobei angenommen wurde, daß 1 Schäffel Weizen 12 fl. (à 1 Mk. 71 Pfg.), 1 Schäffel Roggen 8 fl., 1 Schäffel Gerste 6 fl. und 1 Schäffel Hafer 4 fl. gelte. Jedes dritte Jahr wurde als Brachjahr ohne jeden Ertrag in Rechnung gezogen. Jeder mitteljährige Rohertrag von 1/8 Schäffel Roggen im Werte von 1 fl. bildet eine Bonitätsklasse, jedes weitere Achtel eines Schäffels eine Klasse mehr. Z. B. die mittlere Ertragsfähigkeit eines Ackers habe pro bayerisches Tagwerk betragen:

1. Jahr bei Weizen 1 1/2 Schäffel	(entsprechend 2 1/4 Schäffel Roggen)	=	18 fl.
2. „ bei Gerste 2 „	(„ 1 1/2 „ Roggen)	=	12 fl.
3. „ bei Brache		=	0 fl.
Rohertrag in 3 Jahren:	3 3/4 Schäffel Roggen	=	30 fl.
„ „ 1 Jahre:	1 1/4 „ „	=	10 fl.

Da eine Bonitätsklasse dem Ertrage von 1/8 Schäffel Roggen (= 1 fl.) entspricht, so wurde dieses Feld daher in die 10. Bonitätsklasse eingereiht.

Um nun die **Höhe der Grundsteuer** für ein Stück Ackerland, z. B. von 5 Tagwerk Größe, von der Bonitätsklasse 10 zu finden, muß der bekannte Flächeninhalt in Tagwerken mit der Bonitätsklasse multipliziert werden, also 5 × 10 = 50. Dieses so erhaltene Produkt wird als die **Steuerverhältniszahl** bezeichnet.

Für **jede Einheit** dieser Verhältniszahl des steuerbaren Ertrages hat man nun als Jahresgrundsteuer einen durch das Finanzgesetz jeweils festgesetzten Betrag zu entrichten; derselbe beträgt **zur Zeit** 7,6 Pfg. In dem obigen Beispiel würde also der jährliche Grundsteuerbetrag ausmachen: 7,6 Pfg. × 50 = 3 Mk. 80 Pfg.

Bei **Wiesen** wurde je nach Bodengüte und Graswüchsigkeit der mittlere jährliche Ertrag in Heu berechnet und der Ertrag von je 1 2/3 Ztr. Heu (à 55 kg) gleich 1/8 Schäffel Roggen gerechnet und als **eine Bonitätsklasse** angenommen.

Nach ähnlichen Grundsätzen wurde schließlich auch der Rohertrag der Weiden und Wälder festgestellt und in Bonitätsklassen umgerechnet.

Bei der Rücksichtnahme auf die Steuerverhältnisse kommen indessen für den Landwirt nicht nur die **Staatssteuern** in Betracht, sondern auch jene **Umlagen**, welche an den **Kreis**, den **Distrikt**, die **Gemeinde**, eventuell an Kirche und Schule zu entrichten sind. Die Festsetzung der letztgenannten Steuern erfolgt in Prozenten der Staatssteuer; es kommt nicht selten vor, daß namentlich die **Gemeindeumlagen** höher als die Staatssteuern sind. Je größer aber diese Lasten sind, um so geringer wird der Reinertrag und um so niedriger wird damit auch der Tauschwert eines Gutes sein.

Wer ein Landgut kauft oder pachtet, kann sich durch Einsichtnahme der bei den K. Amtsgerichten geführten **Grundbücher** sowie der bei den K. Rentämtern aufliegenden **Grundsteuerkataster**, von welchen auch für jeden Besitzer Auszüge hergestellt werden, Aufschluß über den Besitzstand eines Gutes verschaffen.

Der Grundsteuerkatasterauszug gibt von jedem zum Gute gehörigen Grundstücke und Gebäude an: Plannummer, Name und Art des Besitzstandes (ob Gebäude, Acker, Wiese, Wald, Hofraum), Flächeninhalt, Bonitätsklasse, Steuerverhältniszahl, Höhe der Grundsteuer sowie auch etwaige Rechte und Lasten, die mit dem Grundstücke verbunden sind.

Eine besondere Form der indirekten Steuern sind **die Zölle**; es sind dies Abgaben an den Staat, welche bei der Einfuhr von ausländischen Produkten in das Inland erhoben werden.

Man kann namentlich zwei Formen derselben unterscheiden: 1. Finanzzölle, 2. Schutzzölle. Die Finanzzölle erhebt der Staat ausschließlich in Rücksicht auf die damit zu erzielenden Staatseinnahmen. Durch Erhebung der Schutzzölle*) dagegen sucht der Staat vor allem für die gesamte Volkswirtschaft wichtige, inländische Erwerbszweige vor der billiger produzierenden Konkurrenz des Auslandes so weit als möglich zu schützen.

Wertberechnung von Grundstücken.

Der wahre Wert eines Grundstücks läßt sich am genauesten aus den Ergebnissen einer richtig geführten Buchführung berechnen. Fehlt eine solche, so muß man denselben durch eine Schätzung festzustellen suchen. Man hat den Wert der verschiedenen Böden a) nach dem Gedeihen der verschiedenen Getreidearten oder b) nach dem Gedeihen der Kleegewächse einzuschätzen gesucht. Nach a) unterscheidet man: Weizen-, Roggen-, Gerste- und Haferböden; nach b) dagegen: 1. kleefähige und 2. nicht kleefähige Böden. Bei den kleefähigen Böden folgen in Bezug auf die Güte wieder auf einander: 1. ausgezeichneter Luzerneboden, 2. guter Luzerneboden, 3. vorzüglicher Rotkleeboden, 4. guter Rotkleeboden, 5. guter Esparsetteboden, 6. geringer Rotkleeboden.

Den Geldwert eines Grundstücks aber findet man entweder durch Vergleich mit dem durchschnittlichen Kaufpreise ähnlich beschaffener Felder oder a) aus dem Rohertrage bezw. b) aus dem Reinertrage.

a) Eine Methode, welche aus dem eingeschätzten Rohertrage eines Grundstücks dessen freilich nur annähernd richtigen Wert berechnen läßt, wird bei Boden- und Gutswertschätzungen, die als Unterlage für Darlehensgesuche dienen sollen, häufig noch angewendet: man multipliziert die aus dem Grundsteuerkataster ersichtliche Verhältniszahl des steuerbaren Ertrags je nach Lage der Verhältnisse und der Sicherheit der Kapitalsanlage mit einem Faktor, der zwischen den Zahlen 10 und 20, durchschnittlich bei 15 liegt; das erhaltene Produkt gibt dann, in Gulden (à 1,71 Mk.) ausgedrückt, den ungefähren Bodenwert des betreffenden Feldstücks an.

b) Die einzig richtige, aber umständlichere Methode der Grundwertsberechnung ist jene nach dem durchschnittlich erzielbaren Reinertrage. Kann der Reinertrag nicht den vieljährigen Ergebnissen einer richtig durchgeführten

*) Nach den vom 1. März 1906 an auf 12 Jahre abgeschlossenen Handelsverträgen beträgt der Zoll auf je 100 kg Weizen 5,50 Mk., Roggen 5,00 Mk., Malzgerste 4,00 Mk., Futtergerste 1,30 Mk., Hafer 5 Mk., Mehl 10,20 Mk., Hopfen 20 Mk., Mais 3,00 Mk.; ferner bei Pferden je nach Rasse, Herkunft und Wert für ein Stück 50 bis 360 Mk.; bei Rindern 8,00 Mk. für 1 dz Lebendgewicht; bei Einfuhr von Zuchtvieh ist der Vertragstarif ermäßigt auf 9 Mk. für 1 Bullen, auf 20 Mk. für eine Kuh und auf 12 Mk. für eine Kalbin. Für Bewohner von Grenzgebieten gelten abweichende Zollsätze, so bei Zugochsen pro Stück 30 Mk. u. s. w Bei Schweinen für 1 dz Lebendgewicht 9 Mk., Schafen 8 Mk., Hühnern 4 Mk.; für Schweine und anderes Fleisch für 1 dz 35 Mk. u. s. w.

Buchführung entnommen werden, so ist er nach folgendem Verfahren mit möglichster Genauigkeit zu berechnen.

Man denkt sich das betreffende Grundstück nach der ortsüblichen Fruchtfolge bewirtschaftet und stellt für jede Frucht den unter den gegebenen Boden- und klimatischen Verhältnissen auf der Flächeneinheit (ha oder Tagw.) im Durchschnitt der Jahre wahrscheinlich erzielbaren Rohertrag der Menge nach fest. Dieser Rohertrag wird dann auf Grund der örtlichen Durchschnittspreise in Geld bewertet und die Summe des mehrjährigen Rohertrags berechnet. Hierauf hat man die sämtlichen zur Erzeugung dieses Rohertrags notwendigen wirtschaftlichen Ausgaben für jede einzelne Fruchtart festzustellen und zieht dann die Gesamtsumme dieser mehrjährigen Ausgaben von dem Gesamtrohertrage ab. Die so erhaltene Differenz stellt den mehrjährigen Reinertrag pro Flächeninhalt dar; dieselbe durch die Anzahl der Jahre der Fruchtfolge dividiert, ergibt den durchschnittlich erzielbaren jährlichen Reinertrag. Dieser muß nun zur Feststellung des Bodenwerts je nach der Höhe der angestrebten Verzinsung „kapitalisiert" werden; d. h. bei einem Zinsfuße von 5% ist der Reinertrag mit dem Faktor 20, bei 4% mit 25, bei $3\frac{1}{2}$% mit 28,57, bei 3% mit $33\frac{1}{3}$ zu multiplizieren.

Beispiel einer solchen Berechnung nach Dr. Gabler. Ein zu bewertendes Grundstück sei nach der ortsüblichen Wirtschaftsweise: 1. Roggen, 2. Kartoffeln, 3. Hafer, 4. Erbsen zu bestellen. Die durch Schätzung festgestellten durchschnittlichen Roherträge betragen in Geld ausgedrückt pro ha:

1. Jahr:	30 Ztr.	Roggenkörner	=	210,00	Mk.
„ „	84 „	Stroh und Spreu	=	100,80	„
2. „	360 „	Kartoffelknollen	=	540,00	„
3. „	34 „	Haferkörner	=	221,00	„
„ „	66 „	Stroh und Spreu	=	85,80	„
4. „	24 „	Erbsenkörner	=	192,00	„
„ „	44 „	Erbsenstroh und Hülsen	=	57,20	„
Summe des vierjährigen Rohertrags pro ha:				1406,80	Mk.

Die zur Erzielung dieses Rohertrags notwendigen Auslagen betragen: im 1. Jahre 320 Mk., im 2. 425 Mk., im 3. 210 Mk. und im 4. 250 Mk., in Summa: 1205 Mk. Der vierjährige Reinertrag beträgt daher 1406,80 — 1205 = 201,8 Mk., der durchschnittliche Reinertrag pro Jahr und ha = 201,8 : 4 = 50,45 Mk. Diesen Betrag z. B. mit 4% kapitalisiert, ergibt einen Bodenwert von 50,45 Mk. × 25 = 1261 Mk. 25 Pfg. pro ha.

Die Kulturarten.

Je nach der Benutzungsweise des Bodens kann man folgende Kulturarten unterscheiden: 1. Ackerland, 2. Gartenland, 3. Wiese, 4. Weide, 5. Wald.

Das Ackerland nimmt in der Regel den größeren Teil einer Gutsfläche ein; dasselbe dient in der Hauptsache dem Getreidebau, ermöglicht aber auch den Anbau der Futter-, Handels- und Fabrikpflanzen. Die Ackerländereien geben meist höhere Roherträge als die übrigen Kulturflächen, erfordern aber auch einen größeren Aufwand an Bewirtschaftungskosten. Noch mehr ist dies der Fall beim Gartenland, zu dem auch Obst-, Hopfen- und Weingärten gezählt werden können. Nur dort, wo der Boden und das Klima sowie die Absatzgelegenheit für die betreffenden Produkte günstig sind, sowie dort, wo genügend Kapital und Arbeitskraft und endlich das Verständnis des Landwirts für diese Kulturen nicht mangeln, wird eine stärkere Ausdehnung dieser häufig den höchsten Reinertrag liefernden Kulturart empfehlenswert sein.

Bei den Hopfen- und Weinanlagen stehen den höheren Reinerträgen einzelner Jahre auch nicht selten sehr geringe Erträge anderer Jahre, ja sogar Mißjahre gegenüber; daraus folgt, daß der Landwirt den Erwerb nicht ausschließlich auf diese unsicheren Kulturen stützen soll.

Eine besondere Bedeutung für die Bewirtschaftung eines Guts haben die Wiesen. Dieselben sind dauernde, am besten frische, feucht gelegene Grasländereien, welche der Wirtschaft eine jährlich sich ziemlich gleich bleibende Futtergewinnung sichern. An Hängen befindlich, verhindern Wiesenflächen die Abschwemmung von Feinerde, in Talmulden nützen sie das aus den Äckern abfließende Wasser aus. Die Wässer- und Überschwemmungswiesen führen dem Ackerlande eine beachtenswerte Menge von Nährstoffen zu. Das Verhältnis der Wiesen zu den Äckern ist günstig, wenn dasselbe 1 : 3—4, ungünstig, wenn es nur 1 : 6—7 beträgt. Die Wiesen liefern zwar nicht so hohe Roherträge wie das Ackerland, dagegen sind auch die Bewirtschaftungskosten viel geringer, so daß meist der Reinertrag und damit auch der Preis der Wiesen ein verhältnismäßig hoher ist.

Der Wert der Weiden ist sehr verschieden je nach ihrer Fruchtbarkeit (Fett- und Magerweiden) und je nach der Kultur, die der Landwirt den Weiden angedeihen läßt. Große Bedeutung haben dieselben namentlich in allen Gegenden, in denen Viehzucht betrieben wird.

Nicht selten umfaßt der landwirtschaftliche Betrieb auch Waldländereien. Diese gewähren dem Ökonomen eine Reihe höchst wichtiger, oft unentbehrlicher Nutzungen. Aber nicht nur für den Landwirt ist der Wald von großer Bedeutung, sondern diese erstreckt sich auch auf die Kulturverhältnisse eines ganzen Landes, so daß gerade der Landwirt das größte Interesse an der Erhaltung und an dem Gedeihen des Waldes in der Hand des Staats und im Besitze von Privaten hat (Einfluß auf Klima, Stürme, Wasserstand der Flüsse, Verhinderung von Abschwemmungen von Erdreich, von Hagelschlag 2c. 2c.). Manche Ödländereien sollten durch Aufforstung, Anlage von Lehm-, Sand-, Mergelgruben 2c. nutzbar gemacht, manche ertraglose, aber sonst passende Weidefläche könnte in fruchtbares Wiesen- bezw. Ackerland verwandelt werden.

Ferner könnte eine Verwertung von Unland auch stattfinden durch die Fischzucht, wenn die betreffenden Flächen in Teichanlagen umgewandelt werden können.

Das im Grund und Boden ruhende Kapital ist das am sichersten angelegte, da der Wert desselben nie vollständig verloren gehen kann; aber es ist auch die aus demselbem zu erzielende Verzinsung nur eine geringe; sie beträgt vielfach nur 2—3%, in manchen Gegenden und Jahren aber auch noch weniger.

2. Die Gebäude.

Das Gebäudekapital tritt in dem landwirtschaftlichen Unternehmen nicht direkt ertragsbringend auf, d. h. es schafft keine neuen Werte, aber es ist zur Vermittlung der landwirtschaftlichen Betriebsvorgänge und zur Nutzbarmachung der Grundstücke unbedingt nötig. Die Gebäude sind ein notwendiges Übel und belasten die Wirtschaft und ihren Reinertrag durch folgende Umstände: 1. Durch das in den Gebäuden ruhende Kapital wird dem Landwirte häufig das durchaus notwendige Betriebskapital zu sehr geschmälert; außerdem muß für das Gebäudekapital eine Verzinsung zum landesüblichen Zinsfuße in Anrechnung gebracht werden. 2. Die Gebäude bedürfen jährlich der Reparatur, welche je nach der Bauart und der Benützung verschieden hohe Kosten, im Durchschnitt jährlich ½—2% der Baukostensumme in Anspruch nimmt.

3. Jedes Gebäude geht mit der Zeit einer vollständigen Entwertung entgegen; es muß schließlich durch ein neues ersetzt werden. Es ist daher notwendig, während der Gebrauchsfähigkeit des Gebäudes so viel Kapital anzusammeln, daß der Neubau ausgeführt werden kann. Dies erfolgt in Form der **Amortisation**; der jährliche Betrag hiefür ist verschieden je nach der voraussichtlichen Dauer des Gebäudes. Er beträgt bei massiven Gebäuden von 100- bis 200jähriger Haltbarkeit 1 % bezw. $^1/_2$ % der Neubaukosten, bei leichterer Bauart mit einer Dauer von 30—50 Jahren aber $3^1/_3$ % bezw. 2 %. 4. Die Gebäude sind gegen Feuersgefahr zu versichern; für diese Versicherung muß eine gewisse **Versicherungsprämie** entrichtet werden. Dieselbe beträgt in Bayern durchschnittlich 1—$2^1/_2$ pro Tausend der Versicherungssumme.

Diese Gebäudeversicherung kann in Bayern nur bei der K. Versicherungskammer, Abteilung für Brandversicherung in München, erfolgen. Anmeldungen nimmt die K. Brandversicherungsinspektion des betreffenden Bezirks entgegen.

Um diese unter 1—4 genannten Belastungen möglichst zu vermindern, soll das Bestreben des Landwirts dahin gehen, durch zweckmäßige Bauart und Einrichtung der Gebäude und durch Vermeidung aller unnötigen Ausgaben von vornherein an Baukapital zu sparen. Dabei sollen die Gebäude dem Zwecke, dem sie zu dienen haben, möglichst entsprechen und so eingerichtet sein, daß sie bei ihrer Benützung so viel als nur möglich an Arbeitsaufwand ersparen lassen.

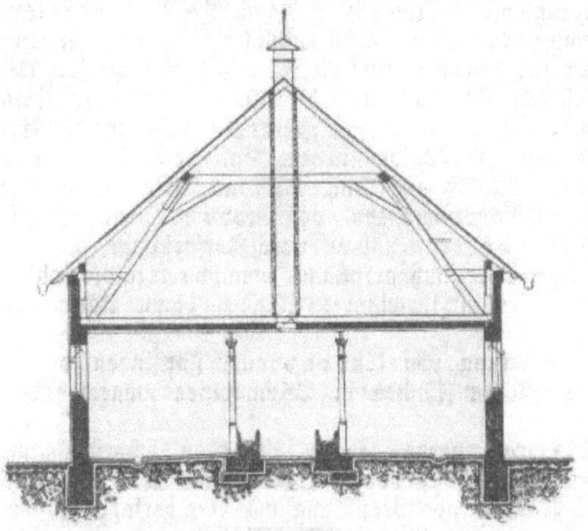

Fig. 268.
Durchschnitt durch einen Rindviehstall mit gemeinsamem Futtergang, Kniestock und liegendem Dachstuhl.
(Maßstab 1 : 200.)

Ein Hauptgrundsatz bei der **Unterhaltung** der Gebäude sei, jede **kleinste** und **geringfügigste Beschädigung sofort auszubessern**, um auf diese Weise aus kleinen Schäden anwachsende bedeutende Auslagen für große Reparaturen zu verhindern.

Bei der Erwerbung eines Landguts und beim Neubau der Gebäude hat man insbesondere darauf zu sehen, daß die **Lage des Wirtschaftshofs** bezw. der **Gebäude** eine **gesunde** und **trockene** ist und daß letztere von den Feldern aus leicht zu erreichen sind. Ohne zu großen Kostenaufwand soll stets eine sichere Versorgung mit gutem, gesundem Trink- und Gebrauchswasser für Menschen und Tiere ermöglicht sein.

Das technische Wasserversorgungs-Bureau im K. Staatsministerium des Innern liefert für weniger bemittelte Gemeinden Pläne und Kostenvoranschläge zu Wasserleitungen umsonst und gewährt erforderlichenfalls auch Geldzuschüsse aus den Wasserversorgungsfonds.

Die Anlage des Wirtschaftshofs sei in Bezug auf Übersichtlichkeit, Arbeitsersparung, Feuersicherheit u. s. w. eine möglichst zweckmäßige.

Bei den **Stallungen** muß dafür gesorgt werden, daß die Tiere eine gesunde, mäßig warme und genügend geräumige Unterkunft finden.

Man kann annehmen, daß an Stallraum mit Einschluß der Gänge und Futterbarren durchschnittlich nötig sind: für 1 Pferd 7—9 qm, 1 Großrindvieh $6^1/_2$—$7^1/_2$ qm, 1 Mutterschwein 3—4 qm, 1 Mastschwein $1^1/_2$—2 qm, 1 Schaf 0,8—1 qm Grundfläche. Bezüglich der Grundrißform der Rindviehstallungen kann man Lang- und Querställe unterscheiden; erstere sind übersichtlicher und vorteilhafter aussehend, letztere ermöglichen eine bessere Ausnützung des Raums. Der Fußboden der Stallungen soll den Tieren einen sicheren Stand geben, haltbar und für Jauche undurchlässig sein und den Abfluß der letzteren ermöglichen.

Die Dachräume der Wirtschaftsgebäude dienen als **Speicher- und Vorratsräume** für Getreide, Heu und Stroh; dieselben sollen trocken, luftig, feuer- und diebessicher sowie geräumig sein. In letzterer Hinsicht

Fig. 269. Auffahrt und Hochtenne im Allgäu.

empfehlen sich namentlich die sog. Pfettendächer mit liegendem Dachstuhl und mit Kniestock. (S. Fig. 268.)

Ähnliche Grundsätze gelten auch für die Bauart der **Scheunen**; man unterscheidet solche mit Quer-, Lang- und Hochtennen (Fig. 269); die letzteren ermöglichen eine bedeutende Arbeitsersparnis, namentlich zur Zeit der Ernte. Im allgemeinen sollen die Scheunen nicht zu hoch sein und keine zu tiefen Viertel (Bansen) haben.

Zur Berechnung des ungefähren **Raumbedarfs** können folgende Durchschnittszahlen benützt werden: 1 hl Getreidekörner erfordert zur Lagerung bei 0,5 m hoher Schüttung 0,25 qm, auf 100 Garben Wintergetreide sind durchschnittlich 12,4, auf 100 Garben Sommergetreide 10,8 und auf 1 Ztr. Heu 0,8—1 cbm Scheunenraum zu rechnen. Frisch eingebrachtes Trockenfutter schwindet dem Raum nach um ca. 25 %, dem Gewichte nach um ca. 5—10 %. Im allgemeinen kann man annehmen, daß bei weniger fruchtbarem Boden 40, bei fruchtbarem Boden 60 cbm Scheunenraum per Hektar Ackerfläche nötig sind.

Die Aufbewahrung des Getreides, Strohes und Heues kann auch in Getreideschuppen, die auf Freipfosten stehen (Feldscheunen), oder in **Feimen** mit $^1/_2$ m hohen Eisenfüßen oder mit Balkendurchzügen auf dem Boden erfolgen. Diese Feimen rc. fördern die Arbeit zur Zeit der Ernte, schützen bei zweckmäßiger Errichtung die Früchte vor dem Verderben und lassen Baukosten samt Verzinsung, Reparatur und Amortisation ersparen. Dagegen ist die Feuerversicherungsprämie viel höher und es geht bei fehlerhafter Errichtung der Feimen und bei ungünstiger Witterung viel verloren. Die Wurzel- und Knollengewächse werden in Kellern oder Mieten aufbewahrt.

Für die Unterbringung der Acker- und Fuhrgeräte und Maschinen können, wenn notwendig, luftige Schuppen von Holz oder Anbauten an die vorhandenen Gebäulichkeiten errichtet werden, welche sich reichlich bezahlt machen, da durch den Schutz vor den Witterungseinflüssen die Abnützung der Geräte u. s. w. um 25—30 % vermindert werden kann. Von hoher Wichtigkeit ist endlich die richtige, die Verluste an Düngerstoffen soweit nur möglich verhindernde Anlage der Düngerstätte. (S. Seite 187.)

Um die Einrichtung guter landwirtschaftlicher Stallungen und Düngerstätten zu fördern, werden durch den landwirtschaftlichen Verein in Bayern für musterhaft durchgeführte derartige Anlagen Prämien gewährt. Außerdem ist behufs Beratung der Landwirte bei allen baulichen Einrichtungen beim bayerischen Landwirtschaftsrate in München eine „Auskunftsstelle für das landwirtschaftliche Bauwesen“ eingerichtet.

Das Betriebskapital.

1. Das stehende Betriebs- oder Inventarkapital.

Dasselbe besteht aus dem toten und dem lebenden Inventar.

a) Das tote Inventar.

Es umfaßt die zum landwirtschaftlichen Betriebe nötigen Geräte und Maschinen, wie Fuhrwerk, Acker-, Scheunen-, Speicher-, Stall- und Handgeräte sowie die größeren landwirtschaftlichen Maschinen.

Der Bedarf einer Wirtschaft an Geräten und deren Wert ist sehr verschieden je nach der Größe und der Art des Betriebs, nach der Beschaffenheit des Bodens, nach der Ausdehnung des Ackerlands gegenüber derjenigen der Wiesen, nach der Zahl der zur Verfügung stehenden Arbeitskräfte u. s. w. Es müssen alle zum vorteilhaften Betriebe der Landwirtschaft nötigen Geräte und Maschinen in entsprechender Anzahl und möglichst guter Konstruktion vorhanden sein, damit die Ausführung der landwirtschaftlichen Arbeiten nicht gestört wird; andererseits ist aber auch jeder Überfluß an totem Inventar zu vermeiden, da sonst der Wirtschaft viel Kapital entzogen wird. Es sollen stets nur die für die gegebenen wirtschaftlichen Verhältnisse erprobten Geräte neu angeschafft und schon vorhandene Geräte erst dann durch neue ersetzt werden, wenn deren weitere Anwendung als unzweckmäßig und mangelhaft zu bezeichnen ist. Durch die Anschaffung von Geräten und Maschinen kann bezweckt werden: 1. eine Verbesserung der Arbeitsleistung, z. B. durch die Verwendung der Reihensäemaschine, der Milchzentrifuge, besserer Pflüge, Eggen und Walzen, der Windfege und des Trieurs, oder 2. eine Ersparnis an Arbeitskräften, z. B. durch Göpel- oder Dampfdrusch an Stelle des Handdrusches, durch Verwendung der Mähemaschine, Heuwender, Pferderechen, Krümmer-, Häufel- und Hackpflüge.

Hierdurch ist meist auch eine bedeutende Verbilligung und eine Beschleunigung der Arbeit zu solchen Zeiten ermöglicht, in denen es gewöhnlich an Arbeitern fehlt.

Die Verwendung eines Geräts oder einer Maschine wird wirtschaftlich sich um so mehr empfehlen, je mehr damit die unter 1 und 2 angeführten Vorteile ganz oder teilweise erzielt werden können und je häufiger das Gerät bezw. die Maschine im Laufe eines Jahres angewendet werden kann.

Bezüglich der Verwendung der Maschinen ist der größere und der arrondierte Betrieb gegenüber dem Kleinbetriebe mit häufig zerstückeltem Grundbesitze im Vorteile. Die Errichtung von Maschinengenossenschaften bietet aber auch dem kleineren Landwirte vielfach Gelegenheit, zweckmäßigen Gebrauch von vielen für den heutigen Landwirtschaftsbetrieb höchst wertvollen Geräten und Maschinen zu machen. Der in Bayern noch sehr verbreitete Bifangbau steht der Anwendung guter, erprobter Maschinen und Bodenbearbeitungsgeräte noch sehr im Wege.

Bei der Behandlung der Gegenstände des toten Inventars hat man folgende wirtschaftliche Grundsätze zu beachten: man sorge für gute Instandhaltung desselben durch sofortige Reparatur auch der kleinsten Schäden, durch Erneuerung des Anstrichs, durch häufiges Reinigen und Schmieren der Lager, durch sorgfältige und schonende Anwendung bei der Arbeit, ferner durch sichere und trockene Aufbewahrung während der Zeit des Nichtgebrauchs. Hierdurch kann man die nicht unbeträchtlichen, auf dem toten Inventar ruhenden Unkosten möglichst verhindern.

Diese Unkosten setzen sich zusammen: 1. aus der Verzinsung des Kapitals, das in den Geräten und Maschinen steckt, mit 4—5 %, 2. aus der Feuerversicherungsprämie zu 1—2 ‰, 3. aus dem Reparatur- und Amortisationsbetrage. Der letztere ist je nach der Dauerhaftigkeit des Geräts, der Häufigkeit und Art der Verwendung und Aufbewahrung sehr verschieden; durchschnittlich betragen die jährlichen Kosten der Reparatur und Abnützung 12—20 % des Anschaffungswertes.

Der Gesamtbedarf einer Wirtschaft an Geräten und Maschinen beträgt nach Krafft per Hektar bei intensiver Wirtschaft 80—100 Mk., bei mittleren Verhältnissen 40—80 Mk. und bei extensivem Betriebe 30—40 Mk.

An der K. Akademie für Landwirtschaft in Weihenstephan besteht eine staatliche „Prüfungsanstalt und Auskunftsstelle für landwirtschaftliche Maschinen". Dieselbe hat die Aufgabe, neuere landwirtschaftliche Geräte und Maschinen auf ihre praktische Brauchbarkeit zu prüfen und den Landwirten in allen auf das Maschinenwesen bezüglichen Anfragen Auskunft zu erteilen.

b) Das lebende oder Vieh-Inventar.

Dasselbe umfaßt das Zugvieh und das Nutzvieh.

Das Zugvieh.

Dasselbe kann aus Pferden, Ochsen, Stieren und Kühen bestehen und hat die für den Betrieb der Wirtschaft nötigen Gespannsarbeiten zu verrichten.

Der Bedarf an Zugvieh ist verschieden je nach der Ausdehnung des Ackerlands gegenüber derjenigen der Wiesen und Weiden, nach der schwereren oder leichteren Bearbeitbarkeit des Bodens, nach der Intensität des Betriebs, nach der Zerstücklung der Grundstücke, ihrer Entfernung vom Wirtschaftshofe u. s. w. Bei ungenügendem Bestande an Arbeitstieren werden namentlich die Bestellungsarbeiten im Frühjahr und im Herbst verzögert. Das damit verbundene Zurückbleiben in der Bestellung und die mangelhafte Ausführung der Bodenbearbeitung aber haben den ungünstigsten Einfluß auf den Ertrag der Wirtschaft. Andererseits soll der Landwirt aber auch nicht zuviel Zugtiere halten, da bei deren unvollkommener Ausnützung der Ertrag der Wirtschaft durch manchmal nutzlos verabreichtes Futter u. s. w. vermindert wird.

Man nimmt an, daß für ein Pferd erforderlich sei:

	bei schwerem	bei mittlerem	bei leichtem Boden
bei sehr intensivem Betrieb auf	6—8	8—9	9—10 ha Ackerland
„ mittelintensivem „ „	9 · 11	11 - 12	12—15 „ „
„ extensivem „ „	12—15	15—16	16 - 20 „ „

Behufs Umrechnung dieses Bedarfs an Pferden in jenen an Ochsen kann man die Zugleistung von 3 Pferden gleich jener von 4 Ochsen oder unter Umständen die von 2 Pferden gleich der von 3 Ochsen rechnen.

Von großer Bedeutung für den Ertrag einer Wirtschaft ist die Frage, ob in derselben hauptsächlich bezw. ausschließlich Pferde oder Ochsen als Zugtiere zu halten sind. Es kommen hierbei nachstehende Gesichtspunkte in Betracht:

1. Vorteile der Pferde gegenüber der Ochsenhaltung. Die Pferde sind vielseitiger in ihrer Verwendbarkeit, geschickter, lenkbarer und widerstandsfähiger gegen rauhe Witterung und große Hitze; auf allen Wegen mit Ausnahme der moorigen, lassen sie sich besser verwenden. Die Pferde haben eine schnellere Gangart, es kann mit ihnen namentlich bei drängender Arbeit mehr ausgerichtet werden, sie ermöglichen auch eine höhere Ausnützung und Verwertung der sie bedienenden menschlichen Arbeitskräfte. Zu vielen Maschinenarbeiten, so bei Mähe-, Hack- und Säemaschinenverwendung sind Pferde geeigneter; das Eggen wird durch Pferde besser ausgeführt, da bei deren schnellerem Gange die Stoßwirkung der Egge eine größere ist. Beim Ausbruche ansteckender Krankheiten, von welchen die Pferde nicht heimgesucht werden, wie der Maul- und Klauenseuche, wird die Fortführung der Wirtschaftsarbeiten nicht behindert. Vorteilhaft ist es ferner, daß die Pferde neben ihrer Verwendung zum Zugdienste auch zur Nachzucht von Fohlen verwendet werden können, wodurch größere und häufige Barauslagen für den Neuankauf von Arbeitspferden erspart bleiben. Endlich erhält man heutzutage fast überall leichter Pferdeknechte als Ochsenknechte.

2. Diesen Vorteilen der Pferdehaltung stehen aber auch viele Nachteile gegenüber, welche zu Gunsten der Ochsenhaltung sprechen. Die Anschaffungskosten sind bei Pferden in der Regel höher als bei entsprechend guten Ochsen. Die Futterkosten sind bei Pferden infolge der unvermeidlichen Verabreichung von Hafer oder sonstigem Kraftfutter viel größer als bei den Ochsen, ebenso sind Geschirre und Hufbeschlag sowie sonstige Unterhaltungskosten teurer. Ferner gehen die Pferde allmählich einer unvermeidlichen Entwertung entgegen, welche Abnützung durch einen jährlichen Amortisationsbetrag gedeckt werden muß. Der Wert der Ochsen dagegen vermindert sich bei nicht zu lange andauernder und zweckmäßiger Verwendung nicht, beim Ankaufe jüngerer Tiere und nur einjähriger Verwendung erhöht sich sogar gewöhnlich deren Wert. Auch ist mit der Pferdehaltung ein größeres Risiko verbunden, da im allgemeinen die Pferde gegen Krankheiten empfindlicher sind und ihre Verwertung im toten Zustande meist eine sehr geringe ist. Zu Gunsten der Ochsenhaltung spricht ferner ihre gute Verwendbarkeit zu fast allen Ackerarbeiten, namentlich bei schwerem Boden und bei Tiefkultur, sowie ihre größere Genügsamkeit in Bezug auf die Qualität der Futtermittel.

Aus alledem ergibt sich, daß der Ochse ein billigeres Zugtier ist als das Pferd und daß bezüglich der Frage, „ob Pferde, ob Ochsen“ zu halten sind, als wirtschaftlicher Grundsatz gelten kann: man halte so viel Pferde, als je nach Art der Wirtschaft (Entfernung der Felder, viele Markt-, Holz-, Eis-, Steinfuhren ꝛc. ꝛc.) das ganze Jahr hindurch gleichmäßig zu solchen Arbeiten nötig sind, die am besten und vorteilhaftesten von Pferden ausgeführt werden; den übrigen Bedarf an Zugtieren, namentlich zur Zeit der Frühjahrs- und Herbstsaat, decke man durch Ochsen.

Für kleinere und mittlere Wirtschaften hat auch die Verwendung von Kühen zum Zuge große Bedeutung, da sie zweifellos die billigsten Zugtiere sind. Auf leichteren Bodenarten verrichten sie ihre Arbeit so gut wie die Ochsen und haben dabei noch einen rascheren Gang. Auch lehrt die Erfahrung, daß Kühe bei schonender Benützung und beim Einspannen im Wechsel sowie bei guter Ernährung und aufmerksamer Behandlung wenig im Milchertrage nachlassen, wenn sie zum Zuge verwendet werden.

Jährliche Unterhaltungskosten eines Zugpferdes und eines Zugochsen.

Vortrag.	Unterhaltungskosten:	
	a) beim Pferde:	b) beim Ochsen:
I. Zinsen aus dem Ankaufskapital:	*M*	*M*
a) beim Pferde, Wert 600 Mk. à 4%	24.—	
b) „ Ochsen, Wert 400 Mk. à 4%		16.—
II. Wertsverminderung durch Abnützung:		
a) beim Pferde jährliche Amortisation 10% von 600 Mk.	60.—	
b) beim Ochsen meist ohne Wertsverminderung		
III. Risikodeckung durch Vieh- und Feuerversicherung:		
a) beim Pferde 3% von 600 Mk.	18.—	
b) „ Ochsen $1\frac{1}{2}$% von 400 Mk.		6.—
IV. Futter- und Streukosten:		
a) beim Pferde: jährl. 24 Ztr. Hafer à $6\frac{1}{2}$ Mk. + 50 Ztr. Heu à 1.50 Mk. + 15 Ztr. Futterstroh à 1,10 Mk. und 20 Ztr. Streustroh à 1 Mk.; in Summa	267.—	
b) beim Ochsen: jährlich 90 Ztr. Heu à $1\frac{1}{2}$ Mk. + 20 Ztr. Futterstroh à 1,10 Mk. + 20 Ztr. Streustroh à 1 Mk. + 2 Ztr. Kraftfutter à 6 Mk. während der Saat- und Erntezeit		
Summa:		189.—
V. Pflege: ein Knecht erhält 200 Mk. Jahreslohn nebst Verpflegung zu 280 Mk. = 480 Mk.; hiervon treffen:		
a) beim Pferde für Pflege 480 : 10 =	48.—	
b) „ Ochsen „ „ 480 : 20 =		24.—
VI. Geschirr- und Stallgeräteunterhaltung	27.—	7.—
VII. Hufbeschlag	20.—	4.—
VIII. Dem Tierarzt für Medikamente und sonstige Unkosten	23.—	10.—
IX. Gebäudemiete	25.—	20.—
Summa der jährlichen Brutto-Unterhaltungskosten:	512.—	276.—
Hievon ist der Wert des Düngers in Abzug zu bringen:		
a) beim Pferde 150 Ztr. à 30 Pfg.	45.—	
b) „ Ochsen 180 Ztr. à 35 Pfg.		63.—
Jährliche Netto-Unterhaltungskosten:	467.—	213.—

Unter der Annahme, daß die Pferde im Jahre 270 Tage, die Ochsen dagegen nur 200 Tage zur Arbeit verwendet werden, berechnen sich die Kosten eines Arbeitstages ohne Knecht:

für 1 Pferd zu 467 Mk. : 270 = 1,73 Mk.,
„ 1 Ochsen „ 213 Mk. : 200 = 1,07 Mk.

Die Resultate dieser Berechnung ändern sich natürlich je nach den örtlichen Verhältnissen; die gefundenen Zahlen können nur als ungefähre Anhaltspunkte angesehen werden.

Das Nutzvieh.

Das Nutzvieh hat den Zweck, 1. viele in der Wirtschaft selbst erzeugte, nicht oder nur schwer verkäufliche pflanzliche Produkte, wie Heu, Stroh, Spreu, Weidegras, Rüben, Kartoffelabfälle verschiedenster Art, in leichter transportable, verkaufsfähigere und hochwertigere tierische Produkte, wie Fleisch, Fett, Milch, Wolle rc. rc., unter möglichst günstiger Verwertung der ersteren umzuwandeln und 2. durch Lieferung des Stallmistes an der Erhaltung der Fruchtbarkeit des Bodens auf die natürlichste und einfachste Art und Weise mitzuwirken.

In früheren Zeiten wurde die Tierhaltung meist als ein notwendiges Übel zum Zwecke der Düngererzeugung angesehen. In der Gegenwart aber nimmt die Viehhaltung wegen ihres höheren Ertrages eine der ersten Stellen in den meisten Landwirtschaftsbetrieben ein, was seinen Grund in der großen Nachfrage nach den tierischen Erzeugnissen und dem höheren Preisstande derselben gegen früher und gegenüber dem allmählichen Sinken der Preise der pflanzlichen Produkte findet.

Es wird zwar in neuerer Zeit auch der viehlose und der viehschwache Betrieb, d. h. ein Wirtschaftsbetrieb ohne Nutztierhaltung empfohlen. Derselbe kann jedoch nur unter folgenden Voraussetzungen angezeigt sein.

Der Ersatz der dem Boden durch die Ernten entzogenen Nährstoffe muß durch starken Zukauf künstlicher Düngemittel oder durch Zufuhr der Abfallstoffe nahe gelegener Städte auf billige Weise erfolgen können. Der für die Bodenfruchtbarkeit wegen seiner physikalischen Wirkungen sehr wichtige Humus muß an Stelle der Stallmistdüngung durch die Gründüngung (siehe S. 190) ersetzt werden können und es müssen daher die Verhältnisse für letztere günstig sein. Hauptsächlich muß aber die Gelegenheit bestehen, alle pflanzlichen Produkte der Wirtschaft, also neben dem Getreide z. B. auch das Heu, Stroh, Spreu, Rüben rc. rc. stets zu günstigen Preisen in nahegelegene Städte oder sonstige Marktorte verkaufen zu können. Ferner sind vom viehlos wirtschaftenden Landwirte größere technische und kaufmännische Kenntnisse vorauszusetzen. In den weitaus meisten Fällen wird indessen ein mit starker Viehhaltung verbundener Betrieb ungleich mehr und sicherere Aussicht auf einen höheren Reingewinn bieten als der viehlose Betrieb.

Die Größe und Art der Nutzviehhaltung ist abhängig von der Futtererzeugung der Wirtschaft sowie von der Absatzgelegenheit für die tierischen Produkte. Je größer die natürliche Futterwüchsigkeit einer Gegend ist, wie z. B. bei Vorhandensein von vielen und guten Wiesen und Weiden oder bei regenreichem Klima, desto mehr Nutzvieh wird gehalten werden können. Von Einfluß ist auch die Fruchtfolge, je nachdem in dieser auf dem Ackerlande mehr oder weniger Futter, wie Klee, Mengfutter, Mais, Rüben, gebaut wird, ferner das Vorhandensein oder Fehlen technischer Nebengewerbe, welche wertvolle Futterabfälle wie Biertreber, Branntweinschlempe, Zuckerrübenschnitzel, Magermilch der Wirtschaft zurückliefern.

Je leichter und besser Gelegenheit geboten ist die tierischen Erzeugnisse abzusetzen, desto mehr wird auch der Landwirt seinen ganzen Betrieb auf eine ausgedehnte Haltung von Nutzvieh einzurichten haben. Als obersten Grundsatz eines jeden wirtschaftlichen Betriebes hat man aber zu beachten, daß die Viehzahl stets in einem richtigen Verhältnisse zu der vorhandenen Futter- und Streumenge zu stehen hat und daß man nicht mehr Vieh hält, als mit dem Futter das ganze Jahr hindurch gleichmäßig und ausreichend gut gefüttert werden kann; denn nur unter diesen Umständen wird die Viehhaltung einen Reinertrag zu liefern vermögen. Es ist z. B. als ein häufig vorkommender Mißstand zu bezeichnen, wenn am Schlusse der Winterfütterungsperiode keine oder nur eine sehr knappe Futterreserve (eiserner Bestand) vorhanden ist.

Man kann annehmen, daß die gesamte Viehhaltung einer Wirtschaft
eine sehr starke ist, wenn auf $1-1^1/_4$ ha Ackerland 1 Stück Großvieh à 10 Ztr. leb. Gew. trifft,
" starke " " " $1^1/_4-1^1/_2$ " " 1 " " " " " " " " ,
" mittelstarke " " " $1^1/_2-2$ " " 1 " " " " " " " " ,
" schwache " " " $2-2^1/_2$ " " 1 " " " " " " " " .

Art der Nutzviehhaltung.

Es kommen in Betracht: Pferde, Rinder, Schafe und Schweine.

Die Pferdezucht im großen wird nur beim Großgrundbesitze, bei günstigen Weideverhältnissen und billigem Boden sowie bei vorhandener großer Sachkenntnis stattfinden können. Dagegen kann beim bäuerlichen Besitze sehr vorteilhaft neben der Pferdehaltung zum Zuggebrauche gelegentlich auch die Nachzucht junger Pferde zum Zwecke des eigenen Gebrauches oder des Verkaufes erfolgen (sog. Hauspferdezucht); oder es können angekaufte junge Fohlen bis zum dienstfähigen Alter aufgezogen und dann selbst eingespannt oder verkauft werden.

Voraussetzung für eine gedeihliche Pferdezucht ist aber stets das Vorhandensein geeigneter und geräumiger Lauf- und Weideplätze. (Genossenschaftliche Errichtung von Fohlenaufzuchtanstalten.) Die Pferdezucht wird in Bayern durch die K. Landgestütsverwaltung wesentlich gefördert.

Die größte allgemeine Bedeutung hat die Rindviehhaltung, welche Nutzungen 1) durch Aufzucht, 2) durch Verwendung zur Arbeit, 3) durch Milchgewinnung mit oder ohne Nachzucht und 4) durch Mastung bringen kann. In den allermeisten Fällen werden mehrere dieser Nutzungen zu gleicher Zeit angestrebt. Die vorhandenen Kühe werden z. B. zur Zucht verwendet zum Zwecke der Nach- und Aufzucht des eigenen Bedarfs an Nutz- und Zugvieh sowie zum gelegentlichen Verkaufe von Zuchttieren. Die Milch wird in erster Linie für den Haushalt und für die Aufzucht der Kälber und Schweine verwendet, während der verbleibende Rest durch Frischmilchverkauf oder durch Verarbeitung in der Molkerei, wenn möglich auf genossenschaftlichem Wege eine tunlichst günstige Verwertung findet; die auszumerzenden älteren Tiere, zur Zucht nicht geeignetes Jungvieh u. s. w. werden gegebenenfalles auch gemästet und dann zur Schlachtung verkauft; nicht selten werden die Kühe auch zum Zuge verwendet. Es unterliegt keinem Zweifel, daß diese Art der gemischten Nutzung in sehr vielen Gegenden Bayerns sowohl für den Einzellandwirt, wie für die allgemeine Förderung der Viehzucht und die Versorgung des Marktes mit tierischen Produkten die meisten Vorteile bietet.

Es gibt aber auch zahlreiche besondere Fälle, in denen die Rindviehhaltung so betrieben werden kann bezw. muß, daß sie nur eine Hauptnutzung verfolgt: so kann in dicht bevölkerten Gegenden und in der Nähe großer Städte, in welchen die Milch bei geringen Transportkosten um guten Preis regelmäßig sicheren Absatz findet, die reine Milchwirtschaft ohne Nach- und Aufzucht (Abmelkwirtschaft ohne und mit Haltung eines Bullen) am Platze sein. Höchst fehlerhaft für den Einzelbetrieb, wie für die Tierzucht im allgemeinen wäre diese Betriebsweise aber dort, wo die oben genannten Voraussetzungen nicht erfüllt sind. In Gegenden, in denen die wirtschaftlichen und natürlichen Verhältnisse die Verarbeitung der Milch zu Butter oder zu Käse in Molkereibetrieben sehr begünstigen, gewinnt die Milchwirtschaft wohl noch das Übergewicht, doch sollte auch hier die Auf- und Nachzucht des für den Ersatz der abgehenden Tiere notwendigen Jungviehes nicht vernachlässigt werden.

In gebirgigen Gegenden mit guten Weiden und leistungsfähigen Viehschlägen vermag aber oft die Zucht- und Aufzucht von Jungvieh zum Zwecke des Verkaufes als Zuchttiere den höchsten Ertrag zu bringen; die Milchwirtschaft und die Mast treten hierbei in den Hintergrund. Dort, wo reichliche und billige Futtermittel, namentlich beim Vorhandensein der Abfälle technischer Nebengewerbe, zur Verfügung stehen, ferner wo gute Gelegenheit zum Ankauf von Magervieh geboten ist, und endlich in verkehrsarmen, dünnbevölkerten Gegenden kann die ausschließliche Mastung angekauften Jungviehes oder ausgewachsenen Magerviehes rentabel sein. Manche Gegenden beschäftigen sich endlich vorwiegend mit der Heranzucht und dem Verkaufe junger, kräftiger Arbeitstiere.

Die Förderung der Rindviehzucht in Bayern haben sich namentlich die Zuchtstiergenossenschaften, Zuchtverbände und Herdbuchgesellschaften, welche zumeist unter der sachverständigen Leitung der staatlichen Tierzuchtinspektoren stehen, zur Aufgabe gemacht.

Die Schafhaltung ist infolge der verminderten Weiden sowie der schlechten Absatz- und Preisverhältnisse für Wolle und zum Teil auch für Fleisch sehr zurückgegangen. Für Gegenden mit trockenem, wenig fruchtbarem Boden, bei bergiger Lage der Grundstücke und zur Ausnützung vorhandener Weiden hat die Schafhaltung immer noch eine gewisse Bedeutung; stellenweise spielt zu ihren Gunsten auch der Pferch eine wichtige Rolle.

Die Schweinehaltung wird fast nie den Hauptbestand der Nutzviehhaltung ausmachen; ihre möglichst große Ausbreitung, namentlich in bäuerlichen Betrieben, kann aber nicht genug empfohlen werden, da infolge der zumeist großen und ständigen Nachfrage nach Schweinen deren rationelle Haltung als eine der einträglichsten Produktionszweige zu bezeichnen ist.

Die Schweinehaltung kann bestehen 1. in einer Mutterschweinhaltung zum Zwecke des Verkaufes junger Ferkel; 2. in einem vollkommenen Zuchtbetriebe zum Zwecke des Verkaufes von Zuchttieren und 3. in der Mastung. Je nach den vorhandenen Absatz-, Futter- und Stallverhältnissen wird man die eine oder andere Form der Schweinehaltung auszuwählen haben.

Die Hebung der Schweinezucht wird gefördert durch Zuchteberstationen, Zuchtstationen und Schweinezuchtgenossenschaften.

Die staatlich unterstützten und beaufsichtigten Schweinezuchtstationen sind auf Seite 423 angegeben.

Der wirtschaftliche Endzweck einer jeden Nutztierhaltung muß die Erzielung eines möglichst großen Gewinnes sein. Die Größe desselben kann nur auf rechnerischem Wege festgestellt werden. Das nachfolgende Beispiel soll die Art und Weise einer solchen Berechnung vorführen.

Beispiel einer Ertragsberechnung für eine Milchkuh.

I. Unterhaltungskosten.

		M
1.	Verzinsung aus 350 Mk. Kuhwert zu 5 % =	17,50
2.	Abnützung bei nicht zu langer und guter Haltung	—,—
3.	Versicherung gegen Verluste durch Feuer, Krepieren, 2 % von 350 Mk. =	7,—
4.	Wartung durch 1 Magd	40,—
5.	Stallmiete	20,—
6.	Abnützung der Stallgeräte	3,—
7.	Deckgeld	6,—
8.	Beleuchtungs-, Kur- und sonstige Kosten	8,—
9.	Fütterungskosten: täglicher Aufwand bei Trockenfütterung: 16 Pfd. Heu à 1½ Pfg. = 24 Pfg.; 8 Pfd. Futterstroh à 1,1 Pfg. = 8,8 Pfg.; 2 Pfd. Kleie à 4,5 Pfg. = 9 Pfg.; 2 Pfd. Sesamkuchen à 6,5 Pfg. = 13 Pfg; 7 Pfd. Streustroh à 1 Pfg. = 7 Pfg.; in Summa pro Tag 61,8 Pfg.; pro Jahr 365 × 61,8 Pfg. = 225 Mk. 57 Pfg. + 50 Pfg. für Salz =	226,07
	Summe der Unterhaltungskosten pro Jahr:	M 327,57

II. Nutzungen pro Jahr.

1.	2100 Liter Milch à 10 Pfg.	210,—
2.	Schlachtwert für 1 Kalb	30,—
3.	Wert von 250 Ztr. Stallmist à 35 Pfg.	87,50
	Summe der Nutzungen pro Jahr:	M 327,50

In diesem angenommenen Beispiele würden demnach durch die Milchviehhaltung die Unkosten derselben gerade durch ihre Nutzungen gedeckt werden; einen besonderen Gewinn würde das Milchvieh nicht einbringen; die Berechnung würde auch zeigen, daß das in der Wirtschaft erzeugte Rauhfutter zu dem sehr niedrig angenommenen Preise durch Verfütterung verwertet und daß der Stallmist (der vielfach auch auf 40—50 Pfg. pro Zentner bewertet wird), in diesem Falle zu dem Preise von 35 Pfg. gewonnen werden kann.

Ein höherer Gewinn aus der Kuhhaltung oder, was gleichbedeutend wäre, eine bessere Verwertung der Futterstoffe bezw. eine billigere Stallmisterzeugung wäre in dem obigen Beispiele möglich, wenn es gelänge, 1. die Milch höher als zu 10 Pfg. pro Liter zu verwerten oder 2. den Milchertrag der Kuh durch rationellere Fütterung und durch Auswahl bezw. Züchtung von besseren Milchtieren zu steigern.

2. Das umlaufende Betriebskapital.

Das umlaufende Betriebskapital umfaßt:

1. **Sämtliche Vorräte an Saatgut, Dünge- und Futtermitteln, Streu-, Brenn- und Baumaterialien.** Diese Gegenstände werden soweit als möglich in der eigenen Wirtschaft erzeugt, müssen gut und sorgfältig bei Vermeidung von Verlust und Verderbnis aufbewahrt und in der zweckmäßigsten Art und Weise wieder verwendet werden. Beim Einkaufe der nicht selbst erzeugten Betriebsmittel, wie z. B. Kunstdünger und Kraftfuttermittel, ist als wichtiger Grundsatz zu beachten, daß man den verhältnismäßig billigsten, d. h. den mit Rücksicht auf den wirklichen Gehalt an wirksamen Pflanzen- und Tiernährstoffen vorteilhaftesten Preis zu erzielen und nur die beste Ware zu erhalten sucht (genossenschaftlicher Einkauf).

2. Jene Vorräte an Naturalien, die zur Führung des Haushaltes nötig sind. Ein großer Teil der hieher gehörenden Lebensmittel wird in der Wirtschaft selbst erzeugt; die noch mangelnden müssen durch Zukauf in möglichst guter Beschaffenheit ergänzt werden. Obwohl eine zu weitgehende Sparsamkeit in der Verwendung dieser Lebensmittel durchaus unzweckmäßig ist, da hierunter die Leistungsfähigkeit und Zufriedenheit des Gesindes leidet, so muß ein richtiger Betriebsleiter doch darauf sehen, daß namentlich die in der Wirtschaft selbsterzeugten Nahrungsmittel nicht verschleudert und verschwendet, sondern durch eine gute Zubereitung und zweckmäßige Verwendung als menschliche Nahrung möglichst günstig ausgenützt werden.

3. Die Vorräte an verkaufsfähigen Erzeugnissen. Der Landwirt soll bestrebt sein, soweit als möglich beste Ware auf den Markt zu bringen; denn nur durch diese vermag er sicheren Absatz und höhere Preise zu erzielen, also z. B. durch Anbau guter Sorten, durch sorgfältige Reinigung des Getreides von Unkräutern und Hinterfrucht, durch Herstellung guter Tafelbutter u. s. w. Man warte ferner nicht zu lange mit dem Verkaufe, sondern suche bei der nächsten vorteilhaften Gelegenheit abzusetzen; das Sprichwort sagt auch: „Wer spekuliert, verliert" und: „Der erste Käufer ist meist der beste". Jedenfalls versäume man aber nie die richtige Verkaufszeit jener Produkte, deren Gebrauchswert mit dem Alter abnimmt. Endlich verkaufe man womöglich zu Hause, um die Spesen, welche beim häufigen Marktbesuche entstehen, wie Brücken-, Weg-, Schrannengeld, Fuhrkosten, Zeitversäumnis und Zehrgeld, zu ersparen. Soweit als tunlich suche man die Ware durch genossenschaftliches Zusammengehen möglichst direkt (ohne Benützung des Zwischenhändlers) in großen Posten abzusetzen.

4. Das zum Betriebe der Wirtschaft nötige **Bargeld**. Dieses bildet den weitaus wichtigsten Bestandteil des umlaufenden Kapitals. Dasselbe dient zur Bezahlung der Arbeitslöhne, der Steuern und Abgaben und Zinsen, zur Instandhaltung und Ergänzung des Grund-, Geräte- und Viehkapitals und zur Anschaffung nicht selbsterzeugter Nahrungs-, Dünge- und Futtermittel, der Sämereien u. s. w.

Eine Wirtschaft, der es ständig an barem Gelde fehlt, kann niemals gedeihen, weil sie nie die beste Zeit zum Ein- und Verkaufe auswählen und günstige Handelsaussichten nicht ausnützen kann, weil manches, was als notwendig und vorteilhaft erkannt ist, unterbleiben muß (z. B. Dünger- und Futter- oder Maschinenankauf) und weil jede unvorhergesehene Ausgabe oder ein Mißerfolg (Mißernte, Unfälle im Viehstalle) große Verlegenheiten, wenn nicht gar dauernde Schädigung hervorrufen kann.

Die sämtlichen Gegenstände des umlaufenden Kapitals unterscheiden sich von jenen der übrigen Kapitalsarten dadurch, daß sie nur einmal gebraucht werden können, d. h. daß sie bei ihrer Verwendung sofort vollkommen verbraucht werden und erst in kürzerer oder längerer Zeit ihrem vollen Werte nach wieder in den erzielten Produkten erscheinen müssen (z. B. Düngemittel, Saatgut und Arbeit in den Feldprodukten, Futtermittel in Form von Milch, Wolle, Fleisch u. s. w.). Die große Bedeutung des umlaufenden Kapitals ergibt sich aber daraus, daß Grundstücke, Vieh, selbst landwirtschaftliche Gebäude und Geräte erst dann einen Nutzen gewähren, wenn sie durch Aufwendung von Arbeit, von Dünger und Futter in zweckentsprechender Weise ausgenützt werden. Das umlaufende Kapital ist daher die Triebfeder

der ganzen Wirtschaft und es ist ein großer Fehler in sehr vielen Wirtschaften, daß dasselbe in unzureichender Menge vorhanden ist. Sehr häufig ruht ein viel zu großer Teil des Vermögens eines Landwirtes in Grund und Boden und in den Gebäuden; für das umlaufende, wie auch für das stehende Betriebskapital (Inventarkapital) bleibt dann nicht so viel übrig, als zu einem nutzbringenden und frei beweglichen Betriebe nötig ist.

Man schätzt nach Krämer den ungefähren Bedarf an umlaufendem Betriebskapital im Durchschnitt auf ca. 100—200 Mk. pro Hektar der bewirtschafteten Grundfläche. Die Verzinsung des Betriebskapitals kann 2—3 % und noch mehr über den landesüblichen Zinsfuß hinausgehen.

Das Verhältnis der verschiedenen Kapitalien zueinander. Dasselbe ist in den verschiedenen Landwirtschaftsbetrieben ein sehr wechselndes und hängt in erster Linie von der Art der Bewirtschaftung ab. In dieser Hinsicht kann man zwei Formen unterscheiden: die extensive und die intensive Wirtschaftsform.

Bei der extensiven Wirtschaft bildet den weit überwiegenden Teil des gesamten Gutswertes der Grund und Boden. Zur Ausnützung der mit demselben verbundenen Naturkräfte werden hier die Betriebskapitalien nur in geringerem Maße aufgewendet; daher ist bei der extensiven Wirtschaft der Rohertrag auch meist gering. Bei der intensiven Wirtschaft dagegen sucht man die im Grund und Boden angelegten Kapitalien durch einen höheren Aufwand an Betriebskapitalien möglichst hoch auszunützen, d. h. man ist bestrebt, z. B. durch möglichst gute Bearbeitung und Bestellung des Bodens mit vollkommenen Geräten und Maschinen und durch starke Düngung mit natürlichen und künstlichen Düngemitteln die unter den gegebenen Umständen höchst möglichen Roherträge zu erzielen. Sowohl der extensive wie auch der intensive Betrieb kann je nach den herrschenden Verhältnissen rationell, d. h. der den größten Reinertrag in Aussicht stellende sein. Überall da, wo der Boden billig und in größerer Ausdehnung zu beschaffen ist, wo meist auch seine Fruchtbarkeit gering und das Klima rauh ist, wo ferner nur schwer menschliche Arbeitskräfte zu bekommen, wo die Preise der landwirtschaftlichen Erzeugnisse niedrig sowie die Verkehrsverhältnisse schlechte sind, wird der Landwirt zu einem mehr extensiven Betriebe gezwungen sein. Die umgekehrten Wirtschaftszustände dagegen lassen die Durchführung einer der intensiven Wirtschaftsformen angezeigt erscheinen.

Vom Gesamtwerte eines Gutes (= 100 %) treffen ungefähr auf den Wert an Grund und Boden: 50—60 %, an Gebäuden: 20—25 %, an Geräten und Maschinen: 5—6 %, an Zug- und Nutzvieh: 10—12 % und an umlaufendem Kapital: 9—12 %.

b) Die Arten der landwirtschaftlichen Arbeit.

Die Arbeit gehört zu den wichtigsten Betriebsmitteln des landwirtschaftlichen Unternehmens. Von ihrer zweckmäßigen Anwendung und Anordnung sowie auch von der richtigen Beaufsichtigung der Arbeiter, von deren Fleiß und Tüchtigkeit sowie von der Höhe des Lohnes hängt in erster Linie der ganze Wirtschaftserfolg ab. Die Wichtigkeit der Arbeit in der Landwirtschaft ergibt sich auch daraus, daß die Bestreitung der Ausgaben für die landwirtschaftlichen Arbeitskräfte den weitaus größten Teil des zur Wirtschaftsführung nötigen Bargeldes erfordert.

Die im Auftrage und im Interesse eines Anderen ausgeführte Arbeit muß, ähnlich wie eine gekaufte Ware, bezahlt werden. Den Preis der Arbeit bezeichnet man als Lohn. Auch der wirtschaftende Landwirt muß für seine geleistete Arbeit einen Lohn beanspruchen können. Dieser muß neben den Zinsen des in der Wirtschaft aufgewendeten Vermögens im Ertrage der Wirtschaft, welche dem Betriebsleiter auch die meisten Lebensmittel zu seinem und seiner Familie Unterhalt gewährt, enthalten sein.

Die Höhe des Arbeitslohnes ist abhängig: 1. von der Arbeitskraft und der Geschicklichkeit des Arbeiters; 2. von der Größe des Angebots an Arbeitern und der Nachfrage nach solchen; 3. von der Höhe jener Kosten, die der Arbeiter aufwenden muß, um den notwendigen Lebensunterhalt für sich und seine Familie bestreiten zu können, also namentlich von der Höhe der Lebensmittelpreise, der Wohnungsmiete u. s. w. Daher kann ein niederer Lohn auf dem Lande verhältnismäßig ebenso hoch sein wie der höhere Lohn in den teuren Städten.

In der Landwirtschaft macht sich seit Jahren eine Abnahme des Arbeiterangebotes und damit ein Mangel an tüchtigen Arbeitern und eine fühlbare Erhöhung des Lohnes geltend. Dieser immer größer werdenden Schwierigkeit kann der Landwirt durch folgende Maßnahmen etwas entgegenwirken: 1. durch möglichst ausgedehnte Anwendung arbeitsersparender Geräte und Maschinen, 2. dadurch, daß der Landwirt durch tunlichst zweckmäßigen Betrieb die aufgewendete Arbeit möglichst hoch verwertet; so ist der Arbeitsaufwand fast gleich bei ungenügender wie bei reichlicher Düngung, bei ärmlicher wie bei reichlicher Fütterung des Viehs; 3. durch tunlichst gleichmäßige Beschäftigung der Arbeiter, nicht nur während des Sommers, sondern auch während des Winters, z. B. durch Ausführung von Be- und Entwässerungen, Planierungen, Holzarbeit, Göpel- oder sogar Handdrusch; 4. durch zweckmäßige Einrichtung der Wirtschaftsgebäude, damit bei ihrer Benützung Arbeit erspart wird; 5. durch richtige Arbeitsteilung und durch Akkordarbeit, soweit dieselben im bäuerlichen Betriebe angewendet werden können. Von der Arbeitsteilung kann man in der Weise Gebrauch machen, daß man gewisse Arbeiten immer an jene Arbeiter verteilt, welche in der Verrichtung der ersteren die größere Geschicklichkeit besitzen (z. B. Stallarbeit, Mähen, Hackarbeit, Akkordarbeit). Endlich hat auch der Landwirt 6. dafür Sorge zu tragen, daß die Arbeiter gesund wohnen und daß für dieselben im Falle der Arbeitsunfähigkeit ausreichende Fürsorge getroffen wird. (Staatliche Einrichtungen durch Kranken-, Unfall-, Invaliden- und Altersversicherung.)

Die Lohnzahlung kann erfolgen 1. nur in Bargeld oder 2. nur in Naturalien oder 3. nach beiden Formen. Die Bemessung des Lohnes findet statt 1. nach der Zeit, während welcher gearbeitet worden ist, das ist der Zeitlohn, oder 2. nach der Größe der Arbeitsleistung, gleichgültig wieviel Zeit zu derselben verbraucht worden ist, das ist der Stück- oder Akkordlohn. Der Akkordlohn hat sowohl für den Arbeitgeber, wie auch für den Arbeitnehmer große Vorteile. Der erstere kann namentlich in drängender Arbeitszeit, z. B. während der Ernte Arbeiter ersparen; die Aufsicht ist hierbei bedeutend erleichtert; der Arbeiter dagegen nützt seine Arbeitskraft weit besser aus und vermag dadurch einen höheren Lohn zu erwerben.

Außer dem regelmäßigen Lohne werden vielfach gewissen Arbeitern, z. B. dem Aufseher, Schweizer, Schäfer, Schweinefütterer, Käser rc. rc. für besonders gute Leistungen gewisse Bezüge, sogenannte Prämien gewährt, was den Fleiß und die Aufmerksamkeit dieser Arbeiter sehr anzuregen vermag, z. B. 20 Pfennig für jedes verkaufte Ferkel, ½ Mk. für jedes zum Schlachten und 1 Mk. für jedes zur Zucht verkaufte Kalb u. s. w.

Nach der Art der landwirtschaftlichen Arbeiter kann man unterscheiden: 1. Dienstboten, welche vertragsmäßig an eine bestimmte Dienstdauer gebunden sind und eine bestimmte Kündigungsfrist einhalten müssen und 2. Taglöhner, welche nicht für eine bestimmte Dauer gebunden und zu keiner Kündigungsfrist verpflichtet sind.

1. Die Dienstboten bekommen in der Regel neben dem Lohn auch die Verköstigung; die jährlichen Kosten der letzteren betragen für einen erwachsenen männlichen

Dienstboten durchschnittlich 250—350 Mk., für einen weiblichen ca. 210—300 Mk.[4] Die Dienstboten müssen außer den Werktagsarbeiten auch die notwendigen Arbeiten während der Feiertage verrichten und sind nicht wie die Taglöhner an eine bestimmte tägliche Arbeitszeit gebunden. Sie werden namentlich zur Verrichtung der Haus-, Stall- und Gespannarbeiten verwendet, während die Feld- und übrigen Arbeiten am billigsten von Taglöhnern, wenn dieselben zu den wichtigsten Arbeitszeiten sicher zu bekommen sind, verrichtet werden können. Der Aufwand für die Dienstboten ist nämlich vielfach höher als jener für die Taglöhner; es sollten daher nicht mehr Dienstboten gehalten werden, als unter den bestehenden Verhältnissen nötig sind.

2. Die Taglöhner erhalten ihren Lohn meist in Geld, selten auch zum Teil in Form der Beköstigung oder in Naturalien. Am besten und zuverlässigsten sind jene Taglöhner, welche selbst ein kleines Anwesen besitzen, das sie mit ihren Familienangehörigen bewirtschaften.

Es liegt daher im Interesse der Landwirtschaft, den Taglöhnern und Dienstboten tunlichst Gelegenheit zu bieten, sich durch Kauf oder Pacht kleiner Anwesen ansässig zu machen.

Einen wichtigen Notbehelf bilden in vielen Gegenden und zu gewissen Zeiten die sog. Wanderarbeiter; dieselben reisen regelmäßig zur Zeit der Heu-, Getreide-, Grummet-, Hopfen- und Kartoffelernte bezw. der Zuckerrübenkultur aus Gegenden mit geringer Arbeitsgelegenheit zu und verlassen gewöhnlich nach Vollendung der betreffenden Arbeiten wieder die Gegend.

Die Behandlung der Arbeiter im allgemeinen soll stets eine entschiedene, aber auch gerechte und menschenfreundliche sein. Übermäßige Zumutungen in Bezug auf die Arbeitsleistung sollen nicht gestellt werden; insbesondere aber muß der Arbeitgeber in jeder Hinsicht, namentlich in Bezug auf eigene Pflichterfüllung, den Arbeitern mit gutem Beispiel vorangehen; nur hierdurch vermag er sich die nötige Achtung seitens der Arbeiter zu erringen.

Der Bedarf an Arbeitskräften ist sehr verschieden je nach der Größe des Gutes, nach der Art des Klimas und Bodens, nach der extensiveren oder intensiveren Wirtschaftsweise und je nach dem Fleiße und der Geschicklichkeit der Arbeiter. Von größtem Einfluß für den Bedarf an Arbeitern ist aber insbesondere die richtige Anordnung, Verteilung und Vereinigung der Arbeit durch den Betriebsleiter, die ständige Beaufsichtigung durch denselben und die je nach Bedarf auszudehnende Anwendung von landwirtschaftlichen Maschinen, die durch tierische oder mechanische Kraft in Bewegung gesetzt werden.

II. Die Einrichtung des landwirtschaftlichen Betriebs.

Das Ziel des landwirtschaftlichen Betriebs soll stets die Erreichung eines möglichst hohen, dauernden Reinertrags sein; letzterer hängt wesentlich von der Einrichtung des Betriebs ab. Unter dieser versteht man die Art und Weise, in welcher die verschiedenen Betriebsmittel (Kapital und Arbeit) sowie die Betriebszweige (Ackerbau, Wiesenbau, Viehzucht 2c. 2c.) zusammenzuwirken haben, damit sie möglichst erfolgreich ineinander greifen und sich gegenseitig in ihren Wirkungen ergänzen.

Auf die Art der Betriebseinrichtung haben folgende Umstände Einfluß:

1. Die Beschaffenheit des Klimas und des Bodens, denn beide sind in erster Linie für die Auswahl der anzubauenden Kulturpflanzen maßgebend. 2. Die Verkehrs-, Absatz- und Preisverhältnisse; von ihnen hängt es ab,

welche Produkte der Landwirt zu jeder Zeit leicht und sicher um einen die Herstellungskosten deckenden Preis absetzen kann und welche er daher hauptsächlich erzeugen soll. 3. Die Arbeiter- und Lohnverhältnisse; je ungünstiger dieselben sind, desto mehr wird der Landwirt Kulturen durchführen müssen, welche einen geringen Arbeitsaufwand erfordern, z. B. Weidewirtschaft gegenüber Getreidebau bezw. Handelsgewächsbau. Je mehr Arbeiter und je billiger diese zur Verfügung stehen, eine desto intensivere Wirtschaftsform mit Anbau von Hack- und Handelspflanzen kann der Landwirt auswählen. 4. Die Größe des Betriebs sowie die Kenntnisse und das Vermögen des wirtschaftenden Landwirts. Der kenntnisreichere, erfahrenere und vermögende Landwirt kann seine Wirtschaft intensiver und gewinnbringender einrichten wie jener Landwirt, dem es an den zur Durchführung eines vielseitigen und schwierigen Betriebs nötigen Kenntnissen und Kapitalien fehlt.

Bei der großen Verschiedenartigkeit dieser unter 1—4 dargelegten natürlichen und wirtschaftlichen Verhältnisse sind daher die in der Praxis vorkommenden Wirtschaftsformen außerordentlich verschieden. Es ist nicht möglich, eine bestimmte Wirtschaftsform als die beste, d. h. die gewinnbringendste zu bezeichnen, vielmehr muß sich die Wirtschaftsform jeweils sowohl an die innerhalb der Wirtschaft herrschenden Verhältnisse, wie auch an die von außen einwirkenden Einflüsse anpassen.

Kennzeichnend für die Wirtschaftsform ist meist das Verhältnis, in welchem die zwei Hauptproduktionszweige der Landwirtschaft, der Ackerbau und die Viehhaltung, zueinander stehen. Nur in gewissen Gegenden finden sich Wirtschaften, in denen der Ackerbau ganz zurücktritt und nur auf den Wiesen und Weiden das für den Viehstand nötige Futter gebaut wird. Anderseits sind die Verhältnisse nur selten so gelagert, daß eine viehlose Wirtschaft durchgeführt werden kann. Weitaus am häufigsten wird eine je nach den Verhältnissen richtig geordnete Verbindung zwischen Viehhaltung und Ackerbau am Platze sein. Beide stehen insofern in einem bestimmten Abhängigkeitsverhältnis zu einander, als der Ackerbau neben den natürlichen Futterflächen die für die Haltung des Viehs notwendigen Futter- und Streumaterialien zu liefern berufen ist, während die Viehhaltung durch ihre Düngererzeugung die Fruchtbarkeit des Ackerlandes zu erhalten hat.

Der Betrieb des Ackerbaus wird also in erster Linie von der Größe und der Art der Viehhaltung abhängig sein. Es wird daher die erste Aufgabe des Landwirts bei der Auswahl einer Wirtschaftsform sein, die Ausdehnung und die Art der unter den gegebenen Verhältnissen angezeigten Viehhaltung festzusetzen. Darnach kann er dann bestimmen, in welcher Form der Betrieb des Ackerbaues einzurichten ist, d. h. welche Pflanzen und in welchem Umfange er sie auf seinen Ackerländereien zum Anbau bringen soll. In dieser Hinsicht hat er die Wahl zu treffen zwischen 1. dem Anbau von mehlhaltigen Körner- und Hülsenfrüchten zum Zwecke der Korn- und Stroherzeugung (Getreide, Erbsen, Bohnen, Wicken, Linsen); 2. dem Anbau von Futterpflanzen; 3. dem Anbau von Markt- und Handelsgewächsen, die ausschließlich zum Verkaufe dienen (Reps, Rübsen, Mohn, Gewürz- und Gespinstpflanzen, Hopfen, Wein) und 4. dem Anbau solcher Pflanzen, welche als Rohmaterialien in technischen Nebengewerben verarbeitet werden sollen (Kartoffeln, Zuckerrüben u. s. w.).

Die Art und Weise, in welcher beim Ackerbau diese verschiedenen

Pflanzen nacheinander auf ein und demselben Felde in regelmäßigem Wechsel angebaut werden sollen, bezeichnet man als **Fruchtfolge**, auch Umlauf oder Rotation.

Bei dem Entwurf einer Fruchtfolge ist zu beachten:

1. Der Kraftzustand des Bodens, d. h. es ist zu untersuchen, ob derselbe eine große natürliche Fruchtbarkeit besitzt oder ob er erst durch vorzügliche Düngung und Bearbeitung sowie durch schonende Benützung in einen ertragsreicheren Zustand versetzt werden muß. Im ersteren Falle gestattet der Boden z. B. stärkeren Getreidebau, den Anbau von Handelspflanzen und von ertragsreicheren Futterpflanzen (wie Luzerne, Rotklee); im letzteren Falle muß durch Einhaltung der Brache, durch starke Düngung mit Stallmist, durch Gründüngung und Kunstdüngemittel die Fruchtbarkeit des Bodens erst allmählich gesteigert werden.

2. Die Pflanzen stellen verschiedene Ansprüche an die Lockerheit und die Unkrautfreiheit des Bodens. Bei mehrjährigem Getreidebau verdichtet sich der Boden stark und es nimmt dessen Verunkrautung zu; durch den Anbau von Hackfrüchten (Rüben, Kraut, Kartoffeln) dagegen wird der Boden nicht nur wieder gründlich gelockert, sondern es werden auch die Unkräuter vertilgt. Ebenso tragen sehr dichtstehende und blattreiche, den Boden stark beschattende Gewächse, wie Mengfutter, Reps, Bohnen, Klee, zur Unterdrückung der Unkräuter und zur Erhaltung der Bodengare bei. Es muß nun in der Fruchtfolge jeder Pflanze die Stellung eingeräumt werden, in der sie die ihr zusagenden Wachstumsverhältnisse vorfindet.

3. Manche Kulturpflanzen können eine Reihe von Jahren bei entsprechender Düngung nach einander angebaut werden, ohne in ihrem Ertrage abzunehmen, z. B. Roggen, Hafer, Kraut, Kartoffeln, Gräser. Andere Pflanzen aber sind mit sich selbst unverträglich, d. h. es mißrät der weitere Anbau, wenn man sie unmittelbar in kurzen Zeiträumen hintereinander anbaut, auch wenn durch die Düngung für einen Ersatz der entzogenen Nährstoffe gesorgt wurde; zu diesen Pflanzen gehören besonders: Luzerne, Rotklee, Hanf, Reps, Erbsen, Gerste. Es dürfen daher diese mit sich selbst unverträglichen Pflanzen erst nach längeren Zeiträumen (4—6—9 Jahre) auf demselben Felde wieder angebaut werden. Anderseits gedeihen erfahrungsgemäß gewisse Pflanzen verschiedener Art, nach einander gebaut, sehr gut. So sind gute Vorfrüchte für Weizen und Roggen: Reps, Klee, Mengfutter; für Sommergetreide (namentlich mit Klee-Einsaat): die tiefwurzelnden Hackfrüchte und Gründüngungspflanzen; letztere bilden auch eine vorzügliche Vorfrucht für die Kartoffeln.

4. Beim Entwurf einer Fruchtfolge soll ferner die Entfernung der Grundstücke vom Wirtschaftshof berücksichtigt werden. Während sehr weit entfernt liegende Felder gewöhnlich mehr extensiv durch die Weide und den häufigen Anbau von ausdauernden Futterkräutern ausgenützt werden, findet auf den näher liegenden Feldern ein intensiverer Betrieb statt, indem hier hauptsächlich die mehr Düngung und Pflege erfordernden Gewächse kultiviert werden.

5. Schließlich hat man bei der Aufeinanderfolge der Pflanzen in der Fruchtfolge auch darauf zu sehen, daß sich die Arbeiten während der Wachstumszeit möglichst gleichmäßig verteilen.

Im allgemeinen lassen sich folgende 5 Hauptarten von Wirtschaftsformen unterscheiden: 1. die Gras- oder Weidewirtschaft; 2. die Feldgraswirtschaft; 3. die Körnerwirtschaft; 4. die Fruchtwechselwirtschaft; 5. die freie Wirtschaft.

1. Die Gras- oder Weidewirtschaften.

Unter Gras- oder Weidewirtschaft versteht man diejenige Betriebsweise, bei welcher die gesamte Grundfläche als Weide und dauerndes Wiesenland benützt wird. Der Schwerpunkt der ganzen Wirtschaft beruht in der Futtererzeugung und Viehhaltung. Diese reinen Weidewirtschaften finden sich in sehr dünnbevölkerten und verkehrsarmen Gegenden mit solchen Boden- und klimatischen Verhältnissen, die den Boden nur als Weideland zu benützen erlauben. Aber auch in unseren höher gelegenen, regenreichen Gebirgsländern finden wir die reine Gras- und Weidewirtschaft, letztere als sog. Alpbetrieb vor. Durch richtige Kultur der Alpweiden, z. B. durch Entfernung von Steinen, Strauchwerk und Unkräutern, zweckmäßige Verteilung des anfallenden Düngers und des Wassers, durch Anlage geeigneter Wege und Einzäunungen 2c. 2c., kann dieser Alpbetrieb bedeutend verbessert werden. (Alp-Inspektionen mit Prämiierung.) In vielen Teilen des Allgäus ist die reine Graswirtschaft die Regel; die Grasnarbe wird nur selten zu ihrer Verjüngung mit dem Pfluge umgebrochen. Durch ausgiebige Düngung mit Jauche, Stallmist und Kunstdünger wird die Ertragsfähigkeit der Grasländereien bedeutend gehoben, so daß dort der Grasbau einen höheren Reinertrag bringt als der Getreidebau.

Diese reinen Graswirtschaften gehören zu den extensiveren Wirtschaftsformen; der Aufwand an Kapital und Arbeit ist verhältnismäßig gering; bei guten Preisen der Produkte der Viehhaltung kann man aber befriedigenden Reinertrag erzielen.

2. Die Feldgraswirtschaften.

Bei der Feldgraswirtschaft in ihrer heutigen Form werden zunächst jene Grundstücke abgesondert, welche sich infolge ihrer feuchten Lage nur als dauerndes Wiesenland eignen. Das pflugfähige Land wird in eine größere oder kleinere Anzahl von Schlägen geteilt; dieselben werden abwechslungsweise zum Getreidebau und zur Grasgewinnung benützt. Diese Feldgraswirtschaft finden wir dort, wo reichliche Niederschläge und die Beschaffenheit des Bodens den natürlichen Graswuchs so befördern, daß sich auf dem unbearbeiteten Boden rasch wieder eine geschlossene Decke von ausdauernden Gräsern, gewöhnlich auch ohne besondere Ansaat, bildet. Die Feldgraswirtschaft wird ferner auch dort durchgeführt, wo ein rauheres Klima den Anbau anderer Pflanzen, auch den der Getreidearten, etwas gefährdet und unsicher macht und wo günstige Preise für die Produkte der Viehhaltung, die letztere als gewinnbringend erscheinen lassen.

Die Feldgraswirtschaft kommt im Bereich des Allgäuer und bayerischen Oberlandes allenthalben unter der Bezeichnung Egarten- (oder Ödgarten-) wirtschaft vor. Dieselbe ist also im wesentlichen nichts anderes als eine Wechselwirtschaft zwischen Gras- und Getreideland. Die dabei vorkommenden Fruchtfolgen zeigen insofern Unterschiede, als die Dauer der Benützung als Gras- bezw. als Getreideland verschieden ist. In regenreicheren, sehr graswüchsigen Gebieten z. B. wird der Boden 8—10—15 Jahre zur Grasnutzung liegen gelassen und nur 3—4 Jahre zu aufeinander folgendem Getreidebau benützt. In den dem Flachlande näher gelegenen Wirtschaften des Vorgebirges schränkt sich die Benützung der Ackerfläche zur Gras- und Weidenutzung auf 3—5 Jahre ein. In letzterem Falle muß auch zur rascheren Erzielung einer geschlossenen Grasnarbe nach dem Körnerbau eine Ansaat von Klee- (und häufig auch von Gras-)Sämereien stattfinden, von welcher im ersteren Falle Umgang genommen werden kann.

Folgende Beispiele von Fruchtfolgen geben ein Bild von der Einrichtung der Egartenwirtschaften:

1. Jahr:	Hafer,	1. Hafer,	1. Sommerweizen.
2. „	Sommerroggen,	2. Dinkel,	2. Gerste,
3. „	Gerste,	3. Dinkel,	3. Hafer,
4. „	Hafer,	4. Hafer,	4. Brachfrüchte,
5.—10. „	Gras.	5.—8. Gras.	5. Dinkel,
			6.—15. Gras.

Kennzeichnend für alle diese Fruchtfolgen ist, daß der Futterbau den Getreidebau bezw. Marktfruchtbau überwiegt.

Obwohl die direkte Aufeinanderfolge mehrerer Getreidepflanzen deren Ertragsfähigkeit weniger günstig ist und obwohl hierbei nur schwer eine zunehmende Verunkrautung des Ackerlandes verhindert werden kann, hat die Egartenwirtschaft doch für die bezeichneten Gegenden mit ihrem regenreichen Klima und graswüchsigen Boden ihre volle Berechtigung und gewährt bei entsprechenden Preisen der Viehprodukte günstige Wirtschaftserfolge. Der Aufwand an Kapital und namentlich an menschlichen und tierischen Arbeitskräften ist weniger hoch als bei den nachfolgend beschriebenen Wirtschaftsformen; die Roherträge sind ziemlich sicher und gleichbleibend, die Fruchtbarkeit des Bodens ist bei guter Dungpflege und bei mäßiger Anwendung geeigneter künstlicher Düngemittel (Thomasmehl und Kainit) leicht zu bewahren und zu steigern.

Ähnlich der Egartenwirtschaft ist die in manchen Gegenden Norddeutschlands vorkommende Koppelwirtschaft.

3. Die Körner- oder Felderwirtschaften.

Bei den Körnerwirtschaften sind die einzelnen Kulturarten (Äcker, Wiesen und Weiden) dauernd voneinander geschieden. Das Ackerland ist je nach dem Umlauf in eine bestimmte Anzahl sogenannter Felder geteilt und wird überwiegend zum Getreide- oder Körnerbau, zum Futterbau dagegen nicht oder nur wenig benützt. Der letztere beschränkt sich in der Hauptsache auf die Erzeugnisse der Wiesen und Weiden.

Die weitaus größte Verbreitung im klein- und mittelbäuerlichen Betriebe hat in Bayern unter den Körnerwirtschaften heute noch die **Dreifelderwirtschaft.**

Bei der **reinen** Dreifelderwirtschaft wird das gesamte Ackerland in drei möglichst gleich große Felder oder Schläge geteilt. Diese werden in folgendem Umlauf bewirtschaftet: 1. Wintergetreide, 2. Sommergetreide, 3. reine, sog. schwarze Brache, in welcher zugleich soweit als möglich der Dünger untergebracht wird. ⅓ der gesamten Feldfläche dienen also dem Getreidebau, $^1/_3$ liegt brach und bringt daher keinen direkten Ertrag.

Das Brachfeld wird bis Ende Mai oder Juni beweidet, dann umgebrochen, in der Regel gedüngt und durch weiteres ein- oder zweimaliges Pflügen zur Wintersaat vorbereitet.

Bis zum Jahre 1848 herrschte die gesetzliche Vorschrift des Flurzwanges, wonach die Brachfelder behufs gemeinsamer Weide möglichst beisammen liegen mußten und daher zum Anbau von Brachfrüchten nicht verwendet werden konnten.

Die reine Dreifelderwirtschaft genügte ursprünglich den Bedürfnissen, da sie den Getreidebedarf der ehedem viel weniger dichten Bevölkerung deckte, da die Tiere und ihre Produkte einen sehr niedrigen Preis hatten und der Grund und Boden billiger sowie die gesamten Wirtschaftskosten geringer waren. Außerdem war der Anbau von Klee und Kartoffeln noch unbekannt oder doch nur wenig eingeführt.

Der Hauptnachteil der reinen Dreifelderwirtschaft ist die überaus große Ausdehnung der Brache und der damit verbundene Ausfall an ertragbringendem Land. Die Einhaltung der reinen Brache muß aber bei den heutigen Verhältnissen soweit als nur möglich eingeschränkt werden; es gelingt dies bei richtig gewählter Fruchtfolge, guter Bearbeitung und Düngung des Bodens in den meisten Fällen. Nur unter nachstehenden Verhältnissen wird eine zeitweilige Brachhaltung nicht entbehrt werden können: 1. bei rauhem Klima mit frühem Eintritt der kalten und spätem Beginn der warmen Jahreszeit; 2. bei sehr gebundenen, zähen Bodenarten, deren Herbstbestellung eine öftere und gründliche Bearbeitung erfordert; 3. bei der Kultur von verunkrautetem, namentlich verquecktem Boden, besonders, wenn eine schlechte Bewirtschaftung oder sehr nasse Jahrgänge vorausgegangen sind; 4. bei sehr starker Schafhaltung mit Pferchbetrieb; 5. wenn in der Wachstumszeit Bodenverbesserungen, z. B. größere Be- und Entwässerungen ꝛc., vorgenommen werden sollen. 6. In der weniger arbeitsreichen Zeit können bei Brachhaltung die Gespanne durch Mistfahren und Bearbeitung des Bodens besser ausgenützt werden.

Eine Verbesserung erfuhr die reine Dreifelderwirtschaft dadurch, daß das Brachland teilweise oder vollständig mit Pflanzen bebaut wurde, welche einerseits durch ihre tiefere Bewurzelung und stärkere Beschattung sowie durch die Ermöglichung einer Bearbeitung während des Wachstums die frühere Brachbearbeitung ersetzen, andererseits aber der Wirtschaft wertvolle Futtermaterialien liefern. Zu den Brachpflanzen gehören: Rotklee, Mengfutter, Hülsenfrüchte, Mais, ferner die sog. Hackfrüchte, Kartoffeln und Rüben.

Auf diese Weise entstand fast überall aus der reinen die verbesserte Dreifelderwirtschaft; bei derselben werden 6, 9 oder 12 einzelne Schläge gebildet und Fruchtfolgen durchgeführt, wie sie nachfolgende Beispiele angeben [1]: 1. Brache**, 2. Winterfrucht, 3. Sommerfrucht, 4. Klee, 5. Winterfrucht*, 6. Sommerfrucht; oder: 1. Hackfrucht**, 2. Gerste, 3. W.-Roggen* (ev. mit Kunstdünger), 4. Klee, 5. W.-Weizen*, 6. Hafer; oder: 1. Brache**, 2. Winterfrucht, 3. Gerste, 4. Klee, 5. Winterfrucht*, 6. Hafer, 7. Hackfrucht und Mengfutter**, 8. Winterfrucht, 9. Gerste und Hafer.

In warmem Klima und auf nicht zu nassem Boden sowie bei sorgfältiger Bearbeitung des Ackerlandes und bei dem Vorhandensein von vielen

[1]) * bedeutet schwache, ** starke Stallmistdüngung.

und guten Wiesen kann diese verbesserte Dreifelderwirtschaft immerhin noch zu befriedigenden Resultaten führen. Doch besitzt sie verschiedene schwerwiegende Nachteile:

1. Zwei Drittel der ganzen Feldfläche sind noch dem Getreidebau eingeräumt; höchstens $^1/_3$ derselben liefert Futter. Besitzt nun die Wirtschaft nicht verhältnismäßig viele Wiesenflächen, so kann nur wenig Vieh gehalten werden oder bei stärkerem Viehstande herrscht beständiger Futter- und Streumangel, verbunden mit unzweckmäßiger, verlustbringender Viehhaltung. Die anfallende geringe und nährstoffarme Düngermenge reicht dann nicht aus zu einer häufigen und kräftigen Düngung, wie sie der starke Getreidebau der Dreifelderwirtschaft verlangt, die Erträge gehen immer mehr zurück und es muß schließlich wieder das Brachfeld ausgedehnt werden. Liefert außerdem noch in manchen Jahren der Getreidebau schlechte Erträge oder sind die Preise des Getreides sehr niedrig, so leiden diese hauptsächlich Körnerfrüchte bauenden Dreifelderwirtschaften außerordentlich Not.

2. Bei der regelmäßigen Aufeinanderfolge zweier Getreidearten kommt die Sommerfrucht, so namentlich die wertvolle Gerste, regelmäßig in ein mehr oder weniger ausgebautes Feld, so daß sehr gute Erträge meist nicht mehr erwartet werden können. Außerdem befördert der starke Getreidebau sehr die Verunkrautung der Felder.

3. Die Winterfrucht kann namentlich in rauherer Lage nach spät geernteter Hackfrucht nicht mehr rechtzeitig untergebracht werden.

4. Die wichtigste Futterpflanze, der Rotklee, kommt in ein durch zwei vorausgegangene Getreideernten häufig erschöpftes und verunkrautetes Feld und bringt daher vielfach geringere Erträge.

Diese Nachteile sind häufig die Ursache, daß an der Dreifelderwirtschaft festhaltende Landwirte trotz allen Fleißes und tunlichst guter Kultur der Felder keinen oder nur einen geringen Reinertrag erzielen. Durch eine den Verhältnissen angepaßte Änderung in der Wirtschaftsform, wie sie durch die Einführung der Fruchtwechselwirtschaft erreicht wird, würden, wie die Erfahrungen vielenorts lehren, viel bessere Wirtschaftserfolge erzielt werden können.

Bei den Vier-, Fünf- und Mehrfelderwirtschaften, in denen sogar drei und noch mehr Getreidearten direkt auf einander folgen, treten die oben geschilderten Nachteile noch mehr hervor. Ein Beispiel einer Fruchtfolge dieser Art ist: 1. Brache**, 2. Wintergetreide, 3. Sommergetreide, 4. Sommergetreide und Hülsenfrucht.

4. Die Fruchtwechselwirtschaften.

Bei der Fruchtwechselwirtschaft findet im Anbau der Pflanzen in der Regel ein Wechsel zwischen Halmfrüchten und blattreichen Pflanzen in der Weise statt, daß jede Halmfrucht regelmäßig nach einer blattreichen Pflanze, zu denen die Hülsenfrüchte und Futterpflanzen sowie die Hack- und Handelsgewächse zu zählen sind, angebaut wird. Dadurch wird zwar gegenüber der Dreifelderwirtschaft die Anbaufläche für das Getreide eingeschränkt, dafür aber auf dem Ackerlande so viel Futter gebaut, daß selbst bei geringem Wiesenbesitze die ausreichende Ernährung eines stärkeren Viehstandes und damit auch die Erzielung größerer Düngermengen ermöglicht wird.

Die günstige Wirkung dieses Wechsels im Anbau von blattreichen und blattarmen Pflanzen auf die Erhöhung der Roherträge, welche so groß ist, daß auf der kleineren Anbaufläche ebensoviel oder sogar mehr Getreide geerntet wird als auf der größeren Getreidefläche bei der Dreifelderwirtschaft, beruht auf folgenden Umständen:

1. Die verschiedenen Pflanzenarten stellen verschiedene Ansprüche an die Löslichkeit, Art und Menge der Nährstoffe des Bodens. So erfordern die Getreidearten zu ihrer kräftigen Entwicklung vor allem einen größeren Vorrat an leicht aufnehmbaren Stickstoff- und Phosphorsäureverbindungen im Boden. Die Rüben und Kartoffeln entnehmen dem Boden in größerer Menge die Nährstoffe Stickstoff und Kali, während die stickstoffsammelnden Schmetterlingsblütler einen höheren Phosphorsäure-, Kali- und Kalkgehalt des Bodens beanspruchen, dagegen bezüglich ihres Stickstoffbedarfs fast unabhängig vom Stickstoffvorrate des Bodens sind. Durch eine richtige Abwechslung im Anbau dieser Pflanzenarten werden die Nährstoffe des Bodens gleichmäßiger ausgenützt und es wird eine einseitige Erschöpfung des Bodens verhindert.

2. Die verschiedenen Pflanzenarten haben eine verschieden tiefe Bewurzelung. Durch den wechselnden Anbau von Seicht- und Tiefwurzlern nützt man die verschiedenen Bodenschichten aus. In den Untergrund versickerte Nährstoffe werden durch die Tiefwurzler wieder heraufgeholt.

3. Während die blattarmen Getreidepflanzen sowohl die Verdichtung wie auch die Verunkrautung des Bodens begünstigen, wirken die blattreichen Gewächse beschattend und unkrautvertilgend auf den Boden ein, auch verhindern sie ein sehr starkes Zusammenschlämmen desselben.

4. Die größere Mannigfaltigkeit der anzubauenden Pflanzen vermindert die Gefahr vollständiger Mißernten in einzelnen schlechten Jahren.

Neben der Erhöhung der Roherträge wirkt die Fruchtwechselwirtschaft auch insoferne günstig, als sich die Feldarbeiten während des Sommers gleichmäßiger verteilen und der Landwirt eine größere Auswahl unter den anzubauenden Pflanzen hat, so daß er sich in dieser Hinsicht den jeweiligen Verhältnissen in Bezug auf Absatz, Boden, Klima u. s. w. anzupassen vermag.

Indessen kann die Fruchtwechselwirtschaft nur unter Beachtung folgender Umstände durchgeführt werden:

Sie erfordert größeren Aufwand an Arbeit und Kapital, denn sie gehört zu den intensiveren Wirtschaftsformen. Boden und Klima müssen günstig sein; der Landwirt muß ausreichende Kenntnisse zur Durchführung der Fruchtwechselwirtschaft besitzen und außerdem über die Bewirtschaftung seiner Grundstücke unabhängig von äußeren Einflüssen (z. B. Flurzwang, freie Zufahrten 2c. 2c.) verfügen können.

Die Fruchtwechselwirtschaft kommt in zwei Formen vor:

1. Als reine oder strenge und 2. als abgeänderte, weniger strenge Fruchtwechselwirtschaft.

Bei der strengen Fruchtwechselwirtschaft werden niemals zwei Getreidefrüchte oder zwei Blattpflanzen direkt nach einander gebaut, die Brache wird vollständig vermieden.

Ein Beispiel hierfür bildet der sog. Norfolker Fruchtwechsel: 1. Hackfrucht**, 2. Sommerung, 3. Klee, 4. Winterung*. Da der Klee in Rücksicht auf die Kleemüdigkeit des Bodens nur in seltenen Fällen auf die Dauer alle 4 Jahre auf demselben Felde wiederkehren kann, so wurde diese vierfeldrige Norfolker Fruchtfolge vielfach in 6-, 8-, 10-schlägige Rotationen umgewandelt, wie z. B.: 1. Hackfrucht**, 2. Sommerung, 3. Klee, 4. Winterung*, 5. Hülsenfrucht und Mengfutter*, 6. Winterung.

In diesen und ähnlichen Fruchtfolgen der reinen Fruchtwechselwirtschaft ist also immer die eine Hälfte der Ackerfläche dem Getreidebau, die andere Hälfte dem Futterbau und eventuell auch dem Handelsgewächsbau eingeräumt. Es gibt nun aber zahlreiche Fälle, in denen es zweckmäßig erscheint, dem Getreidebau oder dem Futterbau oder dem Anbau von Handels- und Fabrikpflanzen eine größere Ausdehnung zu gewähren. Ferner ist z. B. bei sehr schwerem Tonboden oder sehr unkrautwüchsigen Feldern die zeitweilige Einhaltung einer kürzeren oder längeren Brache nicht zu umgehen oder man wünscht die Einführung mehrjähriger Futterschläge zum Zwecke eines ausgiebigeren Futterbaus oder des Weidebetriebs.

Um diese Ziele zu erreichen, hat man die reine Fruchtwechselwirtschaft zumeist in der Weise abgeändert, daß man z. B. in gewissen, größeren Abständen Getreide direkt auf Getreide folgen läßt oder daß man als Vorbereitung für den Wintergetreide- oder Repsanbau eine halbe oder ganze Brache durchführt oder zwei Jahre nach einander das Klee- oder besser Kleegrasfeld benützt.

Diese weniger strenge Fruchtwechselwirtschaft ist zweifellos für den erfahrenen Landwirt, der unter günstigen Klima-, Boden- und Verkehrsverhältnissen wirtschaftet, die zweckmäßigste Betriebsart. Die nachstehenden Beispiele von Fruchtfolgen dieser Art zeigen, wie sehr sich der Landwirt bei Durchführung dieser Wirtschaftsform den natürlichen und wirtschaftlichen Verhältnissen anzupassen vermag.

I.	II.	III.
1. Kartoffeln, Rüben**,	1. Hackfrucht**,	1. Hackfrucht**,
2. Hafer und Gerste,	2. Sommerung,	2. Gerste,
3. Kleegras,	3. Kleegras,	3. Roggen*,
4. Kleegras (1 Schnitt),	4. Kleegras,	4. Klee,
5. Reps**,	5. Winterung*,	5. Weizen*,
6. Weizen,	6. Hülsenfrucht und Mengfutter,	6. Hülsenfrucht, Mengfutter, Mais,
7. Hülsenfrucht, Mengfutter*,	7. Winterung*,	7. Hafer und Gerste.
8. Roggen,	8. Hafer.	
9. Hafer.		

Eine weitere Vervollkommnung kann die Fruchtfolge sowohl bei der Fruchtwechsel- wie bei der Dreifelderwirtschaft vielfach durch den sogenannten Zwischenfruchtbau erfahren.

Unter Zwischenfruchtbau versteht man den Anbau von Futter- oder Gründüngungspflanzen in der Zeit, welche zwischen der Aberntung der ersten Hauptfrucht und dem Wiederanbau der nachfolgenden Hauptfrucht liegt. So können nach früh geerntetem Roggen, nach Gerste oder Mengfutter 2c. 2c. zu Futterzwecken noch Stoppelrüben, Mengfutter, Futterroggen, Senf u. s. w. oder zu Gründüngungszwecken (s. S. 191) bei günstigem Klima Lupinen oder sonstige Schmetterlingsblütler (Stickstoffsammler) eingebaut werden. Bei ungünstigerem Klima werden Serradella oder Gelbklee bereits im Frühjahr unter die Halmfrucht eingesät und im Herbst untergeackert oder bei Bedarf auch verfüttert. In vielen Gegenden wird unter Roggen im Frühjahr Rotklee gesät, welcher dann im Herbst und nächsten Frühjahr als Futter benützt und hierauf umgebrochen wird, um noch den Anbau von Rüben und Kraut zu ermöglichen. Erwähnenswert ist auch der Anbau eines Gemisches von Winterroggen und zottigen Winterwicken oder derjenige von Reps in die Stoppel von Getreidefeldern. Die betreffenden Pflanzen liefern dann das erste, meist sehr frühzeitige Grünfutter im nächsten Frühjahr und erlauben nach Aberntung noch eine Bestellung des Feldes mit Hackfrüchten, Mengfutter, Mais u. s. w.

5. Die freie Wirtschaft.

Die freie Wirtschaft bindet sich an keine bestimmte Fruchtfolge, sondern es werden die auf den einzelnen Feldern anzubauenden Pflanzen von Jahr zu Jahr je nach den augenblicklich herrschenden Preis- und Absatzverhältnissen ausgewählt. Diese Wirtschaftsform kann sehr einträglich sein; allein sie erfordert seitens des Landwirts große Kenntnisse und Einsicht nicht nur in Bezug auf den Ackerbau, sondern auch hinsichtlich des Ganges des öffentlichen Verkehrs und Handels. Die freie Wirtschaft kann sich z. B. für kleine Güter in der Nähe großer Städte, wo leicht Dünger beschafft und jederzeit Absatz für die Erzeugnisse der Landwirtschaft gefunden werden kann, eignen. Sie darf aber nie in eine planlose und ungeregelte, wilde Wirtschaft ausarten.

Allgemeines über Feldeinteilung und Fruchtfolgeübergänge.

Wenn sich bei der Prüfung einer bisher durchgeführten Fruchtfolge deren Mangelhaftigkeit herausstellt und wenn infolge dessen der Landwirt das Verlassen dieser Fruchtfolge und die Einführung eines neuen, vollkommeneren Umlaufs beabsichtigt, so ist namentlich Folgendes zu beachten: bei sehr verschiedenen Bodenverhältnissen auf ein und demselben Gute wird man manchmal nicht eine, sondern zwei oder mehrere dem Boden angepaßte Fruchtfolgen auszuwählen haben; so wird häufig auf den besseren und näher beim Hofe liegenden Grundstücken eine intensive, auf minder guten und weit entfernten Feldern eine extensive Wirtschaftsweise eingeführt.

Die Zahl der Schläge soll im allgemeinen nicht zu klein (nicht unter 3 oder 4), aber auch nicht zu groß sein (nicht über 10). Am einfachsten ist es, wenn die neue Fruchtfolge die gleiche Anzahl oder ein Mehrfaches der Anzahl der Schläge der alten Fruchtfolge hat. Die Größe der Schläge soll unter sich annähernd gleich sein und es soll jeder Schlag eine für die Bewirtschaftung möglichst günstige Form besitzen. Im allgemeinen soll jeder einzelne Schlag aus nahe bei einander liegenden Feldern bestehen. Nur bei sehr verschiedenartigen Bodenverhältnissen ist es zur Erzielung gleichmäßiger Ernten in den verschiedenen Jahrgängen empfehlenswert, die Felder abgesehen von ihrer Lage so in die Schläge einzureihen, daß in jedem Schlag die verschiedenen Bodenarten vorkommen, wenn nicht überhaupt besser mehrere Fruchtfolgen angezeigt erscheinen.

Der Übergang von der alten zu der neuen Fruchtfolge muß allmählich geschehen, wenn Rückschläge in den Ernten und Verluste vermieden werden sollen. Es wird die Übergangszeit um so länger dauern müssen, je weniger fruchtbar der Boden ist und je weniger man imstande ist, durch außergewöhnliche Düngungen den Übergang zu erleichtern. Vor allem muß beim Übergang selbst darauf gesehen werden, daß die wichtigste und in Bezug auf die Fruchtfolge empfindlichste Futterpflanze, der **Rotklee**, die richtige Stellung erhält, daß er namentlich nicht zu bald auf demselben Felde wiederkehrt.[f] Weniger empfindlich sind in ihrer Aufeinanderfolge die Getreidearten und am leichtesten lassen sich die stark gedüngten Hackfrüchte in die neue Fruchtfolge einreihen, da sie nach jeder Vorfrucht gedeihen.

Vor Beginn des Übergangs muß ein wohldurchdachter Übergangsplan aufgestellt werden, aus welchem genau ersichtlich ist, mit welcher Frucht jeder Schlag in jedem Jahre zu bestellen ist.

Plan für den Übergang einer reinen Dreifelderwirtschaft in die 6-schlägige Fruchtwechselwirtschaft: 1. Hackfrucht**, 2. Sommerung, 3. Klee, 4. Winterung*, 5. Mengfutter, 6. Sommerung.

1906	Brache,** 30 Tgw.		Winterung, 30 Tgw.		Sommerung, 30 Tgw.	
1907	15 Tgw. Winterung	15 Tgw. Winterung	15 Tgw. Sommerung mit Klee-untersaat	15 Tgw. Sommerung	15 Tgw. Hackfrucht**	15 Tgw. Brache**
1908	Meng-futter*	Sommerung	Klee	Hackfrucht**	Sommerung mit Klee-untersaat	Winterung
1909	Sommerung VI.	Hackfrucht** I.	Winterung* IV.	Sommerung mit Klee-untersaat II.	Klee III.	Mengfutter V.

III. Die Arten der landwirtschaftlichen Unternehmung.

In dieser Hinsicht kann man unterscheiden: 1. die **Selbstbewirtschaftung eines Guts**; 2. die **Pachtung**; 3. die **genossenschaftliche Unternehmung**.

1. Die Selbstbewirtschaftung eines Gutes.

Ein mit Fachkenntnissen und Vermögen hinreichend ausgerüsteter Landwirt, der außer den zum Kaufe des Guts notwendigen Mitteln noch genügendes Kapital zum Betriebe übrig hat, wird am besten das Gut als **Eigentümer** selbst bewirtschaften.

Obwohl der landwirtschaftliche Betrieb in der Regel keinen so großen wirtschaftlichen Erfolg gewährt als die meisten anderen Erwerbszweige, so hat doch auch der landwirtschaftliche Beruf seine schönen Seiten. Die Beschäftigung in der freien Natur wirkt kräftigend und abhärtend auf den Körper und erzieht den Menschen zu einer einfachen und genügsamen Lebensweise. Die Bewirtschaftung des Grund und Bodens weckt die Anhänglichkeit an die heimatliche Scholle und damit auch die Liebe zum Vaterlande. Mehr wie jeder andere wird aber der Landwirt, dessen Arbeit und Tätigkeit erfolglos bleibt, wenn nicht der Segen Gottes ihr zuteil wird, zum Vertrauen auf Gott hingewiesen. Wenn sich damit noch ausdauernder Fleiß und Ordnungsliebe, Sparsamkeit und Genügsamkeit, Umsicht und fester Wille sowie das Bestreben, sich selbst in seinem

Berufe immer weiter fortzubilden und zu vervollkommnen, vereinigen, so wird die Bewirtschaftung des eigenen Anwesens gewiß Befriedigung verschaffen. *

Der selbstwirtschaftende Besitzer hat das größte Interesse, die Ertragsfähigkeit seines Gutes zu erhöhen; dies wird am sichersten durch dauernde Bodenverbesserungen, wie Ent- und Bewässerungen, Einebnungen u. s. w. erreicht. Insoweit der Landwirt hierzu sowie überhaupt zum Ankaufe und Betriebe eines Gutes nicht ausreichende Mittel besitzt, ist er auf die leihweise Beschaffung der noch fehlenden Mittel angewiesen. Die auf diese Weise entstehende Belastung des Gutes mit Schulden ist nicht immer von direktem Nachteile für den Ertrag der Wirtschaft. Sind nämlich die Einkünfte aus dem in der Landwirtschaft arbeitenden fremden Kapital höher als der Zins, den man für die Leihsumme zu zahlen hat, so wirkt die Verwendung dieser Leihkapitalien sogar günstig auf den Reinertrag der Wirtschaft ein. Von größtem Nachteil für den Fortbestand eines Gutes dagegen ist es, wenn der Zinsfuß für die Schulden dauernd höher ist als der prozentische Reinertrag des Gutes. Unter diesen Umständen geht der Landwirt um so schneller dem vollen wirtschaftlichen Untergange entgegen, je höher die Verschuldung des Gutes war. Bezüglich der noch zulässigen Höhe der letzteren kann im allgemeinen gelten, daß die auf dem Grundkapitale ruhenden Schulden höchstens 50—65% des Ertragswerts eines Gutes betragen sollen.

Die Ursachen zu hoher Verschuldung beruhen häufig auf einem zu teuren Ankaufspreise oder auf einer zu hohen Übernahme bei Erbteilungen oder in dem Ankaufe eines für die Vermögensverhältnisse des betreffenden Landwirts zu großen Gutes. Wer nicht hinreichende Mittel besitzt, um ein Gut kaufen zu können, ohne es übermäßig hoch mit Schulden belasten zu müssen, sollte sich lieber mit einer seinen Verhältnissen angepaßten Pachtung begnügen.

2. Die landwirtschaftliche Pachtung. (S. Gesetzeskunde.)

Der Pächter hat in der Regel das Betriebskapital (Geräte, Vieh, Vorräte und Wirtschaftsgeld) mitzubringen, während der Verpächter das Grundkapital (Grundstücke und Gebäude) zur Bewirtschaftung mit der Bestimmung zur Verfügung stellt, daß nach einer bestimmten Zeit, der Pachtdauer, das Pachtgut wieder in unvermindertem Wertszustande zurückgegeben werden muß. Für die Überlassung des Pachtguts muß seitens des Pächters an den Verpächter ein bestimmtes Pachtgeld bezahlt werden. Durch das Eingehen einer guten Pachtung vermag sich mancher minderbegüterte, aber kenntnisreiche und tatkräftige Landwirt eine selbständige und auskömmliche Lebensstellung zu verschaffen.

Vor Übernahme der Pachtung muß ein notarieller Pachtvertrag abgeschlossen werden. Derselbe muß derart abgefaßt werden, daß sowohl die Interessen des Verpächters wie auch jene des Pächters tunlichst gewahrt bleiben. Der Verpächter muß die Sicherheit haben, daß das Gut durch den Pächter nicht minderwertig wird. Andererseits dürfen die Bestimmungen des Pachtvertrags den Pächter nicht an der je nach Lage der Verhältnisse zweckmäßigsten Bewirtschaftung des Gutes hindern.

Der Pachtvertrag soll namentlich über folgende Punkte unzweideutige Bestimmungen enthalten:

1. Genaue Angabe der Pachtgegenstände (Grundstücke und Gebäude, damit verbundene Rechte und Lasten); ob das Inventar, die Vorräte und stehenden Früchte käuflich zu erwerben sind, oder ob dieselben als eiserner Bestand pachtweise übernommen werden sollen. Letztere Form ist soweit als möglich zu vermeiden. 2. Angabe des

Pachtpreises und von Bestimmungen über die Art und den Termin der Zahlung. Der Pachtpreis wird am zweckmäßigsten in Geld, nicht in Naturalien festgesetzt; er soll auch im Interesse des Verpächters nicht übermäßig hoch sein. 3. Angabe der Pachtdauer; dieselbe soll nicht zu kurz bemessen sein, da sonst der Pächter Bodenverbesserungen, die erst im Laufe der Jahre ausgenützt werden können, nicht vornehmen kann. 4. Feststellungen über die Unterhaltungspflicht und die Reparatur der Gebäude, baulichen Anlagen und Wege. 5. Bestimmungen über die Bewirtschaftung des Gutes in Bezug auf Fruchtfolge, Düngung, Haltung einer bestimmten Viehzahl, Bodenverbesserungen, Verkauf von Dünger, Heu und Stroh. 6. Bestimmungen über die Rückgabe des Gutes nach Ablauf der Pachtzeit und die Übernahme des Inventars, der Vorräte und der Feldbestellung. 7. Bestimmungen über Veränderungen, welche durch den Tod des Verpächters oder Pächters, durch Verkauf des Gutes u. s. w. herbeigeführt werden können. 8. Bestimmungen über Pachtnachlaß bei Unglücksfällen u. s. w. 9. Festsetzung eines Schiedsgerichtes zur Schlichtung von Streitigkeiten.

Eine besondere Form der Verpachtung von Gütern ist jene, wobei die Gutsfläche ganz oder teilweise zerlegt (parzelliert) und die einzelnen Grundstücke an selbständige Landwirte verpachtet werden. Diese Form hat häufig für die Pachtliebhaber großen Vorteil, da dieselben die ihnen zur Bewirtschaftung verfügbare Grundfläche vermehren und die vorhandenen Arbeitskräfte besser ausnützen können. Häufig werden aber bei dieser Teilverpachtung infolge der starken Nachfrage viel zu hohe, den Reinertrag des Bodens oft um das Zwei- und Dreifache übersteigende Pachtpreise vereinbart. Der betreffende Pächter arbeitet dann häufig umsonst, ja er hat dann vielfach direkte Verluste. Es muß daher vor derartig unnatürlich hohen Pachtpreisen für einzelne Grundstücke dringend gewarnt werden.

(Anmerkung: Halbpacht bei Meerrettich- und Tabakbau.)

3. Die genossenschaftliche Unternehmung.

Unter landwirtschaftlich-genossenschaftlicher Unternehmung versteht man die Vereinigung einer beliebig großen Zahl von Landwirten zu dem Zwecke, den Erwerb und die Wirtschaft der Mitglieder durch gemeinschaftlichen Geschäftsbetrieb zu fördern (Erwerbsvereine). Eine solche Vereinigung wird als Genossenschaft bezeichnet. Genossenschaften, welche sich auf Grund der Bestimmungen des „Reichsgesetzes betr. die Erwerbs- und Wirtschaftsgenossenschaften" in das bei den Amtsgerichten geführte Genossenschaftsregister eintragen lassen, heißen „eingetragene Genossenschaften". Durch die gerichtliche Eintragung erhalten dieselben das Recht Eigentum zu erwerben, sowie vor Gericht klagen und verklagt werden zu können. Eine der wesentlichsten Bestimmungen des genannten Gesetzes ist diejenige, wonach sich die Mitglieder einer eingetragenen Genossenschaft verpflichten müssen, mit ihrem Vermögen für die Verbindlichkeiten der Genossenschaft einzutreten. Diese Verpflichtung bezeichnet man als Haftpflicht.

Die zwei hauptsächlich in Betracht kommenden Formen der Haftpflicht sind: 1. die unbeschränkte und 2. die beschränkte Haftpflicht.

Bei der unbeschränkten Haftpflicht (oder der sog. Solidarhaft) verpflichtet sich jedes Mitglied, mit seinem gesamten Vermögen für die Verbindlichkeiten der Genossenschaft einzutreten. Bei der beschränkten Haftpflicht haftet jedes Mitglied für die Schulden der Genossenschaft nur mit einer im voraus festgesetzten, bestimmten Summe. Bei vorsichtiger und gewissenhafter Geschäftsführung der Genossenschaft bietet die unbeschränkte Haftpflicht für die Mitglieder umsoweniger eine Gefahr, als durch den im Genossenschaftsgesetz vorgeschriebenen Revisionszwang für eine entsprechende Kontrolle (Aufsicht) gesorgt wird; dagegen erwirbt sich die Genossenschaft das zu ihrem Geschäftsbetriebe nötige Vertrauen (Kredit) viel vollkommener als bei beschränkter Haftpflicht.

Die Geschäfte einer Genossenschaft werden durch den von den Mitgliedern gewählten Vorstand besorgt, zu dessen Unterstützung in der Führung der Kassengeschäfte ein Rechner (Geschäftsführer) aufgestellt wird; der Vorstandschaft (aus mindestens 2 Mitgliedern zusammengesetzt) steht zur Seite der Aufsichts- oder Verwaltungsrat, welcher aus wenigstens 3 von der Generalversammlung gewählten Genossen bestehen muß; er hat die Geschäftsführung des Vorstandes zu überwachen sowie die Kasse und die Bücher zu kontrollieren. Die oberste Aufsicht über die Geschäftsführung steht der ordnungsmäßig einberufenen Mitglieder- oder Generalversammlung zu.

Die Bedeutung des gemeinsamen Zusammenarbeitens der Landwirte in den Genossenschaften ist eine außerordentlich große. Was der Einzelne mit seiner schwachen Kraft nicht zu erreichen vermag, das erzielt er im einmütigen Zusammenwirken mit vielen Anderen, denn: „Einigkeit macht stark“ und „Vereinter Kraft gar leicht gelingt, was Einer nicht zustande bringt.“ Es ist dies besonders wichtig für den kleinen und mittleren Betrieb, der sich in mancher Hinsicht gegenüber dem Großbetriebe im Nachteil befindet. Aber nicht nur durch die Verbesserung der wirtschaftlichen Verhältnisse des Landwirtes, durch die Förderung der Volkswohlfahrt und die Abhilfe von wirtschaftlichen Schäden wirkt das Genossenschaftswesen günstig und segensreich, sondern es wird auch durch die Befolgung des genossenschaftlichen Grundsatzes: „Alle für einen und einer für Alle“ ein veredelnder Einfluß auf den Charakter des Menschen ausgeübt. Setzt doch das genossenschaftliche Zusammenwirken die Betätigung der Nächstenliebe und der Hilfsbereitschaft für die Berufsgenossen voraus, wie es auch das Standesbewußtsein und den Gemeinsinn sowie das Vertrauen zur Selbsthilfe und Selbstzucht weckt!

Die Formen der landwirtschaftlichen Genossenschaften.

Dieselben sind sehr mannigfaltig; die wichtigsten derselben sind:

a) Die Kreditgenossenschaften.

Unter Kredit versteht man das einer Person gewährte Vertrauen, daß dieselbe den Gegenwert eines ihr zur Verfügung gestellten Gutes nach einer bestimmten Zeit pünktlich zurückerstatten werde. Kredit wird also z. B. in Anspruch genommen und gewährt, wenn der Schuldner eine übernommene Ware oder Geldsumme erst nach einer gewissen, vereinbarten Zeit dem Gläubiger bezahlt bezw. zurückerstattet.

Man unterscheidet: Realkredit und Personalkredit.

Beim Realkredit haftet der Schuldner dem Gläubiger für die Schuld dadurch, daß der erstere dem letzteren ein Pfand in Form einer Sache gewährt. Ist diese ein beweglicher Gegenstand, der dem Gläubiger übergeben wird, z. B. Wertpapier, Maschine 2c., so spricht man von Faustpfandkredit (s. Gesetzeskunde). Größere Bedeutung als dieser hat für die Landwirtschaft die zweite Art des Realkredits, nämlich der Hypothekarkredit (s. Gesetzeskunde). Bei diesem stellt der Schuldner sein Anwesen (Grund und Boden oder Gebäude) als Pfand (er nimmt eine Hypothek auf dasselbe auf), der Schuldner bleibt hier aber im Besitz des verpfändeten Gutes.

Beim Personalkredit wird ein Pfand nicht gefordert, sondern der Gläubiger gibt im Vertrauen auf die Rechtschaffenheit, auf den Fleiß und den

Charakter des Schuldners die betreffende Leihsumme. Unter Umständen verlangt aber der Gläubiger zu seiner weiteren Sicherstellung, daß der Schuldner einen oder mehrere Bürgen stelle, welche im Falle der Zahlungsunfähigkeit des Schuldners für dessen Verpflichtungen einzutreten haben.

Hypothekarkredit.

Der Hypothekarkredit wird vermittelt einerseits durch Privatpersonen oder Bodenkredit- und Hypothekenbanken, anderseits durch genossenschaftliche Vereinigungen 2c. Eine solche ist die in Bayern seit dem Jahre 1896 mit Unterstützung des Staates errichtete Bayerische Landwirtschaftsbank, E. G. m. b. H., in München. Zweck derselben ist die Gewährung langfristiger Darlehen an die Genossen gegen Hypothekbestellung auf land- und forstwirtschaftlichen Grundbesitz. Diese Darlehen werden seitens der Bank gewährt: 1. unkündbar gegen jährliche Abzahlung in Prozenten der Leihsumme (sog. Amortisation) oder 2. nach gewisser Zeit kündbar ohne Amortisation. Die Kapitalien zur Vergebung von Darlehen an ihre Mitglieder gewinnt die Genossenschaft durch Ausgabe von Pfandbriefen. Da der Gewinn dieser Genossenschaftsbank ausschließlich den Genossen zugute kommt, so ist durch dieselbe den Landwirten Gelegenheit geboten, unter den günstigsten Bedingungen und gegen möglichst niederen Zins Hypothekarkredit zu erhalten.

Eine staatliche Anstalt zur Gewährung langfristigen Kredits ist die Landeskulturrentenanstalt im K. Staatsministerium des Innern. (S. Gesetzeskunde Seite 601.)

Personalkredit.

Zur Ergänzung seines Betriebskapitals bedarf der Landwirt häufig des Personalkredits. Derselbe wird am leichtesten, billigsten und sichersten durch jene genossenschaftlichen Vereinigungen besorgt, welche als **Spar- und Darlehenskassenvereine nach Raiffeisenschem Muster** eine sehr weite Verbreitung gefunden haben und infolge ihrer segensreichen Tätigkeit im Interesse der Landwirtschaft in Zukunft noch eine größere Ausdehnung verdienen.

Der Zweck der Darlehenskassen ist: 1. die Beschaffung von möglichst niedrig verzinslichem Betriebskapital, das der Landwirt wirtschaftlich zu verwenden und entweder in kurzer Zeit im ganzen Betrage oder in längeren Zeiträumen in gleichmäßigen Teilzahlungen zurück zu erstatten hat; 2. jenen Vereinsmitgliedern, welche Geld erübrigt haben, Gelegenheit zu geben, dasselbe auf kürzere oder längere Zeit sicher und gegen angemessene Verzinsung anzulegen; 3. den Sparsinn unter der ländlichen Bevölkerung zu vermehren.

Damit auch kleinere Summen sofort verzinslich angelegt werden können, ist mit dem Darlehenskassenverein eine Sparkasse verbunden. Haben die Spareinlagen eine gewisse Höhe erreicht, so übernimmt sie der Verein als Anlehen. Die Darlehenskassenvereine beschränken ihren Geschäftskreis in der Regel nur auf eine Gemeinde, damit die Mitglieder sich und ihre Kreditwürdigkeit gegenseitig kennen und darüber gewacht werden kann, ob die Darlehen auch eine wirtschaftliche Verwendung finden. Darlehen dürfen nur an Mitglieder gegeben werden. Die Mitglieder haben bei ihrem Eintritte in den Verein nur kleine Geschäftsanteile (z. B. 10 M und weniger) einzuzahlen. Das zum Geschäftsbetrieb nötige Geld verschafft sich der Verein durch aufgenommene Anlehen, für welche alle Mitglieder mit ihrem ganzen Vermögen solidarisch

Schulze-Delitzsch

haften. Geldgeschäfte, die nicht vollständig sicher sind, darf der Verein nicht unternehmen. Die Vorstandschaft und der Verwaltungsrat versehen ihre Aufgaben unentgeltlich als Ehrenamt, nur der Rechner erhält für seine Bemühungen eine entsprechende Entschädigung. Der erzielte Gewinn darf niemals unter die Mitglieder verteilt werden, sondern muß nach Abzug aller Kosten zur Bildung eines unteilbaren gemeinschaftlichen Reservefonds verwendet werden. Hat derselbe eine bestimmte Höhe erreicht, so kann ein Teil desselben zu gemeinnützigen und wohltätigen Unternehmungen verwendet werden.

Ein nach diesen Hauptgrundsätzen geleiteter Darlehenskassenverein wirkt nicht nur überaus fördernd auf die gesamten wirtschaftlichen Verhältnisse seiner Mitglieder, sondern er weckt auch das Selbstvertrauen auf die eigene Kraft und sucht durch Selbsthilfe manches vorher Unerreichbare möglich zu machen. Er hebt aber auch den genossenschaftlichen Sinn in der Weise, daß sich der Verein selbst häufig auch anderen genossenschaftlichen, nachstehend beschriebenen Aufgaben widmet oder daß er dieselben doch durch Gewährung von Darlehen unterstützt.

Um die einzelnen Vereine noch besser zu festigen, die Vermittlung des Kredits und die sofortige verzinsliche Anlage müßig liegender Vereinskapitalien zu erleichtern sowie um für eine geeignete, vom Gesetze vorgeschriebene Rechnungs- und Geschäftsprüfung der Vereine durch dazu beauftragte Genossenschaftsbeamte zu sorgen, haben sich die Einzelgenossenschaften zu großen Verbänden vereinigt. Solchen Zwecken dient z. B. der bayerische Landesverband landwirtschaftlicher Darlehenskassenvereine und Molkereigenossenschaften und die bayerische Zentraldarlehenskasse in München.

b) Die landwirtschaftlichen Einkaufsvereine.

Ebenso große Vorteile wie durch die Kreditvermittlung erzielt der Einzelne durch das Zusammengehen mit Anderen beim Einkauf landwirtschaftlicher Bedarfsgegenstände wie: Saatgetreide, Kunstdünger, Kraftfutter, landwirtschaftliche Maschinen, Kohlen, Viehsalz, in Notjahren auch Heu, Stroh und Torfstreu. Vom genossenschaftlichen Einkauf sind aber auszuschließen: Kolonialwaren, Bekleidungsgegenstände, Petroleum u. dgl.

Da man bekanntlich um so billiger und in um so besserer Qualität kauft, je mehr man bezieht, da ferner beim Bezug im großen (Wagenladungen) die Frachtkosten geringer sind als beim Bezuge im kleinen und da man im ersteren Falle die bezogene Ware leichter und regelmäßiger bei einer landwirtschaftlichen Versuchsstation auf ihre Güte und ihren Gehalt untersuchen lassen kann, so werden durch den genossenschaftlichen Einkauf große Vorteile erzielt. Da der Verein die genannten landwirtschaftlichen Gebrauchsgegenstände nur an seine Mitglieder abgibt und sich meist nur auf einen kleinen Geschäftskreis beschränkt, so ist die Geschäftsführung dieser Vereine eine ziemlich einfache. Dieselbe wird noch mehr erleichtert durch den Anschluß an große Genossenschaften (s. Gesetzeskunde) sowie genossenschaftliche Verbände, — ein solcher Verband besteht z. B. in Landau in der Pfalz oder in der „Abteilung für Warenvermittlung" der bayerischen Zentraldarlehenskasse in München — welche dann alle Einkäufe für die Vereine besorgen und hierdurch sowie durch richtigen kaufmännischen Betrieb die billigsten Einkaufspreise erzielen.

Mit diesen Einkaufs- (oder Konsum-) Vereinen, die sich womöglich am besten direkt an einen schon bestehenden Darlehenskassenverein anschließen, wird in neuerer Zeit sehr zweckdienlich auch die folgende Genossenschaftsform verbunden, nämlich:

c) Die landwirtschaftlichen Verkaufsgenossenschaften.

Wie der Zwischenhandel beim Einkauf häufig die Ware bedeutend verteuert, so wirkt derselbe beim Verkaufe der landwirtschaftlichen Produkte häufig drückend auf den Preis derselben ein. Der kleine und mittlere Landwirt mit der geringeren Menge verkaufsfähiger Produkte ist aber beim Verkauf zumeist auf den Zwischenhandel angewiesen. Dies kann dadurch vermieden werden, daß die genossenschaftlich vereinigten Landwirte ihre Produkte im großen möglichst direkt an die Konsumenten verkaufen und auf diese Weise zu einem höheren Preise verwerten. Solche Produkte sind namentlich: Saat- und Brotgetreide, Braugerste, ferner Kartoffeln, Obst, Hopfen, Milch, Butter, Käse, Eier, Schlachtvieh u. s. w.

Besondere Bedeutung hat in vielen Gegenden jetzt schon der genossenschaftliche Verkauf des Getreides erlangt. Zu diesem Zwecke werden meistens an den Bahnhöfen eigene, kleinere oder größere Lagerräume oder Lagerhäuser mit Gleisanschluß errichtet, in welchen die angelieferten Produkte durch sorgfältige Reinigung und Sortierung noch weiter zum Verkauf hergerichtet werden. Für die gedeihliche Entwicklung solcher Absatzgenossenschaften ist es durchaus notwendig, daß sämtliche Genossen nur gute, tunlichst reine und gesunde Ware abliefern, daß sie ferner nur durch die Genossenschaft verkaufen sowie daß nicht allzu viel verschiedene Sorten gebaut und geliefert werden, da sonst die Lieferung einer einheitlichen Ware nicht möglich ist. Es werden dadurch die Landwirte auch veranlaßt, einheitlich bessere Getreidesorten anzubauen und dieselben durch sorgfältige Kultur verkaufsfähiger und preiswürdiger zu machen. Der Lagerhausbetrieb kann nur gedeihen, wenn demselben alljährlich mit Sicherheit aus einem größeren Bezirke ausreichende Quantitäten marktfähigen Getreides sowie ein tüchtiger, der schwierigen Aufgabe gewachsener Lagerhausverwalter zur Verfügung stehen.

Der bayerische Staat unterstützt die Bildung und den Betrieb dieser Absatzgenossenschaften durch Gewährung von Geldzuschüssen zur Errichtung der Lagerhäuser sowie durch den tunlichst direkten Ankauf der seitens der Genossenschaften angebotenen Feldprodukte durch staatliche Anstalten (Proviantämter 2c.).

Außerdem ist beim bayerischen Landesverband landwirtschaftlicher Darlehenskassenvereine bezw. der Zentraldarlehenskasse in München eine Zentralstelle behufs Vermittlung des genossenschaftlichen Verkaufs landwirtschaftlicher Produkte und des Einkaufs landwirtschaftlicher Gebrauchsgegenstände eingerichtet.

Seit Sommer 1901 wurde auch noch bei der bayerischen Zentraldarlehenskasse in München eine besondere Vermittlungsstelle für Verkauf von Obst und Obsterzeugnissen ins Leben gerufen.

Der bayerische Landwirtschaftsrat hat durch Errichtung einer Geschäftsstelle für Schlachtviehverkauf in München eine Einrichtung getroffen, um den direkten Absatz von Schlachtvieh seitens der Landwirte an die Konsumenten zu fördern. Die Benützung dieser sehr zweckmäßigen Einrichtung würde durch die Gründung von Viehverwertungsgenossenschaften in den einzelnen Verwaltungsbezirken sehr erleichtert.

d) Die Geräte- und Maschinengenossenschaften.

Dieselben haben den Zweck, durch Anschaffung von landwirtschaftlichen Maschinen und Geräten den beteiligten Landwirten Gelegenheit zu geben, unter bedeutender Verminderung der Kosten von Geräten und Maschinen Gebrauch zu machen, die entweder Arbeit ersparen oder dieselbe vorteilhafter ausführen lassen. Derartige Maschinen und Geräte sind: Trieurs, Putzmühlen und Windfegen zur Reinigung des Getreides, Dampfdreschmaschinen, Schrotmühlen, Säe- und Mähemaschinen, Wieseneggen u. s. w. Diese Gegenstände werden auf gemeinsame Kosten angeschafft und nach bestimmten Grundsätzen von den Mitgliedern gegen Zahlung einer gewissen Gebühr benützt. Es ist dies unter Umständen auch Nichtmitgliedern gegen Erstattung einer etwas höheren Leihgebühr gestattet. Die Maschinen 2c. müssen an geeigneten Orten aufbewahrt, sachgemäß behandelt, je nach Bedarf repariert und erneuert werden.

e) Die Produktivgenossenschaften.

Hierher gehören z. B. die schon weit verbreiteten **Molkereigenossenschaften.** Zweck derselben ist, die von den Mitgliedern zur Ablieferung kommende Milch entweder durch direkten Verkauf oder durch Verarbeitung zu Butter oder Käse möglichst günstig zu verwerten. Durch die gemeinsame Verarbeitung des wichtigsten Produktes der Rindviehhaltung, der Milch, und durch den gemeinsamen Verkauf werden folgende Vorteile erzielt: 1. Gewinnung besserer Produkte und damit auch höherer Preis derselben; 2. Ersparung an Arbeit durch Verarbeitung großer Milchmengen mit Hilfe geeigneter Geräte und Maschinen, somit billigere Herstellungskosten; 3. bessere Ausnützung und Verwertung und damit höhere Wertschätzung der Milch; 4. Förderung der Viehhaltung durch bessere Fütterung und Haltung der Kühe und dadurch Förderung des ganzen Landwirtschafsbetriebs.

Der Betrieb der Molkereigenossenschaften erfolgt entweder in der Weise, daß die Milch mit Hilfe der Zentrifuge entrahmt und der Rahm zu Butter verarbeitet, dagegen die Magermilch in Prozenten der angelieferten Vollmilch an die Genossenschafter zurückgegeben wird, oder es wird die gesamte Milch auf Butter und Käse verarbeitet. Die Mittel zur Errichtung und zum Betriebe der Molkerei werden entweder ausschließlich durch entsprechend hohe Geschäftsanteile der Mitglieder aufgebracht oder es wird zu diesem Zwecke eine Anleihe, z. B. bei einem Darlehenskassenvereine, gemacht, welche verzinst und allmählich zurückbezahlt wird.

Vor der Gründung derartiger Molkereigenossenschaften sollte stets zur Vermeidung von oft sehr schwerwiegenden Fehlern beim Baue, bei der Einrichtung und beim Betriebe derselben sachverständiger Rat, z. B. beim staatlichen Molkereikonsulenten in München, bei den Molkerei-Instruktoren der milchwirtschaftlichen Vereine u. s. w., eingeholt werden.

Sonstige Produktivgenossenschaften sind: Obstverwertungs-, Winzer-, Brennerei-, Sauerkrautverwertungs- und Schlächtereigenossenschaften.

Zur Förderung des landwirtschaftlichen Betriebs dienen ferner noch andere, meist sog. freie Genossenschaften, welche nicht in die Genossenschaftsregister eingetragen sind: Be- und Entwässerungs-Genossenschaften (s. Gesetzeskunde) sowie genossenschaftliche Vereinigungen zur Förderung der Viehzucht, wie *Zuchtstier-, Eberhaltungs-, Ziegenzucht-, Stammzuchtgenossenschaften, Herdebuchgesellschaften, Zuchtverbände.*

f) Genossenschaften zum Zwecke der Versicherung.

Die meisten der in der Landwirtschaft angelegten Kapitalien können durch Naturvorgänge ganz oder teilweise vernichtet werden. Die Gebäude und das Inventar können durch Feuer zerstört, die Feldfrüchte durch Hagel vernichtet und die Viehbestände durch Seuchen und sonstige Krankheiten dahingerafft werden. Der Landwirt, welcher von solchen Unglücksfällen und den damit verbundenen, oft sehr großen Verlusten in seiner Wirtschaft betroffen wird, erleidet hierdurch häufig eine derartige Schädigung, daß er den Betrieb nicht mehr fortzuführen imstande ist. Dieser Vernichtung zahlreicher Existenzen kann dadurch vorgebeugt werden, daß der bei solchen Unglücksfällen entstandene Schaden von zahlreichen Berufsgenossen gemeinsam getragen wird, also durch gegenseitige Hilfe im Wege der *Versicherung.*

Die Versicherung kann erfolgen bei *Aktiengesellschaften,* welche dieselbe als Erwerbsgeschäft betreiben, oder bei auf *genossenschaftlicher Grundlage* aufgebauten *Gegenseitigkeitsgesellschaften.* Während bei Aktiengesellschaften ein im voraus bestimmter Versicherungsbeitrag (die Prämie), gleichgültig ob in dem betreffenden Jahre viel oder wenig Schaden zu vergüten sein wird, zu bezahlen ist und ein Gewinn aus dem Versicherungsgeschäft erzielt werden soll, wird bei genossenschaftlichen Versicherungen auf Gegenseitigkeit kein Gewinn angestrebt und es wechselt zumeist die Prämie je nach der Anzahl und der Größe der vorgekommenen, zu vergütenden Schadensfälle. In Betracht kommen hier namentlich: die *Immobiliarbrandversicherung* und *Mobiliarfeuerversicherung,* die *Hagelversicherung,* die *Rindvieh-* und *Pferdeversicherung* (siehe Gesetzeskunde).

Zehnter Abschnitt.

Einfache landwirtschaftliche Buchführung.*)

Die einfache Buchführung hat die Aufgabe, dem Landwirt darüber Aufschluß zu geben, ob sein Vermögen im Laufe des Jahres zu- oder abgenommen hat. Sie soll ferner über die baren Einnahmen und Ausgaben sowie über alle in der Wirtschaft vorgekommenen wichtigen Ereignisse Auskunft erteilen.

Um dies zu erreichen, genügt die Führung eines Tagebuchs und eines Inventarverzeichnisses. Werden dazu je nach Art und Umfang des Betriebes für besondere Zwecke noch einige ergänzende Register zur Erleichterung der Betriebsleitung geführt, so kann die ganze Buchführung dadurch nur an Übersicht und Wert gewinnen.

Der buchführende Landwirt hat sich an Pünktlichkeit im Anschreiben zu gewöhnen. Die Sprache der Buchführung sei einfach, kurz, aber bestimmt, damit Irrtümer auch dann ausgeschlossen sind, wenn in späteren Jahren die älteren Bücher zur Beantwortung irgend einer Wirtschaftsfrage dienen sollen.

Je sorgfältiger die Eintragungen in die verschiedenen Tabellen erfolgen, um so mehr ist die Buchführung dazu geeignet, die erforderlichen Unterlagen für besondere Berechnungen aller Art zu geben.

I. Tabellen und Register für kleinere Verhältnisse.

Tagebuch und Inventarverzeichnis dürfen in keinem landwirtschaftlichen, selbst nicht im kleinsten bäuerlichen Betriebe fehlen. Die Betriebsverhältnisse mancher Landwirte lassen es angezeigt erscheinen, außerdem die folgenden Nebenbücher bezw. Register zu führen: Probemelkregister, Viehregister, Naturalienregister, Feldbestellungs-, Düngungs- und Ernteregister, Taglohnregister, Abrechnungsbuch.

1. Das Tagebuch.

Die linke Seite des Tagebuchformulars dient zur Eintragung der verrichteten Gespann- und Handarbeiten sowie zur Notierung des täglichen Milch-**)

*) Auf Veranlassung des K. Staatsministeriums des Innern und des Bayerischen Landwirtschaftsrates haben F. Dürig in München und F. Maier-Bode in Augsburg eine „Buchführung für Bayerische Landwirte" herausgegeben, welche die zu einer für ein ganzes Jahr ausreichenden Buchführung erforderlichen Formulare enthält und zum Preise von Mk. 1.20 (eine „Anleitung" hierzu zum Preise von Mk. 1.—) direkt von der landw. Verlagsbuchhandlung Eugen Ulmer in Stuttgart sowie durch jede andere Buchhandlung zu beziehen ist.

**) Zur Erleichterung der Eintragungen in das Tagebuch bezw. in eine besondere Liste kann sich bei Betrieben mit hohen Milcherträgen und verschiedener Verwendungs-

und Eierertrages. Bei Ernte-, Dünger- und sonstigen Fuhren ist die entsprechende Anzahl beizusetzen.

Sämtliche Bargeld-Einnahmen und -Ausgaben werden unter Beifügung des Datums in die dazu bestimmten Spalten der rechten Seite des Formulars eingetragen. Der Landwirt muß es sich angelegen sein lassen, die erfolgten Geld-Einnahmen und -Ausgaben sofort anzuschreiben, weil sie sonst nur zu leicht in Vergessenheit geraten. Kann die Eintragung in das Tagebuch nicht sofort erfolgen, so ist jedenfalls in einem Taschenkalender*), den man stets bei sich führen sollte, der betreffende Posten zu verzeichnen, um bei nächster Gelegenheit in dem Tagebuch verbucht zu werden.

Am Ende eines jeden Monats werden die Einnahmen und Ausgaben summiert, worauf die Ausgaben von den Einnahmen abgezogen werden, um so den Kassenbestand festzustellen. Dieser Kassenbestand wird dann als erster Einnahmeposten des folgenden Monats mit der Bezeichnung „Kassenbestand vom vorigen Monat" gebucht. Läuft eine Seite zu Ende, so werden die Einnahmen und Ausgaben zusammengezählt und die betreffenden Summen mit dem Vermerk „Übertrag" auf die erste Zeile der nächsten Seite übertragen. In gleicher Weise verfährt man bei notwendig werdenden Übertragungen auf der linken Seite.

Die Spalte „Verschiedene Aufschreibungen" kann zu Notizen über wirtschaftliche Vorkommnisse aller Art benützt werden.

Im übrigen ist die Führung des Tagebuchs aus dem folgenden Beispiel ersichtlich:

---

art die Anbringung einer aus Holz nach beistehendem Muster anzufertigenden „Milchtafel" im Stall sehr zweckmäßig erweisen.

	Gemolken	Ins Haus	Den Kälbern	Zur Molkerei
Sonntag				
Montag				
Dienstag				
Mittwoch				
Donnerstag				
Freitag				
Samstag				
Summe				

*) Bayerische Landwirte bedienen sich zweckmäßig des „Bayerischen landwirtschaftlichen Taschen- und Schreibkalenders", herausgegeben von Fr. Maier-Bode in Augsburg. Verlag von Eugen Ulmer in Stuttgart. Preis geb. Mk. 1.—, 10 Exemplare Mk. 9.—.

Datum	Arbeiten	Bei den Arbeiten waren beschäftigt: Pferde	Ochsen	Taglöhner	Dienstboten u. Familien-Angehörige	Täglicher Ertrag an: Milch l	Eiern Stück
1.	Pflügen Schlag VI	2	2	1	1	24	15
	Graben im Garten	.	.	.	1	.	.
	Häusliche Arbeiten	.	.	.	2	.	.
2.	Pflügen Schlag VI	2	2	1	1	24	16
	Graben im Garten	.	.	.	$^1/_2$	.	.
	Hof reinigen	.	.	.	$^1/_2$	.	.
	Im Haus und Stall beschäftigt	.	.	.	2	.	.
3.	Sonntag. Haus- und Stallarbeiten	.	.	.	2	23	14
4.	11 Fuhren Mist auf Schlag I fahren u. Mist breiten	2	2	1	3	23	15
	In Küche und Stall beschäftigt	.	.	.	1	.	.
5.	12 Fuhren Mist auf Schlag I fahren und breiten	2	2	1	3	24	15
	In Küche und Stall beschäftigt	.	.	.	1	.	.
6.	8 Fuhren Mist auf Schlag I fahren	2	.	.	2	24	12
	Futter schneiden	.	2	1	1	.	.
	In Küche und Stall beschäftigt	.	.	.	1	.	.
7.	Pflügen Schlag I	2	2	1	1	25	14
	Mist breiten und einlegen	.	.	.	2	.	.
	In Küche und Stall	.	.	.	1	.	.
8.	Pflügen Schlag I	2	2	1	1	36	12
	Mist einlegen	.	.	.	2	.	.
	In Küche und Haus	.	.	.	1	.	.
9.	Pflügen Schlag I	2	2	1	1	36	12
	Mist einlegen	.	.	.	2	.	.
	Im Haus und Stall	.	.	.	1	.	.
10.	Sonntag. Stall- und Hausarbeiten	.	.	.	2	36	12
11.	Pflügen Schlag I	2	2	1	1	36	13
	Mist einlegen	.	.	.	2	.	.
	Häusliche Arbeiten und im Stall	.	.	.	1	.	.
12.	Kies und Sand fahren	2	.	1	1	$35^1/_2$	12
	Im Garten graben	.	.	.	1	.	.
	Im Haus und Stall	.	.	.	2	.	.
13.	Kies fahren	2	.	1	1	$35^1/_2$	14
	Holz zerkleinern	.	.	.	1	.	.
	Im Haus und Stall beschäftigt	.	.	.	2	.	.
14.	4 Fass Jauche auf die obere Wiese fahren . .	.	2	1	.	35	12
	Streu fahren	2	.	.	1	.	.
	Im Haus und Stall beschäftigt	.	.	.	3	.	.
	Übertrag:	24	20	12	52	417	188

Datum	Bargeldposten	Einnahmen ℳ	Einnahmen ₰	Ausgaben ℳ	Ausgaben ₰	Verschiedene Aufschreibungen
1.	*Kassenbestand vom vorigen Monat* . .	28	35	.	.	
	Dem Sattler Steppich für Sattlerarbeiten	.	.	20	20	
2.	*Für 4 Hasen*	12	—	.	.	
	Vom Darlehenskassenverein	200	—	.	.	
	Versicherungsprämie für das Vieh . .	.	.	24	30	
3.	*Riegel, Taglohn, 6 Tage à 1,50 Mk.* . .	.	.	9	—	
5.	*Gemeindeumlagen*		.	8	40	
6.	*Schmied Förg für Schmiedearbeiten* . .	.	.	95	60	
	Dem Kaminkehrer	.	.	—	50	
7.	—		.		.	*Hrn. Landwirtsch.-Lehrer Lans die Resultate meines Kartoffelanbauversuchs geschickt.*
8.	*Für 40 Eier à 6 ₰*	2	40	.	.	*Kalb von Kuh No. 6 angestellt.*
	Für Obst	8	50	.	.	
	Kosten des Marktbesuchs	.	.	1	20	
10.	*Riegel, Taglohn, 6 Tage à 1,50 Mk.* . .		.	9	—	
12.	*Beitrag für den landwirtschaftlichen Verein*		.	8	—	
	Übertrag:	251	25	171	20	

Datum	Arbeiten	Bei den Arbeiten waren beschäftigt				Täglicher Ertrag an	
		Pferde	Ochsen	Taglöhner	Dienstboten u. Familien-Angehörige	Milch l	Eiern Stück
	Übertrag:	24	20	12	52	417	188
15.	*Nach der Schranne 20 Ztr. Roggen fahren*	2	.	.	1	35	13
	Futter schneiden	.	2	1	1	.	.
	Häusliche Arbeiten und im Stall	.	.	.	2	.	.
16.	*10 Ztr. Weizen in die Mühle fahren*	2	.	.	1	35	11
	Hof reinigen	.	.	.	1/2	.	.
	Gartenarbeit	.	.	.	1/2	.	.
	Häusliche und Stallarbeiten	.	.	.	2	.	.
17.	*Sonntag. Stall- und Hausarbeiten*	.	.	.	2	35	12
18.	*Pflügen Schlag VII*	2	.	.	1	35	12
	Beim Schlachten beschäftigt	.	.	1	2	.	.
	Im Haus und Stall beschäftigt	.	.	.	1	.	.
19.	*Pflügen Schlag VII*	2	2	1	1	34	13
	Häusliche und Stallarbeiten	.	.	.	3	.	.
20.	*Pflügen Schlag VII*	.	2	1	.	34	13
	Pflügen Schlag II	2	.	.	1	.	.
	Häusliche und Stallarbeiten	.	.	.	3	.	.
21.	*Pflügen Schlag II*	2	2	1	1	34	14
	Kartoffeln auslesen, einsacken und verladen	.	.	.	2	.	.
	Häusliche und Stallarbeiten	.	.	.	1	.	.
22.	*25 Ztr. Kartoffeln nach dem Markt fahren*	2	.	.	1	35	13
	Futter schneiden	.	2	1	1	.	.
	Häusliche und Stallarbeiten	.	.	.	2	.	.
23.	*Grabenaushub auf den Komposthaufen fahren*	2	.	1	1	35	12
	Hof reinigen	.	.	.	1/2	.	.
	Häusliche und Stallarbeiten	.	.	.	2 1/2	.	.
24.	*Sonntag. Im Stall und Haus*	.	.	.	2	35	12
25.	*Pflügen Schlag II*	2	.	.	1	35	12
	Die jungen Obstbäume mit Stroh einbinden	.	.	1	.	.	.
	Häusliche und Stallarbeiten	.	.	.	3	.	.
	Übertrag:	42	30	20	92	799	325

Datum	Bargeldposten	Einnahmen ℳ	Einnahmen ₰	Ausgaben ℳ	Ausgaben ₰	Verschiedene Aufschreibungen
	Übertrag:	251	25	171	20	
15.	*20 Ztr. Roggen à 8,20 ℳ an Kunstmühle Haunstetten verkauft*	164	—	.	.	
	Für 20 Eier à 7 ₰	1	40	.	.	
	Auslagen in der Stadt	.	.	1	80	
17.	*Riegel, Taglohn, 5 Tage à 1,50 ℳ*	.	.	7	50	
18.	*Schwein schlachten*	.	.	5	—	*Schlachtgewicht 98 Pfd.*
20.	*Maurermeister Dierheimer für Neuanlage der Miststätte einschl. Zement u. s. w. laut Rechnung*	.	.	135	—	
21.	—	.	.	.	.	*Juno hat gerindert.*
22.	*An Goldstein für Wagenfett u. Maschinenöl*		.	15	—	
	Von Schröppel für 25 Ztr. Kartoffeln à 1,80 ℳ	45	—	.	.	
	Auslagen auf dem Markt	.	.	1	10	
	Für 20 Eier à 7 ₰	1	40	.	.	
23.	—	.	.	.	.	*Dem Kirchenbauer Spitzhake und Schaufel geliehen.*
24.	*Riegel, Taglohn, 6 Tage à 1,50 ℳ*	.	.	9	—	
25.	*Restzahlung für den am 9. Juli gekauften „Braunen“*	.	.	100	—	*Die beiden Ochsen zur Mast aufgestellt.*
	Übertrag:	463	05	445	60	

Datum	Arbeiten	Bei den Arbeiten waren beschäftigt: Pferde	Ochsen	Taglöhner	Dienstboten u. Familien-Angehörige	Täglicher Ertrag an Milch l	Eiern Stück
	Übertrag:	*42*	*30*	*20*	*92*	*799*	*325*
26.	*Pflügen Schlag II*	*2*	.	.	*1*	*34*	*12*
	Obstbäume mit Stroh einbinden	.	.	*1*	.	.	.
	Häusliche und Stallarbeiten	.	.	.	*3*	.	.
27.	*Dreschen*	*2*	.	*1*	*3*	*34*	*11*
	Häusliche und Stallarbeiten	.	.	.	*1*	.	.
28.	*Futter schneiden*	*2*	.	.	*2*	*34*	*12*
	Häusliche und Stallarbeiten	.	.	.	*2*	.	.
29.	*30 Ztr. Hafer nach der Schranne fahren* . .	*2*	.	.	*1*	*34*	*10*
	Kompost umstechen	.	.	.	*1*	.	.
	Häusliche Arbeiten und im Stall	.	.	.	*2*	.	.
30.	*9,20 Ztr. Mehl aus der Mühle abholen*	*2*	.	.	*1*	*33*	*11*
	Im Stall und Haus beschäftigt	.	.	.	*3*	.	.
	Summe:	*52*	*30*	*22*	*112*	*968*	*381*

2. Das Inventarverzeichnis.*)

Unentbehrlich zur Ermittlung des Wirtschaftsvermögens ist das Inventarverzeichnis, das nach der in der Betriebslehre erörterten Anordnung (s. S. 503) bei Beginn der Rechnungsführung anzulegen ist. Mit der Buchführung kann man zu jeder beliebigen Zeit beginnen. In kleinen Betrieben läßt man mit Rücksicht auf die weniger arbeitsreiche Zeit im Winter den Beginn der Rechnungsführung gewöhnlich mit dem Anfang des Kalenderjahres zusammenfallen, während in großen Betrieben häufig ein späterer Termin gewählt wird, um die Wertfeststellung der Vorräte möglichst zu erleichtern. Das einmal bestimmte Datum muß jedoch auch für die Zukunft festgehalten werden. Durch nebenstehende Tabelle wird die Einrichtung und Führung des Inventarverzeichnisses veranschaulicht:

*) Der auf Seite 544 erwähnten „Buchführung für Bayerische Landwirte" liegt ein Inventarverzeichnis zur Aufnahme der Acker-, Stall- und Handgeräte bei, das eine Hilfstabelle zur Bewertung der Inventargegenstände in gebrauchtem Zustande enthält.

Datum	Bargeldposten	Einnahmen ℳ	Einnahmen ₰	Ausgaben ℳ	Ausgaben ₰	Verschiedene Aufschreibungen
	Übertrag:	463	05	445	60	
26.	*Für Viehwaschpulver*		.	2	—	
28.	*Kehrbesen*		.	2	—	*Blesse hat gekalbt.*
30.	*Vom Käser für 728 l Milch à 9 ₰* .	65	52	.	.	
	Kostgeld für meinen Sohn Wilhelm . .	.	.	30	—	
	Haushaltungsgeld meiner Frau . . .	.	.	10	—	
	Summe:	528	57	489	60	
	Kassenbestand 38 Mk. 97 Pfg.					

Inventarverzeichnis.

Größe, Stückzahl, Gewicht 2c.	Gegenstand	1. Januar 1906				1. Januar 1907			
		Wert im einzelnen		Wert im ganzen		Wert im einzelnen		Wert im ganzen	
		ℳ	₰	ℳ	₰	ℳ	₰	ℳ	₰
Stück	*Ackergeräte.*								
2	*eiserne Pflüge mit Vordergestell* . .	30	—	60	—	28	—	56	—
1	*Häufelpflug*	.	.	9	—	.	.	8	50
2	*eiserne Eggen*	15	—	30	—	14	—	28	—
1	*hölzerne Walze (1906 wegen Unbrauchbarkeit beseitigt)*		.	10	—	.	.	.	.
1	*Jauchefass mit Verteiler*		.	25	—	.	.	24	—
1	*Drillmaschine*		.	276	—	.	.	250	—
	u. s. w. u. s. w.								

3. Das Probemelkregister.

Zur Feststellung der jährlichen Milchmenge der einzelnen Kühe ist die Führung eines Probemelkregisters nötig. Das Probemelken wird zweckmäßig wenigstens 2mal im Monate durch Messen der gemolkenen Milch einer jeden Kuh mit dem Litermaß oder noch besser durch Wägung gehandhabt. Die dabei ermittelten Zahlen werden sofort nach den einzelnen Melkzeiten zunächst auf eine Tafel oder in ein Notizbuch geschrieben; sodann wird für jedes Tier der Milchertrag am Probemelktag durch Zusammenzählen der morgens, mittags und abends erzielten Milchmengen festgestellt und die betreffende Zahl in das Probemelkregister eingetragen. Die Probemelkergebnisse werden in der aus dem Beispiel

Probemelk-

Namen oder Nummern der Kühe	Jahr der Geburt	Lebendgewicht kg	Ist trocken gestellt am	Hat gekalbt am	Milchertrag													
					Januar		Februar		März		April		Mai		Juni		Juli	
					1.	15.	1.	15.	1.	15.	1.	15.	1.	15.	1.	15.	1.	15.
Blümchen . .	*1903*	*570*	*10. I*	*16. III*	*1*	.	.	.	.	.	*15,25*	*13*	*12,75*	*12,5*	*12*	*11,5*	*12*	*11,5*
Tiger . .	*1901*	*510*	*10. XII*	*28. I*	.	.	*15*	*14,5*	*14*	*13,5*	*12*	*12*	*12*	*12*	*12*	*11*	*10*	*9,5*
Schimmel . .	*1902*	*530*	*28. VI*	*26. VIII*	*11*	*9,5*	*9,25*	*8,75*	*9*	*9,75*	*7,75*	*7*	*5*	*5,25*	*4*	*2,5*	.	.

4. Das Viehregister.

Durch die Führung dieses Registers, das sich aber nur für Landwirte, die größere Viehbestände besitzen, eignet, ist es ermöglicht, sich jederzeit eine bequeme und genaue Übersicht über alle während eines Jahres vorkommenden Bestandsveränderungen zu verschaffen. Das Viehregister verbreitet sich zweckmäßig über zwei gleich eingerichtete Seiten; auf der linken Seite werden alle durch Kauf, Geburt, Kastration, Altersveränderung u. s. w. erfolgten Zugänge, auf der rechten Seite alle durch Verkauf, Tod, Schlachten, Altersveränderung u. s. w. verursachten Abgänge verzeichnet. Den Abschluß fertigt man am Ende des Jahres dadurch an, daß man die Summe der Abgänge unter die Summe der Zugänge schreibt und abzieht. Der so erhaltene Rest gibt den Bestand am Schlusse des Jahres an. Ein für diesen Zweck geeignetes Schema ist nebenstehendes:

ersichtlichen Weise gebucht. Dividiert man mit der Zahl der Probemelktage in die Summe der an sämtlichen Probemelktagen erhaltenen Milchmenge, so ergibt sich der durchschnittliche Milchertrag jeder Kuh an einem Probemelktage. Nunmehr ist die Zahl der Jahresmelktage dadurch zu berechnen, daß man von der Anzahl der Tage im ganzen Jahr die Tage abzieht, an welchen die Kuh keine Milch gegeben hat. Mit dieser Zahl wird, um den jährlichen Milchertrag des Tieres festzustellen, die Zahl multipliziert, welche angibt, wieviel der durchschnittliche Milchertrag an einem Probemelktag betragen hat. Da man auf solche Weise erfährt, ob die Kühe hinsichtlich der Milchergiebigkeit entsprechen, so macht sich die dafür aufgewendete Zeit reichlich bezahlt.

Register.

in Litern										Zahl der Probemelktage	Milchertrag an den Probemelktagen im ganzen	Durchschnittl. Milchertrag an einem Probemelktag	Zahl der Jahresmelktage	Milchertrag im ganzen Jahre	Bemerkungen
August		September		Oktober		November		Dezember							
1.	15.	1.	15.	1.	15.	1.	15.	1.	15.						
11,25	*11*	*11*	*10,75*	*10,25*	*10*	*10,5*	*10,25*	*8,5*	*8*	*19*	*203*	*10,7*	*299*	*3199*	*hat am 20. Juni gerindert (Bulle Nero); — erhielt auf der diesjähr. Rindviehschau in Kempten den II. Preis.*
8,5	*7,5*	*7*	*6*	*4*	*3,5*	*3*	*2,5*	*2*	—	*21*	*191,5*	*9,1*	*316*	*2876*	*hat am 10. Juni gerindert (Gemeindestier).*
.	.	*15*	*14,25*	*14*	*13,75*	*13,5*	*13*	*11,25*	*10,5*	*20*	*194*	*9,7*	*305*	*2958*	*hat am 2. Oktober gerindert (Gemeindestier).*

Viehregister.

19......		Nähere Bezeichnung des Zugangs (Abgangs)	Pferde		Rindvieh					Schafe					Schweine				
Monat	Tag		Ackerpferde	Fohlen	Bullen	Ochsen	Kühe	Rinder	Kälber	Böcke	Mutterschafe	Hämmel	Lämmer	Summe	Eber	Mutterschweine	Mastschweine	Läufer	Ferkel

5. Das Naturalienregister.

Dasselbe dient vornehmlich zur Unterstützung des Inventarverzeichnisses, es enthält den Nachweis über Zu- und Abgang der Vorräte und ermöglicht jederzeit eine genaue Kontrolle über die vorhandenen Vorräte. In das Naturalienregister werden nicht allein die selbst erzeugten Produkte, sondern auch die käuflich erworbenen Materialien eingetragen. Je verschiedenartigere Erzeugnisse in einer Wirtschaft vorhanden sind, desto mehr Spalten wird dieses gleichfalls doppelseitig zu führende Register enthalten müssen. Auf dessen linke Seite sind alle durch Ernte, Kauf u. s. w. sich ergebenden Einnahmen und auf dessen rechte Seite alle durch Verkauf, Saat, Haushalt, Fütterung u. s. w. veranlaßten Ausgaben zu schreiben. Den Abschluß am Ende des Jahres erhält man durch Abzug der Ausgaben von den Einnahmen. Nebenstehendes Schema dient als Muster:

6. Das Feldbestellungs-, Düngungs- und Ernteregister.

Das Feldbestellungs-, Düngungs- und Ernteregister gewährt einen vortrefflichen Überblick über die Benutzungsweise der einzelnen Grundstücke. Die Angaben über Düngung, Aussaat, Ernte und Erdrusch müssen unter Beisetzung des Datums möglichst genau gemacht werden.

Bezeichnung des Grundstücks	Größe		Bestellt mit	Vorfrucht	Düngung				
					Datum	Stallmist	Künstlicher Dünger		
	ha	a				Fuder	Art	Ztr.	Pfd.
Am Kreuz	*2*		*Winterweizen*	*Mengfutter*	*21. VIII. 1905*		*Thomasphosphatmehl (18 % zitronensäurelöslich)*	*16*	.
					12. IV. 1906		*Chilisalpeter*	*2*	.
					30. IV. 1906		*"*	*2*	.

Naturalienregister.

19		Art der Einnahme (Ausgabe)	Weizen		Vesen		Roggen		Gerste		Hafer		Weizenkleie		Wiesenheu		Kleeheu		Stroh		Kartoffeln	
Monat	Tag		Ztr.	Pf.	Ztr.	Pf.	Ztr.	Pf.	Ztr.	Pf.	Ztr.	Pf.	Ztr.	Pf.	Ztr.	Pf.	Ztr.	Pf.	Ztr.	Pf.	Ztr.	Pf.

In der Spalte „Bemerkungen" finden Notizen über Witterungsverhältnisse, über das Vorkommen von pflanzlichen und tierischen Schädlingen u. s. w. Platz, durch welche das Wachstum und die Ernte der Kulturpflanzen etwa beeinflußt worden sind. Die Führung eines solchen Registers wird durch das folgende Beispiel veranschaulicht:

Aussaat			Ernte		Erdrusch				Bemerkungen
Datum	Menge		Datum	Anzahl der Fuder, Mandeln, Garben oder Gewicht der Ernte	Körner		Stroh		
	Ztr.	Pfd.			Ztr.	Pfd.	Ztr.	Pfd.	
11. IX. 1905.	*8*	.	*6. VIII. 1906*	*1500 Garben*	*80*	.	*150*	.	*18. Juli durch Hagelschlag ca. 10 % Verlust; stellenweise auch etwas brandig.*

7. Das Taglohnregister.

Ein Taglohnregister wird zweckmäßig von denjenigen Landwirten geführt, die mehrere Taglöhner beschäftigen. Aus diesem Register muß ersichtlich sein, wie viele Arbeitstage in der Woche jeder einzelne Arbeiter in der Wirtschaft beschäftigt war. Am Ende der Woche wird das Taglohnregister abgeschlossen, um darnach die Löhnung vorzunehmen.

Arbeitswoche vom 16.—22. Juni 1906.

Nr.	Namen der Arbeiter	Sonntag	Montag	Dienstag	Mittwoch	Donnerstag	Freitag	Samstag	Summe der Arbeitstage	Lohn pro Tag		Gesamter Arbeitsverdienst		Abzüge für Versicherungsmarken, Krankenkassenbeiträge u. dergl.	Bemerkungen
										M	Pf	M	Pf	M	
1.	*Erhardt* . .	.	*1*	*1*	*1*	*1*	*1*	*1*	*6*	*2*	—	*12*	—	*0,12*	
2.	*Heinlein* . .	.	*1/2*	*1*	*1*	*1*	*1*	*1*	*5 1/2*	*1*	*50*	*8*	*25*	*0,10*	
3.	*Sturm* . . .	.	*1*	*1*	*1*	*1*	*1*	*1/2*	*5 1/2*	*1*	*25*	*6*	*88*	*0,10*	
4.	*Ferd. Braun* .	.	*3/4*	.	.	*1/2*	*3/4*	.	*2*	*1*	—	*2*	—	*0,07*	*Erhält nach Vereinbarung vom 1. Juli ab täglich 1,25 M*
5.	*Karl Braun* .	.	*3/4*	.	.	*1/2*	*3/4*	.	*2*	*1*	—	*2*	—	*0,07*	
6.	*Dölle* . . .	.	*1*	.	.	*1/2*	*1*	*1/2*	*3*	*1*	—	*3*	—	*0,07*	
		.	*5*	*3*	*3*	*4 1/2*	*5 1/2*	*3*	*24*			*34*	*18*	*0,53*	

8. Das Abrechnungsbuch.

Müssen viele Dienstboten gehalten werden, so kann die Einführung von Abrechnungsbüchern nach beifolgendem Muster nützlich sein:

Name: ....

Lohn: ....

Vorschuß am:	M	Pf	Quittung durch Unterschrift:

II. Die Inventur.

Inventur ist die Zusammenstellung der Vermögensbestandteile nach ihrem Werte. Sie wird jährlich einmal vorgenommen und zwar am besten zu derselben Zeit, in welcher der Rechnungsabschluß gemacht wird.

Die Grundstücke werden bei der Inventur zu ihrem mittleren Verkaufswerte angeschrieben und nur bei einem erst kürzlich stattgefundenen Ankaufe findet die Bewertung nach dem bezahlten Kaufpreise statt. Eine Veränderung dieser Zahlen tritt nur bei Zu- oder Verkäufen von Grundstücken und dann ein, wenn durch Meliorationen irgend welcher Art, durch besondere Naturereignisse oder sonstige Verhältnisse der Grund und Boden dauernd mehr- bezw. minderwertig geworden ist.

Die Gebäude nutzen sich ab; es ist daher je nach Alter, baulichem Zustande und Benutzungsart des Gebäudes von dessen vorjährigem Werte ein entsprechender Geldbetrag (Amortisationsquote) in Abrechnung zu bringen.

Pächter lassen bei der Inventur den Wert der Grundstücke und Gebäude außer Rechnung, da diese ihnen vom Besitzer gegen das jährlich zu entrichtende Pachtgeld nur zur Benutzung überlassen sind.

Das lebende Inventar. Der Bestand an Vieh wird nach Gattung und Nutzung zusammengestellt und die Festsetzung des Wertes der einzelnen Tiere erfolgt, teilweise unter Berücksichtigung des Lebendgewichts, nach den marktgängigen Tagespreisen.

Das tote Inventar wird ebenfalls jedes Jahr unter Berücksichtigung der Zu- und Abgänge nach seinem Wert geschätzt und am besten nach der Art seines Gebrauchs zusammengestellt. Während sich der Gesamtwert der Wirtschaftsgeräte — wenigstens in jedem geordneten Landwirtschaftsbetriebe — nicht vermindern wird, weil unbrauchbar oder doch minderwertig gewordene Geräte in der Regel alsbald durch Neuanschaffungen oder gründliche Reparaturen einen vollkommenen Ersatz finden, werden die Maschinen einer beständigen Abnutzung unterliegen, die bei der jährlichen Inventur durch eine angemessene Abschreibung zum Ausdruck kommen muß. Natürlich müssen aber auch Reparaturen, durch welche der Wert einer Maschine erhöht wird, in Anrechnung gebracht werden.

Die Vorräte werden zunächst nach ihrer Menge ermittelt und sodann auf ihren Wert berechnet und eingetragen.

Bares Geld und Guthaben werden getrennt in der Inventur aufgeführt.

Schließlich gehört zur Inventur auch noch die Angabe der Schulden, da ohne deren Kenntnis der Vermögensnachweis nicht erfolgen kann.

III. Der Rechnungsabschluß.

Der Rechnungsabschluß behufs Ausweis über den Vermögens-Gewinn oder -Verlust eines Wirtschaftsbetriebes während eines Jahres geschieht mit Hilfe der einfachen Buchführung in der aus dem folgenden Beispiel ersichtlichen Weise:

	Inventur am *Anfang des Jahres 1906*		Inventur am *Ende des Jahres 1906*	
I. Grundstücke:	*M*	*Pf*	*M*	*Pf*
Haus- und Hofraum 0,20 ha	300	—	300	—
Gartenland 0,12 ha	200	—	200	—
Ackerfeld 20 ha	25000	—	25000	—
Wiesen und Weiden 5,45 ha	6500	—	6500	—
Wald 3 ha	2400	—	2400	—
Summe:	34400	—	34400	—
II. Gebäude:				
Wert der Ökonomie- und Wohngebäude	9800	—	9720	—
Feldscheune	500	—	492	—
Summe:	10300	—	10212	—
III. Lebendes Inventar:				
Pferde, 2 Stück*	1606	—	1520	—
Arbeitsochsen, 2 Stück*	500	—	750	—
Kühe, 8 Stück*	2410	—	2600	—
Rinder, 2 Stück	250	—	450	—
Kälber, 3 Stück	200	—	176	—
Schafe	.	.	.	.
Schweine, 6 Stück	480	—	480	—
Geflügel, 22 Stück	44	—	44	—
Bienenstöcke, 2 Stück	24	—	24	—
Summe:	5514	—	6044	—

* *Im Inventarverzeichnis (s. S. 550) sind die einzelnen Tiere getrennt aufzuführen.*

	Inventur am *Anfang des Jahres 1906*		Inventur am *Ende des Jahres 1906*	
IV. Totes Inventar:	*M*	*Pf*	*M*	*Pf*
Ackergeräte: Wagen, Pflüge, Eggen, Walzen, Drillmaschine u. s. w., wie im Inventarverzeichnis aufgenommen	1 060	—	1 020	—
Stallgeräte: Geschirre, Ketten, Laternen u. s. w., auch im Inventarverzeichnis aufgenommen	180	—	200	—
Handgeräte: Spaten, Schaufeln u. s. w. nach dem Inventarverzeichnis	250	—	250	—
Haus- und Küchengeräte: Betten, Tische, Butterfass u. s. w. nach dem Inventarverzeichnis	1 670	—	1 680	—
Summe:	3 160	—	3 150	—
V. Vorräte:				
Kornbodenvorräte	750	—	680	—
Heu- und Strohvorräte	1 000	—	1 100	—
Scheunenvorräte	1 200	—	1 460	—
Keller- und Mietenvorräte	570	—	600	—
Düngervorräte	80	—	120	—
Haushaltsvorräte	320	—	300	—
Brennmaterialien	400	—	360	—
Molkereivorräte	.	.	25	—
Summe:	4 320	—	4 595	—
VI. Bares Geld und Guthaben:				
An barem Gelde ist vorhanden	463	27	518	09
An Wertpapieren ist vorhanden	2 000	—	2 000	—
Forderungen an Getreidehändler Simon	.	.	180	—
Summe:	2 463	27	2 698	09
VII. Schulden:				
Hypothekenschulden auf dem Hause mit	1 000	—	1 000	—
Unbezahlte Rechnungen	.	.	20	—
Summe:	1 000	—	1 020	—

	Inventur am Anfang des Jahres 1906		Inventur am Ende des Jahres 1906	
	ℳ	₰	ℳ	₰
Zusammenstellung:				
I. Grundstücke	34400	—	34400	—
II. Gebäude	10300	—	10212	—
III. Lebendes Inventar	5514	-	6044	—
IV. Totes Inventar	3160	—	3150	—
V. Vorräte	4320	—	4595	—
VI. Bares Geld und Guthaben . .	2463	27	2698	09
Summe:	60157	27	61099	09
Davon gehen ab:				
VII. die Schulden mit	1000	—	1020	—
Es ist somit der Stand des Vermögens bei Beginn der Jahresrechnung bezw. bei Schluss derselben	59157	27	60079	09

Abschluss:

Vermögensstand am Ende des Jahres 1906 = 60079,09 Mark
„ „ Anfang „ „ „ = 59157,27 „

Ergibt im Jahre 1906 einen Vermögensgewinn von 921,82 Mark.

Elfter Abschnitt.

Landwirtschaftliche Gesetzeskunde.

I. Die Verfassung.

A. Die Verfassung des Deutschen Reiches.

Das Deutsche Reich ist ein unauflöslicher Bund von 25 deutschen Staaten, der den Schutz des Bundesgebietes und die Pflege der Wohlfahrt des deutschen Volks bezweckt. Jeder der 25 deutschen Staaten ist zwar selbständig, aber dem Reiche nach dem Inhalte der Reichsverfassung vom 16. April 1871 untergeordnet.

Mit dem Deutschen Reiche ist das sog. Reichsland Elsaß-Lothringen als Provinz des Reiches durch den Friedensvertrag mit Frankreich vom 10. Mai 1871 vereinigt worden. Das Deutsche Reich besitzt auch überseeische Schutzgebiete.

An der Spitze des Deutschen Reiches steht der Deutsche Kaiser. Die Kaiserwürde ist an den Besitz der preußischen Königswürde geknüpft. Der König von Preußen ist also kraft der Reichsverfassung zugleich Deutscher Kaiser.

Der Kaiser vertritt das Deutsche Reich; er kann im Namen des Reiches Krieg erklären, Frieden schließen und Bündnisse eingehen; er führt im Kriege den Oberbefehl über das ganze deutsche Heer und die Flotte; er vollzieht die Ausfertigung der Reichsgesetze, läßt sie verkündigen und überwacht ihre Ausführung; er ernennt den Reichskanzler und andere Reichsbeamte.

Der Kaiser teilt die Regierungsgewalt mit dem Bundesrate. Der Bundesrat ist eine Versammlung von bevollmächtigten Vertretern der 25 deutschen Bundesstaats-Regierungen. Er übt gemeinschaftlich mit dem Reichstage die Reichsgesetzgebung aus und erläßt die zur Ausführung der Reichsgesetze erforderlichen Verordnungen. Bayern kommen im Bundesrate 6 von 58 Stimmen zu.

Der Reichstag ist die gewählte Vertretung des deutschen Volkes. Er besteht aus 397 Reichstagsabgeordneten, die alle 5 Jahre durch direkte, geheime Wahlen von den wahlberechtigten Reichsangehörigen neu gewählt werden. Das bayerische Volk wählt hiervon 48 Abgeordnete.

Im allgemeinen kann jeder 25 Jahre alte Deutsche zum Reichstage wählen und gewählt werden.

Der Reichstag hat bei der Reichsgesetzgebung mitzuwirken und über die Ausgaben und Einnahmen des Reiches zu beschließen.

Der höchste Beamte des Reiches ist der Reichskanzler, der auch den Vorsitz im Bundesrate führt und für die gesamte Politik des Reiches die

Verantwortung trägt. Ihm sind die obersten Reichsbehörden, die Reichsämter, unmittelbar untergeordnet, deren Vorstände den Titel Staatssekretäre führen. Solche Reichsämter sind: das auswärtige Amt, das Reichsamt des Innern, das Reichsschatzamt, das Reichsjustizamt, das Reichsmarineamt u. a.

Dem Reiche steht das Recht zu für das ganze Reichsgebiet Gesetze zu erlassen, jedoch nicht unbeschränkt, sondern nur in bestimmten Angelegenheiten, die in der Reichsverfassung ausdrücklich aufgezählt sind.

Dahin gehören die Bestimmungen über die Staatsangehörigkeit, das Gewerbewesen, das Zoll- und Handelswesen, das bürgerliche Recht, das Strafrecht, das gerichtliche Verfahren, das einheitliche Münz-, Maß- und Gewichtssystem, die Reichspost, das Militärwesen u. a.

Beispiele wichtiger Reichsgesetze: das Bürgerliche Gesetzbuch (seit 1. Januar 1900 in Kraft), das Strafgesetzbuch, das Gerichtsverfassungsgesetz, die Zivil- und die Straf-Prozeßordnung, das Handelsgesetzbuch, die Gewerbeordnung, die Arbeiterversicherungsgesetze.

Die Regierungen der einzelnen Bundesstaaten sind verpflichtet die Reichsgesetze in ihrem Staate zu vollziehen.

Die Reichsgesetze kommen durch übereinstimmende Beschlüsse des Bundesrats und Reichstags zustande und werden vom Kaiser im Reichsgesetzblatt verkündigt.

Bayern hat sich vertragsmäßig gegenüber dem Reiche verschiedene Sonderrechte (Reservatrechte) vorbehalten, so auf dem Gebiete des Heerwesens, des Post- und Telegraphenwesens u. a.

Die Reichsangehörigkeit, d. i. die rechtliche Eigenschaft als Deutscher, ist regelmäßig an den Besitz der Staatsangehörigkeit in einem deutschen Bundesstaate geknüpft.

Die Staatsangehörigkeit, also z. B. die rechtliche Eigenschaft als Bayer, wird erworben:

durch Abstammung: die Kinder eines bayerischen Staatsangehörigen erwerben mit ihrer Geburt notwendig gleichfalls die bayerische Staatsangehörigkeit;

durch Verehelichung: eine Frau erwirbt durch ihre Verehelichung die Staatsangehörigkeit ihres Mannes;

durch Verleihung seitens der zuständigen staatlichen Behörde (K. Kreisregierung, Kammer des Innern).

Sie geht verloren:

durch Entlassung aus dem Staatsverbande seitens der zuständigen staatlichen Behörde auf gestellten Antrag;

durch Verehelichung einer Frau mit einem Ausländer oder Angehörigen eines anderen deutschen Bundesstaats;

durch zehnjährigen, ununterbrochenen Aufenthalt im Auslande, jedoch mit gewissen Ausnahmen.

Jeder deutsche Staatsangehörige ist im ganzen Reichsgebiete als Inländer zu behandeln und vorbehaltlich gewisser Beschränkungen zur Niederlassung, zum Gewerbebetrieb, zum Grunderwerb, zu öffentlichen Ämtern wie der Einheimische zuzulassen.

B. Die Verfassung des Königreichs Bayern.

Der König von Bayern ist das Oberhaupt des bayerischen Staates. Er vereinigt in seiner Person alle Rechte der Staatsgewalt und übt sie nach den in der bayerischen Verfassungsurkunde vom 26. Mai 1818 festgesetzten Bestimmungen aus.

Die Königswürde ist erblich in dem Mannesstamme des Königlichen Hauses der Wittelsbacher nach dem Rechte der Erstgeburt.

Während der Minderjährigkeit des Königs, oder wenn dieser für längere Zeit verhindert ist die Regierung selbst zu leiten, wird die Regierung für ihn und in seinem Namen durch einen Regenten — „des Königreichs Bayern Verweser" — geführt.

Bei der Ausübung der Staatsgewalt steht dem Könige in den verfassungsmäßig vorgesehenen Fällen eine Versammlung von Vertretern des bayerischen Volkes, der Landtag, zur Seite.

Der Landtag ist in zwei Kammern, nämlich die Kammer der Reichsräte und die Kammer der Abgeordneten, geteilt.

Die Kammer der Reichsräte besteht im wesentlichen aus:

1. den großjährigen Prinzen des Königlichen Hauses;
2. dem höchsten Adel;
3. der höchsten Geistlichkeit;
4. den vom Könige ernannten erblichen und lebenslänglichen Reichsräten.

Die Kammer der Abgeordneten besteht aus 163 vom Volke gewählten Abgeordneten.[1])

Die Wahl der Landtagsabgeordneten findet der Regel nach alle 6 Jahre statt. Die Wahl ist direkt und geheim. Wählen darf im allgemeinen jeder bayerische Staatsangehörige, der im Zeitpunkte der Wahl das 25. Lebensjahr zurückgelegt hat, seit mindestens einem Jahre die bayerische Staatsangehörigkeit besitzt und dem Staate seit mindestens einem Jahre eine direkte Steuer entrichtet. Auch darf er nur dann wählen, wenn er den Verfassungseid geleistet hat und in die Wählerliste eingetragen ist.

Jede der beiden Kammern berät und beschließt getrennt. Ein gültiger Beschluß des Landtags liegt nur dann vor, wenn die Beschlüsse beider Kammern übereinstimmen.

Der Wirkungskreis des Landtags besteht hauptsächlich:

1. in der Mitwirkung bei der Gesetzgebung;
2. in dem Rechte der Zustimmung zu der Erhebung von Steuern;
3. in der Prüfung des Voranschlags der Staatsausgaben und Staatseinnahmen (des Budgets), der jeweils für eine Finanzperiode, d. h. für zwei Kalenderjahre aufgestellt wird;
4. in dem Rechte der Beschwerdeführung und Antragstellung beim Könige.

Die bayerischen Gesetze werden vom Könige nach erteilter Zustimmung des Landtags erlassen. Die Gesetzesurkunde muß außer der Unterschrift des Königs auch die Unterschriften der verantwortlichen Minister tragen. Die Gesetze werden durch das Gesetz- und Verordnungsblatt verkündigt.

Die bayerischen Gesetze dürfen mit deutschen Reichsgesetzen nicht im Widerspruch stehen, denn „Reichsrecht bricht Landesrecht".

Zum Vollzuge der Gesetze werden häufig Königliche Verordnungen und Vollzugsanweisungen der Staatsministerien erlassen.

[1]) Landtagswahlgesetz vom 9. April 1906, Ges.- u. Ver.-Bl. 1906, S. 131.

den in der bayerischen Verfassungsurkunde vom 26. Mai 1818 festgesetzten Bestimmungen aus.

Die Königswürde ist erblich in dem Mannesstamme des Königlichen Hauses der Wittelsbacher nach dem Rechte der Erstgeburt.

Während der Minderjährigkeit des Königs, oder wenn dieser für längere Zeit verhindert ist die Regierung selbst zu leiten, wird die Regierung für ihn und in seinem Namen durch einen Regenten — „des Königreichs Bayern Verweser" — geführt.

Bei der Ausübung der Staatsgewalt steht dem Könige in den verfassungsmäßig vorgesehenen Fällen eine Versammlung von Vertretern des bayerischen Volkes, der Landtag, zur Seite.

Der Landtag ist in zwei Kammern, nämlich die Kammer der Reichsräte und die Kammer der Abgeordneten, geteilt.

Die Kammer der Reichsräte besteht im wesentlichen aus:

1. den großjährigen Prinzen des Königlichen Hauses;
2. dem höchsten Adel;
3. der höchsten Geistlichkeit;
4. den vom Könige ernannten erblichen und lebenslänglichen Reichsräten.

Die Kammer der Abgeordneten besteht aus 163 vom Volke gewählten Abgeordneten.[1])

Die Wahl der Landtagsabgeordneten findet der Regel nach alle 6 Jahre statt. Die Wahl ist direkt und geheim. Wählen darf im allgemeinen jeder bayerische Staatsangehörige, der im Zeitpunkte der Wahl das 25. Lebensjahr zurückgelegt hat, seit mindestens einem Jahre die bayerische Staatsangehörigkeit besitzt und dem Staate seit mindestens einem Jahre eine direkte Steuer entrichtet. Auch darf er nur dann wählen, wenn er den Verfassungseid geleistet hat und in die Wählerliste eingetragen ist.

Jede der beiden Kammern berät und beschließt getrennt. Ein gültiger Beschluß des Landtags liegt nur dann vor, wenn die Beschlüsse beider Kammern übereinstimmen.

Der Wirkungskreis des Landtags besteht hauptsächlich:

1. in der Mitwirkung bei der Gesetzgebung;
2. in dem Rechte der Zustimmung zu der Erhebung von Steuern;
3. in der Prüfung des Voranschlags der Staatsausgaben und Staatseinnahmen (des Budgets), der jeweils für eine Finanzperiode, d. h. für zwei Kalenderjahre aufgestellt wird;
4. in dem Rechte der Beschwerdeführung und Antragstellung beim Könige.

Die bayerischen Gesetze werden vom Könige nach erteilter Zustimmung des Landtags erlassen. Die Gesetzesurkunde muß außer der Unterschrift des Königs auch die Unterschriften der verantwortlichen Minister tragen. Die Gesetze werden durch das Gesetz- und Verordnungsblatt verkündigt.

Die bayerischen Gesetze dürfen mit deutschen Reichsgesetzen nicht im Widerspruch stehen, denn „Reichsrecht bricht Landesrecht".

Zum Vollzuge der Gesetze werden häufig Königliche Verordnungen und Vollzugsanweisungen der Staatsministerien erlassen.

[1]) Landtagswahlgesetz vom 9. April 1906, Ges.- u. Ver.-Bl. 1906, S. 131.

II. Die Behördenorganisation in Bayern.

A. Allgemeines.

Der König übt die Regierung durch Vermittlung der **Staatsbehörden** aus. Jede Behörde hat einen bestimmten, örtlich und sachlich begrenzten Wirkungskreis.

Örtlich begrenzt, d. h. ihre Zuständigkeit erstreckt sich nur auf ein bestimmtes Gebiet (Bezirk, Kreis, ganzes Königreich);

sachlich begrenzt, d. h. ihre Zuständigkeit erstreckt sich nur auf bestimmte Arten der Regierungstätigkeit (z. B. Rechtsprechung, Polizeiwesen, Bauwesen, Schulwesen).

Die Hauptarten der staatlichen Behörden sind die Verwaltungsbehörden, die Gerichte und die Militärbehörden.

Die höchsten Behörden des Königreichs sind die Königlichen **Staatsministerien**, nämlich:

1. das K. Staatsministerium des Königlichen Hauses und des Äußern,
2. das K. Staatsministerium der Justiz,
3. das K. Staatsministerium des Innern,
4. das K. Staatsministerium des Innern für Kirchen- und Schulangelegenheiten,
5. das K. Staatsministerium der Finanzen,
6. das K. Staatsministerium für Verkehrsangelegenheiten,
7. das K. Kriegsministerium.

Jedes Ministerium wird von einem K. Staatsminister geleitet.

Die Minister sind die nächsten Berater des Königs in Regierungsangelegenheiten und für die Gesetzmäßigkeit der Regierung verantwortlich. Sie stellen die Gesetzentwürfe auf und vertreten sie vor dem Landtage.

Jedem Ministerium ist eine Reihe von Zwischenbehörden (Mittelstellen) und jeder dieser Zwischenbehörden wieder eine größere Anzahl von unteren Behörden untergeordnet.

Außer den **staatlichen** Behörden gibt es insbesondere noch Gemeindebehörden und kirchliche Behörden.

B. Die einzelnen Ministerien.

1. Das K. Staatsministerium des Königlichen Hauses und des Äußern.

Zum Geschäftskreise dieses Staatsministeriums gehören hauptsächlich die Angelegenheiten des Königlichen Hauses, die Ordens- und Adelssachen, die Leitung der Beziehungen Bayerns zum Deutschen Reiche und zu fremden Staaten, dann die oberste Aufsicht auf Handel, Industrie und Gewerbe und das Bergwesen. Der K. Staatsminister des Königlichen Hauses und des Äußern führt ferner bei den gemeinsamen Beratungen der Minister im „Ministerrate" den Vorsitz.

Dem K. Staatsministerium des Königlichen Hauses und des Äußern unterstehen u. a. die Gesandtschaften Bayerns bei anderen Staaten, ferner die K. Regierungen, Kammern des Innern, die K. Bezirksämter, die K. Fabriken- und Gewerbe-Inspektoren und die Bergbehörden.

2. Das K. Staatsministerium der Justiz.

Dieses hat die oberste Leitung der Justizverwaltung und führt die Dienstaufsicht über alle Justizbeamten (Richter, Staatsanwälte, Notare 2c.). Im Justizministerium werden die Justizgesetze bearbeitet und die Ausführungsvorschriften zu ihrem Vollzuge erlassen. Ihm unterstehen auch die Gerichte, deren Geschäftsgang es überwacht. Die Gerichte sind jedoch bei der Rechtsprechung von dem Ministerium unabhängig.

Die Gerichte haben eine dreifache Aufgabe: die Rechtsprechung in bürgerlichen Rechtsstreitigkeiten, die Rechtsprechung in Strafsachen und die freiwillige Gerichtsbarkeit.

Bürgerliche Rechtsstreitigkeiten sind Streitigkeiten zwischen Parteien, bei denen es sich beispielsweise um das Eigentumsrecht, um Ansprüche aus einem Vertrag, um eheliches Güterrecht, um Erbrecht u. dergl. handelt.

Den Gegensatz zum bürgerlichen Recht bildet einerseits das öffentliche Recht, andererseits das Strafrecht.

Zum öffentlichen Rechte gehören z. B. die Rechte und Pflichten der Untertanen gegenüber dem Staate, der Bürger gegenüber der Gemeinde und dergleichen. Über Streitigkeiten des öffentlichen Rechts haben in der Regel die Verwaltungsbehörden zu entscheiden.

Als ein äußerlicher Anhaltspunkt zur Unterscheidung zwischen öffentlichem und bürgerlichem Rechte kann für die Mehrzahl der Fälle die Regel dienen, daß alles, wovon das Bürgerliche Gesetzbuch handelt, auch dem bürgerlichen Rechte angehört.

Strafsachen sind solche Angelegenheiten, bei denen zu entscheiden ist, ob jemand etwas getan hat, was zu tun bei Strafe verboten, oder etwas unterlassen hat, was zu tun bei Strafe geboten ist.

Unter freiwilliger Gerichtsbarkeit versteht man diejenige Tätigkeit der Gerichte, bei der diese nicht Recht zu sprechen haben, sondern im wesentlichen als beurkundende oder aufsichtführende Behörden handeln. Hierhin gehört z. B. ihre Tätigkeit als Vormundschafts- oder Nachlaßgericht, die Führung des Grundbuchs, des Handelsregisters, des Genossenschaftsregisters, des Güterrechtsregisters u. a.

Es gibt Amtsgerichte, Landgerichte, Oberlandesgerichte, das oberste Landesgericht für Bayern und das Reichsgericht.

An den Amtsgerichten sind Einzelrichter (Amtsrichter und Oberamtsrichter) tätig, an den Landgerichten und den noch höheren Gerichten wird die richterliche Tätigkeit von Richterkollegien, aus 3, 5 oder 7 Richtern bestehend, ausgeübt (sogenannte Kammern oder Senate). Alle diese Gerichte haben sich teils als erste Instanz, teils als Berufungs-, Revisions- oder Beschwerde-Instanz mit der Rechtsprechung in bürgerlichen Rechtsstreitigkeiten und in Strafsachen zu befassen sowie Aufgaben der freiwilligen Gerichtsbarkeit zu erfüllen.

Dem Staatsministerium der Justiz sind auch die K. Notare unterstellt. Diese sind zuständig, öffentliche Beurkundungen und Beglaubigungen zu bewirken, insbesondere Verträge über die Veräußerung oder Belastung von Grundstücken, Eheverträge und Testamente aufzunehmen, öffentliche Versteigerungen zu vollziehen u. a.

Als Rechtsbeistände vor den Gerichten dienen die Rechtsanwälte, die für ihre Vollmachtgeber die Prozesse führen oder Verteidigungen in Strafsachen übernehmen.

Die Gerichtsvollzieher haben hauptsächlich die Zwangsvollstreckungen zu bewirken und Zustellungen von Schriftstücken vorzunehmen.

3. Das K. Staatsministerium des Innern.[1])

Die oberste Leitung der allgemeinen Landesverwaltung kommt hauptsächlich dem K. Staatsministerium des Innern zu. Ihm obliegt die oberste Aufsicht über die Kreise, Distrikte und Gemeinden, die oberste Leitung des gesamten Polizeiwesens, des Staatsbauwesens, des Stiftungswesens, der oberste Vollzug der Arbeiterversicherungsgesetze, die Förderung der Landwirtschaft u. a.

Zahlreiche Behörden sind ihm unmittelbar unterstellt, so z. B. die oberste Baubehörde, das Statistische Bureau, das Landesversicherungsamt, die Versicherungskammer, die Flurbereinigungskommission, das Wasserversorgungsbureau u. a.

Als wichtigste Mittelstelle ist dem K. Staatsministerium des Innern in jedem der acht Kreise die K. Regierung, Kammer des Innern, untergeordnet, an deren Spitze ein K. Regierungspräsident steht.

Jeder K. Regierung sind als Vollzugsorgane für den Bezirk je eines oder mehrerer Distrikte die K. Bezirksämter (Distriktsverwaltungsbehörden) unterstellt.

Nur in einigen größeren, sogenannten unmittelbaren Städten sind die Gemeindebehörden (Stadtmagistrate) zugleich auch die Distriktsverwaltungsbehörden für den Stadtbezirk (s. S. 569).

Die Bezirksämter (Vorstand der K. Bezirksamtmann) führen in ihrem Bezirk die unmittelbare Aufsicht über die Gemeinden, über das Armenwesen, über die (Sicherheits-, Gesundheits-, Viehseuchen-, Bau-, Feuer-, Wasser-, Straßen-) Polizei, über das Gewerbewesen, das Versicherungswesen u. s. w. und sind in erster Instanz zur Entscheidung der meisten Streitigkeiten in diesen Angelegenheiten zuständig. Sie haben auch vor allem die Interessen ihres Bezirks und dessen Bevölkerung zu vertreten und auf allen Gebieten des öffentlichen Lebens, insbesondere auch in der Landwirtschaft, beratend, anregend und fördernd zu wirken.

Außerdem bestehen in Unterordnung unter die K. Regierungen für verschiedene Zweige der Verwaltung noch besondere Behörden und Beamte, so

für das Medizinalwesen die K. Bezirksärzte,
für das Veterinärwesen die K. Bezirkstierärzte,
für die Aufsicht über die Staatsgebäude die K. Landbauämter,
für die Aufsicht über die Staatsstraßen und öffentlichen Flüsse die K. Straßen- und Flußbauämter.

Die oberste Instanz zur Entscheidung von gewissen Streitigkeiten, für die in den unteren Instanzen die Verwaltungsbehörden zuständig sind, bildet der K. Verwaltungsgerichtshof in München, der in Bezug auf die Rechtsprechung von den K. Staatsministerien unabhängig ist.

4. Das K. Staatsministerium des Innern für Kirchen- und Schulangelegenheiten.

Dem K. Staatsministerium des Innern für Kirchen- und Schulangelegenheiten kommt die oberste Aufsicht über die kirchlichen Angelegenheiten und das gesamte Schulwesen sowie die Förderung von Kunst und Wissenschaften zu.

[1]) Verordnung, betr. die Formation der Staatsministerien vom 10. Nov. 1904, Ges.- u. Verordn.-Bl. S. 567.

Ihm unterstehen unmittelbar die drei Landesuniversitäten zu München, Würzburg und Erlangen, die K. Technische Hochschule zu München, die K. Akademie für Landwirtschaft und Brauerei zu Weihenstephan, die K. Tierärztliche Hochschule zu München u. a. Ihm kommt auch die staatliche Oberaufsicht gegenüber den obersten kirchlichen Behörden zu (den katholischen Erzbischöfen und Bischöfen mit ihren Ordinariaten, dem protestantischen Oberkonsistorium und den Konsistorien).

Außerdem sind dem Kultusministerium ebenso wie den Staatsministerien des K. Hauses und des Äußern, dann des Innern die acht K. Regierungen, Kammern des Innern, und als äußere Behörden die K. Bezirksämter untergeordnet.

Es unterstehen ihm ferner teils unmittelbar, teils mittelbar die Gymnasien, Progymnasien, Lateinschulen, Realgymnasien, Oberrealschulen, Realschulen, Fachschulen, Lehrerbildungsanstalten, landwirtschaftlichen Winterschulen, Hufbeschlagschulen u. a.

Die unmittelbare Aufsicht über die Volksschulen wird von den K. Bezirksämtern gemeinschaftlich mit den K. Distriktsschulinspektionen geführt, denen wieder die Lokalschulinspektionen als Schulaufsichtsbehörden in den einzelnen Gemeinden unterstellt sind.

5. Das K. Staatsministerium der Finanzen.

Das K. Staatsministerium der Finanzen hat die oberste Leitung des Staatshaushalts.

Der Staat besitzt rentierendes Vermögen. Als Träger dieses Vermögens nennt man ihn meist Fiskus oder Ärar. Zum Staatsvermögen gehören z. B. die Staatsforsten, die staatlichen Domänengüter, die Staatseisenbahnen 2c. Daraus fließen beträchtliche Einnahmen in die Staatskasse. Der Staat übt aber, um alle seine Ausgaben decken zu können, gegenüber den Untertanen auch ein Besteuerungsrecht aus; er erhebt direkte Staatssteuern (Grund-, Haus-, Gewerbe-, Einkommen-, Kapitalrenten-, Erbschaftssteuern) und indirekte Staatssteuern (Malzaufschlag, Hundesteuern, Gebühren 2c.). Auch das Reich erhebt indirekte Steuern und Zölle durch bayerische Behörden. Über alle Einnahmen und Ausgaben des Staates wird ein Voranschlag (Budget) für je zwei Jahre unter Mitwirkung des Landtags aufgestellt. Durch das Finanzgesetz wird außerdem bestimmt, wieviel Steuern für diese Zeit zu erheben sind.

Unter dem K. Staatsministerium der Finanzen stehen wieder Mittelstellen und untere Behörden, nämlich:

a) zur Verwaltung der direkten Staatssteuern in jedem Kreise die K. Regierung, Kammer der Finanzen, und unter dieser als äußere Behörden die K. Rentämter;
b) zur Verwaltung der Zölle und indirekten Staatssteuern die K. Generaldirektion der Zölle und indirekten Steuern und unter dieser die K. Hauptzollämter, Zollämter, Steuerhebestellen und Steuerämter;
c) zur Verwaltung der Staatsforsten in jedem Kreise die Forstabteilung der K. Regierung, Kammer der Finanzen, und als äußere Behörden die K. Forstämter (Vorstand der K. Forstmeister) und die K. Forstamtsassessoren.

6. Das K. Staatsministerium für Verkehrsangelegenheiten.

Sein Wirkungskreis umfaßt die oberste Aufsicht über das Eisenbahn-,

Post- und Telegraphenwesen sowie über den Dampfschiffahrtsbetrieb, dann die oberste Leitung der Verkehrsanstalten des Staates.

Ihm sind zurzeit noch unterstellt die K. Generaldirektion der Staatseisenbahnen und die K. Generaldirektion der Posten und Telegraphen. Unter den Generaldirektionen stehen die Eisenbahnbetriebsdirektionen und die Oberpostämter sowie zahlreiche äußere Behörden.

Im Jahre 1907 soll eine Neuordnung der Verkehrsverwaltung stattfinden. Die beiden Generaldirektionen werden aufgehoben werden. Dem K. Staatsministerium werden dann fünf (später sechs) Eisenbahndirektionen sowie mehrere Ämter für zentrale Geschäfte und acht Oberpostdirektionen unmittelbar untergeordnet sein.

7. Das K. Kriegsministerium.

Das K. Kriegsministerium ist die höchste Behörde für alle Angelegenheiten der Heeresleitung, Heeresverwaltung und Militärgerichtsbarkeit.

Das bayerische Heer steht im Frieden unter dem Oberbefehl des Königs. Für den Kriegsfall tritt es mit dem Beginne der Mobilmachung unter den Oberbefehl des Kaisers.

Das bayerische Heer ist in drei Armeekorps je unter dem Befehle eines kommandierenden Generals eingeteilt. Jedes Armeekorps gliedert sich in Divisionen und Brigaden, diese in Regimenter, letztere bei der Infanterie 2c. in Bataillone.

Jeder wehrfähige Deutsche ist wehrpflichtig.

Als nicht wehrfähig und deshalb als nicht wehrpflichtig gelten diejenigen, welche wegen dauernder körperlicher Untauglichkeit zum Dienste durch die Oberersatzkommission „ausgemustert" oder wegen schwerer Bestrafung vom Dienste im Heere „ausgeschlossen" worden sind.

Jeder Wehrpflichtige muß sich im Januar desjenigen Jahres, in dem er 20 Jahre alt wird, zur Aufnahme in die Rekrutierungsstammrolle bei der Ortspolizeibehörde seines Aufenthalts- oder Wohnorts melden und wird dann den sogenannten Ersatzbehörden (Ersatz- und Oberersatzkommission) vorgestellt, die über seine Tauglichkeit zum Dienste beim Heere entscheiden und ihn einer Truppe zuweisen.

Die tauglich Befundenen müssen in der Regel 2 Jahre (bei der Kavallerie und reitenden Feldartillerie 3 Jahre) bei den Fahnen dienen, treten dann zur Reserve, hierauf zur Landwehr und mit dem 31. März des Kalenderjahres, in dem sie ihr 39. Lebensjahr vollenden, zum Landsturm über.

Diejenigen Wehrfähigen, die nicht zum Dienste bei den Fahnen einberufen werden, gehören teils zur Ersatzreserve, teils zum Landsturm.

Der Landsturm wird nur im Kriegsfalle zur Verteidigung des Vaterlandes aufgeboten.

III. Die Gemeinden.

A. Die Ortsgemeinden.

Jedes Grundstück in Bayern — mit Ausnahme einiger großer Waldungen, Seen und Gebirge im rechtsrheinischen Bayern — gehört zu einer Gemeinde („Ortsgemeinde" oder „politische Gemeinde").

Die Gemeinden sind öffentliche Körperschaften mit dem Rechte der Selbstverwaltung nach Maßgabe der Gesetze.

Die Gemeinden sind Körperschaften, d. h. sie können Vermögen besitzen und durch ihre Organe (Gemeindebehörden) wie Personen handeln. Sie sind öffentliche Körperschaften, d. h. sie haben gewisse Aufgaben im öffentlichen Interesse zu erfüllen und sind zu diesem Zwecke durch die Gesetze des Staates mit einer öffentlichen Gewalt für ihren Bezirk ausgestattet. Sie haben das Recht der Selbstverwaltung, d. h. das Recht, ihre eigenen Angelegenheiten durch selbstgewählte Behörden selbständig zu besorgen, wobei sie der Aufsicht der Staatsbehörden soweit untergeordnet sind, als die Gesetze dies bestimmen.

Die für die Gemeinden geltenden Grundsätze sind enthalten in den Gemeindeordnungen für die Landesteile diesseits des Rheins und für die Pfalz vom 29. April 1869.[1])

Die Gemeindeordnung für die Landesteile diesseits des Rheins unterscheidet Gemeinden mit Landgemeindeverfassung (Landgemeinden) und Gemeinden mit städtischer Verfassung. Die Gemeinden mit städtischer Verfassung sind teils mittelbare Stadtgemeinden teils unmittelbare Städte.

Die „unmittelbaren" Städte stehen unmittelbar unter der Aufsicht einer K. Kreisregierung, die Landgemeinden und mittelbaren Stadtgemeinden sind der Aufsicht eines K. Bezirksamts unterstellt.

In der Pfalz gibt es den Unterschied zwischen Gemeinden mit Landgemeindeverfassung und solchen mit städtischer Verfassung nicht. Es besteht nur eine Art der Gemeindeverfassung. Sämtliche Gemeinden der Pfalz sind mittelbar, also einem K. Bezirksamte untergeordnet.

Viele Landgemeinden diesseits des Rheins setzen sich aus mehreren, in gewissem Umfange selbständigen Teilen, sogenannten Ortschaften (auch Weilern), zusammen.

In der Pfalz sind häufig mehrere Gemeinden zu einer „Bürgermeisterei" vereinigt.

1. Die Landgemeinden.

Die notwendigen Organe einer Landgemeinde im rechtsrheinischen Bayern sind der Bürgermeister, der Gemeindeausschuß und die Gemeindeversammlung.

a) Der Bürgermeister ist Vorstand und Mitglied des Gemeindeausschusses und führt die Ortspolizei.

Als Vorstand des Gemeindeausschusses hat er den Gemeindeausschuß und die Gemeindeversammlung einzuberufen und zu leiten, die Gemeinde nach außen zu vertreten, mit den vorgesetzten Behörden zu verhandeln, die Gemeinderegistratur zu führen, das Kassawesen zu beaufsichtigen u. s. w.

Als Ortspolizeibehörde ist ihm allein die Handhabung der Ortspolizei übertragen. Er hat daher für die öffentliche Ordnung und Sicherheit in der Gemeinde zu sorgen, die Gemeindeanstalten, den Marktverkehr, die öffentlichen Wege zu beaufsichtigen u. a.

b) Der Gemeindeausschuß besteht aus dem Bürgermeister, dem Beigeordneten und 4—24 Gemeindebevollmächtigten.

Der Gemeindeausschuß besorgt die Verwaltung der Gemeinde und vertritt die Gemeinde in ihren Rechten und Verbindlichkeiten.

Er führt insbesondere den Gemeindehaushalt, stellt den Voranschlag und die Rechnungen der Gemeinde fest, verwaltet das Vermögen der Gemeinde, stellt die Gemeindebediensteten an, erläßt ortspolizeiliche Vorschriften u. s. w.

---

[1]) Gesetzblatt 1866/69 S. 865 ff.

Sämtliche Mitglieder des Gemeindeausschusses werden alle sechs Jahre von den wahlberechtigten Gemeindebürgern gewählt.

c) Die Gemeindeversammlung ist die Versammlung sämtlicher Gemeindebürger. Sie wird durch den Bürgermeister einberufen und geleitet und hat in gewissen, durch die Gemeindeordnung bestimmten Fällen zu beschließen.

Zu ihrer Zuständigkeit gehört hauptsächlich:
- die Beschlußfassung über die Einführung oder Erhöhung von Gemeindeumlagen,
- die Beschlußfassung über Einführung oder Erhöhung örtlicher Abgaben, wie des Malz-, Bier-, Fleischaufschlags, der Pflasterzölle, der Gebühren für Benutzung von Gemeindeanstalten ꝛc.,
- die Beschlußfassung über die Aufnahme eines Anlehens für die Gemeinde.

2. Die Stadtgemeinden.

Die notwendigen Organe einer Gemeinde mit städtischer Verfassung sind der Bürgermeister, der Magistrat und die Gemeindebevollmächtigten.

a) Der Bürgermeister führt den Vorsitz im Magistrat und leitet die Polizeiverwaltung. Er wird von den Gemeindebevollmächtigten gewählt und bedarf der Bestätigung durch die K. Regierung oder das K. Staatsministerium des Innern.

b) Der Magistrat besteht aus dem Bürgermeister und den Magistratsräten. Die Magistratsräte sind teils rechtskundige (Juristen), teils bürgerliche. Rechtskundige Magistratsräte werden nach Bedürfnis aufgestellt, bürgerliche Magistratsräte müssen je nach der Einwohnerzahl 6—20 vorhanden sein. Sie werden von den Gemeindebevollmächtigten aus den Gemeindebürgern gewählt.

Der Magistrat besorgt die Verwaltung der Gemeindeangelegenheiten und vertritt die Gemeinde nach außen. Er ist auch Orts-, bei unmittelbaren Städten zugleich Distrikts-Polizeibehörde.

c) Das Kollegium der Gemeindebevollmächtigten besteht aus einer Anzahl von gewählten Gemeindebürgern (den Gemeindebevollmächtigten), welche dreimal so groß sein muß als die Zahl der bürgerlichen Magistratsräte. Die Zuständigkeit der Gemeindebevollmächtigten ist vom Gesetze auf bestimmte Fälle beschränkt.

3. Die Gemeinden der Pfalz.

Die notwendigen Organe einer pfälzischen Gemeinde sind der Bürgermeister, der Gemeinderat und die Gemeindeversammlung.

a) Der Bürgermeister ist Vorstand des Gemeinderats und führt die Ortspolizei. Er wird von den Gemeinderäten gewählt.

b) Der Gemeinderat besteht aus dem Bürgermeister, einem oder zwei Adjunkten und 6—24 Gemeinderäten. Der Adjunkt ist der Stellvertreter des Bürgermeisters. Er wird, wie dieser, von den Gemeinderäten gewählt. Die Wahl des letzteren erfolgt durch die Gemeindebürger.

Der Gemeinderat führt die Verwaltung der Gemeinde und vertritt die Gemeinde in ihren Rechten und Verbindlichkeiten.

c) Die Gemeindeversammlung ist die Versammlung der Gemeindebürger. Sie hat in den gesetzlich bestimmten Fällen zu beschließen.

4. Gemeinsames für alle Gemeinden.

a) Das Gemeindebürgerrecht.

Das Gemeindebürgerrecht kann in den Gemeinden der Landesteile rechts des Rheins nur durch ausdrückliche Verleihung (also nicht etwa durch Zeitablauf, Hausbesitz, Heimatrecht) erworben werden. Befähigt zur Erwerbung sind selbständige Männer über 21 Jahre, die in der Gemeinde wohnen und daselbst mit einer direkten Staatssteuer veranlagt sind.

Auch Frauen, Minderjährige und Korporationen können das Bürgerrecht infolge des Besitzes eines Wohnhauses unter gewissen Voraussetzungen erlangen.

Das Bürgerrecht gewährt namentlich das Recht, in den Gemeindeversammlungen bei der Beratung und Abstimmung mitzuwirken, zu Gemeindeämtern zu wählen und gewählt zu werden. Es geht im allgemeinen mit dem Verluste der Befähigung zu seinem Erwerbe verloren.

Über die Verleihung des Bürgerrechts beschließt in Landgemeinden der Gemeindeausschuß. Die Verleihung kann von der Entrichtung einer Bürgeraufnahmsgebühr abhängig gemacht werden.

In der Pfalz sind volljährige und selbständige Männer, die in einer pfälzischen Gemeinde heimatberechtigt sind, daselbst auch kraft Gesetzes Bürger, wenn sie in dieser Gemeinde wohnen und mit einer direkten Steuer angelegt sind.

Personen, die in einer Gemeinde der Landesteile rechts des Rheins heimatberechtigt sind, können das Bürgerrecht in einer pfälzischen Gemeinde unter bestimmten Voraussetzungen durch Verleihung seitens des Gemeinderats erwerben.

b) Der Gemeindehaushalt.

Die Gemeinden besitzen Vermögen und sind verpflichtet, den Grundstock dieses Vermögens ungeschmälert zu erhalten.

Der Ertrag des Gemeindevermögens ist zur Bestreitung der Gemeindebedürfnisse zu verwenden. Soweit die Einkünfte der Gemeinde aus ihrem Vermögen oder den sonstigen Einnahmequellen nicht ausreichen, müssen oder können Gemeindeumlagen (Gemeindesteuern) erhoben werden.

Umlagenpflichtig sind alle diejenigen, die in der Gemeinde mit einer direkten Staatssteuer angelegt sind, auch wenn sie nicht in der Gemeinde wohnen. Die Staatssteuern bilden zugleich auch den Maßstab für die Verteilung der Umlagen, die in einem bestimmten Prozentsatze zu den Staatssteuern erhoben werden müssen.

Wenn also z. B. in einer Gemeinde 50% Umlagen erhoben werden, so muß derjenige, welcher in der Gemeinde 10 ℳ Staatssteuern entrichten muß, außerdem noch 5 ℳ Gemeindeumlagen zahlen.

Die Gemeinden können ferner unter gewissen Voraussetzungen noch andere Gemeindesteuern erheben und zwar hauptsächlich:

a) die sog. Verbrauchssteuern, d. h. Abgaben zur Gemeindekasse, die auf den Verbrauch gewisser Nahrungs- und Genußmittel innerhalb des Gemeindebezirks gelegt werden, wie den Fleischaufschlag, den Bieraufschlag, den Lokalmalzaufschlag;

b) die sog. örtlichen Abgaben, z. B. für die Benutzung der Friedhöfe, Wasserleitungen, Schrannen, ferner Pflaster- und Brückenzölle. Zur

Einführung des Lokalmalz- und Bieraufschlags, dann der Pflaster- und Brückenzölle ist die Genehmigung des K. Staatsministerums des Innern erforderlich.

Außerdem sind die Gemeinden befugt, Gemeindedienste (Hand- und Spanndienste) für Gemeindezwecke, wie z. B. für das Beifahren von Kies zur Unterhaltung der Straßen, anzuordnen. Endlich können die Gemeinden zur Deckung ihrer Ausgaben Anlehen aufnehmen, die nach Maßgabe eines Tilgungsplanes innerhalb einer gewissen Zeit wieder zurückbezahlt werden müssen.

Über die Einnahmen und Ausgaben der Gemeinde ist alljährlich Rechnung zu stellen, die der Aufsichtsbehörde zur Prüfung vorgelegt werden muß.

c) Die Staatsaufsicht.

Die Gemeinden haben als öffentliche Körperschaften gewisse Verpflichtungen im öffentlichen Interesse zu erfüllen.

So müssen die Gemeinden z. B. die erforderlichen Ortsstraßen und Gemeindeverbindungswege, öffentlichen Brunnen, Feuerlöschvorrichtungen, Begräbnisplätze, Armenhäuser u. dergl. herstellen und unterhalten, auch den Aufwand für die Volksschulen großenteils bestreiten, das Feldschutzpersonal anstellen u. s. w.

Darüber, daß die Gemeinden diesen Verpflichtungen genügen und auch auf dem Gebiete ihrer freien Selbstverwaltung die Gesetze nicht verletzen, haben die vorgesetzten Staatsaufsichtsbehörden (Bezirksämter, Regierungen) zu wachen und können nötigenfalls Zwang ausüben.

B. Die Distriktsgemeinden.

Die Distriktsgemeinden umfassen sämtliche im Distrikte gelegenen Gemeinden und die sog. ausmärkischen Bezirke, jedoch mit Ausnahme der unmittelbaren Städte. Der Amtsbezirk eines Bezirksamts erstreckt sich auf einen oder mehrere Distrikte.

Auch die Distriktsgemeinden sind öffentliche Körperschaften mit eigenem Vermögen und besonderen Organen.

Die Organe der Distriktsgemeinde sind der Distriktsrat und der Distriktsausschuß.

Der Distriktsrat besteht:

1. aus den Vertretern sämtlicher zur Distriktsgemeinde gehörigen Gemeinden, die in Landgemeinden vom Gemeindeausschusse gewählt werden;
2. aus einer Anzahl von Vertretern der höchstbesteuerten Grundbesitzer nach näherer gesetzlicher Vorschrift.

Vorsitzender des Distriktsrats ist der K. Bezirksamtmann. Der Distriktsrat hält in der Regel einmal im Jahre (im Herbst) eine Sitzung ab, zu der alle Mitglieder erscheinen müssen. Hierbei hat der Distriktsrat über alle Angelegenheiten der Distriktsgemeinde, insbesondere also die Feststellung der Einnahmen und Ausgaben, die Erhebung von Distriktsumlagen, die Anlegung und Unterhaltung der Distriktsstraßen, die Errichtung von Distriktsanstalten, wie z. B. von Distriktskrankenhäusern und dergl., zu beschließen. Alle Beschlüsse des Distriktsrats werden von der K. Regierung geprüft, die ihnen darauf die Genehmigung erteilt oder versagt.

Der Distriktsausschuß besteht aus 4—6 Mitgliedern, die vom Distriktsrate aus dessen Mitte gewählt werden. Vorstand ist der K. Bezirksamtmann. Der Distriktsausschuß versammelt sich auf Einladung seines Vorstands so oft, als es nötig ist. Er hat diejenigen Angelegenheiten, über die der Distriktsrat beschließen soll, vorher zu beraten und vorzubereiten, ferner die Distriktsanstalten zu beaufsichtigen und in gewissen Fällen an Stelle des Distriktsrats zu beschließen.

Zur Verwaltung des Distriktsvermögens muß ein Distriktskassier aufgestellt werden. Ferner werden vom Distrikte auch die Distriktstechniker und Distriktswegmacher sowie andere Bedienstete angestellt.

C. Die Kreisgemeinden.

Diese fallen in ihrem Umfange mit den Grenzen der Regierungsbezirke zusammen und umfassen sämtliche in ihrem Bezirke gelegenen Distriktsgemeinden und unmittelbaren Städte.

Die Kreisgemeinden sind ebenfalls öffentliche Körperschaften mit eigenem Vermögen und besonderer Vertretung. Ihre Organe sind der Landrat und der Landratsausschuß.

Der Landrat besteht hauptsächlich:

1. aus den Vertretern der Distriktsgemeinden,
2. aus den Vertretern der unmittelbaren Städte,
3. aus einigen Vertretern der größten Grundbesitzer,
4. aus drei Vertretern der Pfarrer.

Diese Vertreter werden nach näherer gesetzlicher Vorschrift auf 6 Jahre gewählt.

Der Landrat versammelt sich auf Anordnung des Königs jährlich einmal am Sitze der Kreisregierung. Er hat über die Feststellung der Einnahmen und Ausgaben der Kreisgemeinde, die Errichtung und Unterhaltung von Kreisanstalten, wie z. B. der Kreisirrenanstalten, Taubstummen- und Blindenanstalten, der landwirtschaftlichen Winterschulen und dergl., und über die Erhebung von Kreisumlagen zu beschließen.

Der Landratsausschuß besteht aus 6 Mitgliedern, die vom Landrate aus dessen Mitte gewählt werden, und tritt auf Einberufung durch die K. Regierung zusammen. Er kann in gewissen Fällen an Stelle des Landrats beschließen, hat die Verwaltung der Kreisanstalten und Kreisstiftungen zu überwachen und Gutachten abzugeben.

Die Beschlüsse des Landrats bedürfen zu ihrer Gültigkeit der Genehmigung des Königs, die durch den Landratsabschied erteilt wird.

IV. Heimatrecht und Armenwesen.

A. Heimatrecht und Eheschließung.

1. Jeder bayerische Staatsangehörige muß in einer bayerischen Gemeinde das Heimatrecht besitzen. Das Heimatrecht[1]) gewährt das Recht des

[1]) Gesetz über Heimat, Verehelichung und Aufenthalt vom 16. April 1868 in der Fassung vom 30. Juli 1899, Ges.- und Verordn.-Bl. 1899, S. 470.

Aufenthalts in der Heimatgemeinde mit der Wirkung, daß eine Ausweisung aus derselben nicht zulässig ist, und gibt unter gewissen Voraussetzungen im Falle der Verarmung auch eine Anwartschaft auf Armenunterstützung in der Heimatgemeinde.

Jeder bayerische Staatsangehörige besitzt seine ursprüngliche Heimat da, wo der Vater oder bei unehelichen Kindern die Mutter heimatberechtigt ist, er folgt auch der Heimat der Eltern, wenn diese sie wechseln, und behält deren letzte Heimat nach ihrem Tode.

Er kann diese ursprüngliche Heimat nur dadurch verlieren, daß er entweder seine bayerische Staatsangehörigkeit verliert oder eine neue Heimat selbständig erwirbt. Letzteres geschieht teils mit gesetzlicher Notwendigkeit, teils freiwillig.

Kraft Gesetzes erwirbt die Ehefrau mit ihrer Verheiratung die Heimat ihres Mannes und behält sie auch als Witwe bei. Kraft Gesetzes erwirbt ferner jeder Bayer durch die Eheschließung eine selbständige Heimat, d. h. er folgt von da an nicht mehr der Heimat seiner Eltern, sondern erhält diejenige Heimat, die er zur Zeit der Eheschließung besitzt, nunmehr als selbständige.

Freiwillig kann die Heimat durch Verleihung des Heimatrechts erworben werden. Diese Verleihung erfolgt in Landgemeinden durch den Gemeindeausschuß und kann in der Regel von der Bezahlung einer Heimatgebühr an die Gemeindekasse abhängig gemacht werden.

Nach mehrjährigem, freiwilligem Aufenthalte in einer Gemeinde erwirbt man unter gewissen Voraussetzungen einen Anspruch auf Verleihung des Heimatrechts in dieser Gemeinde.

Mit dem Erwerbe des Bürgerrechts in einer Gemeinde ist in der Regel auch der Erwerb des Heimatrechts verbunden.

Etwas abweichende Bestimmungen gelten in der Pfalz.

2. Eine Ehe[1]) kann im Deutschen Reiche, unbeschadet der kirchlichen Verpflichtungen, rechtsgültig nur vor einem Standesbeamten geschlossen werden. Standesbeamter ist in der Regel der Bürgermeister.

Bei dem Standesbeamten sind auch alle Geburten und Sterbefälle sogleich anzumelden und von ihm zu beurkunden.

Ein Mann darf nicht vor dem Eintritte der Volljährigkeit, d. i. nicht vor vollendetem 21. Lebensjahre, eine Frau nicht vor vollendetem 16. Lebensjahre eine Ehe eingehen. Die Frau bedarf aber bis zum vollendeten 21. Lebensjahre der Einwilligung des Vaters oder unter Umständen jener der Mutter.

Die Ehe zwischen nahen Verwandten ist verboten. Niemand darf eine neue Ehe schließen, bevor seine frühere Ehe aufgelöst ist.

Der Eheschließung vor dem Standesbeamten muß ein sog. Aufgebot vorhergehen, d. h. eine nach gesetzlicher Formvorschrift erfolgende öffentliche Bekanntmachung des Ehevorhabens.

Bei einem in den Landesteilen rechts des Rheins heimatberechtigten Manne hat die Heimatgemeinde desselben unter gewissen Voraussetzungen ein

[1]) §§ 1303—1322 des Bürgerl. Gesetzbuchs vom 18. August 1896, Reichsgesetzblatt 1896, S. 417; Reichsgesetz über die Beurkundung des Personenstands und der Eheschließung vom 6. Februar 1875, Reichsgesetzblatt 1875, S. 23, mit Abänderungen durch Art. 46 des Reichs-Einführungsgesetzes zum Bürgerl. Gesetzbuche vom 18. August 1896, Reichsgesetzblatt 1896, S. 618; Art. 31—36 des Gesetzes über Heimat, Verehelichung und Aufenthalt, Ges.- u. Verordn.-Bl. 1899, S. 480; vergl. auch die Minist.-Bekanntmachung vom 20. Dezember 1899, Minist.-Amtsbl. 1899, S. 673.

Einspruchsrecht gegen die Eheschließung, z. B. wegen vorausgegangener schwerer Bestrafungen der Brautleute oder weil der Bräutigam in den letzten 3 Jahren öffentliche Armenunterstützung empfangen hat. Deshalb darf der Standesbeamte die Eheschließung erst vornehmen, wenn der Bräutigam ein Zeugnis des Bezirksamts seiner Heimatgemeinde darüber vorgelegt hat, daß ein solches Einspruchsrecht nicht besteht.

B. Armenwesen.[1])

Wer außerstande ist sich selbst den nötigen Lebensunterhalt zu verschaffen, hat regelmäßig einen Anspruch auf Gewährung der nötigen Hilfe gegenüber seinen nächsten Verwandten, nämlich dem Ehegatten, den Kindern, den Eltern, unter Umständen auch gegenüber anderen Personen.

Wenn aber von diesen keine Hilfe zu erlangen ist, weil sie selbst nichts haben oder abwesend sind oder Hilfe verweigern, so muß die öffentliche Armenhilfe eintreten.

Hilfsbedürftig ist in der Regel nur der Erwerbsunfähige. Wer durch Arbeit sich den Lebensunterhalt verdienen kann, bekommt von der Armenpflege nichts. Doch kann auch ein solcher bei vorübergehender Notlage Armenunterstützung erhalten.

Die öffentliche Armenhilfe beschränkt sich im wesentlichen auf die Gewährung der unentbehrlichen Nahrung, Kleidung, Wohnung (Armenhaus), Heizung und Pflege sowie die erforderliche ärztliche Hilfe im Krankheitsfalle.

Die öffentliche Armenunterstützung wird von den Gemeinden geleistet und zwar in der Regel von der Heimatgemeinde der hilfsbedürftigen Person. Unter Umständen hat die Aufenthaltsgemeinde die vorläufige Hilfeleistung zu übernehmen und kann dann von der Heimatgemeinde den Ersatz der Kosten fordern, wenn sie binnen 3 Tagen nach dem Beginne der Hilfeleistung den Armenpflegschaftsrat der ersatzpflichtigen Gemeinde benachrichtigt.

In gewissen Fällen ist die Aufenthalts- oder die Arbeitsgemeinde selbst verpflichtet diese Kosten endgültig zu tragen.

Wenn ein Nichtbayer in einer bayerischen Gemeinde öffentlicher Armenunterstützung bedarf, so ist ihm diese von der Aufenthaltsgemeinde zu gewähren, aber die bayerische Staatskasse muß ihr Ersatz leisten.

Die Gemeinden werden in allen Angelegenheiten der öffentlichen Armenpflege durch eine besondere Gemeindebehörde, den Armenpflegschaftsrat, vertreten. Der Armenpflegschaftsrat besteht in Landgemeinden

1. aus dem Pfarrer als Vorstand,
2. aus dem Bürgermeister, dem Beigeordneten und mindestens zwei Gemeindebevollmächtigten,
3. aus einer Anzahl gewählter Armenpflegschaftsräte.

Die Kosten der öffentlichen Armenpflege einer Gemeinde müssen nötigenfalls durch Gemeindeumlagen gedeckt werden. Gemeinden, die mit Armenlasten besonders überbürdet sind, erhalten unter gewissen Voraussetzungen Zuschüsse von den Distriktsgemeinden. Auch die Kreisgemeinden haben gewisse Armen-

---

[1]) Gesetz über die öffentliche Armen- und Krankenpflege vom 29. April 1869 in der Fassung vom 30. Juli 1899, Ges.- und Verord.-Blatt 1899, S. 489. K. Deklaration vom 10. Mai 1902, Ges.- und Verordn.-Bl. 1902, S. 185.

lasten zu tragen. Insbesondere bestehen zahlreiche Kreisanstalten zur Aufnahme von Waisen, Taubstummen, Irren, Blinden u. s. w.

Über Streitigkeiten beim Vollzuge des Armengesetzes entscheiden in erster Instanz die Bezirksämter.

V. Die Zuständigkeit der Gerichte und das Prozeßverfahren.

Wer einen anderen verklagen will, muß vor allem wissen, an welches Gericht er sich zu wenden hat. Die Klage muß bei demjenigen Gerichte erhoben werden, das zur Entscheidung über das behauptete Rechtsverhältnis sachlich und örtlich zuständig ist.

Sachlich zuständig sind in erster Instanz die Amtsgerichte:

1. bei Streitigkeiten über vermögensrechtliche Ansprüche, deren Gegenstand an Geldeswert die Summe von 300 ℳ nicht übersteigt;
2. ohne Rücksicht auf den Wert des Streitgegenstandes bei Streitigkeiten
   a) zwischen dem Vermieter und dem Mieter wegen Überlassung, Benutzung oder Räumung der gemieteten Räume oder wegen Zurückhaltung der eingebrachten Sachen des Mieters,
   b) zwischen Dienstherrschaft und Gesinde, zwischen Arbeitgebern und Arbeitern hinsichtlich des Dienst- und Arbeitsverhältnisses u. a.,
   c) zwischen Reisenden und Wirten oder Fuhrleuten u. a. über Wirtszechen, Fuhrlohn u. dergl.,
   d) wegen Viehmängel,
   e) wegen Wildschadens

und in einigen anderen Fällen (§ 23 des Gerichtsverfassungsgesetzes).

Für alle übrigen bürgerlichen Rechtsstreitigkeiten sind in erster Instanz die Landgerichte sachlich zuständig und zwar in der Regel die Zivilkammern.

Wo bei einem Landgerichte eine Kammer für Handelssachen gebildet ist, gehören gewisse Streitigkeiten, hauptsächlich zwischen Kaufleuten aus Handelsgeschäften, in Wechselrechtssachen u. a., vor diese Kammer.

Wo ferner ein Gewerbegericht oder ein Kaufmannsgericht besteht, ist dieses zur Entscheidung gewisser Streitigkeiten ausschließlich zuständig.

Das betreffende Gericht muß aber auch örtlich zuständig sein. Die örtliche Zuständigkeit der Gerichte bestimmt sich im allgemeinen nach folgenden Regeln:

Maßgebend ist der „Gerichtsstand" nicht des Klägers, sondern des Beklagten, d. h. die Klage muß vorbehaltlich gewisser Ausnahmen in der Regel bei demjenigen Amts- oder Landgerichte erhoben werden, in dessen Bezirke der Wohnsitz des Beklagten liegt.

Für Klagen, die das Eigentum an einem Grundstücke oder eine Dienstbarkeit, eine Hypothek, eine Grundschuld betreffen, ist ausschließlich dasjenige Gericht örtlich zuständig, in dessen Bezirke das Grundstück gelegen ist.

Wenn die Klage in erster Instanz vor ein Amtsgericht gehört, so kann sie von dem Kläger bei dem Amtsgerichte schriftlich eingereicht oder zum Protokolle des Gerichtsschreibers angebracht werden. Die Vertretung durch einen Rechtsanwalt ist nicht erforderlich. Die Zustellung der Klageschrift an den Beklagten besorgt der Gerichtsschreiber.

Wird die Klage schriftlich eingereicht, so müssen in dem Schriftstücke der Kläger und der Beklagte mit Namen, Stand und Wohnort sowie das zuständige Amtsgericht bezeichnet werden. Ferner ist genau anzugeben, weshalb und worauf geklagt wird, und ein bestimmter Antrag auf Verurteilung des Beklagten und die Ladung desselben vor Gericht beizufügen.

Gehört die Klage erster Instanz vor ein Landgericht, so muß sich der Kläger zunächst an einen bei diesem Gericht zugelassenen Rechtsanwalt wenden, diesen mit der Erhebung der Klage beauftragen und ihm hierfür eine schriftliche Vollmacht ausstellen. Bei der Klagestellung ist ein Gebührenvorschuß zu erlegen.

Das Gericht bestimmt den Termin zur mündlichen Verhandlung des Rechtsstreites. In dem Termine müssen die Parteien oder ihre Bevollmächtigten erscheinen, ihre Anträge stellen und sich über die vom Gegner behaupteten Tatsachen erklären.

Der Kläger muß die zur Begründung seines Klageanspruchs erforderlichen Behauptungen beweisen, soweit sie vom Beklagten bestritten werden. Der Beweis kann je nach den Umständen durch den Augenschein, durch Zeugen, Sachverständige, Urkunden und den Eid der Parteien geführt werden.

Wenn der Rechtsstreit zur Entscheidung reif ist, hat das Gericht das Endurteil zu erlassen. Das Gericht kann einer Partei nichts zusprechen, was nicht beantragt ist.

In dem Endurteil wird auch über die Prozeßkosten entschieden. Die Kosten des Rechtsstreites, wozu außer den Gerichtskosten auch die dem Gegner erwachsenen Kosten, Anwaltsgebühren u. a. gehören, fallen in der Regel der unterliegenden Partei zur Last. Wer außerstande ist, ohne Beeinträchtigung des für ihn und seine Familie notwendigen Unterhalts die Kosten des Prozesses zu bestreiten, kann bei der Einreichung der Klage um Bewilligung des Armenrechts nachsuchen, das ihm gewährt werden muß, wenn die beabsichtigte Prozeßführung nicht mutwillig oder aussichtslos ist. Er erlangt dadurch einstweilige Befreiung von den Gerichtskosten und Anspruch auf unentgeltliche Beigabe eines Gerichtsvollziehers, eventuell auch eines Rechtsanwalts. Das Gesuch ist beim Prozeßgericht zu stellen.

Die obsiegende Partei muß dem Prozeßgegner eine Ausfertigung des Urteils zustellen lassen. Dieser hat das Recht, binnen eines Monats nach der Zustellung Berufung einzulegen. Alsdann wird der Rechtsstreit in zweiter Instanz erneut verhandelt. War in erster Instanz ein Amtsgericht zuständig, so entscheidet in zweiter Instanz das übergeordnete Landgericht; war ein Landgericht erste Instanz, so entscheidet in zweiter Instanz das Oberlandesgericht. Gegen die zweitinstanziellen Urteile der Oberlandesgerichte steht in gewissen Fällen noch die Revision zum Reichsgericht in Leipzig, eventuell zum obersten Landesgericht in München offen.

Wenn ein Urteil rechtskräftig ist, d. h. wenn es im Wege des Einspruchs, der Berufung oder Revision nicht mehr angefochten werden kann, so ist die obsiegende Partei befugt, den ihr durch das Urteil zuerkannten Anspruch nötigenfalls im Wege der Zwangsvollstreckung durchzusetzen.

Zu diesem Zwecke muß sich der Gläubiger vom Gerichtsschreiber des Gerichtes erster Instanz eine vollstreckbare Ausfertigung des Urteils verschaffen und diese, wenn es sich um Befriedigung einer Geldforderung handelt, einem Gerichtsvollzieher zur Herbeiführung der Zwangsvollstreckung übergeben. Der Gerichtsvollzieher bewirkt dann die Zwangsvollstreckung zumeist durch Pfändung beweglicher Sachen des Schuldners.

Es ist nicht immer notwendig und rätlich, einen säumigen Schuldner sogleich zu verklagen. Häufig führt vielmehr das sogenannte Mahnverfahren einfacher und rascher zum Ziele.

Wenn es sich um Zahlung einer bestimmten Geldsumme oder um Leistung einer bestimmten Quantität anderer vertretbarer Sachen handelt, wird nämlich auf entsprechendes Gesuch des Gläubigers vom Amtsgericht ein sog. Zahlungsbefehl an den Schuldner erlassen. Darin wird dem Schuldner befohlen, binnen einer Woche bei Vermeidung sofortiger Zwangsvollstreckung den Gläubiger wegen seines Anspruchs samt Zinsen und Kosten zu befriedigen oder andernfalls bei Gericht Widerspruch zu erheben. Tut der Schuldner letzteres nicht, so wird der Zahlungsbefehl auf Antrag des Gläubigers vom Gericht durch Beisetzung des Vollstreckungsbefehles für vorläufig vollstreckbar erklärt. Gegen den Vollstreckungsbefehl steht binnen zwei Wochen der Einspruch offen.

Wer eine **strafbare Handlung** begangen hat, wird je nach Art und Schwere derselben in erster Instanz vom Amtsgericht, Schöffengericht, Landgericht (Strafkammer) oder Schwurgericht abgeurteilt. Man unterscheidet:

„Übertretungen", d. h. strafbare Handlungen, die nur mit Geldstrafe bis zu 150 ℳ oder Haftstrafe,

„Vergehen", die mit Gefängnisstrafe oder Festungshaft unter 5 Jahren oder Geldstrafe über 150 ℳ,

„Verbrechen", die mit der Todesstrafe oder mit Zuchthaus oder mit Festungshaft über 5 Jahre bedroht sind.

Bei den sog. Übertretungen kann der Amtsrichter allein einen „**Strafbefehl**" erlassen, welcher rechtskräftig und vollstreckbar wird, falls der Verurteilte nicht binnen einer Woche nach der Zustellung Einspruch erhebt. In letzterem Falle kommt die Sache zur Verhandlung vor dem Schöffengerichte.

Die **Schöffengerichte** werden aus einem Amtsrichter als Vorsitzenden und zwei Laien (Schöffen) bei den Amtsgerichten gebildet und entscheiden in erster Instanz über Übertretungen, soweit diese nicht durch Strafbefehl erledigt werden, ferner über leichtere Vergehen, wie z. B. kleinere Diebstähle, Unterschlagungen, Betrugsfälle, Sachbeschädigungen, leichtere Körperverletzungen, Beleidigungen und dergl.

Gegen die Urteile der Schöffengerichte steht die Berufung zum Landgerichte (Strafkammer) und gegen dessen Berufungsurteil die Revision zum obersten Landgerichte, Strafsenat, in München frei.

Über schwerere Vergehen und einige Verbrechen urteilen in erster Instanz die **Landgerichte (Strafkammern)**, gegen deren Urteile die Revision an das Reichsgericht in Leipzig zulässig ist.

Die schweren Verbrechen werden von den sog. **Schwurgerichten** abgeurteilt. Diese bestehen aus 3 Richtern und 12 Laien (Geschworenen) und treten in jedem Jahre mehrmals am Sitze eines Landgerichts zusammen. Die Geschworenen haben allein über die Schuldfrage zu entscheiden, die Strafe wird dann von den drei Richtern festgesetzt. Gegen die Urteile der Schwurgerichte geht die Revision an das Reichsgericht.

In Strafsachen kann eine Verurteilung nur erfolgen, wenn eine Anklage erhoben ist. Diese Anklage wird in den leichteren Fällen vom **Amtsanwalt**, in den schwereren vom **Staatsanwalt** erhoben. Gewisse strafbare Handlungen können nur verfolgt werden, wenn von dem Verletzten oder Geschädigten ein Antrag gestellt ist. Amtsanwälte sind in der Regel die K. Bezirksamtsassessoren; für die Staatsanwaltschaft sind besondere Beamte angestellt.

VI. Die Arbeiterversicherung.

1. Allgemeines.

Die Arbeiterversicherung bezweckt die Sicherstellung der Arbeiter gegen die wirtschaftlichen Notlagen, denen sie im Falle eintretender Arbeits- und Erwerbsunfähigkeit ausgesetzt sind.

Die Erwerbsunfähigkeit oder auch nur Erwerbsbeschränktheit kann verschiedene Ursachen haben: Krankheit, Körperverletzungen durch Unfall, dauerndes Siechtum, hohes Alter. Nach diesen Ursachen der Erwerbsunfähigkeit unterscheidet man auch die Arten der Versicherung: Krankenversicherung, Unfallversicherung, Invalidenversicherung, Altersversicherung.

Die Krankenversicherung will für die Zeit einer Erkrankung, jedoch regelmäßig nur für die ersten 26 Wochen, Pflege und Unterstützung gewähren.

Die Unfallversicherung tritt ein bei Körperverletzungen und Todesfällen, welche die Folgen eines Unfalls bei einer bestimmten Berufstätigkeit sind.

Die Invalidenversicherung gibt eine Rente bei dauernder Erwerbsunfähigkeit infolge eines krankhaften Zustands.

Die Altersversicherung sucht die Folgen des hohen Alters durch Gewährung einer Rente vom vollendeten 70. Lebensjahre an zu mildern.

Die Mittel, die notwendig sind, um die Unterstützungen zu leisten, werden, entsprechend dem Wesen der Versicherung, in der Hauptsache dadurch aufgebracht, daß viele Personen auf Grund gesetzlichen Zwangs kleine Beiträge in eine gemeinsame Kasse entrichten, welch letztere dann den einzelnen Hilfsbedürftigen die Hilfe im vorgeschriebenen Maße gewährt.

2. Die Krankenversicherung.[1]

Die Lohnarbeiter der meisten Berufsarten sind kraft Gesetzes, d. h. notwendig und von selbst, mit dem Eintritt in das Arbeitsverhältnis gegen Krankheit versichert. Dies will sagen, daß sie im Falle ihrer Erkrankung während der ersten 26 Wochen einen Rechtsanspruch auf gewisse Leistungen gegenüber der Versicherungskasse haben.

Zu diesen Berufsarten zählen namentlich alle Fabrikarbeiter, Bauarbeiter, Personen, die im Handwerk oder Handelsgewerbe gegen Lohn nicht nur vorübergehend beschäftigt sind.

Dienstboten und landwirtschaftliche Arbeiter gehören nicht dazu. Sie können aber ebenfalls gegen Krankheit versichert werden, wenn die Gemeinde ihres Beschäftigungsorts die Krankenversicherungspflicht für alle Arbeiter dieser Art durch Ortsstatut einführt.

Der Arbeitgeber ist verpflichtet, jeden seiner Arbeiter spätestens am dritten Tage nach dem Dienstantritte bei der Gemeindebehörde anzumelden und ebenso nach dem Austritt wieder abzumelden.

Für jeden versicherten Arbeiter sind Beiträge in der Höhe von $1^1/_2$ bis 3% des ortsüblichen Tagelohns an die gemeinsame Kasse zu zahlen und zwar von dem Arbeitgeber, der aber dem Arbeiter zwei Drittel dieses Betrags wieder bei der Lohnzahlung in Abzug bringen darf.

Gewöhnlich erfolgt die Versicherung durch die sog. Gemeindekrankenversicherung, d. h. durch die Gemeinde des Beschäftigungsorts, die zu diesem Zwecke eine gesonderte Kasse führen muß, in die dann die Beiträge fließen und aus der andererseits die Unterstützungen bezahlt werden. Es gibt aber auch sog. Orts-, Betriebs-, Innungskrankenkassen u. a.

Wenn ein versicherter Arbeiter erkrankt, muß ihm die betreffende Kasse freie ärztliche Behandlung und unentgeltliche Arzneimittel gewähren. Ist die Krankheit mit Erwerbsunfähigkeit verbunden, so muß von der Kasse außerdem vom dritten Tage ab ein Krankengeld in der Höhe der Hälfte des ortsüblichen Tagelohns für jeden Werktag gezahlt werden. Unter ge-

[1]) Krankenversicherungsgesetz vom $\frac{\text{15. Juni 1883}}{\text{10. April 1892}}$, Reichsgesetzblatt 1892, S. 417, vergl. auch die Textänderung durch Reichsgesetz vom 30. Juni 1900, Reichsgesetzblatt 1900, S. 332, und durch Reichsgesetz vom 25. Mai 1903, Reichsgesetzblatt 1903, S. 233.

wissen Voraussetzungen, und zwar insbesondere bei ledigen Personen, kann die Verwaltung der Krankenkasse aber auch anordnen, daß der Kranke auf ihre Kosten in einem Krankenhause verpflegt werde und dann kein Krankengeld erhalte. Es kann auch bestimmt werden, daß sich der Kranke nur von dem Kassenarzt behandeln lassen und die Arznei nur aus einer bestimmten Apotheke beziehen darf. Die Leistungen der Krankenversicherung endigen in der Regel spätestens mit dem Ablaufe der 26. Woche nach der Erkrankung.

Wenn die Erwerbsunfähigkeit länger als 13 Wochen dauert, so kann sich unter Umständen die Unfallversicherung oder nach Ablauf der 26. Woche die Invalidenversicherung mit ihren Leistungen anschließen.

3. Die Unfallversicherung.[1])

Die Unfallversicherung bezweckt Sicherstellung gegen die Folgen eines Betriebsunfalls.

Auch hier tritt, wie bei der Krankenversicherung, die Versicherung kraft Gesetzes, d. h. notwendig und von selbst ein, und zwar für alle Personen, die in einem Betriebe bestimmter Art als Arbeiter beschäftigt sind.

Solche Betriebe sind z. B. Fabriken, Steinbrüche, Fuhrwerksbetriebe, Bauten, dann alle landwirtschaftlichen und forstwirtschaftlichen Betriebe.

Ob die Beschäftigung gegen Lohn stattfindet oder nicht (z. B. Dienstleistungen der Familienangehörigen, Gefälligkeitsdienste u. dgl.) und wie lange sie dauert, ist hier gleichgültig.

Bei den land- und forstwirtschaftlichen Betrieben sind in Bayern nicht nur die darin beschäftigten Arbeiter, sondern auch alle Arbeitgeber (Unternehmer) gegen Unfall versichert.

Die Beiträge zu der Versicherungskasse sind von den Arbeitgebern (Unternehmern) allein, ohne Zuziehung der Arbeiter, zu leisten. Bei der Unfallversicherung der in land- oder forstwirtschaftlichen Betrieben beschäftigten Personen werden sie als Zuschläge zu der staatlichen Grundsteuer erhoben.

Die Organisation der Versicherungskassen ist sehr mannigfaltig. Für die einzelnen Berufsarten bestehen sog. Berufsgenossenschaften, die sich auf alle Betriebe der betreffenden Art im ganzen Reichsgebiete, in Bayern oder nur in einem Kreise erstrecken.

Beispiele: die Fuhrwerksberufsgenossenschaft, die Müllereiberufsgenossenschaft, die Tiefbauberufsgenossenschaft, die bayerische Baugewerksberufsgenossenschaft u. a.

Für die land- und forstwirtschaftlichen Betriebe ist in jedem Regierungsbezirke eine land- und forstwirtschaftliche Berufsgenossenschaft gebildet, die von einem Vorstande unter dem Vorsitze eines K. Regierungsrats verwaltet wird.

Diese Berufsgenossenschaften erhalten die Beiträge von den zu ihnen gehörenden Unternehmern und leisten bei Unfällen die Entschädigungen an die versicherten Personen.

Die Entschädigung, auf welche die versicherte Person einen Rechtsanspruch hat, besteht regelmäßig:

1. in dem Ersatz der Kosten des Heilverfahrens von der 14. Woche nach dem Eintritte des Unfalls an und

[1]) Gewerbe-Unfallversicherungsgesetz vom 30. Juni 1900, Reichsgesetzblatt 1900, S. 585; Unfallversicherungsgesetz für Land- und Forstwirtschaft vom 30. Juni 1900, Reichsgesetzblatt 1900, S. 641; Bauunfallversicherungsgesetz vom 30. Juni 1900, Reichsgesetzblatt 1900, S. 698.

2. in der Gewährung einer **Unfallrente** vom selben Zeitpunkte an auf die Dauer der Erwerbsbeschränktheit.

Die Unfallrente beträgt bei völliger Erwerbsunfähigkeit 66⅔ % des durchschnittlichen Jahresarbeitsverdienstes, bei geringerer Erwerbsbeschränktheit entsprechend weniger.

Tritt der Tod ein, so werden die Beerdigungskosten ersetzt; außerdem erhalten die Witwe und die Kinder bis zu ihrem zurückgelegten 15. Lebensjahre, unter gewissen Umständen auch die bedürftigen Eltern des Verstorbenen Renten vom Todestage an.

Wenn ein Arbeiter bei der Beschäftigung in einem versicherten Betriebe einen Unfall erleidet, so muß der Unternehmer des Betriebs, in dem der Unfall vorkam, binnen 2 Tagen Anzeige bei der Gemeindebehörde erstatten, worauf dann meist eine genauere Unfalluntersuchung veranlaßt wird.

Auf Grund dieser Untersuchungen entscheiden die Vorstände der Berufsgenossenschaften darüber, ob die verletzte Person eine Entschädigung zu erhalten hat, und setzen deren Höhe fest. Hiergegen steht die Berufung zu dem zuständigen Schiedsgericht für Arbeiterversicherung und gegen dessen Bescheid der Rekurs zum Reichs- oder Landesversicherungsamte frei.

4. Die Invalidenversicherung.[1]

Gegen die Folgen dauernder Erwerbsunfähigkeit (Invalidität) und hohen Alters sind kraft Gesetzes **alle** Arbeiter (Dienstboten, Taglöhner, Gesellen, Lehrlinge, Fabrikarbeiter) versichert, die Lohn oder Gehalt (d. h. nicht lediglich freien Unterhalt) beziehen und das 16. Lebensjahr zurückgelegt haben. Landwirte, die nicht regelmäßig mehr als zwei Lohnarbeiter beschäftigen, dann Söhne und Töchter von Landwirten, die im elterlichen Anwesen nur gegen freien Unterhalt arbeiten, können freiwillig in die Versicherung eintreten, solange sie noch nicht 40 Jahre alt sind.

Für jede versicherte Person muß jede Woche, in der sie gegen Lohn beschäftigt ist, ein Beitrag an die Versicherungskasse geleistet werden. Dies geschieht durch Einkleben von **Marken** in eine sog. **Quittungskarte**.

Solche Marken werden für Rechnung der Versicherungskassen (der sogenannten **Versicherungsanstalten**, deren je eine für jeden Kreis besteht) in fünf verschiedenen Werten (von 14—36 ₰) von den K. Postanstalten verkauft. Hierdurch erhalten die Versicherungsanstalten einen Teil des Geldes für die Zahlung der Renten an die erwerbsunfähig gewordenen Versicherten. Außerdem leistet das Reich zu jeder Rente einen festen Zuschuß.

Die Marken müssen vom Arbeitgeber angeschafft und in die Quittungskarte des Arbeiters eingeklebt werden. Der Arbeitgeber darf aber die Hälfte des Werts der Marken am Lohne abziehen. Die eingeklebten Marken müssen sofort entwertet werden, was nur in der Weise geschehen darf, daß auf jede Marke mit Tinte der Entwertungstag in Ziffern (z. B. 4. 8. 06) gesetzt wird.

Die Quittungskarte hat sich der Arbeiter bei der Ortspolizeibehörde zu verschaffen und so lange zu verwenden, bis ihre vorgedruckten 52 Felder mit Marken gefüllt sind oder die auf der Karte vermerkte Gültigkeitsdauer derselben abläuft. Dann muß er sie gegen eine neue umtauschen lassen und erhält über den Inhalt der umgetauschten Karte eine Bescheinigung, die aufzubewahren ist.

[1]) Invalidenversicherungsgesetz vom 13. Juli 1899, Reichsgesetzblatt 1899, S. 463.

Wenn eine versicherte Person dauernd erwerbsunfähig wird, hat sie Anspruch auf eine Invalidenrente.

Auch derjenige, der zwar nicht dauernd erwerbsunfähig ist, aber doch bereits 26 Wochen lang erwerbsunfähig war, hat von da ab Anspruch auf eine Rente.

Wenn ferner eine versicherte Person das 70. Lebensjahr zurückgelegt hat, hat sie Anspruch auf eine Altersrente, auch wenn sie noch arbeiten kann. Wer bereits Invalidenrente bezieht, erhält keine Altersrente.

In beiden Fällen bekommt der Versicherte aber nur dann eine Rente, wenn er schon eine bestimmte Anzahl von Wochen hindurch versichert war und für diese Zeit auch Marken eingeklebt hat (sog. Wartezeit).

Diese Wartezeit beträgt für Invalidenrenten in der Regel 200 Beitragswochen, für Altersrenten 1200 Beitragswochen.

Die Höhe der jährlichen Rente richtet sich nach der Zahl und dem Wert der verwendeten Marken. Sie beträgt bei der Invalidenrente mindestens 116 *M*.

Der Anspruch auf Gewährung einer Rente muß von dem Versicherten bei der Gemeindebehörde angemeldet werden. Die Entscheidung über den Rentenanspruch kommt dem Vorstande der Versicherungsanstalt zu.

Gegen dessen Entscheidung steht die Berufung zu dem Schiedsgerichte für Arbeiterversicherung und weiter die Revision zum Reichsversicherungsamte frei.

VII. Die Baupolizei.

Wer bauen will, muß in der Regel vorher die baupolizeiliche Genehmigung erholen.

Diese Genehmigung ist insbesondere nötig für die Herstellung von Wohngebäuden und größeren Nebengebäuden sowie bei Vornahme von Hauptreparaturen und Hauptänderungen an diesen Gebäuden, wie z. B. der Anlegung oder Versetzung von Kaminen. Auch zur Herstellung von Kellern, Abtritten, Dung- und Versitzgruben u. a. kann die Genehmigung erforderlich sein.

Wer ohne diese Genehmigung baut oder bauen läßt, macht sich strafbar und kann zur Beseitigung des Bauwerks gezwungen werden.

Gesuche um Erteilung der baupolizeilichen Genehmigung sind unter Vorlage der Baupläne in doppelter Fertigung bei dem Bezirksamte, in unmittelbaren Städten dem Stadtmagistrate, einzureichen. Die Pläne müssen vom Bauherrn, den beteiligten Nachbarn, dem Planfertiger und der Ortspolizeibehörde unterschrieben sein. Mit der Bauführung darf erst begonnen werden, wenn das Baugesuch rechtskräftig genehmigt ist.

Bei der Bauführung ist die von der Behörde festgesetzte Baulinie einzuhalten. Außerdem sind die Vorschriften zur Bauordnung vom 17. Februar 1901 und die bei der Genehmigung gemachten besonderen Auflagen genau zu befolgen. Für Bauten auf dem Lande und namentlich in Gebirgsgegenden gelten weniger strenge Vorschriften als in Märkten und Städten. Nach Vollendung des Baues und, soweit erforderlich, auch während der Bauführung findet eine amtliche Überwachung und Nachschau statt. Die vorgefundenen Mängel müssen beseitigt werden.

Wer dies nicht rechtzeitig tut oder wer es unterläßt, Gebäude, die den Einsturz drohen, auszubessern oder niederzureißen, wird bestraft. Ebenso ist derjenige strafbar, der Brunnen, Gruben, Keller u. dgl. unverwahrt oder unverdeckt läßt, die Feuerstätten in seinem Hause nicht in baulichem und brandsicherem Zustande erhält, die Schornsteine nicht rechtzeitig reinigen läßt oder andere feuerpolizeiliche Anordnungen nicht befolgt.

In allen Gemeinden soll eine polizeiliche Beaufsichtigung der Wohnungen stattfinden, um Mißstände in Bezug auf ungesunde oder sonst ungenügende Wohn- und Schlafräume möglichst zu beseitigen.

Zur Erteilung von Rat und Auskunft in allen Angelegenheiten des landwirtschaftlichen Bauwesens besteht bei dem Bayerischen Landwirtschaftsrate eine „Auskunftsstelle für landwirtschaftliches Bauwesen" in München. An dieselbe kann sich jeder Landwirt wenden. Die Gebühren sind gering. Es werden auch Musterpläne abgegeben. Für die Anlage mustergültiger Dungstätten können Prämien gewährt werden.

VIII. Das Sachenrecht.

A. Besitz und Eigentum.

Besitz ist die tatsächliche Herrschaft über eine Sache. Besitzer kann also auch derjenige sein, der kein Recht auf die Sache hat. Unsere Rechtsordnung gewährt dem Besitzer Schutz gegen verbotene Eigenmacht. Auch der andere, der ein Recht auf die Sache hat, darf sie dem Besitzer, von Ausnahmefällen abgesehen, nicht eigenmächtig nehmen oder ihn im Besitze stören. Wenn eine Sache aus der Gewalt des Besitzers auf ein fremdes Grundstück gelangt ist, muß der Besitzer dieses Grundstücks in der Regel die Aufsuchung und Wegschaffung der Sache gegen Ersatz des hierbei verursachten Schadens gestatten.

Während der Besitz die tatsächliche Herrschaft über die Sache ist, versteht man unter Eigentum die rechtliche Herrschaft über dieselbe. Der Eigentümer einer Sache wird meist zugleich ihr Besitzer sein, er kann aber auch den Besitz verlieren und trotzdem noch Eigentümer bleiben.

Der Eigentümer einer Sache hat das Recht, mit ihr nach Belieben zu verfahren und andere von jeder Einwirkung auszuschließen, soweit nicht die Gesetze oder Rechte dritter Personen entgegenstehen.

Zur Übertragung des Eigentums an einer beweglichen Sache (Veräußerung) ist im allgemeinen erforderlich, daß der Eigentümer (Veräußerer) die Sache dem Erwerber übergibt und daß beide darüber einig sind, daß das Eigentum übergehen soll.

Der Erwerber erlangt das Eigentum an der Sache durch eine solche Übergabe auch dann, wenn der Veräußerer selbst gar nicht Eigentümer war, es sei denn, daß der Erwerber dies wußte oder wissen mußte. Der Eigentumserwerb tritt jedoch nicht ein, wenn die vom Nichteigentümer veräußerte Sache dem wirklichen Eigentümer gestohlen oder verloren gegangen war.

Bei der Veräußerung eines Grundstücks ist die Beurkundung des Kaufvertrags durch einen K. Notar und sodann die Eintragung des Eigentumswechsels im Grundbuche erforderlich.

Die Grundbücher werden von den K. Amtsgerichten geführt.

Im allgemeinen erhält jedes Grundstück im Grundbuche ein besonderes Blatt (Grundbuchblatt), aus dem die Rechtsverhältnisse am Grundstücke zu ersehen sind.

Die Einsicht des Grundbuchs ist jedem gestattet, der ein berechtigtes Interesse darlegt.

Das Grundbuch ist zurzeit erst in einigen Teilen Südbayerns angelegt; im übrigen Bayern wird die Anlegung vorbereitet.

Das Eigentum an beweglichen Sachen und an Grundstücken kann auch noch auf andere Arten erworben werden, z. B. durch Ersitzung, Aneignung einer herrenlosen Sache, Erbfolge u. a.

B. Das Nachbarrecht.

Der Eigentümer eines Grundstücks ist in der freien Verfügung über dasselbe gewissen Beschränkungen im Interesse seiner Nachbarn durch gesetzliche Vorschrift unterworfen.

Allgemein ist die Ausübung eines Rechts unzulässig, wenn sie nur den Zweck haben kann, einem andern Schaden zuzufügen. Es gibt aber auch noch weitergehende Beschränkungen. So muß z. B. der Eigentümer eines Grundstücks, wenn es der Eigentümer des Nachbargrundstücks verlangt, auf seinem eigenen Grundstücke mit Bäumen, Sträuchern, Hecken, Weinstöcken oder Hopfenstöcken nach der Regel mindestens $1/2$ m und, falls dieselben über 2 m hoch sind, mindestens 2 m von der Grenze entfernt bleiben.

Wenn das Nachbargrundstück zu landwirtschaftlichen Zwecken benützt wird und durch Schmälerung des Sonnenlichts erheblich in seiner bisherigen Benützung beeinträchtigt werden würde, so muß bei Bäumen von mehr als 2 m Höhe, mit Ausnahme von Stein- und Kernobstbäumen, sogar ein Grenzabstand von 4 m eingehalten werden.

Diese Beschränkungen gelten jedoch nicht für Gewächse, die sich hinter einer Mauer oder einer sonstigen dichten Einfriedigung befinden und diese nicht erheblich übertagen, ebenso z. B. nicht für Bäume an öffentlichen Straßen sowie für Pflanzungen zum Uferschutze, zum Schutze von Abhängen u. a.

Auch für die Anbringung von Fenstern u. dergl. in der Richtung nach einem Nachbar-Hause, -Hofraum oder -Hausgarten bestehen gewisse Beschränkungen.

Der Eigentümer eines Grundstücks kann Wurzeln eines Baumes oder Strauches, die von einem Nachbargrundstücke her eingedrungen sind, abschneiden und behalten. Das Gleiche gilt von herüberragenden Zweigen, wenn der Eigentümer dem Besitzer des Nachbargrundstücks eine angemessene Frist zur Beseitigung bestimmt hat, die Beseitigung innerhalb der Frist aber nicht erfolgt.

Früchte, die von einem Baume oder Strauche auf ein Nachbargrundstück hinüberfallen, darf sich der Nachbar aneignen.

Fehlt einem Grundstücke die zu seiner ordnungsmäßigen Benutzung notwendige Verbindung mit einem öffentlichen Wege, so kann der Eigentümer von den Nachbarn verlangen, daß sie gegen Entschädigung durch eine Geldrente die Benutzung ihrer Grundstücke zu einem Notwege dulden.

Das sog. Anwenderecht, d. h. das Recht, bei der Bestellung landwirtschaftlicher Grundstücke die Grenze eines Nachbargrundstücks zu überschreiten, bleibt bestehen, wo es bisher herkömmlich war, geht aber durch Nichtausübung in zehn Jahren verloren.

C. Dienstbarkeiten.

Unter **Dienstbarkeiten** (Servituten) versteht man gewisse Arten von **Rechten an fremder Sache.** Man unterscheidet Grunddienstbarkeiten, beschränkte persönliche Dienstbarkeiten und den Nießbrauch.

1. **Grunddienstbarkeiten.** Ein Grundstück (dienendes Grundstück) kann zu Gunsten eines anderen Grundstücks (herrschendes Grundstück) in der Weise belastet werden, daß der **jeweilige Eigentümer des herrschen-**

den Grundstücks das dienende in einzelnen Beziehungen benutzen oder dem jeweiligen Eigentümer des dienenden Grundstücks gewisse Handlungen in Bezug auf dasselbe untersagen darf.

Beispiel: Der Eigentümer des Grundstücks A hat das Recht, auf dem Grundstücke B eine künstliche Wasserleitung zu haben; oder er kann verbieten, daß auf dem Grundstücke B ein Gebäude aufgeführt werde.

In solchen Fällen geht sowohl das Recht wie die Last mit dem dienenden oder herrschenden Grundstücke auf den jeweiligen Eigentümer desselben über. Zur Begründung einer solchen Dienstbarkeit ist künftig außer der Einigung der Parteien die Eintragung in das Grundbuch erforderlich.

2. Beschränkte persönliche Dienstbarkeiten. Ein Grundstück kann auch zu Gunsten einer bestimmten Person in einzelnen Beziehungen belastet werden.

Beispiel: Jemand hat für seine Person das Recht erworben, ein Gebäude zeitlebens zu bewohnen und kann dieses Recht auch gegen jeden neuen Eigentümer des Gebäudes geltend machen.

Auch hier ist die Eintragung in das Grundbuch bei dem belasteten Grundstücke erforderlich. Die persönliche Dienstbarkeit erlischt mit dem Tode des Berechtigten.

3. Der Nießbrauch. Der Nießbrauch ist eine besondere Art persönlicher Dienstbarkeit, nämlich das unbeschränkte Recht, sämtliche Nutzungen einer fremden Sache zu ziehen. Er ist nicht nur an Grundstücken möglich, sondern auch an beweglichen Sachen, Rechten oder an ganzen Vermögen. Sein Zweck ist meist eine lebenslängliche Versorgung des Berechtigten. Er kommt daher häufig bei Gutsübernahmen oder in Gestalt von Vermächtnissen vor.

D. Hypothek, Grundschuld, Rentenschuld.

Der in dem Grundbesitze enthaltene Vermögenswert kann in verschiedenen rechtlichen Formen dem Kreditbedürfnisse dienstbar gemacht werden. (Realkredit.)

Das neue bürgerliche Recht unterscheidet hauptsächlich drei solche Formen: die Hypothek, die Grundschuld und die Rentenschuld.

1. Die Hypothek. Das Wesen einer Hypothek besteht darin, daß ein Grundstück zur Sicherung für eine Forderung an den Inhaber dieser Forderung (Gläubiger) verpfändet wird.

Der Gläubiger bekommt hierdurch, neben seinem Anspruche gegen seinen Schuldner auf Erfüllung der Forderung, zur Sicherheit einen weiteren Anspruch gegen den Eigentümer des verpfändeten Grundstücks, kraft dessen er sich bis zu einem bestimmten Geldbetrage aus dem Werte dieses Grundstücks bezahlt machen kann, falls sein Schuldner die Forderung nicht gehörig und rechtzeitig erfüllt. Bezahlt machen kann er sich dadurch, daß er das Grundstück im Wege der Zwangsvollstreckung versteigern lassen und den Gelderlös zur Deckung der Schuld verwenden darf.

Dieses Recht hat der Gläubiger auch dann, wenn das verpfändete Grundstück unterdessen an eine andere Person verkauft worden ist.

Beispiel: Der A kauft von dem B einen Acker um 1000 ℳ, kann aber nur 500 ℳ bar anzahlen und muß den Rest schuldig bleiben. Zur Sicherheit dafür bestellt er deshalb dem B eine Hypothek von 500 ℳ auf dem Acker.

Ferner möchte A seine Ökonomie durch Anbau von Stallungen vergrößern und braucht zu der Bauführung 5000 ℳ Bargeld. Er kann aber selbst nur 1000 ℳ entbehren und muß sich daher 4000 ℳ von B leihen. Hierfür bestellt A dem B Sicherheit durch eine Hypothek über 4000 ℳ auf seinem Wohnhause.

Später verkauft A den Acker und das Wohnhaus an den C, bezahlt aber dem B die Schulden zur versprochenen Zeit nicht heim. Nun kann B sich befriedigen, indem er den Acker und das Wohnhaus des C versteigern läßt und von dem Erlöse 4500 ℳ für sich behält.

Diese Versteigerung kann C dadurch abwenden, daß er seinerseits dem B die Schuld des A bezahlt und dann versucht, von A Ersatz zu erhalten.

Die Hypothek entsteht durch die Eintragung in das Grundbuch auf Grund der Einigung zwischen dem Eigentümer des zu belastenden Grundstücks und dem Inhaber der Forderung.

Über die Hypothek wird in der Regel ein Hypothekenbrief ausgestellt und dem Gläubiger ausgehändigt (sog. Briefhypothek). Es kann aber auch vereinbart werden, daß ein solcher Hypothekenbrief nicht ausgestellt werden soll (sog. Buchhypothek).

Wenn für eine Forderung eine Hypothek an mehreren Grundstücken bestellt worden ist, so haftet jedes Grundstück für die ganze Forderung (sog. Gesamthypothek).

Dasselbe Grundstück kann zu Gunsten verschiedener Forderungen mit mehreren Hypotheken belastet werden. Die letzteren haben dann unter einander eine bestimmte Rangordnung, die sich im allgemeinen nach der Reihenfolge ihrer Eintragungen in das Grundbuch bemißt, aber unter gewissen Voraussetzungen auch abgeändert werden kann.

Eine Hypothek bietet natürlich um so geringere Sicherheit, je mehr Hypotheken ihr auf demselben Grundstücke im Range vorangehen, während anderseits eine Hypothek ersten Ranges, die ein Grundstück etwa nur bis zur Hälfte seines Verkaufswertes belastet, eine sehr sichere Deckung für das hingegebene Kapital bildet. Deshalb wird gegen eine gute Hypothek meist leicht Geld zu erhalten sein.

Auf diese Weise kann der im Grundstücke ruhende Geldwert in verschiedene Teile zerlegt werden, welche in den betreffenden Hypotheken verkörpert sind. Die letzteren können daher die Bedeutung von Tauschwerten, ähnlich den Wertpapieren, erlangen, um so mehr, als der Gläubiger berechtigt ist, seine Forderung mitsamt der Hypothek an einen anderen abzutreten.

Beispiel: B hat zur Sicherung seines Darlehens an A eine Hypothek ersten Ranges über 4000 ℳ auf dessen Wohnhaus. B braucht aber später selbst Geld, will oder kann jedoch das Darlehen von A noch nicht zurückverlangen. Er kann dann seine Forderung gegen A mitsamt der Hypothek an den C abtreten (verkaufen), der ihm hierfür Geld gibt. Hierdurch wird C der Gläubiger des A.

Dieser Eigenschaft der Hypotheken hat die Gesetzgebung durch verschiedene Bestimmungen Rechnung getragen, welche den engen Zusammenhang zwischen der Hypothek und der durch sie zu sichernden Forderung mehr oder minder verwischen. An und für sich müßte ja eine Hypothek in dem Augenblicke untergehen, wo die Forderung, zu deren Sicherung sie bestellt wurde, getilgt ist. Dieser Satz ist aber nicht ohne Ausnahmen richtig. Die Hypothek geht nämlich, wenn die Forderung getilgt ist, in der Regel auf den Eigentümer des belasteten Grundstücks mit der Wirkung über, daß diesem die freie Verfügung über den in ihr verkörperten Teil des Grundstückswertes gesichert bleibt. Dies ist von Wichtigkeit für den Fall, daß der betreffenden Hypothek andere Hypotheken auf demselben Grundstücke im Range nachstehen. Denn die letzteren können nun nicht in den Rang der vorhergehenden Hypothek nachrücken; vielmehr behält der Eigentümer das Recht, die freigewordene

Stelle mit einer neuen Hypothek im selben Betrage und vom gleichen Range zu belasten.[1])

Außerdem ergibt sich eine wichtige Folge aus dem Rechtssatze, daß der Inhalt des Grundbuchs zu Gunsten desjenigen, der ein Recht an einem Grundstücke durch Rechtsgeschäfte erwirbt, als richtig gilt, wenn nicht ein Widerspruch gegen die Richtigkeit im Grundbuche eingetragen ist oder die Unrichtigkeit dem Erwerber bekannt war (sog. öffentlicher Glaube des Grundbuchs). Dieser Satz gilt auch für die Hypothek, wenn seine Geltung nicht ausdrücklich ausgeschlossen wird. Daraus entsteht der Unterschied zwischen einer sog. Sicherungshypothek und einer sog. Verkehrshypothek.

Bei der Sicherungshypothek findet der öffentliche Glaube des Grundbuchs keine Anwendung; das Recht des Gläubigers aus der Hypothek bemißt sich hier in Bezug auf Bestand und Umfang ganz nach der zu Grunde liegenden Forderung. Es geht also notwendig durch Erfüllung der Forderung unter. Damit aber eine Hypothek als Sicherungshypothek gelte, muß sie ausdrücklich als solche im Grundbuche bezeichnet sein. Andernfalls gilt sie als Verkehrshypothek.

Bei der letzteren kann es vorkommen, daß der Anspruch des Gläubigers aus der Hypothek fortbesteht, obwohl der Anspruch aus der Forderung erloschen ist. Wenn nämlich ein Dritter in gutem Glauben und im Vertrauen auf die Richtigkeit des Eintrags im Grundbuche oder im Hypothekenbriefe von dem Gläubiger die Hypothek erworben hat, so kann er sich an das mit der Hypothek belastete Grundstück halten und sich aus dem Werte desselben durch Zwangsvollstreckung bezahlt machen, auch wenn die Forderung gegen den persönlichen Schuldner nicht mehr besteht. Endlich ist bei der Verkehrshypothek die Übertragung (Veräußerung) derselben sehr erleichtert, falls ein Hypothekenbrief ausgestellt ist. In solchem Falle genügt nämlich zur gültigen Abtretung der Forderung samt Hypothek die Übergabe des Hypothekenbriefes an den Erwerber mit einer einfachen schriftlichen Abtretungserklärung des bisherigen Gläubigers. Doch empfiehlt es sich, die letztere notariell beglaubigen zu lassen.

Für die geschäftsunkundigen Kreise der ländlichen Bevölkerung wird die Sicherungshypothek wohl in den meisten Fällen vorzuziehen sein.

Wenn eine Hypothek aufgehoben werden soll, so muß sie im Grundbuche gelöscht werden.

2. Die Grundschuld. Die Grundschuld ist der Hypothek sehr ähnlich und wie diese ein Pfandrecht an einem Grundstücke. Derjenige, zu dessen Gunsten die Grundschuld bestellt ist, hat das Recht, eine bestimmte Geldsumme aus dem Werte des belasteten Grundstücks zu fordern und nötigenfalls im Wege der Zwangsvollstreckung beizutreiben.

Der wesentliche Unterschied von der Hypothek liegt darin, daß die Grundschuld von dem Bestande einer persönlichen Forderung von vornherein unabhängig ist.

Auch die Grundschuld muß in das Grundbuch eingetragen werden. Über dieselbe wird meist ein Grundschuldbrief ausgestellt, der in der gleichen Weise wie ein Hypothekenbrief übertragen, also veräußert werden kann.

3. Die Rentenschuld. Eine Grundschuld kann in der Weise bestellt werden, daß in regelmäßig wiederkehrenden Terminen eine bestimmte Geldsumme aus dem Grundstücke zu zahlen ist, sog. Rentenschuld.

[1]) Ausnahme: Gesetz vom 15. Mai 1906, Ges. und Verordn.-Bl. 1906, S. 190.

Bei der Bestellung der Rentenschuld muß ein Betrag bestimmt werden, durch dessen Zahlung die Rentenschuld abgelöst werden kann. Das Recht zur Ablösung hat aber nur der Eigentümer des Grundstücks, die Rentenschuld ist also für den Gläubiger unkündbar.

IX. Verträge.

A. Allgemeines.

Zum Abschlusse eines Vertrags ist in der Regel keine besondere Form der Willenserklärungen erforderlich. Doch bedarf der Vertrag in einzelnen Fällen zur Gültigkeit der schriftlichen Abfassung und Unterzeichnung,

z. B. bei Übernahme einer Bürgschaft, Eingehung eines Pachtvertrags von längerer Dauer, Versprechen einer Leibrente u. a.,

in anderen Fällen der (gerichtlichen oder) notariellen Beurkundung,

z. B. bei Verträgen über die Veräußerung oder Belastung von Grundstücken und dergl.

Minderjährige, d. h. Personen, die das 21. Lebensjahr noch nicht vollendet haben, können der Regel nach gültige Verträge nur mit Genehmigung ihres gesetzlichen Vertreters (Vaters, Mutter, Vormunds) abschließen.

Ansprüche können *verjähren*, d. h. der Schuldner ist berechtigt, die geschuldete Leistung nach Ablauf einer gewissen Zeit zu verweigern, wenn der Gläubiger versäumt hat, seinen Anspruch rechtzeitig in gehöriger Weise geltend zu machen. Die Verjährung eines Anspruchs tritt in der Regel nach dreißig Jahren ein.

Einzelne Ansprüche verjähren schon nach kürzerer Zeit. So verjähren schon nach 2 Jahren: die Ansprüche der Landwirte für Lieferung landwirtschaftlicher Erzeugnisse zum Hausverbrauche, die Ansprüche der Kaufleute und Handwerker für Lieferung von Waren und Ausführung von Arbeiten bei Privatpersonen, die Ansprüche der Dienstboten, Taglöhner, Gesellen, Arbeiter, Lehrlinge auf ihren Lohn u. a.

In 4 Jahren verjähren namentlich die Ansprüche auf rückständige Zinsen.

Die Verjährung wird unterbrochen, wenn der Schuldner vor Ablauf der Verjährungszeit den Anspruch durch Abschlagszahlungen oder sonstwie anerkennt oder wenn der Gläubiger seinen Anspruch auf gerichtlichem Wege verfolgt.

Wer eine Schuld zu *verzinsen* hat, muß 4 vom Hundert (4 %) für das Jahr bezahlen, wenn nicht ein anderer Zinsfuß vereinbart ist.

B. Der Kauf.

Der Käufer einer Sache kann nach gesetzlicher Regel und vorbehaltlich besonderer Vereinbarungen vom Verkäufer verlangen, daß dieser ihm das Eigentum an der verkauften Sache verschaffe und sie frei von Lasten (bei Grundstücken also z. B. frei von Dienstbarkeiten oder Hypotheken) übergebe. Andererseits ist der Käufer verpflichtet, dem Verkäufer den Kaufpreis zu bezahlen und die gekaufte Sache abzunehmen.

Der Verkäufer haftet ferner dem Käufer dafür, daß die verkaufte Sache nicht mit erheblichen Fehlern belastet ist, die dem Käufer bei dem Kaufabschlusse unbekannt waren. Wenn sich trotzdem solche Fehler herausstellen,

30. Woche	Juli	1907

30

21 Sonntag	Nitrifikationbakterien
22 Montag	Denitrifik
23 Dienstag	Nitrifikation fr.
24 Mittwoch	Denitrifikation
25 Donnerstag	
26 Freitag	
27 Sonnabend	Denitrifik

Guano und Knochenmehl.

Wer diese auf Grund seiner guten Erfahrungen auch im kommenden Herbste anwenden will, bestelle beizeiten, um rechtzeitig geliefert zu bekommen. Auch die Genossenschaften führen diese Düngemittel mehr als früher. Man verwende pro ¼ ha 150–200 Pfd. davon und gebe auf leichteren Böden gleichzeitig 300 Pfd. Kainit oder 1 Ztr. 40 % iges Kalidüngesalz.

Theodor Rougemont, Hamburg.

Die Anwendung von Knochenmehl auf Moorboden.

Es erscheinen in der Zeitschrift des Vereins zur Förderung der Moorkultur im Deutschen Reiche fortgesetzt Mitteilungen der Moorversuchsstation zu Bremen. Professor Dr. Tacke, Vorsteher derselben, bespricht in Nr. 21 der obengenannten Zeitschrift unter dem 1. 11. 1901 die Frage, mit welchen Düngemitteln auf Moorböden Ersatz für Thomasmehl geleistet werden kann. Er kommt dabei zu folgendem Resultat:

„Besser noch als Algier-Phosphat, Thomasmehl und Wiborgh-Phosphat hat auf Hochmoorboden nach den Versuchen der letzten Jahre fein gemahlenes entleimtes Knochenmehl mit ca. 30 % Gesamt-Phosphorsäure gewirkt. Der augenblicklich niedrige Preis des entleimten Knochenmehls läßt die Verwendung desselben als Phosphorsäuredünger auf Hochmoorboden gerechtfertigt erscheinen.“ —

Aber nicht nur auf Hochmoorböden, sondern auch für Niederungsmoore empfiehlt Professor Tacke die Anwendung des entleimten Knochenmehles. Er schreibt in demselben Artikel weiter:

„Ich trage gar kein Bedenken, bei den herrschenden Preisverhältnissen auf Grund der neueren Erfahrung die Verwendung des entleimten Knochenmehls selbst für nicht besandete Niederungsmoore zu empfehlen, falls Thomasmehl nicht zu erlangen ist, namentlich wenn es sich um Ersatzdüngungen auf schon länger gedüngten Niederungsmoorwiesen handelt, oder die Möglichkeit vorliegt, das Knochenmehl nach dem Ausstreuen durch Eggen mit der Wiesenegge mit der alleroberstern Bodenschicht etwas zu mischen. Die Wirkung wird namentlich bei der langen Vegetationszeit der Wiesengewächse eine durchaus befriedigende sein.“

so kann der Käufer in der Regel nach näheren gesetzlichen Vorschriften entweder Rückgängigmachung des Kaufs (sog. Wandelung) oder Herabsetzung des Kaufpreises (sog. Minderung) verlangen.

Besondere Bestimmungen gelten für den Viehkauf.

Der Verkäufer von Pferden, Rindvieh, Schafen und Schweinen haftet dem Käufer, wenn nichts anderes ausgemacht wird, nur für gewisse Fehler der verkauften Tiere (Gewährsfehler) und für diese nur dann, wenn sie sich innerhalb bestimmter Fristen (Gewährsfristen) zeigen. Ist letzteres der Fall, so wird vermutet, daß der Gewährsfehler schon zur Zeit der Übergabe des Tiers an den Käufer vorhanden war. Der Käufer braucht dies nicht zu beweisen.

Über die Gewährsfehler und Gewährsfristen siehe näheres Seite 466.

Der Verkäufer kann sich bei dem Abschlusse des Kaufgeschäftes aber auch Gewährsfreiheit ausbedingen oder umgekehrt eine weitergehende Haftung für jeden erheblichen Mangel des Tiers übernehmen oder das Vorhandensein bestimmter Eigenschaften zusichern.

Die Gewährsfrist beginnt im gewöhnlichen Falle mit dem Ablauf des Tags, an dem das Tier dem Käufer übergeben wurde, und endigt mit dem Ablauf des letzten Tags der Frist.

Hat sich ein Gewährsfehler innerhalb der Gewährsfrist gezeigt, so muß der Käufer spätestens zwei Tage nach Ablauf der Frist oder nach dem schon vorher eingetretenen Tode des Tiers dem Verkäufer Anzeige machen, was z. B. mittels eingeschriebenen Briefes geschehen kann.

Der Käufer kann vom Verkäufer in der Regel nur Wandelung verlangen, d. h. er braucht den Kaufpreis nicht zu zahlen oder kann den schon bezahlten zurückfordern, muß aber seinerseits das Tier an den Verkäufer zurückgeben. Der Verkäufer muß dem Käufer auch die Kosten der Fütterung und Pflege, der tierärztlichen Untersuchung und Behandlung sowie eventuell der Tötung und Wegschaffung des Tiers erstatten, der Käufer aber für die von dem Tiere gezogenen Nutzungen Ersatz leisten.

Der Anspruch des Käufers gegen den Verkäufer auf Wandelung wegen eines Gewährsfehlers verjährt in sechs Wochen. Diese Frist beginnt mit dem Tage nach Ablauf der Gewährsfrist. Um die Verjährung zu unterbrechen, muß demnach der Käufer spätestens am 42. Tage nach Ablauf der Gewährsfrist Klage gegen den Verkäufer erheben. Die Klage ist am Amtsgerichte des Wohnorts des Verkäufers zu stellen.

C. Die Pacht.

Durch den Pachtvertrag wird der Verpächter verpflichtet, dem Pächter den Gebrauch des verpachteten Gegenstands und den Genuß der Früchte desselben während der Pachtzeit zu gewähren, soweit diese nach den Regeln einer ordnungsmäßigen Wirtschaft als Ertrag anzusehen sind. Dafür hat der Pächter den vereinbarten Pachtzins zu zahlen.

Pachtverträge über Grundstücke bedürfen der schriftlichen Form, wenn der Vertrag für längere Zeit als ein Jahr geschlossen wird.

In dem Pachtvertrag können über die Rechte und Pflichten des Pächters und Verpächters besondere Vereinbarungen nach Belieben getroffen werden.

Soweit dies aber nicht geschieht, gelten bei landwirtschaftlichen Grundstücken hauptsächlich folgende gesetzliche Regeln:

Der Pächter eines landwirtschaftlichen Grundstücks hat die gewöhnlichen Ausbesserungen insbesondere der Wege, Gräben, Zäune, Wohn- und Wirtschaftsgebäude auf seine Kosten zu bewirken. Er darf ohne Erlaubnis des Verpächters keine Änderungen in der landwirtschaftlichen Bestimmung des Grundstücks vornehmen, die auf die Art der Bewirtschaftung über die Pachtzeit hinaus von Einfluß sind. Er muß das Grundstück nach Beendigung der Pacht in dem Zustande zurückgewähren, der sich bei ordnungsmäßiger Bewirtschaftung während der Pachtzeit ergibt.

Der Pächter eines Landguts muß von den bei Beendigung der Pacht vorhandenen landwirtschaftlichen Erzeugnissen (Futtervorräten, Dünger rc.) soviel zurücklassen, als zur Fortführung der Wirtschaft bis zu der Zeit erforderlich ist, zu welcher gleiche oder ähnliche Erzeugnisse voraussichtlich wiedergewonnen werden.

Ist der Pachtzins bei der Pacht eines landwirtschaftlichen Grundstücks nach Jahren bemessen, so muß ihn der Pächter, wenn nichts anderes ausbedungen ist, nach dem Ablaufe je eines Pachtjahrs am ersten Werktage folgenden Jahres entrichten.

Ist im Pachtvertrage die Pachtzeit nicht festgesetzt worden, so kann die Kündigung der Pacht nur für den Schluß eines Pachtjahrs erfolgen und muß spätestens am ersten Werktage des halben Jahrs geschehen, mit dessen Ablauf die Pacht endigen soll.

Von der Pacht unterscheidet sich die Miete hauptsächlich dadurch, daß der Pächter außer dem Gebrauche des verpachteten Gegenstands auch das Recht auf den Genuß der Früchte desselben hat, während letzteres bei der Miete nicht der Fall ist.

Der Pachtvertrag findet vorwiegend auf landwirtschaftliche Grundstücke, der Mietvertrag auf Wohnungen Anwendung.

D. Der Dienstvertrag und das Gesinderecht.

Unter einem Dienstvertrage ist ein Vertrag zu verstehen, durch den sich eine Person zur Leistung von Diensten gegen Gewährung einer Vergütung verpflichtet.

Eingehende gesetzliche Vorschriften bestehen für das Rechtsverhältnis zwischen der Dienstherrschaft und den Dienstboten — das Gesinderecht.

Unter Gesinde sind solche Dienstboten zu verstehen, die sich der Dienstherrschaft unter Eintritt in die Hausgenossenschaft zur fortlaufenden Verrichtung von häuslichen oder landwirtschaftlichen Diensten und Arbeiten gegen Lohn verpflichten.

Minderjährige Personen können sich als Dienstboten nur mit Genehmigung oder im voraus erteilter Ermächtigung ihres gesetzlichen Vertreters (d. i. regelmäßig des Vaters, eventuell der Mutter oder des Vormunds) verdingen.

Der Dienstvertrag bedarf keiner besonderen Form, kann also mündlich oder schriftlich abgeschlossen werden. Die Hingabe oder Annahme eines Ding- oder Draufgelds ist zur Wirksamkeit des Vertrags nicht erforderlich.

Deshalb befreit weder die Zurückgabe des Dinggeldes den Dienstboten noch der Verzicht auf das Dinggeld die Dienstherrschaft von der übernommenen Verpflichtung.

Das Dinggeld darf, wenn nichts anderes vereinbart ist, nicht vom Lohne abgezogen werden.

Der Dienstbote ist der Dienstherrschaft zur Treue verpflichtet und hat ihren Anordnungen Folge zu leisten. In Notfällen muß er sich auch zu Arbeiten verwenden lassen, die nicht zu seinen regelmäßigen Obliegenheiten gehören.

Die Dienstherrschaft hat ein Zurechtweisungs-, aber kein Züchtigungsrecht. Sie muß für gesunde und anständige Schlafräume, für entsprechende und genügende Kost sorgen, darf kein Übermaß von Arbeit verlangen, muß vielmehr die nötige Erholungszeit, wie auch die erforderliche Zeit zum Kirchgang frei lassen. Den für längere Zeit eingestellten Dienstboten muß die Dienstherrschaft, wenn nicht durch die Krankenversicherung vorgesorgt ist, im Falle der Erkrankung in der Regel bis zu sechs Wochen die erforderliche Verpflegung und ärztliche Behandlung gewähren.

Der Lohn ist, wenn nichts anderes vereinbart wird, nach Ablauf der Zeitabschnitte — Wochen, Monate, Vierteljahre — zu entrichten, nach denen er bemessen ist.

Ist Jahreslohn ausgemacht, so kann der Dienstbote nach dem Ablauf von je drei Monaten der Dienstzeit die Auszahlung der Hälfte des Vierteljahrslohns verlangen.

Jedes Dienstverhältnis kann auf eine im voraus bestimmte oder auf unbestimmte Zeit eingegangen werden. Im ersten Fall endigt es von selbst mit Ablauf der Zeit, für die es geschlossen wurde. Im zweiten Falle kann es durch Kündigung gelöst werden.

Das Dienstverhältnis eines landwirtschaftlichen Dienstboten gilt, wenn nichts ausgemacht wird, als für bestimmte Zeit, nämlich für das laufende Dienstjahr eingegangen, endigt also, da das Dienstjahr für landwirtschaftliche Dienstboten am 1. Februar beginnt, mit dem nächstfolgenden 31. Januar.

Wenn beim Abschlusse des Dienstvertrags mit dem landwirtschaftlichen Dienstboten vereinbart wurde, daß das Dienstverhältnis auf unbestimmte Zeit bestehen solle, so dauert es über das Ende des laufenden Dienstjahrs hinaus fort, falls es nicht sechs Wochen vorher gekündigt wird. Bei anderen Dienstboten ist die Kündigungsfrist verschieden je nach der Zeit, nach der die Lohnzahlung bemessen ist. So kann z. B. bei einem Dienstboten, der Monatslohn erhält, nur auf den Schluß eines Kalendermonats spätestens am 15. dieses Monats gekündigt werden.

Aus wichtigen Gründen kann das Dienstverhältnis von der Dienstherrschaft oder dem Dienstboten jederzeit auch ohne Einhaltung einer Kündigungsfrist gelöst werden. In solchen Fällen ist der schuldige Teil nach näheren gesetzlichen Bestimmungen zum Schadensersatze verpflichtet.

Jeder Dienstbote muß ein Dienstbotenbuch haben, das von der Ortspolizeibehörde ausgestellt wird. In dem Dienstbotenbuche ist bei Beendigung des Dienstverhältnisses vom Dienstherrn ein Zeugnis über die Art und Dauer des Dienstes und auf Verlangen auch über die Leistungen und Führung im Dienste zu erteilen.

Wenn ein Dienstbote ohne genügenden Rechtfertigungsgrund zur bedungenen Zeit nicht in den Dienst eintritt oder vor Ablauf dieser Zeit den Dienst verläßt, so wird er auf Antrag der Dienstherrschaft mit Haft oder Geld bestraft. Auch kann die zwangsweise Vorführung durch die Polizeibehörde erfolgen.

E. Bürgschaft und Pfandrecht.

Durch den Bürgschaftsvertrag verpflichtet sich der Bürge gegenüber dem Gläubiger eines Dritten, für die Erfüllung der Verbindlichkeit des Dritten einzustehen. Die Bürgschaftserklärung muß schriftlich erteilt werden.

Zur Sicherung für eine Forderung kann dem Gläubiger ein Pfandrecht an einer beweglichen Sache eingeräumt werden. Der Gläubiger erhält hierdurch das Recht, die verpfändete Sache zu verkaufen und sich aus dem Erlöse zu befriedigen, wenn die Forderung nicht gehörig und rechtzeitig erfüllt wird.

Ein Pfandrecht wird dadurch bestellt, daß der Eigentümer die Sache dem Gläubiger übergibt und beide darüber einig sind, daß dem Gläubiger das Pfandrecht zustehen soll (sog. Faustpfand).

Der Gläubiger muß das Pfand verwahren und dem Verpfänder zurückgeben, wenn sein Pfandrecht erloschen ist. Darüber, wann der Gläubiger berechtigt ist, die verpfändete Sache zu verkaufen und wie dieser Verkauf zu geschehen hat, bestehen eingehende gesetzliche Vorschriften. Der Verkauf ist in der Regel im Wege öffentlicher Versteigerung zu bewirken.

X. Das Wasserrecht.

A. Wasserbenützung und Uferschutz.

Die gesetzlichen Bestimmungen sind in den drei Wassergesetzen vom 28. Mai 1852 [1]) enthalten.

Hiernach sind zwei Hauptarten von Gewässern zu unterscheiden nämlich:

1. Die öffentlichen Gewässer. Dies sind solche Flüsse, welche zur Schiffahrt oder zur Floßfahrt mit gebundenen Flößen dienen (Beispiele sind der Rhein, Main, Donau, Isar, Inn 2c.), ferner die größeren Seen und die öffentlichen Kanäle.

Sie sind Staatsgut und stehen unter der besonderen Aufsicht der K. Straßen- und Flußbauämter.

Der Gebrauch des Wassers öffentlicher Flüsse zum Schöpfen, Baden, Waschen, Tränken ist jedem unverwehrt. Brücken, Stauanlagen, Mühlen, Abzugsgräben und ähnliche Anlagen in oder an öffentlichen Flüssen dürfen nur mit polizeilicher Genehmigung hergestellt oder abgeändert werden. Zur Regelung des Verkehrs auf den öffentlichen Gewässern werden Schiffahrts- und Floßordnungen erlassen.

2. Die Privatgewässer. Diese werden weiter eingeteilt:

a) in die geschlossenen Gewässer, wie Brunnen, Teiche, künstliche Wasserleitungen und Kanäle, ferner das Quell- und Regenwasser, solange es noch nicht von dem Grundstücke abgeflossen ist.

Diese geschlossenen Gewässer gehören dem Eigentümer des Grundstücks, welcher in der Hauptsache nach Belieben über das Wasser verfügen darf.

b) In die Privatflüsse und -Bäche.

Deren Bett gehört nach der gesetzlichen Regel den Eigentümern der beiderseitigen Ufergrundstücke, wobei die Mittellinie des Flusses die Eigentumsgrenze bildet.

Der Ufereigentümer darf das vorüberfließende Wasser auf die Länge seines Ufergrundstücks beliebig benutzen, muß aber dabei auf die Rechte der übrigen Ufereigentümer (oberhalb, unterhalb, gegenüber) Rücksicht nehmen und dem Wasser, welches er etwa aus dem Flusse abgeleitet hat, den Ablauf in das ursprüngliche Bett des Flusses noch innerhalb der Grenzen seines Ufergrundstücks geben.

Die Ufereigentümer haben andererseits die Verpflichtung, das Flußbett zu reinigen und in ordentlichem Zustande zu erhalten. Nur soweit der Aufstau von Triebwerken im Flusse reicht, ist die Reinigung in der Regel von den

[1]) Gesetzblatt 1852, S. 489. Ein neues Gesetz ist in Vorbereitung.

Triebwerksbesitzern vorzunehmen. Durch Vertrag oder Herkommen können abweichende Verpflichtungen begründet sein. Die Bezirksämter haben die alljährliche Reinigung der Flüsse und Bäche zu überwachen und können die Arbeiten auf Kosten der Saumseligen vornehmen lassen.

Triebwerke und Stauanlagen dürfen auch an Privatflüssen in der Regel nur nach vorausgegangener polizeilicher Genehmigung ausgeführt werden.

Der Schutz der Ufer an fließenden Gewässern gegen Abriß oder Beschädigungen wird ausgeführt:

a) bei den öffentlichen Gewässern unter Leitung der K. Straßen- und Flußbauämter hauptsächlich auf Kosten der betreffenden Kreisgemeinden;
b) bei den Privatflüssen von Ufereigentümern.

Wenn ganze Ortsfluren oder Ortschaften durch die Überschwemmungen eines öffentlichen oder Privatflusses bedroht sind, so haben in der Regel die bedrohten Gemeinden die erforderlichen Dammbauten herzustellen. Bei drohender Hochwassergefahr sind alle benachbarten Bewohner auf polizeiliche Aufforderung hin zur Hilfeleistung verpflichtet.

B. Be- und Entwässerungsunternehmungen.

Bei der großen Bedeutung, welche eine zweckmäßige Be- und Entwässerung der Grundstücke für die Landwirtschaft und insbesondere den Wiesenbau hat, wurden von der Gesetzgebung besondere Vorschriften über die Benützung des fließenden Wassers für landwirtschaftliche Zwecke erlassen. Diese Vorschriften wollen einerseits durch Einräumung gewisser Zwangsbefugnisse zu Gunsten landwirtschaftlicher Kulturunternehmungen dagegen Schutz gewähren, daß ein Einzelner durch ungerechtfertigten Widerspruch die Ausführung einer nützlichen Kulturanlage hindern kann, andererseits wollen sie die Vereinigung zahlreicher Grundstücksbesitzer zu gemeinsamer Herstellung größerer Anlagen erleichtern.

1. Wenn ein Ufereigentümer zum Zwecke der Bewässerung seiner Grundstücke ein Stauwerk im Flusse oder Bache errichten will, so kann der Eigentümer des gegenüberliegenden Ufergrundstücks unter gewissen Voraussetzungen gezwungen werden, die Benützung seiner Uferseite zu den erforderlichen Wehranlagen zu dulden. (Art. 86—88 des Wasserbenützungsgesetzes.)

2. Zum Zwecke der Bewässerung oder Entwässerung eines landwirtschaftlichen Grundstücks kann der Eigentümer eines benachbarten fremden Grundstücks unter Umständen gezwungen werden, die ober- oder unterirdische Zu- oder Ableitung des Wassers über sein Grundstück zu gestatten, insbesondere also auch die Durchlegung von Drainageröhren zur Weiterleitung des Wassers von entfernter liegenden Grundstücken oder auf solche zu dulden. (Art. 89 des Wasserbenützungsgesetzes.)

3. Für größere Be- oder Entwässerungsunternehmungen ist ein besonderes Instruktions- und Genehmigungsverfahren unter bezirksamtlicher Leitung vorgesehen.

Wenn sich in solchen Fällen eine Anzahl von Grundbesitzern über die Herstellung einer gemeinsamen Be- oder Entwässerungsanlage geeinigt hat, wird auf ihren Antrag das Projekt meist von dem kulturtechnischen Bureau der betreffenden Kreisregierung unentgeltlich ausgearbeitet. Alsdann erfolgt durch das Bezirksamt eine öffentliche Bekanntmachung und Vorladung aller beteiligten Grundbesitzer zu einer Verhandlungstagfahrt. Hierbei wird von den Erschienenen darüber Beschluß gefaßt, ob das Unternehmen nach dem ausgearbeiteten Projekte hergestellt und zu diesem Zwecke eine „Genossenschaft" gebildet werden soll. Bejahendenfalls wird ein Ausschuß und Vorstand gewählt und werden Satzungen für diese Genossenschaft aufgestellt.

Die abgeschlossenen Verhandlungen sind sodann der K. Regierung, Kammer des Innern, vorzulegen. Diese hat einen Bescheid darüber zu erlassen, ob das Unternehmen ausgeführt werden darf. Sie kann auch das Unternehmen als ein solches „für öffentliche Zwecke" erklären, falls es einen unzweifelhaften, überwiegenden landwirtschaftlichen Nutzen verspricht und sich über eine bedeutende Grundfläche erstreckt. In diesem Falle kann auch gegen diejenigen am Projekte beteiligten Grundstücksbesitzer, welche bei der Verhandlungstagfahrt etwa gegen die Ausführungen gestimmt hatten oder nicht erschienen waren, unter gewissen Voraussetzungen ein Zwang zu Gunsten der Mehrheit in der Weise ausgeübt werden, daß sie sich mit den betreffenden Grundstücken am Unternehmen beteiligen und die Kosten mittragen oder doch die erforderlichen Anlagen auf ihren Grundstücken dulden müssen.

Die Kosten solcher Unternehmungen werden auf die beteiligten Grundstücke ausgeschlagen und meist nach dem größeren oder geringeren Nutzen, den dieselben von der Anlage haben, abgestuft. Die Beitragspflicht zu den Unterhaltungskosten geht auf jeden späteren Erwerber des Grundstücks ohne weiteres über.

XI. Das Forst- und Jagdrecht.

A. Das Forstgesetz.

Das bayerische Forstgesetz[1]) stellt den Grundsatz voran, daß jedem Waldbesitzer die freie Benützung und Bewirtschaftung seines Waldes gestattet ist, soweit nicht das Gesetz selbst Beschränkungen enthält.

Diese Beschränkungen verfolgen den Zweck, im Interesse der Allgemeinheit den Waldbestand möglichst zu erhalten und insbesondere zu verhindern, daß die sog. Schutzwaldungen verschwinden. Als Schutzwaldungen gelten solche Waldungen, deren Fortbestand für die Umgegend zum Schutze gegen schädliche Naturereignisse (Bergrutsch, Lawinen, Stürme, Versiegen von Quellen 2c.) unentbehrlich ist.

Deshalb ist bei allen Waldungen die Rodung, d. h. die Ausstockung mit den Wurzeln, um die Waldfläche der Holzkultur zu entziehen, nur mit vorgängiger forstpolizeilicher Genehmigung zulässig, die nur unter bestimmten Voraussetzungen erteilt wird.

Bei Schutzwaldungen ist die Rodung überhaupt verboten, aber auch der kahle Abtrieb oder eine diesem in der Wirkung gleichkommende Lichthauung nur mit forstpolizeilicher Genehmigung gestattet.

Verboten ist ferner bei allen Waldungen die sog. Abschwendung, d. h. eine Verwüstung des Waldes, welche seinen Fortbestand gefährdet.

Umgekehrt besteht die Verpflichtung für jeden Waldbesitzer, kulturfähige Waldblößen wieder aufzuforsten.

Die Anordnungen zur Bekämpfung und Vertilgung schädlicher Insekten müssen von jedem Waldbesitzer befolgt werden.

Die Bewirtschaftung der Waldungen, welche im Eigentum von Gemeinden oder Stiftungen stehen, unterliegt überdies der besonderen Aufsicht

---

[1]) Forstgesetz vom $\frac{\text{28. Mai 1852}}{\text{17. Juni 1896}}$, Ges.- und Verordn.-Bl. 1896, S. 325.

der Staatsbehörden und muß unter forsttechnischer Leitung geschehen. Die Gemeinden haben das erforderliche Forstschutzpersonal aufzustellen.

Die Staatswaldungen werden von den K. Forstämtern bewirtschaftet.

Vielfach bestehen aus alter Zeit an Waldungen des Staates, der Gemeinden oder Privater Forstberechtigungen, indem z. B. die Besitzer gewisser Anwesen das Recht haben, aus dem Staatswald jährlich so und so viel Brennholz oder Bauholz oder Streu oder dergleichen unentgeltlich zu beziehen. Solche Forstberechtigungen können den Waldbesitzer in der nachhaltigen Bewirtschaftung des Waldes sowie in der etwa notwendigen Veränderung der Holz- und Betriebsarten nicht hindern. Der Waldbesitzer muß aber, wenn er eine solche Veränderung beabsichtigt, vorher Anzeige an das Bezirksamt machen und die Forstberechtigten entschädigen. Ungemessene Forstberechtigungen müssen auf Verlangen in gemessene umgewandelt werden. Die Ablösung von Forstberechtigungen ist nur durch freie Übereinkunft des Waldbesitzers und der Berechtigten statthaft.

Das Forstgesetz enthält außerdem noch zahlreiche Strafbestimmungen (Forstpolizeiübertretungen, Forstfrevel) und Vorschriften über das Strafverfahren (Forstrügesachen).

B. Das Jagdrecht.[1])

Unter Jagdrecht versteht man das ausschließliche Recht des Grundeigentümers, das auf seinem eigenen Grund und Boden befindliche jagdbare Wild in Besitz zu nehmen.

Dieses Recht hat jeder Grundeigentümer:

1. in den unmittelbar an seine Behausungen stoßenden Hofräumen und Hausgärten, wenn sie umfriedet sind;
2. auch auf anderen Grundstücken, wenn sie mit einer Mauer oder dichten Einzäunung und verschließbaren Türen versehen sind;
3. ohne Beschränkung auf einem zusammenhängenden Grundbesitze von mindestens 240 bayer. Tagwerken (81,77 ha) im Flachlande und 400 Tagwerken (136,29 ha) im Hochgebirge.
4. auf Seen und Fischteichen von mindestens 50 bayer. Tagwerken (17,03 ha).

Auf allen anderen Grundstücken steht das Jagdrecht nicht dem Grundeigentümer selbst, sondern für ihn der Gemeinde zu, in deren Bezirk die Grundstücke liegen.

Die Gemeinde muß das Jagdrecht in der Regel verpachten. Der hierdurch erzielte Erlös (Jagdpachtschilling) fließt in die Gemeindekasse und muß den einzelnen Grundeigentümern, deren Grundstücke zum Gemeindebezirke gehören, zu gut gerechnet werden.

Jagen (d. h. auf die Jagd gehen) darf niemand, der nicht eine Jagdkarte besitzt. Die Jagdkarten werden von der Distrikspolizeibehörde des Wohnorts gegen eine Gebühr von 15 *M*, die z. Z. auf 20 *M* erhöht ist, ausgestellt und gelten für das ganze Königreich, aber nur im Kalenderjahre ihrer Ausstellung. Unzuverlässigen Personen können sie verweigert werden.

[1]) Gesetz, die Ausübung der Jagd betr., vom 20. März 1850, Gesetzblatt 1850, S. 117, mit mehreren späteren Änderungen.

Bei der Ausübung der Jagd müssen die jagdpolizeilichen Vorschriften (wie z. B. jene über die Hegezeit des Wildes) beachtet werden. Unbefugte Jagdausübung oder Zuwiderhandlung gegen die polizeilichen Vorschriften ist strafbar.

Den Schaden, den die jagdbaren[1]) Säugetiere oder Fasanen auf Grundstücken verursachen, die dem Jagdberechtigten nicht gehören (sog. Wildschaden[2]), muß der Jagdberechtigte dem Besitzer des Grundstücks ersetzen. Wenn das beschädigte Grundstück zu einem Gemeindejagdbezirk gehört, muß also die Gemeinde den Schaden vergüten.

Wer Anspruch auf Ersatz von Wildschaden machen will, muß diesen Anspruch binnen sechs Tagen, nachdem er von der Beschädigung Kenntnis erlangt hat, bei dem Bürgermeister jener Gemeinde anmelden, in welcher das Grundstück liegt.

Der Schaden, der vom Wilde in Baumschulen, Obstgärten oder an einzeln stehenden jungen Bäumen verursacht wird, braucht nicht vergütet zu werden, wenn der Besitzer die Herstellung entsprechender Schutzvorrichtungen versäumt hat.

Nicht jagdbare wilde Tiere dürfen von jedermann getötet werden. Deshalb wird auch der Schaden, den sie etwa verursachen, nicht vergütet.

Das Fangen oder Erlegen von Singvögeln und das Ausnehmen von Eiern oder Jungen derselben ist strafbar.

Ebenso wird auch das unbefugte Fischen oder Krebsen bestraft sowie die Übertretung der Vorschriften über die Größe und Schonzeit der zu fangenden Fische und bezüglich einzelner Fangarten.

XII. Das Feldschadengesetz.

Es kommt häufig vor, daß Haustiere auf fremde Grundstücke übertreten und auf diesen durch Abfressen, Zertreten, Scharren u. dergl. Schaden verursachen. Alsdann ist der Besitzer des Tieres verpflichtet, dem Besitzer des Grundstücks den Schaden zu ersetzen.

Wenn er dies nicht freiwillig tut, müßte ihn der Besitzer des Grundstücks nach der allgemeinen Rechtsregel verklagen und dabei die Höhe des Schadens beweisen. Dieser Beweis ist oft schwierig und das gewöhnliche Prozeßverfahren ist im Verhältnisse zum Betrage des Schadens meist zu umständlich und langwierig. Deshalb ist ein besonderes Gesetz, das Feldschadengesetz vom 6. März 1902,[3]) erlassen worden, das die Verfolgung eines Anspruchs auf Schadenersatz in solchen Fällen erleichtert.

Wenn nämlich Haustiere auf bestellte fremde Äcker vor Beendigung der Ernte, auf fremde Wiesen während der Hegezeit oder in fremde Gärten, Weinberge oder Baumschulen übertreten, so kann der Grundbesitzer von dem Besitzer der Haustiere ein Ersatzgeld verlangen, ohne daß er den Nachweis eines Schadens erbringen muß. Dieses Ersatzgeld beträgt bei Pferden, Rindvieh und Schweinen 25 ₰, bei Schafen und Ziegen 15 ₰, bei Federvieh

[1]) Kgl. Verordnung, die jagdbaren Tiere betr., vom 11. Juli 1900, Gesetz- und Verordnungsblatt 1900, S. 693.

[2]) § 835 des Bürgerl. Gesetzbuchs; Gesetz, den Ersatz des Wildschadens betr., vom 15. Juni 1850, Gesetzblatt 1850, S. 185, mit Änderung durch Art. 144 des Ausführungsgesetzes zum Bürgerlichen Gesetzbuche, Ges.- u. Verordn.-Bl. 1899, Beilage zum Landtagsabschied S. 40.

[3]) Gesetz- und Verordnungsblatt 1902, S. 99.

5 ℳ für das Stück. Tritt sonst ein Haustier der bezeichneten Arten in fremde Grundstücke über, also z. B. auf einen abgeernteten Acker, eine Ödung, in einen Hofraum, so kann Ersatzgeld nur gefordert werden, wenn ein Schaden erweislich ist. Die Höhe des Schadens braucht aber auch dann nicht ziffernmäßig dargetan zu werden. Ersatzgeld kann meist auch verlangt werden, wenn Enten in fremdes fließendes Fischwasser oder in fremde Fischteiche eindringen.

In allen Fällen bleibt es übrigens dem Grundbesitzer freigestellt, seinen etwaigen höheren Schaden nachzuweisen und statt des Ersatzgeldes den Ersatz dieses höheren Schadenbetrages zu fordern.

Das Gesetz räumt ferner dem Besitzer des beschädigten Grundstücks ein Pfändungsrecht an den übergetretenen Tieren ein und setzt ihn dadurch in den Stand, sich eine Sicherheit für die rechtzeitige Bezahlung des Ersatzgeldes oder der höheren Schadensumme zu verschaffen. Der Grundbesitzer oder seine Bediensteten sind nämlich berechtigt, die auf sein Grundstück übergetretenen fremden Haustiere auf diesem zu ergreifen oder auch bei sofortiger Verfolgung sich ihrer zu bemächtigen. Von dieser Pfändung muß aber binnen 24 Stunden unter Anmeldung des verlangten Schadenersatzes bei der Ortspolizeibehörde Anzeige gemacht werden. Die Ortspolizeibehörde setzt alsdann den Besitzer der gepfändeten Tiere in Kenntnis oder erläßt nötigenfalls eine öffentliche Bekanntmachung. Wenn innerhalb einer Woche nach dieser Bekanntgabe die Entschädigung nicht bezahlt ist, so dürfen in der Regel die gepfändeten Tiere im Wege der öffentlichen Versteigerung verkauft werden. Aus dem Erlöse darf der Grundbesitzer den Betrag seines Ersatzanspruches für sich behalten.

Meist wird jedoch die Pfändung und der Verkauf der Tiere nicht notwendig sein. Der Geschädigte kann vielmehr zu seiner Entschädigung in vielen Fällen auch dadurch gelangen, daß er den Besitzer der Tiere wegen einer Feldpolizeiübertretung bei dem Amtsanwalte zur Anzeige bringt. Alsdann kann nach näherer Vorschrift des Gesetzes gleichzeitig mit der Verurteilung zur Strafe auch die Verpflichtung zum Schadenersatz ausgesprochen und das rechtskräftige Urteil auch in dieser Richtung von Amts wegen vollstreckt werden.

XIII. Die Abmarkung der Grundstücke.[1]

Die sog. Grundsteuerkataster, die bei den K. Rentämtern geführt werden, enthalten, nach Steuergemeinden geordnet, eine Aufzählung und Beschreibung aller Grundstücke nach Plannummern mit Angabe ihres Flächeninhalts. Sämtliche Grundstücke sind mit ihren Grenzen in den zugehörigen Katasterplänen eingezeichnet.

Es ist ferner zur Vermeidung von Grenzstreitigkeiten von großer Wichtigkeit, daß die Grenzen der Grundstücke auch in der Natur durch Grenzzeichen kenntlich gemacht werden (Abmarkung).

Deshalb kann jeder Grundstückseigentümer von seinem Nachbar verlangen, daß dieser zur Errichtung fester Grenzzeichen für die gemeinsame

[1] § 919 des Bürgerlichen Gesetzbuches u. Gesetz, betr. die Abmarkung der Grundstücke vom 30. Juni 1900, G.V.O.-Bl. S. 553; hierzu Vollzugsvorschriften vom 21. Dezember 1900, Minist.-Amtsbl. 1900, S. 771.

Grenze und zur notwendigen Wiederherstellung solcher Zeichen auf gemeinschaftliche Kosten mitwirke.

Außerdem ist die Abmarkung der Grundstücke unter gewissen Voraussetzungen im öffentlichen Interesse zur Zwangspflicht gemacht.

Die Abmarkung muß vorgenommen werden:

1. wenn von einem Grundstücke mit besonderer Plannummer eine Teilfläche abgetrennt wird;
2. wenn eine bisher zweifelhafte Grenze durch amtliche Vermessung unter Zustimmung der beteiligten Grundeigentümer ermittelt und festgestellt worden ist;
3. wenn eine bestrittene Grenzlinie durch eine gerichtliche Entscheidung festgestellt worden ist;
4. wenn eine Neuvermessung amtlich angeordnet ist;
5. bei Durchführung einer Flurbereinigung.

Außerdem kann die Mehrzahl der beteiligten Grundeigentümer in einer Gemeinde- oder Ortsflur oder einer in sich abgeschlossenen Feldlage nach näherer gesetzlicher Vorschrift die allgemeine Abmarkung für diese Fläche mit der Wirkung beschließen, daß auch die widersprechende Minderheit der Grundeigentümer an der Abmarkung teilnehmen muß.

Die Abmarkung darf anderseits nur dann vorgenommen werden, wenn die Grenzlinie der abzumarkenden Grundstücke unbestritten feststeht.

Wenn die Eigentümer die Grenzlinie durch Kauf, Tausch, Teilung u. dgl. verrücken wollen, so darf die Abmarkung erst vorgenommen werden, wenn diese Veränderung rechtsgültig vollzogen und die neue Grenzlinie vermessen ist. Andernfalls ist die Abmarkung ungültig.

Die Abmarkung geschieht durch Setzung von Grenzzeichen aus Stein. Grenzzeichen aus Holz sind nur ausnahmsweise zulässig.

Zur Vornahme von Abmarkungsgeschäften sind die Feldgeschworenen zuständig, soweit nicht in gewissen Fällen zur Abmarkung die Messungsbehörden und die staatlichen Geometer berufen sind.

Die größeren Abmarkungen, insbesondere bei Flurbereinigungen, dann solche, die im Anschlusse an eine Neuvermessung der betreffenden Grenzen erfolgen, müssen von den Messungsbehörden und den zuständigen staatlichen Geometern vollzogen werden.

Doch kann jeder beteiligte Grundeigentümer verlangen, daß auch in diesen Fällen das Setzen, Heben, Aufrichten und Entfernen der Grenzsteine nach Anweisung der Geometer von den Feldgeschworenen besorgt werde. Dasselbe kann auch allgemein durch Beschluß des Gemeindeausschusses mit Zustimmung der Gemeindeversammlung für den Gemeindebezirk bestimmt werden.

In jeder Gemeinde sind 4—7 Feldgeschworene aus der Zahl der Gemeindebürger aufzustellen, die aus ihrer Mitte einen Obmann wählen. Die Geschäftsführung der Feldgeschworenen ist durch die Feldgeschworenenordnung[1]) geregelt.

Anträge auf Vornahme einer Abmarkung sind in der Regel bei dem Bürgermeister zu stellen, der sie dem Obmanne der Feldgeschworenen oder der zuständigen Messungsbehörde übermittelt.

Zu jedem Abmarkungsgeschäfte sind die beteiligten Grundeigentümer oder deren Vertreter gegen Nachweis zu laden. Erscheinen sie nicht, so kann

[1]) Min.-Amtsbl. 1900, S. 819.

die Abmarkung gleichwohl gültig vorgenommen werden. Über den Vollzug des Abmarkungsgeschäftes wird ein Protokoll aufgenommen.

Die Feldgeschworenen beziehen für ihre Dienstesverrichtungen bestimmte Gebühren. Die Kosten für die Beteiligung der staatlichen Geometer an dem Abmarkungsgeschäfte werden auf die Staatskasse übernommen. Die sonstigen Kosten der Abmarkung sind von den beteiligten Grundeigentümern in der Regel zu gleichen Teilen zu tragen.

Streitigkeiten über die Abmarkungspflicht, die Art der Abmarkung, die Gültigkeit einer solchen und die Erhaltung von Grenzzeichen entscheidet die Distriktsverwaltungsbehörde in erster, der K. Verwaltungsgerichtshof in zweiter und letzter Instanz.

Die unbefugte Beseitigung oder Beschädigung der Grenzzeichen wird bestraft.

XIV. Die Flurbereinigung.

Unter Flurbereinigung werden Unternehmungen verstanden, die eine bessere Benützung von Grund und Boden durch Zusammenlegung von Grundstücken oder durch Regelung von Feldwegen bezwecken.

Die zerstreute Lage und geringe Größe der landwirtschaftlichen Grundstücke, wie auch der Mangel geeigneter Feldwege erschweren und verhindern vielfach eine zweckmäßige Bodenbewirtschaftung.

Durch Austausch und Zusammenlegung der Grundstücke zu besser eingeteilten Flächen wird dagegen der Vorteil erreicht, daß der lästige Flurzwang wegfällt, daß Arbeitskräfte und Arbeitszeit gespart werden, daß landwirtschaftliche Maschinen besser zu verwenden und Kulturanlagen leichter durchzuführen sind, daß kürzere Verbindungswege hergestellt werden können, viele Grenzstreitigkeiten wegfallen ꝛc.

Um Flurbereinigungen zu fördern, ist durch Gesetz, betreffend die Flurbereinigung, vom 29. Mai 1886, in neuerer Fassung vom 30. Juli 1899[1]), eine besondere Behörde und ein besonderes Verfahren eingeführt worden.

Hiernach ist zur Durchführung und Leitung von Flurbereinigungen die K. Flurbereinigungskommission in München berufen.

Jeder einzelne Grundeigentümer oder eine Mehrzahl von solchen oder auch eine Gemeindebehörde kann den Antrag auf Vornahme einer Flurbereinigung bei der Flurbereinigungskommission durch Vermittelung des Bezirksamtes oder auch unmittelbar schriftlich anbringen.

In dem Antrage ist hauptsächlich anzugeben, ob eine Zusammenlegung von Grundstücken oder nur eine Feldwegregelung oder beides zugleich beabsichtigt ist, auf welche Fläche sich die Flurbereinigung erstrecken soll und welche Vorteile daraus erwartet werden.

Die Flurbereinigungskommission prüft daraufhin, ob der Antrag ausführbar erscheint oder aussichtslos ist. Im ersteren Falle wird nach Beendigung der erforderlichen Vorarbeiten vom zuständigen K. Bezirksamte auf Veranlassung der Flurbereinigungskommission eine Tagfahrt anberaumt, zu welcher alle Beteiligten geladen werden. An der Tagfahrt nimmt außer dem Vertreter des Bezirksamtes ein Kommissär der Flurbereinigungskommission teil. Hierbei wird von den beteiligten Grundeigentümern Beschluß gefaßt, ob das Unternehmen ausgeführt werden soll oder nicht.

---

[1]) Gesetz- und Verordnungsblatt 1899, S. 507; hierzu Vollzugsvorschriften vom 29. Januar 1900, Min.-Amtsbl. 1900, S. 119.

Wenn die Mehrzahl der beteiligten Grundeigentümer für die Ausführung stimmt und diese Mehrzahl zugleich auch im Eigentum von mehr als der Hälfte der Vereinigungsfläche steht und mehr als die Hälfte der Grundsteuern aus dieser Fläche zu tragen hat, so kann die Minderheit der Grundeigentümer, die etwa dagegen gestimmt hat, zur Teilnahme gegen ihren Willen gezwungen werden. Vorausgesetzt ist dabei, daß von der Flurbereinigung eine bessere Benutzung von Grund und Boden zu erwarten ist und dieser Zweck ohne Beiziehung der Grundstücke der Minderheit nicht erreicht werden könnte.

Gewisse Arten von Grundstücken, wie Gebäude, Gärten, Steinbrüche, Weinberge u. a. können gegen den Willen ihrer Eigentümer nicht oder nur unter besonderen Voraussetzungen in die Flurbereinigung einbezogen werden.

Wenn die Ausführung beschlossen ist, wird ein Flurbereinigungsausschuß gewählt. Der Flurbereinigungsausschuß stellt zunächst einen sog. Übersichtsplan auf, aus welchem insbesondere das neu anzulegende Wegenetz zu ersehen sein muß, nimmt die Wertsermittelung aller einzelnen Grundstücke, die in die Flurbereinigung einbezogen werden, vor und stellt den Verteilungsplan fest.

Hierbei muß jeder Grundeigentümer für seinen in die Vereinigungsfläche einbezogenen Grundbesitz vollen Ersatz erhalten und zwar tunlichst in Grund und Boden gleicher Kulturart.

Jedem Grundstücke sind bei der Flurbereinigung die erforderlichen Zufahrten, Viehtriebe und Wasserläufe zu schaffen. Auf die wirtschaftlichen Verhältnisse der Einzelnen wird möglichste Rücksicht genommen. Beteiligte mit geringem Grundbesitz erhalten ihre neuen Grundstücke tunlichst in der Nähe ihrer Behausung zugewiesen.

Wenn die Flureinteilung abgesteckt ist, können die beteiligten Grundeigentümer auf Antrag von mindestens drei Vierteln derselben unter gewissen Voraussetzungen vorläufig in den Besitz der neuzugeteilten Grundstücke eingewiesen werden.

Über etwaige Streitigkeiten in Bezug auf die Wertsermittelung und anderes entscheidet ein von den Beteiligten gewähltes Schiedsgericht.

Die Verhandlungen werden dann der Flurbereinigungskommission vorgelegt, welche über die Genehmigung der Flurbereinigung beschließt.

Gegen deren Entscheid ist Beschwerde zum K. Verwaltungsgerichtshof zulässig.

Nach eingetretener Rechtskraft erhält jeder beteiligte Grundeigentümer einen mit der Vollziehbarkeitserklärung versehenen Auszug über den ihm zugeteilten Grundbesitz. Dieser Auszug vertritt die Stelle einer Erwerbsurkunde.

Der Eigentumserwerb an dem neuen Grundbesitz vollzieht sich an dem von der Flurbereinigungskommission bezeichneten Tage, ohne daß es noch einer notariellen Beurkundung oder einer Erklärung vor dem Grundbuchamte bedürfte. Die Umschreibung im Grundbuche erfolgt vielmehr von Amts wegen auf Ersuchen der Flurbereinigungskommission.

Das ganze Flurbereinigungsverfahren ist gebührenfrei. Die Kosten werden teils von der Staatskasse übernommen, teils von den beteiligten Grundeigentümern getragen. Letzteren werden sie aber vorbehaltlich der Rückzahlung in drei bis sechs Jahresfristen aus dem Flurbereinigungsfonds vorgeschossen und können unter Umständen teilweise nachgelassen werden.

XV. Die Landeskulturrentenanstalt.

Die Landeskulturrentenanstalt[1]) ist eine Staatsanstalt, die den Zweck hat, die Ausführung von Kulturunternehmungen durch Hingabe von Darlehen zu erleichtern.

Solche Darlehen können an Gemeinden, Stiftungen, Genossenschaften oder Private, je nach den verfügbaren Mitteln der Anstalt, für folgende Kulturunternehmungen gewährt werden:

1. Bewässerungs- und Entwässerungsunternehmungen,
2. Korrektionen von Bächen und Privatflüssen, Anlagen zum Uferschutze und zum Schutze gegen Überschwemmungen,
3. Flurbereinigungen,
4. Urbarmachung öder Flächen, Meliorationen von Feldern, Wiesen, Weiden und Moorgründen,
5. Aufforstungen öder Flächen,
6. Anlagen und Meliorationen von Weinbergen,
7. Obstbau- und Weidenkulturen,
8. Fischereianlagen,
9. Wegeanlagen, welche zu einer besseren Benützung land- oder forstwirtschaftlichen Grundbesitzes bestimmt sind,
10. Wasserversorgungen ländlicher Gemeinden.[2])

Die Darlehensgesuche sind bei der Distriktsverwaltungsbehörde, in deren Bezirk das Unternehmen ausgeführt werden soll, einzureichen. Die Entscheidung über die Bewilligung des Darlehens erfolgt durch eine besondere Behörde, die Landeskultur-Rentenkommission in München.

Die Darlehen werden in barem Gelde oder in Schuldverschreibungen (sog. Rentenscheinen) zum Nennwert gegeben. Sie können von seiten der Rentenanstalt, von Ausnahmefällen abgesehen, nicht gekündigt werden.

Der Darlehensempfänger hat das Darlehen zu verzinsen und durch einen jährlichen Zuschlag zu tilgen. Diese Zins- und Tilgungsbeiträge bilden zusammen die sog. K u l t u r r e n t e, die in halbjährigen Raten an das Rentamt bar zu entrichten ist.

Der Zinsfuß beträgt jetzt 3¼%, der geringste zulässige Zuschlag ¾%, so daß also mindestens 4% der Darlehenssumme zu zahlen sind. Hierdurch wird das Darlehen in 52 Jahren getilgt. Will der Darlehensempfänger eine höhere Kulturrente zahlen, so erfolgt die Tilgung rascher, so z. B. bei 6% in 24½ Jahren, bei 12% in 10 Jahren.

Der Darlehensempfänger ist auch befugt, das Darlehen vor Ablauf der Tilgungsperiode unter gewissen Voraussetzungen ganz oder teilweise zurückzuzahlen.

Für das Darlehen und die Kulturrente muß der Empfänger Sicherheit leisten. Dies geschieht in der Regel dadurch, daß zu Gunsten der Landeskulturrentenanstalt eine Hypothek auf land- oder forstwirtschaftlichem

[1]) Gesetz über die Landeskulturrentenanstalt in der Fassung der Bekanntmachung vom 30. Mai 1900, Ges.- und Verordn.-Bl. 1900, S. 465. Anleitung zur Behandlung der Gesuche um Landeskulturrentendarlehen vom 19. März 1901, Min.-Amts-Bl. 1901, S. 129.

[2]) K. Wasserversorgungsbureau. Verordn. vom 11. Mai 1900, Ges.- u. Verordnungs-Bl. S. 443, Min.-Bekanntm. v. 16. Mai 1900, Min.-A.-Bl. S. 347.

Grundbesitze innerhalb der ersten Hälfte seines Wertes bestellt wird. Die Sicherheit kann aber auch dadurch geleistet werden, daß die Kulturrente als ablösbare Reallast auf land- oder forstwirtschaftlichem Grundbesitze eingetragen wird.

An Gemeinden und Stiftungen können Darlehen ohne Sicherheitsleistung gegeben werden. Auch für die Darlehen für Flurbereinigungen und an Genossenschaften für Be- und Entwässerungsunternehmungen gelten erleichterte Bestimmungen.

Die Darlehen dürfen nur zur Ausführung des Unternehmens verwendet werden, für welches sie bewilligt sind.

XVI. Die Ablösung der Grundlasten.

Der bäuerliche Grundbesitz hatte in früheren Zeiten schwere Lasten mannigfaltiger Art (Geldabgaben, Naturalreichnisse, Fronden 2c.) zu tragen, welche teils aus dem ehemaligen Abhängigkeitsverhältnisse der Bauern (Grundholden) zu den Gutsherren teils aus dem Zehentrechte der geistlichen Korporationen (Klöster, Kirchen, Pfründen) teils aus anderen Rechtsverhältnissen entstanden waren.

Ein großer Teil der Lasten (namentlich die Frondienste, die Weide auf bestellten Äckern und Wiesen, die Jagd auf fremden Grundstücken) wurde durch die Gesetzgebung des Jahres 1848 aufgehoben, andere wurden aus wechselnden Leistungen in feste Geldabgaben (Bodenzinse) umgewandelt.

Außerdem wurden die Grundlasten, soweit sie noch bestehen blieben, für ablösbar erklärt. Einerseits wurde nämlich den Bezugsberechtigten (Privaten, Gemeinden, Stiftungen) gestattet, ihre Rechte gegen Entschädigung an die sog. Ablösungskasse des Staates zu übertragen. Anderseits konnte sich der Pflichtige durch Zahlung des 18fachen Betrages der Jahresleistung sogleich dauernd von der Grundlast befreien oder, wenn er dies nicht wollte, unter gewissen gesetzlichen Voraussetzungen und Vorschriften die Last durch Fortzahlung eines bestimmten Jahresbeitrages während einer Reihe von Jahren ablösen.

Da diese Ablösung der Grundlasten indessen nur eine freiwillige Sache war, wurde nicht in ausreichendem Umfange von derselben Gebrauch gemacht. Die Gesetzgebung mußte daher wiederholt nachhelfen, zuletzt durch die Gesetze vom 2. Februar 1898 und 12. Dezember 1899 [1]).

Hierdurch wurde wiederum den Bezugsberechtigten die Möglichkeit eröffnet, ihre Rechte unter günstigen Bedingungen an die Staatskasse abzutreten. Zugleich wurden die nunmehr an die Staatskasse geschuldeten Grundgefälle um etwa ein Achtel ihrer Jahresbeträge gekürzt und auch bei den zur Ablösungskasse des Staates zu zahlenden Bodenzinsen eine entsprechende Ermäßigung gewährt. Endlich wird aus Zuschüssen der Staatskasse ein sog. Amortisationsfonds angesammelt, der den Zweck hat, durch seine Zinsen später der Staatskasse wieder eine feste jährliche Einnahme von gleicher Größe zuzuführen, wie sie der Gesamtbetrag der zur Staatskasse bisher geschuldeten Bodenzinse ausmacht. Diese sollen von dem

[1]) Gef.- u. Verordn.-Bl., 1898, S. 19; 1899, S. 1003; 1901, S. 726; 1904, S. 279.

Zeitpunkte an, wo der Amortisationsfonds die entsprechende Höhe erreicht haben wird, ganz wegfallen.

Einzelnen Pflichtigen kann auch das K. Staatsministerium der Finanzen auf besonderes, beim Rentamte einzureichendes Gesuch in unverschuldeten Unglücksfällen oder bei unverhältnismäßig hoher Belastung ihres Grundbesitzes mit Bodenzinsen einen angemessenen Nachlaß an den jährlichen Bodenzinsleistungen gewähren.

Dasselbe kann in solchen Fällen geschehen, in denen die begründete Vermutung besteht, daß die Höhe der Grundgefälle mit Rücksicht auf besonders verliehene, nunmehr weggefallene oder wesentlich entwertete Rechte bemessen war. Unter dieser Voraussetzung ist das K. Staatsministerium der Finanzen ferner ermächtigt, mit den Pflichtigen eine Ablösung auf einen geringeren Kapitalbetrag zu vereinbaren.

Gewerbsmäßige Güterhändler müssen bei der Zertrümmerung von landwirtschaftlichen Anwesen die sämtlichen Bodenzinse, die auf dem Anwesen lasten, durch Zahlung des entsprechenden Kapitalbetrages ablösen. Die Ablösung kann vom Rentamte auch dann verlangt werden, wenn ein Grundstück dauernd dem landwirtschaftlichen Betriebe entzogen wird, z. B. durch Überbauung mit einem Fabrikgebäude.

XVII. Das Versicherungswesen.

Zweck der Versicherung ist, den Schaden, den der einzelne durch Brand, Hagelschlag oder Viehverluste erleidet, dadurch zu verringern, daß derselbe nicht von dem Betroffenen allein, sondern von einer großen Anzahl von Personen getragen wird, die den gleichen Gefahren ausgesetzt sind.

A. Die Brandversicherung. [1])

Die Versicherung von unbeweglichen Sachen (Gebäuden mit Zugehörungen) gegen Brandschaden geschieht bei der staatlichen Brandversicherungsanstalt unter der Verwaltung der K. Versicherungskammer, Abteilung für Brandversicherung, in München. Die Anstalt leistet die Entschädigungen in Brandfällen an ihre Mitglieder und erhält die Mittel hierzu durch die Beiträge der letzteren.

Mitglied der Anstalt kann jeder Gebäudebesitzer in Bayern werden. Er hat zu diesem Zwecke seinen Eintritt bei dem K. Brandversicherungsinspektor seines Bezirks oder durch Vermittelung des Bürgermeisters anzumelden, worauf eine amtliche Schätzung des Wertes seines zu versichernden Gebäudes stattfindet.

Der Eintritt ist freiwillig, doch dürfen Gebäude bei keiner anderen als der staatlichen Anstalt versichert werden. Gebäude des Staates, der Gemeinden und Stiftungen müssen versichert werden.

Die Mitglieder haben jährlich feste Beiträge an die Anstalt zu be-

[1]) Brandversicherungsgesetz vom 3. April 1875, Gesetz- und Verordnungsbl. 1875, S. 269; vgl. auch die Änderung durch Art. 164 des Ausführungsgesetzes zum Bürgerl. Gesetzbuche; Gesetz- und Verordnungsblatt 1899, Beilage zum Landtagsabschied S. 57.

zahlen, deren Höhe sich nach der Größe der Versicherungssumme und nach der Feuergefährlichkeit des versicherten Gebäudes richtet.

Die Versicherungssumme darf nie höher sein als der Schätzungswert des Gebäudes, es steht dem Besitzer aber frei, das Gebäude zu einem niederigeren Betrage zu versichern.

Vergütet wird der Schaden, der durch Brand, Blitzschlag oder beim Löschen entsteht. Vergütet wird nur der wirkliche Schaden, keinesfalls aber mehr als die Versicherungssumme.

Der Bürgermeister hat von jedem Brandfalle innerhalb 24 Stunden dem Brandversicherungsinspektor Anzeige zu erstatten. Dieser veranlaßt sofort eine Schätzung des Schadens an Ort und Stelle, worauf dann die K. Versicherungskammer die Entschädigungssumme festsetzt.

Letztere muß zum Wiederaufbau des Gebäudes auf derselben Stelle verwendet werden und wird, meist in Teilraten, erst ausbezahlt, wenn mit dem Wiederaufbau begonnen ist.

Bewegliche Sachen (Mobiliar, Erntevorräte) können bei Privatfeuerversicherungs-Gesellschaften versichert werden. Diese Gesellschaften haben für größere Bezirke sog. Agenten, welche die Anmeldungen entgegennehmen und die Versicherungsverträge abschließen. Bei Anständen, die sich in Bezug auf Mobiliarfeuerversicherung ergeben, wendet man sich zweckmäßig an das Bezirksamt.

B. Die Hagelversicherung.

Die Versicherung gegen Hagelschlag kann in Bayern am zweckmäßigsten bei der staatlichen Hagelversicherungsanstalt[1]) geschehen. Die letztere steht unter der Verwaltung der K. Versicherungskammer, Abteilung für Hagelversicherung.

Wer der Anstalt beitreten will, hat seinen Antrag beim Bürgermeister durch Ausfüllung eines Formulars zu stellen. Die Versicherungskammer erteilt über die erfolgte Aufnahme eine Aufnahmsurkunde.

Man kann die ganze Ernte seines Anwesens oder nur einzelne Fruchtgattungen versichern.

Außer der einmaligen Beitrittsgebühr bei der Aufnahme in die Anstalt sind für die Dauer der Versicherung jährlich Mitgliederbeiträge zu zahlen.

Deren Höhe bemißt sich gemäß näherer Vorschrift nach dem örtlichen Erntewerte in Verbindung mit der Empfindlichkeit der betreffenden Fruchtgattung gegen Hagelschlag und unter Berücksichtigung der Hagelgefahr in der betreffenden Gegend. Die Beiträge werden erst nach der Ernte durch die Gemeindebehörden eingehoben.

Dafür erhält der Versicherte von der Anstalt Vergütung für den Schaden, den er durch Hagelschlag an den versicherten Früchten erleidet.

Er hat zu diesem Zwecke bei Vermeidung des Verlustes seines Anspruchs binnen längstens zwei Tagen nach eingetretenem Schaden beim Bürgermeister Anzeige zu erstatten, welcher unverzüglich der K. Versicherungskammer Mitteilung machen muß. Alsdann findet eine Schätzung des Schadens durch beeidigte Sachverständige statt, worauf die K. Versicherungskammer die Entschädigungssumme festsetzt. Vorher darf ohne Erlaubnis an den beschädigten Früchten keinerlei Veränderung vorgenommen werden.

[1]) Gesetz, die Hagelversicherungsanstalt betr., vom 13. Februar 1884, Gesetz- und Verordnungsblatt 1884, S. 61.

C. Die Vieh- und Pferdeversicherung[1]).

Die Versicherung gegen Viehverluste geschieht am besten durch den Beitritt zu sog. Ortsviehversicherungsvereinen, wie solche zur Zeit schon in mehr als 1000 bayerischen Gemeinden bestehen. Da, wo sie noch nicht vorhanden sind, ist ihre Gründung jederzeit möglich, sobald sich die nötige Anzahl von Viehbesitzern in einer Gemeinde zu diesem Zwecke vereinigt.

Wenn mindestens zehn Viehbesitzer darauf antragen, muß sogar der Gemeindeausschuß eine Versammlung aller Viehbesitzer zur Beratung über die Vereinsbildung einberufen.

Jeder Ortsviehversicherungsverein hat Satzungen, die die Rechte und Pflichten seiner Mitglieder und seine Verwaltung regeln. Am besten wird das sog. Normalstatut zu Grunde gelegt.

Dem Vereine kann der Regel nach jeder Viehbesitzer, aber nur mit seinem ganzen im Gemeindebezirke befindlichen Viehstande beitreten.

Bei dem Beitritte wird durch den Vereinsausschuß eine Schätzung des Werts aller Viehstücke vorgenommen. Von jeder Änderung im Viehstande, ebenso von jeder Erkankung muß der Viehbesitzer sogleich beim Vereinsausschusse Anzeige machen.

Bei der Aufnahme in den Verein sind Beitrittsgebühren zu zahlen (je 1 ₰ auf 5 ℳ des Werts des versicherten Tieres). Außerdem werden Vereinsbeiträge erhoben, deren Höhe sich nach dem jeweiligen günstigeren oder ungünstigeren Ergebnisse der Jahresabrechnung richtet.

Wenn durch Umstehen oder Notschlachtung eines Viehstücks ein Vereinsmitglied einen Verlust erleidet, so bekommt dasselbe vom Vereine Entschädigung, die für ein notgeschlachtetes Tier acht Zehntel, für ein umgestandenes sieben Zehntel des Werts beträgt.

Maßgebend ist hierbei der Wert des Tiers vor der Erkrankung, der durch nochmalige nachträgliche Schätzung festgestellt wird.

Entschädigung wird ferner gewährt, wenn das Fleisch eines geschlachteten Rindviehstücks wegen einer Krankheit des Tiers polizeilich für ungenießbar erklärt worden ist.

Bei dieser Versicherung in kleinen Vereinen konnte es vorkommen, daß bei besonders zahlreichen Viehverlusten in einer Gemeinde die Mittel des Vereins nicht ausreichten und daß die Mitglieder zu hohe Beiträge zahlen mußten. Solcher Möglichkeit wurde durch die Errichtung einer staatlichen Viehversicherungsanstalt unter der Verwaltung der K. Versicherungskammer, Abteilung für Viehversicherung, vorgebeugt.

Der Viehversicherungsanstalt können die Ortsviehversicherungsvereine, die das Normalstatut angenommen haben — nicht aber einzelne Viehbesitzer — als Mitglieder beitreten. Die Anstalt zahlt die Hälfte der Entschädigungen, die sonst der Verein aus eigenen Mitteln zu leisten hätte, und schießt überdies die andere Hälfte gegen Rückersatz am Schlusse des Versicherungsjahrs vor. Die Versicherungsanstalt erhält bedeutende Staatszuschüsse. Die von ihr aufzubringende Hälfte der Entschädigungen wird, insoweit sie nicht durch die Staatszuschüsse gedeckt wird, alljährlich auf alle angeschlossenen Vereine verteilt und als Verbandsumlage aufgebracht. Die

[1]) Gesetz, die Viehversicherungsanstalt betr., vom 11. Mai 1896, Gesetz- und Verordnungsblatt 1896, S. 207; Normalstatut für die der bayer. Viehversicherungsanstalt beitretenden Ortsviehversicherungsvereine vom 11. Mai 1896, Ges.- u. Verordn.-Bl. 1896, S. 214, mit mehreren späteren Änderungen.

Versicherungskammer übt über die Geschäftsführung der Ortsvereine eine gewisse Aufsicht aus.

Besonders geregelt, aber auf ähnlichen Grundsätzen aufgebaut, ist die **Versicherung gegen Verluste von Pferden**[1].

Hierfür können **Pferdeversicherungsvereine** gegründet werden, die den Bezirk einer oder mehrerer Gemeinden umfassen können und am zweckmäßigsten das **Normalstatut** vom 15. April 1900 annehmen.

Einem solchen Vereine kann vorbehaltlich gewisser Ausnahmen jeder Pferdebesitzer als Mitglied beitreten, aber nur mit seinem *ganzen* im Vereinsbezirke befindlichen Pferdebestande, soweit dessen Versicherung nach den Satzungen des Vereins zulässig ist.

Bei der Aufnahme in den Verein erfolgt auch hier eine Schätzung des Werts der angemeldeten Pferde durch Mitglieder des Vereinsausschusses. Diese haben auch alljährlich im Frühjahr und im Herbst eine Nachschau in sämtlichen Stallungen der Vereinsmitglieder zu halten. Jede Veränderung im Pferdebestande, ebenso jede Krankheit oder ein Unfall eines versicherten Pferdes muß sogleich dem Vereinsausschusse angezeigt werden.

Wenn ein Vereinsmitglied in unverschuldeter Weise einen Verlust durch Umstehen oder notwendig gewordenes Töten eines versicherten Pferdes wegen gänzlicher dauernder Unbrauchbarkeit desselben erleidet, so wird ihm vom Vereine nach näherer Vorschrift der Statuten Entschädigung mit sieben Zehnteln des festgestellten Wertes geleistet.

Das Statut enthält auch Bestimmungen über die Beitrittsgebühren und die Mitgliederbeiträge, welch letztere für Pferde, die in bestimmten gewerblichen Betrieben oder zur Holzabfuhr aus Waldungen und dergl. Verwendung finden, erhöht und verschieden abgestuft sind.

Auch hier ist zur Entlastung der einzelnen Pferdeversicherungsvereine eine staatliche **Pferdeversicherungsanstalt** unter der Verwaltung der **K. Versicherungskammer, Abteilung für Pferdeversicherung**, errichtet worden. Ihre Organisation und ihre Leistungen an die Pferdeversicherungsvereine, welche ihr beigetreten sind, entsprechen im allgemeinen jener der Viehversicherungsanstalt.

XVIII. Die Viehseuchenpolizei[2]) und die Fleischbeschau.

Zur Verhütung der Weiterverbreitung von Viehseuchen (s. S. 470—473) hat die Gesetzgebung eine Reihe von polizeilichen Vorschriften erlassen, die die rechtzeitige Erkennung und wirksame Bekämpfung der Seuchen ermöglichen sollen.

Solche Vorschriften sind namentlich die Anzeigepflicht, Stall-, Gehöft- oder Ortssperre, Tötung des Tiers auf polizeiliche Anordnung, Vernichtung der Ansteckungsstoffe, Beschränkungen des Marktverkehrs, Einfuhrverbote usw. Dieselben sind für die einzelnen Seuchen verschieden.

[1]) Gesetz, die Pferdeversicherungsanstalt betr., vom 15. April 1900, Gesetz- und Verordn.-Blatt 1900, S. 377; Normalstatut vom 16. April 1900, Ges.- und Verordn.-Blatt 1900, S. 384 mit Änderung vom 6. März 1905, Gesetz- und Verordnungs-Blatt 1905, S. 62.

[2]) Reichs-Viehseuchengesetz vom 1. Mai 1894, Reichsgesetzblatt 1894, S. 409; hierzu Instruktion vom 27. Juni 1895, Reichsgesetzblatt 1895, S. 357.

Die **Anzeigepflicht** besteht für folgende Seuchen:

1. die Rinderpest;
2. den Milzbrand;
3. die Tollwut;
4. den Rotz der Pferde, Esel, Maultiere und Maulesel;
5. die Maul- und Klauenseuche des Rindviehs, der Schafe, Ziegen und Schweine;
6. die Lungenseuche des Rindviehs;
7. die Pockenseuche der Schafe;
8. die Beschälseuche der Pferde und den Bläschenausschlag der Pferde und des Rindviehs;
9. die Räude der Pferde, Esel, Maultiere, Maulesel und Schafe;
10. die Schweinepest, Schweineseuche und den Schweinerotlauf;
11. die Geflügelcholera;
12. die Hühnerpest.

Jeder Besitzer von Haustieren, ebenso dessen Wirtschaftsführer, ferner der Hirte und jeder Begleiter von Vieh auf dem Transporte, jeder Wirt, in dessen Stallungen solches eingestellt wird, jeder Tierarzt, Fleischbeschauer und Wasenmeister ist verpflichtet, von dem Ausbruch solcher Seuchen unter seinem Viehstande und von verdächtigen Erscheinungen bei demselben sofort dem Bürgermeister Anzeige zu machen. Dieser ordnet daraufhin die vorläufige Absperrung der kranken oder verdächtigen Tiere an und berichtet schleunigst an das vorgesetzte Bezirksamt. Letzteres verfügt unter Zuziehung eines Tierarztes die nötigen Schutzmaßregeln, die je nach der Art der Seuche verschieden sind. Namentlich kommt die Stall-, Gehöft-, Orts- oder Markungssperre in Betracht. Auf Nichtbefolgung der Anordnungen und auf der Unterlassung rechtzeitiger Anzeige steht Strafe.

Besonders strenge Anordnungen können beim Ausbruche der Rinderpest erlassen werden.

Bei Lungenseuche und Rotz wird für Tiere, die auf polizeiliche Anordnung getötet werden oder nach Erlaß dieser Anordnung an der Seuche gefallen sind oder infolge polizeilich angeordneter Impfung eingehen, in der Regel **Entschädigung aus der Staatskasse** geleistet. Die Entschädigung beträgt bei Rotz 3/4, bei Lungenseuche 4/5 des Werts des Tiers vor der Erkrankung. Die Schätzung des Werts erfolgt durch Sachverständige. Die Entschädigung wird von der K. Kreisregierung festgesetzt, gegen deren Beschluß Beschwerde zum K. Verwaltungsgerichtshofe freisteht.

Jeder Anspruch auf Entschädigung fällt weg, wenn der Besitzer des Tiers den seuchenpolizeilichen Vorschriften zuwidergehandelt oder die Anzeige vom Seuchenausbruche oder Seuchenverdacht länger als 24 Stunden nach erhaltener Kenntnis verzögert hat.

Bei **Milzbrand**[1]) wird gleichfalls Entschädigung aus der Staatskasse — 4/5 des Werts des gefallenen oder getöteten Pferdes oder Rindes — geleistet und zwar auch dann schon, wenn Milzbrand **festgestellt** ist und das Tier fällt, also nicht nur für den Fall der Tötung auf polizeiliche Anordnung. Ähnliches gilt bei der **Rinderpest**.

Der Erkennung und Unterdrückung der Viehseuchen dient auch die **Fleischbeschau**, die in erster Linie den Schutz gegen Schädigungen der

[1]) Gesetz, betr. die Entschädigung für Viehverluste infolge von Milzbrand, vom 26. Mai 1892, Gesetz- und Verordnungsblatt 1892, S. 142.

menschlichen Gesundheit durch den Genuß verdorbenen Fleisches bezweckt und wirtschaftliche Benachteiligungen durch den Erwerb minderwertigen Fleisches verhindern will.

Nach dem Reichsgesetz über die Schlachtvieh- und Fleischbeschau vom 3. Juni 1900[1]) müssen Rindvieh, Schweine, Schafe, Ziegen, Pferde und Hunde, deren Fleisch zum Genusse für Menschen verwendet werden soll, in der Regel sowohl vor der Schlachtung (Schlachtviehbeschau) wie nach derselben (Fleischbeschau) amtlich untersucht werden.

Bei Notschlachtungen darf die Schlachtviehbeschau unterbleiben. Bei Schlachttieren, deren Fleisch ausschließlich im eigenen Haushalte des Besitzers verwendet werden soll, darf unter gewöhnlichen Umständen die Schlachtviehbeschau und die Fleischbeschau unterlassen werden.

Die Vornahme der amtlichen Untersuchungen erfolgt nach eingehenden Vorschriften durch approbierte Tierärzte oder geprüfte Fleischbeschauer. Bei der Fleischbeschau muß das Ergebnis der Untersuchung durch einen Stempelaufdruck am Fleische an mehreren Stellen kenntlich gemacht werden.

Ein kreisrunder Stempelaufdruck bedeutet: tauglich; ein solcher von dreieckiger Form: untauglich; ein Kreis, umschlossen von einem Quadrate: erheblich im Nahrungs- und Genußwerte herabgesetzt; ein Quadrat: bedingt tauglich zum Genusse; ein Rechteck: Hunde- oder Pferdefleisch.

Das zum Genusse untaugliche Fleisch muß nach näherer Anweisung vernichtet oder sonst unschädlich gemacht werden. Für die Verwendung und den Vertrieb des nur bedingt, d. h. nur nach Kochen, Dämpfen, Pöckeln und dergl. zum Genusse tauglichen oder des zwar tauglichen, aber minderwertigen Fleisches gelten beschränkende Vorschriften.

Auch für die Einfuhr von lebenden Tieren oder von Fleisch aus dem Auslande bestehen strenge Kontrollvorschriften. Die Einfuhr von Fleisch in luftdicht verschlossenen Büchsen und von Würsten ist verboten.

XIX. Die Körordnung für Hengste und das Gestütswesen.

Die Förderung und Verbesserung der Pferdezucht wird in Bayern angestrebt:

1. durch Vorschriften, die die Verwendung ungeeigneter Hengste zur Zucht verhindern und
2. durch Errichtung öffentlicher Gestütsanstalten, die durch Aufzucht und Aufstellung geeigneter Hengste die Zucht erleichtern und verbessern sollen.

Den erstgenannten Zweck verfolgt das Gesetz, betreffend die Körordnung für Hengste, vom 26. März 1881[2]). Hiernach darf ein im Privatbesitze befindlicher Hengst zur Bedeckung von Stuten, welche dem Hengstbesitzer nicht gehören, nur dann verwendet werden, wenn er vorher durch den Körausschuß untersucht und durch ein Zeugnis desselben, den sog. Körschein, als zur Zucht tauglich anerkannt worden ist.

---

[1]) Reichs-Gesetzblatt 1900, S. 547.

[2]) Ges.- u. Verordn.-Bl. 1881, S. 166. Hierzu die Kgl. Verordnung über das Gestütswesen vom $\frac{\text{8. Juni 1890}}{\text{7. Nov. 1898}}$, Ges.- u. Verordn.-Bl. 1890, S. 425 und 1898, S. 593.

Der Körausschuß besteht aus fünf, teils vom Ministerium ernannten teils vom Distriktsrate des Körorts gewählten Sachverständigen. Er tritt alljährlich an den Körorten zusammen. Die Körorte und Körtermine werden in den Amtsblättern öffentlich bekannt gegeben.

Wer einen Hengst dem Körausschusse zur Untersuchung vorführen will, muß dies vorher bis zum 15. Oktober bei der Ortspolizeibehörde seines Wohnortes anmelden.

Wenn der Körausschuß den Hengst als tauglich zur Zucht befindet, so erteilt er hierüber dem Hengstbesitzer den Körschein. Dieser gilt nur für die Dauer der Deckzeit des betreffenden Kalenderjahres, d. i. vom 1. Februar bis 15. Juli, und nur für den betreffenden Regierungsbezirk.

Wenn der Hengstbesitzer den angekörten Hengst verkauft oder in einen anderen Regierungsbezirk verbringen will, muß er dies bei der Ortspolizeibehörde des bisherigen Standorts seines Hengstes anzeigen. Der Körschein ist vom Hengstbesitzer sogleich nach beendeter Deckzeit an die Ortspolizeibehörde abzuliefern.

Die Körung erfolgt kostenlos. Außer der Deckzeit ist das Belegen verboten. Verboten ist auch der sog. Gauritt, d. h. das Umherziehen mit Zuchthengsten zur Deckung von Stuten. Ausnahmsweise kann derselbe jedoch auf Antrag gestattet werden. Zuwiderhandlungen gegen diese Vorschriften sind strafbar.

Die öffentlichen Gestütsanstalten heißen Landgestüte und Stammgestüte. Die Landgestüte entsenden an die zu ihrem Bezirke gehörigen sog. Beschälstationen für die Dauer der Deckzeit gute Hengste, die zur Deckung von Stuten zur Verfügung gestellt werden. Der Stutenbesitzer hat hierfür ein sog. Deckgeld (in der Regel 4 M) zu zahlen.

Für vorzügliche Leistungen auf dem Gebiete der Pferdezucht werden alljährlich staatliche Preise, sog. Ermunterungspreise (für Hengste von 100—500 M), an bayerische Pferdezüchter verteilt. Ort und Zeitpunkt der Preisverteilung wird öffentlich bekannt gegeben. Diese erfolgt durch sachverständige Prämiierungskommissionen.

XI. Die Haltung und Körung der Zuchtstiere.

Eine lohnende Rindviehzucht hängt wesentlich von der Verwendung guter, dem betreffenden Viehschlage angepaßter, fehlerfreier Zuchtstiere ab. Deshalb ist die Beschaffung geeigneter Zuchtstiere durch Gesetz vom 5. April 1888, betr. die Haltung und Körung der Zuchtstiere,[1]) besonders geregelt.

Die Verpflichtung zur Anschaffung und Haltung der notwendigen Anzahl von Zuchtstieren ist durch das Gesetz der Gesamtheit aller Besitzer von Kühen und über ein Jahr alten Kalbinnen in jeder Gemeinde auferlegt. Von der Verpflichtung zur Teilnahme an der gemeinschaftlichen Zuchtstierhaltung sind nur solche Viehbesitzer befreit, welche die für ihren eigenen Viehstand erforderlichen tauglichen Stiere nachweislich selbst halten.

In welcher Weise die Gesamtheit der Viehbesitzer ihre Verpflichtung zur Zuchtstierhaltung erfüllen will, ist zunächst ihrer freien Vereinbarung überlassen, z. B. im Wege der Bildung einer Zuchtstiergenossenschaft.

Wenn aber eine freiwillige Vereinigung der Viehbesitzer nicht zustande kommt, dieselben vielmehr ihrer Verpflichtung nicht in genügender Weise nachkommen, so ist der

[1]) Ges.- und Verordn.-Bl. 1888, S. 235.

Gemeindeausschuß verpflichtet, nach Einvernahme eines Viehbesitzerausschusses die erforderlichen Anordnungen zu treffen und über die Aufbringung des nötigen Aufwandes zu beschließen.

Der Gemeindeausschuß kann alsdann die Zuchtstierhaltung entweder in eigener Verwaltung für Rechnung der beteiligten Viehbesitzer besorgen oder dieselbe durch Vertrag an verlässige Viehbesitzer in der Gemeinde vergeben. Turnushaltung ist ausgeschlossen.

Die Mittel für den erforderlichen Aufwand müssen von den Viehbesitzern aufgebracht werden. Zu diesem Zwecke können Sprunggelder und Umlagen erhoben werden, welch letztere nach Maßgabe des faselbaren Rindviehstandes auf die einzelnen Viehbesitzer zur Verteilung kommen. Die Zahl der zu haltenden Zuchtstiere richtet sich nach der Zahl der faselbaren Tiere. In der Regel ist für 100 Kühe ein Stier nötig. Wenn die gesetzlichen Verpflichtungen nicht erfüllt werden, kann staatsaufsichtlicher Zwang eintreten.

Die Verwendung tauglicher Zuchtstiere wird durch die sog. Körung gesichert. Zur Bedeckung fremder Kühe und Kalbinnen dürfen nur solche Zuchtstiere verwendet werden, die als zur Zucht tauglich anerkannt (angekört) worden sind.

Zur Vornahme der Körung wird für jeden Distrikt ein Körausschuß gebildet.

Er besteht aus dem amtlichen Tierarzte als Vorsitzenden, aus einem vom Distriktsrate gewählten Sachverständigen und aus einem von der Gemeindeverwaltung derjenigen Gemeinde gewählten Sachverständigen, in welcher der zu untersuchende Zuchtstier aufgestellt werden soll.

Für den angekörten Zuchtstier wird ein Körschein ausgefertigt, der regelmäßig bis zur nächstjährigen Hauptkörung Gültigkeit hat.

Eine solche Hauptkörung findet jedes Jahr einmal in allen Gemeinden des Distrikts statt.

Ein nicht angekörter Zuchtstier darf mit fremden Kühen und Kalbinnen auch nicht auf gemeinsame Weide getrieben werden.

XXI. Die Berater der Landwirte und der landwirtschaftliche Verein.

Der Staat hat für die einzelnen Zweige der Landwirtschaft besondere Sachverständige angestellt, deren Aufgabe es ist, sich genaueste Kenntnis über den Stand des betreffenden landwirtschaftlichen Betriebszweiges in Bayern und seinen Nachbarländern zu verschaffen, der Staatsregierung als Berater zu dienen und durch Auskunftserteilungen den Landwirten an die Hand zu gehen.

Ein solcher Sachverständiger ist der Landesinspektor für Tierzucht[1]) in München, der durch Vorträge, Belehrungen und Anregungen im unmittelbaren Verkehre mit den landwirtschaftlichen Kreisen auf eine fortschreitende Verbesserung und Entwickelung der Tierzucht in Bayern hinwirken soll. Daneben sind die Tierzuchtinspektoren der Zuchtgenossenschaften und Herdebuchgesellschaften als Berater der Landwirte tätig.

Für den Obstbau ist als Sachverständiger der Konsulent für Obst- und Gartenbau[2]) in München, für den Weinbau der Landesinspektor

[1]) Verordnung vom 21. Juni 1894, Ges.- u. Verordn.-Bl. 1894, S. 317.
[2]) Dienstesinstruktion vom 7. September 1900, Min.-A.-Bl. 1900, S. 561.

für Weinbau[1]) in Neustadt a. H., für den Hopfenbau der Konsulent für Hopfenbau[2]) in Weihenstephan aufgestellt. In Veitshöchheim ist eine K. Wein-, Obst- und Gartenbauschule,[3]) in Weihenstephan eine K. Gartenbauschule[4]) eingerichtet, bei denen regelmäßige Unterrichtskurse stattfinden.

Der Konsulent für Milchwirtschaft[5]) in München ist berufen, die Entwickelung und Vervollkommnung der Milchwirtschaft durch geeignete Belehrungen über zweckentsprechende Haltung von Milchvieh, rationelle Milchgewinnung, Milchbehandlung, Milchverarbeitung, Milchverkauf, Hebung der Alpwirtschaft u. a. zu fördern und den milchwirtschaftlichen Interessenten auf Verlangen fachmännischen Rat zu erteilen.

Die Untersuchung von Milch, Butter und Käse ist nicht seine Aufgabe, sondern wird von den Untersuchungsanstalten für Nahrungs- und Genußmittel und den Untersuchungsanstalten der milchwirtschaftlichen Vereine in Kempten und Passau vorgenommen.

Zur Heranbildung tüchtiger Arbeiter für Molkereien besteht in Weihenstephan eine K. Molkereischule,[6]) in der jährlich zwei fünfmonatige Unterrichtskurse sowie auch Molkereikurse von kürzerer Dauer abgehalten werden.

Die Hebung der Fischzucht ist Aufgabe des Konsulenten für Fischerei[7]) in München, während für Versuchszwecke und als Auskunftsstelle die K. biologische Versuchsstation für Fischerei[8]) bei der Tierärztlichen Hochschule in München dient.

In allen Kreisen wirken außerdem landwirtschaftliche Wanderlehrer,[9]) die zugleich als Vorstände und Lehrer der landwirtschaftlichen Winterschulen (K. Landwirtschaftslehrer) tätig sind.

Um die Ausführung von Kulturunternehmungen zu fördern und zu erleichtern, sind im Ministerium des Innern ein Landeskulturingenieur und bei jeder Kreisregierung ein Kreiskulturingenieur sowie eine entsprechende Anzahl von Bezirkskulturingenieuren und -Assistenten nebst dem erforderlichen Hilfspersonal (Wiesenbaumeister, Kulturaufseher, Kulturvorarbeiter) aufgestellt. Ihre Aufgabe besteht hauptsächlich in der Anregung, Ausarbeitung und Durchführung von Kulturprojekten, in der Überwachung ausgeführter Unternehmungen, der Abgabe von Gutachten u. a. Die Kulturvorarbeiter werden auf Ansuchen vielfach auch zu kleineren Kulturarbeiten, Bachräumungen u. a. zur Verfügung gestellt.

Zur Untersuchung der Moore und Förderung der Moorkultur dient die K. Moorkulturanstalt[10]) in München, an die sich jedermann wenden kann, wenn er eine Moorkultur ausführen oder ein Torflager ausnützen will. Die Auskunftserteilung, Untersuchung, Ausarbeitung von Kulturprojekten,

---

[1]) Dienstesinstruktion vom 10. Juni 1905, Min.-A.-Bl. 1905, S. 255.
[2]) Dienstesinstruktion vom 21. Dezember 1898, Min.-A.-Bl. 1898, S. 693.
[3]) Min.-Bek. vom 15. März 1902, Kultus-Min.-Bl. 1902, S. 135.
[4]) Min.-Bek. vom 23. Juni 1906, Kultus-Min.-Bl. 1906, S. 377.
[5]) Dienstesinstruktion vom 17. Juni 1898, Min.-A.-Bl. 1898, S. 396.
[6]) Min.-A.-Bl. 1901, S. 282.
[7]) Dienstesinstruktion vom 30. Januar 1899, Min.-A.-Bl. 1899, S. 60.
[8]) Min.-A.-Bl. 1901, S. 87.
[9]) K. Verordnung vom 25. März 1897, Ges.- u. Verordn.-Bl. 1897, S. 55; hierzu Dienstesinstruktion im Min.-A.-Bl. 1897, S. 97 und Min.-Bekanntm. vom 30. April 1900, Min.-A.-Bl. 1900, S. 296.
[10]) Ges.- u. V.-Bl. 1900, S. 570 und Min.-A.-Bl. 1905, S. 277.

Anleitung zur Kultur, Vermittlung von Saatgut und Düngemitteln u. a. erfolgen im allgemeinen kostenlos; zur Ausführung von Kulturen kann außerdem Beihilfe gewährt werden. Zu Versuchszwecken bestehen mehrere Moorkulturstationen.

Die K. Agrikulturbotanische Anstalt[1]) in München bezweckt im allgemeinen die Förderung des landwirtschaftlichen Pflanzenbaues durch Veranstaltung von Anbau-, Düngungs- und Pflanzenzüchtungsversuchen, Bekämpfung der Pflanzenschädlinge u. a. Sie erteilt auf Ansuchen an Landwirte, Gärtner, Obst- und Weinbauern Auskunft und Rat in allen Angelegenheiten des Pflanzenschutzes bei wichtigeren Kulturpflanzen und übernimmt außerdem auf Ansuchen von Landwirten, Darlehenskassen, landwirtschaftlichen Vereinen, Händlern und anderen Interessenten die Untersuchung von Saatwaren sowie die botanische, mikroskopische und bakteriologische Untersuchung von Futtermitteln gegen sehr mäßige Gebührensätze. Die chemische Untersuchung von Futtermitteln, dann die Prüfung von Düngemitteln und anderen landwirtschaftlichen Bedarfsartikeln kommt der K. landwirtschaftlichen Zentralversuchsstation in München im Vereine mit den Kreisversuchsstationen zu Speyer, Triesdorf, Würzburg und Augsburg zu.

Die K. Saatzuchtanstalt[2]) in Weihenstephan hat die Aufgabe, durch eigene Versuche, durch Beratung der Landwirte und durch unentgeltliche Unterweisungskurse auf die Hebung des landwirtschaftlichen Pflanzenbaues durch Verbesserung der Saatgutzüchtung hinzuwirken.

Mit der Bekämpfung der tierischen und pflanzlichen Schädlinge der Kulturpflanzen befassen sich auch die Auskunftsstellen für Pflanzenschutz und Pflanzenkrankheiten in den einzelnen Regierungsbezirken und bei der K. Akademie in Weihenstephan.

In Weihenstephan besteht ferner eine K. Prüfungsanstalt und Auskunftsstelle für landwirtschaftliche und Brauerei-Maschinen.

Die Vertretung und Förderung der Interessen der bayerischen Landwirtschaft verfolgt insbesondere auch der landwirtschaftliche Verein, an dessen Spitze der bayerische Landwirtschaftsrat steht. Der Verein gliedert sich in Kreisvereine, je für den Umfang eines Regierungsbezirkes, und diese weiter in Bezirksvereine, in der Regel je für den Umfang eines Distriktes. Jeder Kreisverein hat nach den Vereinssatzungen zu seiner Vertretung einen landwirtschaftlichen Kreisausschuß, jeder Bezirksverein einen Bezirksausschuß zu wählen. In den Bezirksausschuß kann überdies jede Gemeinde einen Vertrauensmann entsenden, welcher die örtlichen Interessen der Gemeinde beim Bezirksausschusse zu vertreten hat.

Wer Mitglied des Vereins werden will, muß sich bei dem landwirtschaftlichen Bezirksausschusse seines Distrikts anmelden. Der Mitgliederbeitrag beträgt 3 ℳ pro Jahr.

Der landwirtschaftliche Verein befaßt sich auch mit der Vermittlung des gemeinsamen Ankaufs von Saatgut oder Düngemitteln, der Beschaffung

---

[1]) Min.-A.-Bl. 1902, S. 483 u. 664.
[2]) Min.-A.-Bl. 1903, S. 64.

guter Zuchtstiere, der Einführung bewährter landwirtschaftlicher Maschinen, der Bildung genossenschaftlicher Vereinigungen unter den Landwirten, der Errichtung von Lagerhäusern, der Anregung und Unterstützung von Kulturunternehmungen, der Veranstaltung von Ausstellungen und Preisverteilungen, der Abhaltung von Versammlungen der Mitglieder zur Besprechung und Belehrung über landwirtschaftliche Angelegenheiten u. a. mehr. Er dient auch namentlich den Staatsbehörden als sachverständiger Beirat in landwirtschaftlichen Fragen.

Beilage

Die mittlere Zusammensetzung der Futtermittel und deren Gehalt an verdaulichen Bestandteilen und Stärkewert.

Nach den Tabellen von Dr. E. Wolff und Dr. E. Lehmann.

Art der Futtermittel (Gehalt in allen Teilen)	Trockensubst.	Rohnährstoffe				Verdauliche Nährstoffe					Verdauliches Eiweiß	Stärkewert
		Protein	Fett	Stickstoffr. Extraktstoffe	Rohfaser	Stickstoff-haltige	Fett	Stickstoffr.	Darin			
									Amid	Zellu-lose		
I. Grünfutter.												
a) Gräser.												
Hafer, im Schossen	19,0	2,4	0,5	8,0	6,6	1,4	0,2	8,5	0,2	3,6	1,2	6,4
Gras, Fettweide	22,0	4,5	1,2	10,1	4,0	3,4	0,7	11,0	1,1	2,9	2,3	13,3
„ Weide	20,0	3,5	0,8	9,5	4,2	2,5	0,4	9,0	0,9	2,6	1,6	10,0
Knaulgras	32,0	3,1	0,9	17,0	9,0	1,9	0,5	15,5	0,5	4,8	1,4	14,2
Mais, amerik.	17,2	1,4	0,4	8,9	5,0	0,7	0,2	8,2	0,3	2,7	0,4	7,4
„ früher	19,4	1,7	0,5	10,4	5,6	1,0	0,3	9,8	0,4	3,1	0,6	9,1
Mohar	26,0	3,1	0,6	11,5	8,8	1,8	0,3	12,0	0,7	5,0	1,1	10,1
Roggen, Futter-	24,0	3,0	0,8	12,0	6,7	1,8	0,4	12,4	0,7	4,4	1,1	11,8
Raigras, englisches	26,5	3,0	0,8	12,0	8,2	1,6	0,3	12,0	0,5	4,7	1,1	10,5
Raigras, italienisches	26,0	3,4	1,0	12,0	6,8	2,1	0,4	12,5	0,5	3,7	1,6	12,3
Sorghum	21,5	2,3	0,6	10,8	6,6	1,4	0,3	10,8	0,4	3,7	1,0	10,0
Süßgräser, mittel	28,0	3,3	0,8	12,4	9,4	1,9	0,4	13,2	0,5	4,8	1,4	11,4
b) Klee und ähnliche.												
Bokharaklee, jung	16,0	4,0	0,7	6,0	3,1	2,7	0,3	5,3	1,1	1,3	1,6	6,5
Esparsette	19,0	3,7	0,7	7,6	5,8	2,7	0,5	8,3	0,9	2,3	1,8	9,0
Hopfenklee	20,0	3,5	0,8	8,2	6,0	2,2	0,5	8,7	0,8	3,0	1,4	8,9
Inkarnatklee	18,5	2,9	0,6	7,2	6,0	1,6	0,3	7,5	0,6	2,5	1,0	7,0
Luzerne, sehr jung	19,0	5,5	0,7	6,5	4,4	4,3	0,3	6,7	1,6	1,9	2,7	8,5
„ Beginn d. Blüte	24,0	4,3	0,8	8,7	8,2	3,1	0,3	9,0	1,2	3,2	1,9	8,2
Rotklee vor der Blüte	18,0	3,4	0,7	7,9	4,5	2,4	0,4	7,8	0,9	2,5	1,5	8,6
„ volle Blüte	20,0	3,1	0,6	9,1	5,8	1,7	0,4	9,0	0,6	2,9	1,1	8,8
Sandluzerne	22,0	3,9	0,7	7,8	7,9	3,0	0,3	7,9	0,9	3,0	2,1	7,4
Schwedischer Klee	17,5	3,4	0,7	6,2	5,6	2,2	0,3	6,6	0,7	2,3	1,5	6,8
Serradella	19,0	3,7	0,8	7,0	5,7	2,5	0,5	6,4	0,7	2,5	1,8	7,2
Weißklee in der Blüte	19,5	4,0	0,8	7,5	5,2	2,6	0,5	7,8	0,8	2,5	1,8	8,8
Wundklee	18,0	2,5	0,5	8,2	5,5	1,5	0,2	8,2	0,6	2,7	0,9	8,2
c) Hülsenfrüchte.												
Ackerbohnen	15,0	3,4	0,6	6,3	3,2	2,5	0,4	5,7	0,8	1,5	1,7	7,1
Erbsen	18,5	3,5	0,6	7,4	5,5	2,4	0,3	7,2	0,7	2,7	1,7	7,6
Futterwicken	18,0	3,7	0,6	6,6	5,5	2,6	0,3	6,7	0,7	2,7	1,9	7,3
Lupine, gelbe, Anfang des Hülsenansatzes	15,0	3,2	0,4	6,1	4,5	2,2	0,2	7,0	1,3	3,5	0,9	6,9
Peluschke	16,5	4,2	0,6	5,1	5,0	2,9	0,4	5,3	1,0	2,5	1,9	6,3
Platterbse (L. silv.) v. d. Bl.	17,0	5,1	0,4	5,6	4,9	3,8	0,2	6,1	1,1	2,4	2,7	7,5
Vogelwicke	25,0	6,0	0,7	11,6	5,0	4,3	0,4	10,2	1,5	2,5	2,8	12,0
Wicklinse	16,2	3,9	0,5	6,7	3,4	2,9	0,3	6,0	0,9	2,0	2,0	7,5

Art der Futtermittel (Gehalt in 100 Teilen)	Trockensubst.	Rohnährstoffe				Verdauliche Nährstoffe					Verdauliches Eiweiß	Stärkewert
		Protein	Fett	Stickstoffr. Extraktstoffe	Rohfaser	Stickstoffhaltige	Fett	Stickstoffr.	Darin			
									Amid	Cellulose		
d) Sonstige Futterpflanzen.												
Ackerspergel	20,0	2,3	0,7	9,7	5,3	1,5	0,3	9,8	0,4	3,3	1,1	9,7
Buchweizen	15,0	2,4	0,6	6,5	4,1	1,5	0,4	6,6	0,4	2,5	1,1	7,2
Futterdistel, ganz jung	13,3	2,9	0,9	6,1	1,4	2,2	0,6	6,0	0,3	1,0	1,9	8,5
Heidekraut	45,2	3,7	3,0	15,1	19,7	1,9	1,0	15,6	0,3	6,5	1,6	7,8
Raps, Winter-	14,1	2,8	0,8	5,7	3,5	2,0	0,5	5,8	0,6	1,9	1,4	7,1
Senf	17,0	2,5	0,5	7,2	5,4	1,7	0,3	7,4	0,5	2,7	1,2	7,4
e) Kraut, Blätter.												
Futterkohl	14,3	2,5	0,7	7,1	2,4	1,8	0,4	7,4	0,6	1,7	1,2	8,6
Kartoffelkraut, Okt.	22,0	2,3	1,0	9,7	6,0	1,0	0,3	8,3	0,4	2,3	0,6	7,4
" Juli, August	15,0	3,6	0,7	6,2	3,0	2,1	0,2	5,2	0,7	1,4	1,4	6,0
Kohlrabiblätter	14,3	3,0	0,5	7,3	1,7	2,1	0,2	7,1	0,7	1,1	1,4	8,3
Kohlrübenblätter	11,6	2,1	0,5	5,2	1,6	1,5	0,3	5,1	0,5	1,0	1,0	6,1
Mohrrübenblätter	18,0	3,3	0,9	7,2	3,0	2,2	0,5	7,0	0,6	1,7	1,6	8,6
Runkelrübenblätter	11,0	2,4	0,4	4,6	1,6	1,6	0,2	4,4	0,7	1,0	0,9	5,2
Topinamburkraut	32,3	3,4	1,0	17,5	5,4	2,0	0,6	15,4	0,3	2,2	1,7	16,9
Weißkraut	10,0	1,9	0,2	4,9	1,8	1,4	0,1	4,9	0,5	1,0	0,9	5,4
Zuckerrübenblätter	12,0	2,6	0,4	4,4	2,2	1,7	0,2	4,6	0,4	1,2	1,3	5,6
f) Baumlaub u. Reisig.												
Birkenlaub (August)	45,0	7,9	3,9	24,7	6,9	4,8	2,5	20,0	0,9	3,7	3,9	25,9
Buchenlaub	43,0	6,9	1,5	21,7	9,8	2,3	0,6	15,0	0,7	3,5	1,6	13,4
Hopfenlaub und -Stengel	34,0	4,7	1,3	14,7	9,2	3,0	0,9	13,2	0,8	3,8	2,2	13,3
Pappellaub (Oktober)	45,0	5,8	4,6	21,8	9,3	3,2	3,0	17,1	0,8	3,1	2,4	21,3
Reisig*) im Winter	75,0	4,6	1,9	40,3	26,7	0,7	0,3	20,1	0,1	4,0	0,6	6,0
" im Frühling	70,0	2,6	1,4	36,2	28,2	0,3	0,2	13,7	0,1	2,8	0,2	1,7
" m. Laub, Juli, Pappel	76,4	6,0	2,6	34,4	30,4	2,3	1,1	25,7	0,3	8,2	2,0	12,3
II. Dürrheu.												
a) Wiesenheu.												
Best. Gräs. u. Legum., sehr jung	84,0	15,0	3,5	38,0	20,0	11,5	2,2	40,9	4,5	13,2	7,0	40,3
" " " " reif	85,0	12,0	2,3	39,5	24,0	7,5	1,3	40,0	2,0	13,9	5,5	34,0
" " " " alt	86,0	8,5	2,0	39,0	30,3	4,4	1,0	39,3	1,0	15,2	3,4	27,1
Gute Gräser, sehr jung	84,0	13,0	3,0	40,0	20,8	9,4	1,7	42,5	3,3	14,1	6,1	39,6
" " reif	85,0	10,0	2,0	42,0	26,0	6,0	1,0	42,5	1,6	15,3	4,4	33,7
" " alt	86,0	7,0	1,7	38,3	34,0	3,5	0,8	38,4	0,7	17,7	2,8	23,2
Gräs. u. Kräut. II. Qual., s. jung	84,0	12,0	2,8	41,2	21,0	8,2	1,6	42,7	3,0	13,9	5,2	38,7
" " " " reif	85,0	9,5	2,0	42,0	26,0	5,5	1,0	40,8	1,6	14,8	3,9	31,5
" " " " alt	86,0	7,0	1,7	38,0	34,3	3,4	0,7	36,9	0,7	17,1	2,7	21,2
Viel Scheingräs. u. Gräs. III. Qual., s. jung	84,0	11,0	2,5	38,0	25,5	6,9	1,3	41,5	2,2	15,3	4,7	33,8
Viel Scheingräs. u. Gräs. III. Qual., reif	85,0	9,2	2,0	40,0	28,0	5,0	0,9	38,0	1,4	14,0	3,6	27,1
" " " alt	86,0	6,0	1,5	38,0	35,5	2,6	0,5	34,6	0,5	15,6	2,1	17,3

*) Halbtrocken, bis 2 cm Durchmesser.

Art der Futtermittel (Gehalt in 100 Teilen)	Trockensubst.	Rohnährstoffe				Verdauliche Nährstoffe					Verdauliches Eiweiß	Stärkewert
		Protein	Fett	Stickstoffr. Extraktstoffe	Rohfaser	Stickstoff-haltige	Fett	Stickstoffr.	Darin			
									Amid	Cellu-lose		
b) Gräser.												
Futterroggen, im Schossen	87,0	10,1	2,8	39,0	30,0	6,4	1,3	45,0	1,7	19,0	4,7	34,8
Hafer, blühend	88,5	7,5	2,4	42,4	30,1	3,8	0,9	38,9	1,5	14,7	2,3	25,6
Hirse	86,0	7,5	1,5	42,5	28,5	4,5	0,8	40,8	1,5	17,7	3,0	28,9
Raigras, ital.	85,7	11,2	3,2	40,6	22,9	7,1	1,4	41,5	2,2	14,9	4,9	35,7
Schafschwingel	85,8	10,4	2,9	34,6	33,2	5,2	1,1	34,0	1,9	16,0	3,3	20,3
Timotheusgras	87,0	7,0	2,2	46,0	27,3	3,6	1,1	45,2	1,0	15,7	2,6	34,2
c) Klee und kleeartige Pflanzen.												
Bokhara-(Stein-)klee, jung	86,0	16,5	2,8	27,4	31,0	8,3	1,6	31,6	5,3	13,6	3,0	19,8
Esparsette, Anf. d. Blüte	84,2	15,4	3,2	34,0	24,9	10,9	2,1	35,9	3,1	10,5	7,8	33,0
„ in der Blüte .	84,8	13,3	2,5	34,5	28,5	9,3	1,6	35,7	2,0	10,3	7,3	29,4
Hopfenklee, Med. lup. . .	83,3	14,6	3,3	33,2	21,2	9,2	2,0	36,3	2,0	13,1	7,2	34,8
Inkarnatklee	83,3	12,2	3,0	34,6	26,0	6,2	1,4	34,9	2,6	11,9	3,6	26,1
Luzerne, Anfang d. Blüte	83,5	16,0	2,5	31,6	26,6	12,3	1,2	33,5	3,9	11,3	8,4	28,5
„ in der Blüte . .	84,3	14,4	2,5	31,3	29,0	10,0	1,0	33,5	3,6	12,5	6,4	24,9
Rotklee, vor der Blüte . .	84,0	15,5	3,0	36,0	22,0	11,2	1,9	37,6	3,8	11,6	7,4	35,6
„ in der Blüte . .	84,0	12,5	2,5	38,0	25,0	8,1	1,4	38,3	2,6	11,7	5,5	31,9
„ Ende der Blüte .	85,0	9,0	2,0	38,0	30,5	4,9	1,0	37,3	1,0	12,2	3,9	25,5
Sandluzerne, Anf. d. Bl.	83,3	15,2	3,0	28,9	30,1	11,7	1,2	33,1	3,5	12,9	8,2	25,9
Schwedischer Klee . . .	84,0	15,0	3,3	32,7	27,0	8,6	1,8	34,8	2,7	12,3	5,9	28,4
Serradella, in der Blüte .	84,0	15,2	4,1	33,1	25,6	10,5	2,5	31,5	2,2	11,5	8,3	29,4
Weißklee	83,5	14,5	3,5	33,9	25,6	8,1	2,0	35,9	2,5	12,2	5,6	30,4
Wundklee, Anfang d. Bl.	83,5	11,0	2,5	36,0	27,5	6,4	1,4	36,8	1,6	13,8	4,8	28,2
„ in der Blüte .	84,0	10,0	2,2	38,0	28,2	6,0	1,1	37,8	1,2	13,0	4,8	28,3
d) Hülsenfrüchte.												
Erbsen, Anfang der Blüte	84,0	20,0	2,8	30,6	23,3	14,9	1,7	34,2	3,8	12,8	11,1	34,5
„ in der Blüte . .	83,3	14,3	2,6	34,2	25,2	9,4	1,6	33,1	3,5	12,6	5,9	27,3
Futterwicke, Anf. d. Bl. .	83,8	19,5	2,6	28,9	23,5	15,0	1,6	31,3	4,5	12,6	10,5	30,8
„ in der Blüte .	83,3	17,3	2,4	29,5	26,1	11,0	1,4	30,6	4,0	12,9	7,0	25,0
Hainwicke, Anfang d. Blüte	86,0	21,0	2,9	35,6	20,2	15,3	1,7	34,6	5,3	11,0	10,0	35,7
„ in der Blüte .	84,0	21,0	2,8	34,2	20,8	15,0	1,8	33,5	5,0	11,0	10,0	34,5
Lupinen, Anfang d. Blüte	84,0	18,5	2,3	31,6	26,5	13,7	1,2	39,0	5,2	19,3	8,5	33,0
„ halb abgeblüht .	84,0	15,3	2,1	33,1	29,0	10,2	1,0	38,6	4,5	18,8	5,7	29,3
Platterbse (Lath. silv.) .	84,0	20,0	3,5	28,8	26,0	14,3	2,4	31,6	4,8	13,0	9,5	30,3
Sandwicke	86,0	23,0	2,5	25,5	27,5	18,3	1,5	29,8	5,5	13,2	12,8	29,0
Wickhafer	83,3	12,6	2,3	33,2	28,0	7,2	1,1	35,0	2,0	15,4	5,2	26,0
Wicklinse	84,0	20,3	2,4	35,0	17,5	14,2	1,5	36,8	3,8	8,8	10,4	39,4
e) Sonst. Futterpfl.												
Ackerspergel	83,3	12,0	3,0	36,8	22,0	7,6	1,8	36,9	1,6	13,1	6,0	33,4
Buchweizen	87,0	10,5	1.7	38,1	30,1	6,5	0,9	38,1	2,0	17,0	4,5	26,8
Raps	84,0	15,5	5,5	33,0	20,0	9,8	2,9	34,5	3,1	11,0	6,7	34,9
Senf, weißer	84,0	11,2	2,5	36,6	26,2	6,9	1,4	36,8	2,3	13,5	4,6	28,7
f) Kraut, Blätter.												
Rebenlaub (Herbst) . . .	88,0	11,4	5,7	52,9	8,0	6,7	4,5	37,4	—	3,0	6,7	47,4
Topinamburkraut . . .	87,5	14,4	3,5	42,9	14,9	8,6	1,7	41,2	1,4	8,8	7,2	42,7

Art der Futtermittel (Gehalt in 100 Teilen)	Trockensubst.	Rohnährstoffe				Verdauliche Nährstoffe					Verdauliches Eiweiß	Stärkewert
		Protein	Fett	Stickstofffr. Extraktstoffe	Rohfaser	Stickstoffhaltige	Fett	Stickstofffr.	Darin Amid	Darin Cellulose		
g) Baumlaub u. Reisig.												
Birkenlaub (Juli)	88,0	15,6	1,6	42,1	20,0	8,9	0,6	35,0	2,5	7,1	6,4	30,8
Buchenlaub (Juli) . . .	88,0	15,6	1,7	42,8	20,0	8,7	0,6	35,0	2,5	6,9	6,2	30,6
Hopfenlaub mit Stengel .	89,4	12,5	3,5	38,1	24,5	8,0	2,5	34,7	2,0	7.6	6,0	31,1
Hopfen, ausgebraut . . .	85,0	15,8	6,0	40,5	18,7	5,0	3,9	23,1	—	2,8	5,0	24,5
Pappellaub (Oktober) . .	84,0	10,8	8,7	39,6	17,4	6,0	6,9	31,8	—	5,6	6,0	40,6
Reisig von Buche	89,9	4,5	1,6	42,7	38,5	1,2	0,2	9,6	—	2,7	1,2	10,9
„ „ Erle	93,1	7,1	1,7	42,5	30,0	3,5	0,4	12,0	—	3,0	3,5	6,2
„ „ Akazie . . .	93,0	7,9	1,7	48,3	31,5	5,1	0,6	29,5	—	6,6	5,1	17,5
Ulmenlaub	88,0	15,9	2,9	49,9	8,6	11,6	0,7	45,6	3,0	4,9	8,6	50,1
III. Braunheu.												
Gute Gräser, hell . . .	85,0	10,1	2,2	38,0	28,7	6,9	1,3	41,0	1,7	16,9	5,2	32,0
„ „ schwarz . .	84,0	13,4	3.1	27,0	33,2	2,4	2,0	35,5	2,1	22,5	0,3	20,7
Esparsette	89,0	17,3	4,2	30,2	31,0	11,4	2,8	32,3	3,9	13,0	7,5	27,0
Luzerne	80,0	12,9	3,1	33,8	21,4	9,0	1,6	28,2	2,8	9,6	6,2	24,9
Mais	70,0	5,7	1,6	34,3	21,8	2,7	1,0	34,8	1,6	12,9	1,1	25,3
Rotklee, hell	84,0	13,5	2,4	35,0	26,6	8,2	1,4	32,0	2,9	12,5	5,3	24,5
„ schwarz	85,0	17,0	2,6	30,0	27,6	3,8	1,8	22,7	3,5	12,9	0,3	10,7
IV. Silofutter, Preßheu.												
a) Silofutter.												
Esparsette, sauer, hell . .	16,7	3,4	1,0	5,1	5,9	1,7	0,7	5,4	1,2	2,4	0,5	5,2
„ süß, dunkler .	17,5	3,8	1,1	6,2	5,1	1,3	0,8	6,0	0,8	1,9	0,5	6,4
Futterroggen, sauer . . .	13,1	1,6	0,5	5,7	4,4	0,9	0,3	6,0	0,4	2,6	0,5	5,7
Gräser, gute, sauer . . .	22,5	2,6	1,1	9,2	7,1	1,7	0,7	9,6	0,8	4,2	0,9	9,2
Hafer, geschoßt, sauer . .	23,7	1,9	0,8	10,7	8,5	1,1	0,4	11,0	0,5	5,1	0,6	9,0
Grünmais, sauer	17,7	1,4	0,8	8,6	5,5	0,8	0,6	9,1	0,4	3,3	0,4	8,9
Kartoffelkraut, sauer . .	23,0	2,9	2,6	7,5	4,7	1,2	1,2	6,2	0,9	1,8	0,3	7,4
Lupinen, sauer	16,0	3,1	2,1	4,4	5,3	2,2	1,1	6,1	1,2	3,4	1,0	7,4
Luzerne, sauer	17,1	3,8	1,5	4,7	5,0	2,8	0,9	5,3	1,3	2,0	1,5	6,9
Rotklee, sauer, hell . . .	20,8	4,2	2,2	6,4	5,9	2,8	1,5	7,1	1,3	2,9	1,5	9,4
„ süß, dunkler . .	19,0	3,8	2,0	5,0	6,1	2,4	1,4	6,0	0,8	3,0	1,6	8,1
Runkelrübenblätter, sauer .	21,2	3,0	1,1	9,6	3,0	2,0	0,7	6,8	1,3	1,7	0,7	7,9
Schwedischer Klee, sauer .	24,6	3,3	1,8	10,6	6,7	2,0	1,2	9,4	1,1	3,3	0,9	10,2
Serradella, sauer	21,7	3,9	0,9	9,2	5,8	2,6	0,5	9,4	1,2	2,9	1,4	9,8
b) Preßheu.												
Buchweizen, hell, säuerl. .	29,7	2,4	0,8	16,5	7,8	1,5	0,5	14,6	0,9	3,9	0,6	13,1
Gras, „ „ .	32,0	3,8	2,7	12,9	9,9	1,9	1,6	13,4	1,1	5,9	0,8	12,9
Lupinen, „ „ .	19,7	2,9	1,0	4,9	9,5	1,8	0,6	8,1	1,1	5,2	0,7	6,0
Luzerne, „ „ .	24,8	5,4	2,2	6,1	7,4	4,0	1,4	7,2	2,0	3,0	2,0	9,0
Mais, „ „ .	19,6	2,0	1,5	7,5	7,0	1,1	1,0	8,8	0,7	4,0	0,4	8,6
Rotklee, „ „ .	30,0	5,6	2,0	11,6	8,5	3,9	1,3	11,6	1,9	3,8	2,0	12,6
„ hell, süß . . .	30,0	5,5	2,0	11,1	9,1	3,2	1,3	11,5	0,7	4,1	2,5	12,7
„ braun	33,0	6,0	2,2	10,5	11,9	3,0	1,5	11,8	0,6	5,0	2,4	11,2
„ tief dunkel . . .	35,0	6,4	2,3	11,2	12,6	2,0	1,5	12,0	1,2	5,3	0,8	9,3
Serradella, hell, säuerlich .	34,7	7,0	1,5	13,5	10,4	4,5	0,9	15,6	2,5	6,2	2,0	14,6
Waldplatterbse	35,0	10,3	2,5	10,1	8,9	7,6	1,2	11,2	2,3	4,5	5,3	14,9

Art der Futtermittel (Gehalt in 100 Teilen)	Trockensubst.	Rohnährstoffe				Verdauliche Nährstoffe					Verdauliches Eiweiß	Stärkewert
		Protein	Fett	Stickstoffr. Extraktstoffe	Rohfaser	Stickstoffhaltige	Fett	Stickstoffr.	Darin: Amid	Darin: Cellulose		
V. Stroh.												
a) Halmfrüchte.												
Hafer	85,6	3,5	1,8	37,3	38,1	1,2	0,6	38,5	0,1	21,7	1,1	18,9
Hirse	85,0	4,6	2,5	35,5	35,0	1,4	0,9	33,1	0,2	19,3	1,2	16,0
Mais	85,0	3,0	1,0	36,7	40,0	1,1	0,3	40,5	0,1	24,0	1,0	19,2
Sommergerste	85,7	3,5	1,4	36,7	40,0	1,3	0,5	40,6	0,1	22,0	1,2	19,9
" mit Klee	85,7	6,5	2,0	32,5	38,0	3,2	1,0	37,1	0,7	20,9	2,5	19,7
Sommerhalmstroh, mittel	85,7	3,8	1,7	36,4	39,7	1,4	0,6	40,4	0,1	22,7	1,3	20,1
" sehr gut	85,7	6,9	2,5	32,9	36,7	2,5	0,8	36,9	0,2	20,2	2,3	20,0
Winterdinkel	85,7	2,5	1,4	31,8	45,0	0,7	0,4	32,1	—	22,5	0,7	7,9
Wintergerste	85,7	3,3	1,4	32,5	43,0	0,8	0,4	31,4	—	21,5	0,8	8,4
Winterroggen	85,7	3,0	1,3	33,3	44,0	0,8	0,4	36,5	—	24,2	0,8	12,9
Winterweizen	85,7	3,0	1,2	36,9	40,0	0,8	0,4	35,6	—	22,0	0,8	14,3
Winterhalmstroh, mittel	85,7	3,0	1,3	34,6	42,0	0,8	0,4	36,4	—	23,1	0,8	14,0
" sehr gut	85,7	4,5	1,4	36,7	37,8	1,2	0,4	34,4	0,1	20,9	1,1	14,6
b) Hülsenfrüchte.												
Ackerbohnen	82,0	9,2	1,0	32,2	35,0	4,7	0,5	34,4	0,8	14,6	3,9	19,1
Erbsen	86,2	8,8	1,5	33,8	35,7	4,3	0,8	32,5	0,8	14,1	3,5	17,0
Futterwicken	84,0	7,5	1,3	28,9	41,0	3,4	0,6	31,5	0,8	16,4	2,6	11,7
Gartenbohnen	85,0	8,0	1,3	39,0	29,2	3,8	0,7	30,1	0,7	11,7	3,1	17,7
Hülsenfruchtstroh, mittel	84,0	8,1	1,0	32,4	38,0	4,2	0,5	33,4	0,5	15,4	3,7	16,2
" sehr gut	84,0	10,2	1,3	33,2	34,2	5,0	0,6	34,6	1,0	15,0	4,0	20,0
Linsen	84,0	14,0	2,0	27,9	33,6	6,9	1,2	30,8	2,2	14,0	4,7	18,4
Lupinen	84,0	5,9	1,1	31,1	41,8	2,2	0,3	41,6	0,6	21,0	1,6	19,8
Platterbse (Lath. silv.)	86,0	12,0	2,9	33,6	32,7	6,0	1,5	31,2	2,0	13,1	4,0	19,2
Sanderbse	84,5	7,0	1,4	31,2	41,0	3,2	0,7	33,3	0,8	16,4	2,4	13,5
Sandwicken	88,0	6,8	1,2	33,2	40,1	3,0	0,6	34,0	0,7	16,1	2,3	14,4
c) Sonstige Pflanzen.												
Buchweizen	84,0	4,5	1,2	34,3	38,0	2,2	0,5	33,6	0,5	16,8	1,7	14,5
Mohn	84,0	6,5	1,4	35,6	31,5	2,3	0,7	34,7	0,6	14,2	1,7	19,7
Raps	84,0	3,5	1,3	39,0	36,1	1,4	0,6	35,4	0,2	14,5	1,2	17,1
Samenklee	84,0	9,4	2,0	23,5	43,5	4,2	1,0	28,6	0,8	16,6	3,4	8,9
VI. Spreu und Hülsen.												
a) Halmfrüchte.												
Dinkel	85,7	3,5	1,3	32,6	40,0	1,1	0,4	33,9	0,3	20,0	0,8	23,4
Hafer	86,0	4,5	2,1	33,8	30,3	1,7	1,0	32,6	0,5	13,6	1,2	26,5
Hirseschalen	88,0	4,8	2,2	29,0	40,8	1,9	1,0	30,5	0,5	16,0	1,4	21,5
Gerste	85,7	3,0	1,5	38,2	30,0	1,2	0,6	35,0	0,3	16,5	0,9	27,9
*Maiskolben, entkörnt	86,9	3,5	1,0	41,2	38,9	1,6	0,4	41,7	0,4	19,5	1,2	21,4
Reisschalen	90,3	3,4	1,4	27,0	42,8	1,2	0,5	31,4	0,3	17,5	0,9	20,4
Roggen	85,7	4,0	1,4	30,5	41,8	1,3	0,4	24,5	0,4	15,5	0,9	13,6
Weizen	85,7	4,5	1,6	37,0	32,6	1,4	0,7	22,8	0,4	12,1	1,0	15,3
* b) Hülsenfrüchte.												
Bohnen	85,0	10,5	2,0	33,5	33,0	5,1	1,2	35,5	1,0	14,3	4,1	22,8

*) Für jedes kg Rohfaser sind 0,57 kg Stärkewert in Abzug gebracht.

Art der Futtermittel (Gehalt in 100 Teilen)	Trockensubst.	Rohnährstoffe				Verdauliche Nährstoffe			Darin		Verdauliches Eiweiß	Stärkewert
		Protein	Fett	Stickstoffr. Extraktstoffe	Rohfaser	Stickstoffhaltige	Fett	Stickstoffr.	Amid	Cellulose		
Erbsen	86,0	9,7	1,5	33,9	35,1	4,8	0,9	35,1	1,0	15,1	3,8	20,4
Linsenschalen	86,0	21,2	2,1	35,3	18,9	11,7	1,3	30,7	1,9	9,5	9,8	31,6
Lupinen	85,3	6,0	1,0	40,2	32,5	2,2	0,4	41,4	0,7	16,0	1,5	25,0
Wicken	85,0	9,5	2,0	33,5	31,5	4,7	1,2	43,6	1,0	13,5	3,7	31,4
c) Sonstige Pflanzen.												
Buchweizen	86,8	4,6	1,1	35,3	43,5	2,1	0,6	27,9	0,5	13,1	1,6	17,5
*Erdnußschalen	89,4	7,1	3,2	15,3	60,8	2,5	1,4	24,3	0,6	18,2	1,9	6,1
Lein	88,4	3,5	3,4	35,0	40,7	1,7	1,7	33,8	0,3	16,3	1,4	26,1
Leindotter	88,8	2,7	1,1	32,6	45,2	1,3	0,5	35,2	0,2	18,1	1,1	23,6
*Raps	87,1	4,0	1,6	35,5	38,4	2,0	0,7	34,9	0,3	17,2	1,7	15,9
VII. Wurzeln und Knollen.												
Futterrunkeln, kleine	13,0	1,1	0,1	10,1	0,8	0,9	0,06	10,2	0,7	0,5	0,2	7,4
" große	11,0	1,4	0,1	6,6	1,0	1,0	0,06	6,9	0,8	0,6	0,2	5,3
Kartoffeln, mittel	25,0	2,1	0,1	21,0	0,7	1,6	0,08	21,0	1,0	0,4	0,6	21,7
" sehr wasserreich	18,0	1,7	0,1	14,7	0,6	1,3	0,06	15,1	0,8	0,3	0,5	15,7
" weniger "	21,0	1,9	0,1	17,5	0,6	1,4	0,07	17,5	0,9	0,3	0,5	18,1
" wasserarm	26,0	2,1	0,2	21,9	0,7	1,6	0,10	21,9	1,1	0,4	0,5	22,6
" sehr "	32,0	2,5	0,2	27,2	1,0	1,9	0,12	27,6	1,2	0,5	0,7	28,5
" mitt., gefr., ged., gef.	29,5	2,2	0,1	25,2	0,8	1,7	0,09	23,0	1,0	0,5	0,7	22,6
" " ged., gesäuert	31,4	1,6	0,0	28,0	1,0	1,1	--	27,0	0,8	0,6	0,8	26,0
" " roh, gef.	44,7	2,1	0,1	40,5	1,1	1,4	0,07	38,2	1,2	0,6	0,2	36,6
" getrocknet	88,0	7,4	0,3	73,9	2,5	5,6	0,28	73,9	3,5	1,4	2,1	76,4
Kohlrabi	11,8	2,3	0,1	6,9	1,5	2,0	0,06	7,3	0,8	0,8	1,2	7,9
Kohlrübe	13,0	1,3	0,1	9,5	1,1	0,9	0,09	9,5	0,6	0,6	0,3	8,3
" gesäuert	14,4	1,8	0,2	9,1	2,2	1,1	0,17	9,2	1,1	1,7	—	8,0
Mohrrübe	15,0	1,4	0,2	10,8	1,7	1,0	0,13	11,4	0,5	1,0	0,5	10,4
Pastinake	15,3	1,4	0,2	11,6	1,2	1,2	0,11	11,7	0,5	0,6	0,7	10,8
Stoppelrübe	8,5	0,9	0,1	6,0	0,8	0,6	0,08	5,8	0,4	0,5	0,2	4,9
Topinambur	20,0	1,8	0,2	16,0	1,0	1,4	0,12	16,4	0,8	0,6	0,6	16,0
Turnips	8,0	1,1	0,1	5,3	0,8	0,7	0,08	5,2	0,5	0,5	0,2	4,4
Zuckerrübe	24,4	1,1	0,1	21,1	1,4	0,8	0,06	21,0	0,6	0,5	0,2	16,8
VIII. Körner und Früchte.												
a) Halmfrüchte.												
Dinkel (Spelz)	85,2	10,0	1,5	53,5	16,5	7,5	1,1	42,7	—	6,6	7,5	47,1
" -Kerne	85,5	13,5	2,0	66,8	1,5	12,2	1,7	64,1	—	0,8	12,2	79,1
Gerste, mittel	85,7	9,5	2,1	67,7	3,9	7,0	1,9	63,5	—	1,2	7,0	72,9
" vollkörnig	85,7	8,9	1,7	70,4	2,5	6,5	1,6	64,6	—	0,8	6,5	73,3
" flachkörnig	85,7	10,5	2,6	63,8	6,0	7,4	2,3	60,7	—	2,0	7,4	70,7
Hafer, mittel	86,7	10,5	4,8	58,0	10,3	8,3	4,0	47,3	0,5	2,6	7,8	59,9
" flachkörnig	86,7	12,5	5,5	50,7	14,5	9,5	4,5	42,0	0,6	3,3	8,9	55,5
" sehr vollkörnig	86,7	8,5	4,0	62,8	8,5	7,0	3,5	50,6	0,4	2,1	6,6	61,6
Hirse, Rispen-	86,0	11,8	4,0	57,4	9,5	8,9	3,2	45,0	0,5	4,8	8,4	56,8
Mais	87,3	10,1	4,7	68,6	2,3	8,0	4,0	68,6	0,5	1,1	7,5	84,1
" ganze Kolben	88,5	8,0	3,9	68,4	6,7	6,0	3,1	62,1	0,3	4,0	5,7	72,0
Moharhirse	87,6	10,0	4,1	58,6	11,6	7,6	2,7	49,7	0,4	5,8	7,2	58,7
Reis geschält	86,0	7,7	0,4	75,2	2,2	6,9	0,3	72,7	0,7	1,1	6,2	79,2
Roggen, mittel	86,0	11,0	2,0	68,7	2,5	9,9	1,6	65,8	0,5	1,3	9,4	73,4
" flachkörnig	86,0	14,0	2,5	63,6	4,0	12,2	2,0	61,5	0,6	1,9	11,6	71,6
" vollkörnig	86,0	9,0	1,6	71,9	1,8	8,0	1,2	68,8	0,4	0,8	7,6	74,

*) Für jedes kg Rohfaser sind 0,57 kg Stärkewert in Abzug gebracht.

Art der Futtermittel (Gehalt in 100 Teilen)	Trockensubst.	Rohnährstoffe				Verdauliche Nährstoffe					Verdauliches Eiweiß	Stärkewert
		Protein	Fett	Stickstoffr. Extraktstoffe	Rohfaser	Stickstoff-haltige	Fett	Stickstoffr.	Darin: Amid	Darin: Cellu-lose		
Weizen, mittel	85,6	12,5	2,0	67,1	2,3	11,3	1,6	64,9	1,1	1,1	10,2	73,3
„ Sommer- . . .	86,0	13,2	2,0	66,0	3,0	12,0	1,6	64,3	1,2	1,4	10,8	73,0
„ flachkörnig . . .	85,6	14,0	2,0	63,2	4,5	12,7	1,6	62,6	1,3	2,0	11,4	71,5
„ vollkörnig . . .	85,6	11,0	2,0	69,0	1,9	10,0	1,6	66,7	1,0	0,9	9,0	74,0
b) Hülsenfrüchte.												
Ackerbohnen	85,6	25,0	1,6	48,9	6,9	22,0	1,4	50,0	1,9	5,0	20,1	69,8
Erbsen	85,6	22,6	1,9	53,0	5,4	20,1	1,4	53,0	2,5	3,5	17,6	70,9
Linsen	85,7	24,6	2,2	50,7	5,2	22,2	1,9	51,1	1,8	3,4	20,4	72,7
Lupine, blaue	86,0	29,5	6,2	36,2	11,2	26,3	5,2	41,3	3,0	10,1	23,3	70,8
„ weiße	86,0	29,4	7,2	34,2	12,2	26,1	6,1	40,5	2,9	11,1	23,2	71,5
„ gelbe	86,0	36,6	4,7	27,2	14,2	32,9	4,2	38,9	3,8	14,2	29,1	70,8
„ „ entbittert . .	68,0	33,4	4,4	14,6	14,2	30,0	4,0	25,8	—	14,2	30,0	58,1
„ „ „ lufttr.	86,0	42,3	5,5	18,4	18,0	38,1	5,0	32,7	—	18,0	38,1	73,6
„ schwarze	83,6	36,4	4,7	25,5	13,3	32,8	4,0	36,3	3,5	13,3	29,3	68,3
Platterbse (Lathyr. silv.) .	88,4	25,0	1,9	54,5	4,1	22,6	1,6	53,4	2,5	2,7	20,1	74,4
Sandwicke	84,0	23,1	1,5	49,3	7,1	20,4	1,4	50,5	2,5	4,7	17,9	68,1
Serradella	91,3	22,0	7,3	37,5	21,0	16,5	6.2	28,8	2,7	6,3	13,8	48,5
Sojabohne	90,0	33,4	17,6	29,2	4,8	30,1	15,8	25,1	2,7	7,0	27,4	87,2
Wicken	86,6	26,4	1,8	48,6	6,6	23,3	1,6	50,0	2,9	5,0	20,4	70,6
c) Ölfrüchte.												
Baumwollsamen	88,6	19,9	25,3	20,2	18,9	14,5	22,8	13,7	0,8	4,4	13,7	75,4
Buchecker	89,0	13,4	27,4	25,5	18,5	10,7	24,1	24,2	0,6	7,4	10,1	85,7
Leinsamen	87,7	20,5	37,0	19,6	7,2	20,1	35,2	18,9	1,0	6,5	19,1	118,8
Mohnsamen	88,6	18,5	40,9	17,1	5,9	15,7	38,5	16,9	0,8	3,2	14,9	121,2
Palmkerne	92,2	8,4	49,2	26,8	6,0	8,0	48,2	30,3	0,4	4,9	7,6	150,9
Rapssamen	90,4	19,5	43,7	15,0	8,2	16,1	42,2	15,3	1,0	3,3	15,1	127,9
d) Sonst. Samen 2c.												
Apfel	15,2	0,4	0,3	12,5	1,5	0,3	0,2	11,2	—	0,6	0,3	11,3
Birnen	16,2	0,3	0,2	12,0	3,4	0,2	0,1	13,2	—	1,7	0,2	12,6
Buchweizen	86,8	10,1	1,5	58,4	15,0	7,5	1,1	51,8	—	8,0	7,5	56,7
Eicheln, frisch	44,7	2,5	1,9	34,8	4,4	2,0	1.5	34,0	—	2,7	2,0	37,7
„ gesch. und getr. .	83,0	5,1	4,0	67,4	4,5	4,1	3,2	63,5	—	2,8	4,1	72,7
Feld-Kürbis	9,1	1,3	0,4	5,2	1,7	1,0	0,3	5,8	—	1,1	1,0	6,8
Johannisbrot	87,0	4,0	2,0	73,3	5,9	2,7	1,1	74,2	—	4,6	2,7	64,3
Roßkastanien, frisch . . .	50,8	4,3	1,6	41,3	2,0	3,4	1,3	38,1	—	1,2	3,4	43,4
„ frisch, geschält	51,0	3,1	2,1	43,2	0,8	2,5	1,7	41,5	—	0,5	2,5	47,4
„ geschält, getr.	85,4	7,0	4,3	68,6	3,4	5,0	3,5	65,2	—	2,1	5,0	77,3
Runkelrübe	86,1	11,9	5,3	28,8	33,2	7,2	3,2	29,4	1,2	11,6	6,0	31,8
Zuckerrübe	87,8	10,8	4,2	32,5	32,6	6,5	2,9	30,7	1,1	11,4	5,4	32,1
Zwetsche	18,0	0,8	0,3	11,6	5,4	0,6	0,2	12,6	—	1,8	0,6	11,9
IX. Gewerbliche Produkte und Abfälle.												
a) Mahlabfälle.												
Buchw. Schalenkleie, grob	81,8	9,8	2,3	34,0	33,0	6,3	1,6	32,2	0,5	9,9	5,8	30,8
„ „ feine	88,0	15,2	4,5	50,0	11,3	11,4	3,4	42,7	1,6	3,7	9,8	55,7
Dinkelkernenkleie	87,0	14 0	4,3	54,9	8,2	10,9	3,8	47,1	1,4	2,1	9,5	61,6
Erbsenschalen (Kleie) . .	87,7	8,0	2,5	30,5	43,7	5,6	2,0	46.8	0,7	21,9	4,9	42,0
Erbsenkleienmehl	88,1	13,9	1,4	40,1	28,6	9,7	1,1	46,4	1,0	14,3	8,7	48,0
Erbsenmehl	88,6	23,6	3,5	53,5	4,5	20,9	2,8	55,4	2,5	2,9	18,4	77,2
Erdnußkleie	89,2	22,4	19,2	23,8	18,7	16,8	16,3	25,0	0,5	9,3	16,3	73,4
Erdnußschalen mit Kleie .	92,0	8,2	4,1	16,3	53,2	4,9	2,4	24,2	—	16,1	4,9	17,8

Art der Futtermittel (Gehalt in 100 Teilen)	Trockensubst.	Rohnährstoffe				Verdauliche Nährstoffe			Darin		Verdauliches Eiweiß	Stärkewert
		Protein	Fett	Stickstoffr. Extraktstoffe	Rohfaser	Stickstoffhaltige	Fett	Stickstoffr.	Amid	Cellulose		
Gerstefuttermehl	86,8	12,6	2,9	65,4	3,0	10,2	2,4	55,8	1,2	1,5	9,0	68,4
Gerstegriesmehl	87,5	12,2	3,3	60,2	7,2	9,5	2,6	50,0	1,2	2,4	8,3	61,1
Gerstekleie	87,7	10,3	3,3	50,6	16,5	7,8	2,5	41,0	1,1	4,1	6,7	47,6
Graupenabfall	89,1	13,4	3,9	52,2	13,2	10,7	2,7	48,4	1,8	6,6	8,9	58,5
Grünkernkleie	90,9	10,6	6,7	45,5	15,2	7,4	5,0	41,9	1,1	4,6	6,3	53,7
Haferhülsen	90,6	2,7	1,3	52,2	27,9	—	0,5	28,1	0,1	9,3	—	20,7
Haferfuttermehl, grobes	89,9	9,6	4,3	51,6	17,2	6,8	3,5	47,3	1,0	8,6	5,8	56,6
„ feines	89,7	13,6	5,6	53,5	11,0	10,5	4,5	45,7	1,4	5,5	9,1	60,4
Haferkleie	89,0	8,4	3,0	50,3	21,6	4,0	1,6	45,0	0,4	7,2	3,6	45,3
Hirseschalenkleie	89,4	4,4	3,6	28,3	41,6	2,4	2,0	25,4	0,2	10,4	2,2	19,2
Maiskleie	88,2	10,2	3,8	61,8	9,0	7,9	3,4	56,6	0,9	3,0	7,0	67,6
Reisfuttermehl	88,6	12,0	12,0	47,4	8,0	7,6	10,2	39,9	0,7	2,1	6,9	70,8
Reiskleie	90,1	5,3	2,7	39,7	30,0	2,6	1,3	28,6	—	9,0	2,6	24,7
Roggenfuttermehl	88,0	13,6	2,9	63,2	4,2	10,6	2,3	63,3	1,1	2,1	9,5	77,0
Roggenkleie	87,5	14,5	3,4	59,0	6,0	11,4	2,2	47,6	1,5	1,1	9,9	48,6
Weizenfuttermehl	87,4	14,2	3,2	62,9	4,4	11,7	2,7	54,4	1,4	2,2	10,3	69,8
Weizenkleie, feine	87,9	14,1	4,2	58,2	7,3	10,0	2,9	47,2	1,4	2,4	8,6	48,5
„ grobe	86,4	13,6	3,4	54,9	8,9	10,6	2,4	44,4	1,3	2,1	9,3	47,8
b) Gärungsgewerbe.												
Apfeltrester, frisch	26,0	1,6	1,2	17,5	4,9	0,8	0,7	14,3	—	2,0	0,8	13,6
„ getrocknet	85,2	5,6	3,3	49,1	21,4	2,8	2,0	43,0	—	8,6	2,8	37,2
„ gesäuert	25,0	2,0	1,8	14,5	5,6	1,0	1,1	12,4	0,1	2,2	0,9	11,5
Biertreber, frisch	23,8	5,1	1,7	10,7	5,1	3,7	1,4	8,8	0,1	2,0	3,6	12,8
„ getrocknet	90,0	21,8	7,2	42,0	15,0	15,9	6,3	29,6	0,9	8,0	15,0	46,8
Darrmalz, ohne Keime	92,5	9,4	2,3	69,8	8,7	7,5	1,8	67,2	2,0	4,4	5,5	73,2
Grünmalz, mit Keimen	52,5	6,5	1,5	38,5	4,3	5,2	1,2	36,9	1,3	2,2	3,9	41,6
Maiskeime	85,7	24,9	12,2	37,2	5,3	20,8	11,2	35,3	7,3	3,2	13,5	69,9
Malzkeime (Gerste)	88,2	23,3	2,1	42,8	12,4	18,6	1,5	38,0	7,0	6,8	11,6	41,9
Brennereitreber, getr.	93,1	22,1	5,3	40,6	14,7	16,1	4,5	31,9	1,2	5,8	14,9	45,7
Kartoffelschlempe	5,6	1,4	0,2	2,7	0,6	0,9	0,2	2,6	0,4	0,4	0,5	3,3
„ getr.	87,4	21,8	3,9	41,3	9,4	15,9	3,7	38,7	5,4	5,7	10,5	50,2
Maisschlempe	9,0	2,3	1,0	4,4	0,8	1,8	0,9	4,4	0,1	0,4	1,7	7,0
„ getr.	89,9	22,9	10,6	44,2	7,9	18,3	9,0	43,8	1,0	4,0	17,3	69,5
Melasseschlempe	10,0	2,8	—	4,1	—	2,8	—	4,1	2,3	—	0,5	4,3
Roggenschlempe	9,0	2,3	0,5	4,8	0,9	1,8	0,4	5,1	0,4	0,5	1,4	6,2
„ getr.	90,5	23,0	5,1	48,2	9,2	18,4	4,6	51,0	4,0	4,9	14,4	61,6
„ bei Hefefabr.	5,2	1,0	0,3	3,1	0,4	0,8	0,2	3,0	0,2	0,2	0,6	3,4
Weintrester, getr.	90,0	11,3	7,9	33,2	26,8	1,6	4,3	19,2	0,5	7,2	1,1	13,1
„ frisch	30,0	3,7	2,6	11,1	8,9	0,5	1,4	6,4	0,2	2,4	0,3	4,4
Weizenschlempe	9,5	2,7	0,5	5,0	0,8	2,2	0,4	4,9	0,4	0,4	1,8	6,4
„ getrocknet	88,0	25,0	4,7	46,1	7,4	20,0	4,2	45,2	3,0	3,7	17,0	58,1
c) Stärkefabrikation.												
Kartoffelfaser (Pülpe)	14,0	0,8	0,1	11,7	1,5	—	—	9,2	—	0,2	—	9,0
„ getrocknet	89,9	3,5	0,4	68,1	11,9	—	—	53,9	—	1,5	—	51,3
„ gesäuert	16,0	1,2	0,2	12,5	1,4	—	—	9,8	—	0,2	—	8,8
Kleber, trocken	88,4	68,6	5,0	12,9	0,3	66,8	4,2	12,8	6,5	0,1	60,3	78,3
Maisschlamm, trocken	87,4	18,1	6,3	60,7	1,3	14,5	5,4	56,0	3,0	0,8	11,5	70,4
Stärketreber (Weizen)	14,3	2,1	0,5	10,1	1,4	1,8	0,4	9,5	0,3	0,7	1,5	10,5
„ (Reis) getr.	92,2	36,3	1,1	52,6	0,5	29,0	0,9	47,7	5,0	0,3	24,0	63,4
d) Zuckerfabrikation.												
Diffusionsschnitzel, frisch	7,0	0,6	0,1	4,1	1,4	0,4	0,05	4,6	—	1,1	0,4	4,8
„ gepreßt	10,3	0,9	0,1	6,3	2,4	0,6	0,04	7,4	—	2,0	0,6	7,6

Art der Futtermittel (Gehalt in 100 Teilen)	Trockensubst.	Rohnährstoffe				Verdauliche Nährstoffe					Verdauliches Eiweiß	Stärkewert
		Protein	Fett	Stickstoffr. Extraktstoffe	Rohfaser	Stickstoffhaltige	Fett	Stickstoffr.	Darin			
									Amid	Cellulose		
Diffusionsschnitzel, gesäuert	11,5	1,1	0,1	6,4	2,8	0,7	0,1	7,8	0,2	2,4	0,5	7 6
" trocken .	89,5	7,8	0.6	55,0	18,9	4,0	—	60,9	0,4	13,6	3,6	50,8
Melasse	80,7	9,0	—	61,3	—	9,0	—	55,9	7,2	—	—	48,0
Melassetorfmehl	75,1	8,3	0,9	52,6	5,8	6,0	—	39,3	4,7	—	—	32,0
e) Ölfabrikation.												
Baumwollsamenkuchen . .	89,4	24,7	6,6	26,0	24,9	18,0	5,9	17,7	1,5	5,7	16,5	39,9
" geschält	90,0	43,9	12,9	20,3	5,5	36,9	12,0	16,8	2,6	1,0	34,3	76,1
Baumwollsamenmehl . .	91,2	48,8	10,5	19,1	4,6	41,8	9,8	15,5	1,4	1,0	40,4	75,5
Buchelkuchen	83,9	18,2	8,3	28,3	23,9	13,5	6,6	22,2	0,3	5,2	13,2	43,2
" geschält . . .	88,5	36,7	9,2	28,6	6,6	31,6	8,4	24,2	0,8	2,0	30,8	71,3
Erdnußkuchen	90,2	31,0	8,9	20,7	22,7	24,8	7,2	19,0	0,9	3,5	23,9	51,9
" geschält . . .	88,5	47,0	8,3	23,1	5,2	40,4	7,2	22,5	1,2	1,3	39,2	75,0
Hanfkuchen	88,1	30,7	10.0	18,5	21,1	21,5	8,5	16,4	0,6	5,3	26,9	50,0
Kakaokuchen	90,0	18.8	11,2	36,4	15,5	12,4	10,3	28,0	1,5	2,5	10,9	58,2
Kandlenußkuchen	91,6	49,0	11,2	18,7	4,1	43,7	10 1	18,5	1,3	1,6	42,4	81,2
Kapokkuchen	86,7	26,3	5,8	19,9	28,2	19,5	5,2	15,6	0,6	5,6	18,9	37,4
Kokosnußkuchen	89,7	20,7	10,0	38,7	14,4	15,8	10,0	40,3	0,4	8,9	15,4	76,7
Kokosnußkuchenmehl . .	87,4	22,1	6,8	38,8	13,4	17,7	6,8	41,7	0,5	9,1	17,2	74,1
Kürbiskernkuchen	90.1	36,1	22,7	11,5	14,1	32,5	20.4	16,4	1,2	6,3	31,0	90,1
Leinkuchen	88,2	31,5	10,5	30,8	8,1	26,4	9,4	28,6	3,0	3,6	23,4	71,7
Leinmehl	89,0	35,3	3,6	34,3	9,6	29,6	3,3	32,3	2,0	4,8	27,6	63,3
Maiskeimkuchen	89,0	20,5	9,0	43,1	9,8	15,9	7,6	42,6	4,2	6,2	11,7	68,8
Mohnkuchen	89,3	35,5	10,6	20,1	11,0	28,0	9,7	19,6	0 4	6,7	27,6	65,4
Olivenkuchen	88,3	7,2	13,8	28,1	33,7	4,3	11,1	30,8	0,3	11,1	4,0	51,0
Palmkernkuchen	89,6	17,3	9,0	35,0	24,0	16,5	8,5	45,8	0,4	13,0	16,1	81,3
Palmkernmehl	89,1	17,4	4,5	36,9	25,9	16,6	4,2	50,0	1,5	15,2	15,1	74,2
Rapskuchen	89,6	32,7	9,8	29,1	10,3	26 5	7,6	23,0	4,7	0,8	21,8	58,6
Rapsmehl	91,5	33,1	5,0	32,1	13,4	26,5	2,4	27,2	4,5	1,8	22,0	49,6
Sesamkuchen	88,9	37,2	12,8	20,5	7,5	33,5	11,5	15 5	0,4	2,3	33,1	71,9
Sesammehl	94,0	46,4	2.4	26,7	7,7	41,8	2,1	19,2	0,6	2,4	41,2	60,6
Sonnenblumenkuchen . .	90,7	34,7	12,5	23,7	13,9	31,2	11,0	22,5	3,3	4,3	27,9	70,9
Walnußkuchen	86,3	34,6	12,5	27,8	6,4	31,1	11,2	28,2	3,0	1,6	28,1	79,5
X. Futtermittel tierischen Ursprungs.												
Blut, getrocknet	89,8	82,6	1,5	1,3	—	59,5	1,5	1,3	9,0	—	50,5	52,4
Buttermilch	9,9	4,0	1,1	4,1	—	4,0	1,1	4,1	—	—	4,0	9,5
Fettgrieben (Kuchen) . .	90,5	58,6	25,5	—	—	55,7	23,5	—	3,0	—	22,0	76,8
Fischfuttermehl, fettarm .	87,2	52,4	2.2	—	—	47,2	1,6	—	3,7	—	43,5	44,7
" fettreich .	89,2	48,4	11,6	—	—	44,1	10,3	—	3,7	—	40,4	62,6
Fleischfuttermehl	91,0	77,7	11,0	0,3	—	71,5	10,8	0 3	3,5	—	68,0	90,0
Hühnereier	26,3	12,6	12,1	0,6	—	12,6	12,1	0,6	—	—	12,6	41,4
Kuhmilch	12,5	3,2	3,6	5.0	—	3,4	3,4	5,0	—	—	3,4	15,1
" abgerahmt . . .	10,0	3,5	0,7	5,0	—	3,5	0,7	5,0	—	—	3,5	8,7
" zentrifugiert . .	9,4	3,5	0,2	4,9	—	3,5	0,2	4,9	—	—	3,5	7,5
Maikäfer, frisch	29,6	18,8	3,7	—	Chitin 4,8	13,0	3,1	—	0,8	—	12,2	18,9
" getrocknet . .	86,5	55,3	10,9	—	13,6	38,0	9,1	—	2,3	—	35,7	55,3
Molken von Kuhmilch . .	6,4	0.8	0,1	4,9	—	0,8	0,1	4,9	—	—	0,8	4,7
Schafmilch	19,2	6,5	6,9	4,9	—	6,5	6,9	4,9	—	—	6,5	26,3
Stutenmilch	9,2	2,0	1,2	5,6	—	2,0	1,2	5,6	—	—	2,0	9,0
Tieralbumin	88,2	63,3	13,4	—	—	60,5	12,4	—	3,5	—	60,5	86,5
Ziegenmilch	14,3	4,3	4,8	4,5	—	4,3	4,8	4,5	—	—	4,3	18,9
Schweinemilch	15,4	6,4	4,7	3,2	—	6,4	4,7	3,2	—	—	6,4	19,7

Alphabetisches Sachregister.

Seite

F.

G.

L.

M.

Verlag von Eugen Ulmer in Stuttgart.

Für bayerische Landwirte — besonders wichtige Schriften:

Ministeriell empfohlen!

Buchführung für bayerische Landwirte. Auf Veranlassung des K. bayerischen Staatsministeriums des Innern, Abteilung für Landwirtschaft, Gewerbe und Handel, und des bayerischen Landwirtschaftsrates für kleinere und mittlere Güter herausgegeben von Ferdinand Dürig, K. Ökon.-Rat in München und Fr. Maier-Bode, K. Landwirtschaftslehrer in Augsburg. 4. Auflage. Preis gebunden ℳ 1.20.

Dieses Buch, welches **alle erforderlichen Formulare** enthält, reicht **für ein ganzes Jahr** aus und ist für jeden bayerischen Landwirt geradezu **unentbehrlich.**

Zu dieser „Buchführung" liegt von denselben Verfassern bearbeitet vor:

Anleitung zu der Buchführung für bayerische Landwirte. 3. Auflage. Preis steif broschiert ℳ 1.—.

Diese „Anleitung" lehrt, wie das **Tagebuch** zu führen und wie der **Rechnungsabschluß** anzufertigen ist, und ist besonders deshalb **wertvoll,** weil sie an einem der **Praxis entnommenen Beispiel** für einen ganzjährigen landwirtschaftlichen Betrieb zeigt, wie die Eintragungen zu erfolgen haben.

Ministeriell empfohlen!

Schriftverkehr für bayerische Landwirte. Mustermappe mit Briefen und Geschäftsaufsätzen für den Unterricht an den landw. Schulen im Königreich Bayern, sowie zum Selbstgebrauch für Landwirte von Fr. Maier-Bode, K. Landwirtschaftslehrer. Preis geb. ℳ 4.—.

Zu diesem **„Schriftverkehr"** wurden von demselben Verfasser für die Schüler zum Gebrauche während des Unterrichts

Übungsheft A, Preis 90 Pfg., **Übungsheft B** Preis Mk. 1.10.

herausgegeben, welche das zur Anfertigung der einzelnen Arbeiten notwendige Papier, die Briefumschläge und sämtliche Formulare enthalten.

Ministeriell empfohlen!

Kurzgefaßtes Lehrbuch der Krankheiten und Beschädigungen unserer Kulturgewächse. Von Dr. J. E. Weiß, K. Professor in Freising. Mit 134 Abbild. Preis geb. ℳ 1.75.

In allgemein verständlicher Weise sind in dieser Schrift die **Mittel zur Erkennung, Vorbeugung u. Bekämpfung** der durch pflanzliche oder tierische Schädlinge verursachten Krankheiten und Beschädigungen unserer Kulturgewächse gegeben. 134 vorzügliche Abbildungen bilden eine überaus wertvolle Unterstützung des Textes; dadurch ist selbst dem Laien ohne weitere Vorbildung in der Lehre der Pflanzenkrankheiten die Erkenntnis derselben ermöglicht.

Bayerischer landwirtschaftlicher Taschenkalender. Herausgegeben von Fr. Maier-Bode, kgl. Landwirtschaftslehrer in Augsburg. In Leinwand gebunden und mit Bleistift versehen Preis ℳ 1.—. In Partien: 10 Expl. à ℳ —.90.

Dieser mit zahlreichen Illustrationen versehene Taschenkalender, **welcher jährlich erscheint,** enthält über alle Zweige der Landwirtschaft belehrende Aufsätze, einen Arbeitskalender für jeden Monat und genaue Angaben über alle in Bayern bestehenden **landw. Behörden, Institute und sonstige Einrichtungen.**

Ministeriell empfohlen!

Lesebuch für landw. Winterschulen und ähnliche Anstalten im Königreich Bayern. Unter Mitwirkung mehrerer Schulmänner bearbeitet und herausgegeben von Fr. Maier-Bode, K. Landwirtschaftslehrer. Mit 58 in den Text gedruckten Abbildungen. Preis geb. ℳ 1.30.

Ministeriell empfohlen!

Rechenbuch für landw. Winterschulen und ähnliche Anstalten. Bearb. von K. Diehl, Landw.-Lehrer in Kirchheimbolanden. Preis kart. ℳ 1.—.

Die Grundformen für das Plan- und Situationszeichnen und deren Anwendung. Unter Zugrundelegung ministerieller Vorschriften zum Gebrauch an landwirtschaftlichen Schulen und für die Hand praktischer Landwirte zusammengestellt und gezeichnet von Wilhelm Biber, Lehrer für Zeichnen an der Kgl. landw. Winterschule Augsburg. Preis steif broschiert 40 ₰.

Verlag von Eugen Ulmer in Stuttgart.

Schriften über Obstschutz und Pflanzenschutz.

Schutz der Obstbäume gegen feindliche Tiere und gegen Krankheiten. Von Professor Dr. Taschenberg, und Professor Dr. Sorauer. Mit 185 Abbild. Preis brosch. *M* 9.—, geb. *M* 10.—.

Dieses Werk ist auch in zwei, je einzeln käuflichen Bänden zu beziehen und zwar:

I. Bd.: Schutz der Obstbäume gegen feindliche Tiere. **3.** Auflage. Von Prof. Dr. Taschenberg. Mit 75 Abbild. Brosch. *M* 4.80, geb. *M* 5.60.

II. Bd.: Schutz der Obstbäume gegen Krankheiten. Von Prof. Dr. Sorauer. Mit 110 Abb. Brosch. *M* 4.20, geb. *M* 5.—.

Auszug einer Rezension aus Fühlings landwirtsch. Zeitung:

. . . Ganz unbestreitbar haben wir es in diesem Werke mit dem Besten zu tun, was auf diesem Spezialgebiet überhaupt geboten worden ist. Die Ausstattung ist mit einer Fülle guter Abbildungen eine so vortreffliche, daß auch dadurch das Verständnis und eine schnelle Orientierung ganz erheblich gefördert sind.

Die Obstbaumfeinde,

ihre Erkennung und Bekämpfung.

2. Auflage.

Die Getreidefeinde,

ihre Erkennung und Bekämpfung.

Gemeinverständlich dargestellt von

Professor Dr. O. Kirchner,

Vorstand des Inst. f. Pflanzenschutz an der K. landw. Hochschule Hohenheim.

Mit über 60 farbigen Abbildungen auf 2 Tafeln, je 49 cm breit und 39 cm hoch, samt Text, enthaltend Erklärung der Abbildungen u. Angabe der Bekämpfungsmittel &c.

Einzelpreis:

der Buchausgabe . . . . *M* 2.—,
„ Wandtafelausgabe . . . . . *M* 2.—.

Mit über 40 farbigen Abbildungen auf 2 Tafeln, je 48 cm breit und 39 cm hoch, samt Text, enthaltend Erklärung der Abbildungen und Angabe der Bekämpfungsmittel &c.

Einzelpreis:

der Buchausgabe . . . . *M* 2.—,
„ Wandtafelausgabe . . . . . *M* 2.—.

Preis der „**Obstbaumfeinde**“ und der „**Getreidefeinde**“ für die Buch- oder Wandtafelausgabe (auch gemischt):

in Partien von 12—25 Exemplaren à *M* 1.75,
„ „ „ 26—100 „ à *M* 1.50,
„ „ „ über 100 „ à *M* 1.25.

☛ Sofern die Tafeln auf Leinwand aufgezogen und mit Ösen versehen gewünscht werden, erhöht sich der Preis um 60 ₰ pro Exemplar. ☚

Diese in feinstem Farbendruck hergestellten Werkchen sind infolge der überaus instruktiven, naturgetreuen Wiedergabe der wichtigsten durch **pflanzliche und tierische Schädlinge** verursachten Krankheitsbilder ein vorzügliches Hilfsmittel zur Erkennung und Bekämpfung der Obstbaumfeinde und Getreidefeinde. Der beigegebene Text enthält neben genauer Figurenbeschreibung einen allgemein gehaltenen Teil über die Schädlinge selbst, wie über die von ihnen verursachten Krankheiten und Beschädigungen; den Schluß bildet ein Anhang, enthaltend genaue Vorschriften zur Bereitung und Anwendung der Abwehr- und Bekämpfungsmittel. Der **überaus billige Preis** ist geeignet, die Anschaffung noch besonders zu erleichtern.

In feinstem Farbendruck naturgetreu dargestellt!

——— Von der gesamten Presse aufs beste empfohlen! ———

Kurzgefaßtes Lehrbuch der Krankheiten und Beschädigungen unserer Kulturgewächse. Ein Leitfaden zum Unterricht an Schulen, sowie zur Selbstbelehrung. Von Prof. Dr. J. E. Weiß. Mit 134 Abbildungen. Preis geb. *M* 1.75.

Diese vorzügliche, mit 134 trefflichen Abbildungen ausgestattete Schrift ist jedem, der sich auf dem Gebiete der Pflanzenkrankheiten zu unterrichten wünscht, angelegentlichst zu empfehlen.

Schriften über Tierzucht.

Anleitung zur Beurteilung der Rinder. Gemeinfaßliche Belehrung für Studierende der Landwirtschaft und der Veterinär-Medizin für Landwirte und Rindviehbesitzer. Von Dr. C. Nörner. Mit 70 Abbildungen. Preis brosch. ℳ 5.—, geb. ℳ 6.—.

Der in landwirtschaftlichen und tierärztlichen Kreisen allgemein bekannte Verfasser belehrt in diesem Werk den Landwirt auf Grund seiner reichen, praktischen Erfahrung darüber, wie die Körperformen der Rinder beschaffen sein sollen, um allen berechtigten Anforderungen bezüglich Körperbau, Gesundheit und Leistungsfähigkeit zu entsprechen. Aber nicht nur der junge Landwirt, sondern jeder, der sich über die Körperformen des Rindes orientieren und sich zu einem tüchtigen Viehkenner heranbilden will, findet in dem in flotter Sprache geschriebenen Buche viel Neues und Belehrendes.

Die Züchtung der Milchkuh. Von K. Römer, Landwirtschaftsinspektor und K. W. Römer, Großh. Bad. Bez.-Tierarzt. Mit 9 Abbild. Geb. ℳ 1.—.

Die Verfasser besprechen in diesem Bändchen im allgemeinen den Nutzen der Viehzucht und Viehhaltung und dann in eingehender Behandlung die Betriebsweise, die Rinderrassen, die Züchtung des Milchviehes ꝛc.

Die Pferdezucht unter Berücksichtigung des betriebswirtschaftlichen Standpunktes. Von Prof. Dr. v. Nathusius, Professor an der Universität Jena. Mit 12 Abbildungen. Preis brosch. ℳ 3.—, geb. ℳ 3.80.

Verfasser bespricht zunächst die Geschichte und Naturgeschichte des Pferdes, dann seine verschiedenen Rassen, dabei die 2 großen Abteilungen „Laufpferd und Schrittpferd" feststellend, weiter das Laufen des Pferdes einschl. der Gangarten. Dann behandelt er die Zucht des Pferdes im allgemeinen und im besonderen und die Haltung des Pferdes (Pflege und Ernährung). Schließlich teilt er seine Gedanken über Aussichten und Kosten der Pferdezucht, über Leistungsprüfung und über Wert und Aufgabe der Gestütbücher mit. Bei durchaus wissenschaftlicher Grundlage ist das Buch vornehmlich für die Praxis geschrieben und wird jedem Züchter und Liebhaber von Pferden eine willkommene Gabe sein.

Zucht, Haltung, Mastung und Pflege des Schweines. Bearbeitet von A. Junghanns und A. Schmid, Großherzogl. bad. Ökonomieräte. 2. Aufl. Mit 11 Abbildungen und 19 Tafelbildern. Geb. ℳ 1.40.

Eine auf langjähriger Erfahrung beruhende, gemeinverständlich geschriebene Anleitung zur Schweinezucht; auch der Anhang: Anleitung zur Verwertung des geschlachteten Schweines im Haushalt dürfte eine willkommene Zugabe sein.

Das Buch von der Ziege. Von L. Hoffmann, Professor für Tierzucht und Exterieur an der K. tierärztl. Hochschule in Stuttgart. Geb. ℳ 1.20.

Die Ziegenzucht gewinnt von Jahr zu Jahr neue Freunde; letztere werden in diesem Bändchen Geschichte, Rasse (dazu 5 Rassebilder), Fütterung, Zucht, Pflege, Krankheiten der Ziegen, Produkte und Nutzen der Ziegen ꝛc. abgehandelt finden.

Die Nutzgeflügelzucht. Eine Anleitung zum praktischen Betrieb derselben. 2. Auflage. Von Landwirtschafts-Inspektor K. Römer. Mit 43 Abbildungen. Geb. ℳ 2.40.

Der Verfasser gibt in dieser Schrift eine auf langjährige Erfahrungen gestützte durchaus zuverlässige Anleitung zum praktischen Betrieb der Nutzgeflügelzucht; sie bietet den Anfängern in der Geflügelhaltung eine einführende Anleitung, den praktischen Geflügelzüchtern ein brauchbares Hand- u. Nachschlagebuch, den Vereinen und Wanderlehrern für Landwirtschaft und Geflügelzucht einen entsprechende Ratgeber und den Freunden und Liebhabern des Geflügels eine beliebte Unterhaltungsschrift.

Das Schaf. Seine wirtschaftliche Bedeutung, seine Zucht, Haltung und Pflege. Ein Handbuch für mittlere u. kleine Schafhalter u. landwirtsch. Beamte. Von Reg.- und Ökon.-Rat F. Oldenburg. Mit 4 Textabbildungen und 11 Rassebildern. Preis geb. ℳ 1.20.

Der bekannte Verfasser verstand es meisterhaft in diesem Bändchen: die wirtschaftliche Bedeutung und Gesundheitspflege, die Ernährung des Schafes, sowie die Behandlung und Verwertung der Produkte und das wichtigste über die Schäfer, die Schafstallbauten und Genossenschaftsschäfereien in leicht verständlicher Form zu schildern.

Schriften über Tierzucht.

Atlas* der Rassen und Formen unserer Haustiere. Von Dr. Simon von Nathusius, Professor an der Universität Jena. Nach Originalzeichnungen von Tiermaler Th. von Nathusius.

I. Serie: **Pferderassen.** 24 Tafeln mit Text. Preis in Leinwand-Mappe *M* 6.—.

II. „ **Rinderrassen.** 28 Tafeln mit Text. Preis in Leinwand-Mappe *M* 7.—.

III. „ **Schweine-, Schaf- und Ziegenrassen.** 24 Tafeln mit Text. Preis in Leinwand-Mappe *M* 6.50.

IV. „ **Verschiedenheiten der Formen,** verursacht durch Geschlecht, Aufzucht, Gebrauchszweck, Variabilität ꝛc. 35 Tafeln mit Text. Preis in Leinw.-Mappe *M* 6.50.

Format jeder Tafel 20,5: 26 cm. Jede Serie ist einzeln käuflich.

Der um die Tierzucht hochverdiente Verfasser, Professor Dr. Simon von Nathusius, schuf mit der Herausgabe dieses Atlas ein Werk, welches die bedeutendsten Tierrassen und Tierformen naturgetreu zur Darstellung bringt. Bei Auswahl der zur Reproduktion gelangenden Bilder war einzig und allein die Rücksicht möglichst typische Tiere zu bringen maßgebend. In kurzem Text ist das wichtigste über die abgebildeten Rassen unter Hervorhebung ihrer wirtschaftlichen Bedeutung beigefügt. Dieser Atlas bildet ein höchst wertvolles Hilfsmittel zum vergleichenden Studium der Rassen und Formen der Haustiere, nicht nur für den züchtenden Landwirt, sondern auch für den Lernenden und Lehrenden.

Die Kaninchenzucht. Von Pfarrer Emil Felden in Dehlingen i. Els. Mit 17 Abbildungen Preis geb. *M* 1.20.

Der Verfasser, ein eifriger Kaninchenzüchter, fordert in dieser Schrift den Landmann zur weitesten Verbreitung der Kaninchenzucht auf; denn das Kaninchen, schreibt er, ist ein anspruchsloses und ungemein nützliches Tier. Es liefert einen vorzüglichen Braten, sein Fell ist zu allem möglichen zu gebrauchen, auch sein Dünger ist wertvoll.

Schriften über Baukunde.

Des Landmanns Baukunde. Zum Gebrauch für Landleute und ländliche Techniker. Von Prof. Alfred Schubert, landw. Baumeister. Mit 22 Tafeln. (Originalabbild. des Verfassers.) Preis geb. *M* 1.—.

Wie baut der Landmann seine Ställe praktisch und billig? Ein kurzer, leichtfaßlicher Ratgeber für Landleute, ländliche Techniker u. s. w. von Prof Alfred Schubert. Mit 28 Originalabbildungen, 7 Musterbauplänen. Preis geb. *M* 1.—.

Die Dungstätte, ihre zweckmäßige Anlage und Ausführung. Von Prof. Alfred Schubert, landw. Baumeister. Mit einem Vorwort von Prof. Dr. E. Ramm. Mit 7 Tafeln und 14 Abbild. Geb. *M* 1.—.

Diese Schriftchen sind in leicht verständlicher Form speziell für den Landwirt geschrieben und bilden für denselben ganz vortreffliche Ratgeber in Bau-Angelegenheiten. Zahlreiche Musterbaupläne und sonstige Abbildungen erhöhen den Wert dieser Schriftchen noch besonders.

Schriften über Milchwirtschaft.

Schäfer's Lehrbuch der Milchwirtschaft. Ein Leitfaden für den Unterricht an milchwirtschaftlichen und landwirtschaftlichen Lehranstalten, sowie ein Wegweiser für erfolgreichen, praktischen Betrieb. 7. Aufl. Neu bearbeitet von Professor Dr. Sieglin. Mit 175 Abbildungen. Geb. ℳ 3.60.

Sowohl für den Selbstunterricht wie auch als Lehrbuch an Molkerei- und Haushaltungsschulen, an landw. Lehranstalten, an denen milchwirtschaftliche Unterrichtskurse stattfinden, hat sich diese Schrift eines überaus großen Beifalls zu erfreuen; die Klarheit der Sprache und sachkundige Auswahl des Stoffes haben ihr bereits an den meisten dieser Anstalten Eingang verschafft. Die vorliegende 7. Auflage hat eine wesentliche Erweiterung erfahren und berücksichtigt aufs eingehendste alle Fortschritte auf dem Gebiete der Milchwirtschaft, der Butter- und Käsebereitung. In Anbetracht der wachsenden Bedeutung der Bakteriologie für die Butter- und Käsebereitung wurde dem Kapitel: „Der Mikroorganismus im Molkereibetrieb" eine besondere Beachtung geschenkt.

Katechismus der Milchwirtschaft, ein kurzgefaßter Leitfaden für den Unterricht an Molkereischulen und landw. Lehranstalten, sowie zum Selbstunterricht von Professor Dr. Th. Henkel, Vorstand der Kgl. Molkereischule Weihenstephan. Mit 12 Orginal-Abbildungen der Hegelund'schen Melkgriffe. Preis in Leinwand geb. ℳ 2.—.

Der praktische Milchwirt. Von Dr. von Kleuze. 3. Auflage, bearb. von R. Häcker, Landwirtschafsinspektor. Mit 81 Abbild. Preis geb. ℳ 1.30.

Die Bereitung von Rundkäsen nach Emmentaler Art. I. Teil. Von Th. Aufsberg, Instruktor der Zentral-Lehrsennerei in Sonthofen. Mit 25 Abbild. Kart. ℳ 1.—. II. Teil: Ergänzungen und Nachträge. (Mit einem Anhang: Die Bereitung von Tilsiter Käsen.) Mit 18 Abbild. Preis ℳ 1.—.

Die Bereitung von Weichkäsen im Allgäu. Im Auftrag des Milchwirtschaftlichen Vereins im Allgäu verfaßt von Th. Aufsberg, Instruktor der Zentral-Lehrsennerei in Sonthofen. Mit 30 Abbild. Preis kart. ℳ 1.20.

Rahmgewinnung und Butterbereitung. Von Th. Aufsberg, Instruktor der Zentral-Lehrsennerei Sonthofen i. Allg. Mit 56 Abb. Preis kart. ℳ 1.20.

Stallkunde und Milchkenntnis. Von Th. Aufsberg, Instruktor an der Lehrsennerei Sonthofen. Mit 14 Abbildungen. Geb. ℳ 1.20.

Schriften über Fischzucht.

Ländliche Teichwirtschaft. Praktische Winke für bäuerliche Teichbesitzer. Von Fr. Ernst Weber, Teichwirt. Mit 15 Original-Abbild. Geb. ℳ 1.—.

In dieser durch sehr instruktive Zeichnungen erläuterten Schrift wird alles Wissenswerte über Anlage und Korrektur von Teichen, über Bewirtschaftung und Besatz derselben aufgeführt. Weiterhin sind die wichtigsten Fischarten beschrieben, auch die Krankheiten, Futterversorgung und Verwertung der Teichprodukte.

Die Fischzucht im Kleinbetriebe. Aus der Praxis für die Praxis von Pfarrer W. Pressel, Ausschußmitglied des württ. Landesfischereivereins. Mit 11 Abbildungen. Preis ℳ 1.—.

Aus der Praxis für die Praxis ist diese kleine Schrift geschrieben. Der Verfasser hat in kurzer gedrängter Form alles zusammengestellt, was für den Kleinbetrieb wissenswert ist.

Leitfaden für Bewirtschaftung der Teiche. Ein Hilfsbuch für Fischereikurse. Von E. Weber, Gutsbesitzer und Teichwirt. Mit 4 Abbildungen. Preis kart. 75 ₰.

Schriften über Obstbau.

Vollständiges Handbuch der Obstkultur. 4. Aufl. Bearbeitet von Ökonomierat Fr. Lucas, Direktor des Pomolog. Instituts in Reutlingen. Mit 343 Abbild. Geb. ℳ 6.—.

Das Buch gibt über alles, was den Obstbau betrifft, in klarer verständlicher Sprache erschöpfenden Aufschluß, so daß es für jeden Obst- und Gartenfreund einen zuverlässigen Ratgeber bildet. Für unsere deutschen Verhältnisse bearbeitet, nimmt es eine erste Stelle in der betreffenden Literatur ein; es gibt uns nur Selbsterprobtes und schließt alles auf fremder Grundlage Ruhende und für unser Klima nicht Passende völlig aus.

Kurze Anleitung zur Obstkultur. 10. Aufl., bearb. von Ökonomierat Fr. Lucas. Mit 4 Tafeln und 38 Abbild. Preis geb. ℳ 1.65.

Das Erscheinen zehn starker Auflagen spricht am besten für die Gediegenheit dieses Buches, das gewissermaßen einen Auszug aus dem „Vollständigen Handbuch der Obstkultur" bildet.

Der landwirtschaftliche Obstbau. Allgemeine Grundzüge zum rationellen Betrieb desselben. Bearb. von Th. Nerlinger und K. Bach. 5. Aufl. von Landw.-Inspektor K. Bach. Mit 99 Abbild. Preis geb. ℳ 2.85.

In durchaus gemeinverständlicher Form ist hier der eigentliche landwirtschaftliche Obstbau, einschließlich der höchst einträglichen Beerenobstkultur auf dem Lande und die Obstverwertung eingehend besprochen.

Die Pflege des Obstbaumes in Norddeutschland. Mit besonderer Berücksichtigung der schleswig-holstein'schen und ähnlicher klimatischer Verhältnisse. Von E. Lesser, Provinzialwanderlehrer für Obstbau. 2. Auflage. Mit 50 Abb. Kart. ℳ 1.40.

Schriften über Obst- und Weinbereitung.

Die Obstweinbereitung. Von Prof. Dr. Richard Meißner, Vorstand der Württ. Weinbauversuchs-Anstalt Weinsberg. Mit 45 Abb. Preis geb. ℳ 1.50.

Max Barth, Die Obstweinbereitung mit besonderer Berücksichtigung der Beerenobstweine und Obstschaumwein-Fabrikation. 6. Auflage bearbeitet von Dr. C. von der Heide, Vorstand der önochemischen Versuchsstation der kgl. Lehranstalt für Wein-, Obst- und Gartenbau Geisenheim a. Rh. Mit 30 Abbildungen ℳ 1.30.

Wenn jeder, der Obstmost bereitet, sich streng an die Lehren dieser leichtverständlich geschriebenen, auf neuester wissenschaftlicher Darstellung beruhenden Schriftchen halten wollte, dann würden bald die vielen essigstichigen, trüben und kranken Moste aus den Kellern verschwinden. Es können diese Schriftchen jedermann aufs beste empfohlen werden.

Der Johannisbeerwein und die übrigen Obst- und Beerenweine. Nebst Angaben über die Kultur des Johannisbeerstrauches. Von H. Timm. 4. Aufl. Mit 53 Abbild. Preis geb. ℳ 3.—.

Max Barth, Die Kellerbehandlung der Traubenweine. Kurzgefaßte Anleitung zur Erzielung gesunder, klarer Weine für Winzer, Weinhändler, Wirte, Küfer und sonstige Weininteressenten. 2. verbesserte Auflage von Prof. Dr. R. Meißner, Vorstand der Kgl. württ. Weinbau-Versuchsanstalt in Weinsberg. Mit 44 Abb. Preis brosch. ℳ 2.—, geb. ℳ 2.50.

Speziell die Kapitel über Gärung, Anwendung reingezüchteter Weinhefen, über die Krankheiten der Weine u. a. haben eine größere Umarbeitung erfahren. Ebenso wurden den früheren Abbildungen neue hinzugefügt, um den Leser mit denjenigen Lebewesen bekannt zu machen, die entweder in vorteilhafter oder in nachteiliger Weise auf den werdenden oder gewordenen Wein wirken.

Des Landmanns Winterabende.

30. Bd. Der Wald und dessen Bewirtschaftung. Von Oberforstrat H. Fischbach. 2. Aufl. Mit 27 Abb. Geb. M. 1.30.

31. „ Einkehr u. Umschau. Erzähl. f. d. Bauernstube. V. Fr. Möhrlin. Mit 6 Abb. Geb. M. 1.—.

32. „ Zucht, Haltung, Mastung und Pflege des Schweines. Von Junghanns und Schmid. 3. Aufl. Mit 15 Abb. und 12 Tafelbild. Geb. M. 1.50.

33. „ Die Fischzucht. Mit einem Anhang über „Krebszucht". Von Dr. E. Wiedersheim. Mit 25 Abb. Geb. M. 1.—.

34. „ Aus dem Tagebuch eines Landwirtschaftslehrers. Von K. Römer. Geb. M. 1.20.

35. „ Der Pfennig in der Landwirtschaft. Von Fr. Möhrlin. 2. Aufl. Geb. M. 1.—.

36. „ Die Selbsthilfe d. Landwirts. Von Karl Römer. 2. Aufl. v. Landw.-Insp. Schmidberger. Geb. M. 1.—.

37. „ Wohlstandsquellen u. Wohlstandsgefahren. Von Chr. Weigand. 2. Aufl. Geb. M. 1.—.

38. „ Das Klima und der Boden. Von Dr. Löll. Mit 8 Abb. Geb. M. 1.—.

39. „ Beiträge zur Hebung der Viehzucht. Von B. Rost-Haddrup. Mit 3 Abb. Geb. M. 1.—

40. „ Die Verwertung d. Obstes im ländl. Haushalt. Von K. Bach. 2. Aufl. Mit 36 Abb. Geb. M. 1.—.

41. „ Die Aufbewahrung der landwirtschaftlichen und hauswirtschaftlichen Vorräte. Von W. Schäfer. Mit 24 Abb. Geb. M. 1.—.

42. „ J. Lösers Geschichte der Landwirtschaft. 2. Aufl. v. Prof. Fr. Jost. Geb. M. 1.20.

43. „ Der Weinbau. Von E. Klein. 2. Aufl. Mit 44 Abb. Geb. M. 1.20.

44. „ Geschichte der einzelnen Zweige d. Landwirtschaft. Von J. Löser. Geb. M. 1.20.

45. „ Die Geschichte eines kleinen Landgutes. Von Fr. Möhrlin. Geb. M. 1.—.

46. „ Die Heubereitung. Beschreibung der Methoden zur Konservierung der Grünfutterpflanzen. Von H. Heine. Mit 24 Abb. Geb. M. 1.—.

47. „ Der Stalldünger, seine zweckmäßigste Behandlung und Verwendung. Von Otto Geibel. Mit 15 Abb. Geb. M. 1.—.

48. „ Die Wirtschaftsweise der Nutzgeflügelhaltung. Von K. Römer. Mit 22 Abb. Geb. M. 1.—.

49. „ Johannis- und Stachelbeerwein und die Bereitung der übrigen Beerenweine. Von W. Tensi. 2. Aufl. Mit 9 Abb. Geb. M. 1.—.

50. „ Die Arbeiterversicherung mit Berücksichtigung der ländl. Verhältnisse (Kranken-, Unfall- und Invalidenversicherung). Von Regierungspräsident C. A. von Huzel. 2. Aufl. Geb. M. 1.30.

51. „ Der Landmann in der Familie. Von W. Martin. Geb. M. 1.—.

52. „ Der Kunstdünger. Von Landw.-Insp. J. Schmidberger. 2. Aufl. Geb. M. 1.—.

53. „ Pflanzliche und tierische Schädlinge. Von W. Martin. Mit 35 Abb. Geb. M. 1.20.

54. „ Die Kraftfuttermittel. Von Karl Römer. Geb. M. 1.—.

55. „ Der Zuckerrübenbau. Von Dr. C. J. Eisbein. Mit 29 Abb. Geb. M. 1.—.

56. „ Die Blumenzucht und Blumenpflege in unseren Hausgärten. Von Philipp Held. Mit 32 Abb. Geb. M. 1.—.

57. „ Die Bodenbearbeitung in ihren natürlichen Grundlagen. Von J. Schmidberger. Mit 9 Abb. Geb. M. 1.—.

58. „ Des Landmanns Baukunde. Von Alfred Schubert. Mit 22 Tafeln. (Originalabbild. des Verf.) Geb. M. 1.—.

59. „ Die Züchtung der Milchkuh. Von K. u. K. W. Römer. Mit 9 Abb. Geb. M. 1.—.

60. „ Das Buch von der Ziege. Von Professor L. Hoffmann. Mit 12 Abb. Geb. M. 1.20.

61. „ Die Dungstätte, ihre Anlage und Ausführung. Von A. Schubert, landw. Baumeister. Mit 7 Taf. u. 12 Abb. Geb. M. 1.—.

62. „ Die Gesundheitspflege der Haustiere. Von G. Zippelius. Mit 6 Abb. Geb. M. 1.—.

63. „ Ratgeber bei Krankheits- und Unglücksfällen unserer Haustiere. Von Prof. L. Hoffmann. Mit 11 Abb. Geb. M. 1.—.

64. „ Des Landwirts Ausbildung. Von C. Courtin, Direktor d. landw. Winterschule Mörs a. Rh. Geb. M. 1.30.

65. „ Hufpflege, Hufbeschlag u. Hufkrankheiten. Von Prof. L. Hoffmann. Mit 62 Abb. Geb. M. 1.—.

66. „ Feldmann, der Bauernfreund. Von K. Gestütsdirektor O. Schwarzmaier. Geb. M. 1.—.

67. „ Die Seuchen, deren Gefahren und Bekämpfung. Von K. Bezirkstierarzt Martin Reuter. Mit 10 Abb. Geb. M. 1.20.

68. „ Gewährschaft und Gewährsfehler bei Haustierveräußerungen. Von M. Reuter. Mit 26 Abb. Geb. M. 1.—.

69. „ Jakob, der Großbauernsohn. Eine lehrreiche Dorfgeschichte. Von Gestütsdirektor Schwarzmaier. Geb. M. 1.—.

70. „ Der Schriftverkehr d. Landwirts. Anleitg. z. Abfassung schriftl. Arbeiten unt. bes. Berücksichtigung des Bürgerl. Gesetzbuches. Von Aug. Schleyer, K. Landwirtschaftslehrer. Geb. M. 1.20.

Verlag von Eugen Ulmer in Stuttgart.

Zeitfracht Medien GmbH
Ferdinand-Jühlke-Straße 7
99095 Erfurt, Deutschland
produktsicherheit@kolibri360.de